Martin Kaltschmitt | Wolfgang Streicher (Hrsg.)

Regenerative Energien in Österreich

Martin Kaltschmitt | Wolfgang Streicher (Hrsg.)

Regenerative Energien in Österreich

Grundlagen, Systemtechnik, Umweltaspekte, Kostenanalysen, Potenziale, Nutzung

PRAXIS

VIEWEG+
TEUBNER

Bibliografische Information der Deutschen Nationalbibliothek
Die Deutsche Nationalbibliothek verzeichnet diese Publikation in der
Deutschen Nationalbibliografie; detaillierte bibliografische Daten sind im Internet über
<http://dnb.d-nb.de> abrufbar.

1. Auflage 2009

Lektorat: Ulrich Sandten | Kerstin Hoffmann

Vieweg+Teubner ist Teil der Fachverlagsgruppe Springer Science+Business Media.
www.viewegteubner.de

Umschlaggestaltung: KünkelLopka Medienentwicklung, Heidelberg
Druck und buchbinderische Verarbeitung: STRAUSS GMBH, Mörlenbach
Gedruckt auf säurefreiem und chlorfrei gebleichtem Papier.

ISBN 978-3-8348-0839-4

Vorwort

Der materielle Wohlstand unserer westlichen Industriegesellschaften in seiner jetzigen Form konnte sich nur auf der Basis der scheinbar unbeschränkt zur Verfügung stehenden fossilen Energieträger entwickeln. Zwischenzeitlich werden jedoch die mit der Bereitstellung und Nutzung von Öl, Gas und Kohle verbundenen Auswirkungen auf die natürliche Umwelt zunehmend sichtbarer und lassen so die Suche nach umwelt- und klimaverträglicheren – und damit nachhaltigeren – Alternativen immer mehr an Bedeutung gewinnen.

Neben einem möglichst effizienten und rationellen Einsatz der Energie wird dabei vor allem die Nutzung regenerativer (erneuerbarer) Energien als eine Möglichkeit angesehen, zum Aufbau einer zukünftig nachhaltigeren Energieversorgung beizutragen. Dies wird i. Allg. außer mit den geringen Umwelt- und Klimaeffekten mit einer Vielzahl weiterer positiver Effekte – wie etwa der Unabhängigkeit von Energieimporten (d. h. Verbesserung der Versorgungssicherheit) und der Erhöhung der inländischen Wertschöpfung – begründet. Deshalb streben auch viele Industriestaaten eine deutliche Ausweitung der Nutzung des erneuerbaren Energieangebots an. Dabei werden in Österreich aber heute schon – beispielsweise im Vergleich zu vielen anderen EU-Mitgliedsstaaten – erneuerbare Energien sehr weitgehend genutzt. Trotzdem sollen auch hier zukünftig die regenerativen Energien – und das gilt grundsätzlich für alle Optionen zur Nutzung des erneuerbaren Energieangebots – deutlich mehr zur Deckung der Energienachfrage beitragen. Entsprechend wurden bzw. werden die energiepolitischen Weichen gestellt.

Vor diesem Hintergrund stellt sich die Frage, wie sich die technischen Möglichkeiten unter den in Österreich gegebenen Randbedingungen darstellen, welche Möglichkeiten zur Nutzung regenerativer Energien unter welchen Gegebenheiten mit welchen Energiegestehungskosten und welchen Umwelteffekten verbunden sind und welche Optionen welche Potenziale unter welchen Rahmenannahmen aufweisen. Das Ziel dieses Buches ist es deshalb, diese Informationen zur umfassenden Analyse und systemtechnischen Bewertung des regenerativen Energieangebots in Österreich zusammenzustellen, um so die notwendigen Grundlagen und Kriterien für zukünftige Entscheidungen über dessen weitergehende Nutzung bereitzustellen. Dazu werden alle in der Republik Österreich sinnvoll nutzbaren Möglichkeiten zur Nutz- bzw. Endenergiebereitstellung aus erneuerbaren Energien auf einer einheitlichen Grundlage bzw. auf der Basis der gleichen methodischen Vorgehensweise anhand wesentlicher energiewirtschaftlicher Kriterien (d. h. Umwelteffekte, Kosten, Potenziale, Nutzung) analysiert. Durch diese einheitliche Vorgehensweise können sich bei bestimmten regenerativen Energien Abweichungen zum bisher üblichen Vorgehen bei der Ermittlung energiewirtschaftlicher Kenngrößen ergeben bzw. können bestimmte Zahlenangaben (z. B. die Energiegestehungskosten) durchaus von anderen publizierten Angaben abweichen. Das gewählte Vorgehen hat jedoch den großen Vorteil, dass die einzelnen Optionen zur Nutzung regenerativer Energien problemlos untereinander und mit den jeweils substituierbaren Optionen zur Nutzung fossiler Energieträger vergleichbar sind, die auf der gleichen Basis analysiert werden. Damit wird eine einfache Analyse und Bewertung im energiewirtschaftlichen Gesamtzusammenhang der Republik Österreich ermöglicht.

Allen Mitarbeitern, die durch ihr Fachwissen und ihren persönlichen Einsatz zum Gelingen des vorliegenden Buches beigetragen haben, möchten wir sehr herzlich danken. Unser ganz besonderer Dank gilt dabei auch der Energieforschungsgemeinschaft (EFG) im Verband der Elektrizitätsunternehmen Österreichs (VEÖ) für ihre Unterstützung bei der Realisierung dieses Buches. Weiters sei Frau Petra Bezdiak und Frau Barbara Eckhardt, beide TUHH, für ihre Unterstützung bei der Erstellung der Druckvorlage sehr herzlich gedankt.

Hamburg und Graz im Juli 2009

Martin Kaltschmitt und Wolfgang Streicher

Liste der Mitarbeiter

Dipl.-Ing. Dorit Baumann
Technische Universität Graz, Institut für Wärmetechnik
Ao. Univ.-Prof. Dipl.-Ing. Dr. Rudolf Braun*
Universität für Bodenkultur, Tulln
Dipl.-Ing. Mag.(FH) Gerhard Christiner
Verbund-APG, Wien
Univ.-Prof. Dr. Johann Goldbrunner*
Geoteam GmbH / Erzherzog-Johann-Universität Graz
Mag. Stefan Hantsch*
IG Windkraft, St. Pölten
Dipl.-Ing.(FH) Katharina Hochmair*
Verband der Elektrizitätsunternehmen Österreichs, Wien
Univ.-Prof. Dipl.-Ing. Dr. techn. Hermann Hofbauer
Institut für Verfahrenstechnik, Umwelttechnik und technische Biowissenschaften, Technische Universität Wien
Dr.-Ing. Roman Igelspacher*
EVN, Maria Enzersdorf
Dipl.-Ing. Sebastian Janczik
Technische Universität Hamburg-Harburg, Institut für Umwelttechnik und Energiewirtschaft
Prof. Dr.-Ing. Martin Kaltschmitt
Technische Universität Hamburg-Harburg, Institut für Umwelttechnik und Energiewirtschaft; Deutsches BiomasseForschungsZentrum, Leipzig
Dipl.-Ing. Kornelia Lippitsch
Technische Universität Hamburg-Harburg, Institut für Umwelttechnik und Energiewirtschaft
Dipl.-Ing. Verena Mohrig
Technische Universität Hamburg-Harburg, Institut für Umwelttechnik und Energiewirtschaft; Deutsches BiomasseForschungsZentrum, Leipzig
Dipl.-Wirt.Ing. Dr. Tomas Müller*
Verband der Elektrizitätsunternehmen Österreichs, Wien
Dipl.-Ing. Franziska Müller-Langer
Deutsches BiomasseForschungsZentrum, Leipzig
Prof. (FH) Dipl.-Ing. Dr. techn. Jürgen Neubarth
Fachhochschule Kufstein
Dipl.-Ing. Stephan Oblasser*
TIWAG, Innsbruck
Dipl.-Ing. Dr. Otto Pirker*
Verbund AHP, Wien

Dipl.-Ing. Herbert Popelka
Verbund-APG, Wien
Dipl.-Ing. Anne Scheuermann
Leipziger Institut für Energie (IE) GmbH
Dipl.-Ing. Gerd Schröder
Leipziger Institut für Energie (IE) GmbH
Dipl.-Ing.(FH) Kathrin Schult
Leipziger Institut für Energie (IE) GmbH
Ao. Univ.-Prof. Dipl.-Ing. Dr. techn. Wolfgang Streicher
Technische Universität Graz, Institut für Wärmetechnik
Ing. Mag. Johann Wachtler*
Austrian Windpower, Eisenstadt
Univ.-Lektor Dipl.-Ing. Heinrich Wilk
Energie AG Kraftwerke GmbH, Linz
Hofrat Dipl.-Ing. Manfred Wörgetter*
BLT Josephinum, Wieselburg

*Unterstützung bei der Erarbeitung der Inhalte

Inhaltsübersicht

Inhaltsverzeichnis

Zuordnung der Mitarbeiter

1 Einführung und Aufbau

1.1 Energiequellen und -ströme
Jürgen Neubarth, Martin Kaltschmitt

1.2 Energiesystem Österreich
Kornelia Lippitsch, Sebastian Janczik, Wolfgang Streicher, Tomas Müller*

1.3 Aufbau und Vorgehen
Martin Kaltschmitt, Wolfgang Streicher, Kornelia Lippitsch

1.4 Konventionelle Vergleichssysteme
Kornelia Lippitsch, Jürgen Neubarth, Wolfgang Streicher, Gerd Schröder, Otto Pirker*, Stephan Oblasser*, Tomas Müller*

2 Stromerzeugung aus Wasserkraft

2.1 Grundlagen des regenerativen Energieangebots
Jürgen Neubarth, Martin Kaltschmitt, Kornelia Lippitsch, Otto Pirker*, Stephan Oblasser*

2.2 Systemtechnische Beschreibung
Jürgen Neubarth, Martin Kaltschmitt, Kornelia Lippitsch, Otto Pirker*, Stephan Oblasser*

2.3 Ökologische und ökonomische Analyse
Kornelia Lippitsch, Jürgen Neubarth, Martin Kaltschmitt, Gerd Schröder, Otto Pirker*, Stephan Oblasser*

2.4 Potenziale und Nutzung
Kornelia Lippitsch, Jürgen Neubarth, Martin Kaltschmitt, Otto Pirker*, Stephan Oblasser*

3 Passive Sonnenenergienutzung

3.1 Grundlagen des regenerativen Energieangebots
Wolfgang Streicher, Dorit Baumann, Martin Kaltschmitt, Tomas Müller*, Katharina Hochmair*

3.2 Systemtechnische Beschreibung
Wolfgang Streicher, Tomas Müller*

3.3 Potenziale und Nutzung
Dorit Baumann, Wolfgang Streicher, Tomas Müller*

4 Solarthermische Wärmenutzung

4.1 Grundlagen des regenerativen Energieangebots
Wolfgang Streicher, Dorit Baumann, Martin Kaltschmitt, Tomas Müller*, Katharina Hochmair*

4.2 Systemtechnische Beschreibung
Wolfgang Streicher, Tomas Müller*, Katharina Hochmair*

4.3 Ökologische und ökonomische Analyse
Dorit Baumann, Wolfgang Streicher, Kornelia Lippitsch, Gerd Schröder, Tomas Müller*, Katharina Hochmair*

4.4 Potenziale und Nutzung
Dorit Baumann, Wolfgang Streicher, Kornelia Lippitsch, Tomas Müller*, Katharina Hochmair*

5 Photovoltaische Stromerzeugung

5.1 Grundlagen des regenerativen Energieangebots
Jürgen Neubarth, Martin Kaltschmitt, Kornelia Lippitsch, Heinrich Wilk

5.2 Systemtechnische Beschreibung
Jürgen Neubarth, Martin Kaltschmitt, Kornelia Lippitsch, Sebastian Janczik, Heinrich Wilk

5.3 Ökologische und ökonomische Analyse
Kornelia Lippitsch, Martin Kaltschmitt, Gerd Schröder, Sebastian Janczik, Heinrich Wilk

5.4 Potenziale und Nutzung
Kornelia Lippitsch, Jürgen Neubarth, Martin Kaltschmitt, Heinrich Wilk

6 Stromerzeugung aus Windenergie

6.1 Grundlagen des regenerativen Energieangebots
Jürgen Neubarth, Martin Kaltschmitt, Kornelia Lippitsch, Herbert Popelka*, Stefan Hantsch*, Roman Igelspacher*, Johann Wachtler*, Gerhard Christiner*

6.2 Systemtechnische Beschreibung
Jürgen Neubarth, Martin Kaltschmitt, Kornelia Lippitsch, Herbert Popelka, Stefan Hantsch*, Roman Igelspacher*, Johann Wachtler*, Gerhard Christiner*

6.3 Ökologische und ökonomische Analyse
Kornelia Lippitsch, Martin Kaltschmitt, Gerd Schröder, Herbert Popelka*, Stefan Hantsch*, Roman Igelspacher*, Johann Wachtler*, Gerhard Christiner*

6.4 Potenziale und Nutzung
Kornelia Lippitsch, Jürgen Neubarth, Martin Kaltschmitt, Herbert Popelka*, Stefan Hantsch*, Roman Igelspacher*, Johann Wachtler*, Gerhard Christiner*

7 Nutzung von Umgebungswärme

7.1 Grundlagen des regenerativen Energieangebots
Wolfgang Streicher, Dorit Baumann, Martin Kaltschmitt, Tomas Müller*

7.2 Systemtechnische Beschreibung
Wolfgang Streicher, Dorit Baumann, Jürgen Neubarth, Tomas Müller*

7.3 Ökonomische und ökologische Analyse
Dorit Baumann, Wolfgang Streicher, Kornelia Lippitsch, Gerd Schröder, Martin Kaltschmitt, Tomas Müller*

7.4 Potenziale und Nutzung
Dorit Baumann, Wolfgang Streicher, Kornelia Lippitsch, Tomas Müller*

8 Nutzung der tiefen Erdwärme

8.1 Grundlagen des regenerativen Energieangebots
Martin Kaltschmitt, Johann Goldbrunner*

8.2 Systemtechnische Beschreibung
Martin Kaltschmitt, Sebastian Janczik, Johann Goldbrunner*

8.3 Ökologische und ökonomische Analyse
Kornelia Lippitsch, Sebastian Janczik, Gerd Schröder, Martin Kaltschmitt, Johann Goldbrunner*

8.4 Potenziale und Nutzung
Kornelia Lippitsch, Sebastian Janczik, Martin Kaltschmitt, Johann Goldbrunner*

9 Energie aus Biomasse

9.1 Grundlagen des regenerativen Energieangebots
Martin Kaltschmitt, Verena Mohrig, Hermann Hofbauer*, Manfred Wörgetter*, Rudolf Braun*

9.2 Systemtechnische Beschreibung
Verena Mohrig, Martin Kaltschmitt, Franziska Müller-Langer, Jürgen Neubarth, Hermann Hofbauer, Manfred Wörgetter*, Rudolf Braun*

9.3 Ökologische und ökonomische Analyse
Kathrin Schult, Kornelia Lippitsch, Gerd Schröder, Franziska Müller-Langer, Sebastian Janczik, Martin Kaltschmitt, Hermann Hofbauer*, Manfred Wörgetter*, Rudolf Braun*

9.4 Potenziale und Nutzung
Kathrin Schult, Martin Kaltschmitt, Hermann Hofbauer*, Manfred Wörgetter*, Rudolf Braun*

10 Zusammenfassender Vergleich und Ausblick

10.1 Räumliche und zeitliche Angebotscharakteristik
Martin Kaltschmitt, Anne Scheuermann

10.2 Technische Analyse
Martin Kaltschmitt, Anne Scheuermann, Jürgen Neubarth

10.3 Ökologische und ökonomische Analyse
Anne Scheuermann, Martin Kaltschmitt, Wolfgang Streicher

10.4 Potenziale und Nutzung
Anne Scheuermann, Martin Kaltschmitt

10.5 Szenarienanalyse
Anne Scheuermann, Martin Kaltschmitt

*Unterstützung bei der Erarbeitung der Inhalte

1 Einführung und Aufbau

Ziel der Ausführungen dieses Buches ist es, die Möglichkeiten und Grenzen einer Nutzung des regenerativen oder erneuerbaren Energieangebots in Österreich darzustellen und zu diskutieren. Damit soll eine belastbare Basis für eine umfassende Bewertung dieser Optionen zur Deckung der Energienachfrage im Kontext des Energiesystems Österreich geschaffen werden. Dazu werden sowohl die physikalischen und technischen Grundlagen diskutiert als auch technische, ökologische und ökonomische Kenngrößen erarbeitet, die eine einfache Einordnung der unterschiedlichen Optionen einer Nutzung regenerativer Energien in das Energiesystem der Republik Österreich ermöglichen. Um dem Anspruch einer einfachen, verständlichen und transparenten Darstellung gerecht zu werden, sind die einzelnen Kapitel, in denen die verschiedenen in Österreich sinnvollerweise einsetzbaren Möglichkeiten erläutert werden, soweit möglich und zielführend vergleichbar aufgebaut.

Vor diesem Hintergrund wird im Folgenden nach einer Diskussion der Energiequellen und -ströme der Erde, aus welchen sich das regenerative Energieangebot ableiten lässt, auf das Energiesystem der Republik Österreich eingegangen. Anschließend wird der Aufbau der einzelnen Kapitel erklärt sowie die jeweilige Vorgehensweise zur Bestimmung charakterisierender Kennwerte beschrieben, durch welche die einzelnen Optionen zur Nutzung des regenerativen Energieangebots gekennzeichnet sind. Abschließend werden als "Vergleichsmaßstab" die Techniken zur Nutzung fossiler Energieträger mit ihren Kennwerten näher dargestellt sowie der den weiteren Berechnungen zugrunde liegende Stromerzeugungsmix bestimmt.

1.1 Energiequellen und -ströme

Die auf der Erde nutzbaren Energieströme entstammen drei grundsätzlich unterschiedlichen Primärquellen: der Solarstrahlung, der Erdwärme sowie der Planetengravitation und -bewegung. Sie werden im Folgenden näher diskutiert und ihre Größenordnungen im Energiesystem Erde aufgezeigt. Einleitend werden zuvor jedoch wesentliche energiewirtschaftliche Begriffe definiert, auf die immer wieder Bezug genommen wird.

1.1.1 Energiebegriffe

Unter Energie (von griechisch: energeia = Tatkraft) versteht man die Fähigkeit eines Stoffes oder Systems, Arbeit zu leisten. Im mikrophysikalischen und damit atomaren und molekularen Bereich spricht man z. B. von freier oder innerer Energie (Enthalpie), die über die Hauptsätze der Thermodynamik miteinander verknüpfbar sind (z. B. Rotations-, Schwingungs-, Anregungs-, Dissoziations-, Resonanz-, Bindungs-, Aktivierungs-, Gitterenergie). Im makrophysikalischen und technischen Bereich unterscheidet man zwischen mechanischer Energie (potenzielle und kinetische Energie), thermischer, elektrischer und chemischer Energie, Kernenergie und Strahlungsenergie.

In der praktischen Energieanwendung äußert sich die Arbeitsfähigkeit von Energie in Form von Kraft, Wärme und Licht. Die Arbeitsfähigkeit der chemischen Energie sowie der Kern- und Strahlungsenergie ist erst durch Umwandlung dieser Energieformen in mechanische und/oder thermische Energie gegeben.

Unter einem Energieträger – und damit einem "Träger" der oben definierten Energie – wird ein Stoff verstanden, aus dem direkt oder durch eine oder mehrere Umwandlungen Nutzenergie (bzw. die daraus resultierende Energiedienstleistung) gewonnen werden kann. Energieträger können nach dem Grad der Umwandlung in Primär- und Sekundärenergieträger sowie Endenergieträger unterteilt werden. Der jeweilige Energieinhalt dieser Energieträger ist die Primärenergie, die Sekundärenergie und die Endenergie. Diese einzelnen Begriffe sind wie folgt definiert (Abb. 1.1) /Kaltschmitt, Streicher und Wiese 2006/.

– Unter Primärenergieträgern werden Stoffe und unter der Primärenergie der Energieinhalt der Primärenergieträger und der Energieströme verstanden, die noch keiner technischen Umwandlung unterworfen wurden (z. B. Steinkohle, Braunkohle, Erdöl, Biomasse, Windkraft, Solarstrahlung, Erdwärme). Aus ihnen können direkt oder durch eine oder mehrere Umwandlungen Sekundärenergie bzw. -träger gewonnen werden.

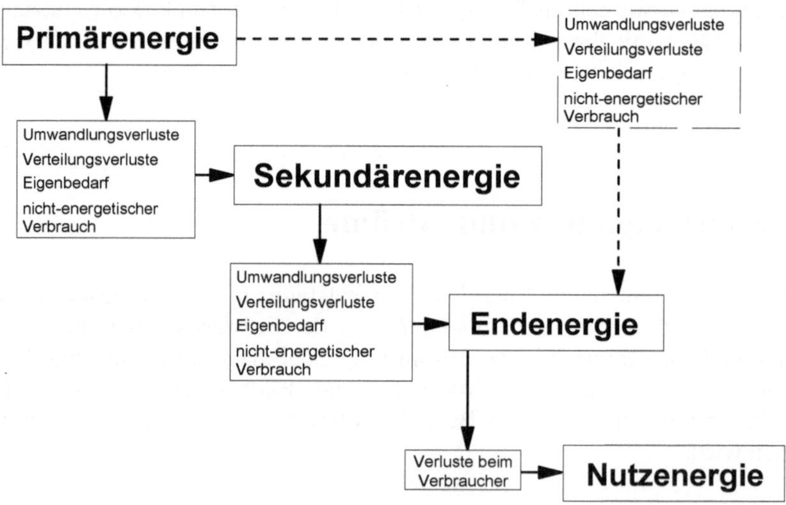

Abb. 1.1 Energiewandlungskette (nach /Spitzer 1997/)

– Sekundärenergieträger sind Energieträger und Sekundärenergie ist der Energieinhalt der Sekundärenergieträger oder der von Energieströmen, die direkt oder durch eine oder mehrere Umwandlungen in technischen Anlagen aus Primär- oder aus anderen Sekundärenergieträgern bzw. -energien hergestellt werden (z. B. Benzin, Heizöl, Koks, Rapsöl). Dabei fallen u. a. Umwandlungs- und Verteilungsverluste an. Sekundärenergieträger bzw. Sekundärenergien stehen Verbrauchern zur Umwandlung in andere Sekundär- oder Endenergieträger bzw. -energien zur Verfügung.

- Unter Endenergieträgern werden Energieträger und unter Endenergie der Energieinhalt der Endenergieträger bzw. der entsprechenden Energieströme verstanden, die der Endverbraucher bezieht (z. B. Heizöl im Öltank des Endverbrauchers, Holzhackschnitzel im Lagerraum, elektrische Energie, Fernwärme an der Hausübergabestation). Sie resultieren aus Sekundär- oder ggf. Primärenergieträgern bzw. -energien, vermindert um die Umwandlungs- und Verteilungsverluste, den Eigenverbrauch und den nicht-energetischen Verbrauch. Sie sind für die Umwandlung in Nutzenergie verfügbar.
- Mit Nutzenergie wird letztlich die Energie beschrieben, die nach der letzten Umwandlung in den Geräten des Verbrauchers für die Befriedigung der jeweiligen Bedürfnisse (z. B. Raumtemperierung, Nahrungszubereitung, Information, Beförderung) zur Verfügung steht. Sie wird gewonnen aus Endenergieträgern bzw. der Endenergie, vermindert um die Verluste dieser letzten Umwandlung (z. B. Verluste infolge der Wärmeabgabe einer Glühbirne für die Erzeugung von Licht, Verluste in einer Hackschnitzelfeuerung bei der Bereitstellung von Wärme).

Die gesamte der Menschheit prinzipiell zur Verfügung stehende Energie wird als Energiebasis bezeichnet. Sie setzt sich aus der Energie der (meist endlichen) Energievorräte und der (weitgehend regenerativen) Energiequellen zusammen.

- Bei den Energievorräten wird zwischen den fossilen und rezenten Vorräten unterschieden.
  - Fossile Vorräte sind Energievorräte, die in geologisch vergangenen Zeitaltern durch biologische und/oder geologische Prozesse gebildet wurden. Dabei wird unterschieden zwischen fossil biogenen Energievorräten (d. h. biologischen Ursprungs) und fossil mineralischen Energievorräten (d. h. mineralischen Ursprungs). Zu den ersteren zählen u. a. die Kohle-, Erdgas- und Erdöllagerstätten und zu den letzteren u. a. die Energieinhalte der Uranlagerstätten und die Vorräte an Kernfusionsausgangsstoffen.
  - Rezente Vorräte sind Energievorräte, die in gegenwärtigen Zeiten durch biologische und/oder geophysikalische Prozesse gebildet werden. Hierzu gehören z. B. der Energieinhalt der Biomasse oder die potenzielle Energie des Wassers eines natürlichen Stausees.
- Energiequellen liefern demgegenüber über einen bestimmten sehr langen (d. h. in menschlichen Dimensionen "unerschöpflich"), aber letztlich immer endlichen Zeitraum (d. h. in geologischen Zeiträumen) Energieströme. Diese Energieflüsse werden durch einen natürlichen Prozess aus einem fossilen und letztlich endlichen Vorrat kontinuierlich und technisch nicht steuerbar gebildet (u. a. Strahlung der Sonne).

Bei den verfügbaren Energien bzw. Energieträgern kann zusätzlich unterschieden werden zwischen fossil biogenen, fossil mineralischen sowie erneuerbaren Energien bzw. Energieträgern.

- Unter fossil biogenen Energieträgern werden im Wesentlichen die Energieträger Kohle (Braun- und Steinkohlen) und flüssige sowie gasförmige Kohlenwasserstoffe (u. a. Erdöl, Erdgas) verstanden. Weiters kann unterschieden werden zwischen fossil biogenen Primärenergieträgern (z. B. Rohbraunkohle) und fossil biogenen Sekundärenergieträgern (z. B. Benzin, Diesel).
- Unter fossil mineralischen Energieträgern werden die Stoffe zusammengefasst, aus denen durch eine Kernspaltung oder -fusion Energie bereitgestellt werden kann (u. a. Uran, Thorium, Wasserstoff).
- Unter regenerativen oder erneuerbaren Energien werden jene Primärenergien verstanden, die – in menschlichen Dimensionen – als unerschöpflich angesehen werden. Hierbei handelt es sich um die eingestrahlte Energie von der Sonne (Solarstrahlung), die für eine Vielzahl weiterer erneuerbarer Energien verantwortlich ist (u. a. Windenergie, Wasserkraft, Biomasse). Weiterhin rechnet man dazu die Gezeitenenergie, die aus der Planetengravitation und -bewegung resultiert, sowie die geothermische Energie (Erdwärme). Die im Abfall bzw. Müll enthaltene Energie ist nur dann als erneuerbar zu bezeichnen, wenn sie nicht fossil biogenen oder fossil mineralischen Ursprungs ist (u. a. Biomasse in Form von organischen Abfällen z. B. aus der lebensmittelbe- und -verarbeitenden Industrie oder den Haushalten).

Regenerativ sind damit im eigentlichen Sinne nur die natürlich vorkommenden erneuerbaren Primärenergien, nicht aber die daraus resultierenden Sekundär- oder Endenergien bzw. -träger. Beispielsweise ist der aus einer technischen Umwandlungsanlage gewonnene Strom aus erneuerbaren Energien nicht regenerativ; er ist nur so lange verfügbar, wie auch die technische Umwandlungsanlage betrieben werden kann. Trotzdem werden vielfach auch die aus erneuerbaren Energien gewonnenen Sekundär- und Endenergieträger als regenerativ bezeichnet.

1.1.2 Energiequellen

Sonne. In der Kernregion der Sonne – als den Zentralkörper unseres Planetensystems – herrschen Temperaturen von ca. 15 Mio. K. Hier findet eine Kernfusion statt; d. h. Wasserstoff verschmilzt zu Helium. Der dabei resultierende Massenverlust zwischen dem Wasserstoff und dem Helium wird in Energie umgewandelt, die nach Einstein aus der Masse und dem Quadrat der Lichtgeschwindigkeit berechnet werden kann. Pro Sekunde bilden rund 650 Mio. t Wasserstoff etwa 646 Mio. t Helium; die Differenz von ca. 4 Mio. t wird in Energie umgewandelt.

Die in der Kernregion der Sonne durch eine derartige Fusion freigesetzte Energie wird innerhalb der Sonne zunächst überwiegend durch Strahlung bis zum etwa 0,7-fachen des Sonnenradius transportiert. Die Weiterleitung bis zur Sonnenoberfläche erfolgt dann primär durch Konvektion. Anschließend wird die Energie als Materiestrahlung und elektromagnetische Strahlung in den Weltraum abgegeben /Kippenhahn 1991/.

- Die Materiestrahlung besteht aus Protonen und Elektronen, die von der Sonne mit einer Geschwindigkeit von ca. 500 km/s emittiert werden. Aufgrund des terrestrischen Magnetfelds erreichen nur wenige dieser elektrisch geladenen Teilchen die

Erdoberfläche. Dies ist für das Leben auf der Erde von besonderer Bedeutung, da diese Strahlung organisches Leben in seiner jetzigen Form nicht erlauben würde.

- Die elektromagnetische Strahlung, die im Wesentlichen von der Photosphäre der Sonne ausgesendet wird, überdeckt den gesamten Frequenzbereich von der kurzwelligen bis zur langwelligen Strahlung. Die flächenspezifische Strahlungsleistung kann aus der Temperatur in der Photosphäre (ca. 5 785 K), dem Emissionsgrad und der Stefan-Boltzmann-Konstante berechnet werden; sie beträgt rund $63{,}5 \cdot 10^6$ W/m^2.

Diese flächenspezifische Strahlungsleistung nimmt – werden keine Verluste berücksichtigt – mit dem Quadrat der Entfernung ab. Geht man vom Durchmesser der Sonne bis zur Photosphäre aus und legt eine mittlere Entfernung zwischen der Sonne und der Erde zugrunde, errechnet sich für den oberen Rand der Erdatmosphäre eine flächenspezifische Strahlungsleistung von ca. 1 370 W/m^2. Dieser Mittelwert wird als Solarkonstante bezeichnet.

Im Jahresverlauf ist die am Atmosphärenrand ankommende Sonnenstrahlung allerdings durch saisonale Unterschiede gekennzeichnet. Ursache ist die Ellipsenbahn der Erde um die Sonne, durch die sich der Abstand der beiden Himmelskörper und damit auch die am äußeren Atmosphärenrand ankommende Strahlung verändert. Abb. 1.2 zeigt den daraus resultierenden Verlauf der Solarkonstanten. Demnach wird diese Größe am 2. Januar mit knapp 1 420 W/m^2 maximal (Perihel). Umgekehrt nimmt sie am 2. Juli mit etwa 1 330 W/m^2 ein Minimum an (Aphel).

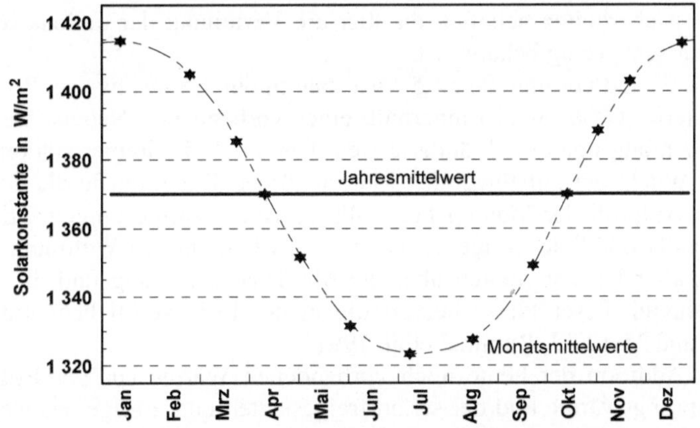

Abb. 1.2 Solarkonstante im Jahresverlauf (nach /Duffie und Beckmann 1991/)

Trotz der höheren Strahlungsintensität am äußeren Atmosphärenrand herrschen im Winter auf der Nordhalbkugel im Schnitt deutlich niedrigere Temperaturen als im Sommer. Dies ist auf die Winkelstellung der Rotationsachse der Erde mit der Ebene der Umlaufbahn zurückzuführen, die eine Ausrichtung der Nordhalbkugel weg von der Sonne bewirkt. Daraus resultiert im Winter ein, im Vergleich zur Südhalbkugel, niedrigerer Sonnenstand und eine kürzere Sonnenscheindauer.

Unter günstigen Bedingungen kann die flächenspezifische Strahlungsleistung auf der Erdoberfläche noch ca. 1 000 W/m^2 erreichen. Die Differenz zur Solarkonstanten und damit der Strahlung am oberen Rand der Erdatmosphäre wird beim Strahlungsdurchgang durch die Erdatmosphäre reflektiert bzw. absorbiert.

An der gesamten auf der Erde umgesetzten Energie hat die Sonnenenergie einen Anteil von über 99,9 %. Die von der Sonne auf die Erde eingestrahlte Energie wirkt dabei nicht nur als Sonnenenergie im eigentlichen Sinn, sondern wird teilweise auch in andere Energieformen (z. B. Windenergie, Wasserkraft, Biomasse) umgewandelt.

Erdwärme. Der aus dem Erdinnern an die Erdoberfläche dringende Energiestrom speist sich aus unterschiedlichen Quellen. Sie werden nachfolgend kurz zusammengefasst.

Die Erde enthält radioaktive Elemente (u. a. Uran (U^{238}, U^{235}), Thorium (Th^{232}), Kalium (K^{40})), welche infolge radioaktiver Zerfallsprozesse über Zeiträume von Millionen von Jahren Energie abgeben. Die Massenanteile von Uran bzw. Thorium in Granit betragen etwa 4,7 bzw. ca. 20 ppm (parts per million; d. h. ein Teilchen auf eine Million Teilchen) und in Basalt rund 0,7 bzw. etwa 2,7 ppm. Mit der entsprechenden Halbwertszeit, einer freigesetzten Energie von ca. 5,5 MeV für ein Zerfallsereignis und etwa 6 (Thorium) bzw. 8 (Uran) Zerfällen bis zum Erreichen eines stabilen Zustandes ergibt sich daraus eine Wärmeerzeugung von rund 1 J/(g·a).

Der Zerfall solcher natürlicher, langlebiger radioaktiver Isotope in der Erde produziert somit permanent Wärme. Die beteiligten Isotope in den oberflächennahen Erdschichten sind hauptsächlich in der kontinentalen Erdkruste angereichert. Aufgrund derartiger radioaktiver Zerfallsprozesse hat die Erde seit ihrer Entstehung rund $7 \cdot 10^{30}$ J radiogene Wärme erhalten. Die potenzielle Wärme noch vorhandener radioaktiver Isotope beträgt etwa $12 \cdot 10^{30}$ J /Rummel et al. 1991/. Diese Zahlen sind jedoch mit großen Unsicherheiten behaftet, da über die Verteilung der radioaktiven Isotope in der Erde nur sehr wenig bekannt ist.

Die Erde entstand vor ungefähr 4,5 Mrd. Jahren durch schrittweise Zusammenballung von Materie (Gase, Staub) innerhalb eines vorhandenen Nebels. Verlief dieser Vorgang am Anfang noch kühl, änderte sich dies durch die immer stärker werdende mechanische Wucht der aufstürzenden Materiekörper. Dabei dürfte die Gravitationsenergie beim Aufprall der Massen fast vollständig in Wärme umgewandelt worden sein, wobei ein Großteil der freigesetzten Wärme wieder in den Weltraum abgestrahlt wurde. Trotz aller Unsicherheiten über die Massenansammlung und die Energieabstrahlung während dieser Phase beträgt die in der Erde verbliebene Energie etwa zwischen 15 und $35 \cdot 10^{30}$ J /Rummel et al. 1991/.

Bei einer Addition der heute noch vorhandenen Wärme aus der Erdentstehung bzw. der Ursprungswärme und der schon freigesetzten und infolge des weiteren Zerfalls radioaktiver Isotope noch freisetzbaren Wärme errechnet sich eine Gesamtwärme der Erde von 12 bis $24 \cdot 10^{30}$ J. Davon befinden sich in der äußersten Erdkruste bis rund 10 000 m Tiefe etwa 10^{26} J. Der daraus resultierende Wärmestrom zur Erdoberfläche liegt in der Größenordnung von rund 65 mW/m^2.

Aufgrund dieser Wärmestromdichte ergibt sich eine Strahlungsleistung der Erde von ca. $33 \cdot 10^{12}$ W bzw. einer Energieabgabe von rund 1 000 EJ/a an die Atmosphäre. Demgegenüber liegt die Einstrahlung der Sonne auf die Erdoberfläche bei mehr als dem 20 000-fachen dieses terrestrischen Wärmestroms.

Die Temperatur auf der Erdoberfläche wird damit vom Wärmeeintrag durch die eingestrahlte Sonnenenergie dominiert. Deutlich wird dies u. a. daran, dass der Boden im Winter bis in Tiefen von mehreren Dezimetern und mehr gefroren sein kann und sich im Sommer erheblich aufheizt (je nach geographischer Lage auf z. T. 50 °C und mehr). Aufgrund der meist schlechten Temperaturleitfähigkeit des Erdreichs beeinflusst die Sonneneinstrahlung den Temperaturgang innerhalb der Erde im Regelfall nur bis zu einer Tiefe von 10 bis 20 m (Jahresgang).

Trotz dieser Effekte und damit unabhängig, aus welcher Quelle des regenerativen Energieangebots die im Erdreich vorhandene Wärme letztlich stammt, wird im Rahmen dieser Ausführungen unter dem Begriff "Erdwärme" die in der Erde gespeicherte Energie verstanden. Dies steht auch in Übereinstimmung mit der üblichen Vorgehensweise und den umgangssprachlichen Definitionen, da bei der Energiegewinnung mit Hilfe von Wärmepumpen beispielsweise mit Erdkollektoren oder Erdsonden von der Nutzung der oberflächennahen Erdwärme gesprochen wird, obwohl es sich dabei zum überwiegenden Teil um eine indirekte Nutzung der Sonnenenergie handelt.

Planetengravitation und -bewegung. Erde und Mond kreisen um einen gemeinsamen Schwerpunkt. Er liegt – aufgrund der Massendisproportionalität zwischen den beiden Himmelskörpern – innerhalb des Erdkörpers. Bei der Rotation von Erde und Mond um diesen gemeinsamen Schwerpunkt bewegen sich alle Punkte dieser Himmelskörper auf Kreisen gleichen Radius. Im Erdmittelpunkt ist dabei die Anziehungskraft durch den Mond genau so groß wie die Zentripetalkraft, die für die Kreisbewegung der Erde benötigt wird. Auf der dem Mond zugewandten Seite ist die Anziehungskraft größer; daher versucht alle Materie auf dieser Seite der Erde sich zum Mond hin zu bewegen. Auf der dem Mond abgewandten Seite ist die Massenanziehungskraft des Mondes demgegenüber kleiner als die Zentripetalkraft, die für die Bewegung der auf dieser Seite befindlichen Materie auf der Kreisbahn notwendig ist; hier versucht daher alle Materie auf der Erde, sich vom Mond weg zu bewegen. Dieser Effekt macht sich u. a. bei den beweglichen Wassermassen auf der Erdoberfläche in Form von Ebbe und Flut bemerkbar.

Der Erdkörper zieht sich unter der Wirkung dieser Kräfte etwas in die Länge. Die Einstellzeit dieser Deformation, die innerhalb von 24 Stunden ihre Richtung um eine volle Drehung ändert, ist aber zu groß, als dass es zu einer vollständigen Ausbildung der sich theoretisch einstellenden Verzerrung kommt. Das Wasser dagegen folgt dieser Deformation, allerdings mit einer geringen Verzögerung aufgrund der inneren Reibung der Wassermassen, der Reibung am Meeresboden, dem Anprall an die Kontinentalränder und dem Eindringen in Meeresengen und -buchten. Diese verzögernden Kräfte führen deshalb zu einer Phasenverschiebung zwischen dem Mondhöchststand und der Flut.

Die Energiequelle, die auf der Erde die Gezeiten hervorruft, resultiert also im Wesentlichen aus der Kombination der Planetenbewegungen und der Massenanziehung der Himmelskörper Erde und Mond untereinander.

1.1.3 Bilanz der Energieströme

Die Energie, die aus den drei primären Energiequellen Sonne, Erdwärme sowie Planetengravitation und -bewegung stammt, kommt auf der Erde in verschiedenen Erscheinungsformen vor (z. B. Wärme, fossile Energieträger, Biomasse) bzw. ruft unterschiedliche Wirkungen hervor (z. B. Wellen, Verdunstung, Niederschlag).

Abb. 1.3 zeigt eine Systematik, die diese Erscheinungsformen bzw. Wirkungen den entsprechenden Energiequellen zuordnet. Dabei sind immer nur die wesentlichen Zusammenhänge dargestellt, da eine eindeutige Zuordnung oft nicht möglich ist.

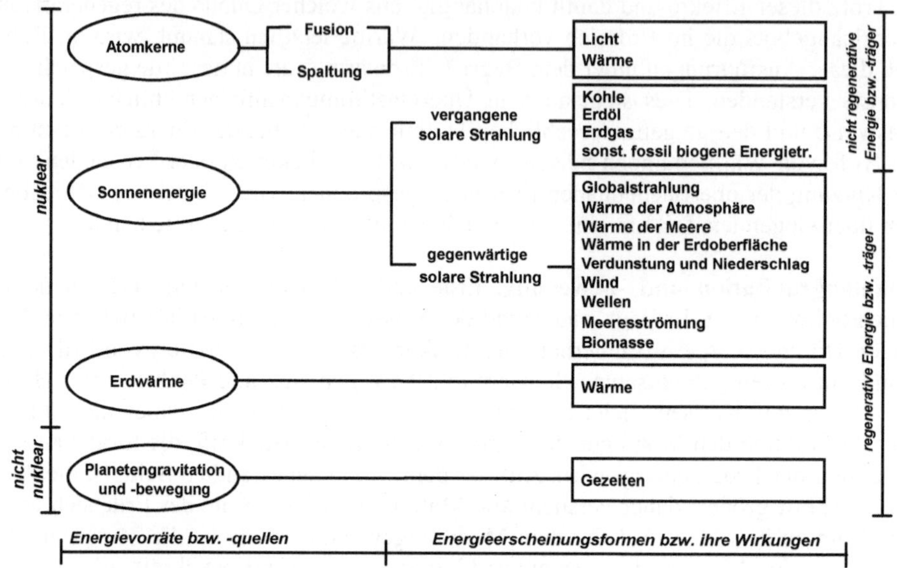

Abb. 1.3 Energiequellen, ihre Erscheinungsformen bzw. Wirkungen /Kaltschmitt, Streicher und Wiese 2006/

So resultiert beispielsweise die Windenergie aus der Atmosphärenbewegung, die durch die Sonneneinstrahlung bedingt und durch die Erdrotation beeinflusst wird. Die dem Menschen zugängliche Wärme des oberflächennahen Erdreichs setzt sich sowohl aus Solarenergie als auch aus Erdwärme zusammen.

Zu den Primärenergiequellen zählen nach Abb. 1.3 neben den regenerativen Energieströmen aus Sonne, Erdwärme sowie Planetengravitation und -bewegung auch die nicht regenerative Energiequelle der Atomkerne, aus denen entweder über den Fusionsprozess oder die Kernspaltung Wärme gewonnen werden kann. Der Energiestrom von der Sonne ist Ursache für eine Vielzahl von weiteren Energieerscheinungsformen bzw. Wirkungen. Aus der solaren Strahlung sind im Laufe der vergangenen Jahrmillionen u. a. die fossil biogenen Energieträger Kohle, Erdöl und Erdgas entstanden. Sie bilden zusammen mit der Energie aus den Atomkernen (fossil mineralische Energieträger) die nicht regenerativen Energien bzw. Energieträger. Alle anderen sind erneuerbare Energien bzw. Energieträger. Ein Teil der gegenwärtig von der Sonne auf die Erde eingestrahlten Energie wird innerhalb der Atmosphäre umgewandelt und ist letztlich u. a. für Verdunstung und Niederschlag, Wind und Wellen verantwortlich. Die auf der Erde ankommende Globalstrahlung erwärmt die Meere und die Erdoberfläche. Daraus resultieren beispielsweise die Meeresströmungen und das Pflanzenwachstum. Neben diesen Erscheinungsformen werden zu den regenerativen Energien auch die Erdwärme sowie die Gezeitenenergie gezählt.

Da die Erde sich annähernd in einem energetischen Gleichgewichtszustand befindet, muss der zugeführten Energie ein entsprechend gleich großer Entzug gegenüberstehen. Diese Energiebilanz der Erde zeigt Abb. 1.4. Der mit Abstand größte Teil der pro Jahr auf der Erde umgesetzten Energie stammt demnach von der Sonne (über 99,9 %). Die Planetengravitation und -bewegung sowie die Erdwärme liefern zusätzlich nur etwa 0,022 %. Durch den weltweiten Primärenergieverbrauch aus der Nutzung der fossilen Energiereserven und -ressourcen kommen jährlich weitere rund 0,008 % bzw. ca. 465 EJ (2007) hinzu (vgl. /VDI 1991/, /Schäfer 1992/, /BP 2008/).

Jährlich strahlt die Sonne etwa $5{,}6 \cdot 10^{24}$ J auf die Erde. Davon werden etwa 31 % direkt am oberen Atmosphärenrand wieder zurück in den Weltraum reflektiert. Die verbleibenden 69 % dringen in die Atmosphäre ein. Ein größerer Teil davon erreicht die Erdoberfläche, während ein kleinerer Teil in der Atmosphäre absorbiert wird. Von der die Erdoberfläche erreichenden Strahlung wird zunächst ein kleiner Teil (im Mittel etwa 4,2 %) wieder direkt zurück in die Atmosphäre reflektiert. Der überwiegende Teil der die Erdoberfläche erreichenden Strahlung steht allerdings für Verdunstung, Konvektion und Abstrahlung zur Verfügung. Die Solarstrahlung wird dazu in langwellige Wärmestrahlung gewandelt und als diese wieder in den Weltraum abgestrahlt. Ein geringer Teil wird über den Photosyntheseprozess in organische Substanz umgewandelt.

Damit besteht näherungsweise ein Gleichgewichtszustand zwischen der zu- und abgeführten Energie auf der Erdoberfläche. Die zugeführte Energie ist dabei geringfügig größer, da ein Teil der eingestrahlten Energie in Form von Biomasse gespeichert wird. Wird diese organische Substanz nicht in absehbarer Zeit wieder verbrannt oder anderweitig umgewandelt, kann sie im Verlauf geologischer Zeiträume in fossil biogene Energieträger umgewandelt werden. Im Wesentlichen betrifft dies das im Meer gebildete Plankton, das teilweise auf den Meeresgrund absinkt. Andererseits kann mit der Nutzung der fossil biogenen und fossil mineralischen Energieträger auch mehr Energie freigesetzt werden, als letztlich aus den beschriebenen regenerativen Energieströmen der Erde zugeführt wird.

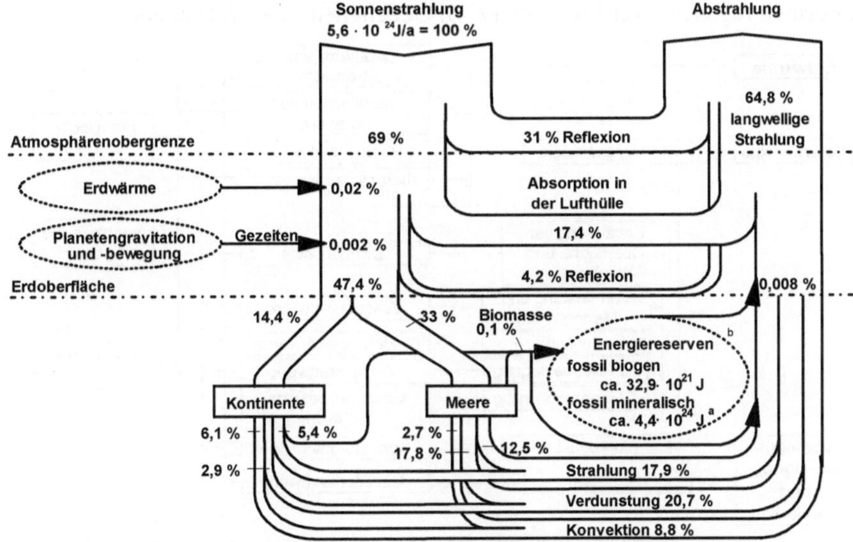

Abb. 1.4 Energiebilanz der Erde (nach /Schäfer 1992/; [a] mit Brütertechnologie (1,5 TJ/kg Uran); [b] Weltprimärenergieverbrauch von rund 465 EJ im Jahr 2007 /BP 2008/)

1.1.4 Erneuerbare Energiequellen

Aus den drei Primärenergiequellen Solarstrahlung, Erdwärme sowie Planetengravitation und -bewegung werden durch verschiedene natürliche Umwandlungen innerhalb der Erdatmosphäre eine Reihe weiterer Energieströme hervorgerufen. So stellen beispielsweise die Windenergie oder die Wasserkraft wie auch die Meeresströmungsenergie und die Biomasse eine umgewandelte Form der Sonnenenergie dar (Abb. 1.5).

Dieses regenerative Energieangebot ist durch eine große Bandbreite hinsichtlich der Energiedichte, der zeitlichen und geographischen Variationen des Energieangebots, der daraus gewinnbaren Sekundär- oder Endenergieträger und anderer Größen gekennzeichnet. Entsprechend muss jede Option zur Nutzbarmachung dieser Energien an die jeweilige Charakteristik dieses natürlichen Energieangebots angepasst sein. Unter den in Österreich gegebenen Bedingungen stellen sich dabei vor allem die

- Stromerzeugung aus Wasserkraft,
- solare Wärmebereitstellung mit passiven und aktiven Systemen,
- photovoltaische Umwandlung des Sonnenlichts in elektrische Energie,
- Nutzung der Windenergie mit Windkraftanlagen,
- Nutzung von Umgebungswärme (d. h. Wärme der bodennahen Atmosphärenschichten und der oberflächennahen Erdwärme) mittels Wärmepumpen,
- Nutzung von tiefer Erdwärme zur Wärme- und ggf. Stromerzeugung sowie
- Nutzung der photosynthetisch fixierten Energie als Biomasse

als technisch sinnvolle Optionen einer Nutzung regenerativer Energien dar. Die vorliegende Ausarbeitung beschränkt sich daher auf diese Energieströme bzw. zugehörigen Wandlungstechniken; nicht berücksichtigt werden solarthermische Kraftwerke (u. a. Parabolrinnenkraftwerke, Solarturmkraftwerke, Aufwindkraftwerke) sowie die aufgrund der in Österreich vorherrschenden geographischen Bedingungen nicht nutzbaren Formen regenerativer Energien (z. B. Gezeitenenergie, Wellenenergie).

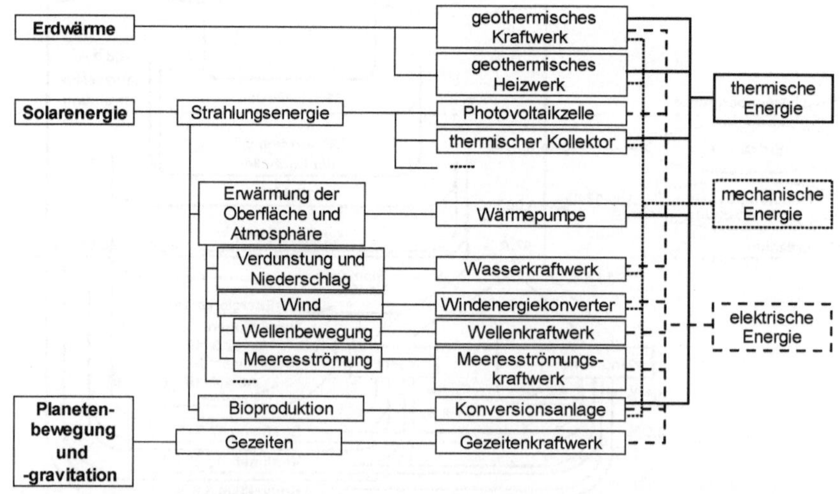

Abb. 1.5 Möglichkeiten zur Nutzung des regenerativen Energieangebots (nach /Kleemann und Meliß 1993/, /Kaltschmitt, Streicher und Wiese 2006/)

1.2 Energiesystem Österreich

Die Möglichkeiten und Grenzen der Nutzung des regenerativen Energieangebots können realistischerweise nur unter Berücksichtigung der vorhandenen Gegebenheiten im Energiesystem – und damit im energiewirtschaftlichen Gesamtzusammenhang – analysiert und bewertet werden. Vor diesem Hintergrund wird nachfolgend der Energieverbrauch in Österreich ausgehend vom Primärenergieverbrauch bis zum Nutzenergieverbrauch dargestellt. Zusätzlich werden der Verbrauch an elektrischer Energie sowie an Energie zur Raum- und Trinkwarmwasser- sowie Prozesswärmebereitstellung (d. h. die gesamte Wärmenachfrage) diskutiert. Außerdem werden die Umwelteffekte der Energiebereitstellung sowie die spezifischen Emissionen für den österreichischen Stromerzeugungsmix aufgezeigt.

1.2.1 Primärenergieeinsatz

Der Brutto-Inlandsenergieeinsatz lag in Österreich im Jahr 2006 bei rund 1 464 PJ /Statistik Austria 2008a/. Dieser Gesamtverbrauch wurde zu 41,6 % aus Mineralöl, zu 11,7 % aus Stein- und Braunkohlen, zu 21,5 % aus Erdgas, zu 8,6 % aus Wasserkraft, zu 12,0 % aus Biomasse (u. a. Brennholz, biogene Brenn- und Treibstoffe) sowie zu 2,0 % aus brennbaren Abfällen, zu 1,0 % aus sonstigen erneuerbaren Energieträgern (u. a. Umgebungswärme, Solarenergie, Windkraft; Abb. 1.6) und zu 1,7 % durch elektrische Energie gedeckt (Angaben gerundet). Biogene brennbare Abfälle werden dabei definitionsgemäß zu den erneuerbaren Energien gezählt.

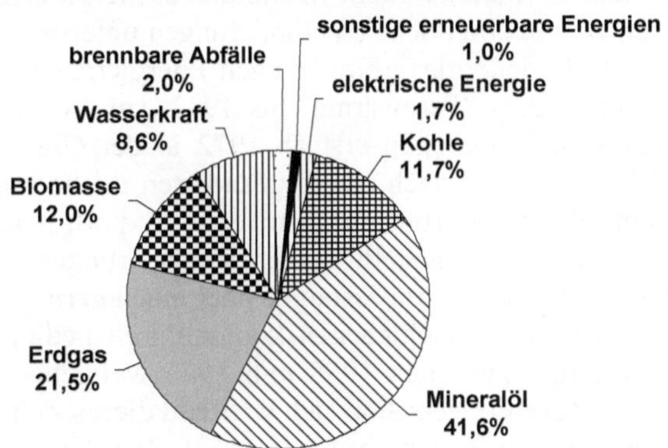

Abb. 1.6 Bruttoenergieeinsatz nach Energieträgern in Österreich 2006 /Statistik Austria 2008a/

In den letzten Jahrzehnten war der Bruttoenergieverbrauch in Österreich erheblichen Veränderungen unterworfen. Lag er 1955 noch bei rund 451 PJ, stieg er 1970 auf 824 PJ und 1980 auf 1 046 PJ. Infolge der beiden Ölpreiskrisen 1973 und 1979/80 und einer auch dadurch induzierten effizienteren Energienutzung kam es in weiterer Folge zu einem deutlichen Rückgang dieser Zuwachsraten.

Der Bruttoinlandsenergieverbrauch entspricht allerdings nicht vollständig der in Kapitel 1.1.1 definierten Primärenergie. Dieser hier betrachtete Bruttoinlandsenergieverbrauch beschreibt ausschließlich die arithmetische Summe aus importierten sowie innerhalb Österreichs aufgebrachten Energieträgern – und damit letztlich den gesamten Energieeinsatz im Energiesystem von Österreich. Dabei wird aber nicht zwischen Primär- (z. B. Braunkohle) oder Sekundärenergieträgern (z. B. Koks, Benzin) unterschieden; vielmehr wird nur die nach Österreich importierte Energie sowie die österreichische Eigenenergieaufbringung betrachtet. Umwandlungs- oder Verteilungsverluste in den Erzeugerländern werden bei dieser statistischen Erfassung nicht berücksichtigt bzw. den jeweiligen Produzentenländern angelastet.

1.2.2 End- und Nutzenergieeinsatz

Aufgrund von Umwandlungs- und Verteilungsverlusten sowie wegen des Eigenverbrauchs des Sektors Energie (z. B. Raffinerie, Kokerei) kann nur ein Teil des Brutto-Inlandsenergieeinsatzes als End- bzw. Nutzenergie beim Verbraucher ein- bzw. umgesetzt werden.

Endenergieeinsatz. Dem Bruttoenergieverbrauch stand im Jahr 2006 ein Endenergieverbrauch in Österreich von rund 1 118 PJ gegenüber /Statistik Austria 2008a/. Dabei ist Mineralöl mit einem Anteil von knapp 43,0 % am Endenergieverbrauch nach wie vor der bedeutendste Energieträger, gefolgt von elektrischer Energie mit ca. 18,6 %, Erdgas mit leicht unter 17,0 % und den erneuerbaren Energien mit rund 13,5 %. Einen kleineren Beitrag leisten Fernwärme mit 5,5 % und Stein- und Braunkohlen mit 2,4 %.

Der Endenergieeinsatz war, ähnlich dem Bruttoinlandsenergieverbrauch, im Verlauf der letzten fünf Jahrzehnte erheblichen Veränderungen unterworfen. Dies wird in Abb. 1.7 deutlich, die den Endenergieverbrauch nach Energieträgern seit 1955 zeigt. Dabei ist u. a. zu beachten, dass "Fernwärme" bis 1972 den "sonstigen Energieträgern" zugerechnet wurde und deswegen erst ab 1972 in der Grafik deutlich wird. Weiters werden die Werte ab 1993 nach einem geänderten methodischen Ansatz erhoben (u. a. Verbuchung des Flugturbinentreibstoffs als Export, neuer Heizwert für Brennholz). Für eine qualitative Darstellung der Veränderungen des Endenergieverbrauchs in Österreich haben diese Anpassungen aber einen geringen Einfluss.

Demnach ist abgesehen von verschiedenen konjunkturell bedingten Einbrüchen der Verbrauch an Endenergie zwischen 1955 und 1973 weitgehend kontinuierlich angestiegen. Der Energieträgermix verschob sich während dieses Zeitraums von Kohle als einem wesentlichen Endenergieträger hin zum Öl. Seit der ersten Ölpreiskrise 1973 hat dieser Anstieg der Bedeutung des Öls abgenommen, ist aber noch deutlich ausgeprägt. Zwar sank der Verbrauch an schwerem und leichtem Heizöl. Parallel dazu ist es aber zu einem deutlichen Anstieg des Kraftstoffverbrauchs gekommen. In der Summe hat dies dazu geführt, dass die Bedeutung des Öls im Energiesystem von Österreich nach wie vor erheblich ist und den mit Abstand größten Einzelbeitrag leistet. Im Unterschied dazu ist der Verbrauch an Kohle in den letzten Jahren weiter zurückgegangen. Im Gegenzug haben die sonstigen Energieträger (primär Biomasse) nach einem leichten Rückgang bis zum Beginn der 1970er Jahre wieder stark an Bedeutung gewonnen. Aber auch der Gas- und Stromeinsatz zur Deckung der Endenergienachfrage steigt seit diesem Zeitraum kontinuierlich an.

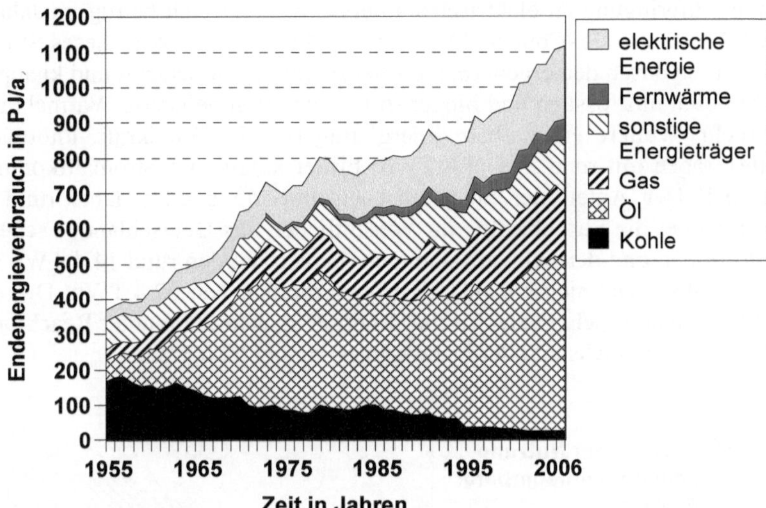

Abb. 1.7 Endenergieeinsatz nach Energieträgern in Österreich (u. a. nach /ÖSTAT 2000/, /Statistik Austria 2008a/)

Dabei wird die Endenergie zu 34,0 % im Transportsektor eingesetzt. Weitere knapp 30,5 % werden zum Betrieb von Raumheizungen und Klimaanlagen sowie zur Trinkwarmwasserbereitstellung und rund 22,5 % für die Bereitstellung von Prozesswärme eingesetzt; d. h. rund die Hälfte des Endenergieeinsatzes dient der Wärmeerzeugung (und Kältebereitstellung). Demgegenüber ist der Endenergieverbrauch für die Erzeugung mechanischer Arbeit mit 10,5 % deutlich geringer. Im Vergleich dazu wird nur rund 2,5 % des Endenergieverbrauchs für Beleuchtung und EDV aufgewendet /Statistik Austria 2008a/.

Wird dieser Endenergieverbrauch den wesentlichen Verbrauchssektoren zugeordnet, zeigt sich, dass der Verkehrssektor rund 33 %, das produzierende Gewerbe etwa 28 %, die privaten Haushalte knapp 26 %, die öffentlichen und privaten Dienstleistungen knapp 11 % und die Landwirtschaft etwa 2 % nachfragen /Statistik Austria 2008a/.

Nutzenergieeinsatz. Von der eingesetzten Endenergie steht aufgrund unterschiedlichster Verluste beim Verbraucher (z. B. Wärmeverluste bei Heizkessel) nur ein Teil als Nutzenergie – und damit für den eigentlichen Verwendungszweck – zur Verfügung.

Für das Jahr 2006 kann der Nutzenergieverbrauch in Österreich mit etwa 674 PJ abgeschätzt werden (Verlustanteile von 2000, nach /BMWA 2003/ und /Statistik Austria 2008a/). Damit stehen von der eingesetzten Endenergie (1 118 PJ, 2006) knapp 60 % bzw. vom gesamten Bruttoinlandsenergieeinsatz (1 464 PJ, 2006) ca. 46 % für den Verbraucher als Nutzenergie in der Republik Österreich zur Verfügung. Der verbleibende Rest sind die entsprechenden Verluste innerhalb des österreichischen Energiesystems.

1.2.2.1 Elektrische Energie

Die gesamte Aufbringung an elektrischer Energie in Österreich betrug im Jahr 2006 etwa 85,2 TWh (brutto) /E-Control 2008b/. Rund 44 % (37,3 TWh) dieses Stromaufkommens wurden durch den erneuerbaren Energieträger Wasserkraft und knapp 29 % (24,5 TWh) durch mit fossilen und biogenen Brennstoffen befeuerte Wärmekraftwerke aufgebracht. Weitere erneuerbare Energieträger (z. B. Windkraft, Photovoltaik, Geothermie) tragen mit rund 2 % (1,8 TWh) bisher kaum zum Stromaufkommen in Österreich bei. Der Anteil der physikalischen Importe beträgt dabei rund 25 % (21,3 TWh), wobei die Strombezüge im Wesentlichen aus Deutschland, Tschechien, Ungarn, Slowenien und der Schweiz stammen. Davon wurden rund 14,4 TWh erneut exportiert. Daraus ergibt sich ein Inlandsstromverbrauch von 67,4 TWh. Der daraus resultierende Endverbrauch an elektrischer Energie im Jahr 2006 unter Beachtung des Kraftwerkseigenverbrauchs und der Netzverluste lag bei 62,0 TWh.

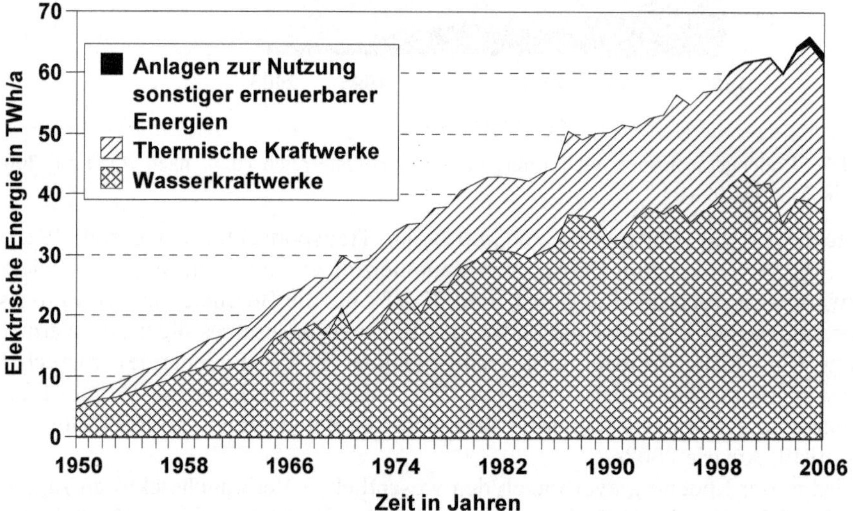

Abb. 1.8 Entwicklung der Brutto-Erzeugung an elektrischer Energie in Österreich zwischen 1950 und 2006 /E-Control 2008b/

Innerhalb der letzten Jahrzehnte ist die Aufbringung an elektrischer Energie kontinuierlich gestiegen (Abb. 1.8); zwischen 1950 und 2006 kam es etwa zu einer Verzehnfachung der Bruttoerzeugung der österreichischen Kraftwerke. Das Verhältnis der Stromerzeugung aus Wasserkraft und Wärmekraft änderte sich während dieser Zeit geringfügig zu Ungunsten der Wasserkraft; d. h. die Stromerzeugung aus Wärmekraftwerken ist überproportional im Vergleich zur Wasserkraftverstromung gestiegen. Kamen beispielsweise 1950 knapp 78 % der in Österreich erzeugten elektrischen Energie aus Wasserkraftwerken, so waren es 2006 nur noch knapp 58 %. Verglichen damit ist der Anteil der erneuerbaren Energien, die außer der Wasserkraft und den in Wärmekraftwerken eingesetzten regenerativen Energieträgern (z. B. biogene Festbrennstoffe) zur Stromerzeugung genutzt werden (u. a. Photovoltaik, Windkraft, Geothermie), gering; diese Optionen werden auch erst ab dem Jahr 1998 statistisch erfasst.

Hinzu kommt, dass die Stromerzeugung aus Wasserkraft saisonalen Variationen unterworfen ist. Abb. 1.9 zeigt deshalb die jahreszeitlichen Schwankungen anhand der gesamten monatlichen Bruttostromaufbringung in Österreich untergliedert nach Energieträgern. Der Anteil der Wasserkraft an der gesamten inländischen Stromaufbringung liegt demnach zwischen weniger als 50 % während der Wintermonate und knapp 70 % im Sommer.

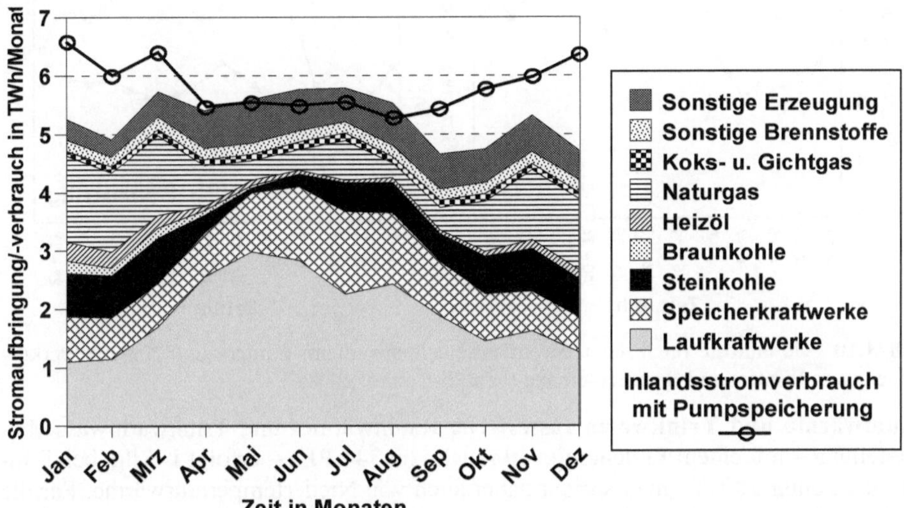

Abb. 1.9 Monatliche Brutto-Stromaufbringung nach Energieträgern sowie Inlandsstromverbrauch in Österreich 2006 /E-Control 2007b/ (Sonstige Brennstoffe – nicht fossile Energieträger/Derivate wie z. B. biogene Brennstoffe, Laugen, Müll etc.; Sonstige Erzeugung – Erzeugung, die unterjährig nicht nach Kraftwerkstypen und/oder Primärenergieträgern aufgeteilt werden kann)

Neben den in Abb. 1.9 dargestellten Jahresgang ist der Stromverbrauch auch durch einen ausgeprägten Tagesgang gekennzeichnet. Abb. 1.10 zeigt dies exemplarisch anhand der Tagesgänge des gesamten Stromverbrauchs in Österreich an einem Werk- und Sonntag im Sommer bzw. Winter.

Der größte Nachfrager nach elektrischer Energie ist mit etwa 46 % des Gesamtinlandsverbrauchs die Industrie. Weitere 26 % werden von den privaten Haushalten und 20 % vom öffentlichen und privaten Dienstleistungsbereich nachgefragt. Landwirtschaft und Verkehr verbrauchen 2 bzw. 6 % der bereitgestellten elektrischen Energie /Statistik Austria 2008a/.

1.2.2.2 Thermische Energie

Für die industrielle Prozesswärmebereitstellung sowie die Wärmebereitstellung für Raumheizung und Trinkwarmwassererwärmung werden mit zusammen rund 592 PJ (53 %) der Großteil des Endenergieverbrauchs in Österreich von 1 118 PJ (2006) aufgewendet /Statistik Austria 2008a/.

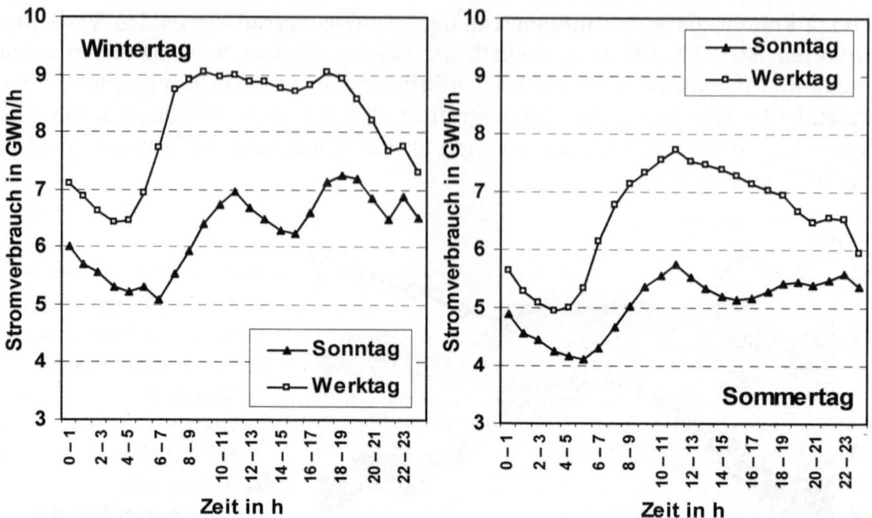

Abb. 1.10 Gesamtösterreichischer Stromverbrauch an einem Winter- und Sommerwerktag sowie einem Winter- und Sommersonntag (u. a. /E-Control 2008a/)

Raumwärme und Trinkwarmwasser. Die Raumwärme- und Trinkwarmwasserbereitstellung – mit einem Endenergieverbrauch von 341 PJ/a – erfolgt i. Allg. bei Temperaturen unter 100 °C; man spricht daher auch von Niedertemperaturwärme. Für die Deckung der Nachfrage nach Raumwärme werden dabei rund 85 % und nach Warmwasser etwa 15 % dieser Endenergie eingesetzt (u. a. nach /Eckerle et al. 1996/). Die Bereitstellung von Raumwärme und Trinkwarmwasser durch einzelne Energieträger zeigt Abb. 1.11 (Basis 2006).

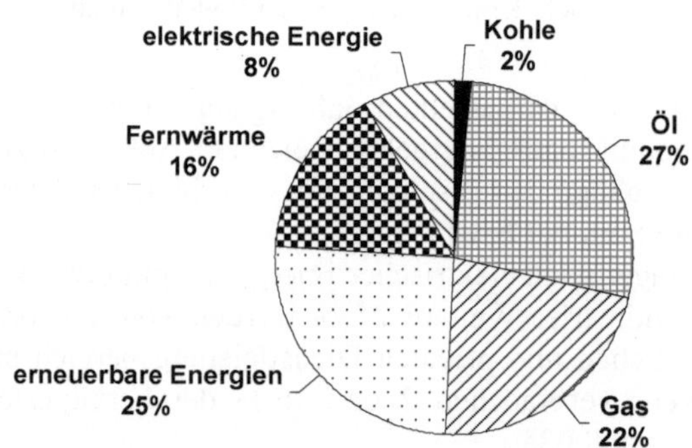

Abb. 1.11 Endenergieeinsatz nach Energieträger zur Raumwärme- und Warmwasserbereitstellung in Österreich (Basis 2006; /Statistik Austria 2008a/)

Verluste beim Verbraucher führen dazu, dass von den 341 PJ/a an eingesetzter Endenergie nur knapp 254 PJ/a (knapp 75 %) als Nutzenergie dem eigentlichen Verwendungszweck zugeführt werden können (Verlustanteile bezogen auf das Jahr 2000, nach /BMWA 2003/ und /Statistik Austria 2007a/).

Prozesswärme. Neben der Raumheizungbereitstellung und der Trinkwarmwasserbereitung wird der Gesamtwärmeverbrauch Österreichs wesentlich durch die Bereitstellung industrieller Prozesswärme bestimmt. Beispielsweise wurden 2006 von der Industrie und dem Gewerbe ca. 251 PJ nachgefragt; das sind etwas mehr als 22 % des Gesamtendenergieeinsatzes Österreichs. Abb. 1.12 zeigt die zur Prozesswärmebereitstellung eingesetzten Energieträger.

Von diesen 251 PJ/a an endenergetisch genutzter Prozesswärme kommen unter Berücksichtigung der Verluste beim Verbraucher ca. 201 PJ/a (rund 80 %) als Nutzenergie zum Einsatz (Verlustanteile bezogen auf das Jahr 2000, u. a. /BMWA 2003/, /Statistik Austria 2008a/).

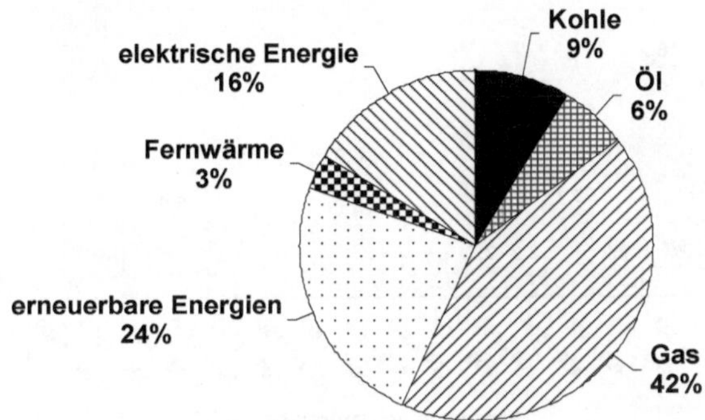

Abb. 1.12 Endenergieverbrauch nach Energieträger zur Prozesswärmebereitstellung in Österreich (Basis 2006; nach /Statistik Austria 2008a/)

Die Möglichkeiten zur Nutzung regenerativer Energien zur Prozesswärmebereitstellung werden durch eine Reihe von unterschiedlichen Faktoren beeinflusst. Neben prozesstechnischen Parametern ist das jeweils geforderte Temperaturniveau ein wesentlicher limitierender Faktor, da die aus erneuerbaren Energien gewonnene Wärme nicht auf jedem beliebigen Temperaturniveau abgeben werden kann. Beispielsweise kann mithilfe solarthermischer Anlagen Wärme nur bis etwa 120 °C bereitgestellt werden; demgegenüber können mit biogenen Festbrennstoffen betriebene Anlagen Wärme bis etwa 800 °C liefern. In Abb. 1.13 ist deshalb die Prozesswärmenachfrage Temperaturintervallen von 100 °C zugeordnet. Elektrisch erzeugte Prozesswärme (z. B. Lichtbogenöfen in der Eisen- und Metallindustrie) wird dabei nicht berücksichtigt, da sie i. Allg. nicht oder nur sehr bedingt durch andere Energieträger substituierbar ist.

1.2.3 Umwelteffekte

Infolge des dargestellten Energieumsatzes gelangt eine Vielzahl unterschiedlicher Stoffe in die natürliche Umwelt. Zu unterscheiden ist dabei zwischen den Freisetzungen durch die ordnungsgemäße energetische Nutzung (u. a. Verbrennungsprodukte wie z. B. Kohlenstoffdioxid oder Stickstoffoxide) bzw. durch einen unsachgemäßen Betrieb (z. B. Stofffreisetzungen infolge von Havarien oder Lecks); letztere werden hier allerdings nicht weiter diskutiert.

Aufgrund planmäßiger Energiewandlungsprozesse wurden im Jahr 2006 in Österreich insgesamt u. a. 91,1 Mio. t Treibhausgasemissionen (CO_2-Äquivalent-Emissionen), 0,01 Mio. t Emissionen mit versauernder Wirkung (SO_2-Äquivalent-Emissionen), ca. 0,03 Mio. t Schwefeldioxid (SO_2) und ca. 0,23 Mio. t Stickstoffoxide (NO_x) freigesetzt /UBA 2008/. Diese Emissionen waren dabei im Verlauf der letzten Jahrzehnte erheblichen Veränderungen unterworfen. Ursachen dafür waren u. a. Verschiebungen innerhalb der Energieträger (z. B. von Kohle zu Gas) sowie vor allem eine Reihe von die Emissionen limitierenden Umweltschutzauflagen.

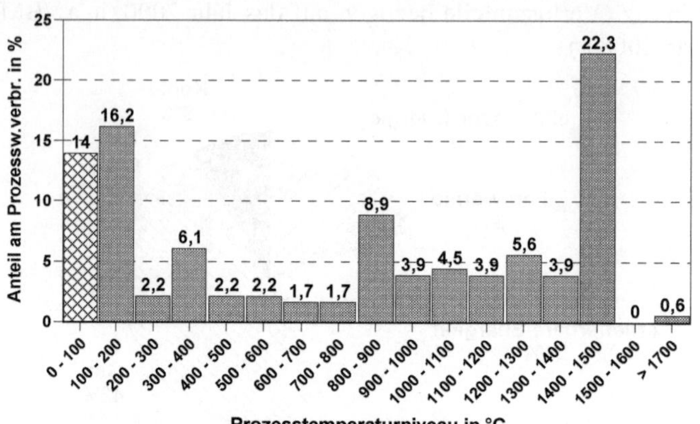

Abb. 1.13 Anteile am gesamten Prozesswärmeverbrauch (ohne Strom) in Österreich in Temperaturintervallen von 100 °C (nach /Hofer 1994/)

Treibhausgasemissionen. Abb. 1.14 zeigt die Entwicklung der österreichischen Klimagasemissionen im Vergleich zum Kyoto-Ziel. Demnach lagen die in Österreich im Jahr 2006 freigesetzten 91,1 Mio. t CO_2-Äquivalente mit 11,9 Mio. t (15,1 %) über dem Basisjahr 1990. Dies sind rund 22,3 Mio. t CO_2-Äquivalent-Emissionen (32,5 %) über dem Kyoto-Ziel für 2008 bis 2012. Der Grund für den Anstieg der Treibhausgasemissionen liegt dabei im Wesentlichen im steigenden fossilen Brennstoffeinsatz im Energiesystem der Republik Österreich und den damit ebenfalls steigenden CO_2-Äquivalent-Emissionen begründet.

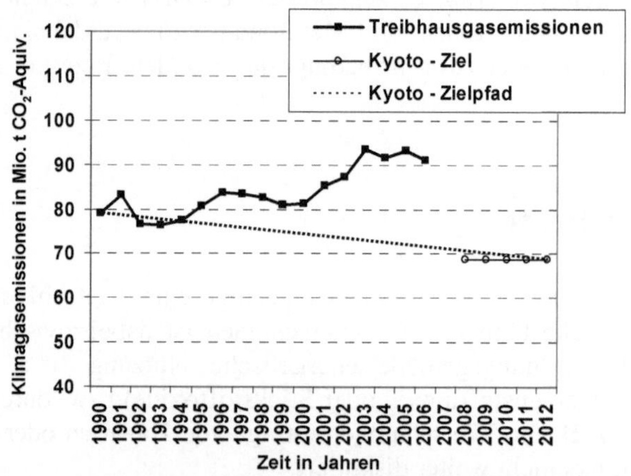

Abb. 1.14 Entwicklung der Klimagasemissionen (CO_2-Äquivalent-Emissionen) in Österreich von 1990 bis 2006 im Vergleich zum Kyoto-Ziel (nach /UBA 2008/)

Bei einer Analyse der Treibhausgasemissionen nach Verursachern /UBA 2008/ zeigt sich, dass beispielsweise rund 18 % aus dem Sektor "Energieversorgung", 15,6 % aus dem Sektor "Kleinverbraucher", 29,4 % aus dem Sektor "Industrie" und 25,5 % aus dem Sektor "Verkehr" resultieren (Abb. 1.15). Dabei setzen sich die 2006 freigesetzten Treibhausgasemissionen aus der Energieversorgung zu rund 95 % aus Kohlenstoffdioxid (CO_2) aus fossilen Energieträgern, zu ca. 4 % aus Methan (CH_4) und zu knapp 1 % aus Distickstoffoxid (N_2O) zusammen; sie resultieren im Wesentlichen aus der Strom- und Wärmeproduktion in kalorischen Kraftwerken.

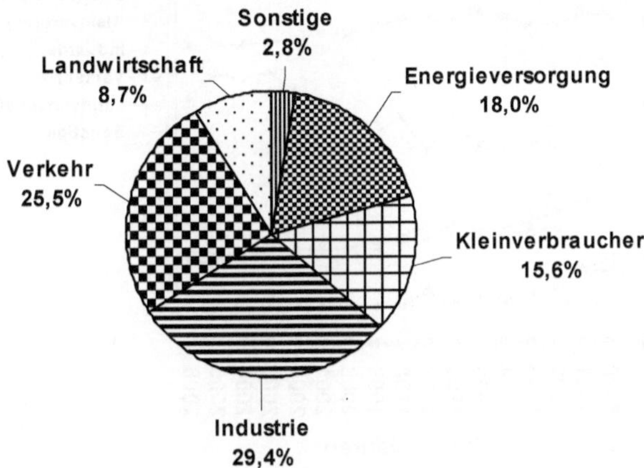

Abb. 1.15 Anteile der Verursachersektoren an den Treibhausgasemissionen 2006 /UBA 2008/

Diese Stofffreisetzungen stiegen im Zeitraum von 1990 bis 2006 um insgesamt 15 % an; dies ist vor allem auf den steigenden Stromverbrauch in Österreich zurückzuführen. Demgegenüber nahmen im Sektor "Kleinverbraucher", unter dem vor allem die Heizungsanlagen, aber auch die mobilen Geräte von privaten Haushalten, privaten und öffentlichen Dienstleistern, von (Klein-)Gewerbe sowie land- und forstwirtschaftlichen Betrieben zusammengefasst werden, die Emissionen im Betrachtungszeitraum von 1990 bis 2006 um 3 % leicht ab. Die Zusammensetzung der Treibhausgasfreisetzungen des Jahres 2006 besteht hier zu 96 % aus CO_2 aus fossilen Energieträgern und zu jeweils 2 % aus CH_4 und N_2O (Lachgas). Bei den Kleinverbrauchern zeigt sich eine starke Abhängigkeit der Emissionen von der jeweiligen Umgebungstemperatur und dem damit im Zusammenhang stehenden Heizaufwand.

Emissionen mit versauernder und eutrophierender Wirkung. Eine Versauerung in Böden und Gewässern wird maßgeblich durch den Eintrag der Luftschadstoffe Schwefeldioxid (SO_2), Stickstoffoxide (NO_x) und Ammoniak (NH_3) hervorgerufen. Zusätzlich kann durch die Freisetzung von NO_x und NH_3 eine Eutrophierung (d. h. Überdüngung mit Stickstoff) natürlicher Ökosysteme verursacht werden. Deshalb haben derartige Schadstoffe insbesondere aus Sicht des lokalen und regionalen Umweltschutzes Bedeutung.

Die gesamten Stofffreisetzungen mit versauernder Wirkung von ca. 0,01 Mio. t SO_2-Äquivalenten im Jahr 2006 werden maßgeblich durch die Emissionen aus der Landwirtschaft mit 38 % (v. a. NH_3-Emissionen) und aus dem Verkehr mit 32 % (v. a. NO_x-Emissionen) dominiert. Der Sektor "Energieversorgung" war 2006 für

6 %, der Sektor "Industrie" für 12 %, der Sektor "Kleinverbraucher" für 11 % und der Sektor "Sonstige" für 1 % derartiger Emissionen verantwortlich.

Durch eine entsprechende Gesetzgebung wurden von 1990 bis 2006 derartige Luftschadstoffe um 9,7 % vermindert. Die größten Reduktionen wurden dabei im Sektor "Kleinverbraucher" (-45 %), im Sektor "Industrie" (-32 %) sowie im Sektor "Energieversorgung" (-33 %) erzielt (Abb. 1.16). Dagegen stiegen im Sektor "Verkehr" die Emissionen um 45 %.

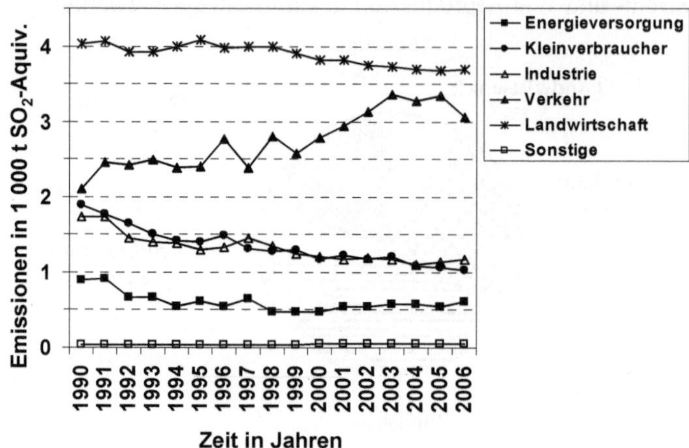

Abb. 1.16 Emissionen mit versauernder Wirkung (SO_2-Äquivalent-Emissionen) nach Sektoren /UBA 2008/

Toxische Emissionen. Die Luftschadstoffe Schwefeldioxid (SO_2) und Stickstoffoxide (NO_x) haben – außer den bereits diskutierten Wirkungen – auch toxische Wirkung auf den Menschen und die natürliche Umwelt. Deshalb kommt ihrer Minderung insbesondere aus Sicht des lokalen Umweltschutzes große Bedeutung zu.

Schwefeldioxid. SO_2 entsteht hauptsächlich bei der Verbrennung von schwefelhaltigen Brenn- und Treibstoffen. Hauptquellen sind daher Feuerungsanlagen, wie sie u. a. in der Energiewirtschaft, der Industrie sowie bei den Kleinverbrauchern betrieben werden (Abb. 1.17). Von diesen Emittenten wurden im Jahr 2006 rund 28 500 t an SO_2 freigesetzt. Damit konnten die SO_2-Emissionen seit 1990 – infolge der seither realisierten Umsetzung der gesetzlichen Umweltschutzvorgaben – um ca. 62 % reduziert werden. Als besonders effizient hat sich dabei u. a. eine Absenkung des Schwefelanteils in Mineralölprodukten und Treibstoffen, der Einbau von Entschwefelungsanlagen in Kraftwerken und die verstärkte Nutzung schwefelärmerer Brennstoffe (z. B. Erdgas) erwiesen.

Stickstoffoxide. NO_x-Emissionen entstehen überwiegend als unerwünschtes Nebenprodukt bei der Verbrennung von Brenn- und Treibstoffen (u. a. in Kfz-Motoren) bei hohen Temperaturen. 2006 wurden in Österreich ca. 225 200 t an NO_x freigesetzt. Im Vergleich zu 1990 ist dies eine Zunahme von rund 17 %.

Der mit Abstand größte Emittent war mit einem Anteil von 59,5 % der Verkehrssektor – und hier vor allem der Straßenverkehr. Dieser Sektor war auch in den vergangenen Jahren durch eine starke Zunahme der Emissionen – aufgrund der stetigen Zunahme der Verkehrsleistung sowie des steigenden Anteils an Dieselfahrzeugen – gekennzeichnet.

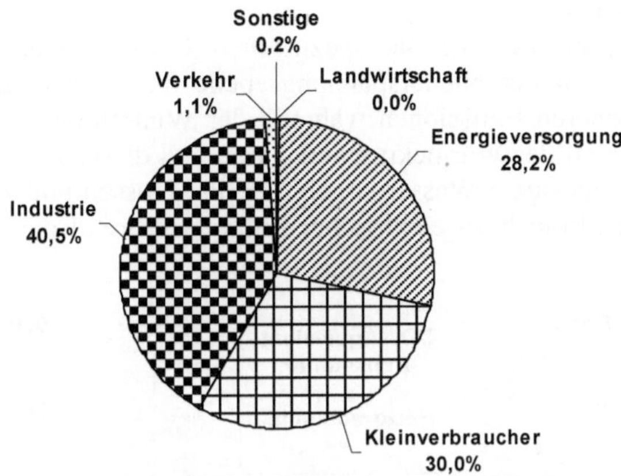

Abb. 1.17 SO_2-Emissionen nach Emittentengruppen (Basis 2006, nach /UBA 2008/)

Der Sektor "Kleinverbraucher" war für ca. 14,9 %, der Sektor "Industrie" für 16,5 % und der Sektor "Landwirtschaft" für 2,3 % derartiger Emissionen verantwortlich. Zusätzlich trägt der Sektor "Energieversorgung" mit einem Anteil von 6,8 % bei. Als eine Folge der Umweltschutzgesetzgebung sind hier die NO_x-Emissionen in den letzten 16 Jahren deutlich zurück gegangen (seit 1990 um ca. 14 % u. a. infolge von Effizienzsteigerungen, dem Einbau von Entstickungsanlagen und der Verwendung von stickstoffarmen (Low-NO_x) Brennern).

1.2.4 Stromerzeugungsmix

Oft wird von Anlagen zur Nutzung regenerativer Energien und fossiler Energieträger während des Betriebs elektrische Energie aus dem Netz der öffentlichen Versorgung bezogen, deren Bereitstellung mit einer Reihe von Umwelteffekten verbunden ist. Aufbauend auf die in Kapitel 1.2.2.1 dargestellte österreichische Stromerzeugungsstruktur werden im Folgenden daher die mit der Bereitstellung elektrischer Energie zusammenhängenden Verbräuche fossiler Energieträger und die korrespondierenden Emissionen ausgewählter Luftschadstoffe diskutiert. Zur Bewertung eines jahreszeitlich ungleichmäßig verteilten Strombezugs (z. B. Elektroheizung, Kollektorkreispumpe einer solarthermischen Wärmebereitstellung) wird dabei die Erzeugungs- und in weiterer Folge auch Verbrauchsstruktur auf einer monatlichen Basis untersucht. Dies ist vor allem vor dem Hintergrund des in Österreich gegebenen saisonal stark schwankenden Anteils der Wasserkraft an der gesamten Stromaufbringung (vgl. Abb. 1.9) notwendig.

Über den Anteil der jeweiligen Energieträger an der monatlichen Stromaufbringung (einschließlich Stromimport) sowie den Kenngrößen der entsprechenden Kraftwerkstechnologien (u. a. Wirkungsgrad, Emissionen) werden für die Bereitstellung von z. B. einer Kilowattstunde elektrischer Energie die spezifischen Verbräuche fossiler Energieträger und die Schadstoffemissionen ermittelt. Mitberücksichtigt werden dabei auch die Aufwendungen für die Bereitstellung der Energieträger, für Bau, Betrieb und Abriss der Kraftwerke sowie für die Verteilung der elektrischen Energie (d. h. Lebenszyklusanalyse).

Abb. 1.18 zeigt beispielhaft die spezifischen CO_2-Äquivalent-Emissionen der Strombereitstellung auf der Niederspannungsebene für die Monate Januar bis Dezember. An den höheren Emissionen während der Wintermonate lässt sich deutlich der relativ hohe Anteil der Wärmekraftwerke während dieser Zeit erkennen. Dies ist zum Einen auf das geringere Wasserdargebot in den Flüssen und zum Anderen auch auf den höheren Verbrauch an elektrischer Energie während der Wintermonate zurückzuführen.

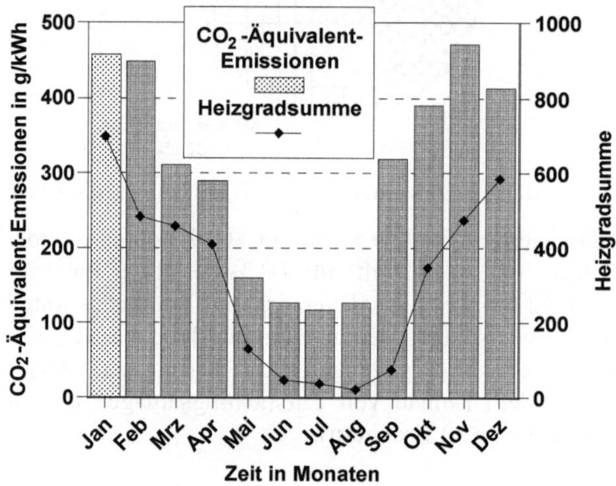

Abb. 1.18 Spezifische CO_2-Äquivalent-Emissionen der Strombereitstellung in Österreich auf Niederspannungsebene sowie monatliche Heizgradsummen für 2006 (u. a. nach /E-Control 2007/, /Statistik Austria 2007b/, /Ecoinvent 2005/)

Aufbauend auf diese monatsbezogene Analyse der österreichischen Stromerzeugung kann für unterschiedliche Verbrauchsmuster ein sogenannter Stromerzeugungsmix berechnet werden. So wird z. B. für einen über das Gesamtjahr gleichverteilten Strombezug jeder Monat mit 1/12 bewertet und zum Gesamtjahresmix mit den entsprechenden kumulierten Kenndaten aufsummiert. In Tabelle 1.1 ist dieser für einen hoch-, mittel- und niederspannungsseitigen Strombezug dargestellt. Die Unterscheidung in unterschiedliche Spannungsebenen ist dabei aufgrund der spannungsabhängigen Übertragungsverluste sowie der Aufwendungen zur Verteilung der elektrischen Energie notwendig; diese werden umso größer, je niedriger die Spannungsebene ist.

Ist der Verbrauch der elektrischen Energie nicht gleichmäßig über das Gesamtjahr verteilt, müssen die einzelnen Monate entsprechend unterschiedlich gewichtet werden. So kann z. B. für die Bestimmung des für die Raumwärmebereitstellung notwendigen Stromverbrauchs (z. B. Elektro-Wärmepumpe, Gebläse bei Feuerungsanlagen) die Gewichtung anhand der monatlichen Heizgradsummen erfolgen. Diese bestimmen sich aus der Summe der Heizgradtage eines bestimmten Zeitabschnittes

(z. B. ein Monat). Derartige Heizgradtage sind definiert als die Summe der Temperaturdifferenzen zwischen einer definierten konstanten Raumtemperatur (20 °C) und dem Tagesmittel der Lufttemperatur, falls dieses gleich oder unter einer angenommenen Heizgrenztemperatur von 12 °C liegt /Statistik Austria 2007b/. Abb. 1.18 zeigt deshalb zusätzlich die monatlichen Heizgradsummen von 2006 für Österreich /Statistik Austria 2007b/. Durch die Gewichtung des Stromverbrauchs entsprechend der Heizgradsummen fließen Monate mit einem hohen Anteil kalorischer Kraftwerke an der Stromaufbringung überdurchschnittlich in das Gesamtergebnis ein. Daher liegen die Ergebnisse aus Tabelle 1.1 mit einer Gewichtung entsprechend den monatlichen Heizgradsummen auch über jenen des Gesamtjahres.

Tabelle 1.1 Spannungsbezogene Kenndaten der Prozessketten für die Bereitstellung von elektrischer Energie im Jahresmix bzw. bei einer Gewichtung entsprechend der monatlichen Heizgradsummen (Zahlen gerundet)

Gewichtung		Gesamtjahr			Heizgradsumme		
Spannungsebene		HS[a]	MS[b]	NS[c]	HS[a]	MS[b]	NS[c]
Energie	in GJ_{prim}/TJ[d]	1 167	1 184	1 300	1 405	1 425	1 565
SO_2	in kg/TJ	107	111	136	126	129	159
NO_x	in kg/TJ	99	100	112	114	116	130
CO_2-Äquivalente	in kg/TJ	82 378	83 628	90 397	98 956	100 458	108 589
SO_2-Äquivalente	in kg/TJ	181	186	221	211	217	258
Energie	in GJ_{prim}/GWh[d]	4 201	4 263	4 680	5 057	5 132	5 633
SO_2	in kg/GWh	387	399	491	452	466	574
NO_x	in kg/GWh	356	361	404	412	419	468
CO_2-Äquivalente	in kg/GWh	296 560	301 062	325 428	356 241	361 650	390 919
SO_2-Äquivalente	in kg/GWh	652	669	796	761	781	929

[a] Hochspannung; [b] Mittelspannung; [c] Niederspannung; [d] primärenergetisch bewerteter kumulierter fossiler Energieaufwand (Verbrauch erschöpflicher Energieträger)

1.3 Aufbau und Vorgehen

Im Rahmen dieses Buches werden die in Österreich technisch und wirtschaftlich umsetzbaren Optionen zur Nutzung regenerativer Energien nach einer vergleichbaren Vorgehensweise und nach einem ähnlichen Aufbau dargestellt. Dies wird nachfolgend kurz erläutert. Weiters werden wesentliche verwendete Grundbegriffe (Definition der Energiebegriffe siehe Kapitel 1.1.1) sowie Randbedingungen und Zusammenhänge diskutiert.

1.3.1 Grundlagen des regenerativen Energieangebots

Regenerative Energieströme zeigen teilweise eine z. T. sehr unterschiedliche zeitliche und räumliche Verfügbarkeit. Nach einer Darstellung der wesentlichen physikalischen Grundlagen der Entstehung des erneuerbaren Energiestroms (z. B. Mechanismen der Windentstehung) wird deshalb auf die räumlichen und zeitlichen Angebotsvariationen der diskutierten regenerativen Energien eingegangen (z. B. Unterschiede im Windenergieangebot in Österreich sowie tages- und jahreszeitliche Schwankungen dieses Windenergieangebots).

1.3.2 Systemtechnische Beschreibung

Für die Möglichkeiten und Grenzen einer Technik zur Nutzbarmachung des regenerativen Energieangebots sind zunächst die physikalisch-, chemisch- bzw. biologisch-technischen Zusammenhänge der Energiewandlung bestimmend. Diese werden für die betrachteten Nutzungsmöglichkeiten dargestellt und entsprechend diskutiert (z. B. Vorgänge bei und Ablauf der Verbrennung von Biomasse).

Daran anschließend werden die im jeweiligen Einzelfall zum Einsatz kommenden Techniken und Verfahren zur Umwandlung des regenerativen Energieangebots in Sekundär- oder Endenergieträger oder ggf. direkt in Nutzenergie anhand des in Österreich vorliegenden Standes der Technik beschrieben. Neben einer Beschreibung der einzelnen Systemkomponenten sowie der gängigen Anwendungsbereiche und Anlagenkonzepte der jeweiligen Nutzungstechnik wird dabei der Energiefluss und die jeweils gegebenen Verluste für die gesamte Anlagenkonfiguration (z. B. von der Einstrahlung der Sonnenenergie auf die Oberfläche des Solarkollektors bis zur Nutzung des Warmwassers am Speicherausgang) sowie ggf. die entsprechenden Leistungskennlinien (z. B. Kollektorkennlinie bei der solarthermischen Wärmenutzung) dargestellt.

1.3.3 Ökologische und ökonomische Analyse

Die ökologische und ökonomische Bewertung der verschiedenen Optionen zur Nutzung des regenerativen Energieangebots in Österreich wird anhand exemplarisch ausgewählter und den spezifischen Bedingungen in Österreich Rechnung tragenden Referenzanlagen realisiert. Die der ökologischen und ökonomischen Analyse zugrunde liegenden Festlegungen und Begriffsbestimmungen sowie die jeweilige Vorgehensweise werden deshalb nachfolgend dargestellt.

1.3.3.1 Referenzanlagen

Um möglichst realitätsnahe Ergebnisse zu erzielen, werden die jeweiligen Referenzanlagen auf Basis des gegenwärtigen Standes der Technik festgelegt; d. h. die heute in Österreich eingesetzten Techniken werden möglichst adäquat abgebildet. Dabei wird zwischen einer Wärme-, Strom- und Kraftstoffbereitstellung unterschieden. Aber nur bei den Möglichkeiten zur Wärmebereitstellung werden verschiedene Versorgungsaufgaben definiert, da es hier – im Unterschied zu der Verteilung der elektrischen Energie – keine überregionalen Verteilnetze gibt und durch die heute eingesetzten Wärmebereitstellungssysteme immer eine definierte Versorgungsaufgabe gedeckt werden muss.

Wärmebereitstellung. Als Versorgungsaufgaben im Bereich der Raumwärme- und Trinkwarmwasserbereitstellung werden vier Einfamilienhäuser (EFH) mit unterschiedlicher Wärmenachfrage, zwei Mehrfamilienhäuser (MFH) sowie drei Nahwärmenetze (NW) unterschiedlicher Größe ausgewählt. Diese Versorgungsaufgaben sind entsprechend Tabelle 1.2 durch eine definierte Nachfrage nach Trinkwarmwasser und Raumwärme (EFH und MFH) bzw. durch eine bestimmte Gesamtwärmenachfrage (NW) gekennzeichnet. Die untersuchten Einfamilienhäuser entsprechen dabei Gebäuden mit der Wärmenachfrage eines Passivhauses (EFH-0), eines Niedrigenergiehauses (EFH-I) sowie eines bestehenden Einfamilienhauses aus der Zeit um 1985 (EFH-II) und aus der Zeit um 1975 (EFH-III). Die Mehrfamilienhäuser entsprechen einem Gebäude mit etwa 15 Wohneinheiten; MFH-0 repräsentiert ein Passivhaus und MFH-I ein Mehrfamilienhaus aus der Zeit um 1985. Die in Passivbauweise erstellten Häuser (EFH-0 und MFH-0) sind mit einer raumlufttechnischen Anlage mit Abluftwärmerückgewinnung (kontrollierte Zu- und Abluft mit 80 % Jahresnutzungsgrad) versehen.

Als Systemgrenzen gelten die jeweiligen Einspeisestellen in das Hausverteilungsnetz für Warmwasser (z. B. Ausgang Speicher) bzw. Raumheizung (z. B. Ausgang Heizkessel). Nicht berücksichtigt werden damit die Verluste der Wärmeverteilung in den Gebäuden sowie der Stromverbrauch der Heizungsumwälzpumpen und der ggf. vorhandenen Warmwasserzirkulationspumpen, da diese für alle betrachteten Techniken als identisch unterstellt werden.

Bei den untersuchten Mehrfamilienhäusern (MFH-0 und MFH-I) wird als Hausverteilnetz ein Zweileiternetz unterstellt, bei welchem das Trinkwarmwasser mittels Durchlauferhitzer (je Wohneinheit) zur Verfügung gestellt wird. Hierbei wird dezentral kaltes Trinkwasser nach dem Durchflussprinzip im Bedarfsfall über einen mit Heizungswasser gespeisten Wärmeübertrager indirekt erhitzt und dadurch die Legionellenproblematik umgangen /ÖNorm B 5019 2007/. Da der Durchlauferhitzer ebenfalls für alle Techniken als identisch unterstellt wird, wird er hier nicht weiter berücksichtigt.

Tabelle 1.2 Energienachfrage für die untersuchten Versorgungsaufgaben

	Trinkwarmwasser-nachfrage in GJ/a[e]	Heizwärme-nachfrage in GJ/a[e]	Gebäude-heizlast in kW[f]
EFH-0[a]	10,7	7,6	1,5
EFH-I[b]	10,7	22	5
EFH-II[c]	10,7	45	8
EFH-III[d]	10,7	108	18
MFH-0[a]	64,1	68	20
MFH-I[c]	64,1	432	60
NW-I[g]	8 000		1 000
NW-II[g]	26 000		3 600
NW-III[g]	52 000		7 200

[a] entspricht Passivhaus; [b] entspricht Niedrigenergiebauweise; [c] entspricht Altbau mit durchschnittlicher Wärmedämmung um 1985; [d] entspricht Altbau mit durchschnittlicher Wärmedämmung um 1975; [e] ohne Verluste des Heizkessels und Trinkwarmwasserspeichers bzw. der Wärmeverteilung (Nahwärmenetz und Hausstationen); [f] bei den Nahwärmenetzen: Summe aller angeschlossenen Verbraucher; [g] Nahwärmenetz

Bei den untersuchten Nahwärmesystemen handelt es sich um drei Versorgungsaufgaben für eine ausschließliche Wärmeversorgung von Wohngebäuden bzw. Gebäuden mit einer durchschnittlichen Haushaltskunden vergleichbaren Abnehmerstruktur (Tabelle 1.2). Die technischen Kenndaten der entsprechenden Wärmeverteilnetze sind in Tabelle 1.3 dargestellt. Das Nahwärmenetz wird mit Kunststoffmantelrohren (Mediumrohr aus Stahl), indirekter Netzanbindung und Warmwasserzwischenspeicher (Nutzungsgrad 80 %) in den versorgten Gebäuden ausgeführt. Der Anschluss der Hausstationen an das Wärmeverteilnetz erfolgt über flexible Kunststoffmantelrohre. Es werden – bezogen auf das Gesamtjahr – durchschnittliche Vorlauf-/Rücklauftemperaturen von 70/50 °C unterstellt.

Aufgrund der Übertragungsverluste des Wärmeverteilnetzes sowie der Hausübergabestationen und Trinkwarmwasserspeicher in den jeweils zu versorgenden Gebäuden ist die vom Heizwerk bereitzustellende Wärme (d. h. Wärme frei Heizwerk) größer als die Summe der Wärmenachfrage aller angeschlossenen Verbraucher. Bei einem durchschnittlichen Nutzungsgrad des Wärmeverteilnetzes von 85 % sowie der Hausübergabestationen/Trinkwarmwasserbereitung von 95 % liegt diese bereitzustellende Wärme bei 9 900 (NW-I), 32 200 (NW-II) sowie 64 400 GJ/a (NW-III).

Tabelle 1.3 Kenndaten der untersuchten Nahwärmenetze

System		NW-I	NW-II	NW-III[a]
Wärmeeinspeisung ins Netz	in GJ/a[b]	9 900	32 200	64 400
Netzlänge	in m	2 000	6 000	2 x 6 000
Rohrdimension		DN 80	DN 150	DN 150
Vorlauf-/Rücklauftemperatur	in °C[c]	70/50	70/50	70/50
Nutzungsgrad Wärmeverteilnetz	in %	0,85	0,85	0,85
Nutzungsgrad Übergabestation	in %[f]	0,95	0,95	0,95

[a] das Nahwärmesystem NW-III ist mit zwei getrennten Wärmenetzen entsprechend den Spezifikationen von NW-II ausgeführt; [b] unter Berücksichtigung der Verluste des Wärmenetzes und der Hausübergabestationen; [c] durchschnittlicher Wert für das Gesamtjahr; [d] durchschnittlicher Nutzungsgrad aller angeschlossenen Verbraucher (Trinkwarmwasser 80 %, Raumheizung 98 %)

Als Wärmeabnehmer für die Versorgungsaufgaben NW-I, NW-II und NW-III werden die in Tabelle 1.2 definierten Versorgungsaufgaben einer kleintechnischen Wärmeerzeugung (EFH-0, EFH-I, EFH-II, EFH-III sowie MFH-0 und MFH-I) berücksichtigt. Die von diesen Abnehmern vom jeweiligen Wärmeverteilnetz bezogene Wärme ist dabei aufgrund der Verluste in den Hausübergabestationen sowie den Trinkwarmwasserspeichern größer als zur Deckung der Versorgungsaufgabe; die vom Wärmeverteilnetz bezogene Wärme liegt beim EFH-0 bei 21,1 GJ/a, beim EFH-I bei 35,8 GJ/a, beim EFH-II bei 59,3 GJ/a, beim EFH-III bei 123,6 GJ/a, beim MFH-0 bei 149,5 GJ/a und beim MFH bei 520,9 GJ/a.

Bei der Wärmebereitstellung durch Solarenergie werden aufgrund der notwendigen Backup-Technologie (d. h. zusätzlicher Wärmeerzeuger, der bei nicht verfügbarer Solarstrahlung und leerem Speicher die Wärmeversorgung sicherstellen kann) auch die Zusatzkosten infolge der geringeren Auslastung dieser Wärmeerzeuger aufgrund der gelieferten Solarwärme ausgewiesen.

Strombereitstellung. Für die Bereitstellung von elektrischer Energie werden – da in Österreich ein gut ausgebautes und sicheres Stromverteilnetz nach dem Stand der Technik existiert, das zudem fest in den europäischen Stromverbund eingebettet ist –

keine spezifischen Versorgungsaufgaben definiert. Die in den jeweiligen Kapiteln diskutierten Referenzanlagen bzw. -techniken werden daher so gewählt, dass diese die am Markt in Österreich und Europa verfügbaren Anlagentypen und -leistungen möglichst weitgehend wiedergeben.

Als Systemgrenze wird bei der Bestimmung der ökologischen und ökonomischen Kenngrößen einer Bereitstellung von elektrischer Energie aus regenerativen Energien der Einspeisepunkt der bereitgestellten Energie in das Netz der öffentlichen Stromversorgung definiert. Nicht berücksichtigt werden damit die Aufwendungen für die Netzdienstleistungen (d. h. Durchleitung und Verteilung) sowie der, aufgrund der teilweise stark schwankenden zeitlichen Angebotscharakteristik des aus regenerativen Energien erzeugten Stroms, gegebenen Notwendigkeit einer vorzuhaltenden Leistungsreserve im Kraftwerkspark zur Gewährleistung einer definierten Versorgungssicherheit. Derartige Aspekte werden aber jeweils diskutiert.

Kraftstofferzeugung. Zusätzlich werden die Optionen einer Kraftstofferzeugung untersucht. Als Systemgrenze dient hier die Nutzung eines flüssigen oder gasförmigen Kraftstoffs im Personenkraftwagen ("from well to wheel"), der die schon am Markt verfügbaren Kraftstoffe ersetzen und/oder ihnen mit bestimmten Anteilen zugemischt werden kann.

1.3.3.2 Ökologische Analyse

Die aus der Nutzung einer Energieform resultierenden Umwelteffekte spielen in der energiewirtschaftlichen Diskussion eine große Rolle. Daher werden ausgewählte Umwelteffekte der Energiebereitstellung aus den untersuchten Optionen zur Nutzung erneuerbarer Energien diskutiert. Hierbei wird unterschieden zwischen Umwelteffekten, die mit Hilfe einer Lebenszyklusanalyse oder Life Cycle Assessment (LCA) quantifizierbar sind, und weiteren Umwelteffekten, die verbal-argumentativ diskutiert werden, da sie sich einer Lebenszyklusbetrachtung grundsätzlich entziehen (z. B. der visuelle Einfluss einer Windkraftanlage auf das Erscheinungsbild der Landschaft).

Lebenszyklusanalyse. Zur Abschätzung und zum Vergleich ausgewählter Umweltwirkungen durch eine Strom-, Wärme- und Kraftstoffbereitstellung aus regenerativen Energien bzw. fossilen Energieträgern werden entsprechende Ökobilanzen in Anlehnung an die EN ISO 14040 und EN ISO 14044 (/EN ISO 14040 2006/ und /EN ISO 14044 2006/) erstellt. Die Ökobilanz betrachtet demnach den gesamten Lebensweg eines Produktes von der Rohstoffgewinnung und -erzeugung über die Energieerzeugung und Materialherstellung bis zur Anwendung, Abfallbehandlung und endgültigen Beseitigung (d. h. "von der Wiege bis zur Bahre"). Mit jeder dieser einzelnen Phasen des Lebenszyklus sind weitere Stoffströme verbunden, wie z. B. die Aufwendungen für die Bereitstellung von Brennstoffen, die ebenfalls in die Bilanzierung einfließen.

Derartige Ökobilanzstudien bestehen aus vier Phasen: der Festlegung des Ziels und Untersuchungsrahmens, der Sachbilanz, der Wirkungsabschätzung und der Auswertung. Der Zusammenhang zwischen diesen einzelnen Phasen zeigt Abb. 1.19.

Die Lebenszyklusanalyse wird i. Allg. – und auch hier – mithilfe der Prozesskettenanalyse erstellt. Dabei wird ein beliebig komplexes System (z. B. Stromerzeugung mittels Windkraftanlagen) in endlich viele, überschaubare Teilsysteme (Prozesse) zerlegt. Prozesse zeichnen sich durch Zustandsänderungen aus: Eingangsgrößen eines Prozesses werden innerhalb dieses Prozesses in Ausgangsgrößen umgewandelt. Dabei wird bei diesen Eingangs- und Ausgangsgrößen zwischen Elementar- und Produktflüssen unterschieden.

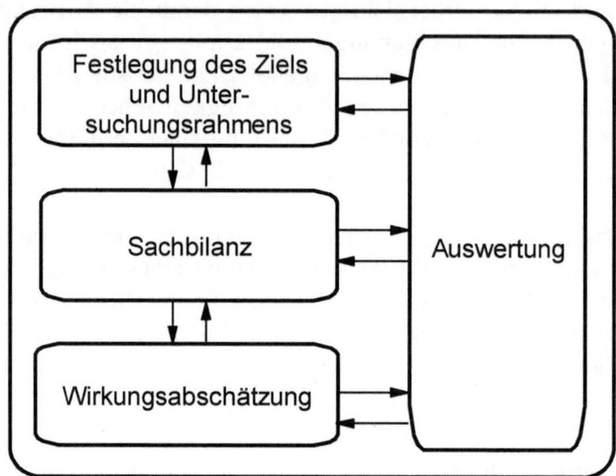

Abb. 1.19 Phasen einer Ökobilanz innerhalb des vorgegebenen Rahmens (nach /EN ISO 14040 2006/)

- Elementarflüsse sind definiert als Stoff- oder Energieströme, die aus der Umgebung in das untersuchte System eintreten (z. B. Luft, Wasser) bzw. vom untersuchten System an die Umgebung abgegeben werden (z. B. Emissionen wie Staub oder Kohlenstoffdioxid), ohne danach bzw. zuvor durch menschliche Einflüsse verändert zu werden /EN ISO 14040 2006/.
- Produktflüsse können Input- (z. B. Stahl, Zement, Kohle, Transportdienstleistung, Instandhaltungsarbeiten) und Outputströme (z. B. Stahl aus Stahlwerk, Zement aus Drehrohrofen) darstellen.

Da der Produktinput eines Prozesses aus dem Produktoutput eines anderen Prozesses gebildet wird, und der Output dieses Prozesses üblicherweise wiederum Input eines anderen Prozesses ist, kann eine Prozesskette gebildet werden, indem man die Prozesse, welche den Lebensweg eines Produktes darstellen, entsprechend miteinander verbindet (Abb. 1.20). Jeder Prozess ist demnach durch Produktflüsse, d. h. Inputs (z. B. Stahl, Beton) und Outputs (z. B. ein Fundament) sowie in das System ein- und austretende Elementarflüsse gekennzeichnet.

Prinzipiell ist mit der Prozesskettenanalyse eine sehr hohe Genauigkeit der Modellierung erreichbar, die von der Verfügbarkeit der Daten, den Kenntnissen über Produkt und Prozesse sowie der Analysetiefe abhängt. Dementsprechend ist die Prozesskettenanalyse ein sehr arbeitsaufwändiges Verfahren. Um den Bilanzierungsaufwand zu begrenzen, müssen daher Systemgrenzen definiert werden. Dadurch werden vor- und nachgelagerte Prozesse, die keinen relevanten Einfluss auf das Bilanzergebnis haben, nicht berücksichtigt (z. B. Aufwendungen für den die Anlage planenden Ingenieur).

Das Ergebnis einer Prozesskettenanalyse wird mit Hilfe unterschiedlicher Umweltkenngrößen dargestellt. Hier werden der Verbrauch erschöpflicher Energieträger sowie aus der Vielzahl möglicher Emissionen in Boden, Wasser und Luft ausgewählte luftgetragene Stofffreisetzungen ausgewiesen. Diese werden – jeweils bezogen auf die funktionale Einheit (z. B. auf eine Gigawattstunde (GWh) Strom oder ein Terajoule (TJ) Wärme bzw. Treibstoff) – angegeben und nachfolgend definiert.

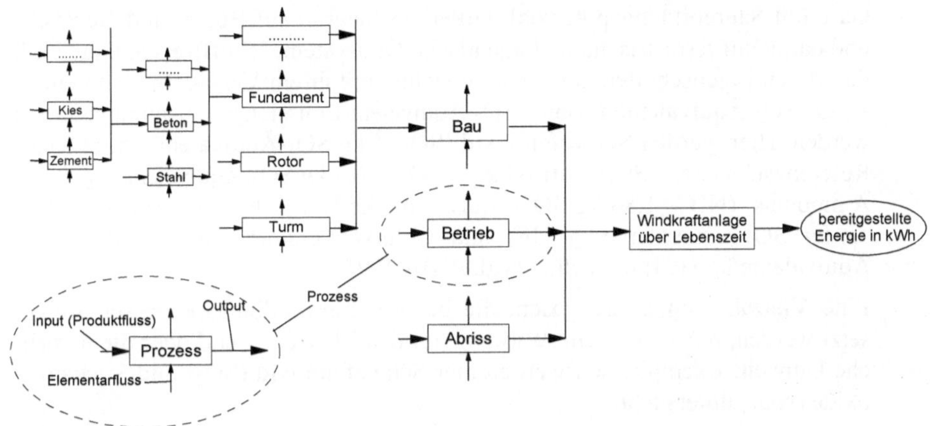

Abb. 1.20 Prinzip der Prozesskettenanalyse

- Unter dem Verbrauch erschöpflicher oder fossiler Energieträger wird hier der Verbrauch fossil biogener (d. h. Erdöl, Erdgas, Steinkohlen, Braunkohlen) und fossil mineralischer Energieträger (d. h. Uran) verstanden. Berücksichtigt werden dabei neben dem unmittelbaren Energieeinsatz (z. B. Energieinhalt des verfeuerten Heizöls) auch die indirekten Aufwendungen, die bei der Herstellung der Anlagen (z. B. Bau des Kraftwerks, Bau und Betrieb der Anlagen für Brennstoffförderung und -aufbereitung, Transport, Abriss) in den vorgelagerten Prozessketten anfallen. Das Ergebnis einer derartigen Energiebilanz kann als "Verbrauch erschöpflicher Energieträger" bzw. "primärenergetisch bewerteter kumulierter fossiler Energieaufwand" bezogen auf die bereitgestellte Energie zusammengefasst werden.
- Emissionen in die Atmosphäre können ebenfalls über den Verlauf des gesamten Lebenswegs erfasst werden. Wie beim Verbrauch erschöpflicher Energieträger werden dabei neben den direkten Emissionen auch die in den vorgelagerten Prozessen bei Bau, Betrieb und Abriss der Anlage gegebenen Stofffreisetzungen berücksichtigt. Neben den klimarelevanten Spurengasen werden hier Gase mit versauernder sowie human- und ökotoxischer Wirkung unterschieden. Die ermittelten Emissionen werden anschließend im Hinblick auf potenzielle Wirkungen aufsummiert. Dadurch kann die Wirkung unterschiedlicher Schadstoffe in Bezug auf eine bestimmte Wirkungskategorie (z. B. anthropogener Beitrag zum Treibhauseffekt) zusammengefasst werden. Im Einzelnen werden die folgenden Wirkungskategorien untersucht.

- Klimawirksame Spurengasfreisetzungen, die zum anthropogen verursachten (zusätzlichen) Treibhauseffekt beitragen, lassen sich entsprechend der Klimawirksamkeit der Einzelsubstanzen relativ zu einer Referenzsubstanz (Kohlenstoffdioxid) zusammenfassen. Hier wird diese gewichtete Summe aus Kohlenstoffdioxid (CO_2; 1 kg CO_2-Äquivalente/kg CO_2), Methan (CH_4; 21 kg CO_2-Äquivalente/kg CH_4) und Distickstoffoxid (N_2O; 310 kg CO_2-Äquivalente/kg N_2O) in Form von CO_2-Äquivalenten oder CO_2-Äquivalent-Emissionen angegeben (vgl. /UBA 1995/).
- Gase mit Säurebildungspotenzial wirken versauernd auf Böden und Gewässer und damit auf terrestrische und aquatische Ökosysteme. Stofffreisetzungen mit derartigen Eigenschaften können – gewichtet mit ihrem Versauerungspotenzial – zu SO_2-Äquivalenten oder SO_2-Äquivalent-Emissionen zusammengefasst werden. Hier werden Schwefeldioxid (SO_2; 1 kg SO_2-Äquivalente/kg SO_2) als Referenzsubstanz, Stickstoffoxide (NO_x; 0,7 kg SO_2-Äquivalente/kg NO_x), Ammoniak (NH_3; 1,88 kg SO_2-Äquivalente/kg NH_3), Fluorwasserstoff (HF; 1,6 kg SO_2-Äquivalente/kg HF) und Chlorwasserstoff (HCl; 0,88 kg SO_2-Äquivalente/kg HCl) betrachtet (vgl. /UBA 1995/).
- Eine Vielzahl von Spurengasen, die bei Energiewandlungsprozessen freigesetzt werden, haben toxische Wirkung auf den Menschen und/oder die natürliche Umwelt. Exemplarisch werden hier Schwefeldioxid (SO_2) und Stickstoffoxide (NO_x) untersucht.

Zur Erarbeitung der Ökobilanzen erfolgt rechnergestützt. Bezüglich der insgesamt zugrunde liegenden Basisdaten wird dabei auf eine umfangreiche Datenbank /Ecoinvent 2005/ zurückgegriffen, in der die mit der Bereitstellung von energetischen und nicht energetischen Rohstoffen anfallenden kumulierten Energieaufwendungen und Emissionen abgelegt sind. Tabelle 1.4 und Tabelle 1.5 zeigen exemplarisch derartige Daten.

Tabelle 1.4 Kenndaten für die Bereitstellung von Materialien (Zahlen gerundet)

Material		Aluminium	Stahl[a]	Kupfer	Zement
Recyclinganteil	in %	50	40	40	0
Energie	in GJ_{prim}/t[b]	78,5	20,9	29,6	3,3
SO_2	in kg/t	20,2	4,3	30,8	0,4
NO_x	in kg/t	10,4	4,5	14,3	1,1
CO_2-Äquivalente	in kg/t	6 097	1 424	1 775	759
SO_2-Äquivalente	in kg/t	28,5	8,1	44,7	1,2

[a] 80% Blasstahl zu 20% Elektrostahl; [b] primärenergetisch bewerteter kumulierter fossiler Energieaufwand (Verbrauch erschöpflicher Energieträger)

Weitere Umwelteffekte. Der Betrieb von Anlagen zur Nutzung regenerativer Energien ist zusätzlich zu den im Rahmen von Lebenszyklusbilanzen erfassbaren Umweltauswirkungen mit weiteren Umwelteffekten verbunden, die i. Allg. lokaler Natur sind und sich einer zweifelsfreien Quantifizierung oft entziehen bzw. diese nicht sinnvoll ist (z. B. visuelle Beeinflussung des Landschaftsbildes durch Windkraftanlagen). Derartige Auswirkungen auf die Umwelt werden hier deshalb verbal-argumentativ diskutiert. Dabei wird unterschieden zwischen den Umweltauswirkungen von Anlagen zur Nutzung regenerativer Energien bei der Herstellung, im Normalbetrieb sowie infolge von Schadens- oder Störfällen und bei der Stilllegung.

Tabelle 1.5 Kenndaten für die Bereitstellung von fossilen Energieträgern in Österreich (Zahlen gerundet)

Energieträger		Steinkohle	Erdgas	Erdgas	Heizöl Extra Leicht
Herkunft		Import[a]	Import/Inland[b]	Import/Inland[b]	Import[c]/Inland
Verbraucher		Kraftwerk	Kraftwerk	Haushalte	Haushalte
Energie	in GJ_{prim}/TJ[d]	1 500	1 250	1 270	1 180
SO_2	in kg/TJ	12	51	52	102
NO_x	in kg/TJ	18	44	45	42
CO_2-Äquivalente	in kg/TJ	10 000	21 400	27 900	11 600
SO_2-Äquivalente	in kg/TJ	25	85	88	132
SO_2	in kg/GWh	42	183	189	368
NO_x	in kg/GWh	64	157	162	150
CO_2-Äquivalente	in kg/GWh	36 000	77 000	100 400	41 800
SO_2-Äquivalente	in kg/GWh	91	307	316	475

[a] 100 % Osteuropa; [b] Anteile: 71,5 % Russland und andere Nachfolgestaaten der ehemaligen UdSSR, 11,5 % Norwegen und Deutschland, 17 % inländisch (Angaben gerundet); [c] Anteile Rohölimport: 46,3 % Europa, 24,9 % Naher Osten, 18,1 % Russland und andere Nachfolgestaaten der ehemaligen UdSSR, 10,6 % Afrika; [d] primärenergetisch bewerteter kumulierter fossiler Energieaufwand (Verbrauch erschöpflicher Energieträger), jeweils bezogen auf den Energieinhalt der Energieträger vor der Nutzung beim Verbraucher

1.3.3.3 Ökonomische Analyse

Zusätzlich werden die betrachteten Systeme zur Nutzung regenerativer Energien und fossiler Energieträger anhand ökonomischen Kenngrößen (d. h. Strom-, Wärme- bzw. Kraftstoffgestehungskosten) bewertet. In die dazu realisierte Kostenanalyse fließen die Investitionen für die einzelnen Systemkomponenten bzw. für das gesamte System, die Betriebskosten sowie etwaige Abbruchkosten ein. Aufgrund der großen Bandbreite, durch die Kosten für energietechnische Anlagen gekennzeichnet sein können, wird dies auf der Basis zu definierender einheitlicher Rand- und Rahmenbedingungen allein und ausschließlich für die definierten Referenzanlagen realisiert. Dadurch wird sichergestellt, dass die hier ausgewiesenen Kosten untereinander vergleichbar sind.

Bei der Ermittlung der spezifischen Energiebereitstellungskosten wird immer eine reale Rechnung im Geldwert des Jahres 2006 durchgeführt; d. h. es werden inflationsbereinigte Kosten ermittelt. Dabei wird von einer realen – also um die Inflationsrate bereinigten – Diskontrate i in Höhe von 4,5 % ausgegangen. Grundsätzlich werden volkswirtschaftliche Kosten angegeben; d. h. die Anlagen werden über deren technische Lebensdauer L abgeschrieben. Steuern, Bauzinsen, Subventionen oder steuerliche Abschreibungsmöglichkeiten bleiben bei dieser Berechnungsmethode ebenso wie die Energieabgabe auf fossile Brennstoffe und auf Elektrizität unberücksichtigt.

Die in die ökonomische Analyse einfließenden Preise für fossile Energieträger und für Elektrizität sind in Tabelle 1.6 dargestellt. Aufgrund der in den letzten Jahren sehr stark schwankenden fossilen Energieträgerpreise, die primär bestimmt werden durch die auf den internationalen Börsen entstehenden Rohölpreise (Anfang Juli 2008: ca. 145 US$/Barrel; Mitte Februar 2009: ca. 39 US$/Barrel), kann es sich dabei nur um eine zum Zeitpunkt der Erarbeitung dieses Kapitels als realistisch eingeschätzte Preisrelation der einzelnen fossilen Energieträger und für elektrische Energie handeln, die zukünftig durchaus erheblich zu höheren und auch zu niedrigeren Werten abweichen kann. Aus Praktikabilitäts- und Vergleichbarkeitsgründen wurde deshalb unterstellt, dass die durchschnittliche Preisrelation des Jahres 2006 als näherungsweise realistisch auch für die kommenden Jahre angesehen werden kann.

Tabelle 1.6 Jahresmittelwerte der Energiepreise für fossile Energieträger und elektrischen Strom 2006 in Österreich (/Eurostat 2007/, /Statistik Austria 2008b/, gerundete Werte, Angaben ohne Steuern)

Elektrischer Strom, industrielle Nutzer	0,065 €/kWh
Elektrischer Strom, private Haushalte	0,094 €/kWh
Erdgas, industrielle Großverbraucher	7,4 €/GJ
Erdgas, industrielle Nutzer	8,0 €/GJ
Erdgas, private Haushalte	10,7 €/GJ
Leichtes Heizöl, private Haushalte	0,46 €/l
Steinkohle, Kraftwerke	73,92 €/t
Steinkohle, industrielle Nutzer	92,25 €/t

Die jährlich anfallenden Aufwendungen aus den anfänglichen Gesamtinvestitionen werden über eine annuitätische Berechnung ermittelt. Ausgehend von einem investiven Gesamtaufwand I_{ges} errechnet sich der im Laufe der technischen Lebensdauer jährlich anfallende Anteil I_j nach Gleichung (1-1).

$$I_j = I_{ges} \frac{i\,(1+i)^L}{(1+i)^L - 1} \tag{1-1}$$

Mit den zusätzlich anfallenden variablen Kosten (u. a. Wartung, Betrieb, Personal) sowie den ggf. zu berücksichtigenden Brennstoffkosten errechnen sich die gesamten jährlich anfallenden Kosten. Bezogen auf die im Verlauf der technischen Lebensdauer bereitgestellte mittlere jährliche Energie frei Anlagenausgang (z. B. ins Netz eingespeiste elektrische Energie einer Windkraftanlage) ergeben sich die spezifischen Energiebereitstellungskosten als Stromgestehungskosten in €/kWh, Wärmegestehungskosten in €/GJ bzw. €/kWh bzw. Treibstoffkosten in €/l (bzw. €/GJ oder €/kWh).

Diese hier realisierte Betrachtungsweise mit konstanten Geldwerten führt zu niedrigeren, da inflationsbereinigten Kosten als die oft übliche Rechnung mit nominalen Werten. Rangfolge und Relation der Kosten verschiedener Alternativen verändern sich dadurch aber nicht. Das Rechnen mit realen Kosten hat jedoch den Vorteil, dass die Ergebnisse in einem bekannten Geldwert vorliegen, nämlich in diesem Fall dem des Jahres 2006.

Die ausgewiesenen Energiegestehungskosten können von den Ergebnissen anderer Untersuchungen und Analysen z. B. aufgrund unterschiedlicher finanzmathematischer Rahmenannahmen bzw. Kostenrechnungsverfahren z. T. abweichen. Die angegebenen Kosten sollten deshalb nur als durchschnittliche Größenordnung verstanden werden, die für die gesamte Volkswirtschaft im Falle des Einsatzes der jeweiligen Energiewandlungstechnik anfallen würden.

1.3.4 Potenziale und Nutzung

Die Möglichkeiten zur Deckung der Energienachfrage in Österreich mit regenerativen Energien werden von den verfügbaren Energiepotenzialen bestimmt. Dabei kann bei den Potenzialen unterschieden werden zwischen den theoretischen, den technischen, den wirtschaftlichen und den erschließbaren Potenzialen (Abb. 1.21) (u. a. /Kaltschmitt, Streicher und Wiese 2006/); sie werden nachfolgend definiert.

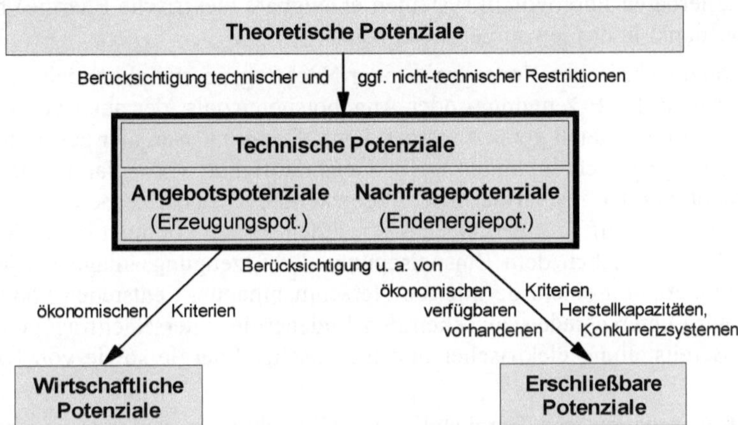

Abb. 1.21 Abgrenzung der unterschiedlichen Potentialbegriffe (nach /Kaltschmitt, Streicher und Wiese 2006/)

- Theoretisches Potenzial
  Das theoretische Potenzial beschreibt das in einer gegebenen Region innerhalb eines bestimmten Zeitraums theoretisch physikalisch nutzbare Energieangebot (z. B. die auf der Erdoberfläche auftreffende Solarstrahlung). Es wird allein durch die physikalischen Nutzungsgrenzen bestimmt und markiert damit die Grenze des theoretisch maximal realisierbaren Beitrags einer Option zur Nutzung regenerativer Energien zur Energiebereitstellung. Wegen unüberwindbarer technischer, ökologischer, struktureller und administrativer Schranken kann das theoretische Potenzial meist nur zu sehr geringen Teilen erschlossen werden.
- Technisches Potenzial
  Die technischen Potenziale beschreiben den Anteil des theoretischen Potenzials, der unter Berücksichtigung gegebener technischer Randbedingungen nutzbar ist. Zusätzlich werden u. a. strukturelle Restriktionen sowie ggf. vorhandene gesetzliche und damit gesellschaftlich i. Allg. fest verankerte Vorgaben (z. B. Nutzungsrestriktionen in Nationalparks) berücksichtigt, da sie letztlich auch – ähnlich den technisch bedingten Eingrenzungen – "unüberwindbar" sind. Nicht berücksichtigt werden bei der Bestimmung der technischen Potenziale demgegenüber Akzeptanzprobleme (z. B. bei Anwohnern), die bei der Installation von Anlagen zur Nutzung regenerativer Energien auftreten können, da diese letztlich keine technische Einschränkung im eigentlichen Sinn darstellen.

Aufgrund der Unterschiede zwischen der technisch möglichen Energiebereitstellung einerseits und der in vorhandenen Energiesystemen der Republik Österreich gegebenen nachfragebedingten Restriktionen andererseits wird bei den technischen Potenzialen zwischen den technischen Erzeugungs- oder Angebotspotenzialen und den technischen Endenergie- oder Nachfragepotenzialen unterschieden.

- Das technische Erzeugungs- oder Angebotspotenzial beschreibt die unter Berücksichtigung von ausschließlich technischen und strukturellen angebotsseitigen Restriktionen bereitstellbare Energie (z. B. die mit aus technischer Sicht installierbaren Photovoltaiksystemen erzeugbare elektrische Energie) frei Einspeisepunkt in das jeweilige Verteilnetz.
- Bei dem technischen Endenergie- oder Nachfragepotenzial handelt es sich um den Anteil des Erzeugungs- oder Angebotspotenzials, der auch von den Verbrauchern potenziell genutzt werden kann. Damit müssen hier zusätzlich nachfrageseitige Beschränkungen (z. B. Gegenläufigkeit von solarem Strahlungsangebot und damit solarthermisch bereitstellbarer Niedertemperaturwärme und Heizwärmenachfrage) berücksichtigt werden. Hinzu kommen potenzielle Verluste, die zwischen dem Einspeisepunkt der Erzeugungsanlage ins jeweilige Verteilnetz und einem definierten Netzentnahmepunkt entstehen können. Dabei wird unterschieden zwischen den Endenergie- oder Nachfragepotenzialen zur Bereitstellung elektrischer und thermischer Energie sowie von Kraftstoffen.
  - Bei Anlagen zur Bereitstellung elektrischer Energie aus regenerativen Energien beschreibt damit das Endenergie- oder Nachfragepotenzial z. B. die mit Windkraftanlagen erzeugbare elektrische Energie, die im Energiesystem von Österreich potenziell vom Verbraucher auch genutzt werden könnte. Dabei wird unterschieden zwischen einer ausschließlich auf Österreich bezogenen Betrachtung und einer Analyse, bei der die Republik Österreich Teil des europäischen Strommarktes ist.

    Bei einer ausschließlich auf Österreich bezogenen hypothetischen Betrachtung (d. h. keine Einbettung in den europäischen Stromverbund und damit kein Austausch elektrischer Energie über die Landesgrenzen) resultiert das Endenergie- oder Nachfragepotenzial aus dem Erzeugungspotenzial abzüglich von ggf. gegebenen Speicherverlusten (d. h. möglicher Ausgleich von Angebot und Nachfrage mit den in Österreich vorhandenen Pumpspeicherkapazitäten), den jeweiligen Netzverlusten (d. h. Verluste zwischen dem durchschnittlichen Erzeugungs- und einem mittleren Nachfrageort) und der zeitabhängig infolge der gegebenen Angebots- und Nachfragecharakteristik im Netz nicht nutzbaren Anteile. Die durch die Verteilung und ggf. Speicherung bedingten Energieverluste werden hier pauschal mit jeweils 3 % unterstellt (d. h. 3 % Netzverluste und 3 % Speicherverluste). Dabei wird bewusst in Kauf genommen, dass dies – aufgrund der hier nicht möglichen standortscharfen Betrachtung – nur eine grobe Abschätzung sein kann. Beispielsweise kann Strom z. B. aus dachmontierten Photovoltaikanlagen in unmittelbarer Anlagennähe – und damit unter weitgehender Vermeidung möglicher Verluste – verbraucht werden; demgegenüber benötigt z. B. Strom aus großen Windparks oder im Hochgebirge installierten Wasserkraftwerken einen weiträumigen Abtransport. Übersteigt die Erzeugung die zeitgleiche Nachfrage, kommen Verluste aufgrund einer ggf. umfangreichen Zwischenspeicherung hinzu. Derartige Effekte hängen aber sehr stark ab u. a. von den lokalen Gegebenheiten am potenziellen Anlagenstandort und können im konkreten Einzelfall auch völlig anders sein. Zusätzlich muss oft nicht der gesamte in Anlagen zur Nutzung fluktuierender regenerativer Energien erzeugte Strom zwischengespeichert werden; bei Systemen, die eine nachfrageorientierte Stromerzeugung ermöglichen (z. B. Biomassekraftwerke, Geothermieanlagen) ist zudem überhaupt keine Speicherung notwendig, da die Primärenergie (d. h. Biomasse, Erdwärme) speicherbar ist. Auch soll der eingespeiste Strom nicht bis zum Endverbraucher transportiert werden, sondern nur auf einer definierten Spannungsebene im Netz der öffentlichen Versorgung verfügbar sein. Diesen Randbedingungen tragen die hier pauschal – auch aus Gründen des einfachen Vergleichs der Potenziale der verschiedenen Nutzungsoptionen untereinander – unterstellten 6 % Verluste adäquat Rechnung.

Vor dem Hintergrund der liberalisierten Energiemärkte und einer immer weitergehenden europäischen Integration auch im Strommarkt ist eine ausschließlich auf Österreich bezogene Betrachtung eher theoretischer Natur. Deshalb wird zusätzlich eine über die Grenzen der Republik Österreich hinausgehenden Potenzialbetrachtung angestellt. Dabei wird unterstellt, dass die in Innland aus regenerativen Energien erzeugte elektrische Energie, wenn sie die innerösterreichische Nachfrage übersteigt (d. h. Überschussenergie), vollständig und ohne netz- bzw. transportseitige Restriktionen in die Nachbarländer verkauft und dort zeitgleich genutzt werden kann. Diese Annahme ist dann gerechtfertigt, wenn die Erzeugungspotenziale in Österreich klein sind im Vergleich zu der europäischen Stromnachfrage. Dazu wird vorausgesetzt, dass nicht alle europäischen Länder eine forcierte Strategie zum Ausbau des regenerativen Energieangebots realisieren bzw. die entsprechenden Potenziale nicht vorhanden sind und deshalb in den Ländern noch ausreichend Möglichkeiten bestehen, unter Klimaschutzaspekten Strom aus Anlagen auf der Basis fossiler Energieträger zu substituieren. Deshalb werden hier bei der Berechnung dieses Potenzials mittlere Netzverluste von pauschal – auch aus Gründen des fairen Vergleichs der einzelnen Potenziale untereinander – 7 % unterstellt; dies entspricht Verlusten, wie sie von potenziellen Standorten von Anlagen zur Nutzung regenerativer Energien in Österreich (deren konkrete Standorte nicht bekannt sind) bis zu potenziellen Verteilknoten außerhalb der Republik Österreich (die jeweiligen potenziellen Nachfrager im Falle der Verfügbarkeit von Überschussenergie sind ebenfalls nicht bekannt) anfallen können. Auch dies ist zwingend eine stark vereinfachte Betrachtung, da u. a. vernachlässigt wird, dass z. B. netz- und strommarktbedingte Restriktionen einem vollständigen Export der elektrischen Energie aus erneuerbaren Energien entgegenstehen können; dies gilt beispielsweise aufgrund der begrenzten Leistung der heute vorhandenen Netzverbindungen zwischen Österreich und seinen Nachbarländern.

- Bei Anlagen zur Bereitstellung thermischer Energie beschreibt das Endenergie- oder Nachfragepotenzial den Anteil der aus technischer Sicht erzeugbaren thermischen Energie, der vom Endverbraucher auch genutzt werden kann (d. h. beispielsweise der Anteil der in solarthermischen Anlagen erzeugbaren Wärme, die der Verbraucher unter Berücksichtigung der Speicherverluste auch nutzt). Damit errechnet sich das Nachfrage- aus dem Erzeugungspotenzial auf der Basis der mittleren Nachfragecharakteristik nach Niedertemperaturwärme sowie den jeweiligen Speicher- und Verteilverlusten innerhalb des entsprechenden Hausverteilsystems.
- Bei einer Kraftstoffbereitstellung entspricht – aufgrund der einfachen und i. Allg. verlustfreien Lagermöglichkeiten – das Angebots- dem Nachfragepotenzial.

Zur Bestimmung des technischen Endenergie- oder Nachfragepotenzials wird die in Österreich gegebene Nachfrage nach elektrischer Energie bzw. Raum- und Prozesswärme sowie Warmwasser und nach Kraftstoffen zugrunde gelegt.

- Der Inlandsstromverbrauch betrug 2006 ohne den Eigenverbrauch der Kraftwerke und den Übertragungsverlusten rund 62,0 TWh (Kapitel 1.2.2.1).
- Im Jahr 2006 wurde insgesamt etwa 254 PJ/a Raumwärme und Warmwasser nachgefragt, dafür wurden rund 341 PJ/a an Endenergie aufgewendet (Kapitel 1.2.2.2). Die Differenz von 87 PJ/a resultiert aus den Umwandlungsverlusten (z. B. in Feuerungsanlagen) sowie den Verlusten der Wärmeverteilung. Zur Bestimmung des technischen Nachfragepotenzials werden dabei nur die Verluste der Wärmeerzeugung berücksichtigt, da die Verluste der Wärmeverteilung i. Allg. unabhängig von der Art der Wärmebereitstellung sind (z. B. Erdgaskessel, Wärmepumpe). Unter Zugrundelegung eines durchschnittlichen Umwandlungsnutzungsgrads von 85 % liegt demnach die zur Ermittlung der technischen Nachfragepotenziale herangezogene Wärmenachfrage zur Raumwärme- und Warmwasserbereitung bei rund 290 PJ/a.
- Zur Deckung der Prozesswärmenachfrage von 202 PJ/a (2006) wurden insgesamt 251 PJ/a an Endenergie aufgewendet (Kapitel 1.2.2.2). Die Differenz von 49 PJ/a ergibt sich wiederum einerseits aus den Umwandlungs- und andererseits aus den Wärmeverteilverlusten. Werden zur Bestimmung des technischen Nachfragepotenzials nur die Umwandlungsverluste berücksichtigt und dabei ein durchschnittlicher Umwandlungsnutzungsgrad von 85 % zugrunde gelegt, errechnet sich die zur Ermittlung der technischen Nachfragepotenziale herangezogene Prozesswärmenachfrage mit ca. 213 PJ/a.
- Im Jahr 2006 lag der Verbrauch an Mineralöldiesel bei 261 PJ und an Benzin bei 87 PJ/a /Statistik Austria 2008a/.

- Wirtschaftliches Potenzial
Unter dem wirtschaftlichen Potenzial einer Option zur Nutzung regenerativer Energien wird der Anteil des technischen Potenzials verstanden, der unter Zugrundelegung der jeweiligen Wirtschaftlichkeitskriterien (u. a. Fremdkapitalzinssatz, Abschreibungsdauer, Eigenkapitalanteil und -verzinsung) auf der Basis von ausschließlich ökonomischen Gesichtspunkten genutzt werden könnte. Neben den Parametern, die auch das technische Potenzial beeinflussen, wird damit die Band-

breite des wirtschaftlichen Potenzials von den jeweiligen individuellen Rentabilitätsforderungen des entsprechenden Investors und zusätzlich von dem Preisniveau der konkurrierenden Referenzsysteme, die u. a. stark von den aktuellen Energieträgerpreisen beeinflusst werden, bestimmt. Zu unterscheiden ist auch, ob das wirtschaftliche Potenzial aus volks- oder betriebswirtschaftlicher Sicht bestimmt wird.

- Erschließbares Potenzial
  Das erschließbare Potenzial regenerativer Energien beschreibt den zu erwartenden tatsächlichen Beitrag einer regenerativen Energie zur Energieversorgung. Es ist ebenfalls zeitabhängig und in der Regel geringer als das wirtschaftliche Potenzial, da es i. Allg. nicht sofort, sondern nur innerhalb eines längeren Zeitraums infolge einer Vielzahl unterschiedlichster Restriktionen vollständig erschließbar ist. Dies liegt u. a. an den begrenzten Herstellkapazitäten, der Funktionsfähigkeit der vorhandenen, noch nicht abgeschriebenen Konkurrenzsysteme sowie einer Vielzahl weiterer Hemmnisse (z. B. mangelnde Information, rechtliche und administrative Begrenzungen).

Da die wirtschaftlichen und insbesondere die erschließbaren Potenziale erheblich von den sich schnell ändernden energiewirtschaftlichen und -politischen Randbedingungen beeinflusst werden, wird auf diese Potenziale hier nicht eingegangen. Es werden ausschließlich die theoretischen sowie technischen Angebots- und Nachfragepotenziale diskutiert. Dazu erfolgt zunächst eine Singulärbetrachtung der Potenziale der einzelnen Optionen zur Nutzung des regenerativen Energieangebotes (Kapitel 2 bis 9). Im Anschluss daran wird eine gesamthafte Betrachtung dieser Potenziale durchgeführt, bei der auch Konkurrenzen einzelner Optionen zur Nutzung des regenerativen Energieangebots untereinander, wie beispielsweise bei der Dachflächennutzung für solarthermische oder photovoltaische Anlagen oder bei der Biomassenutzung zur Wärme-, Strom- oder Kraftstofferzeugung, berücksichtigt werden (Kapitel 10). Bei dieser gesamthaften Betrachtung können sich die technischen Nachfragepotenziale im Vergleich zu der Singulärbetrachtung reduzieren, da beispielsweise die vorhandene Dachfläche nur solarthermisch oder photovoltaisch bzw. die Biomasse nur einmal zur Wärme- und/oder Strom- und/oder Kraftstofferzeugung genutzt werden kann.

Zur Abschätzung der noch unerschlossenen Potenziale regenerativer Energien in Österreich wird den ermittelten Potenzialen zusätzlich die gegenwärtige Nutzung gegenübergestellt.

1.4 Konventionelle Vergleichssysteme

Durch die Nutzung regenerativer Energien zur Strom-, Wärme- und Kraftstoffbereitstellung werden gegenwärtig i. Allg. Technologien bzw. Brennstoffe auf Basis fossiler Primärenergieträger ersetzt. Um einen ökologischen und ökonomischen Vergleich zwischen Techniken und Systemen zur Nutzung regenerativer und fossiler Energieträger zu ermöglichen, werden im Folgenden die entsprechenden konventionellen, mit fossilen Brennstoffen befeuerten Techniken zur Strom-, Wärme- und Kraftstoffbereitstellung dargestellt.

1.4.1 Bereitstellung elektrischer Energie

Zur Deckung der Nachfrage nach elektrischer Energie werden heute in Österreich neben Wasserkraftwerken u. a. auch Wärmekraftwerke betrieben. Im Folgenden werden die wesentlichen Systemelemente dieser Stromerzeugungsanlagen auf der Basis fossiler Energieträger dargestellt und zwei Referenzkraftwerke definiert. Für diese werden der mit Bau, Betrieb und Abriss einhergehenden Verbrauch erschöpflicher Energieträger und die korrespondierenden Emissionen ausgewählter Luftschadstoffe ermittelt sowie anhand der Investitionen und Betriebskosten die entsprechenden Stromgestehungskosten errechnet. Diese Kennzahlen ermöglichen dann einen Vergleich der konventionellen Stromerzeugung mit den entsprechenden Optionen zur Nutzung des regenerativen Energieangebots (Kapitel 10).

1.4.1.1 Systemtechnische Beschreibung

Wärmekraftwerke wandeln einen Teil des Energieinhalts fossiler Brennstoffe (Stein- und Braunkohle, Erdgas, Heizöl) in elektrische Energie um. Zur großtechnischen Stromerzeugung kommen in Österreich dazu konventionelle Dampf- sowie Gas- und Dampfturbinenkraftwerke zum Einsatz. Die wesentlichen Systemmerkmale dieser Technologien werden im Folgenden kurz beschrieben. Verbrennungskraftmaschinen (d. h. Motoren), die u. a. zur Notstromversorgung, zur Stromerzeugung in Inselsystemen (z. B. Berghütten) und teilweise zur Spitzenlastabdeckung im Einsatz sind, werden aufgrund der insgesamt geringen Bedeutung für das österreichische Energiesystem nicht berücksichtigt.

Dampfkraftwerk. Wesentliche Komponenten von kohle-, erdgas- oder heizölbefeuerten Dampfkraftwerken sind die Feuerung, die Dampferzeugung, die Turbogruppe (Turbine und Generator), der Wasserkreislauf, die Abgasreinigung (je nach Brennstoff Staubfilter, Abgasentschwefelung und -entstickung) sowie die steuerungs- und elektrotechnischen Einrichtungen. Bei kohlebefeuerten Kraftwerken ist zusätzlich eine Brennstoffaufbereitung vorzusehen. Als Feuerungssysteme werden bei Stein- und Braunkohlekraftwerken überwiegend Staubfeuerungen, für Anlagen unter 500 MW auch Wirbelschichtfeuerungen eingesetzt. Öl- und gasbefeuerte Kessel werden mit Brennerfeuerung ausgeführt. Im nachgeschalteten Dampferzeuger wird die in der Feuerung freigesetzte Energie auf den Wasserkreislauf übertragen und Wasserdampf erzeugt. Die Energie dieses Heißdampfs wird anschließend über eine mehrstufige Turbine an einen Generator zur Stromerzeugung übertragen. Zur Schließung des Kreisprozesses wird der aus der Turbine kommende Dampf in einem Kühlsystem kondensiert und über eine Kesselspeisewasserpumpe wieder dem Dampferzeuger zugeführt. Insgesamt erreichen Dampfkraftwerke heute Netto-Wirkungsgrade bis über 45 %.

Gas- und Dampfturbinenkraftwerk. Gas- und Dampfturbinen(GuD)-Kraftwerke bestehen im Wesentlichen aus einer im Regelfall mit Erdgas betriebenen Turbine, die einen Generator antreibt. In dieser Turbine wird zunächst der Druck der angesaugten Umgebungsluft erhöht. Diese verdichtete Luft wird anschließend in die Brennkammer geführt, wo sie mit dem Brennstoff chemisch unter Energiefreisetzung reagiert. Anschließend wird das Reaktionsgas auf Umgebungsdruck entspannt; die dabei an der Turbinenwelle frei werdende Energie wird im Generator in elektrische Energie umgewandelt.

Die noch sehr heißen Abgase aus der Gasturbine werden durch einen Abhitzekessel geführt, in dem überhitzter Dampf für einen Dampfprozess erzeugt wird, der im Wesentlichen dem eines konventionellen Dampfkraftwerks entspricht.

Bei diesem sogenannten Gas- und Dampfturbinenprozess (GuD) lassen sich heute Wirkungsgrade von über 58 % erreichen.

1.4.1.2 Ökologische und ökonomische Analyse

Die Bereitstellung von elektrischer Energie durch Wärmekraftwerke ist mit einer Reihe von Umwelteffekten und mit entsprechenden monetären Aufwendungen verbunden. Diese werden im Folgenden kurz diskutiert. Zuvor werden jedoch die diesen Analysen zugrunde liegenden Referenzanlagen definiert.

Referenzanlagen. Als konventionelle Stromerzeugungsanlagen werden ein steinkohle- und ein erdgasbefeuertes Kraftwerk nach dem derzeitigen Stand der Technik betrachtet (Tabelle 1.7). Bei dem mit Steinkohle betriebenen Kraftwerk wird von einer Staubfeuerung und einem konventionellen Dampfkreislauf und bei der mit Erdgas befeuerten Anlage von einem Gas- und Dampfturbinenprozess ausgegangen. Es wird ein typischer Einsatz solcher Anlagen mit 6 000 bis 8 000 (Steinkohlekraftwerk) bzw. 5 000 bis 7 000 (Erdgaskraftwerk) Volllaststunden pro Jahr unterstellt.

Tabelle 1.7 Technische Kenngrößen der untersuchten Steinkohle- und Erdgas-GuD-Kraftwerke

		Steinkohle-Dampfkraftwerk	Erdgas-GuD[a]-Kraftwerk
Brennstoff		Steinkohle	Erdgas
Kraftwerkstyp		Staubfeuerung	GuD[a]
Elektrische Nennleistung	in MW (netto)	800	400
Technische Lebensdauer	in a	30	30
Netto-Systemnutzungsgrad	in %	45	58
Volllaststunden	in h/a	6 000 – 8 000	5 000 – 7 000
Stromerzeugung	in GWh/a	4 800 – 6 400	2 000 – 2 800
Brennstoffeinsatz	in TJ/a	38 400 – 512 000	12 410 – 17 380

[a] Gas- und Dampfturbinenkraftwerk

Ökologische Analyse. Für die definierten Referenzanlagen werden ausgewählte ökologische Aspekte im Rahmen einer Lebenswegbetrachtung untersucht und quantifiziert. Zusätzlich werden auch weitere Umwelteffekte, die nicht mithilfe einer Lebenszyklusanalyse untersucht werden können, diskutiert.

Lebenszyklusanalyse. Im ordnungsgemäßen Betrieb werden durch die in Tabelle 1.7 definierten Referenzkraftwerke eine Vielzahl unterschiedlicher Luftschadstoffe emittiert. Neben diesen direkten Emissionen aus dem Verbrennungsvorgang werden aber auch bei der Brennstoffbereitstellung sowie beim Bau und Abriss der Anlagen Emissionen freigesetzt.

Tabelle 1.8 zeigt die Stofffreisetzungen zusammengefasst unter Wirkungsaspekten im Lebensweg. Demnach sind erdgasbefeuerte GuD-Kraftwerke im Vergleich zu Steinkohlekraftwerken – u. a. aufgrund der höheren Wirkungsgrade – durch einen geringeren Verbrauch fossiler Energieträger sowie – u. a. aufgrund des vergleichsweise "sauberen" Brennstoffs – geringere Schadstoffemissionen gekennzeichnet. So sind etwa die spezifischen CO_2-Äquivalent-Emissionen bei dem betrachteten Steinkohlekraftwerk mit etwa 847 t/GWh um knapp 80 % höher als jene des Erdgas-GuD-Kraftwerks (ca. 476 t/GWh). Zusätzlich werden die Bilanzergebnisse – und hier vor allem die spezifischen SO_2-Emissionen – auch durch die mit der Brennstoffbereitstellung verbundenen Energieaufwendungen bzw. Emissionen beeinflusst (vgl. Tabelle 1.5). Bei dem betrachteten erdgasbefeuerten GuD-Kraftwerk führt dies trotz der fehlenden direkten SO_2-Emissionen (d. h. praktisch schwefelfreier Brennstoff) zu rund 320 kg SO_2-Emissionen pro bereitgestellter GWh elektrischer Energie.

Tabelle 1.8 Energie- und Emissionsbilanzen einer Stromerzeugung aus Steinkohle und Erdgas (Zahlen gerundet)

		Steinkohlekraftwerk		Erdgaskraftwerk	
Stromerzeugung	in GWh/a	4 800	6 400	2 000	2 800
Energie	in GJ_{prim}/TJ[a]	3 230	3 229	2 161	2 159
SO_2	in kg/TJ	154	154	89	89
NO_x	in kg/TJ	153	153	131	130
CO_2-Äquivalente	in kg/TJ	235 278	235 186	132 243	132 117
SO_2-Äquivalente	in kg/TJ	281	281	188	187
Energie	in GJ_{prim}/GWh[a]	11 630	11 625	7 780	7 773
SO_2	in kg/GWh	556	555	321	320
NO_x	in kg/GWh	550	549	470	468
CO_2-Äquivalente	in kg/GWh	847 002	846 670	476 076	475 620
SO_2-Äquivalente	in kg/GWh	1 012	1 010	675	673

[a] primärenergetisch bewerteter kumulierter fossiler Energieaufwand (Verbrauch erschöpflicher Energieträger)

Abb. 1.22 zeigt diese Zusammenhänge exemplarisch anhand der mit Bau, Betrieb, Brennstoffbereitstellung und Abriss verbundenen spezifischen CO_2-Äquivalent-Emissionen. Bau und Abriss der Anlagenkomponenten tragen demnach nahezu vernachlässigbar zu den Gesamtergebnissen bei. Auch eine Variation der Volllaststunden (Tabelle 1.7) verursacht keine wesentlichen Unterschiede bei den spezifischen Emissionen, da die Stofffreisetzungen primär durch die bei der Verbrennung des Brennstoffs entstehenden Emissionen bestimmt werden.

Weitere Umwelteffekte. Neben den dargestellten Schadstoffemissionen werden im ordnungsgemäßen Betrieb von kalorischen Kraftwerken weitere Schadstoffe freigesetzt bzw. ist die Bereitstellung fossiler Brennstoffe mit Beeinträchtigungen der natürlichen Umwelt verbunden, von denen nachfolgend einige exemplarisch angeführt sind.

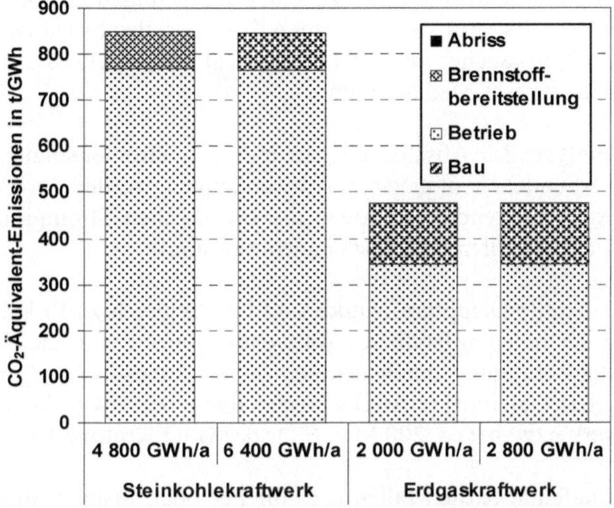

Abb. 1.22 Aufteilung der CO_2-Äquivalent-Emissionen der in Tabelle 1.8 dargestellten Bilanzergebnisse einer Stromerzeugung aus Steinkohle und Erdgas auf Bau, Betrieb, Brennstoffbereitstellung und Abriss

– Kohlekraftwerke waren lange Zeit eine wesentliche Quelle anthropogener Staub- und SO_2-Emissionen in Österreich. Erst durch strengere Emissionsgrenzwerte und dem dadurch notwendigen Einbau umfangreicher Abgasreinigungssysteme konnten diese Emissionen stark gesenkt werden.
– Bei der Gewinnung von Kohle im Tagebau kommt es aufgrund des großen Flächenverbrauchs zu umfangreichen Beeinträchtigungen der Landschaft mit allen damit verbundenen Effekten auf die Natur. Durch Rekultivierungsmaßnahmen nach Ende des Abbaus können diese allerdings teilweise wieder kompensiert werden. Beim Untertagebau kann es durch Verbrüche der geschaffenen Hohlräume zu Absenkungen der Erdoberfläche kommen, die u. a. zu einer Rissbildung in an der Oberfläche befindlichen Gebäuden führen können bzw. eine Nutzung der betroffenen Flächen einschränken. Weiters kann die Kohleförderung zu einer weitläufigen Beeinträchtigung des Grundwasserhaushalts führen.
– Die Rückstände aus der Kohleverbrennung können u. a. Schwermetalle enthalten. In Abhängigkeit von der Zusammensetzung der Kohle kommt es dabei vor allem im Flugstaub zu einer Anreicherung dieser Stoffe. Die in der Abgasreinigung zurückgehaltenen Stäube müssen daher ebenso wie die Aschen aus dem Feuerungsraum ordnungsgemäß verwertet bzw. deponiert werden. Dabei wird die bei der Kohleverbrennung entstandene Flugasche seit Jahrzehnten als Baustoff im Wesentlichen im Betonbau, im Erd- und Straßenbau sowie im Bergbau verwertet. Durch die dadurch mögliche Substitution anderer Baustoffe können die vorhandenen Ressourcen geschont werden /BVK 2008/.

– Bei der Gewinnung von Erdgas kann es u. a. während der Erstellung der für die Förderung notwendigen Bohrungen durch die Freisetzung von Hilfs- und Betriebsstoffen (z. B. Bohrspülungen) zu einer Belastung des Bodens (Onshore) bzw. des Meeres (Offshore) kommen. Beim Transport des Erdgases zur Aufbereitung bzw. zum Verbraucher können Leckagen in den Pipelines zu einer Freisetzung des Treibhausgases Methan führen.

Ökonomische Analyse. Zur Abschätzung der mit einer Stromerzeugung aus fossilen Energieträgern verbundenen monetären Aufwendungen werden im Folgenden die variablen und fixen Aufwendungen sowie die spezifischen Stromgestehungskosten der in Tabelle 1.7 dargestellten Referenzanlagen diskutiert.

Investitionen. Steinkohle-Dampfkraftwerke sind im Vergleich zu Erdgas-GuD-Kraftwerken aufgrund der höheren baulichen Aufwendungen für u. a. die Kohleaufbereitung oder die Abgasreinigung durch deutlich höhere Investitionen gekennzeichnet. Für die betrachteten Referenzkraftwerke liegen diese bei etwa 880 Mio. € für das Steinkohlekraftwerk bzw. bei ca. 200 Mio. € für das GuD-Kraftwerk (Tabelle 1.9).

Betriebskosten. Laufende Kosten fallen u. a. für Personal, Instandhaltung, Rückstellungen für Anlagenerneuerungen, Abgasreinigung, Entsorgung von Verbrennungsrückständen und Versicherungen sowie für den Brennstoff an. Aufgrund der im Vergleich zu Gaskraftwerken deutlich höheren Aufwendungen für u. a. die Brennstoffaufbereitung und Abgasreinigung sind Kohlekraftwerke dabei durch deutlich höhere Betriebskosten gekennzeichnet. Ohne Berücksichtigung der Brennstoffkosten liegen diese bei 29,8 Mio. € (Steinkohlekraftwerk) bzw. 5,9 Mio. € (Erdgas-GuD-Kraftwerk). Aufgrund der geringeren spezifischen Brennstoffkosten (vgl. Tabelle 1.6) liegen demgegenüber die Aufwendungen für den Brennstoff des betrachteten Steinkohle-Dampfkraftwerks (94,5 bis 126,0 Mio. €/a bei 800 MW) deutlich unter denen des Erdgas-GuD-Kraftwerks (91,8 bis 128,6 Mio. €/a bei 400 MW). Der Vorteil der – im Vergleich zu einem mit Erdgaskraft gefeuerten GuD-Kraftwerk – niedrigeren spezifischen Brennstoffkosten wird damit durch den geringeren Nutzungsgrad des Steinkohle-Dampfkraftwerks nur geringfügig reduziert.

Tabelle 1.9 Investitionen und Betriebskosten sowie Stromgestehungskosten von Steinkohle- und Erdgas-GuD-Kraftwerken (Zahlen gerundet)

		Steinkohle-Dampfkraftwerk	Erdgas-GuD-Kraftwerk
Leistung	in MW	800	400
Stromerzeugung	in GWh/a	4 800 – 6 400	2 000 – 2 800
Investitionen	in Mio. €	880	200
	in €/kW	1 100	500
Annuität[a]	in Mio. €/a	54	12,3
Betriebskosten[b]	in Mio. €/a	29,8	5,9
Brennstoffkosten[c]	in Mio. €/a	94,5 – 126,0	91,8 – 128,6
Stromgestehungskosten	in €/kWh	0,037 – 0,033	0,055 – 0,052

[a] bei einem Zinssatz von 4,5 % und einer Abschreibung über die technische Anlagenlebensdauer von 30 Jahren; [b] u. a. Betrieb, Wartung (ohne Brennstoffkosten); [c] Tabelle 1.6

Stromgestehungskosten. Mit den in Kapitel 1.3.3.3 definierten finanzmathematischen Randbedingungen (Zinssatz 4,5 %, Abschreibung über technische Lebensdauer von

30 Jahren) können für die in Tabelle 1.7 dargestellten Referenzanlagen die spezifischen Stromgestehungskosten berechnet werden (Tabelle 1.9); nicht berücksichtigt werden dabei definitionsgemäß die Kosten, die sich aus der Verteilung der elektrischen Energie ergeben.

Demnach ist das Steinkohle-Dampfkraftwerk durch Stromgestehungskosten von 0,033 bis 0,037 €/kWh und die mit Erdgas betriebene GuD-Anlage von 0,052 bis 0,055 €/kWh gekennzeichnet. Insgesamt nehmen damit die spezifischen Stromgestehungskosten mit zunehmenden Volllaststunden – und damit zunehmender Stromerzeugung – ab.

Je nach Anlagenauslegung bzw. Betriebsweise können die Stromgestehungskosten von den oben dargestellten allerdings erheblich abweichen. Um die Auswirkungen möglicher Einflussfaktoren auf die Gestehungskosten abschätzen zu können, zeigt Abb. 1.23 eine Variation wesentlicher Einflussgrößen am Beispiel der in Tabelle 1.7 definierten GuD-Anlage mit 5 000 Volllaststunden im Jahr. Den größten Einfluss auf die spezifischen Stromgestehungskosten besitzen demnach die Anlagenbetriebsweise (d. h. die jährlichen Volllaststunden bzw. jährliche Stromerzeugung) sowie die Brennstoffkosten. Die Gesamtinvestitionen und Betriebskosten sowie der Zinssatz und die Abschreibungsdauer beeinflussen demgegenüber die Stromgestehungskosten nur wenig.

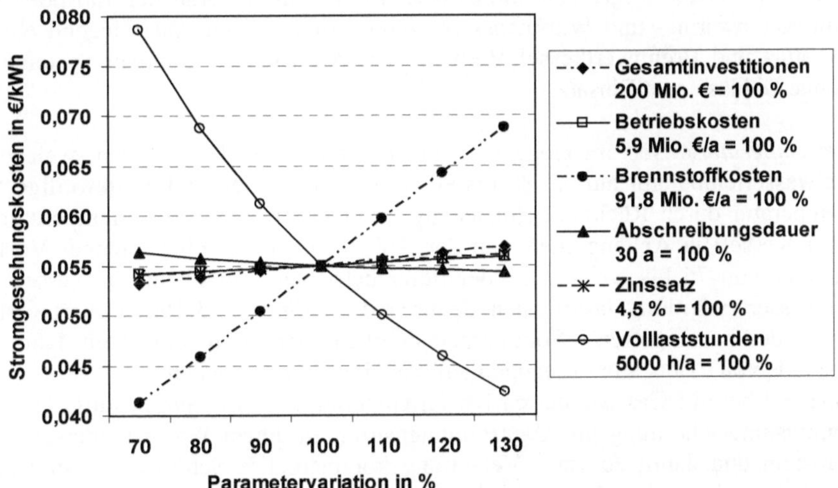

Abb. 1.23 Parametervariation der wesentlichen Einflussgrößen auf die spezifischen Stromgestehungskosten des in Tabelle 1.7 definierten Erdgas-GuD-Kraftwerks (400 MW, 5 000 h/a)

1.4.2 Bereitstellung thermischer Energie

Im Folgenden werden die wesentlichen Systemelemente einer kleintechnischen Wärmebereitstellung aus Heizöl und Erdgas dargestellt sowie für die in Tabelle 1.2 definierten Versorgungsaufgaben passende Referenzsysteme definiert. Für diese werden in weiterer Folge der mit Bau, Betrieb und Abriss einhergehende Verbrauch erschöpflicher Energieträger und die Emissionen ausgewählter Luftschadstoffe ermittelt sowie anhand der Investitionen und Betriebskosten die entsprechenden Wärmegestehungskosten errechnet. Da eine Wärmeversorgung über ausschließlich erdgas- oder heizölbefeuerte Nahwärmesysteme in Österreich kaum realisiert wird, wird auf diese nicht näher eingegangen.

1.4.2.1 Systemtechnische Beschreibung

Die wesentlichen Systemelemente von Anlagen zur kleintechnischen Bereitstellung von Wärme aus Heizöl bzw. Erdgas sind neben dem Heizkessel mit Brenner u. a. Schornstein, Brennstofflagerung bzw. -zuführung, Regelung sowie ggf. eine Warmwasserbereitung.

Heizkessel und Brenner. Im Heizkessel findet die Umwandlung der im Brennstoff gespeicherten chemischen in thermische Energie statt. Dazu wird im Brenner das Heizöl bzw. Erdgas mit Luftsauerstoff vollständig oxidiert. Die dabei frei werdende Wärme wird über einen Wärmeübertrager auf ein geeignetes Wärmeverteilmedium (i. Allg. Wasser) übertragen und durch dieses weiter zum Verbraucher transportiert.

Zur Raumwärme- und Warmwasserbereitung finden heute überwiegend Niedertemperatur- und Brennwertkessel Verwendung. Als Brenner kommen Systeme mit und ohne Gebläse zum Einsatz.

Niedertemperaturkessel. Im Gegensatz zu herkömmlichen Kesseltypen, welche die Kesselwassertemperatur auf ca. 80 bis 90 °C konstant halten und die jeweilige Vorlauftemperatur durch Rücklaufbeimischung erreichen, werden Niedertemperaturkessel (NT-Kessel) in Abhängigkeit von der Außentemperatur mit gleitender Vorlauftemperatur von 75 bis auf 40 °C oder tiefer betrieben. Vor allem bei Kesseln mit Warmwassererwärmung lassen sich dadurch die Abgas- und Bereitschaftsverluste während der heizungsfreien Sommerzeit deutlich verringern und somit Jahresnutzungsgrade von 91 bis 93 % (bezogen auf den Heizwert) erreichen.

Speziell bei mit Gas befeuerten Niedertemperaturkesseln kann es aufgrund einer Taupunktsunterschreitung im Abgasvolumenstrom zu einem Wasserniederschlag im Schornstein und damit zu einer Versottung kommen. Die Schornsteine sind daher wasserdicht und wärmegedämmt sowie mit einer Wasserableitung auszuführen.

Brennwertkessel. Die beste Ausnutzung der im Brennstoff enthaltenen Energie lässt sich mit einem Brennwertkessel realisieren. Durch Abkühlung der heißen Abgase über den Rücklauf des Heizungssystems wird dabei die fühlbare Restwärme der Abgase sowie die latente Wärme (Verdampfungswärme) des im Abgas enthaltenen Wasserdampfs genutzt. Diese Verdampfungswärme kann dabei allerdings nur gewonnen werden, wenn die Rücklauftemperatur des Heizungssystems unterhalb der Taupunkttemperatur des Abgases liegt und somit ein Teil des Wasserdampfes kondensieren kann. Aufgrund des höheren Wasserstoffanteils im Brennstoff lässt sich bei erdgasbefeuerten Kesseln mit 11 % ein höherer theoretischer Energiegewinn als bei heizölbefeuerten Kesseln (6 %) erzielen. Neben den im Vergleich zu mit Erdgas betriebenen

Brennwertkesseln schlechteren energetischen Rahmenbedingungen sind bei heizölbefeuerten Brennwertgeräten auch die chemischen Eigenschaften des Kondensats gegenüber erdgasbefeuerten Geräten ungünstiger. Durch den Schwefelgehalt im Heizöl ist der Anteil der im Abgas und damit auch der im Kondensat enthaltenen sauren Bestandteile höher. Probleme können sich dadurch insbesondere durch eine verstärkte Korrosion der Heizungsanlage sowie durch eine Versottung des Schornsteins ergeben. Die mit dem Kondensat in Berührung kommenden Anlagenkomponenten müssen daher entsprechend säurebeständig ausgeführt und das Kondensat vor Einleitung in das öffentliche Abwassersystem ggf. neutralisiert werden.

Gasbrenner ohne Gebläse. Gasbrenner ohne Gebläse – sogenannte atmosphärische Gasbrenner – arbeiten mit Luftselbstansaugung (d. h. die Verbrennungsluft wird durch den thermischen Auftrieb im Kessel von unten her in den Brennraum geführt). Der Schornstein muss daher so viel Zug erzeugen, dass alle Widerstände der Heizungsanlage überwunden werden können. Bei einer Kombination mit einem Brennwertkessel ist zur Überwindung der Widerstände in der Abgasleitung allerdings ein Abgasventilator notwendig.

Gasbrenner mit Gebläse. Beim Gasgebläsebrenner wird dem Gas vor der Verbrennung die Verbrennungsluft durch ein Gebläse zugeführt. Im Gegensatz zu Gasbrennern ohne Gebläse lässt sich dadurch die zugeführte Luftmenge genau dosieren (gleitender Betrieb) und atmosphärische Einflüsse auf den Verbrennungsvorgang ausschließen.

Ölbrenner mit Gebläse. Der Ölbrenner soll das Heizöl möglichst fein zerstäuben oder verdampfen, mit der über ein Gebläse zugeführten Verbrennungsluft intensiv mischen und das Gemisch verbrennen. Für den Heizungsbereich werden dabei überwiegend Öldruckzerstäubungsbrenner eingesetzt. Das Öl wird dabei durch eine elektrisch angetriebene Ölpumpe auf Drücke bis 20 bar gebracht und einer Zerstäuberdüse zugeführt, in der es in feinste Teilchen vernebelt und verdampft wird. Während bei üblichen Ölbrennern die Kohlenstoffteilchen des Öls in der Flamme zum Glühen gebracht werden und mit gelblicher Flamme verbrennen (Gelbbrenner), vergasen beim sogenannten Blaubrenner die Öltröpfchen vor der Verbrennung. Dies wird dadurch erreicht, indem der Ölnebel im Brennerrohr durch Rezirkulation der heißen Brenngase vergast wird.

Brennstoffversorgung/-lagerung. Die Brennstoffversorgung gasbefeuerter Heizkessel erfolgt i. Allg. über das Erdgasnetz. Daneben ist aber auch ein Betrieb mit Flüssiggas möglich, jedoch eher selten und meist auf ländliche Räume ohne Anschluss an das Erdgasnetz beschränkt. Bei ölbefeuerten Systemen erfolgt die Brennstoffversorgung aus unterirdisch bzw. oberirdisch installierten Tanks aus Stahl oder Kunststoff.

Warmwasserbereitung. Die Warmwasserbereitung erfolgt meist durch Speicherwarmwasserbereiter, die über, unter oder neben dem Heizkessel angeordnet werden. Die Erwärmung des Wassers kann dabei über eine im Speicher angeordnete Heizfläche (direkte beheizter Speicher) oder über einen externen Wärmeübertrager (indirekt beheizter Speicher) erfolgen. Daneben ist auch der Einsatz eines elektrisch beheizten Warmwasserspeichers möglich.

1.4.2.2 Ökologische und ökonomische Analyse

Die Bereitstellung von Wärme zur Raumheizung bzw. Warmwasserbereitung ist mit einer Reihe von Umwelteffekten und mit entsprechenden Kosten verbunden. Diese werden im Folgenden für zu definierende Referenzanlagen diskutiert.

Referenzanlagen. Zur Deckung der in Tabelle 1.2 definierten Versorgungsaufgaben wird, je nach Heizlast der untersuchten Gebäude, der Einsatz von sechs erdgasbefeuerten Kesseln mit Brennwerttechnik (EFH-0, EFH-I, EFH-II, EFH-III sowie MFH-0, MFH-I), einem Niedertemperatur-Erdgaskessel (EFH-II) sowie vier ölbefeuerten Niedertemperatur-Kesseln (EFH-I, EFH-II, EFH-III sowie MFH-I) unterstellt (Tabelle 1.10). Die in Passivbauweise erstellten Häuser (EFH-0 und MFH-0) sind zusätzlich mit einer raumlufttechnischen Anlage mit Abluftwärmerückgewinnung (kontrollierte Zu- und Abluft mit 80 % Jahresnutzungsgrad) versehen, wobei jeweils eine Laufzeit dieser Anlagen über das gesamte Jahr (8 760 h/a) bzw. nur im Verlauf der Wintermonate (5 000 h/a) untersucht wird. Die Trinkwarmwasserbereitung erfolgt bei den Einfamilienhäusern über einen Wärmespeicher, der über einen internen Wärmeübertrager beladen wird. Bei den untersuchten Mehrfamilienhäusern (MFH-0 und MFH-I) wird als Hausverteilnetz ein Zweileiternetz unterstellt, bei welchem das Trinkwarmwasser mittels Durchlauferhitzer (je Wohneinheit) zur Verfügung gestellt wird. Aufgrund der in Kapitel 1.3.3.1 definierten Rahmenbedingungen wird dieser im Folgenden nicht weiter berücksichtigt.

Tabelle 1.10 Technische Kenngrößen der untersuchten Referenzsysteme für eine kleintechnische Wärmebereitstellung aus Erdgas bzw. Heizöl extra leicht

System	E-0	E-I	E-I	E-II	E-II	E-II	E-III	E-III	M-0	M-I	M-I
TW-Nachf. in GJ/a	10,7	10,7	10,7	10,7	10,7	10,7	10,7	10,7	64,1	64,1	64,1
RW-Nachf. in GJ/a	7,6	22,0	22,0	45,0	45,0	45,0	108,0	108,0	68,0	432,0	432,0
Geb.heizlast in kW	1,5	5	5	8	8	8	18	18	20	60	60
Kesselleist. in kW	3-13[d]	3-13	17	3-13	8	17	4-20	24	4-20	15-66	67
Brennstoff	EG	EG	HEL	EG	EG	HEL	EG	HEL	EG	EG	HEL
Technik	BW	BW	NT-BB	BW	NT	NT-BB	BW	NT-BB	BW	BW	NT-BB
Kesselnutz.g. in %	104	104	93	104	93	93	104	93	104	104	93
Syst.nutz.g. in %[a]	88	95	85	98	88	88	101	91	91	100	90
Brennst. in GJ/a[b]	20,6	34,5	38,5	56,6	63,2	63,2	117,2	131,0	145,5	495,5	553,5
Speicher in l	160	160	160	160	160	160	160	160	DLE[c]	DLE[c]	DLE[c]

E EFH (Einfamilienhaus); M MFH (Mehrfamilienhaus); TW Trinkwarmwasser; RW Raumwärme; EG Erdgas; HEL Heizöl extra leicht; BW Brennwertkessel; NT-BB Niedertemperatur-Ölkessel mit Blaubrenner; NT Niedertemperatur-Gaskessel; Nachf. Nachfrage; Kesselleist. Kesselfeuerungsleistung; Kesselnutz.g. Kesselnutzungsgrad; Syst.nutz.g. Systemnutzungsgrad; Brennst. Brennstoffeinsatz; Speicher Warmwasserspeicher
[a] zusätzlich zum Kesselnutzungsgrad berücksichtigt der Systemnutzungsgrad die Verluste der Warmwasserbereitung; [b] inkl. Verluste; [c] Durchlauferhitzer, wird für alle Techniken als identisch unterstellt und daher nicht weiter berücksichtigt (Kapitel 1.3.3.1); [d] für EFH-0 stehen keine kleineren Kessel zur Verfügung

Die eingesetzte Brennstoffenergie ermittelt sich aus der am Trinkwarmwasserspeicher bzw. an der Übergabestelle in das Wärmeverteilnetz der Gebäude bereitgestellten Wärme sowie dem Nutzungsgrad der gesamten Wärmeerzeugung. Die Verluste des Trinkwarmwasserspeichers sowie der geringere Kesselnutzungsgrad der Trinkwarmwasserbereitung während den heizungsfreien Sommermonaten werden berücksichtigt. Speziell bei Gebäuden mit einer spezifisch niedrigen Heizwärmenachfrage (z. B. EFH-I) kann dadurch der jahresmittlere Systemnutzungsgrad deutlich unter dem Kesselnutzungsgrad liegen.

Zusätzlich wird für das System EFH-III eine elektrische Warmwassererwärmung mit Nachtstrom sowie erdgasbefeuertem Brennwertkessel zur Abdeckung der Raumwärmenachfrage untersucht. Der Warmwasserboiler hat bei einem Speicherinhalt von 160 l einen Nutzungsgrad von 80 %. Für den Brennwertkessel gelten die in Tabelle 1.10 definierten Randbedingungen. Daraus ergibt sich eine Stromnachfrage zur Trinkwarmwassererwärmung von 13,4 GJ/a (3 713 kWh/a) und ein Brennstoffeinsatz für die Raumheizung von 103,9 GJ/a.

Ökologische Analyse. Für die definierten Anlagen werden – entsprechend der bisherigen Vorgehensweise – nachfolgend ausgewählte ökologische Aspekte diskutiert. Dies erfolgt zunächst im Rahmen einer Lebenszyklusanalyse. Anschließend werden weitere Umwelteffekte diskutiert.

Lebenszyklusanalyse. Die Deckung der Wärmenachfrage mit den in Tabelle 1.10 definierten Anlagen ist mit entsprechenden Stofffreisetzungen aus den vorgelagerten Prozessen (z. B. Bereitstellung der Brennstoffe) und durch den eigentlichen Verbrennungsvorgang verbunden; hinzu kommen die Emissionen aus der Herstellung der Konversionsanlagen. Tabelle 1.11 und Tabelle 1.12 zeigt die Ergebnisse der Bilanzierung für eine Wärmeerzeugung zur kombinierten Trinkwarmwasser- und Raumwärmebereitung mittels der definierten mit Erdgas bzw. extra leichtem Heizöl befeuerten Kleinanlagen. Bezugsgröße ist dabei ein TJ bereitgestellte Wärme am Ausgang des Trinkwarmwasserspeichers bzw. an der Schnittstelle zum Wärmeverteilnetz der Gebäude. Wesentliche Einflussfaktoren auf die Bilanzergebnisse sind dabei der Systemnutzungsgrad als Funktion der Feuerungstechnologie und der Anteil des Trinkwarmwassers am gesamten Wärmeverbrauch, der energetische Aufwand bzw. die Emissionen für die Brennstoffbereitstellung sowie die brennstoffabhängigen direkten Emissionen.

Dies wird auch deutlich, wenn z. B. die Aufteilung der gesamten spezifischen CO_2-Äquivalent-Emissionen auf Bau, Brennstoffbereitstellung, Betrieb und Abriss der Anlagen untersucht wird (Abb. 1.24). Die Aufwendungen für Bau und Abriss der Anlagen tragen demnach nur wenig zum Verbrauch fossiler Energieträger bzw. Emissionen an Luftschadstoffen bei.

Brennwertkessel weisen aufgrund der hohen Jahresnutzungsgrade bzw. – bezogen auf Erdgas – niedrigeren spezifischen Emissionen den geringsten Verbrauch an erschöpflichen Energieträgern bzw. an Emissionen der untersuchten Luftschadstoffe auf. Diese Vorteile werden durch die relativ hohen energetischen Aufwendungen und die damit zusammenhängenden Emissionen für die Bereitstellung von Erdgas allerdings wieder teilweise kompensiert.

Die Kombination eines Brennwertkessels zur Raumwärmebereitstellung mit einer elektrischen Trinkwarmwasserbereitung führt – trotz des im europäischen Vergleich hohen Anteils der nahezu emissionsfrei bereitstellbaren Wasserkraft am österreichischen Strommix – zu einem höheren Verbrauch an erschöpflichen Energieträgern bzw. CO_2- und SO_2-Äquivalent-Emissionen.

Tabelle 1.11 Energie- und Emissionsbilanzen einer kleintechnischen Wärmebereitstellung für die Nachfragefälle EFH-0, EFH-I und EFH-II zur Raumwärme- und Trinkwarmwasserbereitung aus Erdgas bzw. Heizöl extra leicht (Zahlen gerundet)

System		EFH-0 (8 760 h)	EFH-0 (5 000 h)	EFH-I	EFH-I	EFH-II	EFH-II	EFH-II
Technik		BW[a]	BW[a]	BW[a]	NT-BB[b]	BW[a]	NT[c]	NT-BB[b]
Gebäudeheizlast	in kW	1,5	1,5	5	5	8	8	8
Wärmenachfrage	in GJ/a	18,3	18,3	32,7	32,7	55,7	55,7	55,7
Energie	in GJ_{prim}/TJ[d]	1 498	1 465	1 280	1 533	1 197	1 300	1 430
SO_2	in kg/TJ	62	59	42	193	36	37	180
NO_x	in kg/TJ	85	83	67	104	61	66	95
CO_2-Äquivalente	in t/TJ	93,1	91,1	79,8	109,0	74,7	81,1	102,3
SO_2-Äquivalente	in kg/TJ	125	120	92	275	81	85	255
Energie	in GJ_{prim}/GWh[d]	5 392	5 273	4 608	5 518	4 310	4 679	5 148
SO_2	in kg/GWh	223	212	152	696	130	133	648
NO_x	in kg/GWh	307	298	242	373	221	238	343
CO_2-Äquivalente	in t/GWh	335,1	327,9	287,3	392,4	268,9	292,1	368,2
SO_2-Äquivalente	in kg/GWh	450	433	330	989	292	308	917

[a] Erdgas-Brennwertkessel; [b] Heizöl extra leicht – Niedertemperaturkessel; [c] Erdgas-Niedertemperaturkessel; [d] primärenergetisch bewerteter kumulierter fossiler Energieaufwand (Verbrauch erschöpflicher Energieträger)

Tabelle 1.12 Energie- und Emissionsbilanzen einer kleintechnischen Wärmebereitstellung für die Nachfragefälle EFH-III, MFH-0 und MFH-I zur Raumwärme- und Trinkwarmwasserbereitung aus Erdgas bzw. Heizöl extra leicht (Zahlen gerundet)

System		EFH-III	EFH-III	EFH-III	MFH-0 (8 760 h)	MFH-0 (5 000 h)	MFH-I	MFH-I
Technik		BW[a]	BW/EB[c]	NT-BB[b]	BW[a]	BW[a]	BW[a]	NT-BB[b]
Gebäudeheizlast	in kW	18	18	18	20	20	60	60
Wärmenachfrage	in GJ/a	118,7	118,7	118,7	132,1	132,1	496,1	496,1
Energie	in GJ_{prim}/TJ[d]	1 133	1 301	1 350	1 445	1 376	1 128	1 344
SO_2	in kg/TJ	31	47	170	54	47	29	169
NO_x	in kg/TJ	57	70	89	80	74	56	88
CO_2-Äquivalente	in t/TJ	70,8	80,9	97,0	89,9	85,7	70,5	96,9
SO_2-Äquivalente	in kg/TJ	73	98	240	112	102	70	238
Energie	in GJ_{prim}/GWh[d]	4 080	4 685	4 860	5 203	4 955	4 061	4 838
SO_2	in kg/GWh	113	168	611	193	170	106	607
NO_x	in kg/GWh	205	251	321	287	268	202	317
CO_2-Äquivalente	in t/GWh	254,8	291,4	349,3	323,4	308,4	253,7	348,7
SO_2-Äquivalente	in kg/GWh	263	353	863	405	368	253	857

[a] Erdgas-Brennwertkessel; [b] Heizöl extra leicht – Niedertemperaturkessel; [c] Erdgas-Brennwertkessel für Raumheizung und Elektronachtspeicherboiler für Trinkwarmwasser; [d] primärenergetisch bewerteter kumulierter fossiler Energieaufwand (Verbrauch erschöpflicher Energieträger)

Die untersuchten Passivhäuser EFH-0 und MFH-0 sind bei gleicher Technologie durch höhere spezifische Emissionen und Verbräuche an erschöpflichen Energieträgern gekennzeichnet. Das beruht u. a auf den höheren Aufwendungen beim Bau (stärkere Wärmedämmung sowie zusätzliche Installation einer kontrollierten Be- und Entlüftung mit Wärmerückgewinnung) sowie beim Betrieb (Strombedarf für die raumlufttechnische Anlage). Absolut gesehen bzw. bezogen auf die Quadratmeter Wohnnutzfläche haben die Passivhäuser aufgrund der wesentlich geringeren Energienachfrage jedoch geringere Emissionen und Verbräuche an fossilen Energieträgern.

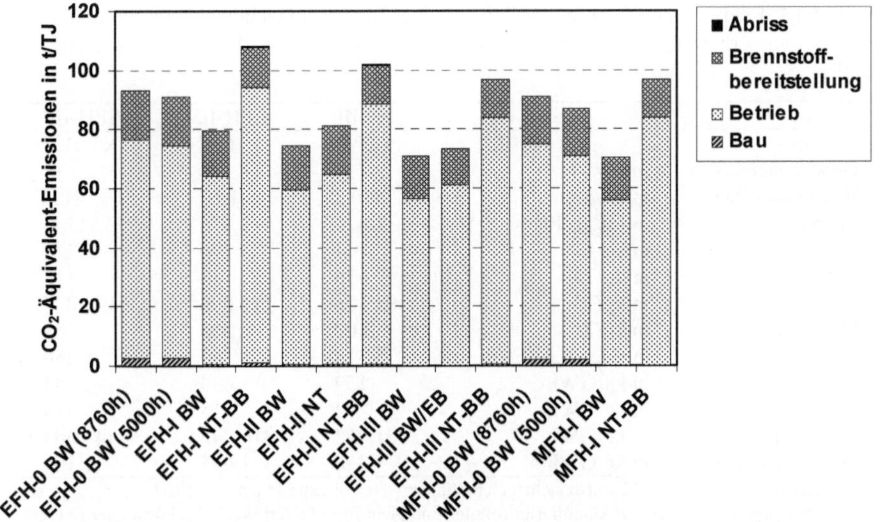

Abb. 1.24 Aufteilung der CO_2-Äquivalent-Emissionen der in Tabelle 1.11 und Tabelle 1.12 dargestellten Bilanzergebnisse einer Wärmebereitstellung aus Erdgas bzw. Heizöl extra leicht auf Bau, Betrieb, Brennstoffbereitstellung und Abriss (EFH – Einfamilienhaus; MFH – Mehrfamilienhaus; BW – Erdgas-Brennwertkessel; NT-BB – Heizöl extra leicht-Niedertemperaturkessel; NT – Erdgas-Niedertemperaturkessel; BW/EB – Erdgas-Brennwertkessel für Raumheizung und Elektronachtspeicherboiler für Trinkwarmwasser)

Um in weiterer Folge einen Vergleich zwischen einer solarthermischen und einer auf fossilen Energieträgern basierten Trinkwarmwasserbereitung zu ermöglichen (Kapitel 10), wird für die Versorgungsaufgabe EFH-III auch eine getrennte Betrachtung der Trinkwarmwasserbereitung durchgeführt. Die von Raumwärme- und Trinkwarmwasserbereitung gemeinsam genutzten Anlagenteile werden dabei entsprechend dem Anteil des Brennstoffeinsatzes der Trinkwarmwasserbereitung am gesamten Brennstoffeinsatz bei der Bilanzierung berücksichtigt. Aufgrund der geringeren Jahresnutzungsgrade der Trinkwarmwasserbereitung liegen die in Tabelle 1.13 dargestellten Bilanzergebnisse über jenen der kombinierten Wärmeerzeugung für Trinkwarmwasser und Raumheizung (Tabelle 1.11 und Tabelle 1.12).

Weitere Umwelteffekte. Neben den dargestellten Schadstoffemissionen werden im Betrieb von heizöl- bzw. erdgasbefeuerten Heizungsanlagen weitere Schadstoffe mit sehr unterschiedlichen potenziellen Umwelteinwirkungen freigesetzt. Ein Beispiel sind unverbrannte Kohlenwasserstoffe, die unter der Einwirkung der solaren UV-Strahlung zur Bildung von bodennahem Ozon beitragen.

Zusätzlich ist auch die Bereitstellung fossiler Brennstoffe mit einer Reihe von negativen Effekten für die Umwelt verbunden (vgl. Kapitel 1.4.1.2).

– Bei der Bohrung nach bzw. Förderung von Erdöl und Erdgas können Hilfs- und Zusatzstoffe sowie bei der Erdölbohrung/-förderung das Rohöl selbst in den umliegenden Boden (Onshore) bzw. das Meer (Offshore) gelangen. Dadurch kann es zu Verunreinigungen des Grundwassers (Onshore) bzw. des Meeres (Offshore) kommen.

Tabelle 1.13 Energie- und Emissionsbilanzen einer kleintechnischen Wärmebereitstellung zur Trinkwarmwasserbereitung aus Erdgas, elektrischem Strom bzw. Heizöl extra leicht (Zahlen gerundet)

System		EFH-III	EFH-III	EFH-III
Technik		BW[a]	EB[b]	NT-BB[c]
Gebäudeheizlast	in kW	18	18	18
Wärmenachfrage	in GJ/a	10,7	10,7	10,7
Energie	in GJ_{prim}/TJ[d]	1 477	1 878	1736
SO_2	in kg/TJ	44	176	218
NO_x	in kg/TJ	76	143	115
CO_2-Äquivalente	in kg/TJ	92 156	114 096	124 334
SO_2-Äquivalente	in kg/TJ	100	285	308
Energie	in GJ_{prim}/GWh[d]	5 318	6 763	6 250
SO_2	in kg/GWh	159	634	784
NO_x	in kg/GWh	272	515	415
CO_2-Äquivalente	in kg/GWh	331 762	410 746	447 603
SO_2-Äquivalente	in kg/GWh	358	1 025	1 109

[a] Erdgas-Brennwertkessel; [b] Elektronachtspeicherboiler; [c] Heizöl extra leicht – Niedertemperaturkessel; [d] primärenergetisch bewerteter kumulierter fossiler Energieaufwand (Verbrauch erschöpflicher Energieträger)

- Beim Transport des Erdöls bzw. der Erdölprodukte auf dem Seeweg haben Tankerunfälle immer wieder teilweise katastrophale Folgen für die aquatische Fauna und Flora.
- Bei der Verarbeitung des Rohöls in Raffinerien fallen eine Reihe nicht verwertbarer Stoffe an; diese müssen in der Regel als Sonderabfall entsorgt werden. Weiters kann es bei der Verarbeitung des Rohöls zur Freisetzung leichtflüchtiger Kohlenwasserstoffe kommen, die u. a. eine Vorläufersubstanz von bodennahem Ozon (Sommersmog) darstellen.
- Auch die Unfallgefahr beim Transport von Heizöl von der Raffinerie zum Verbraucher sowie die Lagerung beim Verbraucher stellen eine Gefahrenquelle vor allem für Boden und Gewässer dar. Bei Hochwasser mit einer Überflutung der z. B. im Keller gelegenen Öltanks kommt es immer wieder zu einem Austritt von Heizöl. Die dadurch verursachten Schäden sind oftmals größer als jene durch die eigentliche Überflutung.

Ökonomische Analyse. Zur Abschätzung der mit einer Wärmeerzeugung aus fossilen Energieträgern verbundenen monetären Aufwendungen werden im Folgenden die Investitionen und Betriebskosten sowie die spezifischen Wärmegestehungskosten für die in Tabelle 1.10 definierten Referenzsysteme dargestellt.

Investitionen. Für die in Tabelle 1.10 betrachteten Kleinanlagen werden zur Ermittlung der Investitionen (Tabelle 1.14 und Tabelle 1.15) die monetären Aufwendungen für Kessel, Brenner, Warmwasserspeicherung bzw. -erzeugung, bauliche Einrichtungen (z. B. Heizraumgestaltung, Kamin, Öltank oder Gasanschluss) sowie die Montage und Installationskosten berücksichtigt. Bei den untersuchten Passivhäusern (EFH-

0 und MFH-0) werden zusätzlich die Kosten für die raumlufttechnische Anlage zur kontrollierten Be- und Entlüftung mit Wärmerückgewinnung berücksichtigt.

Betriebskosten. Die Betriebskosten der untersuchten Anlagen ergeben sich u. a. aus den Aufwendungen für Wartung und Instandhaltung (z. B. Rauchfangkehrer) oder für den elektrischen Strom zum Betrieb der Anlagen (u. a. Brenner, Gebläse, Zündtrafo, raumlufttechnische Anlage). Die Brennstoffkosten sind in Tabelle 1.14 und Tabelle 1.15 getrennt von den restlichen Betriebskosten angeführt. Entsprechend Tabelle 1.6 gehen diese hier ohne Mehrwertsteuer und Energieabgabe in die Ermittlung der Wärmegestehungskosten ein.

Tabelle 1.14 Investitionen und Betriebskosten sowie Wärmegestehungskosten einer Wärmebereitstellung für die Nachfragefälle EFH-0, EFH-I und EFH-II zur Raumwärme- und Trinkwarmwasserbereitung aus Erdgas bzw. Heizöl extra leicht (Zahlen gerundet)

System		EFH-0 (8 760 h)	EFH-0 (5 000 h)	EFH-I	EFH-I	EFH-II	EFH-II	EFH-II
Technik		BW[a]	BW[a]	BW[a]	NT-BB[b]	BW[a]	NT[c]	NT-BB[b]
Gebäudeheizlast	in kW	1,5	1,5	5	5	8	8	8
Wärmenachfrage	in GJ/a	18,3	18,3	32,7	32,7	55,7	55,7	55,7
Investitionen								
Kessel etc.[e]	in €	6 290	6 290	4 030	4 020	4 030	2 720	4 020
Heizraum etc.[f]	in €	2 170	2 170	2 170	2 090	2 170	2 170	2 090
Installation[g]	in €	1 580	1 580	820	820	820	820	820
Summe	in €	10 050	10 050	7 020	6 930	7 020	5 710	6 930
Annuität[h]	in €/a	750	750	518	503	518	410	503
Betriebskosten[i]	in €/a	354	344	161	238	163	103	239
Brennstoffkosten[j]	in €/a	221	221	370	470	607	678	773
Wärmegest.-kosten	in €/GJ	72,7	72,1	32,1	37,1	23,1	21,4	27,2
(RW und TW)[d]	in €/kWh	0,262	0,259	0,116	0,133	0,083	0,077	0,098

Wärmegest.-kosten Wärmegestehungskosten; RW Raumwärme; TW Trinkwarmwasser; [a] Erdgas-Brennwertkessel; [b] Heizöl extra oeicht – Niedertemperaturkessel; [c] Erdgas-Niedertemperaturkessel; [d] Wärmegestehungskosten einer kombinierten Raumwärme und Trinkwarmwasserbereitung; [e] Kessel, Brenner, Trinkwarmwasserspeicher bzw. Durchlauferhitzer u. Regelung (ggf. raumlufttechnische Anlage); [f] Brennstofflager bzw. Gasanschluss und Kamin; [g] Montage und Installation; [h] bei einem Zinssatz von 4,5 % und einer Abschreibung über die technische Anlagenlebensdauer (Kessel 18 bzw. 20 Jahre, Trinkwarmwasserbereitung 25 Jahre, Heizraum und Gasanschluss 25 bzw. 30 Jahre, Kamin 50 Jahre); [i] ohne Brennstoffkosten; [j] entsprechend Tabelle 1.6 ohne Mehrwertsteuer und Energieabgabe

Wärmegestehungskosten. Auf Basis der in Kapitel 1.3.3.3 festgelegten finanzmathematischen Rahmenbedingungen (Zinssatz 4,5 %, Abschreibung über technische Lebensdauer) können für die betrachteten Referenzanlagen die in Tabelle 1.14 und Tabelle 1.15 dargestellten Wärmegestehungskosten errechnet werden. Für den Wärmeerzeuger werden 18 bzw. 20 Jahre, für die Trinkwarmwasserbereitung 25 Jahre, für den Heizraum und den Gasanschluss 25 bzw. 30 Jahre und für den Kamin 50 Jahre technische Anlagenlebensdauer unterstellt.

Die Wärmegestehungskosten für eine kombinierte Raumwärme- und Warmwasserbereitung liegen abhängig von der Kesselleistung sowie dem eingesetzten Brennstoff und der eventuellen Nutzung einer raumlufttechnischen Anlage zwischen 13,8 und 72,7 €/GJ (0,050 und 0,262 €/kWh). Bei sehr kleinen Anlagenleistungen (EFH-0, EFH-I und EFH-II) sind die Referenzsysteme dabei aufgrund der höheren spezifischen Investitionen durch höhere Wärmegestehungskosten gekennzeichnet. Bei den Passivhäusern (EFH-0 und MFH-0) sind die Wärmegestehungskosten aufgrund der zusätzlichen Investitionen und Betriebskosten für die raumlufttechnische Anlage und den geringen Verbrauch nochmals höher. Bei einer getrennten Trinkwarmwasserbereitung mittels Elektroboiler ergeben sich für das Gesamtsystem im Vergleich zu einer kombinierten Trinkwarmwasser-/Raumwärmebereitung geringfügig höhere Wärmegestehungskosten.

Tabelle 1.15 Investitionen und Betriebskosten sowie Wärmegestehungskosten einer Wärmebereitstellung für die Nachfragefälle EFH-III, MFH-0 und MFH-I zur Raumwärme- und Trinkwarmwasserbereitung aus Erdgas bzw. Heizöl extra leicht (Zahlen gerundet)

System		EFH-III	EFH-III	EFH-III	MFH-0 (8 760 h)	MFH-0 (5 000 h)	MFH-I	MFH-I
Technik		BW[a]	BW/EB[d]	NT-BB[b]	BW[a]	BW[a]	BW[a]	NT-BB[b]
Gebäudeheizlast	in kW	18	18	18	20	20	60	60
Wärmenachfrage	in GJ/a	118,7	118,7	118,7	132,1	132,1	496,1	496,1
Investitionen								
Kessel etc.[e]	in €	4 220	4 220	4 050	33 490	33 490	5 990	5 450
Heizraum etc.[f]	in €	2 170	2 170	3 400	9 750	9 750	9 750	7 500
Installation[g]	in €	820	820	820	12 210	12 210	900	900
Summe	in €	7 210	7 210	8 270	55 450	55 450	16 640	13 850
Annuität[h]	in €/a	533	533	594	4 129	4 129	1 163	984
Betriebskosten[i]	in €/a	169	169	276	3 215	3 056	500	723
Brennstoffkosten[j]	in €/a	1 221	1 286	1 601	1 516	1 516	5 163	6 764
Wärmegest.-kosten	in €/GJ	16,2	16,8	20,8	67,1	65,9	13,8	17,1
(RW und TW)[k]	in €/kWh	0,058	0,060	0,075	0,241	0,237	0,050	0,061
Wärmegest.-kosten	in €/GJ	29,4	29,2	35,1				
(TW)[c]	in €/kWh	0,106	0,105	0,126				

Wärmegest.-kosten Wärmegestehungskosten; RW Raumwärme; TW Trinkwarmwasser; [a] Erdgas-Brennwertkessel; [b] Heizöl extra leicht – Niedertemperaturkessel; [c] Wärmegestehungskosten der Trinkwarmwasserbereitung innerhalb eines Systems zur kombinierten Raumwärme und Trinkwarmwasserbereitung; [d] Erdgas-Brennwertkessel für Raumheizung und Elektronachtspeicherboiler für Trinkwarmwasser; [e] Kessel, Brenner, Trinkwarmwasserspeicher bzw. Durchlauferhitzer u. Regelung (ggf. raumlufttechnische Anlage); [f] Brennstofflager bzw. Gasanschluss und Kamin; [g] Montage und Installation; [h] bei einem Zinssatz von 4,5 % und einer Abschreibung über die technische Anlagenlebensdauer (Kessel 18 bzw. 20 Jahre, Trinkwarmwasserbereitung 25 Jahre, Heizraum und Gasanschluss 25 bzw. 30 Jahre, Kamin 50 Jahre); [i] ohne Brennstoffkosten; [j] entsprechend Tabelle 1.6 ohne Mehrwertsteuer und Energieabgabe; [k] Wärmegestehungskosten einer kombinierten Raumwärme und Trinkwarmwasserbereitung

Im Einzelfall können die Wärmegestehungskosten von der oben dargestellten Kostenstruktur erheblich abweichen. Um mögliche Beeinflussungen der Wärmegestehungskosten abschätzen zu können, zeigt Abb. 1.25 eine Variation wesentlicher Einflussgrößen am Beispiel der Referenzanlage EFH-II mit einem erdgasbefeuerten Brennwertkessel (8 kW).

Den größten Einfluss auf die Wärmegestehungskosten besitzen folglich die Anlagenausnutzung (d. h. Wärmeabgabe bzw. Volllaststunden pro Jahr), die Brennstoffkosten und die Investitionen sowie die Abschreibungsdauer. Betriebskosten und Zinssatz zeigen hingegen einen vergleichsweise geringen Einfluss.

Um in weiterer Folge einen Vergleich mit solarthermischen Systemen zur ausschließlichen Trinkwarmwassererwärmung zu ermöglichen, sind in Tabelle 1.15 zusätzlich die Wärmegestehungskosten der Trinkwarmwasserbereitung des Referenzsystems EFH-III dargestellt. Die Investitionen und Betriebskosten der gemeinsam mit der Raumwärmebereitung genutzten Anlagenteile (z. B. Kessel, Brenner, Öltank) gehen dabei entsprechend dem Anteil der Trinkwarmwasserbereitung am gesamten Brennstoffeinsatz in die Berechnung der Gestehungskosten ein. Unter Berücksichtigung dieser Bedingungen liegen die Wärmegestehungskosten für die Trinkwarmwasserbereitung der untersuchten Referenzanlagen zwischen 29,2 und 35,1 €/GJ (0,105 und 0,126 €/kWh).

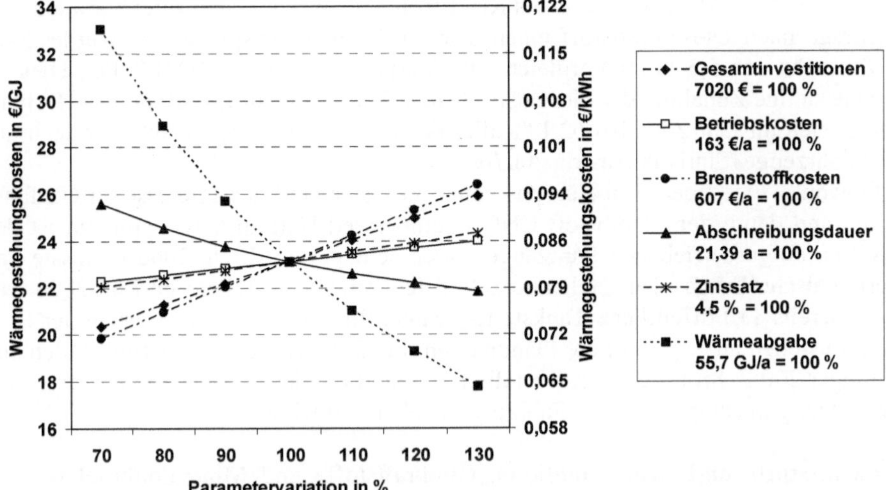

Abb. 1.25 Variation wesentlicher Einflussgrößen auf die spezifischen Wärmegestehungskosten der in Tabelle 1.10 definierten Referenzanlage EFH-II mit 8 kW Erdgas-Brennwertkessel (Abschreibungsdauer von 21,39 a entspricht dem gewichteten Mittel aller Anlagenkomponenten)

Durch eine Trinkwarmwasserbereitung mit Elektroboiler wird das mit fossilen Energieträgern befeuerte Heizungssystem insgesamt allerdings schlechter ausgenutzt; es entstehen im Vergleich zu einer kombinierten Raumwärme-/Trinkwarmwasserbereitung Mehrkosten für die Raumwärmebereitung. Werden diese Mehrkosten der elektrischen Trinkwarmwasserbereitung angerechnet, liegen die Trinkwarmwassergestehungskosten für das System EFH-III mit Erdgas-Brennwertkessel und Elektronachtspeicherboiler bei 35,3 €/GJ bzw. 0,127 €/kWh.

1.4.3 Bereitstellung von Kraftstoffen

Im Folgenden werden die wesentlichen Optionen zur Deckung der Nachfrage nach Kraftstoffen aus fossilen Energieträgern diskutiert. Dabei werden die mit der Bereitstellung und der Nutzung von Mineralöldiesel und Ottokraftstoff (Benzin) sowie dem Einsatz von Erdgas als Kraftstoff verbundenen Umwelteffekte und Kosten betrachtet. Die ermittelten Kennzahlen ermöglichen einen Vergleich der konventionellen Kraftstoffbereitstellung mit den entsprechenden Optionen zur Nutzung des regenerativen Energieangebots.

1.4.3.1 Systemtechnische Beschreibung

In Österreich werden überwiegend Ottokraftstoffe (u. a. Normalbenzin, Super Plus, Eurosuper) sowie Mineralöldiesel als Kraftstoffe eingesetzt. Dabei zeigt vor allem die Nachfrage nach Dieselkraftstoff einen starken Anstieg; beispielsweise wurde 2005 ein Zuwachs von 5,5 % im Vergleich zum Vorjahr registriert /FVMI 2006/. Dies ist auf eine stetige Zunahme der dieselbetriebenen Fahrzeuge zurückzuführen; z. B. handelte es sich im Jahr 2006 bei 62,1 % aller neu zugelassenen Personenkraftwagen um Dieselfahrzeuge /Statistik Austria 2007b/.

Obwohl – wie überall in Europa – auch in Österreich das Interesse an Gasfahrzeugen und damit dem Treibstoff CNG (Compressed Natural Gas) zunimmt, ist der Anteil an erdgasbetriebenen Fahrzeugen noch sehr gering. Ende 2006 umfasste das österreichische Erdgas-Tankstellennetz 36 öffentliche Tankstellen; im Mai 2008 waren es bereits 110 öffentliche Tankstellen. Zukünftig ist von einem Ausbau der Erdgas-Tankstellen auszugehen; die Planung geht bis 2010 von über 200 Tankstellen aus /Seidinger 2008/. Im Folgenden wird die Bereitstellung der fossilen Kraftstoffe sowie ihre Nutzung in entsprechenden Fahrzeugen näher betrachtet.

Ottokraftstoffe und Mineralöldiesel. Ottokraftstoffe und Mineralöldiesel werden aus dem Primärenergieträger Rohöl hergestellt. Dabei bestehen die mit der Kraftstoffbereitstellung im Zusammenhang stehenden Teilprozesse aus der Exploration (d. h. der Lagerstättensuche), der Exploitation (d. h. der Lagerstättenausbeute) sowie dem Transport und der Rohölverarbeitung in der Raffinerie. Ein weiterer Teilprozess ist die Kraftstoffverteilung zum jeweiligen Ort der Verwendung.

Bei der Verarbeitung des Rohöls in einer Raffinerie werden gleichzeitig unterschiedliche Produkte erzeugt. In der atmosphärischen Destillation erfolgt zunächst eine Auftrennung des Mineralöls in Fraktionen mit einem unterschiedlichen Siedebereich. Diese verschiedenen Destillate (z. B. Leichtbenzin, Benzin, Mitteldestillate) werden anschließend entschwefelt und entsprechend den jeweiligen anwendungsspezifischen Qualitätsanforderungen durch Veredlung und Mischung weiter zu den gewünschten Endprodukten, wie z. B. Ottokraftstoffen und Mineralöldiesel, verarbeitet /Krüger 2002/.

Ottokraftstoffe wie z. B. Normalbenzin oder Super Plus werden in Kraftfahrzeugen mit konventionellen Ottomotoren und Dieselkraftstoffe in jenen mit Dieselmotoren eingesetzt.

Erdgas. Erdgas besteht je nach Lagerstätte zu 75 bis 98 % aus Methan. Zur Bereitstellung von Erdgas für den Betrieb in Fahrzeugen müssen die entsprechenden Lagerstätten gefunden und aufgeschlossen werden. Dann muss das Erdgas gefördert und aufbereitet, transportiert, zwischengespeichert und zu den Tankstellen verteilt werden. Dort ist i. Allg. eine erneute Kompression notwendig, damit es in Kraftfahrzeugen eingesetzt werden kann /Krüger 2002/.

Für den Einsatz von Erdgas in Fahrzeugen bietet sich vor allem der Benzinmotor (d. h. der Ottomotor) an. Deshalb sind am Markt heute entsprechende Erdgasfahrzeuge verfügbar, die an diesen Kraftstoff optimal angepasst sind. Sie verfügen über einen Hochdruckgasbehälter für das an der Tankstelle zu tankende CNG (Compressed Natural Gas), in denen das Gas bei einem Druck von bis zu 200 bar gespeichert werden kann /Krüger 2002/.

1.4.3.2 Ökologische und ökonomische Analyse

Die Bereitstellung von Kraftstoffen aus fossilen Energieträgern ist mit Umwelteffekten und mit monetären Aufwendungen verbunden. Nach der Definition entsprechender Referenztechniken werden diese kurz diskutiert.

Referenzanlagen. Als konventionelle Kraftstoffe werden im Folgenden neben Mineralöldiesel und Ottokraftstoff auch Erdgas (CNG) untersucht. Dabei wird von einer Bereitstellung der Treibstoffe in einer modernen europäischen Raffinerie ausgegangen. Die Nutzung der Treibstoffe erfolgt in einem Personenkraftwagen mit direkteinspritzendem Dieselmotor und Oxidationskatalysator (Mineralöldiesel) bzw. in einem Kraftwagen mit Ottomotor und geregeltem Katalysator (Ottokraftstoff und Erdgas) jeweils unter Erfüllung der gesetzlichen Umweltschutzvorgaben (Euro-Abgasnormen).

Ökologische Analyse. Für die definierten Referenzanlagen werden im Folgenden ausgewählte ökologische Aspekte betrachtet. Dabei werden neben der Lebenszyklusanalyse auch weitere Umwelteffekte diskutiert.

Lebenszyklusanalyse. Neben den Emissionen, die bei der energetischen Nutzung der Treibstoffe z. B. in einem Kraftfahrzeug entstehen, werden zur Erstellung der Lebensweganalysen sämtliche energetischen und materiellen Aufwendungen sowie Schadstoffemissionen berücksichtigt, die aus der Bereitstellung der Treibstoffe sowie aus dem Bau, Betrieb und Abriss der zur Konversion benötigten Anlagen und Maschinen – einschließlich des Kraftfahrzeugs – resultieren. Die Bilanzergebnisse werden auf ein TJ bereitgestellter Kraftstoffenergie bezogen. Da aber mit einem TJ Diesel bzw. einem TJ Benzin eine unterschiedliche Fahrleistung (d. h. Kilometerleistung) erzielt werden kann, werden die Bilanzergebnisse zusätzlich auf den damit realisierbaren Fahrzeugkilometer (Fkm) bezogen. Dabei wird ein Energieeinsatz von 2,24 MJ/Fkm für Ottokraftstoff, 1,83 MJ/Fkm für Mineralöldiesel sowie 2,22 MJ/Fkm für Erdgas (CNG) angenommen. Tabelle 1.16 zeigt die entsprechenden Ergebnisse der Bilanzierung.

Die Aufteilung der CO_2-Äquivalent-Emissionen nach Kraftstoffbereitstellung, Betrieb (d. h. Treibstoffverbrauch im Motor) sowie Aufwendungen für die Infrastruktur und das Fahrzeug zeigt Abb. 1.26. Die CO_2-Äquivalent-Emissionen werden demnach außer durch den Betrieb, der die Gesamtemissionen maßgeblich bestimmt, zu etwa 16 % (Ottokraftstoff), 12 % (Mineralöldiesel) bzw. 25 % (Erdgas) durch die Aufwendungen zur Bereitstellung der Kraftstoffe (u. a. Rohstoffförderung und -raffination, Transport zum Verbraucher) sowie zu etwa 7,5 % (Ottokraftstoff), 9,2 % (Mineralöldiesel) bzw. 9,0 % (Erdgas) durch die sonstigen Aufwendungen (u. a. für das Fahrzeug) bestimmt. Bei den SO_2-Äquivalent-Emissionen resultieren demgegenüber etwa 64 % (Ottokraftstoff), 52 % (Mineralöldiesel) bzw. 46 % (Erdgas) der Gesamtemissionen aus der Treibstoffbereitstellung; hier werden die Stofffreisetzungen also primär durch die Vorketten dominiert. Einen ähnlichen Zusammenhang zeigen auch die SO_2-Emissionen. Demgegenüber werden die NO_x-Emissionen zu etwa 36 % (Ottokraftstoff), 42 % (Mineralöldiesel) bzw. 38 % (Erdgas) durch den Betrieb (d. h. direkte Emissionen des Motors) verursacht.

Tabelle 1.16 Energie- und Emissionsbilanzen einer Bereitstellung von Ottokraftstoff (Benzin), Mineralöldiesel und Erdgas (CNG) sowie einer energetischen Nutzung in einem Personenkraftwagen (Zahlen gerundet)

		Ottokraftstoff	Mineralöldiesel	Erdgas (CNG)
Energie	in GJ_{prim}/TJ[a]	1 413	1 398	1 413
SO_2	in kg/TJ	192	167	103
NO_x	in kg/TJ	108	113	102
CO_2-Äquivalente	in kg/TJ	102 000	101 000	85 000
SO_2-Äquivalente	in kg/TJ	277	257	187
Energie	in GJ_{prim}/Fkm[a]	0,0032	0,0026	0,0031
SO_2	in g/Fkm	0,431	0,306	0,229
NO_x	in g/Fkm	0,242	0,207	0,226
CO_2-Äquivalente	in g/Fkm	228,0	186,0	190,0
SO_2-Äquivalente	in g/Fkm	0,621	0,470	0,415

[a] primärenergetisch bewerteter kumulierter fossiler Energieaufwand (Verbrauch erschöpflicher Energieträger)

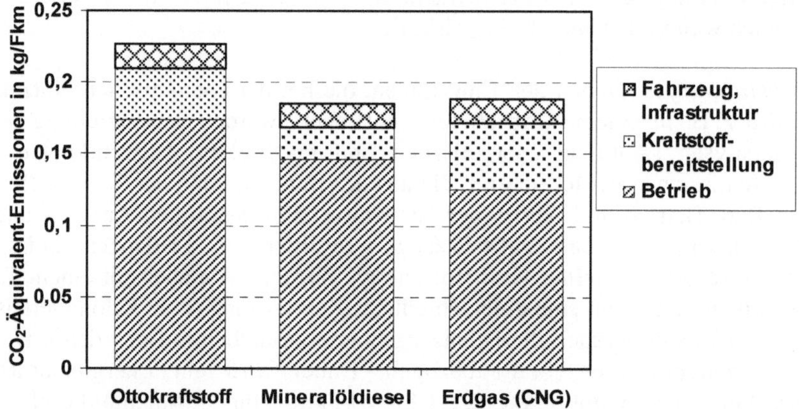

Abb. 1.26 Aufteilung der CO_2-Äquivalent-Emissionen nach Kraftstoffbereitstellung, Betrieb sowie Aufwendungen für die Infrastruktur und das Fahrzeug für Ottokraftstoff (Benzin), Mineralöldiesel und Erdgas (CNG)

Weitere Umwelteffekte. Neben den dargestellten Schadstoffemissionen ist die Bereitstellung und Nutzung von Kraftstoffen aus fossilen Energieträgern mit weiteren Beeinträchtigungen der Umwelt verbunden. Diese entsprechen im Wesentlichen den weiteren Umwelteffekten, die bereits bei der Bereitstellung fossiler Energieträger für die Deckung der Wärmenachfrage diskutiert wurden.

Ökonomische Analyse. Für konventionellen Diesel- und Ottokraftstoff sowie Erdgas als Kraftstoff werden aufgrund wettbewerbsrelevanter Bedenken keine Erzeugungskosten von den Mineralölfirmen veröffentlicht. Deshalb werden hier die durchschnittlichen Preise ab Tankstelle in Österreich ebenfalls bezogen auf die durchschnittlichen Gegebenheiten im Jahr 2006 zugrunde gelegt. Diese lagen ohne Mehrwert- und Mineralölsteuer für Mineralöldiesel bei 0,51 €/l, für unverbleites Superbenzin (95 ROZ) bei 0,48 €/l /Statistik Austria 2008b/ und für Erdgas (CNG) bei 0,60 €/kg /Erdgas Oberösterreich 2007/.

Die Kosten je gefahrenem Kilometer hängen stark vom Fahrzeugtyp und dem Fahrverhalten des Verbrauchers ab. Für einen durchschnittlichen Mittelklasse-Personenkraftwagen können diese Kosten für das Fahrzeug (d. h. Anschaffung, Werteverlust, Fixkosten, Werkstattkosten) mit etwa 0,3 €/km (Ottokraftstoff) bzw. 0,31 €/km (Mineralöldiesel und Erdgas) abgeschätzt werden. Unter Berücksichtigung der Bereitstellungskosten frei Tankstelle ergeben sich bei einem durchschnittlichen streckenspezifischen Verbrauch von 2,24 MJ/km (Ottokraftstoff), 1,83 MJ/km (Mineralöldiesel) bzw. 2,22 MJ/km (Erdgas) Nutzenergiebereitstellungskosten von etwa 0,33 €/km für Ottokraftstoff und 0,34 €/km für Mineralöldiesel und Erdgas (Angaben ermittelt auf Basis von /EUCAR, Concawe & JRC/IES 2006/. Eine Zusammenstellung der einzelnen Kostenparameter zeigt Tabelle 1.17.

Tabelle 1.17 Kraftstoffgestehungskosten für Ottokraftstoff, Mineralöldiesel und Erdgas (CNG)

		Ottokraftstoff	Mineralöldiesel	Erdgas (CNG)
Bereitstellungskosten frei Tankstelle	in €/l bzw. €/kg[a]	0,48	0,51	0,60
	in €/GJ	15,0	14,5	12,9
	in €/km	0,034	0,026	0,029
Fahrzeugkosten (Pkw)	in €/km	0,30	0,31	0,31
Streckenspez. Kraftstoffverbrauch	in MJ/km	2,24	1,83	2,22
Nutzenergiebereitstellungskosten	in €/km	0,334	0,336	0,339

[a] für flüssige Kraftstoffe in €/l und für gasförmige Kraftstoffe in €/kg

2 Stromerzeugung aus Wasserkraft

Die Nutzung der Wasserkraft blickt in Österreich auf eine lange Tradition zurück. Waren es bis zu Beginn des 20. Jahrhunderts vorwiegend Wasserräder, mit deren Hilfe u. a. Sägewerke, Mühlen oder Schmiedehämmer betrieben wurden, wird die Wasserkraft seit der Jahrhundertwende vorwiegend zur Stromerzeugung genutzt. Aufgrund der günstigen topographischen Lage (d. h. Alpen) nimmt der Anteil der Wasserkraft an der gesamten Stromerzeugung in Österreich im internationalen Vergleich eine Spitzenposition ein. Die Bandbreite der in Österreich installierten Wasserkraftanlagen erstreckt sich dabei von Kleinwasserkraftwerken mit Anlagenleistungen von wenigen Kilowatt bis zu Großwasserkraftwerken mit einer Kapazität von einigen 100 MW. Die Abgrenzung zwischen Klein- und Großwasserkraft unterliegt dabei keiner einheitlichen, international gültigen Definition; die folgenden Ausführungen orientieren sich deshalb an der in den meisten europäischen Staaten festgelegten Grenze von 10 MW (u. a. /EU 1997/). Nachdem in den vergangenen Jahren vergleichsweise wenig neue Wasserkraftwerke in Österreich installiert wurden, sind aktuell verstärkte Neubauaktivitäten sowohl in dem vom Ökostromgesetz geförderten Kleinwasserkraftsegment als auch bei großen Anlagen – insbesondere bei Speicher- und Pumpspeicherkraftwerken – zu beobachten.

2.1 Grundlagen des regenerativen Energieangebots

Von der gesamten auf die Erde eingestrahlten Sonnenenergie werden ca. 21 % bzw. $1{,}2 \cdot 10^6$ EJ/a für die Aufrechterhaltung des globalen Wasserkreislaufs aus Verdunstung und Niederschlag umgesetzt. Als kinetische und potenzielle Energie, die in den Flüssen und Seen der Erde gespeichert ist, stehen davon letztlich allerdings nur knapp 0,02 % bzw. 200 EJ/a zur Verfügung.

2.1.1 Grundlagen des Wasserangebots

Die Wasservorräte der Erde umfassen insgesamt ein Volumen von knapp $1{,}4 \cdot 10^9$ km^3 /Vischer und Huber 2002/. Den größten Anteil weisen davon mit rund 97,2 % die Weltmeere auf. Der Rest verteilt sich auf das Eis der polaren Regionen bzw. Gletscher (zusammen 2,15 %), auf Grundwässer (0,61 %) und zu einem sehr geringen Teil auf Süßwasserseen, den in der Atmosphäre befindlichen Wasserdampf sowie Flüsse und Bäche. Infolge von Verdunstung und Niederschlag sowie globalen und lokalen Luftbewegungen (vgl. Kapitel 5.1) befindet sich ein Teil dieses Wasservorrates in einem ständigen Kreislauf (Abb. 2.1). Für die Nutzung der Wasserkraft sind dabei die Zusammenhänge maßgeblich, die vom kontinentalen Niederschlag hin zum Wasserabfluss führen.

Niederschlag. In der Erdatmosphäre sind in verschiedenen Atmosphärenschichten unterschiedliche Volumen an meist unsichtbarem Wasserdampf enthalten. Dieser geht dann in eine sichtbare Form über, wenn die Lufttemperatur unter den Taupunkt absinkt und sich an Kondensationskernen (d. h. feine, schwebende Feststoffteilchen) kleine Wassertröpfchen bilden. Bei Temperaturen oberhalb des Gefrierpunkts kommt es zu Niederschlägen, wenn diese Wassertröpfchen sich zu größeren vereinen (Koagulation) und nicht mehr von der Luftströmung getragen werden können. Bei Temperaturen unterhalb des Gefrierpunkts bestehen die Wolken aus kleinen Eiskristallen. Die entsprechenden Niederschläge fallen als Schnee, Graupel oder Hagel. Tau und Reif, auch eine Form von Niederschlag, entstehen demgegenüber durch direkte Kondensation oder Sublimation, wenn sich der Wasserdampf an unter den Tau- oder Gefrierpunkt abgekühlten Oberflächen niederschlägt. Zusätzlich kann es auch aus Nebel oder Wolken zu Wasser- bzw. bei Temperaturen unter 0 °C zu Frostablagerungen kommen.

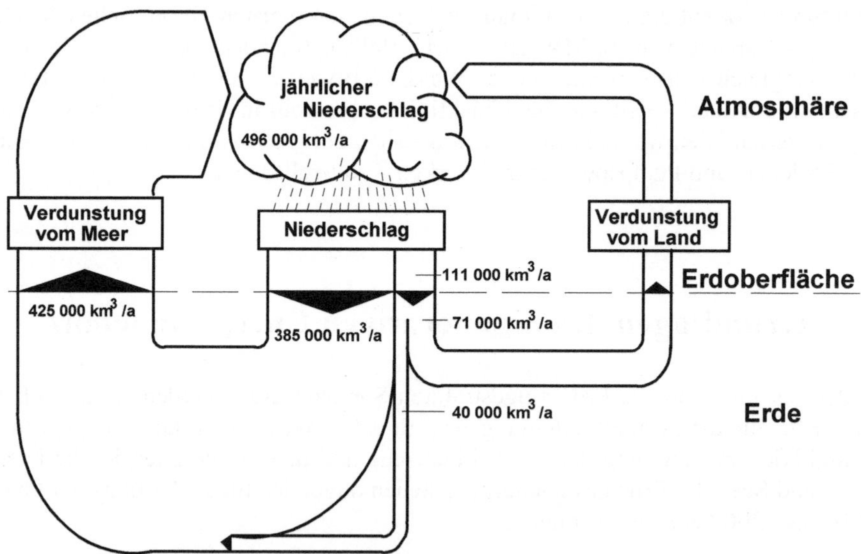

Abb. 2.1 Wasserkreislauf der Erde (nach /VDI 1991/)

Vom Niederschlag zum Abfluss. Das als Niederschlag auf eine Landfläche niedergehende Wasser wird im Boden gespeichert, verdunstet oder fließt in Bächen und Flüssen ab. Üblicherweise wird der Niederschlag in Form der Niederschlagshöhe ausgedrückt (d. h. als Quotient aus Niederschlagsvolumen und Oberfläche). Dies gilt auch für die Abflusshöhe, die den Anteil der Niederschlagshöhe beschreibt, der effektiv zum Abfluss kommt und nicht verdunstet oder im Grundwasserstrom aus dem betrachteten Gebiet abfließt. Damit kann das Abflussgeschehen eines bestimmten Gebiets beschrieben und mit Kenntnis der Niederschläge, der Verdunstung und des Rückhalts auch, zumindest qualitativ, das Abflussregime erklärt werden. Unter dem Abflussregime wird dabei der zeitliche Verlauf und die Größe der Abflüsse eines Fließgewässers verstanden. Dazu muss die eindeutige Zuordnung des Einzugsgebiets zum entsprechenden abfließenden Gewässer bekannt sein.

Niederschläge und Abfluss eines bestimmten Einzugsgebiets stehen nur in einem mittelbaren Zusammenhang, da der niedergehende Regen nur z. T. sofort abfließt. In Zeiten mit hohem Niederschlagsaufkommen treten durch die Bildung von Reserven Abflussverzögerungen auf. Dafür kommt es in Zeiten mit geringen Niederschlägen durch Inanspruchnahme dieser Reserven zu einem vermehrten Abfluss. Bei Temperaturen unter dem Gefrierpunkt treten zusätzliche Abflussverzögerungen durch Bildung von Schnee und Eis auf.

2.1.2 Räumliche und zeitliche Angebotscharakteristik

Niederschlagsverteilung. In Österreich beträgt der mittlere Jahresniederschlag im langjährigen Mittel 1 170 mm (d. h. 1 170 l/m²) /BMLFUW 2007a/. Die Niederschlagsverteilung ist dabei vor allem durch den Einfluss der Alpen und die Richtung Osten zunehmende Kontinentalität des Klimas bestimmt. Die jährlichen Niederschläge im Jahresmittel variieren dadurch zwischen 600 mm und weniger im Nordosten Österreichs und mehr als 2 500 mm in Teilen Westösterreichs (Abb. 2.2).

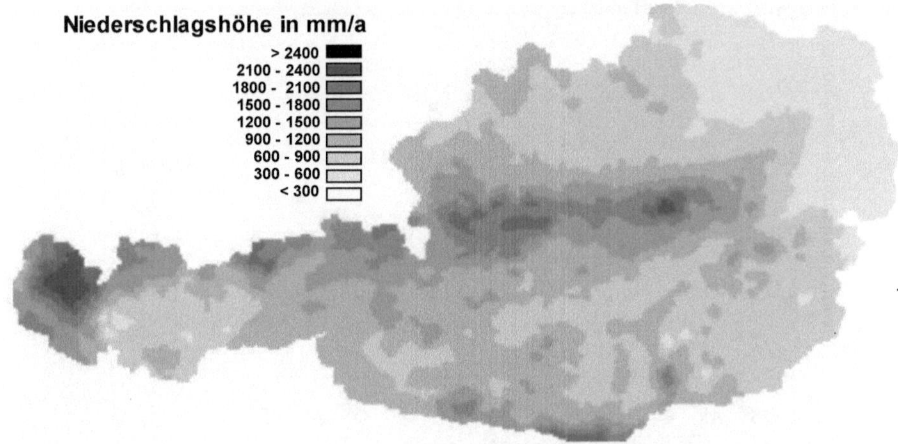

Abb. 2.2 Mittlere Niederschlagshöhen in Österreich (nach /BMLF 1999/)

Die in Abb. 2.2 dargestellten langjährigen Mittelwerte der Niederschlagshöhen können in verschiedenen Jahren erheblichen Unterschieden unterworfen sein. Abb. 2.3 zeigt dies exemplarisch für vier Standorte in Österreich für die Jahre von 1971 bis 2004.

Außer den Unterschieden zwischen verschiedenen Jahren (Abb. 2.3) sind auch erhebliche Schwankungen innerhalb eines Jahres festzustellen. Abb. 2.4 zeigt die mittleren monatlichen Niederschlagshöhen im Zeitraum von 1961 bis 2004. Demnach sind an allen Stationen im Sommer und Spätsommer die Niederschläge überdurchschnittlich hoch.

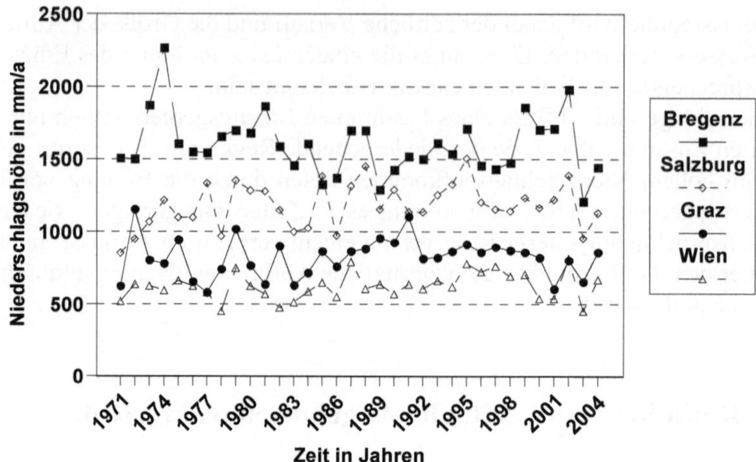

Abb. 2.3 Jährliche Niederschlagshöhen an vier Standorten in Österreich (nach /BMLFUW 2007c/)

Aufgrund der im Verlauf eines Tages sehr ungleichmäßig fallenden Niederschläge ist die Angabe von mittleren Tagesganglinien nicht sinnvoll; näherungsweise kann i. Allg. ein stochastisches Auftreten der Niederschlagsereignisse unterstellt werden.

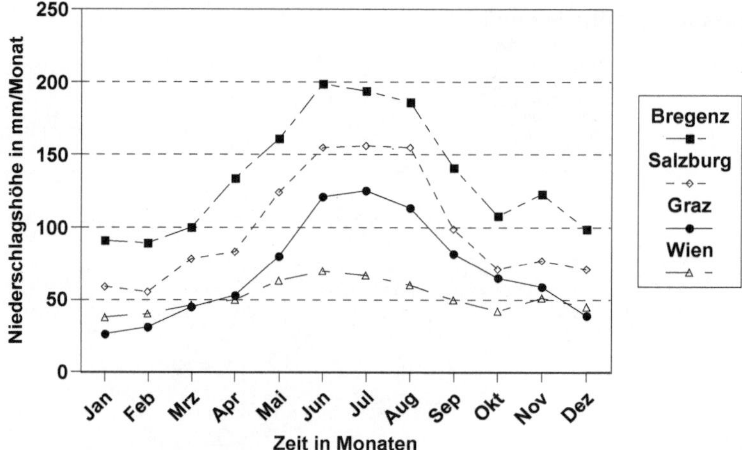

Abb. 2.4 Mittlere monatliche Niederschlagshöhen (1961 bis 2004) an vier Standorten in Österreich (nach /BMLFUW 2007c/)

Flusssysteme. Die Differenz zwischen Niederschlag und Verdunstung – unter Berücksichtigung der Vorratsänderung in einem bestimmten Einzugsgebiet (Rückhalt) – ergibt den Abfluss eines Fließgewässers /Vischer und Huber 2002/. Insgesamt besitzt Österreich Fließgewässer mit einer Gesamtlänge von rund 100 000 km. Ein Großteil (96 %) der österreichischen Bäche und Flüsse liegen im Flusseinzugsgebiet der Donau; nur einige wenige entwässern in Richtung Rhein und Elbe /BMLFUW 2007b/. Abb. 2.5 zeigt die wichtigsten Fließgewässersysteme Österreichs mit ihren Zuflüssen.

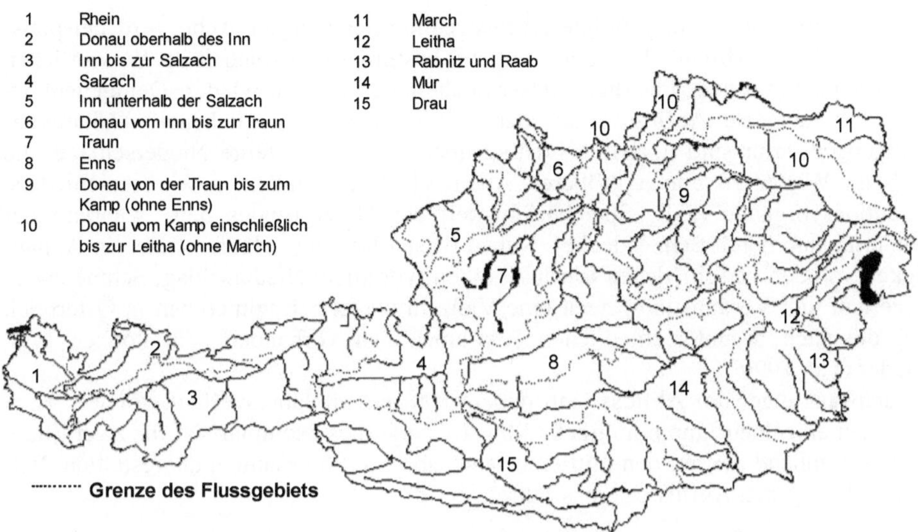

Abb. 2.5 Flusssysteme in Österreich (nach /UBA 1999/)

Abflussverhalten. Der charakteristische Jahresgang des Abflusses eines Fließgewässers (Abflussregime) wird durch standorttypische Faktoren geprägt. Hierzu gehören klimatologische, geologische, geomorphologische, vegetative und anthropogene Gegebenheiten des betrachteten Einzugsgebietes /Mader et al. 1996/. Im langjährigen Mittel ist das Abflussverhalten eines betrachteten Fließgewässers an einem bestimmten Pegelstandort somit durch einen charakteristischen saisonalen Gang gekennzeichnet (Abb. 2.6). Durch unterschiedliche Witterungsverhältnisse kann es in einzelnen Jahren z. T. zu deutlichen Abweichungen von diesen charakteristischen Regimen kommen.

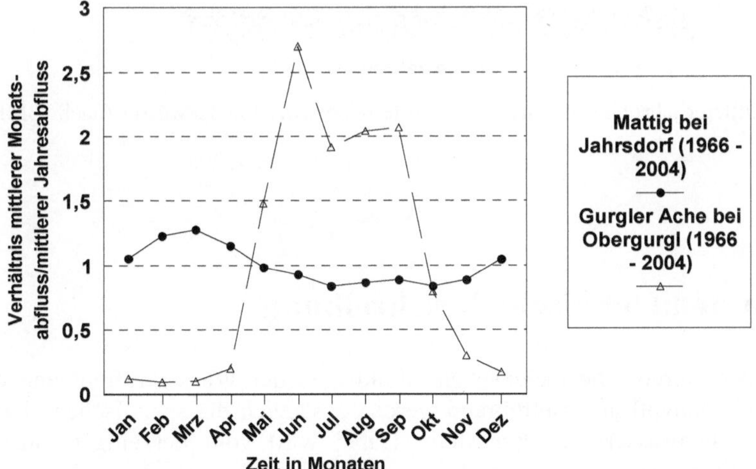

Abb. 2.6 Mittlere monatsmittlere Abflüsse an ausgewählten Pegeln österreichischer Fließgewässer (nach /BMLFUW 2007c/)

Das jahreszeitlich ausgeprägte Abflussregime der Gurgler Ache wird beispielsweise durch das Abschmelzen der Gletscher bestimmt und spiegelt im Wesentlichen den Temperaturverlauf innerhalb dieser hochalpinen Region wieder. Demgegenüber zeigt der saisonale Abflussverlauf der Mattig einen ausgeglicheneren Charakter. Maßgebend dafür sind u. a. gleichmäßig über das Jahr verteilte Niederschläge, die auch im Winter zu einem größeren Anteil als Regen fallen, sowie verschiedene Retentionsvorgänge (z. B. Speicherfähigkeit des Untergrundes bzw. während der Wintermonate durch Schneedecke). Neben diesen Regimeverläufen treten in Abhängigkeit von den verschiedenen Einflussgrößen (vor allem Niederschlag, Schmelzwasserverlauf und Verdunstung) noch eine Vielzahl weiterer Regimetypen in Österreich auf, die auch in unterschiedlichen Kombinationen vorhanden sein können (vgl. /Mader et al. 1996/).

Schwankungen im Abfluss sind dabei nicht nur im Jahresverlauf, sondern auch zwischen einzelnen Jahren möglich. Abb. 2.7 zeigt dies exemplarisch für zwei Fließgewässer anhand des auf den mittleren Jahresabfluss des gesamten dargestellten Zeitraumes bezogenen Abflusses eines Jahres.

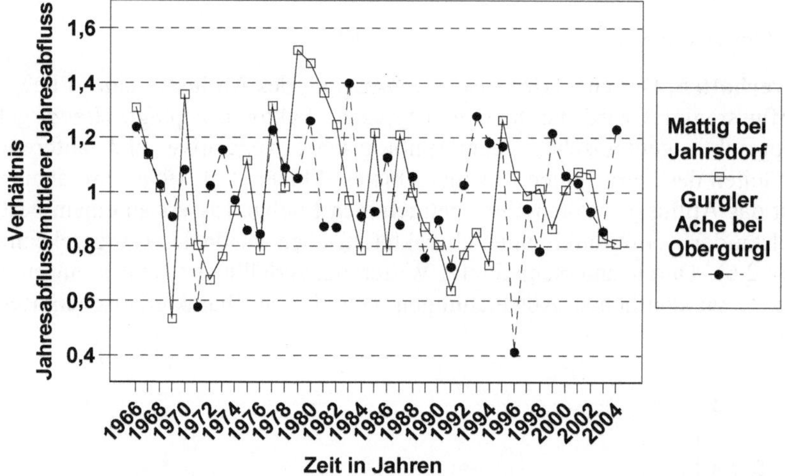

Abb. 2.7 Mittlerer jährlicher Abfluss zweier österreichischer Fließgewässer (nach /BMLFUW 2007c/)

2.2 Systemtechnische Beschreibung

Im Folgenden werden die technischen Grundlagen der Wasserkraftnutzung dargestellt. Soweit sinnvoll und zielführend werden zusätzlich die spezifischen Gegebenheiten der Kleinwasserkraft dargestellt. Dabei wird vom derzeitigen Stand der Technik ausgegangen.

2.2.1 Grundlagen der Energiewandlung

Infolge der Schwerkraft fließt das Wasser in einem Fließgewässer von einem Ort größerer geodätischer Höhe zu einem Ort niedrigerer Höhe. An beiden Orten besitzt das Wasser eine bestimmte, voneinander verschiedene, potenzielle und – im fließenden Zustand – kinetische Energie. Zur Bestimmung dieser Energiedifferenz kann unter Vernachlässigung der inneren und äußeren Verluste des strömenden Fluids die hydrodynamische Druckgleichung nach Bernoulli (Gleichung (2-1)) herangezogen werden.

$$p + \rho_{Wa}\, g\, h + \frac{\rho_{Wa}}{2} {v_{Wa}}^2 = konst. \qquad (2\text{-}1)$$

Dabei ist p der hydrostatische Druck, ρ_{Wa} die Dichte des Wassers, g die Erdbeschleunigung, h die Fallhöhe und die v_{Wa} die Fließgeschwindigkeit des Wassers.

Für zwei unterschiedliche Punkte kann nun aus Gleichung (2-1) die nutzbare Fallhöhe h_{Nutz} bestimmt werden. Mit dieser und dem Abfluss q_{Wa} kann die aus dem entsprechenden Wasserangebot resultierende Leistung P_{Wa} mit Gleichung (2-2) berechnet werden. Maßgebend für das Leistungsangebot des Wassers ist also das Produkt aus Abfluss und nutzbarer Fallhöhe. Durch Integration von Gleichung (2-2) über die Zeit erhält man das korrespondierende Arbeitsvermögen.

$$P_{Wa} = \rho_{Wa}\, g\, q_{Wa}\, h_{Nutz} \qquad (2\text{-}2)$$

2.2.2 Systemelemente von Wasserkraftanlagen

Zur Umwandlung der im strömenden Wasser enthaltenen Energie in elektrischen Strom werden i. Allg. die in Abb. 2.8 dargestellten Komponenten benötigt. Dazu gehören das Staubauwerk, der Wassereinlauf im Oberwasser, die Zu- bzw. Ableitung des Wassers zur bzw. von der Turbine in das Unterwasser sowie das Krafthaus mit den maschinen- und elektrotechnischen Einrichtungen.

Staubauwerk. Durch das Staubauwerk entsteht ein nutzbares Gefälle, das u. a. eine kontrollierte Abgabe des Wassers zum Kraftwerk ermöglicht. Das Staubauwerk muss Hochwasserabflüsse abführen können und bei Niedrigwasser den Wasserspiegel auf dem gewünschten Niveau halten. Weiters dient es als Absetzbecken u. a. für Sande, welche die Turbine erodieren und damit deren Standzeit verringern würden. Staubauwerke können u. a. als Wehre, Erd- und Steindämme oder als betonierte Staumauern realisiert werden. Oberhalb des Staubauwerks befindet sich der Stauraum bzw. bei Staudämmen oder -mauern das Speicherbecken /Giesecke und Mosonyi 2005/.

Speicher. Die alpine Topographie Österreichs schafft ideale Voraussetzungen für die Speicherung von Wasser. Aus natürlichen oder künstlichen Seen wird das Wasser dabei entsprechend der jeweiligen Nachfrage dem Kraftwerk zur Stromerzeugung zugeführt. Speicher ermöglichen somit einen Ausgleich zwischen dem schwankenden Wasserangebot (Kapitel 2.1.2) und der sich ebenfalls zeitlich ändernden Nachfrage nach elektrischer Energie (Kapitel 1.2).

Entsprechend dem Verhältnis von Speichergröße und Kraftwerksleistung unterscheidet man zwischen Tages-, Wochen-, Monats- und Jahresspeichern. Beispielsweise wird in Jahresspeichern typischerweise das Wasser aus der Schneeschmelze im Frühjahr und Sommer gespeichert, um damit im folgenden Winter Strom zur Deckung der Spitzenlast erzeugen zu können.

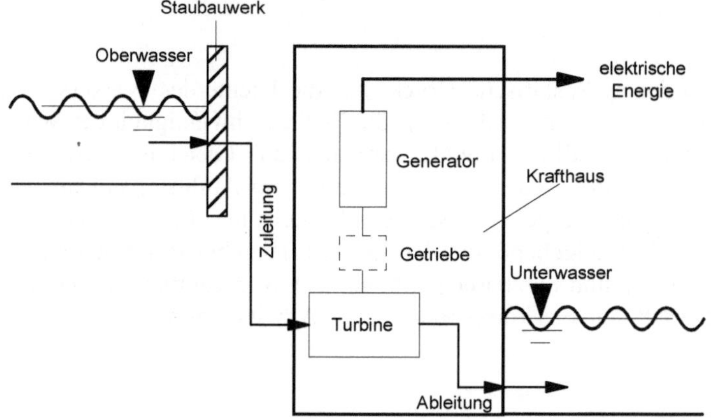

Abb. 2.8 Schematischer Aufbau einer Wasserkraftanlage

In Pumpspeicherkraftwerken kann zusätzlich in Stunden mit einem niedrigen Strompreis – i. Allg. während der Nacht oder am Wochenende – elektrische Energie für eine spätere Nutzung während Spitzenzeiten der Nachfrage (d. h. dann, wenn der Strompreis hoch ist) zwischengespeichert werden. Pumpspeicher werden häufig in Speicher mit natürlichem Zulauf integriert. Dadurch kann zusätzlich Wasser in das Speicherbecken – das sogenannte Oberbecken – aus dem Unterbecken gepumpt werden. Die gespeicherte Energie wird in Zeiten hoher Stromnachfrage über die Turbinen wieder in elektrische Energie umgewandelt. Bezogen auf die für das Pumpen eingesetzte elektrische Energie weisen Pumpspeicherkraftwerke einen Wirkungsgrad von etwa 72 bis 75 % auf; ggf. sind – je nach den Standort und Baujahr – auch andere Wirkungsgrade möglich.

Speicher- und Pumpspeicherkraftwerke können auch als Regelkraftwerke zur Frequenz- und Spannungshaltung des Stromnetzes eingesetzt werden. Im Bereich der Kleinwasserkraft haben Pumpspeicher i. Allg. allerdings keine Relevanz.

Einlaufbauwerk. Das Einlaufbauwerk stellt die Verbindung von Oberwasser und Turbinenzulauf her. Am Anfang des Einlaufbauwerks befindet sich meist ein Rechen, der Schwemmgut von der Anlage fernhält. Weiters sind im Einlaufbauwerk Verschlussorgane zur Absperrung der Wasserkraftanlage bei Reparaturen bzw. zur schnellen Unterbindung des Wasserzuflusses in die Wasserkraftanlage bei Störfällen integriert. Bei Kleinstanlagen können diese Sicherheitseinrichtungen entfallen bzw. werden als einfache Schieber ausgeführt.

Triebwasser-/Druckrohrleitung. Aus dem Stauraum fließt das Triebwasser über den Einlauf entweder direkt oder über einen Stollen zur Druckrohrleitung und weiter zur Turbine. Vor dem Übergang in die Druckrohrleitung befindet sich – falls erforderlich – das sogenannte Wasserschloss. Es dient zum Abbau von Druckschwankungen, wie sie beim An- und Abfahren der Anlage, aber auch bei jedem Lastwechsel aufgrund der Massenträgheit des Wassers auftreten.

Mit Hilfe des Stollens und der Druckrohrleitung wird der hydraulische Anschluss zwischen dem Oberwasser bzw. dem Einlaufbauwerk und der Turbine hergestellt sowie der räumliche Abstand zwischen diesen Anlagenkomponenten überbrückt. Aufgrund von Verlusten entlang des Triebwasserwegs (u. a. Einlaufbauwerk, Stollen, Druckrohrleitung) kann ein kleiner Teil der potenziellen Energie des Wassers allerdings nicht energietechnisch genutzt werden.

Je nach Topographie, aber auch aufgrund ökologischer und wirtschaftlicher Randbedingungen, sind vielfältige Kombinationen der Triebwasserführung möglich. So kann beispielsweise die Zuleitung aus dem Oberwasserbereich auch über einen offenen Triebwasserkanal oder als druckloser Freispiegelstollen realisiert sein. Bei Flusskraftwerken mit geringen Fallhöhen kann das Wasser vom Einlaufbauwerk auch direkt in die Turbine fließen. In diesem Fall sind Stollen, Wasserschloss und Druckrohrleitung nicht erforderlich.

Druckrohrleitungen sind meist aus einzelnen Rohrabschnitten von miteinander verschweißten Stahlrohren ausgeführt. Stollen werden i. Allg. bergmännisch aufgefahren und haben je nach den hydraulischen Anforderungen eine Stahlbetonauskleidung oder, speziell bei Hochdruckanlagen, auch eine Stahlpanzerung. Bei Kleinwasserkraftanlagen sind für die Triebwasserzuführung auch andere Materialien (z. B. Kunststoffrohre) im Einsatz.

Turbine. Die Umwandlung der Energie des Wassers in mechanische Energie findet im Wesentlichen in der Turbine statt (Drehbewegung der Turbine). Aufgrund der unterschiedlichen Fallhöhen und Durchflussmengen und der daraus resultierenden verschiedenen Wasserdruck- und Geschwindigkeitsverhältnisse werden Turbinen in einer Vielzahl von Bauformen hergestellt. Eine Einteilung kann nach der energetischen Umsetzung in Gleichdruck- oder Aktionsturbinen sowie Überdruck- oder Reaktionsturbinen erfolgen.

- Gleichdruck- oder Aktionsturbinen. Bei Gleichdruckturbinen wird die potenzielle Energie des Wassers im Leit- bzw. Düsenapparat vollständig in kinetische Energie (Geschwindigkeitsenergie) umgewandelt. Das aus dem Turbineneinlaufapparat ausströmende Wasser überträgt in der Folge seine Impulsenergie auf das rotierende Laufrad. Der Raum des Turbinenlaufrades befindet sich dabei auf einem einheitlichen, annähernd dem Umgebungsdruck entsprechenden Druckniveau (daher Gleichdruckturbine). Zu diesen Turbinen zählen Pelton- und Durchströmturbinen.

  Peltonturbinen (auch als Freistrahlturbinen bezeichnet) haben ein starres, mit becherförmigen Schaufeln besetztes Laufrad. Die Regulierung des Durchflusses bzw. der Leistung erfolgt durch Veränderung des Düsenquerschnitts. Je nach Triebwassermenge wird das Laufrad aus ein oder mehreren Düsen in tangentialer Richtung angeströmt. Das Wasser überträgt durch Impulsänderung die Energie auf die Laufradschaufeln und strömt in der Folge in den Auslaufbereich (Unterwasser).

Bei Durchströmturbinen (Abb. 2.9) fließt das vom Leitapparat zugeführte Wasser durch das walzenförmige Laufrad von außen nach innen und nach Durchströmen des Radinnern von innen nach außen. Die Regulierung des Durchflusses bzw. der Leistung erfolgt hier in analoger Weise zur Peltonturbine durch Veränderung des Querschnittes des Leitapparats. Zur Verbesserung des Teillastverhaltens ist der Zuflussquerschnitt vielfach in Achsrichtung im Verhältnis zwei zu eins in zwei Kammern unterteilt.

Ähnlich wie Peltonturbinen eignen sich Durchströmturbinen besonders gut für den Einsatz bei stark schwankenden Zuflüssen, da das walzenförmige Laufrad auch unter Teillast mit einem vergleichsweise hohen Wirkungsgrad betrieben werden kann. Wegen der guten Anpassungsmöglichkeiten an stark schwankende Zuflüsse und der einfachen und robusten Bauweise werden Durchströmturbinen häufig bei Kleinwasserkraftanlagen eingesetzt.

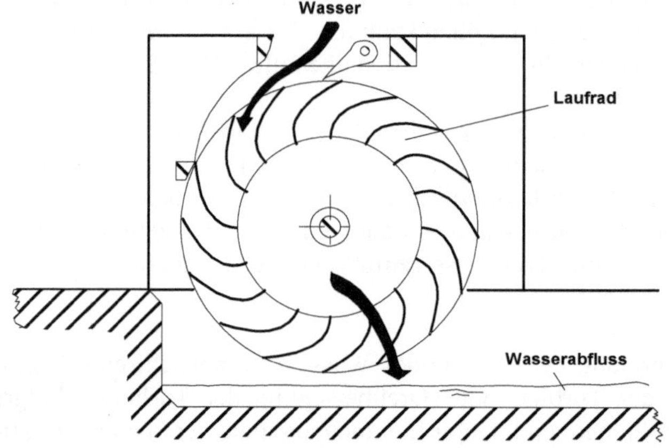

Abb. 2.9 Funktionsweise einer Durchströmturbine (nach /Vischer und Huber 2002/)

- Überdruck- oder Reaktionsturbinen. Bei den Überdruckturbinen wird die potenzielle Energie des Wassers über den Leitschaufelapparat, die rotierenden Turbinenschaufeln sowie das nachfolgende Saugrohr abgebaut und an das Turbinenlaufrad als mechanische Energie (Drehbewegung) übertragen. Beim Weg des Wassers durch die Turbine verringert sich der statische Druck kontinuierlich. Dies bedeutet, dass der Druck beim Einlauf in das Turbinenlaufrad höher ist als der Druck beim Austritt aus dem Laufrad (daher als Überdruckturbine bezeichnet). Zu den Überdruckturbinen gehören u. a. Francis- und Kaplanturbinen.

  Bei Francisturbinen strömt das Triebwasser aus dem Leitapparat radial zur Mitte in die Laufradschaufeln ein und axial wieder aus. Die Laufschaufeln dieses Turbinentyps sind dabei nicht verstellbar. Daher erfolgt die Regulierung des Durchflusses bzw. der Leistung allein durch Veränderung des Querschnittes des Leitapparates (d. h. Verstellung des Anströmwinkels der Leitschaufeln).

Im Gegensatz dazu können bei Kaplanturbinen auch die Laufradschaufeln zur Veränderung des Durchflusses und damit der Leistung verstellt werden. Dies bringt im Vergleich zu Francisturbinen deutliche Wirkungsgradverbesserungen im Teillastbetrieb bei geringeren Triebwassermengen. Die Kaplanturbine funktioniert – ebenso wie die aus ihr abgeleiteten Bauarten – im Prinzip wie eine revers arbeitende Schiffsschraube. Bei der "klassischen" Kaplanturbine (senkrechte Maschinenwelle) werden die Laufschaufeln radial aus einem Leitapparat angeströmt. Das Wasser verlässt das Turbinenlaufrad in axialer Richtung. Bei den abgeleiteten Bauformen, wie Rohr-, S-Rohr-, Kegelrad- oder Straflo-Turbinen, ist die Maschinenwelle horizontal oder leicht geneigt angeordnet; der Wasserein- und -austritt erfolgt in axialer Richtung. Dadurch sind geringere Strömungsumlenkungen erforderlich; die hydraulischen Verluste verringern sich.

Strafloturbinen (von straight flow) haben einen mit Kaplanturbinen vergleichbaren Systemaufbau. Der Generator ist allerdings als Außenkranzgenerator ausgeführt; d. h. der Rotor sitzt auf einem Ring, der um die Laufradschaufeln der Turbine angeordnet ist.

Wasserkraftturbinen nutzen heute Fallhöhen von 1 bis 1 800 m und Triebwassermengen von wenigen Litern bis zu 1 000 m^3/s /Vischer und Huber 2002/. Abhängig von der Fallhöhe und dem nutzbaren Volumenstrom (Triebwasser) zeigt Abb. 2.10 typische Einsatzbereiche für gängige Typen von Wasserkraftturbinen. Peltonturbinen kommen demnach typischerweise bei großen Fallhöhen und geringen Wassermengen, Kaplanturbinen hingegen bei niedrigen Fallhöhen und großen Wassermengen zum Einsatz. Im mittleren Bereich wird vielfach die Francisturbine eingesetzt. Bei Kleinwasserkraftwerken werden neben Durchströmturbinen auch Peltonturbinen schon ab 50 m und Francisturbinen ab wenigen Metern Fallhöhe eingesetzt (Niederdruck-Francisturbinen bzw. Francis-Schachtturbinen).

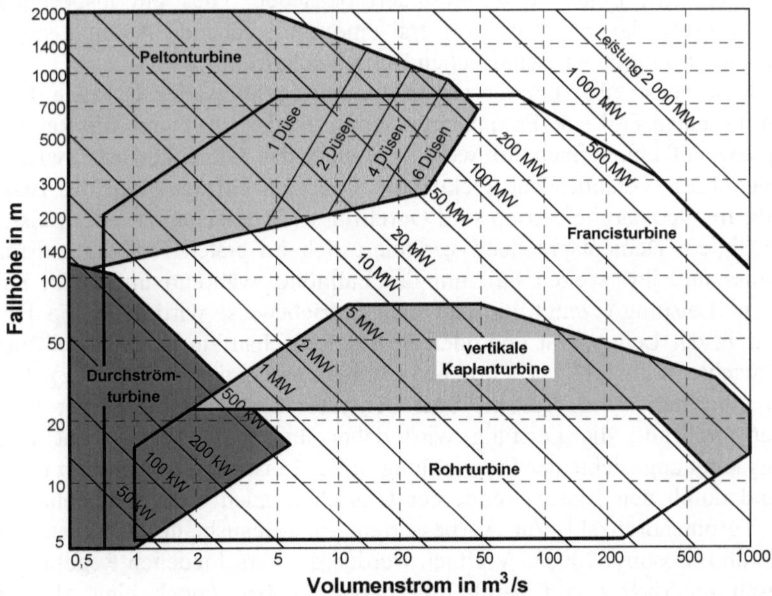

Abb. 2.10 Einsatzbereiche von Wasserturbinentypen (nach /Giesecke und Mosonyi 2005/)

Auslauf. Nach dem Austritt des Wassers aus der Turbine gelangt diese in den sogenannten Unterwasserbereich oder Auslauf. Bei Überdruckturbinen kann durch ein Saugrohr die nutzbare Fallhöhe besser und vor allem bis in das Unterwasser ausgenutzt werden. Der Fließquerschnitt des Saugrohrs wird dabei am Ausgang zum Unterwasser als Diffusor ausgeführt. Dadurch wird das Triebwasser vor dem Eintritt in das Unterwasser verzögert, wodurch ein Teil der kinetischen Energie des abfließenden Wassers im Laufrad energetisch genutzt werden kann.

Wellenkupplung und Getriebe. Bei großen Kraftwerksanlagen sind Turbine und Generator in der Regel direkt gekuppelt. Durch Festlegung der entsprechenden Polanzahl des Generators wird die Drehzahl an die optimale Drehzahl der Turbine angepasst. Bei Kleinkraftwerken erfolgt die Anpassung der Turbinen- an die Generatordrehzahl vielfach mit Hilfe eines Getriebes. Dadurch können genormte, schnelllaufende Generatoren zum Einsatz kommen. Neben Zahnradgetrieben finden bei kleinen Maschineneinheiten gelegentlich auch noch Riemenantriebe Anwendung.

Generator. Im Generator wird die mechanische Energie der Turbinen- bzw. Getriebewelle in elektrische Energie gewandelt. Zum getriebelosen Betrieb mit niederen Drehzahlen (z. B. bei Rohrturbinen) kommen vielpolige Synchrongeneratoren, in Kleinwasserkraftanlagen auch permanenterregte Synchrongeneratoren zum Einsatz. Asynchrongeneratoren werden aufgrund ihres einfacheren Aufbaus bevorzugt bei kleinen Wasserkraftanlagen eingesetzt. Werden sie in einem Inselnetz betrieben, muss die benötigte Blindleistung über eine Kondensatorbatterie geliefert werden (Selbsterregung).

Regelung. Moderne Wasserkraftanlagen werden üblicherweise automatisiert bzw. von einer zentralen Leitstelle ferngesteuert betrieben. Dies gilt insbesondere für Kleinwasserkraftwerke, bei denen oft erst eine entsprechende Automatisierung die Voraussetzung für einen wirtschaftlichen Betrieb schafft.

Je nach Betriebsweise kommen verschiedene Regelungsarten in Frage. Bei Inselbetrieb ist in jedem Fall eine Frequenzregelung erforderlich. Durch die Regelung der Netzfrequenz auf einen fixen Sollwert wird stets das Gleichgewicht zwischen der elektrischen Last (veränderliche elektrische Energienachfrage) und der Erzeugung hergestellt. Im Netzparallelbetrieb sind Durchfluss-, Wasserstands- oder Leistungsregelungen üblich. Dementsprechend verändert sich im ersten Fall die Leistung mit dem Zufluss und im zweiten Fall mit der Fallhöhe, während im dritten Fall eine vorgegebene Leistung erzeugt wird. Je nach Betriebsweise wird dabei die Turbinenöffnung, d. h. der Leitapparat und/oder die Laufradschaufeln, so weit geöffnet, dass der gewünschte Sollwert (z. B. Frequenz, Oberwasserspiegel, Leistung) durch die Turbinen eingestellt wird. Turbine und Generator drehen dabei in der Regel mit konstanter Drehzahl; die Leistung wird daher über das Drehmoment verändert. Allerdings kann angesichts der Entwicklung in der Leistungselektronik in den letzten Jahren und durch den Einsatz moderner Umrichter auch eine fallhöhenabhängige, variable Turbinendrehzahl zur verbesserten Energieausbeute eingesetzt werden /Giesecke und Mosonyi 2005/. Vielfach werden die verschiedenen Regelungen auch hierarchisch unterlagert und parallel betrieben, wobei jedoch eine gleichzeitige, gleichrangige Regelung verschiedener Sollwerte nicht möglich ist.

Netzanbindung. Bei großen Wasserkraftwerken wird die bereitgestellte elektrische Energie meist indirekt über einen Transformator (d. h. Umspanner) in das Mittel- oder Hochspannungsnetz eingespeist. Auch Kleinwasserkraftwerke können indirekt, allerdings über einen Gleichstromzwischenkreis bzw. einen Frequenzumrichter an das Niederspannungsnetz gekoppelt werden. Dadurch kann die Turbine mit einer an das jeweilige Wasserangebot variabel angepassten Drehzahl wirkungsgradoptimiert betrieben werden. Eine Netzanbindung über einen Frequenz- bzw. Stromumrichter kann auch bei Pumpspeicherkraftwerken erforderlich sein, wenn die Wasserspiegel von Ober- und Unterbecken stark schwanken und damit ein drehzahlvariabler Betrieb des Pumpturbinensatzes notwendig ist.

2.2.3 Anlagenkonzepte und Anwendungsbereiche

Anlagenkonzepte. Die Ausführungsformen von Wasserkraftanlagen richten sich im Wesentlichen nach den gegebenen topografischen (Höhenunterschied), hydrologischen (Wasserangebot) und sonstigen (z. B. Naturschutz) Rahmenbedingungen. Dementsprechend findet man in Österreich eine Vielzahl unterschiedlicher Anlagenkonzepte bzw. Bauformen von Wasserkraftanlagen. Kleinwasserkraftwerke weichen dabei in ihren Konzepten nur unwesentlich von Großanlagen ab. Um speziell Kleinanlagen wirtschaftlicher ausführen zu können, werden hier aber einfach aufgebaute, standardisierte Komponenten zur Senkung der Investitionen eingesetzt.

Eine Unterscheidung von Wasserkraftanlagen kann u. a. nach deren Fallhöhe in Niederdruck-, Mitteldruck- und Hochdruckanlagen erfolgen. Zusätzlich kann zwischen Lauf- und Speicherwasserkraftanlagen unterschieden werden. In der Praxis gibt es eine Vielzahl möglicher Kombinationen, so dass die Grenzen zwischen den nachfolgend diskutierten Möglichkeiten fließend sind.

- Niederdruckanlagen verarbeiten das zuströmende Wasser eines Fließgewässers praktisch ohne Speicherung. Charakteristisch für diese Anlagen ist der meist große Ausbaudurchfluss bei relativ geringen Fallhöhen bis ca. 20 m. Typische Niederdruckanlagen sind z. B. die an Donau, Inn oder Mur gelegenen Laufwasserkraftwerke. Das Kraftwerk ist entweder direkt in den Flusslauf gebaut (d. h. Flusskraftwerk) oder das Wasser wird über einen Triebwasserkanal, einen Stollen bzw. eine Rohrleitung zum Krafthaus geleitet (d. h. Ausleitungskraftwerk).

  Werden mehrere Laufwasserkraftwerke an einem Fluss direkt hintereinander errichtet, spricht man von einer Kraftwerkskette. Der Staubereich eines Kraftwerks reicht dabei im Maximalfall bis in den Unterwasserbereich der oberhalb liegenden Anlage. Kann im Verlauf einer Kraftwerkskette durch einen Stauraum eine Bewirtschaftung des Wassers (Schwellbetrieb) realisiert werden, spricht man von einer Schwellkraftwerkskette (z. B. Drau, Enns).
- Von Mitteldruckanlagen wird bei Fallhöhen von 20 bis 100 m gesprochen. Je nach den örtlichen und wirtschaftlichen Gegebenheiten sind derartige Anlagen ohne bzw. mit Stauwerken realisiert. Dementsprechend bestehen diese Kraftwerksanlagen im Wesentlichen aus einer Wasserfassung oder aus einem Staubauwerk, einem Triebwasserweg und einem Krafthaus.

- Hochdruckanlagen weisen Fallhöhen zwischen 100 und maximal 2 000 m auf. Sie sind meist als Ausleitungskraftwerke realisiert und oft mit Speicherräumen ausgeführt (Jahresspeicher in den Alpen). Zur Vergrößerung der natürlichen Erzeugung aus Wasserkraft werden häufig Bäche aus benachbarten Quell- bzw. Flussgebieten in die Speicherseen beigeleitet (d. h. Vergrößerung des Einzugsgebiets).

Anwendungsbereiche. Wasserkraftanlagen werden in Österreich in der Regel im Parallelbetrieb mit dem Netz der öffentlichen Stromversorgung betrieben. Die Bandbreite der Anlagenleistungen erstreckt sich dabei von wenigen kW bis zu einigen 100 MW. Anlagen im unteren kW-Bereich bzw. mit weniger als 1 kW Leistung finden vorwiegend als Inselsysteme (z. B. zur Versorgung von Berghütten) Verwendung. Wasserkraftanlagen im Inselbetrieb, aber teilweise auch Eigenanlagen der Industrie, weisen in Bezug auf das natürliche Wasserdargebot vielfach einen niedrigen Ausbaugrad auf. Dadurch lässt sich eine gleichmäßige Stromerzeugung über das Gesamtjahr sicherstellen und die jeweils erforderliche Leistung zuverlässig bereitstellen. Wasserkraftanlagen der öffentlichen Stromversorgung sind demgegenüber vielfach auf eine hohe Stromproduktion ausgerichtet und weisen demnach einen hohen Ausbaugrad auf.

Spezielle Anwendungsbereiche von Kleinwasserkraftwerken können sich aus den vielfältigen Nutzungsmöglichkeiten strömender Flüssigkeiten ergeben. Dazu zählen u. a. Trinkwasser-, Dotier- oder Entspannungskraftwerke.

- Trinkwasserkraftwerke. Wird Trinkwasser in höherliegenden Gebieten gefasst, kann die Druckdifferenz aus dem geodätischen Höhenunterschied zwischen Quellfassung und Verbraucher bzw. dem geforderten Druck in den Wasserleitungen energetisch genutzt werden.
- Dotierkraftwerke. Bei Ausleitungskraftwerken wird vielfach eine Mindestrestwassermenge für das verbleibende Gewässer vorgeschrieben. Erfolgt die Ausleitung über ein Stauwehr kann die potenzielle Energie des Restwassers über ein Dotier- bzw. Restwasserkraftwerk genutzt werden.
- Entspannungskraftwerke. Zur prozessbedingten bzw. aufgrund geodätischer Höhenunterschiede notwendigen Druckreduzierung innerhalb von Rohrleitungen können anstelle herkömmlicher Entspannungsventile sogenannte Entspannungskraftwerke eingesetzt werden. Mögliche Anlagenkonfigurationen stellen u. a. ein innerhalb einer Rohrleitung angeordnetes System aus Axialturbine und Generator /Welzl 1997/ oder eine rückwärtslaufende Kreiselpumpe mit angeschlossenen Generator dar.

2.2.4 Energiewandlungskette, Verluste und Leistungskennlinie

Energiewandlungskette und Verluste. Die Energie des Wassers vor dem Wehr bzw. Staubauwerk wird im Einlaufbauwerk bzw. dem Stollen und der Druckrohrleitung der Turbine einer energietechnischen Nutzung zugeführt. In der Turbine wird diese Energie in eine Drehbewegung und damit in mechanische Energie des Laufrads bzw. der Turbinenwelle umgeformt. Diese Bewegungsenergie wird entweder direkt oder über ein Getriebe an den Generator weitergeleitet und dort in elektrische Energie umgewandelt. Zur Reduktion der Verluste beim Stromtransport wird vor allem bei größeren Kraftwerksleistungen die elektrische Energie auf ein höheres Spannungsniveau angehoben. In Einzelfällen ist auch eine indirekte Netzkopplung über einen Gleichstromzwischenkreis oder einen Frequenzumrichter erforderlich.

Innerhalb dieser Energiewandlungskette treten zahlreiche technisch unvermeidbare Verluste auf bzw. ist ein elektrischer Eigenbedarf der Kraftwerksanlage aus betrieblichen Gründen erforderlich (z. B. für Hilfsantriebe). Dies hat zur Folge, dass die am Anlagenausgang abnehmbare Energie geringer ist als die Energiedifferenz zwischen Ober- und Unterwasser. Abb. 2.11 zeigt die Bandbreiten der jeweiligen Verluste in den einzelnen Energiewandlungsstufen bzw. Bauteilen.

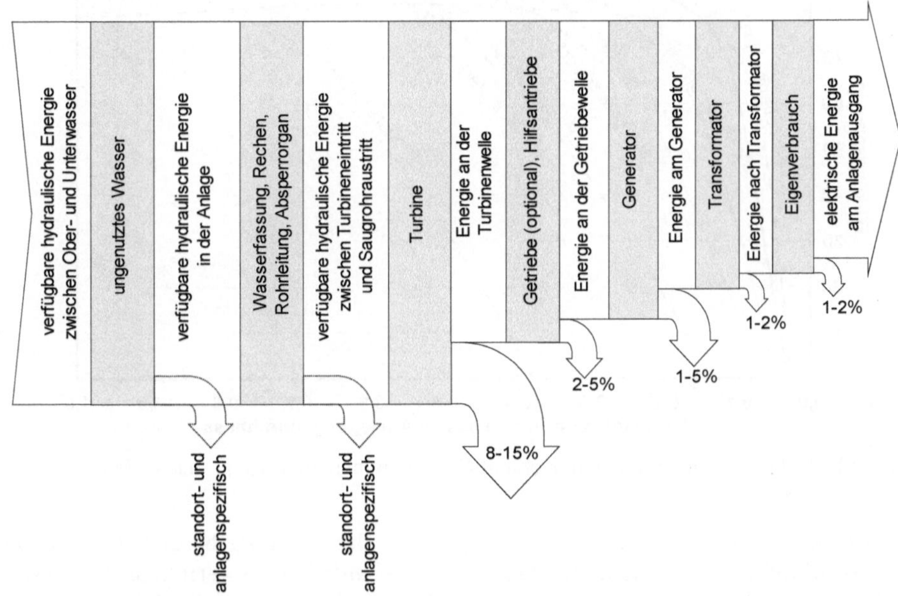

Abb. 2.11 Energiefluss einer Laufwasserkraftanlage (Verluste bezogen auf den Energieinput der jeweiligen Wandlungsstufe)

Die hydraulischen Verluste vor der Turbine (d. h. Wassererfassung, Rechen, Rohrleitungen, Absperrorgane) sind von den Strömungsverhältnissen abhängig und können folglich durch eine optimierte Anlagengestaltung und -auslegung minimiert werden. Ihre absolute Größe ist aber standort- und anlagenspezifisch. Die letztlich an der Turbinenwelle abnehmbare Leistung folgt aus der tatsächlich vor der Turbine verfügbaren Leistung des Wassers und dem Turbinenwirkungsgrad (Abb. 2.12).

Bei Nennleistung werden je nach Turbinenart und -größe Turbinenwirkungsgrade zwischen etwa 85 und 92 % erreicht. Für die am Anlagenausgang verfügbare Leistung sind weiters die mechanischen Verluste von Getriebe (je Getriebestufe 2 bis 5 %), die mechanischen und elektrischen Verluste des Generators (1 bis 5 %), die elektrischen Verluste von Transformator (1 bis 2 %) bzw. Umrichter (1 bis 2 %) sowie der elektrische Eigenverbrauch des Kraftwerks u. a. für Hilfsantriebe (bis 2 %) maßgeblich.

Zusammengenommen sind im Auslegungspunkt Gesamtwirkungsgrade bis über 90 % möglich. Da Wasserkraftanlagen aufgrund des verfügbaren Wasserangebots oft nur unter Teillast betrieben werden, liegen im Jahresdurchschnitt die Nutzungsgrade bei 70 bis maximal 90 %. Ältere Anlagen im kleinen Leistungsbereich können aber auch deutlich darunter liegen (z. B. Niederdruck-Francisanlagen). Bezogen auf das gesamte theoretische Arbeitsvermögen des verfügbaren Wassers sind die Nutzungsgrade allerdings noch etwas geringer, da ein Teil des ankommenden Wassers energietechnisch ungenutzt bleibt (u. a. Hochwasserabfluss, Restwasserabgabe).

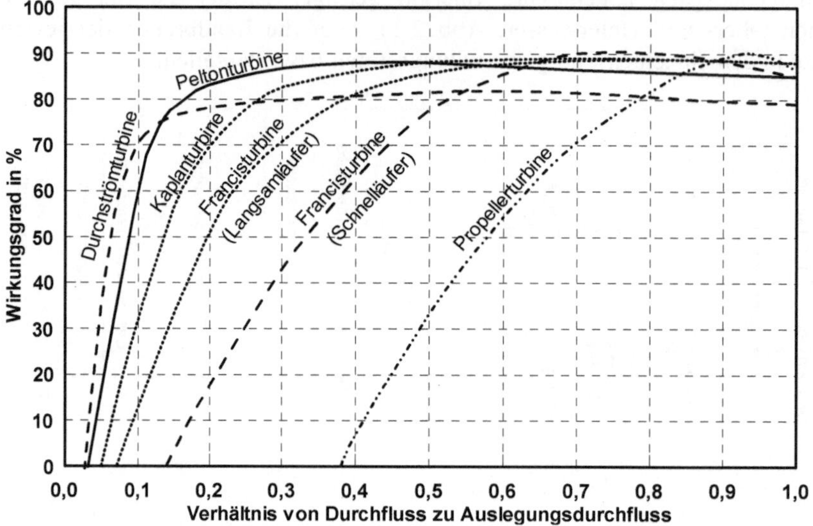

Abb. 2.12 Wirkungsgradverlauf unterschiedlicher Turbinenarten (u. a. nach /Pálffy et al. 1996/)

Leistungskennlinie. Das Betriebsverhalten bzw. die Leistungsbereitstellung einer Laufwasserkraftanlage im Jahresverlauf hängt wesentlich vom verfügbaren Wasserangebot ab, da damit das Triebwasser sowie die jeweils aktuelle Fallhöhe vorgegeben sind. Abb. 2.13 zeigt den sogenannten Leistungsplan eines typischen Laufwasserkraftwerks. Das Kraftwerk ist bei einer definierten Anlagenauslegung durch einen bestimmten Abfluss (Ausbauwassermenge) bei einer entsprechenden Fallhöhe (Ausbaufallhöhe) und damit einer gewissen Leistung gekennzeichnet. Ausgehend davon verändern sich Leistung und Fallhöhe mit fallendem und steigendem Abfluss.

Mit dem Rückgang des Abflusses bzw. Triebwassers verringert sich auch die Stromerzeugung. Vielfach steigt dabei die entsprechende Fallhöhe an, da aufgrund des geringeren Wasseraufkommens der Unterwasserspiegel geringfügig absinkt und sich damit die Höhendifferenz zum Oberwasser vergrößert. Dieser Leistungsanstieg ist im Vergleich zu dem durch die Zuflussverringerung bedingten Leistungsrückgang allerdings vergleichsweise gering. Wird ein gewisser Mindestdurchfluss unterschritten, schaltet die Anlage vollständig ab.

Wenn die Zuflussmenge über dem Auslegungspunkt liegt, nimmt die Stromerzeugung ebenfalls ab, da bei zunehmendem Wasserdurchfluss der Unterschied zwischen Ober- und Unterwasserspiegel abnimmt und damit die nutzbare Fallhöhe sinkt. Das

Wasser, das die Schluckwassermenge der Turbine übersteigt, muss über das Wehr abgeleitet werden und ist damit energetisch nicht verwertbar. Je nach den hydraulischen Verhältnissen sind Laufwasserkraftwerke bei extremen Hochwässern infolge der zu geringen Ober- und Unterwasserdifferenz sogar außer Betrieb zu nehmen.

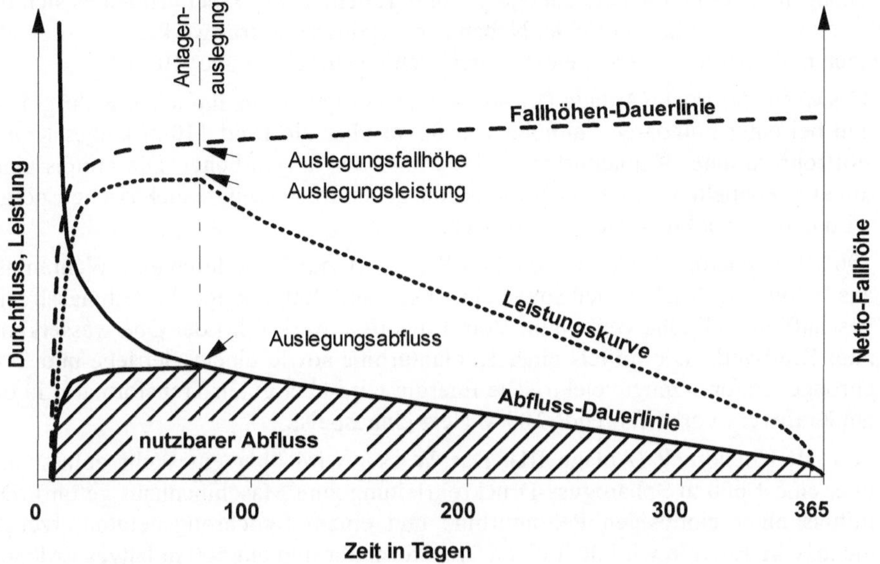

Abb. 2.13 Leistungsdiagramm eines Niederdruck-Laufwasserkraftwerks (nach /König 1985/, /Giesecke und Mosonyi 2005/)

2.3 Ökologische und ökonomische Analyse

Im Folgenden werden die mit einer Wasserkraftnutzung verbundenen Umweltauswirkungen und Kosten diskutiert. Davor werden ausgewählte Anlagen definiert, für welche die folgenden ökologischen und ökonomischen Analysen durchgeführt werden. Aufgrund der Standortabhängigkeit der Wasserkraft können die Materialeinsätze und auch die Kosten bei unterschiedlichen Wasserkraftanlagen z. T. stark voneinander abweichen und sind deshalb nicht pauschal übertragbar.

2.3.1 Referenzanlagen

Aufgrund der Vielzahl möglicher Ausführungsformen von Wasserkraftanlagen sind die im Folgenden dargestellten Referenzanlagen als Beispiele möglicher Anlagenkonfigurationen zu sehen, da die spezifischen örtlichen Gegebenheiten im jeweiligen Einzelfall die technische und bauliche Ausführung des Wasserkraftwerks bestimmen.

Insbesondere die baulichen Anlagenkomponenten (d. h. Wasserfassung, Triebwasserzuleitung, Krafthaus) weichen bei unterschiedlichen Wasserkraftanlagen z. T. stark voneinander ab.

Als für Österreich typische Referenztechniken werden insgesamt zwölf Wasserkraftanlagen näher betrachtet (Tabelle 2.1 und Tabelle 2.2). Dabei handelt es sich um in der Praxis ausgeführte Projekte. Neben acht Kleinwasserkraftwerken sind dies vier Anlagen mit einer installierten elektrischen Nennleistung von über 10 MW.

- 32 kW Niederdruck (Anlage I). Das Wasser wird über ein einfaches Wehr gefasst und bei einer nutzbaren Fallhöhe von 8,2 m über ein rund 110 m langes Kunststoffrohr zu einer Kaplanturbine geleitet und dort abgearbeitet. Die mittels eines direkt gekoppelten, synchronen Induktionsgenerators erzeugte elektrische Energie wird in das 220/380 V Netz eingespeist.
- 300 kW Niederdruck (Anlage II). Das Kraftwerk nutzt die durch eine Wehranlage aus Beton und Bruchsteinen sowie eine insgesamt 200 m lange Ausleitungsstrecke geschaffene Fallhöhe von 4,6 m. Vom Einlaufbauwerk führt der Oberwasserkanal zum Kraftwerk. Die mittels einer Kaplanturbine sowie einem Getriebe und Synchrongenerator erzeugte elektrische Energie wird über einen Transformator in das am Kraftwerk vorbeiführende 10 kV Netz eingespeist.
- 360 kW Hochdruck (Anlage III). Das Wasser wird über ein Wehr gefasst und über eine 1 600 m Sphäroguss-Druckrohrleitung zum Maschinenhaus geführt. Die mittels einer eindüsigen Peltonturbine und einem Synchrongenerator erzeugte elektrische Energie wird über einen Transformator und ein 500 m langes Erdkabel in das 25 kV Netz eingespeist.

Tabelle 2.1 Technische Kenngrößen der untersuchten Kleinwasserkraftanlagen

Referenzanlage		I	II	III	IV	V	VI	VII	VIII
Nennleistung	in MW	0,032	0,3	0,36	2,2	2,6	4,4	9,8	9,9
Kraftwerkstyp		ND	ND	HD	ND	HD	HD	HD	ND
Turbinenbauart		Kaplan	Kaplan	Pelton	Kaplan	Pelton	Pelton	Pelton	Kaplan
Fallhöhe	in m	8,2	4,6	358	5,95	605	685	685,8	8
Ausbauwassermenge	in m³/s	0,5	8	0,125	40	0,55	0,75	1,8	150
Volllaststunden	in h/a	5 000	5 000	5 000	5 000	5 000	5 000	4 100	5 100
Jahresarbeit (brutto)	in GWh/a	0,16	1,5	1,8	11	13	22	40	50
Eigenbedarf	in %	1	1	1	1	1	1	0,5	1,5
Speicher		nein	nein	nein	nein	nein	Tagesspeicher	nein	nein

HD Hochdruck; ND Niederdruck

- 2 200 kW Niederdruck (Anlage IV). Die Laufwasserkraftanlage ist als Flusskraftwerk konzipiert. Die nutzbare Fallhöhe von rund 6 m wird durch eine Wehranlage geschaffen. Der Rückstaubereich von knapp 2 000 m ist durch entsprechende gewässerbautechnische Maßnahmen abgesichert. Die Energie des Wassers wird mit einer Kaplanturbine in mechanische und weiter über einen Synchrongenerator in elektrische Energie umgewandelt. Über einen Transformator wird diese in das am Kraftwerk vorbeiführende 25 kV Netz eingespeist.
- 2 600 kW Hochdruck (Anlage V). Nach der Fassung wird das Wasser über eine Hangrohrleitung (970 m), das Wasserschloss sowie den 1 700 m langen Kraftabstieg – jeweils aus Sphärogussrohren – einer zweidüsigen Peltonturbine zugeführt.

Bei einer nutzbaren Fallhöhe von 604 m beträgt die Ausbauwassermenge 550 l/s. Die in einem Synchrongenerator erzeugte elektrische Energie wird anschließend über einem Transformator und ein Erdkabel in das 25 kV Netz eingespeist.

- 4 400 kW Hochdruck mit Tagesspeicher (Anlage VI). Diese Anlage entspricht in ihrer technischen Ausführung bis auf den Tagesspeicher im Wesentlichen der zuvor beschriebenen Anlage V. Mit dem Speicher wird eine Verlagerung der Energieerzeugung in die Tageszeiten mit einer hohen Stromnachfrage erreicht. Vom Wehr gelangt das Wasser in einen 5 000 m^3 Stahlbetonspeicher. Vom Zwischenspeicher führt eine 3 100 m lange Hangrohrleitung zum Wasserschloss und von dort über eine rund 2 100 m lange Druckrohrleitung – jeweils aus Sphärogussrohren – zum Krafthaus. Dabei wird eine nutzbare Fallhöhe von 734 m erreicht. Die Energie des Wassers wird in einer zweidüsigen Peltonturbine abgearbeitet und über einen Synchrongenerator in elektrische Energie umgewandelt. Der Anschluss an das 25 kV Netz erfolgt über die nächste Umspannstation mittels Transformator und Erdkabel.
- 9 800 kW Hochdruck (Anlage VII). Bei dieser Hochdruck-Laufwasserkraftanlage wird das Wasser über ein klassisches Tirolerwehr dem 4 420 m langen Triebwasserweg zum Krafthaus zugeführt; dieser besteht aus Sphärogussrohren mit einem Innendurchmesser von 800 mm. Bei einer nutzbaren Fallhöhe von 685,8 m und einer Ausbauwassermenge von 1,8 m^3/s wird in einer vierdüsigen Peltonturbine mit vertikaler Welle die Leistung von 9 800 kW erreicht. Die im Synchrongenerator mit 12 500 kVA erzeugte elektrische Energie wird über einen Maschinentransformator und über ein Erdkabel in das 25 kV Netz abgeführt.
- 9 900 kW Niederdruck (Anlage VIII). Diese Laufwasserkraftanlage ist als Flusskraftwerk konzipiert, wobei das Kraftwerk aus einer Oberwasserstrecke (Stauraum), dem Abschlussbauwerk (Wehr und Krafthaus) und der Unterwasserstrecke besteht. Die Wehranlage umfasst zwei Wehrfelder und ist in bewehrter Betonkonstruktion ausgeführt. Im Krafthaus sind zwei Maschinensätze bestehend aus je einer Kaplan-Schachtturbine und einem direkt gekoppelten Drehstrom-Synchrongenerator eingebaut. Bei einer nutzbaren Fallhöhe von rund 8 m und einer Ausbauwassermenge von 150 m^3/s wird ein Regelarbeitsvermögen von 50 GWh/a erzielt.
- 28 800 kW Niederdruck (Anlage IX). Diese Laufwasserkraftanlage ist als Flusskraftwerk konzipiert; d. h. das Krafthaus befindet sich im Flussbett. Auf einer Staulänge von ca. 8,8 km erreicht es eine Fallhöhe von 8,3 m. Das Wasserdargebot wird bei einer Ausbauwassermenge von 425 m^3/s mit zwei Rohrturbinen-Maschinensätzen (Kaplanturbine und Synchrongenerator) in elektrische Energie umgesetzt und über zwei Transformatoren und einer vollgekapselten SF_6-(Schwefelhexafluorid)-Schaltanlage in das 110 kV Netz eingespeist.
- 60 000 kW Mitteldruck mit Tagesspeicher (Anlage X). Dieses Ausleitungskraftwerk verfügt zur teilweisen Verlagerung des Wasserdargebots in die Tageszeiten mit einer hohen Stromnachfrage über einen Tagesspeicher. Das Wasser wird mit einer zweifeldrigen Wehranlage gefasst und in den Tagesspeicher (naturnah gestaltetes Becken) geleitet. Zusammen mit dem Rückstaubereich des Wehrs können ca. 240 000 m^3 Wasser zwischengespeichert werden. Über einen rund 22 km

langen Druckstollen, dem Wasserschloss und dem 600 m langen Druckschacht wird das Wasser bei einer nutzbaren Fallhöhe von 380 m mit zwei Francisturbinen abgearbeitet. Die Energie wird mit zwei Synchrongeneratoren in elektrischen Strom umgewandelt und über zwei Transformatoren und eine Freiluftschaltanlage in das 110 kV Netz eingespeist.

Tabelle 2.2 Technische Kenngrößen der untersuchten Großwasserkraftanlagen

Referenzanlage		IX	X	XI	XII[a]
Nennleistung	in MW	28,8	60	293	480
Kraftwerkstyp		ND	MD	ND	HD
Turbinenbauart		Kaplan	Francis	Kaplan	Francis
Fallhöhe	in m	8	370	10,9	365
Ausbauwassermenge	in m^3/s	425	20	3 150	144
Volllaststunden	in h/a	5 900	3 900	5 900	2 500
Jahresarbeit (brutto)	in GWh/a	170	234	1 729	1 200
Eigenbedarf	in %	1,7	1	1,7	1,5
Speicher		nein	Tages-speicher	nein	Jahres-speicher

HD Hochdruck; MD Mitteldruck; ND Niederdruck
[a] bereits vorhandene Jahresspeicher werden in Bilanzen nicht berücksichtigt, daher können die Ergebnisse nicht direkt mit den anderen Referenzanlagen verglichen werden

- 293 000 kW Niederdruck (Anlage XI). Bei diesem Kraftwerk handelt es sich um ein Flusskraftwerk, das bei einer Staulänge von ca. 31 km eine Fallhöhe von 10,9 m erreicht. Mit 9 Maschinensätzen (jeweils 34 MW Kaplan-Rohrturbine und 38 MVA Synchrongenerator) wird bei einer Ausbauwassermenge von 3 150 m^3/s ein Regelarbeitsvermögen von 1 720 GWh/a erzielt. Die erzeugte elektrische Energie wird über eine Freiluftschaltanlage in das 220 kV Netz eingespeist.
- 480 000 kW Hochdruck (Anlage XII). Das Pumpspeicherkraftwerk nutzt die Höhendifferenz zwischen zwei bereits vorhandenen Jahresspeichern, d. h. es handelt sich hier um eine Erweiterung einer Altanlage. Daher sind die Bilanzergebnisse dieser Referenzanlage nicht direkt vergleichbar mit den anderen betrachteten Referenztechniken. Die Anlage ist komplett unterirdisch in Kavernen untergebraucht, wobei die Maschinenkaverne mit zwei Pumpturbinensätzen (je 240 MW) ausgestattet ist. Die Transformatoren sind in einer eigenen Trafokaverne installiert. Die beiden Jahresspeicher sind durch einen neuen 5,4 km langen Triebwasserweg, welcher aus Druckstollen, Wasserschloss, Druckschacht und Unterwasserstollen besteht, miteinander verbunden. Die bei einer mittleren Fallhöhe von 365 m und einer Ausbauwassermenge von 144 m^3/s erzeugte Leistung wird über eine 380 kV Hochspannungs-Freileitung zum Umspannwerk transportiert.

Die Volllaststunden der untersuchten Anlagen orientieren sich dabei an für Österreich typischen Größenordnungen. Die technische Lebensdauer der baulichen Anlagenteile wird mit 70 Jahren und die der maschinentechnischen Anlagenteile mit 40 Jahren unterstellt. Der Eigenbedarf der Wasserkraftanlagen liegt bei den Referenzanlagen I bis VI sowie X bei rund 1 % der erzeugten elektrischen Energie. Für den Eigenbedarf der Anlagen IX und XI wird aufgrund des im Vergleich zu Kleinwasserkraft- bzw. Mittel- und Hochdruckanlagen höheren betrieblichen Stromverbrauchs für z. B. Grundwasserhaltung, Rechenreinigung usw. von 1,7 % ausgegangen. Die Referenzanlagen VIII und XII sind durch einen Eigenbedarf von 1,5 % gekennzeichnet und Anlage VII hat mit 0,5 % den geringsten Eigenbedarf.

2.3.2 Ökologische Analyse

Für die in Tabelle 2.1 und Tabelle 2.2 definierten Referenzanlagen zur Stromerzeugung aus Wasserkraft werden nachfolgend neben den Energie- und Emissionsbilanzen entlang des gesamten Lebensweges auch weitere Umwelteffekte untersucht, die während der Herstellung, dem Normalbetrieb, bei Störfällen und der Stilllegung auftreten können.

2.3.2.1 Lebenszyklusanalyse

Im Folgenden werden für die betrachteten Wasserkraftanlagen die Energie- und Emissionsbilanzen einschließlich aller vorgelagerten Prozesse erstellt und diskutiert (Tabelle 2.3 und Tabelle 2.4).

Tabelle 2.3 Energie- und Emissionsbilanzen der untersuchten Kleinwasserkraftanlagen (Zahlen gerundet)

Referenzanlage		I	II	III	IV	V	VI	VII	VIII
Nennleistung	in MW	0,032	0,3	0,36	2,2	2,6	4,4	9,8	9,9
Energie	in GJ_{prim}/TJ[a]	31	59	26	34	13	13	17	26
SO_2	in kg/TJ	7	7	4	4	2	2	3	5
NO_x	in kg/TJ	8	17	7	13	5	5	6	8
CO_2-Äquivalente	in kg/TJ	2 191	4 919	1 805	2 825	883	886	1 058	1 889
SO_2-Äquivalente	in kg/TJ	13	20	10	13	6	6	7	11
Energie	in GJ_{prim}/GWh[a]	112	211	93	122	46	48	60	93
SO_2	in kg/GWh	25	27	15	15	7	7	9	17
NO_x	in kg/GWh	30	62	26	45	19	18	22	30
CO_2-Äquivalente	in kg/GWh	7 889	17 708	6 499	10 171	3 177	3 188	3 808	6 802
SO_2-Äquivalente	in kg/GWh	48	71	35	48	21	21	26	39

[a] primärenergetisch bewerteter kumulierter fossiler Energieaufwand (Verbrauch erschöpflicher Energieträger)

Sowohl der spezifische fossile Energieaufwand als auch die betrachteten spezifischen Emissionen werden dabei von der Anlagengröße und von der Bauweise (Ausleitungs- oder Flusskraftwerk, Hoch-, Mittel- oder Niederdruck) des Kraftwerks beeinflusst. Generell sinken diese Kenngrößen bei Anlagen ähnlicher Bauweise mit zunehmender installierter Leistung aufgrund des geringeren spezifischen Material- und Energieeinsatzes für Bau, Betrieb und Abriss. So zeigt etwa bei den betrachteten Niederdruck-Flusskraftwerken das Referenzkraftwerk XI (293 MW) mit rund 21 GJ/TJ einen um etwa 64 % geringeren Verbrauch an fossilen Energieträgern als die Referenzanlage II (300 kW) mit ca. 59 GJ/TJ. Im Vergleich der Hoch-, Mittel- und Niederdruckanlagen nehmen die fossilen Energieaufwendungen bzw. Emissionen bei Anlagen ähnlicher Leistung mit zunehmendem Druckniveau und damit steigender Fallhöhe ab. Große Durchflüsse bei kleinen Fallhöhen bedingen groß dimensionierte Turbinen bzw. Wehranlagen und deshalb große Kraftwerksbauten mit einem entsprechend hohen Material- (vor allem Beton und Stahl) und Energieeinsatz. Mit zunehmender Fallhöhe ergeben sich für Kraftwerke gleicher Leistung kleinere Durchflüsse und damit kleinere Kraftwerksbauten. Die Aufwendungen für die Druckrohrleitungen zur Triebwasserzuführung sind dabei i. Allg. wesentlich geringer als die Aufwendungen für den Bau einer Niederdruckanlage ähnlicher Leistung. Dies hat zur Folge, dass z. B. die spezifischen CO_2-Äquivalent-Emissionen des Referenzkraftwerks V (2,6 MW bei einer Fallhöhe von 605 m) mit ca. 3 200 kg/GWh gegenüber rund 10 200 kg/GWh der Anlage IV (2,2 MW bei einer Fallhöhe von 6 m) deutlich geringer sind.

Tabelle 2.4 Energie- und Emissionsbilanzen der untersuchten Großwasserkraftanlagen (Zahlen gerundet)

Referenzanlage		IX	X	XI	XII[b]
Nennleistung	in MW	28,8	60	293	480
Energie	in GJ_{prim}/TJ[a]	22	19	21	28
SO_2	in kg/TJ	4	3	4	4
NO_x	in kg/TJ	7	6	7	8
CO_2-Äquivalente	in kg/TJ	1 594	1 518	1 567	2 283
SO_2-Äquivalente	in kg/TJ	9	7	9	10
Energie	in GJ_{prim}/GWh[a]	79	67	77	99
SO_2	in kg/GWh	14	9	14	14
NO_x	in kg/GWh	25	21	25	31
CO_2-Äquivalente	in kg/GWh	5 739	5 463	5 641	8 218
SO_2-Äquivalente	in kg/GWh	33	25	32	36

[a] primärenergetisch bewerteter kumulierter fossiler Energieaufwand (Verbrauch erschöpflicher Energieträger); [b] bereits vorhandene Jahresspeicher werden nicht berücksichtigt, daher können die Bilanzergebnisse nicht direkt mit den anderen Referenzanlagen verglichen werden

Wasserkraftwerke mit einem Speicher sind aufgrund der baulichen Aufwendungen für diesen (z. B. Referenzanlage VI) und der oftmals geringeren Volllaststundenzahl (z. B. Anlage X) durch höhere Verbräuche fossiler Energieträger bzw. der damit zusammenhängenden Emissionen als Anlagen ohne Speicher gekennzeichnet. Allerdings wird durch die nachfrageorientierte Stromerzeugung bei Speicherkraftwerken Strom höherer Qualität (Spitzenstrom) erzeugt; ein Vergleich zwischen Kraftwerken mit bzw. ohne Speicher ist deshalb nur bedingt möglich. Methanemissionen aus Stauhaltungen werden aufgrund ihrer vergleichsweise geringen Bedeutung unter den in Österreich gegebenen Bedingungen (siehe /Nill, Kaltschmitt und Radunsky 2004/) nicht berücksichtigt.

Bei allen betrachteten Anlagen stammt ein Großteil der mit der Bereitstellung von elektrischer Energie aus Wasserkraft verbundenen Verbräuche erschöpflicher Energieträger bzw. Schadstoffemissionen aus der Herstellung der Anlagenkomponenten. Betrieb sowie Abriss und Entsorgung der einzelnen Komponenten einer Wasserkraftanlage zeigen hingegen einen vergleichsweise geringen Beitrag. Abb. 2.14 zeigt dazu exemplarisch die Verteilung der CO_2-Äquivalent-Emissionen auf Bau, Betrieb und Abriss der in Tabelle 2.3 und Tabelle 2.4 dargestellten Bilanzergebnisse.

Zwischen knapp 85 und 96 % der CO_2-Äquivalent-Emissionen entfallen demnach auf den Bau der Anlagen. Die restlichen 4 bis 15 % verteilen sich auf den Betrieb (u. a. Wartung und Instandhaltung, Entsorgung von Rechengut) sowie den Abriss und die Entsorgung der Kraftwerkskomponenten. Flusskraftwerke sind dabei aufgrund der höheren betrieblichen Aufwendungen (u. a. Entsorgung des Rechenguts, Grundwasserschutzmaßnahmen im Staubereich) sowie der höheren Aufwendungen für den Abbruch der Anlagenteile durch einen größeren Anteil von Betrieb und Abriss an den gesamten spezifischen Energieverbräuchen bzw. Emissionen gekennzeichnet.

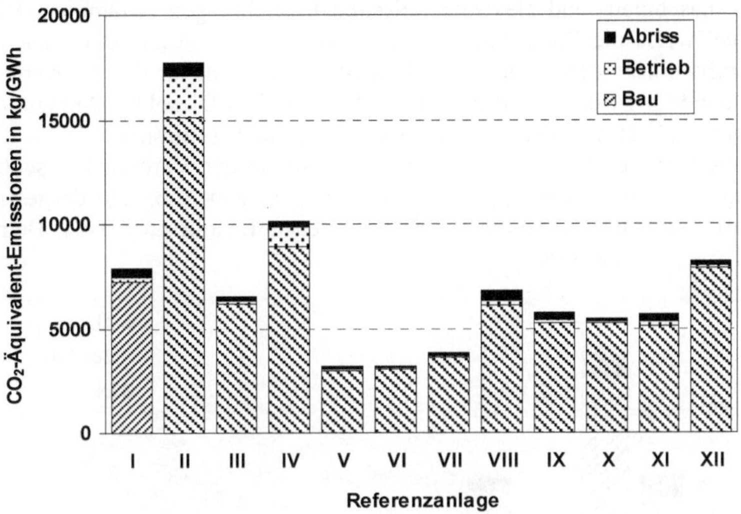

Abb. 2.14 Aufteilung der CO_2-Äquivalent-Emissionen der in Tabelle 2.3 und Tabelle 2.4 dargestellten Bilanzergebnisse einer Stromerzeugung aus Wasserkraft auf Bau, Betrieb und Abriss

Die Verteilung der CO_2-Äquivalent-Emissionen auf den Bau der einzelnen Anlagenkomponenten eines Wasserkraftwerkes sowie auf Betrieb und Abriss ist in Abb. 2.15 anhand der Bilanzergebnisse der Referenzanlagen V und IX dargestellt.

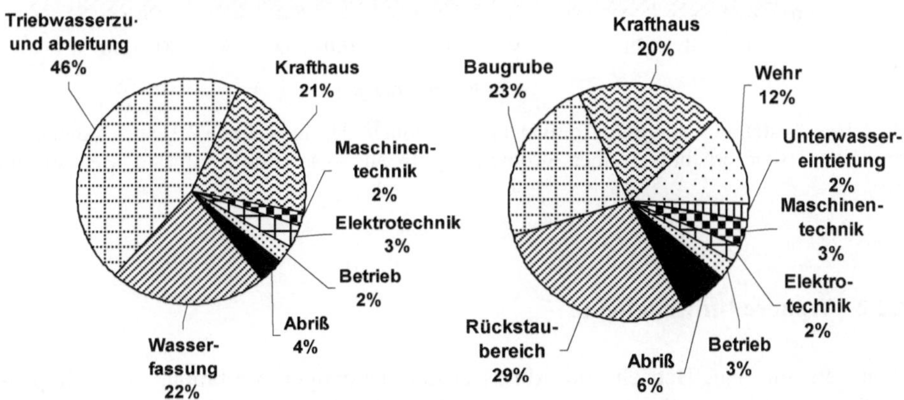

Abb. 2.15 Aufteilung der CO_2-Äquivalent-Emissionen einer Stromerzeugung aus Wasserkraft durch die Referenzkraftwerke V (links) und IX (rechts)

Der Bau des Referenzkraftwerks V setzt sich dabei aus der Triebwasserzuleitung (Druckrohrleitung und -schacht sowie Wasserschloss), der Triebwasserableitung in den Vorfluter, der Wasserfassung, dem Krafthaus sowie den maschinen- und elektrotechnischen Einrichtungen (d. h. Turbine, Generator, Trafo, Schaltanlage, Netzanbindung) zusammen. Bei der Referenzanlage IX setzen sich die baulichen

Maßnahmen aus dem Rückstaubereich (u. a. Dammbaumaßnahmen, Abdichtung gegenüber dem Grundwasser), der Erstellung der Baugrube (u. a. Aushub, Umschließung der Baugrube), dem Krafthaus, der Wehranlage, der Unterwassereintiefung sowie den maschinen- und elektrotechnischen Einrichtungen zusammen. Betrachtet man beispielsweise die Emissionen aus dem Verbrauch von Diesel (frei Kraftwerk) für den Kraftwerksbau (d. h. der Dieselkraftstoff, der u. a. für den Betrieb der Baufahrzeuge benötigt wird) gesondert, beträgt der Anteil an Diesel bei Anlage V 34,5 % und bei Anlage IX 15,1 % der gesamten CO_2-Äquivalent-Emissionen.

Auch die weiteren betrachteten Emissionen sowie der Verbrauch erschöpflicher Energieträger zeigen Tendenzen, wie sie in Abb. 2.14 und Abb. 2.15 dargestellt sind. Beispielhaft sind die SO_2-Äquivalent-Emissionen aufgeteilt nach Bau, Betrieb und Abriss in Abb. 2.16 dargestellt.

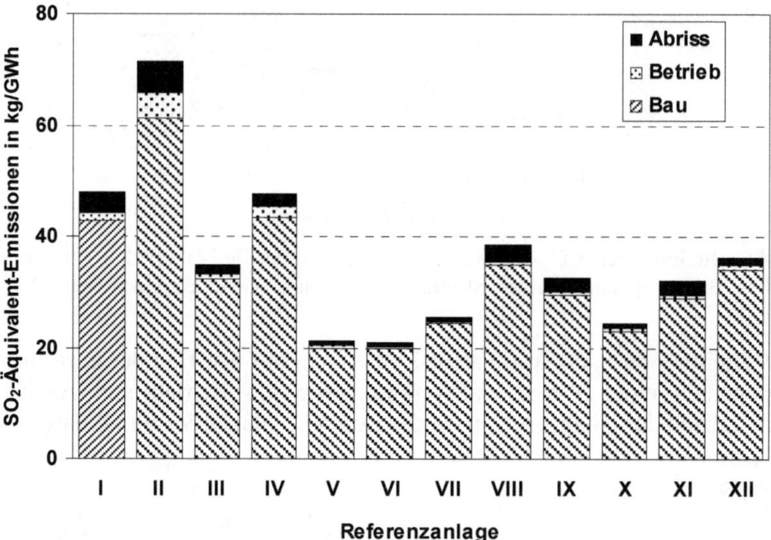

Abb. 2.16 Aufteilung der SO_2-Äquivalent-Emissionen der in Tabelle 2.3 und Tabelle 2.4 dargestellten Bilanzergebnisse einer Stromerzeugung aus Wasserkraft auf Bau, Betrieb und Abriss

2.3.2.2 Weitere Umwelteffekte

Neben den mit Bau, Betrieb und Abriss zusammenhängen Verbräuchen erschöpflicher Energieträger sowie den diskutierten Schadstofffreisetzungen können bei der Herstellung und im ordnungsgemäßen Betrieb von Wasserkraftanlagen sowie im Störfall und bei Stilllegung weitere Umwelteffekte gegeben sein. Mit der im Jahr 2000 erlassenen EU-Wasserrahmenrichtlinie (WRRL) mit dem Ziel bis 2015 den "guten Zustand" in allen Gewässern wiederherzustellen, ergibt sich zwangsläufig ein Konfliktpotenzial hinsichtlich der bestehenden Gewässernutzungen, vor allem der Wasserkraftnutzung. In den nächsten Jahren muss hier eine verträgliche Lösung gefunden werden, die sowohl zum Erhalt der Wasserkraft als bedeutendster Primärenergieträger Österreichs beiträgt als auch die Erreichung der in der Wasserrahmenrichtlinie festgelegten Umweltziele ermöglicht und damit eine nachhaltige Bewirtschaftung der Gewässer sicherstellt /Stigler et al. 2005/.

Herstellung. Da Wasserkraftanlagen ähnlich wie Windkraftanlagen z. T. Produkte des "klassischen" Maschinenbaus bzw. der Elektrotechnik sind, können z. B. bei der Herstellung von Turbinen oder Generatoren vielfältige Umweltauswirkungen auf Boden, Wasser und Luft auftreten, die für diese Branchen typisch sind. Auf Grund der schon sehr weitgehenden gesetzlich geregelten Umweltschutzvorgaben bewegen sich die entsprechenden Umwelteffekte jedoch i. Allg. auf einem vergleichsweise geringen Niveau. Auch das Störfallpotenzial bei der Herstellung ist i. Allg. – von bestimmten Ausnahmen (z. B. Eisenverhüttung) abgesehen – relativ gering.

Hinzu kommen die Umwelteffekte, die mit dem Bau der Wasserkraftanlagen am potenziellen Anlagenstandort verbunden sein können. Bei Neubau, Reaktivierung oder Modernisierung von Wasserkraftanlagen können u. a. Gewässerverschmutzungen durch das Wegspülen von Material sowie Verschmutzungen durch Erdarbeiten und unsachgemäßes Reinigen von u. a. Baumaschinen verursacht werden. Auch eine Gefährdung durch Ölverluste und Ölauslauf u. a. bei Hydrauliksystemen ist nicht auszuschließen. Allerdings lassen sich diese Umweltbelastungen durch entsprechende betriebliche Abläufe und Einhaltung der gesetzlich geregelten Sicherheitsvorschriften vermeiden bzw. minimieren.

Ein entsprechendes Störfallpotenzial mit überregionalen Umweltauswirkungen ist insbesondere beim Bau bzw. bei der Inbetriebnahme von Speicherwasserkraftwerken (z. B. Damm, Staumauer) oder größeren Flusskraftwerken (z. B. im Hochwasserfall) gegeben. Werden die einschlägigen Vorschriften jedoch eingehalten, sind keine signifikanten Umwelteffekte zu erwarten.

Normalbetrieb. Während des Betriebs von Wasserkraftanlagen kommt es mit Ausnahme möglicher Schmiermittelverluste zu keinen direkten Freisetzungen von toxischen Stoffen. Durch den Einsatz von Schmierstoffen auf biologischer Basis bzw. bei Kleinwasserkraftanlagen auch durch schmierstofffreie Maschinensätze können die sich daraus ergebenden Umwelteinwirkungen gering gehalten bzw. ausgeschlossen werden.

Darüber hinaus können durch die Wasserkraftnutzung noch weitere Umwelteffekte verursacht werden. Im Wesentlichen handelt es dabei um die folgenden Problembereiche (u. a. /BMLFUW 2005/, /Stigler et al. 2005/, /UBA 2001/).

- Wasserentzug in Ausleitungsstrecken (Restwasserproblematik). Ausleitungskraftwerke haben – aufgrund der teilweise nur noch geringen Restwassermengen in der Ausleitungsstrecke (d. h. dem ursprünglichen Gewässerbett) – Auswirkungen auf u. a. Wassertiefe, Fließgeschwindigkeit und das aquatische Volumen. Aufgrund des verringerten Abflusses liegt zusätzlich ein Teil des ursprünglichen Gewässerbetts trocken. Dadurch kann sich das Angebot an Fischunterständen oder Laichplätzen verringern. Eine zu starke Verkleinerung des aquatischen Lebensraums bedeutet in der Regel auch eine quantitative Abnahme von Fischen sowie i. Allg. eine Abnahme der Diversität bzw. die Ausbildung nicht naturraumtypischer Artenzusammensetzungen. Die Abnahme der benetzten Fläche kann aber auch neue

Sekundärbiotope entstehen lassen. Auch kann es durch zu geringe Restwasserabflüsse zu einer Veränderung des Temperaturregimes (z. B. Aufwärmung im Sommer) und einer verstärkten Sedimentation und Euthropierung des entsprechenden Gewässerabschnittes kommen; dies kann zu zusätzlichen Belastungen der aquatischen Lebensgemeinschaften führen.

Insgesamt lassen sich die negativen Auswirkungen von Ausleitungskraftwerken begrenzen, wenn Mindestabflüsse festgelegt werden, die sich auch an gewässerökologischen Belangen orientieren. Dabei muss allerdings berücksichtigt werden, dass höhere Restwassermengen auch einen geringeren Stromertrag eines Wasserkraftstandortes bedeuten.

- Schwall- (maximaler Abfluss) und Sunkbetrieb (minimaler Abfluss). Kraftwerksanlagen wie Speicherkraftwerke und schwellbetriebsfähige Flusskraftwerke können den Abfluss aufgrund ihrer Fahrweise (Kraftwerkseinsatz) kurzfristig wesentlich verändern. Diese Schwall- und Sunkproblematik ist für Österreich von besonderer Bedeutung, da es über zahlreiche derartige Kraftwerke verfügt, welche rund ein Drittel der Wasserkrafterzeugung bereitstellen und zusätzlich wichtige Aufgaben als Regel- und Reservekraftwerke erfüllen /Stigler et al. 2005/. Durch die von solchen Anlagen beim Schwall- und Sunkbetrieb zwingend verursachten raschen Abflussänderungen kann es einerseits in den Unterliegerstrecken zu einem zeitweiligen Trockenfallen von Flussbettbereichen kommen. Dadurch wird der verfügbare Lebensraum der Organismen eingeschränkt und die in den trockengefallenen Bereichen zurückgebliebenen Organismen verenden, wenn sie nicht mehr in das wasserführende Flussbett zurückwandern können. Andererseits kann es durch die Zunahme der Fließgeschwindigkeit infolge einer Schwallabgabe zu einem Abschwemmen von Organismen (vor allem benthische Wirbellose) kommen; dies kann zu einer Verarmung bzw. Auslöschung der Lebensgemeinschaft führen. Bei größeren Speichern kommt hinzu, dass durch die Abgabe von warmen Oberflächenwasser oder kaltem Tiefenwasser eine abrupte Änderung der Temperaturverhältnisse hervorgerufen werden kann, wodurch die Toleranzbereiche aquatischer Organismen überschritten werden können.

  Um die durch den Schwalleinfluss bedingten Umweltauswirkungen zu reduzieren sind einerseits bauliche Maßnahmen möglich (vor allem der Bau von Schwallausgleichsbecken, Ausgleichsmaßnahmen am Vorfluter). Nachteilig sind hier die in der Regel sehr hohen Kosten beim Bau von Ausgleichsbecken sowie die häufig fehlenden räumlichen Möglichkeiten. Andererseits gibt es betriebliche Maßnahmen, um die Auswirkungen von Schwall und Sunk zu mindern. Dazu gehört u. a. ein maximal erlaubtes Verhältnis zwischen Schwall (maximaler Abfluss) und Sunk (minimaler Abfluss) innerhalb einer vorgegebenen Zeitspanne. Weiters steht noch ein maximal erlaubter Schwallanstiegs- bzw. -auslaufgradient sowie eine mögliche Kombination beider Vorgaben zur Diskussion.

- Querbauwerke als Barriere. Quer- oder Staubauwerke wie z. B. Wehranlagen und Staudämme stellen für wandernde Fließgewässerorganismen eine schwer oder nicht zu überwindende Barriere dar. Das passive Abtreiben mit der Strömung, auch als Drift bezeichnet, ist in Staubereichen nicht mehr möglich und findet nur noch bei Hochwasserereignissen statt. Wanderungen, die u. a. als Laich-, Nahrungs-, Ausbreitungs- und Kompensationswanderungen dienen, werden behindert oder gänzlich unterbunden. Durch diese Unterbrechung des Fließgewässerkontinuums kommt es zu einer Veränderung der bestehenden Fließgewässergesellschaft, die über die Nahrungskette auch Säuger, Vögel und Amphibien einschließt.

Für Wanderfische, die z. B. zum Laichen kleine Seitengewässer aufsuchen, stellen Staubauwerke die massivsten Barrieren dar. Fischaufstiegsanlagen wie z. B. naturnahe Umgehungsgerinne oder Vertical-Slot-Pässe können dabei eine gewisse Abhilfe darstellen, ersetzen allerdings nicht das natürliche Fließgewässer. Für Fische ergibt sich beim Durchgang durch die Turbine eine zusätzliche Gefährdung vor allem durch ungünstige Druck- und Strömungsverhältnisse, die häufig zu tödlichen inneren Verletzungen führen, aber auch durch mechanische Verletzungen am Fischkörper. Dies kann z. B. durch Fischleitsysteme, Fischschutz- und Fischabstiegsanlagen, welche die Fische unbeschadet dem Unterwasser zuführen sollen, vermieden werden. Derartige Maßnahmen zur Wiederherstellung der ökologischen Durchgängigkeit sind sowohl mit Investitionen für die Planung und Errichtung als auch mit Energieverlusten infolge der Dotation der Fischauf- und -abstiegsanlagen verbunden.

– Stauhaltungen. Durch Stauanlagen bei Fluss- und Ausleitungskraftwerken kommt es in den Staubereichen zu einer deutlichen Verlangsamung der Fließgeschwindigkeit und damit zu einer Verminderung der Schleppkraft des Gewässers. Dies führt zu einer verstärkten Sedimentation feinkörniger mineralischer Schwebstoffe (z. B. Schluff, Ton) und dadurch zu einer Veränderung der Lebensräume im Sohlebereich der Fließgewässer u. a. durch die Überdeckung von Grobstrukturen (Kolke, Furten). Weiters kann es durch die bevorzugte Anlagerung von Schadstoffen (insbesondere Schwermetalle) an diese Feinfraktion zu einer verstärkten Schadstoffanreicherung im Staubereich kommen. Neben den sich daraus ergebenden ökotoxikologischen Gefahren kann dies zu Problemen bei der Entsorgung von Baggerschlämmen aus dem Staubereich führen. Eine verstärkte Sedimentation dichtet zudem die Flusssohle ab (Kolmation) und verringert damit die Grundwasserinfiltration und die Zugänglichkeit für Lebewesen. Die langfristige Ablagerung von nicht abgebautem organischem Material im Staubereich kann zu erheblichen Sauerstoffzehrungen in der fließenden Welle führen.

Neben der feinkörnigen Matrix wird im Staubereich auch das grobkörnige Geschiebe zurückgehalten. Aufgrund des fehlenden Sohlmaterials kann es dadurch flussabwärts zur Sohlenerosion und damit zu einer Eintiefung der Gewässersohle kommen. Eine mögliche Folge davon ist zum Einen die Schaffung von sogenannten "hängenden Tälern", durch welche an der Einmündung der Seitengewässer Stufen entstehen; dies erschwert den Aufstieg von Fischen und Kleinorganismen in die Seitengewässer. Zum Anderen kann es zu einer Spiegelabsenkung des mit dem Fließgewässer in Verbindung stehenden Grundwasserkörpers kommen; dies kann zu einer Verringerung des Grundwasserdargebots in den Auenbereichen und damit zum Austrocknen der Auenwälder führen. Besonders gravierend sind diese Auswirkungen bei Kraftwerksketten, wo eine längere Flussstrecke ihre Fließgewässercharakteristik verliert.

Neben dem Rückhalt von Geschiebe und Feinsedimenten führt der Aufstau auch zu einer Unterbrechung des Totholztransports. Das dadurch verursachte Totholzdefizit in den Fließgewässern trägt zusätzlich zur Strukturarmut des Lebensraumes bei.

Bei einer Spülung der Stauräume können innerhalb sehr kurzer Zeiträume große Mengen an vorwiegend feinkörnigem Sedimentmaterial freigesetzt werden. In der Vergangenheit kam es dabei immer wieder zu einer starken Beeinträchtigung der Ökosysteme im Gewässerunterlauf. Durch eine Spülung während der Hochwasserperiode mit einer sich langsam verändernden Wasserführung, einem genügend hohen Sauerstoffgehalt im Wasser, einer Schweb- und Schadstoffkonzentration ohne Schädigungswirkung sowie einer Abstimmung des Spülzeitpunkts auf das Entwicklungsstadium der Fischfauna können diese Auswirkungen jedoch minimiert werden.

Die Erhöhung des Wasserspiegels im Staubereich wirkt sich im Zusammenhang mit der geringeren Fließgeschwindigkeit negativ auf die Variabilität der Uferstruktur wie Prall- und Gleitufer aus; dadurch geht die Vielfalt der Standortbedingungen mit wichtigen Teillebensräumen für viele Fischarten verloren. Weiterhin führt die Regelung der Staubereiche auf konstante Wasser- und Grundwasserspiegel zum Verschwinden der für Auengebiete typischen Pionierstandorte, Wasserwechselzonen sowie Auengewässer. Veränderungen in der Artenzusammensetzung und der Vegetationszonierung sind die Folge.

Werden Staubereiche naturnah gestaltet, können sich in wenigen Jahren entsprechende pflanzliche und tierische Lebensgemeinschaften einstellen. Sie können jedoch nicht die verlorenen Fließstrecken ersetzen, da die natürliche Dynamik, von denen diese Systeme abhängen, verloren geht.

Störfall. Im Störfall kann es ebenfalls zu einer Freisetzung von Schmierstoffen kommen. Durch den Einsatz biologisch leicht abbaubarer Schmiermittel, den Einbau entsprechender Schutzvorrichtungen (z. B. Ölabscheider) sowie der Lagerung von Schmierstoffen außerhalb des hochwassergefährdeten Bereichs lassen sich derartige Risken einer Umweltgefährdung jedoch auf ein Mindestmaß reduzieren. Zusätzlich können Brände an den elektrischen Anlagenteilen (z. B. Kabel) zu begrenzten Stofffreisetzungen an die Umwelt führen, die allerdings nicht spezifisch für Wasserkraftanlagen sind. Mechanische Fehler innerhalb der maschinentechnischen Komponenten führen i. Allg. zu keiner bzw. nur zu einer räumlich sehr begrenzten Gefährdung von Mensch und Umwelt. Hingegen können die Auswirkungen eines Versagens von Staudämmen oder -mauern weiträumige Folgen für die darunter liegende Bevölkerung bzw. Flora und Fauna haben. Hier ist ein entsprechend großes Störfallgefahrenpotenzial gegeben, das jedoch durch die geltenden und sehr weit reichenden Vorschriften begrenzt werden kann.

Stilllegung. Die eigentlichen Wasserkraftanlagen bestehen größtenteils aus metallischen Werkstoffen, für die anerkannte und weitgehend umweltverträgliche Verwertungswege existieren. Der Rückbau der bautechnischen Anlagenteile vor Ort (z. B. Wehre, Staudämme) gestaltet sich hingegen problematischer. Hier ist allerdings davon auszugehen, dass auch nach Überschreiten der technischen Lebensdauer einer Wasserkraftanlage der Anlagenstandort weiterhin energiewirtschaftlich genutzt werden wird. Deshalb haben derartige Fragen bisher keine Bedeutung erlangt. Dennoch bestehen bereits auch für den Rückbau von Stauanlagen umweltverträgliche Verwertungs- bzw. Recyclingmöglichkeiten. Damit sind eine umweltfreundliche Entsorgung von Wasserkraftanlagen und eine vollständige Renaturierung des jeweiligen Standortes grundsätzlich realisierbar.

Sollte der Standort einer Wasserkraftanlage nach Ende ihrer technischen Lebensdauer nicht weiter energiewirtschaftlich genutzt werden, ist abhängig vom jeweiligen Standort zu prüfen, inwieweit der ursprüngliche Zustand des Gewässers vor Bau der Wasserkraftanlage wiederhergestellt werden kann oder ob dem andere Nutzungsinteressen entgegen stehen (z. B. Hochwasserschutz).

2.3.3 Ökonomische Analyse

Zur Abschätzung der mit einer Wasserkraftnutzung verbundenen monetären Aufwendungen werden im Folgenden die variablen und fixen Aufwendungen sowie die spezifischen Stromgestehungskosten der in Tabelle 2.1 und Tabelle 2.2 dargestellten Referenzanlagen diskutiert.

Aufgrund der Abhängigkeit der Systemtechnik von Wasserkraftanlagen von den jeweiligen spezifischen Einflussgrößen bzw. Gegebenheiten vor Ort (u. a. Fallhöhe, Durchfluss, Speicherbewirtschaftung) kommt es zu deutlichen Unterschieden in der Auslegung und damit in der Kostenstruktur der Anlagen. Bei den dargestellten Kosten kann es sich daher nur um Größenordnungen bzw. Anhaltswerte handeln, die im konkreten Einzelfall auch deutlich höher oder niedriger ausfallen können.

Investitionen. Die Anlageninvestitionen (Tabelle 2.5 und Tabelle 2.6) setzen sich im Wesentlichen aus den Aufwendungen für den baulichen Anlagenteil (u. a. Krafthaus, Wehr, Wasserfassung, Wehrverschluss, Rechen- und Rechenreinigungsanlage), für die maschinenbaulichen Komponenten (u. a. Absperrorgane, Turbinen), für die elektrotechnischen Einrichtungen (u. a. Generator, Transformator, Schaltanlage) und den sonstigen Kosten (u. a. Grunderwerb, Planung, Genehmigung) zusammen. Den größten Teil nehmen dabei i. Allg. die Baukosten mit bis zu 70 % der Gesamtaufwendungen ein. Besonders hoch ist dieser Anteil bei Kraftwerken mit Speichern bzw. mit umfangreichen Druckstollen- bzw. -schachtsystemen (z. B. Referenzanlage X). Die restlichen Kosten verteilen sich mit etwa 20 bis 30 % auf den Maschinenbau (u. a. Turbinen, Getriebe, Regler) und mit ca. 5 bis 10 % auf die elektrotechnischen Einrichtungen. Der verbleibende Rest sind sonstige Kosten (u. a. Planungskosten, Baunebenkosten). Davon unabhängig können die Kosten für die heute verstärkt geforderten ökologischen Ausgleichsmaßnahmen bei 10 bis 20 % der Anlagenkosten liegen. Insbesondere bei Flusskraftwerken mit einem großen Rückstaubereich (z. B. Referenzanlage IX) führen diese Aufwendungen (z. B. entsprechende Stauraumgestaltung, Fischtreppen) zu einer deutlichen Erhöhung der Gesamtkosten.

Insgesamt ergeben sich für die dargestellten Referenzanlagen spezifische Anlagenkosten zwischen knapp 760 und 7 100 €/kW (Tabelle 2.5 und Tabelle 2.6). Die große Spannbreite ist eine Folge der hohen Standortabhängigkeit. Tendenziell nehmen die spezifischen Kosten bei gleicher Anlagenleistung mit zunehmender Fallhöhe bzw. bei gleicher Fallhöhe mit zunehmender installierter Anlagenleistung ab.

Betriebskosten. Laufende Kosten fallen u. a. für Personal, Instandhaltung, Verwaltung, Anlagenerneuerungen, Rechengutentsorgung und Versicherungen an. Die einzelnen Kostenanteile sind je nach den lokalen Gegebenheiten von Anlage zu Anlage sehr verschieden. Insgesamt liegen die jährlichen Betriebskosten i. Allg. bei 1 bis 2 % der Investitionen. Sie sind bei Klein- und Kleinwasserkraftanlagen tendenziell höher als bei Großanlagen. Für die betrachteten Wasserkraftanlagen errechnen sich daraus jährliche Betriebskosten zwischen rund 2 500 € und 11,4 Mio. € (Tabelle 2.5 und Tabelle 2.6).

Tabelle 2.5 Investitionen und Betriebskosten sowie Stromgestehungskosten der untersuchten Kleinwasserkraftanlagen (Zahlen gerundet)

Referenzanlage		I	II	III	IV	V	VI	VII	VIII
Nennleistung	in MW	0,032	0,3	0,36	2,2	2,6	4,4	9,8	9,9
Jahresertrag[a]	in GWh/a	0,16	1,49	1,78	10,89	12,87	21,78	39,98	49,73
Investitionen									
baul. Komponenten	in Mio. €	0,101	1,091	0,838	6,26	6,18	10,56	9,50	14,00
elek. Anlagen etc.[b]	in Mio. €	0,068	0,948	0,662	4,72	3,60	7,32	5,50	16,00
Summe	in Mio. €	0,169	2,039	1,501	10,99	9,78	17,88	15,00	30,00
	in €/kW	5 269	6 797	4 169	4 994	3 760	4 063	1 531	3 030
Annuität[c]	in Mio. €/a	0,008	0,103	0,076	0,55	0,49	0,90	0,75	1,53
Betriebskosten[d]	in Mio. €/a	0,003	0,020	0,015	0,11	0,10	0,18	0,14	0,70
Stromgestehungskosten	in €/kWh	0,069	0,083	0,051	0,061	0,045	0,049	0,022	0,045

baul. bauliche; elek. elektrische; [a] Netto-Jahresertrag unter Berücksichtigung des in Tabelle 2.1 angeführten Kraftwerkeigenverbrauchs; [b] elektrische Anlagen und Maschinen sowie Kosten für Planung etc.; [c] bei einem Zinssatz von 4,5 % und einer Abschreibung über die technische Anlagenlebensdauer (bauliche Komponenten 70 Jahre, elektrische Anlagen und Maschinen 40 Jahre); [d] u. a. Betrieb, Wartung

Stromgestehungskosten. Mit den in Kapitel 1.3 definierten finanzmathematischen Randbedingungen (Zinssatz 4,5 %, Abschreibung über technische Lebensdauer von 70 Jahren für den baulichen bzw. 40 Jahren für den maschinentechnischen Anlagenteil) sowie den in Tabelle 2.1 und Tabelle 2.2 dargestellten technischen Kenngrößen können die spezifischen Stromgestehungskosten mit Hilfe der Annuitätenmethode aus den Gesamtinvestitionen, den jährlich anfallenden Betriebskosten sowie den Energieerträgen berechnet werden. Für die untersuchten Referenzanlagen liegen diese zwischen 0,02 und 0,083 €/kWh (Tabelle 2.5 und Tabelle 2.6).

Im Allgemeinen sinken die Stromgestehungskosten mit steigender Fallhöhe bzw. installierter Kraftwerksleistung. Diese Tendenzen sind auch bei den Referenzanlagen aus Tabelle 2.5 und Tabelle 2.6 festzustellen. Hier zeigen die Hochdruck-Wasserkraftanlagen V, VI, VII und XII sowie die Niederdruck-Wasserkraftwerke VIII und XI die niedrigsten und aufgrund der wesentlich höheren baulichen Aufwendungen die diskutierten Niederdruck-Laufwasserkraftwerke (z. B. Anlage II und IX) die höchsten Stromgestehungskosten. Die geringen Gestehungskosten des betrachteten Pumpspeicherkraftwerkes (Anlage XII) beruhen u. a. auch auf den günstigen Standortgegebenheiten, da hier bereits vorhandene Jahresspeicher genutzt werden. Damit können die Ergebnisse der Referenzanlage XII nicht direkt den weiteren hier diskutierten Anlagen gegenübergestellt werden.

Im Einzelfall können die Stromgestehungskosten von den oben dargestellten erheblich abweichen. Um die Bedeutung bestimmter Einflüsse auf die Gestehungskosten abschätzen zu können, zeigt Abb. 2.17 eine Variation der wesentlichen sensitiven Parameter am Beispiel der Referenzanlage V (Tabelle 2.1).

Tabelle 2.6 Investitionen und Betriebskosten sowie Stromgestehungskosten der untersuchten Großwasserkraftanlagen (Zahlen gerundet)

Referenzanlage		IX	X	XI	XII[e]
Nennleistung	in MW	28,8	60	293	480
Jahresertrag[a]	in GWh/a	167	232	1 699	1 182
Investitionen					
bauliche Komponenten	in Mio. €	101	182	653	153
elektrische Anlagen etc.[b]	in Mio. €	103	76	486	212
Summe	in Mio. €	204	259	1 139	365
	in €/kW	7 077	4 310	3 886	760
Annuität[c]	in Mio. €/a	10,4	12,7	57,2	18,7
Betriebskosten[d]	in Mio. €/a	2,0	2,6	11,4	4,5
Stromgestehungskosten	in €/kWh	0,074	0,066	0,040	0,020

[a] Netto-Jahresertrag unter Berücksichtigung des in Tabelle 2.2 angeführten Kraftwerkeigenverbrauchs; [b] elektrische Anlagen und Maschinen sowie Kosten für Planung etc.; [c] bei einem Zinssatz von 4,5 % und einer Abschreibung über die technische Anlagenlebensdauer (bauliche Komponenten 70 Jahre, elektrische Anlagen und Maschinen 40 Jahre); [d] u. a. Betrieb, Wartung; [e] bereits vorhandene Jahresspeicher werden nicht berücksichtigt, daher können die Bilanzergebnisse nicht direkt mit den anderen Referenzanlagen verglichen werden

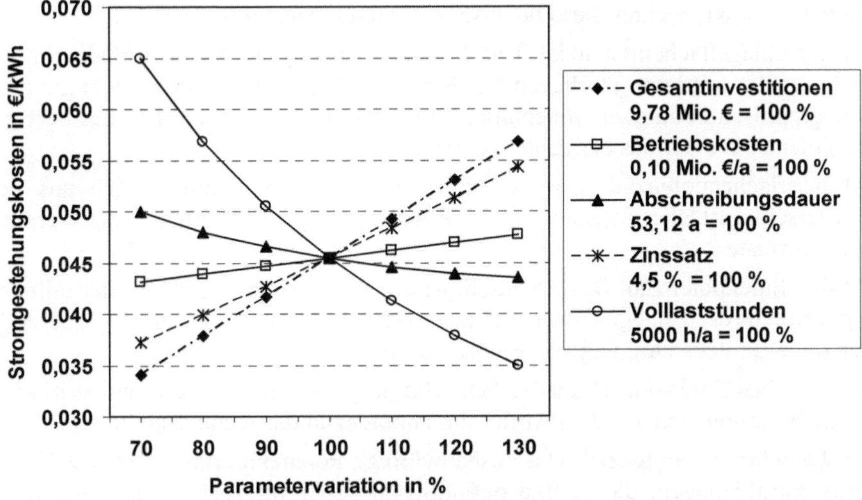

Abb. 2.17 Variation der wesentlichen Einflussgrößen auf die spezifischen Stromgestehungskosten der in Tabelle 2.1 definierten Referenzanlage V (2,6 MW Hochdruck; die Abschreibungsdauer von 53,12 Jahren entspricht dem gewichteten Mittel aller Anlagenkomponenten)

Den größten Einfluss auf die spezifischen Stromgestehungskosten haben demnach der Jahresertrag und damit die erreichten Volllaststunden. Dadurch führt z. B. bei einem Ausleitungskraftwerk eine Erhöhung der Restwassermenge zu einer wesentlichen Steigerung der Stromgestehungskosten. Neben den jährlichen Energieerträgen sind die Investitionen sowie der zugrunde gelegte Zinssatz weitere wesentliche Einflussfaktoren auf die Stromgestehungskosten. Investitionszuschüsse können somit gerade bei Kleinwasserkraftwerken zu einer wesentlichen Senkung der Gestehungskosten für den Anlagenbetreiber beitragen. Demgegenüber haben die Betriebskosten sowie die Abschreibungsdauer kaum einen Einfluss auf die spezifischen Stromgestehungskosten.

2.4 Potenziale und Nutzung

Die Möglichkeiten der Bereitstellung elektrischer Energie aus Wasserkraft in Österreich werden durch die theoretischen bzw. technischen Potenziale beschrieben. Im Folgenden werden diese Potenziale anhand des heutigen Standes der Technik diskutiert. Anschließend wird auf die derzeitige Nutzung der Wasserkraft eingegangen.

2.4.1 Potenziale

Die Potenziale der Lauf- und Speicherwasserkraft werden in Österreich entsprechend /ÖNorm M 7103 1991/ in Niederschlags- und Abflussflächenpotenzial, Abflusslinienpotenzial sowie technisches und ausbauwürdiges Potenzial unterteilt.

- Niederschlagsflächenpotenzial. Das Flächenpotenzial des Niederschlags ermittelt sich aus der mittleren jährlichen Niederschlagsfracht unter Berücksichtigung der topographisch bedingten Höhenunterschiede zu dem Punkt, an dem das dort niederfallende Wasser das betrachtete Gebiet verlässt.
- Abflussflächenpotenzial. Das Abflussflächenpotenzial bestimmt sich aus dem Niederschlagsflächenpotenzial unter zusätzlicher Berücksichtigung der Verdunstungsverluste.
- Abflusslinienpotenzial. Das Abflusslinienpotenzial ermittelt sich aus der mittleren Jahresfracht der Fließgewässer und den vorhandenen Gefällen in den Wasserläufen ohne Berücksichtigung von Fließverlusten.
- Technisches Potenzial. Unter Berücksichtigung der Fließverluste und Wirkungsgrade bestimmt sich aus dem Abflusslinienpotenzial das technische Potenzial.
- Ausbauwürdiges Potenzial. Das ausbauwürdige Potenzial erfasst alle bestehenden Wasserkraftanlagen, die in Bau befindlichen sowie alle bekannten Projekte. Es berücksichtigt neben den aus technischer Sicht gegebenen Einschränkungen für die Errichtung einer Wasserkraftanlage zusätzlich noch wirtschaftliche Restriktionen, die aus gegenwärtiger Sicht den Betrieb eines Wasserkraftwerkes nicht rentabel erscheinen lassen.

Diese Definitionen decken sich allerdings nicht vollständig mit den in Kapitel 1.3 definierten Potenzialbegriffen. Um eine Vergleichbarkeit der nachfolgend dargestellten Größen mit den weiteren Möglichkeiten einer Nutzung regenerativer Energien zu ermöglichen, orientieren sich die folgenden Ausführungen daher an den in Kapitel 1.3 dargestellten Potenzialdefinitionen. Dadurch kann es zu Abweichungen von den in Österreich üblichen Definitionen der Wasserkraftpotenziale entsprechend /ÖNorm M 7103 1991/ kommen.

Theoretisches Potenzial. Das Flächenpotenzial des Niederschlags stellt die oberste Grenze des theoretischen Wasserkraftpotenzials dar. Für Österreich beträgt dieses ca. 908 PJ/a (252 TWh/a) /Radler 1981/. Werden zusätzlich die Verdunstungsverluste berücksichtigt, erhält man das Abflussflächenpotenzial mit rund 540 PJ/a (150 TWh/a, Tabelle 2.7) /Schiller 1994/.

Das Abflusslinienpotenzial stellt die obere Grenze des theoretisch nutzbaren Wasserkraftpotenzials dar. Es liegt in verschiedenen Gebieten Österreichs zwischen 20 und 50 % des Niederschlagspotenzials (d. h. Abflussbeiwert) /Radler 1981/. Wird unterstellt, dass diese Untersuchung auf Gesamtösterreich übertragen werden kann, errechnet sich ein durchschnittlicher Abflussbeiwert von 35 %. Unter der zusätzlichen Berücksichtigung des oberirdischen Zuflusses aus dem Ausland kann damit das Abflusslinienpotenzial für Österreich mit ca. 425 PJ/a (118 TWh/a) im Regeljahr abgeschätzt werden.

Wird ein theoretisch maximaler Umwandlungswirkungsgrad der Wasserkraftwerke von 100 % und ein lückenloser Ausbau aller Gewässer unterstellt, entspricht dies dem theoretischen Stromerzeugungspotenzial (Tabelle 2.7). Dabei befinden sich hohe Potenziale vor allem in den westlichen alpinen Bundesländern sowie entlang der Donau in Ober- und Niederösterreich /Pöyry 2008/.

Tabelle 2.7 Theoretische und technische Potenziale einer Stromerzeugung aus Lauf- und Speicherwasserkraft in Österreich

Niederschlagspotenzial	in TWh/a	252
Abflussflächenpotenzial	in TWh/a	150
Theoretisches Stromerzeugungspotenzial	in TWh/a[a]	118
Technisches Angebotspotenzial	in TWh/a	55,2
Technisches Nachfragepotenzial		
Betrachtung für Österreich	in TWh/a[b,d]	49,7
Europaweite Betrachtung	in TWh/a[c,d]	51,3

[a] entspricht dem Abflusslinienpotenzial (davon ca. 25 % durch oberirdischen Zufluss aus dem Ausland); [b] unter Berücksichtigung der nachfrageseitigen Restriktionen in Österreich sowie von Speicher- und Netzverlusten (jeweils 3 %); [c] für eine über Österreich hinausgehende Betrachtung (Kapitel 1.3) sowie unter Berücksichtigung von 7 % Netzverlusten; [d] Singulärbetrachtung der Wasserkraft, d. h. Konkurrenzen der erneuerbaren Energien zur Deckung der Nachfrage wurden nicht berücksichtigt; bei einer gesamthaften Betrachtung der Potenziale der erneuerbaren Energien können die Nachfragepotenziale daher deutlich geringer ausfallen

Technisches Angebotspotenzial. Entsprechend den in Kapitel 1.3 festgelegten Randbedingungen kann das technische Angebotspotenzial dem ausbauwürdigen Potenzial gleichgesetzt werden. Nach /Pöyry 2008/ wird damit das ausbauwürdige Potenzial der Wasserkraft in Österreich mit ca. 202 PJ/a (56 TWh/a) beziffert. Unter Berücksichtigung eines durchschnittlichen Eigenverbrauchs der Wasserkraftwerke von 1,5 % ergibt dies ein technisches Netto-Angebotspotenzial von rund 55 TWh/a (Tabelle 2.7). Bezogen auf die gesamte Netto-Stromerzeugung in Österreich (ohne Stromimporte) von 62,0 TWh im Jahr 2006 sind dies rund 89 %.

Bei Berücksichtigung des bereits ausgebauten Potenzials der Wasserkraft in Österreich ergibt sich nach /Pöyry 2008/ ein noch zu erschließendes Restpotenzial von rund 18 TWh/a. Dieses setzt sich zusammen aus dem Optimierungspotenzial bestehender Anlagen von ca. 1,4 TWh/a sowie dem Neuerschließungspotenzial von ca. 16,5 TWh/a.

Technisches Nachfragepotenzial. Das technische Angebotspotenzial liefert keine Aussage, inwieweit das Angebot an elektrischem Strom aus Wasserkraft auch tatsächlich im österreichischen bzw. europäischen Energiesystem integrierbar ist. Zur Abschätzung des Stromerzeugungspotenzials aus Wasserkraft unter Berücksichtigung derartiger nachfrageseitiger Restriktionen müssen deshalb zusätzlich die saisonalen Schwankungen von Angebot und Nachfrage sowie die potenziellen Verluste berücksichtigt werden (Kapitel 1.3). Abb. 2.18 zeigt dazu das monatsmittlere Regelarbeitsvermögen der österreichischen Wasserkraftwerke (Mittelwerte von 2002 bis 2006) sowie den Endverbrauch für Strom im Jahr 2006 bzw. das technische Netto-Angebotspotenzial einer Stromerzeugung aus Wasserkraft; letzteres wird entsprechend des monatsmittleren Regelarbeitsvermögens der österreichischen Wasserkraftwerke gewichtet (d. h. Speicher sind berücksichtigt).

Bereits heute kann ohne Berücksichtigung der Stromexporte und in Abhängigkeit der Wasserführung während der Sommermonate eine nahezu 100 %-ige Deckung der Inlandsnachfrage nach elektrischer Energie durch die Nutzung der Wasserkraft erreicht werden. Aufgrund des Stromaustauschs mit den Nachbarländern liegt der Wasserkraftanteil an der Stromerzeugung in Österreich allerdings auch während der Sommermonate unter 70 % (Kapitel 1.2).

Werden zur Bestimmung des technischen Nachfragepotenzials diese Stromexporte nicht berücksichtigt, führt ein weiterer Ausbau der Wasserkraft zwangsläufig zu einem Überangebot an elektrischer Energie aus Wasserkraft während der Sommermonate; das technische Angebotspotenzial ist in diesem Fall im Inland nicht vollständig nutzbar. Bei einem vollständigen Ausbau der österreichischen Wasserkraft sowie unter Berücksichtigung der Verluste der Verteilinfrastruktur können von den technisch bereitstellbaren rund 55 TWh/a letztendlich nur etwa 49,7 TWh/a elektrische Energie auch tatsächlich innerhalb Österreichs genutzt werden. Dies entspricht einem Anteil von 80 % bezogen auf die gesamte Netto-Stromerzeugung in Österreich (ohne Stromimporte) von 62,0 TWh im Jahr 2006.

De facto werden aber heute die natürlichen Schwankungen des Angebots an Strom aus Wasserkraft durch einen Stromimport bzw. -export im Rahmen des europäischen Stromverbundes ausgeglichen. Bei geringer Wasserführung wird das geringere Angebot an Strom aus Wasserkraft durch Importe kompensiert und bei einem Überangebot wird der durch Wasserkraft überschüssig erzeugte Strom exportiert. Daher erscheint eine rein auf Österreich bezogene Betrachtung im liberalisierten Strommarkt nicht realitätsnah. Daher wird hier das technische Nachfragepotenzial dem technischen Angebotspotenzial von 55 TWh/a gleichgesetzt (u. a. /VEÖ 2007a/, /Pöyry 2008/); d. h. der durch Wasserkraft bereitstellbare Strom kann vollständig im Energiesystem genutzt werden (Kapitel 1.3). Die der Umsetzung der technischen Nachfragepotenziale ggf. entgegenstehenden netzseitigen Restriktionen werden dabei hier nicht weiter betrachtet.

Unter diesen Randbedingungen ergibt sich ein technisches Nachfragepotenzial, bei welchem lediglich die anfallenden Netzverluste (pauschal mit 7 % unterstellt (Tabelle 2.7)) berücksichtigt werden, von 51,3 TWh/a.

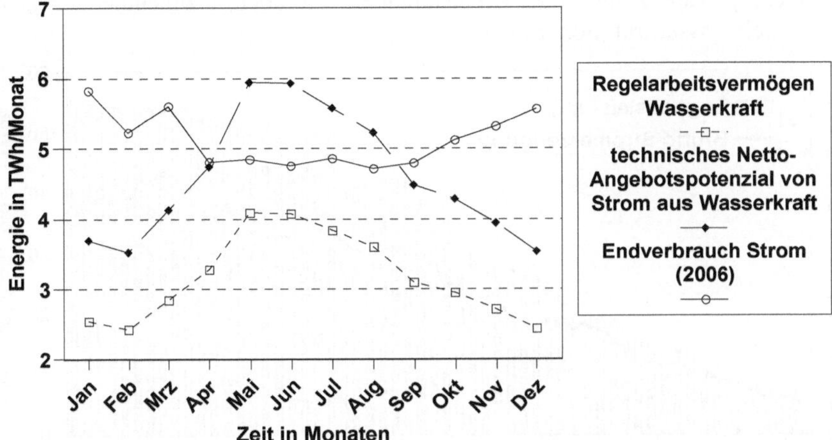

Abb. 2.18 Technisches Angebotspotenzial von elektrischer Energie aus Wasserkraft, Stromverbrauch in Österreich und Regelarbeitsvermögen der österreichischen Wasserkraftwerke 2006 (u. a. nach /Pöyry 2008/, /E-Control 2007/)

2.4.2 Nutzung

Abb. 2.19 zeigt die Entwicklung der in Lauf- und Speicherwasserkraftanlagen installierten Leistungen (Engpassleistung) sowie die korrespondierende Stromerzeugung in den Jahren von 1950 bis 2007.

In der Darstellung wird die starke Zunahme der installierten Leistung von Wasserkraftwerken bis etwa Mitte der 1980er Jahre deutlich. Aufgrund des erreichten hohen Ausbaugrads und infolge zunehmender Schwierigkeiten aufgrund von Protesten aus der Bevölkerung bei der Umsetzung neuer Bauvorhaben (z. B. Hainburg, Dorfertal) sowie den für die Wasserkraft nachteiligen Auswirkungen der Umsetzung der europäischen Wasserrahmenrichtlinie hat sich die neu installierte Kraftwerksleistung in den letzten Jahren stetig verringert.

Die mit der installierten Kraftwerksleistung korrespondierende Stromerzeugung schwankt aufgrund des unterschiedlichen Wasserangebots in verschiedenen Jahren teilweise erheblich. Insgesamt ist aber, wie bei der installierten Leistung, ein Anstieg der Brutto-Stromerzeugung festzustellen. Ende 2007 waren in Österreich rund 12 009 MW an elektrischer Leistung (5 194 MW Lauf- und 6 602 MW Speicherkraftwerke, 212 MW sonstige Kleinwasserkraftwerke) in Wasserkraftwerken installiert. Damit wurden 2007 etwa 38,2 TWh an elektrischer Energie bereitgestellt /E-Control 2008/.

Bezogen auf die 10 MW-Grenze für Kleinwasserkraftanlagen wurden 2007 bei einer insgesamt installierten Anlagenleistung von 1 122 MW rund 4 TWh erzeugt /E-

Control 2008/. Das entspricht einem Anteil an der Gesamterzeugung von elektrischer Energie aus Wasserkraft von rund 10 % (2007). Unter zusätzlicher Berücksichtigung der statistisch nicht erfassten Kleinwasserkraftanlagen (z. B. Inselanlagen, industrielle Eigenanlagen, private Klein- und Kleinstanlagen) ist aber anzunehmen, dass der Anteil der Kleinwasserkraft höher liegt.

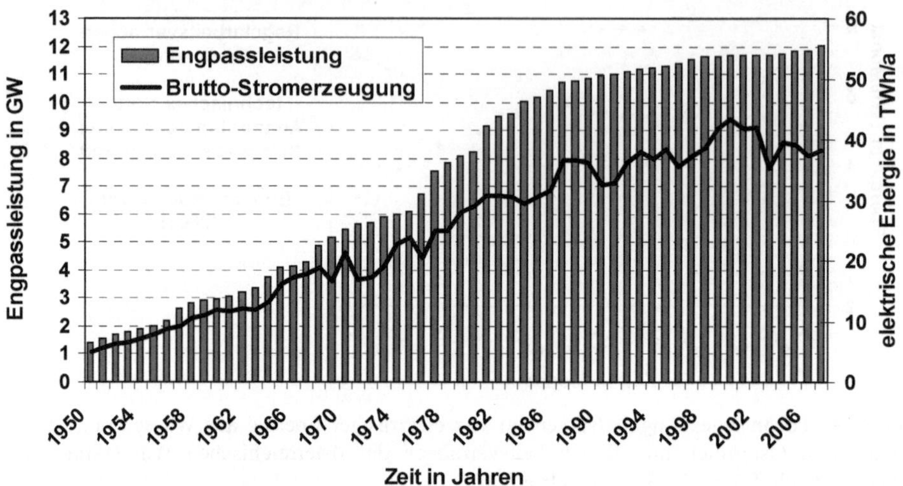

Abb. 2.19 Entwicklung der Wasserkraftnutzung in Österreich zwischen 1950 und 2007 (u. a. /VEÖ 1997/, /VEÖ 1998/, /ÖSTAT 1999/, /BLV 2000/, /VEÖ 2007b/, /E-Control 2007/, /E-Control 2008/)

Im Jahr 2006 wurden mit maximal 2 295 Kleinwasserkraftwerken mit einer installierten Engpassleistung von 1 099 MW rund 3 931 GWh ins Netz der öffentlichen Versorgung eingespeist und im Rahmen der Ökostromgesetzgebung vergütet /E-Control 2008/. Diese Angaben beziehen sich allerdings nur auf Anlagen, die in einem Vertragsverhältnis mit der Ökobilanzgruppe stehen. Die von der Ökobilanzgruppe abgenommene und vergütete Strommenge entspricht nicht der Gesamtproduktion aller Kleinwasserkraftanlagen, da noch weitere Anlagen ihren Strom am freien Strommarkt verkaufen. Im Jahr 2007 lieferten 2 485 anerkannte Ökostromanlagen mit einer Engpassleistung von 1 161 MW Strom in das öffentliche Netz /Kleinwasserkraft 2008/.

Der Anteil der Wasserkraft an der gesamten Brutto-Stromerzeugung in Österreich (öffentliche Versorgung, Industrie und ÖBB) lag damit bei etwa 59,4 % (2007). Bezogen auf das ausbaufähige Potenzial entspricht das Regelarbeitsvermögen der installierten Wasserkraftanlagen einer Ausnutzung von knapp 69,4 % (2007).

3 Passive Sonnenenergienutzung

Die Bezeichnung "Passive Solarenergienutzung" hat sich in den 1970er Jahren eingebürgert. Mit Hilfe des Kriteriums "zugeführte Hilfsenergie" sollte eine klare Abgrenzung zu den anlagentechnischen (aktiven) Systemen hergestellt werden. Damit wurden beim Einsatz von Hilfsaggregaten (z. B. Ventilatoren) die Systeme als Hybridsysteme bezeichnet. Der Übergang zwischen passiven und aktiven Systemen wurde dadurch jedoch unscharf, denn beispielsweise ein Fenster mit automatisch betriebener Verschattung ist gleichfalls passiv wie hybrid. Erst in jüngster Zeit erfassen Definitionen die passive Solarenergienutzung realitätsnäher und schärfer. Danach erfolgt die Umwandlung der Sonnenstrahlung in Wärme bei passiven Solarsystemen direkt durch die Gebäudestruktur, d. h. durch transparente Hüll- und massive Speicherbauteile /Hammer 1993/. Charakteristisch für die passive Solarenergienutzung (oft auch als passive Solararchitektur bezeichnet) ist damit die Nutzung der Gebäudehülle als Kollektor und die der Gebäudekonstruktion als Speicher. Die Sonnenenergienutzung erfolgt dabei möglichst ohne zwischengeschaltete Wärmetransporteinrichtungen. Allerdings ist auch mit Hilfe dieser Definition die Zuordnung der Systeme zur aktiven oder passiven Solarenergienutzung nicht immer eindeutig.

3.1 Grundlagen des regenerativen Energieangebots

Ein Teil der von der Sonne auf die Erde eingestrahlten Energie kann auf der Erdoberfläche direkt als Strahlung empfangen und in andere nutzbare Energieformen umgewandelt werden. Im Folgenden werden die wichtigsten Grundlagen des solaren Strahlungsangebots sowie seine wesentlichen Eigenschaften diskutiert.

3.1.1 Grundlagen des solaren Strahlungsangebots

Optische Fenster. Die Atmosphäre ist für die von der Sonne kommende Strahlung zum größten Teil undurchlässig. Nur im optischen Wellenlängenbereich (0,3 bis 5,0 μm) und im niederfrequenten Bereich (10^{-2} bis 10^{2} m) kann die solare Strahlung die Atmosphäre passieren (sogenannte optische Fenster der Atmosphäre). Von diesen beiden Bereichen ist für die Solarenergienutzung nur das hochfrequente Fenster von Bedeutung.

Strahlungsschwächung. Innerhalb der Atmosphäre wird die Strahlung der Sonne geschwächt. Dabei wirken die folgenden Mechanismen.

- Diffuse Reflexion. Darunter ist die allseitige Streuung der Solarstrahlung zu verstehen. Die Strahlung als solche bleibt dabei im Wesentlichen erhalten. Lediglich die Ausbreitungsrichtung wird u. a. durch Luftmoleküle, Wassertröpfchen (Wolken, Nebel, Dampf), Eiskristalle und Aerosole (Staub- und Verunreinigungsteilchen) verändert.
- Selektive Absorption. Teile der solaren Strahlungsenergie werden von bestimmten Bestandteilen der Atmosphäre absorbiert und in Wärmeenergie umgewandelt. Beispielsweise absorbieren Ozon (O_3), Kohlenstoffdioxid (CO_2) und Wasserdampf (H_2O) bestimmte Spektral- bzw. Wellenlängenbereiche des eingestrahlten Sonnenlichtes (Absorptionslinien bzw. -bänder).

Strahlungsarten. Die Streuungsmechanismen innerhalb der Atmosphäre bewirken, dass auf die Erdoberfläche diffuse und direkte Strahlung auftrifft.

- Unter Direktstrahlung wird dabei die direkt von der Sonne kommende und an einem bestimmten Punkt auftreffende Strahlung verstanden.
- Bei der Diffusstrahlung handelt es sich demgegenüber um Strahlung, die durch Streuung innerhalb der Atmosphäre entsteht und einen bestimmten Empfangspunkt an der Erdoberfläche indirekt erreicht.

Die Summe aus Direkt- und Diffusstrahlung, jeweils bezogen auf die horizontale Empfangsfläche, wird als Globalstrahlung bezeichnet.

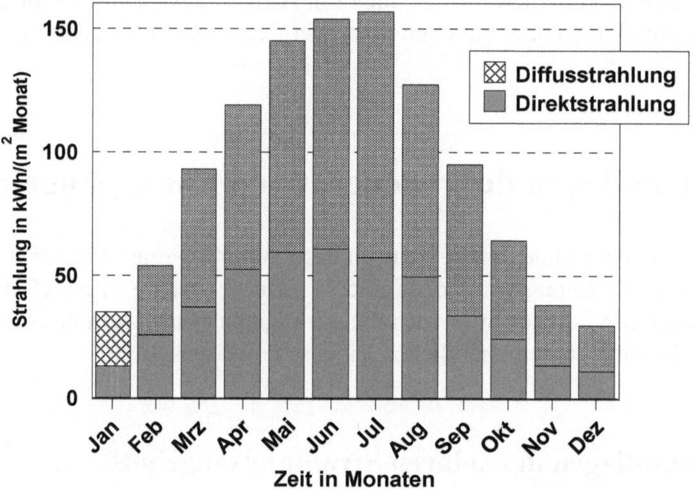

Abb. 3.1 Jahresgang der Diffus- und Direktstrahlung (nach /Bruck et al. 1985/)

Der Anteil der Diffus- bzw. Direktstrahlung an der Globalstrahlung ist tages- und jahreszeitlichen Schwankungen unterworfen. Abb. 3.1 zeigt deshalb einen typischen schematischen Jahresgang der Direkt- und Diffusstrahlung für einen durchschnittlichen Standort in Österreich. Demnach besteht in den Wintermonaten die Globalstrahlung überwiegend aus Diffusstrahlung. Im Sommer nimmt demgegenüber der Anteil der direkten Strahlung deutlich zu, ist aber im Durchschnitt immer kleiner als derjenige der Diffusstrahlung.

3.1.2 Räumliche und zeitliche Angebotscharakteristik

Räumliche Strahlungsverteilung. Werden die für bestimmte Standorte in Österreich vorliegenden stündlichen, täglichen oder monatlichen Mittelwerte jeweils über das Jahr aufsummiert und die langjährigen Mittelwerte gebildet, erhält man das an diesem Standort durchschnittlich zu erwartende Strahlungsangebot. Die Verteilung dieses langjährigen mittleren solaren Strahlungsangebots innerhalb Österreichs zeigt Abb. 3.2.

Das solare Strahlungsangebot liegt demnach im Westen und Süden von Österreich deutlich über dem Bundesdurchschnitt von rund 1 100 kWh/(m^2·a). Dies ist einerseits auf die alpine Morphologie und andererseits auf die durchschnittlich geringere Wolken- und Hochnebelbedeckung in diesen Gebieten zurückzuführen.

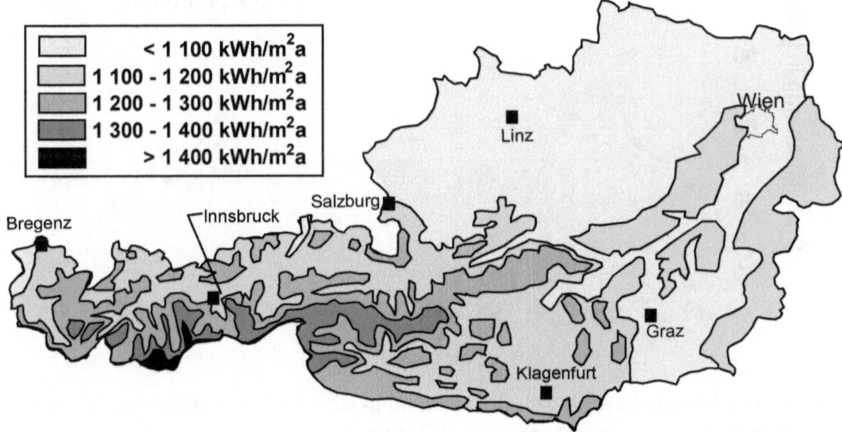

Abb. 3.2 Verteilung der langjährigen Mittelwerte der Globalstrahlungssummen in Österreich (nach /Bruck et al. 1985/)

Zeitliche Abhängigkeit. Das solare Strahlungsangebot an einem Standort ist auch erheblichen jahreszeitlichen Schwankungen unterworfen. Abb. 3.3 verdeutlicht die jahreszeitlichen Unterschiede des solaren Strahlungsangebots anhand der über mehrere Jahre gemessenen Monatssummen der Globalstrahlung für drei Standorte in Österreich. Der Jahresgang der Strahlungsleistungen ist dabei durch ein geringes Strahlungsangebot in den Wintermonaten und ein höheres Angebot im Sommer gekennzeichnet, wobei innerhalb eines Jahres Abweichungen vom langjährigen Mittelwert von +/-15 % oder sogar mehr möglich sind. Aber auch innerhalb eines Monats, eines Tages oder einer Stunde kann es zu erheblichen Schwankungen um diesen Mittelwert kommen (Abb. 3.4 und Abb. 3.5).

Die exemplarisch dargestellten Tagesgänge der stundenmittleren Strahlungsleistung (Abb. 3.5) verdeutlichen, wie dieses Strahlungsangebot im Tagesverlauf verteilt sein kann. In der Darstellung wird für den Fall einer fehlenden Bewölkung der typische Tagesverlauf mit einem Anstieg des solaren Strahlungsangebots in den Morgenstunden, einem Maximum in der Mittagszeit und einem Rückgang in den Nachmittags- und Abendstunden deutlich. Dabei sind in den Sommermonaten die

Strahlungsmaxima sowie der tägliche Strahlungszeitraum und damit die täglich eingestrahlte Energie am höchsten. Im Winter ist die Solarstrahlung aufgrund der kürzeren Sonnenscheindauer, dem geringeren Strahlungseinfallswinkel und durch eine meist überproportionale Bedeckung entsprechend geringer. Neben den jahreszeitlichen Schwankungen wird die Bandbreite, innerhalb der die Solarstrahlung während der Tagesstunden variieren kann, vor allem durch die Bewölkung beeinflusst. Deshalb zeigt Abb. 3.5 zusätzlich diesen Einfluss jeweils für einen Sommer- und einen Wintertag.

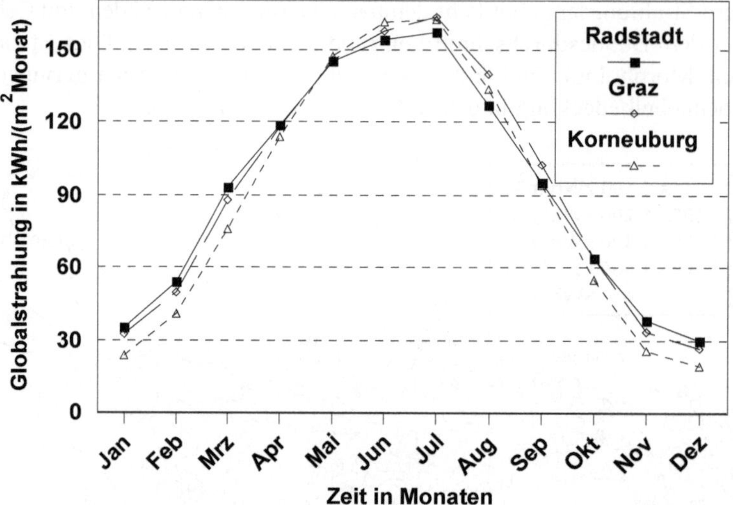

Abb. 3.3 Mittlere Monatssummen der Globalstrahlung auf eine horizontale Empfangsfläche an drei Standorten in Österreich (nach /Bruck et al. 1985/)

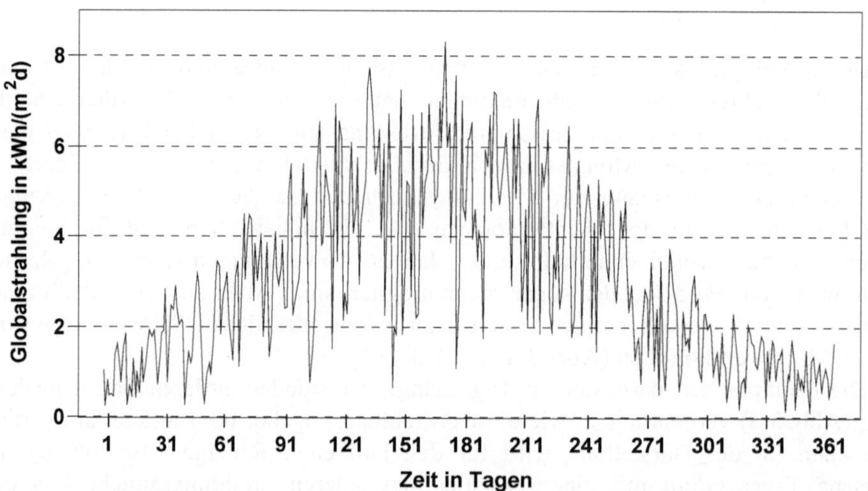

Abb. 3.4 Tagesmittlere Globalstrahlung in Radstadt (nach /Bruck et al. 1985/, berechnet mit /Meteonorm 1995/)

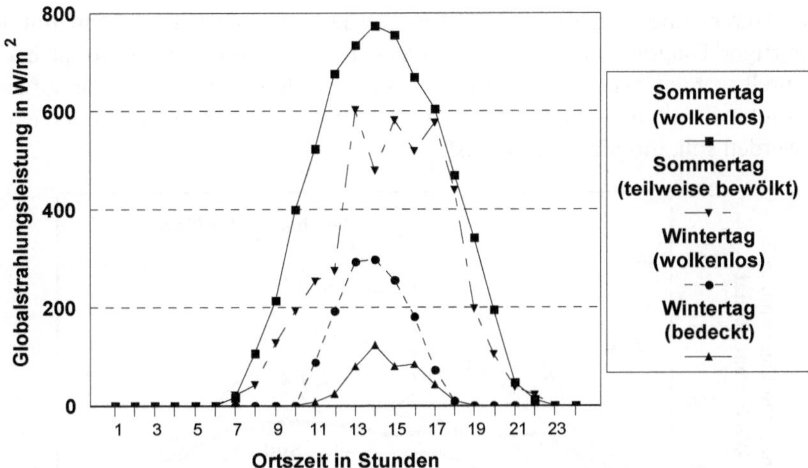

Abb. 3.5 Tagesgänge der Globalstrahlungsleistungen in Radstadt (nach /Bruck et al. 1985/)

Zur Beurteilung eines konkreten Standortes z. B. für die Installation einer Südverglasung oder einer Solaranlage muss zusätzlich auch die Abschattung der direkten Sonneneinstrahlung u. a. durch Berge, Gebäude oder Bäume berücksichtigt werden. Hierzu können sogenannte Sonnenwegs-Diagramme (Abb. 3.6) verwendet werden. In derartigen Diagrammen ist für einen bestimmten Breitengrad für den 21. Tag jedes Monats die Sonnenhöhe (d. h. der Winkel zwischen der Sonneneinstrahlung und der Horizontalen) über dem Sonnenazimuth (d. h. den Abweichungen des Sonnenstandes von der Südrichtung) aufgetragen. Zusätzlich ist noch die zugehörige Uhrzeit für den jeweiligen Sonnenstand angegeben.

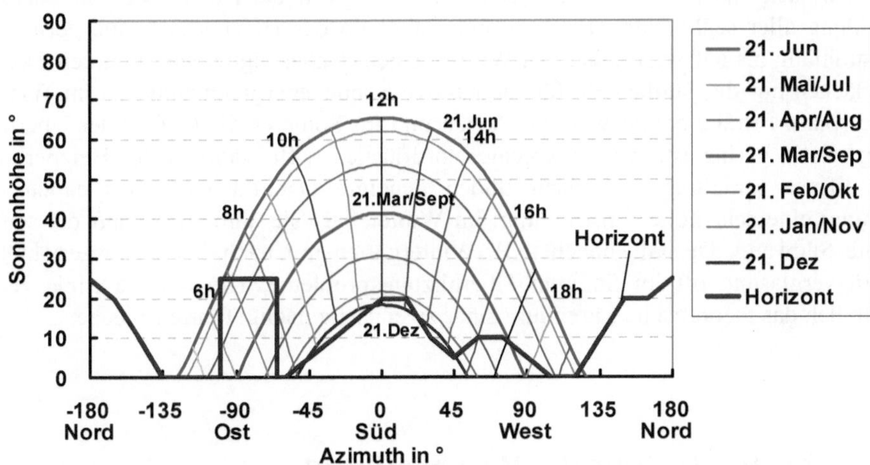

Abb. 3.6 Sonnenweg-Diagramm für Standorte mit 48° nördlicher Breite mit eingezeichnetem Horizont (nach /Streicher 2007/)

In ein solches Sonnenwegs-Diagramm können nun die Umrisse umliegender Erhöhungen eingezeichnet werden. Anschließend kann dann die für die Abschattung relevante Jahres- und Tageszeit abgelesen werden. Beispielsweise kann mit Hilfe eines derartigen Diagramms für ein Haus, das z. B. hohe passive Solarerträge erzielen soll, ermittelt werden, wie es zur optimalen Nutzung der Sonnenstrahlung aufgestellt werden sollte, damit die Abschattung in den Zeiten, in denen die Sonnenenergie genutzt werden soll, möglichst gering ist.

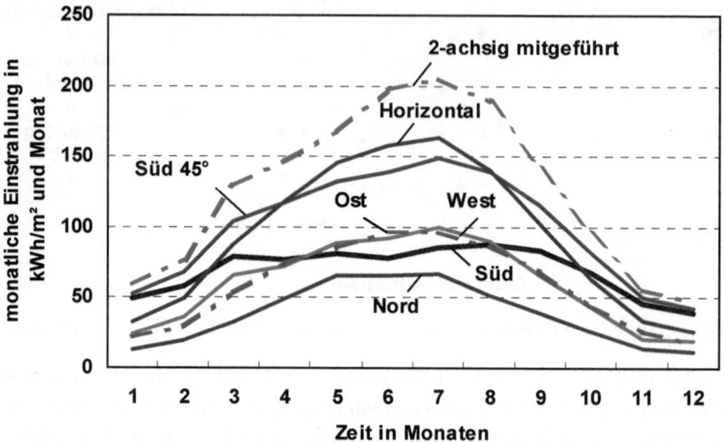

Abb. 3.7 Globalstrahlung auf verschieden ausgerichtete Flächen für Mitteleuropa (Klima Graz) (nach /Streicher 2007/)

Entscheidend für den Energieertrag einer Solaranlage ist auch ihre Ausrichtung. Abb. 3.7 zeigt deshalb die monatliche Globalstrahlungssumme (d. h. Summe aus Direkt- und Diffusstrahlung) auf unterschiedlich ausgerichtete Flächen. Demnach trifft auf nach Süden ausgerichtete senkrechte Flächen in der Heizperiode die höchste Strahlung aller senkrechten Flächen und außerhalb der Heizperiode eine geringere Einstrahlung als auf senkrechte Ost/West-Flächen. Daher eignet sich von den Fassadenflächen nur die Südfassade für die passive Sonnenenergienutzung, da im Winter hohe solare Erträge erzielt werden können und im Sommer die Gefahr der Überhitzung relativ gering ist. Auf senkrechte Nordflächen trifft während der Heizperiode nur diffuse Strahlung. 45° nach Süden geneigte Dachflächenfenster haben im Sommer eine sehr hohe Einstrahlung; im Winter liegt sie ähnlich der auf die senkrechte Südwand. Deshalb haben z. B. Wintergärten mit nach Süden ausgerichteter Schrägverglasung oft im Sommer Überhitzungsprobleme. Die oberste Linie zeigt zusätzlich das theoretische Maximum einer zweiachsig nachgeführten Fläche.

3.2 Systemtechnische Beschreibung

Nachfolgend werden die technischen Grundlagen, die eine passive Nutzung der Solarenergie ermöglichen, dargestellt und diskutiert. Dabei beschränken sich die Ausführungen auf aus gegenwärtiger Sicht wesentliche Aspekte.

3.2.1 Grundlagen der Energiewandlung

In einem Gebäude treten verschiedene Energieflüsse auf (Abb. 3.8). Der Energieeintrag in das Gebäude erfolgt primär durch die Wärmeabgabe der Heizung (sogenannte Heizwärme), die von Personen, die der Beleuchtung und die von Haushaltsgeräten abgegebene Wärme (sogenannte innere Wärme) sowie die der passiven solaren Erträge u. a. durch transparente und opake Flächen (sogenannte passive Sonnenenergienutzung). Wärmeverluste bzw. ggf. auch -gewinne – je nach Außentemperatur – entstehen durch Wärmeleitung durch die Gebäudeaußenhülle (d. h. Transmission). Zu weiteren Wärmeverlusten oder -gewinnen kann es durch die Lüftung des Gebäudes kommen; diese ist i. Allg. notwendig, um die Luftqualität im Gebäude in Bezug auf die relative Luftfeuchte sowie auf maximal erlaubte Konzentrationen an Kohlenstoffdioxid (CO_2), bestimmten Schadstoffen und Gerüchen zu gewährleisten. Zusätzlich kann innerhalb eines Gebäudes Energie von den vorhandenen Speichermassen in Form absorbierter Solarstrahlung aufgenommen bzw. abgegeben werden. Die Speichermassen können auch Wärme infolge einer Übertemperierung der Räume gegenüber diesen Speichermassen aufnehmen und (zwischen-)speichern. Die Wärmeabgabe erfolgt dann, wenn die Speichermasse wärmer als die umgebende Raumtemperatur ist. Im Folgenden wird die passive Sonnenenergienutzung behandelt, die damit nur einen Teil der verschiedenen Energieflüsse darstellt, durch die ein Gebäude gekennzeichnet ist.

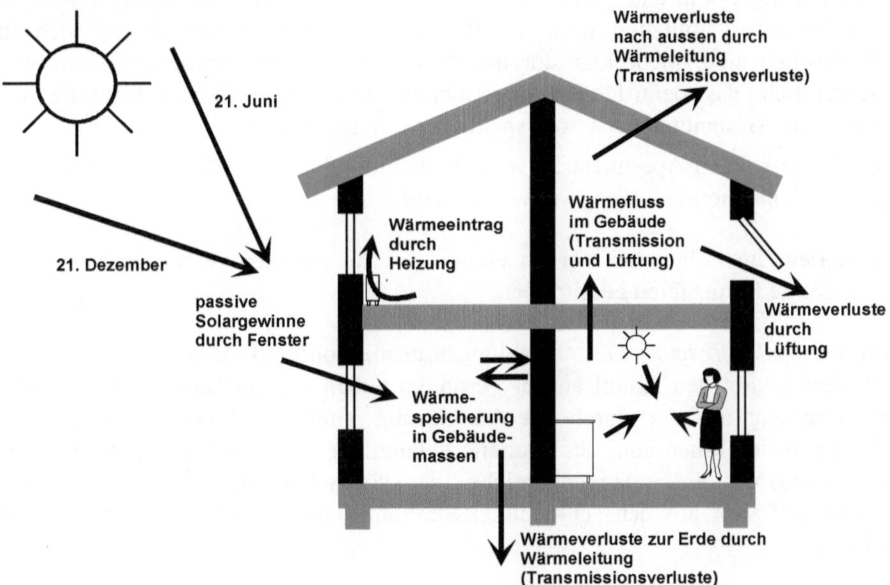

Abb. 3.8 Wesentliche Energieflüsse innerhalb eines Gebäudes /Streicher 2007/

Die passive Sonnenenergienutzung basiert auf der Absorption der kurzwelligen Solarstrahlung entweder im Inneren eines Gebäudes nach dem Durchgang durch eine transparente Außenfläche oder an den Außenbauteilen von Gebäuden. Die absorbierte Solarenergie erwärmt die entsprechenden Bauteile, welche die Energie wiederum über Konvektion und langwellige Strahlung an die Umgebung abgeben. Das Ausmaß der aufgenommenen Sonnenenergie einer bestrahlten Fläche wird durch die Ausrichtung, die Verschattung und den Absorptionskoeffizienten der jeweiligen Absorberfläche bestimmt (Abb. 3.6 und Abb. 3.7). Höhe und Zeitpunkt der Energieabgabe der Bauteile wird durch die Wärmeleitfähigkeit, die Dichte und die spezifische Wärmekapazität des Absorbermaterials bzw. des dahinter liegenden Materials und der Temperaturdifferenz zur Umgebung beeinflusst. Zusätzlich kann durch eine geeignete Ausrichtung und die bauliche Verschattung die jahreszeitliche Wirkung der passiven Sonnenenergienutzung beeinflusst werden (Abb. 3.7 und Abb. 3.10).

3.2.2 Definitionen

Begriffe. Zur Beschreibung der Lichtdurchlässigkeit von Wänden werden häufig die Begriffe opak, transparent und transluzent sowie solare Aperturfläche verwendet.

- Als opak werden lichtundurchlässige Hüllbauteile eines Gebäudes bezeichnet. Dies können z. B. eine gemauerte Wand oder ein mit Dachziegeln belegtes Dach sein.
- Transparente oder transluzente Bauteile sind für die solare Strahlung durchlässig (z. B. Fenster). Transparent bedeutet dabei im üblichen Sprachgebrauch "klar durchsichtig", während transluzent mit "durchscheinend" gleichgesetzt wird. In der Solarenergienutzung wird der Begriff transparent jedoch häufig auch für durchscheinende, nicht klar durchsichtige Hüllbauteile verwendet; damit wird verdeutlicht, dass derartige Bauteile nicht nur für Licht, sondern auch für die nicht sichtbaren Bestandteile des Solarspektrums durchlässig sind.
- Unter der solaren Aperturfläche wird die lichtdurchlässige Hüllfläche verstanden, die zur Solarenergienutzung verwendet wird.

Kennzahlen. Im Folgenden werden einige u. a. für die passive Sonnenenergienutzung wichtige Kennzahlen beschrieben.

Transmissionskoeffizient. Der Strahlungstransmissionsgrad bzw. Transmissionskoeffizient τ_e gibt den Anteil an der gesamten außen auf ein Bauteil auftreffenden Globalstrahlung an, der durch die Verglasung hindurch direkt als kurzwellige Strahlung in den Innenraum des Bauteils gelangt. Er berücksichtigt damit auch die nicht sichtbaren Wellenlängenbereiche der Solarstrahlung. Wird der Transmissionskoeffizient auf den senkrechten Strahlungseinfall bezogen, wird er als τ_e^* bezeichnet.

Sekundäre Wärmeabgabe. Die sekundäre Wärmeabgabe q_i beschreibt den Anteil der durch ein Bauteil absorbierten Globalstrahlung $\dot{G}_G$, der durch langwellige Strahlung und Konvektion in das Bauteilinnere abgegeben wird /Hahne 2003/. Beispielsweise absorbiert auch ein lichtdurchlässiges Bauteil (Verglasung) einen Teil der auftreffenden Solarstrahlung und erwärmt sich dadurch etwas. In der Folge kommt es zu einer sekundären Wärmeabgabe.

Energiedurchlassgrad (g-Wert). Der g-Wert oder Energiedurchlassgrad berücksichtigt zusätzlich zum Energieeintrag durch Strahlungsdurchgang (d. h. zusätzlich zum Transmissionskoeffizient τ_e) die sekundäre Wärmeabgabe q_i. Er ist für einen senkrechten Strahlungseinfall und gleiche Temperaturen auf beiden Seiten des Bauteils definiert /EN 410 2004/. Für transparente Bauteile (Verglasungen) setzt sich der g-Wert aus dem Strahlungstransmissionsgrad bezogen auf den senkrechten Strahlungseinfall τ_e^* und der sekundären Wärmeabgabe q_i zusammen (Gleichung (3-1)). $\dot{q}_{zu}$ ist dabei der dem Bauteil zugeführte Wärmestrom, aus dem mit der Globalstrahlung $\dot{G}_G$ die sekundäre Wärmeabgabe q_i berechnet werden kann.

$$g = \tau_e^* + q_i \quad mit \quad q_i = \dot{q}_{zu} / \dot{G}_G \tag{3-1}$$

Diffuser Energiedurchlassgrad (diffuser g-Wert). Die Solarstrahlung fällt in Abhängigkeit von der Tages- und Jahreszeit mit z. T. sehr unterschiedlichen Winkeln auf eine transparente Hüllfläche eines Gebäudes; sie trifft damit im Mittel nicht senkrecht auf eine transparente Fläche. Hinzu kommt in den gemäßigten Breiten ein hoher Diffusstrahlungsanteil, der rund 60 % der gesamten eingestrahlten Sonnenenergie einnimmt und im Mittel einen Einfallswinkel von rund 60° aufweist. Diese daraus resultierenden Abminderungen gegenüber dem Transmissionskoeffizient bzw. g-Wert bei senkrechter Einstrahlung, die bei rund 10 % /EN 13790 2004/ liegen, werden durch den diffusen g-Wert g_{diffus} berücksichtigt. Daher werden mit diesem diffusen g-Wert realistischere Angaben als mit dem herkömmlichen g-Wert (g) erzielt.

Wärmedurchgangskoeffizient (U-Wert). Der U-Wert oder Wärmedurchgangskoeffizient beschreibt die Wärmemenge, die, bezogen auf eine Fläche von 1 m^2, innerhalb einer Sekunde durch eine Fassadenfläche bei einer Temperaturdifferenz von 1 K zwischen Wandvorder- und -rückseite hindurch geht. Er setzt sich aus dem Wärmeübergang von der Luft an das Bauteil, der Wärmeleitung im Bauteil und dem Wärmeübergang vom Bauteil wiederum an die Luft zusammen. Im Falle z. B. einer Doppelverglasung findet dabei der Wärmetransport im Scheibenzwischenraum durch Konvektion, langwellige Wärmestrahlung und Wärmeleitung statt.

Bei Fenstern unterscheidet man zusätzlich zwischen dem U_g-Wert, der sich ausschließlich auf die Verglasung bezieht, und dem U_W-Wert; letzterer berücksichtigt auch die Wärmeverluste des Rahmens und gilt somit für das gesamte Fenster.

Äquivalenter Wärmedurchgangskoeffizient (äquivalenter U-Wert). Die Differenz zwischen dem spezifischen Wärmeverlust eines Bauteils und dessen spezifischem Energiegewinn durch solare Einstrahlung wird durch den äquivalenten U-Wert beschrieben. Er ist neben dem U-Wert und dem g-Wert auch von der Einstrahlung auf die transparente Fläche und dem dahinter liegenden Gebäude mit seinem dynamischen Verhalten abhängig. Zudem darf bei seiner Bestimmung der Energiegewinn nur in Zeiten der Heizperiode berücksichtigt werden, da eine Überhitzung der Räume durch eine solare Einstrahlung durch verglaste Flächen nicht wünschenswert ist. Deshalb bedeutet beispielsweise ein negativer äquivalenter U-Wert, dass eine transparente

Fläche mehr nutzbringende Energie gewinnt als über Transmission abgegeben wird. Der äquivalente U-Wert U_{eq} kann überschlägig aus dem U_W-Wert des gesamten Fensters (inklusive Rahmen), dem g-Wert (Energiedurchlassgrad) und einem Korrekturfaktor für die Ausrichtung des Fensters S_F nach Gleichung (3-2) abgeschätzt werden. Der Korrekturfaktor S_F variiert dabei zwischen 0,95 bei Nordausrichtung, 1,65 bei Ost- bzw. Westausrichtung und 2,4 bei Südausrichtung.

$$U_{eq} = U_W - S_F \, g \tag{3-2}$$

Transmissions- und Lüftungsverluste. Die Wärmeverluste eines Gebäudes $\dot{Q}_L$ setzen sich nach Abb. 3.8 aus den Lüftungsverlusten $\dot{Q}_{ve}$ und den Transmissionsverlusten $\dot{Q}_{tr}$ zusammen. Die Transmissionsverluste errechnen sich dabei aus den jeweiligen U-Werten für die entsprechenden Flächen (d. h. den Flächen A_n) und der Temperaturdifferenz zwischen der jeweiligen Raumtemperatur θ_i und entsprechenden Außentemperatur θ_e aller Außenbauteile des betrachteten Hauses (Gleichung (3-3)). Die Transmissionsverluste sind dabei nicht zu verwechseln mit den Transmissionsgraden τ_e von transparenten Bauteilen.

$$\dot{Q}_{tr} = \sum_{n=1}^{m} \left(U_n \cdot A_n \cdot (\theta_i - \theta_e) \right) \tag{3-3}$$

Die Lüftungsverluste ergeben sich nach Gleichung (3-4) aus dem für die Lüftung notwendigen Volumenstrom $\dot{V}_V$, der volumetrischen Wärmekapazität der Luft ($\rho_a \cdot c_a$) und der Temperaturdifferenz zwischen der jeweiligen Raumtemperatur θ_i und der entsprechenden Außentemperatur θ_e.

$$\dot{Q}_{ve} = \rho_a \cdot c_a \cdot \dot{V}_V \cdot (\theta_i - \theta_e) \tag{3-4}$$

3.2.3 Systemelemente

Passive Solarsysteme können eine transparente Abdeckung (Fenster, transparente Wärmedämmung), Absorber, Speicher und/oder Verschattungseinrichtungen enthalten. Diese Systemkomponenten werden nachfolgend näher diskutiert.

Transparente Abdeckungen. Abb. 3.9 zeigt exemplarisch den Energiefluss durch eine Doppelglasscheibe. Die auftreffende Solarstrahlung gelangt demnach nur z. T. in den Innenraum; ein Teil wird an der Außenoberfläche der äußeren Scheibe an die Umgebung zurück reflektiert. Der Anteil der Strahlung, der direkt durch beide Scheiben in den Innenraum gelangt, wird – im Verhältnis zur Einstrahlung auf die Außenseite der Scheibe – durch den Transmissionskoeffizienten bzw. Strahlungstransmissionsgrad τ_e beschrieben. Ein weiterer Teil der auftreffenden Solarstrahlung wird an den Scheiben absorbiert und bewirkt eine Erwärmung des Scheibenzwischenraumes. Daraus resultiert wiederum eine Wärmeabgabe der Scheibe in den Innenraum durch langwellige Strahlung und Konvektion. Die gesamte Wärmeabgabe nach innen in Bezug auf die aufreffende Solarstrahlung beschreibt der *g*-Wert oder der Energiedurchlassgrad.

Durchsichtige Abdeckungen (z. B. Fenster) haben die Aufgabe, einen möglichst großen Anteil der solaren Strahlung zum Absorber durchzulassen und gleichzeitig einen möglichst guten Wärmeschutz nach außen zu gewährleisten. Diese beiden Eigenschaften werden typischerweise durch den *g*-Wert (Energiedurchlassgrad) bzw. den *U*-Wert (Wärmedurchgangskoeffizient) der transparenten Abdeckung beschrieben.

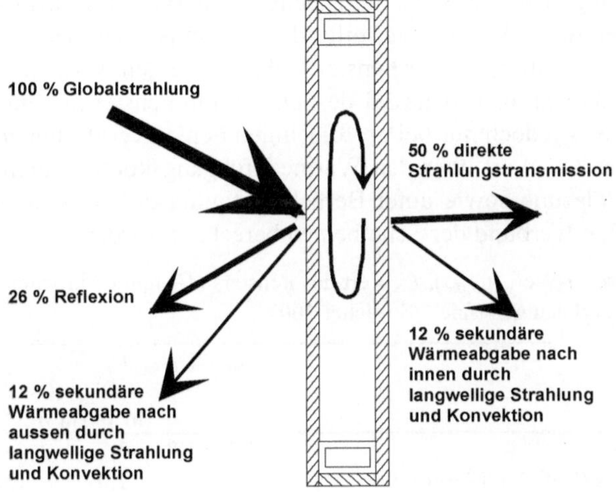

Abb. 3.9 Gesamtenergiedurchlassgrad einer durchschnittlichen Zweifach-Wärmeschutzverglasung (nach /Hahne 2003/)

Damit muss es das Ziel sein, dass gute transparente Abdeckungen hohe *g*-Werte und niedrige *U*-Werte aufweisen. Früher gebräuchliche Einfach- und Isolierverglasungen besitzen zwar hohe *g*-Werte, aber auch vergleichsweise hohe und damit ungünstige *U*-Werte. Durch eine Füllung der Scheibenzwischenräume mit Edelgasen, die durch eine geringe Wärmeleitfähigkeit, eine geringe spezifische Wärmekapazität und eine hohe Viskosität gekennzeichnet sind, kann der Wärmedurchgang durch Konvektion zwischen den Scheiben weiter reduziert werden. Für diese Gase können zudem die Scheibenabstände auf geringst mögliche *U*-Werte optimiert werden.

Der Wärmeverlust durch Strahlungsaustausch im Scheibenzwischenraum kann durch so genannte Low ε-Beschichtungen vermindert werden. Derartige Beschichtungen reduzieren den Emissionskoeffizienten ε von langwelliger Strahlung von ursprünglich 0,84 auf 0,04. Für kurzwellige Strahlung sind derartige Low ε-Schichten zudem hochtransparent. Durch den Einsatz von eisenarmen Gläsern kann der Transmissionsgrad erhöht werden.

Mit derartigen Schichten versehenen Zwei- und Dreifach-Wärmeschutzverglasungen mit Edelgasfüllung und infrarot reflektierend beschichteten Scheiben erreichen dadurch niedrige U-Werte (Wärmedurchgangskoeffizienten) bei allerdings etwas geringeren g-Werten (Energiedurchlassgrad).

Durch die Entwicklung von transparenten Wärmedämmstoffen (TWD) könnten transparente Abdeckungen mit hoher Strahlungsdurchlässigkeit und gleichzeitig gutem Wärmeschutz gebaut werden.

Tabelle 3.1 zeigt die äquivalenten U-Werte für verschiedene Verglasungen. Bei Verglasungen mit Südausrichtung erreicht man demnach bereits mit Zwei-Scheiben-Wärmeschutzverglasungen, die heute weitgehend Standard sind, einen Ausgleich der Wärmeverluste und Energiegewinne. Mit hochwertigen Drei-Scheiben-Wärmeschutzverglasungen können bereits selbst Nordfenster mehr Energie gewinnen als sie abgeben.

Zu berücksichtigen ist, dass der in Tabelle 3.1 dargestellte diffuse g-Wert g_{diffus} nur für die eigentliche Verglasung gilt; deshalb muss bei der Berechnung von Fenstern der Rahmenanteil von der Fensterfläche abgezogen werden. Der U-Wert des Fensters U_W bezieht sich in Tabelle 3.1 deshalb auf ein Fenster mit einem Rahmenanteil von 30 %, wie es jedoch nur bei großflächigen Fensterverglasungen erreicht wird. Generell muss der U_W-Wert über den Wärmedurchgangskoeffizienten (U-Wert) von Rahmen und Verglasung sowie unter Berücksichtigung der zusätzlichen Wärmeverluste durch den Randverbund der Scheibe neu berechnet werden.

Tabelle 3.1 Diffuser g-Wert (g_{diffus}), U-Wert des Fensters (U_W) und äquivalenter U-Wert (U_{eq}) für verschiedene Verglasungen (nach /Streicher 2007/)

	g_{diffus}	U_W	U_{eq} (Süd)	U_{eq} (Ost/West)	U_{eq} (Nord)
		in W/(m² K)			
Einfaches Glas	0,87	5,8	3,7	4,4	5,0
Zweifaches Glas (Luft 4 + 12 + 4 mm)	0,78	2,9	1,0	1,6	2,2
Zweifach-Wärmeschutzverglasung mit Argonfüllung (6 + 15 + 6 mm)	0,60	1,5	0,1	0,5	0,9
Dreifach-Wärmeschutzverglasung mit Kryptonfüllung (4 + 8 + 4 + 8 + 4 mm)	0,48	0,9	-0,3	0,1	0,4
Dreifach-Wärmeschutzverglasung mit Xenonfüllung (4 + 16 + 4 + 16 + 4 mm)	0,46	0,6	-0,5	-0,2	0,2

Der g-Wert (Energiedurchlassgrad) einer Verglasung wird zusätzlich durch die Scheibenverschmutzung F_D und eine mögliche feststehende Verschattung $F_{sh,ob}$ und flexible Verschattung $F_{sh,gl}$ abgemindert. Selbst für häufig gereinigte Flächen muss eine Reduktion des g-Wertes durch Verschmutzung von rund 5 % angenommen werden /Feist 1998/. Auch muss eine Abminderung aufgrund des im Mittel schräg einfallenden Lichtes (Winkelfaktor) berücksichtigt werden. Dies ist in Tabelle 3.1 durch die Verwendung des diffusen g-Wertes berücksichtigt.

Damit berechnet sich das solare Wärmeangebot innerhalb einer bestimmten Zeitspanne im Raum Q_{sol} nach Gleichung (3-5) aus der Multiplikation der solaren Globalstrahlungssumme auf die Fensterfläche $G_{G,g,a}$, dem g-Wert und den Abminderungsfaktoren aus feststehenden außenliegenden Verschattungen $F_{sh,ob}$, aus Verschmutzung F_D, aus dem Rahmenanteil F_F und aus den beweglichen Sonnenschutzvorrichtungen $F_{sh,gl}$.

$$Q_{sol} = F_{sh,ob}\, F_D\, F_{sh,gl}\,(1 - F_F)\, g\, G_{G,g,a} \tag{3-5}$$

Verschattungseinrichtungen. Eine Abschattung der Solarstrahlen der hoch stehenden Sonne im Sommer kann ohne Mehraufwendungen durch eine geeignete Gebäudeausbildung z. B. durch Balkone oder Vorsprünge erreicht werden. Der Vorteil derartiger feststehender Verschattungseinrichtungen liegt in der Einfachheit und dauerhaften Funktion, da bewegliche Teile fehlen und keine Regelung notwendig ist. Sie müssen jedoch bereits in der Entwurfsphase vorgesehen werden und nach Süden ausgerichtet sein. Dann kann im Sommer bei dem dann gegebenen hohen Sonnenstand eine gute Verschattung und im Winter eine große Einstrahlung in das Gebäude – infolge der dann tief stehenden Sonne – sichergestellt werden (Abb. 3.10). Bei einer Ausrichtung nach Osten oder Westen dringt demgegenüber auch im Sommer die tiefer stehende Sonne weit ins Gebäude ein und im Winter kommt aus diesen Himmelsrichtungen nur eine geringe Einstrahlung (Abb. 3.7). Solche feststehenden Verschattungselemente vermindern allerdings die Effizienz der passiven Sonnenenergienutzung, da sie auch in den Übergangszeiten (Frühling und Herbst), in denen noch eine Heizung benötigt wird, für eine Teilverschattung der Solarsysteme sorgen.

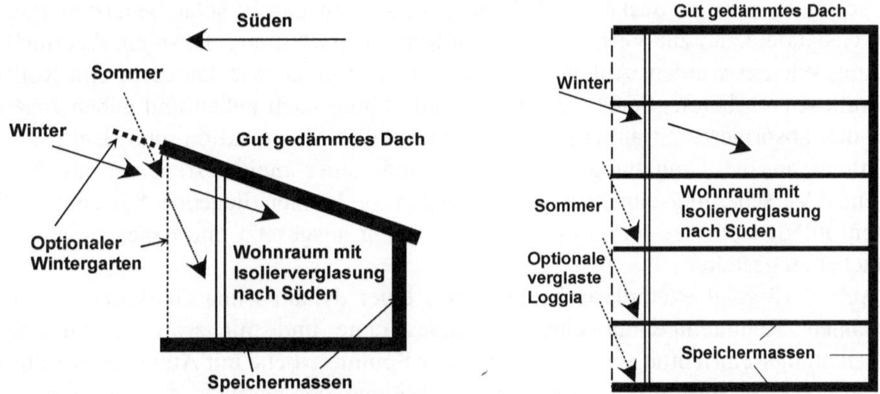

Abb. 3.10 Abschattung von transparenten Gebäudeflächen durch Dachüberstände (Einfamilienhaus links; Mehrfamilienhaus rechts) /Streicher 2007/

Die gesamte Verschattung durch feststehende außen liegende Hindernisse kann durch den sogenannten Verschattungsfaktor $F_{sh,ob}$ beschrieben werden; Abb. 3.11 definiert die hierbei relevanten Winkel. Er setzt sich nach Gleichung (3-6) aus dem Teilverschattungsfaktor

- für den Horizont F_{hor} (er kann mit Hilfe des Sonnenweg-Diagramms (Abb. 3.6) ermittelt werden),
- für Überhänge F_{ov} und
- für seitliche Überstände F_{fin}

zusammen. Außer durch diese vereinfachte Gleichung kann die gesamte Verschattung eines Gebäudes auch mit Hilfe dynamischer Gebäudesimulationen detaillierter ermittelt werden.

$$F_{sh,ob} = F_{hor} F_{ov} F_{fin} \tag{3-6}$$

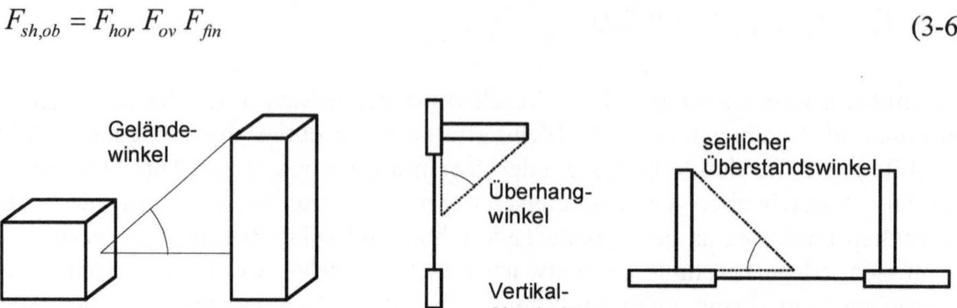

Abb. 3.11 Definition der Winkel für die verschiedenen Verschattungskomponenten (links: Bestimmung des Winkels für den Teilverschattungsfaktor für den Horizont F_{hor}; Mitte: Bestimmung des Winkels für den Teilverschattungsfaktor für Überhänge F_{ov}; rechts: Bestimmung des Winkels für den Teilverschattungsfaktor für seitliche Überstände F_{fin}; nach /EN ISO 13790 2008/)

Außer durch solche feststehende Verschattungseinrichtungen können passive Solarsysteme auch durch verstellbare Verschattungseinrichtungen ($F_{sh,gl}$) geregelt werden. Übersteigt beispielsweise der solare Wärmegewinn die notwendige, durch das solare System zu deckende, Wärmenachfrage im passiv solar beheizten Raum oder Gebäude, kann zur Verhinderung von Raumüberwärmung die solare Aperturfläche abgeschattet werden. Außen liegende Verschattungen wie Jalousien und Rollläden reflektieren bereits einen Teil der Solarstrahlung nach außen und geben zusätzlich die absorbierte Strahlungswärme wieder über Konvektion und langwellige Strahlung an die Umgebungsluft ab. Sie sind daher meist effizienter als innen liegende Verschattungseinrichtungen. Dagegen sind innen liegende Systeme (z. B. Folienrollläden, Plisseestores) nicht der Witterung ausgesetzt und daher konstruktiv einfacher zu gestalten.

Abb. 3.12 zeigt exemplarisch die mittels einer dynamischen Gebäudesimulation berechnete Raumtemperatur eines Gebäudes ohne und mit zwei verschiedenen Verschattungsseinrichtungen im Verlauf einer Sommerwoche mit Außentemperaturen θ_e zwischen 12 und 27 °C unter Berücksichtigung der passiven solaren Gewinne. Dabei wird bei diesem Beispiel über 26 °C Raumtemperatur eine aktive Kühlung des Gebäudes angenommen; deshalb steigen die Raumtemperaturen θ_i nicht über diesen Wert. Deutlich wird aus dieser Darstellung u. a., dass raumseitig angebrachte Jalousien die Raumtemperaturen nur geringfügig senken können. Mit außen liegenden Jalousien kann die Temperatur im Gebäudeinneren demgegenüber um einige Kelvin gesenkt werden. Im vorliegenden Fall ist bei Verwendung von Außenjalousien sogar keine zusätzliche Kühlung mehr erforderlich.

Scheibenintegrierte Verschattungssysteme lassen verglichen damit deutliche Zuverlässigkeitssteigerungen erwarten. Hier sind unterschiedliche Funktionsprinzipien möglich.

- Integrierte Jalousien in Kombination mit Dreischeibenverglasungen, wobei die Jalousie zwischen der äußeren und der mittleren Scheibe untergebracht ist. Aufgrund der hohen auftretenden Temperaturen im Scheibenzwischenraum mit Jalousie ist der äußere Scheibenzwischenraum mit Luft gefüllt und belüftet. Zu Wartungszwecken sollte der Scheibenzwischenraum mit dem Verschattungselement geöffnet werden können.

- Elektrochrome Verglasungen besitzen spezielle Beschichtungen, die beim Anlegen einer minimalen Spannung vom transparenten zum opaken Zustand "umschalten". Derartige Verglasungen werden bereits auf dem Markt angeboten, sind aber noch sehr teuer.
- Thermotrope Verglasungen werden bei einer bestimmten Außen- oder Systemtemperatur lichtundurchlässig, weil sich die Moleküle einer verglasungsintegrierten Gelschicht zusammenlagern.
- Mit holografischen Folien beschichtete Verglasungen reflektieren die hoch stehende Sommersonne und lassen die flach geneigten Sonnenstrahlen ungehindert zum Absorber durchdringen.

Die letzten zwei Varianten haben noch Probleme mit der Langzeitstabilität der verwendeten Schichten und sind daher noch nicht am Markt erhältlich.

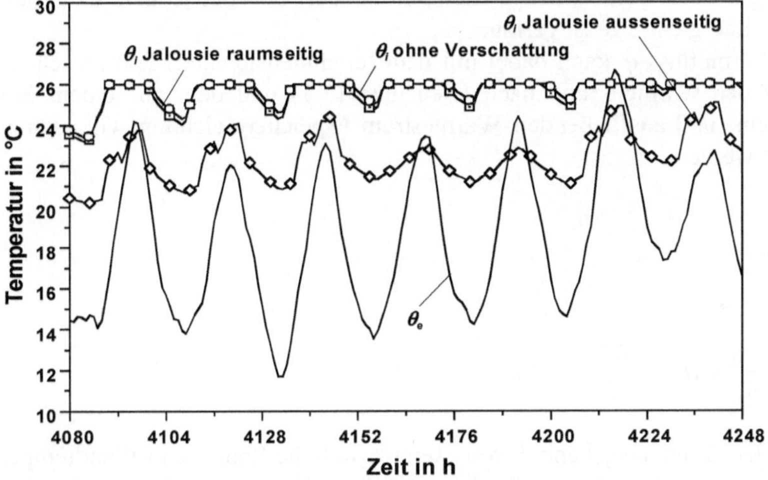

Abb. 3.12 Einfluss der Verschattung durch innen liegende und außen liegende Jalousien (θ_e Außentemperatur, θ_i Raumtemperatur) /Heimrath 2000/

Absorber und Speicher. Während bei aktiven Solarsystemen Absorber und Speicher als technische Komponenten ausgeführt werden, sind sie bei passiven Systemen im Regelfall Bestandteile der Gebäudekonstruktion.

Als Absorberoberflächen eines Direktgewinnsystems dienen die Raumumschließungsflächen, die von der solaren Strahlung erreicht werden. Die den Raum umgebenden Decken und Wände wirken dann als Wärmespeicher. Deshalb sollten immer gut absorbierende Raumoberflächen und eine auf das Solarsystem abgestimmte und maximal Wärme speichernde Gebäudekonstruktion angestrebt werden.

Die "klassische" Form der passiven Sonnenenergienutzung ist ungeregelt. Die durch die Sonne aufgewärmten Speichermassen des Hauses geben die Wärme – zeitlich versetzt zur solaren Einstrahlung und in der Temperaturamplitude abgeschwächt

– ohne Einflussnahme des Benutzers an den Innenraum ab. Bei passiven Speichern muss deshalb darauf geachtet werden, dass durch sie keine zu hohen Temperaturen in den zu beheizenden Räumen auftreten können. Dazu müssen die zeitliche Verzögerung und die Dämpfung des Wärmeflusses durch den passiven Speicher bekannt sein. Auch müssen zur Verminderung der Energieaufnahme im Sommer meist zusätzlich (aktive) Abschattungseinrichtungen vorgesehen werden.

Indirekt beheizte Speichermassen (z. B. unbeheizte Innenwände) können nur dann sinnvoll genutzt werden, wenn entsprechende Raumtemperaturschwankungen zugelassen werden. Bei hohen Raumtemperaturen fließt dabei die Wärme langsam in die Speichermasse und heizt diese vom Raum her allmählich auf. Sinken demgegenüber die Raumtemperaturen unter die Oberflächentemperatur der Speichermasse, gibt diese die gespeicherte Wärme wieder an den Raum ab.

Dieser sich einstellende Wärmefluss $\dot{q}$ ist dabei abhängig von der Temperatur(θ)-Differenz zwischen dem warmen und dem kalten Speicher sowie der spezifischen Wärmekapazität c_p, der Dichte ρ_{Sp} und der Wärmeleitzahl λ des Speichermediums und der Lade- und Entladezeit t. Steht beispielsweise nur eine kurze Zeitspanne zur Verfügung, wärmt sich der Speicher nur an der Oberfläche auf, und die aufgenommene Energiemenge ist gering.

Der Wärmefluss $\dot{q}$ kann dabei mit dem (eindimensionalen) Fourier'schen Erfahrungssatz der Wärmeleitung nach Gleichung (3-7) und dem aus einem Speicherelement ein- und ausfließenden Wärmestrom (Speichergleichung; Gleichung (3-8)) berechnet werden.

$$\dot{q} = -\lambda \frac{\partial \theta}{\partial x} \tag{3-7}$$

$$\frac{\partial \dot{q}}{\partial x} = -\lambda \frac{\partial^2 \theta}{\partial x^2} = \rho_{Sp}\, c_p \frac{\partial \theta}{dt} \tag{3-8}$$

Abb. 3.13 zeigt ausgehend davon exemplarisch die Raum- und Wandtemperaturen für eine Innenwand aus Beton (Speicherwand) im Verlauf von 24 Stunden; innerhalb dieses Zeitraums variiert die Temperatur um 6 °C auf einer Raumseite. Die in dieser Wand im Verlauf dieses Zeitraums unter den zugrunde gelegten Randbedingungen gespeicherte und wieder abgegebene Energiemenge beträgt dabei 0,076 kWh/(m^2 d). Eine signifikante Änderung der Temperatur ist dabei nur bis in ca. 15 cm Wandtiefe festzustellen. Diese hier betrachtete Wand dicker auszuführen führt demnach zu keiner weiteren Wärmespeicherung.

Besondere Bedeutung kommt dabei den Speichermassen im Gebäude bei der Vermeidung der sommerlichen Überwärmung zu. Liegen die Nachttemperaturen unter 26 °C, was in Mitteleuropa in den meisten Fällen gegeben ist, kann die Speichermasse in der Nacht abgekühlt werden und durch die Wärmeaufnahme tagsüber den Temperaturanstieg im Gebäude dämpfen. Dann kann eine aktive Kühlung verringert oder sogar vermieden werden.

Eine weitere Möglichkeit zur Erhöhung der Speichermassen im Gebäude bei nur geringer Gewichtszunahme der Bauteile stellen mikroverkapselte Phasenwechselmaterialien dar, die entweder im Innenputz oder in Gipskartonplatten eingebettet sind. Der Phasenwechselpunkt liegt bei ca. 23 °C, sodass die Wand bei Unterschreiten dieser Temperatur in der Nacht viel Wärme abgeben und am nächsten Tag bei Überschreiten dieser Temperatur wieder viel Wärme aufnehmen kann. Liegen die Temperaturen allerdings immer unter oder immer über dem Phasenwechselpunkt, findet dieser Effekt nicht statt und die Wand reagiert wie ein normaler Putz oder Gipskarton.

Bei indirekten Gewinnsystemen wird meist nur die Außenwand zur Wärmespeicherung herangezogen; sie ist deshalb entsprechend massiv ausgebildet. Als Absorber dient die äußere Wandoberfläche, die mit schwarzer Farbe gestrichen oder mit Absorberfolie beklebt wird.

Nur bei abgekoppelten Systemen findet eine räumliche Trennung zwischen Absorber und Speicher statt. Die Absorberfunktion wird hier meist von einem schwarzen, ggf. selektiv beschichteten, Blech übernommen. Der Wärmeträger wird dann über einen Kanal oder ein aufwändigeres Leitungssystem zum Speicher transportiert. Der Speicher kann ebenfalls Bestandteil der Gebäudekonstruktion sein; dies ist z. B. dann der Fall, wenn er als Hohldecke oder zweischalige Wand ausgebildet wird. Geröllspeicher erbringen dagegen keinen "Doppelnutzen", da sie nicht zur Baukonstruktion zählen.

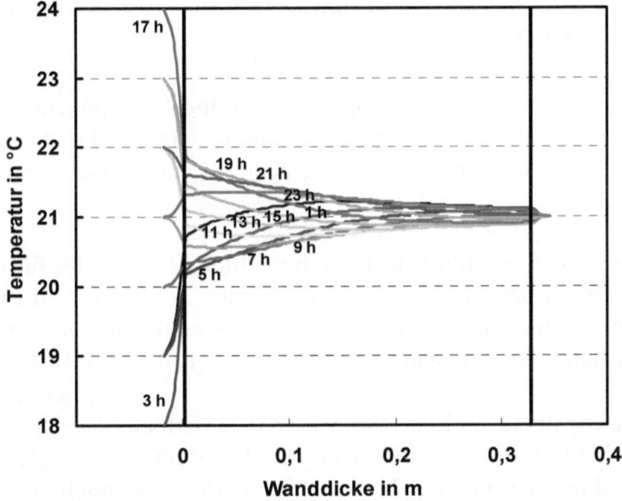

Abb. 3.13 Temperaturverlauf einer Innenwand mit Einstrahlung und wechselnder Temperatur an einer Seite (links) /Streicher 2005/

Über statische Berechnungsverfahren mit dynamischen Elementen (z. B. /EN ISO 13790 2008/) kann aus den Wärmeverlusten des Gebäudes Q_L (Summe aus Transmissions- und Lüftungsverlusten), reduziert um die nutzbare Energiemenge aus der solaren Einstrahlung Q_{sol} und der inneren Wärme Q_{int} (d. h. Abwärme von Personen und Geräten) multipliziert mit einem Ausnutzungsgrad η, der resultierende Heizenergiebedarf Q_H ermittelt werden (Gleichung (3-9)). Der Ausnutzungsgrad der Gewinne berücksichtigt, dass nicht alle Gewinne zu einer Reduktion der Heizwärmenachfrage führen, sondern fallweise auch zu einer nicht nutzbaren Überhitzung des Raums. Er ist zum Einen vom Gewinn- zu Verlustverhältnis des Gebäudes und zum Anderen von dessen Speichermassen abhängig. Mit einem analogen Ansatz kann auch die Kühlenergienachfrage bestimmt werden, der u. a. durch die Überwärmung durch passive Solargewinne im Sommer induziert wird.

$$Q_H = Q_L - \eta(Q_{sol} + Q_{int}) \tag{3-9}$$

Vereinfacht kann der Ausnutzungsgrades η nach Gleichung (3-10) für ein Verhältnis des Wärmegewinns zum Wärmeverlust γ kleiner als 1,6 und gängige thermische Trägheiten aus diesem Wärmegewinn- zu -verlustverhältnis γ (Gleichung (3-11)) überschlägig berechnet werden /Feist 1998/.

$$\eta = 1 - 0{,}3\gamma \tag{3-10}$$

$$\gamma = (Q_{sol} + Q_{int}) / Q_L \tag{3-11}$$

3.2.4 Funktionale Systeme

Abhängig von Ausbildung und Anordnung der einzelnen Komponenten können vier funktionale Systemgrundtypen (d. h. Direktgewinnsysteme, indirekte Gewinnsysteme, abgekoppelte Systeme, Wintergarten), die aber z. T. ineinander übergehen, unterschieden werden.

Direktgewinnsysteme. Sonnenlicht tritt durch lichtdurchlässige Hüllflächen direkt in den Raum und wird an den inneren Raumoberflächen absorbiert und in Wärme gewandelt. Die Raumtemperatur und Raumoberflächentemperatur verändern sich fast gleichzeitig. Typische Direktgewinnsysteme sind Fenster und Oberlichter (Abb. 3.14).

Vorteile dieser Systeme sind ein einfacher Systemaufbau, der geringe Regelaufwand sowie die niedrigen Speicherverluste, da die Strahlungsenergie im Rauminneren und damit direkt am Ort der Nutzung in Wärme gewandelt wird. Nachteilig kann sich die geringe Phasenverschiebung zwischen Einstrahlung und Innentemperatur auswirken. Direktgewinnsysteme lassen sich nur über eine Verschattung regeln, denn die Wärmeabgabe der Speichermassen an den Raum ist nicht beeinflussbar. Deshalb sind zusätzlich Heizsysteme mit geringer Trägheit notwendig, um eine gute Ausnutzung der Solargewinne sicherzustellen.

Die Anwendung von Direktgewinnsystemen ist besonders sinnvoll, wenn Wärmenachfrage und Einstrahlung zeitgleich auftreten. Dies ist z. B. in vielen Bürogebäuden im Winter der Fall. Dort können Direktgewinnsysteme auch mit Tageslichtsystemen zur Einsparung von Beleuchtungsenergie kombiniert werden. Allerdings ist bei Gebäuden mit hohen internen Wärmegewinnen der Sommerfall zu berücksichtigen. Hier müssen durch bauliche Maßnahmen oder flexible außenliegende Verschattungseinrichtungen Überhitzungen vermieden werden.

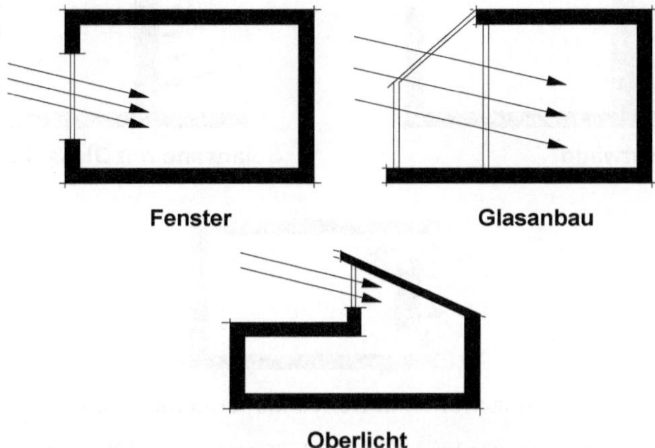

Abb. 3.14 Varianten von Direktgewinnsystemen (nach /Kerschberger 1994/)

Indirekte Gewinnsysteme. Bei indirekten Gewinnsystemen (Solarwand) wird solare Strahlung an der dem Raum abgewandten Seite eines Speicherbauteils in Wärme gewandelt. Im Speicherbauteil fließt die Energie durch Wärmeleitung zur raumseitigen Oberfläche des Speichers und wird dort an die Raumluft abgegeben (Abb. 3.15). Innentemperatur und Einstrahlung sind damit in der Phase verschoben. Diese Phasenverschiebung kann durch Speicherbauteilmaterial und -dicke beeinflusst werden.

Vorteile von Solarwandsystemen sind ihr einfacher Systemaufbau, die in der Phase verschobene Raumerwärmung und die gegenüber Direktgewinnsystemen geringeren Raumtemperaturvariationen. Nachteilig wirken sich die im Vergleich zum Direktgewinn erhöhten Wärmeverluste nach außen aus. Der Wärmeeintrag kann nur über entsprechende Verschattungseinrichtungen geregelt werden. Sobald die Einstrahlung vom Speicherbauteil absorbiert ist, lässt sich die Wärmeabgabe an den Raum nicht mehr beeinflussen. Bei konvektionsunterstützten Systemen muss zudem die Innenseite der transparenten Abdeckung gereinigt werden können, da sich Raumluft und Heizluft vermischen.

Solarwandsysteme bzw. indirekte Gewinnsysteme eignen sich als Ergänzung zu Direktgewinnsystemen, da durch eine Kombination beider Systeme die Dauer der Wärmeabgabe in den Raum verlängert wird. Vor allem bei eher kontinuierlicher Wärmenachfrage (z. B. Wohnungen) bringen solche Systemkombinationen Vorteile.

Eine Variante indirekter Gewinnsysteme stellen sogenannte konvektiv entwärmte Solarsysteme (Abb. 3.16) dar. Derartige Systeme können auf eine Verschattung verzichten, da die heiße Luft zwischen Absorber und Speicher im Sommer nach außen abgeführt wird.

Abgekoppelte Systeme. Bei abgekoppelten Solarsystemen sind einige Systemkomponenten keine Bestandteile der Gebäudekonstruktion (z. B. Wärmetransporteinrichtungen, Ventilatoren). Sie zählen vielmehr zur Anlagentechnik. Deshalb ist hier eine eindeutige Abgrenzung gegenüber aktiven Systemen nicht immer zweifelsfrei möglich.

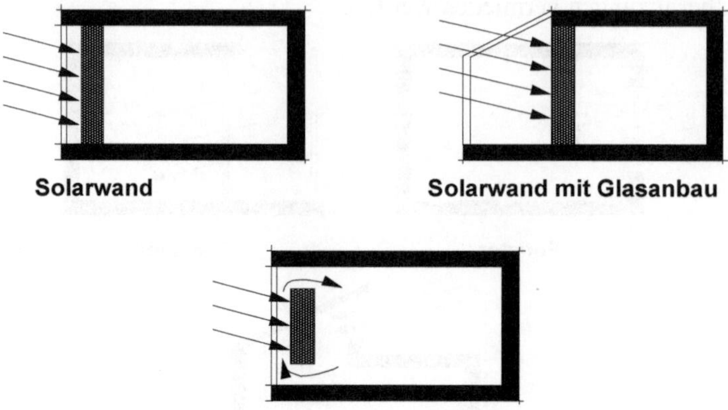

Abb. 3.15 Varianten von Solarwandsystemen (nach /Kerschberger 1994/)

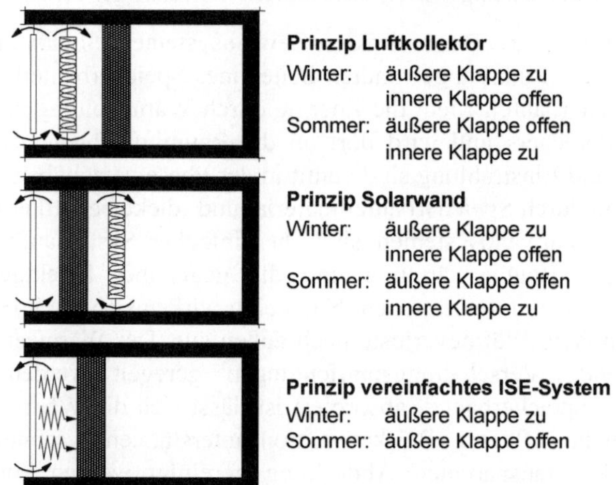

Abb. 3.16 Varianten konvektiv entwärmter Solarwandsysteme (nach /Kerschberger 1994/)

Bei derartigen abgekoppelten Systemen wird die solare Einstrahlung an einer vom Raum thermisch isolierten Absorberfläche in Wärme umgewandelt (Abb. 3.17). Die Solarwärme wird dann über ein Kanalsystem mit dem Wärmeträger Luft in einen Wärmespeicher geleitet, der entweder ein integraler Bestandteil der Gebäudekonstruktion oder ausschließlich eine technische Zusatzkomponente sein kann (oder eine Kombination aus den beiden Möglichkeiten). Hohldecken oder zweischalige Wände sind Beispiele für Speicher als Gebäudebestandteile; Geröllspeicher oder Wasserspeicher sind dagegen bereits technische Anlagen, die von der Gebäudekonstruktion unabhängig sind.

Erfolgt bei solchen Systemen der Wärmeaustausch ausschließlich konvektiv (d. h. ohne Hilfsaggregate) und ist der Speicher Gebäudebestandteil, ist die Zuordnung zu ausschließlich passiven Solarenergiesystemen eindeutig. Dienen Ventilatoren der Umwälzung, spricht man auch von semi-passiven Systemen. Die Wärmeabgabe an den Raum lässt sich dann bei thermisch gedämmten Speichern unabhängig von der Absorber- bzw. Speichertemperatur regeln.

Der entscheidende Vorteil von abgekoppelten Systemen ist ihre gute Regelfähigkeit. Aufgrund der Wärmedämmung zwischen Absorber und Innenraum sind außerdem die nächtlichen Wärmeverluste gering. Dem stehen als Nachteile hohe bauliche Aufwendungen, die Empfindlichkeit gegenüber Defekten (z. B. Undichtigkeiten) und die hohen Temperaturen im Absorber entgegen.

Thermisch abgekoppelte Systeme eignen sich für Einsätze mit großen Phasenverschiebungen zwischen Einstrahlung und Wärmenachfrage. Sie sind auch vorteilhaft für Gebäude, in denen separate Wärmespeicher bereits vorhanden sind oder einfach in die Gebäudekonstruktion integriert werden können.

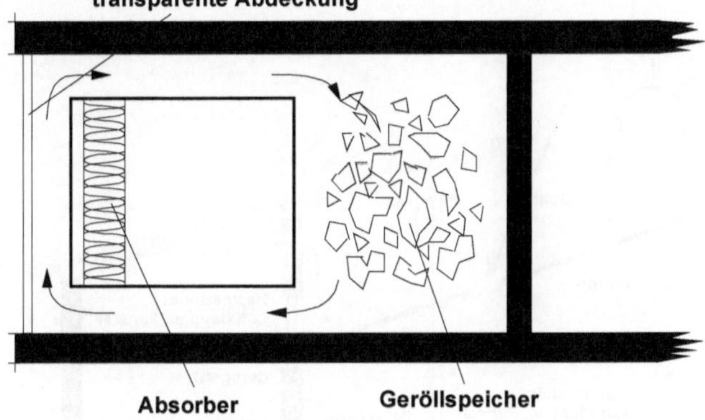

Abb. 3.17 An der Gebäudehülle angebrachtes thermisch abgekoppeltes Solarsystem (nach /Kerschberger 1994/)

Wintergärten. Wintergärten stellen eine weitere Variante funktionaler Systeme dar. Bekanntestes Beispiel ist der unbeheizte Wintergarten, dessen Türen zum Wohnraum dann geöffnet werden, wenn ein Heizbedarf besteht und der Wintergarten eine höhere Temperatur als der angrenzende Wohnraum hat. Ein Wintergarten über zwei oder mehr Stockwerke kann zudem für eine Luftumwälzung im Haus genutzt werden (Abb. 3.18). Im Winter treten dabei Mindesttemperaturen um die 0 °C auf. Im Sommer sollte die Wärme aus dem Wintergarten nach draußen abgegeben werden können, da sonst sehr hohe Temperaturen (über 50 °C) auftreten können. Besonders nach Süden ausgerichtete Schrägverglasungen bedingen gegenüber senkrechten Wänden eine hohe Überhitzungsgefahr im Sommer, da die Sonnenstrahlung annähernd senkrecht auf die Glasfläche auftrifft und daher viel Solarstrahlung in den Wintergarten einfällt. Im Winter ist der Einfallswinkel auf die Schrägverglasung im Gegensatz zur senkrechten Wand gering und es kommt nur zu einem geringen Energieeintrag aufgrund der Solarstrahlung (Abb. 3.6 und Abb. 3.7). Auf der anderen Seite sind die Wärmeverluste durch eine Verglasung immer höher als durch eine bauordnungsgemäß gedämmte opake Fassade oder ein entsprechend gedämmtes Dach und die Schrägverglasung am Dach bewirkt im Winter eine zusätzliche Auskühlung des Wintergartens. Aus diesem Grund sollten auch keine schräg verglasten Wintergärten gebaut werden und das Dach sollte gut gedämmt sein. Zudem ist es ungünstig, den Wintergarten nach Ost oder West auszurichten; im Winter fällt nur eine geringe nutzbare solare Einstrahlung auf diese Flächen und im Sommer ist eine Abschattung nur mit Jalousien, aber nicht mit einem Dachüberstand, erreichbar.

Bei solchen hohen freien Räumen muss jedoch auf die Temperaturverteilung im Wintergarten geachtet werden und es müssen eventuelle Naturzirkulations-Luftströmungen berücksichtigt werden. Zumeist sind deshalb unten und oben mit Klappen versehene Öffnungen ins Freie (im einfachsten Fall öffenbare Fenster und Türen) vorhanden; sie dienen im Sommer zum Einlassen von Frischluft bzw. zum Auslassen von zu stark aufgewärmter Luft ins Freie. Im Winter dagegen sollte bei Solarstrahlung die Möglichkeit bestehen, die im Wintergarten über Raumtemperatur erwärmte Luft über Klappen oder Fenster oben ins Haus einzubringen und unten wieder zurückzuführen. So kann das Haus über den "Sonnenkollektor" Wintergarten passiv mitgeheizt werden.

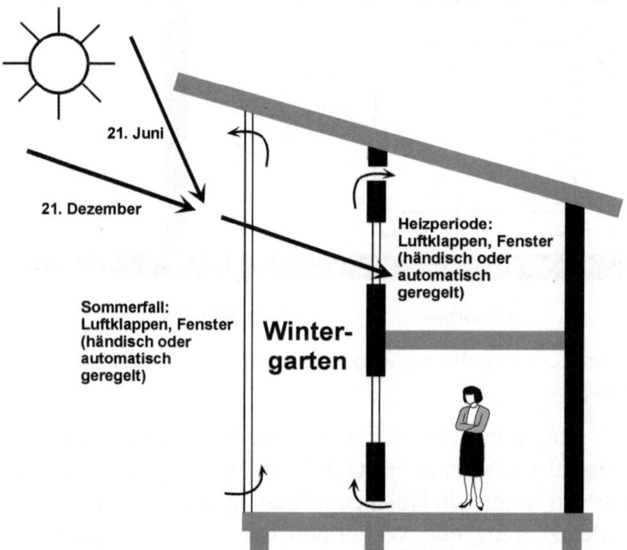

Abb. 3.18 Funktionsweise eines Wintergartens /Streicher 2007/

Ein gut ausgelegter und optimal geregelter Wintergarten liefert über die Heizperiode gleich viel oder etwas mehr Energie ans Haus, wie das Haus an ihn abgibt. Neben der passiven Nutzung der Sonnenenergie senken unbeheizte Wintergärten auch die Heizlast des Gebäudes, da das System Wand – Wintergarten – Wand im Normalfall einen kleineren *U*-Wert (Wärmedurchgangskoeffizient) hat als die reine Außenwand. Ein beheizter Wintergarten stellt dahingegen im Normalfall einen erhöhten Wärmeverlust dar.

Im Sommer kommt es in Wintergärten, auch wenn sie durch Dachüberstände fix verschattet sind, oft zu Übertemperaturen. Abb. 3.19 zeigt beispielhaft den Verlauf der Temperaturen eines Wintergartens (θ_{Wi}) nach Abb. 3.18, den der Wohnraumtemperaturen (θ_i), den der Außentemperaturen (θ_e) und den der Fußboden- (θ_{Fb}) und Deckentemperaturen (θ_{De}) in einem Haus mit Fußbodenheizung an drei schönen Sommertagen. Trotz einer zugrunde gelegten hohen Luftwechselrate nach außen steigt demnach die Temperatur im Wintergarten auf über 40 °C an. Die dahinter liegende Wohnraumtemperatur liegt aber maximal bei 30 °C.

Wintergärten können auch als Verkehrsflächen (Gänge) in Mehrfamilienhäusern genutzt werden, da hier Raumtemperaturschwankungen eher akzeptabel sind als in Wohnräumen.

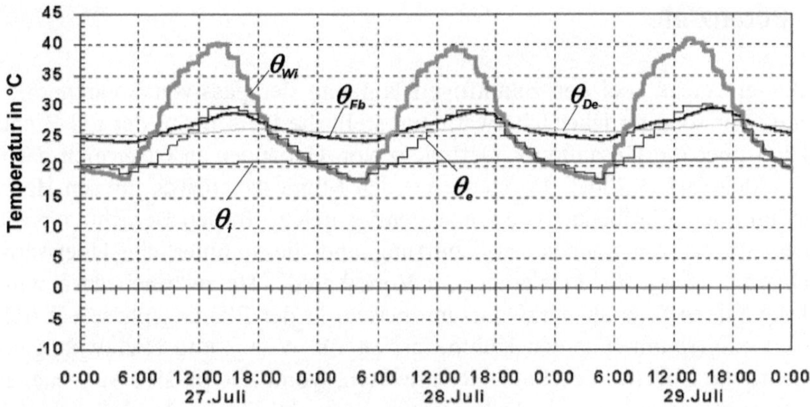

Abb. 3.19 Temperaturverlauf in einem Wintergarten im Sommer (θ_{Wi} Temperaturen eines Wintergartens; θ_i Wohnraumtemperaturen; θ_e Außentemperaturen; θ_{Fb} Fußbodentemperaturen; θ_{De} Deckentemperaturen) /Heimrath 1998/

3.3 Potenziale und Nutzung

Die Systeme der passiven Sonnenenergienutzung können, zur Reduzierung des Energiebedarfs von Gebäuden, sowohl für Heizung und Kühlung als auch für die Tageslichtnutzung verwendet werden. Um dies zu erreichen, ist eine gemeinsame Planung von Hausherr, Architekt sowie Haus- und Heizungstechniker von größter Bedeutung.

Die Planung beginnt bei der Auswahl des Grundstückes und der Lage des Hauses auf dem Grundstück. Während die Sonne im Winter möglichst ungehindert auf die Absorberfläche des Hauses strahlen sollte, ist im Sommer zumeist eine Abschattung vorzusehen, um Überhitzungen zu vermeiden. Die Absorberflächen sollten daher nach Süden (± 15°) ausgerichtet sein. Damit lässt sich einerseits in der Heizperiode ein hoher Energiegewinn und eine passive Sonnenenergienutzung und andererseits eine sommerliche Abschattung durch geeignete Dachüberstände erreichen. Ein weiterer wichtiger Punkt ist die Nutzung von thermischen Speichermassen zur Verhinderung der sommerlichen Überwärmung.

Vor diesem Hintergrund ist die Abschätzung der Potenziale einer passiven Solarenergienutzung und deren Nutzung für Österreich sehr schwierig und kaum durchführbar, da eine Abgrenzung zwischen dem, was dem Gebäude anzulasten ist, und dem, was einer passiven Sonnenenergienutzung zuzurechnen ist, fließend ist. Im Folgenden können deshalb die Potenziale nur qualitativ diskutiert werden. Dies gilt auch für die derzeitige Nutzung. Hinzu kommt, dass eine nachträgliche verstärkte passive Solarenergienutzung im vorhandenen Gebäudebestand kaum möglich ist.

3.3.1 Potenziale

Ein wichtiger Aspekt bei der zukünftigen Nutzung der passiven Solarenergie und dem Schutz vor sommerlicher Überwärmung stellt die Umsetzung der EU-Richtlinie 2002/91/EG über die Gesamtenergieeffizienz von Gebäuden in Österreich dar /EU-Richtlinie 2002/91/EG 2002/. Durch sie werden Mindeststandards für den Heizwärmebedarf und den Kühlbedarf von Gebäuden festgelegt. In den Berechnungsverfahren finden die passive Sonnenenergienutzung und die sommerliche Überwärmung entsprechend Eingang. Zur Erreichung der Vorgaben des Heizwärmebedarfs wird dadurch der passiven Sonnenenergienutzung bereits in der Planungsphase ein höherer Stellenwert eingeräumt. Für den Kühlbedarf ist für Wohn- und Nichtwohngebäude der sommerliche Überwärmeschutz nachzuweisen, womit die passive Sonnenenergienutzung sinnvoll einzusetzen ist. Daher ist das Potenzial für den Neubau relativ hoch einzuschätzen. Bei der Sanierung wird dagegen nur in Ausnahmefällen die Fassade mit ihren Fensterflächen erneuert; dadurch fällt hier das Potenzial der passiven Sonnenenergienutzung entsprechend geringer aus.

3.3.2 Nutzung

Die Wärmenachfrage in Gebäuden wird heute schon zu 15 bis 20 % durch Solarstrahlung durch die Fenster gedeckt. Diese Gewinne werden allerdings nur selten als Solargewinne ausgewiesen, da die Gebäudebefensterung primär einem anderen Zweck dient. Zudem muss berücksichtigt werden, dass Fenster auch große Wärmeverluste verursachen. Erst durch die Einführung der Wärmeschutzverglasung werden die Wärmegewinne durch die ein nach Süden ausgerichtetes Fenster passierende Solarstrahlung größer als die Wärmeverluste (vgl. Tabelle 3.1).

Abgesehen von der üblichen Befensterung von Gebäuden werden bisher passive Solarsysteme nur in einem verschwindend geringen Umfang eingesetzt. Glasanbauten (Wintergärten) im Wohnungsbau werden zwar oft in Ein- oder Zweifamilienhäuser integriert. Ziel ist aber vielfach eher eine Wohnwertsteigerung als primär eine Energieeinsparung.

4 Solarthermische Wärmenutzung

Die direkte Nutzung des solaren Strahlungsangebots zur Wärmebereitstellung – vor allem für die Schwimmbadbeheizung sowie die Trinkwarmwassererwärmung und die Unterstützung der Raumwärmebereitstellung – hat in den letzten Jahren einen starken Aufschwung erlebt. Wurden zu Beginn der 1980er Jahre noch vorwiegend einfache und teilweise im Selbstbau errichtete Anlagen installiert, stellen solarthermische Anlagen heute eine ausgereifte Technologie mit einer entsprechend hohen Betriebssicherheit und einer zunehmenden Verbreitung dar. Diese Option wird nachfolgend diskutiert.

4.1 Grundlagen des regenerativen Energieangebots

Die Grundlagen des solaren Strahlungsangebots sind in Kapitel 3.1 ausführlich dargestellt.

4.2 Systemtechnische Beschreibung

Im Folgenden werden die technischen Grundlagen der solarthermischen Wärmenutzung diskutiert; die Ausführungen beschränken sich dabei auf aktive solarthermische Systeme. Die genannten Kennzahlen repräsentieren – entsprechend der bisherigen Vorgehensweise – den aktuellen Stand der Technik.

4.2.1 Grundlagen der Energiewandlung

Die Energie der solaren Strahlung kann mit Hilfe von Absorbern (z. B. von Sonnenkollektoren, Wänden oder Fußböden) in Wärme umgewandelt werden. Dabei spricht man von passiver Solarenergienutzung, wenn das Gebäude oder Teile davon selbst die Funktion der Solarenergieaufnahme, Wandlung und Speicherung übernehmen (Kapitel 3); dies ist z. B. bei Wintergärten oder bei bewusster Südausrichtung von Gebäuden der Fall. Alle anderen thermischen Solarenergiesysteme werden als aktiv bezeichnet; nur diese werden hier diskutiert.

Das Grundprinzip der aktiven solarthermischen Wärmenutzung ist die Umwandlung (fotothermische Wandlung) von kurzwelliger Solarstrahlung in langwelligere Wärmestrahlung (> 2 µm) durch Absorption eines möglichst großen Anteils der Solarstrahlung mittels einer geeigneten "Strahlungsfalle" (d. h. Kollektor). Die Fähigkeit eines Körpers, Strahlung zu absorbieren, wird dabei als Absorptionsvermögen oder Absorption bezeichnet. Die Emission stellt demgegenüber den Anteil der in Wärme umgewandelten Sonnenenergie dar, der wieder an die Umgebung abgestrahlt wird. Die Reflexion beschreibt im Unterschied dazu die vom Absorber bzw. der Abdeckscheibe reflektierte kurzwellige Solarstrahlung.

4.2.2 Systemelemente solarthermischer Anlagen

Solarthermische Anlagen wandeln über Kollektoren die solare Strahlung teilweise in Wärme um. Ein Teil dieser Wärme kann anschließend von einem Wärmeträgermedium abgeführt und entweder direkt genutzt oder in einem Speicher für eine spätere Nutzung eingelagert werden. Als Kollektoren werden in Österreich fast ausschließlich nicht die Strahlung konzentrierende Flüssigkeitskollektoren eingesetzt. Die folgenden Ausführungen beschränken sich daher weitgehend auf Bauarten dieses Typs. Luftkollektoren bzw. konzentrierende Kollektoren werden nur am Rande diskutiert.

Neben den Kollektoren werden für den Betrieb solarthermischer Anlagen noch weitere Systemelemente (u. a. Speicher, Wärmeträgermedium oder Wärmeüberträger) benötigt. Auch diese werden nachfolgend dargestellt.

Kollektoraufbau. Abb. 4.1 zeigt den Aufbau eines nicht die Strahlung konzentrierenden direkt durchflossenen Flüssigkeitskollektors.

Der Kollektor besteht aus dem Absorber, der transparenten Abdeckung, dem Gehäuse mit der Wärmedämmung sowie der Wärmeträgerzu- und -abfuhr. Je nach Kollektorbauart sind aber nicht zwingend alle der in Abb. 4.1 dargestellten Bauteile vorhanden. Unbedingt notwendig ist jedoch der Absorber mit den entsprechenden Leitungen für das Wärmeträgermedium.

Absorber. Aufgabe des Absorbers ist es, die Solarstrahlung aufzunehmen und einen möglichst großen Teil davon in Wärme umzuwandeln. Die Funktion der "Strahlungsabsorption" übernimmt ein Absorbermaterial mit einem möglichst hohen Absorptionsvermögen im Wellenlängenbereich des sichtbaren Lichtes. Umgekehrt wird ein niedriges Absorptions- und damit Emissionsvermögen im Wellenlängenbereich der Wärmestrahlung angestrebt. Zusätzlich muss der Absorber eine gute Wärmeleitung zum Wärmeträger ermöglichen sowie temperatur- und UV-beständig sein.

Entsprechend diesen Anforderungen kommen als Absorbermaterial vorwiegend Metalle oder Kunststoffe in Frage. Das Grundmaterial wird auf der die Strahlung empfangenden Seite im einfachsten Fall schwarz angestrichen (maximale Absorbertemperatur ca. 130 °C) oder selektiv beschichtet (max. Absorbertemperatur ca. 200 °C). Sogenannte selektive Beschichtungen weisen dabei einen hohen Absorptionskoeffizienten für das relativ kurzwellige Strahlungsspektrum des Sonnenlichts auf, während sie gleichzeitig die sehr viel langwelligere Wärmestrahlung des Absorbers nur wenig emittieren; dadurch lassen sich die Wärmeverluste des Absorbers im Vergleich zu Absorbern ohne selektive Beschichtung deutlich reduzieren /Ladener 1993/.

Abdeckung. Zur Verringerung der konvektiven Wärmeverluste des Absorbers an die Umgebung sind Absorber oft mit einer lichtdurchlässigen Abdeckung versehen. Diese transparente Abdeckung eines Kollektors muss für die Solarstrahlung möglichst durchlässig sein und die langwellige thermische Rückstrahlung des Absorbers zurückhalten. Gleichzeitig sollte sie konvektive Wärmeverluste an die Umgebung reduzieren.

Als Material kommen Glasscheiben, Kunststoffplatten oder Kunststofffolien (z. B. Polyethylen, Teflon) in Frage. Aufgrund der materialbedingten Nachteile von Kunststoffen, die u. a. leicht verspröden und blind werden, hat sich bei den meisten Anwendungsfällen Glas durchgesetzt. Durch einen niedrigen Eisengehalt kann dessen Absorptionsvermögen im kurzwelligen Strahlungsbereich herabgesetzt werden. Dadurch wird ein Aufheizen der Scheibe vermieden und die konvektiven Wärmeverluste an die kältere Umgebung werden herabgesetzt. Manchmal sind zusätzlich infrarotreflektierende Schichten an der unteren Seite der Abdeckung aufgedampft, um die langwellige Wärmestrahlung vom Absorber an die Abdeckung in Richtung Absorber zu reflektieren und damit die Verluste weiter zu reduzieren.

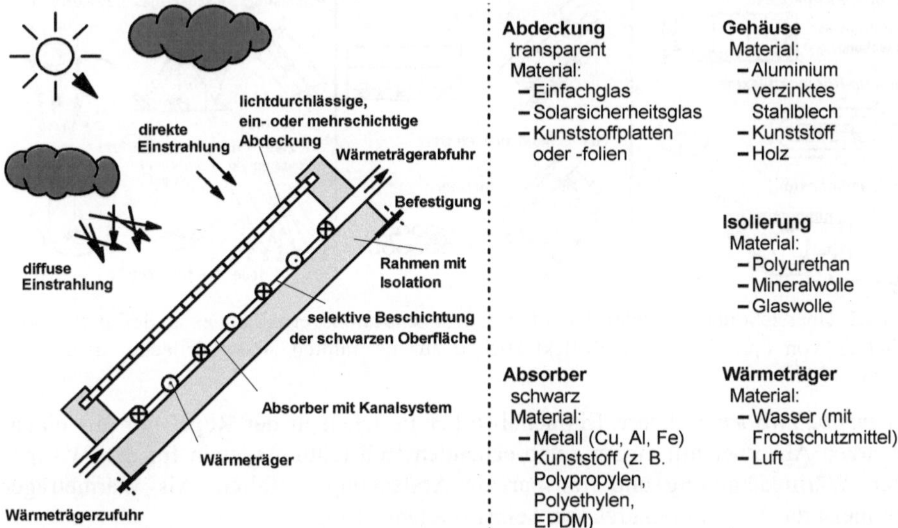

Abb. 4.1 Prinzipieller Aufbau eines nicht die Strahlung konzentrierenden Flüssigkeitskollektors (nach /Kaltschmitt, Streicher und Wiese 2006/)

Gehäuse. Das Gehäuse besteht aus einem wärmegedämmten Rahmen aus Aluminium, verzinktem Stahlblech, Kunststoff oder Holz. Es verleiht dem Kollektor mechanische Festigkeit und dichtet ihn gegen die Umgebung ab. Eine geringe Ventilation muss aber gewährleistet sein, damit Über- oder Unterdruck aufgrund von Temperaturschwankungen abgebaut und eventuell auftretende Feuchtigkeit abgeführt werden kann.

Werden Kollektoren auf Schrägdächern installiert, können diese als Aufdach- oder Indachkollektoren ausgeführt werden. Im Unterschied zu dachintegrierten Gehäusen sind Aufdachgehäuse auf ihrer Rückseite mit einer Wanne (z. B. aus Stahl oder Aluminium) versehen.

Kollektorbauarten. Die verschiedenen Kollektorbauarten können anhand des Wärmeträgermediums (Flüssigkeit oder Luft) sowie der Art der Strahlungsaufnahme (konzentrierend oder nicht konzentrierend) eingeteilt werden. Innerhalb der daraus abzuleitenden vier Grundbauarten gibt es eine Vielzahl von Varianten (Abb. 4.2), von denen im Folgenden die wichtigsten Vertreter näher dargestellt werden.

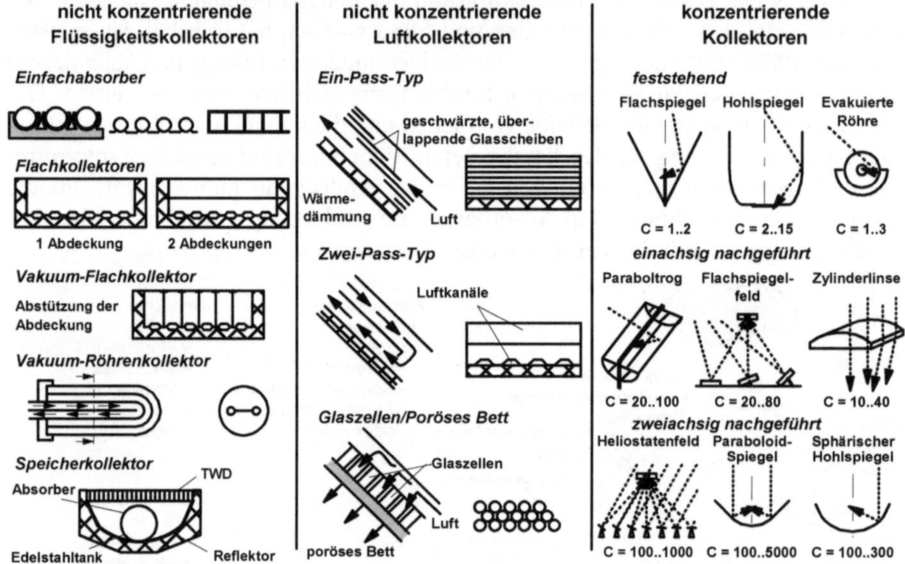

Abb. 4.2 Übersicht über Kollektorbauarten (C Konzentrationsverhältnis; es ist definiert als das Verhältnis von optisch aktiver Kollektorfläche zur bestrahlten Absorberfläche; u. a. nach /Ladener 1993/)

Schwimmbadabsorber. Diese Einfachabsorber bestehen in der Regel nur aus einem schwarzen Absorber mit einem entsprechenden Rohrleitungssystem für den Wärmeträger. Wärmedämmung und transparente Abdeckung entfallen. Als Wärmeträger dient meist das Schwimmbadwasser selbst /Ladener 1993/.

Flachkollektor. Werden höhere Temperaturen als beim Schwimmbadabsorber benötigt, kommen meist Flachkollektoren zum Einsatz. Sie bestehen aus einem Metallabsorber in einem wärmegedämmten Gehäuse mit einer oder mehreren transparenten Abdeckscheiben. Um die konvektiven Wärmeverluste vom Absorber an die Abdeckung weiter zu reduzieren, kann der Zwischenraum zwischen beiden evakuiert werden (Vakuum-Flachkollektor). Flachkollektoren können nach dem verwendeten Absorbermaterial (z. B. Kupfer, Aluminium oder Edelstahl) oder der Ausführung des Durchströmungskanals (Serpentinabsorber, hochselektiver Streifenabsorber oder Roll-Bond-Absorber) unterschieden werden.

Vakuum-Röhrenkollektoren. Der Absorber von Vakuum-Röhrenkollektoren besteht aus einem hochselektiv beschichteten Streifen mit einem Flüssigkeitskanal, der in einer evakuierten Glasröhre liegt. Durch das Vakuum werden die Verluste aufgrund Konvektion und Wärmeleitung weitgehend unterdrückt. Dadurch können sehr geringe Verluste und bei hohen Nutztemperaturen hohe flächenspezifische Energieerträge erreicht werden. Nachteile der Röhren sind mögliche Vakuumverluste an der Metall-Glas-Verbindung im Bereich der Strömungskanaldurchführung sowie die höheren Kosten gegenüber nicht vakuumisolierten Flachkollektoren. Vakuum-Röhrenkollektoren werden deshalb in Kleinanlagen nur selten eingesetzt. Aufgrund der relativ hohen erreichbaren Temperaturniveaus ist ihr Einsatz allerdings im Bereich der industriellen Niedertemperaturprozesswärmebereitstellung oder zur solaren Kühlung in Verbindung mit Absorptionskältemaschinen interessant.

Heat-pipe Kollektor. Vakuum-Kollektoren können auch als Wärmerohr (heat-pipe) ausgeführt werden. Im Gegensatz zu Vakuum-Flach- oder -Röhrenkollektoren, die von einem Wasser-Frostschutzmittel-Gemisch als Wärmeträgermedium durchströmt werden, befindet sich beim heat-pipe System im Rohr meist eine Flüssigkeit, die auf einem niedrigen Temperaturniveau verdampft. Der Dampf steigt im schräg montierten Rohr nach oben, gibt über einen Kondensator die Wärme an den Speicherladekreislauf ab und kondensiert dabei aus, um bei genügender Sonneneinstrahlung erneut zu verdampfen. Es gibt auch heat-pipe Kollektoren, die mit einem Wasser-Frostschutzmittel-Gemisch gefüllt sind, welches flüssig bleibt und über Naturkonvektion die Wärme zur Wärmeabnahme transportiert.

Luftkollektoren. Luftkollektoren werden zur Abfuhr der im Absorber umgesetzten Wärme von Luft durchströmt. Dies ermöglicht einen im Vergleich zu Flüssigkeitskollektoren geringeren konstruktiven Aufwand und dadurch einen einfacheren Kollektoraufbau. Allerdings werden große Kanäle benötigt und die Antriebsleistungen für die notwendigen Ventilatoren ist beachtlich.

Prinzipiell eignen sich Luftkollektoren gut für die solare Raumheizung. Da in Österreich jedoch vorwiegend Warmwasserheizungssysteme verwendet werden, kommen diese für die Gebäudebeheizung kaum in Frage. Mögliche Einsatzfelder können sich allerdings z. B. bei der solaren Trocknung von Stroh, Holzhackgut oder Nahrungsmitteln bzw. bei Niedrigenergiehäusern mit Abluftwärmerückgewinnung oder Außenluftwärmepumpen ergeben.

Konzentrierende Kollektoren. Bei diesen Kollektorkonzepten wird der direkte Anteil der von der Sonne kommenden Strahlung (d. h. Direktstrahlung) von Spiegelflächen reflektiert und auf die Absorberfläche konzentriert. Strahlungskonzentrierende Kollektoren können in feststehende sowie einachsig und zweiachsig nachgeführte Systeme eingeteilt werden. Die maximal erreichbaren Temperaturen im Absorber können mit Rotations-Paraboloid-Spiegeln erreicht werden (ca. 1 000 °C). Da aus physikalischen Gründen nur der Direktanteil der Strahlung konzentriert werden kann, ist die Verwendung von konzentrierenden Kollektoren i. Allg. nur in Gebieten mit einem hohen Direktstrahlungsanteil technisch sinnvoll. Da es sich in Österreich aber bei ca.

60 % der ankommenden Solarstrahlung um Diffusstrahlung handelt, kommen diese Kollektoren hier kaum zur Anwendung.

Eine Ausnahme stellen allerdings feststehende Systeme mit z. B. CPC-Spiegeln (Compound Parabolic Concentrator) dar. Dabei wird über parabolische Spiegel, die z. B. um eine Vakuumröhre angeordnet sein können, sowohl direkte als auch ein größerer Anteil der diffusen Strahlung auf den Absorber in der Vakuumröhre gelenkt (Abb. 4.3). Speziell während Zeiten mit einem hohen Diffusstrahlungsanteil kann dadurch der Wärmeertrag der Kollektoren deutlich gesteigert werden.

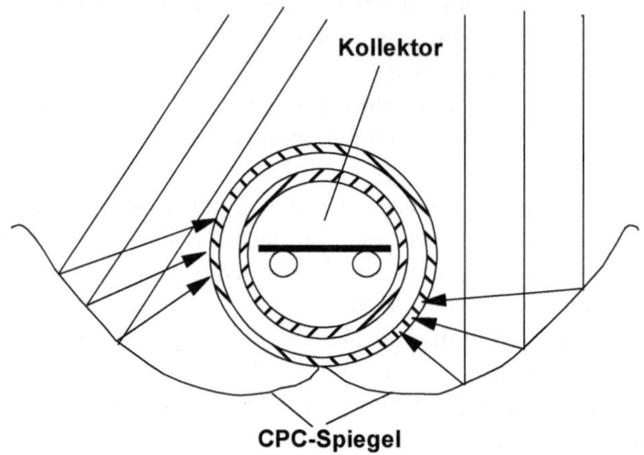

Abb. 4.3 Vakuum-Röhrenkollektor mit CPC-Spiegel (nach /microtherm 1999/)

Kollektorverschaltung. In den meisten Anwendungsfällen sind mehrere Einzelkollektoren innerhalb einer solarthermischen Anlage untereinander verschaltet. Kollektoren können dabei prinzipiell seriell, parallel oder in einer Kombinationen aus diesen beiden Varianten kombiniert werden.

Kleinere und mittlere Kollektorflächen werden oft parallel geschaltet. Dies entspricht einer sogenannten High-Flow-Schaltung, bei der ein geringer Temperaturhub im Kollektor erzielt wird, um einen hohen Wirkungsgrad bei tiefen Kollektoreintrittstemperaturen zu erreichen. Zur Gewährleistung einer einheitlichen Wärmeträger-Austrittstemperatur – und damit einer gleichen mittleren Absorbertemperatur – muss eine gleichmäßige Durchströmung der einzelnen Absorber gewährleistet werden. Diese Forderung wird durch die sogenannte Tichelmann-Verschaltung erfüllt, bei der die Fließwege in den parallel geschalteten Kollektoren möglichst gleich lang sowie die Zu- und Abflüsse der Sammelleitungen an gegenüberliegenden Ecken angeschlossen sind. Weiters sollte der Durchmesser der Sammelleitungen größer sein als jener der Absorberrohre.

Bei der Serienschaltung werden alle Kollektorflächen gleichmäßig durchströmt. Grundsätzlich wird dadurch die erreichbare Temperaturspreizung erhöht und der Gesamtmassenstrom erniedrigt (Low-Flow Schaltung). Dem Vorteil, dadurch auch bei kurzzeitiger oder nur geringer Einstrahlung schnell warmes Wasser verfügbar zu machen, steht als Nachteil der höhere Wärmeverlust vom Absorber aufgrund der größeren Temperaturdifferenz zur Umgebung entgegen. Der höhere Druckverlust von seriell geschalteten Kollektoren wird durch die geringeren Druckverluste in der Rohrleitung aufgrund des geringeren Gesamtmassenstroms teilweise ausgeglichen. Aufgrund des geringeren Gesamtmassenstroms bleibt im Vergleich zu parallel verschalteten Kollektoren auch die erforderliche Pumpenleistung in etwa gleich (u. a. nach /Streicher 2007/).

Montage. Die Energieerträge solarthermischer Anlagen sind stark von der eingestrahlten Sonnenenergie abhängig. Der Ausrichtung auf die Sonne kommt daher eine besondere Bedeutung zu. In Österreich werden Kollektoren bei Schrägdächern bevorzugt in die Dachhaut integriert (Indachkollektor). Eine Aufdachmontage wird vor allem bei einer nachträglichen Montage über den vorhandenen Dachziegeln realisiert. Durch den Kollektor dürfen die statischen und wärmetechnischen Eigenschaften der Dachkonstruktion nicht negativ beeinflusst werden.

Die Montage der Kollektoren auf ebenen Flächen (z. B. auf Flachdächern) erleichtert gegenüber der Schrägdachmontage eine optimale Ausrichtung und Neigung. Meist werden dabei standardisierte Gestelle verwendet, in die der Kollektor integriert wird.

Speicher. Solarunterstützte Trinkwarmwasser- und Heizungssysteme benötigen Wärmespeicher, um Schwankungen der Sonneneinstrahlung ausgleichen zu können. Eine Einteilung kann u. a. nach dem Speichermedium oder der Speicherdauer erfolgen.

Wasserspeicher. Für solarunterstützte Trinkwarmwasser- und Heizungssysteme sind in Österreich durchwegs Wasserspeicher in Verwendung. In der Regel kommen dabei Druckspeicher mit einem Wärmeübertrager (Wärmetauscher) für den Kollektorkreislauf sowie einem Kaltwasserzu- und einem Warmwasserablauf zum Einsatz. Oft besitzt der Speicher noch einen weiteren Wärmeübertrager oder einen Elektroheizstab für die speicherinterne Nachheizung. Bei drucklosen Speichern sind zusätzlich Wärmeübertrager für den Trinkwarmwasser- bzw. Heizungskreis notwendig. Prinzipiell lassen sich die Wärmeübertrager dabei intern (also innerhalb des Speichers) oder extern anordnen.

Trinkwarmwasserspeicher werden aus Edelstahl bzw. aus korrosionsbeständig beschichtetem oder emailliertem Stahl gefertigt. Zur solaren Raumwärmeunterstützung werden überwiegend Wärmespeicher aus Stahl (innen unbehandelt, außen lackiert) eingesetzt. Für größere Speicher kann bei Temperaturen von bis zu 60 °C Beton verwendet werden. Großspeicher zur saisonalen Speicherung (bis 100 000 m^3) werden auch als abgedeckter künstlicher See oder Felskaverne ausgeführt. Zur Minimierung der Wärmeverluste müssen die Speicher sehr gut wärmegedämmt werden. Bei sehr großen Speichern kann die Dämmung aufgrund der günstigen Oberflächen-Volumen-Verhältnisse ggf. auch entfallen. Die noch vorhandenen Wärmeverluste liegen im Jahresmittel bei Kurzzeitspeichern zwischen 5 und 20 % bzw. bei Langzeitspeichern bei 50 % und mehr bezogen auf die vom Kollektor an den Speicher abgegebenen Wärme. Bei geringen solaren Deckungsgraden können die Wärmeverluste fallweise aber auch darunter liegen.

Eine Variante dieser Wasserspeicher stellt der Thermosyphon- oder Schichtenspeicher dar, der allerdings nur in Kombination mit nach dem Low-Flow Konzept arbeitenden Solaranlagen eingesetzt werden kann; vorwiegend wird dieses Konzept deshalb bei Kombispeichern (Heizung und Trinkwarmwasserbereitung durch die Solaranlage) verwendet. Dabei wird das von der Solaranlage erwärmte Wasser über ein spezielles, senkrecht im Speicher angebrachtes Steigrohr immer in der Höhe in den Speicher eingebracht, in der das Temperaturniveau zur Temperatur des gerade erwärmten Wassers passt. Dadurch steht z. B. bereits nach einer geringen Sonnenscheindauer bzw. Ladezeit solar erwärmtes Wasser auf einem entsprechend hohen Temperaturniveau zur Verfügung. Ohne Low-Flow Konzept benötigt es aufgrund von Turbulenzen und Verwirbelungen eine lange Laufzeit, bis der Speicher oben die benötigte Trinkwarmwassertemperatur erreicht hat. Dies kann dazu führen, dass sich die Nachheizung öfter einschalten muss, obwohl der Kollektor in Summe mehr Energie an den Speicher liefert als bei der Low-Flow Variante. Auch verliert der Speicher mehr Wärme, da er als Ganzes auf höhere Temperaturen aufgeheizt wird. Anstelle eines Schichtenspeichers kann auch ein Speicher mit zwei Einströmstellen für das solar erwärmte Wasser in unterschiedlicher Höhe verwendet werden. Auch in diesem Fall wird der obere Bereich für die Trinkwarmwassererwärmung bevorzugt beladen.

Feststoffspeicher. Hierbei handelt es sich entweder um Schüttungen aus Kies oder anderem Gestein oder um massereiche Teile eines Gebäudes (z. B. Wände, Fußböden, Decken), die mit Luft oder Wasser als Wärmeträger arbeiten. Bei Schüttungen wird warme Luft vom Kollektor z. B. von oben zugeführt; sie gibt ihre Wärme an das Gestein ab, bevor sie den Speicher unten wieder verlässt. Die Wärmeabfuhr verläuft in umgekehrter Richtung. Werden Gebäudeteile direkt als Speicher verwendet, spricht man bei Luft als Wärmeträger von Hypokausten; im Fall von Wasser können dies Fußbodenheizungen oder betonkernaktivierte Decken sein. Der warme Wärmeträger wird durch Kanäle (bzw. Rohre) in diesen Gebäudeteilen geführt und wärmt diese auf. Die erwärmten Speichermassen geben die Wärme dann zeitverzögert und mit geringerer Amplitude an das Gebäude ab.

Da die Wärmekapazität von Gestein deutlich niedriger ist als diejenige von Flüssigkeiten, sind für die gleiche Speicherkapazität etwa 2 bis 3 mal größere Volumina notwendig. Zudem erfordert die Wärmeein- und -ausbringung bei geringen Temperaturdifferenzen große Wärmeübertragerflächen, die gleichmäßig im Speicher verteilt sein müssen. In direkt mit dem Wärmeträger durchströmten Schüttungen und den Hypokausten entfällt dieser Wärmeübertrager. Dem Nachteil des größeren Platzbedarfes steht als Vorteil die einfachere Herstellung gegenüber, denn der Gesteinsspeicher wird drucklos betrieben. Weiterhin werden an ihn wenige Anforderungen bezüglich Dichtigkeit gestellt und er kann bei sehr hohen Temperaturen betrieben werden.

Latentwärmespeicher. Die Änderung des Aggregatzustands eines Materials erfolgt bei konstanter Temperatur unter Zu- bzw. Abfuhr von Energie. Beispielsweise kann die Energie, die beim Auftauen von gefrorenem Wasser frei wird, ohne Temperaturänderung genutzt werden. Die bei diesen Aggregatzustandsänderungen im Material gespeicherte oder von ihm abgegebene Wärme wird als latente, nicht fühlbare Wärme bezeichnet.

Latentwärmespeicher zeichnen sich durch eine hohe Energiedichte aus. Nachteilig sind allerdings die bei großer Be- und Entnahmeleistung auftretenden Temperaturverluste im Phasenwechselmaterial durch Wärmeleitung. Dadurch scheint das Phasenwechselmaterial zum Wärmeträger hin nicht mit konstanter Temperatur zu schmelzen und zu erstarren. Dies führt zu einer Annäherung des Verhaltens an sensible Wärmespeicher. In Summe führen diese Eigenschaften in vielen Fällen zu keiner signifikanten Verbesserung gegenüber Wasserwärmespeichern /Streicher 2008/. Deshalb werden bisher noch kaum Latentwärmespeicher für Solaranlagen am Markt angeboten.

Speicherdauer. Bei der Wärmespeicherung werden Kurzzeit-, Tages- und Saisonspeicher unterschieden.

- Kurzzeitspeicher speichern Wärme lediglich für einige Stunden. Typisches Beispiel ist der bei Speicherkollektoren in den Kollektor integrierte Wassertank.
- Tagesspeicher sind in der Lage, Wärme einen bis mehrere Tage zu speichern. Dies ist der klassische Anwendungsfall für solarthermische Trinkwarmwasseranlagen und teilsolare Heizungsanlagen mit solaren Deckungsgraden bis ca. 60 %.
- Saisonale Wärmespeicher werden vorrangig dann eingesetzt, wenn die solarthermische Anlage zur möglichst vollständigen Wärmenachfragedeckung dienen soll. Zur Anwendung können Wasserspeicher, Aquiferspeicher und Sondenspeicher kommen.

Wärmeträgermedium. Der Wärmeträger transportiert den im Absorber in Wärme umgewandelten Energieanteil der solaren Einstrahlung zum Verbraucher bzw. Speicher. An das Wärmeträgermedium werden u. a. folgende Anforderungen gestellt /Ladener 1993/:

- hohe spezifische Wärmekapazität,
- niedrige Viskosität (d. h. gute Fließ- und Strömungseigenschaften),
- kein Gefrieren oder Sieden im Betriebstemperaturbereich,
- keine Begünstigung von Korrosion im Leitungssystem,
- keine Brennbarkeit sowie
- Ungiftigkeit und biologische Abbaubarkeit.

Wasser erfüllt bis auf die Frostsicherheit unter 0 °C die meisten dieser Anforderungen sehr gut. In Österreich werden daher überwiegend Mischungen aus Wasser mit einem Frostschutzmittel verwendet. Dem Frostschutzmittel werden meistens zusätzlich noch Korrosionsinhibitoren beigemischt, da Mischungen aus Wasser und Frostschutzmittel korrosiver wirken als reines Wasser. Es kann beispielsweise Glykol, Äthylenglykol oder Propylenglykol eingesetzt werden; bei Trinkwarmwasseranlagen wird meistens das lebensmittelechte Propylenglykol genutzt. Nachteile dieser Beimischung sind die im Vergleich zu Wasser geringere spezifische Wärmekapazität, die höhere Viskosität und die verringerte Oberflächenspannung. Die Mischung kann daher durch Poren dringen, die für reines Wasser undurchlässig sind. Zudem sind die Druckverluste höher und der Wärmeübergang schlechter, so dass wesentliche Komponenten (Pumpen, Leitungsquerschnitte, Wärmeübertrager) an dieses Gemisch angepasst werden müssen.

Inzwischen werden auch speziell für Solaranlagen mit Stillstandsbetrieb bis 170 °C beständige Wärmeträger auf Basis von Propylenglykol in Verbindung mit Alkylenglykolen und vollentsalztem Wasser angeboten /Clairent 2001/.

Leitungen. Kollektor und Speicher werden durch Leitungen miteinander verbunden. Anlagengröße und Absorbermaterial bestimmen hier die Materialauswahl. Meistens wird Kupfer oder Edelstahl (Wellrohr) eingesetzt. Daneben kommt auch Polyethylen bei Niedertemperaturanwendungen wie z. B. Schwimmbädern zur Anwendung.

Zur Verminderung der Wärmeverluste werden die Leitungen des Kollektorkreislaufes gedämmt. Die trotzdem noch auftretenden Wärmeverluste in den Leitungen liegen bei etwa 10 bis 15 % der vom Kollektor abgegebenen Energie.

Wärmeübertrager. Wärmeübertrager (Wärmetauscher) dienen der Wärmeübertragung von einem Medium auf ein Anderes bei gleichzeitiger Stofftrennung. Bei solarthermischen Anlagen werden externe und interne Wärmeübertrager unterschieden.

Bei internen Wärmeübertragern ist aufgrund der Temperaturschichtung im Kessel – das schwerere kalte Wasser befindet sich unten, das spezifisch leichtere warme Wasser oben – der Wärmeübertrager des Kollektorkreislaufes unten im Speicher anzuordnen. Der Wärmeübertrager für die Nachheizung befindet sich demgegenüber im oberen Bereich des Speichers, so dass das untere Volumen ausschließlich der Solaranlage zur Verfügung steht. Interne Wärmeübertrager zeichnen sich durch einen geringen Platzbedarf aus. Von Nachteil sind die geringe Wärmeübergangsfläche, die dadurch notwendige größere Temperaturdifferenz und die durch das Speichervolumen beschränkte Größe des Wärmeübertragers.

Ab einer Kollektorfläche von etwa 15 bis 20 m^2 werden daher externe Wärmeübertrager eingesetzt. Dies bedingt eine zusätzliche Pumpe zwischen Wärmeübertrager und Speicher. Das durch den Kollektor aufgewärmte Wasser wird entweder an einer oder zwei fixen Höhen oder bei Low-Flow Anlagen über eine Schichtladeeinheit in den Speicher eingebracht.

Pumpen. Als Pumpen in solarthermischen Anlagen mit Zwangsumlauf werden meist konventionelle Heizungs-Umwälzpumpen, die häufig leistungsumschaltbar sind, eingesetzt. Bei den gängigen solarthermischen Trinkwarmwasseranlagen in Haushalten sind pro m^2 Kollektorfläche Durchflussmengen von 30 bis 50 l/h (High-Flow) üblich. Die Leistung der Kollektorpumpen richtet sich neben diesem Volumenstrom auch nach den zu überwindenden Druckverlusten in den Leitungen sowie im Absorber.

Die für den Antrieb der Pumpe benötigte elektrische Energie kann bis über 5 % bezogen auf die am Ausgang der Solaranlage verfügbare Wärme betragen. Meist liegt dieser Wert allerdings bei 1 bis 2 %.

Mess- und Regeleinrichtungen. Bei den üblichen Zwangsumlaufanlagen sind entsprechende Mess- und Regeleinrichtungen für die Steuerung der Umwälzpumpe im Solarkreislauf, die Wärmeverteilung auf Speicher und Verbraucher, die Einhaltung der zulässigen Temperaturgrenzwerte im Speicher sowie für die Nachheizung im Falle zu geringer Einstrahlung integriert.

4.2.3 Anlagenkonzepte und Anwendungsbereiche

Ausgehend von den in Kapitel 4.2.2 beschriebenen Komponenten von Solaranlagen lässt sich von der Vielzahl möglicher Anlagenausführungen eine Systematisierung nach der Art des Wärmeträgerumlaufs in Anlagen ohne Umlauf (Speicherkollektoren), Naturumlaufanlagen (Thermosyphonsysteme) und Zwangsumlaufanlagen oder entsprechend der Ausbildung des Solarkreislaufs in offene sowie geschlossene Systeme durchführen /Fisch 1993/.

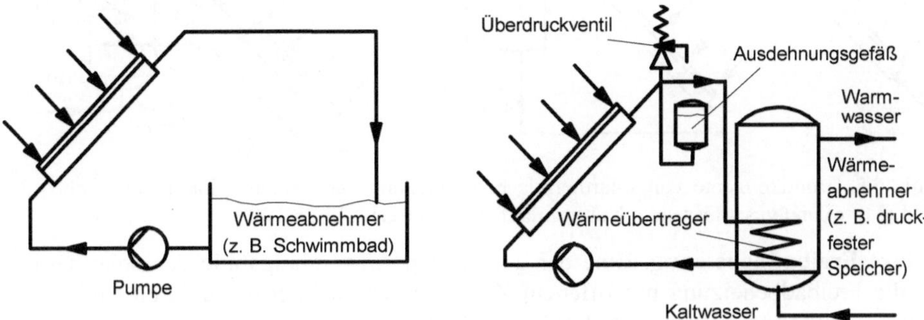

Abb. 4.4 Konzepte von solarthermischen Anlagen mit offenem (links) und geschlossenem Zwangsumlauf (rechts) (nach /Fisch 1993/)

- Offenes Zwangsumlaufsystem (Abb. 4.4, links). Kann der Wärmeabnehmer nicht oberhalb der Kollektoren angeordnet werden, muss dem Wärmeträgermedium durch eine Pumpe ein Umlauf aufgezwungen werden. Dies wird z. B. bei der Beheizung von Freibädern umgesetzt, in denen die Kollektoren üblicherweise auf Dächern oder auf Freiflächen oberhalb des Schwimmbeckens angeordnet sind.
- Geschlossenes Zwangsumlaufsystem (Abb. 4.4, rechts). Bei offenen Zwangsumlaufanlagen wird der Kollektorkreislauf üblicherweise von normalem Wasser durchflossen. Sollen solarthermische Anlagen nicht nur – wie bei Freibadheizungen – im Sommer, sondern auch während der frostgefährdeten Jahreszeit Wärme liefern, muss der Kollektorkreis geschlossen und mit einer frostsicheren Flüssigkeit durchströmt werden. Dieses Konzept des geschlossenen Zwangsumlaufs stellt für die meisten Anwendungsfälle in Mittel- und Nordeuropa die sinnvollste Lösung dar. Bei Anwendungen in Gebäuden befindet sich der Kollektor üblicherweise auf dem Dach. Der Abnehmer der Wärme ist im Normalfall ein Speicher im Keller. Zum Ausgleich von Volumenschwankungen des Wärmeträgers werden zusätzlich ein Ausdehnungsgefäß und ein Überdruckventil benötigt.
- Anlagen ohne Umlauf (Abb. 4.5, links). Bei diesen wird innerhalb des Trinkwarmwasser- oder Heizungskreislaufs ein entsprechender Kollektor integriert. Beim Durchströmen des Kollektors wird das Wasser erwärmt und kann anschließend genutzt werden.
- Naturumlaufsysteme (Abb. 4.5, Mitte und rechts). Derartige Systeme nutzen die Dichteabnahme einer Flüssigkeit mit steigender Temperatur. Ist der Speicher mit dem kälteren Medium oberhalb des Kollektors angeordnet, sorgen diese Dichteunterschiede zwischen heißem Fluid im Kollektor und kalten Fluid im Speicher für einen Kreislauf im System.

Aufgrund ihrer Frostempfindlichkeit finden Anlagen ohne Umlauf bzw. mit Naturumlauf in Österreich kaum Verwendung. Innerhalb der nachfolgend diskutierten Anwendungsbereiche solarthermischer Anlagen werden diese daher nicht weiter berücksichtigt.

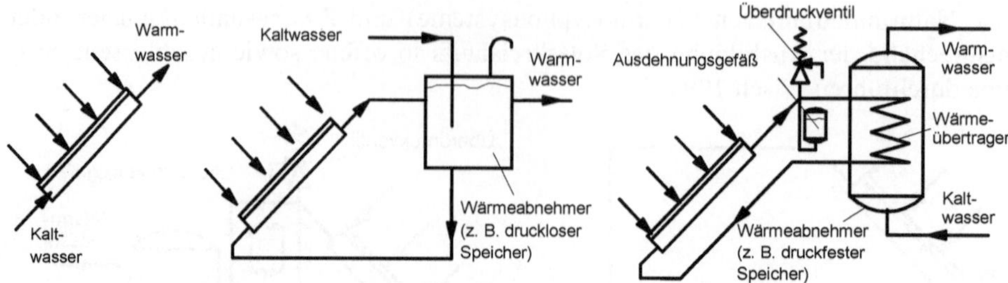

Abb. 4.5 Grundkonzepte von solarthermischen Anlagen ohne Umlauf (links) sowie mit offenem (Mitte) und geschlossenem Naturumlauf (rechts) (nach /Fisch 1993/)

Solare Freibadbeheizung. Eine der günstigsten Anwendungsfälle der Solarthermie ist die Freibadbeheizung mit offenem Zwangsdurchlauf, bei der die zeitlichen Verläufe von Wärmenachfrage und solarem Strahlungsangebot weitgehend korrelieren (Abb. 4.6). Da das Beckenwasser auf vergleichsweise niedrige Temperaturen (maximal ca. 28 °C) aufgeheizt werden muss, können mit einfachen und kostengünstigen Absorbermatten hohe Energieerträge erzielt werden. Ein externer Wärmespeicher kann entfallen, da das wassergefüllte Freibadbecken diese Funktion übernehmen kann.

Abhängig von der Beckentiefe sowie dem Energiegewinn durch direkte Sonneneinstrahlung in das Becken bzw. Wärmeverluste an die Umgebung werden je Quadratmeter Beckenoberfläche zwischen 500 und 1 600 MJ/a an Wärme benötigt. Als Faustformel gilt, dass die Absorberfläche etwa 50 bis 70 % der Beckenoberfläche betragen sollte /Ladener 1993/.

Trinkwarmwassererwärmung. Abb. 4.7 zeigt exemplarisch das Schema zweier solarthermischer Anlagen zur Unterstützung der Trinkwarmwassererwärmung.

Die in Abb. 4.7 (links) dargestellte Anlage entspricht einer Standardschaltung zur solaren Trinkwarmwasserbereitung für Ein- und Zweifamilienhäuser. Diese Solaranlage ist auf dem Dach montiert und bringt die Wärme über ein Zwangsumlaufsystem möglichst tief unten in den Trinkwarmwasserspeicher ein. Die Elektroheizpatrone bzw. die Nachheizung über einen Automatikkessel speist im oberen Teil des Speichers ein. Die Verwendung einer Elektroheizpatrone ist dann von Vorteil, wenn der Heizkessel für die ausschließliche Trinkwarmwasserbereitung eine viel zu hohe Leistung und einen schlechten Teillastwirkungsgrad hat. In diesem Fall kann es besser sein, den Kessel im Sommer komplett abzustellen und eine elektrische Nachheizung durchzuführen. Alternativ kann die Nachheizung auch über einen nachgeschalteten Durchlauferhitzer (Gas oder Strom) erfolgen.

Die in Abb. 4.7 (rechts) dargestellte Schaltungsvariante zeigt die hydraulische Einbindung der Trinkwarmwasserbereitung über einen externen Durchlauferhitzer. Die Solaranlage speist in diesem Fall über ein Low-Flow System mit externem Wärmeübertrager die benötigte Trinkwarmwassertemperatur oben in den Speicher ein. Ist das Wasser aufgrund geringerer Sonneneinstrahlung kälter, wird es über eine Schichtladeeinheit tiefer im Speicher eingeschichtet.

Ein Vorteil dieses Systems ist die Vermeidung der – jedoch sehr unwahrscheinlichen – Gefahr einer Legionellenbildung im Trinkwarmwasser (Legionellen sind Süßwasserbakterien mit einem Temperaturoptimum zwischen 35 und 42 °C, die bei der

Aufnahme in hoher Konzentration besonders bei geschwächten Personen zu gesundheitlichen Problemen führen können; bei Temperaturen oberhalb von 60 °C werden sie abgetötet). Auch hier kann eine Elektroheizpatrone im Wärmespeicher eingesetzt werden, damit der Kessel im Sommer nicht anlaufen muss. Die Anlage kann leicht zu einem solaren Kombisystem aufgerüstet werden (vgl. Abb. 4.8).

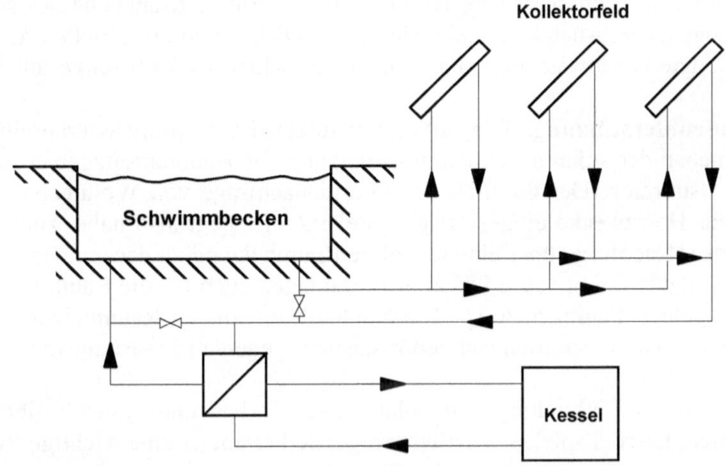

Abb. 4.6 Schema einer solaren Freibadbeheizung (nach /Kleemann und Meliß 1993/)

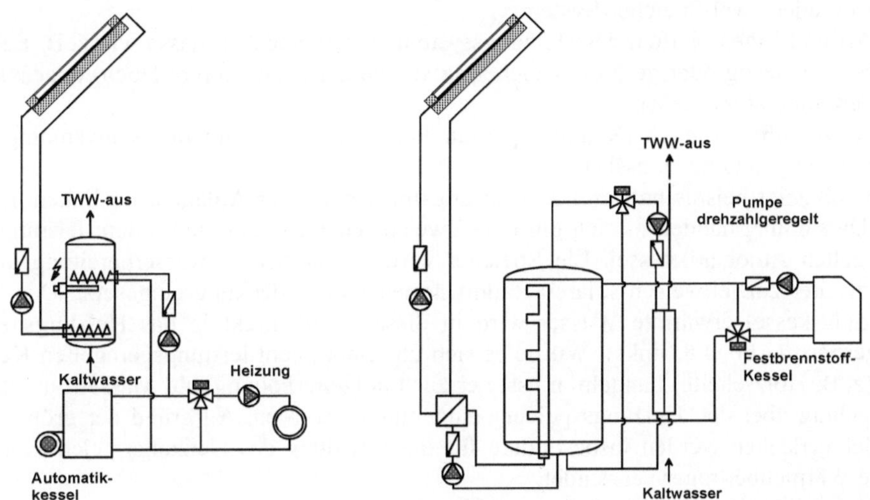

Abb. 4.7 Solare Trinkwarmwasserbereitung mit Elektroheizpatrone oder Automatikkessel zur Nachheizung (links) sowie mit Festbrennstoffkessel und Low-Flow System mit Schichtladeeinheit und Durchlauferhitzer (rechts; TWW-aus Auslass für Trinkwarmwasser) (nach /Streicher 2007/)

Die Auslegung einer Anlage zur solaren Trinkwarmwassererwärmung ist von einer Vielzahl von Faktoren abhängig. Neben den technischen Kenngrößen der Solaranlage (u. a. Kollektorbauart, Neigung und Ausrichtung der Kollektoren, Speichergröße) sind dies vor allem der gewünschte solare Deckungsgrad sowie die tägliche

Nachfrage nach Trinkwarmwasser. Typische Größenordnungen einer Solaranlage für einen Vier-Personenhaushalt bei einem solaren Deckungsgrad von 70 % sind 6 bis 8 m^2 Kollektorfläche sowie ein Speichervolumen von 300 bis 500 l.

Neben der Trinkwarmwasserversorgung in Haushalten werden zunehmend auch in größeren Einrichtungen solare Trinkwarmwasserbereitungen installiert. Dazu zählen z. B. Sportanlagen, Campingplätze, Beherbergungsbetriebe, Krankenhäuser sowie Alten- und Pflegeheime. Auch kann bei vielen gewerblichen und industriellen Anwendungen das benötigte Warmwasser (z. B. Fotolabor, Wäscherei) solar bereitgestellt werden.

Raumwärmeunterstützung. Die solarunterstützte Trinkwarmwasserbereitung war lange Zeit neben der solaren Schwimmbadheizung das Haupteinsatzgebiet der Solarthermie in Österreich. Der Großteil der Energienachfrage von Wohngebäuden wird allerdings für Heizzwecke eingesetzt (Kapitel 1.2). Es liegt also nahe, zumindest einen Teil dieser Nachfrage über eine teilsolare Raumheizung zu decken. Heute werden in Österreich daher bereits ca. 35 % aller Neuanlagen auch für die Raumwärmeunterstützung ausgelegt /Faninger 2007/. Ein Nachteil der solaren Raumheizung ist allerdings die zum solaren Strahlungsangebot saisonal gegenläufige Raumwärmenachfrage.

Für die Art der Einbindung von Solaranlagen in Heizungssysteme gibt es viele Möglichkeiten. Hierbei spielen vor allem folgende Parameter eine wichtige Rolle:

- Heizkesseltyp (gleitender oder in Ein-/Aus-Fahrweise betriebener Automatikkessel, Festbrennstoffkessel);
- Ein- oder Zwei-Speicher-System;
- Art und Eigenschaften des Heizungssystems (hohe Speichermasse wie z. B. Fußbodenheizung oder geringe Speichermasse wie z. B. Radiatoren; Hoch- oder Niedertemperatursystem);
- Nutzeranforderungen (Raumtemperatur konstant oder Temperaturschwankungen von einigen Grad zulässig).

Abb. 4.8 zeigt beispielhaft drei Ausführungsformen solcher Anlagen. Im linken Teil der Darstellung handelt es sich um eine Zweispeicherschaltung mit einem leistungsgeregelten Automatikkessel. Ein Speicher wird zur Trinkwarmwasserbereitung und ein zweiter zur teilweisen solaren Raumwärmenachfragedeckung eingesetzt. Das im Heizungskessel erwärmte Wasser wird in diesem Fall direkt in das Heizungsnetz eingespeist (Abb. 4.8, links). Würde es sich um einen nicht leistungsgeregelten Kessel (z. B. Holzscheite) handeln, müsste er zur Laufzeiterhöhung und Massenflussentkoppelung über den Heizungsspeicher eingebunden werden. Aufgrund der größeren Kollektorflächen werden insbesondere für die Beladung des Heizungsspeichers externe Wärmeübertrager verwendet.

Der mittlere und rechte Teil von Abb. 4.8 zeigt Varianten von Einspeichersystemen. Diese sind installationstechnisch einfacher als getrennt aufgestellte Speicher. Von Nachteil ist allerdings der zweifache Wärmeübergang (Kollektor/Speicher und Speicher/Trinkwarmwasserbereiter).

- Das mittlere System (Abb. 4.8) eignet sich insbesondere für Solaranlagen in Verbindung mit einem vergleichsweise trägen Festbrennstoffkessel (z. B. Holzheizkessel). Der Trinkwarmwasserdruckspeicher ist hier in einen größeren Heizungsspeicher integriert. In diesem Doppelspeicher werden die natürliche Konvektion und die vertikale Temperaturschichtung ausgenutzt. Im oberen Teil des Trinkwarmwasserspeichers ist immer genügend heißes Wasser für eine Badewannenfüllung vorhanden. Nachteilig sind die höheren Kosten für den Doppelspeicher.

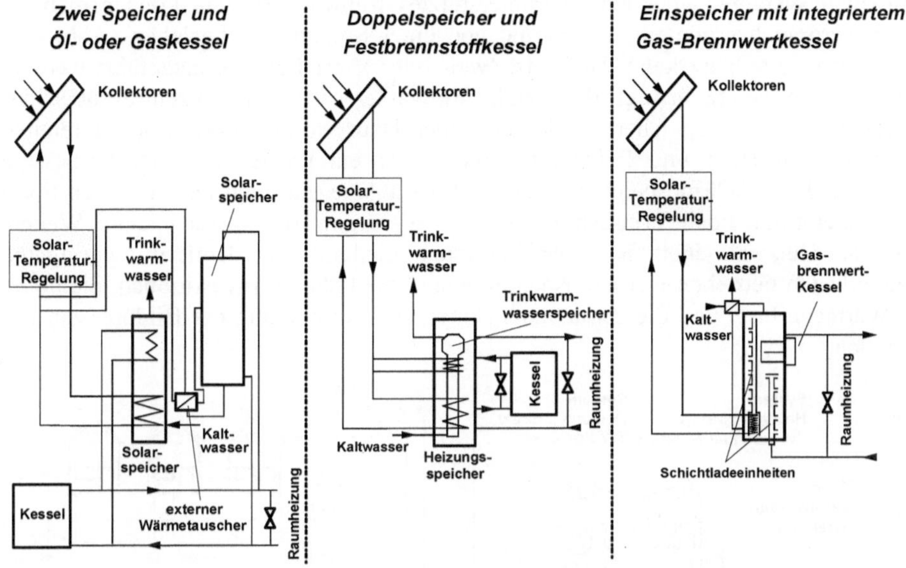

Abb. 4.8 Ausführungsformen solarthermischer Anlagen zur Unterstützung der Trinkwarmwassernachfragedeckung und der Raumheizung (Kombisysteme, u. a. nach /Streicher 2007/, /Frei et al. 1998/)

– Das rechte System stellt eine Integration aus Speicher für Heizung und Trinkwarmwasser sowie dem Nachheizgerät (z. B. Gasbrennwertkessel) dar. Von Vorteil ist die kompakte Form und die geringe Anschließarbeit vor Ort, um ein solares Kombisystem zu realisieren. Die Solaranlage speist über eine Schichtladeeinheit in den Pufferspeicher. Der Brenner für den konventionellen (fossilen) Brennstoff ist über einen Flansch direkt in den Speicher eingebunden. Das Trinkwarmwasser wird in einem externen Wärmeübertrager im Durchlauferhitzerprinzip erzeugt. Damit wird kein heißes Trinkwarmwasser gespeichert; es besteht folglich keine Gefahr der Legionellenbildung (u. a. /Streicher 2007/, /ARGE Erneuerbare Energie 1997/, /Frei et al. 1998/).

Die Kenngrößen einer Solaranlage zur Unterstützung der Raumheizung (z. B. Kollektorfläche, solarer Deckungsgrad) sind neben den bereits genannten Einflussfaktoren vor allem vom Wärmeverbrauch des Gebäudes abhängig. Bei mäßig bzw. schlecht gedämmten Gebäuden sollte vor der Installation eines solar unterstützten Raumwärmesystems die Dämmung verbessert und damit der Wärmeverlust über die Gebäudeoberfläche vermindert werden. Für sehr gut wärmegedämmte Gebäude können solare Deckungsgrade von über 50 %, für Niedrigstenergiehäuser sogar bis zu 80 % und mehr erreicht werden. Höhere Deckungsgrade (auch 100 %) sind technisch zwar möglich. Aufgrund der dafür benötigten sehr großen Kollektorflächen und Speichervolumina sind sie allerdings unter Wirtschaftlichkeitsgesichtspunkten wenig sinnvoll.

Die Kollektorfläche für z. B. ein gut gedämmtes Einfamilienhaus und einem solaren Deckungsgrad von 50 % liegt damit im Bereich von 20 bis 30 m^2.

Nahwärmesysteme. Über ein solarunterstütztes Nahwärmesystem können mehrere Wärmeverbraucher gemeinsam Wärme von einer Solaranlage beziehen (Abb. 4.9). Das Wärmeverteilnetz kann dabei als Zwei- oder Vierleiternetz ausgeführt werden. Beim Zweileiternetz erfolgt die Trinkwarmwassererwärmung dezentral über das Heiznetz mit Wärmespeichern in den einzelnen Häusern. Der Vorteil der getrennten Verteilung von Heiz- und Trinkwarmwasser durch ein Vierleiternetz ist die bessere Ausnutzung des Wärmespeichers und der Solaranlage, da auch bei niedrigen Speichertemperaturen noch Trinkwarmwasser solar vorgewärmt werden kann. Weiters kann das Heizwärmenetz im Vierleitersystem gleitend und damit mit geringeren Netzverlusten betrieben werden. Nachteilig sind die höheren Investitionen, die höheren Wärmeverluste und die Zusatzmaßnahmen zur Vermeidung der Bildung von Legionellen.

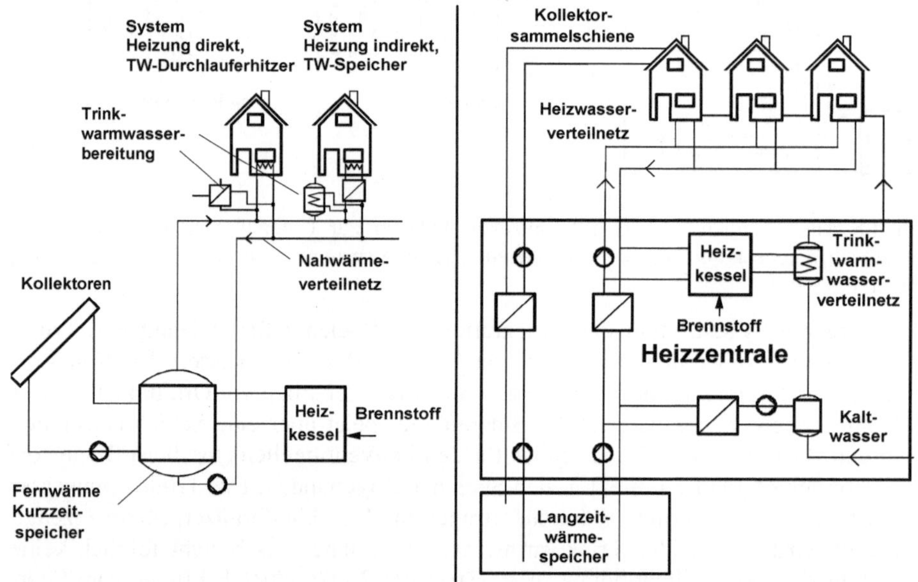

Abb. 4.9 Solar unterstützte Nahwärmesysteme: Zwei-Leiter-System mit zentral unterstützter Heizwassererwärmung und Kurzzeitspeicher (links; TW: Trinkwarmwasser) und Vier-Leiter-System mit Langzeitspeicher (rechts) (nach /Kaltschmitt, Streicher und Wiese 2006/)

Mit einem vergleichsweise geringen Aufwand können Solarkollektoren auch in bestehende Heiznetze zur Wärmeversorgung integriert werden. Die Kollektoren speisen dann günstigstenfalls direkt in den Rücklauf eines Nah- oder Fernheiznetzes ein (normalerweise verlangt der Fernwärmenetzbetreiber aber eine Entnahme aus dem Rücklauf und Einspeisung in den Vorlauf) und können somit vor allem im Sommer einen Teil der Wärmenachfrage decken.

Solar unterstützte Nahwärmesysteme können ohne (Abb. 4.9, links) und mit Langzeitwärmespeicherung (Abb. 4.9, rechts) ausgeführt werden. Ohne Langzeitspeicherung werden i. Allg. solare Deckungsgrade für Raumwärme und Trinkwarmwasser von etwa 5 bis 15 % und mit saisonalen Langzeitspeichern von etwa 50 % erreicht. Bei Systemen ohne Langzeitspeicher werden bei der Verwendung von marktüblichen Flachkollektoren 0,9 bis 1,2 m^2 Kollektorfläche je Person und ein Speichervolumen von 40 bis 90 l je Quadratmeter Kollektorfläche benötigt. Bei Systemen mit Langzeitwärmespeicher sollte dieser etwa ein Volumen von 2 bis 3 m^3 je Quadratmeter Kollektorfläche umfassen und die Kollektorfläche etwa 0,4 bis 0,7 m^2 je GJ Jahreswärmenachfrage betragen. Der auf den Speicherausgang bezogene spezifische Kollektorenergieertrag liegt bei Systemen mit Langzeitspeichern aufgrund der höheren Speicherverluste i. Allg. unter dem eines Systems mit Kurzzeitspeicher.

Sonstige Anwendungen. Neben den beschriebenen Einsatzmöglichkeiten bietet sich die solarthermische Wärmenutzung immer dann an, wenn Wärme mit einem vergleichsweise niedrigen Temperaturniveau benötigt wird.

- Durch die Verwendung von hocheffizienten Flachkollektoren oder Vakuum-Röhrenkollektoren kann auch unter den in Mittel- und Nordeuropa gegebenen Strahlungsverhältnissen ohne Strahlungskonzentration Wärme mit Temperaturen von mehr als 90 °C (typischerweise zwischen 90 und 120 °C) für industrielle Anwendungen oder für gewerbliche Verbraucher bereitgestellt werden.
- Im Sommer geerntetes Heu oder Körnerfrüchte können solar getrocknet werden. Dabei kommen Luftkollektoren zur Anwendung.
- Bei großen Gebäuden mit ganzjährigem Heizungs- und/oder Kühlungsbedarf können Sonnenkollektoren im Sommer zur Erwärmung sowie nachts und im Winter zur Kühlung verwendet werden.

4.2.4 Energiewandlungskette, Verluste und Leistungskennlinie

Energiewandlungskette und Verluste. Eine aus den beschriebenen Systemkomponenten aufgebaute solarthermische Anlage wandelt solare Strahlungsenergie in nutzbare Wärme um. Aufgrund unterschiedlicher Verlustmechanismen kann dabei von der auf die Oberfläche eines Kollektors auftreffenden Diffus- und Direktstrahlung der Sonne allerdings nur ein Teil als nutzbare Wärme abgeführt werden.

Durch Reflexion an der transparenten Abdeckung bzw. am Absorber selbst (optische Verluste) kann vom Kollektor nur ein bestimmter Strahlungsanteil in Wärme umgesetzt werden. Durch die Wärmeaufnahme erhöht sich die Absorbertemperatur gegenüber der Umgebungstemperatur. Diese Temperaturdifferenz führt zu thermischen Verlusten durch Wärmestrahlung und Konvektion. Neben den Strahlungsverlusten hat ein erwärmter Absorber noch konvektive Wärmeverluste an die Außenluft und in einer meist vernachlässigbaren Größenordnung auch durch die i. Allg. gut gedämmte Rückseite des Absorbers. Diese sind abhängig vom Wärmeverlustkoeffizienten und der Differenz zwischen Absorber- und Außentemperatur (u. a. nach /Duffie und Beckmann 1991/, /Kleemann und Meliß 1993/, /Ladener 1993/, /Streicher 2007/).

Die thermischen Verluste sind in erster Näherung linear abhängig von der Differenz zwischen Absorber- und Umgebungstemperatur und umgekehrt proportional der

Einstrahlung. Zusammen mit den materialabhängigen optischen Verlusten (näherungsweise unabhängig von der Einstrahlung und der Temperatur) wird dieser Zusammenhang durch die Kollektorgleichung beschrieben (Gleichung (4-1)).

$$\dot{Q}_{Nutz} = \tau_{Abd}\,\alpha_{Abs}\,\dot{G}_G - U_{Koll}\,(\theta_{Abs} - \theta_U)\,S_{Abs} \tag{4-1}$$

Dabei ist $\dot{Q}_{Nutz}$ die am Kollektorausgang nutzbare Wärmemenge, τ_{Abd} der Transmissions-(Durchlässigkeits-)Koeffizient der Abdeckung, α_{Abs} der Absorptionskoeffizient des Absorbers, $\dot{G}_G$ die Globalstrahlung, U_{Koll} der thermische Verlustkoeffizient des Kollektors, θ_{Abs} die Absorbertemperatur (definiert als die durchschnittliche Temperatur des Wärmeträgers zwischen Kollektoreintritt und -austritt), θ_U die Umgebungstemperatur sowie S_{Abs} die Absorberfläche. Typische Kennwerte für in Österreich eingesetzte Schwimmbad-, Flach- und Vakuum-Kollektoren zeigt Tabelle 4.1.

Tabelle 4.1 Kennwerte verschiedener nicht-strahlungskonzentrierender Flüssigkeitskollektorbauarten (u. a. /Kleemann und Meliß 1993/, /Fisch 1993/, /Ladener 1993/)

	Optischer Wirkungsgrad	Thermischer Verlustkoeffizient in W/(m² K)	Temperaturbereich[a] in °C	Einsatzgebiet
Einfachabsorber[b]	0,92	12 – 17	0 – 30	FB
Flachkollektor 1[c]	0,80 – 0,85	5 – 7	20 – 80	TW
Flachkollektor 2[d]	0,65 – 0,70	4 – 6	20 – 80	TW
Flachkollektor 3[e]	0,75 – 0,81	3,0 – 4,0	20 – 80	TW, RH
Vakuum-Flachkollektor	0,72 – 0,80	2,4 – 2,8	50 – 120	TW, RH, PW
Vakuum-Röhrenkollektor	0,64 – 0,80	1,5 – 2,0	50 – 120	TW, RH, PW

FB Freibad; TW Trinkwarmwasser; RH Raumheizung; PW Prozesswärme; [a] mittlere Arbeitstemperaturen; [b] schwarz, nicht selektiv, nicht abgedeckt; [c] nicht selektiver Absorber, einfache Abdeckung; [d] nicht selektiver Absorber, zweifache Abdeckung aus Glas und Unterspannfolie; [e] selektiver Absorber, einfache Abdeckung

Meistens werden aber auch die nichtlinearen Anteile des Wärmeverlustes durch das Einfügen eines quadratischen Gliedes mit der Temperaturdifferenz zwischen Sonnenkollektor und Umgebung berücksichtigt (Gleichung (4-2)).

$$\dot{Q}_{Nutz} = \tau_{Abd}\,\alpha_{Abs}\,\dot{G}_G - C_1(\theta_{Abs} - \theta_U)\,S_{Abs} - C_2(\theta_{Abs} - \theta_U)^2\,S_{Abs} \tag{4-2}$$

Der Wirkungsgrad der Umwandlung der solaren Strahlungsenergie in nutzbare Wärme im Kollektor ergibt sich als Quotient aus dem vom Wärmeträgermedium abgeführten Wärmestrom $\dot{Q}_{Nutz}$ (Gleichung (4-2)) zur auf den Kollektor eingestrahlten Globalstrahlung $\dot{G}_G$. Für die Darstellung mit einem quadratischen Glied ergibt sich Gleichung (4-3), wobei die Koeffizienten C_1 und C_2 und auch das Produkt aus τ_{Abd} und α_{Abs} mit Hilfe der Methode der kleinsten Fehlerquadrate aus Messungen ermittelt werden. Bei vorgegebenen Materialkenngrößen wird somit der Wirkungsgrad um so höher, je kleiner (bzw. sogar je negativer) die Temperaturdifferenz zwischen Absorber und Umgebung und je höher die Einstrahlung ist.

$$\eta = \tau_{Abd}\,\alpha_{Abs} - \frac{C_1(\theta_{Abs} - \theta_U)}{\dot{G}_{G,rel}} - \frac{C_2(\theta_{Abs} - \theta_U)^2}{\dot{G}_{G,rel}} \tag{4-3}$$

Aufgrund dieser Verluste steht letztendlich nur ein Teil der solaren Einstrahlung als nutzbare Wärme dem Verbraucher zur Verfügung. Abb. 4.10 zeigt exemplarisch den Energiefluss einer solarthermischen Anlage mit Flachkollektor, Zwangsdurchlauf und Ein- bis Zweitagesspeicher zur Unterstützung der Trinkwarmwasserbereitung für einen privaten Haushalt mit 3 bis 5 Personen nach dem heutigen Stand der Technik. Bei einer Kollektorfläche von ca. 6 m^2 beträgt der solare Deckungsgrad im Jahresmittel 50 bis 60 %. Im Sommer liegt er entsprechend höher – bei über 90 % – und im Winter sinkt er auf unter 15 % ab. Die relativen Verlustangaben sind über das Jahr gemittelte Größen und auf die Sonneneinstrahlung auf den Kollektor bezogen. Der größte Anteil von 35 % tritt im Kollektor bei der Umwandlung der solaren Strahlung in Wärme bzw. vor ihrem Weitertransport durch den Wärmeträger auf. Die zweitgrößten Verluste von ca. 25 % entstehen durch den Kollektorstillstand, wenn der Speicher bereits auf seine Maximaltemperatur aufgeheizt wurde oder die zum Speicherladen notwendige Temperatur im Kollektor noch nicht erreicht ist.

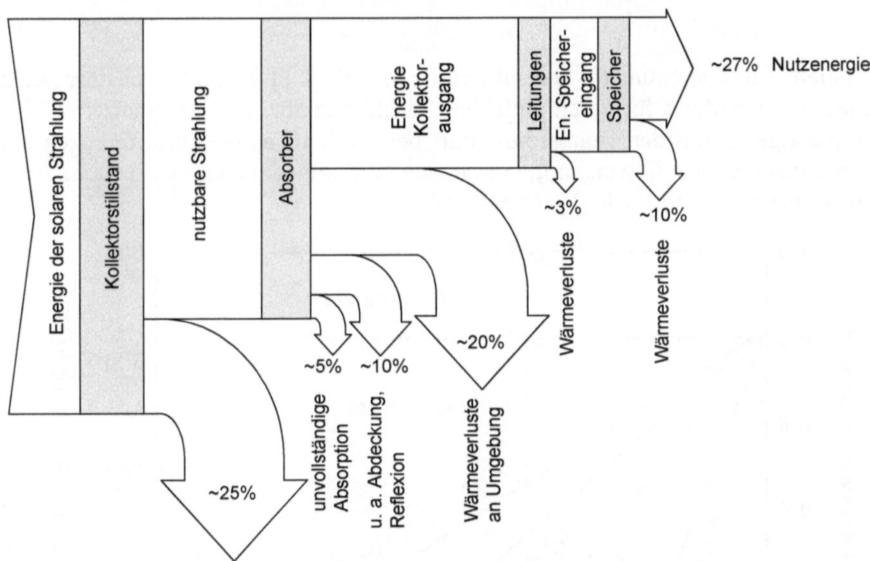

Abb. 4.10 Energiefluss einer solarthermischen Anlage mit selektivem Flachkollektor zur Unterstützung der Trinkwarmwasserbereitung eines Haushaltes (Verluste bezogen auf die eingestrahlte Sonnenenergie)

Daneben müssen noch Verluste in den Leitungen (3 bis 5 %) und im Speicher (je nach Speicherausführung und -dauer zwischen 5 und 25 % bezogen auf die zugeführte Wärme) berücksichtigt werden. Insgesamt ergibt sich bei dem dargestellten Beispiel ein Systemnutzungsgrad von rund 27 % von Sonneneinstrahlung bis zur am Speicherausgang nutzbaren Wärme.

Um eine Aussage über den Anteil der solar bereitgestellten Energie am gesamten Energieverbrauch eines Versorgungsobjektes treffen zu können, muss neben dem Angebot an solar bereitgestellter Wärme auch die Nachfrage nach Wärmeenergie berücksichtigt werden. Über den solaren Deckungsgrad wird daher jener Anteil an der vom Solarsystem nutzbar abgegebenen Energie beschrieben, der auch tatsächlich zur Deckung der Heizwärme-, Trinkwarmwasser- oder Prozesswärmenachfrage eingesetzt wird.

Systemnutzungsgrad und solarer Deckungsgrad sind dabei einander wechselseitig beeinflussende Größen. Ein für das Gesamtjahr hoher solarer Deckungsgrad erfordert eine entsprechende Wärmelieferung auch während der Übergangszeit im Frühjahr und Herbst bzw. im Winter. Um dies zu gewährleisten, muss die Gesamtanlage entsprechend dimensioniert werden, was speziell während der Sommermonate zu einem deutlichen Überangebot an solar bereitstellbarer Wärme führt. Kann diese Wärme nicht gespeichert werden, da alle Wärmesenken bereits ihre Maximaltemperatur erreicht haben, "steht" der Kollektor trotz Sonnenenergieangebot. Damit verringert sich auch der Gesamtnutzungsgrad der solarthermischen Anlage. Andererseits kann bei einem niedrigen solaren Deckungsgrad der Gesamtanlage auch während der Sommermonate ein Großteil der am Kollektorausgang zur Verfügung stehenden Wärme genutzt und die Anlage mit einem entsprechend hohen Nutzungsgrad betrieben werden.

Kennlinien. Aus Gleichung (4-1) resultiert die in Abb. 4.11 exemplarisch dargestellte Wirkungsgradkennlinie für einen einfachen Flachkollektor. Die Annahme der linearen Abhängigkeit von der Temperatur führt bei großen Temperaturdifferenzen aber zu einer zunehmenden Abweichung vom realen Wirkungsgradverlauf. Ursache ist die hier nicht lineare Zunahme der Wärmeabstrahlung.

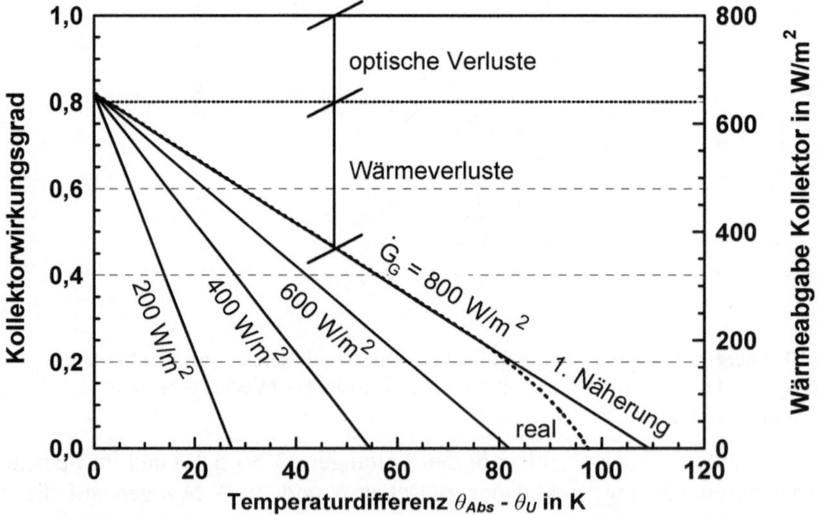

Abb. 4.11 Kennlinienverläufe einfacher Flachkollektoren (u. a. nach /Duffie und Beckmann 1991/, /Kleemann und Meliß 1993/, /Ladener 1993/)

In vielen Fällen wird daher eine Kollektorgleichung bzw. die Wirkungsgradgleichung verwendet, bei der die Wärmeabstrahlung durch einen quadratischen Term angenähert wird (Gleichung (4-3)).

Aus Abb. 4.11 ist zu erkennen, dass mit zunehmender Einstrahlung die Näherungsgerade für den Wirkungsgradverlauf flacher verläuft und damit eine Veränderung der Temperaturdifferenz zwischen Absorber und Umgebung einen geringeren Einfluss hat. Durch den Bezug der Differenz von Absorber- und Umgebungstemperatur (θ_{Abs} - θ_U) auf die Einstrahlungsintensität (G_G) fallen die Kennlinien eines Kollektors für verschiedene Einstrahlungswerte annähernd zusammen /Streicher 2007/. Abb. 4.12 zeigt dies anhand von Kennlinienverläufen für unterschiedliche Kollektortypen.

Einfachabsorber (z. B. Schwimmbadabsorber) weisen speziell bei einer geringen Differenz zwischen Absorber- und Umgebungstemperatur (θ_{Abs} - θ_U) hohe spezifische Energieerträge auf. Der optische Kollektorwirkungsgrad ist durch die fehlende Abdeckung dabei höher als bei den anderen Kollektortypen. Ganzjährig eingesetzte Kollektoren sollten flachere Kennlinienverläufe aufweisen, damit der Wirkungsgrad auch bei höheren Temperaturdifferenzen nicht zu sehr absinkt.

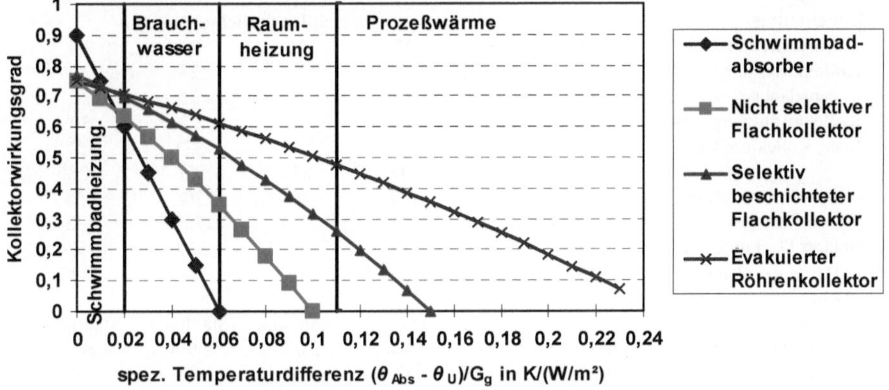

Abb. 4.12 Kennlinienverläufe verschiedener Kollektortypen /Streicher 2007/

4.3 Ökologische und ökonomische Analyse

Im Folgenden werden die mit einer solarthermischen Wärmebereitstellung verbundenen Kosten und Umwelteffekte anhand ausgewählter solarthermischer Anlagen, die den derzeitigen Stand der Technik repräsentieren, diskutiert. Auf die passive Nutzung der Sonnenenergie wird hier nicht eingegangen (vgl. Kapitel 3.3).

Um eine Wärmebereitstellung auch in sonnenschwachen Zeiten zu gewährleisten, werden Solaranlagen i. Allg. mit einem Öl- bzw. Gaskessel, einem Festbrennstoffkessel (z. B. Stückholz, Pellets), einer Wärmepumpe oder zur Trinkwarmwasserbereitung auch mit einem elektrischen System (z. B. Elektroheizpatrone) kombiniert. Die Bilanzierung einer solarthermischen Wärmebereitstellung erfolgt für die solare Technik und für ein gesamtes solarunterstütztes System zur Erfüllung einer definierten Versorgungsaufgabe. Die Koppelung mit Wärmepumpen wird in Kapitel 7.3 diskutiert.

4.3.1 Referenzanlagen

Solarthermische Anlagen werden in Österreich überwiegend mit indachmontierten, selektiven Flachkollektoren ausgeführt. Im Folgenden werden daher nur Anlagen dieser Technik für eine Bilanzierung der spezifischen kumulierten Energie- und Emissionsströme sowie der Kosten herangezogen.

Tabelle 4.2 Technische Kenngrößen der untersuchten solarthermischen Anlagen für die definierten Einfamilienhäuser

System[a]		EFH-0	EFH-I	EFH-II	EFH-III
Trinkwarmwassernachfrage	in GJ/a	10,7	10,7	10,7	10,7
Raumwärmenachfrage	in GJ/a	7,6	22,0	45,0	108,0
Solaranlage					
Kollektortyp		Indachflachkollektor, selektiv			
Netto-Kollektorfläche	in m^2	25	25	25	7,4
Kollektorleitung	in m	25	25	25	20
Lebensdauer	in a	20	20	20	20
Kollektornutzungsgrad[b]	in %	17	20	23	30
Spez. Kollektorertrag[c]	in kWh/(m^2 a)	206	237	271	357
	in MJ/(m^2 a)	742	852	976	1 286
Nutzbare solare Wärme[d]	in kWh/(m^2 a)	134	168	204	256
	in MJ/(m^2 a)	481	604	735	923
Solarer Deckungsgrad[e]	in %	65,9	46,3	33,0	63,9
Systemnutzungsgrad[f]	in %	11	14	17	22
Speicher					
Speichertyp		Stahltank	Stahltank	Stahltank	Stahltank
Speichervolumen	in l	2 000	2 000	2 000	500
Nutzungsgrad[g]	in %	82	88	93	87
Wärmeübertrager		extern	extern	extern	intern
Kollektorpumpe					
Anschlussleistung	in W	2 x 50	2 x 50	2 x 50	30
Laufzeit	in h/a	950	1 050	1 170	1 440

[a] Systeme EFH-0, EFH-I und EFH-II zur solarunterstützten Raumwärme und Trinkwarmwasserbereitung, System EFH-III ausschließlich zur solarunterstützten Trinkwarmwasserbereitung; [b] nutzbarer Anteil der eingestrahlten Sonnenenergie am Kollektorausgang bei einer jahresmittleren solaren Einstrahlung von 1 190 kWh/m^2 auf die Kollektorfläche; [c] Wärmeeintrag in den Speicher (ohne Speicherverluste); [d] effektiv nutzbare solare Wärme ab Speicherausgang; [e] bei System EFH-0, EFH-I und EFH-II bezogen auf Raumwärme- und Trinkwarmwasserbedarf, bei System EFH-III bezogen auf Trinkwarmwasserbedarf; [f] Anteil der am Speicherausgang nutzbaren solaren Wärme von der auf die Kollektorfläche eingestrahlten solaren Energie; [g] bezogen auf die in den Speicher zugeführte Wärme

Zur Deckung der in Kapitel 1.3 definierten Versorgungsaufgaben werden sieben Varianten mit einer solarthermischen Wärmebereitstellung untersucht. Hierbei handelt es sich um eine solarthermische Anlage zur Unterstützung der Trinkwarmwasserbereitung in einem Einfamilienhaus (EFH-III), drei bzw. zwei solarthermische Anlagen zur Unterstützung der Trinkwarmwasser- und Raumwärmebereitung eines Einfamilienhauses (EFH-0, EFH-I und EFH-II) bzw. eines Mehrfamilienhauses (MFH-0 und MFH-I) mit unterschiedlicher Heizlast sowie ein solarthermisch unterstütztes Nahwärmesystem (NW-I). Als Kollektoren werden für alle Varianten indachmontierte, selektive Flachkollektoren (Kupferabsorber) mit mineralischer Dämmschicht und Holzrahmen gewählt. Bei dem solaren Nahwärmesystem (NW-I) kommen zusätzlich besonders großflächige Kollektormodule zur Anwendung. Tabelle 4.2 und Tabelle 4.3 zeigen die technischen Daten der hier untersuchten solarthermischen Referenzanlagen.

Tabelle 4.3 Technische Kenngrößen der untersuchten solarthermischen Anlagen für die definierten Mehrfamilienhäuser und Nahwärmesysteme

System[a]		MFH-0	MFH-I	NW-I	NW-I[b]
Trinkwarmwassernachfrage	in GJ/a	64,1	64,1		
Raumwärmenachfrage	in GJ/a	68	432	8 000	9 907
Solaranlage					
Kollektortyp		Indachflachkollektor, selektiv			
Netto-Kollektorfläche	in m^2	30	60	620	620
Kollektorleitung	in m	120	120	200	200
Lebensdauer	in a	20	20	20	20
Kollektornutzungsgrad[c]	in %	35	35	26	26
Spez. Kollektorertrag[d]	in kWh/(m^2 a)	420	420	306	311
	in MJ/(m^2 a)	1 512	1 512	1 101	1 118
Nutzbare solare Wärme[e]	in kWh/(m^2 a)	353	370	264	221
	in MJ/(m^2 a)	1 272	1 332	950	794
Solarer Deckungsgrad[f]	in %	28,9	16,1	7,4	6,2
Systemnutzungsgrad[g]	in %	30	31	22	18
Speicher					
Speichertyp		Stahltank	Stahltank	Stahltank	Stahltank
Speichervolumen	in l	2 000	3 000	55 000	55 000
Nutzungsgrad[h]	in %	95	98	99	99
Wärmeübertrager		extern	extern	extern	extern
Kollektorpumpe					
Anschlussleistung	in W	2 x 75	2 x 75	2 x 400	2 x 400
Laufzeit	in h/a	1 800	2 200	1 360	1 360

[a] alle Systeme zur solarunterstützten Raumwärme und Trinkwarmwasserbereitung; [b] mit Berücksichtigung von 15 % Netzverlusten und 5 % Verlusten der Hausübergabestation (Kapitel 1.3); [c] nutzbarer Anteil der eingestrahlten Sonnenenergie am Kollektorausgang bei einer jahresmittleren solaren Einstrahlung von 1 190 kWh/m^2 auf die Kollektorfläche; [d] Wärmeeintrag in den Speicher (ohne Speicherverluste); [e] effektiv nutzbare solare Wärme ab Speicherausgang bzw. Hausübergabestation bei NW-I; [f] bei allen Systemen bezogen auf Raumwärme- und Trinkwarmwasserbedarf; [g] Anteil der am Speicherausgang bzw. an den Hausübergabestationen nutzbaren solaren Wärme von der auf die Kollektorfläche eingestrahlten solaren Energie; [h] bezogen auf die in den Speicher zugeführte Wärme

Die Kollektorleitungen sind aus Kupferrohren mit mineralischer Dämmung und die Speicher aus Stahl mit PUR-Dämmung bzw. mineralischer Dämmung ausgeführt. Die Anlagenschemata sind Abb. 4.7, links, für den Fall EFH-III, Abb. 4.8, rechts, allerdings mit einem externen konventionellen Wärmeerzeuger, für die Fälle EFH-0, EFH-I und EFH-II sowie MFH-0 und MFH-I sowie Abb. 4.9, links, für den Fall NW-I zu entnehmen. Für das Nahwärmenetz NW-I gelten die Spezifikationen aus Tabelle 1.5 (Kapitel 1.3). Die solarthermischen Komponenten des Nahwärmesystems sind dabei in die Heizungsanlage bzw. das Heizungsgebäude integriert. Die Speicherung der solarthermisch bereitgestellten Wärme erfolgt bei den Systemen EFH-0, EFH-I, EFH-II und EFH-III bzw. MFH-0 und MFH-I im Keller des jeweiligen Gebäudes. Der gedämmte Stahltank des Nahwärmenetzes ist in die Heizzentrale integriert. Bis auf die solare Trinkwarmwassererwärmung der Referenzanlage EFH-III werden die Speicher über einen externen Wärmeübertrager beladen.

Der Systemnutzungsgrad beschreibt den am Ausgang des Speichers bzw. an der Hausübergabestation des Nahwärmenetzes nutzbaren solaren Strahlungsanteil. Neben dem Kollektorwirkungsgrad werden dabei noch die Leitungs- sowie Speicherverluste berücksichtigt. Der spezifische Kollektorertrag ist neben den technischen Eigenschaften des Systems (u. a. Low- oder High-Flow) von der Art der Anwendung (Trinkwarmwasser- oder Raumwärme- und Trinkwarmwasserbereitung) sowie vom solaren Deckungsgrad abhängig.

- Low-Flow Anlagen zeichnen sich gegenüber High-Flow Anlagen bei richtiger Verschaltung durch höhere nutzbare Kollektorerträge aus, da bereits bei geringer Sonneneinstrahlung ein genügend hohes und damit nutzbares Temperaturniveau erreicht wird.
- Ein hoher solarer Deckungsgrad erfordert eine große Kollektorfläche, damit auch während der strahlungsarmen Jahreszeit eine ausreichende solarthermische Wärmebereitstellung möglich ist. Allerdings kann dadurch während der Sommermonate die solar bereitstellbare Wärme nicht mehr verbraucht bzw. in den Speicher abgeführt werden; der spezifische Kollektorertrag verringert sich entsprechend.
- Bei Solarsystemen zur Raumwärmebereitung bzw. Nahwärmeversorgung kann die solare Wärme während der kalten Jahreszeit oft nur unterhalb der Rücklauftemperatur der Heizungsanlage bzw. des Nahwärmenetzes (z. B. 30 °C) bereitgestellt werden; es kann in diesem Fall keine solare Wärme genutzt werden. Hingegen kann diese Wärme bei Systemen zur Trinkwarmwasserbereitung aufgrund der relativ niedrigen Frischwassertemperatur (meist unter 10 °C) zur Vorwärmung des Frischwasserzulaufs genutzt werden. Daher liegen trotz des höheren Deckungsgrades der solaren Trinkwarmwasserbereitung die Kollektorerträge dieses Systems (EFH-III) über den Erträgen des untersuchten solar unterstützten Nahwärmenetzes NW-I.

Aus der Summe dieser Einflussfaktoren auf den spezifischen Kollektorenergieertrag folgen die in Tabelle 4.2 und Tabelle 4.3 dargestellten Kollektorerträge in den Speicher der diskutierten Referenzsysteme von 742 bis 1 512 MJ/(m^2 a) (206 bis 420 kWh/(m^2 a)).

4.3.2 Ökologische Analyse

Aufbauend auf den in Kapitel 4.3.1 definierten Referenzanlagen werden nachfolgend ausgewählte Umweltkenngrößen einer solarthermischen Wärmebereitstellung im Verlauf des gesamten Lebensweges bilanziert. Zusätzlich werden weitere Umwelteffekte, die während der Herstellung, dem Normalbetrieb, bei Störfällen und der Anlagenstilllegung auftreten können, untersucht.

4.3.2.1 Lebenszyklusanalyse

Bilanzen der solarthermischen Wärmenutzung. Für die in Tabelle 4.2 und Tabelle 4.3 definierten Referenztechniken werden im Folgenden die Energie- und Emissionsbilanzen einschließlich aller vorgelagerten Prozesse ohne Berücksichtigung möglicher Zusatzheizsysteme erstellt und diskutiert. Bezugsgröße ist dabei 1 TJ (1 GWh) bereitgestellte Wärme am Ausgang des Solarspeichers bzw. bei dem diskutierten Nahwärmesystem an der entsprechenden Hausübergabestation. Die Verluste des Nahwärmenetzes werden ebenso wie die Verluste der Übergabestationen bzw. der Trinkwarmwasserspeicher berücksichtigt.

Da auch bei einer ausschließlich öl- oder gasbefeuerten Wärmebereitstellung ein, allerdings deutlich kleinerer, Warmwasserspeicher notwendig ist, werden nur die zusätzlichen, durch die Speichervolumenvergrößerung entstehenden Aufwendungen dem Solarsystem zugerechnet. Der Material- und Energieeinsatz für Bau, Betrieb und Abriss des Nahwärmenetzes, des Gebäudes der Heizzentrale sowie der Hausübergabestation wird entsprechend dem solaren Deckungsgrad, der Speicher hingegen vollständig dem Solarsystem angerechnet. Die Einsparung an Dachziegeln aufgrund der Indachmontage wird dem jeweiligen solarthermischen System gutgeschrieben. Tabelle 4.4 zeigt die Ergebnisse der entsprechenden Energie- und Emissionsbilanzen einer solarthermischen Wärmebereitstellung.

Tabelle 4.4 Energie- und Emissionsbilanzen einer solarthermischen Wärmeerzeugung zur Bereitstellung von Raumwärme und/oder Trinkwarmwasser für die definierten Einfamilienhäuser (Zahlen gerundet)

System[a]		EFH-0	EFH-I	EFH-II	EFH-III
Kollektorfläche	in m^2	25	25	25	7,4
Solare Wärmeabgabe	in GJ/a	12,0	15,1	18,4	6,8
Energie[b]	in GJ_{prim}/TJ	176	144	122	140
SO_2	in kg/TJ	69	55	46	53
NO_x	in kg/TJ	36	29	24	26
CO_2-Äquivalente	in kg/TJ	9 652	7 921	6 745	8 265
SO_2-Äquivalente	in kg/TJ	103	82	68	75
Energie[b]	in GJ_{prim}/GWh	635	520	441	502
SO_2	in kg/GWh	249	200	165	192
NO_x	in kg/GWh	130	105	87	94
CO_2-Äquivalente	in kg/GWh	34 746	28 516	24 282	29 754
SO_2-Äquivalente	in kg/GWh	370	297	246	270

[a] Systeme EFH-0, EFH-I und EFH-II solarunterstützten Raumwärme- und Trinkwarmwasserbereitung, System EFH-III ausschließlich zur solarunterstützten Trinkwarmwasserbereitung; [b] primärenergetisch bewerteter kumulierter fossiler Energieaufwand (Verbrauch erschöpflicher Energieträger)

Einflussfaktoren auf die Bilanzergebnisse sind dabei die Anlagengröße sowie der solare Deckungsgrad. Mit zunehmender Anlagengröße sinken die spezifischen Verbräuche an erschöpflichen Energieträgern sowie die Emissionen der betrachteten Luftschadstoffe. Allerdings wird dieser Rückgang durch zusätzliche bauliche Aufwendungen (z. B. Nahwärmenetz) teilweise wieder kompensiert. Weiters sind Solaranlagen mit geringeren solaren Deckungsgraden aufgrund der höheren spezifischen Kollektorerträge durch niedrigere Aufwendungen erschöpflicher Energieträger bzw. Emissionen gekennzeichnet.

Der Verbrauch erschöpflicher Energieträger wird – ebenso wie die Emissionen der betrachteten Luftschadstoffe – von der Herstellung der Anlagen bzw. von den eingesetzten Materialien und von der Bereitstellung der für den Betrieb von Kollektorkreispumpe bzw. Regelungseinheit benötigten elektrischen Energie bestimmt (Abb. 4.13). Direkte Emissionen am Anlagenstandort treten nicht auf.

Tabelle 4.5 Energie- und Emissionsbilanzen einer solarthermischen Wärmeerzeugung zur Bereitstellung von Raumwärme und/oder Trinkwarmwasser für die definierten Mehrfamilienhäuser und Nahwärmesysteme (Zahlen gerundet)

System[a]		MFH-0	MFH-I	NW-I[b]
Kollektorfläche	in m^2	30	60	620
Solare Wärmeabgabe	in GJ/a	38,2	79,9	492,4
Energie[c]	in GJ_{prim}/TJ	88	61	83
SO_2	in kg/TJ	33	28	39
NO_x	in kg/TJ	17	13	21
CO_2-Äquivalente	in kg/TJ	4 949	3 337	4 803
SO_2-Äquivalente	in kg/TJ	49	41	58
Energie[c]	in GJ_{prim}/GWh	317	220	299
SO_2	in kg/GWh	119	102	141
NO_x	in kg/GWh	63	47	74
CO_2-Äquivalente	in kg/GWh	17 817	12 015	17 291
SO_2-Äquivalente	in kg/GWh	176	147	210

[a] alle Systeme zur solarunterstützten Raumwärme- und Trinkwarmwasserbereitung; [b] unter Berücksichtigung eines durchschnittlichen Nutzungsgrades der Hausübergabestationen von 95 % und 15 % Netzverlusten (Kapitel 1.3); [c] primärenergetisch bewerteter kumulierter fossiler Energieaufwand (Verbrauch erschöpflicher Energieträger)

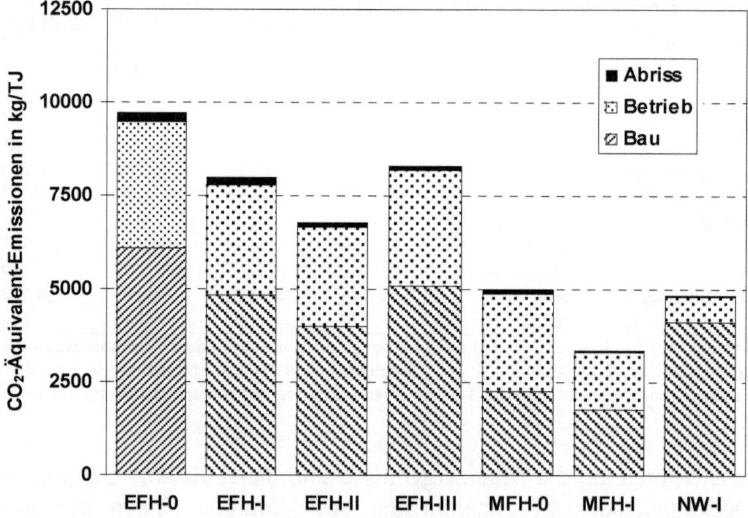

Abb. 4.13 Aufteilung der CO_2-Äquivalent-Emissionen der in Tabelle 4.4 und Tabelle 4.5 dargestellten Bilanzergebnisse einer solarthermischen Wärmebereitstellung auf Bau, Betrieb und Abriss

In Abb. 4.14 (links) ist die Aufteilung der CO_2-Äquivalent-Emissionen für die Referenzanlage EFH-II auf Bau (Kollektor, Speicher, Kollektorrohrleitung vom Kollektor zum Speicher, Solarstation mit Regelung und Kollektorkreispumpe sowie Sonstiges), Betrieb (im Wesentlichen elektrischer Strom) und Abriss dargestellt. Mit 45 bis 85 % tragen dabei die Aufwendungen für den Bau der Anlage den größten Anteil zu den CO_2-Äquivalent-Emissionen bei. Der Anteil der für den Betrieb benötigten elektrischen Energie liegt bei 14 bis 53 %. Einen vergleichsweise geringen Beitrag zeigen mit ca. 2 % die Aufwendungen für den Abriss bzw. die Entsorgung der Anlagenkomponenten. Ähnliche Zusammenhänge gelten auch für den Verbrauch erschöpflicher Energieträger sowie die NO_x-Emissionen.

Die SO_2-Emissionen werden demgegenüber durch die Bereitstellung der für den Bau der Anlagen benötigten Materialien dominiert (Kapitel 1.3). Speziell durch den hohen Kupferanteil der Kollektoren, Kollektorrohrleitungen und Wärmeübertrager ist die solarthermische Wärmebereitstellung mit vergleichsweise hohen SO_2-Emissionen von 28 bis 69 kg/TJ verbunden. Knapp 60 % dieser Emissionen stammen dabei aus der Kupferproduktion. Abb. 4.14, rechts, verdeutlicht dies anhand der Aufteilung der SO_2-Emissionen für das Referenzsystem EFH-II auf Bau, Betrieb und Abriss.

Der Verbrauch an erschöpflichen Energieträgern und die daraus resultierenden Emissionen können bei kleineren Anlagen zur Trinkwarmwasserbereitung (EFH-III) sowie Anlagen mit Low-Flow Kollektorverschaltung zu über 50 % durch den Stromverbrauch der Kollektorkreispumpen verursacht werden. Bei kleineren Anlagen liegt dies in dem oft schlechten Wirkungsgrad der eingesetzten Kollektorkreispumpen.

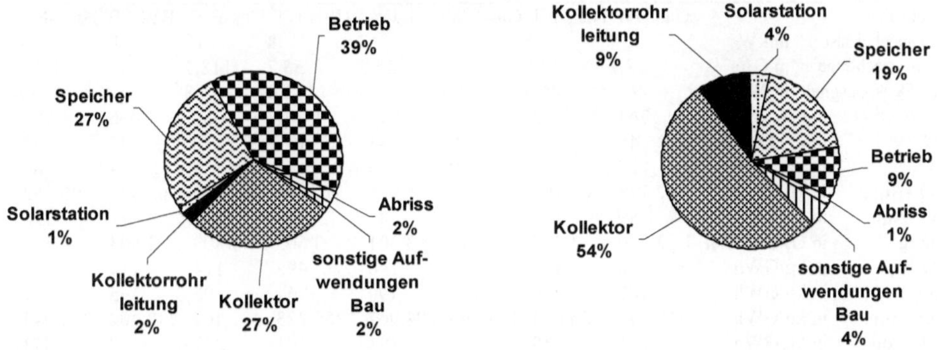

Abb. 4.14 Aufteilung der CO_2-Äquivalent-Emissionen (links) und SO_2-Emissionen (rechts) einer solarthermischen Wärmebereitstellung durch das Referenzsystem EFH-II

Damit spielt auch der in die Erstellung der Bilanzen einfließende Stromerzeugungsmix eine wichtige Rolle. Die in Tabelle 4.4 und Tabelle 4.5 dargestellten Ergebnisse sind zu 30 % mit einem nach den Heizgradtagen gewichteten und zu 70 % mit dem herkömmlichen für Österreich spezifischen Stromerzeugungsmix erstellt. In Ländern mit einem hohen Anteil an Wärmekraftwerken an der Stromaufbringung können die Beiträge des für den Betrieb der Solaranlagen benötigten elektrischen Stroms am Verbrauch fossiler Energieträger bzw. den Emissionen deshalb wesentlich höher liegen.

Bilanzen des Versorgungssystems. Zur Erfüllung der in Tabelle 1.4 (Kapitel 1.3) festgelegten Versorgungsaufgaben müssen solarthermische Systeme mit einem Zusatzheizsystem kombiniert werden. Neben öl- bzw. gasbefeuerten Heizkesseln können dafür auch Biomassekessel oder Wärmepumpen eingesetzt werden. Im Folgenden werden deshalb als Zusatzheizsysteme die in Tabelle 1.11 (Kapitel 1.4) definierten Kleinanlagen auf Basis fossiler Energieträger betrachtet. Solarunterstützte Nahwärmesysteme werden in Österreich vorwiegend mit Biomassekesseln betrieben. Diese werden ebenso wie ausgewählte Möglichkeiten einer Kombination von solarunterstützten Anlagen mit Biomassekesseln in Kapitel 9 behandelt. Solarunterstützte Wärmepumpenanlagen werden demgegenüber in Kapitel 7 untersucht.

Für die Erstellung der Gesamtbilanzen werden deshalb neben den solarthermischen Anlagenkomponenten wie Kollektor, Kollektorrohrleitung oder Speicher auch die konventionelle Wärmeerzeugung berücksichtigt. Der Nutzungsgrad moderner Öl- oder Gaskessel ändert sich durch die Einbindung einer solarthermischen Anlage nur unwesentlich; dieser Effekt wird daher vernachlässigt. Tabelle 4.6 und Tabelle 4.7 zeigen die Ergebnisse der Bilanzierung für eine solarthermische/fossile Wärmebereitstellung. Bezugsgröße ist dabei 1 TJ (1 GWh) bereitgestellte Wärmeenergie an der Schnittstelle zur Trinkwarmwasser- bzw. Raumwärmeverteilung innerhalb der versorgten Gebäude.

Tabelle 4.6 Energie- und Emissionsbilanzen einer solarthermischen/fossilen Wärmebereitstellung in Kleinanlagen zur Raumwärme- und Trinkwarmwasserbereitstellung für die definierten Einfamilienhäuser (Zahlen gerundet)

System		EFH-I	EFH-I	EFH-II	EFH-II	EFH-II	EFH-III	EFH-III	EFH-III
Technik		Gas-BW[a]	HEL-NT[b]	Gas-BW[a]	NT-Gas[c]	HEL-NT[b]	Gas-BW[a]	BW/EB[d]	HEL-NT[b]
Gebäudeheizlast	in kW	5	5	8	8	8	18	18	18
Wärmenachfrage[e]	in GJ/a	32,7	32,7	55,7	55,7	55,7	118,7	118,7	118,7
Sol. Deckungsgrad[f]	in %	46,3	46,3	33,0	33,0	33,0	5,8	5,8	5,8
Energie[g]	in GJ_{prim}/TJ	764	902	844	917	1 001	1 056	1 056	1 257
SO_2	in kg/TJ	49	133	39	41	137	32	32	160
NO_x	in kg/ TJ	50	71	49	53	73	54	54	84
CO_2-Äqu.	in kg/TJ	47 123	62 790	52 388	56 935	70 895	65 945	65 945	90 262
SO_2-Äqu.	in kg/TJ	89	190	77	81	195	71	71	226
Energie[g]	in GJ_{prim}/GWh	2 750	3 247	3 040	3 301	3 605	3 803	3 803	4 524
SO_2	in kg/GWh	178	477	142	146	492	114	114	576
NO_x	in kg/GWh	182	256	177	190	261	195	195	301
CO_2-Äqu.	in kg/GWh	169 642	226 044	188 596	204 967	255 223	237 402	237 402	324 943
SO_2-Äqu.	in kg/GWh	321	685	278	291	701	257	257	813

Äqu. Äquivalente; sol. solarer; [a] Erdgas-Brennwertkessel; [b] Heizöl extra leicht – Niedertemperaturkessel; [c] Erdgas-Niedertemperaturkessel; [d] Erdgas-Brennwertkessel zur Raumwärme- und Trinkwarmwasserbereitung sowie Elektroheizpatrone im Trinkwarmwasserspeicher für Trinkwarmwasser; [e] Wärmenachfrage gesamtes Versorgungssystem (Trinkwarmwasser und Raumwärme); [f] solarer Deckungsgrad bezogen auf das gesamte Versorgungssystem (Trinkwarmwasser und Raumwärme); [g] primärenergetisch bewerteter kumulierter fossiler Energieaufwand (Verbrauch erschöpflicher Energieträger)

Wesentlichster Einflussfaktor auf die Bilanzergebnisse ist der solare Deckungsgrad. Mit steigendem Deckungsgrad sinkt der Anteil konventionell bereitzustellender Wärme und damit der Verbrauch erschöpflicher Energieträger bzw. sinken die daraus resultierenden Schadstoffemissionen. Unterschiede im Systemnutzungsgrad der Zusatzkessel, in der Anlagengröße sowie in den brennstoffabhängigen Emissionsfaktoren sind weitere Einflussfaktoren auf die Ergebnisse. So liegen beispielsweise die spezifischen CO_2-Äquivalent-Emissionen für das Referenzsystem EFH-II bei 52,4 (Brennwertkessel Erdgas) bzw. 70,9 t/TJ (Heizöl extra leicht); im Unterschied dazu würden sie im monovalenten Betrieb der konventionellen Anlagen bei 74,7 (Brennwertkessel Erdgas) bzw. 102,3 t/TJ (Heizöl extra leicht) liegen. Die SO_2-Emissionen werden, wie bei den Bilanzergebnissen einer solarthermischen Wärmebereitstellung ohne konventionelle Wärmeerzeugung, stark durch die produktionsbedingt hohen spezifischen SO_2-Emissionen der Rohmaterialien (vor allem Kupfer) beeinflusst.

Tabelle 4.7 Energie- und Emissionsbilanzen einer solar/fossilen Wärmebereitstellung in Anlagen zur Raumwärme- und Trinkwarmwasserbereitung für die Mehrfamilienhäuser (Zahlen gerundet)

System		MFH-0	MFH-I	MFH-I
Technik		Gas-BW[a]	Gas-BW[a]	HEL-NT[b]
Gebäudeheizlast	in kW	20	60	60
Wärmenachfrage[c]	in GJ/a	132,1	496,1	496,1
Solarer Deckungsgrad[d]	in %	28,9	16,1	16,1
Energie[e]	in GJ_{prim}/TJ	1 023	964	1 144
SO_2	in kg/TJ	44	30	147
NO_x	in kg/ TJ	58	50	77
CO_2-Äquivalente	in kg/TJ	63 459	60 146	82 223
SO_2-Äquivalente	in kg/TJ	88	67	207
Energie[e]	in GJ_{prim}/GWh	3 681	3 471	4 119
SO_2	in kg/GWh	159	108	529
NO_x	in kg/GWh	209	179	276
CO_2-Äquivalente	in kg/GWh	228 452	216 524	296 003
SO_2-Äquivalente	in kg/GWh	316	241	747

[a] Erdgas-Brennwertkessel; [b] Heizöl extra leicht – Niedertemperaturkessel; [c] Wärmenachfrage gesamtes Versorgungssystem (Warmwasser, Raumwärme); [d] bezogen auf das gesamte Versorgungssystem (Warmwasser, Raumwärme); [e] primärenergetisch bewerteter kumulierter fossiler Energieaufwand (Verbrauch erschöpflicher Energieträger)

Der Verbrauch an fossilen Energieträgern sowie die dargestellten Stofffreisetzungen werden im Wesentlichen vom Betrieb der Anlagen (direkte Emissionen aus dem Verbrennungsprozess bzw. Bereitstellung der benötigten elektrischen Energie) bestimmt. Die Bereitstellung der fossilen Brennstoffe zeigt bereits einen deutlich geringeren Beitrag zum Gesamtergebnis. Der Bau der Anlagen trägt lediglich bei kleinen Systemen zur solaren Raumwärmeunterstützung (EFH-I und EFH-II) nennenswert bei. Abb. 4.15 zeigt dies am Beispiel der CO_2-Äquivalent-Emissionen.

Eine Ausnahme stellen die SO_2-Emissionen bei solarunterstützten Systemen mit einem erdgasbefeuerten Kessel (keine SO_2-Emissionen aus dem Verbrennungsprozess) dar. Hier werden die Ergebnisse durch die SO_2-Emissionen aus der Erdgasbereitstellung dominiert. In Abb. 4.16 ist dies exemplarisch anhand der Aufteilung der SO_2-Emissionen für das System EFH-II BW dargestellt.

Bei Systemen mit ausschließlich solarer Trinkwarmwasserbereitung kann der solare Anteil an der gesamten Wärmenachfrage so gering werden, dass Unterschiede zwischen den solarunterstützten bzw. fossilen Systemen sehr klein ausfallen und damit nur schwer zu interpretieren sind (z. B. EFH-III, Tabelle 4.6 bzw. Tabelle 1.12, Kapitel 1.4). Es wird daher zusätzlich für das System EFH-III eine solarunterstützte Trinkwarmwasserbereitung ohne den Einfluss der Raumheizung bilanziert (Tabelle 4.8). Dadurch ist ein Vergleich der solarunterstützten Trinkwarmwasserbereitung, als das klassische Einsatzgebiet der Solarthermie in Österreich, mit konventionellen Techniken der Trinkwarmwasserbereitung möglich (Kapitel 10). Dabei wird die Raumwärmebereitung des Referenzsystems EFH-III bei einer Trinkwarmwasserbereitung sowohl mit als auch ohne solarthermische Unterstützung vollständig durch einen mit Erdgas bzw. extra leichtem Heizöl befeuerten Kessel realisiert. Die Aufwendungen für gemeinsam von Trinkwarmwasser- und Raumwärmebereitung genutzten Anlagenkomponenten (u. a. Kessel, Öltank bzw. Gasanschluss) gehen entsprechend dem Anteil der Trinkwarmwasserbereitung ohne solare Unterstützung am gesamten Brennstoffverbrauch in die Bilanzierung ein. Dadurch werden die, der Raumwärmebereitung zurechenbaren Verbräuche erschöpflicher Energieträger sowie die Schadstoffemissionen durch die Integration einer solaren Trinkwarmwasserbereitung nicht verändert.

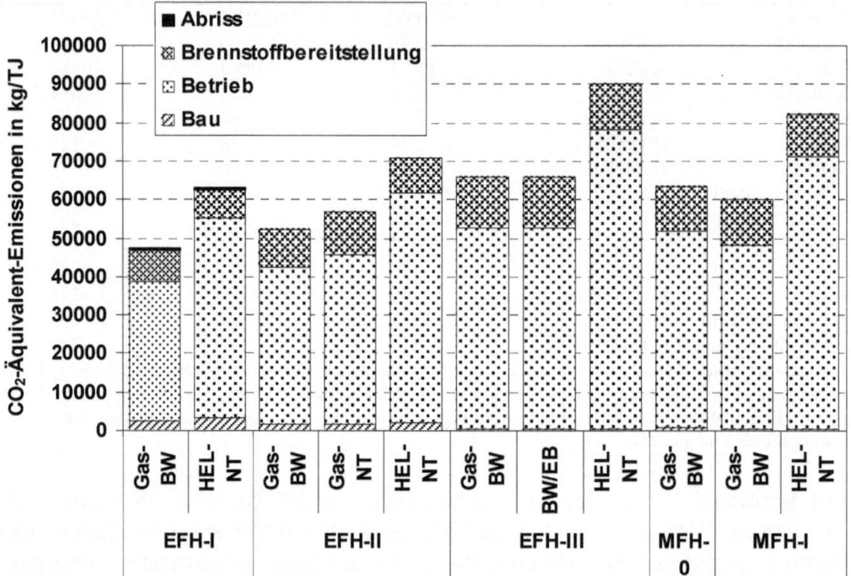

Abb. 4.15 Aufteilung der CO_2-Äquivalent-Emissionen auf Bau, Betrieb, Brennstoffbereitstellung und Abriss der in Tabelle 4.6 und Tabelle 4.7 dargestellten Bilanzergebnisse (BW Brennwertkessel, NT Niedertemperaturkessel, HEL Heizöl extra leicht, EB Elektroheizpatrone im Trinkwarmwasserspeicher)

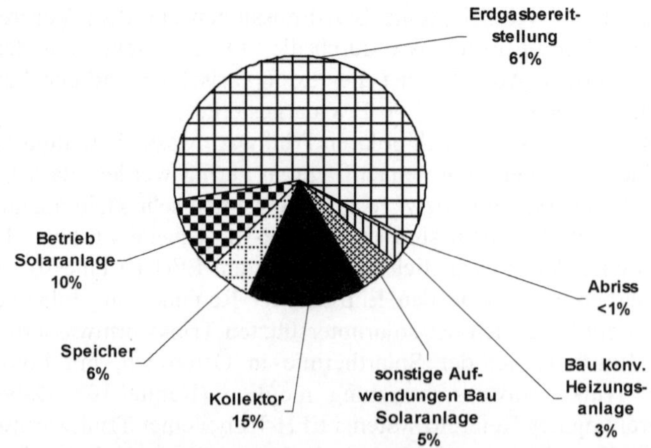

Abb. 4.16 Aufteilung der SO_2-Emissionen einer solar/fossilen Wärmebereitung durch das Referenzsystem EFH-II Gas-BW

Auch die Bilanzergebnisse einer solar/fossilen Trinkwarmwasserbereitung sind durch die Abhängigkeit von der Anlagengröße, dem solaren Deckungsgrad sowie der Verbrennungstechnologie und dem eingesetzten Brennstoff gekennzeichnet. Entsprechend Tabelle 4.8 ist das Referenzsystem EFH-III mit einem Verbrauch erschöpflicher Energieträger von 677 bzw. 773 GJ/TJ gegenüber 764 bzw. 902 GJ/TJ des Systems EFH-I gekennzeichnet. Der obere Wert repräsentiert jeweils ein Zusatzheizsystem mit Heizöl extra leicht und der untere Wert einen mit Erdgas befeuerten Brennwertkessel. Gleiches gilt auch für die dargestellten CO_2- sowie NO_x-Emissionen. Die Freisetzungen an Schwefeldioxid werden wiederum durch die Bereitstellung der für den Bau der Anlage benötigten Materialen (vor allem Kupfer) dominiert.

Tabelle 4.8 Energie- und Emissionsbilanzen einer solarthermischen/fossilen Trinkwarmwasserbereitung (Zahlen gerundet)

System		EFH-III	EFH-III	EFH-III
Technik		Gas-BW[a]	BW/EB[c]	HEL-NT[b]
Gebäudeheizlast	in kW	18	18	18
Trinkwarmwassernachfrage	in GJ/a	10,7	10,7	10,7
Solarer Deckungsgrad[d]	in %	63,9	63,9	63,9
Energie[e]	in GJ_{prim}/TJ	677	677	773
SO_2	in kg/TJ	55	55	117
NO_x	in kg/ TJ	48	48	62
CO_2-Äquivalente	in kg/TJ	41 855	41 855	53 529
SO_2-Äquivalente	in kg/TJ	91	91	167
Energie[e]	in GJ_{prim}/GWh	2 437	2 437	2 781
SO_2	in kg/GWh	196	196	422
NO_x	in kg/ GWh	172	172	224
CO_2-Äquivalente	in kg/GWh	150 677	150 677	192 705
SO_2-Äquivalente	in kg/GWh	329	329	600

[a] Erdgas-Brennwertkessel; [b] Heizöl extra leicht – Niedertemperaturkessel; [c] Erdgas-Brennwertkessel zur Raumwärme- und Trinkwarmwasserbereitung sowie Elektroheizpatrone im Trinkwarmwasserspeicher; [d] bezogen auf die Trinkwarmwasserbereitung; [e] primärenergetisch bewerteter kumulierter fossiler Energieaufwand (Verbrauch erschöpflicher Energieträger)

Übernimmt zusätzlich zu einem erdgasbefeuerten Kessel eine Elektroheizpatrone im Trinkwarmwasserspeicher die Aufgabe der Zusatzheizung (EFH-III), ist der Verbrauch erschöpflicher Energieträger mit 677 GJ/TJ gleich hoch wie bei einem System mit Erdgas, da die Elektroheizpatrone ausschließlich als Ausfallsreserve dient und praktisch nicht eingeschaltet wird. Die zusätzlichen Aufwendungen für den Bau der Anlage sind marginal.

Bei einer Anlage mit Heizöl extra leicht als Zusatzbrennstoff steigt der Verbrauch erschöpflicher Energieträger auf 773 GJ/TJ an.

Wird zur Trinkwarmwasserbereitung jedoch keine konventionelle Technologie hinzugezogen, muss mit der Elektroheizpatrone zugeheizt werden. Dieser Fall wurde hier nicht betrachtet, würde aber zu einem höheren spezifischen Verbrauch an erschöpflichen Energieträgern führen, da während der Wintermonate, in denen eine Solaranlage die geringsten Erträge liefert und somit verstärkt Trinkwarmwasser über die Elektroheizpatrone erwärmt werden müsste, der Anteil von Wärmekraftwerken an der österreichischen Stromaufbringung am größten ist (Abb. 1.9; Kapitel 1.2). Der in die Bilanzierung einfließende Stromerzeugungsmix wäre unter diesen Bedingungen dann durch einem höheren spezifischen Verbrauch an erschöpflichen Energieträgern gekennzeichnet verglichen mit dem Jahresdurchschnitt.

Ähnliche Zusammenhänge gelten sinngemäß für die Freisetzung von Luftschadstoffen.

4.3.2.2 Weitere Umwelteffekte

Solaranlagen sind durch einen geräuschlosen Betrieb ohne direkte Freisetzungen von Stoffen gekennzeichnet. Trotzdem können zusätzlich zu den bisher diskutierten Umweltauswirkungen im Verlauf des gesamten Lebensweges (d. h. Lebenszyklusanalyse) noch weitere Umweltauswirkungen gegeben sein.

Herstellung. Die Umweltauswirkungen der Herstellung von Solaranlagen entsprechen weitgehend denen der verarbeitenden Industrie. Von besonderer Umweltrelevanz ist lediglich die Herstellung der Absorberstreifen. In der Vergangenheit kamen hier galvanische Beschichtungsverfahren zur Anwendung, die mit einem hohen Energieverbrauch und problematischen Abfällen verbunden waren. In jüngerer Zeit gewinnen jedoch Vakuumbeschichtungsverfahren an Bedeutung, die mit wesentlich geringeren Umweltbelastungen bei der Produktion einhergehen /Sonnenenergie 2000a/, /Sonne, Wind und Wärme 2000b/. Auch können beispielsweise die seit kurzem zur Abdeckung des Solarkollektors verstärkt eingesetzten Antireflexgläser nach einem ökologischen Herstellungsverfahren produziert werden /Sonnenenergie 2000b/.

Bei der Herstellung von Solarspeichern kamen in den letzten Jahren verstärkt Materialien zum Einsatz, die mit nur geringen Umweltwirkungen produziert und verarbeitet werden können. Beispielsweise wurden Polyurethan-Schäume (PU), die bei der Herstellung und Entsorgung unter Umweltgesichtspunkten nicht unproblematisch sind, vielfach durch Polypropylen (EPP) ersetzt.

Damit treten bei der Herstellung von Solaranlagen keine signifikant über das derzeit übliche Maß hinaus gehenden Umwelteffekte auf. Werden die entsprechenden Umweltschutz-Vorschriften eingehalten, ist i. Allg. eine sehr umweltverträgliche Produktion möglich.

Besondere Gefährdungen können eventuell auch bei der Dachinstallation von Kollektoren auftreten. Aber das Risiko eines tödlichen Absturzes eines Installateurs kann beispielsweise mit dem Risiko eines Dachdeckers, Schornsteinfegers oder Zimmermanns verglichen werden und ist damit als gering zu bezeichnen.

Normalbetrieb. Dachmontierte Kollektoren sind dem Absorptions- und Reflexionsverhalten der Dächer relativ ähnlich. Damit sind keine wesentlichen Beeinträchtigungen des lokalen Klimas zu erwarten. Auswirkungen haben die mit den z. T. weithin sichtbaren Kollektoren belegten Dachflächen lediglich hinsichtlich einer visuellen Änderung des Erscheinungsbildes der Städte und Dörfer.

Nur wenn Kollektoren auf Freiflächen installiert werden, ist eine Beeinträchtigung des Mikroklimas denkbar. Sie beschränkt sich aber im Wesentlichen auf den Schattenbereich und ist i. Allg. vernachlässigbar gering. Prinzipiell ist auch eine weitere extensive landwirtschaftliche Nutzung dieser z. T. verschatteten Flächen möglich.

Außerdem sollte durch eine richtige Anlagenauslegung der Austritt von Dampf beim Stillstand der Kollektoren verhindert werden und damit auch kein potenzielles Gesundheitsrisiko gegeben sein.

Legionellen können sich in Trinkwarmwassersystemen stark vermehren und dadurch zu einer Gesundheitsgefahr für den Menschen werden. Es handelt sich hierbei jedoch nicht um eine spezifische Problematik von Solaranlagen. Da Legionellen bei ca. 60 °C aber schnell absterben, ist es durch entsprechende technische Maßnahmen leicht möglich, diese Gefahr zu begrenzen. Wird das Trinkwarmwasser im Durchlauferhitzerprinzip erzeugt und hat deshalb nur sehr kurze Zeit die für das Legionellenwachstum kritische Temperatur, ist dies generell unbedenklich in Bezug auf die von einer Legionellenbildung ausgehenden Gesundheitsgefahren. Dies ist auch in den in Österreich gültigen Regeln /ÖNORM B 5019 2007/ berücksichtigt. Anlagen mit Trinkwarmwasserbereitung im Durchlauferhitzerprinzip sind hier explizit von der Norm ausgenommen.

Störfall. Umweltauswirkungen durch Störfälle sind in größerem Ausmaß nicht zu erwarten. Gesundheitsrisiken für Menschen bzw. eine Belastung von Grundwasser oder Boden durch ein eventuelles Austreten des frostschutzmittelhaltigen Wärmeträgermediums sind durch die fortgeschrittene Technologie sehr unwahrscheinlich. Auch können derartige Probleme durch regelmäßige Inspektionen sowie durch die Verwendung von lebensmittelechtem Propylenglykol als Wärmeträgermedium vermieden werden.

Grundsätzlich kann es durch Brände zu begrenzten Freisetzungen an luftgetragenen Spurengasen an die Umwelt kommen, die jedoch nicht spezifisch für solarthermische Anlagen sind. Außerdem dürften Brände an den Kollektoren bauartbedingt nur dann zu erwarten sein, wenn das gesamte Gebäude, auf denen sie montiert sind, abbrennt.

Zusätzlich denkbare Verletzungsgefahren durch das Herabfallen unsachgemäß auf Dachflächen montierter Kollektoren können durch die Einhaltung der allgemein gültigen Arbeitssicherheitsstandards weitestgehend vermieden werden; hier ist ein Gefahrenpotenzial gegeben, das dem von Dachziegeln entspricht.

Stilllegung. Grundsätzlich ist ein Recycling wesentlicher Bauteile von solarthermischen Anlagen (z. B. Solarkollektor, Speicher) möglich. Auch ist die Zurücknahme der alten Kollektoren durch die Hersteller und damit eine Wiederverwertung der darin enthaltenen Materialien durchaus üblich. Damit treten hier die beim Recycling bestimmter Materialien üblichen Umwelteffekte auf, die jedoch nicht spezifisch für Solaranlagen sind.

4.3.3 Ökonomische Analyse

Zur Abschätzung der mit einer solarthermischen Wärmenutzung verbundenen monetären Aufwendungen werden im Folgenden die Investitionen und Betriebskosten sowie die spezifischen Wärmegestehungskosten für die in Tabelle 4.2 und Tabelle 4.3 definierten solaren Referenzanlagen dargestellt. Diese Kosten werden auch für solarthermische/fossile Mischsysteme zu Erfüllung der in Tabelle 1.4 (Kapitel 1.3) definierten Versorgungsaufgaben ermittelt. Als konventionelle Wärmeerzeuger werden ein Niedertemperatur-Erdgaskessel (EFH-II) sowie erdgasbefeuerte Brennwertkessel bzw. Niedertemperatur-Ölkessel mit Heizöl extra leicht als Brennstoff (EFH-0, EFH-I, EFH-II und EFH-III sowie MFH-0 und MFH-I) betrachtet. Zusätzlich wird für die Trinkwarmwasserbereitung des Systems EFH-III eine elektrische Zusatzheizung über eine in den Solarspeicher eingebaute Elektroheizpatrone untersucht. Die Raumwärmebereitung erfolgt in diesem Fall über einen erdgasbefeuerten Brennwertkessel.

Investitionen. Die Investitionen für solarthermische Anlagen bewegen sich in Abhängigkeit von der Systemgröße sowie der eingesetzten Technik innerhalb einer sehr großen Bandbreite. Aber mit zunehmender Anlagengröße sinken die spezifischen Kosten i. Allg. vor allem für Kollektor und Speicher. Neben dieser Größenabhängigkeit werden die Kollektorkosten entscheidend von deren Technologie bestimmt. Einfache Absorbermatten für die Schwimmbadbeheizung liegen etwa zwischen 25 und 75 €/m^2, einfachverglaste Flachkollektoren mit selektiven Absorbern kosten etwa 270 €/m^2 und Vakuumröhrenkollektoren bis über 700 €/m^2. Werden die Kollektoren oder auch die gesamte Solaranlage vom Betreiber gefertigt oder montiert (u. a. durch Selbstbaugruppen) liegen die Kosten i. Allg. erheblich darunter.

Tabelle 4.9 Investitionen und Betriebskosten sowie Wärmegestehungskosten von solarthermischen Anlagen mit Flachkollektoren (Indachmontage, selektiv) zur Trinkwarmwasser- und Raumwärmebereitung für Einfamilienhäuser (Zahlen gerundet)

System[a]		EFH-0	EFH-I	EFH-II	EFH-III
Kollektorfläche	in m^2	25	25	25	7,4
Solare Wärmeabgabe	in GJ/a	12,0	15,1	18,4	6,8
Investitionen					
Kollektor	in €	5 150	5 150	5 150	1 770
Speicher[b]	in €	4 170	4 170	4 170	1 490
Regelung	in €	860	860	860	530
Montage[c]	in €	5 980	5 980	5 980	3 210
Zwischensumme	in €	16 160	16 160	16 160	7 000
Gutschrift Dachziegel	in €	-280	-280	-280	-80
Gutschrift Speicher[d]	in €	-550	-550	-550	-550
Summe	in €	15 330	15 330	15 330	6 370
	in €/m^2	613	613	613	861
Annuität[e]	in €/a	1 202	1 202	1 202	498
Betriebskosten[f]	in €/a	230	231	232	132
Wärmegestehungskosten	in €/GJ	119,0	94,9	78,1	92,2
	in €/kWh	0,428	0,342	0,281	0,332

[a] Systeme EFH-0 (Laufzeit der raumlufttechnischen Anlage mit Abluftwärmerückgewinnung: 8 760 h/a), EFH-I und EFH-II zur solarunterstützten Raumwärme- und Trinkwarmwasserbereitung, System EFH-III ausschließlich zur solarunterstützten Trinkwarmwasserbereitung; [b] Solarspeicher entsprechend Tabelle 4.2; [c] inklusive Verrohrung und Dämmung sowie Kleinteilen; [d] Kosten Trinkwarmwasserspeicher ohne solare Trinkwarmwasserbereitung; [e] bei einem Zinssatz von 4,5 % und einer Abschreibung über die technische Anlagenlebensdauer; [f] u. a. Betrieb und Wartung

Die in Tabelle 4.9 und Tabelle 4.10 angeführten Kosten sind Durchschnittspreise für die jeweiligen Systemkomponenten bei gegebener Konfiguration der Referenzanlagen. Die Montage erfolgt dabei durch einen gewerblichen Betrieb; dies beinhaltet auch die Kollektor-, Speicher- und Heizkesselanbindung. Unter Regelung werden dabei die Mess- und Regeleinrichtungen, die Pumpe sowie alle sicherheitstechnischen

Einrichtungen (z. B. Sicherheits- und Absperrventile, Ausdehnungsgefäß) zusammengefasst.

Der Solaranlage gutgeschrieben werden die aufgrund der Indachmontage ermöglichte Einsparung an Dachziegeln sowie die Investitionen für einen Trinkwarmwasserspeicher ohne solare Unterstützung. Bei den Systemen EFH-II und EFH-III sowie MFH-I wird von einer Generalsanierung der gesamten Heizungsanlage sowie des Daches ausgegangen, so dass auch bei diesen Altbauten Gutschriften für die Einsparung an Dachziegel sowie an Investitionen für einen Trinkwarmwasserspeicher anfallen. Dadurch werden dem Solarsystem nur jene Mehrkosten angerechnet, die sich aus der im Vergleich zu einer konventionellen Trinkwarmwasserbereitung bedingten Speichervolumenvergrößerung ergeben. Dem solaren Nahwärmesystem werden entsprechend dem solaren Deckungsgrad die Kosten des Wärmeverteilnetzes sowie der Hausübergabestation angelastet.

Tabelle 4.9 und Tabelle 4.10 zeigen auch deutlich die oben diskutierte Abnahme der spezifischen Anlagenkosten mit steigender Anlagengröße. Diese liegen z. B. bei einer solaren Trinkwarmwasserbereitung für ein Einfamilienhaus bei rund 861 €/m^2 Kollektorfläche bzw. bei knapp 469 €/m^2 bei einem solarunterstützten Nahwärmesystem.

Tabelle 4.10 Investitionen und Betriebskosten sowie Wärmegestehungskosten von solarthermischen Anlagen mit Flachkollektoren (Indachmontage, selektiv) zur Trinkwarmwasser- und Raumwärmebereitung für Mehrfamilienhäuser und Nahwärmesysteme (Zahlen gerundet)

System[a]		MFH-0	MFH-I	NW-I
Kollektorfläche	in m^2	30	60	620
Solare Wärmeabgabe	in GJ/a	38,2	79,9	609,8
Investitionen				
Kollektor	in €	6 870	13 730	117 740
Speicher[b]	in €	3 000	3 980	43 560
Regelung	in €	1 230	1 770	15 310
Montage[c]	in €	8 900	12 450	74 280
Zwischensumme	in €	20 000	31 930	250 890
Anteil Nahwärmenetz[d]	in €			46 840
Gutschrift Dachziegel	in €	-330	-670	-6 890
Summe	in €	19 670	31 260	290 840
	in €/m^2	656	521	469
Annuität[e]	in €/a	1 507	2 425	21 428
Betriebskosten[f]	in €/a	278	408	5 466
Wärmegestehungskosten	in €/GJ	46,8	35,4	44,1
	in €/kWh	0,168	0,128	0,159

[a] alle Systeme zur solarunterstützten Raumwärme- und Trinkwarmwasserbereitung (MFH-0: Laufzeit der raumlufttechnischen Anlage mit Abluftwärmerückgewinnung: 8760 h/a); [b] Solarspeicher entsprechend Tabelle 4.3; [c] inklusive Verrohrung und Dämmung sowie Kleinteilen; [d] entsprechend solarem Deckungsgrad (Investitionen Nahwärmenetz und Übergabestation; Kapitel 8.3); [e] bei einem Zinssatz von 4,5 % und einer Abschreibung über die technische Anlagenlebensdauer; [f] u. a. Betrieb und Wartung, Betriebskosten des solaren Nahwärmesystems beinhalten – entsprechend dem solaren Deckungsgrad – Anteile an den Betriebskosten des Nahwärmenetzes NW-I (Kapitel 8.3)

Die Investitionen eines solarthermischen/fossilen Systems (Tabelle 4.11 und Tabelle 4.12) ergeben sich aus den Kosten der Solaranlage (Tabelle 4.9 und Tabelle 4.10) sowie den in Tabelle 1.14 (Kapitel 1.4) dargestellten Kosten von öl- bzw. erdgasbefeuerten Systemteilen.

Betriebskosten. Die Betriebskosten beinhalten Aufwendungen für Wartung und Instandhaltung der solarthermischen Anlage /VDI-2067 2000/ (z. B. Wechsel des Wärmeträgermediums, Austausch von Dichtungen) sowie die für den Betrieb der Kollektorkreispumpe und Regelung benötigten elektrischen Energie. Tabelle 4.9 und Tabelle 4.10 zeigen die Aufstellung dieser Kosten für die in Tabelle 4.2 und Tabelle 4.3 definierten Referenzanlagen. In Abhängigkeit von der Anlagengröße bewegen sich die Betriebskosten zwischen knapp 132 und 5 466 €/a. In den Betriebskosten des solaren Nahwärmenetzes ist dabei entsprechend dem solaren Deckungsgrad auch der Anteil an den Betriebskosten des Wärmeverteilnetzes und der Hausübergabestation (rund 475 €/a bei einem Deckungsgrad von ca. 6,2 %) enthalten.

Tabelle 4.11 Investitionen und Betriebskosten sowie Wärmegestehungskosten von solarthermischen Anlagen mit Flachkollektoren (Indachmontage, selektiv) in Kombination mit öl- bzw. erdgasbefeuerten Anlagen zur Trinkwarmwasser- und Raumwärmebereitung für die definierten Einfamilienhäuser (Zahlen gerundet)

System		EFH-I	EFH-I	EFH-II	EFH-II	EFH-II	EFH-III	EFH-III	EFH-III
Technik		Gas-BW[a]	HEL-NT[b]	Gas-BW[a]	Gas-NT[c]	HEL-NT[b]	Gas-BW[a]	BW/EB[d]	HEL-NT[b]
Gebäudeheizlast	in kW	5	5	8	8	8	18	18	18
Wärmenachfrage[e]	in GJ/a	32,7	32,7	55,7	55,7	55,7	118,7	118,7	118,7
Sol. Deckungsgrad[f]	in %	46,3	46,3	33,0	33,0	33,0	5,8	5,8	5,8
Investitionen	in €	21 010	20 920	21 010	19 710	20 920	11 930	12 230	13 000
Annuität[g]	in €/a	1 630	1 610	1 630	1 520	1 610	920	940	980
Betriebskosten[h]	in €/a	374	451	377	318	453	284	284	391
Brennstoffkosten[i]	in €/a	199	253	407	454	518	1 132	1 132	1 485
Wärmege-	in €/GJ	67,5	70,9	43,3	41,2	46,4	19,7	19,8	24,1
stehungskosten	in €/kWh	0,243	0,255	0,156	0,148	0,167	0,071	0,071	0,087

Sol. solarer; [a] Erdgas-Brennwertkessel; [b] Heizöl extra leicht – Niedertemperaturkessel; [c] Erdgas-Niedertemperaturkessel; [d] Erdgas-Brennwertkessel zur Raumwärme- und Trinkwarmwasserbereitung sowie Elektroheizpatrone im Trinkwarmwasserspeicher; [e] Trinkwarmwasser- und Raumwärmenachfrage; [f] solarer Deckungsgrad bezogen auf das gesamte Versorgungssystem (Trinkwarmwasser und Raumwärme); [g] bei einem Zinssatz von 4,5 % und einer Abschreibung über die technische Anlagenlebensdauer; [h] Wartung und Betrieb, ohne Brennstoffkosten; [i] vgl. Tabelle 1.6 (Kapitel 1.3)

Die Betriebskosten für das gesamte solare/fossile Versorgungssystem (Tabelle 4.11 und Tabelle 4.12) bestimmen sich aus den Betriebskosten der Solaranlage (Tabelle 4.9 und Tabelle 4.10) sowie den Betriebskosten der öl- bzw. erdgasbefeuerten Kesselanlagen (Kapitel 1.4).

Neben den Betriebskosten werden die Brennstoffkosten für Heizöl extra leicht bzw. Erdgas getrennt angeführt. In den Brennstoffkosten des Systems EFH-III mit Elektroheizpatrone zur Trinkwarmwassererwärmung sind keine Stromkosten dieser elektrischen Heizung enthalten, da diese ausschließlich als Ausfallsreserve dient.

Wärmegestehungskosten. Auf Basis der in Kapitel 1.3 festgelegten finanzmathematischen Rahmenbedingungen (Zinssatz 4,5 %, Abschreibung über die technische Lebensdauer) errechnen sich für die betrachteten Referenzanlagen die in Tabelle 4.9 bis Tabelle 4.12 dargestellten Wärmegestehungskosten. Für die Erdgas- und Heizölkessel werden 18 bzw. 20 Jahre, für Trinkwarmwasserspeicher, Plattenwärmeübertrager und Frischwasser-Durchlauferhitzereinheiten 25, 15 bzw. 20 Jahre, für die Sonnenkollektoren, Kollektorleitungen und deren Isolierung 20, 30 bzw. 20 Jahre, für Pumpen, Hydraulik und Regelung 10 bzw. 20 Jahre, für die Hausübergabestationen des Nahwärmenetzes 30 Jahre, für Heizraum und Kamin 35 Jahre, für den Gasanschluss der Gebäude an das Versorgungsnetz sowie für das Nahwärmenetz 40 Jahre technische Anlagenlebensdauer unterstellt /VDI-2067 2000/.

Tabelle 4.12 Investitionen und Betriebskosten sowie Wärmegestehungskosten von solarthermischen Anlagen mit Flachkollektoren (Indachmontage, selektiv) in Kombination mit öl- bzw. erdgasbefeuerten Anlagen zur Trinkwarmwasser- und Raumwärmebereitung für die untersuchten Mehrfamilienhäuser (Zahlen gerundet)

System		MFH-0	MFH-I	MFH-I
Technik		Gas-BW[a]	Gas-BW[a]	HEL-NT[b]
Gebäudeheizlast	in kW	20	60	60
Wärmenachfrage	in GJ/a	132,1	496,1	496,1
Solarer Deckungsgrad[c]	in %	28,9	16,1	16,1
Investitionen	in €	75 110	47 900	45 110
Annuität[d]	in €/a	5 650	3 600	3 420
Betriebskosten[e]	in €/a	3 230	683	906
Brennstoffkosten[f]	in €/a	1 078	4 331	5 674
Wärmegestehungs-	in €/GJ	75,4	17,4	20,2
kosten	in €/kWh	0,271	0,062	0,073

[a] Erdgas-Brennwertkessel; [b] Heizöl extra leicht – Niedertemperaturkessel; [c] solarer Deckungsgrad bezogen auf das gesamte Versorgungssystem (Trinkwarmwasser und Raumwärme); [d] bei einem Zinssatz von 4,5 % und einer Abschreibung über die technische Anlagenlebensdauer; [e] Wartung und Betrieb, ohne Brennstoffkosten; [f] vgl. Tabelle 1.6 (Kapitel 1.3)

Solarthermische Wärmebereitstellung. Für eine solarthermische Wärmebereitstellung liegen die Wärmegestehungskosten in Abhängigkeit des solaren Deckungsgrades und der Anlagengröße zwischen 35,4 und 119,0 €/GJ (bzw. 0,128 und 0,428 €/kWh, Tabelle 4.9 und Tabelle 4.10).

Nicht berücksichtigt werden dabei jene Kosten, die sich aus der geringeren Anlagenauslastung der öl- bzw. erdgasbefeuerten Systemteile ergeben. Zur Gewährleistung einer bestimmten Versorgungssicherheit (d. h. zur Sicherstellung der Wärmeversorgung bei geringem solaren Energieangebot z. B. im Winter oder bei längeren Schlechtwetterperioden) müssen diese auch bei einer solarunterstützten Wärmebereitung für die gesamte Wärmeversorgung der Gebäude ausgelegt werden. Durch die Integration einer Solaranlage können daher auch bei hohen solaren Deckungsgraden i. Allg. keine Einsparungen an den Investitionen für die konventionellen Wärmeerzeuger realisiert werden. Dadurch ergeben sich aufgrund der geringeren Anlagenauslastung der öl- oder erdgasbefeuerten Kessel Mehrkosten im öl- bzw. erdgasbefeuerten System, die über einen Kostenausgleich dem Solarsystem angerechnet werden können (Tabelle 4.13 und Tabelle 4.14). Bei den Systemen EFH-III und MFH-0 kommt es hingegen zu einer Gutschrift, was auf die relativ geringen solaren Deckungsgrade und die Mehrkosten des Trinkwarmwasserspeichers für den monovalenten Betrieb der konventionellen Anlage zurückzuführen ist. Für die dargestellten Anlagenkonfigurationen liegen bei einem solchen Kostenausgleich die Wärmegestehungskosten in Abhängigkeit vom solaren Deckungsgrad und den Investitionen des konventionellen Wärmesystems zwischen 36,1 und 106,7 €/GJ (bzw. 0,130 und 0,384 €/kWh, Tabelle 4.13 und Tabelle 4.14) und dadurch um bis zu 13 % über den Gestehungskosten ohne Kostenausgleich aus Tabelle 4.9 und Tabelle 4.10.

Solarthermische/fossile Wärmebereitstellung. Solarthermische Anlagen müssen bei den in Österreich gegebenen Strahlungsverhältnissen zur Erfüllung einer bestimmten

Versorgungsaufgabe i. Allg. mit einem Zusatzheizsystem kombiniert werden. Tabelle 4.11 und Tabelle 4.12 zeigen die korrespondierenden Wärmegestehungskosten einer solarthermischen/fossilen Raumwärme- und Trinkwarmwasserbereitstellung. In Abhängigkeit von der Anlagengröße, dem solaren Deckungsgrad sowie der solaren bzw. fossilen Systemtechnik liegen diese bei den untersuchten Kleinanlagen zwischen 17,4 und 75,4 €/GJ (0,062 und 0,271 €/kWh). Die Wärmegestehungskosten verringern sich dabei mit sinkendem solaren Deckungsgrad, zunehmender Anlagengröße sowie sinkenden Brennstoffpreisen der fossilen Energieträger.

Tabelle 4.13 Wärmegestehungskosten von solarthermischen Anlagen mit Flachkollektoren (Indachmontage, selektiv) innerhalb eines solaren/fossilen Systems zur Trinkwarmwasser- und Raumwärmebereitung unter Berücksichtigung einer geringeren Anlagenauslastung der öl- bzw. erdgasbefeuerten Wärmeerzeuger für die definierten Einfamilienhäuser (Zahlen gerundet)

System		EFH-I	EFH-I	EFH-II	EFH-II	EFH-II	EFH-III	EFH-III	EFH-III
Technik		Gas-BW[a]	HEL-NT[b]	Gas-BW[a]	Gas-NT[c]	HEL-NT[b]	Gas-BW[a]	BW/EB[d]	HEL-NT[b]
Gebäudeheizlast	in kW	5	5	8	8	8	18	18	18
Wärmenachfrage	in GJ/a	32,7	32,7	55,7	55,7	55,7	118,7	118,7	118,7
Sol. Deckungsgrad[e]	in %	46,3	46,3	33,0	33,0	33,0	5,8	5,8	5,8
Kostenausgleich[f]	in €/a	160	180	50	30	60	-5	-5	-5
Wärmegestehungs-	in €/GJ	105,4	106,7	80,7	79,6	81,3	88,4	91,3	88,5
kosten	in €/kWh	0,379	0,384	0,291	0,287	0,293	0,318	0,329	0,319

Sol. solarer; [a] Erdgas-Brennwertkessel; [b] Heizöl extra leicht – Niedertemperaturkessel; [c] Erdgas-Niedertemperaturkessel; [d] Erdgas-Brennwertkessel zur Raumwärme- und Trinkwarmwasserbereitung sowie Elektroheizpatrone im Trinkwarmwasserspeicher; [e] solarer Deckungsgrad bezogen auf das gesamte Versorgungssystem (Trinkwarmwasser- und Raumwärmebereitung); [f] dem Solarsystem anzulastende Zusatzkosten aufgrund der geringeren Anlagenausnutzung der mit Erdgas bzw. Heizöl extra leicht befeuerten Heizungsanlagen

Tabelle 4.14 Wärmegestehungskosten von solarthermischen Anlagen mit Flachkollektoren (Indachmontage, selektiv) innerhalb eines solaren/fossilen Systems zur Trinkwarmwasser- und Raumwärmebereitung unter Berücksichtigung einer geringeren Anlagenauslastung der öl- bzw. erdgasbefeuerten Wärmeerzeuger für die definierten Mehrfamilienhäuser (Zahlen gerundet)

System		MFH-0	MFH-I	MFH-I
Technik		Gas-BW[a]	Gas-BW[a]	HEL-NT[b]
Gebäudeheizlast	in kW	20	60	60
Wärmenachfrage	in GJ/a	132,1	496,1	496,1
Solarer Deckungsgrad[c]	in %	28,9	16,1	16,1
Kostenausgleich[d]	in €/a	-150	40	40
Wärmegestehungs-	in €/GJ	43,2	36,1	36,1
kosten	in €/kWh	0,156	0,130	0,130

[a] Erdgas-Brennwertkessel; [b] Heizöl extra leicht – Niedertemperaturkessel; [c] solarer Deckungsgrad bezogen auf das gesamte Versorgungssystem (Trinkwarmwasser- und Raumwärmebereitung); [d] dem Solarsystem anzulastende Zusatzkosten aufgrund der geringeren Anlagenausnutzung der mit Erdgas bzw. Heizöl befeuerten Heizungsanlagen

Bei Systemen mit einer ausschließlichen solarunterstützten Trinkwarmwasserbereitung, aber ohne solarunterstützter Raumwärmebereitung (EFH-III), kann der solare Anteil am gesamten Wärmeverbrauch so gering werden, dass Unterschiede zwischen den solarunterstützten bzw. fossilen Systemen sehr klein ausfallen. Um daher einen Vergleich einer solarunterstützten Trinkwarmwasserbereitung mit konventionellen Techniken der Trinkwarmwasserbereitung zu ermöglichen, sind in Tabelle 4.15 die Wärmegestehungskosten einer solarunterstützten Trinkwarmwasserbereitung innerhalb eines solaren/fossilen Gesamtsystems dargestellt. Die monetären Aufwendungen für die gemeinsam von der Trinkwarmwasser- und Raumwärmebereitung genutzten Anlagenkomponenten (u. a. Kessel, Öltank oder Gasanschluss) gehen dabei entsprechend dem Anteil der Trinkwarmwasserbereitung ohne solare Unterstützung am gesamten Brennstoffverbrauch in die Berechnung ein (Kapitel 4.3.2.1). Unter diesen Rahmenbedingungen liegen die Gestehungskosten einer solarthermischen/fossilen Trinkwarmwasserbereitung zwischen 67,9 und 71,1 €/GJ (bzw. 0,245 und 0,256 €/kWh).

Tabelle 4.15 Wärmegestehungskosten einer solarunterstützten Trinkwarmwasserbereitung durch erdgas- und ölbefeuerte Kleinanlagen (Zahlen gerundet)

System		EFH-III	EFH-III	EFH-III
Technik		Gas-BW[a]	BW/EB[c]	HEL-NT[b]
Gebäudeheizlast	in kW	18	18	18
Trinkwarmwassernachfrage	in GJ/a	10,7	10,7	10,7
Solarer Deckungsgrad[d]	in %	63,9	63,9	63,9
Wärmegestehungskosten	in €/GJ	67,9	69,8	71,1
	in €/kWh	0,245	0,251	0,256

[a] Erdgas-Brennwertkessel; [b] Heizöl extra leicht – Niedertemperaturkessel; [c] Erdgas-Brennwertkessel zur Raumwärme- und Trinkwarmwasserbereitung sowie Elektroheizpatrone im Trinkwarmwasserspeicher; [d] bezogen auf die Trinkwarmwassernachfrage

In speziellen Anwendungsfällen bzw. unter geänderten Rahmenbedingungen können von der dargestellten Kostenstruktur erhebliche Abweichungen auftreten. Um den Einfluss der verschiedenen Größen besser abschätzen und bewerten zu können, zeigt Abb. 4.17 eine Variation der wesentlichen sensitiven Parameter am Beispiel der solarunterstützten Trinkwarmwasserbereitung des Systems EFH-III. Den größten Einfluss auf die Wärmegestehungskosten zeigen die Investitionen, die Wärmeabgabe sowie die Abschreibungsdauer. Betriebskosten und Zinssatz sind hingegen von vergleichsweise untergeordneter Bedeutung.

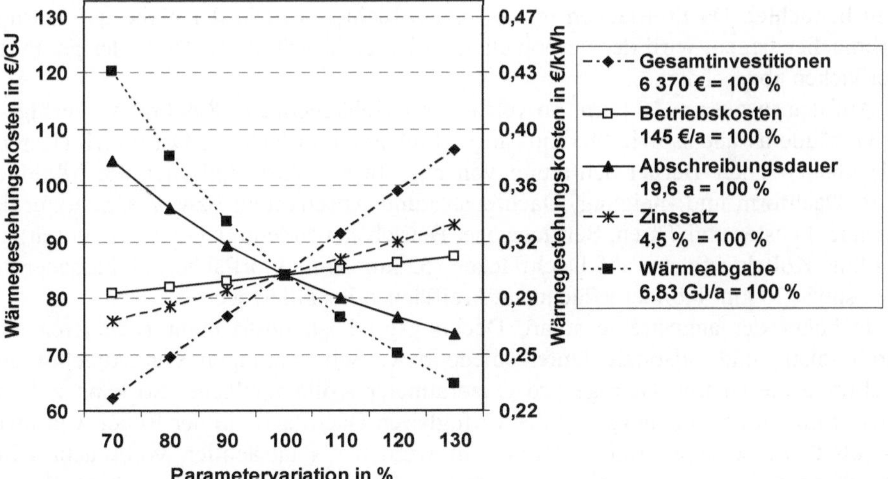

Abb. 4.17 Parametervariation der wesentlichen Einflussgrößen auf die spezifischen Wärmegestehungskosten der in Tabelle 4.2 definierten solarthermischen Anlage EFH-III zur solaren Trinkwarmwassererwärmung für ein Einfamilienhaus (Abschreibungsdauer von 19,6 Jahren entspricht dem gewichteten Mittel aller Anlagenkomponenten)

4.4 Potenziale und Nutzung

Im Folgenden werden die theoretischen und technischen Potenziale der solarthermischen Wärmebereitstellung anhand des derzeitigen Standes der Technik diskutiert. Anschließend wird die zeitliche Entwicklung der Nutzung solarthermischer Systeme in Österreich dargestellt. Die passive Nutzung der Sonnenenergie wird dabei nicht betrachtet (vgl. Kapitel 3.4).

4.4.1 Potenziale

Theoretisches Potenzial. Bei einer durchschnittlichen Globalstrahlung von 1 100 kWh/(m^2·a) und einer Gesamtfläche Österreichs von 83 889 km^2 /BEV 2007/ errechnet sich das theoretische Potenzial aus der insgesamt auf die Erdoberfläche Österreichs eingestrahlten Solarenergie mit rund 332 EJ/a (92,3 PWh/a).

Könnte diese Energie im theoretischen Maximalfall vollständig nutzbar gemacht werden (d. h. Nutzungsgrad der solarthermischen Wärmebereitstellung 100 %), entspricht die eingestrahlte Sonnenenergie der theoretisch insgesamt bereitstellbaren solarthermischen Energie (Tabelle 4.16).

Technisches Angebotspotenzial. Zur Bestimmung des technischen Angebotspotenzials einer solarthermischen Wärmenutzung werden die für eine Kollektorinstallation verfügbaren Gebäudedach- und Fassadenflächen sowie die nach dem derzeitigen Stand der Technik möglichen Energieerträge der Kollektoren zugrunde gelegt. Auch Freiflächen wie extensiv genutztes Grünland (u. a. Hutweiden, einmähdige Weiden, Streuwiesen) und nicht mehr genutztes Grünland werden als potenzielle Aufstellflächen betrachtet. Da Freiflächen nur zu einem kleinen Teil in der Nähe der Wärmeverbraucher liegen, wird der verbrauchernah liegende Anteil mit 15 % der gesamten Freiflächen abgeschätzt.

Auf den insgesamt 634 km^2 an verfügbarer Gebäudedach-, 809 km^2 an verfügbarer Gebäudefassade- sowie 983 km^2 an verfügbarer Freifläche in Österreich (Kapitel 5.4) können unter Berücksichtigung von bau- bzw. solartechnischen Restriktionen (z. B. Dachform und -neigung, Dachfenster und Abschattung bzw. Ausrichtung der Fassade, Fenster und Türen, Servicewege, Betriebsgebäude und Transformatoren) ca. 114 km^2 Kollektorfläche auf Dachflächen, 52 km^2 Kollektorfläche auf Fassadenflächen sowie 20 km^2 Kollektorfläche auf Freiflächen installiert werden.

Je höher der angestrebte solare Deckungsgrad ist, desto mehr reduzieren sich durch lokale und saisonale Unterschiede bzw. Schwankungen von Angebot und Nachfrage die solaren Beträge pro Quadratmeter Kollektorfläche. So kann z. B. in einem Einfamilienhaus aufgrund der verfügbaren Dachfläche in der Regel weit mehr an solarthermischer Wärme bereitgestellt werden als tatsächlich verbraucht wird. Demgegenüber kann in Gebieten mit dichter Verbauung der Verbrauch an Wärme auch im Sommer über der durch dachmontierte Solarkollektoren bereitstellbaren Energie liegen. Auch liefern während der Sommermonate Solarkollektoren oft mehr an Wärme als verbraucht bzw. in den verfügbaren Speichern zwischengelagert werden kann. Ein Teil der eingestrahlten Sonnenenergie kann dadurch nicht genutzt werden. Auch wird ein Großteil des Wärmeverbrauchs zu Heizzwecken während der Wintermonate bzw. Übergangszeit nachgefragt. Die solare Einstrahlung ist während dieser Zeit allerdings auf einem jahreszeitlich bedingt niedrigeren Niveau verglichen mit den Sommermonaten (Abb. 4.18).

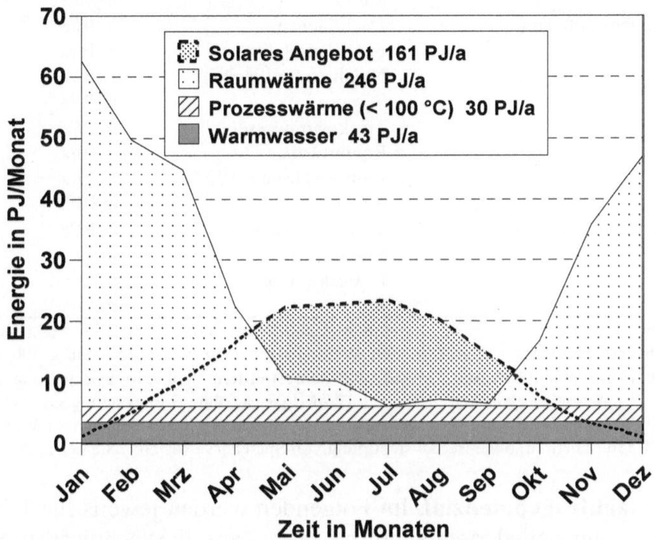

Abb. 4.18 Jahreszeitlicher Verlauf von Verbrauch an Trinkwarmwasser, Raum- und Niedertemperaturprozesswärme sowie solarthermisch bereitstellbarer Wärme auf 7,7 % (186 km^2) der verfügbaren Gebäudedach- und Fassadenflächen sowie Freiflächen (u. a. nach /BEV 2007/, /Önorm B 8110-5 2007/, /Statistik Austria 2007b/, /Müller et al. 2004/)

Aufgrund dieser Zusammenhänge kann der erreichbare Eintrag an Wärmeenergie in den Speicher – ohne Berücksichtigung von Speicherverlusten – von 750 bis 1 500 MJ/(m^2·a) für Gebäudedächer, 560 bis 1 125 MJ/(m^2·a) für Gebäudefassaden und 1 100 bis 1 550 MJ/(m^2·a) für Freiflächen liegen. Bei Systemen mit geringen solaren Deckungsgraden werden die jeweils höheren Werte erreicht (d. h. während der Sommermonate kann nicht die gesamte verfügbare solare Wärme genutzt werden). Zusätzlich sinken mit steigendem Deckungsgrad die nutzbaren Erträge pro m^2 Kollektorfläche. Dies führt dazu, dass sich bei den in Österreich üblichen Systemen zur solaren Trinkwarmwassererwärmung (solarer Deckungsgrad > 60 %) jahresmittlere Kollektorenergieerträge i. Allg. von unter 900 MJ/(m^2·a) ergeben. Bei der solaren Raumwärmeunterstützung können die Erträge auch darunter liegen.

Mit diesen derzeit erreichbaren mittleren Kollektorenergieerträgen (in den Wärmespeicher ohne Berücksichtigung von Speicherverlusten) – je nach zugrunde gelegter Technik und Auslegung – zwischen 560 und 1 550 MJ/(m^2·a) errechnet sich eine von Solarsystemen in Österreich bereitstellbare Energie zwischen 138 und 262 PJ/a (Tabelle 4.16).

Bezogen auf die gesamte Nachfrage nach Raum- und Niedertemperaturprozesswärme (bis 100 °C) sowie Trinkwarmwasser in Österreich von 320 PJ im Jahr 2006 (Kapitel 1.3) sind dies zwischen 43 und 82 %.

Tabelle 4.16 Potenziale einer solarthermischen Wärmebereitstellung in Österreich

Theoretisches Potenzial[a]		in PJ/a	332 200
Technisches Flächenpotenzial	Dachflächen	in km²	114
	Fassadenflächen	in km²	52
	Nutzbare Freiflächen	in km²	20
	Summe	in km²	186
Technisches Angebotspotenzial	Dachflächen[b]	in PJ/a	85 – 170
	Fassadenflächen[c]	in PJ/a	30 – 60
	Nutzbare Freiflächen[d]	in PJ/a	23 – 32
	Summe	in PJ/a	138 – 262
Nachfrage[e]	Trinkwarmwasser	in PJ/a	43
	Raumwärme	in PJ/a	246
	Prozesswärme < 100 °C	in PJ/a	30
	Summe	in PJ/a	320
Technisches Nachfragepotenzial	Trinkwarmwasser	in PJ/a	11
	Raumwärme	in PJ/a	22
	Prozesswärme	in PJ/a	12
	Summe	in PJ/a	45

[a] gesamtes solares Strahlungsangebot über der Gebietsfläche Österreichs; [b] spezifischer jahresmittlerer Kollektorenergieertrag solarthermischer Systeme in den Wärmespeicher zwischen 750 und 1 500 MJ/(m²·a) ohne Berücksichtigung von Speicherverlusten; [c] spezifischer jahresmittlerer Kollektorenergieertrag solarthermischer Systeme in den Wärmespeicher zwischen 560 und 1 125 MJ/(m²·a) ohne Berücksichtigung von Speicherverlusten; [d] spezifischer jahresmittlerer Kollektorenergieertrag solarthermischer Systeme in den Wärmespeicher zwischen 1 100 und 1 550 MJ/(m²·a) ohne Berücksichtigung von Speicherverlusten; [e] siehe Kapitel 1.3

Technisches Nachfragepotenzial. Im Folgenden werden jeweils für Trinkwarmwasser, Raumwärme und Niedertemperaturprozesswärme die technischen Nachfragepotenziale diskutiert.

Trinkwarmwasser. Im Jahr 2006 lag die Nachfrage nach Trinkwarmwasser in der Industrie sowie in den Haushalten und den öffentlichen Einrichtungen bei rund 43 PJ (ohne Verteilungsverluste). Dabei sind im industriellen Sektor und in Gebieten mit geringer Bebauungsdichte i. Allg. ausreichend Dach-, Fassaden- und Freiflächen für eine potenzielle solarthermische Trinkwarmwasserbereitung verfügbar. Lediglich in Gebieten mit dichter Bebauung (Ortskerne bzw. Hochhaussiedlungen) können die vorhandenen Dachflächen für eine potenzielle Kollektorinstallation nicht ausreichen.

Eine Trinkwarmwasserbereitung mittels solarthermischer Anlagen ist nur in Gebäuden mit einer zentralen Trinkwarmwasserbereitung über Hauszentralheizungen möglich. Abhängig von der in Österreich gegebenen Gebäude- und Heizungsstruktur (/Statistik Austria 2007a/, /Statistik Austria 2004/, /Jungmeier et al. 1996/) werden etwa 50 % der Gesamtwärmenachfrage in Österreich durch Hauszentralheizungen gedeckt. Unter Berücksichtigung der gegebenen Substitutionspotenziale (Tabelle 4.17) kann etwa 35 % der Nachfrage nach Trinkwarmwasser in Industrie sowie Haushalten und öffentlichen Einrichtungen (42 PJ; Kapitel 1.3) durch solarthermische Wärme bereitgestellt werden.

Wird weiters ein solarer Deckungsgrad von 70 % unterstellt, kann ca. 24 % der gesamten Trinkwarmwassernachfrage – zumindest theoretisch – mithilfe solarthermischer Anlagen auf Dach- und Fassadenflächen gedeckt werden. Dieser solarthermisch bereitstellbare Anteil kann signifikant erhöht werden, wenn davon ausgegangen wird, dass über Sanierungen der Anteil der Hauszentralheizungen erhöht wird.

Wird weiters unterstellt, dass bei etwa 20 % der Nahwärmenetze in Österreich – mit denen im Jahr 2006 etwa 17 % der gesamten Wärmenachfrage gedeckt wurde – eine solarthermische Unterstützung möglich ist, kann der solarthermische Anteil an der Trinkwarmwasserbereitstellung um rund 1 % gesteigert werden, wenn ein solarer Deckungsgrad von 30 % unterstellt wird /Heimrath et al. 2002/. Somit könnten etwa 25,2 % der Nachfrage nach Trinkwarmwasser bzw. ca. 11 PJ/a aus solarthermischen Trinkwarmwasseranlagen in das Energiesystem von Österreich integriert werden.

Tabelle 4.17 Substitutionspotenziale bestehender Heizungssysteme durch solarthermische Anlagen

Heizungsart	Gebäude mit bis zu 2 Wohneinheiten	Gebäude mit mehr als 2 Wohneinheiten sowie sonstige Gebäude[a]
Einzelofen	0 %	0 %
Elektroheizung	0 %	0 %
Hauszentralheizung	80 %	40 %
Etagenheizung	0 %	0 %

[a] u. a. öffentliche Gebäude, Bürogebäude, Einkaufszentren

Raumwärme. Im Jahr 2006 wurden in Österreich rund 246 PJ an Raumwärme nachgefragt (ohne Verteilungsverluste). Die solarthermische Deckung der Raumwärmenachfrage ist dabei weit größeren Restriktionen als z. B. die solarthermische Trinkwarmwasserbereitung unterworfen. Zum Einen sind Angebot und Nachfrage saisonal gegenläufig (größte Heizenergienachfrage im Winter bei nur geringer solarer Einstrahlung) und zum Anderen lassen sich solarthermische Niedertemperaturheizsysteme nur schwer bzw. gar nicht in bestehende Heizungsanlagen bzw. Gebäude integrieren. Auch hier ist ein Einsatz zur Raumwärmebereitung mittels solarthermischer Anlagen nur in Gebäuden mit einer Hauszentralheizung möglich. Abhängig von der in Österreich gegebenen Gebäude- und Heizungsstruktur (/Statistik Austria 2007a/, /Statistik Austria 2004/, /Jungmeier et al. 1996/) werden etwa 50 % der gesamten Wärmenachfrage in der Republik Österreich durch Hauszentralheizungen gedeckt. Mit Berücksichtigung der Substitutionspotenziale (Tabelle 4.17) kann etwa 35 % der Gesamtwärmenachfrage in Österreich durch solarthermische Nutzung bereitgestellt werden.

Bei einem unterstellten durchschnittlichen solaren Deckungsgrad von 25 % ist ein rund 8,5 %-iger Beitrag durch die solarthermische Nutzung von Gebäudedach- und Fassadenflächen der Gebäude – zumindest theoretisch – zur Deckung der Raumwärmenachfrage möglich.

Wird unterstellt, dass Nahwärmenetze einen 17 %-igen Beitrag zur gesamten Wärmenachfrage liefern, können mit einer zusätzlichen solarthermischen Unterstützung von etwa 20 % der Nahwärmenetze insgesamt rund 9 % der Nachfrage nach Raumwärme bereitgestellt und auch genutzt werden, wenn ein solarer Deckungsgrad von 11 % für die Nahwärmenetze unterstellt wird /Heimrath et al. 2002/. Dies entspricht knapp 22 PJ/a. Dieser Wert kann durch die verstärkte Umstellung auf Hauszentralheizungen oder die Entwicklung von dezentralen Solaranlagenlösungen erhöht werden.

Prozesswärme. Der Verbrauch an Niedertemperaturprozesswärme (< 100 °C) lag in Österreich 2006 bei rund 30 PJ (ohne Verteilungsverluste) /Müller et al. 2004/,

/Statistik Austria 2008/. Mit einer unterstellten 100 %-igen Verfügbarkeit an Dach-, Fassaden- und Freiflächen sowie einem solaren Deckungsgrad von 40 % lassen sich – zumindest theoretisch – ca. 12 PJ/a solarthermisch bereitstellen und auch im österreichischen Energiesystem nutzen.

Summe. Zusammengenommen können somit rund 45 PJ/a an solarthermisch bereitgestellter Wärme auch tatsächlich im österreichischen Energiesystem integriert werden. Dies entspricht rund 14 % der gesamten Nachfrage nach Raum- und Prozesswärme bzw. Trinkwarmwasser in Österreich im Jahr 2006.

4.4.2 Nutzung

Österreich liegt bei der solarthermischen Nutzung der Sonnenenergie im internationalen Spitzenfeld /Weiss et al. 2007/. Pro 1 000 Einwohner waren 2006 in Österreich rund 395 m^2 Kollektorfläche installiert, wenn eine Lebensdauer von 20 Jahren unterstellt wird /Faninger 2007/. Abb. 4.1 zeigt die jährlich neu installierte Kollektorfläche in Österreich für den Zeitraum von 1975 bis 2007. Ende 2007 waren in Österreich demnach rund 3,7 Mio. m^2 Solarkollektoren installiert. Hauptsächliche Anwendungsgebiete sind dabei die solare Freibad- und Schwimmbadbeheizung (ca. 18 %) sowie die Trinkwarmwasser- und Raumwärmebereitstellung im Haushaltssektor (ca. 82 %) /Faninger 2007/; bei letzteren handelt es sich bei rund 62 bzw. 9 % um Anlagen zur ausschließlichen Warmwasserbereitung in Einfamilien- bzw. Mehrfamilienhäusern und bei etwa 26 % um Systeme zur Warmwasserbereitung und Heizungsunterstützung. Bei einem nutzbaren jahresmittleren Energieertrag von 300 MJ/(m^2·a) von Kollektoren zur solaren Trinkwarmwasser- und Raumwärmebereitstellung (Speicherverluste berücksichtigt) bzw. 300 MJ/(m^2·a) zur solaren Freibadheizung /Faninger 2007/ entspricht dies einer nutzbaren Wärme von rund 4 PJ/a.

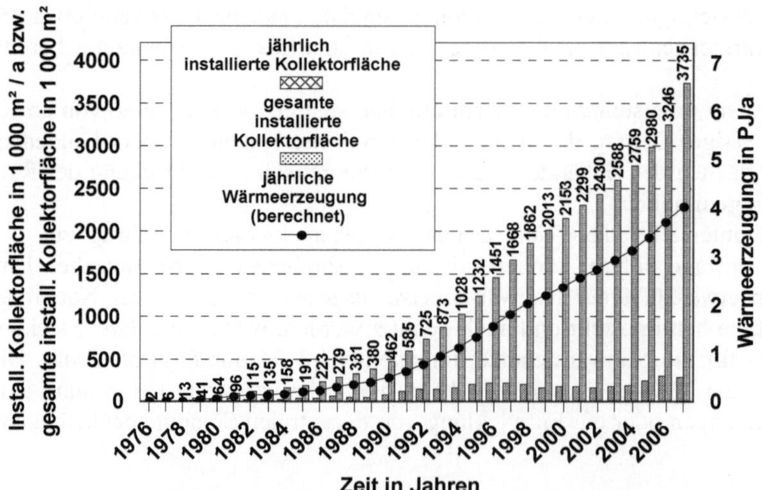

Abb. 4.19 Installierte Kollektorfläche sowie jährlich solarthermisch bereitgestellte Wärme in Österreich (unterstellte Kollektorlebensdauer 20 Jahre; u. a. /Faninger 2007/, /BMVIT 2009/)

5 Photovoltaische Stromerzeugung

Neben der solarthermischen Wärmegewinnung stellt die photovoltaische Stromerzeugung eine weitere Form der direkten Nutzung der solaren Strahlungsenergie dar. Der terrestrische Einsatz von Solarzellen zur Stromerzeugung wird dabei seit der ersten Ölpreiskrise diskutiert. Seit dieser Zeit wird verstärkt an der Entwicklung photovoltaischer Systeme zur Versorgung von Inselnetzen und insbesondere zur netzgekoppelten Strombereitstellung gearbeitet. Heute sind entsprechende Anlagen betriebssicher verfügbar und finden eine zunehmende Verbreitung inner- und außerhalb Österreichs.

5.1 Grundlagen des regenerativen Energieangebots

Die Grundlagen des solaren Strahlungsangebots wurden in Kapitel 3.1 bei der Diskussion der passiven Solarenergienutzung dargestellt.

5.2 Systemtechnische Beschreibung

Im Folgenden werden die physikalischen Grundlagen sowie die technische Umsetzung der photovoltaischen Stromerzeugung dargestellt. Die genannten Kennzahlen repräsentieren dabei den Stand der Technik.

5.2.1 Grundlagen der Energiewandlung

Bei der photovoltaischen Stromerzeugung wird die solare Strahlungsenergie direkt in elektrische Energie gewandelt. Grundlage dafür ist der bei Lichteinstrahlung in Festkörpern mit p-n-Übergang auftretende photovoltaische Effekt. Dabei wird die Strahlungsenergie des (Sonnen-)Lichts direkt auf die Elektronen im Festkörper übertragen. Es entsteht eine elektrische Spannung als Folge der Absorption der ionisierenden Strahlung (vgl. /Meissner 1993/, /Schmid 1994/, /Kaltschmitt, Streicher und Wiese 2006/). Nachfolgend werden dafür die physikalischen Grundlagen erläutert.

Bändermodell. Elektronen bewegen sich in Bahnen definierter Energiezustände um den Atomkern. Treten mehrere Atome in Wechselwirkung zueinander, dann weiten sich diese Energiezustände zu Energiebändern auf.

In den Bändern ist die Zahl der von Elektronen besetzbaren Energieniveaus begrenzt. Die inneren Energiebänder sind mit Elektronen vollständig besetzt, die damit nicht frei beweglich sind und keine Leitfähigkeit ergeben.

Soll ein Festkörper elektrische Leitfähigkeit aufweisen, bedarf es jedoch frei beweglicher Elektronen. Frei beweglich sind diese aber nur dann, wenn sie sich in einem nicht voll besetzten Energieband befinden. Aus energetischen Gründen kann dies nur in dem über dem Valenzband (d. h. das letzte voll besetzte Energieband) liegenden Band auftreten (d. h. Leitungsband). Die Energielücke zwischen dem Valenz- und dem Leitungsband wird als "Bandlücke" (auch "energy gap") bezeichnet und entspricht der Mindestenergiemenge, um ein Elektron aus dem Valenz- in das Leitungsband zu heben.

Materialien. Leiter, Halbleiter und Nichtleiter unterscheiden sich in der Bandstruktur und in der Bänderbesetzung mit Elektronen.

In Leitern (z. B. Metalle und ihre Legierungen) ist entweder das äußerste Energieband (Leitungsband), in dem sich Elektronen aufhalten, nicht vollständig besetzt, oder das äußerste vollbesetzte Band (Valenzband) und das darüber liegende Leitungsband überlappen sich, wodurch ebenfalls ein teilbesetztes Band (Leitungsband) vorliegt. Der Stromtransport erfolgt somit durch frei bewegliche Elektronen, die im Kristallgitter unabhängig von der Temperatur in großer Zahl vorhanden sind. Bei steigender Temperatur behindert die zunehmende thermische Schwingung der Atomrümpfe die Bewegung der Elektronen. Deshalb steigt der spezifische Widerstand bei Metallen mit der Temperatur an.

Nichtleiter (z. B. Gummi, Keramik) weisen ein mit Elektronen voll aufgefülltes Valenzband, einen großen Bandabstand und ein leeres Leitungsband auf. Sie besitzen daher praktisch keine frei beweglichen Elektronen. Erst bei sehr hohen Temperaturen gelingt es wenigen Elektronen, die Energielücke zu überwinden und ins Leitungsband zu gelangen. Deshalb können Nichtleiter z. B. bei sehr hohen Temperaturen eine geringfügige Leitfähigkeit zeigen.

Halbleiter (z. B. Silizium, Germanium) sind im Prinzip Nichtleiter mit einem schmalen Bandabstand. Bei tiefen Temperaturen ist ein chemisch reiner Halbleiter deshalb ein Nichtleiter. Elektronen werden erst durch thermische Energiezufuhr aus ihren Bindungen gelöst und ins Leitungsband angehoben. Daher nimmt bei Halbleitern die Leitfähigkeit mit steigender Temperatur zu. Sie liegen bezüglich des spezifischen Widerstands zwischen Leitern und Nichtleitern.

Eigenleitung. Halbleiter sind ab bestimmten Temperaturen leitfähig, da mit steigender Temperatur die Schwingungen der Elektronen um die Ruhelage zunehmen. Dadurch können sich Valenzelektronen aus ihren Bindungen lösen und ins Leitungsband gelangen; sie werden zu Leitungselektronen, die sich frei im Kristall bewegen können (Elektronenleitung).

Die entstehende Lücke kann auch durch das Halbleitermaterial wandern, da in die Elektronenlücke ein Nachbarelektron nachrücken kann. Diese sogenannten Löcher oder Defektelektronen liefern damit einen gleichwertigen Beitrag zur Leitfähigkeit.

Da jedes freie Elektron ein Loch hinterlässt, sind in einem ungestörten Kristall beide Arten von Ladungsträgern in gleicher Zahl vorhanden.

Dieser Eigenleitung des Halbleiters wirkt die Wiedervereinigung eines freien Elektrons mit einem positiven Loch entgegen. Trotz dieser sogenannten Rekombination bleibt die Anzahl der Löcher und der freien Elektronen aber gleich, weil bei einem bestimmten Temperaturniveau stets in gleicher Zahl neue Elektron-Loch-Paare gebildet werden wie rekombinieren. Für jede Temperatur gibt es folglich einen Gleichgewichtszustand zwischen Löchern und freien Elektronen. Dabei nimmt die Anzahl der Elektronen-Loch-Paare mit wachsender Temperatur zu.

Störstellenleitung. Zusätzlich zur – geringen – Eigenleitfähigkeit der reinen, ungestörten Kristalle kann durch den Einbau von Fremdatomen ("Dotierung") mit einer vom Grundmaterial abweichenden Valenzelektronenzahl eine Störstellenleitung erzeugt werden.

Ist z. B. die Valenzelektronenzahl des eingebauten Fremdatoms größer als die des Gitteratoms (z. B. fünfwertiges Arsen zu vierwertigem Silizium), ist das überschüssige Elektron nur schwach an die Störstelle gebunden. Es kann sich leicht lösen und damit als frei bewegliches Elektron die Leitfähigkeit des Kristalls erhöhen. Solche die Elektronen vermehrenden Fremdatome heißen Donatoren. Damit wird die Zahl der Elektronen deutlich größer als die der Löcher; man spricht von n-Leitung.

Besitzen die in das Halbleitergrundmaterial eingebauten Fremdatome dagegen weniger Valenzelektronen (z. B. dreiwertiges Bor in vierwertigem Silizium), nehmen diese Dotierstoffe ein zusätzliches Elektron aus dem Valenzband des Grundstoffs auf (d. h. Akzeptoren). Sie vermehren die Zahl der Löcher, der quasi positiven Ladungsträger; es entsteht p-Leitfähigkeit.

Mit dem Einbau von Akzeptoren (p-Dotierung) und Donatoren (n-Dotierung) lässt sich die Leitfähigkeit von Halbleitermaterialien über mehrere Größenordnungen steuern. Allerdings ist das Produkt aus Elektronendichte und Löcherdichte eine temperaturabhängige Materialkonstante. Wird also z. B. die Elektronendichte durch den Einbau von Donatoren erhöht, geht die Löcherdichte zurück. Es ergibt sich trotzdem ein Zugewinn an Leitfähigkeit. Man darf jedoch nicht beide Arten der Dotierung gleichzeitig anwenden, da sich dann Akzeptoren und Donatoren gegenseitig kompensieren /Kaltschmitt, Streicher und Wiese 2006/.

Photoeffekt. Unter dem Photoeffekt (auch photo- oder lichtelektrischer Effekt) wird die Übertragung der Energie von Photonen (oder Quanten elektromagnetischer Strahlung) auf Elektronen in Materie verstanden. Die Photonenenergie wird dabei in potenzielle und kinetische Energie von Elektronen umgewandelt.

Beim inneren Photoeffekt werden dadurch Elektronen vom Valenzband ins Leitungsband angehoben. Es kommt also zur Bildung eines Elektron-Loch-Paares, das die elektrische Leitfähigkeit des Festkörpers erhöht.

Dieser innere Photoeffekt ist die Basis für den photovoltaischen Effekt und damit für die Photovoltaikzelle. Dazu ist aber noch eine Grenzschicht erforderlich, beispielsweise ein Metall-Halbleiter-Übergang oder ein p-n-Übergang.

p-n-Übergang. Bringt man p- und n-Material in engen Kontakt, existiert an der p-n-Grenzfläche zunächst ein starkes Konzentrationsgefälle von Elektronen im Leitungsband und Defektelektronen im Valenzband. Aufgrund dieses Konzentrationsgefälles diffundieren Defektelektronen aus dem p- in das n-Gebiet und Elektronen aus dem n- in das p-Gebiet. Dadurch kommt es auf beiden Seiten der Grenzschicht zu einer Verarmung der Majoritätsträger, und die an den ortsfesten Donatoren und Akzeptoren gebundenen Ladungsträger erzeugen auf der p-Seite eine negative und auf der n-Seite eine positive Raumladung. Als Folge dieses Konzentrationsausgleichs der frei beweglichen Ladungsträger baut sich über die Grenzfläche hinweg ein elektrisches Feld auf, welches den Diffusionsstrom hemmt und Feldströme in umgekehrter Richtung hervorruft. Dadurch entsteht ein Gleichgewichtszustand, bei dem sich Diffusionsstrom und Feldstrom gegenseitig kompensieren. Die nicht mehr kompensierten ortsfesten Ladungen der Donatoren und Akzeptoren definieren nun eine Raumladungszone, deren Breite von der Dotierungskonzentration abhängt.

Photovoltaischer Effekt. Treffen Photonen und damit die Träger von Lichtenergie auf einen Halbleiter und dringen in ihn ein, können sie ihre Energie an ein Elektron im Valenzband abgeben. Wird ein Photon in der Raumladungszone absorbiert, trennt das dort bestehende elektrische Feld unmittelbar das entstandene Ladungsträgerpaar. Das Elektron geht in Richtung n-Gebiet und das Loch in Richtung p-Gebiet. Entstehen bei Lichtabsorption Elektron-Loch-Paare außerhalb der Raumladungszone im feldfreien p- oder n-Gebiet, können sie durch Diffusion aufgrund thermischer Bewegungen ebenfalls die Grenze der Raumladungszone erreichen. Die jeweiligen Minoritätsträger (d. h. die Elektronen im p-Gebiet und die Löcher im n-Gebiet) werden vom Feld der Raumladungszone erfasst und auf die gegenüberliegende Seite beschleunigt. Im Gegensatz dazu stößt die Potenzialbarriere der Raumladungszone die jeweiligen Majoritätsträger zurück. Insgesamt lädt sich also die p-Seite positiv und die n-Seite negativ auf. Zu dieser Aufladung tragen sowohl die innerhalb als auch die außerhalb der Raumladungszone absorbierten Lichtquanten bei.

Infolge dieser bei Bestrahlung stattfindenden Ladungstrennung kommt es zu einer Anreicherung von Elektronen im n-Bereich und von Löchern im p-Bereich. Dies ist so lange der Fall, bis die abstoßenden Kräfte der angesammelten Ladungen dies zu verhindern beginnen; dann ist die Leerlaufspannung der Solarzelle erreicht.

Werden über eine äußere leitende Verbindung p- und n-Seite kurzgeschlossen, fließt der "Kurzschlussstrom". In diesem Betriebszustand wird die Diffusionsspannung am p-n-Übergang, die sich im Leerlaufbetrieb abgebaut hat, wiederhergestellt. Der Kurzschlussstrom steigt dabei proportional mit der Bestrahlungsstärke.

5.2.2 Systemelemente von Photovoltaikanlagen

Photovoltaikanlagen wandeln einen Teil der solaren Strahlung in elektrischen Strom um. Die wesentlichen Elemente solcher Anlagen sind die in Solarmodulen zusammengefassten Photovoltaikzellen. Zur Anpassung an die elektrischen Spezifikationen der Verbraucher sind bei netzgekoppelten Anlagen ein Wechselrichter bzw. bei Inselsystemen ein Batteriespeicher sowie u. U. ebenfalls ein Wechselrichter notwendig. Abb. 5.1 zeigt den Systemaufbau einer netzgekoppelten Photovoltaikanlage.

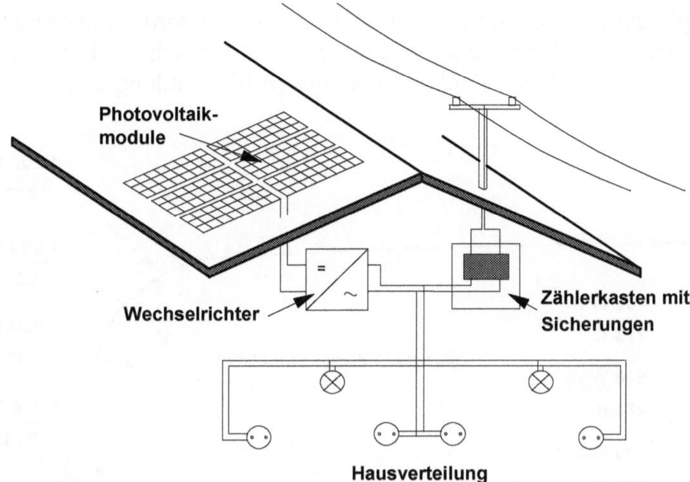

Abb. 5.1 Gesamtsystemaufbau netzgekoppelter Photovoltaikanlagen /Ladener 1986/

Aufbau einer Photovoltaikzelle. Abb. 5.2 zeigt den Aufbau einer Photovoltaikzelle, bestehend aus einem p-leitenden Basismaterial und einer n-leitenden Schicht auf der Oberseite. Auf die Zellenrückseite wird ganzflächig ein metallischer Kontakt und auf der dem Licht zugewandten Seite ein fingerartiges Kontaktsystem (Minimierung von Abschattungsverlusten) aufgebracht. Auch vollflächige transparente leitfähige Schichten kommen zum Einsatz. Zur Reduktion von Reflexionsverlusten werden auf die Zellenoberfläche zusätzlich Antireflexschichten aufgebracht.

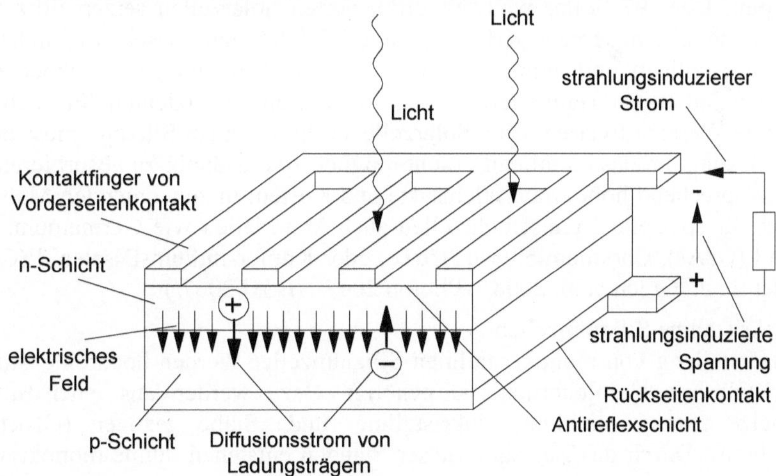

Abb. 5.2 Aufbau einer Solarzelle (nach /Köthe 1991/, /Kleemann und Meliß 1993/)

Kennlinie. Der typische Verlauf der Strom-Spannungs-Kennlinie einer Photovoltaikzelle für verschiedene Betriebszustände zeigt Abb. 5.3 /ASE 1999/. Die Schnittpunkte der Kennlinie mit den Achsen liefern bei $U = 0$ den Kurzschlussstrom I_K und bei $I = 0$ die Leerlaufspannung U_L. Die elektrische Leistung ist definiert als das Produkt aus Spannung und Strom. Folglich wird die Leistung einer Solarzelle an einem bestimmten Punkt auf der Kennlinie maximal. Dieser Punkt wird als der Punkt maximaler Leistung oder als MPP (Maximum Power Point) bezeichnet. Die Kennlinie und damit auch der MPP sind eine Funktion der solaren Einstrahlung und der Temperatur der Solarzelle.

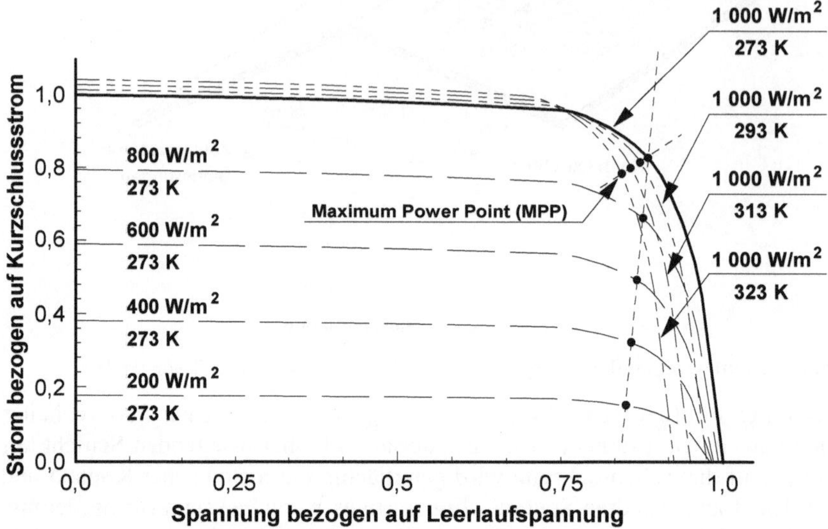

Abb. 5.3 Einfluss von Strahlung und Temperatur auf die Strom-Spannungs-Kennlinie (nach /Kaltschmitt, Streicher und Wiese 2006/)

Zellentypen. Über 97 % der weltweit produzierten Solarzellen setzen Silizium als Halbleitermaterial ein. Je nach Kristallart unterscheidet man zwischen monokristallinen, multikristallinen und amorphen Siliziumzellen. Silizium gehört dabei zu den sogenannten indirekten Halbleitern, deren Absorptionskoeffizienten für Lichtstrahlung niedere Werte aufweisen. Eine Solarzelle aus kristallinem Silizium muss deshalb relativ dick sein, um das einfallende Licht möglichst vollständig zu absorbieren. Dies bedingt entsprechend hohe Materialeinsätze und Kosten. In zunehmenden Maße werden daher für spezielle Dünnschichtzellen auch Materialien wie Germanium, Galliumarsenid (GaAs), Cadmiumtellurid (CdTe) oder Kupfer-Indium-Diselenid ($CuISe_2$) verwendet (u. a. /Green et al. 2008/, /Photon 2007/, /BfAi 2007/).

– Monokristalline Siliziumzellen
  Zur Herstellung von monokristallinen Siliziumzellen werden hochreine Siliziumeinkristalle als Halbleitermaterial benötigt. Dazu werden aus einer Siliziumschmelze unter Abkühlung einkristalline runde Stäbe gezogen (Czochalski-Verfahren). Durch das Zersägen dieser Stangen entstehen dünne monokristalline Siliziumscheiben, die zusätzlich noch beschnitten werden, um quadratische Platten zu erhalten; dieses Sägen verursacht entsprechende Materialverluste. Das Herstellungsverfahren der monokristallinen Siliziumwafer garantiert aber relativ hohe Wirkungsgrade. In weiteren Schritten werden aus diesen sogenannten Wafern Solarzellen gefertigt. Dazu wird u. a. ein p-n-Übergang erzeugt sowie eine reflexionsmindernde Oberflächenschicht und die Vorder- und Rückseitenkontakte angebracht.

- Multikristalline Siliziumzellen
Kostengünstiger ist die Herstellung von multikristallinen Zellen. Dabei wird flüssiges Silizium in Blöcke gegossen, abgekühlt und anschließend in Scheiben gesägt. Bei der Erstarrung des Materials bilden sich unterschiedlich große Kristallstrukturen aus, an deren Grenzen Defekte auftreten. Aufgrund dieser Kristalldefekte haben multikristalline Solarzellen i. Allg. einen geringeren Wirkungsgrad als monokristalline Zellen. Die Weiterverarbeitung der Wafer zur fertigen Solarzelle erfolgt analog zu monokristallinen Zellen.
- Amorphe Silizium- und Dünnschichtzellen
Wird auf ein Trägermaterial (z. B. Glas) eine Siliziumschicht aufgedampft, spricht man von amorphen oder Dünnschichtzellen. Bei amorphen Siliziumzellen sind heute zwei p-n-Übergänge (z. B. BP-Solarex) üblich; es sind aber auch bereits sogenannte 3-fach Zellen am Markt (z. B. Canon). Aufgrund der sehr geringen Schichtdicken (< 1 µm) ist der Materialverbrauch wesentlich geringer als bei kristallinen Zellen, wodurch eine Herstellung rationeller als bei kristallinen Siliziumzellen erfolgen kann. Da die Wirkungsgrade amorpher Siliziumzellen noch ca. 50 % unter jenen der kristallinen Zellen liegen und zudem der Wirkungsgrad aufgrund der fehlenden Langzeitstabilität amorpher Siliziumzellen mit der Zeit abnimmt (1 bis 2 % in den ersten Monaten), werden amorphe Siliziumzellen vorwiegend für Kleinanwendungen eingesetzt. Insbesondere Dünnschichtsolarzellen eigenen sich für den Einsatz alternativer Halbleitermaterialien. Die nur wenige µm dünnen Galliumarsenid-, Cadmiumtellurid- oder Kupfer-Indium-Diselenidschichten (Copper-Indium-Diselenid, CIS) erlauben eine äußerst materialsparende und kostengünstige Herstellung. Schwierigkeiten bei der Umsetzung dieser Technologien (die Materialien verhalten sich z. T. hoch toxisch) haben allerdings dazu beigetragen, dass das kristalline Silizium noch immer eine marktbeherrschende Stellung besitzt. Durch die Überwindung dieser Probleme und den Aufbau von großtechnischen Fertigungsstätten könnten Dünnschichtsolarzellen in den nächsten Jahren allerdings an Bedeutung gewinnen /Quaschning 2006/.
- Weitere Zelltypen
Neben den oben diskutierten Zelltypen gibt es noch weitere, z. T. aus diesen abgeleitete Zelltypen, von denen drei im Folgenden kurz beschrieben werden.
  - Um ein breiteres Strahlungsspektrum nutzen zu können, werden unterschiedliche Halbleitermaterialien, die für verschiedene Spektralbereiche geeignet sind, übereinander zu sogenannten Tandem- oder Stapelzellen angeordnet. Das Licht, das in der ersten Schicht nicht genutzt werden kann, dringt zur zweiten Schicht vor und kann dort umgewandelt werden.
  - Konzentratorzellen können durch die Verwendung von Spiegel- und Linsensystemen eine höhere Lichtintensität auf die Solarzellen fokussieren. Diese Systeme werden der Sonne nachgeführt, um einen möglichst großen Teil der direkten Strahlung auszunutzen.
  - Bei MIS-Inversionsschicht-Zellen (Metal-Insulator-Semiconductor) wird das innere elektrische Feld nicht durch einen p-n-Übergang, sondern durch den Übergang einer dünnen Oxidschicht zu einem Halbleiter erzeugt. Ein entscheidender Vorteil der MIS-Inversionsschicht-Zellen ist, dass sie sich in nur sechs Arbeitsschritten bei relativ niedrigen Temperaturen herstellen lassen.

Der heutige technische Stand der Solarzellenentwicklung – im Labor und in der Fertigung – ist in Tabelle 5.1 zusammengefasst. Die Kenndaten der Solarmodule beziehen sich auf Standardtestbedingungen (Standard Test Conditions, STC) von 1 000 W/m^2 Sonneneinstrahlung bei 25 °C Zelltemperatur. Die Ausgangsleistung der Solarmodule bzw. der Solarzellen, die bei dieser Einstrahlung erreicht wird, bezeichnet man auch als Peak-Leistung (z. B. W_p, kW_p).

Tabelle 5.1 Wirkungsgrade von Solarzellen bei Standardtestbedingungen (u. a. nach /Photon 2007/, /Bernreuter 2006/, /Green et al. 2008/)

Material	Typ	Wirkungsgrad	
		Labor	Fertigung
Mono-Silizium, einfach	kristallin	24,7	8,7 – 17,7
Multi-Silizium, einfach	kristallin	20,3	9,9 – 17,2
Amorphes Silizium, einfach	Dünnschicht	12,7	6,0 – 9,0
MIS-Inversionsschicht (Silizium)	kristallin	17,9	16,0
Konzentratorzelle (Silizium)	kristallin	27,3[a]	25,0[a]
Tandem 2-Schicht, amorphes Silizium	Dünnschicht	13,0	7,5
Tandem 3-Schicht, amorphes Silizium	Dünnschicht	14,6	10,4
Galliumarsenid (GaAs), mono	kristallin	25,9	21,0
Cadmiumtellurid (CdTe)	Dünnschicht	16,5	10,0 – 15,8
Kupfer-Indium-Diselenid ($CuInSe_2$)	Dünnschicht	17,0	10,0 – 15,0

[a] bezogen auf Modulfläche

Solarmodul. Einzelne photovoltaische Zellen werden zu einem Photovoltaikmodul, der eigentlichen Grundeinheit eines Solargenerators, zusammengefasst. Es besteht im Regelfall aus den elektrisch miteinander verbundenen Solarzellen, den Einbettungsmaterialien einschließlich Frontscheibe und Rückseitenabdeckung, den elektrischen Anschlusskabeln oder einer Anschlussbox und einem Rahmen. Zunehmend sind aber auch rahmenlose Module auf dem Markt. Bei diesen sind spezielle Maßnahmen zur Randversiegelung erforderlich. Durch die Zusammenfassung einzelner Zellen zu Modulen werden die Zellen gegen Einflüsse der Atmosphäre geschützt, ein definiertes oberes Spannungsniveau bzw. eine maximale Stromstärke garantiert und der Aufbau von Generatoren mit beliebigen Strom-Spannungs-Spezifikationen ermöglicht.

Aufgrund der vielfältigen Einsatzmöglichkeiten sind Module mit unterschiedlichen Strom-Spannungs-Spezifikationen und Leistungen auf dem Markt. Für Standardanwendungen sind Modulleistungen von etwa 50 bis 75 W üblich. Zur Senkung der Manipulationskosten werden allerdings zunehmend auch großflächigere Solarmodule mit Leistungen von bis zu mehreren hundert Watt angeboten.

Werden einzelne Zellen innerhalb eines in Betrieb befindlichen Moduls abgeschattet (z. B. durch Schnee) oder in ihrer Ausgangsleistung durch Defekte beeinträchtigt, wirken diese im verschalteten Verbund nicht mehr als Generator, sondern als Last. In ungünstigen Fällen können sie sich dabei stärker als die Zellen in der Nachbarschaft aufheizen ("hot spot"-Effekt). Eine mögliche Folge dieses Effektes kann u. a. die Ablösung bzw. Zerstörung des Laminats sein /Schauer und Wilk 1999/. Es ist daher heute üblich für jeweils 18 bis 24 in Serie geschaltete Zellen eine Bypassdiode vorzusehen /Quaschning 2006/.

Bei der Verschaltung mehrerer Module zu größeren Einheiten (Arrays, Array-Felder, Generatoren) sind partielle Verschattungen sehr viel wahrscheinlicher (z. B. durch Wolkenzug, durch im Tagesverlauf auftretenden Schattenwurf von Gebäudeteilen, Bäumen usw. oder durch unterschiedliche Ausrichtung von Generatorteilen). Zusätzlich werden noch Sicherungen an den plus- und minusseitigen Enden der Modulstränge angebracht, welche die Überlastung von Modulen und Zuleitungen im Falle eines Kurzschlusses in einem Modulstrang verhindern. Neben einer Reihenschaltung von Solarzellen lassen sich diese ebenso parallel verschalten. Auf Grund der auftretenden hohen Ströme und den damit einhergehenden hohen Leitungsverlusten wird auf eine Parallelschaltung von Solarzellen oft verzichtet.

Wechselrichter. Innerhalb eines Photovoltaiksystems zur Netzeinspeisung haben Wechselrichter die Aufgabe, den vom Solarmodul bzw. vom Photovoltaikgenerator kommenden Gleichstrom in einen im Idealfall sinusförmigen Wechselstrom oder Dreiphasen-Drehstrom umzuformen.

Die Verschaltung der einzelnen Module mit dem Wechselrichter erfolgt bei größeren Systemen i. Allg. über parallele Stränge aus in Serie geschalteten Solarmodulen (Abb. 5.4, rechts). Die Anzahl der Stränge richtet sich dabei nach der Leistungsfähigkeit des Wechselrichters. Bei kleineren Anlagen werden die Stränge demgegenüber mit einem Strangwechselrichter verschaltet (Abb. 5.4, Mitte). Hier ist jeweils ein Strang in Serie geschalteter Solarmodule mit einem Wechselrichter verknüpft. Eine weitere Möglichkeit stellen sogenannte AC-Module dar (Abb. 5.4, links). Bei diesen werden Wechselrichter direkt in das Solarmodul integriert. Der Vorteil dieser Methode ist eine Unempfindlichkeit gegenüber der Verschattung einzelner Module.

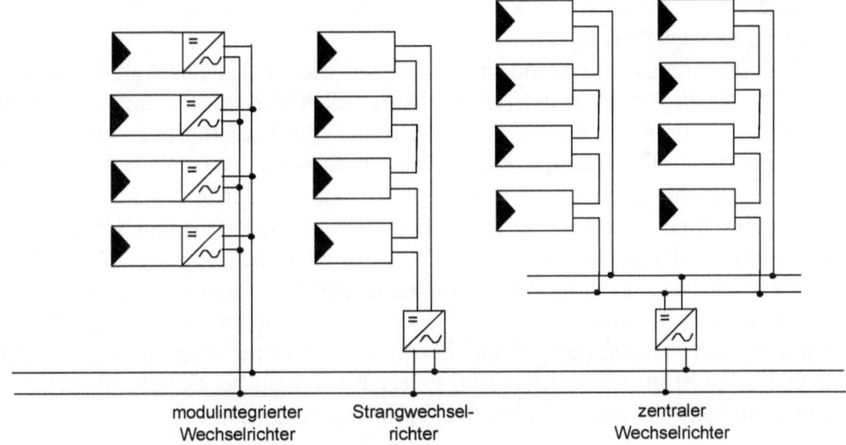

Abb. 5.4 Modulare Struktur bei Photovoltaiksystemen /Wilk 1999/

Als das Bindeglied zum Netz der öffentlichen Versorgung muss ein Wechselrichter u. a. die folgenden Anforderungen erfüllen:

- optimale Anpassung seines Eingangswiderstands an den Photovoltaikgenerator (d. h. Steuerung in den Maximum Power Point),
- energetisch günstige Umrichtung des Gleich- in Wechsel- oder Drehstrom und
- Einhaltung der Richtlinien für den Netzparallelbetrieb.

Die Verfügbarkeit der gesamten Photovoltaikanlage wird entscheidend von der Zuverlässigkeit des Wechselrichters geprägt. Heute liegt die technische Verfügbarkeit bei über 98 % /Regioenergy 2008/.

Aufständerung. Die Energieerträge photovoltaischer Module sind proportional zur eingestrahlten Sonnenenergie. Der Ausrichtung der Moduloberfläche auf die Sonne kommt daher eine besondere Bedeutung zu. Wählt man einen Neigungswinkel senkrecht zum mittleren mittäglichen Sonnenstand, entspricht dies genau der geographischen Breite des Standorts. Wird ein maximaler jährlicher Energieertrag angestrebt, ist wegen der im Sommer höheren Einstrahlung ein geringerer Neigungswinkel einzustellen. In den Breiten, auf denen die Republik Österreich liegt, lässt sich ein maximaler Energiegewinn mit nach Süden ausgerichteten Solarmodulen bei einem Neigungswinkel von rund 30 ° zur Horizontalen erzielen. Abweichungen von der Südrichtung von weniger als 30 ° sind unkritisch, da der Energieertrag dabei um weniger als 5 % zurückgeht /Wilk 1994/. Bei vertikalen Südfassaden muss im Vergleich zu einer optimalen Ausrichtung allerdings mit einer jährlichen Ertragseinbuße von rund 30 % gerechnet werden.

Generell wird zwischen einer starren Aufständerung und einer ein- bzw. zweiachsig dem aktuellen Sonnenstand nachgeführten Aufständerung unterschieden. Eine Nachführung ist dabei bei konzentrierenden Photovoltaikmodulen unumgänglich. Sie bringt aber auch bei nicht konzentrierenden Systemen zusätzliche Energiegewinne. Es kann unterschieden werden zwischen einer

- einachsigen Nachführung um die horizontale Drehachse,
- einachsigen Nachführung um die Polarachse,
- einachsigen Nachführung um die vertikale Drehachse mit schräg montierten Modulen und
- zweiachsigen Nachführung.

Je nach Nachführmodus und Standort lassen sich die Energieausbeuten um 20 bis 30 % erhöhen /Wilk 1994/. Durch zweiachsige Nachführsysteme sind die größten Energieausbeuten erzielbar. Jedoch liegt die einachsige Nachführung um die Polarachse bzw. um die vertikale Drehachse nur knapp darunter. Der für die Nachführung notwendige Energieaufwand ist bei den meisten Systemen gering. Er liegt im Jahresdurchschnitt zwischen etwa 0,03 % (hoher Direktstrahlungsanteil) und 3 % (niedriger Direktstrahlungsanteil) der insgesamt nutzbaren elektrischen Energie. Wird der erzielbare Energieertrag allerdings den aufzuwendenden Mehrkosten gegenübergestellt, ist in Österreich eine Nachführung in vielen Fällen mit höheren Stromgestehungskosten verbunden. Die Module netzgekoppelter photovoltaischer Systeme werden daher in Österreich sowohl im kleinen Leistungsbereich als auch bei Solarkraftwerken mit größeren Leistungen im Regelfall ohne Nachführung installiert.

Sonstige Komponenten. Weitere Komponenten eines Photovoltaiksystems sind die Gleichstromverbindungskabel zwischen Modulen und Wechselrichtern. Zusätzlich sind im Regelfall Sicherungen, Erdung, Blitzschutz, Freischalteinrichtungen, Zähler sowie Unter- bzw. Überspannungsüberwachungsrelais notwendig. Bei Photovoltaikkraftwerken erfordert die Einspeisung in eine höhere Netzebene außerdem einen Transformator.

Bei nicht netzgekoppelten Anlagen wird normalerweise noch ein Speichersystem (z. B. Batterie) sowie zur optimalen Speicherbewirtschaftung meist ein Laderegler benötigt. Aufgabe dieses Systemelements ist es, die Überladung sowie die Tiefentladung der Batterie zu vermeiden.

5.2.3 Anlagenkonzepte und Anwendungsbereiche

Ein Vorteil der Photovoltaiktechnologie ist ihr modularer Aufbau; Solargeneratoren sind deshalb mit praktisch beliebiger Leistung installierbar. Die Bandbreite bewegt sich von wenigen mW für Kleinstanwendungen (z. B. Uhren, Taschenrechner) über den W-Bereich (z. B. netzautarke Beleuchtungen), den kW-Bereich (z. B. Energieversorgung einer Berghütte) bis in den MW-Bereich von Photovoltaikkraftwerken.

Inselsysteme. Unter Inselsystemen werden Energieversorgungssysteme verstanden, die nicht an ein übergeordnetes Versorgungssystem gekoppelt sind (z. B. Energieversorgung einer Armbanduhr, einer Berghütte oder eines abgelegenen Dorfes). Das größte Marktpotenzial für solche Systeme liegt in Entwicklungs- und Schwellenländern.

An einen Photovoltaikgenerator können entweder Gleichstrom- oder Wechselstromverbraucher oder beide gleichzeitig angeschlossen werden (Abb. 5.5). Zur Sicherstellung einer ununterbrochenen Energiebereitstellung befindet sich im Normalfall auf der Gleichstromseite eine Batterie. Sie wird über einen zwischengeschalteten Laderegler be- und entladen. Dadurch kann der Überschussstrom in den Zeiten gespeichert werden, in denen der Solargenerator mehr Energie liefert als alle Verbraucher in diesen Zeiten benötigen. Wird zusätzlich Wechselspannung erzeugt, arbeitet der Wechselrichter bei konstanter Eingangsspannung (Batteriespannung). Die Funktion der Batterie kann auch teilweise oder vollständig von einem Hilfsgenerator (z. B. Dieselgenerator) übernommen werden.

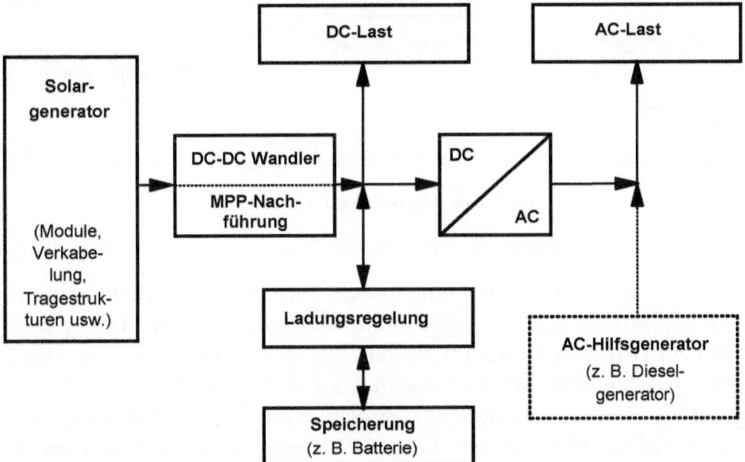

Abb. 5.5 Systemaufbau einer photovoltaischen Anlage zur Inselversorgung (DC Gleichstrom, AC Wechselstrom)

In Österreich werden Inselsysteme vor allem im unteren Leistungsbereich eingesetzt (z. B. Stromversorgung von Notrufsäulen oder Parkscheinautomaten). Größere Anlagen haben hingegen nur eine untergeordnete Bedeutung, da auch dünner besiedelte ländliche Gebiete im Regelfall netztechnisch sehr gut erschlossen sind. Eine Ausnahme stellen Berg- oder Almhütten ohne Netzanschluss dar. Für diese sind Photovoltaikanlagen mit Leistungen von mehreren Kilowatt eine Alternative zu Dieselgeneratoren.

Netzgekoppelte Anlagen. Für die großtechnische Erzeugung elektrischer Energie kommen hauptsächlich netzgekoppelte Photovoltaikanlagen zum Einsatz. Im Gegensatz zu Inselsystemen wird dabei i. Allg. auf einen Batteriespeicher verzichtet. Stattdessen dient das Netz als Speicher bzw. Notstromquelle, um beispielsweise während der Nachtstunden eine Versorgung mit elektrischer Energie gewährleisten zu können. Netzgekoppelte Systeme können über verschiedene Anlagenkonzepte realisiert werden (Abb. 5.6).

Bei sogenannten dezentralen Systemen, bei denen die Solarmodule meist auf Hausdächern montiert sind, werden relativ kleine Photovoltaikanlagen mit Leistungen von wenigen kW über einen Wechselrichter mit dem Niederspannungsnetz verbunden.

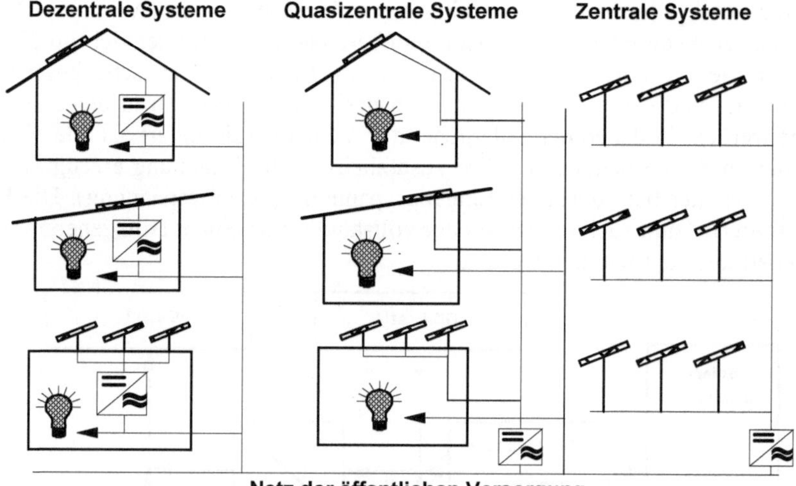

Abb. 5.6 Konzepte für netzgekoppelte Photovoltaikanlagen (u. a. nach /Köthe 1991/)

"Quasizentrale" Systeme stellen eine Mischform zwischen Kleinanlagen und großen Photovoltaikkraftwerken dar. Hier können ebenfalls vorhandene Tragstrukturen (z. B. Dächer) zur Aufstellung der Photovoltaikmodule genutzt werden. Die Einzelsolargeneratoren werden aber im Unterschied zu den dezentralen Systemen gleichstromseitig zu größeren Einheiten zusammengefasst, deren Leistung von einigen 100 kW bis zu einigen MW reichen kann. Wird bei höheren Leistungen ins Mittelspannungsnetz eingespeist, ist zusätzlich ein Transformator notwendig.

Zentrale Systeme, wie Photovoltaikkraftwerke, werden in der Regel auf Freiflächen oder (sehr) großen Flachdächern aufgestellt. Dabei können die Solarmodule starr montiert oder dem Sonnenstand ein- oder zweiachsig nachgeführt werden. Über einen oder mehrere Wechselrichter und einen Transformator wird die photovoltaisch erzeugte elektrische Energie in die Mittel- oder Hochspannungsebene eingespeist. Anlagen dieses Typs können Leistungen im Bereich von einigen 100 kW bis zu mehreren MW aufweisen.

5.2.4 Energiewandlungskette, Verluste und Leistungskennlinie

Energiewandlungskette und Verluste. Das Ziel einer netzgekoppelten photovoltaischen Stromerzeugung ist die Bereitstellung netzkompatiblen Wechselstroms. Dazu wird zunächst die Strahlungsenergie der Sonne (Diffus- und Direktstrahlung) und damit der Energieinhalt der Photonen in Energie der Elektronen im Halbleitermaterial umgewandelt. Kommt es zu keiner Rekombination der gebildeten Ladungsträger, liefern die Solarzellen diese Energie in Form von Gleichstrom. Diesen wandelt bei netzgekoppelten Photovoltaikanlagen ein nachgeschalteter Wechselrichter (Inverter) in Wechselstrom um, der meist direkt in das Niederspannungsnetz eingespeist werden kann. Erfolgt eine Einspeisung in die überregionalen Versorgungsnetze, ist eine zusätzliche Transformation auf ein höheres Spannungsniveau erforderlich.

Aufgrund der mit dieser Energiewandlungskette verbundenen Verluste kann letztendlich nur ein gewisser Anteil von der auf die Oberfläche einer Photovoltaikzelle auftreffenden solaren Strahlung als elektrischer Strom nutzbar gemacht werden. Abb. 5.7 zeigt die wesentlichen Verluste im gesamten Energiefluss einer Photovoltaikanlage und ihre Größenordnung entsprechend dem heutigen Stand der Technik. Die dargestellten Verluste sind dabei als Durchschnittswerte zu verstehen, die im realen Betrieb z. T. höher und ggf. auch niedriger liegen können. Sie beziehen sich auf die Einstrahlung auf die Moduloberfläche.

- Photovoltaikzelle. Ein Teil der eingestrahlten Sonnenenergie besteht aus Photonen, deren Energie für eine Anregung der Halbleiterelektronen zu gering ist (ca. 23 % bei dem in Abb. 5.7 dargestellten Beispiel). Diese kann ebenso wie die über die Anregungsenergie hinausgehende Energie nicht genutzt werden und wird als Wärme an das Kristallgitter des Halbleiters abgegeben (rund 33 % Verlust bei dem gezeigten Beispiel). Die frei beweglichen Elektronen wandern anschließend in Richtung p-n-Übergang. Dabei kann es zu einer Ladungsträgerrekombination unter Abgabe von Wärme an das Kristallgitter kommen (Verluste von etwa 17 % der eingestrahlten Sonnenenergie bei dem dargestellten Beispiel). Zusätzlich treten in der Zelle weitere Verluste u. a. infolge von Strahlungsreflexionen an der Zellenoberfläche, Abschattungsverlusten an den Vorderseitenkontakten, erhöhter Modultemperaturen und der ohmschen Verluste in den Leitern auf, die zusammen etwa 12 % (bei dem in Abb. 5.7 dargestellten Beispiel) der auf die Moduloberfläche eingestrahlten Sonnenenergie ausmachen (vgl. /Köthe 1991/, /Kleemann und Meliß 1993/, /Schmid 1994/). Insgesamt ergeben sich damit im dargestellten Beispiel Verluste in der Photovoltaikzelle von etwa 85 %; allgemein liegen diese Verluste in Abhängigkeit von den jeweiligen Zelltypen bzw. Halbleitermaterialien zwischen 75 und 94 % (Tabelle 5.1).
- Wechselrichter. Die Wirkungsgrade von Wechselrichtern liegen heute im Nennbetrieb z. T. bei über 90 %; sie steigen i. Allg. mit der installierten Leistung an. Transformatorlose Wechselrichter ohne Netztrennung erreichen auch Wirkungsgrade von ca. 98 % /Epp 2007/. Im Teillastbereich kann es allerdings zu erheblich höheren Verlusten kommen, da die Wechselrichterverluste von der momentanen Leistung abhängen (Abb. 5.8). Aufgrund der nur selten verfügbaren maximalen Einstrahlung sollte die Nennleistung des Wechselrichters je nach den standort- und anlagenspezifischen Besonderheiten daher zwischen 5 und 20 % unter der

Summenleistung der Solarmodule liegen. Damit liegen die Verluste etwa bei 10 bis 15 % bezogen auf die gleichstromseitig erzeugte Energie bzw. bei ca. 1 bis 3 % bezogen auf die eingestrahlte Sonnenenergie.

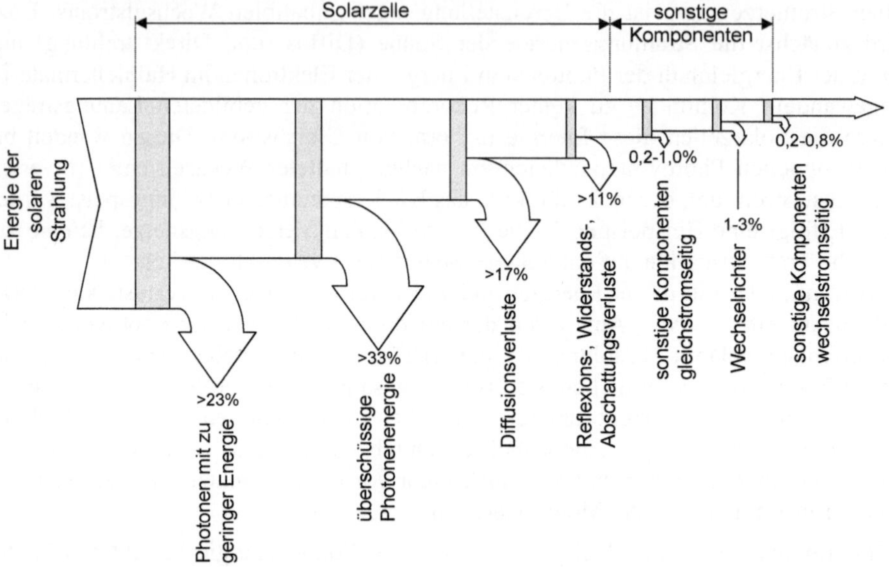

Abb. 5.7 Energiefluss einer photovoltaischen Anlage (Verluste bezogen auf die eingestrahlte Sonnenenergie)

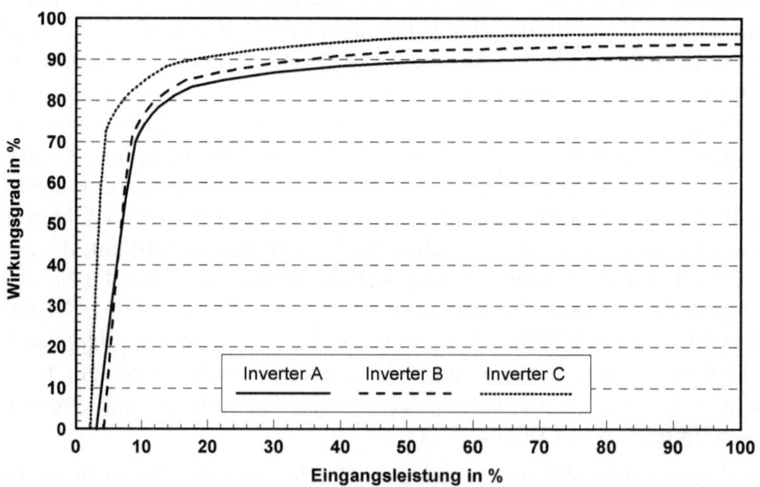

Abb. 5.8 Typische Wirkungsgradkennlinien verschiedener Wechselrichterbauarten

– Sonstige Komponenten. Neben den Wechselrichterverlusten setzen sich die Verluste außerhalb der Zelle im Wesentlichen aus den ohmschen Verlusten in den Gleichstromleitungen, den Verlusten aus der Verschaltung von Einzelzellen zu Photovoltaik-Modulen bzw. von Modulen zu größeren Generatoreinheiten (Kabel- und Diodenverluste), den Verlusten in den Wechselstromleitungen sowie der ggf. notwendigen Hilfsenergie (z. B. für die Nachführung) zusammen. Bezogen auf die eingestrahlte Sonnenenergie liegen diese Verluste zwischen etwa 0,2 bis 0,8 % bzw. bezogen auf die erzeugte elektrische Energie bei ca. 1,5 bis 5 %.

Unter Standardtestbedingungen ergeben sich aus den dargestellten Verlusten Systemwirkungsgrade zwischen 6 und 17,7 %. Unter Berücksichtigung aller Verluste sowie der in Österreich vorliegenden meteorologischen Bedingungen (u. a. Strahlung, Temperatur, Bedeckung) folgen daraus jahresmittlere Systemnutzungsgrade zwischen 12 und 16 bzw. 9 und 13 % bei mono- bzw. multikristallinen Zellen und zwischen 6 und 8 % bei Zellen aus amorphen Silizium.

Die Güte von Photovoltaikanlagen wird auch durch das Performance Ratio (PR) angegeben. Diese Kenngröße ist definiert als der Quotient aus genutzter Solarenergie (bezogen auf den Wechselrichterausgang) und der nominellen Energieerzeugung (Produkt aus Modulwirkungsgrad unter Standardtestbedingungen und der jährlichen Einstrahlungsenergie auf die gesamte Generatorfläche). Das Performance Ratio kennzeichnet damit die Ausnutzung der Anlage im Vergleich zu einer verlustfrei und unter nominellen Betriebsbedingungen fehlerfrei arbeitenden Anlage. Heute können Performance Ratio Werte bis 85 % auch bei Kleinanlagen erreicht werden. Realistische Durchschnittswerte liegen allerdings i. Allg. darunter. Die spezifischen Stromerträge liegen damit im Durchschnitt zwischen etwa 600 und 950 kWh pro installiertem kW und Jahr (u. a. /BMVIT 2007b/).

Leistungskennlinie. Durch die beschriebene Umwandlungskette wird die eingestrahlte Sonnenenergie in elektrische Energie umgewandelt. Es besteht dafür ein definierter Zusammenhang zwischen der auf das Zellenmaterial innerhalb eines bestimmten Zeitraums auftreffenden Solarenergie und der von den Photovoltaikzellen bzw. vom Wechselrichter letztlich abgegebenen elektrischen Energie. Dabei nimmt die spezifische Ausgangsleistung bzw. der Zellenwirkungsgrad aufgrund der mit steigender Bestrahlungsstärke steigenden Zellentemperatur geringfügig ab. So ergibt sich bei einer Verdopplung der Bestrahlungsstärke aufgrund der damit verbundenen Temperaturerhöhung der Zellen keine genaue Verdopplung der Gleichstromerzeugung (Abb. 5.9).

5.3 Ökologische und ökonomische Analyse

Im Folgenden werden anhand konkreter Anlagenkonfigurationen die mit einer photovoltaischen Stromerzeugung verbundenen Kosten und Umweltbelastungen bestimmt.

5.3.1 Referenzanlagen

Eine netzgekoppelte photovoltaische Erzeugung elektrischer Energie wird in Österreich fast nur durch dachmontierte Anlagen realisiert. Als typische Anlagenvariante wird daher eine auf einer schrägen Dachfläche installierte Photovoltaikanlage mit einer elektrischen Nennleistung von 5 kW mit jeweils drei verschiedenen Solarzellentypen untersucht. Zusätzlich werden eine auf Freiflächen installierte 100 kW sowie eine 500 kW-Anlage ebenfalls mit drei verschiedenen Solarzellentypen betrachtet (Tabelle 5.2).

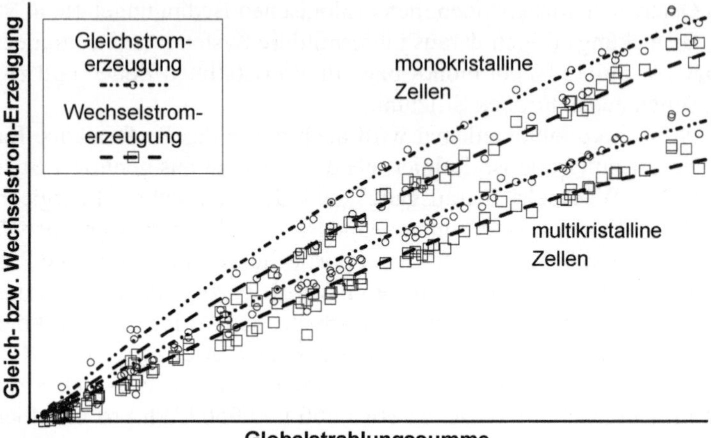

Abb. 5.9 Leistungskennlinie einer photovoltaischen Stromerzeugung für kristalline Solarzellen (nach /Kaltschmitt, Streicher und Wiese 2006/)

Von den derzeit auf dem Markt verfügbaren Solarzellentypen werden mono- und multikristalline Siliziumsolarzellen sowie CIS-Zellen (Kupfer-Indium-Diselenid) mit Wirkungsgraden unter Standardtestbedingungen von 16 % (monokristalline Siliziumsolarzelle), 13 % (multikristalline Siliziumsolarzelle) bzw. 10 % (CIS-Solarzelle) untersucht.

Tabelle 5.2 Technische Kenngrößen der untersuchten Photovoltaikanlagen

Nennleistung	in kW	5	5	5	100	100	100	500	500	500
Basismaterial		Si	Si	CIS	Si	Si	CIS	Si	Si	CIS
Solarzellentyp		mono	multi	dünn	mono	multi	dünn	mono	multi	dünn
Modulwirk.grad	in %[a]	16	13	10	16	13	10	16	13	10
Inverterwirk.grad	in %[b]	93	93	93	95	95	95	95	95	95
Trägergestell-material		Stahl/ Alu	Stahl/ Alu	Stahl/ Alu	Stahl	Stahl	Stahl	Holz	Holz	Holz
Anlagenverfügb.	in %	98	98	98	98	98	98	98	98	98
Lebensdauer	in a	25	25	25	25	25	25	25	25	25
Jahresertrag	in kWh/kW	900	900	900	950	950	950	950	950	950

Si Silizium; CIS Kupfer-Indium-Diselenid; Wirk.grad Wirkungsgrad; Anlagenverfügb. Anlagenverfürgbarkeit; Alu Aluminium; mono monokristalline Zellen; multi multikristalline Zellen; dünn Dünnschichtzellen; [a] unter Standardtestbedingungen; [b] im Nennbetrieb

Als Ausgangsmaterial für die Solarzellenherstellung wird SG-Silizium (Solar Grade Silizium) aus der Halbleiterindustrie verwendet.

Für die untersuchten Systeme werden Energieerträge von 900 kWh pro kW installierter Leistung für die Dachanlage (5 kW-Anlage) sowie 950 kWh/kW für die 100 bzw. 500 kW-Freiflächenanlagen unterstellt. Die unterschiedlichen Erträge berücksichtigen, dass Anlagen auf Schrägdächern, aufgrund der durch die Dachfläche vorgegebenen oft nicht optimalen Neigung und Ausrichtung sowie möglicher Abschattungseffekte durch z. B. Bäume oder nahestehende Gebäude, im Durchschnitt geringere Erträge als Anlagen auf Freiflächen mit ebener Aufstandsfläche und optimaler Ausrichtung aufweisen.

5.3.2 Ökologische Analyse

Für die in Tabelle 5.2 definierten Referenzanlagen zur photovoltaischen Stromerzeugung werden nachfolgend neben den Energie- und Emissionsbilanzen entlang des gesamten Lebensweges auch weitere Umwelteffekte, die während der Herstellung, dem Normalbetrieb, bei Störfällen und bei der Stilllegung auftreten können, dargestellt und diskutiert.

5.3.2.1 Lebenszyklusanalyse

Sollen Photovoltaikanlagen in einer energiewirtschaftlich relevanten Größenordnung zur Deckung der Nachfrage nach elektrischer Energie im Energiesystem der Republik Österreich beitragen, müssen aufgrund der geringen Energiedichte der solaren Strahlung eine Vielzahl von Anlagen installiert werden. Damit ist auch ein entsprechend hoher anlagentechnischer Aufwand notwendig, um die solare Energie in Form von elektrischer Energie technisch verfügbar zu machen. Dies ist zwangsläufig mit einem nicht unerheblichen Material- und Energieaufwand mit den daraus resultierenden Emissionen verbunden.

Im Folgenden werden für die zuvor definierten photovoltaischen Anlagen die spezifischen kumulierten Energieaufwendungen und Emissionen bestimmt. Dabei werden die mit dem Bau, dem Betrieb und der Entsorgung der Anlagen verbundenen Energie- und Stoffströme berücksichtigt. Auch die für den Betrieb der Photovoltaikanlagen benötigten Betriebsmittel (z. B. Hilfsenergie) und die damit verbundenen Emissionen werden erfasst. Die Bilanzierung erfolgt aber ausschließlich für eine photovoltaische Stromerzeugung. Zusätzliche Aufwendungen, die sich aus der Integration der photovoltaischen Stromerzeugung in den konventionellen Kraftwerkspark ergeben können, werden nicht berücksichtigt.

Tabelle 5.3 zeigt den kumulierten Energieverbrauch und die damit zusammenhängende Emissionen. Dabei wird unterstellt, dass die Herstellung des Ausgangsmaterials SG-Silizium (Solar Grade Silizium) und die Fertigung der Siliziumzellen und -module in Europa mit dem entsprechenden europäischen Strommix erfolgt (konventionelle Wärmekraft 53 %, Kernkraft 31 %, Wasserkraft 12 % und sonstige Erneuerbare 4 % /UCTE 2007/).

Sowohl der Verbrauch erschöpflicher Energieträger als auch die dargestellten Emissionen von Luftschadstoffen sind bei multikristallinen Solarzellen geringer als bei monokristallinen Photovoltaikzellen. Die hohen Werte der monokristallinen Solarzellen resultieren sich zum Einem durch die bei der Herstellung anfallenden Sägeverluste. Zum Anderen ist der Prozess des Ziehens eines Monokristalls aus der Schmelze energieintensiver als das Gießen von Blöcken.

Tabelle 5.3 Energie- und Emissionsbilanzen einer photovoltaischen Stromerzeugung

Nennleistung in kW		5	5	5	100	100	100	500	500	500
Zelltyp		mono	multi	dünn	mono	multi	dünn	mono	multi	dünn
Energie	in GJ_{prim}/TJ[a]	579	515	228	537	480	205	506	439	153
SO_2	in kg/TJ	108	99	58	104	98	61	98	90	51
NO_x	in kg/TJ	55	52	39	56	55	44	51	49	36
CO_2-Äqu.	in kg/TJ	27 949	25 320	12 694	25 913	23 583	11 490	23 420	20 387	7 433
SO_2-Äqu.	in kg/TJ	152	140	90	148	141	96	137	127	79
Energie	in GJ_{prim}/GWh[a]	2 084	1 855	820	1 935	1 726	737	1 821	1 579	550
SO_2	in kg/GWh	389	356	209	375	352	219	352	323	182
NO_x	in kg/GWh	200	188	140	203	199	160	184	176	130
CO_2-Äqu.	in kg/GWh	100 615	91 152	45 699	93 286	84 898	41 363	84 311	73 392	26 759
SO_2-Äqu.	in kg/GWh	547	506	324	531	506	345	494	458	283

mono monokristalline Zellen; multi multikristalline Zellen; dünn Dünnschichtzellen; Äqu. Äquivalentemissionen; [a] primärenergetisch bewerteter kumulierter fossiler Energieaufwand (Verbrauch erschöpflicher Energieträger)

Die Produktion von CIS-Solarzellen ist demgegenüber von einem im Vergleich zu mono- und multikristallinen Zellen wesentlich geringeren Energieeinsatz gekennzeichnet. Dies führt zu den geringsten Energieaufwendungen bzw. Emissionen der hier betrachteten Technologien.

Vergleicht man den Verbrauch erschöpflicher Energieträger sowie die untersuchten Emissionen von Luftschadstoffen hinsichtlich der Systemnennleistung der Solarzellen, wird eine Abnahme des spezifischen Energieaufwands bzw. der Emissionen mit zunehmender Anlagengröße deutlich. Die Freiflächenanlagen (mit 100 und 500 kW) zeigen aufgrund der u. a. leicht höheren Erträge pro kW – infolge der hier möglichen exakten Südausrichtung – etwas geringere Energieverbräuche und Emissionen im Vergleich zu den auf Hausdächern installierten Kleinanlagen.

Abb. 5.10 zeigt exemplarisch die Verteilung der CO_2-Äquivalent-Emissionen auf Bau, Betrieb und Abriss der in Tabelle 5.3 dargestellten Bilanzergebnisse.

Zwischen knapp 87 und 98 % der CO_2-Äquivalent-Emissionen entfallen demnach auf den Bau der Anlagen. Davon resultiert der überwiegende Anteil aus der Modulherstellung. Die Aufwendungen für die weiteren Anlagenkomponenten (u. a. Wechselrichter und Elektroinstallation, Tragestruktur, ggf. Rahmen) sowie für Betrieb und Abriss der Anlage zeigen im Vergleich zu den Aufwendungen für die Modulherstellung (Siliziumproduktion, Zellenherstellung, sonstiger Aufwand für das Modul) nur einen geringen Beitrag zu den Bilanzergebnissen. In Abb. 5.11 ist dies exemplarisch anhand der Aufteilung der CO_2-Äquivalent-Emissionen auf die einzelnen Lebenswegabschnitte einer 5 kW-Photovoltaikanlage mit multikristalliner Solarzelle dargestellt.

Zusätzlich zur Bestimmung der Energie- und Emissionsbilanzen der in Tabelle 5.2 dargestellten Referenzanlagen werden die ökologischen Auswirkungen der Verwendung von ausschließlich Wasserkraftstrom bzw. der Verwendung von recycelten Modulen zur Herstellung der Photovoltaikanlagen sowie der Einflusses des Modulausfalls im Verlauf der Lebensdauer der Anlagen untersucht. Dabei beschränken sich die Untersuchungen auf die Anlagen mit 5 und 100 kW Systemnennleistung, da bei den Photovoltaikanlagen mit einer Systemnennleistung von 500 kW keine wesentlich anderen Ergebnisse zu erwarten sind.

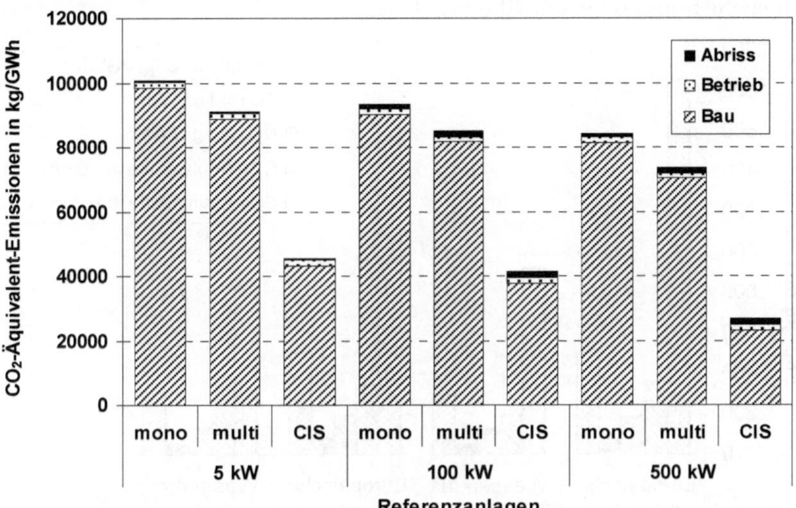

Abb. 5.10 Aufteilung der CO_2-Äquivalent-Emissionen der in Tabelle 5.3 dargestellten Bilanzergebnisse einer photovoltaischen Stromerzeugung auf Bau, Betrieb und Abriss

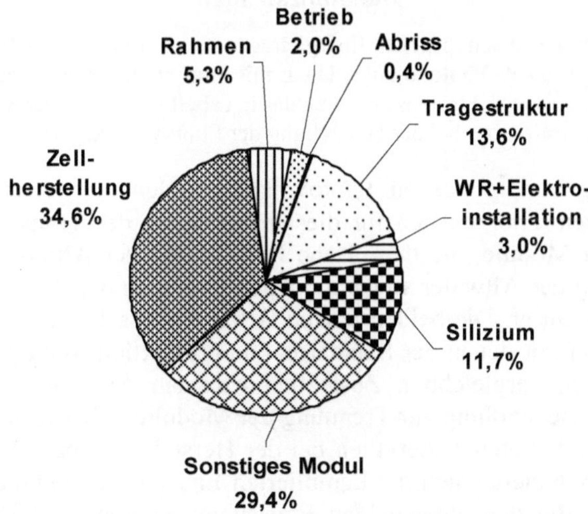

Abb. 5.11 Aufteilung der CO_2-Äquivalent-Emissionen einer Bereitstellung elektrischer Energie durch die in Tabelle 5.2 definierte 5 kW-Photovoltaikanlage mit multikristallinen Siliziumzellen (WR Wechselrichter)

- Verwendung von Wasserkraftstrom zur Herstellung der Photovoltaikanlagen anstelle des europäischen Strommixes (Standard). Wird für die Zellen- und Modulherstellung ausschließlich verstromte Wasserkraft eingesetzt, können die kumulierten fossilen (erschöpflichen) Energieaufwendungen um etwa 50 % reduziert werden (Abb. 5.12). Ähnlich – wenn auch in einem geringeren Ausmaß – verhalten sich die untersuchten Emissionen. Die SO_2-Emissionen verringern sich bei einer 5 kW- bzw. 100 kW-Anlage um 43 % bzw. 41 %, die NO_x-Emissionen um 36 bzw. 32 %, die CO_2-Äquivalent-Emissionen um 44 bzw. 45 % und die SO_2-Äquivalent-Emissionen um 40 bzw. 38 %.

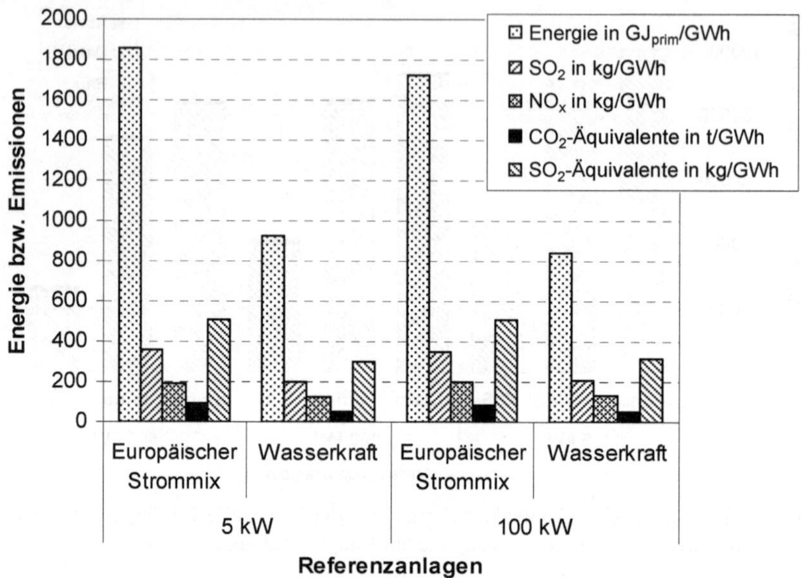

Abb. 5.12 Verbrauch erschöpflicher Energieträger sowie Emissionen für die in Tabelle 5.2 definierten 5 und 100 kW-Photovoltaikanlagen mit multikristallinen Siliziumzellen unter Verwendung des europäischen Strommixes (Standard; Tabelle 5.3) und der Verwendung von ausschließlich Wasserkraftstrom bei der Herstellung der Photovoltaiksysteme

- Verwendung von recycelten Photovoltaikmodulen zur Herstellung der Photovoltaikanlagen. Hier werden für die Bilanz neben der Transportlogistik die Demontage der Module, die thermische Behandlung der Altmodule, die chemische Aufbereitung der Altwafer sowie die Aufwendungen der Zell- und Modulproduktion berücksichtigt. Die beiden letzten Behandlungsschritte (Zell- und Modulherstellung) sind mit denen der Standardmodulproduktion (ohne Einsatz von Recyclingprodukten) vergleichbar. Zusätzlich wird ein Ausschuss von 60 % bei der thermischen Behandlung zur Trennung der Modulteile berücksichtigt. Werden die derart aufgearbeiteten Materialien bei der Herstellung neuer Photovoltaikmodule eingesetzt, reduzieren sich die kumulierten Energieaufwendungen um etwa 55 % (Abb. 5.13). Bei den untersuchten Emissionen ergeben sich für beide Anlagenkonfigurationen Einsparungen von ca. 54 % bei den SO_2-Emissionen, 38 % bei den NO_x-Emissionen, 47 % bei den CO_2-Äquivalent-Emissionen und 48 % bei den SO_2-Äquivalent-Emissionen.
- Einfluss des Modulausfalles im Verlauf der Lebensdauer der Photovoltaikanlagen. Als Standard wird bei den untersuchten Referenzanlagen (Tabelle 5.2) ein Modulausfall von 10 % über die gesamte technische Lebenszeit unterstellt. Dabei wird nicht von einem Ersatz der Module, sondern von einer linearen Abnahme des Ertrages ausgegangen. Im Verlauf der technischen Lebensdauer erbringt eine Anlage durchschnittlich nur 95 % des Stromertrags. Deshalb wird hier zusätzlich ein

Modulausfall von 5 bzw. 2 % über die Lebensdauer betrachtet. Die Module werden ebenfalls nicht ersetzt. Demnach führt eine Verringerung des Modulausfalls von 10 % auf 5 bzw. 2 % unter den genannten Annahmen zu einer geringen Reduzierung des Verbrauchs erschöpflicher Energieträger sowie der Emissionen (Abb. 5.14). Bei einem Modulausfall von 2 % reduzieren sich die kumulierten Energieaufwendungen und Emissionen um rund 4 % (Abb. 5.14), bei 5 % Modulausfall liegt die Reduktion bei ca. 2,6 %.

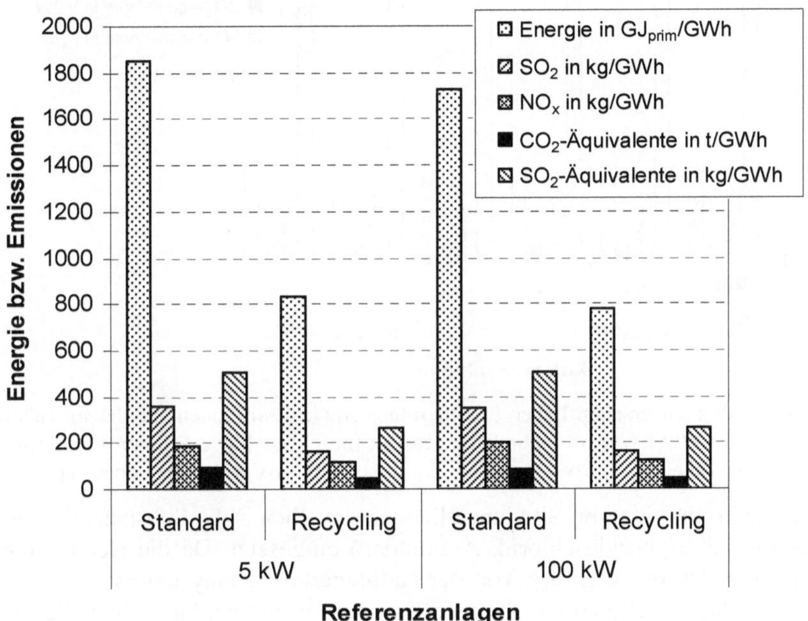

Abb. 5.13 Verbrauch erschöpflicher Energieträger sowie Emissionen für die in Tabelle 5.2 definierten 5 und 100 kW-Photovoltaikanlagen mit multikristallinen Siliziumzellen ohne (Standard; Tabelle 5.3) und mit Verwendung von aufgearbeiteten Modulen bei der Herstellung der Photovoltaikanlagen

5.3.2.2 Weitere Umwelteffekte

Die photovoltaische Bereitstellung elektrischer Energie ist durch einen geräuschlosen Betrieb ohne direkte Stofffreisetzungen gekennzeichnet. Trotzdem können sich zusätzlich zu den in Kapitel 5.3.2.1 diskutierten Umweltauswirkungen im Lebensweg noch weitere lokale Umweltaspekte bei Herstellung, Normalbetrieb, Störfall und Stilllegung ergeben.

Herstellung. Netzgekoppelte Photovoltaik-Systeme bestehen i. Allg. aus Solarmodul, Wechselrichter und Installationsmaterial (u. a. Kabel, Montagegestelle). Bei Wechselrichtern und Installationsmaterial handelt es sich um Komponenten, deren Produktion standardisiert und mit wenigen Auswirkungen auf die Umwelt verbunden ist. Hinzu kommt, dass die Herstellung dieser Standardprodukte aus Umweltsicht weitgehend reglementiert ist.

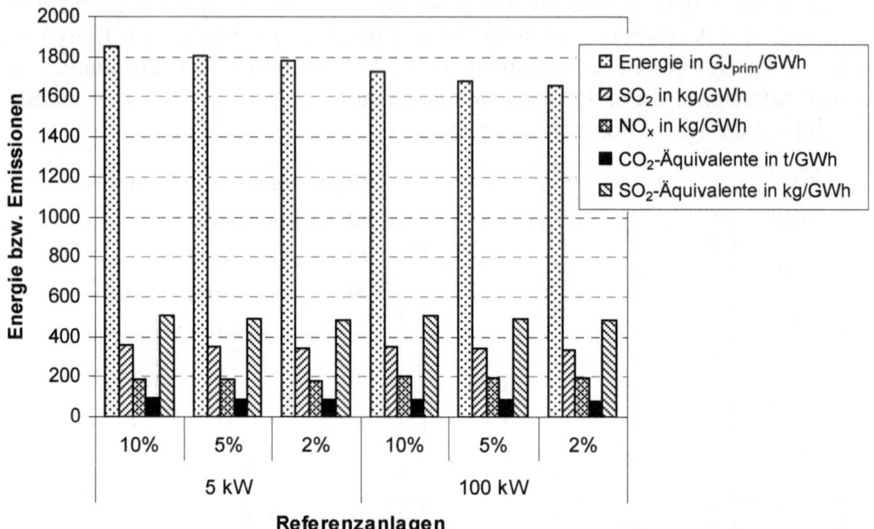

Abb. 5.14 Verbrauch erschöpflicher Energieträger sowie Emissionen für die in Tabelle 5.2 definierten 5 und 100 kW-Photovoltaikanlagen mit multikristallinen Siliziumzellen mit 10 % (Standard; siehe Tabelle 5.3) bzw. 5 und 2 % Modulausfall im Verlauf der Lebensdauer

Bei einer Produktion von Siliziumzellen werden chemische Substanzen (u. a. Fluorwasserstoff, Phosphoryltrichlorid, Ammoniak) eingesetzt. Da die Herstellung von Siliziumzellen sich unwesentlich von der Halbleiterherstellung unterscheidet, ist der Umgang mit diesen giftigen Gefahrenstoffen erprobt und genügt hohen Sicherheitsanforderungen, die zudem gesetzlich geregelt sind.

Auch bei einer Herstellung von Dünnschicht-Solarzellen werden giftige Substanzen (u. a. Cadmium, Tellur, Cadmiumsulfid, Cadmiumchlorid) verwendet. Auf Grund der sehr hohen Sicherheitsvorkehrungen kann jedoch eine Gefährdung für Mensch und Umwelt weitgehend ausgeschlossen werden /Photon 2003/.

Normalbetrieb. Dachmontierte Photovoltaiksysteme sind dem Absorptions- und Reflexionsverhalten der Dächer relativ ähnlich. Damit sind keine wesentlichen Beeinträchtigungen des lokalen Klimas zu erwarten. Auswirkungen haben die mit den z. T. weithin sichtbaren Modulen belegten Dachflächen lediglich hinsichtlich einer visuellen Änderung des Erscheinungsbildes der Städte und Dörfer.

Bei Photovoltaikanlagen, die auf freien Flächen installiert werden, wird die benötigte Fläche nur zu einem kleinen Teil versiegelt (d. h. die Fundamentflächen). Der verbleibende Rest kann begrünt und extensiv landwirtschaftlich genutzt werden. Bei einer relativ weiträumigen Installation der Module könnte im Vergleich zur normalen landwirtschaftlichen Pflanzenproduktion sogar eine Verbesserung der ökologischen Bedingungen erreicht werden (z. B. Schaffung von Biotopen /Diefenbach 1994/).

Aufgrund der relativ großen mit Modulen überdeckten Flächen und des im Vergleich zum Boden stärker abweichenden Absorptions- und Reflexionsverhaltens sind jedoch Auswirkungen auf das Mikroklima denkbar. Da jedoch Photovoltaikkraftwerke immer nur einen kleinen Anteil an der Gesamtfläche eines bestimmten Gebietes einnehmen werden, ist eine Beeinträchtigung des lokalen Klimas weitgehend auszuschließen.

Durch das unterirdische Verlegen von Stromkabeln kann es in Einzelfällen zu einem Dränageeffekt kommen, wodurch der Wasserhaushalt des Bodens gestört werden könnte; werden die geltenden Richtlinien eingehalten, können derartige Effekte aber weitgehend vermieden werden.

Eine Einzäunung von frei aufgestellten Photovoltaikanlagen bedingt, bei angemessenem Abstand vom Boden und entsprechender Maschengröße, keine Einschränkungen für Kleinsäuger und Amphibien. Für Mittel- und Großsäuger bedeutet eine Einzäunung jedoch ein Verlust des Lebensraumes /Photon 2003/.

Eine Solaranlage erzeugt ein elektrisches und magnetisches Feld. Zu hohe Feldstärken können zu Schlafstörungen, Depressionen, Immunschwäche und erhöhten Zellteilungsraten führen /Photon 2003/. Es wird jedoch bei einer Installation der Anlage darauf geachtet, dass die Stromschleifen, welche als Antennen wirken können, so klein wie möglich gehalten werden. Diese Maßnahme dient vorwiegend zur Minimierung der elektromagnetischen Strahlung und zum Schutz gegen den Empfang elektromagnetischer Strahlung /Kaltschmitt, Streicher und Wiese 2006/.

Störfall. Die photovoltaische Umwandlung von Sonnenlicht in elektrische Energie vollzieht sich ausschließlich im Halbleitermaterial. Ein Störfall führt infolge der vorgeschriebenen allpoligen Trennung lediglich zu Stromausfällen ohne bekannte negative Umwelteffekte. Durch Brände an den elektrischen Anlagenteilen (z. B. Kabel) kann es zu begrenzten Stofffreisetzungen an die Umwelt kommen, die allerdings nicht spezifisch für Photovoltaikanlagen sind. Bei dachmontierten Anlagen kann es dabei zusätzlich zu einer Verdampfung der in den Modulen sich befindlichen Materialien kommen, wenn das gesamte Gebäude in Brand gerät. Dabei besitzen von den in Photovoltaikmodulen enthaltenen Stoffen im Wesentlichen nur Cadmium und Selen bei Cadmiumtellurid- und CIS-Dünnschicht-Solarzellen ein nennenswertes Umweltgefährdungspotenzial. Aufgrund der geringen Konzentrationen kann es aber selbst bei der Annahme einer vollständigen Freisetzung des Cadmiums erst ab Anlagengrößen von mehr als 100 kW zu einer gesundheitsgefährdenden Cadmium-Konzentration in den umliegenden Luftschichten kommen /Moskowitz und Fthenakis 1993/.

Verletzungsgefahren durch das Herabfallen unsachgemäß auf Dachflächen oder Fassaden montierter Solarmodule oder aufgrund elektrischer Spannungen zwischen den elektrischen Anschlüssen können durch die Einhaltung der allgemein gültigen Standards für den Bau und Betrieb elektrotechnischer Anlagen weitgehend vermieden werden.

Stilllegung. Für elektrische Komponenten (u. a. Wechselrichter, Kabel) und Installationsmaterial (z. B. Schrauben, Rahmen, Gestelle) bestehen standardisierte und zuverlässige Recyclingtechnologien. Die Umweltauswirkungen der entsprechenden Solarzellen sind bei allen Recyclingtechnologien als gering einzustufen. Da die technische Entwicklung der Recyclingtechnik von Photovoltaiksystemen noch Entwicklungspotenziale aufweist, ist zu erwarten, dass die mit einem Recycling von Photovoltaiksystemen verbundenen Umweltauswirkungen in Zukunft noch weiter reduziert werden können /Kaltschmitt, Streicher und Wiese 2006/.

5.3.3 Ökonomische Analyse

Im Folgenden werden die variablen und fixen Aufwendungen sowie die spezifischen Stromgestehungskosten exemplarisch für die definierten Referenzanlagen (5, 100 und 500 kW-Photovoltaikanlage entsprechend Tabelle 5.2) dargestellt. Abhängig von der Anlagengröße und der eingesetzten Technologie können sich diese im Einzelfall z. T. erheblich unterscheiden.

Investitionen. Die Aufwendungen für die Errichtung photovoltaischer Systeme setzen sich aus den Modul- und Wechselrichterkosten, den Aufwendungen für die sonstigen Bauteile (Gestelle, elektrische Einrichtungen) sowie den sonstigen Aufwendungen (u. a. Planungs- und Installationskosten und Kosten für die Baugenehmigung) zusammen. Tabelle 5.4 zeigt die entsprechende Kostenstruktur für die definierten 5 kW-Schrägdach- sowie die 100 und 500 kW-Freiflächenanlagen.

Generell nehmen die spezifischen Kosten mit zunehmender Anlagengröße ab. Ursachen dieser Kostendegression sind neben sinkenden Modulpreisen bei größeren Abnahmemengen auch die mit höheren installierten Leistungen sinkenden spezifischen Wechselrichterkosten sowie sonstige spezifische Kosten (u. a. für die elektrischen Einrichtungen, Planung). Bei noch größeren Anlagen kommen diese Kostenvorteile noch stärker zum Tragen; allerdings werden diese bei Anlagen auf Freiflächen durch höhere spezifische Aufwendungen für Montagegestelle sowie elektrische Einrichtungen wieder teilweise kompensiert.

Den Hauptteil der Kosten nehmen die Aufwendungen für die Module ein (Tabelle 5.4). Die Kosten für monokristalline Photovoltaikmodule liegen im Durchschnitt mit etwa 2 320 bis 2 700 €/kW (u. a. /BSW 2009/) bei ca. 67 % der Gesamtinvestitionen. Demgegenüber besitzen multikristalline Photovoltaikzellen mit durchschnittlich 2 210 bis 2 570 €/kW geringfügig niedrigere spezifische Kosten. Der Anteil der multikristallinen Photovoltaikmodule an den Gesamtkosten beträgt ca. 65 %. Mit durchschnittlich 2 360 bis 2 720 €/kW liegen die spezifischem Kosten der CIS-Photovoltaikmodule über denen der mono- und multikristallinen Module. Der Anteil der CIS-Module an den Gesamtkosten beträgt 64 bis 66 %.

Betriebskosten. Die Betriebskosten errechnen sich aus den Wartungs- und Instandhaltungskosten sowie den sonstigen Aufwendungen (z. B. Modulreinigung, Zählermiete, Versicherung). Die jährlichen Betriebskosten liegen je nach Aufstellungsart und Größe der Anlage zwischen 25 und 40 €/kW. Für die untersuchten Anlagen folgen daraus laufende Kosten von 200 €/a (5 kW-Anlage), 3 000 €/a (100 kW-Anlage) und 12 500 €/a (500 kW-Anlage) (Tabelle 5.4).

Stromgestehungskosten. Mit den in Kapitel 1.3 definierten finanzmathematischen Randbedingungen (Zinssatz 4,5 %, Abschreibung über technische Lebensdauer) sowie den in Tabelle 5.2 dargestellten technischen Kenngrößen können die spezifischen

Stromgestehungskosten mit Hilfe der Annuitätenmethode aus den Gesamtinvestitionen, den jährlich anfallenden Betriebskosten sowie den Energieerträgen berechnet werden.

Tabelle 5.4 Investitionen und Betriebskosten sowie Stromgestehungskosten von Photovoltaikanlagen

Nennleistung	in kW	5	5	5	100	100	100	500	500	500
Zellentyp		mono	multi	dünn	mono	multi	dünn	mono	multi	dünn
Investitionen										
Module	in k€	13,38	12,78	13,54	243,7	231,8	246,9	1 158	1 101	1 173
Wechselrichter	in k€	1,83	1,83	1,83	33,5	33,5	33,5	159	159	159
Sonst. Bauteile	in k€	3,19	3,25	3,31	31,9	35,7	41,4	143	161	186
Sonstiges	in k€	1,51	1,51	1,51	53,4	53,4	53,4	253	253	253
Gesamtsumme	in k€	19,91	19,37	20,19	362,5	354,4	375,2	1 713	1 674	1 771
	in €/kW	3 983	3 875	4 038	3 624	3 524	3 751	3 427	3 348	3 543
Annuität[a]	in €/a	1 414	1 378	1 433	25 739	25 191	26 599	121 724	119 056	125 649
Betriebskosten[b]	in €/a	200	200	200	3 000	3 000	3 000	12 500	12 500	12 500
Spez. Kosten[c]	in €/kWh	0,378	0,369	0,382	0,318	0,312	0,328	0,297	0,292	0,306

mono monokristalline Zellen; multi multikristalline Zellen; dünn Dünnschichtzellen; [a] bei einem Zinssatz von 4,5 % und einer Abschreibung über die technischer Lebensdauer von 12,5 Jahren für Wechselrichter und 25 Jahren für die restlichen Anlagenkomponenten; [b] u. a. Betrieb, Wartung; [c] Stromgestehungskosten

Die Stromgestehungskosten nehmen bei gleichem spezifischem Anlagenertrag mit zunehmender Anlagenleistung ab. Bei einer Systemnennleistung von 5 kW liegen die Stromgestehungskosten zwischen 0,37 und 0,38 €/kWh. Im Gegensatz dazu sind bei einer Systemnennleistung von 100 kW geringere Stromgestehungskosten von 0,32 bis 0,33 €/kWh gegeben. Bei einer Systemnennleistung von 500 kW errechnen sich die geringsten Stromgestehungskosten mit 0,29 bis 0,31 €/kWh (Tabelle 5.4). Mit zunehmenden Anlagenleistungen reduzieren sich die spezifischen Gestehungskosten aufgrund des modularen Aufbaus der Anlagen nur noch in einem geringeren Ausmaß. Neben der geringeren spezifischen Investitionen wirken sich dabei auch die in der Regel höheren spezifischen Erträge aufgrund der optimalen Neigung und Ausrichtung der Module aus.

Im Einzelfall können die Stromgestehungskosten von den oben dargestellten erheblich abweichen. Um die Bedeutung möglicher Einflüsse auf die Stromgestehungskosten abschätzen zu können, zeigt Abb. 5.15 eine Variation wesentlicher sensitiver Parameter am Beispiel der 5 kW-Photovoltaikanlage aus Tabelle 5.4.

Aus Abb. 5.15 lässt sich erkennen, dass der jährliche Ertrag neben den Anlageninvestitionen den größten Einfluss auf die spezifischen Stromgestehungskosten besitzt. Folglich können bei einer Reduzierung des Investitionsvolumens oder durch eine Erhöhung des Anlagenertrags (z. B. Verbesserung des Wirkungsgrads der Solarzellen, bessere Ausrichtung der Module) die Gestehungskosten der photovoltaisch bereitgestellten Energie vermindert werden. Ebenso hat die Abschreibungsdauer einen merklichen Einfluss auf die Stromgestehungskosten. Betriebskosten sowie Zinssatz beeinflussen demgegenüber kaum die Gestehungskosten einer photovoltaischen Stromerzeugung.

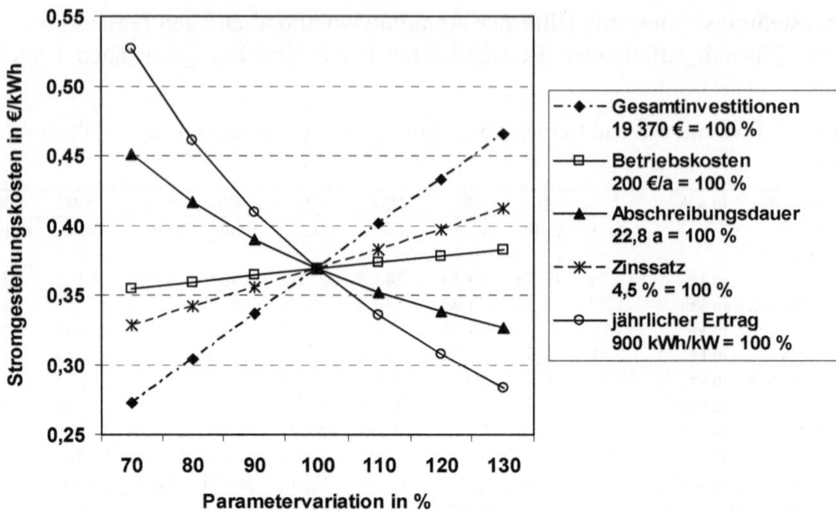

Abb. 5.15 Variation der wesentlichen Einflussgrößen auf die spezifischen Stromgestehungskosten der in Tabelle 5.4 definierten 5 kW-Photovoltaikanlage mit multikristallinen Siliziumzellen

5.4 Potenziale und Nutzung

Die Darstellung der Potenziale einer photovoltaischen Stromerzeugung zur Deckung der Nachfrage nach elektrischer Energie in Österreich erfolgt auf der Basis des derzeitigen Standes der Technik. Die Ausführungen beschränken sich – entsprechend der bisherigen Vorgehensweise – auf eine netzgekoppelte großtechnische photovoltaische Stromerzeugung. Netzunabhängige Klein- und Kleinstanwendungen werden nicht betrachtet. Anschließend wird auf die gegenwärtige Nutzung der Photovoltaik in Österreich eingegangen.

5.4.1 Potenziale

Theoretisches Potenzial. Über der österreichischen Gebietsfläche ist ein theoretisches solares Strahlungsangebot von rund 332,2 EJ/a (92,3 PWh/a) gegeben (Kapitel 4.4.1). Diesem theoretischen Strahlungsangebot entspricht ein theoretisches Stromerzeugungspotenzial – berechnet auf der Grundlage derzeit erreichbarer physikalisch maximaler Wirkungsgrade photovoltaischer Anlagen – von rund 26 PWh/a (Tabelle 5.5).

Technisches Angebotspotenzial. Das technische Stromerzeugungspotenzial resultiert aus den für eine Installation von Solarmodulen verfügbaren Flächen, dem regional unterschiedlichen Strahlungsangebot und der jeweiligen Anlagentechnik. Das vorhandene Flächenpotenzial ermittelt sich aus den existierenden Gebäude- und Fassadenflächen sowie den potenziell verfügbaren landwirtschaftlichen Nutzflächen. Von weiteren potenziell nutzbaren Flächen (z. B. Lärmschutzwände oder Flächen aus der Überdachung von Gleisanlagen, Parkplätzen, Arkaden, Vorgärten oder Hauseingängen) werden an dieser Stelle exemplarisch die Flächenpotenziale von Lärmschutzwänden bzw. -dämmen an Autobahnen und Schnellstraßen erhoben.

Tabelle 5.5 Potenziale einer photovoltaischen Stromerzeugung in Österreich (Zahlen gerundet)

		Gebäudedächer		Gebäude-fassaden	Frei-flächen[d]	Lärm-schutz-wände	Summe
		Flach-dächer	Schräg-dächer				
Theor. Potenzial	in PWh/a[a]						ca. 92
Theor. Stromerz.potenzial	in PWh/a[b]						ca. 26
Theor. Flächenpotenzial	in km²	155	479	809	983	1,53	2 427
Techn. Flächenpotenzial[f]	in km²	35	79	52	136	0,46	303
Techn. install. Leistung	in GW[c]	2,4–5,5	5,6–12,7	3,6–8,3	9,5–21,8	0,03–0,07	21,2–48,5
Jährlicher Ertrag	in kWh/kW	950	900	650	950	650	
Techn. Angebotspotenzial	in TWh/a	2,3–5,3	5,0–11,4	2,4–5,4	9,1–20,7[e]	0,02–0,05	18,8–42,9

theor. theoretisches; techn. technisches; install. installierte; Stromerz. Stromerzeugung; [a] gesamtes solares Strahlungsangebot über der Gebietsfläche Österreichs; [b] unter Zugrundelegung eines theoretisch maximalen Umwandlungswirkungsgrads einer Siliziumsolarzelle von 28 %; [c] bei einer solaren Flächenleistung von 1 000 W/m², die Bandbreite ergibt sich aus den unterschiedlichen Technologien (der untere Wert entspricht Solarzellen aus amorphen Silizium mit einem Systemnutzungsgrad von 7 %, der obere Wert monokristallinen Solarzellen mit 16 %); [d] unter Berücksichtigung von extensiv genutztem Grünland (Hutweiden, einmähdige Weiden, Streuwiesen, GLÖZ G-Flächen) sowie nicht mehr genutztem Grünland; [e] bei zusätzlicher Berücksichtigung von beispielsweise 3 % an verfügbarem Ackerland ergibt sich ein technisches Angebotspotenzial für Freiflächen von 15,1 bis 34,6 TWh/a und ein gesamtes technisches Angebotspotenzial für Photovoltaik von 24,8 bis 56,8 TWh/a; [f] entspricht der installierbaren Modulfläche

- Gebäudedächer. Die auf Dächern installierbaren Modulflächen errechnen sich aus der statistisch erfassten Gebäudefläche (/Statistik Austria 2007/, /Statistik Austria 2008/), die zur Ermittlung der Gebäudedachflächen herangezogen wird, sowie unter Berücksichtigung bau- (z. B. Dachform und -neigung, Kamine, Dachfenster) und solartechnischer Restriktionen (z. B. Südausrichtung, Abschattungseffekte, Sicherheitsabstände). Daraus ergibt sich bei einer gesamten Gebäudedachfläche Österreichs von 634 km² – wovon ungefähr 155 km² auf Flachdächer und 479 km² auf Schrägdächer entfallen – eine solartechnisch nutzbare Fläche von ca. 114 km² (d. h. 18 % der vorhandenen Dachfläche, Tabelle 5.5); dies entspricht der installierbaren Modulfläche.
- Fassaden. In Österreich sind rund 809 km² an Fassadenflächen verfügbar; diese kann anhand der statistisch erfassten Gebäudefläche /Statistik Austria 2007/, /Statistik Austria 2008/ abgeschätzt werden. Unter der Berücksichtigung von Faktoren, die eine photovoltaische Nutzung einschränken, können davon rund 52 km² photovoltaisch genutzt werden (d. h. technisch installierbare Modulfläche). Solche einschränkenden Faktoren ergeben sich u. a. aus einer möglichst schattenfreien Südorientierung photovoltaisch genutzter Fassadenflächen. Hinzu kommen potenzielle Probleme mit einer z. T. nur schwer zu realisierenden baulichen Einbindung in den bestehenden Gebäudebestand; Restriktionen ergeben sich hier u. a. durch die vorhandenen bautechnischen Gegebenheiten wie der Lage von Fenstern, Türen und Brandwänden. Hinzu kommen Abschattungseffekte durch Nachbarge-

bäude und einen ggf. vorhandenen Baumbestand, die ebenfalls die solartechnische Nutzung von Fassaden erschweren können.

- Freiflächen. Die photovoltaische Nutzung von Freiflächen beschränkt sich im Wesentlichen auf landwirtschaftliche Nutzflächen, die nicht für eine Nahrungsmittelproduktion benötigt werden. Allerdings ist deren Nutzung aufgrund der Interessen von Tourismus und Landschaftsschutz sowie der oft weiten Entfernungen zu Mittelspannungsnetzen mit den entsprechenden Leitungskapazitäten nur schwer zu realisieren. Deshalb wird hier nur extensiv genutztes Grünland (d. h. Hutweiden, einmähdige Weiden, Streuwiesen, GLÖZ G-Flächen) sowie nicht mehr genutztes Grünland berücksichtigt /Statistik Austria 2006/. Dies entspricht einem theoretischen Flächenpotenzial von 983 km^2. Unter Berücksichtigung solartechnischer Restriktionen (u. a. schlechte Infrastrukturanbindung, ungünstige Bodenverhältnisse, Abschattungseffekte, Nordorientierung, vorhandener Baumbestand) errechnet sich daraus eine solartechnisch nutzbare Fläche von ungefähr 630 km^2. Von dieser potenziellen Kraftwerksgrundfläche müssen weitere Abschläge u. a. für Servicewege, Betriebsgebäude und einzuhaltende Modulabstände berücksichtigt werden. Daraus ergibt sich eine solartechnisch installierbare Modulfläche von ca. 136 km^2. Werden zusätzlich 3 % des Ackerlandes (422 km^2 /Statistik Austria 2006/) für eine photovoltaische Nutzung hinzugezogen, ergibt sich auf der Basis vergleichbarer Restriktionen ein zusätzliches technisches Freiflächenpotenzial von insgesamt 228 km^2.
- Lärmschutzwände/-dämme. Die photovoltaische Nutzung von Lärmschutzwänden an Autobahnen und Schnellstraßen ist einer Reihe von limitierenden Faktoren unterworfen. Aufgrund verkehrstechnischer Vorgaben stehen für eine solartechnische Nutzung nur Lärmschutzwände in Ost-West-Orientierung zur Verfügung, von denen wiederum ein Teil durch z. B. Bäume abgeschattet wird. Auch könnten sich während des Betriebs Probleme z. B. durch Beschädigungen infolge von Steinflug ergeben. Bei einem Unfall stellen die vorherrschenden elektrischen Spannungen der verschalteten Module (bis einige hundert Volt) zudem ein nicht zu vernachlässigendes Verletzungsrisiko dar. Unter Berücksichtigung dieser Restriktionen können von den insgesamt 850 km Lärmschutzwänden und -dämmen /BMVIT 2007a/ nur rund 253 km zur photovoltaischen Stromerzeugung genutzt werden. Mit einer durchschnittlichen Belegung von rund 1,8 m^2 Solarzellen pro m Lärmschutzwand ergibt sich daraus eine solartechnisch nutzbare Modulfläche von rund 0,46 km^2.

Mit den technischen Kenngrößen marktgängiger Photovoltaikanlagen (Tabelle 5.1) und einer Einstrahlung von 1 000 W/m^2 können aus diesen installierbaren Modulflächenpotenzialen die entsprechenden maximalen Anlagenleistungen errechnet werden. Diese liegen zwischen 2,4 und 5,5 GW auf Flachdach- sowie 5,6 und 12,7 GW auf Schrägdachflächen. Auf Fassadenflächen können 3,6 bis 8,3 GW und auf Freiflächen 9,5 bis 21,8 GW installiert werden. Die Beiträge von Lärmschutzwänden sind mit maximal 0,07 GW gering (Tabelle 5.5).

Die mittleren jährlichen Erträge bzw. Volllaststunden liegen bei ca. 950 kWh bzw. 950 h/a pro installiertem kW Leistung für auf Flachdächern montierten Anlagen und Freiflächen, bei rund 900 kWh/kW (900 h/a) für Anlagen auf Schrägdächern sowie bei 650 kWh/kW (650 h/a) auf Fassaden und Lärmschutzwänden (u. a.

/BMVIT 2007b/). Die jährlichen Erträge von auf Schrägdächern montierten Anlagen liegen aufgrund der vorgegebenen Gebäudegeometrien und möglicher Verschattungen durch angrenzende Gebäude bzw. Bäume mit 900 kWh/kW unter jenen von Freiflächen und Flachdächern (950 kWh/kW), die i. Allg. optimal ausgerichtet und ohne Verschattungen betrieben werden. Bei Photovoltaik-Fassaden wirken sich diese ertragsmindernden Faktoren noch stärker aus; die entsprechenden Erträge liegen durchschnittlich 30 % unter jenen von dachmontierten Anlagen. Daraus ergibt sich ein technisches Gesamtstromerzeugungspotenzial zwischen 18,8 und 42,9 TWh/a (Tabelle 5.5). Bezogen auf die gesamte Netto-Stromerzeugung in Österreich (ohne Stromimporte) im Jahr 2006 (62,0 TWh) entspricht dies einem Anteil zwischen 30 und 70 %.

Die große Bandbreite der installierbaren Leistungen und der korrespondierenden Stromerzeugungspotenziale resultiert dabei aus den unterschiedlichen zugrunde gelegten Techniken. Der untere Wert repräsentiert dabei Photovoltaiksysteme mit amorphen Siliziumzellen (Systemnutzungsgrad 7 %) und die obere Grenze Anlagen mit monokristallinen Solarzellen (Systemnutzungsgrad 16 %).

Technisches Nachfragepotenzial. Das technische Angebotspotenzial liefert keine Aussage, inwieweit dieses Energieangebot auch tatsächlich ins österreichische bzw. europäische Energiesystem integrierbar ist. Zur Abschätzung des letztlich auch netzseitig nutzbaren Stromerzeugungspotenzials aus Solarzellen müssen deshalb die saisonalen bzw. tageszeitlichen Unterschiede der technisch bereitstellbaren elektrischen Energie aus Photovoltaikanlagen bzw. der Nachfrage nach elektrischer Energie berücksichtigt werden.

Ein Großteil der elektrischen Energie aus Photovoltaiksystemen wird aufgrund der Charakteristik der solaren Einstrahlung (Kapitel 3.1) während der Sommermonate bereitgestellt. Gleichzeitig ist der Verbrauch an elektrischer Energie im Sommer geringer als im Winter (Kapitel 1.2). Abb. 5.16 zeigt diesen Zusammenhang anhand des österreichischen Stromverbrauchs sowie des entsprechend der monatlichen solaren Einstrahlung gewichteten technischen Angebotspotenzials von insgesamt 18,8 TWh/a (amorphe Siliziumzellen) bzw. 42,9 TWh/a (monokristalline Siliziumzellen).

Die monatsmittlere technisch bereitstellbare elektrische Energie aus photovoltaischen Systemen liegt dabei für den Fall, dass auf dem gesamten technisch nutzbaren Flächenpotenzial monokristalline Photovoltaikzellen installiert werden, während der Sommermonate um bis zu 25 % über dem gesamtösterreichischen Stromverbrauch. Während der Wintermonate liegt die technisch bereitstellbare elektrische Energie aus Photovoltaikanlagen hingegen z. T. deutlich unter dem Stromverbrauch.

Aufgrund des charakteristischen Tagesgangs der solaren Einstrahlung (Kapitel 3.1) müssen zur Bestimmung des technischen Nachfragepotenzials zusätzlich zu diesen saisonalen Schwankungen die Tagesgänge von Angebot an photovoltaisch bereitstellbarem Strom und der Nachfrage nach elektrischer Energie (Kapitel 1.2) berücksichtigt werden. Die größten nachfrageseitigen Beschränkungen treten dabei während der Sommermonate bei jahreszeitlich bedingter hoher solarer Einstrahlung und gleichzeitig jahreszeitlich geringem Stromverbrauch auf. Abb. 5.17 zeigt deshalb den Tagesgang des Stromverbrauchs in Österreich für einen Sonn- bzw. Werktag im Hochsommer sowie die aufgrund der technisch maximalen installierbaren photovoltaischen Anlagenleistung solar bereitstellbare elektrische Energie für einen wolkenlosen Tag Ende Juni jeweils für Systeme auf der Basis monokristalliner Zellen und auf der Grundlage von Dünnschichtzellen.

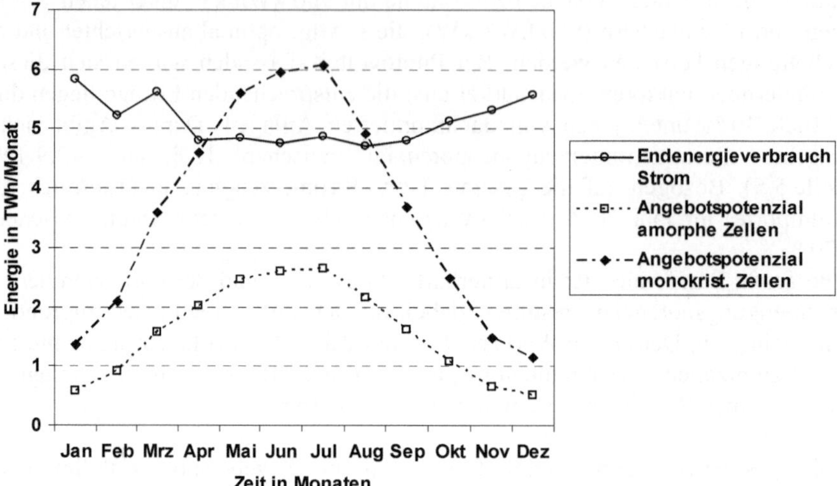

Abb. 5.16 Technisches Angebotspotenzial einer photovoltaischen Stromerzeugung (Bandbreite resultiert aus einer Unterstellung der Nutzung amorpher und monokristalliner Photovoltaikzellen) und Endenergieverbrauch an elektrischer Energie in Österreich 2006 (nach /E-Control 2007/)

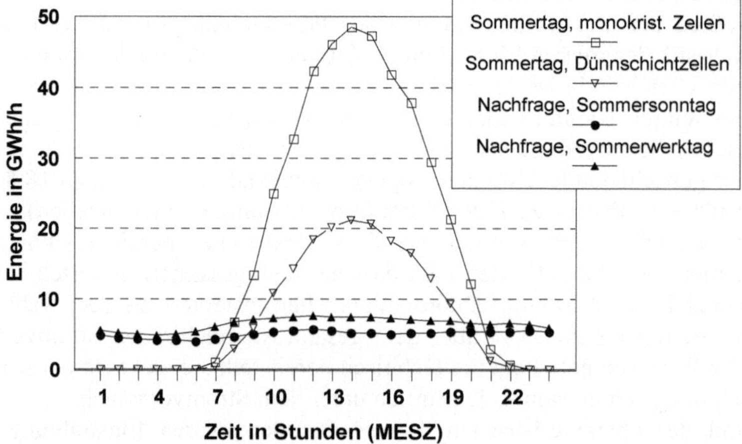

Abb. 5.17 Technische Angebotspotenziale einer photovoltaischen Stromerzeugung durch monokristalline Siliziumzellen und durch Dünnschichtzellen an einem wolkenlosen Sommertag sowie Verbrauch an elektrischer Energie für einen Sommersonn- und -werktag in Österreich (Basis 2006)

Würde bei einer Österreich-internen Betrachtung das gesamte technisch nutzbare Flächenpotenzial durch monokristalline Photovoltaikzellen genutzt, liegt die größte technisch bereitstellbare Leistung für den Tag mit der höchsten solaren Einstrahlung (Sommersonnenwende) etwa um den Faktor 6,5 über dem zeitgleich nachgefragten elektrischen Leistung. Wird jedoch die Tagessumme des technisch bereitstellbaren Stroms im Vergleich zu der im Tagesverlauf nachgefragten elektrischer Energie für einen Sonn- bzw. Werktag untersucht, liegt der Unterschied nur noch beim Faktor 2,6 bzw. 3,4. Für einen Ausgleich dieser Unterschiede müssen daher entweder entsprechende Speicher in das Stromerzeugungssystem integriert werden (z. B. Pumpspeicherkraftwerke) oder das technische Flächenpotenzial ist nicht vollständig nutzbar.

Deshalb wird das technische Nachfragepotenzial in und für Österreich im Folgenden für drei Fälle abgeschätzt.

- Fall I: Hier wird unterstellt, dass ein Teil der in Österreich verfügbaren Pumpspeicherwerke zur Zwischenspeicherung der überschüssigen elektrischen Energie aus Photovoltaikanlagen herangezogen wird. Geht man davon aus, dass aus der vorhandenen Pumpleistung 2,2 GW nutzbar sind, entspricht dies einer zu speichernden photovoltaischen Energie von 10 bis 14 GWh/d. Unter diesen Bedingungen können insgesamt ca. 9,7 GW an photovoltaischer Leistung installiert werden. Werden zusätzlich die Pumpspeicherverluste berücksichtigt, entspricht dies einem jährlichen Ertrag von rund 8,5 TWh an elektrischer Energie aus Photovoltaiksystemen.
- Fall II: Das Angebot an solarem Strom soll zu jedem Zeitpunkt während eines Jahres kleiner oder gleich der Nachfrage nach elektrischer Energie sein. Mit diesen Bedingungen ergibt sich eine installierbare Leistung von rund 5,3 GW an einem Sommersonntag und eine daraus resultierende jährliche Bereitstellung von rund 4,6 TWh an elektrischer Energie.

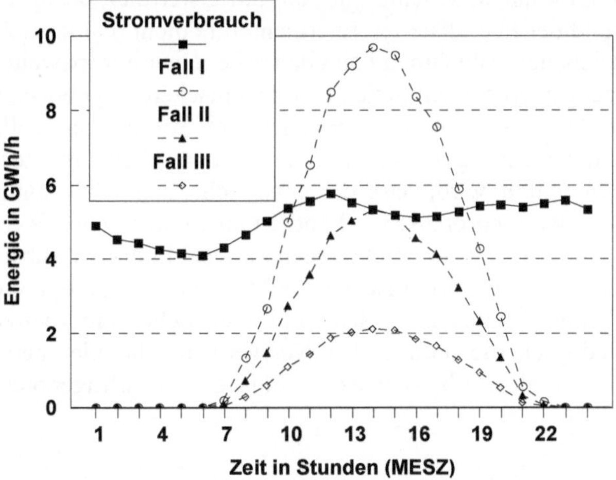

Abb. 5.18 Technische Nachfragepotenziale einer photovoltaischen Stromerzeugung sowie Verbrauch an elektrischer Energie für einen Sommersonntag in Österreich (Basis 2006)

- Fall III: Während der Sommermonate wird in Österreich bis zu 60 % der elektrischen Energie aus Laufwasserkraftwerken bereitgestellt. Mit den installierten solaren Leistungen der Fälle I und II würde diese regenerative Energie durch Strom aus Photovoltaikanlagen teilweise substituiert. Ohne Berücksichtigung von Zwischenspeichern für photovoltaisch erzeugten Strom und unter der Annahme, dass bei maximaler photovoltaischer Stromerzeugung der gesamte Zufluss an Wasser in die Staubecken der österreichischen Speicherwasserkraftwerke von diesen zurückgehalten werden kann (d. h. es wird auch kein Strom aus Speicherwasserkraft substituiert), kann ein maximaler photovoltaischer Anteil von 40 % unterstellt werden. Daraus ergibt sich eine installierbare Leistung von 2,1 GW bzw. eine jährlich bereitstellbare elektrische Energie von knapp 1,9 TWh.

Tabelle 5.6 gibt eine Zusammenfassung der Fälle I bis III. In den Betrachtungen nicht berücksichtigt wird dabei, dass es ab einer gewissen Durchdringung von Solarstrom zu unerwünscht großen Lastschwankungen und damit ggf. zu entsprechenden Regelproblemen im konventionellen Kraftwerkspark kommen kann.

Tabelle 5.6 Technische Nachfragepotenziale für verschiedene Fälle einer Integration photovoltaisch bereitgestellter Energie in das österreichische Stromnetz

Fall[a]		I	II	III	Techn. Angebotspotenzial[b]
Technisches Nachfragepotenzial	in TWh/a	8,5	4,6	1,9	18,8 – 42,9
Installierte Leistung	in GW[c]	9,7	5,3	2,1	21,2 – 48,5
Durchdringung[d]	in %	14	7,4	3,1	30 – 69

[a] für monokristalline Siliziumsolarzellen; [b] vgl. Tabelle 5.5; [c] mit einem jährlichen Ertrag entsprechend der Flächenverhältnisse zwischen Dach-, Fassaden- und Freiflächen und einem maximalen Stundenertrag von 0,65 kWh/kW; [d] Anteil des elektrischen Stroms aus Photovoltaikanlagen an der gesamten Nettostromerzeugung in Österreich von 62 TWh (2006)

Da die Schwankungen des Photovoltaikstroms durch einen Im- und Export der elektrischen Energie im Rahmen des europäischen Strommarktes vom Grundsatz her ausgeglichen werden können, scheint eine rein auf Österreich bezogene Betrachtung vor dem Hintergrund der liberalisierten Energiemärkte nicht realitätsnah. Unter den in Kapitel 1.3 beschriebenen Annahmen kann daher bei einer europaweiten Betrachtung das technische Nachfragepotenzial gleich dem technischen Angebotspotenzial gesetzt werden; d. h. der durch Solarenergie bereitstellbare Strom kann vollständig (unter Berücksichtigung der Übertragungsverluste) im europäischen Energiesystem genutzt werden – wenn unterstellt wird, dass die entsprechenden Übertragungskapazitäten vorhanden und in anderen europäischen Ländern eine entsprechende Stromnachfrage gegeben ist (d. h. dort Strom aus nicht regenerativen Energien substituiert werden kann). Die der Umsetzung der technischen Nachfragepotenziale ggf. entgegenstehenden netzseitigen Voraussetzungen werden damit hier nicht weiter betrachtet. Berücksichtigt werden lediglich die anfallenden Netzverluste, die hier pauschal mit 7 % unterstellt werden. Damit ergibt sich ein technisches Nachfragepotenzial zwischen 17,5 und 39,9 TWh/a.

5.4.2 Nutzung

In Österreich wird eine netzgekoppelte photovoltaische Stromerzeugung derzeit nur in einem sehr geringen Umfang realisiert. Dies gilt sowohl im Vergleich zu dem sehr großen technischen Potenzial als auch in Relation zur Nachfrage nach elektrischer Energie. Ende 2007 war in Österreich eine gesamte netzgekoppelte photovoltaische

Leistung von etwa 24,4 MW – und damit etwas mehr im Vergleich zu dem Jahr 2006 – installiert /BMVIT 2009/ (Abb. 5.19).

Ausgehend von einem Ertrag von 850 kWh/a pro kW installierter Leistung resultiert daraus eine insgesamt potenziell erzeugbare elektrische Energie von rund 20,8 GWh/a; dies entspricht einem leichten Anstieg im Vergleich zu 2006. Bezogen auf die Netto-Stromerzeugung in Österreich von 62 TWh (2006) entspricht dies einem Anteil von rund 0,03 %. Die tatsächlich von diesen Anlagen bereitgestellte elektrische Energie lag allerdings leicht niedriger, da ein Teil dieser Photovoltaiksysteme erst im Verlauf dieses Jahres in Betrieb gegangen ist und damit nicht das gesamte Jahr verfügbar waren.

Der deutliche Anstieg der installierten Leistungen ab 1992 ist im Wesentlichen auf Förderungsmaßnahmen für Photovoltaikanlagen zurückzuführen (z. B. 200 kW-Dächer-Programm der österreichischen Elektrizitätsversorger, 50 % Investitionszuschuss des Landes Oberösterreich). Der starke Jahreszuwachs von 2001 auf 2002 war bedingt durch eine großzügige Einspeiseverordnung im Bundesland Vorarlberg. Von 2002 bis 2003 ist ein noch größerer Jahreszuwachs zu verzeichnen; dieser ist auf das Inkrafttreten des Ökostromgesetzes mit garantierten Einspeisetarifen zurückzuführen. Der Rückgang der Jahreszuwachsraten ab dem Jahr 2004 liegt im Erreichen der im Ökostromgesetz festgelegten Förderhöchstgrenze von 15 MW begründet, welche bereits Anfang 2003 erreicht wurde /Faninger 2007/.

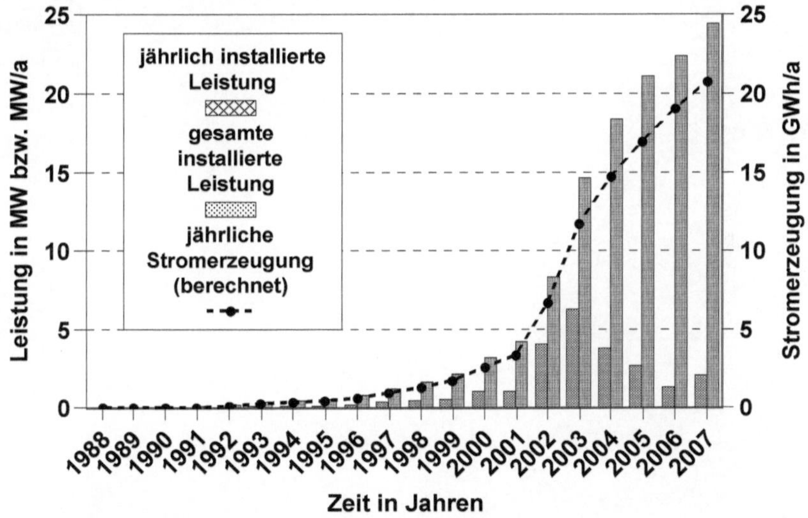

Abb. 5.19 Entwicklung der netzgekoppelten Photovoltaikstromerzeugung in Österreich (u. a. /Faninger 2007/, /BMVIT 2009/)

Neben den netzgekoppelten Photovoltaikanlagen sind in Österreich auch nicht netzgekoppelte Anlagen (Inselsysteme) von Bedeutung. Diese finden Einsatz u. a. bei Notrufsäulen an Autobahnen, Parkscheinautomaten oder Berghütten. 2007 waren in Österreich rund 3,23 MW photovoltaischer Leistung in nicht netzgekoppelten Anlagen installiert mit denen etwa 1,27 GWh an elektrischer Energie erzeugt wurde /Faninger 2007/, /BMVIT 2009/.

[illegible] Leistung von etwa 24,4 MW – und damit etwa [illegible] mehr im Vergleich zu dem Jahr 2006 – installiert (BMVIT 2008) (Abb. 5.19).

Ausgehend von einem Ertrag von 850 kWh pro kW installierter Leistung resultiert daraus eine insgesamt potenziell erzeugbare elektrische Energie von rund 20,8 GWh; dies entspricht einem leichten Anstieg im Vergleich zu 2006. Bezogen auf die Netto-Stromerzeugung in Österreich von 62 TWh (2006) entspricht dies einem Anteil von rund 0,03 %. Die tatsächlich von diesen Anlagen bereitgestellte elektrische Energie liegt allerdings leicht niedriger, da ein Teil dieser Photovoltaiksysteme erst im Verlauf dieses Jahres in Betrieb genommen ist und damit nicht das gesamte Jahr verfügbar waren.

Die deutliche Zunahme der installierten Leistungen ab 1992 ist im Wesentlichen auf Förderungsmaßnahmen für Photovoltaikanlagen zurückzuführen (z. B. 200-kW-Photovoltaikprogramm der österreichischen Elektrizitätswirtschaft, 50-% Investitionszuschuss des Landes Oberösterreich). Der starke Zuwachs von 2001 auf 2002 war bedingt durch eine garantierte Einspeisevergütung im Bundesland Vorarlberg. Von 2005 bis 2007 ist ein nur geringer Jahreszuwachs zu verzeichnen; dies ist auf das [illegible] zurückzuführen. Der Rückgang der [illegible] im Jahr 2007 ist im Ökostromgesetz, resultierend [illegible] Förderhöchstgrenze von 15 MW begründet, welche bereits Anfang 2003 erreicht wurde (Faninger 2007).

Abb. 5.19 Entwicklung der netzgekoppelten Photovoltaiknutzung in Österreich (u. a. Faninger 2007, BMVIT 2007)

Neben den netzgekoppelten Photovoltaikanlagen gibt es in Österreich auch nicht netzgekoppelte (Inselsysteme) von Bedeutung. Diese finden Einsatz u. a. bei [illegible]. 2007 waren in Österreich rund 3,2 MW photovoltaische Leistung in nicht netzgekoppelten Anlagen installiert; mit denen etwa 2,7 GWh an elektrischer Energie erzeugt wurde (Faninger 2007, BMVIT 2008).

6 Stromerzeugung aus Windenergie

Die Windstromerzeugung hat sich in den vergangenen Jahren bemerkenswert entwickelt. In vielen europäischen und außereuropäischen Ländern trägt die Windkraft zunehmend zur Deckung der Stromnachfrage bei. In Österreich sind die ersten Anlagen Mitte der 1990er Jahre in Betrieb gegangen und seit damals wurde die großtechnische, netzgekoppelte Windstromerzeugung immer weiter ausgebaut. Die folgenden Ausführungen beschränken sich daher auf die Stromerzeugung aus Windenergie mithilfe moderner Anlagen. Die Windenergienutzung durch Kleinstanlagen hat ebenso wie jene in z. B. Mühlen oder zur Bewässerung in Österreich keine energiewirtschaftliche und überregionale Bedeutung; sie wird daher hier nicht betrachtet.

6.1 Grundlagen des regenerativen Energieangebots

Die solare Strahlung hält neben dem globalen Wasserkreislauf auch die Bewegung der Luftmassen innerhalb der Erdatmosphäre weltweit aufrecht. Von der insgesamt auf die Außenfläche der Atmosphäre auftreffenden Solarstrahlung werden etwa 2,5 % oder 1,4 10^{20} J/a für die Atmosphärenbewegung verbraucht. Daraus resultiert eine theoretische Gesamtleistung des Windes von etwa 4,3 10^{15} W /Köthe 1982/.

6.1.1 Grundlagen der Windentstehung

Mechanismen. Wind entsteht als Ausgleichsströmung zwischen Gebieten unterschiedlichen Luftdrucks, der u. a. durch eine unterschiedliche Erwärmung der Erdoberfläche bestimmt wird. Die Luftmassen strömen dabei von Gebieten höheren Luftdrucks in Gebiete mit tieferem Luftdruck.

Betrachtet man die an einem einzelnen Luftteilchen angreifenden Kräfte, wirkt neben der sogenannten Gradientkraft zusätzlich die Corioliskraft. Die Gradientkraft ist eine Folge des durch Gebiete unterschiedlichen Luftdrucks hervorgerufenen Druckgradienten. Die Corioliskraft wird auf jedes bewegte Teilchen in einem rotierenden Bezugssystem ausgeübt (in diesem Fall die rotierende Erde). Sie steht immer senkrecht zur Bewegungsrichtung und Drehachse. Ist ein Luftteilchen nun zwischen einem Hoch- und Tiefdruckgebiet einem Druckgefälle ausgesetzt, erfährt es entsprechend dem Druckgradienten so lange eine Beschleunigung, bis Gradientkraft und Corioliskraft im Gleichgewicht sind. Das Teilchen bewegt sich dann parallel zu den

Linien gleichen Luftdrucks (Isobaren). Einen derart entstandenen Wind nennt man den geostrophischen Wind.

Bei Gebieten mit Tief- oder Hochdruckkern sind die Isobaren aber gekrümmt. Neben den zwei genannten Kräften wirkt in diesem Fall noch eine dritte Kraft, die Zentrifugalkraft, auf das Luftteilchen; der entstehende Wind wird Gradientwind genannt. Auf der Nordhalbkugel weht er um ein Tief gegen und um ein Hoch mit dem Uhrzeigersinn; auf der Südhalbkugel sind diese Zusammenhänge umgekehrt. Dabei verstärkt die Zentrifugalkraft beim Hoch die Gradientkraft, während sie beim Tief geschwächt wird /Malberg 1983/, /Liljequist und Cehak 1984/.

Globale Luftzirkulationssysteme. Globale Unterschiede in der solaren Einstrahlung sowie die ungleichmäßige Verteilung der Meere und Kontinente auf der Erde bedingen im Zusammenspiel mit den oben beschriebenen Mechanismen in großen Höhen ein komplexes, weltweites Luftzirkulationssystem (z. B. Passatwinde). Daraus resultiert u. a., dass die Zusammensetzung der Atmosphäre weltweit quasi immer gleich ist. Aber es ist derzeit praktisch nicht möglich, die Energie der bewegten Atmosphäre in den Höhen, in denen diese globalen Luftzirkulationssysteme wirksam sind, energietechnisch nutzbar zu machen. Allerdings beeinflussen diese Luftbewegungen die Atmosphärenbewegung in den tieferen und damit der Erdoberfläche näheren Schichten, in denen eine Windenergienutzung möglich ist.

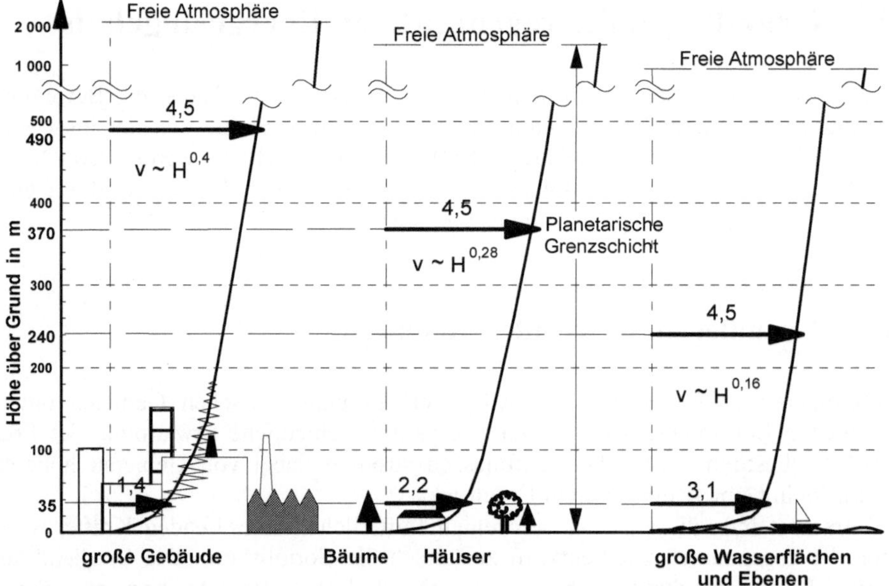

Abb. 6.1 Höhenabhängigkeit der Windgeschwindigkeit (nach /Kaltschmitt, Streicher und Wiese 2006/)

Lokale Luftzirkulationssysteme. Globale Luftzirkulationssysteme kommen nur in großen Höhen zum Tragen (sogenannte freie Atmosphäre). Mit zunehmender Nähe zur Erdoberfläche wird die Luftbewegung immer stärker von lokalen Effekten (mit-) bestimmt. Diese von den Eigenschaften und Gegebenheiten an der Erdoberfläche direkt beeinflusste Zone wird deshalb auch als planetarische Grenzschicht bezeichnet. Ihre Dicke und damit der Bereich bis zur ungestörten Windgeschwindigkeit in der freien Atmosphäre ist sowohl zeit- als auch ortsabhängig und variiert, abhängig u. a. von Wetterlage, Bodenrauhigkeit und Topographie, von einigen hundert Metern bis zu wenigen Kilometern (Abb. 6.1). Innerhalb dieser planetarischen Grenzschicht bilden sich lokale Windgeschwindigkeitssysteme beispielsweise dort aus, wo aufgrund unterschiedlicher Oberflächenerwärmung oder -abstrahlung Temperaturdifferenzen zwischen einzelnen Gebieten auftreten (z. B. Auf- und Abwinde, Berg- und Talwinde). Die aktuelle Zunahme der Windgeschwindigkeit mit der Höhe über Grund hängt hier von einer Vielzahl meteorologischer Größen (u. a. Temperaturschichtung, Feuchtigkeit) und den jeweiligen Eigenschaften der Erdoberfläche (im Wesentlichen der Oberflächenrauhigkeit) ab.

Höhenabhängigkeit der Windgeschwindigkeit. Ausgehend von der in einer definierten Höhe gemessenen Windgeschwindigkeit kann mit halbempirischen Potenzgleichungen die sich durchschnittlich einstellende Windgeschwindigkeit in einer bestimmten Höhe über Grund abgeschätzt werden. Meist wird hier, trotz seiner Unschärfe, mit dem Ansatz nach Hellmann gearbeitet (sogenannte Hellmann'sche Höhenformel, Gleichung (6-1) /Hellmann 1915/). Dabei ist $v_{Wi,h}$ die mittlere Windgeschwindigkeit in der Höhe h über Grund und $v_{Wi,ref}$ die Bezugsgeschwindigkeit in einer Referenzhöhe h_{ref} über Grund (meistens 10 m). α_{Hell} ist der Höhenwindexponent (Hellmann- oder Rauhigkeitsexponent).

$$v_{Wi,h} = v_{Wi,ref} \left(\frac{h}{h_{ref}} \right)^{\alpha_{Hell}} \qquad (6\text{-}1)$$

Die richtige Einschätzung des Hellmann-Exponenten ist allerdings schwierig. Der Wert liegt bei neutraler Schichtungsstabilität üblicherweise zwischen 0,1 und knapp 0,4 und ist im Wesentlichen von der Rauhigkeit des Geländes abhängig.

6.1.2 Räumliche und zeitliche Angebotscharakteristik

Räumliche Windverteilung. Aussagen über das vorherrschende Windangebot erfordern entsprechende Messungen bzw. Modellrechnungen. In Österreich werden zwar die Windgeschwindigkeiten an verschiedenen Standorten gemessen; eine flächendeckende Erfassung existiert jedoch bisher nicht. Aufgrund der starken orografischen Gliederung kann – ausgehend von den begrenzt verfügbaren Messwerten – deshalb nur eine sehr grobe modellmäßige Beschreibung der räumlichen Windverteilung realisiert werden. Deshalb gibt es bisher noch kein belastbares Österreich-weites Kataster der Windgeschwindigkeitsverteilung; lediglich Niederösterreich (Abb. 6.2) und die Steiermark verfügen über ein flächendeckendes Windkataster.

Aufgrund der komplexen Topografie Österreichs ist zur Identifikation potenzieller Standorte von Windkraftanlagen eine kleinräumigere Windgeschwindigkeitsverteilung zweckmäßig. Abb. 6.3 zeigt exemplarisch eine derartige Verteilung der jahresmittleren Windgeschwindigkeit für einen Geländeausschnitt mit komplexer Topographie, der typisch für Mittelgebirgslagen in Österreich ist.

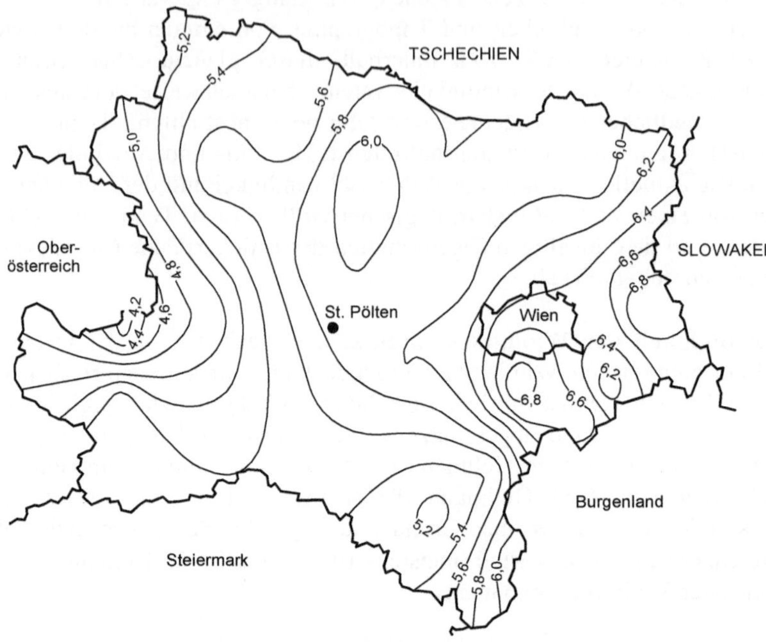

Abb. 6.2 Verteilung der jahresmittleren Windgeschwindigkeit in Niederösterreich in 50 m Höhe über Grund (nach /NÖ Landesregierung 1998/)

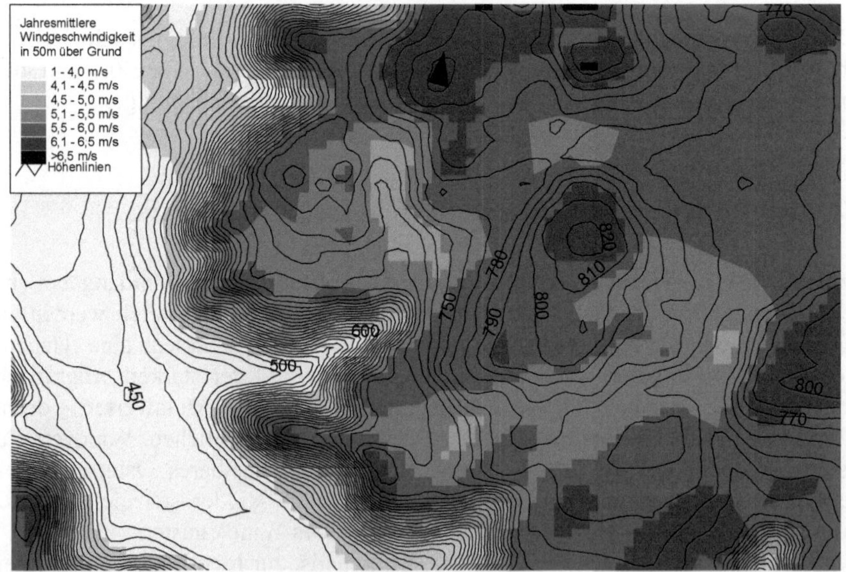

Abb. 6.3 Beispiel für eine Windgeschwindigkeitsverteilung bezogen auf 50 m über Grund im komplexen Gelände (nach /Kaltschmitt, Streicher und Wiese 2006/)

Bei dem dargestellten Beispiel liegt in den Tälern die jahresmittlere Windgeschwindigkeit aufgrund von Abschattungseffekten meist unter 4 bis 5 m/s. Im Gegensatz dazu sind die Hügelkuppen frei anströmbar, so dass dort höhere Windgeschwindigkeiten im Bereich von über 5 m/s gegeben sind. Darüber hinaus werden die bewegten Luftmassen beim Überströmen bestimmter Hügelformationen beschleunigt. Dies und die freie Anströmbarkeit führen auf den Bergkuppen zu jahresmittleren Windgeschwindigkeiten von mehr als 6 m/s.

Zeitliche Abhängigkeit. Das Windangebot an einem Standort zeigt i. Allg. erhebliche Schwankungen bezüglich der monats-, tages-, stunden- und minutenmittleren Windgeschwindigkeiten. In Abb. 6.4 sind deshalb exemplarisch die monatsmittleren Geschwindigkeiten von vier Standorten in Österreich dargestellt. Die Sommermonate sind dabei in der Regel nahezu unabhängig von lokalen Einflüssen durch unter dem Jahresmittel liegende Windgeschwindigkeiten gekennzeichnet. Demgegenüber herrschen im Verlauf des Winters im langjährigen Mittel überdurchschnittliche Windgeschwindigkeiten vor.

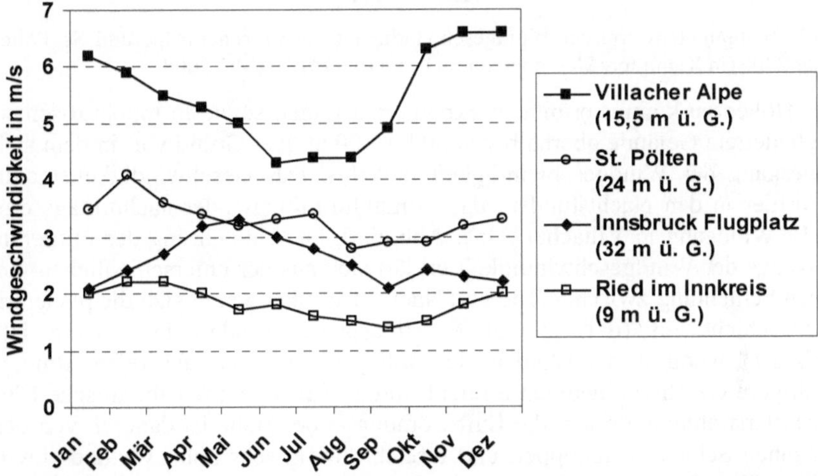

Abb. 6.4 Jahresverlauf der monatsmittleren Windgeschwindigkeit an verschiedenen Standorten in Österreich (Messzeitraum von 1997 bis 2006, in Klammer: Messhöhe über Grund (ü. G.)) /ZAMG 2008/

Das Windangebot ist auch durch erhebliche Schwankungen der augenblicklichen Windgeschwindigkeit gekennzeichnet. Abb. 6.5 zeigt dies exemplarisch für einen Tag anhand der Zehnminutenwerte der Windgeschwindigkeit für die Standorte Villacher Alpe und St. Pölten.

Ein Standort kann auch durch einen charakteristischen mittleren Tagesgang gekennzeichnet sein. Man unterscheidet dabei zwischen dem sogenannten Höhen- und dem Niederungs- bzw. Bodentyp.

- Der Niederungstyp (z. B. Windgang in Ried im Innkreis; Abb. 6.6) tritt bevorzugt bei störungsfreiem Wetter mit einer kräftigen Durchmischung der bodennahen Luftschicht während des Tages und stabiler Schichtung während der Nacht in eher ebenem, flachem Gelände auf. Während der Nachtstunden bzw. am

Morgen weist die Windgeschwindigkeit hier ihr Minimum auf. Am frühen Nachmittag ist die Geschwindigkeit maximal und fällt danach wieder ab.

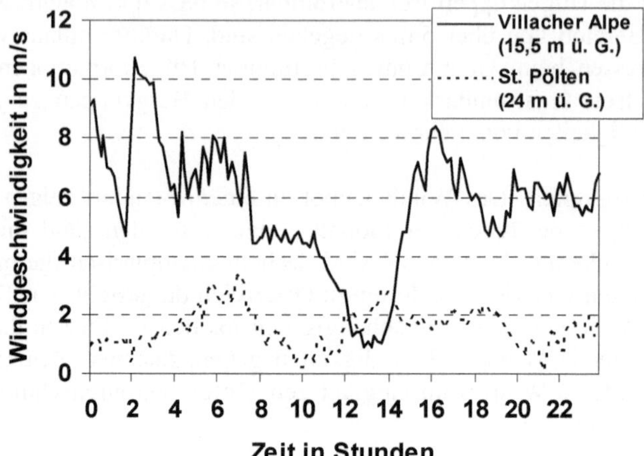

Abb. 6.5 Zehnminutenwerte der Windgeschwindigkeit für Villacher Alpe und St. Pölten am 1. Januar 2006 (in Klammer: Messhöhe über Grund (ü. G.)) /ZAMG 2008/

- Der Höhentyp kommt primär in exponierten Lagen sowie in topografisch wenig gegliedertem Gelände oberhalb von 50 bis 100 m über Grund vor, in dem sich der Tagesgang der Windgeschwindigkeit umkehrt. Das Geschwindigkeitsmaximum wird hier in den Nachtstunden, das Minimum mittags oder nachmittags erreicht (z. B. Windgang in Villacher Alpe; Abb. 6.6). Die Umkehrung des mittleren Tagesgangs der Windgeschwindigkeit erklärt sich aus der unterschiedlichen thermischen Schichtung zwischen Tag und Nacht. Tagsüber weitet sich die planetarische Grenzschicht auf (d. h. die freie Atmosphäre wandert in größere Höhen; Abb. 6.1), wodurch der Wind in der Höhe im Vergleich zur freien Atmosphäre niedrigere Geschwindigkeiten erreicht. In der Nacht geht der thermische Einfluss der Solarstrahlung zurück; die Luftströmung in der Höhe ist dadurch von der bodennahen Schicht abgekoppelt und erreicht häufig sehr hohe Windgeschwindigkeiten /Christopher und Ulbricht-Eissing 1989/.

Zusammenfassend ist damit das Windangebot durch große Schwankungen gekennzeichnet. So können die monats- und jahresmittleren Windgeschwindigkeiten verschiedener Jahre bis zu +/- 20 % und mehr voneinander variieren. Werden beispielsweise die Schwankungen der minutenmittleren Luftströmungsgeschwindigkeiten bezüglich des Stundenmittelwertes analysiert, können sich sogar Variationen von bis zu +/- 100 % ergeben.

Häufigkeitsverteilung. Die gemessenen Windgeschwindigkeiten können zu unterschiedlichen Zeitpunkten und an verschiedenen Orten sehr unterschiedlich sein. Eine Vergleichbarkeit gemessener Zeitreihen ist daher nur schwer möglich. Deshalb werden Windgeschwindigkeitsmessreihen unterschiedlicher zeitlicher Auflösung durch ihre Verteilungsfunktionen charakterisiert. Auf dieser Basis sind sie dann miteinander vergleichbar. Dazu werden die Messwerte klassifiziert und die Auftrittshäufigkeit der verschiedenen Klassen bezogen auf die Gesamtanzahl der Messdaten über die Windgeschwindigkeit aufgetragen. Dabei zeigt sich i. Allg. der in Abb. 6.7 dargestellte typische Verlauf der Häufigkeitsverteilung.

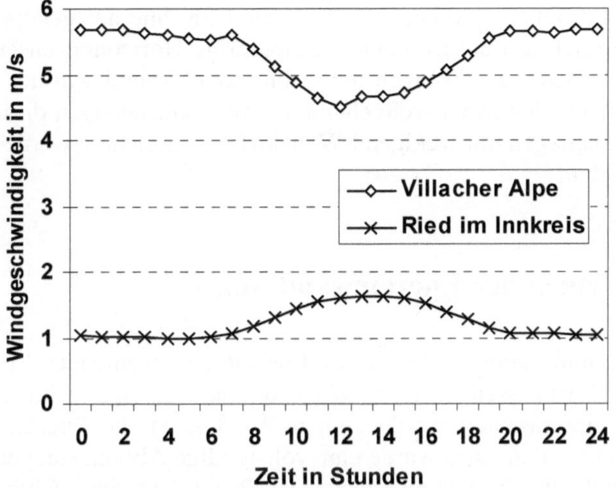

Abb. 6.6 Mittelwerte gemessener stundenmittlerer Windgeschwindigkeiten im Tagesverlauf (Messzeitraum von 1997 bis 2006, nach /ZAMG 2008/)

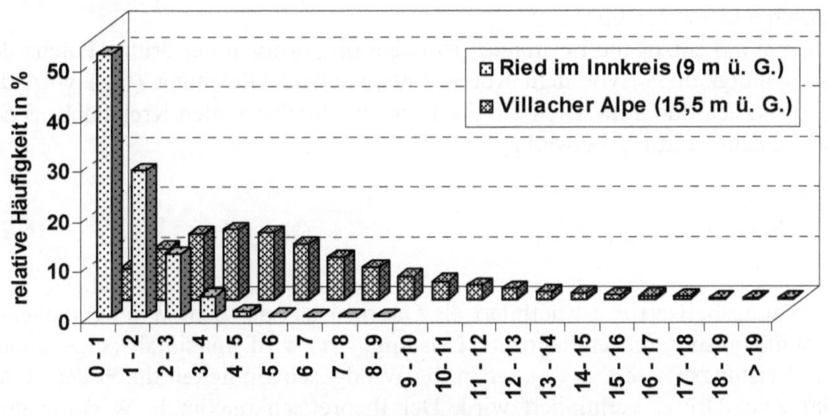

Abb. 6.7 Häufigkeitsverteilung der Windgeschwindigkeit für Ried im Innkreis sowie für Villacher Alpe (Messzeitraum von 1997 bis 2006, in Klammern Messhöhe (ü. G. über Grund)) /ZAMG 2008/

Solche Verteilungen können mit unterschiedlichen Wahrscheinlichkeitsfunktionen angenähert werden. Für die Windgeschwindigkeitsverteilung wird dabei die Weibull- und seltener auch die Rayleigh-Verteilung herangezogen.

6.2 Systemtechnische Beschreibung

Von der Vielzahl möglicher Anlagenkonzepte sind für eine netzgekoppelte Stromerzeugung in Österreich fast ausschließlich dreiblättrige Horizontalachsenkonverter im Einsatz. Die folgenden Ausführungen der technischen Grundlagen der Windenergienutzung beschränken sich daher weitgehend auf Windkraftanlagen dieses Konzeptes. Netzautarke Kleinanlagen mit wenigen kW elektrischer Leistung werden deshalb hier nicht näher betrachtet.

6.2.1 Grundlagen der Energiewandlung

Die Windenergie und damit die kinetische Energie der strömenden Luft kann durch Abbremsung der Luftmassen im Rotor einer Windkraftanlage in kinetische Energie des Windrotors umgewandelt werden. Dem Wind kann die Energie jedoch nicht gänzlich entzogen werden. Dies würde eine vollständige Abbremsung der Luftmassen erfordern, wodurch die Querschnittsfläche des Rotors für die nachfolgenden Luftmassen "verstopft" würde. Da aber eine Durchströmung der Rotorfläche ohne eine Luftabbremsung dem Wind keine Energie entzieht, muss es zwischen diesen beiden Extremen ein Maximum der Windenergieentnahme aus den bewegten Luftmassen geben /Gasch und Twele 2007/.

Die dem Wind entzogene Leistung P ist dabei proportional der dritten Potenz der Windgeschwindigkeit v_{Wi} vor dem Rotor. Entsprechend Gleichung (6-2) wird die Leistung zusätzlich durch die Dichte ρ der Luft, die durchströmten Kreisfläche S des Rotors sowie dem Leistungsbeiwert c_p bestimmt.

$$P = \frac{1}{2} \rho \, S \, v_{Wi}^3 \, c_p \tag{6-2}$$

Der Leistungsbeiwert c_p ist definiert als Quotient aus der dem Wind entzogenen zur im Wind insgesamt enthaltenen Leistung. Er wird maximal (sogenannter Betz'scher Leistungsbeiwert, $c_{p,max}$), wenn die Windgeschwindigkeit durch den Rotor genau um zwei Drittel vermindert wird. Der theoretisch maximale Wirkungsgrad eines idealen Windkraftrotors liegt dann bei 16/27 (59,3 %).

Bei der technischen Nutzbarmachung der in den bewegten Luftmassen enthaltenen Energie kann zwischen dem Widerstands- und dem Auftriebsprinzip unterschieden werden.

- Widerstandsprinzip. Wird eine Fläche von Luftmassen angeströmt, stellt sie dieser "Anströmkraft" einen Widerstand, die sogenannte (Luft-)Widerstandskraft, entgegen. Mit derartigen Widerstandsläufern lassen sich Leistungsbeiwerte und damit theoretische Wirkungsgrade bis maximal 0,2 bzw. 20 % erreichen; dies ist nur rund ein Drittel des idealen Betz'schen Wertes von 0,593.
- Auftriebsprinzip. Beim Auftriebsprinzip erfährt ein zur Anströmrichtung nicht symmetrischer Körper (z. B. Tragflügelprofil oder schräg angestellte Platte) nicht

nur eine Widerstandskomponente in Richtung der Anströmung, sondern auch eine senkrecht zu ihr gerichtete Komponente, die sogenannte Auftriebskraft /Gasch und Twele 2007/. Im Gegensatz zur Widerstandskraft verursacht diese Auftriebskraft keinen Energieverlust der Strömung. Theoretisch lassen sich daher mit dem Auftriebsprinzip Wirkungsgrade in Höhe des Betz'schen Leistungsbeiwertes von 59,3 % erreichen. Deshalb arbeiten moderne Windkraftanlagen ausschließlich nach dem Auftriebsprinzip.

6.2.2 Systemelemente von Horizontalachsenkonvertern

Abb. 6.8 zeigt den prinzipiellen Aufbau netzgekoppelter Windkraftanlagen mit horizontaler Rotorachse. Wesentliche Bestandteile der Anlage sind Rotorblätter, Rotornabe, ggf. Getriebe, Generator, Turm, Fundament und Netzanschluss. Je nach Windkraftanlagentyp können weitere Komponenten hinzukommen.

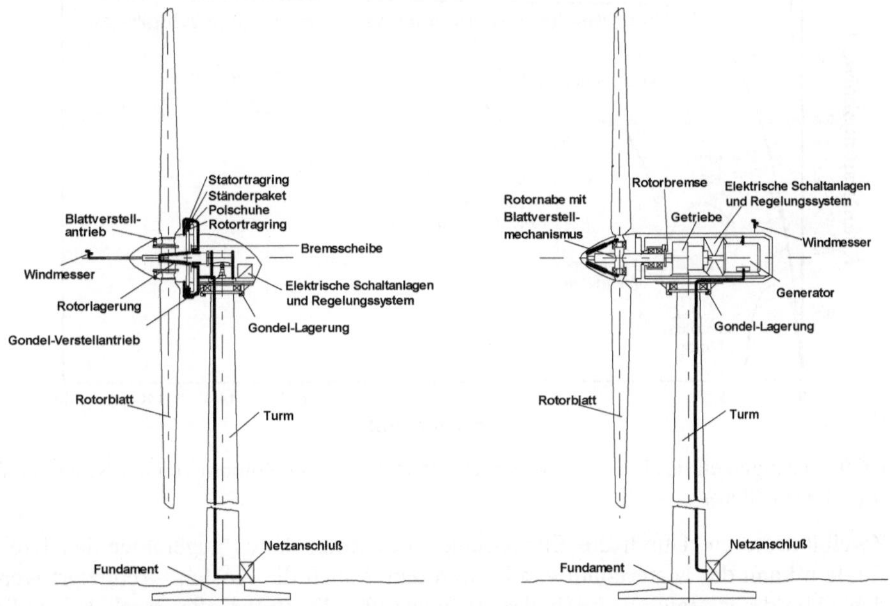

Abb. 6.8 Schematische Darstellung marktgängiger Horizontalachsenkonverter mit (rechts) und ohne Getriebe (links) (u. a. nach /Kaltschmitt, Streicher und Wiese 2006/)

Rotor. Mit dem Rotor wird die im Wind enthaltene Energie in eine mechanische Drehbewegung umgewandelt. Er besteht aus einem oder mehreren Rotorblättern sowie der Rotornabe (Abb. 6.8). Die nach dem Auftriebsprinzip arbeitenden Rotorblätter entziehen den bewegten Luftmassen mit einem heute maximal erreichbaren Wirkungsgrad von rund 50 % die Bewegungsenergie (Abb. 6.9).

Für jede Windgeschwindigkeit gibt es eine optimale Rotordrehzahl, bei der die Rotorleistung maximal wird. Bei größeren und kleineren Rotordrehzahlen nimmt die dem Wind entnommene Leistung dann jeweils ab.

Um bei hohen Schnelllaufzahlen (Verhältnis der Flügelspitzengeschwindigkeit des Rotors zur Windgeschwindigkeit) eine möglichst optimale Windgeschwindigkeitsverminderung zu erreichen, sind Rotoren mit wenigen und relativ schmalen Rotorblättern erforderlich. In den letzten Jahren haben sich daher Dreiblattrotoren als ein wirtschaftlich-technisches Optimum am Markt durchgesetzt. Zweiblattrotoren sind kaum noch anzutreffen und Rotoren mit mehr als drei Blättern werden zur netzgekoppelten Stromerzeugung praktisch nicht eingesetzt.

- Dreiblattrotoren. Aufgrund der günstigen Massenverteilung ändert sich das Trägheitsmoment eines Dreiblattrotors bezüglich des Turms während des Umlaufs nicht. Daraus resultieren deutlich geringere schwingungsdynamische Probleme als beispielsweise beim Zweiblattrotor. Auch zeigen Drei- im Vergleich zu Zweiblattrotoren niedrigere Anlaufwindgeschwindigkeiten. Zusätzlich vermeiden Schnelllaufzahlen zwischen 6 und 10 eine übermäßige Geräuschentwicklung.

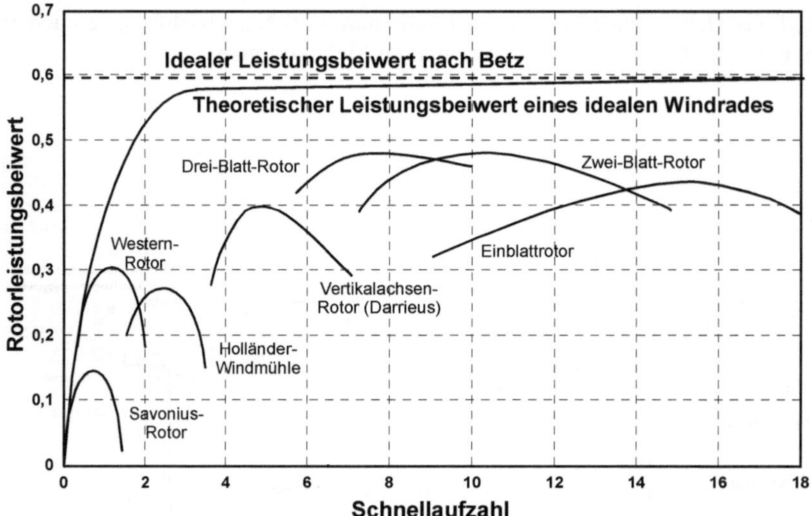

Abb. 6.9 Abhängigkeit des Leistungsbeiwertes unterschiedlicher Rotoren von der Schnelllaufzahl (nach /Hau 2006/)

- Zweiblattrotoren. Durch die Einsparung eines Rotorblattes gegenüber den Dreiflüglern kann der Materialaufwand – und damit auch die Kosten – reduziert werden. Allerdings steigt dadurch der Aufwand für die Rotornabe deutlich, da die Dynamik von Rotoren mit zwei Flügeln technisch schwieriger zu beherrschen ist. Auch zeigen Zweiblattrotoren im Vergleich zu Dreiblattrotoren eine höhere Anlaufwindgeschwindigkeit. Schnelllaufzahlen von 8 bis 14 bedingen grundsätzlich eine im Vergleich zu geringeren Schnelllaufzahlen höhere Geräuschentwicklung an den Flügelspitzen, die jedoch mit einem entsprechenden technischen Aufwand beherrschbar ist. U. a. aufgrund dieser Nachteile werden sie bei netzgekoppelten Anlagen nicht mehr angeboten.

Rotorblätter. Bei den eingesetzten Materialien für die Rotorblätter handelt es sich in der Regel um Faserverbundmaterial mit Glas-, Kohle- oder seltener Aramidfasern

/Hau 2006/. Meist werden glasfaserverstärkte (GFK) und mit zunehmender Baugröße auch kohlenstofffaserverstärkte Kunststoffe (CFK), vor allem in Glas- und Kohlefaser-Gemischtbauweise, eingesetzt.

Rotornabe. Die Verbindung der Rotorblätter mit der Rotorwelle erfolgt über die Rotornabe (Abb. 6.8). Bei blattgeregelten Anlagen enthält diese auch die Mechanik zur Blattverstellung sowie das Blattlager. Als Nabenmaterial kommen neben geschweißten Stahlblechkonstruktionen vorrangig Stahlgusskörper oder Schmiedeteile zum Einsatz.

Blattverstellmechanismus. Die Leistungs- und Drehzahlregelung von Windkraftanlagen kann über eine Blattwinkeleinstellung geregelt werden (Pitch-Regelung; Kapitel 6.2.3). Zusätzlich können über den Blattverstellmechanismus auch die Rotorblätter im Falle eines erzwungenen Stillstands des Rotors in Fahnenstellung und damit aus dem Wind gebracht werden.

Getriebe. Ein Getriebe wird benötigt, wenn die Rotordrehzahl von der Generatordrehzahl abweicht. Meist werden dafür ein- oder mehrstufige Stirnrad- oder Planetengetriebe eingesetzt, die in der Gondel der Windkraftanlage untergebracht werden (Abb. 6.8). Demgegenüber wird beim Einsatz von getriebelosen Anlagen ein vielpoliger, mit variabler Drehzahl betriebener Ringgenerator direkt an den Rotor gekoppelt; dadurch entfällt hier das Getriebe.

Generator. In Windkraftanlagen werden Synchron- oder Asynchrongeneratoren eingesetzt. Werden diese mit variabler Rotordrehzahl betrieben, ist zum Koppeln an das elektrische Netz der öffentlichen Versorgung (50 Hz) zusätzlich ein Umrichter oder ein Gleichstromzwischenkreis erforderlich. Bei getriebelosen Anlagen kommen vielpolige Synchrongeneratoren zum Einsatz.

Windrichtungsnachführung. Aufgabe dieser Systemkomponente ist die möglichst exakte Ausrichtung der Maschinengondel und damit des Rotors entsprechend der jeweiligen Windrichtung.

Gondel. Die Gondel befindet sich auf der Spitze des Turms. Sie ist drehbar gelagert und in ihr sind der Triebstrang mit dem Rotor, ggf. dem Getriebe und dem Generator sowie die benötigten Steuer- und Regeleinheiten untergebracht. Bei Windkraftanlagen bis zu einem Rotordurchmesser von etwa 80 m ist es noch möglich, die Gondel im Werk zusammenzubauen, zum Aufstellort zu transportieren und komplett auf dem Turm zu montieren /Hau 2006/. Bei größeren Anlagen ist der Zusammenbau, auch in Hinsicht auf die gegebenen Möglichkeiten eines (Straßen-)Transports sehr großer Massen, erst am Aufstellort möglich.

Turm. Der Turm ermöglicht die Windenergienutzung in einer ausreichenden Höhe über Grund. Weiters nimmt er die statischen und dynamischen Belastungen des Rotors, des Triebstrangs und des Maschinenhauses (Gondel) auf und leitet diese über das Fundament in den Untergrund ab. Als Material wird hauptsächlich Stahl (meist

Rohrform) eingesetzt. Bei den Multi-Megawattanlagen werden auf Grund der z. T. gegebenen Restriktionen beim Transport auch Türme aus Beton, die direkt am Anlagenstandort gegossen werden, verwendet. Neben den Vorteilen beim Transport sorgen Betontürme bei wachsenden Turmhöhen für eine deutlich bessere Stabilität als Stahl und sind tendenziell durch niedrigere Investitionen gekennzeichnet. Ein Nachteil ist allerdings die längere Bauzeit auf Grund der erforderlichen Trockenphase für den Beton /Neue Energie 2008/.

Fundament. Die Ausführung des Fundaments, mit dem der Turm und damit die Windkraftanlage im Untergrund verankert werden, hängt von der Anlagengröße, den potenziellen betrieblichen Belastungen und den örtlichen Bodenverhältnissen ab. Meist wird das Fundament als Betonsockel mit starker Stahlarmierung ausgeführt.

Netzanschluss. Bei der Anbindung einer Windkraftanlage an das Netz der öffentlichen Versorgung oder ein beliebiges Inselnetz wird zwischen einer direkten und indirekten Netzkopplung unterschieden. Bei beiden Varianten können sowohl Asynchron- als auch Synchrongeneratoren eingesetzt werden; tendenziell haben erstere, da sie i. Allg. robuster und billiger sind, größere Marktanteile.

- Bei der direkten Kopplung an ein frequenzstarres Stromnetz, wie es die österreichischen Verteiler- und Übertragungsnetze darstellen, muss der Synchrongenerator mit konstanter und der Asynchrongenerator mit nahezu konstanter Drehzahl entsprechend der Netzfrequenz drehen. Wegen der dadurch bedingten "harten" Netzkopplung – insbesondere im Falle des Synchrongenerators – kann dies zu hohen dynamischen Belastungen im Triebstrang (Nabe, Welle, Getriebe und Generatorläufer) führen. Eine direkte Netzkopplung wird daher – wenn überhaupt – meist über einen Asynchrongenerator realisiert.
- Bei der indirekten Netzkopplung erfolgt die Anbindung des Konverters an das Netz über einen Gleichstromzwischenkreis. Dadurch wird ein drehzahlvariabler Betrieb der Windkraftanlage möglich und es wird Wechselstrom mit variabler Frequenz erzeugt. Dieser wird dann über einen Wechselrichter in Gleichstrom und anschließend erneut in 50 Hz-Wechselstrom umgeformt. Dadurch kann der Rotor innerhalb einer Drehzahlspanne von 50 bis 120 % der Nenndrehzahl aerodynamisch optimal – und damit im Mittel mit im Vergleich zur starren Netzkopplung höheren Wirkungsgraden – betrieben werden. Durch die variable Drehzahl reduzieren sich zudem die dynamischen Belastungen der Anlage. Trotz der zusätzlichen Kosten für den Gleichstromzwischenkreis und der dadurch verursachten elektrischen Verluste stellt die indirekte Netzanbindung bei mittleren bis großen Anlagen, infolge der letztlich höheren umsetzbaren Windenergie, die heute übliche Technik dar.

Zu den wesentlichen Komponenten der Netzanbindung zählen weiterhin die elektrischen Anschlussleitungen sowie der ggf. benötigte Transformator mit Trafostation und Schaltanlage, die typischerweise für eine Einspeisung in die Mittelspannungsebene, bei größeren Windparks aber auch in die 110 oder 380 kV-Ebene, ausgelegt sind.

6.2.3 Anlagenkonzepte und Anwendungsbereiche

Anlagenkonzepte. Um bei zunehmender Windgeschwindigkeit eine Überschreitung der Generatornennleistung zu vermeiden, muss die dem Wind entnommene Leistung bei Erreichen der Generatornennleistung abgeregelt werden. Dabei kann bei direkter Netzkopplung (d. h. mit konstanter oder nahezu konstanter Drehzahl) nur die Leistung geregelt werden. Ist demgegenüber bei der indirekten Netzkopplung die Drehzahl innerhalb gewisser Grenzen variabel, muss, neben einer Überwachung der Leistung, das Überschreiten einer maximalen Drehzahl vermieden werden, um einer mechanischen Zerstörung des Rotors bzw. anderer bewegter Teile vorzubeugen.

Zur Begrenzung der aus dem Wind aufzunehmenden Leistung kommen die Stall- und die Pitch-Regelung zum Einsatz.

- Stall-Regelung. Die Leistungsaufnahme aus dem Wind kann durch den sogenannten "Stall-Effekt" begrenzt werden. Voraussetzung dafür ist, dass die Windkraftanlage direkt mit einem ausreichend starken Netz verbunden ist und damit – unabhängig von der Windgeschwindigkeit – mit konstanter Rotordrehzahl betrieben wird. Durch die spezielle Konstruktion des Rotors von Stall-geregelten Anlagen verändern sich bei zunehmenden Windgeschwindigkeiten die Anströmverhältnisse am Rotor bzw. an den einzelnen Blättern derart, dass die Strömung ab bestimmten (hohen) Windgeschwindigkeiten abreißt. Der Rotor bremst sich infolge der durch einen derartigen Strömungsabriss entstehenden Wirbel quasi selbst ab; dadurch kann das am Rotor anstehende Moment näherungsweise konstant gehalten werden. Obwohl die Stall-Regelung mit z. T. erheblichen mechanischen Belastungen der Rotorblätter verbunden ist, ist sie in der Vergangenheit aufgrund der einfachen technischen Umsetzung bei Anlagengrößen unter 1 MW realisiert worden.
- Pitch-Regelung. Eine Begrenzung der Leistungsaufnahme aus dem Wind kann auch durch eine Verstellung der Rotorblätter realisiert werden; dies wird als Pitch-Regelung bezeichnet. Dadurch werden die Anströmverhältnisse und damit wiederum die Leistungsaufnahme durch die Rotorblätter so beeinflusst, dass die Leistung des Rotors bei Geschwindigkeiten oberhalb der Nennwindgeschwindigkeit weitgehend konstant bleibt.

  Beim Einsatz in Inselnetzen, wo nicht, wie im netzgekoppelten Betrieb, notwendigerweise eine Maximierung der Energieausbeute angestrebt wird, kann über die Blattwinkelverstellung die bereitgestellte Leistung entsprechend geregelt und damit an die aktuelle Nachfrage angepasst werden. Auch hat die Pitch- im Gegensatz zur Stall-Regelung den Vorteil, dass bei einem Überschreiten der Abschaltwindgeschwindigkeit die Anlage gezielt und damit relativ "sanft" abgefahren werden kann (vgl. Übergang Phase III zu Phase IV; Abb. 6.12). Dadurch wird der abrupte Übergang von der installierten Nennleistung auf Null und die damit verbundene hohe mechanische Belastung der Windkraftanlage vermieden.

Anwendungsbereiche. Netzgekoppelte Windkraftanlagen sind heute von wenigen kW bis zu einer Leistung von 5 bis 6 MW verfügbar. Die derzeit marktbeherrschenden Windkraftanlagen für den Onshore-Bereich haben, bei Nabenhöhen von bis zu 120 m und mehr, Leistungen zwischen 1,5 und 3,0 MW mit einer deutlichen Tendenz zu weiter steigenden installierten Generatornennleistungen; beispielsweise lag die durchschnittliche Anlagengröße bei Neuanlagen in Österreich 2006 bei ca. 1,9 MW /IGW 2007/.

Windkraftkonverter können an exponierten Stellen als Einzelanlagen installiert werden. Aufgrund der mit zunehmender Anlagenanzahl i. Allg. sinkenden spezifischen Infrastrukturkosten (u. a. gemeinsame Nutzung eines Netzanschlusses) werden jedoch meist mehrere Anlagen in einem Windpark (d. h. als eine Gruppe von Windkraftanlagen) installiert (Abb. 6.10). In solchen Windparks müssen dabei bestimmte, von den meteorologischen, topografischen und sonstigen örtlichen Bedingungen abhängige Mindestabstände zwischen den jeweiligen Anlagen eingehalten werden, um die wechselseitige Abschattung der einzelnen Konverter zu minimieren. Die trotzdem noch im Vergleich zu einer einzelnen, ungestörten Anlage gegebenen Verluste werden durch den Windparkwirkungsgrad beschrieben. Er liegt in Abhängigkeit der jeweiligen Gegebenheiten vor Ort zwischen 90 und 99 %. Trotz dieser (geringen) Verluste ist eine Anlagenaufstellung in Windparks im Normalfall günstiger, da Kostenersparnisse sowie Synergien bei der Wartung oder Überwachung diese Verluste (über-)kompensieren.

6.2.4 Energiewandlungskette, Verluste und Leistungskennlinie

Energiewandlungskette und Verluste. Die kinetische Energie der bewegten Luftmassen wird mit Hilfe des Rotors einer Windkraftanlage zunächst in eine Rotationsbewegung und damit in kinetische Energie des Triebstrangs umgewandelt. Sind Rotor- und Generatordrehzahl verschieden, wird ein mechanisches Getriebe im Triebstrang zwischengeschaltet, um diese Unterschiede auszugleichen. Im Generator erfolgt dann die Umwandlung der Rotationsenergie des Triebstrangs in elektrische Energie. Entspricht die Spezifikation am Generatorausgang nicht der des elektrischen Netzes, in das die Windkraftanlage einspeist, ist zusätzlich ein elektrisch-elektrischer Wandler notwendig. Im einfachsten Fall kann dies ein Transformator sein. Es ist jedoch auch eine indirekte Netzkopplung über einen Gleichstromzwischenkreis oder einen Direktumrichter möglich.

Verluste in den unterschiedlichen Energiewandlungsschritten bewirken, dass der Gesamtsystemnutzungsgrad einer Windkraftanlage deutlich unter dem theoretisch maximalen Betz'schen Leistungsbeiwert von 59,3 % liegt. Gängige Windenergiekonverter können heute rund 30 bis maximal 45 % der im Wind enthaltenen Energie in nutzbare elektrische Energie umwandeln. Abb. 6.11 zeigt die wesentlichen Verluste einer Windkraftanlage. Die Bandbreite der verschiedenen Verluste ergibt sich aus den unterschiedlich realisierbaren Anlagenkonzepten und -größen. Abweichungen im realen Betrieb sind sowohl zu höheren als auch niederen Werten möglich.

Beispielsweise resultieren die aerodynamischen Verluste aus der innerhalb der gesamten vom Rotor überstrichenen Fläche nie optimalen Flügelform. Sie sind aber im Leistungsbeiwert enthalten, der im Wesentlichen von der Anzahl und Form der Rotorblätter (und damit der Schnelllaufzahl) abhängig und somit bei verschiedenen Rotorbauarten z. T. sehr unterschiedlich ist (vgl. Abb. 6.9). Demgegenüber ergeben sich die mechanischen Verluste überwiegend aus den Reibungsverlusten u. a. in den

Lagern der Rotorwelle und – falls vorhanden – im Getriebe. Die elektrischen Verluste beinhalten die Umwandlungsverluste im Generator sowie ggf. die Verluste bei der Stromumrichtung im Gleichstromzwischenkreis bzw. im Direktumrichter sowie im Transformator. Die am Generatorausgang einer Windkraftanlage letztlich abnehmbare elektrische Leistung resultiert somit aus der im Wind enthaltenen Leistung abzüglich der aerodynamischen, der mechanischen und der elektrischen Verluste. Zusätzlich reduzieren die u. U. notwendigen Hilfsenergieaufwendungen für die Windrichtungsnachführung und den Blattverstellmechanismus den Netto-Energieertrag.

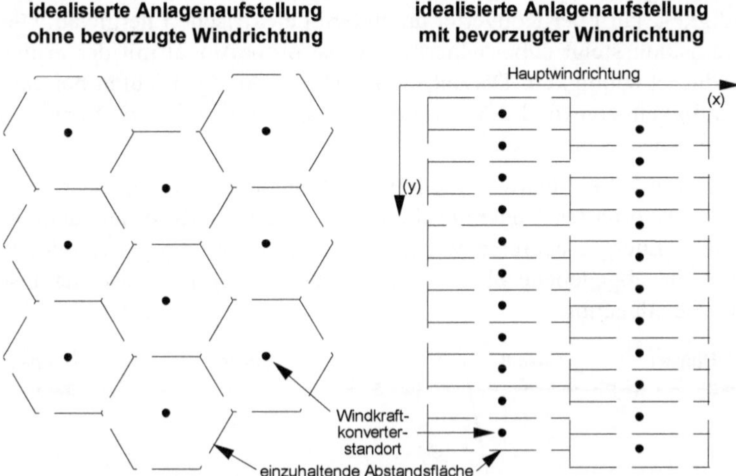

Abb. 6.10 Möglichkeiten der Windkraftanlagenaufstellung in Windparks (nach /Kaltschmitt, Streicher und Wiese 2006/)

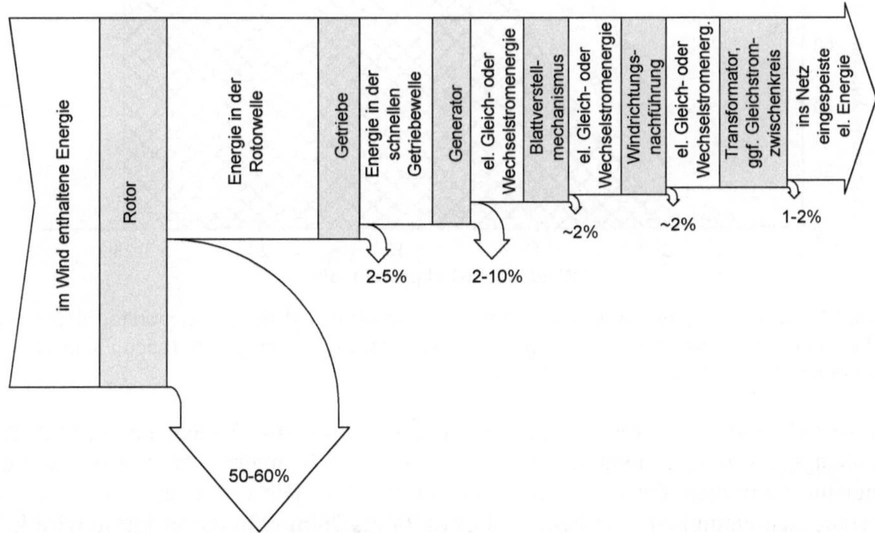

Abb. 6.11 Energiefluss einer Windkraftanlage (Verluste bezogen auf den Energieinput der jeweiligen Wandlungsstufe; nach /Kaltschmitt, Streicher und Wiese 2006/)

Leistungskennlinie. Die Leistungskennlinie einer Windkraftanlage beschreibt die Abhängigkeit der vom Generator abgegebenen mittleren elektrischen Leistung vom jeweiligen Windgeschwindigkeitsmittel und damit das Betriebsverhalten eines Konverters. Es lassen sich vier Phasen unterscheiden (Abb. 6.12).

- Phase I. Liegt die Windgeschwindigkeit unterhalb einer anlagenspezifischen Mindestwindgeschwindigkeit, können Reibungs- und Trägheitskräfte der Anlage nicht überwunden werden. Der Windenergiekonverter läuft nicht an.
- Phase II. Steigt die Strömungsgeschwindigkeit der Luft über die Anlaufwindgeschwindigkeit, läuft der Konverter an und gibt elektrische Energie ab. Die nutzbare Windleistung steigt dabei näherungsweise proportional mit der dritten Potenz der Windgeschwindigkeit. Derzeit marktgängige Anlagen laufen bei einer Windgeschwindigkeit von rund 2,5 bis 4 m/s an. Die Nennwindgeschwindigkeit wird zwischen 11 bis 15 m/s erreicht.
- Phase III. Wird die Nennwindgeschwindigkeit überschritten, muss zur Vermeidung einer dauerhaften Generatorüberlastung die vom Rotor aus dem Wind aufgenommene Energie begrenzt werden. In diesem Windgeschwindigkeitsbereich entspricht die abgegebene elektrische Leistung näherungsweise der installierten Generatornennleistung.

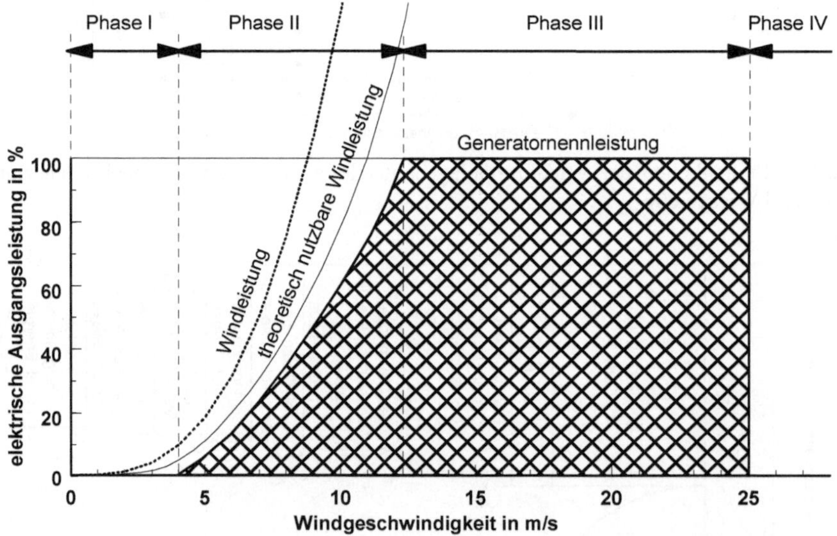

Abb. 6.12 Zusammenhang zwischen Windgeschwindigkeit und der am Generator abnehmbaren Leistung bei typischen blattgeregelten Horizontalachsenkonvertern (nach /Kaltschmitt, Streicher und Wiese 2006/)

- Phase IV. Übersteigt die Windgeschwindigkeit eine von Anlagenbauart und -typ abhängige Windgeschwindigkeitsgrenze, muss der Konverter zur Vermeidung einer mechanischen Zerstörung abgeschaltet werden. Die entsprechende Abschaltwindgeschwindigkeit liegt heute bei etwa 24 bis 26 m/s. In dieser Phase wird keine elektrische Energie an das Netz abgegeben. In der Zwischenzeit gibt es aber auch vereinzelt Konzepte, bei denen ab dieser Geschwindigkeit die Leistung nur gedrosselt wird und die Anlagen bis zu einer Geschwindigkeit von etwa 35 m/s am Netz bleiben; erst danach werden sie vom Netz genommen und der Rotor in Fahnenstellung gebracht.

Für die Abschätzung der potenziellen Stromerzeugung einer Windkraftanlage ist die über einen bestimmten Zeitraum (z. B. ein Jahr) vorherrschende Windgeschwindigkeit (d. h. das Geschwindigkeitsmittel sowie die Häufigkeitsverteilung, Abb. 6.7) maßgebend. Näherungsweise sind dabei die erreichbaren jährlichen Volllaststunden der Windkraftanlage der jahresmittleren Windgeschwindigkeit direkt proportional. Abb. 6.13 zeigt diesen Zusammenhang zwischen der jahresmittleren Windgeschwindigkeit in Nabenhöhe und den Volllaststunden exemplarisch für eine 1,5 MW-Anlage.

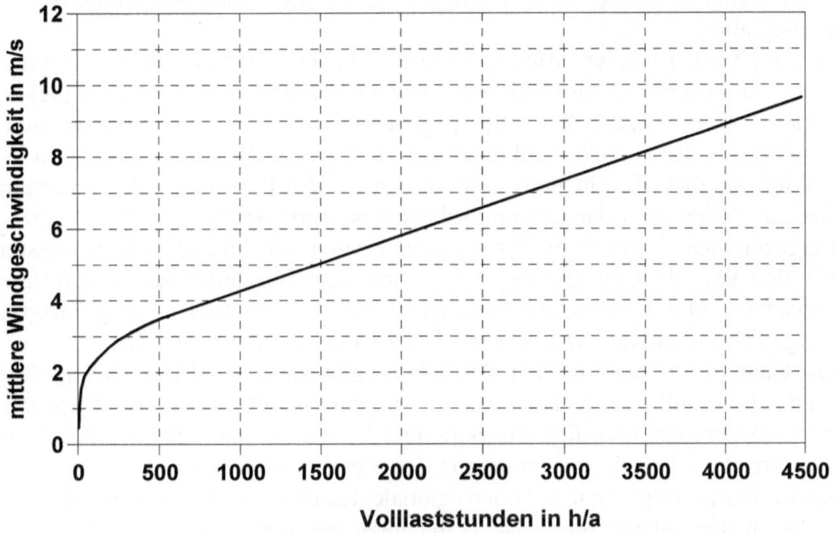

Abb. 6.13 Zusammenhang von jahresmittlerer Windgeschwindigkeit in Nabenhöhe und Volllaststunden einer 1,5 MW-Windkraftanlage

6.2.5 Systemintegrationsaspekte

In Österreich sind seit Ende 2007 Windkraftanlagen mit einer Summenleistung von 982 MW in Betrieb (Kapitel 6.4.2). Durch diese installierte Anlagenleistung, die rund der Hälfte der Leistung der neun Donaukraftwerke entspricht, ergeben sich im Vergleich zu anderen erneuerbaren Energien aus systemtechnischer Sicht Besonderheiten, die nachfolgend diskutiert werden.

Dabei liegen die größten Herausforderungen der Windstromerzeugung in der stark schwankenden und dargebotsabhängigen – und z. T. lokal konzentrierten – Erzeugung sowie den hohen installierten Anlagenleistungen. Deshalb kommt der Notwendigkeit einer gesamthaften Planung und Integration der Windenergie in das Elektrizitätsversorgungssystem eine höhere Bedeutung zu als bei anderen Optionen zur

Nutzung erneuerbarer Energien. Damit erfordert die Integration von hohen Windkraftleistungen eine koordinierte Planung und entsprechende Netzausbaumaßnahmen.

Regionale Konzentration. Durch die Installation der Windkraftanlagen in Windparks ergeben sich aus Sicht der installierten Leistungen Größenordnungen, die kleinen bis mittelgroßen Kraftwerken entsprechen (bis zu einigen 10 MW). In Österreich befinden sich die größten Windparks beispielsweise im Weinviertel und im Brucker Becken in Niederösterreich sowie im Burgenland (Parndorfer Platte).

Durch die hohe lokale Clusterung in Kombination mit der dargebotsabhängigen Erzeugung im Vergleich zu anderen Optionen zur Nutzung erneuerbarer Energien kann es zu Auswirkungen auf die Verteil- und Übertragungsnetze kommen. Die Windkrafterzeugung bedingt deshalb entsprechende Anforderungen an die Netz- und Systemintegration.

Die vorhandenen lokalen Mittelspannungs- und 110 kV-Verteilnetze sind im Regelfall nur zur Anspeisung und Versorgung von Kunden ausgelegt (d. h. ausschließliche Verteilfunktion entsprechend der gegebenen Nachfrage). Sie müssen nun die Einspeiseleistung der Windkraft übernehmen. Bei großen Windparks kann bei einem hohen Winddargebot die Einspeiseleistung den lokalen Leistungsbedarf übersteigen. Dies hat zur Folge, dass der Leistungsüberschuss abtransportiert werden muss. Dadurch ergeben sich Änderungen der Richtungen und zunehmend volatile Leistungsflüsse in den Verteilnetzen, die sich bis zu den Übergabestellen zum Übertragungsnetz fortsetzen. Die technischen Parameter, wie z. B. Betriebsmittelgrenzen oder Spannungsgrenzen, müssen dennoch im Netzbetrieb eingehalten werden.

Dies kann bis in den Bereich des Übertragungsnetzes wirken. Beispielsweise übersteigt die installierte Anlagenleistung in den windbegünstigten Gebieten im Nordosten Österreichs merklich die regionale Nachfrage nach elektrischer Energie. Deshalb wird die Überschussleistung aus den Verteilnetzen in das Übertragungsnetz eingespeist. Dort erfolgt dann der überregionale Transport zu den Verbrauchszentren. Dafür werden aber entsprechende Netzkapazitäten benötigt.

Vorhersage der Windstromerzeugung. Eine Besonderheit der Windkraft sind die bisher begrenzte Prognosegenauigkeit (Abb. 6.14) und die dadurch auftretenden unregelmäßigen Abweichungen der Einspeiseleistungen. Diese müssen durch Regelleistung und Abruf von Ausgleichsenergie von anderen Kraftwerken ausgeglichen werden.

Der kurzfristige Ausgleich von Erzeugungsabweichungen erfolgt mittels der an der Netzregelung im Südwesten Österreichs beteiligten Speicherkraftwerke. Für länger andauernde Abweichungen erfolgt der Ausgleich über Abruf von Ausgleichsenergie. Für den Ausgleich der Prognoseabweichungen sind daher ebenfalls Kapazitäten im Übertragungsnetz nötig. Damit ergibt sich für eine vollständige Systemintegration eines hohen Anteils der Windenergie in Österreich auch die Notwendigkeit des Ringschlusses des 380 kV-Netzes, da dadurch eine leistungsfähige Verbindung der Windkraftregionen im Nordosten mit den Pumpspeicherkraftwerken im Südwesten erfolgen kann.

Integrationsmaßnahmen. Insgesamt waren in Österreich für die Integration der bisher installierten Anlagen zur Nutzung der Windenergie umfangreiche Netzverstärkungen und Netzausbauten nötig. Diese erfolgten in den Verteilernetzen Niederösterreichs und dem Burgenland sowie an den Übergabestellen zum Übertragungsnetz. Beispielsweise wurde in Sarasdorf im Brucker Becken eigens ein 380/110 kV-Umspannwerk errichtet, um den lokalen Überschuss der erzeugten Windkraftleistung in das überregionale 380 kV-Übertragungsnetz einzuspeisen. Der Erzeugungsüberschuss bei hohem Winddargebot kann so zu anderen Verbrauchszentren transportiert werden.

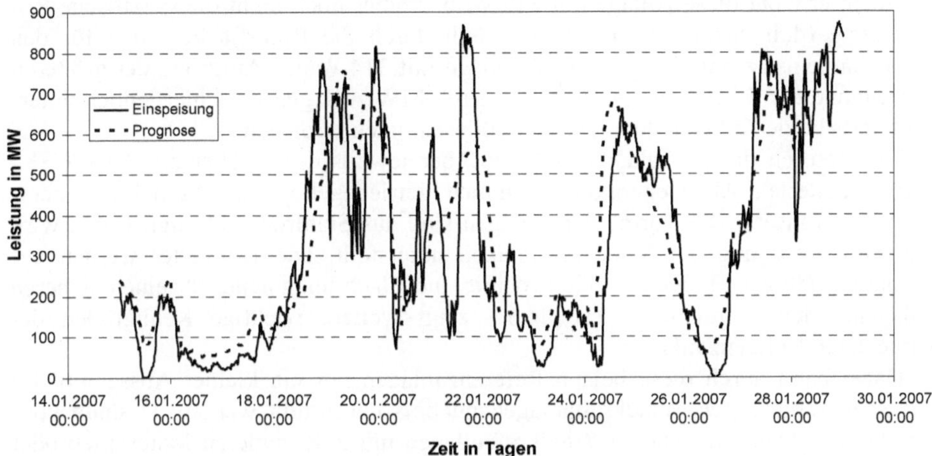

Abb. 6.14 Beispiel für eine Windstromerzeugung und die entsprechende Windstromprognose für zwei Wochen im Januar 2007 (gesamte in Österreich installierte Windkraftleistung)

6.3 Ökologische und ökonomische Analyse

Im Folgenden wird die Bereitstellung elektrischer Energie aus Windkraft anhand ökologischer und ökonomischer Aspekte untersucht. Dazu werden zunächst typische Referenzanlagen definiert, die diesen Analysen zugrunde gelegt werden.

6.3.1 Referenzanlagen

Als zu untersuchende Referenztechniken werden hier zwei netzgekoppelte Windkraftanlagen mit 2,0 bzw. 5,0 MW Nennleistung betrachtet. Diese Windkonverter sind in einem Windpark mit 10 (2 MW-Anlagen) bzw. 3 Anlagen (5 MW-Anlagen) aufgestellt.

Dabei wird bei der hier betrachteten 2 MW-Anlage ein auf den Binnenlandeinsatz optimierter Windkonverter unterstellt, wie sie derzeit Stand der Technik ist und vielfach in der Praxis eingesetzt wird. Demgegenüber wurden die Anlagen der 5 MW-Klasse vorwiegend für den Offshore-Einsatz beispielsweise in der Nordsee entwickelt. Sie sind deshalb eher auf ein im Vergleich zum Binnenland höheres Windenergieangebot ausgelegt. Aus diesem Grund sind die heute am Markt verfügbaren Anlagen bei den in Österreich erreichbaren Windgeschwindigkeiten durch einen geringeren Energieertrag gekennzeichnet. Um trotzdem einen fairen Vergleich der beiden Anlagen zu ermöglichen, wird hier unterstellt, dass auch die 5 MW-Anlagen an die Gegebenheiten im Binnenland angepasst werden; dazu wird ein leicht größerer Rotordurchmesser im Vergleich zu den am Markt heute verfügbaren Rotoren unterstellt. Trotzdem erreicht diese Anlage mit 349 W/m^2 immer noch nicht die spezifische Rotorleistung (d. h. installierte Leistung geteilt durch die Rotorfläche) einer für den Binnenlandeinsatz optimierten 2 MW-Anlage mit 314 W/m^2. Aufgrund der größeren Narbenhöhe der 5 MW im Vergleich zu den 2 MW-Anlagen wird hier jedoch unterstellt, dass beide Anlagen die gleichen Volllaststunden erreichen.

Die Rotoren dieser Anlagen verfügen über jeweils drei Blätter aus GFK/CFK-Verbundmaterial. Als Generatoren kommen getriebegekoppelte Asynchrongeneratoren zum Einsatz. Die Türme der Anlagen sind aus Stahlrohr gefertigt. Dabei wird eine Serienfertigung der Windkraftanlagen unterstellt. Die Konverter werden auf normal tragfähigen Boden installiert; damit sind Flachfundamente für einen sicheren Anlagenbetrieb ausreichend. Tabelle 6.1 zeigt weitere wichtige Kenngrößen der betrachteten Referenzanlagen.

Dabei kann durch diese beiden Referenzanlagen nur ein kleiner Ausschnitt des derzeit marktgängigen Windkraftanlagenangebots dargestellt werden. Deshalb können die Vergleiche für andere Windkraftanlagen mit z. B. anderen Materialien oder Herstellungsverfahren bzw. einer verschiedenartigen Aufstellung durchaus anders ausfallen.

Tabelle 6.1 Technische Kenngrößen der untersuchten Windkraftanlagen

			2 MW-Klasse	5 MW-Klasse
Nennleistung		in kW	2 000	5 000
Rotordurchmesser		in m	90	126
Rotorblattanzahl			3	3
Rotorblattmaterial			GFK/CFK	GFK/CFK
Turmhöhe		in m	105	115
Turmbauart/-material			Rohrturm/Stahl	Rohrturm/Stahl
Verfügbarkeit		in %	97	97
Parkwirkungsgrad		in %	95	95
Lebensdauer		in a	20	20
Volllaststunden	6,0 m/s[a]	in h/a	2 180	2 180
	7,0 m/s[a]	in h/a	2 910	2 910

[a] in 100 m Höhe über Grund

Da die Windstromerzeugung sehr stark vom Windenergieangebot beeinflusst wird, werden jeweils zwei Referenzstandorte mit jahresmittleren Windgeschwindigkeiten von 6,0 und 7,0 m/s, bezogen auf eine Messhöhe von 100 m über Grund, betrachtet.

Die potenzielle Stromerzeugung dieser Referenzanlagen an den zwei exemplarisch untersuchten Standorten errechnet sich aus der Leistungskurve der jeweiligen Windenergieanlage und dem Windangebot am Standort. Für letzteres wurde hier eine Weibull-Verteilung mit einem Formfaktor von 1,9 angenommen. Die daraus resultierenden Volllastbenutzungsstunden (d. h. der Quotient aus der jährlich erzeugbaren

Strommenge und der Anlagen-Nennleistung) zeigt Tabelle 6.1. Eine technische Verfügbarkeit der Anlagen von 97 % und ein Windparkwirkungsgrad von 95 % sind dabei berücksichtigt.

6.3.2 Ökologische Analyse

Aufbauend auf den in Tabelle 6.1 definierten Referenzanlagen werden nachfolgend die Energie- und Emissionsbilanzen einer Stromerzeugung aus Windenergie im Verlauf des gesamten Lebensweges erstellt. Zusätzlich werden auch weitere Umwelteffekte, die während der Herstellung, dem Normalbetrieb, bei Störfällen und bei Stilllegung auftreten können und eher lokaler Natur sind (d. h. die nicht sinnvoll im Rahmen einer Lebensweganalyse betrachtet werden können) untersucht.

6.3.2.1 Lebenszyklusanalyse

Im Folgenden werden für die ausgewählten Windkraftanlagen die Energie- und Emissionsbilanzen dargestellt. Die Analyse wird dabei ausschließlich für eine Stromerzeugung aus Windkraft durchgeführt; die Systemgrenze ist der Einspeisepunkt ins Netz der öffentlichen Versorgung. Zusätzliche Aufwendungen, die durch die Integration der windtechnischen Stromerzeugung in den konventionellen Kraftwerkspark Österreichs entstehen können bzw. eine Rückwirkung auf diesen haben, werden hierbei nicht berücksichtigt; derartige Effekte werden aber diskutiert.

Aufgrund der Vielzahl unterschiedlicher Ausführungsformen von Windkraftanlagen sowie der für jede Anlage standortspezifischen Randbedingungen können die nachfolgend dargestellten Bilanzergebnisse nur exemplarischen Charakter haben. Im konkreten Einzelfall können deshalb die hier diskutierten Ergebnisse sowohl zu größeren als auch niederen Werten ggf. auch signifikant abweichen.

Tabelle 6.2 zeigt für die in Tabelle 6.1 definierten Referenzanlagen die Energie- und Emissionsbilanzen einer Stromerzeugung aus Windkraft. Dabei wird für die Fertigung der Windkraftanlagen ein Standort in der Bundesrepublik Deutschland unterstellt. In die Bilanzierung fließt deshalb für die Herstellung der bundesdeutsche Strommix ein. Zusätzlich wird eine entsprechende durchschnittliche Transportdistanz nach Österreich berücksichtigt.

Demnach bewegt sich der kumulierte fossile Energieaufwand einer Windstromerzeugung für die hier untersuchten Anlagen zwischen 166 und 317 GJ_{prim}/GWh. Die untersuchten 5 MW-Anlagen zeigen dabei geringere Werte als die betrachteten Anlagen der 2 MW-Klasse. Deutlich wird auch, dass der Verbrauch erschöpflicher Energieträger und die Emissionen pro bereitgestellter Einheit elektrischer Energie mit zunehmender mittlerer Windgeschwindigkeit und damit zunehmenden Volllaststunden abnehmen.

Werden Windkraftanlagen in einem Windpark betrieben, kann die Infrastruktur (u. a. Zufahrt, Netzanbindung) gemeinsam genutzt werden. Der spezifische Verbrauch erschöpflicher Energieträger bzw. die spezifischen Emissionen verringern sich dadurch aber nur geringfügig, da die gemeinsam genutzten Anlagenkomponenten nur wenig zum Bilanzergebnis beitragen.

Tabelle 6.2 Energie- und Emissionsbilanzen einer Stromerzeugung aus Windkraft

Nennleistung	in kW	2 000	2000	5 000	5 000
Windgeschwindigkeit	in m/s[a]	6,0	7,0	6,0	7,0
Energie	in GJ_{prim}/TJ[b]	88	66	62	46
SO_2	in kg/TJ	16	12	12	9
NO_x	in kg/TJ	16	12	12	9
CO_2-Äquivalente	in kg/TJ	5 346	4 004	4 109	3 046
SO_2-Äquivalente	in kg/TJ	28	21	21	16
Energie	in GJ_{prim}/GWh[b]	317	237	223	166
SO_2	in kg/GWh	56	42	44	33
NO_x	in kg/GWh	57	42	42	32
CO_2-Äquivalente	in kg/GWh	19 246	14 413	14 792	11 031
SO_2-Äquivalente	in kg/GWh	99	74	77	57

[a] in 100 m Höhe über Grund; [b] primärenergetisch bewerteter kumulierter fossiler Energieaufwand (Verbrauch erschöpflicher Energieträger)

Bei den hier betrachteten Anlagen stammen knapp 92 % des mit der Bereitstellung von elektrischer Energie aus Windkraft verbundenen Verbrauchs erschöpflicher Energieträger aus der Herstellung des Konverters bzw. dessen Komponenten. Betrieb und Abriss tragen mit rund 8 % vergleichsweise wenig zum Verbrauch fossiler Energieträger bei.

Auch bei den ebenfalls in Tabelle 6.2 dargestellten luftgetragenen Emissionen werden vergleichbare Zusammenhänge und Tendenzen wie bei der Analyse der Energiebilanzen deutlich. Abb. 6.15 zeigt dazu exemplarisch die Verteilung der CO_2-Äquivalent-Emissionen auf Bau, Betrieb und Abriss. Die aus dem Transport der Anlagenkomponenten zum Aufstellungsort in Österreich resultierenden CO_2-Äquivalent-Emissionen sind dabei der Kategorie Bau zugerechnet. Insgesamt entfallen ungefähr 93 % der CO_2-Äquivalent-Emissionen auf den Bau der Anlage; davon sind rund 2 % dem Transport der Anlagenkomponenten zuzurechnen. Auf den Betrieb (u. a. Wartung) entfallen rund 4 % und auf den Abriss sowie die Entsorgung rund 3 % der CO_2-Äquivalent-Emissionen.

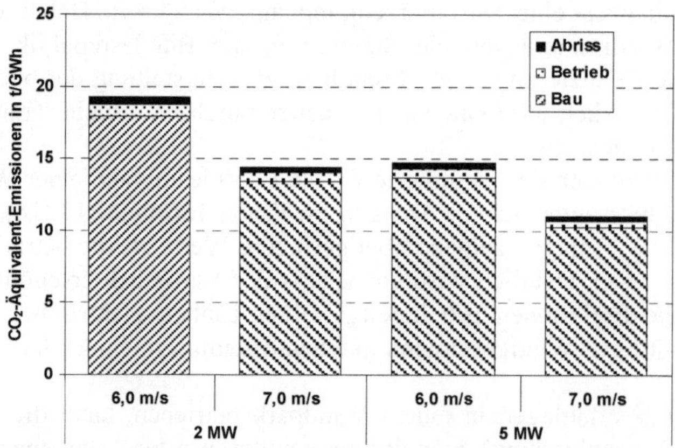

Abb. 6.15 Aufteilung der CO_2-Äquivalent-Emissionen der in Tabelle 6.2 dargestellten Bilanzergebnisse einer windtechnischen Stromerzeugung auf Bau, Betrieb und Abriss

Die Verteilung der CO_2-Äquivalent-Emissionen auf die einzelnen Komponenten einer Windkraftanlage sowie auf Transport, Betrieb und Abriss ist in Abb. 6.16 anhand der Bilanzergebnisse der untersuchten Windkraftanlagen für einen Standort mit einer mittleren Windgeschwindigkeit von 6,0 m/s dargestellt (vgl. Tabelle 6.2). Unter dem Fundament werden hier neben den eigentlichen Aufwendungen für die Verankerung der Windkraftanlage im Untergrund (u. a. Beton, Stahl, Aushub) auch der maschinentechnische Einsatz zur Aufstellung des Konverters (d. h. des Krans) subsumiert. Der Netzanschluss beinhaltet alle elektrotechnischen Aufwendungen zur Einbindung der Windkraftanlage in das Stromnetz.

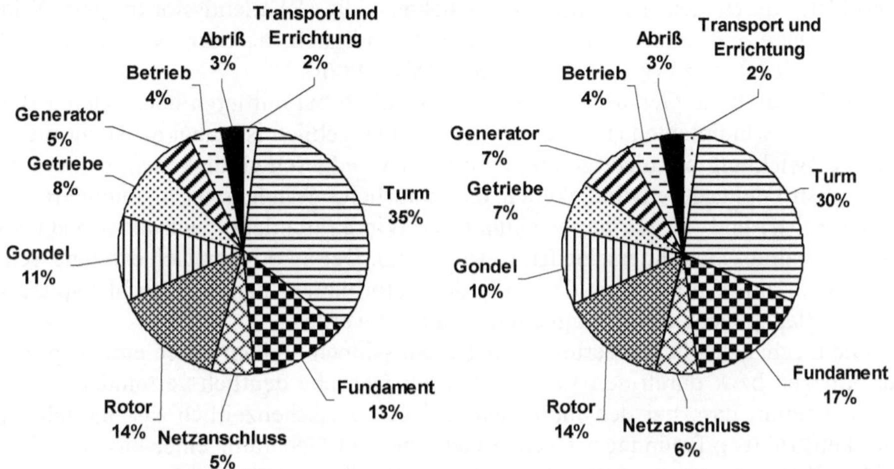

Abb. 6.16 Aufteilung der CO_2-Äquivalent-Emissionen einer 2 MW (links) sowie einer 5 MW-Windkraftanlage (rechts) bei einer mittleren Windgeschwindigkeit von 6,0 m/s in 100 m Höhe über Grund

6.3.2.2 Weitere Umwelteffekte

Elektrische Energie aus Windenergie wird ohne eine direkte Freisetzung an toxischen Stoffen oder Partikeln erzeugt. Allerdings müssen über die oben bereits diskutierten indirekten Umwelteinwirkungen noch weitere Umwelteffekte berücksichtigt werden. Dabei wird zwischen Umweltaspekten bei der Herstellung, dem Normalbetrieb, im Störfall sowie bei Stilllegung unterschieden.

Herstellung. Da an der Herstellung von Windkraftanlagen konventionelle Industriebereiche des "klassischen" Maschinenbaus und der Elektrotechnik beteiligt sind, ist die Produktion von Windkraftanlagen mit Umwelteffekten verbunden, die für diese Branchen i. Allg. kennzeichnend sind. Aufgrund der im konventionellen Anlagenbau schon sehr weit reichenden Umweltschutzvorgaben bewegen sich die entsprechenden Umwelteffekte jedoch auf einem vergleichsweise geringen Niveau. Auch das Störfallpotenzial bei der Herstellung ist i. Allg. – von Ausnahmen wie z. B. bei der Eisen- und Stahlherstellung abgesehen – relativ gering.

Normalbetrieb. Der Betrieb von Windenergieanlagen ist nicht mit direkten Stofffreisetzungen verbunden. Trotzdem ist der Windkraftanlagenbetrieb mit Auswirkungen auf die natürliche Umwelt und den Menschen verbunden, welche nachfolgend näher diskutiert werden.

Hörschall. Windkraftanlagen verursachen Lärm. Dabei handelt es sich außer um Geräusche mechanischen Ursprungs (z. B. durch das Getriebe oder den Generator) um aerodynamisch verursachte Lärmemissionen; letztere resultieren aus der Strömung der bewegten Luftmassen durch die Rotorblätter und aus dem Hindurchtreten des Rotorblatts durch den Turmstau. Dabei nehmen die Schallemissionen einer Windenergieanlage mit zunehmender Windgeschwindigkeit bis zur Nennleistung der Windenergieanlage zu (u. a. /DNR 2005/, /BMU 2006/).

Aerodynamische Geräusche treten hauptsächlich bei mittleren und höheren Blattspitzengeschwindigkeiten auf. Für die Umwelt maßgeblich ist dabei meist nur die Geräuschentwicklung bei niedrigen und mittleren Windgeschwindigkeiten, da bei höheren Luftströmungsgeschwindigkeiten das natürliche Windgeräusch dominiert (u. a. /BMU 2004/) und die Lärmentwicklung der Windkraftanlage dann nicht mehr vom Hintergrundrauschen unterschieden werden kann. Der aerodynamisch erzeugte Schall kann durch eine Optimierung der Form der Rotorblätter und der Rotorblattspitze sowie der Blattspitzengeschwindigkeiten minimiert werden.

Die mechanisch hervorgerufenen Schallemissionen können durch eine Kapselung der Anlagen bzw. durch den Verzicht auf ein Getriebe deutlich vermindert werden. Hinzu kommt, dass bei den modernen Anlagen zwischenzeitlich fast ausnahmslos eine konstruktive Trennung zwischen Getriebe und Generator einerseits und diesen beiden Komponenten und der Gondel der Windkraftanlage andererseits realisiert wurde. Dadurch wirkt die Gondel nicht länger als Resonanzkörper und die Körperschallbelastung kann signifikant reduziert werden. Durch eine optimale Schalldämmung der Gondel kann die Lärmfreisetzung weiter vermindert werden.

Neben diesen anlagentechnischen Maßnahmen müssen lärmschutztechnische Aspekte bereits bei der Planung berücksichtigt werden. So sollte die räumliche Anordnung einer Windenergieanlage bzw. eines Windparks in einem entsprechenden Abstand von schutzwürdiger Bebauung erfolgen. Falls die gesetzlich vorgegebenen maximale Lärmbelastung der Anwohner dadurch nicht eingehalten werden kann, muss die Windenergieanlage so gefahren werden, dass zu hohe Lärmbelästigungen nicht auftreten können (z. B. durch Abschalten der Anlage bei bestimmten Windgeschwindigkeiten) /DNR 2005/.

Infraschall. Windenergieanlagen erzeugen durch die rotierenden Flügelbewegungen Infraschall. Darunter versteht man Luftschallwellen mit Frequenzen unterhalb des menschlichen Hörbereichs (2 bis 20 Hz), welche auch durch verschiedene natürliche (z. B. Wind, Meeresbrandung) oder technische Quellen (z. B. Verkehrsmittel) hervorgerufen werden. Da die von modernen Windkraftanlagen erzeugten Infraschallanteile deutlich unterhalb der Hörschwelle des Menschen liegen (nach /DNR 2005/) und die Windenergieanlagen sich immer in einem vorgegebenen Mindestabstand zur Wohnbebauung befinden müssen, ist keine vom Infraschall ausgehende Gefährdung bzw. Belästigung der dort wohnenden Menschen zu erwarten.

Schattenwurf. Als Schattenwurf bezeichnet man den sich bewegenden Schlagschatten, der bei Sonnenschein von den Rotorblättern einer Windenergieanlage ausgeht /BMU 2006/. Dieser ist u. a. abhängig von den Witterungsbedingungen und dem Sonnenstand sowie der Größe und dem Betriebszustand der Anlage. Die räumliche Wirkung des Schattenwurfs nimmt mit steigender Größe der Windkraftanlage zu. Beispielsweise reicht der Einflussbereich einer 2 MW-Anlage mit einer Gesamthöhe von 140 m – je nach Sonnenstand – bis etwa 1 300 m Entfernung vom Windenergieanlagenstandort /DNR 2005/. Wenn die Einwirkzeit des Schattenwurfs bestimmte Schwellenwerte (d. h. maximal 30 Minuten pro Tag bzw. insgesamt 30 Stunden im Jahr) nicht überschreitet, ist keine erhebliche Belastung durch die Beschattung zu erwarten. Durch vorausschauende Planungen im Vorfeld eines Windkraftanlagenprojektes und entsprechende Standortfestlegungen ist es in der Regel einfach möglich, die Schattenwurfzeiten deutlich zu verringern und dadurch die damit verbundenen Probleme der Anwohner weitgehend zu minimieren.

Reflexionen. An Tagen mit einem hohen solaren Direktstrahlungsanteil können im Nahbereich von Windenergieanlagen Lichtreflexe an den Rotorblättern auftreten ("Disco-Effekt"), da das Sonnenlicht an der spiegelnden Oberfläche der Rotorblätter reflektiert wird. Diese Reflexionen sind an ganz bestimmte Sonnenstände gekoppelt und aufgrund der gewölbten Rotorflächen eher gering, so dass sie nur zufällig und kurzzeitig wahrnehmbar sind. Da ihre Intensität maßgeblich von den Reflexionseigenschaften der Rotorfläche abhängt, kann dieser Disco-Effekt i. Allg. durch den Einsatz mittelreflektierender Farben und matter Glanzgrade bei der Rotorbeschichtung minimiert werden /DNR 2005/.

Beleuchtung. Windenergieanlagen mit einer Gesamthöhe von über 100 m müssen in der Regel zum Zwecke der Flugsicherung nachts beleuchtet werden. Daher werden zur Beleuchtung blinkende Gefahrenfeuer an der Gondel angeordnet, welche in der Dunkelheit ein auffälliges und weithin sichtbares Element darstellen. Bisher liegen noch keine Untersuchungen zu den Auswirkungen der Gefahrenbefeuerung der Windkraftanlagen auf den Menschen vor /DNR 2005/. Die potenziellen Beeinträchtigungen können aber u. a. durch ein Synchronschalten der Beleuchtungsfeuer – vor allem in Windparks – minimiert werden, da diese deutlich ruhiger wirken. Auch eine Reduzierung der Beleuchtungsstärke auf das geforderte Mindestmaß sowie die Abstrahlung ausschließlich nach oben reduzieren die Belästigung der Anwohner.

Eiswurf. Unter bestimmten meteorologischen Bedingungen können sich an den Flügeln einer Windkraftanlage Eisbrocken bilden. Dadurch entsteht ein geringes Gefährdungspotenzial durch herabfallende Eisbrocken, welches sich – je nachdem, ob die Anlage stillsteht oder in Betrieb ist – unterscheidet.

Bei einer Eisbildung an stillstehenden Windenergieanlagen kann es durch Wind, Schwingungen oder steigenden Temperaturen zu Eisabwurf kommen. Die Eisstücke fallen unter diesen Bedingungen im unmittelbaren Umfeld der Anlage herunter. Das Risiko einer Gefährdung von Personen entspricht dann dem anderer hoher Bauwerke (z. B. Hochspannungsleitungen).

Anders verhält es sich bei Windkraftanlagen im Betriebszustand. Dabei ist aber der Eisansatz an sich bewegenden Rotorblättern im Vergleich zu stehenden Windkonvertern deutlich geringer (d. h. die abfallenden Eisstücke sind kleiner). Allerdings kann es – bedingt durch die Bewegung der Rotoren – hier auch in einiger Entfernung von der Anlage zu Eiswurf kommen. Dies kann eine größere Gefährdung beispielsweise von nahe liegenden Straßen und Wegen zur Folge haben. Außerdem können Eisansätze zu einer Unwucht am Rotor und damit zu einer erhöhten mechanischen Belastung der Anlage führen. Deshalb soll an Standorten, an denen mit hoher Wahrscheinlichkeit an mehreren Tagen im Jahr mit Vereisung gerechnet werden muss, ein Abstand von 1,5 x (Nabenhöhe plus Rotordurchmesser) zu dem nächst gefährdeten Objekt eingehalten werden /DNR 2005/. Zusätzlich sollten Maßnahmen im Bereich der Anlagentechnik (z. B. automatische Abschaltung der Anlage in Vereisungssituationen, Beheizung oder wasserabweisende Beschichtung der Rotorblätter) realisiert werden. Deshalb kommt beispielsweise in Österreich in Anlagen in größeren Höhenlage eine über Feuchte- und Temperatursensoren gesteuerte Flügelblattbeheizung zur Anwendung.

Landschaftsbild. Beeinflussungen des Landschaftsbildes ergeben sich vor allem durch die Bausubstanz der Windenergieanlage (d. h. Größe, Gestalt) sowie durch ihren Betrieb (d. h. Rotorbewegung, Schall, Lichtreflexe). Diese Beeinflussungen kommen besonders in flachen Landschaften und auf exponierten Standorten, wie sie beispielsweise in Mittelgebirgen gegeben sein können, zum Tragen. Dabei sind Anzahl und Turmhöhe der Windkraftanlagen entscheidend. Deshalb kann u. a. durch eine entsprechende Farbgebung, die Bauform des Turms sowie die Anzahl der Rotorblätter und deren Drehzahl die subjektiv empfundene Beeinträchtigung des Landschaftsbildes minimiert werden. Beispielsweise werden Rotoren mit drei Rotorblättern von einem Beobachter i. Allg. aufgrund der größeren Laufruhe als angenehmer empfunden als Rotoren mit einem oder zwei Rotorblättern.

Da aber die Beeinflussung des Landschaftsbildes durch anlagentechnische Maßnahmen nur wenig reduziert werden kann, müssen in erster Linie planerische Maßnahmen angewandt werden (z. B. die räumliche Anordnung der Windenergieanlagen in möglichst unempfindlichen Gebieten). Beispielsweise sollten vor allem Gebiete, die dem Schutz des Landschaftsbildes dienen (Landschaftsschutzgebiete) von Windkraftanlagen freigehalten werden. Auch kann eine Bündelung der Anlagen in bestimmten Gebieten und dadurch eine Freihaltung anderer Gebiete zum Landschaftsschutz beitragen.

Abiotische Naturgüter, Pflanzen und Biotope. Bezüglich der abiotischen Naturgüter, der Pflanzen und der Biotope gehen die Auswirkungen von Bau und Betrieb der Windenergieanlagen nicht über den eigentlichen Anlagenstandort hinaus. Nur im unmittelbaren Umfeld der Anlage (d. h. im Bereich des Fundamentes und der Zufahrt) ist der Boden in Anspruch genommen und wird versiegelt. Durchschnittlich kommt es pro Anlage zu einer Flächenversieglung durch das Fundament von ca. 400 bis 750 m^2 /DNR 2005/.

Mögliche Auswirkungen auf das Wasser (Oberflächen- und Grundwasser) bestehen im Extremfall lediglich durch die Zufahrten und die damit eventuell verbundene Querung von Gewässern sowie u. U. die Fundamente. Klima und Luft werden demgegenüber nicht negativ durch Windkraftanlagen beeinflusst. Durch die Rotordrehung wird ein Teil der Energie des Windes adsorbiert und damit die Windgeschwindigkeit im Nachlaufbereich der Anlage reduziert. Daraus sind keine nennenswerten kleinklimatischen Veränderungen zu erwarten /DNR 2005/.

Vogelwelt. Zu den potenziellen Auswirkungen der Windenergienutzung auf die Vogelwelt zählen neben Vogelschlag (Kollision) weitere Störwirkungen wie z. B. Meideverhalten bei Rast- und Standvögeln, Ausweichreaktionen und Barrierewirkung beim Vogelzug, Lebensraumverschlechterung und Einschränkung der Habitatnutzung /Traxler, Wegleitner und Jaklitsch 2004/. Dabei verstärken sich diese Auswirkungen in der Regel bei zunehmender Größe der Windenergieanlagen /BMU 2004/ und sind je nach Vogelart unterschiedlich stark ausgeprägt.

Im Regelfall kann das Kollisionsrisiko für einen Großteil der Arten als sehr gering bis vernachlässigbar eingestuft werden. Dabei steigt aber das Risikopotenzial eines Planungsstandortes mit steigender Nutzungsfrequenz von hochgradig gefährdeten naturschutzrelevanten Arten /Traxler, Wegleitner und Jaklitsch 2004/.

Das Meideverhalten von Vögeln infolge der Windenergienutzung ist nur schwer einzuschätzen, da hier meist andere Faktoren (wie u. a. Habitateigenschaften und Nahrungsangebot) eine größere Rolle spielen.

Die negativen Auswirkungen der Windkraftnutzung auf die Vogelwelt lassen sich insgesamt vermindern, wenn bestimmte Gebiete von der Windenergienutzung gänzlich freigehalten werden (z. B. Naturschutzgebiete, Flora-Fauna-Habitat(FFH)-Gebiete, bedeutende Vogelrastgebiete).

Weitere Auswirkungen auf die Tierwelt. Neben den diskutierten Auswirkungen der Windenergieanlagen auf die Vogelwelt sind auch Beeinflussungen von Insekten, Fledermäusen und Wildtieren denkbar.

Bei Insekten wurde beispielsweise bei Untersuchungen ein Zerplatzen von Insekten an den Vorderkanten der Rotorblätter festgestellt /DNR 2005/. Weiterhin könnte der Schattenwurf der Rotoren bei tagaktiven Insekten einen Fluchtreflex auslösen; dies kann eine Meidung des Standortes zur Folge haben und damit zum Verlust des Lebensraumes führen.

Die direkten Einflüsse der Windkraftnutzung auf Fledermäuse umfassen den Verlust von Quartieren beim Bau der Anlagen und die potenzielle Kollision mit den Windkonvertern. Der Verlust von Lebensräumen und Jagdrevieren sowie Barriereeffekte zählen zu den damit zusammenhängenden indirekten Einflüssen /DNR 2005/. Deshalb sollten Windkraftanlagen grundsätzlich in ausreichenden Abständen zu den Aufenthaltsbereichen geschützter Fledermausarten errichtet werden.

Demgegenüber lassen sich Wildtiere durch Windräder nicht stören. Wildtiere suchen i. Allg. großflächig Gebiete mit Windkraftanlagen, einschließlich des Nahbereichs der Anlagen, auf und nutzen diese als Lebensraum /BMU 2006/.

Störfall. Potenzielle Störfall-bedingte Umwelteffekte sind gering, da bereits aus konstruktiver Sicht entsprechende Vorsichtsmaßnahmen getroffen wurden. Beispielsweise sind für Konverter mit ölgeschmiertem Getriebe entsprechende Ölauffangeinrichtungen vorgesehen. Allerdings kann es durch Brände an den elektrischen Anlagenteilen (z. B. Kabel) zu begrenzten Stofffreisetzungen an die Umwelt kommen, die allerdings nicht spezifisch für Windkraftanlagen sind. Hinzu kommt, dass es durch ein mechanisches Versagen (z. B. Rotorbruch) zu Schäden an der Vegetation und ggf. bei in der Nähe befindlichen Tieren kommen kann. Unter Einhaltung der gesetzlich geregelten Sicherheitsabstände zu bewohnten Gebieten sind die Verletzungsrisiken für den Menschen bei einem mechanischen Versagen aber als sehr gering zu bewerten, zumal zu erwarten ist, dass ein derartiger Störfall eher bei Sturm stattfinden dürfte, bei dem i. Allg. keine Fußgänger unterwegs sind.

Stilllegung. Windkraftanlagen bestehen größtenteils aus metallischen Werkstoffen, für die nach Überschreiten der technischen Anlagenlebensdauer anerkannte Verwertungswege existieren. Offene Fragen sind bisher aber noch bei der Entsorgung der Rotorblätter, die aus glas- bzw. kohlefaserverstärktem Kunststoff (GFK bzw. CFK) bestehen, vorhanden.

Insgesamt ist aber ein weitgehendes Recycling von Windkraftanlagen möglich. Dies ist mit allen bekannten Umweltauswirkungen verbunden bzw. führt zur Vermeidung der entsprechenden Umwelteffekte, wenn dadurch die Herstellung von neuem Material vermieden werden kann. Damit sind die Umwelteffekte bei Stilllegung als tendenziell eher gering einzuschätzen.

6.3.3 Ökonomische Analyse

Zur Abschätzung der mit der Windenergienutzung verbundenen Kosten werden im Folgenden zunächst die variablen und fixen Aufwendungen der in Tabelle 6.1 definierten Windkraftanlagen diskutiert. Daraus errechnen sich in Abhängigkeit des jeweiligen Windenergieangebots die spezifischen Stromgestehungskosten.

Investitionen. Die für Windkraftanlagen zu tätigenden Investitionen setzen sich aus den Aufwendungen für den Konverter ab Werk, den Kosten für Transport und Montage, für das Fundament und die Netzanbindung sowie den sonstigen Kosten (u. a. Planungskosten, Wegkosten) zusammen. Die Kostenstruktur wird dabei entscheidend von der Größe der Anlage sowie den örtlichen Gegebenheiten bestimmt. Aufgrund dieser ortspezifischen Einflüsse können die in Tabelle 6.3 dargestellten Kosten nur als mittlere Werte angesehen werden.

Die spezifischen Investitionen für die Konverter ab Werk hängen – neben technischen und typspezifischen Unterschieden – im Wesentlichen von der installierten Leistung ab. Dabei nehmen in der Regel die spezifischen Konverterinvestitionen mit zunehmender Anlagengröße ab. Die hier betrachteten 5 MW-Anlagen stellen allerdings aufgrund ihrer bisher noch relativ kurzen Marktpräsenz eine Ausnahme dar; sie zeigen deshalb mit knapp 1 600 €/kW höhere Konverterkosten pro installiertem Kilowatt im Vergleich zu den 2 MW-Anlagen. Transport, Montage und Inbetriebnahme sind i. Allg. im Investitionsaufwand ab Werk enthalten. Zusätzliche Kosten ergeben sich aus der Errichtung des Fundaments sowie u. U. von tragfähigen Zufahrtswegen, der Einbindung in das elektrische Netz sowie den Aufwendungen für Planung, Genehmigung, Infrastruktur, Grundstückskauf und Sonstiges.

Unter Berücksichtigung dieser zusätzlichen Kosten liegen die Gesamtinvestitionen pro installierter kW zwischen 1 470 und 1 810 €. Kleinere Anlagen zeigen dabei spezifisch höhere Netzanbindungs- und sonstige Kosten. Je größer die Anlagen bzw.

je mehr Anlagen in einem Windpark zusammengefasst werden, desto kleiner werden auch die spezifischen Kosten für Netzanschluss und Sonstiges.

Betriebskosten. Die Betriebskosten von Windkraftanlagen setzen sich u. a. aus den Aufwendungen für Pacht, Versicherung, Wartung und Instandhaltung sowie für die technische Betriebsführung zusammen. Da für die derzeit marktgängigen Anlagen Betriebserfahrungen nur über wenige Jahre vorliegen, schwanken die angegebenen Betriebskostenansätze z. T. erheblich. Hier wird daher mit durchschnittlichen jährlichen Betriebskosten von 3 bis 5 % bezogen auf die Gesamtinvestitionssumme gerechnet. Den größten Anteil davon nehmen die Aufwendungen für Wartung, Instandhaltung und Reparatur ein. Aber auch die Kosten für die Versicherungen sowie die technische Betriebsführung sind relevant. Für die betrachteten Windkraftanlagen errechnen sich daraus Betriebskosten zwischen 0,12 und 0,3 Mio. €/a (Tabelle 6.3).

Tabelle 6.3 Investitionen und Betriebskosten sowie Stromgestehungskosten für die untersuchten Windkraftanlagen (Zahlen gerundet)

Leistung		in kW	2 000	5 000
Investitionen	Windkonverter[a]	in Mio. €	2,40	8,00
	Netzanbindung	in Mio. €	0,35	0,65
	Sonstiges[b]	in Mio. €	0,20	0,38
	Summe	in Mio. €	2,95	9,03
		in €/kW	1 474	1 806
Annuität[c]		in Mio. €/a	0,23	0,69
Betriebskosten[d]		in Mio. €/a	0,12	0,30
Stromgestehungskosten	6,0 m/s[e]	in €/kWh	0,079	0,091
	7,0 m/s[e]	in €/kWh	0,060	0,068

[a] frei Anlagenstandort; [b] Fundament, Planung, Grundstück, etc.; [c] bei einem Zinssatz von 4,5 % und einer Abschreibung über die technische Lebensdauer von 20 Jahren; [d] u. a. Betrieb, Wartung; [e] in 100 m Höhe über Grund

Stromgestehungskosten. Mit den in Kapitel 1.3 definierten finanzmathematischen Randbedingungen (Zinssatz 4,5 %, Abschreibung über die technische Lebensdauer von 20 Jahren) sowie den in Tabelle 6.1 dargestellten technischen Kenngrößen können die spezifischen Stromgestehungskosten mit Hilfe der Annuitätenmethode aus den Gesamtinvestitionen, den jährlich anfallenden Betriebskosten sowie den potenziellen Energieerträgen berechnet werden (Tabelle 6.3). Demnach liegen die spezifischen Stromgestehungskosten der untersuchten Referenzanlagen zwischen 0,06 und 0,09 €/kWh. Dabei bewegen sich die spezifischen Stromkosten der 5 MW-Klasse aufgrund der hohen spezifischen Konverterkosten trotz der gemachten Annahmen noch über denen von Anlagen mit geringerer Leistung (d. h. Anlagen der 2 MW-Klasse). Dieses Ergebnis widerspricht der Tendenz, dass die spezifischen Stromgestehungskosten mit zunehmender installierter Leistung sinken und ist in diesem speziellen Fall darauf zurückzuführen, dass die Anlagen der 5 MW-Klasse sich noch am Anfang der Markteinführung befinden und deshalb noch etwas teurer sind; es ist aber – wie in der Vergangenheit – zu erwarten, dass diese Anlagen zukünftig kostengünstiger werden.

Die Stromgestehungskosten werden von einer Vielzahl unterschiedlichster Parameter bestimmt. Um deren Einfluss besser abschätzen und bewerten zu können, zeigt Abb. 6.17 eine Variation wesentlicher sensitiver Parameter und deren Auswirkungen auf die resultierenden Stromgestehungskosten. Dazu wird beispielhaft von einer 2 MW-Anlage mit einer jahresmittleren Windgeschwindigkeit von 6,0 m/s (in 100 m Höhe über Grund) ausgegangen.

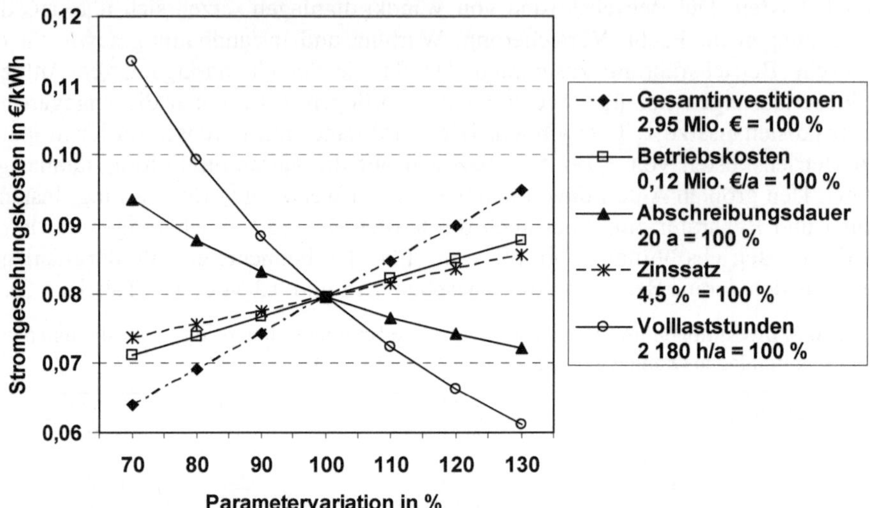

Abb. 6.17 Variation wesentlicher Einflussgrößen auf die spezifischen Stromgestehungskosten der in Tabelle 6.1 definierten 2 MW-Anlage mit einer jahresmittleren Windgeschwindigkeit von 6,0 m/s in 100 m Höhe über Grund

Entsprechend Abb. 6.17 übt das standortspezifische Jahresmittel der Windgeschwindigkeit in eine bestimmten Höhe und damit die Volllaststundenzahl den größten Einfluss auf die Stromgestehungskosten aus. Daraus resultiert, aufgrund des Anstiegs der mittleren Windgeschwindigkeit mit zunehmender Höhe über Grund, die Tendenz zu immer größeren Turmhöhen, um eine optimale Ausnutzung des an einem potenziellen Standort vorherrschenden Windangebots zu ermöglichen. Neben den jährlichen Volllaststunden sind die Investitionen der zweite wesentliche Einflussfaktor auf die Stromgestehungskosten. Verglichen damit beeinflussen die Betriebskosten und der Zinssatz sowie die Abschreibungsdauer die Gestehungskosten deutlich weniger.

Aufgrund der bisher noch vergleichsweise hohen Investitionen für Windkraftanlagen der 5 MW-Klasse werden auch diese Kosten näher analysiert (Abb. 6.18). Demnach reduzieren sich bereits bei einer Verringerung der Investitionen für den Konverter um 10 % (7,2 Mio. €, 1 440 €/kW) die spezifischen Stromgestehungskosten um rund 6,6 % und damit auf 0,085 €/kWh. Eine weitere Kostensenkung – allerdings in einem geringeren Ausmaß (Abb. 6.17) – ist auch durch eine Reduzierung der Betriebskosten möglich. Mit zunehmenden Betriebserfahrungen, wie sie bei einer längerfristigen Marktpräsens verfügbar sein werden, ist auch bei der 5 MW-Klasse mit deutlichen Kostenreduktionen zu rechnen ist; eine derartige Tendenz hat sich in der Vergangenheit auch bei anderen Anlagen gezeigt.

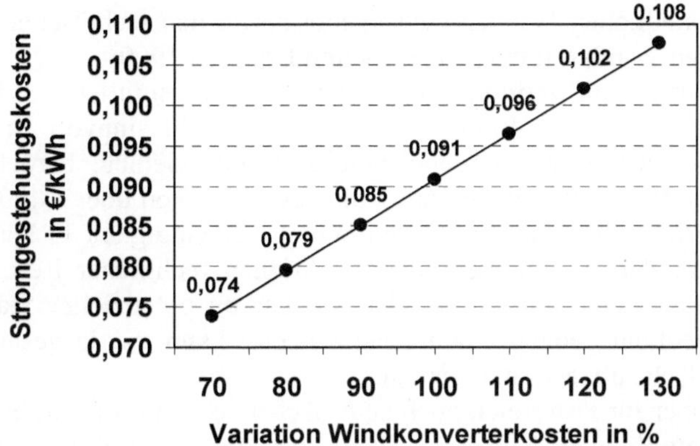

Abb. 6.18 Variation der Windkonverterkosten (8 Mio. € = 100 %) der in Tabelle 6.1 definierten 5 MW-Anlage mit einer jahresmittleren Windgeschwindigkeit von 6,0 m/s in 100 m Höhe über Grund

6.4 Potenziale und Nutzung

Der mögliche Beitrag der Windenergie zur Deckung der Stromnachfrage in Österreich wird durch das technische Potenzial beschrieben. Es wird im Folgenden anhand des derzeitigen Standes der Technik dargestellt. Dabei wird aufgebaut auf dem theoretischen Potenzial. Die Ausführungen beschränken sich auf die Potenziale einer netzgekoppelten, großtechnischen Windstromerzeugung. Zusätzlich wird anschließend auf die gegenwärtige Nutzung der Windkraft in Österreich eingegangen.

6.4.1 Potenziale

Theoretisches Potenzial. Zur Abschätzung des theoretischen Potenzials werden Luftschichten über der Fläche Österreichs bis zu einer Höhe von 200 m über Grund bei einer unterstellten mittleren Windgeschwindigkeit von näherungsweise 6 m/s betrachtet.

Unter diesen Randbedingungen errechnet sich ein theoretisches Potenzial der Windenergie in Österreich von etwa 0,5 EJ/a (139 TWh/a). Diesem theoretischen Windenergieangebot entspricht ein theoretisches Stromerzeugungspotenzial – berechnet auf der Grundlage physikalisch maximaler Wirkungsgrade von Windkraftanlagen – von rund 82 TWh/a (Tabelle 6.4).

Technisches Angebotspotenzial. Das technische Angebotspotenzial ergibt sich in der Regel aus den für eine Windkraftnutzung zur Verfügung stehenden Flächen, dem regional unterschiedlichen Windenergieangebot sowie den technischen Kenngrößen der marktgängigen Windkraftanlagen /Kury und Dobesch 1999/.

Da an Standorten mit vergleichsweise geringen jahresmittleren Windgeschwindigkeiten eine Nutzung der Windenergie technisch nicht sinnvoll ist, werden zur Bestimmung des technischen Angebotspotenzials nur Gebiete berücksichtigt, die einen Betrieb von Windkraftanlagen mit Volllaststunden von über 1 400 h/a ermöglichen; dies entspricht einer jahresmittleren Windgeschwindigkeit in Nabenhöhe von etwa 5 m/s. Unter der zusätzlichen Berücksichtigung rechtlicher Restriktionen und weiterer Einschränkungen hinsichtlich der Nutzbarkeit potenzieller Standorte (z. B. Waldflächen, Siedlungsgebiete, Naturschutzgebiete) kann die insgesamt windtechnisch nutzbare Fläche abgeschätzt werden.

Bisher liegt aber für Österreich noch kein flächendeckendes Kataster der Windgeschwindigkeitsverteilung in Nabenhöhe heute marktgängiger Windkraftanlagen vor (Kapitel 6.1.2); entsprechende Arbeiten laufen aber (u. a. /IGW 2008/). Deshalb ist die genaue Bestimmung der windtechnisch verfügbaren Fläche problematisch.

Um trotzdem eine Größenordnung des technischen Angebotspotenzials auf Basis des gegenwärtigen Kenntnisstandes angeben zu können, muss hier auf Expertenabschätzungen zurückgegriffen werden. Demnach liegt das technische Angebotspotenzial der Windkraft in Österreich bei rund 18 TWh/a /VEÖ 2007/. Bezogen auf die gesamte Nettostromerzeugung (ohne Stromimporte) in Österreich im Jahr 2006 (62,0 TWh) entspricht dieses Potenzial einem Anteil von rund 29 % (Tabelle 6.4). Bei einer unterstellten Volllaststundenzahl von 2 000 h/a würde dieses Potenzial einer installierten Anlagenleistung von 9 000 MW entsprechen.

Tabelle 6.4 Potenziale einer windtechnischen Stromerzeugung in Österreich

Theoretisches Potenzial		in TWh/a[a]	139
Theoretisches Stromerzeugungspotenzial		in TWh/a[b]	82
Technisches Angebotspotenzial		in TWh/a[c]	18
Technisches Nachfragepotenzial	Betrachtung für Österreich	in TWh/a[d,f]	13,9
	Europaweite Betrachtung	in TWh/a[e,f]	16,7

[a] gesamtes Windenergieangebot über der Gebietsfläche Österreichs bei einer mittleren Windgeschwindigkeit von 6 m/s; [b] berechnet auf der Basis "idealer Konverter"; [c] nach /VEÖ 2007/; [d] unter Berücksichtigung der nachfrageseitigen Restriktionen in Österreich (bei Annahme, dass 70 % der technisch installierbaren Windkraftanlagen unter Volllast betrieben werden und die Nachfrage dem durchschnittlichen Stromverbrauch an einem Sommersonntag entspricht) [e] für eine über Österreich hinausgehende Betrachtung (Kapitel 1.3) sowie unter Berücksichtigung von 7 % Netzverlusten; [f] Singulärbetrachtung der Windenergie, d. h. Konkurrenzen der erneuerbaren Energien zur Deckung der Nachfrage wurden nicht berücksichtigt, bei einer gesamthaften Betrachtung der Potenziale der erneuerbaren Energien können die Nachfragepotenziale daher geringer ausfallen (Kapitel 10)

Bei der Analyse bestehender Potenzialabschätzungen für Österreich wird eine sehr breite Streuung ersichtlich (3 bis 19 TWh/a) /Hantsch und Moidl 2007/. Dies liegt zum Einen an der diskutierten Nichtverfügbarkeit belastbarer örtlich aufgelöster Abschätzungen des vorhandenen Windangebots begründet. Zum Anderen weichen die in den unterschiedlichen Untersuchungen definierten Potenzialbegriffe stark voneinander ab; beispielsweise stellen einige Analysen ein theoretisches technisches Potenzial und andere ein bis zu einem bestimmten Zeitpunkt realisierbares Potenzial dar. Auch erscheinen frühere Abschätzungen, wie z. B. die Untersuchung des technischen Potenzials von /Kury und Dobesch 1999/, überholt, da in der Zwischenzeit Anlagen verfügbar sind, mit denen auch Standorte, die mit den vor 10 Jahren vorhandenen Windkraftkonvertern nicht nutzbar waren, erschlossen werden können. In einer jüngeren Untersuchung von /Hantsch und Moidl 2007/ wird ein realisierbares Potenzial bis zum Jahr 2020 von 7,3 TWh/a ausgewiesen. Das hier abgeschätzte technische Angebotspotenzial von 18 TWh/a entspricht damit rund dem 2,5-fachen dieses Potenzials /VEÖ 2007/.

Hohe Standortpotenziale finden sich im Osten Österreichs (u. a. Marchfeld, Brucker Becken, Nordburgenland, Weinviertel), im Voralpenbereich, im Wald- und Mühlviertel, auf freien Hügelkuppen und Hügelplateaus sowie in Tälern, wo eine Düsenwirkung (z. B. Pass Lueg) gegeben ist /Schauer und Wilk 1997/. Entsprechend diesen regionalen Einflüssen teilt sich das technische Angebotspotenzial einer Stromerzeugung aus Windkraft auch auf die einzelnen Bundesländer auf.

Technisches Nachfragepotenzial. Das technische Angebotspotenzial liefert keine Aussage, inwieweit dieses Energieangebot auch tatsächlich in das österreichische bzw. europäische Energiesystem integriert werden kann.

Bei einer Österreich-internen Betrachtung müssen zur Abschätzung des letztlich auch netzseitig nutzbaren Stromerzeugungspotenzials aus Windkraftanlagen die saisonalen bzw. tageszeitlichen Unterschiede der Stromerzeugung aus Windkraftanlagen bzw. der Nachfrage nach elektrischer Energie berücksichtigt werden. Abb. 6.19 zeigt den jahreszeitlichen Verlauf des Stromverbrauchs (Endverbrauch) in Österreich im Jahr 2006 /E-Control 2007/ sowie das entsprechend der monatlichen Stromerzeugung der österreichischen Windkraftanlagen von 2006 gewichtete technische Stromerzeugungspotenzial von insgesamt 18 TWh/a. Bei Umsetzung des gesamten technisch nutzbaren Windkraftpotenzials sowie unter Berücksichtigung der potenziellen Verluste (Kapitel 1.3) würde der monatsmittlere Anteil der Windstromerzeugung am gesamtösterreichischen Stromverbrauch bei maximal 38,4 % liegen.

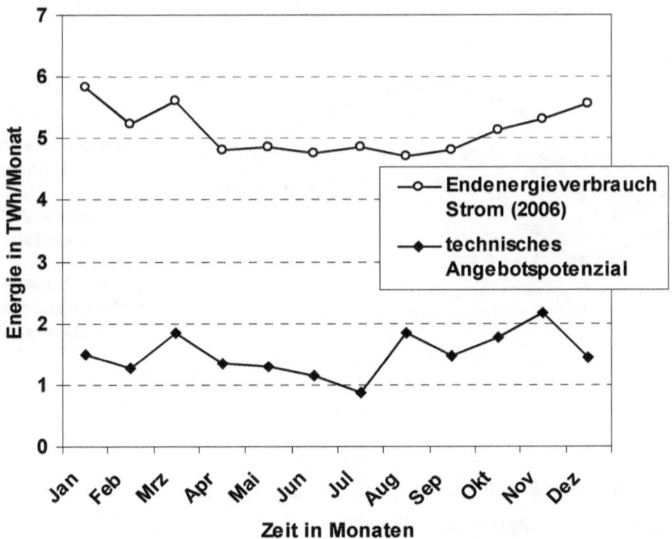

Abb. 6.19 Technisches Angebotspotenzial von elektrischer Energie aus Windkraft sowie Stromverbrauch in Österreich 2006 im Jahresverlauf (u. a. nach /E-Control 2007/, /E-Control 2008/)

Aufgrund dieser Zusammenhänge sowie unter Berücksichtigung der in Kapitel 1.2 dargestellten Charakteristik des jahreszeitlichen Stromverbrauchs in Österreich ergeben sich durch saisonale Unterschiede von Windstromangebot und Nachfrage nach elektrischer Energie keine nachfrageseitigen Beschränkungen für eine Einspeisung von Strom aus Windkraftanlagen in das Netz.

Würden hypothetisch alle in Österreich technisch installierbaren Windkraftanlagen unter Volllast betrieben, würden nachfrageseitige Beschränkungen zuerst am Tag mit dem jahreszeitlich geringsten Stromverbrauch auftreten; dies ist i. Allg. ein Sommersonntag. Deshalb zeigt Abb. 6.20 neben dem Stromverbrauch für einen solchen Sommersonntag bzw. Sommerwerktag das aufgrund der technisch installierbaren Anlagenleistung bereitstellbare Stromerzeugungspotenzial für eine Starkwindperiode. Werden demzufolge knapp 60 bis 70 % der technisch installierbaren Windkraftanlagen mit maximaler Leistung betrieben, würde die durch Windkraftanlagen erzeugte elektrische Energie an einem solchen Tag vor allem in den Nacht- und Morgenstunden deutlich über der Nachfrage nach elektrischer Energie liegen. Damit ist unter diesen Annahmen das technische Angebotspotenzial nicht vollständig im Energiesystem Österreichs integrierbar. Unter der vereinfachten Betrachtung, dass 70 % der technisch installierbaren Windkraftanlagen unter Volllast betrieben werden und die Nachfrage dem durchschnittlichen Stromverbrauch an einem Sommersonntag entspricht, könnten beispielsweise nur ca. 82 % des technischen Angebotspotenzials (ca. 13,9 TWh/a) in das österreichische Energiesystem integriert werden. Dies entspricht einem Anteil von 22,4 % der gesamten Netto-Stromerzeugung in Österreich (ohne Stromimporte) von 62,0 TWh im Jahr 2006. Nicht berücksichtigt werden dabei die Speichermöglichkeiten des Windstromes sowie ggf. auftretende regelungstechnische Probleme, die sich bei der Einspeisung der teilweise stark fluktuierenden Windkraft in das Netz der öffentlichen Versorgung ergeben können (Kapitel 6.2.5).

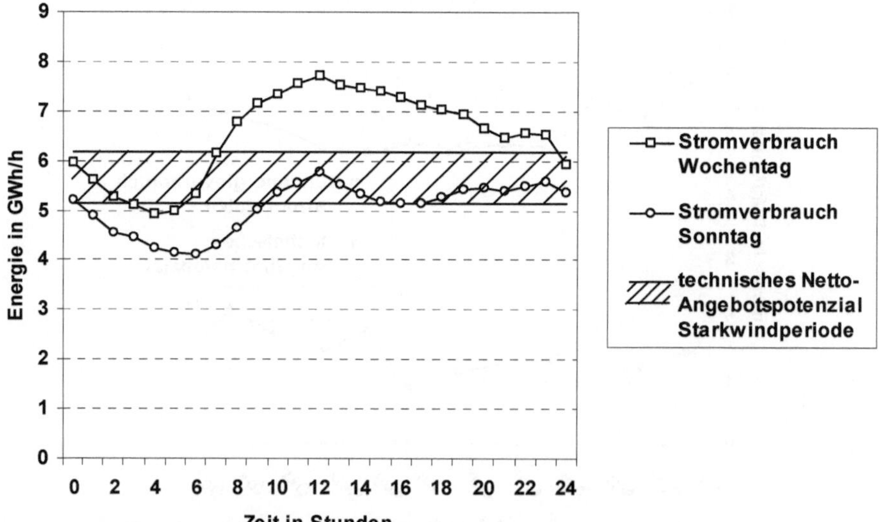

Abb. 6.20 Technisches Stromerzeugungspotenzial aus Windkraft bei Annahme einer konstanten 24 h-Starkwindperiode (Bandbreite) sowie Verbrauch an elektrischer Energie für einen Sommersonn- und -werktag in Österreich (nach /E-Control 2008/)

Da die Abweichungen der Windstromerzeugung im Rahmen des europäischen Strommarktes durch einen Stromimport bzw. -export ausgeglichen werden können, wird zusätzlich eine nicht ausschließlich auf Österreich bezogene Betrachtung angestellt. Unter den in Kapitel 1.3 beschriebenen Annahmen (u. a. wird die Verfügbarkeit entsprechender Transportkapazitäten ins Ausland und eine dort gegebene Nachfrage nach der in Österreich nicht zeitgleich nutzbaren Windenergie unterstellt) wird daher das technische Nachfragepotenzial gleich dem technischen Angebotspotenzial gesetzt; d. h. der durch Windenergie bereitstellbare Strom kann – unter Berücksichtigung der Übertragungsverluste – vollständig im europäischen Energiesystem genutzt werden. Die der Umsetzung der technischen Nachfragepotenziale ggf. entgegen stehenden netzseitigen Einschränkungen bzw. die notwendigen übertragungstechnischen Voraussetzungen werden dabei hier nicht betrachtet. Berücksichtigt werden lediglich anfallende Netzverluste, die pauschal mit 7 % unterstellt werden. Damit ergibt sich ein technisches Nachfragepotenzial bei einer europaweiten Betrachtung von 16,7 TWh/a (Tabelle 6.4).

6.4.2 Nutzung

Seit Mitte der 1990er Jahre wird in Österreich die Windenergie zur Bereitstellung von elektrischer Energie großtechnisch genutzt. Insgesamt war in Österreich Ende 2007 eine gesamte Windkraftanlagenleistung von rund 981,5 MW in 612 Anlagen installiert (Abb. 6.21) und Anfang 2009 waren bereits 995 MW vorhanden. Dabei betrug die durchschnittliche Größe der 2007 neu installierten Anlagen rund 1,95 MW /IGW 2008/. Der gesamte potenzielle Jahresenergieertrag dieses Anlagenbestandes liegt bei einer mittleren Volllaststundenzahl von durchschnittlich 2 000 h/a bei etwa 1,96 TWh /IGW 2008/. Bezogen auf die Netto-Stromerzeugung in Österreich von 62,0 TWh (2006) entspricht dies einem Anteil von rund 3,1 %.

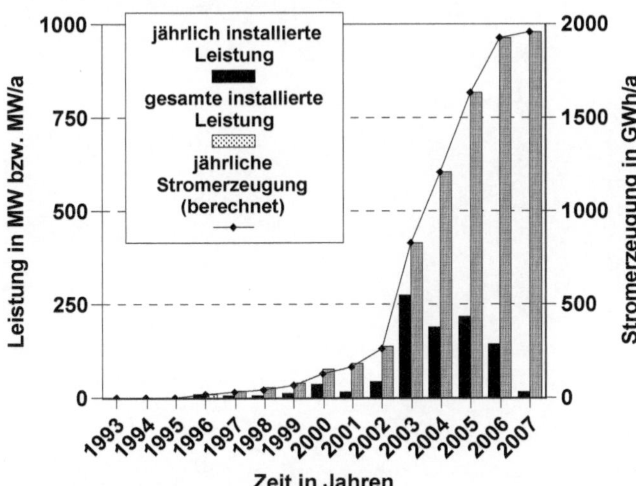

Abb. 6.21 Zeitliche Entwicklung der Windkraftnutzung in Österreich (nach /Faninger 1998/, /IGW 1999/, /IGW 2000/, /IGW 2007/, /IGW 2008/)

Der relativ späte Einstieg Österreichs in die Nutzung der Windenergie liegt einerseits in den anfänglichen Schwierigkeiten bei der Umsetzung von Windkraftanlagen in Schwachwindgebieten und andererseits auch in den nur zögerlich angelaufenen energiepolitischen Förderprogrammen begründet. Die regionale Verteilung der installierten Windkraftanlagen spiegelt diese Problemfelder – Windenergieangebot und Förderpolitik – wieder. Deshalb entfallen knapp 54 % der Ende 2007 installierten Leistung auf Niederösterreich, knapp 38 % auf das Burgenland, 5 % auf die Steiermark und knapp 3 % auf Oberösterreich. Der Rest verteilt sich auf Wien sowie Kärnten /IGW 2008/.

7 Nutzung von Umgebungswärme

Unter Umgebungswärme (vielfach auch als "Umweltwärme" bezeichnet) wird im Folgenden die in bodennahen Luftschichten, im oberflächennahen Erdreich sowie in Oberflächengewässern gespeicherte Wärme (im Wesentlichen Sonnenenergie) verstanden (Abb. 7.1). Die oberflächennahe Erdwärme (d. h. die im oberflächennahen Erdreich gespeicherte Wärme) ist damit ein Teil der Umgebungswärme.

Erdwärme ist i. Allg. die in Form von Wärme gespeicherte Energie unterhalb der Oberfläche der festen Erde /VDI-4640 2001/. Damit ist Erdwärme unabhängig davon definiert, wo die Energie herkommt und damit ob diese Energie originär aus der eingestrahlten Sonnenenergie und/oder aus geothermischer Energie resultiert. Die Abgrenzung zwischen oberflächennaher Erdwärme und Erdwärme aus tieferen Schichten (tiefe Geothermie) wird dabei willkürlich bei einer Tiefe von 400 m vorgenommen und geht ursprünglich auf eine administrative Festlegung in der Schweiz zurück /Fehr 1991/. Die im Grundwasser gespeicherte Wärme ist damit ein Teil der oberflächennahen Erdwärme; im Grundwasserleiter (Aquifer) steht das Grundwasser in einem direkten Kontakt und folglich in Wechselwirkung mit dem oberflächennahen Erdreich.

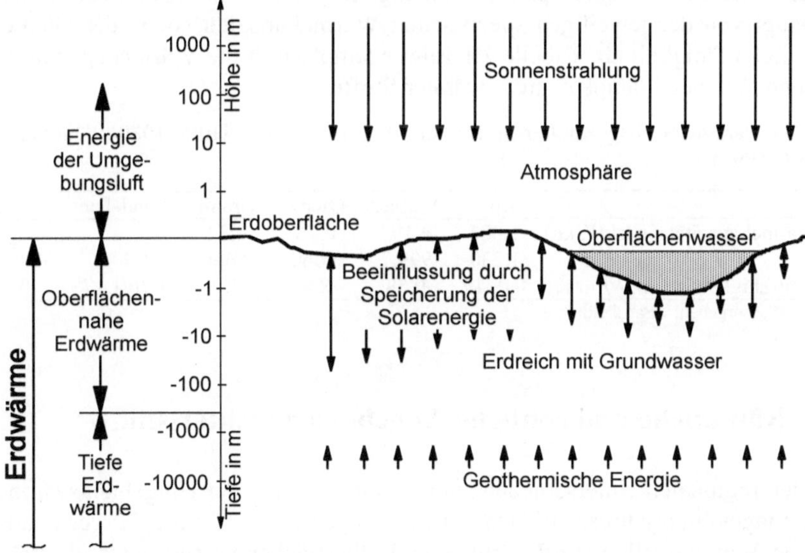

Abb. 7.1 Entstehung und Zusammenhänge der Umgebungswärme /Kaltschmitt, Streicher und Wiese 2006/

Umgebungswärme steht meist nur auf einem geringen Temperaturniveau (unter 20 °C) zur Verfügung. Zur Nutzung dieser Form regenerativer Energie sind daher im

Regelfall nachgeschaltete Einrichtungen zur Temperaturerhöhung – i. Allg. Wärmepumpen – notwendig. Mit Hilfe derartiger Systeme kann aber auch die Wärmeenergie von Abluft bzw. Abwässern genutzt werden, die nicht notwendigerweise aus erneuerbaren Energien kommt. Diese Option wird deshalb hier nicht näher betrachtet.

7.1 Grundlagen des regenerativen Energieangebots

Im Folgenden werden die wichtigsten Grundlagen der Entstehung sowie der räumlichen und zeitlichen Angebotscharakteristik von Umgebungswärme diskutiert.

7.1.1 Entstehung

Umgebungswärme stellt zum überwiegenden Teil eine indirekte Form der Sonnenenergie dar, die in der Umgebungsluft bzw. den bodennahen Atmosphärenschichten, dem oberflächennahen Erdreich sowie dem Grundwasser und den Oberflächengewässern gespeichert ist (Abb. 7.1). Ein geringer Teil der oberflächennahen Erdwärme – als Teil der Umgebungswärme – kann aber auch aus der im tiefen Untergrund gespeicherten Energie – und damit der Erdwärme – stammen. Wie viel Umgebungswärme in den Wärmequellen Umgebungsluft, oberflächennahes Erdreich sowie Grund- und Oberflächenwasser für eine spätere Nutzung gespeichert ist bzw. genutzt werden kann, hängt von der jeweiligen spezifischen Wärmekapazität sowie der Dichte und der Wärmeleitfähigkeit ab. Tabelle 7.1 zeigt exemplarisch die Wärmekapazität sowie Dichte und Wärmeleitfähigkeit ausgewählter Stoffe.

Tabelle 7.1 Parameter ausgewählter Stoffe bei 10 °C (u. a. nach /Hillel 1980/, /Dubbel 1981/, /VDI-GVC 1997)

		Luft	Wasser	Quarz	Granit	Sand/Ton	Torf
Spez. Wärmekapazität	in kJ/(K kg)	1,007	4,192	0,76	0,82	1,4[a]	2,1[a]
Dichte	in kg/m^3	1,230	999,7	2 660	2 650	1 900[b]	500 – 900[b]
Wärmeleitfähigkeit	in W/(m K)	0,0249	0,58	8,8	2,9	1,76/1,17[a]	0,29[a]

[a] bei 50 % Wassergehalt; [b] Partikeldichte

7.1.2 Räumliche und zeitliche Angebotscharakteristik

Neben den regionalen Unterschieden sind für die Nutzung der Umgebungswärme vor allem die tages- und jahreszeitlichen Schwankungen in der Temperaturverteilung der jeweiligen Wärmequellen (Luft, Grund- und Oberflächenwasser sowie oberflächennahe Bodenschichten) maßgeblich.

Räumliche Verteilung. Die Temperaturverteilung bodennaher Luftschichten wird außer von Faktoren wie Höhenlage, Geländemorphologie oder Vegetation entscheidend von der solaren Einstrahlung bestimmt (zur räumlichen Verteilung der solaren Einstrahlung innerhalb Österreichs vgl. Kapitel 3.1). Die langjährige mittlere Lufttemperatur sowie die mittlere Lufttemperatur der Monate Oktober bis März (Heizperiode) für ausgewählte Standorte in Österreich zeigt Tabelle 7.2. Die Verteilung der langjährigen mittleren bodennahen Lufttemperaturen für Gesamtösterreich ist in Abb. 7.2 dargestellt.

Tabelle 7.2 Langjährige Mittelwerte der Lufttemperatur verschiedener Standorte in Österreich für das Gesamtjahr sowie die Heizperiode (Oktober bis März) /Bruck et al. 1985/

		Bregenz	Innsbruck	Salzburg	Klagenfurt	Wien	Linz	Graz
Jahresmittel	in °C	8,7	8,6	8,3	8,1	9,7	9,3	9,1
Oktober bis März	in °C	0,4	2,1	2,2	0,9	3,2	2,7	2,5

Die Temperatur der oberflächennahen Bodenschichten wird bis zu einer Tiefe von etwa 10 bis 20 m im Wesentlichen durch Faktoren, die auch die Lufttemperatur beeinflussen (u. a. solare Einstrahlung und Abstrahlung), durch Niederschläge und Grundwasser sowie durch die Wärmeleitung im Boden bestimmt. Der geothermische Wärmefluss aus dem Erdinneren hat in diesen Schichten nur einen vernachlässigbaren Einfluss. Die mittlere Temperatur oberflächennaher Erdschichten entspricht daher etwa der in Abb. 7.2 dargestellten mittleren Verteilung der Lufttemperatur. Infolge längerer Schneebedeckungen im Winter kann die Jahresmitteltemperatur des oberflächennahen Erdreichs lokal allerdings bis zu etwa 1 K über der mittleren Temperatur der Luft liegen.

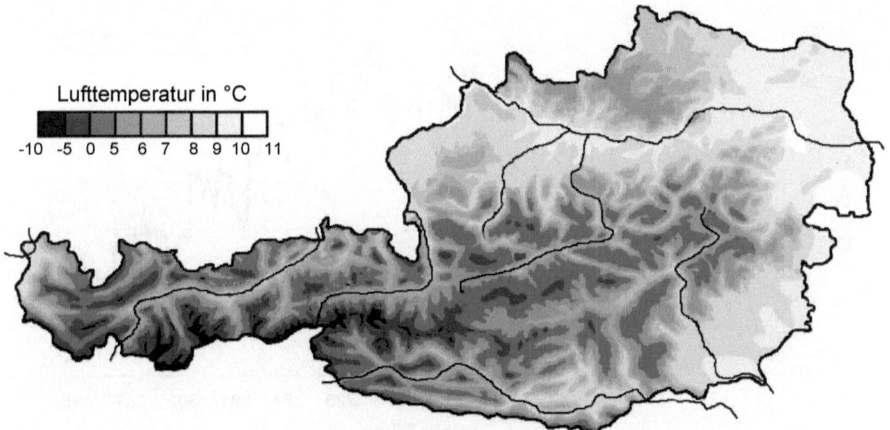

Abb. 7.2 Jahresmittel der Lufttemperatur in Österreich (1961 bis 1990) /ZAMG 1999/

Während die Nutzung von Umgebungsluft und oberflächennaher Erdwärme vom Grundsatz her keinen räumlichen Einschränkungen unterliegt, ist das Energieangebot des Grundwassers an grundwasserführende Schichten mit genügend hoher Ergiebigkeit in nicht zu großer Tiefe gebunden. Abb. 7.3 zeigt deshalb bedeutende Grundwasservorkommen in Österreich.

Zeitliche Abhängigkeit. Die Temperaturverteilung bodennaher Luftschichten wird außer von der Höhenlage, der Geländemorphologie oder der Vegetation entscheidend von der solaren Einstrahlung bestimmt. Sie ist daher ebenso wie die Solarstrahlung (vgl. Kapitel 3.1) starken saisonalen und tageszeitlichen Schwankungen unterworfen. Abb. 7.4 und Abb. 7.5 zeigen dies exemplarisch anhand der tagesmittleren Temperaturverteilung von Graz sowie der langjährigen Stundenmittelwerte der Außentemperatur der Monate Januar bis Juni in Korneuburg.

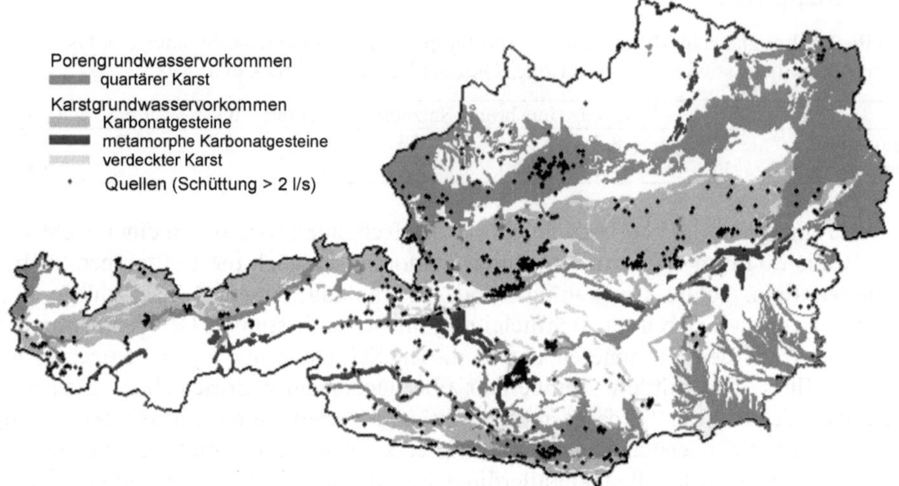

Abb. 7.3 Bedeutende Grundwasservorkommen Österreichs /UBA 1998a/

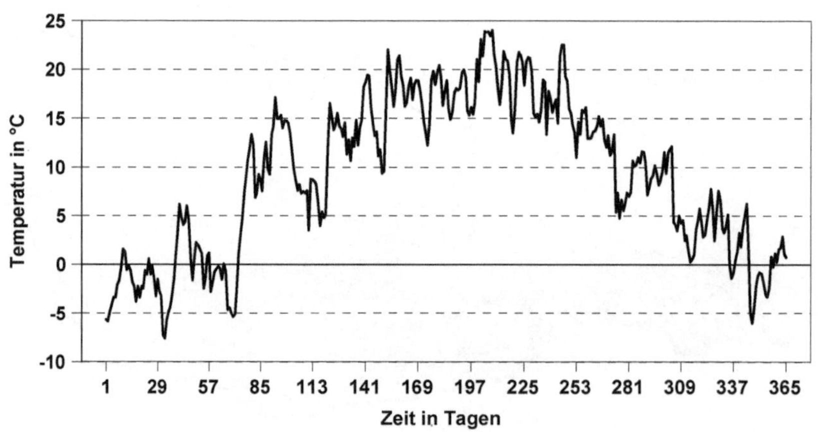

Abb. 7.4 Tagesmittlere Temperaturverteilung in Graz (nach /Bruck et al. 1985/, berechnet mit /Meteonorm 1995/)

Der Temperaturgang oberflächennaher Bodenschichten wird im Wesentlichen durch die solare Ein- und Abstrahlung, die Niederschläge, das Grundwasser und die Wärmeleitung im Boden bestimmt. Aufgrund der starken jahreszeitlichen Schwankungen dieser Einflussgrößen variiert die Temperatur des oberflächennahen Erdreichs bis in eine Tiefe von rund 10 bis 20 m entsprechend.

So kann der Boden im Winter bis in Tiefen von mehreren Metern gefroren sein und sich im Sommer stellenweise auf Temperaturen von 50 °C und mehr aufheizen.

Kurzzeitige Temperaturschwankungen in den bodennahen Luftschichten machen sich durch das Energiespeichervermögen der oberflächennahen Erdschichten jedoch nicht unmittelbar bemerkbar.

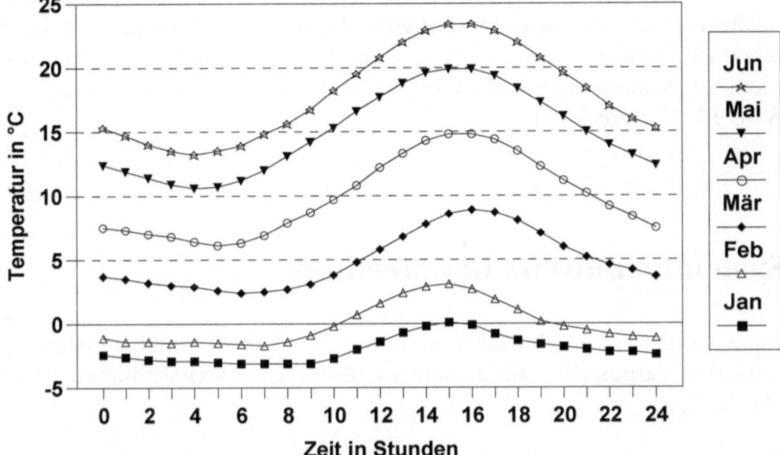

Abb. 7.5 Langjährige Stundenmittelwerte der Außentemperatur der Monate Januar bis Juni in Korneuburg (nach /Bruck et al. 1985/)

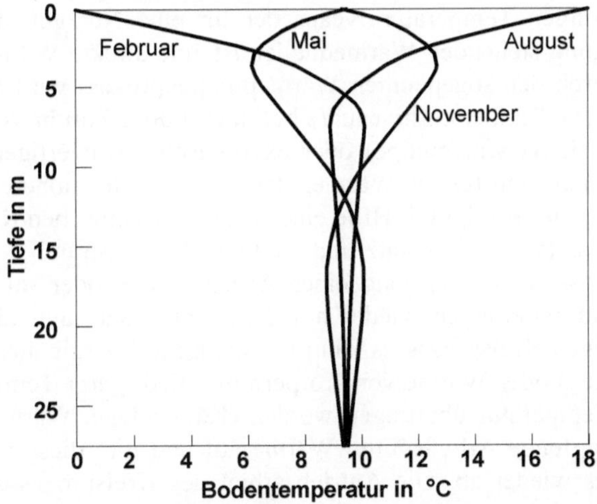

Abb. 7.6 Bodentemperatur im oberflächennahen Erdreich (nach /Brehm et al. 1989/)

Langfristig folgt das Temperaturprofil des oberflächennahen Erdreichs (Abb. 7.6) mit einer bestimmten Zeitverzögerung den jahreszeitlich wechselnden mittleren Lufttemperaturen. Aufgrund dieser Zusammenhänge entspricht die Temperatur oberflächennaher Erdschichten in Tiefen von einigen Zentimetern etwa der jeweiligen Außentemperatur und in Tiefen von 10 bis 20 m etwa der Jahresmitteltemperatur. Anschließend erfolgt die Temperaturzunahme entsprechend dem geothermischen Gradienten mit etwa 3 °C pro 100 m.

Ähnliche Zusammenhänge ergeben sich auch für die Temperaturen des Grundwassers im oberflächennahen Erdreich. Allerdings wird das Grundwasser über die Niederschläge in größerem Maße als der Boden von der Sonneneinstrahlung beeinflusst. Insbesondere in den obersten Metern unter der Geländeoberfläche kann es dadurch im Jahresverlauf zu deutlich stärkeren Temperaturschwankungen kommen. Diese gleichen sich jedoch ebenfalls bis zu einer Tiefe von rund 10 bis 20 m weitgehend aus; hier ist deshalb auch beim Grundwasser mit einer Jahresmitteltemperatur von rund 8 bis 12 °C zu rechnen.

7.2 Systemtechnische Beschreibung

Im Folgenden werden die technischen Grundlagen einer Wärmebereitstellung aus Umgebungswärme dargestellt. Die genannten Kennzahlen repräsentieren dabei den Stand der Technik.

7.2.1 Grundlagen der Energiewandlung

Aufgrund des geringen Temperaturniveaus der für eine Nutzung der Umgebungswärme zur Verfügung stehenden Wärmequellen ist eine direkte Wärmenutzung meist nicht möglich. Durch den sogenannten Wärmepumpenprozess wird Wärme, die sich auf diesem niedrigen Temperaturniveau T_0 befindet, durch Zufuhr von mechanischer Energie (Kompressionswärmepumpe) oder exergetisch hochwertiger Wärme (Sorptionswärmepumpe) auf ein für die Wärmenutzung geeignetes höheres Temperaturniveau T angehoben. Dies erfolgt mit Hilfe eines thermodynamischen Kreisprozesses.

Ein Kreisprozess (vgl. u. a. /Beitz und Küttner 1981/, /Strauß 1998/) ist dadurch gekennzeichnet, dass der Endzustand eines Arbeitsstoffes oder -mittels nach einer Reihe von Zustandsänderungen wieder mit dem Anfangszustand identisch ist. Mit Hilfe eines derartigen Kreisprozesses kann mechanische Energie aus Wärme erzeugt (Wärmekraftanlagen) oder Wärme von Körpern mit niedrigerer Temperatur auf Körper mit höherer Temperatur übertragen werden (Kälteanlage, Wärmepumpe). Dabei nimmt das verdampfende Arbeitsmittel Wärme auf und gibt diese an anderer Stelle des Kreisprozesses wieder ab. Die Antriebsarbeit des Kreisprozesses ist gleich der Differenz zwischen der zugeführten und der abgegebenen Wärme.

Für Kompressionswärmepumpen stellt der linksläufige Carnot-Prozess den idealen Vergleichsprozess dar /Kirn 1983/. Dabei erfährt ein Arbeitsmittel, das durch einen Kolben in einem Zylinder eingeschlossen ist, eine Reihe von Zustandsänderungen, die z. B. in einem Ts-Diagramm (Abb. 7.7) dargestellt werden können.

Im linken Ts-Diagramm beginnt der Prozess im Punkt 1; das Arbeitsmittel wird bei konstanter Temperatur unter Zufuhr von Wärme (q_0) bis zum Punkt 2 verdampft (isotherme Expansion). Von Punkt 2 nach Punkt 3 erfolgt eine isentrope Verdichtung oder Kompression ohne Wärmeabgabe; der Druck des Dampfes erhöht sich entsprechend von p_2 nach p_3. Im Punkt 3 erreicht der Druck den Sättigungszustand des Arbeitsmittels; dieses verflüssigt sich bei konstanter Temperatur (isotherme Kondensation) unter Abgabe der Wärme q. Ist das Arbeitsmittel vollständig verflüssigt, wird es ohne Wärmeaufnahme entspannt (isentrope Expansion; Punkt 4 nach Punkt 1) und durchläuft anschließend den Kreisprozess wieder von vorne. Die Verdichtungsarbeit w stellt dabei die vom Viereck 1-2-3-4 umschlossene Fläche dar.

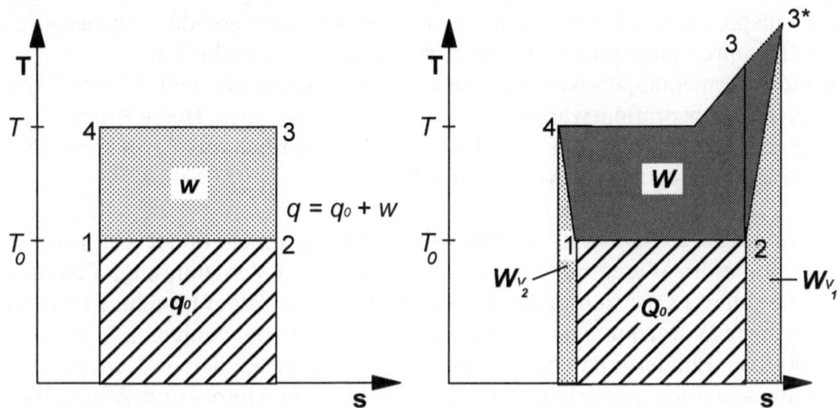

Abb. 7.7 *Ts*-Diagramm des Carnot-Prozesses (links) sowie eines idealisierten Wärmepumpenprozesses (rechts) (nach /Kirn 1983/)

Der Wirkungsgrad des Carnot-Prozesses wird durch die Carnotzahl η_C als das Verhältnis von zugeführter Verdichterarbeit w zu abgegebener Wärme q definiert (Gleichung (7-1)). Der Kehrwert der Carnotzahl stellt die ideale Leistungszahl ε_C eines Wärmepumpenprozesses dar.

$$\eta_C = \frac{1}{\varepsilon_c} = \frac{w}{q} = \frac{T - T_0}{T} = 1 - \frac{T_0}{T} \qquad (7\text{-}1)$$

Nach Gleichung (7-1) steigt mit sinkender Temperaturdifferenz ($T - T_0$) der Carnot'sche Wirkungsgrad η_C. Damit ist für die Anwendung des Carnot'schen Kreisprozesses in der Praxis eine möglichst geringe Wärmesenkentemperatur und eine möglichst hohe Wärmequellentemperatur anzustreben (Kapitel 7.2.4).

7.2.2 Systemelemente von Wärmepumpenanlagen

Über eine Wärmepumpe kann durch Energiezufuhr von außen die auf einem relativ niedrigen mittleren Temperaturniveau verfügbare Wärmeenergie bodennaher Luftschichten, oberflächennaher Erdschichten sowie von Grundwasser und Oberflächenwässern auf ein für die Wärmenutzung geeignetes Temperaturniveau angehoben werden. Ein System zur Nutzung der Umgebungswärme besteht daher meistens aus den Systemelementen "Wärmequellenanlage" (Entzug der Energie aus der Umgebung), "Wärmepumpe" (Erhöhung des Temperaturniveaus) und "Wärmesenkenanlage" (Abgabe der Wärme).

Wärmepumpe. Die Wärmepumpe ist ein Aggregat, welches einen Wärmestrom auf einem bestimmten Temperaturniveau aufnimmt (kalte Seite) und diesen durch Zufuhr exergetisch höherwertiger Energie gemeinsam mit der zugeführten Energie auf einem höheren Temperaturniveau wieder abgibt (warme Seite).

Die für den Kreisprozess notwendige Antriebsenergie kann je nach Funktionsprinzip der Wärmepumpe in Form von mechanischer Energie oder Wärme zugeführt werden. Entsprechend wird hinsichtlich des daraus resultierenden Antriebsprinzips zwischen Kompressions- und Sorptionswärmepumpen unterschieden.

Sorptionswärmepumpen werden zusätzlich in Absorptions- und Adsorptionsanlagen unterteilt. Absorptionswärmepumpen werden ab einer Heizleistung von ca. 10 kW angeboten. Ihr Einsatz beschränkt sich in Österreich aus Kostengründen bisher jedoch auf großtechnische Anwendungsfälle.

Kompressionswärmepumpe. In Kompressionswärmepumpen findet ein Kaltdampfprozess statt, der im Wesentlichen aus den vier Schritten Verdampfung, Verdichtung, Kondensation und Expansion in einem geschlossenen Kreislauf besteht. Elektromotorisch betriebene Wärmepumpen werden mit Leistungen von wenigen kW bis zu mehreren 100 kW Heizleistung hergestellt. Wärmepumpen, deren Verdichter über Verbrennungsmotoren angetrieben werden, können die Motor- und Abgasabwärme zusätzlich zum Heizen nutzen. Der Wärmepumpenprozess ist in Abb. 7.8 schematisch dargestellt.

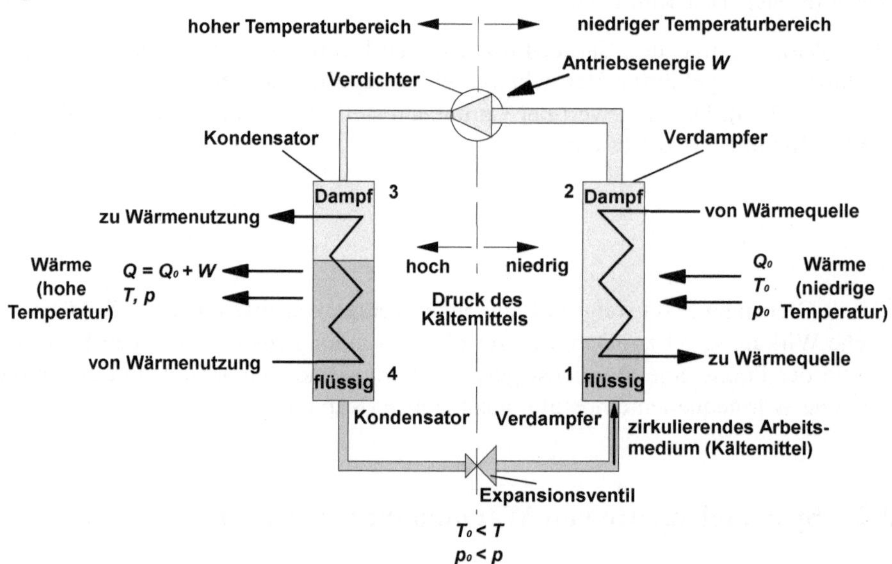

Abb. 7.8 Wärmepumpenprozess der Kompressionswärmepumpe (nach /Halozan und Holzapfel 1987/)

Im Verdampfer wird das im Wärmepumpenkreislauf zirkulierende Arbeitsmittel bei niedrigem Druck und niedriger Temperatur (bis weit unter 0 °C) durch die Wärmezufuhr Q_0 verdampft (Punkt 1 nach Punkt 2; Abb. 7.7, rechts). Um den nachfolgenden Verdichter vor dem Ansaugen von flüssigem Arbeitsmittel zu schützen, wird zur Sicherstellung einer vollständigen Verdampfung mit einer gewissen Überhitzung gearbeitet. Die in den Verdampfer eingespritzte Arbeitsmittelmenge wird deshalb so gesteuert, dass diesem insgesamt mehr Wärme zugeführt wird als für die Verdampfung erforderlich wäre /Sanner 1992/. Die Verdichterauslasstemperatur T des idealen Wärmepumpenprozesses liegt aufgrund des Verlaufs der oberen Grenzkurve des Kältemittels über jener des Carnot-Prozesses (Punkt 3; Abb. 7.7, rechts). Werden zusätzlich Strömungsverluste bzw. weitere Verluste im Verdichter (W_{V2}) berücksichtigt, erfolgt eine noch stärkere Überhitzung (Punkt 3*; Abb. 7.7, rechts) /Kirn 1983/.

Durch die Druckerhöhung findet gleichzeitig eine Temperaturerhöhung des Arbeitsmitteldampfs statt, so dass nun die Temperatur über der Vorlauftemperatur der Wärmenutzungsanlage (z. B. Gebäudeheizung) liegt. Unter diesem hohen Druck verflüssigt sich das Arbeitsmittel im Kondensator unter Wärmeabgabe an die Wärmenutzungsanlage (Punkt 3 nach Punkt 4) und tritt anschließend durch das Expansionsventil in den Niederdruckteil über (Punkt 4 nach Punkt 1); hier beginnt der Kreislauf wieder von vorne. Durch diese schlagartige Druckminderung verdampft ein Teil des Arbeitsmittels. Die notwendige Verdampfungswärme wird dabei dem Arbeitsmittel und nicht der Wärmequelle entzogen /Kirn 1983/. Neben der Verdichtungsarbeit W und den Verlusten W_{V2} müssen daher bei einem idealen Wärmepumpenprozess auch diese Expansionsverluste W_{V2} durch den Verdichter bereitgestellt werden. Die insgesamt als Nutzwärme zur Verfügung stehende Wärme ist demnach die Summe aus der Umgebungswärme Q_0 und der nutzbaren Verdichterarbeit W.

Absorptionswärmepumpe. Im Unterschied zu Kompressionswärmepumpen wird bei Absorptionswärmepumpen die Antriebsenergie thermisch zugeführt. Neben der Verbrennung von Gas oder Öl kann die dazu benötigte Wärme auch in Form von Abwärme bereitgestellt werden.

Abb. 7.9 zeigt dazu eine einstufige Absorptionswärmepumpe. Im Lösungsmittelkreislauf zirkuliert dabei ein Zweistoffgemisch (sogenanntes Arbeitsstoffpaar), dessen eine Komponente (Arbeitsmittel) ein hohes Lösungsvermögen in der zweiten Komponente (Lösungsmittel) aufweist. Klassische Kombinationen von Zweistoffgemischen sind Wasser/Lithiumbromid und Ammoniak/Wasser. Im Absorber wird das vom Verdampfer kommende gasförmige Arbeitsmittel im abgereicherten Lösungsmittel unter Wärmeabgabe absorbiert. Die angereicherte Lösung wird anschließend unter Druckerhöhung durch die Lösungsmittelpumpe in den Austreiber gepumpt. Dort wird aus dem Zweistoffgemisch der Arbeitsstoff (z. B. Ammoniak) durch Wärmezufuhr von außen (Antriebsenergie) ausgetrieben. Dadurch verringert sich die Konzentration des Arbeitsstoffes im Lösungsmittel. Über die Lösungsmittelpumpe muss daher kontinuierlich "reiche Lösung" zugeführt werden, während gleichzeitig "arme Lösung" über das Expansionsventil zum Absorber zurückströmt, um dort wieder den gasförmigen Arbeitsstoff absorbieren zu können. Der Arbeitsstoff gelangt mit dem erhöhten Druck aus dem Austreiber zum Verflüssiger und gibt dort unter Verflüssigung Wärme ab. Das Arbeitsmittel durchläuft nunmehr die gleichen Schritte mit Expansionsventil und Verdampfer wie bei Kompressionswärmepumpen. Es erreicht gasförmig wieder den Absorber.

Nutzwärme entsteht somit im Absorber und Verflüssiger. Zusammengenommen wird damit die Wärme auf niedrigem Temperaturniveau (z. B. Erdwärme) im Verdampfer aufgenommen. Antriebsenergie muss im Austreiber und in der Lösungsmittelpumpe eingesetzt werden.

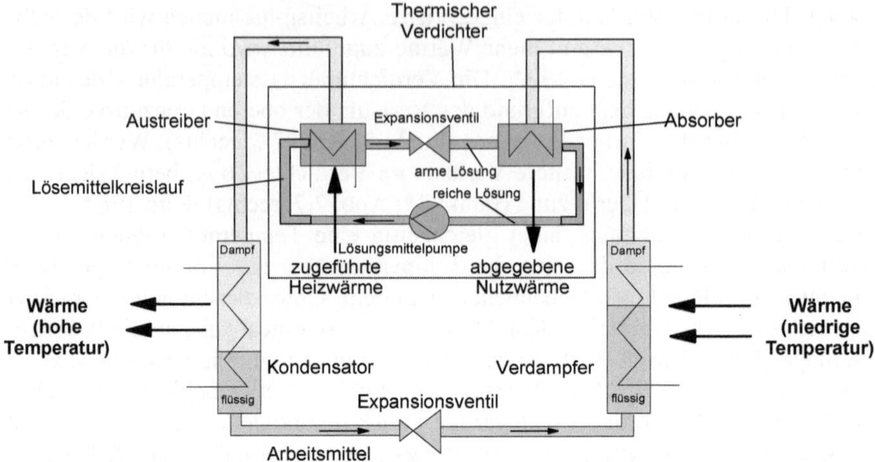

Abb. 7.9 Wärmepumpenprozess einer Absorptionswärmepumpe (nach /Kirn 1983/)

Technische Umsetzung. Eine Wärmepumpe ist aus verschiedenen Systemelementen aufgebaut. Sie werden im Folgenden näher erläutert /Kaltschmitt, Streicher und Wiese 2006/.

- Wärmeübertrager. Wärmeübertrager (auch als Wärmeaustauscher oder Wärmetauscher bezeichnet) sind Apparate, die Wärme in Richtung des Temperaturgefälles zwischen zwei oder mehreren Stoffen übertragen und gleichzeitig der gezielten Zustandsänderung (Kühlen, Erwärmen, Verdampfen, Kondensieren) derartiger Stoffe dienen. Sie werden bei Wärmepumpen zur Wärmeübertragung zwischen Wärmequelle und Wärmepumpe (Verdampfer) bzw. zwischen Wärmepumpe und Wärmesenke (Verflüssiger) eingesetzt. Gängige Bauformen für Systeme mit Sole oder Wasser als Wärmeträger sind Rohrbündel-, Platten- und Koaxialwärmeübertrager.
- Verdichter. Der Wärmepumpenverdichter verdichtet das in einem geschlossenen Kreislauf zirkulierende gasförmige Arbeits- oder Kältemittel. Dazu werden in der Regel Rollkolben- oder Tauchkolbenverdichter eingesetzt. Einige Entwicklungen nutzen drehzahlgeregelte Kompressoren. Für größere Leistungen werden u. a. Schraubenverdichter oder Turbokompressoren verwendet /Hackensellner und Dünnwald 1996/.
- Expansionsventil. Im Drossel- oder Expansionsventil wird das flüssige Kältemittel vom Kondensatordruck auf den Verdampferdruck entspannt. Zusätzlich wird der im Wärmepumpenkreislauf umlaufende Arbeitsmittelmassenstrom geregelt. Die Auswahl des Expansionsventils richtet sich nach Kältemittel, Verdichtergröße und Wärmeleistung der Wärmepumpe. Mögliche Bauformen sind Kapillarrohre oder druckgesteuerte bzw. thermostatische Expansionsventile /Hackensellner und Dünnwald 1996/.
- Arbeitsmittel. Das Arbeits- bzw. Kältemittel ist ein Stoff mit niedrigem Siedepunkt, der im Verdampfer der Wärmepumpe Wärme aufnimmt und im Kondensator wieder abgibt. Als Arbeitsmittel für Kompressionswärmepumpen wurden in der Vergangenheit vorwiegend voll- und teilhalogenierte Fluorchlorkohlenwas-

serstoffe (FCKW bzw. HFCKW) eingesetzt. Aufgrund ihres teilweise hohen Abbaupotenzials von stratosphärischem Ozon dürfen nach den Bestimmungen der FCKW-Verordnung /FCKW-VO 1990/ bzw. der HFCKW-Verordnung /HFCKW-VO 1995/ in Österreich seit dem 1. Januar 1992 (bei Füllmengen unter 1 kg ab 1. Januar 1994) keine FCKW bzw. ab 1. Januar 2002 keine HFCKW mehr als Kältemittel in Neuanlagen verwendet werden. Mögliche Ersatzkältemittel sind FKW (Fluorkohlenwasserstoffe), CO_2 (Kohlenstoffdioxid) sowie Kohlenwasserstoffe wie Propan (R290) und Propen (R1270). Letztere besitzen weder ein Ozonabbau- noch ein Treibhauspotenzial; sie sind allerdings brennbar. Bei einer Innenraumaufstellung einer Wärmepumpe mit brennbarem Arbeitsmittel ist daher ggf. eine mechanische Belüftung notwendig. FKW (z. B. R134a, R407C) sind demgegenüber nicht brennbar und besitzen kein Ozonabbaupotenzial, weisen jedoch ein geringes Treibhauspotenzial auf.

Wärmequellenanlage für Erdreich. Bei der Nutzung oberflächennaher Bodenschichten wird zwischen einem Wärmeentzug mittels horizontal und vertikal verlegten Erdreichwärmeübertragern (Erdreichwärmetauschern) unterschieden /Kaltschmitt, Streicher und Wiese 2006/.

Horizontal verlegte Erdreichwärmeübertrager. Zwei in Europa gebräuchliche Verlegemuster horizontaler Wärmeübertrager (Erdkollektoren) in Form von Rohrregistern zeigt Abb. 7.10 (links). Die aus Metall oder Kunststoff bestehenden Rohre werden in einer Tiefe zwischen 1,0 und 1,5 m in das Erdreich eingebracht, wobei der Abstand der einzelnen Rohre etwa 0,5 bis 1,0 m betragen soll. Um Beschädigungen der Rohrleitungen zu vermeiden, werden diese oftmals in eine Sandschicht eingebettet.

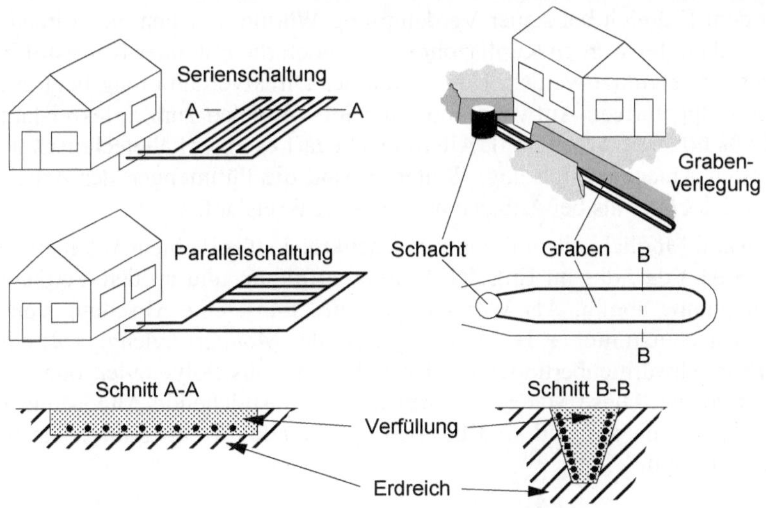

Abb. 7.10 Verlegemuster von Erdkollektoren (nach /Sanner 1992/)

Die benötigte Erdfläche richtet sich nach der Bodenbeschaffenheit und der notwendigen Wärmeentzugsleistung. Je nach Bodenbeschaffenheit schwanken die entzogenen Wärmeleistungen zwischen 10 und 35 W/m^2 (Tabelle 7.3). Aus einem Quadratmeter Erdreich lassen sich während der Heizperiode etwa 140 MJ Wärme gewinnen /Streicher et al. 2004/.

Eine deutliche Verringerung des Flächenbedarfs kann durch das in Abb. 7.10 (rechts) dargestellte Verlegemuster eines Grabenkollektors erreicht werden. Bei diesem Konzept werden die Wärmeübertragerrohre an den Seitenwänden eines ca. 2,5 m tiefen und 3,0 m breiten Grabens verlegt. Die erforderliche Grabenlänge hängt von der Bodenbeschaffenheit und der Heizleistung der Wärmepumpe ab. Als Richtwert kann eine spezifische Grabenlänge von etwa 2 m pro kW Heizleistung angesehen werden. Andere Versuche zur Verringerung des Flächenbedarfs sind eine spiralförmige Rohrverlegung oder in Beton eingegossene Kupferplatten (Heat-Shunt-Kollektor) /Messner und De Winter 1994/.

Tabelle 7.3 Durchschnittlich entziehbare Wärmeleistungen aus dem Erdreich (u. a. nach /VDI-4640 2001/)

Bodenart	Wärmeleistungen
Trockener sandiger Boden	10 – 15 W/m^2
Feuchter sandiger Boden	15 – 20 W/m^2
Trockener lehmiger Boden	20 – 25 W/m^2
Feuchter lehmiger Boden	25 – 30 W/m^2
Grundwasserführender Boden	30 – 35 W/m^2

Für den Wärmeentzug aus dem Erdreich und den Wärmetransport von der Wärmequelle zur Wärmepumpe existieren zwei Möglichkeiten.

- Der Wärmeentzug und -transport erfolgt mittels "Direktverdampfung". Bei dieser in Österreich weit verbreiteten Methode (Kapitel 7.4.2) zirkuliert in den Rohren des Erdreichwärmeübertragers direkt das Arbeitsmittel der Wärmepumpe und entzieht dem Erdreich bei seiner Verdampfung Wärme. Für den im Erdreich liegenden Verdampfer werden Kupferrohre verwendet, die mit einer Kunststoffhülle vor Korrosion geschützt werden. Der Vorteil der Direktverdampfung liegt in dem geringeren apparativen Aufwand und einer im Vergleich zum Solekreislauf um 10 bis 15 % höheren Arbeitszahl. Allerdings bedarf es einer kältetechnisch genau angepassten Anlagenausführung. Weiterhin sind die Füllmengen des Arbeitsmittels wesentlich höher als bei Anlagen mit Zwischenkreislauf.
- Die zweite Möglichkeit stellt ein Zwischenkreislauf mit einem Wärmeträgermedium ("Sole") dar, das im Erdreich Wärme aufnimmt und an den Verdampfer der Wärmepumpe abgibt. Als Wärmeträger wird meist eine Mischung von Wasser und Frostschutzmittel (z. B. Monoethylen- oder Monopropylenglykol) eingesetzt. Als Erdreichwärmeübertrager werden Schläuche aus Polyethylen oder Polybutylen verwendet. Diese Materialien weisen eine ausreichende Alters- und Korrosionsbeständigkeit auf und sind bei den auftretenden Temperaturen elastisch und chemisch stabil.

Vertikal verlegte Erdreichwärmeübertrager. Vertikale Erdreichwärmeübertrager (Erdwärmesonden) weisen gegenüber den horizontalen Wärmeübertragern einen wesentlich geringeren Flächenbedarf auf und werden deshalb bevorzugt bei kleinen Grundstücken eingesetzt. Der Wärmeentzug erfolgt über einen Solezwischenkreislauf durch Wärmeleitung vom Erdreich zum Wärmeträgermedium, das sich in einem geschlossenen Kreislauf befindet und die Wärme zur Wärmepumpe transportiert.

Erdwärmesonden werden in vertikale, bis über 100 m tiefe Bohrungen eingebracht (Abb. 7.11). Um einen guten Wärmeübergang zwischen Erdreich und Sonde zu gewährleisten, werden die Erdwärmesonden hinterfüllt. Hierbei hat sich eine Verpressung mit einer Bentonit-Zement-Suspension bewährt.

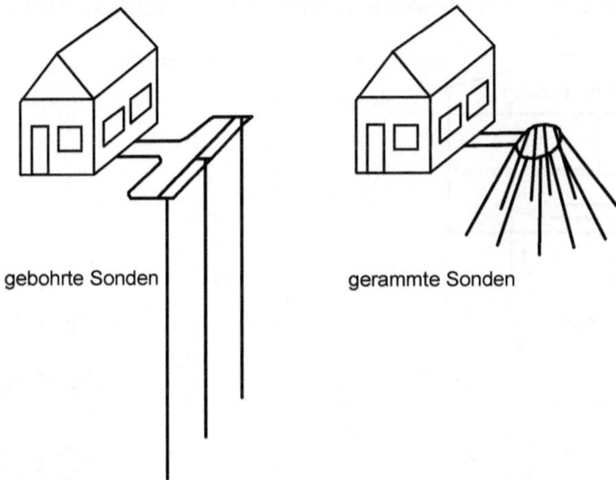

Abb. 7.11 Anordnungsvarianten vertikal verlegter Erdwärmeübertrager (nach /Sanner 1992/)

Durch gerammte Stahlsonden und durch Bohrungen mit kleinem Gerät (bis etwa 30 m Tiefe) lässt sich eine Anordnung nach Abb. 7.11 (rechts) realisieren. Dabei wird das Ramm- bzw. Bohrgerät an einem Punkt drehbar aufgebaut und kann ohne weiteres Umsetzen die Erdwärmesonden einbringen. Bei Lockergestein ist dieses Verfahren die kostengünstigste Variante. Grundsätzlich sind beim Rammen nur Metall-Koaxialsonden verwendbar. Falls kein rostfreier Stahl eingesetzt wird, muss ein kathodischer Korrosionsschutz vorgesehen werden /Sanner und Knoblich 1993/. Erdwärmesonden im Festgestein müssen demgegenüber in der Regel gebohrt werden (Abb. 7.11, links).

Der Aufbau von derzeit gebräuchlichen Erdwärmesonden ist in Abb. 7.12 im Querschnitt dargestellt. Einfach- oder Doppel-U-Sonden bestehen aus zwei bzw. vier Rohren, die an ihrem unteren Ende so verbunden sind, dass das Wärmeträgermedium in einem Rohr nach unten und im anderen nach oben strömen kann. Bei der koaxialen Grundform findet der Wärmeentzug aus dem Erdreich nur auf einer Fließstrecke (je nach System entweder aufwärts oder abwärts) statt. Als Material für die Erdwärmesonden wird meistens High-Density-Polyethylen (HDPE) eingesetzt. Bei Koaxial-Erdwärmesonden kommen auch kunststoffbeschichtete Edelstahl- oder Kupferrohre zum Einsatz.

Wie bei horizontalen Erdreichwärmeübertragern besteht auch bei Erdwärmesonden die Gefahr, dass durch Unterdimensionierung und einem entsprechend zu großen Wärmeentzug das Erdreich zu stark abkühlt und aufgrund der tieferen Temperaturen des Wärmeträgermediums sich die Effizienz der Wärmepumpe verringert. Anders als bei horizontalen Wärmeübertragern können sich im Sommer die tieferen Schichten nicht mehr vollständig über die solare Einstrahlung regenerieren. Eine dauerhafte Abkühlung des Untergrundes kann in diesem Fall über eine künstliche Regenerierung des Wärmehaushalts z. B. aus Abwärme oder aus mit Sonnenkollektoren gewonnener Wärme erfolgen. Tabelle 7.4 zeigt deshalb exemplarisch Richtwerte des möglichen Wärmeleistungsentzugs für unterschiedliche Bodenarten. Um auch langfristig den Gleichgewichtszustand zu halten, darf, abhängig von den jeweiligen Untergrundeigenschaften, eine jährlich entzogene Wärmemenge zwischen 180 und 650 MJ/(m·a) nicht überschritten werden /Sanner und Knoblich 1991a/.

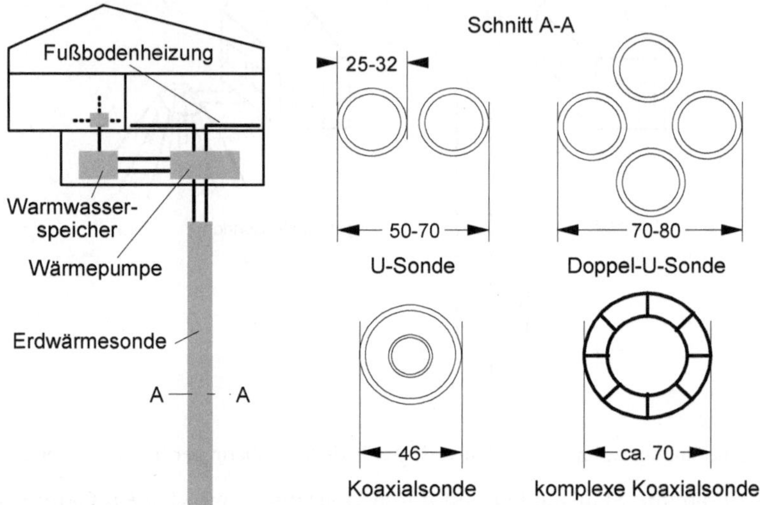

Abb. 7.12 Ausführungsvarianten von vertikal verlegten Erdsonden (Angaben in mm; nach /Sanner 1992/)

Eine weitere Variante vertikaler Erdreichwärmeübertrager sind sogenannte "Energiepfähle" /Sanner 1995/. Dabei handelt es sich um Gründungspfähle, wie sie bei unzureichenden Untergrundverhältnissen für die Bauwerksgründung eingesetzt werden. Diese Pfähle werden mit Wärmeübertragerrohren ausgestattet und erlauben an Standorten, wo eine Pfahlgründung sowieso erforderlich ist, mit geringen Mehrkosten die Installation von Erdreichwärmeübertragern. Dabei darf jedoch die statische Funktion der Pfähle nicht durch die thermische Nutzung gefährdet werden.

Neben Gründungspfählen können noch andere Betonbauteile in der Erde als Wärmeübertrager benutzt werden (z. B. Baugrubenumschließungen aus Schlitz- oder Pfahlwänden). Hierbei ist von Vorteil, dass diese Einbauten nach Fertigstellung des Gebäudes in der Regel nicht mehr statisch benötigt werden. So wurden beispielsweise beim Kunsthaus Bregenz die Schlitzwände im Erdreich mit einer Betonkernkühlung im Gebäude verbunden. Auch Stützwände, Kellerwände oder Fundamentplatten können als Wärmeübertrager genutzt werden. Dabei ist jedoch, ebenso wie bei Sammelleitungen von Energiepfahlanlagen unter der Bodenplatte, eine gute Dämmung zum Innenraum hin notwendig, damit die Wärme tatsächlich aus dem Untergrund entzogen wird und es sicher vermieden wird, dass z. B. der Keller kalt und feucht wird.

Ein wesentlicher Vorteil von Energiepfählen und erdberührten Betonbauteilen gegenüber anderen Methoden der Erdreichankopplung ist die Tatsache, dass ein großer Teil der Kosten für die thermische Erschließung des Untergrunds bereits durch die erforderliche Bauwerksgründung abgedeckt ist. Damit sind nur vergleichsweise geringe zusätzliche Aufwendungen erforderlich.

Tabelle 7.4 Richtwerte für den maximalen Wärmeentzug aus dem Erdreich durch Erdsonden /VDI-4640 2001/

Allgemeine Richtwerte	
Schlechter Untergrund (trockene Lockergesteine)	ca. 20 W/m
Festgesteins-Untergrund, wassergesättigte Lockergesteine	ca. 50 W/m
Festgestein mit hoher Wärmeleitfähigkeit	ca. 70 W/m
Einzelne Gesteine[a]	
Kies, Sand, trocken	< 20 W/m
Kies, Sand, wasserführend	55 – 65 W/m
Ton, Lehm, feucht	30 – 40 W/m
Kalkstein (massiv)	45 – 60 W/m
Sandstein	55 – 65 W/m
Saure Magmatite (z. B. Granit)	55 – 70 W/m
Basische Magmatite (z. B. Basalt)	35 – 55 W/m
Gneis	60 – 70 W/m
Kies und Sand (starker Grundwasserfluss)	80 – 100 W/m

[a] die Werte können durch die Gesteinsausbildung wie Klüftung, Schieferung, Verwitterung erheblich schwanken

Wärmequellenanlage für Grundwasser. Unter Grundwasser versteht man unterirdische Gewässer, welche unter gleichem oder größerem Druck stehen als er in der Atmosphäre herrscht, und dessen Bewegung durch die Schwerkraft und Reibungskräfte bestimmt wird. Grundwasser ist infolge des relativ konstanten Temperaturniveaus von 8 bis 12 °C prinzipiell sehr gut als Wärmequelle für Wärmepumpen geeignet. Einschränkungen hinsichtlich einer Nutzbarkeit können sich allerdings aus den in nicht allen Regionen Österreichs vorhandenen bzw. erschließbaren Grundwasserleitern (Kapitel 7.1.2) sowie aufgrund wasserrechtlicher Bestimmungen /WRG 1959/ ergeben. Besteht aufgrund der chemischen Eigenschaften des Grundwassers die Gefahr von Ausfällungen und damit von Verstopfungen der Fördereinrichtung, ist eine technische Nutzung ebenfalls nur eingeschränkt möglich.

Die Wärmequellenanlage zur Grundwassernutzung besteht aus einem Förderbrunnen, aus dem das Grundwasser entnommen wird, und einem Schluckbrunnen, durch den das abgekühlte Grundwasser wieder den grundwasserführenden Schichten zugeführt wird (Abb. 7.13). Diese können – in Abhängigkeit von den Untergrundeigenschaften – entweder gebohrt (Bohrbrunnen) oder geschlagen (Schlagbrunnen) werden. Entnahme- und Schluckbrunnen müssen ausreichend weit voneinander entfernt erstellt werden, um einen thermisch-hydraulischen Kurzschluss zu vermeiden. Der Entnahmebrunnen sollte sich außerdem nicht in der Kältefahne des Schluckbrunnens befinden, da sonst die Effizienz der Wärmepumpenanlage sinkt.

Abb. 7.13 zeigt eine typische Ausführung einer Wärmepumpenanlage zur Grundwassernutzung. Die oberhalb der Kiesschüttung eingebrachte Tonsperre verhindert den Zutritt von Luft und Sickerwasser. Das Saugrohr bzw. der Einlauf der Unterwasserpumpe im Entnahmebrunnen und das Fallrohr im Schluckbrunnen müssen dabei immer unterhalb der Wasseroberfläche enden.

Vor der Brunnenauslegung sind durch hydrogeologische Voruntersuchungen die chemische Zusammensetzung des Grundwassers, die Lage der wasserführenden und wasserundurchlässigen Schichten, die Grundwasserspiegelhöhe und die Durchlässigkeit der wasserführenden Schichten zu bestimmen. Die dafür ggf. notwendige Probebohrung kann in weiterer Folge als Brunnen genutzt werden.

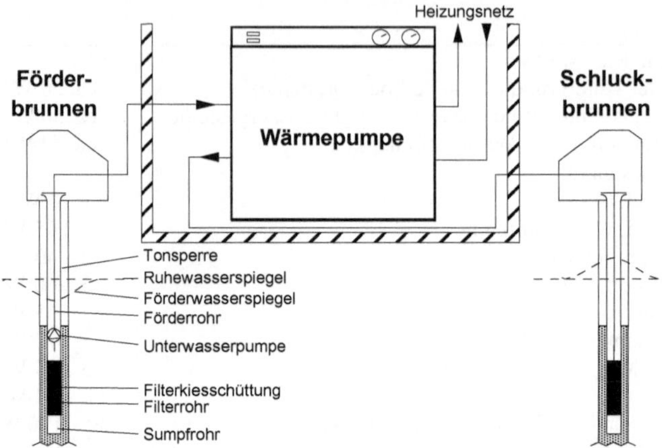

Abb. 7.13 Prinzipschema einer Grundwasser-Wärmepumpenanlage (nach /Günther-Pomhoff et al. 1995/)

Wärmequellenanlage für Oberflächenwasser. Oberflächengewässer (Seen oder Flüsse) können ebenfalls als Wärmequelle dienen, wenn ein jahreszeitlich ausgeglichenes und relativ hohes Temperaturniveau vorliegt. Dies kann z. B. der Fall sein, wenn Oberflächengewässer durch kalorische Kraftwerke oder Industrieanlagen thermisch belastet sind. Dabei ist eine technische Nutzung nur sinnvoll, wenn – zur Vermeidung eines kostspieligen und verlustbehafteten Wärmetransports über weite Strecken – die Anlage in unmittelbarer Nähe zum Gewässer angesiedelt ist. Auch schränken die Bestimmungen des Wasserrechtsgesetzes /WRG 1959/ i. Allg. eine Nutzung von Oberflächengewässern als Wärmequelle weiter ein.

Wichtige Voraussetzungen zur Nutzung sind die genaue Kenntnis der hydrologischen und hydrochemischen Parameter des Gewässers. Bei möglichen Verschmutzungen des Wassers (z. B. Schwebstoffe) sind entsprechende Filter bzw. qualitativ hochwertige und damit teure Wärmeübertrager vorzusehen. Liegen die Wassertemperaturen unter 4 °C, kann es zu einer Vereisung des Verdampfers kommen. In diesem Fall muss ein Zusatzheizsystem die Wärmepumpe ergänzen.

Die Nutzung der Oberflächengewässer kann indirekt bzw. bei Fließgewässern auch direkt erfolgen. Bei der indirekten Nutzung wird der Verdampfer im Gewässer bzw. wasserdurchströmten Becken in der Uferböschung installiert. Die direkte Nutzung erfolgt über ein Einlaufbauwerk und eine Pumpstation, über die der Wärmepumpe das Wärmeträgermedium Wasser zugeführt wird. Nach dem Wärmeentzug wird das Wasser wieder in das Gewässer eingeleitet.

Als Sonderfall können neben Oberflächengewässern auch Gruben- und Tunnelwässer als Wärmequelle herangezogen werden. Das sich in den künstlichen Hohlräumen (Bergwerke oder Tunnel) sammelnde Grund- oder Quellwasser fällt auf der im Untergrund vorherrschenden Temperatur – und damit auf einem vergleichsweise hohen Temperaturniveau – an. Allerdings kann bei Gruben und Tunneln der Bereich der oberflächennahen Erdwärme bereits wieder verlassen werden; beispielsweise könnte in einem Alpentunnel das Wasser im Tunnelinneren aus mehr als 2 000 m Tiefe stammen.

Wärmequellenanlage für Außenluft. Luft steht überall und uneingeschränkt als Wärmequelle zur Verfügung. Sie besitzt allerdings im Vergleich zu Wasser eine wesentlich geringere Dichte (Tabelle 7.1), so dass i. Allg. sehr große Luftmengen ventilatorisch bewegt werden müssen. Ein wesentlicher Nachteil von Außenluft als Wärmequelle sind auch die starken tages- und jahreszeitlichen Temperatur- und Luftfeuchtigkeitsschwankungen (Kapitel 7.1.2). Hinzu kommt, dass die gegenläufige Charakteristik von jahreszeitlichem Temperaturgang und Raumwärmenachfrage zu Zeiten einer hohen Wärmenachfrage im Winter zu einem großen Temperaturhub zwischen der Wärmequelle Außenluft und dem Wärmepumpenkondensator (also dem Heizungsvorlauf) führt. Dies hat eine entsprechend niedrige Arbeitszahl der Wärmepumpe zur Folge. Außenluftwärmepumpen werden daher oft bivalent betrieben, d. h. unterhalb einer bestimmten Lufttemperatur übernimmt ein Zusatzheizkessel die Wärmebereitstellung.

Die Außenluft kann auch über oberflächennah verlegte Rohre, sogenannte Luftkollektoren oder Energiebrunnen, vorgewärmt werden. Für ein Einfamilienhaus sind dazu etwa 30 m Rohrlänge mit einem Durchmesser von 20 bis 30 cm und einer Verlegetiefe von ca. 2 m erforderlich.

In Niedrigenergiegebäuden mit kontrollierter Wohnraumbelüftung kann mit einer Außenluftwärmepumpe zusätzlich die Abluftwärme aus dem zu beheizenden Gebäude über eine Wärmerückgewinnungsanlage genutzt werden.

Wärmespeicher. Zur hydraulischen Entkopplung des Wärmeverteilsystems von der Wärmepumpe und/oder zum Ausgleich von Wärmenachfrage und Wärmeangebot werden vielfach wärmegedämmte Stahlspeicher als Wärme- oder Pufferspeicher eingesetzt. Eine hydraulische Entkopplung ist u. a. notwendig, wenn getrennt regelbare Heizkreise von einer Wärmepumpe gespeist werden. Durch einen Wärmespeicher können auch nicht leistungsgeregelte Wärmepumpen, die taktend betrieben werden, mit möglichst langen Lauf- und Stillstandszeiten betrieben werden. Durch die Verringerung der Schalthäufigkeit wird der Verschleiß während der Startphase minimiert und damit die Lebensdauer erhöht. Weiters kann bei Betriebsunterbrechungen aufgrund vorgegebener Ausschaltzeiten durch das Energieversorgungsunternehmen (EVU) die Wärmeversorgung durch die gespeicherte Wärme überbrückt bzw. ein größerer Teil der Wärmepumpenbetriebsstunden in die Zeit des kostengünstigeren Nachttarifs gelegt werden.

Der Wärmespeicher kann entfallen, wenn das Wärmeverteilungssystem die erforderliche Wärmespeicherkapazität zur Überbrückung von Betriebsunterbrechungen aufweist. Dies ist z. B. bei Fußbodenheizungen der Fall, wo aufgrund der großen Speichermasse (Estrich, Betonboden) auch bei einem taktenden Betrieb der Wärmepumpe keine Komforteinbußen entstehen.

Regelung. Der von einer Wärmepumpe abgegebene Nutzwärmestrom ist abhängig von der Temperaturdifferenz zwischen Verflüssiger (Wärmesenke) bzw. Verdampfer (Wärmequelle). Dies kann beim Einsatz von Wärmepumpen zur Raumwärmebereitung zu Problemen führen, da mit sinkender Außentemperatur die Vorlauftemperatur der Wärmeverteilung ansteigt und z. B. bei Außenluftwärmepumpen die Wärmequellentemperatur sinkt. Dadurch kommt es zu einer höheren Temperaturdifferenz zwischen Verdampfer und Verflüssiger und damit zu einem sinkenden Wärmestrom.

Aufgabe der Regelung ist es, den Wärmestrom der Wärmepumpe an die Wärmenachfrage des zu versorgenden Gebäudes anzupassen (d. h. Leistungsregelung). I. Allg. geschieht dies über eine von der benötigten Vorlauf- und/oder Außentemperatur abhängigen Steuerung der Wärmepumpe. Einige Regelungskonzepte nutzen dazu auch eine Kurzzeitwetterprognose, um die zu erwartende Wärmenachfrage vorauszuberechnen und so eine Wärmeüberproduktion zu vermeiden. Die Leistungsregelung kann dabei u. a. durch folgende Möglichkeiten auf den von der Wärmepumpe abgegebenen Wärmestrom einwirken.

- Ein-Aus-Steuerung. Die Ein-Aus- oder Zweipunktsteuerung von Wärmepumpen ist wenig aufwändig. Sie führt allerdings bei dem Fehlen eines ausreichenden Wärmespeichers (Wasserspeicher, Wasserfüllung des Wärmeverteilsystems, Estrich) aufgrund der häufigen Schaltfrequenzen zu einem hohen Verschleiß des Verdichters.
- Steuerung der Verdichterfrequenz. Über die Anzahl der Kolbenhübe pro Minute (d. h. kontinuierliche elektronische Drehzahlregelung mit Invertergeräten) kann der geförderte Volumenstrom des Arbeitsmittels und damit die Heizleistung der Wärmepumpe gesteuert werden.
- Aufteilung der Leistung auf mehrere Verdichter bzw. Zylinder. Erfolgt die Leistungsregelung durch mehrere Verdichter, kann die Wärmeleistung immer an die tatsächliche Wärmenachfrage angepasst werden. Dabei werden die einzelnen Kompressoren bzw. bei größeren Anlagen auch die einzelnen Zylindereinheiten entsprechend dem Leistungsbedarf zu- oder abgeschaltet /Ochsner 1999/.

7.2.3 Anlagenkonzepte und Anwendungsbereiche

Anlagenkonzepte. Wärmepumpenanlagen bestehen aus einer Wärmepumpe, ggf. einem Wärmespeicher und einer Wärmequellenanlage. Zusätzlich zu den diskutierten Unterscheidungsmöglichkeiten von Wärmepumpenanlagen nach dem Wärmepumpenprinzip (Kompressions- oder Sorptionswärmepumpe), der Antriebsenergie (z. B. elektrischer Strom, Wärme), der Wärmequelle (z. B. oberflächennahes Erdreich, Grundwasser oder Oberflächenwässer, Umgebungsluft) und Wärmesenke (z. B. Heizungsanlage) kann eine Unterscheidung nach der Betriebsweise der Wärmepumpe erfolgen. Hier wird eine Wärmebereitstellung alleine durch die Wärmepumpe (monovalent) sowie durch die Wärmepumpe mit einer Zusatzheizung (bivalent) unterschieden.

- Wird die Wärmepumpe monovalent betrieben, deckt diese die gesamte Wärmenachfrage ohne einen zusätzlichen Wärmeerzeuger. Voraussetzung dafür ist eine Wärmequelle mit einer im Jahresverlauf möglichst geringen Temperaturschwankung.
- Bivalent arbeitende Wärmepumpen stellen zusammen mit anderen Wärmeerzeugern die benötigte Wärme bereit. Man unterscheidet zwischen bivalent-alternati-

vem und bivalent-parallelem Betrieb sowie einer Mischform aus diesen beiden Betriebsarten.

- Beim bivalent-alternativen Betrieb deckt die Wärmepumpe bis zu einem bestimmten Umschaltzeitpunkt die Wärmenachfrage; anschließend übernimmt eine Zusatzheizung die Wärmelieferung. Die Wärmepumpenanlage wird dabei nur auf einen bestimmten Prozentsatz der maximalen Wärmenachfrage ausgelegt, die Zusatzheizung muss 100 % der Wärmenachfrage decken können.
- Beim bivalent-parallelen Betrieb wird ab einer bestimmten Temperatur die Wärmenachfrage gleichzeitig durch die Wärmepumpe und ein Zusatzheizsystem gedeckt.

Betriebsweise und Auslegung einer Wärmepumpenanlage haben maßgeblichen Einfluss auf deren Wirtschaftlichkeit. Wärmepumpen mit Erdreich oder Grundwasser als Wärmequelle werden in der Regel monovalent betrieben. Dieses ist möglich, da diese Wärmequellen nur geringe jahreszeitliche Temperaturschwankungen aufweisen und damit im Verlauf des gesamten Jahres verfügbar sind. Der bivalent-alternative Betrieb ist nur bei Anlagen mit nicht angepasstem Heizsystem (Hochtemperatur) sinnvoll. Beim bivalent-parallelen Betrieb kann z. B. der Vorlauf der Wärmepumpe in den Kesselrücklauf eingespeist werden, wo das Heizungswasser weiter erwärmt wird. Gerade bei größeren Anlagen mit ausgeprägten Nachfragespitzen kann diese Betriebsweise wirtschaftlich sinnvoll sein. Auch bei der Nutzung von Außenluft ohne Vorwärmung kann über einen bivalenten Betrieb eine entsprechende Versorgungssicherheit gewährleistet werden.

Anwendungsbereiche. Anwendung finden Wärmepumpensysteme in Österreich überwiegend im Bereich der Raumwärme- und Trinkwarmwasserbereitung. Die Erzeugung von gewerblicher und industrieller Prozesswärme – auch im Niedertemperaturbereich – hat nur bisher eine untergeordnete Bedeutung.

Raumwärme. Bei den in Österreich zur Raumheizung eingesetzten Wärmepumpenanlagen kommen nahezu ausschließlich elektromotorische Wärmepumpen zur Anwendung. Kompressionswärmepumpen mit verbrennungsmotorischem Antrieb sowie Absorptionswärmepumpen haben hier eine vergleichsweise geringe Verbreitung. Als Wärmequelle können Außenluft, Erdreich sowie Grund- und Oberflächenwässer genutzt werden. Zur Erreichung von hohen Jahresarbeitszahlen (Kapitel 7.2.1 und 7.2.4) ist dabei eine möglichst kleine Temperaturdifferenz zwischen Wärmequelle und Heizungsvorlauf anzustreben. Aus der in Abb. 7.15 dargestellten Abhängigkeit der Leistungszahl von der Vorlauftemperatur des Heizungssystems bzw. der Wärmequellentemperatur lässt sich erkennen, dass sich Wärmepumpenanlagen bevorzugt für Niedertemperaturheizungen eignen. Ältere Heizungssysteme mit Vorlauftemperaturen von bis zu 70 °C sind aufgrund der daraus resultierenden niedrigen Jahresarbeitszahlen im Vergleich zu Niedertemperatursystemen für den Einsatz von Wärmepumpenanlagen unwirtschaftlich. Abb. 7.14 zeigt exemplarisch eine Wärmepumpenheizungsanlage mit horizontal verlegtem Erdreichwärmeübertrager. Der Wärmespeicher entfällt aufgrund der Speicherwirkung der Niedertemperatur-Fußbodenheizung.

Als Ersatz von bzw. Alternative zu Einzelöfen (z. B. Nachtspeicher- oder Kohleöfen) werden auch dezentrale Klimageräte mit Außenluft als Wärmequelle eingesetzt.

Diese kompakten Geräte (Bautiefe um 20 cm) werden direkt an die Wand des zu beheizenden Raumes montiert.

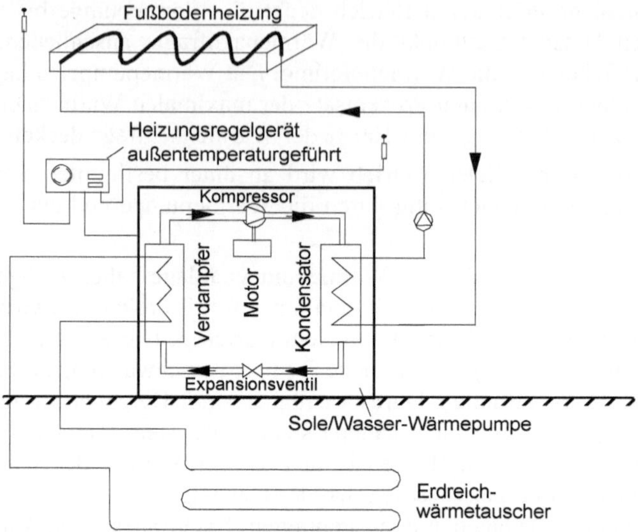

Abb. 7.14 Schaltschema einer Wärmepumpenheizungsanlage mit Erdreichwärmeübertrager (nach /Halozan und Holzapfel 1987/)

Trinkwarmwasser. Wärmepumpen zur Trinkwarmwasserbereitung werden als Kompaktgeräte angeboten und setzen als Wärmequelle i. Allg. Luft ein. Die Aufstellung erfolgt meist in Kellerräumen, aus denen teilweise auch die Luft entnommen wird. Günstiger ist es jedoch auch für Trinkwarmwasserwärmepumpen, Außenluft als Wärmequelle heranzuziehen. Bei Lufttemperaturen unter 7 °C geht die Wärmepumpe außer Betrieb und die im Trinkwarmwasserspeicher vorzusehende Elektroheizpatrone übernimmt die Wassererwärmung. Dadurch kann auch sichergestellt werden, dass bei einer sehr hohen Nachfrage genügend Trinkwarmwasser bereitgestellt wird und kurzfristig – zur Vermeidung der Legionellenbildung – höhere Wassertemperaturen erzeugt werden.

Raumwärme und Trinkwarmwasser. Eine gemeinsame Trinkwarmwasser- und Raumwärmebereitung über die Heizungswärmepumpe mit einem Wärmeübertrager ist aufgrund des i. Allg. höheren Temperaturniveaus des Trinkwarmwassers und den daraus resultierenden niedrigeren Arbeitszahlen für das Gesamtsystem nicht sinnvoll. Zweckmäßig ist daher eine Trennung von Trinkwarmwasser- und Raumwärmebereitung. Dazu kann die Trinkwarmwasserbereitung mit einer eigenen Wärmepumpe bzw. einem elektrisch direkt beheizten Trinkwarmwasserspeicher erfolgen. Eine kostengünstigere Möglichkeit stellt allerdings die alternative Trinkwarmwasser- und Raumwärmebereitung über die Heizungswärmepumpe dar. Hier wird neben dem Kondensator für die Heizungsanlage ein zweiter Kondensator für die Trinkwarmwasserbereitung angebracht, welche wechselweise je nach Anforderung für Trinkwarmwasser und Heizung betrieben werden. Wird die erzeugte Wärme in den Heizungskreis abgegeben, ist bei Niedertemperaturheizungen eine geringere Kondensatortemperatur als bei einer Abgabe an den Trinkwarmwasserkreis notwendig. Die Wärmepumpe wird somit bei Raumheizung mit höheren Arbeitszahlen als bei der Trinkwarmwasserbereitung betrieben.

Eine weitere Möglichkeit zur kombinierten Raumwärme- und Trinkwarmwasserbereitung stellt die Nutzung der bei hohen Temperaturen nach dem Kompressor bis zur Kondensation des Kältemittels frei werdende Wärme in einem eigenen Kondensator zur Trinkwarmwassererwärmung dar (Ts-Diagramm, Abb. 7.7). Die eigentliche Kondensation dient zur Heizwassererwärmung und Vorwärmung des Trinkwarmwassers.

Weitere Nutzungsmöglichkeiten. Neben der Raumheizung und Trinkwarmwassererwärmung können Wärmepumpenanlagen auch zur Raumkühlung herangezogen werden, da der Wärmepumpenbetrieb grundsätzlich umkehrbar ist. In Ländern, in denen Raumkühlung auch in Wohngebäuden zum Standard zählt (z. B. Nordamerika, Japan), haben solche Anlagen eine weite Verbreitung erfahren; die "Wärmepumpe" arbeitet dort oft primär als Kältemaschine zur Raumkühlung und nur sekundär als Wärmepumpe zur Raumbeheizung. Werden Luft-Luft-Wärmepumpen zur Raumkühlung eingesetzt, kann mit diesen gleichzeitig eine Entfeuchtung der Raumluft erreicht werden.

Unter den klimatischen Bedingungen Mitteleuropas ist es bei einem bisher verhältnismäßig kleinem Kühlbedarf auch möglich, Raumkühlung ohne Betrieb der Wärmepumpe als Kälteaggregat zu betreiben /Sanner und Knoblich 1993/. Das Wärmeträgermedium aus Erdwärmesonden kann für eine einfache Kühlung mit Kühldecken oder Gebläsekonvektoren ausreichende Temperaturen von etwa 8 bis 16 °C und das Grundwasser von 8 bis 12 °C liefern. Derartige Anlagen arbeiten, da praktisch nur eine Pumpe benötigt wird, mit einem äußerst geringen Energieverbrauch.

Das oberflächennahe Erdreich und das Grundwasser kann bei Großanlagen außerdem sehr gut als Wärmespeicher genutzt werden. Neben Anlagen, in denen ein zu großer Wärmeentzug im Winter durch "Nachladung" (z. B. aus einfachen Sonnenkollektoren) kompensiert wird, gibt es auch solche, in denen bewusst Wärme oder auch Abwärme gespeichert wird. Erfolgt dies auf einem höheren Temperaturniveau (40 bis 90 °C), muss man die für eine Trinkwarmwassergewinnung geeigneten Erdschichten meiden und auf tiefere Aquifere (200 bis 400 m) oder Erdwärmesonden im Fels ausweichen.

7.2.4 Energiewandlungskette, Verluste und Leistungskennlinie

Energiewandlungskette und Verluste. Eine aus den beschriebenen Systemkomponenten aufgebaute Wärmepumpenanlage macht die aufgenommene Umgebungswärme einschließlich der in Wärme umgewandelten Antriebsenergie in Form von thermischer Energie auf dem gewünschten Temperaturniveau verfügbar. Die energetische Effizienz dieser Energiewandlungskette wird durch die folgenden Kennzahlen beschrieben.

- Die Leistungszahl (COP, coefficient of performance) von Elektromotorwärmepumpen ist das Verhältnis der abgegebenen Nutzwärmeleistung zur aufgenommenen elektrischen Energie des Antriebsmotors des Kompressors. Wesentlichen Einfluss auf die Leistungszahl hat die Temperaturdifferenz zwischen Wärmequelle und Heizungsanlage, das eingesetzte Kältemittel sowie die Bauweise der Wärmepumpe.

Mit zunehmender Temperaturdifferenz zwischen Wärmequelle und Heizungsanlage sinkt die Leistungszahl der Wärmepumpe. Um hohe Leistungszahlen und damit eine hohe Effizienz zu erreichen, sollte die Wärmequellentemperatur möglichst hoch und die Vorlauftemperatur der Wärmenutzungsanlage (Wärmesenke) möglichst niedrig liegen.

Die vom Hersteller angegebenen Leistungszahlen beziehen sich immer auf bestimmte Betriebsbedingungen (Wärmequellen- und -senkentemperatur). Unter optimalen Bedingungen können dabei etwa 40 bis 65 % der durch einen verlustfreien Carnot-Prozess (Kapitel 7.2.1) gegebenen Leistungszahlen erreicht werden.

- Die Effizienz von Elektrowärmepumpen über einen längeren Zeitraum wird durch die Arbeitszahl beschrieben, bei der die abgegebene Nutzarbeit zur aufgewendeten Antriebsarbeit während eines bestimmten Zeitraums (i. Allg. ein Jahr) ins Verhältnis gesetzt wird. Zusätzlich zur Antriebsarbeit des Kompressors geht dabei auch der Energieverbrauch von z. B. der Steuerung oder der Solepumpe ein. Während die Leistungszahl unter vorgegebenen Betriebsbedingungen ermittelt wird, stellt sich die Arbeitszahl durch den praktischen Betrieb im System ein. Die Arbeitszahl ist daher eine aussagekräftigere Beschreibung der Effizienz von Anlagen zur Nutzung der Umgebungswärme. Bei Grundwasserwärmepumpen liegen die Jahresarbeitszahlen für monovalent betriebene Heizungswärmepumpen im Bereich von etwa 4 bis 4,5. Für die Heizungswärme- und Trinkwarmwasserbereitung in einem Gerät liegen die Jahresarbeitszahlen auf Grund der höheren benötigten Temperaturen zwischen 3,8 und 4,2. Bei der Nutzung von Erdreich als Wärmequelle lassen sich Jahresarbeitszahlen von etwa 3,5 bis 4 für den monovalenten Betrieb bzw. 3,4 bis 3,9 bei Kombinationssystemen erreichen. Bei Direktverdampfung liegt die Arbeitszahl der Anlage meist rund 5 bis 15 % höher.
- Für verbrennungsmotorisch betriebene Wärmepumpen und Absorptionswärmepumpen wird statt der Jahresarbeitszahl die Heizzahl als Verhältnis der Nutzenergie zum Energieinhalt der eingesetzten fossilen Energieträger über einen bestimmten Zeitraum angegeben. Typische Werte liegen, je nach Wärmepumpentechnik, zwischen 1,1 und 1,6.

Von der an die Wärmenutzungsanlage abgegebenen Wärme stammt demnach nur ein Teil aus Umgebungswärme.

Kennlinien. Die diskutierte Abhängigkeit der Leistungszahl von der Temperaturdifferenz zwischen Wärmequelle und -senke stellt eine wesentliche Charakteristik von Wärmepumpenanlagen dar. Abb. 7.15 zeigt dazu die im praktischen Betrieb erreichbaren Kennlinienverläufe von Luft/Wasser- und Sole/Wasser-Wärmepumpen für unterschiedliche Vorlauftemperaturen.

Demnach ist z. B. mit einer Sole/Wasser-Wärmepumpe bei einer Temperatur der Wärmequelle (d. h. Soletemperatur) von 10 °C und einer Vorlauftemperatur des Wärmeverteilnetzes von 35 °C eine Leistungszahl von etwa 5,2 möglich. Liegt die Vorlauftemperatur des Wärmeverteilnetzes demgegenüber bei 50 °C, sinkt die Leistungszahl aufgrund der in Kapitel 7.2.1 diskutierten Zusammenhänge auf ca. 3,8.

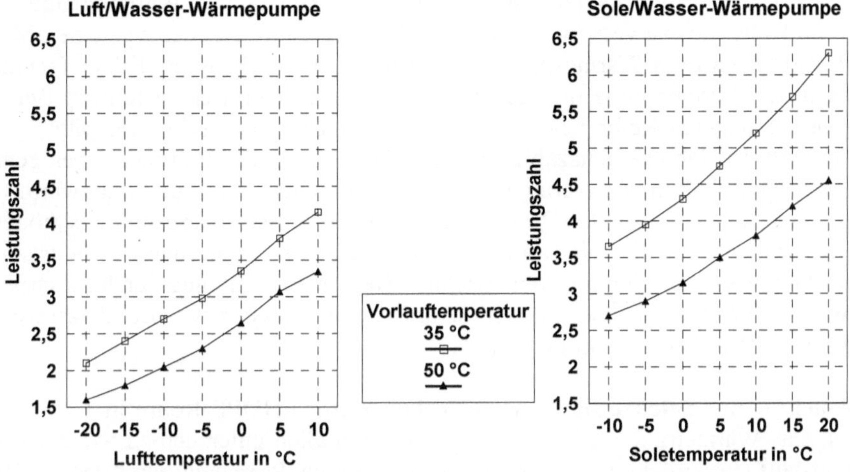

Abb. 7.15 Einfluss des Temperaturniveaus der Wärmequelle und der Heizungsvorlauftemperatur auf die Leistungszahl von Wärmepumpen (Sole mit 25 % Frostschutzmittel; nach /KVS 1997/)

7.3 Ökonomische und ökologische Analyse

Im Folgenden werden anhand konkreter Anlagenkonfigurationen die mit einer Wärmeerzeugung aus Umgebungswärme verbundenen Umweltbelastungen und Kosten bestimmt.

7.3.1 Referenzanlagen

Wärmepumpen zur Raumwärme- und Trinkwarmwasserbereitung werden in Österreich fast ausschließlich als monovalente elektromotorisch betriebene Kompressionswärmepumpen ausgeführt. Im Folgenden werden daher nur Anlagen dieser Technik für eine Bilanzierung der spezifischen kumulierten Energie- und Emissionsströme sowie der Kosten herangezogen (vgl. auch /Faninger 1998/). Aufgrund der Vielzahl möglicher Einflussfaktoren auf die technische Umsetzung von Wärmepumpenanlagen (u. a. geologische Bedingungen am Standort) sind die nachfolgend festgelegten Referenzanlagen nur als Beispiele einer Nutzung von Umgebungswärme zu sehen.

Für die in Kapitel 1.3 definierten Versorgungsaufgaben werden im Folgenden Systemkonfigurationen von Wärmepumpenanlagen mit unterschiedlichen Wärmequellen definiert (Tabelle 7.5). Die Raumwärme- und Trinkwarmwasserbereitung erfolgt über dasselbe Wärmepumpenaggregat in Vorrangschaltung für Trinkwarmwasser; für den in den Einfamilienhäusern eingesetzten 175 l Trinkwarmwasserspeicher wird ein Nutzungsgrad von 80 % unterstellt. Als Arbeitsmittel findet bei allen Systemen das chlorfreie R407C oder R134a Verwendung. Die Wärmepumpe wird immer im Keller des zu versorgenden Gebäudes aufgestellt. Bei den Systemen MFH-0 und MFH-I wird ein Wärmespeicher mit 1 000 l Inhalt als hydraulische Trennung zwischen der Wärmepumpe und den verschiedenen Heizkreisen installiert. Bei den weiteren betrachteten Referenzanlagen ist kein Speicher vorgesehen (Kapitel 7.2.2). Die erreichbaren Jahresarbeitszahlen werden dabei durch die Wärmepumpentechnik bzw. die Eigenschaften der Wärmequelle sowie durch den Anteil der Trinkwarmwasserbereitung an der gesamten Wärmenachfrage bestimmt. Aufgrund des höheren Temperaturniveaus ist die Trinkwarmwassererzeugung durch geringere Arbeitszahlen als die Raumwärmebereitung gekennzeichnet. Bei der Bestimmung der Jahresarbeitszahl wird die benötigte Hilfsenergie für u. a. Regelung, Sole- bzw. Grundwasserpumpe oder Ventilator berücksichtigt.

Erdkollektor mit Solekreislauf. Als Kollektor werden HDPE-Rohre in 1,2 m Tiefe verlegt. Das Wärmeträgermedium besteht – wie bei allen untersuchten Systemen mit Solekreislauf (Erdkollektor und -sonde) – zu 30 % aus Propylenglykol und zu 70 % aus Wasser. Aufgrund des relativ hohen Flächenbedarfs werden Erdkollektoren nur bei vergleichsweise geringen Leistungen (i. Allg. kleiner 20 kW) eingesetzt. Sinnvollerweise können daher nur die Systeme EFH-0, EFH-I, EFH-II und EFH-III sowie MFH-0 mittels Erdkollektoren als Wärmequellenanlage betrieben werden. Für das Gesamtsystem aus Trinkwarmwasser- und Raumwärmebereitung lassen sich dabei Jahresarbeitszahlen von 3,50 (EFH-0), 3,60 (EFH-I), 3,70 (EFH-II), 3,85 (EFH-III) bzw. 3,65 (MFH-0) erreichen. Die niedrigere Jahresarbeitszahl des Passivhauses resultiert aus dem vermehrten Einsatz in den kalten Wintermonaten, die wiederum bedingt ist durch die vergleichsweise geringe Wärmenachfrage in der Übergangszeit.

Tabelle 7.5 Referenzkonfigurationen von Wärmepumpenanlagen

System		EFH-0	EFH-I	EFH-II	EFH-III	MFH-0	MFH-I
Raumwärmenachfrage	in GJ/a	8	22	45	108	68	432
Trinkwarmwassernachfrage	in GJ/a	10,7	10,7	10,7	10,7	64,1	64,1
Heizleistung	in kW	5	5	8	18	20	60
Wärmequelle							
Erdkollektor mit Solekreislauf (EK)		X	X	X	X	X	
Erdkollektor-Direktverdampfung (EK-DV)		X	X	X	X	X	
Erdsonde mit Solekreislauf (ES)				X	X	X	X
Grundwasser (GW)				X	X	X	
Außenluft Wasser (AL W)		X	X	X	X	X[a]	
Außenluft Wasser mit Luftvorwärmung über Erdbrunnen (AL W-VW)		X	X	X			
Außenluft Luft mit Vorwärmung über Erdbrunnen (AL L-VW)		X[b]				X[c]	

[a] jede Wohneinheit verfügt über eine eigene 5 kW Wärmepumpe; [b] Heizleistung 1,7 kW; [c] jede Wohneinheit verfügt über eine eigene 1,7 kW Wärmepumpe

Erdkollektor mit Direktverdampfung. Bei den unterstellten Systemen mit Direktverdampfung werden Kupferrohre mit einem Kunststoffschutzmantel in 1,2 m Tiefe auf einer Sandschicht verlegt. Trotz des im Vergleich zu einem Erdkollektor mit Solekreislauf geringeren Flächenbedarfs sind Systeme mit Direktverdampfung ebenfalls bei der Leistung nach oben hin beschränkt. Es werden daher auch hier nur Wärmepumpenanlagen für die Versorgungsaufgaben EFH-0, EFH-I, EFH-II und EFH-III sowie MFH-0 untersucht. Die Jahresarbeitszahlen dieser Systeme liegen bei 3,66 (EFH-0), 3,76 (EFH-I), 4,00 (EFH-II), 4,20 (EFH-III) bzw. 3,85 (MFH-0).

Erdsonde mit Solekreislauf. Bei einer unterstellten Wärmeentzugsleistung der Erdsonde von 65 W/m folgen für die untersuchten Systeme Erdsondenlängen von 2 x 60 m (EFH-II), 3 x 90 m (EFH-III), 4 x 75 m (MFH-0) sowie 12 x 75 m (MFH-I). Die HDPE-Sonden werden dabei als Doppel-U-Rohre ausgeführt und in Bohrungen eingebracht, die dann mit einer Suspension aus Bentonit, Zement und Wasser verfüllt werden. Die Jahresarbeitszahlen für die Trinkwarmwasser- und Raumwärmebereitung liegen bei 3,59 (EFH-II), 3,77 (EFH-III), 3,50 (MFH-0) bzw. 3,73 (MFH-I).

Grundwassersonde. Für die Systeme EFH-II und EFH-III bzw. MFH-0 werden jeweils 15 m tiefe Bohrungen für Förder- und Schluckbrunnen abgeteuft. Der Ausbau der Bohrungen erfolgt entsprechend Abb. 7.13. Die Jahresarbeitszahlen liegen bei 3,95 (EFH-II), 4,20 (EFH-III) bzw. 3,85 (MFH-0).

Außenluft Wasser ohne/mit Luftvorwärmung. Bei den Systemen ohne Vorwärmung wird die Luft über verzinkte Stahlblechkanäle der Wärmepumpe zu- bzw. von dieser abgeführt. Die Vorwärmung der Außenluft über sogenannte Energiebrunnen erfolgt durch 30 m lange Kunststoffrohre mit einem Durchmesser von 20 cm, die in einer Tiefe von 2 m im Erdboden verlegt sind. Die Jahresarbeitszahlen für die betrachteten Referenzanlagen werden für die Systeme ohne Luftvorwärmung mit 2,50 (EFH-0), 2,60 (EFH-I), 2,70 (EFH-II), 2,80 (EFH-III) bzw. 2,50 (Angabe für ein Gerät je Wohneinheit von MFH-0) und für Systeme mit Vorwärmung mit 2,53 (EFH-0), 2,63 (EFH-I) bzw. 2,73 (EFH-II) unterstellt.

Außenluft Luft mit Luftvorwärmung. Bei diesen Systemen erfolgt die Vorwärmung der Außenluft über sogenannte Energiebrunnen – 30 m lange Kunststoffrohre mit einem Durchmesser von 20 cm, die in einer Tiefe von 2 m im Erdboden verlegt sind – und durch die abgegebene Wärme der Wärmerückgewinnungsanlage (Abb. 7.16 ohne Solaranlage). Bei dem System MFH-0 wird bei dieser Anlagenkonfiguration von einem Reihenhaus ausgegangen, in dessen Wohneinheiten jeweils ein Energiebrunnen, eine Wärmerückgewinnungsanlage und eine Wärmepumpe vorhanden sind. Die Jahresarbeitszahlen für die betrachteten Referenzanlagen werden mit 3,43 (EFH-0 bzw. MFH-0) unterstellt.

In Passiv- und Niedrigenergiehäusern werden mit Außenluft betriebene Luftwärmepumpen i. Allg. auch mit Solaranlagen kombiniert (entsprechend Abb. 7.16) /Streicher et al. 2004/. Für den Mischbetrieb bei EFH-0 und MFH-0 werden Außenluft-Luft-Systeme mit Luftvorwärmung über Erdbrunnen und 7,4 m^2 indachmontierten Solarkollektoren (Kapitel 4.3.1, Referenzanlage EFH-III) betrachtet, wobei die Solaranlage ausschließlich zur Trinkwarmwassererwärmung eingesetzt wird. Auch hier dienen der Wärmepumpe im EFH-0 und in jeder Wohneinheit des hier als Reihenhaus angesehenen MFH-0 der Energiebrunnen und die Abluft der Wärmerückgewinnungsanlage als Wärmequelle.

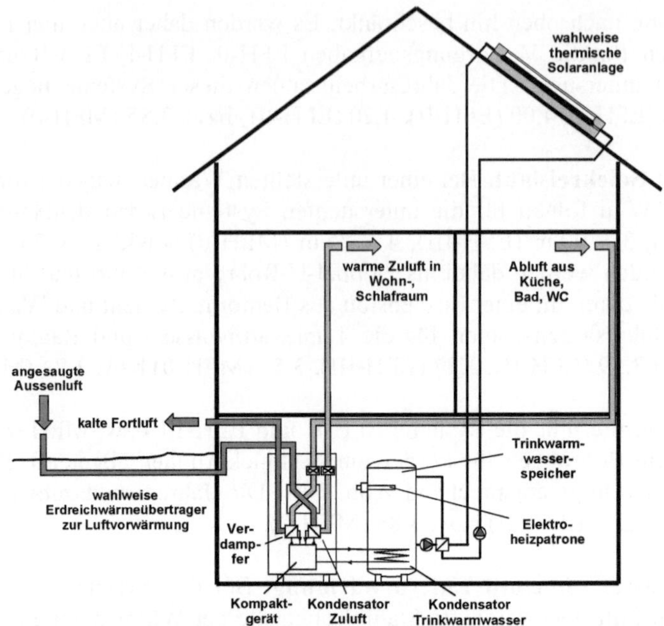

Abb. 7.16 Anlagenschema einer mit Außenluft betriebenen Luftwärmepumpe zur Raumwärme- und Trinkwarmwassererwärmung in Kombination mit einer Wärmerückgewinnungsanlage und einem Energiebrunnen mit solarunterstützter Trinkwarmwasserbereitung

7.3.2 Ökologische Analyse

Für die in Tabelle 7.5 dargestellten Anlagen zur Nutzung der Umgebungsluft bzw. der oberflächennahen Erdwärme wird im Folgenden eine Bilanzierung ausgewählter Umweltkenngrößen im Verlauf des gesamten Lebensweges durchgeführt. Anschließend werden weitere mit einer Energiebereitstellung aus derartigen Systemen verbundene Umwelteffekte diskutiert.

7.3.2.1 Lebenszyklusanalyse

Monovalente Wärmepumpensysteme. Für die diskutierten Referenzsysteme werden im Folgenden die Energie- und Emissionsbilanzen im Verlauf der gesamten Anlagenlebensdauer einschließlich aller vorgelagerten Prozesse erstellt und diskutiert. Bezugsgröße ist dabei 1 TJ (1 GWh) bereitgestellte Wärme am Ausgang des Trinkwarmwasserspeichers bzw. an der Schnittstelle zum Wärmeverteilnetz der Gebäude. Tabelle 7.6 zeigt die Ergebnisse der Bilanzierung für eine Wärmebereitstellung zur Trinkwarmwasser- und Raumwärmebereitung für die in Tabelle 7.5 definierten Wärmepumpensysteme. Für die elektrische Antriebsenergie wird der österreichische Stromerzeugungsmix des Jahres 2006 zugrunde gelegt. Dabei wird die Raumwärmebereitstellung mit einem entsprechend der Heizgradtagzahl gewichteten Stromerzeugungsmix und die Trinkwarmwasserbereitung mit einem dem Gesamtjahr entsprechenden Strommix bilanziert (Kapitel 1.4).

Tabelle 7.6 Energie- und Emissionsbilanzen einer Wärmebereitstellung mittels Wärmepumpen zur Raumwärme- und Trinkwarmwasserbereitung; Strombereitstellung entsprechend dem österreichischen Strommix 2006 (Zahlen gerundet)

Versorgungs-aufgabe	Referenz-system	Jahres-arbeitszahl[a]	Energie in GJ/TJ[b]	SO_2 in kg/TJ	NO_x in kg/TJ	CO_2-Äquivalente in t/TJ	SO_2-Äquivalente in kg/TJ	Energie in GJ/GWh[b]	SO_2 in kg/GWh	NO_x in kg/GWh	CO_2-Äquivalente in t/GWh	SO_2-Äquivalente in kg/GWh
EFH-0 (5 kW)	EK[c]	3,50	590	85	59	35	131	2 125	306	214	128	471
	EK-DV[d]	3,66	571	90	59	34	135	2 054	323	211	124	487
	AL W[e]	2,50	767	117	68	46	170	2 761	420	245	167	613
	AL W-VW[f]	2,53	768	117	71	47	172	2 764	420	255	170	621
EFH-0 (1,7 kW)	AL L-VW[g]	3,43	605	102	59	37	149	2 178	368	212	134	535
EFH-I (5 kW)	EK[c]	3,60	477	61	44	29	95	1 717	220	159	103	342
	EK-DV[d]	3,76	458	63	43	28	96	1 648	226	156	99	347
	AL W[e]	2,60	645	85	54	39	127	2 323	306	195	141	458
	AL W-VW[f]	2,63	643	85	56	39	128	2 313	305	200	142	461
EFH-II (8 kW)	EK[c]	3,70	437	47	38	26	76	1 574	169	137	95	272
	EK-DV[d]	4,00	424	53	39	27	83	1 527	190	140	99	298
	ES[h]	3,59	494	58	53	30	97	1 778	207	190	107	350
	GW[i]	3,95	445	53	43	27	86	1 603	192	156	97	311
	AL W[e]	2,70	615	75	50	38	114	2 213	271	182	138	411
	AL W-VW[f]	2,73	612	75	51	39	115	2 202	270	185	139	413
EFH-III (18 kW)	EK[c]	3,85	437	47	38	26	76	1 574	169	137	95	272
	EK-DV[d]	4,20	402	48	37	24	77	1 448	174	133	88	276
	ES[h]	3,77	477	52	51	28	90	1 716	186	185	102	324
	GW[i]	4,20	403	44	36	24	71	1 452	159	128	88	257
	AL W[e]	2,80	589	65	47	36	101	2 119	234	169	128	364
MFH-0 (20 kW)	EK[c]	3,65	620	64	52	37	103	2 233	229	186	135	370
	EK-DV[d]	3,85	597	66	52	36	105	2 150	238	186	130	380
	ES[h]	3,50	670	69	66	40	119	2 411	249	237	144	427
	GW[i]	3,85	640	66	53	39	106	2 305	237	192	140	383
MFH-0 (5 kW)[j]	AL W-VW[f]	2,50	898	179	89	54	250	3 235	643	320	196	901
MFH-0 (1,7 kW)[j]	AL L-VW[g]	3,43	750	166	84	47	234	2 699	596	303	168	841
MFH-I (60 kW)	ES[h]	3,73	463	47	47	28	82	1 669	170	168	100	296

[a] für Raumwärme- und Trinkwarmwasserbereitung; [b] primärenergetisch bewerteter kumulierter fossiler Energieaufwand (Verbrauch erschöpflicher Energieträger); [c] Erdkollektor-Sole; [d] Erdkollektor-Direktverdampfung; [e] Außenluft Wasser; [f] Außenluft Wasser mit Vorwärmung; [g] Außenluft Luft mit Vorwärmung; [h] Erdsonde; [i] Grundwasser; [j] jede Wohneinheit verfügt über eine eigene Wärmepumpe

Der Haupteinflussfaktor auf die dargestellten Ergebnisse ist die Jahresarbeitszahl und damit der Anteil der zugeführten elektrischen Antriebsenergie an der gesamten Wärmeerzeugung. Wärmepumpenanlagen mit systembedingt niedrigeren Arbeitszahlen (vor allem Außenluftanlagen) sind deshalb durch deutlich höhere Aufwendungen erschöpflicher Energieträger sowie Emissionen der betrachteten Schadstoffe gekennzeichnet.

Beispielsweise bewegt sich der Verbrauch erschöpflicher Energieträger zwischen rund 400 und 900 GJ pro TJ bereitgestellter Wärme und die spezifischen CO_2-Äquivalent-Emissionen liegen zwischen knapp 25 und 54 t/TJ. Rund 91 bis 98 % dieses

Verbrauchs bzw. dieser Emissionen stammen dabei aus dem Betrieb der Anlagen und hier aus der Bereitstellung des für den Betrieb benötigten elektrischen Stroms.

Der Bau der Anlagen hat bei Systemen mit Erdsonden sowie Luftvorwärmung über Energiebrunnen aufgrund der höheren baulichen Aufwendungen einen Anteil von 4 bis 16 % an den gesamten fossilen Energieaufwendungen bzw. Emissionen; bei den weiteren betrachteten Systemen liegen diese Anteile unter 9 %. Abriss und Entsorgung zeigen demgegenüber einen vernachlässigbaren Beitrag.

Abb. 7.17 zeigt diese Zusammenhänge für die in Tabelle 7.5 definierten Referenzsysteme am Beispiel der CO_2-Äquivalent-Emissionen. Die Unterschiede zwischen den einzelnen Wärmepumpengrößen bzw. -leistungen resultieren dabei aus voneinander abweichenden spezifischen baulichen Aufwendungen sowie unterschiedlichen Anteilen der Trinkwarmwasserbereitung am gesamten Wärmeverbrauch. Auch die weiteren betrachteten Emissionen sowie der Verbrauch erschöpflicher Energieträger zeigen Tendenzen, wie sie in Abb. 7.17 dargestellt sind.

In Abb. 7.18 ist eine Aufteilung der CO_2-Äquivalent-Emissionen für die Referenzsysteme EFH-II EK-DV (Erdkollektor mit 8 kW Heizleistung und Direktverdampfung) sowie EFH-II GW (Grundwassersonde mit 8 kW Heizleistung) auf Bau (Wärmepumpe, Wärmequelle, Trinkwarmwasserspeicher und sonstige bauliche Aufwendungen), Betrieb (im Wesentlichen elektrischer Strom) sowie Abriss und Entsorgung dargestellt. Unter der Wärmequelle werden hier die gesamten baulichen Aufwendungen und der Materialeinsatz des Erdkollektors mit Direktverdampfung bzw. der Grundwassersonde (Bohrungen für Förder- und Schluckbrunnen) verstanden.

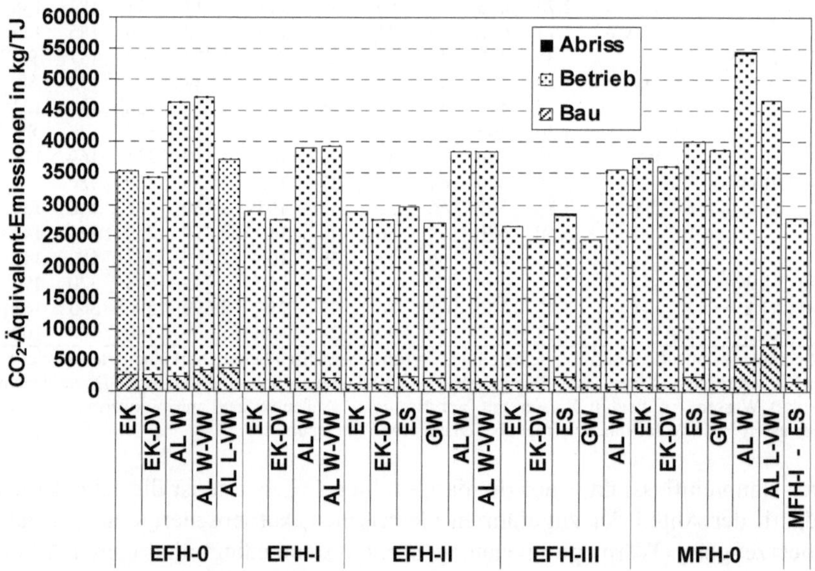

Abb. 7.17 Aufteilung der CO_2-Äquivalent-Emissionen der in Tabelle 7.8 dargestellten Bilanzergebnisse auf Bau, Betrieb und Abriss (EK Erdkollektor, EK-DV Erdkollektor-Direktverdampfung, AL W Außenluft Wasser, AL W-VW Außenluft Wasser mit Luftvorwärmung über Erdbrunnen, AL L-VW Außenluft Luft mit Vorwärmung über Erdbrunnen, ES Erdsonde, GW Grundwasser)

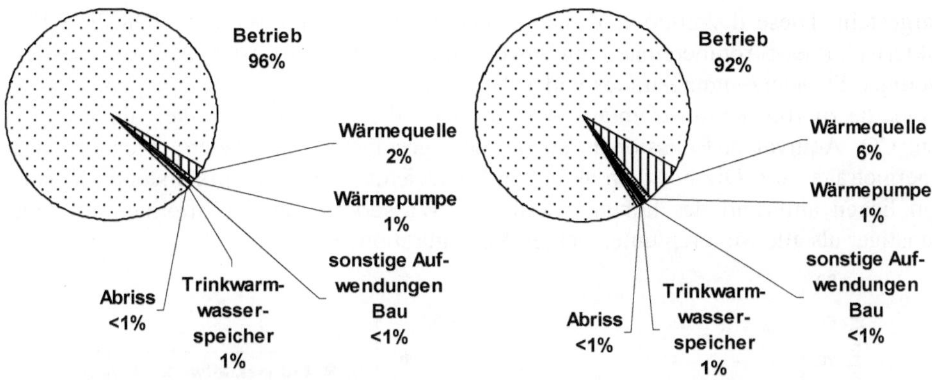

Abb. 7.18 Aufteilung der CO_2-Äquivalent-Emissionen einer Wärmebereitstellung mittels Wärmepumpe für das Referenzsystem EFH-II (8 kW Anschlussleistung) mit Erdkollektor und Direktverdampfung (EK-DV; links) bzw. Grundwasser als Wärmequelle (GW; rechts)

Abb. 7.18 zeigt, dass die Lebenswegbilanzen von Wärmepumpensystemen entscheidend von dem jeweiligen Stromerzeugungsmix bestimmt werden. Den diskutierten Ergebnissen aus Tabelle 7.6 und Abb. 7.18 liegt dabei der österreichische Stromerzeugungsmix des Jahres 2006 zugrunde. Dieser Strommix kann allerdings nur für bereits bestehende Anlagen bzw. für einen – bezogen auf die gesamte in Österreich vorhandene Kraftwerksleistung – geringen Zubau an Wärmepumpenleistung herangezogen werden. Ein deutlich verstärkter Zubau an elektromotorisch betriebenen Wärmepumpen hätte zwangsläufig Auswirkungen auf die Stromerzeugungsstruktur. Aufgrund der aus gegenwärtiger Sicht nur eingeschränkten weitergehenden Ausbaumöglichkeiten der Wasserkraft würde sich durch einen verstärkten Wärmepumpeneinsatz der Anteil der Wasserkraft an der österreichischen Stromaufbringung relativ verringern und entsprechend der Anteil kalorisch erzeugten Stroms bzw. der Importanteil zunehmen.

Die Auswirkungen eines derart veränderten Kraftwerkparks auf die in Abb. 7.18 dargestellten Ergebnisse zeigt Abb. 7.19 am Beispiel der spezifischen CO_2-Äquivalent-Emissionen und des Verbrauchs erschöpflicher Energieträger einer 8 kW Wärmepumpenanlage mit Direktverdampfung (Referenzsystem EFH-II EK-DV). Die Bilanzergebnisse sind dabei für

- eine Stromerzeugung in mit Erdgas, Steinkohle und Braunkohle gefeuerten kalorischen Kraftwerken sowie Wasserkraftwerken entsprechend der österreichischen Kraftwerksstruktur von 2006,
- den Importmix entsprechend der Importstruktur von 2006 (61 % Deutschland, 29 % Tschechische Republik, 5 % Ungarn und 5 % Slowenien),
- eine Stromerzeugung in einem GuD-Erdgaskraftwerk mit 58 % Wirkungsgrad,
- den österreichischen Strommix 2006 (die Raumwärmebereitung wird mit einem entsprechend der Heizgradtagzahl gewichteten Strommix und die Trinkwarmwasserbereitung mit einem dem Gesamtjahr entsprechenden Strommix bilanziert) sowie
- einen Strommix mit einem 50 %-igen Anteil an österreichischen Steinkohlekraftwerken sowie 50 % Importstrom

dargestellt. Diese diskutierten Zusammenhänge spiegeln im Wesentlichen die Charakteristika der Strombereitstellung aus den jeweiligen Kraftwerkstypen bzw. des jeweiligen Stromerzeugungsmixes wider. Dementsprechend weisen Wärmepumpensysteme, die zu 100 % mit Strom aus Wasserkraftwerken betrieben werden, die geringsten CO_2-Äquivalent-Emissionen sowie den geringsten Verbrauch erschöpflicher Energieträger auf. Die mit dem aktuellen österreichischen Strommix erstellten Bilanzen liegen aufgrund des hohen Anteils der Wasserkraft an der Stromaufbringung günstiger als alle weiteren untersuchten Konfigurationen.

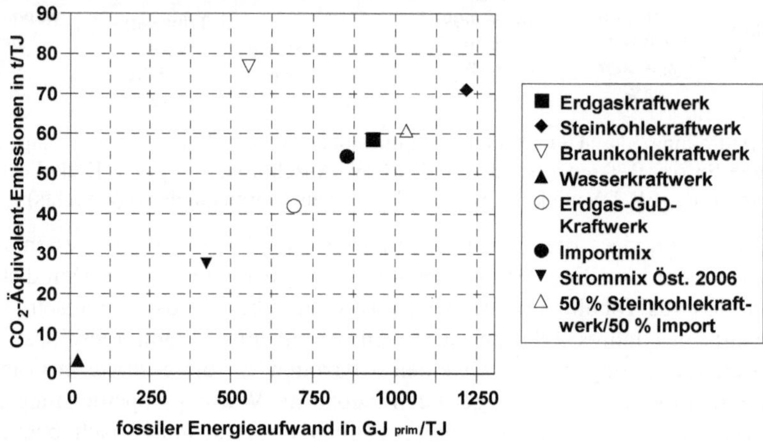

Abb. 7.19 CO_2-Äquivalent-Emissionen und kumulierter fossiler Energieaufwand für verschiedene in die Erstellung der Lebenswegbilanzen einfließende Kraftwerkstypen bzw. Stromerzeugungsstrukturen für eine 8 kW Wärmepumpenanlage mit Direktverdampfung (EFH-II EK-DV)

Muss allerdings aufgrund eines verstärkten Zubaus von Wärmepumpenanlagen in Österreich der vorhandene kalorische Kraftwerkspark verstärkt eingesetzt, mehr Strom importiert bzw. ein neues Kraftwerk gebaut werden, ist für diese Neuanlagen ein in Abhängigkeit von der jeweiligen Strombereitstellung abweichender Bereitstellungsmix für die elektrische Energie bei der Erstellung der Lebenswegbilanzen zu berücksichtigen. Als Beispiel werden im Folgenden zwei Varianten für das Referenzsystem EFH-II näher diskutiert.

- Bei der ersten Variante wird ein Stromerzeugungsmix mit einem 50 %-igen Anteil an österreichischen Steinkohlekraftwerken sowie 50 % Importstrom unterstellt. Die Importe stammen entsprechend der Importstruktur von 2006 zu 61 % aus Deutschland, 29 % aus Tschechien, 5 % aus Ungarn und 5 % aus Slowenien. Ausgehend davon zeigen die in Tabelle 7.7 dargestellten Ergebnisse der Bilanzierung für den Verbrauch fossiler Energieträger durchschnittlich um 145 % höhere Werte und die betrachteten Schadstoffemissionen liegen um durchschnittlich 95 % höher im Vergleich zu den Ergebnissen aus Tabelle 7.6 mit dem aktuellen österreichischen Strommix. So liegen etwa die spezifischen CO_2-Äquivalent-Emissionen zwischen ca. 62 und 90 t/TJ oder der fossile Energieaufwand zwischen 1 030 und 1 520 GJ/TJ. Die höchsten Werte werden dabei wiederum von Wärmepumpen mit Außenluft als Wärmequelle, also den Systemen mit den geringsten Jahresarbeitszahlen, erreicht.

Tabelle 7.7 Energie- und Emissionsbilanzen einer Wärmebereitstellung mittels 8 kW Wärmepumpe (System EFH-II) zur Raumwärme und Trinkwarmwasserbereitung; Strombereitstellung zu 50 % in österreichischen Steinkohlekraftwerken und zu 50 % durch einen Import aus den Nachbarländern (Zahlen gerundet)

Wärmequelle		EK[a]	EK-DV[b]	ES[c]	GW[d]	AL W[e]	AL W-VW[f]
Jahresarbeitszahl[g]		3,70	4,00	3,59	3,95	2,70	2,73
Energie[h]	in GJ_{prim}/TJ	1 117	1 033	1 172	1 062	1 517	1 504
SO_2	in kg/TJ	94	91	100	92	131	130
NO_x	in kg/TJ	75	70	87	75	96	97
CO_2-Äquivalente	in kg/TJ	65 825	60 944	68 984	62 811	89 596	89 150
SO_2-Äquivalente	in kg/TJ	153	145	167	150	207	206
Energie[h]	in GJ_{prim}/GWh	4 022	3 720	4 221	3 823	5 461	5 414
SO_2	in kg/GWh	340	327	359	330	473	469
NO_x	in kg/GWh	269	252	315	269	347	349
CO_2-Äquivalente	in kg/GWh	236 972	219 399	248 343	226 119	322 545	320 941
SO_2-Äquivalente	in kg/GWh	549	523	601	539	745	743

[a] Erdkollektor-Sole; [b] Erdkollektor-Direktverdampfung; [c] Erdsonde; [d] Grundwasser; [e] Außenluft Wasser; [f] Außenluft Wasser mit Luftvorwärmung über Erdbrunnen; [g] für Raumwärme und Trinkwarmwasserbereitung; [h] primärenergetisch bewerteter kumulierter fossiler Energieaufwand (Verbrauch erschöpflicher Energieträger)

- Bei der zweiten Variante wird von einer Stromerzeugung in einem modernen mit Erdgas gefeuerten Gas- und Dampfturbinen(GuD)-Kraftwerk mit einem elektrischen Wirkungsgrad von 58 % ausgegangen. Tabelle 7.8 zeigt die entsprechenden Bilanzergebnisse. Im Vergleich zu den mit dem österreichischen Stromerzeugungsmix des Jahres 2006 erstellten Bilanzen (Abb. 7.6) werden dabei um durchschnittlich ca. 50 % mehr fossile Energieträger verbraucht. Auch bei den CO_2-Äquivalent-Emissionen ist eine entsprechende Steigerung festzustellen. Bei den NO_x-Emissionen hingegen beträgt die Zunahme nur rund 17 % und bei den SO_2-Emissionen ist eine Abnahme von etwa 20 % festzustellen. Dies liegt darin begründet, dass mit Erdgas betriebene Gas- und Dampfturbinenkraftwerke wesentlich mehr CO_2-Äquivalent-Emissionenfreisetzen im Vergleich zu dem derzeitigen österreichischen Strommix, der durch Wasserkraftwerke dominiert wird. Dies gilt sinngemäß auch für die NO_x-Emissionen. Nur bei den SO_2-Emissionen kommt es bei Erdgas-GuD-Kraftwerken, die nahezu SO_2-frei betrieben werden können, zu einer Reduzierung gegenüber dem österreichischen Strommix, der auch durch einen begrenzten Anteil an Stein- und Braunkohlekraftwerken mit vergleichsweise hohen SO_2-Emissionen gekennzeichnet ist.

Wärmepumpensysteme in Kombination mit solarthermischen Anlagen. Tabelle 7.9 zeigt für die in Kapitel 7.3.1 definierten Anlagen die Energie- und Emissionsbilanzen einer Wärmebereitstellung mittels Wärmepumpen zur Raumwärme- und Trinkwarmwasserbereitung in Kombination mit solarthermischen Anlagen.

Die solarthermische Wärmebereitstellung erfolgt ausschließlich zur Trinkwarmwasserbereitung. Die Bereitstellung der elektrischen Antriebsenergie erfolgt in Anlehnung an die bisherige Vorgehensweise mit dem österreichischen Stromerzeugungsmix des Jahres 2006; die Raumwärmebereitung wird mit einem entsprechend der Heizgradtagszahl gewichteten und die Trinkwarmwasserbereitung mit einem dem Durchschnittsjahr entsprechenden Strommix bilanziert (Kapitel 1.4).

Tabelle 7.8 Energie- und Emissionsbilanzen einer Wärmebereitstellung mittels 8 kW Wärmepumpe (System EFH-II) zur Raumwärme und Trinkwarmwasserbereitung; Strombereitstellung mittels GuD-Erdgaskraftwerk (Zahlen gerundet)

Wärmequelle		EK[a]	EK-DV[f]	ES[c]	GW[d]	AL W[e]	AL W-VW
Jahresarbeitszahl[g]		3,70	4,00	3,59	3,95	2,70	2,73
Energie[h]	in GJ_{prim}/TJ	689	637	731	660	929	923
SO_2	in kg/TJ	41	42	45	42	59	59
NO_x	in kg/TJ	48	45	60	49	59	60
CO_2-Äquivalente	in kg/TJ	42 062	38 961	44 492	40 547	57 025	56 939
SO_2-Äquivalente	in kg/TJ	78	76	90	80	104	105
Energie[h]	in GJ_{prim}/GWh	2 479	2 292	2 630	2 377	3 346	3 322
SO_2	in kg/GWh	149	150	163	152	211	211
NO_x	in kg/GWh	172	162	214	178	214	217
CO_2-Äquivalente	in kg/GWh	151 422	140 260	160 172	145 969	205 289	204 980
SO_2-Äquivalente	in kg/GWh	280	274	323	287	375	378

[a] Erdkollektor-Sole; [b] Erdkollektor-Direktverdampfung; [c] Erdsonde; [d] Grundwasser; [e] Außenluft Wasser; [f] Außenluft Wasser mit Luftvorwärmung über Erdbrunnen; [g] für Trinkwarmwasser- und Raumwärmebereitung; [h] primärenergetisch bewerteter kumulierter fossiler Energieaufwand (Verbrauch erschöpflicher Energieträger)

Im Vergleich zu monovalent betriebenen Wärmepumpen zeigen sich am Beispiel des EFH-0 etwa 30 % Einsparungen im Verbrauch an fossilen Energieträgern und an CO_2-Äquivalent-Emissionen, da zur Wärmebereitstellung mittels Solaranlage weniger Strom benötigt wird. Dem steht eine ca. 15 %-ige Steigerung an SO_2-Äquivalent-Emissionen gegenüber; dies ist auf die erhöhten Aufwendungen beim Bau der Anlage zurückzuführen.

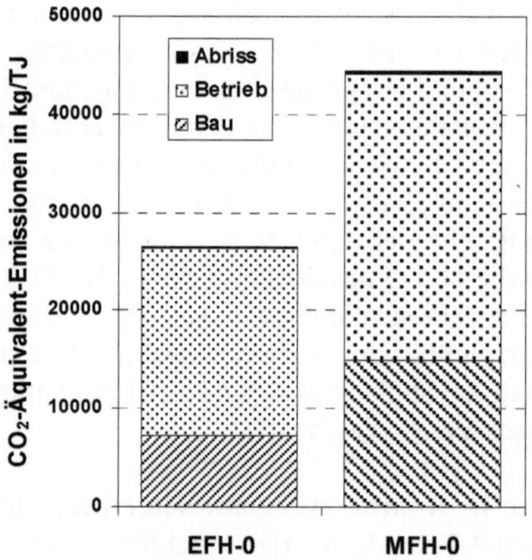

Abb. 7.20 Aufteilung der CO_2-Äquivalent-Emissionen der in Tabelle 7.9 dargestellten Bilanzergebnisse auf Bau, Betrieb und Abriss

Abb. 7.20 zeigt die Aufteilung der in Tabelle 7.9 dargestellten CO_2-Äquivalent-Emissionen auf Bau, Betrieb und Abriss. Dabei zeigen sich eine Verdoppelung der baulich bedingten Emissionen und eine Reduktion der betriebsbedingten Emissionen um 40 % bei EFH-0 bzw. 25 % bei MFH-0 im Vergleich zu monovalent betriebenen Wärmepumpen. Dadurch vergrößert sich der Anteil der durch den Bau verursachten Emissionen beispielsweise für das EFH-0 von 10 auf knapp 30 % und beim MFH-0 auf fast 35 %.

Tabelle 7.9 Energie- und Emissionsbilanzen einer Wärmebereitstellung mittels Wärmepumpe zur Raumwärme- und Trinkwarmwasserbereitung in Kombination mit solartechnischen Anlagen; Strombereitstellung entsprechend dem österreichischen Strommix 2006 (Zahlen gerundet)

System		EFH-0	MFH-0[a]
Wärmequelle Wärmepumpe		AL L-VW[b]	AL L-VW[b]
Jahresarbeitszahl[c]		1,7	1,7
Kollektorfläche	in m^2	7,4	111
Solarer Deckungsgrad[d]	in %	96,2	73,6
Energie[e]	in GJ_{prim}/TJ	437	736
SO_2	in kg/TJ	118	229
NO_x	in kg/TJ	60	112
CO_2-Äquivalente	in kg/TJ	26 430	44 413
SO_2-Äquivalente	in kg/TJ	169	325
Energie[e]	in GJ_{prim}/GWh	1 575	2 648
SO_2	in kg/GWh	424	823
NO_x	in kg/GWh	216	402
CO_2-Äquivalente	in kg/GWh	95 147	159 888
SO_2-Äquivalente	in kg/GWh	609	1 172

[a] jede Wohneinheit verfügt über eine eigene Wärmepumpe und Solaranlage; [b] Außenluft Luft mit Luftvorwärmung über Erdbrunnen; [c] für Raumwärme und Trinkwarmwasserbereitung; [d] für die reine Trinkwarmwasserbereitung; [e] primärenergetisch bewerteter kumulierter fossiler Energieaufwand (Verbrauch erschöpflicher Energieträger)

7.3.2.2 Weitere Umwelteffekte

Wärmepumpensysteme sind durch einen Betrieb ohne direkte Emissionen von Stoffen oder Partikeln gekennzeichnet. Trotzdem ist auch die Energiebereitstellung aus Wärmepumpen mit Umwelteffekten verbunden, die über die bisher diskutierten Umweltauswirkungen entlang des Lebensweges (Lebenszyklusanalyse) hinausgehen. Sie werden nachfolgend diskutiert.

Herstellung. Die Umweltwirkungen bei der Installation einer Wärmepumpenanlage auf Basis der Umgebungswärme konzentrieren sich bei der Nutzung von Wasser als Wärmequelle sowie bei Erdwärmesonden auf das Einbringen der Bohrungen. Dabei greifen Bohrarbeiten grundsätzlich in das ungestörte Erdreich ein. Beispielsweise kann es – bei entsprechenden geologischen Voraussetzungen – dadurch zu Verbindungen zwischen übereinanderliegenden Aquiferen kommen, die dann fachgerecht wieder abgedichtet werden müssen. Des Weiteren kann es zu Schadstoffeinträgen in den Untergrund durch das Bohrgerät, das Bohrgestänge und das Zubehör kommen. Auch können sich mögliche Umweltwirkungen durch chemisch-biologische Veränderungen im Untergrund durch Spülungszusätze ergeben. Solche Schadstoffeinträge lassen sich aber durch Vorsichtsmaßnahmen (DIN 4021, DVGW W 116) zur Verhinderung von Kontaminationen, bakteriologischen Verunreinigungen bzw. chemisch/biologischen Veränderungen im Untergrund u. ä. sowie ein angepasstes Bohrverfahren weitgehend verhindern /EN 378-1 2000/, /Sanner und Knoblich 1991b/. Trotzdem können die Wasserrechtsbehörden fallweise aufgrund dieser Problematik die Verwendung von Tiefensonden versagen oder die Bohrtiefe limitieren.

Auch kann es während des Abteufens der Bohrungen zu Lärmemissionen kommen, die sich jedoch bei Einhaltung der TA Lärm in den gesetzlich vorgegebenen Grenzen bewegen.

Die Herstellung der eigentlichen Wärmepumpenanlage ist prinzipiell mit keinen anderen als den normalerweise auch bei der Montage einer konventionellen Heizung auftreten Umweltbelastungen verbunden. Gefährdungsmomente, die früher durch die ozonschädigende Wirkung des Kältemittels z. B. bei der Befüllung bestanden, sind nach dem Verbot dieser Kältemittel weggefallen; ist das Kältemittel noch durch ein Treibhauspotenzial gekennzeichnet, kann damit jedoch eine potenzielle Gefährdung des Klimas verbunden sein.

Auch die industrielle Herstellung der Wärmepumpe ist mit den in der Maschinenbauindustrie üblichen Umwelteffekten verbunden, die sich zwischenzeitlich infolge der z. T. sehr weitgehenden gesetzlichen Vorgaben auf einem vergleichsweise geringen Niveau bewegen.

Normalbetrieb. Potenzielle Umweltwirkungen der Erdwärmenutzung im Normalbetrieb kommen im Wesentlichen in folgenden Bereichen vor: Umweltwirkungen von Wärmepumpen-Arbeitsmitteln, thermische Auswirkungen auf Boden, Grundwasser und Atmosphäre, hydraulische Veränderungen im Untergrund durch die Entnahme von Grundwasser, Lärmwirkungen und Umwelteinflüsse durch die Bohrungen sowie Gesundheitsgefährdung durch Legionellenbildung. Diese Aspekte werden nachfolgend diskutiert.

Umweltwirkungen von Wärmepumpen-Arbeitsmitteln. Kältemittel können zur Schädigung der Ozonschicht und zum anthropogenen Treibhauseffekt beitragen. Diese globalen Umwelteffekte sind abhängig von der Anlagenart (u. a. Dichtheit), der Kältemittel-Füllmenge, dem Umgang mit dem Kältemittel und der Art des Kältemittels. Kältemittel auf Basis von Fluor-Kohlenwasserstoffen besitzen beispielsweise eine ozonschädigende Wirkung, die durch den sogenannten ODP-Wert (Ozone Depletion Potential) beschrieben wird. Der Einsatz von ozonschädigenden Kältemitteln ist in Neuanlagen seit 2000 aber verboten /EN 378-1 2000/.

Bestimmte Kältemittel beeinflussen außerdem das Klima direkt. Der entsprechende Beitrag wird i. Allg. relativ zum CO_2 oft für einen Zeithorizont von 100 Jahren angeben und als GWP-Wert (Globale Warming Potential) bezeichnet. Die heute eingesetzten Kältemittel besitzen einen GWP von 1 300 (R134a), 1 610 (R407C), 3 (R290), 0 (R717) und 1 (R744). Die sich deutlich abzeichnende Tendenz geht aber zu Kältemitteln mit keinem oder nur einem sehr geringen GWP.

Werden bestimmte Kohlenwasserstoffe als Arbeitsmittel eingesetzt, müssen aufgrund deren Brennbarkeit entsprechende Sicherheitsvorkehrungen wie ggf. eine mechanische Belüftung des Aufstellungsraums oder eine Außenaufstellung der Wärmepumpe eingehalten werden.

Neben einer Freisetzung des Arbeitsmittels im Störfall kann auch im Normalbetrieb durch z. B. undichte Stellen in Verbindungsteilen Arbeitsmittel an die Atmosphäre abgegeben werden. Derartige Freisetzungen liegen während der Anlagenlebensdauer einer Wärmepumpenanlage i. Allg. im Bereich von 1 bis 2 % der Füllmenge. Werden im Normalbetrieb keine Leckagen unterstellt – und dies sollte mit moderner Technik der Normalfall sein, kommt es zu keinen derartigen Umweltwirkungen.

Um für Direktverdampfungsanlagen eine Minimierung der möglichen Grundwassergefährdung zu erreichen, empfiehlt sich der Einsatz sogenannter alternativer Kältemittel. Die hierbei eingesetzten synthetischen Esteröle sind in der Regel biologisch vollständig abbaubar und nicht wassergefährdend.

Bei Wärmepumpen mit einem Zwischenkreislauf muss dem Wärmeträgermedium in der Regel ein Frostschutzmittel zugegeben werden, da die Wärmequellentemperaturen unter 0 °C absinken können und am Verdampfer noch niedrigere Temperaturen auftreten. In Europa wird vorwiegend Propylenglykol in Konzentrationen bis zu etwa 30 % eingesetzt. Während bei den in geringen Tiefen verlegten horizontalen Wärmeübertragern im Falle des Austritts von Frostschutzmitteln der aerobe mikrobielle Abbau dieses Stoffes durch natürlich vorhandene Organismen erfolgt, kann bei tieferen Erdwärmesonden eine Sanierungshilfe durch Zugabe von Sauerstoff, warmem Wasser und ggf. Impforganismen notwendig werden.

Thermische Auswirkungen auf Boden, Grundwasser und Atmosphäre. Die Nutzung der im Boden, Grundwasser oder in den bodennahen Atmosphärenschichten enthaltenden Wärme durch Wärmepumpen führt zu einer entsprechenden Abkühlung.

Beispielsweise treten bei Erdwärmesondenanlagen Temperaturabsenkungen in beispielsweise 2 m Abstand von bis zu 2 K auf /Sanner und Knoblich 1991b/. Bei korrekt dimensionierten Anlagen stellt sich langfristig aber ein thermisches Gleichgewicht ein, wenn neben der Entzugsleistung der Sonde auch die jährlich entzogene Wärmemenge beachtet wird. Diese darf bei Anlagen ohne Wärmeeintrag im Sommer die natürliche Wärmeregenerationsfähigkeit nicht überschreiten. Der Einfluss des Wärmeentzuges bleibt dabei lokal begrenzt. Auch hat eine gemäßigte Abkühlung des Bodens keinen bekannten Einfluss auf seine Struktur. Bei Eisbildung aufgrund übermäßigen Wärmeentzugs infolge falsch ausgelegter Anlagen und nachfolgenden Tauens können sich jedoch die Strukturen in feinkörnigen Böden (z. B. Ton) ändern; dies kann Absenkungen des Bodens um die eingebrachten Erdwärmesonden zur Folge haben /SIA 1996/. Da sich in den typischerweise genutzten Tiefen jedoch keine Lebewesen und Pflanzenteile befinden, führt die Abkühlung zu keinen bekannten ökologischen Beeinträchtigungen. Außerdem ist der Einfluss zur Erdoberfläche hin vernachlässigbar klein und wird von der eingestrahlten Sonnenenergie überlagert. Ein negativer Einfluss auf das Grundwasser ist ebenfalls auszuschließen /Sanner und Knoblich 1991a/, /Sanner und Knoblich 1991b/.

Bei Erdwärmekollektoren kommt es zu einer gewissen Beeinflussung von Bodenfauna und Vegetation. Der Umfang der Einwirkungen ist ebenfalls wesentlich von der Anlagenauslegung abhängig. Bei Unterdimensionierung der Kollektoren verringert sich – infolge eines übermäßigen Abkühlens des Bodens – das Aktivitätsniveau der Bodenfauna (z. B. Regenwürmer) deutlich. Auch tritt dann eine deutliche Verspätung der Vegetation und eine Verringerung von Ernten, Blütenumfang usw. ein /Sanner und Knoblich 1991b/. Bei der immer anzustrebenden sachgemäßen Auslegung solcher Systeme sind aber derartige Wirkungen vergleichsweise gering; beispielsweise wurde keine systematische Änderung von bestimmten Käferpopulationen durch einen Wärmeentzug mit Wärmepumpen-gekoppelten Erdwärmekollektoren festgestellt /SIA 1996/. Im Sommer wird das gleiche Temperaturniveau wie ohne Kollektoren erreicht. Ein wesentlicher Einfluss auf das Grundwasser kann – aufgrund der geringen Verlegetiefen – ebenfalls ausgeschlossen werden.

Ähnliches gilt auch für den Wärmeentzug aus der Atmosphäre. Hier ist jedoch – im Vergleich zu einem Wärmeentzug aus dem Boden bzw. Grundwasser – der Wärmeaustausch zwischen einzelnen Luftpartien in den oberflächennahen Atmosphärenschichten deutlich intensiver, so dass ein möglicher Einfluss einer Abkühlung sich unmittelbar wieder ausgleicht. Diesbezügliche Umwelteffekte sind deshalb bisher nicht bekannt geworden. Zudem wird die der Außenluft entzogene Heizwärme über das Haus wieder an die Umgebungsluft abgegeben.

Außerdem ist durch Kultureinflüsse die Temperatur des Bodens, des Grundwassers oder auch der bodennahen Atmosphärenschichten vielerorts angestiegen, so dass eine entsprechende Abkühlung einen positiven Effekt darstellen kann /Sanner und Knoblich 1991b/. Bisher sind jedenfalls noch keine signifikanten negativen Aspekte einer Abkühlung von Boden, Grundwasser oder der bodennahen Atmosphärenschichten durch Wärmepumpenanlagen bekannt geworden.

Hydraulische Veränderungen im Untergrund durch Grundwasserentnahme. Die Entnahme von Grundwasser und die darauf folgende Wiedereinleitung führt zur Grundwasserabsenkung um den Förderbrunnen und einer Grundwasseranreicherung um den Injektionsbrunnen. Dadurch kommt es zu einer Strömungsanpassung mit räumlich begrenzter Ausdehnung.

Lärmwirkungen. Umweltbeeinträchtigungen traten in der Vergangenheit vielfach durch die hohen Schallleistungspegel der Wärmepumpenanlagen auf. Verglichen mit früheren Anlagengenerationen wurden bei den heute auf den Markt befindlichen Anlagen jedoch deutliche Reduzierungen der Schallabstrahlungen erreicht. Wärmepumpen mit einer Heizleistung um 10 kW erreichen teilweise Schallleistungen von weniger als 45 dB(A). Damit stellen die Schallemissionen heute praktisch kein Problem mehr dar.

Umwelteinflüsse durch Bohrungen. Gefährdungsmomente für das Grundwasser sind bei unzureichender Abdichtung der Bohrung an der Geländeoberkante durch die Möglichkeit des Eindringens von wassergefährdenden Stoffen von der Erdoberfläche aus gegeben /ÖWAV 1993/. Bei einer sachgerechten Abteufung und Komplettierung der Bohrungen kommen aber derartige Aspekte praktisch nicht zum Tragen.

Eine nachteilige Beeinflussung der Grundwasserfließverhältnisse kann aber dann gegeben sein, wenn Erschließungsbohrungen (z. B. für Erdwärmesonden) zwei oder mehrere Grundwasserstockwerke mit unterschiedlichem Druckniveau unkontrolliert durchteufen. Der hydraulische Kontakt verschiedener Grundwasserschichten ist dabei unerwünscht, insbesondere wenn eine der Schichten hochmineralisiertes oder belastetes Grundwasser enthält. Durch einen Einbau von Sperren lässt sich eine mögliche Gefährdung des Grundwassers jedoch weitgehend verhindern /ÖWAV 1993/.

Gesundheitsgefährdung durch Legionellenbildung. Legionellen können sich in Trinkwarmwassersystemen stark vermehren und dadurch zu einer Gesundheitsgefahr für den Menschen werden. Es handelt sich dabei jedoch nicht um eine spezifische Problematik von Wärmepumpen. Da Legionellen bei ca. 60 °C aber schnell absterben, ist es durch entsprechende technische Maßnahmen leicht möglich, diese Gefahr zu begrenzen (z. B. Einsatz einer Elektroheizpatrone).

Störfall. Störfälle im Zusammenhang mit der Wärmepumpennutzung können auftreten, wenn die in den Untergrund eingebundenen Materialien leicht korrodierbar und den dort gegebenen Beanspruchungen nicht gewachsen sind. Die Materialien für Erdwärmesonden müssen z. B. die vorkommenden Drücke bei Bohrungen in größerer Tiefe aushalten und eine hohe Reißfestigkeit besitzen. Es sind aber bislang bei Bohrungen bis rund 150 m Tiefe keine Rohrbrüche von z. B. PE-Rohren bekannt geworden /SIA 1996/.

Das Ausmaß der im Störfall eintretenden Umweltbeeinflussung durch die Wärmepumpe bzw. den Wärmequellenteil ist abhängig von der Art der eingesetzten Kälte- bzw. Frostschutzmittel. Die derzeit am häufigsten eingesetzten Frostschutzmittel Ethylenglykol und Propylenglykol sind in der Wassergefährdungsklasse 1 eingeordnet. Die Umweltwirkungen, die sich beispielsweise durch Leckagen ergeben können, sind jedoch i. Allg. gering. Gleiches trifft für Wärmepumpenarbeitsmittel für Direktverdampfung zu, da die eingesetzten Kältemittel ebenfalls – mit Ausnahme von Ammoniak – nicht oder nur wenig wassergefährdend sind. Entsprechende Versuche mit R290 als Kältemittel haben gezeigt, dass nur relativ kleine, temporäre und räumlich stark begrenzte Boden- und Grundwasserbelastungen resultieren /Ingerle et al. 1995/. Auch sind neuere Entwicklungen wie z. B. CO_2 Heat Pipes oft nicht wassergefährdend.

Umweltgefährdungen können im Falle eines Brandes oder einer Explosion der Wärmepumpe im Zusammenhang mit der Giftigkeit des Wärmemittels auftreten. Nach der DIN EN 378-1 werden Kältemittel in drei Gruppen unterteilt. Das häufig eingesetzte Kältemittel R290 gehört der Gruppe A3 (größere Brennbarkeit, geringere Giftigkeit), das R717 der Gruppe B2 (geringere Brennbarkeit, größere Giftigkeit) sowie die R407C, R134a und R744 der Gruppe A1 (keine Flammenausbreitung, geringere Giftigkeit) an. Kohlenstoffdioxid, welches möglicherweise zukünftig stärker als Kältemittel eingesetzt wird, gilt als das umweltfreundlichste Kältemittel (ODP = 0 (Ozonzerstörungspotenzial), GWP = 1 (Treibhauspotenzial), unbrennbar und nicht giftig). Gefährdungspotenziale bestehen hier hinsichtlich der Gesundheit nur infolge Berstens durch mechanische Explosionen und durch Leckagen von Anlagenteilen /Kraus 1998/, /BINE 2000/.

Bei einer Einhaltung der vorliegenden Sicherheitsvorkehrungen (Aufstellungsanforderungen in Abhängigkeit vom Raumvolumen und der Kältemittelfüllmenge, Sicherstellungen von Lüftungen etc.) der UVV VBG 20, DIN EN 378 und der DIN 7003 E lassen sich Unfälle verhindern bzw. deren Auswirkungen minimieren.

Zusätzlich können Umweltbelastungen für Boden und Grundwasser im Störfall durch Schmiermittel hervorgerufen werden. Durch den Einsatz von synthetischen Ölen können durch ihre geringe Wassergefährdung und ihre gute biologische Abbaubarkeit jedoch derartige Umweltgefahren minimiert werden. Das spielt besonders im Zusammenhang mit Direktverdampfungssystemen eine Rolle, da dort größere Mengen Öl zum Einsatz kommen.

Zusammengenommen sind damit auch im Störfall die potenziellen Umweltauswirkungen in Bezug auf das absolute Schadensausmaß begrenzt und kommen zudem nur am Anlagenstandort zum Tragen.

Stilllegung. Potenzielle Umwelteinflüsse im Zusammenhang mit dem Betriebsende sind bei der Nutzung des Grundwassers und der oberflächennahen Erdwärme mittels tiefer Erdwärmesonden bei nicht ordnungsgemäßer Abdichtung der Bohrung denkbar. Des Weiteren kann es beim Abbau der Anlagen zum Austreten von Kühlmitteln kommen; dies ist aber – werden die gegebenen Vorschriften eingehalten – eher unwahrscheinlich. Die Entsorgung der Anlagenkomponenten ist mit keinen bisher bekannten besonderen Umwelteffekten, für die keine technischen Lösungen bereits vorliegen, verbunden.

7.3.3 Ökonomische Analyse

Zur Abschätzung der mit einer Nutzung von Umgebungswärme durch Wärmepumpensysteme verbundenen monetären Aufwendungen werden im Folgenden die Investitionen und Betriebskosten sowie die spezifischen Wärmegestehungskosten für die in Tabelle 7.5 definierten Referenzanlagen dargestellt. Aufgrund der spezifischen geologischen Gegebenheiten vor Ort (u. a. Bodenbeschaffenheit, Wärmeleitfähigkeit des Untergrundes, Abstand des Grundwasserleiters von der Geländeoberkante) kann es zu deutlichen Unterschieden in der Auslegung der Wärmequellenanlage und damit in der Kostenstruktur des Gesamtsystems kommen. Zusätzlich zeigen die Kosten für elektrische Energie und Anschluss der Wärmepumpe an das Stromnetz eine, vom jeweiligen EVU abhängige, breite Streuung. Die im nachfolgenden näher diskutierten Kosten stellen daher nur Größenordnungen bzw. Anhaltswerte dar. In Einzelfällen können durchaus günstigere, aber auch ungünstigere Wärmegestehungskosten erzielt werden.

Investitionen. Die Höhe der spezifischen Investitionen für Wärmepumpensysteme wird im Wesentlichen von der eingesetzten Technik sowie der Systemgröße bestimmt. Generell sinken mit zunehmender Anlagengröße die spezifischen Kosten. Dies trifft vor allem für das Wärmepumpenaggregat inklusive der Trinkwarmwasserbereitung zu. Demgegenüber zeigen die Wärmequellenanlagen mit Ausnahme einer Nutzung von Grundwasser als Wärmequelle eine geringere Kostendegression. So liegen etwa die spezifischen Investitionen der betrachteten Sole/Wasser- und Wasser/Wasser-Wärmepumpen zwischen 350 und 920 €/kW. Die Aufwendungen für Wärmepumpen von Direktverdampfungssystemen liegen etwas darunter, jene von Luft/Wasser- sowie Luft/Luft-Wärmepumpen darüber.

Für die Wärmequellenanlagen sind für Systeme mit Grundwassernutzung zwischen 110 und 270 €/kW, für Erdkollektoren mit Sole oder Direktverdampfung zwischen 180 und 350 €/kW und für Systeme mit Erdsonden zwischen 170 und 210 €/kW zuzüglich Kosten für die Verlegung und Montage aufzuwenden. Zusätzlich fallen Kosten bei den Systemen mit Erdsonden für ein hydrogeologisches Gutachten in der Höhe von etwa 1 200 € an. Werden bei der Grundwassernutzung anstelle der unterstellten Bohrbrunnen Schlagbrunnen eingesetzt, lassen sich speziell bei kleineren Anlagen deutliche Einsparungen erzielen. Bei einem besonders hohen Grundwasserspiegel können auch etwa 3 m tiefe Sickerschächte errichtet werden, welche mit etwa 850 €/m in Bezug auf die Gesamtkosten günstiger sind im Vergleich zu den Bohrbrunnen.

Tabelle 7.10 Investitionen und Betriebskosten sowie Wärmegestehungskosten von Wärmepumpenanlagen zur Trinkwarmwasser- und Raumwärmebereitung für EFH-0 und EFH-I (Zahlen gerundet)

System		EFH-0					EFH-I			
Wärmenachfrage		18,3 GJ/a					32,7 GJ/a			
Heizleistung		5 kW				1,7 kW	5 kW			
Wärmequelle		EK[a]	EK DV[b]	AL W[c]	AL W - VW[d]	AL L - VW[e]	EK[a]	EK DV[b]	AL W[c]	AL W - VW[d]
Jahresarbeitszahl[f]		3,5	3,66	2,5	2,53	3,43	3,6	3,8	2,6	2,6
Investitionen										
Wärmequelle	in €	1 310	1 760	790	1 150	660	1 310	1 760	790	1 150
Wärmepumpe	in €	4 580	4 160	6 230	6 230	5 100	4 580	4 160	6 230	6 230
Trinkwarmwasserspeicher	in €	1 060	1 060	1 060	1 060	1 270	1 060	1 060	1 060	1 060
Raumlufttechn. Anl. mit AWR[g]	in €	2 260	2 260	2 260	2 260	2 260				
Montage	in €	3 300	3 550	3 650	5 220	4 880	2 530	2 780	2 880	4 450
Sonstiges[h]	in €	1 840	1 340	1 290	1 290	1 320	1 840	1 340	1 290	1 290
Summe	in €	14 350	14 130	15 280	17 210	15 490	11 320	11 100	12 250	14 180
Annuität[i]	in €/a	1 069	1 044	1 160	1 308	1 174	836	811	927	1 075
Betriebskosten[j]	in €/a	457	437	528	525	481	275	256	346	344
Stromkosten[k]	in €/a	133	128	177	175	135	192	184	265	262
Wärmegestehungskosten	in €/GJ	90,9	88,2	102,1	110,0	98,1	39,9	38,3	47,1	51,5
	in €/kWh	0,327	0,317	0,368	0,396	0,353	0,144	0,138	0,170	0,185

[a] Erdkollektor-Sole; [b] Erdkollektor-Direktverdampfung; [c] Außenluft Wasser; [d] Außenluft Wasser mit Luftvorwärmung über Erdbrunnen; [e] Außenluft Luft mit Luftvorwärmung über Erdbrunnen; [f] für Trinkwarmwasser- und Raumwärmebereitung; [g] Abluftwärmerückgewinnungsanlage; [h] u. a. Kosten für hydrologische Einreichung bzw. Anzeige nach Wasserrechtsgesetz /WRG 1959 BGBl 215/1959/; [i] bei einem Zinssatz von 4,5 % und einer Abschreibung über die technische Anlagenlebensdauer; [j] ohne Kosten der elektrischen Energie; [k] Kosten der elektrischen Energie für den Antrieb des Wärmepumpenkompressors, Soleumwälzpumpe, Regelung etc.

Tabelle 7.11 Investitionen und Betriebskosten sowie Wärmegestehungskosten von Wärmepumpenanlagen zur Trinkwarmwasser- und Raumwärmebereitung für EFH-II und EFH-III (Zahlen gerundet)

System		EFH-II					EFH-III					
Wärmenachfrage		55,7 GJ/a					118,7 GJ/a					
Heizleistung		8 kW					18 kW					
Wärmequelle		EK[a]	EK DV[b]	ES[e]	GW[f]	AL W[c]	AL W - VW[d]	EK[a]	EK DV[b]	ES[e]	GW[f]	AL W[c]
Jahresarbeitszahl[g]		3,7	4	3,6	4	2,7	2,7	3,9	4,2	3,8	4,2	2,8
Investitionen												
Wärmequelle	in €	1 680	2 690	1 660	2 160	1 910	2 270	3 190	5 000	3 260	2 200	1 230
Wärmepumpe	in €	4 970	4 400	5 050	5 290	6 580	6 580	6 870	5 750	6 870	6 580	10 290
Trinkwarmwasserspeicher	in €	1 060	1 060	1 060	1 060	1 060	1 060	1 060	1 060	1 060	1 060	1 060
Montage	in €	3 130	3 420	7 740	12 170	2 870	2 520	4 520	4 840	14 060	12 170	3 340
Sonstiges[h]	in €	2 160	1 390	1 960	1 740	1 230	1 230	3 380	1 670	2 730	1 930	1 490
Summe	in €	13 000	12 960	17 470	22 420	13 650	13 660	19 020	18 320	27 980	23 940	17 410
Annuität[i]	in €/a	960	939	1 303	1 676	1 034	1 035	1 399	1 315	2 087	1 792	1 324
Betriebskosten[j]	in €/a	292	270	297	333	359	355	383	340	388	393	530
Stromkosten[k]	in €/a	318	294	327	298	435	430	649	595	663	595	892
Wärmegestehungskosten	in €/GJ	28,2	27,0	34,6	41,4	32,8	32,7	20,5	19,0	26,4	23,4	23,1
	in €/kWh	0,101	0,097	0,125	0,149	0,118	0,118	0,074	0,068	0,095	0,084	0,083

[a] Erdkollektor-Sole; [b] Erdkollektor-Direktverdampfung; [c] Außenluft Wasser; [d] Außenluft Wasser mit Luftvorwärmung über Erdbrunnen; [e] Erdsonde; [f] Grundwasser; [g] für Trinkwarmwasser- und Raumwärmebereitung; [h] u. a. Kosten für hydrologische Einreichung bzw. Anzeige nach Wasserrechtsgesetz /WRG 1959/; [i] bei einem Zinssatz von 4,5 % und einer Abschreibung über die technische Anlagenlebensdauer; [j] ohne Kosten der elektrischen Energie; [k] Kosten der elektrischen Energie für den Antrieb des Wärmepumpenkompressors, Soleumwälzpumpe, Regelung etc.

Tabelle 7.12 Investitionen und Betriebskosten sowie Wärmegestehungskosten von Wärmepumpenanlagen zur Trinkwarmwasser- und Raumwärmebereitung für MFH-0 und MFH-I (Zahlen gerundet)

System		MFH-0						MFH-I
Wärmenachfrage		132,1 GJ/a						496,0 GJ/a
Heizleistung		20 kW				15 x 5 kW	15 x 1,7 kW	60 kW
Wärmequelle		EK[a]	EK DV[b]	ES[e]	GW[f]	AL W[c]	AL L – VW[d]	ES[e]
Jahresarbeitszahl[g]		3,7	3,9	3,5	3,9	2,5	3,4	3,7
Investitionen								
Wärmequelle	in €	3 510	5 610	3 580	2 200	11 840	18 280	10 290
Wärmepumpe	in €	7 800	5 880	7 800	7 060	93 520	76 490	14 670
Trinkwarmwasserspeicher	in €					15 890	18 980	
Pufferspeicher	in €	1 180	1 180	1 180	1 180			1 180
Raumlufttechn. Anl. mit AWR[h]	in €	30 510	30 510	30 510	30 510	30 510	30 510	
Montage	in €	16 420	16 820	27 530	23 660	52 400	68 450	43 570
Sonstiges[i]	in €	3 780	1 760	3 010	2 050	19 330	19 780	5 370
Summe	in €	63 200	61 760	73 610	66 660	223 490	232 490	75 080
Annuität[j]	in €/a	4 789	4 643	5 587	5 074	16 955	17 620	5 597
Betriebskosten[k]	in €/a	2 877	2 801	2 884	2 867	7 124	6 494	759
Stromkosten[l]	in €/a	1 093	1 054	1 126	1 054	1 443	1 142	2 795
Wärmegestehungskosten	in €/GJ	66,3	64,3	72,6	68,1	193,2	191,2	18,4
	in €/kWh	0,239	0,232	0,261	0,245	0,695	0,689	0,066

[a] Erdkollektor-Sole; [b] Erdkollektor-Direktverdampfung; [c] Außenluft Wasser; [d] Außenluft Wasser mit Luftvorwärmung über Erdbrunnen; [e] Erdsonde; [f] Grundwasser; [g] für Trinkwarmwasser- und Raumwärmebereitung; [h] Abluftwärmerückgewinnungsanlage; [i] u. a. Kosten für hydrologische Einreichung bzw. Anzeige nach Wasserrechtsgesetz /WRG 1959 BGBl 215/1959/; [j] bei einem Zinssatz von 4,5 % und einer Abschreibung über die technische Anlagenlebensdauer; [k] ohne Kosten der elektrischen Energie; [l] Kosten der elektrischen Energie für den Antrieb des Wärmepumpenkompressors, Soleumwälzpumpe, Regelung etc.

Neben den Investitionen für die Wärmequellenanlage und die Wärmepumpe sind in Tabelle 7.10 bis Tabelle 7.12 auch die Kosten für die Trinkwarmwasserbereitung und den Wärmespeicher angeführt. Unter Sonstiges sind die Kosten für Kleinteile sowie die Kosten, die aus der hydrologischen Einreichung bzw. Anzeige bei der zuständigen Behörde von das Grundwasser bzw. das Erdreich nutzenden Anlagen resultieren (entsprechend /WRG 1959/), zusammengefasst. Mit zunehmender Systemgröße verringert sich dabei der Anteil der Kosten für die Wärmepumpe an den Gesamtkosten. Während z. B. bei den betrachteten Referenzanlagen des Systems EFH-I mit Erdkollektor und Solekreislauf (EK) für die Wärmepumpe 41 % der Gesamtkosten zu veranschlagen sind, liegt dieser Anteil beim System MFH-0 mit Erdkollektor und Solekreislauf (EK) bei 12 %.

Die Investitionen eines solarthermisch unterstützten Wärmepumpenbetriebs (Tabelle 7.13) ergeben sich aus den Kosten der Solaranlage (Kapitel 4.3) sowie den in Tabelle 7.10 bis Tabelle 7.12 dargestellten Kosten von Wärmepumpen.

Tabelle 7.13 Investitionen und Betriebskosten sowie Wärmegestehungskosten von solarthermisch unterstützten Wärmepumpenanlagen zur Trinkwarmwasser- und Raumwärmebereitung (Zahlen gerundet)

System		EFH-0	MFH-0
Technik		AL L-VW[a] + Solar	AL L-VW[a] + Solar
Heizleistung WP	in kW	1,7	15 x 1,7
Wärmenachfrage	in GJ/a	18,3	132,1
Solarer Deckungsgrad[b]	in %	96,2	73,6
Investitionen	in €	20 300	299 600
Annuität	in €	1 600	23 400
Betriebskosten	in €/a	700	10 700
Wärmegestehungskosten	in €/GJ	126,0	258,1
	in €/kWh	0,45	0,93

[a] Außenluft Luft mit Luftvorwärmung über Erdbrunnen; [b] solarer Deckungsgrad nur für Trinkwarmwassererwärmung

Betriebskosten. Die Betriebskosten beinhalten die Aufwendungen für Wartung und Instandhaltung der Wärmepumpenanlage (z. B. Wechsel des Wärmeträgermediums, Austausch von Dichtungen) sowie den Stromkosten. Tabelle 7.10 bis Tabelle 7.12 zeigen die Aufstellung dieser Kosten für die in Tabelle 7.5 definierten Referenzanlagen.

In Abhängigkeit von der Anlagengröße bewegen sich die Betriebskosten – welche ausschließlich Wartungskosten darstellen - zwischen knapp 260 und 2 890 €/a. Bei den Systemen Außenluft – Wasser (AL W) sowie Außenluft – Luft mit Vorwärmung über Erdbrunnen (AL L-VW) des MFH-0 – welches hier als Reihenhaus unterstellt wird – liegen die Wartungskosten – da in jeder Wohneinheit eine Wärmepumpe und Wärmerückgewinnungsanlage installiert ist – bei über 7 000 €/a. Nicht enthalten sind darin die Kosten für die elektrische Energie zum Antrieb der Wärmepumpenkompressoren sowie u. a. für die Soleumwälzpumpe, die Grundwasserförderung, den Außenluftventilator oder die Regelung. Diese sind in Tabelle 7.10 bis Tabelle 7.12 gesondert angeführt.

Die Betriebskosten für das gesamte solarthermisch unterstützte Wärmepumpensystem (Tabelle 7.13) ergeben sich aus den Betriebskosten der Solaranlage (Kapitel 4.3) sowie den in Tabelle 7.10 bis Tabelle 7.12 dargestellten Betriebskosten der Wärmepumpe.

Wärmegestehungskosten. Auf Basis der in Kapitel 1.3 festgelegten finanzmathematischen Rahmenbedingungen (Zinssatz 4,5 %, Abschreibung über technische Lebensdauer) errechnen sich für die betrachteten Referenzanlagen die in Tabelle 7.10 bis Tabelle 7.12 dargestellten Wärmegestehungskosten. Für die Wärmequellenanlagen werden 30 Jahre (Ausnahme: 20 Jahre bei Wärmequellenanlagen bei Luft-Wärmepumpen), für Wärmepumpen und regelungstechnische Einrichtungen 20 Jahre sowie für Trinkwarmwasserbereitung und Wärmespeicher 25 Jahre technische Anlagenlebensdauer unterstellt. Für Sonnenkollektoren, Kollektorleitungen bzw. Isolierung werden 20, 30 bzw. 20 Jahre unterstellt /VDI-2067 2000/.

In Abhängigkeit von der Anlagengröße und Jahresarbeitszahl liegen die Wärmegestehungskosten bei monovalenten Wärmepumpensystemen zwischen rund 18 und etwa 102 €/GJ. Bei den Systemen Außenluft – Wasser (AL W) sowie Außenluft – Luft mit Luftvorwärmung über einen Erdbrunnen (AL L-VW) des MFH-0 können sie sogar bei bis zu rund 193 €/GJ liegen. Systeme mit Außenluft als Wärmequelle haben dabei die höchsten, Systeme mit Erdreichkollektoren und Direktverdampfung die niedrigsten Gestehungskosten.

Tabelle 7.13 zeigt die Wärmegestehungskosten eines solarthermisch unterstützten Wärmepumpenbetriebs. Sie liegen bei der untersuchten Kleinanlage EFH-0 bei etwa 126 €/GJ (bzw. 0,45 €/kWh). Bei dem System MFH-0 ergeben sich vergleichsweise hohe Wärmegestehungskosten von ca. 258 €/GJ (bzw. 0,93 €/kWh), da sich hier in jeder Wohneinheit der Reihenhausanlage eine Wärmepumpe mit Energiebrunnen sowie eine Solaranlage befindet.

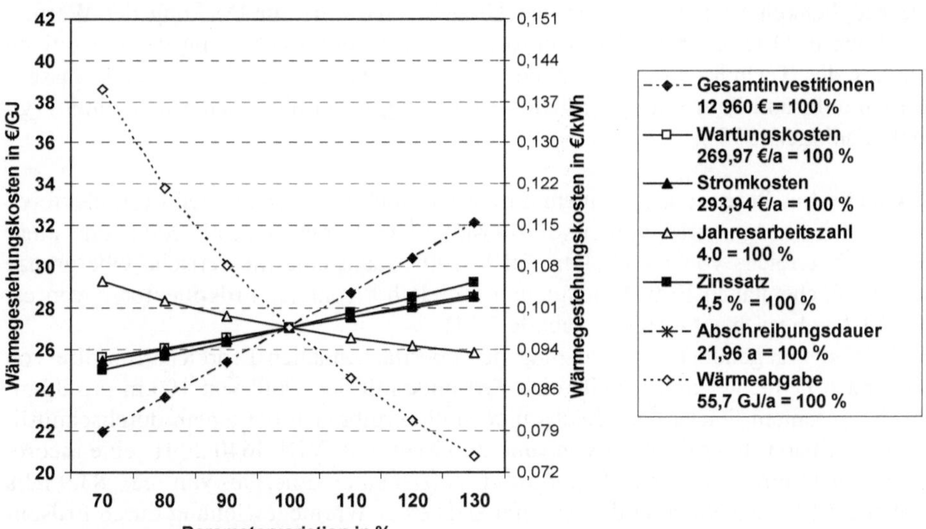

Abb. 7.21 Variation der wesentlichen Einflussgrößen auf die spezifischen Wärmegestehungskosten am Beispiel einer 8 kW Wärmepumpenanlage mit horizontalem Erdreichwärmeübertrager und Direktverdampfung (Referenzanlage EFH-II EK-DV, Abschreibungsdauer von 21,96 a entspricht dem gewichteten Mittel aller Anlagenkomponenten)

Um den Einfluss verschiedener Größen auf die Gestehungskosten besser abschätzen und bewerten zu können, zeigt Abb. 7.21 eine Variation wesentlicher sensitiver Parameter einer 8 kW-Wärmepumpenanlage mit Erdkollektor und Direktverdampfung. Den größten Einfluss auf die Wärmekosten zeigen demnach die Investitionen sowie die nachgefragte Wärmemenge (entspricht den Volllastbenutzungsstunden). Dabei wird unterstellt, dass sich Größe und damit Kosten der Wärmequellenanlage durch die Variation der Wärmeabgabe nicht verändert und es dadurch zu keinen Mehr- bzw. Minderkosten kommt. Auch der Effekt der vom System erreichten Jahresarbeitszahl beeinflusst die Gestehungskosten erheblich. Die Abschreibungsdauer, Strom- und Betriebskosten sowie der zugrunde gelegte Zinssatz sind hingegen von vergleichsweise untergeordneter Bedeutung.

7.4 Potenziale und Nutzung

Im Folgenden werden die theoretischen und technischen Potenziale sowie die zeitliche Entwicklung der Nutzung von Umgebungswärme mittels Wärmepumpen in Österreich dargestellt.

7.4.1 Potenziale

Die Möglichkeiten eines Beitrags von Umgebungswärme zur Deckung der Wärmenachfrage in Österreich werden nachfolgend unter Berücksichtigung des derzeitigen Standes der Technik diskutiert. Anlagen zur Nutzung von Oberflächengewässern werden aufgrund ihrer untergeordneten Bedeutung dabei nicht näher betrachtet (vgl. auch /Faninger 1998/).

Theoretisches Potenzial. Bei einem durchschnittlich mit horizontalen Erdkollektoren erzielbaren Energieertrag von rund 140 MJ/(m^2·a) /Streicher et al. 2004/ und einer Fläche Österreichs von 83 889 km^2 /BEV 2007/ kann eine theoretische Obergrenze der oberflächennahen Erdwärmenutzung mittels horizontaler Erdkollektoren von ca. 11,75 EJ/a abgeschätzt werden (Tabelle 7.14).

Wird demgegenüber eine Nutzung des oberflächennahen Erdreichs mithilfe von Erdsonden betrachtet und jeweils eine Erdsonde mit der Tiefe von 100 m pro 36 m^2 auf der gesamten Fläche Österreichs unterstellt, ergibt sich bei einem durchschnittlichen erzielbaren Energieertrag von rund 360 MJ/(m a) /VDI-4640 2001/ eine theoretische Obergrenze an dem Untergrund entziehbarer Energie von ca. 83,9 EJ/a (Tabelle 7.14). Die Nutzung dieses Potenzials einer Wärmegewinnung durch Erdsonden steht aber in Konkurrenz zu einer Erdwärmenutzung durch Erdkollektoren.

Das theoretische Potenzial einer Wärmenutzung bodennaher Luftschichten durch Luft-Wärmepumpen ist vom Grundsatz her unbegrenzt, da sich die Luftsäule beliebig oft abkühlen lässt und die daraus entzogene Wärme nach einer entsprechenden Zeit bzw. nach ihrer Nutzung wieder an die Umwelt abgegeben (z. B. Raumwärmeverluste) bzw. über die solare Einstrahlung regeneriert wird. Eine theoretische Obergrenze für die Nutzung der in den bodennahen Luftschichten enthaltenen Umgebungswärme lässt sich demnach grundsätzlich nicht angeben.

Technisches Angebotspotenzial. Flächen, die von potenziellen Verbrauchern weit entfernt liegen, sind aufgrund zu hoher Verluste beim Energietransport für eine Nutzung der oberflächennahen Erdwärme i. Allg. nicht geeignet. Zur Bestimmung des technischen Angebotspotenzials einer oberflächennahen Erdwärmenutzung in Österreich werden daher nur die den Gebäuden unmittelbar zugeordneten Freiflächen berücksichtigt; dies entspricht etwa 2,1 % (1 760 km^2) der Gesamtfläche Österreichs /BEV 2007/.

Aufgrund der vorhandenen Gebäudestrukturen und sonstiger Restriktionen wird unterstellt, dass nur bei etwa 40 % der Gebäude- und Freiflächen eine oberflächennahe Erdwärmenutzung technisch möglich ist. Damit wird u. a. berücksichtigt, dass eine Nutzung der oberflächennahen Erdwärme in Gebieten mit sehr hoher Bebauungsdichte, wie beispielsweise im Innenstadtbereich, nicht oder nur mit sehr großen Einschränkungen sinnvoll möglich ist. Auch ist eine Abteufung von Erdwärmesonden nicht bei jeder Bodenstruktur ohne weiteres sinnvoll. Außerdem kann eine lückenlose Erschließung dieser verbleibenden Flächen aufgrund von im Untergrund befindlichen Infrastrukturelementen (u. a. Versorgungsleitungen für Zu- und Abwasser, Gas, Strom, Kommunikation) und anderweitiger Nutzung (z. B. Garten, Lagerhallen, Kellerräume) teilweise zu technisch nicht lösbaren Problemen führen. Aufgrund dieser Effekte sind von der verbleibenden Fläche nur rund 80 % auch tatsächlich aufgrund technischer und struktureller Aspekte nutzbar.

Damit ist insgesamt ein knappes Drittel der den Gebäuden direkt zuzuordnenden Freiflächen in Österreich für eine Nutzung der oberflächennahen Erdwärme verfügbar. Mit einem technisch gewinnbaren Energieaufkommen von 140 MJ/(m^2 a) (Erdkollektoren) bzw. 360 MJ/(m a) (Erdsonden) errechnet sich daraus ein technisches Angebotspotenzial der aus oberflächennahen Erdschichten gewinnbaren Wärme in Österreich von etwa 80 bzw. 560 PJ/a. Wird eine Nutzung dieser Umgebungswärme durch optimal ausgelegte Wärmepumpensysteme (Niedertemperaturheizung) mit einer Jahresarbeitszahl von 3,8 bzw. 3,7 für die Erzeugung von Raumwärme und Trinkwarmwasser unterstellt, entspricht dies einer bereitstellbaren Wärme von rund 110 PJ/a (Erdkollektoren) bzw. 780 PJ/a (Erdsonden) (Tabelle 7.14).

Da eine Abkühlung bodennaher Luftschichten beliebig oft realisiert werden kann, wird auf die Abschätzung eines technischen Angebotspotenzials einer Wärmebereitstellung aus Umgebungsluft verzichtet.

Technisches Nachfragepotenzial. Das technische Angebotspotenzial berücksichtigt nicht, ob die durch Wärmepumpensysteme technisch bereitstellbare Wärme auch im Energiesystem von Österreich genutzt werden kann. Weiters berücksichtigt das Angebotspotenzial nicht, ob die technischen Voraussetzungen für eine Integration von Wärmepumpensystemen in bestehende Heizungsanlagen gegeben sind. Beispielsweise ist eine Jahresarbeitszahl von 3,8 bzw. 3,7, wie bei der vorangegangenen Bestimmung des Angebotspotenzials unterstellt, nur bei Niedertemperaturheizungen zu erreichen. Der bestehende Gebäudebestand in Österreich ist allerdings nur z. T. für den Einsatz von Niedertemperaturheizungen geeignet.

Tabelle 7.14 Potenziale einer Nutzung von Umgebungswärme in Österreich

Theoretisches Potenzial[a,b]		
Horizontale Erdkollektoren	in PJ/a	11 750
Erdsonden	in PJ/a	83 900
Umgebungsluft[c]	in PJ/a	unbegrenzt
Technisches Angebotspotenzial (Umgebungswärme)[a,b]		
Horizontale Erdkollektoren	in PJ/a	80
Erdsonden	in PJ/a	560
Technisches Angebotspotenzial (Endenergie)[a,b]		
Horizontale Erdkollektoren[d]	in PJ/a	110
Erdsonden[e]	in PJ/a	780
Energienachfrage		
Trinkwarmwasser	in PJ/a	43
Raumwärme	in PJ/a	246
Prozesswärme < 100 °C	in PJ/a	30
Summe	in PJ/a	320
Technisches Nachfragepotenzial (in Klammer Umgebungswärme)		
Trinkwarmwasser	in PJ/a	15 (9,7)
Raumwärme	in PJ/a	107 (78,2)
Prozesswärme < 100 °C	in PJ/a	15 (10,0)
Summe	in PJ/a	137 (97,9)

[a] nur oberflächennahe Erdwärme; [b] Potenzial für Wärmegewinnung durch Erdsonden und Erdkollektoren steht zueinander in Konkurrenz; [c] Luft ist beliebig oft abkühlbar; [d] bei einer Jahresarbeitszahl von 3,8; [e] bei einer Jahresarbeitszahl von 3,7

Im Folgenden werden vor diesem Hintergrund jeweils für Raumwärme, Trinkwarmwasser und Niedertemperaturprozesswärme die technischen Nachfragepotenziale diskutiert (Tabelle 7.14).

Trinkwarmwasser. Ein Einsatz zur Trinkwarmwasserbereitung mittels Wärmepumpe ist nur in Gebäuden mit einer zentralen Trinkwarmwasserbereitung möglich. Abhängig von der in Österreich gegebenen Gebäude- und Heizungsstruktur (/Statistik Austria 2007/, /Statistik Austria 2004/, /Jungmeier et al. 1996/) werden etwa 50 % der Gesamtwärmenachfrage in Österreich durch Hauszentralheizungen gedeckt. Unter Berücksichtigung der daraus resultierenden Substitutionspotenziale (Tabelle 7.15) können etwa 35 % der Nachfrage nach Trinkwarmwasser in der Industrie sowie den Haushalten und den öffentlichen Einrichtungen (43 PJ; Kapitel 1.3) durch das Ersetzen von Hauszentralheizungen durch Wärmepumpenanlagen bereitgestellt werden. Dies entspricht rund 15 PJ/a (Tabelle 7.14). Bei einer unterstellten durchschnittlichen Jahresarbeitszahl von 2,9 ist dafür ein Einsatz von ca. 9,7 PJ/a an Umweltwärme bzw. 5,3 PJ/a an Antriebsarbeit notwendig.

Raumwärme. In Abhängigkeit von der vorherrschenden Siedlungsstruktur kann die mittels Wärmepumpensystemen technisch gewinnbare Niedertemperaturwärme von der lokalen Wärmenachfrage deutlich abweichen. So kann z. B. auf Flächen mit einer geringen Bebauungsdichte, die zwar durch optimale technische Bedingungen für eine Nutzung der Umweltwärme gekennzeichnet sind, aufgrund einer geringen Wärmenachfrage nicht das gesamte technische Potenzial auch umgesetzt werden. Andererseits kann die Wärmenachfrage in Gebieten mit sehr dichter Bebauung über dem mit Wärmepumpen bereitstellbaren Angebot liegen. Weiters können Wärmepumpenanlagen nicht in jedes bestehende Heizungssystem integriert werden. Ältere Systeme arbeiten teilweise mit so hohen Vorlauftemperaturen, dass ein sinnvoller Betrieb der Wärmepumpen nicht möglich ist. Auch Gebäude mit Einzelheizungen sind für den Einsatz von Wärmepumpen nur in sehr beschränktem Umfang nutzbar. Speziell bei Elektroheizungen (u. a. Nachtspeicheröfen) können allerdings dezentrale Klimageräte eine Alternative darstellen (Kapitel 7.2.3).

Aufgrund dieser Einschränkungen kann letztendlich nur ein gewisser Anteil der zur Raumwärmebereitung in Österreich aufgewendeten Endenergie (246 PJ im Jahr 2006; Kapitel 1.3) durch Wärmepumpen gedeckt werden. Tabelle 7.15 zeigt deshalb die entsprechenden Substitutionspotenziale bestehender Heizungssysteme durch Wärmepumpenanlagen. Einzelöfen und Elektroheizungen können dabei durch dezentrale Klimageräte und Hauszentral- bzw. Etagenheizungen durch grundwasser-, erdreich- oder luftgekoppelte Wärmepumpen ersetzt werden. Damit kann eine durchschnittliche Jahresarbeitszahl von 3,8 erreicht werden.

Tabelle 7.15 Substitutionspotenziale bestehender Heizungssysteme durch Wärmepumpenanlagen

Heizungsart	Gebäude mit bis zu 2 Wohneinheiten	Gebäude mit mehr als 2 Wohneinheiten sowie sonstige Gebäude[a]
Einzelofen	50 %	50 %
Elektroheizung	50 %	50 %
Hauszentralheizung	80 %	40 %
Etagenheizung	20 %	10 %

[a] u. a. öffentliche Gebäude, Bürogebäude, Einkaufszentren

Abhängig von der in Österreich gegebenen Gebäude- und Heizungsstruktur (/Statistik Austria 2007/, /Statistik Austria 2004/, /Jungmeier et al. 1996/) werden etwa 50 % der Gesamtwärmenachfrage in Österreich durch Hauszentralheizungen, etwa 13 % durch Etagenheizungen und 15 % durch Elektroheizungen und Einzelöfen gedeckt. Unter Berücksichtigung der Substitutionspotenziale (Tabelle 7.15) könnten etwa 35 % der Gesamtwärmenachfrage in Österreich durch das Ersetzen von Hauszentralheizungen durch Wärmepumpenanlagen bereitgestellt werden. Der Austausch von Etagenheizungen, Elektroheizungen und Einzelöfen würde zu einem Beitrag von fast 9 % der Gesamtwärmenachfrage durch Wärmepumpenanlagen führen. Zusammengenommen könnten demnach knapp 107 PJ/a oder ca. 43 % der 2006 gegebenen Nachfrage nach Raumwärme in Österreich durch Wärmepumpensysteme gedeckt werden (Tabelle 7.14).

Mit den für dezentrale Klimageräte bzw. grundwasser-/erdreichgekoppelte Wärmepumpen unterstellten Jahresarbeitszahlen von 3,8 entspricht dies einem Anteil an Umweltwärme von knapp 78,2 PJ/a sowie einer Verdichterarbeit von 28,4 PJ/a. Bei einer unterstellten Volllaststundenzahl von 2 000 h/a wäre dafür eine elektrische Anschlussleistung von rund 3 950 MW notwendig.

Der durch Wärmepumpen bereitstellbare Anteil kann signifikant dann erhöht werden, wenn von Sanierungen der Heizungsanlagen ausgegangen wird.

Prozesswärme. Der Verbrauch an Niedertemperaturprozesswärme (< 100 °C) lag in Österreich 2006 bei rund 30 PJ (ohne Verteilungsverluste; vgl. Kapitel 1.3) /Müller et al. 2004/, /Statistik Austria 2008/. Wird unterstellt, dass davon etwa die Hälfte durch Wärmepumpen bereitgestellt werden kann, sind bei einer durchschnittlichen Jahresarbeitszahl von 3 dafür 10 PJ/a an Umweltwärme bzw. 5 PJ/a an Antriebsarbeit pro Jahr erforderlich (Tabelle 7.14).

Summe. Zusammengenommen können somit rund 137 PJ/a an mittels Wärmepumpenanlagen bereitgestellter Wärme auch tatsächlich in das österreichische Energiesystem integriert werden. Dies entspricht rund 43 % der Raum- und Prozesswärme- bzw. Trinkwarmwassernachfrage in Österreich im Jahr 2006 (jeweils ohne Verteilungsverluste).

7.4.2 Nutzung

In Österreich werden seit Mitte der 1970er Jahre Elektrowärmepumpen zur Trinkwarmwasserbereitung und Gebäudeheizung eingesetzt. Darüber hinaus finden Wärmepumpen im gewerblichen und industriellen Bereich Anwendung, wo große Flüssigkeitsmengen eingedampft werden (u. a. Brauerein, Salinen). Abb. 7.22 und Abb. 7.23 zeigen dazu die installierten Wärmepumpenanlagen zur Trinkwarmwasserbereitung und Gebäudeheizung. Abb. 7.24 zeigt zusätzlich die installierte Wärmepumpenheizleistung bzw. die korrespondierende jährliche Wärmeerzeugung dieser Anlagen (ohne Geräte zur Raumklimatisierung). Demnach waren Ende 2006 – wenn eine durchschnittliche technische Lebensdauer von 20 Jahren unterstellt wird – knapp 160 000 Wärmepumpenanlagen installiert /Faninger 2007/; für 2007 werden demgegenüber – aufgrund einer anderen Erfassungsmethodik insbesondere im Hinblick auf die unterstellte technische Lebensdauer – nur noch rund 148 420 Wärmepumpenanlagen für Österreich angegeben.

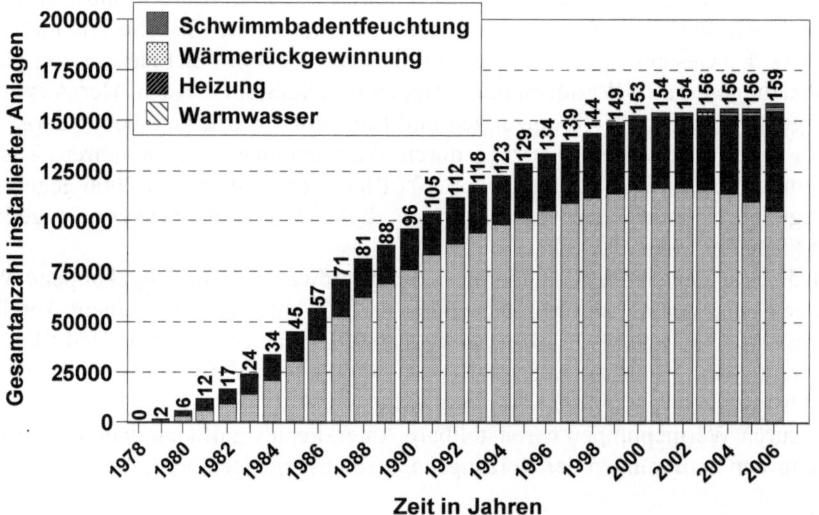

Abb. 7.22 Entwicklung der in Österreich installierten Wärmepumpenanlagen zur Trinkwarmwasser- und Raumwärmebereitung sowie zur Schwimmbadentfeuchtung bei einer unterstellten technischen Lebensdauer von 20 Jahren /Faninger 2007/

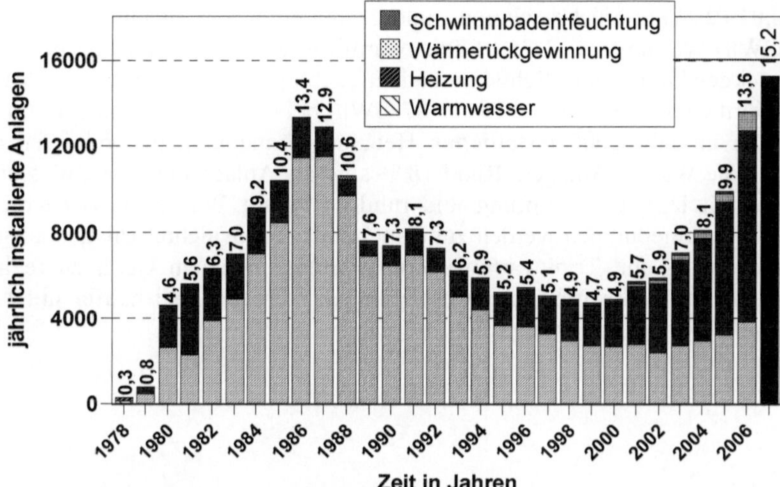

Abb. 7.23 Entwicklung der in Österreich jährlich installierten Wärmepumpen-Anlagen zur Trinkwarmwasser- und Raumwärmebereitung sowie zur Schwimmbadentfeuchtung bei einer unterstellten technischen Lebensdauer von 20 Jahren /Faninger 2007/

Davon dienen rund 67 % (2006) bzw. 58 % (2007) zur Trinkwarmwasserbereitung, 32 % (2006) bzw. 38 % (2007) zur Raumheizung und 1 % (2006) bzw. knapp 2 % (2007) zur Wärmerückgewinnung.

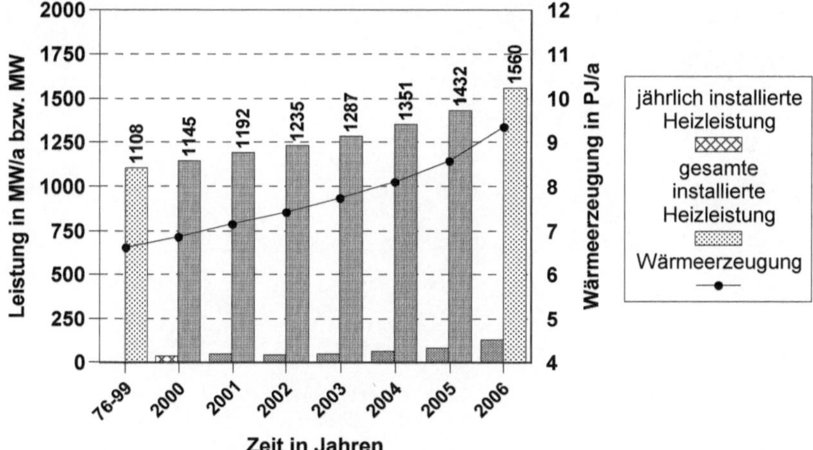

Abb. 7.24 Entwicklung der in Österreich installierten Wärmepumpenheizleistung sowie der korrespondierenden Wärmeerzeugung /Faninger 2007/

Insgesamt repräsentieren diese Anlagen 2006 statistisch ausgewiesenen Anlagen eine installierte Heizleistung von 1 560 MW. Davon entfallen etwa 376 MW auf die Trinkwarmwasserbereitung, ca. 1 179 MW auf die Heizung sowie etwa 5 MW auf die Wärmerückgewinnung und Schwimmbadentfeuchtung. 2006 wurde mit den in Österreich betriebenen Wärmepumpenanlagen bei einem Verbrauch von 2,92 PJ (810 GWh) an elektrischer Energie (d. h. 0,69 PJ Trinkwarmwasser, 2,21 PJ Heizung sowie 0,01 PJ Wärmerückgewinnung und Schwimmbadentfeuchtung) rund 9,35 PJ (2 597 GWh) Wärme (d. h. 1,75 PJ Trinkwarmwasser, 7,57 PJ Heizung bzw. 0,03 PJ Wärmerückgewinnung und Schwimmbadentfeuchtung) bereitgestellt. Der Anteil an Umweltwärme lag dabei mit 6,4 PJ (1 787 GWh) bei etwa 69 % /Faninger 2007/.

Bei den im Jahr 2006 installierten Heizungswärmepumpen dominieren mit ca. 53 % die Sole/Wasser-Anlagen. Rund 18 % sind als Anlagen mit Luft/Wasser-, weitere 18 % mit Direktverdampfung und rund 11 % mit Wasser/Wasser-Kreisläufen ausgeführt. Wärmepumpen werden zunehmend als monovalente Anlagen ausgeführt, um Raumwärme- und Trinkwarmwassererbereitung in einem Gerät zu realisieren. Ausschließliche Trinkwarmwasserwärmepumpen werden dabei häufig mit Luft als Wärmequelle betrieben /Faninger 2007/.

8 Nutzung der tiefen Erdwärme

Neben der Sonnenenergie und der aus der Wechselwirkung von Planetengravitation und -bewegung resultierenden Energie zählt auch die im Erdinneren gespeicherte Wärme zu den regenerativen Energiequellen. Diese sogenannte geothermische Energie kann mit Hilfe offener und geschlossener Systeme genutzt werden.

- Unter offenen Systemen sind Verfahren zu verstehen, mit denen die im tiefen Untergrund ggf. vorhandenen Tiefenwässer gefördert, als Energieträger genutzt (d. h. abgekühlt) und anschließend wieder in den Untergrund verpresst werden. Ist der Wassergehalt im Untergrund zu gering um eine ausreichende Förderung zu ermöglichen, kann auch Oberflächenwasser in den Untergrund verpresst werden, dessen ausreichende Durchlässigkeit zuvor durch entsprechende technische Maßnahmen sichergestellt werden muss. Es kann anschließend in Form heißen Wassers oder von Dampf wieder gefördert werden.
- Als geschlossene Systeme werden Verfahren bezeichnet, bei denen von Übertage ein Wärmeträgermedium in einem geschlossenen Kreislauf durch die warmen oder heißen Gesteinsschichten des tiefen Untergrunds geleitet wird, sich dabei erwärmt und anschließend ebenfalls als Energieträger genutzt werden kann.

Da bei den geschlossenen Systemen nur der vergleichsweise sehr geringe geothermische Wärmestrom von durchschnittlich 65 mW/m^2 genutzt werden kann, haben derartige Systeme zur Nutzbarmachung geothermischer Energie i. Allg. nur sehr geringe thermische Leistungen im kW-Bereich. Im Unterschied dazu kann mit offenen Systemen zusätzlich zum geothermischen Wärmestrom die im Untergrund gespeicherte Wärme nutzbar gemacht werden; daraus resultieren Systeme im MW-Bereich. Deshalb werden nachfolgend nur offene Systeme betrachtet.

Ist die aus dem Untergrund entnommene Wärmemenge größer als die Wärmeneubildungsrate (die terrestrische Wärmestromdichte liegt bei 0,065 W pro m^2 Grundfläche gegenüber typischen Leistungsdichten der technischen Wärmeentnahme bei offenen Systemen von 0,2 bis 2,5 W pro m^2 Grundfläche), kann sich nach Betriebszeiten von mehreren Jahrzehnten an der Förderbohrung ein langsames Absinken der Temperatur bemerkbar machen (dies gilt nicht bei geschlossenen Systemen, die verfahrensbedingt – wenn sie nachhaltig betrieben werden – nur die terrestrische Wärmestromdichte nutzen). Die Nutzung geothermischer Wärmevorkommen mittels offener Systeme ist daher – in menschlichen Zeiträumen betrachtet – nicht notwendigerweise regenerativ. Da sich aber nach Einstellung des Energieentzugs der abgekühlte Untergrund im Verlauf von Jahrhunderten durch den natürlichen Wärmestrom aus dem Erdinnern thermisch regeneriert, zählt auch die Nutzung der Energie des tiefen Untergrunds mittels offener Systeme i. Allg. zu den regenerativen Energien.

8.1 Grundlagen des regenerativen Energieangebots

Die Sonneneinstrahlung beeinflusst den Temperaturgang innerhalb der Erde nur bis zu einer Tiefe von etwa 10 bis 20 m. Der Temperaturverlauf im tieferen Untergrund wird hingegen durch die im Erdinneren gespeicherte bzw. aus radioaktiven Zerfallsprozessen herrührende Wärme bestimmt (Kapitel 1.1.2).

8.1.1 Grundlagen der Erdwärmeentstehung

Erdaufbau. Die Erde kann in konzentrische Schalen mit nach außen abnehmender Dichte unterteilt werden (Abb. 8.1). Um einen inneren, vermutlich festen Kern liegen der äußere, flüssige Kern, der Erdmantel mit mehreren Schalen und die Erdkruste. Die jeweilige Grenze zwischen diesen unterschiedlichen Schalen stellen Diskontinuitätszonen dar. Beispielsweise liegt die Grenze zwischen Kruste und Mantel unter den Kontinenten durchschnittlich bei 40 km Tiefe und unter den Ozeanen in etwa 10 km Tiefe.

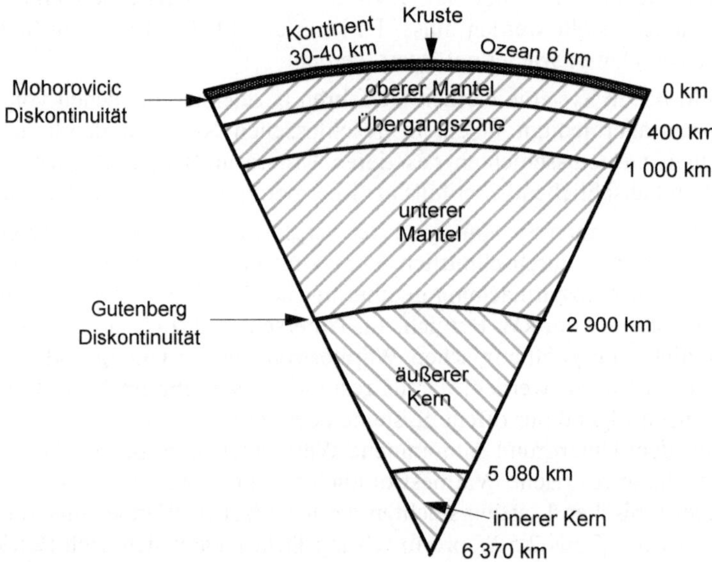

Abb. 8.1 Prinzipieller Aufbau der Erde (nach /Kaltschmitt, Streicher und Wiese 2006/)

Temperaturgradient. Die Temperaturzunahme innerhalb der äußeren Erdkruste, die z. T. mit der heute verfügbaren Bohrtechnik erschlossen werden kann und daher aus energietechnischer und -wirtschaftlicher Sicht interessant ist, beträgt im Mittel 30 °C/km (geothermischer Temperaturgradient). In aus geologischer Sicht alten Kontinentalgebieten (z. B. Kanada, Indien, Südafrika) stellt man kleinere Temperaturgradienten fest. Demgegenüber werden in tektonisch aktiven Krustengebieten z. B. an den Rändern von Lithosphärenplatten (z. B. Island, Italien) oder in Grabenregionen (z. B. Rheingraben) Gradienten von bis zu 200 °C/km gemessen /Schulz et al. 1992/.

Aber auch durch lokale Störungen (z. B. Steirisches Becken) können positive Abweichungen vom mittleren Temperaturgradienten entstehen.

Wärmehaushalt der Erde. Aus den Temperaturgradienten u. a. in Erdkruste und Erdmantel kann das Temperaturprofil im Erdinneren abgeschätzt werden. Demnach herrschen im obersten Erdmantel Temperaturen von rund 1 000 °C vor und im Erdinneren können Maximaltemperaturen von 3 000 bis 5 000 °C angenommen werden.

Mit der Unterstellung einer mittleren spezifischen Wärme von 1 kJ/(kg K) und einer mittleren Dichte der Erde von rund 5,5 kg/dm^3 kann daraus der Wärmeinhalt der Erde mit rund 12 bis 24·10^{30} J abgeschätzt werden (vgl. Kapitel 1.1.2). Für die äußerste Erdkruste bis rund 10 000 m Tiefe beträgt der Wärmeinhalt etwa 10^{26} J /Rummel et al. 1991/.

Über die mittlere Wärmestromdichte, mit der die in der Erde gespeicherte Energie zur Erdoberfläche strömt und die bei rund 65 mW/m^2 liegt, errechnet sich eine Energieabgabe der Erde von ca. 33·10^{12} W (1 000 EJ/a) an die Atmosphäre. Demgegenüber liegt die Einstrahlung der Sonne auf die Erdoberfläche bei mehr als dem 20 000-fachen dieses terrestrischen Wärmestroms. Damit bestimmt primär die Energie der Sonne die globale mittlere Temperatur von ca. 14 °C an der Erdoberfläche.

Geothermische Systeme und Ressourcen. Der natürliche Wärmestrom zur Erdoberfläche von 65 mW/m^2 ist normalerweise für eine direkte technische Nutzung zu gering. Eine energietechnische Nutzbarmachung der geothermischen Energie ist i. Allg. deshalb nur dort sinnvoll, wo infolge natürlicher Prozesse besondere Randbedingungen vorliegen (vgl. /Kaltschmitt et al. 1999/).

- Hydrothermale Niederdrucklagerstätten. Bei diesen Lagerstätten wird zwischen Warm- (Temperaturen bis 100 °C) und Heißwasservorkommen (Temperaturen über 100 °C), Nassdampf- sowie durch Temperaturen von 150 bis 250 °C charakterisierte Heiß- oder Trockendampfvorkommen unterschieden. Im Wesentlichen wird die im Wasser bzw. im Dampf (beide befinden sich in den Porenräumen des Gesteins) gespeicherte Wärme genutzt. Derartige Lagerstätten sind – bei den entsprechenden Temperaturen – durch das Vorhandensein einer stark wasser- bzw. dampfführenden Gesteinsschicht gekennzeichnet. In Österreich findet man nach gegenwärtigem Kenntnisstand derartige Lagerstätten bis in Tiefen von über 2 500 m mit Temperaturen bis knapp über 110 °C. Höhere Temperaturen sind in derartigen Lagerstätten nach gegenwärtigem Kenntnisstand in Österreich nicht anzutreffen.
- Hydrothermale Hochdrucklagerstätten. Derartige Lagerstätten enthalten heißes Wasser, das – vermischt mit Gas (am häufigsten mit Methan) – stark vom hydrostatischen Druck abweichende Drücke aufweist (z. B. im Süden der USA im Bereich der Golfküste von Texas und Louisiana). Sie entstehen, wenn geschlossene poröse Gesteinspakete durch tektonische Bewegungen rasch in die Tiefe versenkt werden und dabei die Porenwässer und Gasinhalte den in der Tiefe herrschenden Druck- und Temperaturverhältnissen ausgesetzt werden. In Österreich sind solche Lagerstätten im Grenzbereich zwischen dem Molassebecken und den Alpen bekannt; sie spielen jedoch für eine geothermische Nutzung keine Rolle.

- Gering permeable Lagerstätten. Neben den hydrothermalen Lagerstätten, die i. Allg. durch vergleichsweise hohe Porositäten und Permeabilitäten (d. h. Durchlässigkeiten) gekennzeichnet sind, gibt es eine Vielzahl unterschiedlichster Lagerstättentypen, die oft gering permeabel sind und nicht über genügend natürlich vorhandenes Wasser verfügen, um eine technisch sinnvolle und ökonomisch darstellbare Nutzung über einen längeren Zeitraum (mehrere Jahre) zuzulassen. Damit wird hier unter dem Begriff "gering permeable Lagerstätten" ein weites Spektrum von Gesteinsschichten mit unterschiedlichen Durchlässigkeiten und Wasseranteilen zusammengefasst. Derartige Vorkommen enthalten das bei weitem größte Potenzial geothermischer Energie, das derzeit technisch zugänglich ist. Sie können i. Allg. nur nutzbar gemacht werden, wenn mithilfe technischer Maßnahmen die Permeabilität verbessert wird (sogenannte Enhanced Geothermal Systems). Derartige Vorkommen können grundsätzlich auch in Österreich genutzt werden.
- Magmavorkommen. In der Nähe von tektonisch aktiven Zonen findet man geschmolzene Gesteine (sogenannte Magmen) mit Temperaturen über 700 °C. Diese Teilschmelzen sind z. B. in Regionen mit jungem aktivem Vulkanismus wegen ihrer geringeren Dichte von größeren Tiefen aufgestiegen und bilden Magmavorkommen in 3 bis 10 km Tiefe. Die um Magmenkörper meist vorhandenen Fluidsysteme mit ihren hohen Temperaturen können zur Hochtemperatur-Wärmebereitstellung genutzt werden. Der Aufschluss derartiger Systeme stellt jedoch noch eine technologische Herausforderung dar, die bisher nur ansatzweise gemeistert wurde. Derartige Lagerstätten haben in Österreich aufgrund der geologischen Gegebenheiten praktisch keine Bedeutung.

8.1.2 Räumliche und zeitliche Angebotscharakteristik

Räumliche Verteilung. Der lokale geothermische Temperaturgradient kann aufgrund unterschiedlicher Wärmetransportprozesse innerhalb der Erdkruste erheblich vom regionalen oder globalen Mittelwert abweichen. Abb. 8.2 zeigt dies exemplarisch anhand der Temperaturverteilung in 500 m Tiefe für Österreich. Positive Temperaturanomalien kommen demnach im Großraum von Wien, im Steirischen Becken, im Oberösterreichischen Molassebecken sowie in Teilen Vorarlbergs vor.

Für die technische Nutzbarmachung dieser Energie ist das jeweilige Temperaturniveau allerdings nur ein Parameter. Mit entscheidend ist, ob die Wärme auch mit vorhandenen Poreninhaltsstoffen (z. B. Wasser) dem Untergrund entzogen werden kann. Damit ist für eine vereinfachte direkte Nutzbarmachung dieser Energie die Existenz von Aquiferen mit hinreichend großer Wasserführung in Tiefen von bis ca. 3 000 m die wesentliche Voraussetzung. Innerhalb Österreichs findet man solche Aquifere im Wiener und Steirischen Becken sowie entlang der Molassezone vom nördlichen Niederösterreich bis zum nördlichen Rheintal in Vorarlberg (Abb. 8.3).

Weitere thermale Wässer wurden u. a. im tirolerischen Längenfeld sowie in Bad Kleinkirchheim (Kärnten) erschlossen. Diese Vorkommen sind allerdings nicht auf großräumige Aquiferstrukturen, sondern auf lokale Störungszonen im Gebirge zurückzuführen.

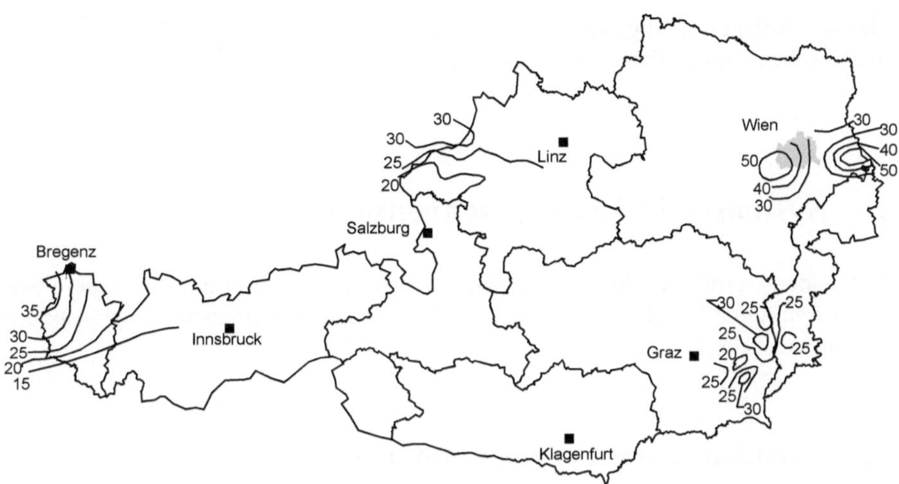

Abb. 8.2 Temperaturverteilung in Österreich in 500 m Tiefe (nach /CEC 1988/)

Abb. 8.3 Gebiete mit hydrothermalen Aquiferen in Österreich (nach /Goldbrunner 1998/)

Zeitliche Abhängigkeit. Der geothermische Wärmestrom ist unabhängig von tages- oder jahreszeitlichen Einflüssen. Schwankungen sind nur innerhalb geologischer Zeiträume zu erwarten (z. B. Wanderung der lokal begrenzten Wärmezentren innerhalb der Erdkruste durch plattentektonische Vorgänge). Für eine energetische Nutzung haben diese langsam ablaufenden zeitlichen Änderungen des Wärmeinhaltes jedoch keine Bedeutung.

Die Nutzung hydrothermaler Energievorräte kann allerdings einer zeitlichen Beschränkung unterliegen, wenn die dem Untergrund entnommene Wärmemenge die dem Aquifer durch den natürlichen Wärmestrom zufließende geothermische Energie übersteigt. Bei einer entsprechenden Anlagenauslegung führen derartige Effekte jedoch erst nach einigen Jahrzehnten zu einer spürbaren Temperaturabsenkung. Auch werden die Anlagen i. Allg. so ausgelegt, dass dieser Effekt erst nach Überschreiten der technischen Anlagenlebensdauer merklich zum tragen kommt.

8.2 Systemtechnische Beschreibung

Im Folgenden werden die technischen Grundlagen der Wärme- und Strombereitstellung aus dem tiefen Untergrund dargestellt. Die genannten Kennzahlen repräsentieren dabei den Stand der Technik.

8.2.1 Grundlagen der Energiewandlung

Bei der Nutzung der Energie des tiefen Untergrunds mittels offener Systeme wird die Wärmeenergie der geförderten Tiefenwässer auf ein geeignetes Wärmeträgermedium (meist Wasser) übertragen (Abb. 8.4). Bis auf die Temperaturänderung kommt es dabei i. Allg. zu keinen physikalischen oder chemischen Veränderungen der am Wärmeübertrag beteiligten Medien. Maximal kann es aber zu Ausfällungen kommen, wenn sich im geförderten Geofluid bestimmte Stoffe befinden, die bei einer Temperaturabsenkung aus der Lösung gehen können. Eine Energiewandlung im eigentlichen Sinn erfolgt aber nicht. Deshalb können hier auch keine Grundlagen der Energiewandlung dargestellt werden.

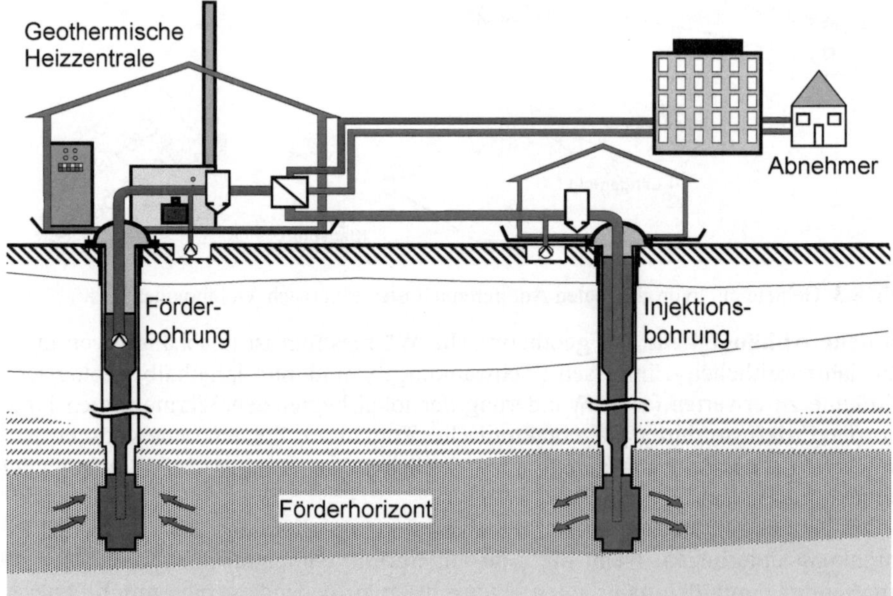

Abb. 8.4 Systemlayout einer geothermischen Heizzentrale zur Nutzung hydrothermaler Vorkommen im tiefen Untergrund (nach /Kayser 1999/)

8.2.2 Aufschluss des Untergrunds

Bohrtechnischer Aufschluss und Komplettierung (nach /Kaltschmitt, Streicher und Wiese 2006/). Speichergesteine im tiefen Untergrund, in denen sich die nutzbar zu machende Wärme befindet, werden mittels der aus der Erdöl-, Erdgas- und auch aus der Wassergewinnung bekannten Bohrtechnologien aufgeschlossen. Dabei werden die Bohrungen heute hauptsächlich im Rotary-Bohrverfahren niedergebracht. Der notwendige Enddurchmesser der Bohrung im Bereich der nutzbaren Schicht wird durch den geforderten Thermalwasser-Volumenstrom bestimmt und liegt im Bereich von 200 bis 300 mm.

Bereits während der Bohrphase ist es erforderlich, durch gezielte Teste (d. h. die Untersuchung der Eigenschaften von Geothermiespeichern), Messungen und Analysen die erbohrten Speicher auf ihre Eignung für eine geothermische Energiegewinnung zu untersuchen. Die entscheidenden Kriterien sind die mögliche Förderrate bei einer technisch beherrschbaren Spiegelabsenkung und die Schichttemperatur.

Nach dem ordnungsgemäßen Niederbringen wird die Bohrung komplettiert. Ausgangspunkt für die Endinstallation einer Geothermiebohrung im unmittelbaren Speicherbereich sind die beiden möglichen Varianten Open-Hole-Komplettierung und Cased-Hole-Komplettierung.

- Bei der Open-Hole-Komplettierung endet die letzte eingeführte Rohrtour oberhalb der Speicherschicht, so dass diese offen bleibt (d. h. die Speicherschicht wird nicht verrohrt).
- Bei der Cased-Hole-Komplettierung wird demgegenüber die Speicherschicht verrohrt und der Ringraum zwischen Rohr und Speicher zementiert. Die so entstandene Absperrung zwischen der Speicherschicht und dem Bohrloch muss anschließend dadurch aufgehoben werden, dass die Rohrwand und der dahinter befindliche Zementmantel perforiert werden.

Aufgrund der wesentlich besseren hydraulischen Eigenschaften wurden in den letzten Jahren eher Open-Hole-Komplettierungen für die Förder- und die Injektionsbohrungen verwendet. Bei geringer Verfestigung des Speichergesteins (z. B. Sandsteinspeicher, die bei hydraulischer Belastung zum Absanden neigen) sind spezielle zusätzliche Komplettierungsmaßnahmen notwendig. Beim Gravelpack – der typischen Open-Hole-Komplettierungsvariante für Geothermiebohrungen – wird nach Erweiterung des Bohrlochs im Speicherbereich und Einbau eines Drahtwickelfilters der verbleibende Ringraum mit einem auf die Korngröße des Speichersandes abgestimmten Filterkies verfüllt. Bei guter Standfestigkeit des Speichers kann u. U. auf derartige zusätzliche Sandkontroll-Maßnahmen verzichtet werden.

Nach Abschluss der Arbeiten im Speicherbereich und Bestätigung der hydraulischen Konditionen durch einen Leistungstest werden zur Sicherung des störungsfreien Betriebs Förder- bzw. Injektionsstränge in das Bohrloch eingebaut. Diese sind wichtiger Bestandteil des Korrosionsschutzsystems des gesamten Thermalwasserkreislaufs. Meist kommen dabei von Innen beschichtete Stahl- oder Kunststoffrohre zum Einsatz. Abb. 8.5 zeigt eine typische Komplettierung für eine Förderbohrung.

Nach der Installation der Förderpumpe unterhalb des Wasserspiegels, der sich bei der Förderung einstellt, wird die Bohrung aus Korrosionsschutzgründen mit einem Schutzgas beaufschlagt.

Test und Modellierung. Die Untersuchung der hydrodynamischen Eigenschaften von Geothermiespeichern wird als Test bezeichnet. Um die Eignung der Speicher für die geothermische Energiegewinnung durch gezielte Teste bereits während der Bohrphase ermitteln zu können, werden die Förderrate, die Permeabilität (d. h. Durchlässigkeit) der porösen Schicht, Schichttemperatur und -druck, der Chemismus und der Gasgehalt des Wassers sowie die Standfestigkeit des Gebirges bestimmt.

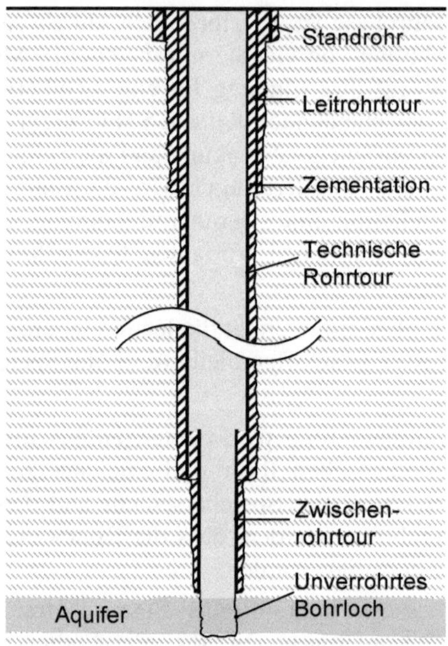

Abb. 8.5 Komplettierung einer Förderbohrung (nach /Kayser 1999/)

Die Auswahl der Testhorizonte erfolgt aufgrund der Ergebnisse von geophysikalischen Bohrlochmessungen und Kernuntersuchungen. Aus jedem dieser Testhorizonte wird eine definierte Thermalwassermenge gefördert. Ausgehend von diesen Ergebnissen wird eine bestimmte Förderschicht ausgewählt. Nach deren Festlegung und der Komplettierung der Förder- und Injektionsbohrung wird sie hinsichtlich der möglichen Förder- und Injektionsrate abschließend bewertet.

Mit Hilfe der während des Bohrprozesses gewonnenen und aus regionalgeologischen Untersuchungen vorhandenen Daten sowie der Parameter, die aus den Testen gewonnen werden, kann das hydro- und thermodynamische Verhalten des Geothermiespeichers während des Betriebs einer geothermischen Heizzentrale modelliert werden. Die wichtigsten Aussagen sind die zu erwartenden maximalen Spiegeländerungen (mit dem Ziel des Nachweises der technischen Realisierbarkeit des Förder- und Injektionsvolumenstroms) und der Zeitpunkt des Beginns einer Temperaturabsenkung als Nachweis der geforderten Nutzungsdauer der Anlage bzw. die Temperaturentwicklung in der Förderbohrung.

Für die Simulation des Speichers im Betriebsprozess werden zahlreiche numerische Modelle angewendet. Die letztendlich erforderliche Modellierungstiefe hängt dabei nicht nur von der Problemstellung ab, sondern wird wesentlich auch vom Grad der Kenntnisse über den Speicher bestimmt. Diese sind in der Planungsphase einer geothermischen Heizzentrale zunächst sehr begrenzt. Erst durch die Erschließung des Speichers und durch die Auswertung der diskutierten Teste werden detaillierte Kenntnisse gewonnen, die entscheidenden Einfluss auf die Modellauswahl haben.

Stimulation. Die Erzeugung künstlicher Risssysteme in der Größenordnung von mehreren Quadratkilometern in mehreren 1 000 m Tiefe bei hohen Gebirgstemperaturen stellt eine große technische Herausforderung dar. Dabei verspricht aus gegenwärtiger Sicht nur das Verfahren des hydraulischen Spaltens (Hydraulic-Fracturing) Aussicht auf Erfolg. Hier wird mit äußerst leistungsstarken Pumpen Flüssigkeit (meist Wasser) in die Bohrungen injiziert. Erreicht der Flüssigkeitsdruck einen bestimmten kritischen Wert, reißt das Gestein auf. In der Regel geschieht dies in Form eines axialen, also bohrlochparallelen Risses. Dieser Riss breitet sich bei anhaltender Injektion weiter ins Gebirge aus. Er dürfte sich senkrecht zur Richtung des geringsten Gebirgsdrucks (der kleinsten kompressiven Hauptspannung) ausrichten. Da der horizontale Gebirgsdruck i. Allg. kleiner ist als der Vertikaldruck, bildet sich im Normalfall ein vertikaler Riss, der senkrecht zur Richtung der kleineren der beiden horizontalen Hauptspannungen gerichtet ist. Bei Einsätzen in Erdöl- oder Erdgasbohrungen werden typischerweise mehrere hundert Kubikmeter Flüssigkeit mit Injektionsraten zwischen 10 und 100 l/s und Injektionsdrücken von bis zu 100 MPa verpresst. Dabei entstehen Risse mit Längen von einigen 100 m.

Um diese Risse nach Druckentlastung offen zu halten, werden Sand oder andere feinkörnige Substanzen als Stützmittel in die Risse gepresst. Dazu werden geeignete gelartige Flüssigkeiten eingesetzt, die das Stützmittel transportieren und nach der Frac-Operation wieder dünnflüssig werden, damit anschließend die Poreninhaltsstoffe gefördert werden können. Gleichzeitig minimieren diese Flüssigkeiten bei der Frac-Operation den Flüssigkeitsverlust in das Nebengestein, der letztendlich die zu erzielende Flächengröße begrenzt.

Die Anforderungen, die der Aufschluss geringpermeabler Schichten zur geothermischen Energieerzeugung an das Verfahren des hydraulischen Spaltens stellt, unterscheiden sich wesentlich von denen in der Erdöl- und Erdgasindustrie. Deshalb sind die dort vorhandenen Erfahrungen nur begrenzt übertragbar. Ein Unterschied liegt darin, dass das Verfahren hier z. T. im Kristallin angewendet werden muss, während die Erdöl- und Erdgasspeicher Sedimentgesteine sind. Im Kristallin spielen die natürlichen Gesteinsrisse aber eine viel größere Rolle und man weiß nicht, in welcher Weise diese die Ausbreitung künstlicher Risse beeinflussen. Deshalb wird die Möglichkeit, großflächige künstliche Risse schaffen zu können, z. T. überhaupt ausgeschlossen und unterstellt, dass nur die vorhandenen Gesteinsrisse aufgeweitet werden. Auch sind bei der geothermischen Energiegewinnung wesentlich größere Rissflächen nötig als bei den Anwendungen in der Erdöl- und Erdgasindustrie, die zudem wegen der hohen Zirkulationsraten eine weitaus höhere Durchlässigkeit haben müssen. Es erscheint daher unwahrscheinlich, dass sich mit der heute gängigen Technik ausreichend große und ausreichend durchlässige Risse im Kristallin schaffen lassen. Sinngemäß gelten diese Aussagen auch für gering permeable Sedimentgesteine, die ebenfalls für eine geothermische Nutzung geeignet sind.

Bisher vorliegende Erfahrungen zeigen aber, dass sich auch mit einfacherer Technik, nämlich nur durch die Injektion von Wasser ohne Stützmittelzusatz, gute Ergebnisse im Hinblick auf die Flächengröße und die Durchlässigkeit der Risse erzielen lassen (u. a. /Kaltschmitt, Streicher und Wiese 2006/).

- Bei der Flächengröße wirkt sich die niedrige Matrixdurchlässigkeit günstig aus. Diese hält die Flüssigkeitsverluste bei der Rissausbreitung, die letztlich die Flächengröße begrenzen, gering. Daher können auch mit einer niedrigviskosen Flüssigkeit wie z. B. Wasser große Rissflächen erzeugt werden.
- In Bezug auf die Durchlässigkeit der Risse ist offensichtlich die Rauigkeit und die Unebenheit der Rissoberflächen von Vorteil. Einmal geöffnete Risse schließen sich nicht mehr vollständig, sondern behalten eine beträchtliche Restdurchlässigkeit, die teilweise höher ist als die von künstlich gestützten Rissen in den Erdöl- oder Erdgasspeichergesteinen.

Die Kenntnis der Rissgeometrie ist vor allem für das gerichtete Durchbohren mit der Zweitbohrung und für das Verständnis der Fließvorgänge und der Wärmeübertragung wichtig.

Zum Auffinden der Rissverschneidungen in den Bohrungen werden die Temperatur und die Strömungsgeschwindigkeit bei der Injektion von Wasser gemessen. Die Temperaturmessungen haben dabei die bessere Auflösung, so dass auch schwache Zu- oder Abflüsse detektiert werden können. Die Strömungsgeschwindigkeitsmessungen, die meist mit Impeller-Sonden ausgeführt werden, liefern unmittelbar quantitative Ergebnisse.

Zur Ermittlung der großräumigen Rissausbreitung wurden mehrere Methoden erprobt. Die besten Ergebnisse wurden durch ein seismo-akustisches Verfahren erzielt. Hier werden die bei der Rissausbreitung entstehenden Bruchgeräusche (mikroseismische Ereignisse) mit hochempfindlichen Geophonen in speziellen Lauschbohrungen aufgezeichnet. Daraus können dann die Herde der Bruchgeräusche lokalisiert werden; dies wiederum gibt Hinweise über die Orientierung und Größe der Rissflächen. Es bestehen allerdings Zweifel, ob damit tatsächlich die primären Rissflächen oder nur benachbarte Sekundärflächen detektiert werden.

Erfolgversprechend ist auch die seismische Tomografie. Hier wird der zwischen zwei Bohrungen befindliche Gebirgsbereich durchschallt. Die als seismische Absorber oder Reflektoren wirkenden Risssysteme können auf diese Weise geortet werden.

In der näheren Umgebung der Bohrung kann die Rissorientierung auch mit einem akustischen Bohrlochmessverfahren bestimmt werden. Dieses Verfahren basiert auf der Reflexion von Röhrenwellen an Rissflächen, welche die Bohrung schneiden.

Gestaltung des Untertageteils. Da der Thermalwasserkreislauf den maßgeblichen Anteil der Investitionen beansprucht, ist man bemüht, eine möglichst kostengünstige Lösung zu finden (Abb. 8.6). Die übertägige Trassenführung kann beispielsweise auf ein Mindestmaß reduziert werden, wenn Förder- und Injektionsbohrung als Ablenkbohrungen von einer Lokation aus niedergebracht werden.

Falls mehrere Speicher an einem Standort angetroffen werden, ist deren gleichzeitige Nutzung ebenfalls möglich. Einerseits kann dadurch der Abstand zwischen der

Förder- und der Reinjektionsbohrung reduziert werden. Andererseits kann dann auch eine stoffliche Beeinflussung, wie sie z. B. bei einer zusätzlichen balneologischen Nutzung des Thermalwassers gegeben ist, ausgeschlossen werden. Beschränkungen für dieses sogenannte Zweischichtverfahren liegen im fehlenden Bilanzausgleich und damit im Druckverhalten der Speicher begründet. Für geringere Fördermengen können Förderung und Injektion des Thermalwassers auch über eine Bohrung erfolgen.

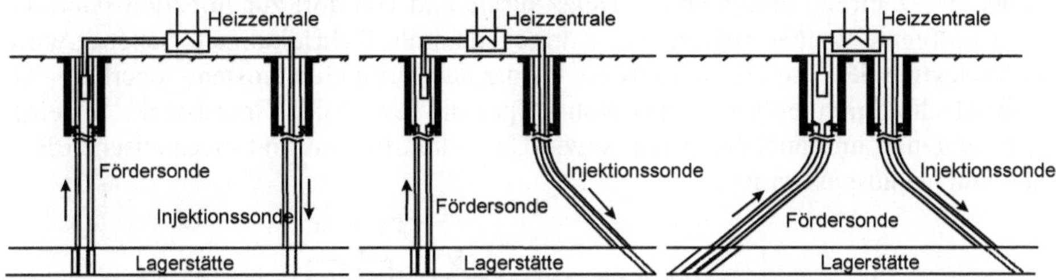

Abb. 8.6 Möglichkeiten der Thermalwassererschließung /Kayser 1999/

Förderung. Ist der Druck im Untergrund höher als der hydrostatische Druck der bis zur Geländeoberkante reichenden Thermalwassersäule, tritt das Thermalwasser ohne Einsatz von Pumpenergie zu Tage. Das System hat in diesem Fall einen freien Überlauf und wird als "artesisch" bezeichnet. Liegen demgegenüber keine artesischen Verhältnisse vor, wie es der Normalfall ist, ist der Einsatz von Förderpumpen erforderlich. Um eine Belüftung des Thermalwassers zu verhindern, werden dafür fast ausschließlich Tauchkreiselpumpen eingesetzt. Die notwendige Einbautiefe hängt von der zu erwartenden maximalen Absenkung des Wasserspiegels bei Pumpenbetrieb und der notwendigen Mindesteintauchtiefe ab. Der Wasserspiegel sinkt dabei beim Betrieb der Anlage volumenstromabhängig unter sein Niveau bei Stillstand.

8.2.3 Übertägige Komponenten

Komponenten von geothermischen Heizwerken. Der übertägige Thermalwasserkreislauf bildet bei Heizwerken das Bindeglied zwischen dem vorhandenen Wärmepotenzial im Untergrund und dem Wärmeverbraucher. Der Übertageteil des Thermalwasserkreislaufs muss dabei folgenden Anforderungen gerecht werden:

- Förderung des Thermalwassers und dessen Weiterleitung,
- Wärmeübertragung an ein Sekundärsystem,
- Thermalwasseraufbereitung zur Sicherung der Injektionswasserqualität,
- Druckerhöhung vor der Injektion,
- Injektion des Thermalwassers und
- Gewährleistung der Verfahrenssicherheit.

Eine Veränderung der Zusammensetzung des Thermalwassers (z. B. durch Entfernen einzelner Thermalwasserkomponenten, pH-Wert-Anhebung) muss aus Gründen der Injektionsqualität vermieden werden. Auch die Zugabe von Inhibitoren/Hemmstoffen ist aus wasserrechtlichen Gründen nicht möglich.

Zur Gewährleistung dieser Aufgaben werden die in Abb. 8.7 schematisch dargestellten Systemelemente benötigt. Die Auslegung der jeweiligen Elemente ist dabei in starkem Maße von den Thermalwassereigenschaften der geothermischen Lagerstätte abhängig.

Thermalwassertransport. Der Thermalwassertransport zwischen der Förderbohrung und der Heizzentrale, innerhalb der Heizzentrale und von dort zur Injektionsbohrung erfolgt größtenteils über erdverlegte, wärmegedämmte Rohrleitungen. Seltener wird eine Verlegung der Thermalwasserrohre – trotz der geringeren Kosten – oberhalb der Erdoberfläche durchgeführt, da der Rohrkörper die jeweiligen Grundstücke für eine andere Nutzung unbrauchbar macht sowie Umwelteinflüssen und mechanischen Beschädigungen ausgesetzt ist.

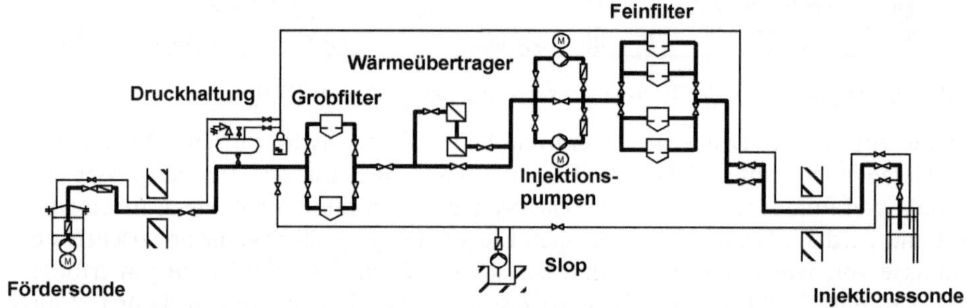

Abb. 8.7 Prinzipschema des Übertageteils des Thermalwasserkreislaufs /Kaltschmitt, Streicher und Wiese 2006/

Aus Gründen der Betriebssicherheit, des Umweltschutzes und der Wirtschaftlichkeit müssen korrosiv bedingte Wandungsbrüche verhindert werden. Außer durch den hohen Salzgehalt, durch den hochmineralisierte Thermalwässer gekennzeichnet sind, kann es auch durch Schwefelwasserstoff (H_2S), als Resultat der Aktivität sulfatreduzierender Bakterien, zu einer verstärkten Metallkorrosion kommen. Trotzdem können Korrosionsschutzmaßnahmen meist auf die Materialauswahl oder -beschichtung beschränkt werden. Für den praktischen Betrieb haben sich folgende Möglichkeiten durchgesetzt:

- Kunststoffrohre (z. B. PVC) bei hochkonzentrierten Kochsalzsolen und Temperaturen bis 70 °C,
- Rohrleitungen aus glasfaserverstärktem Kunststoff (GFK), die bis zu einer Thermalwassertemperatur von ca. 95 °C (bei Verwendung spezieller Harze auch bis 120 °C) und einem Innendruck von 1,6 MPa eingesetzt werden können (sie sind für den Thermalwassertransport sehr gut geeignet, da sie praktisch nicht korrodieren) und
- beschichtete metallische Werkstoffe bei korrosivem Milieu.

Wärmeübertrager. Die Wärme des Thermalwassers soll energetisch effizient und möglichst kostengünstig über Wärmeübertrager an ein Heizsystem übertragen werden. Weiters muss der Thermalkreislauf sowohl stofflich als auch hydraulisch vom Heizkreislauf (Wärmeverteilnetz) getrennt werden.

In geothermischen Heizzentralen, beispielsweise, werden dafür bevorzugt Plattenwärmeübertrager eingesetzt. Sie bieten bei kleinem Bauvolumen und geringen Temperaturdifferenzen zwischen dem geförderten Thermalwasser und dem Vorlauf des Wärmeverteilnetzes einen hohen Wärmeübergangskoeffizienten sowie eine ausreichende Druckstabilität. Um den Übertritt von Thermal- ins Heizungswasser bei Leckagen auszuschließen, wird der Wärmeübertrager i. Allg. mit Überdruck auf der Heiznetzseite betrieben. Ist dies nicht möglich, kann eine permanente Überwachung der Wärmeleitfähigkeit des Heiznetzwassers oder der Einsatz von Wärmeübertragern mit doppelten Wänden zwischen den Medien erfolgen. Letzteres verschlechtert allerdings den Wärmeübergang beträchtlich.

Aufgrund der korrosiven Zusammensetzung der Wärmetransportmedien werden Plattenwärmeübertrager bevorzugt aus hochwertigen Stählen gefertigt; bei besonders korrosiven Thermalwässern kommt auch Titan zum Einsatz.

Filter (nach /Seibt und Kabus 1997/). Die Reinjektion des ausgekühlten Thermalwassers kommt einem Filtrationsvorgang gleich. Eine Blockierung des Aquifers durch Feststoffeintrag muss deshalb auf jeden Fall verhindert oder zumindest verzögert werden. Neben aufwändigen Korrosionsschutzmaßnahmen werden deshalb übertägig Filter im Thermalwasserstrom angeordnet. Die Filtration muss dabei als ein kontinuierlicher Prozess ablaufen. Beim Erreichen der maximalen Beladung der Filter ist deshalb die Umschaltung auf parallel angeordnete Redundanz-Filter notwendig. Im Verhältnis zum durchgesetzten Volumen an Thermalwasser ist die Menge der abgeschiedenen Feststoffpartikel allerdings sehr gering.

Eine Filteranlage unmittelbar nach der Fördersonde soll aus der Bohrung mitgeförderte Partikel zurückhalten. Dies dient dem Schutz des obertägigen Anlagenaufbaus z. B. vor Sedimentation in Bauteilen, die mit geringer Strömungsgeschwindigkeit passiert werden. Solche abzuscheidenden mitgeführten Partikel können sowohl aus dem Förderhorizont selber stammen als auch "Fremdstoffe" aus den Sondeneinbauten, der Pumpe und der Verrohrung sein. Durch die Druckentlastung während der Förderung sind Entgasungen möglich, die zu pH-Wert- und Redoxpotenzial-Veränderungen und damit zu Ausfällungen führen können. Weiterhin sind chemische Veränderungen im Thermalwasserkreislauf durch mikrobiologische Aktivitäten bekannt, die ebenfalls zur Ausfällung von Feststoffen führen können. Insbesondere bei bakteriell induzierter Schwefelwasserstoff(H_2S)-Bildung kommt es zu pH-Wert-Veränderungen und nachfolgender Sulfidausfällung. Daneben tragen die Bakterien selbst zur Feststoffbelastung bei.

Eine weitere, in der Regel mit feinmaschigeren Filtern ausgestattete Filteranlage ist vor der Einleitung des Thermalwassers in die Injektionsbohrung installiert. Sie soll den Eintrag feinster Partikel aus dem Förderhorizont und chemische Fällungsprodukte in die Injektionssonde und damit in den Aquifer verhindern.

Slopsystem (nach /Seibt et al. 1997/). Das Slopsystem nimmt die außerhalb der Rohrleitungen anfallenden Thermalwässer auf und führt sie aufbereitet in den Kreislauf zurück. Slopwässer entstehen

- bei der Erstinbetriebnahme und nach längeren Stillständen beim Spülen der Förderbohrung und des thermalwasserführenden Rohrleitungssystems,
- beim Filterwechsel,

- bei Reparaturen,
- beim Entleeren des Leitungssystems,
- an den Stopfbuchsen der Pumpen und Armaturen und
- bei Undichtheiten im System.

Der Hauptslopbehälter befindet sich i. Allg. an der Injektionsbohrung. Nach Absetzen der Schwebstoffe in einem Abscheidebecken werden die aufgefangenen Thermalwassermengen in der Regel wieder dem Injektionsstrom beigemischt.

Leckageüberwachung. Trotz der Verwendung korrosionsbeständiger Materialien müssen die Transportleitungen des Thermalwassers bezüglich möglicher Leckagen überwacht werden. Hierzu können sowohl die aus der Fernwärmetechnik bekannten Kontrolldrahtsysteme als auch kabellose Überwachungsverfahren zum Einsatz kommen.

Inertgasbeaufschlagungssystem. Obwohl geothermische Anlagen unter Druck (bis 16 bar) betrieben werden, ist die zusätzliche Installation eines Inertgassystems Stand der Technik. Dabei werden die Bohrungsringräume und die Speicherbehälter innerhalb des Systems mit Inertgas (z. B. Stickstoff) beaufschlagt, um einen Sauerstoffeintrag in die Anlage und somit die Bildung von Oxidations- (vorwiegend voluminöse Eisenhydroxide) und Korrosionsprodukten auszuschließen. Während des Betriebs von Geothermieanlagen wird in regelmäßigen Abständen der Sauerstoffgehalt der Injektionswässer messtechnisch bestimmt, um ggf. rechtzeitig vor einer starken Veränderung der Durchlässigkeit im bohrlochnahen Bereich der Reinjektionssonde reagieren zu können /Seibt et al. 1997/.

Zusätzliche Komponenten für KWK-Anlagen (nach /Kaltschmitt, Streicher und Wiese 2006/). Hierunter werden Anlagen verstanden, welche es ermöglichen, die geothermische Energie zur Bereitstellung von Strom und Wärme in einem gekoppelten Prozess zu nutzen. Dazu wird die Wärme aus dem tiefen Untergrund in entsprechenden Wärmeübertragern (Verdampfern) auf ein zweites Medium übertragen. Dieses Medium muss, der geringen Temperatur des Thermalwassers oder Wasser-Dampf-Gemisches entsprechend, tiefsiedend sein.

Unter diesen Randbedingungen können der Rankine-Prozess mit organischen Arbeitsmitteln und der Kalina-Prozess eingesetzt werden; sie werden nachfolgend näher erläutert.

Rankine-Prozess mit organischen Arbeitsmitteln. Der ORC-Prozess (Organic Rankine Cycle, ORC) unterscheidet sich, bis auf das verwendete Arbeitsmittel und damit die Temperatur- und Druckparameter, nur unwesentlich vom klassischen Rankine-Prozess für Wasserdampf.

Wie in den üblicherweise in Kraftwerken eingesetzten Kreisprozessen wird das Wärmeträgermedium – hier durch das Thermalfluid – vorgewärmt, verdampft, in einer Turbine entspannt, ggf. in einem rekuperativen Wärmeübertrager gekühlt (das Medium ist, im Gegensatz zur Wasserdampfentspannung, noch überhitzt), kondensiert und durch eine Pumpe wiederum auf Verdampferdruck befördert. Eine entsprechende Schaltung zeigt Abb. 8.8.

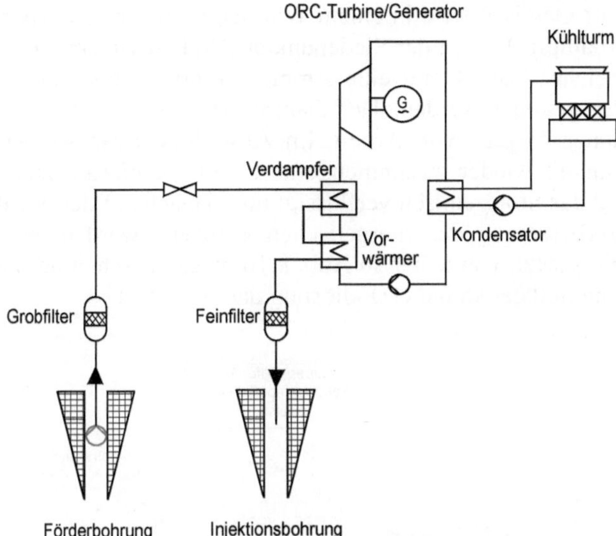

Abb. 8.8 Vereinfachtes Schaltschema einer ORC-Anlage (Organic Rankine Cycle) zur geothermischen Stromerzeugung /Kaltschmitt, Streicher und Wiese 2006/

Als Arbeitsstoffe werden im betrachteten Temperaturbereich in der Regel Kohlenwasserstoffe (z. B. n-Pentan, Isobutan) eingesetzt. Bekannt ist auch die Anwendung von Fluorkohlenstoff-Verbindungen (z. B. C_5F_{12}). Weiters wird überlegt, Gemische von Kohlenwasserstoffen einzusetzen; dies soll, wegen der gleitenden Verdampfungstemperaturen, zu höheren Wirkungsgrade führen.

Bei der Verwendung von organischen Medien sind verschiedene anlagentechnische Probleme zu lösen. Die Turbinen unterscheiden sich von denen für Wasser u. a. wegen des differierenden Molekulargewichts und der geringeren spezifischen Wärmekapazität. Auch müssen Vorkehrungen gegen eine erhöhte Korrosivität an Turbine und Wärmeübertragern getroffen werden. Weites ist der Abdichtung der Systeme ein hohes Augenmerk zu schenken.

Abb. 8.9 zeigt die Stromerzeugungswirkungsgrade exemplarischer Anlagen. Zusätzlich ist eine mittlere Wirkungsgradkurve dargestellt; danach liegen die mittleren Wirkungsgrade zwischen rund 5,5 % bei etwa 80 °C und ca. 12 % bei 180 °C Thermalwassertemperatur. Das entspricht einer Ressourcennutzung bei 80 °C von über 500 (t/h)/MW und bei 180 °C von 80 (t/h)/MW.

Die Nettowirkungsgrade der Stromerzeugung ausgeführter Anlagen liegen bis zu Thermalfluid-Temperaturen von ca. 135 °C unterhalb etwa 10 %. Sie erreichen am oberen Ende des Betrachtungsfeldes (200 °C) einen Wert von rund 13 bis 14 %. Dies gilt jedoch nur unter der Voraussetzung einer weitgehenden Nutzung des Wärmeinhaltes des Fluids, also der Erreichung der angestrebten Auskühlungstemperatur.

Kalina-Prozess. Der Kalina-Prozess nutzt ebenso wie der ORC-Prozess ein Arbeitsmittel, das in einem vom Thermalfluid abgeschlossenen Kreislauf zirkuliert. Als Arbeitsmedium wird ein Gemisch von Ammoniak und Wasser verwendet. Abb. 8.10 zeigt den Prozess in seiner einfachsten Form.

Das Zwei-Stoff-Gemisch wird in einem Wärmeübertrager vom Thermalfluid vorgewärmt und verdampft. Wegen der Siedepunktabstände der Komponenten entstehen ein Ammoniak-reicher Dampf und eine Ammoniak-arme Flüssigkeit, die anschließend voneinander getrennt werden. Der Dampf wird einer Turbine zugeführt und entspannt dort unter Abgabe von Arbeit. Im Anschluss daran werden Dampf und entspannte Flüssigkeit wieder zusammengeführt und gemeinsam zum Kondensator geleitet. Hier wird das Stoffgemisch verflüssigt und danach auf den Verdampferdruck gebracht. Zur Verbesserung der energetischen Effizienz werden in der Schaltung Rekuperatoren eingesetzt, von denen in Abb. 8.10 einer zwischen der heißen Ammoniak-armen Lösung und der kalten Grundlösung dargestellt ist.

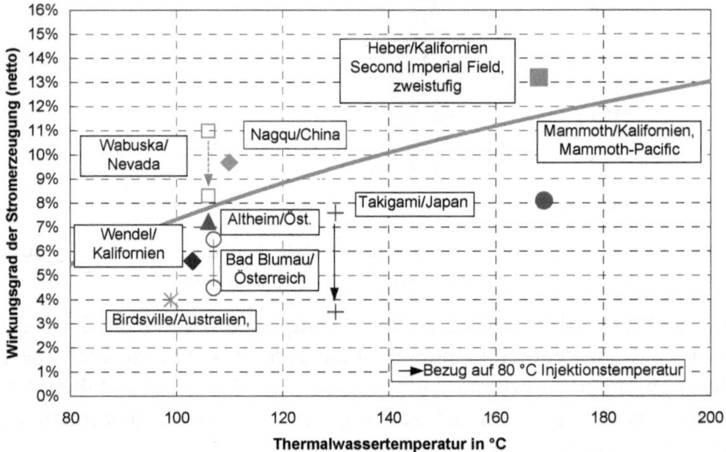

Abb. 8.9 Wirkungsgrade ausgeführter ORC-Systeme (Organic Rankine Cycle) /Kaltschmitt, Streicher und Wiese 2006/

Die erreichbaren Wirkungsgrade liegen zwischen ca. 8,5 % bei rund 80 °C und etwa 12 % bei rund 160 °C Thermalwassertemperatur. Die Ressourcennutzung erreicht also Werte zwischen 500 (t/h)/MW und 70 (t/h)/MW. Diese vergleichsweise hohen Wirkungsgrade konnten jedoch bisher kaum durch einen praktischen Anlagenbetrieb verifiziert werden.

Der Vorteil dieses Prozesses liegt darin, dass die Verdampfung und die Kondensation des Arbeitsmediums nicht isotherm, wie bei reinen Stoffen (ORC-Prozess), vonstatten gehen, sondern dass gleitende Temperaturen auftreten.

- Die Temperaturverläufe des Thermalfluids auf der einen Seite (z. B. Abkühlung von 150 auf 85 °C) und die des auf der anderen Seite im Gegenstrom geführten verdampfenden Gemisches (bei geeigneter Konzentration der Grundlösung z. B. Erwärmung von 75 auf 145 °C) können dadurch einander angepasst werden. Das vermindert die mittlere Temperaturdifferenz zwischen beiden Stoffströmen und damit die Verluste der Wärmeübertragung.
- Gegenüber dem Einsatz reiner Stoffe erhöht sich die mittlere Temperatur der Verdampfung. Gleichzeitig vermindert sich die mittlere Temperatur der Kondensation. Dies führt zur Verbesserung des Carnot-Wirkungsgrades des Prozesses (d. h. des theoretisch maximalen Wirkungsgrades).

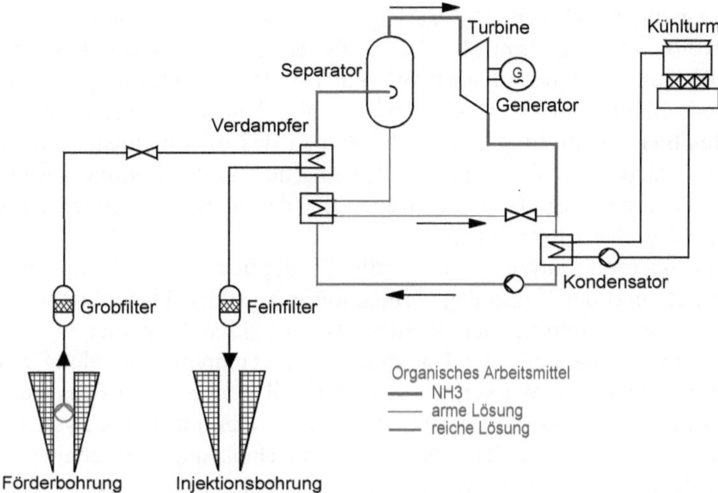

Abb. 8.10 Vereinfachtes Schaltschema einer Anlage zur geothermischen Stromerzeugung nach dem Kalina-Prozess /Kaltschmitt, Streicher und Wiese 2006/

Neben den energetischen hat der Prozess auch bautechnische Vorteile. Wegen der Ähnlichkeit der entscheidenden Stoffeigenschaften von Wasser und Ammoniak für die Entspannung können Wasserdampfturbinen verwendet werden. Darüber hinaus finden Ammoniak-Wasser-Gemische seit langem in anderen Gebieten der Technik (z. B. Kältetechnik) breite Anwendung.

Von Nachteil sind die wegen der geringeren Temperaturdifferenzen in den Wärmeübertragern und des schlechteren Wärmeübertragungsverhaltens deutlich größeren Apparate. Auch gibt es weltweit bisher nur sehr wenige derartiger Anlagen.

Weitere Systemelemente. Neben den beschriebenen Systemelementen zur direkten Nutzung der Thermalwasserwärme sind zur Wärmeverteilung ein Nah- bzw. Fernwärmenetz sowie in Abhängigkeit der lokalen Gegebenheiten weitere Elemente in einer Heizzentrale (u. a. mit fossilen Brennstoffen befeuerte Spitzenlastanlage, Wärmepumpe oder Blockheizkraftwerk) notwendig.

Nah-/Fernwärmenetz. Die Erdwärmenutzung ist aus ökonomischen Gründen aufgrund der hohen installierten thermischen Leistungen außer bei der Versorgung eines industriellen Abnehmers mit hoher Wärmenachfrage nur durch eine Anbindung an Nah- bzw. Fernwärmenetze möglich. Bei Nah-/Fernwärmesystemen wird die Wärme in einem Heizwerk bereitgestellt und über ein Rohrleitungsnetz sowie die Übergabestationen an die jeweiligen Verbraucher abgegeben /Schramek et al. 1995/.

Für die Übertragung geothermischer Wärme kommen in Österreich im Normalfall wasserbetriebene Zweileitersysteme mit Vorlauftemperaturen von unter 90 °C zum Einsatz. Die Vorlauftemperatur wird dabei i. Allg. in Abhängigkeit von der Außentemperatur gleitend in einem bestimmten Bereich variiert, wobei unter wirtschaftlichen Gesichtspunkten eine möglichst große Spreizung zwischen Vor- und Rücklauftemperatur anzustreben ist. Dadurch lässt sich die umlaufende Wassermenge minimieren; die Rohrdurchmesser und damit die Pump- und die Netzkosten können entsprechend verringert werden. Die Verlegung des Rohrnetzes kann als Freileitung, in Kanalbauweise oder kanalfrei als Mantelrohr erfolgen. Letzteres besteht aus einem Mediumrohr aus Stahl oder Kunststoff, einer Wärmedämmung (z. B. Polyurethan) sowie einem Mantel aus Kunststoff oder Stahl. Kunststoffmantelrohre sind dabei auch in flexibler Ausführung erhältlich. Wegen des oft feuchten Erdreichs ist eine Korrosionsbeständigkeit die wichtigste Anforderung an das Leitungssystem. Auch ist eine Durchfeuchtung der Dämmung wegen der daraus resultierenden erhöhten Wärmeverluste möglichst zu vermeiden.

Die Hausübergabestationen stellen die Bindeglieder zwischen dem Nah- bzw. Fernwärmenetz und der Hausanlage (Heizungsanlage) dar. Dabei können direkte und indirekte Systeme unterschieden werden. Bei direkten Systemen durchströmt das Heizwasser die Anlagenteile der Hausstation; die Temperaturregelung erfolgt durch Zumischen von kälterem Wasser aus dem Hausanlagenrücklauf. Dies stellt meist die kostengünstigere Variante dar /Dötsch et al. 1998/. Bei indirekten Systemen wird ein Wärmeübertrager zwischen Fernwärmenetz und Hausanlage geschaltet; dafür sprechen vor allem die Unabhängigkeit von den Druckverhältnissen im Netz und der Wasserbeschaffenheit.

Spitzenlastbereitstellung. Zur Abdeckung der saisonalen und tageszeitlichen Leistungsspitzen bzw. zur Gewährleitung der Wärmeversorgung bei Ausfall der Geothermieanlage ist in das geothermische Heiz- bzw. Heizkraftwerk in der Regel eine mit fossilen Energieträgern befeuerte Kesselanlage eingebunden.

Abb. 8.11 zeigt exemplarisch die geordnete Jahresganglinie (Jahresdauerlinie) eines geothermischen Heiznetzes (10 MW) mit Spitzenlastabdeckung auf Basis fossiler Brennstoffe. Deutlich wird, dass nur innerhalb eines sehr beschränkten Zeitraums im Jahr keine vollständige Versorgung durch den geothermischen Anlagenteil möglich ist. Der über das gesamte Jahr betrachtete Anteil der Spitzenlastwärme ist daher im Vergleich zur insgesamt nachgefragten Wärme relativ klein. Dadurch kann eine hohe Volllaststundenzahl des geothermischen Anlagenteils – und damit ein möglichst wirtschaftlicher Betrieb – erreicht werden.

Sollte die Temperatur des Thermalwassers die Vorlauftemperatur des Heiznetzes unter- und die Rücklauftemperatur überschreiten, so muss, um den Temperaturanforderungen des Heiznetzes zu entsprechen, nach der Übertragung der geothermischen Wärme an das im Netz zirkulierende Trägerfluid eine Temperaturanhebung mittels einer mit fossilen oder biogenen Brennstoffen befeuerten Anlage (Holz-, Öl- oder Gaskessel, Blockheizkraftwerk) oder einer Wärmepumpe erfolgen. Hierbei können deutlich größere mit fossilen Brennstoffen bereitzustellende Wärmemengen als bei dem oben dargestellten Beispiel erforderlich werden. In Abb. 8.12 ist dies exemplarisch für ein 10 MW-Heiznetz dargestellt.

Blockheizkraftwerk (BHKW). Für die Deckung der Eigenstromnachfrage einer geothermischen Anlage kann ein Blockheizkraftwerk (BHKW) installiert werden. Zum Antrieb des Generators wird dabei eine Verbrennungskraftmaschine (Verbrennungsmotor oder Gasturbine) eingesetzt. Der produzierte Strom kann innerhalb des Systems zum Antrieb der Pumpen (Thermalwasserseite und Heiznetzseite) und der ggf. installierten Wärmepumpe genutzt bzw. in das Netz der öffentlichen Stromversorgung eingespeist werden.

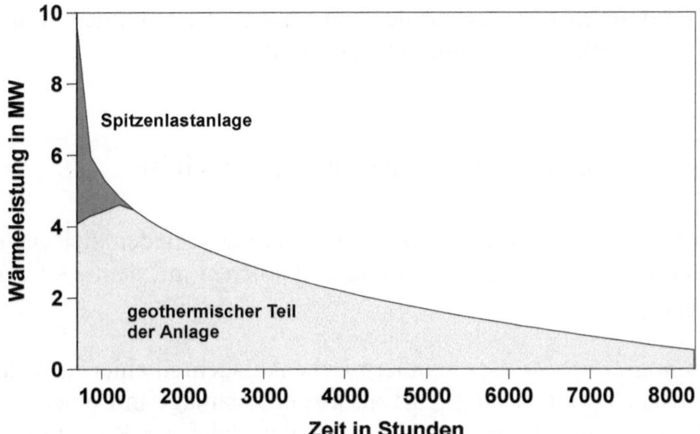

Abb. 8.11 Jahresdauerlinie eines 10 MW-Heiznetzes mit Vor- und Rücklauftemperaturen unterhalb der Thermalwassertemperatur

Neben dem erzeugten Strom kann zusätzlich die Abwärme des Blockheizkraftwerks genutzt werden. Dabei muss allerdings berücksichtigt werden, dass sowohl der geothermische Anlagenteil als auch das Blockheizkraftwerk die Wärmegrundlast abdecken. Da der geothermische Anlagenteil und die BHKW-Anlage etwa in gleichem Maße investitionsintensiv sind, müssen beide Systeme möglichst hohe Volllaststunden erreichen. Es ist also im speziellen Anwendungsfall unter den jeweiligen Bedingungen vor Ort zu klären, ob aus wirtschaftlicher Sicht ein Wärmebereitstellungssystem einschließlich BHKW sinnvoller ist als ein Gesamtsystem ohne BHKW.

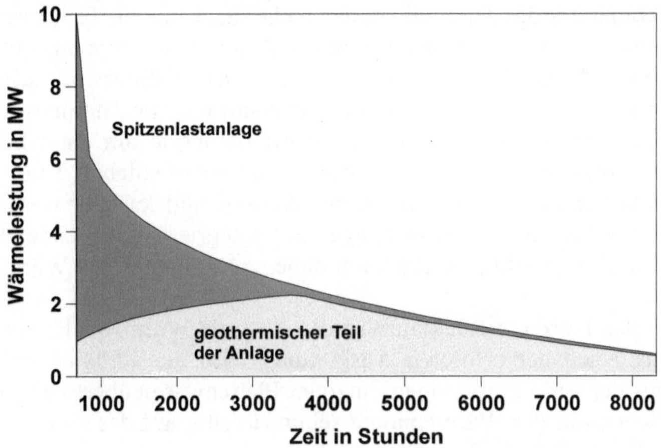

Abb. 8.12 Jahresdauerlinie eines 10 MW-Heiznetzes mit einer Thermalwassertemperatur unter der Vorlauf- und über der Rücklauftemperatur des Heiznetzes

Wärmepumpe. Sollte das Temperaturniveau des Thermalwassers den nachfrageseitigen Anforderungen nicht entsprechen, kann eine Temperaturanhebung mittels Wärmepumpe erfolgen. Eine Wärmepumpe kann aber auch zur nochmaligen Abkühlung des Nahwärmerücklaufs herangezogen werden. Prinzipiell eigenen sich dafür Elektro- und Absorptionswärmepumpen, wobei auch eine Kombination mit Blockheizkraftwerken möglich ist. Aufgrund der meist höheren Leistungen kommen allerdings bevorzugt Absorptionswärmepumpen zum Einsatz.

8.2.4 Anlagenkonzepte und Anwendungsbereiche

Anlagenkonzepte. Bei den Anlagenkonzepten wird unterschieden zwischen Konzepten zur ausschließlichen Wärmebereitstellung und solchen mit dem Ziel der Wärme- und Stromerzeugung.

Wärmebereitstellungskonzepte. Der geothermische Anlagenteil einer Erdwärme-Heizzentrale ist aus Kostengründen möglichst als Grundlastanlage mit einer hohen Volllaststundenzahl auszulegen. Leistungsspitzen werden dabei im Regelfall durch eine mit fossilen oder biogenen Brennstoffen befeuerte Kesselanlage abgedeckt. Ist eine zusätzliche balneologische bzw. stoffliche Nutzung des Thermalwassers möglich, können auch Versorgungssysteme ohne Zusatzfeuerung und mit geringen Volllaststundenzahlen wirtschaftlich interessant sein.

Für eine energetische Nutzung sollte unabhängig von einer möglichen balneologischen bzw. stofflichen Nutzung die Erdwärme weitestgehend im energetisch effizienten direkten Wärmeübergang vom Thermalwasser an das Heiznetzwasser übertragen werden. Dazu sind geringe Rücklauftemperaturen im Wärmeverteilnetz anzustreben. Im günstigsten Fall (Abb. 8.13, links) kann ein Heiznetz in ausreichender Weise durch den direkten Wärmeübertrag mit dem Thermalwasser versorgt werden. Aus Sicherheitsgründen wird dies oft über einen entsprechenden Zwischenkreis realisiert.

Reicht die Temperatur des Thermalwassers nicht aus, kann ein Temperaturhub mit einer Wärmepumpe erfolgen. Diese kann ihre primärseitige Energie aus einem weiteren Wärmeübertrager beziehen. Es kann auch ein Blockheizkraftwerk (BHKW) zur Eigenstromversorgung installiert werden, da vor allem die zur Thermalwasserförderung und -injektion erforderliche elektrische Antriebsenergie mit einer hohen Volllaststundenzahl benötigt wird. Abb. 8.13, Mitte, zeigt einen solchen Thermalwasserkreislauf mit Zwischenkreis, direktem Wärmeübertrag und kaskadenförmiger Auskühlung in einem weiteren Wärmeübertrager mit integriertem Blockheizkraftwerk. Die Abwärme des Blockheizkraftwerks kann dabei zusätzlich in das Wärmenetz eingespeist werden.

Ebenso kann das Heiznetz-Rücklaufwasser selbst als Wärmequelle für die Wärmepumpe dienen. Nach der erfolgten Auskühlung wird die verhältnismäßig große Wärmemenge aus der Erde durch einen einzigen Plattenwärmeübertrager aufgenommen und anschließend in der Wärmepumpe sekundärseitig auf das erhöhte Temperaturniveau nachgeheizt (Abb. 8.13, rechts).

Allgemein gültige Richtlinien bezüglich der letztlich zu wählenden Anlagenkonfiguration sind aufgrund der Vielzahl der gegebenen Einflussgrößen nicht möglich (u. a. die Eigenschaften der thermalwasserführenden Schicht, die Größe und Nachfragecharakteristik des Abnehmersystems, die vorgegebenen Heiznetzparameter, die Organisationsstruktur des Anlagenbetreibers). Die Entscheidung für die jeweils zu nutzende Technik muss deshalb standortabhängig getroffen werden.

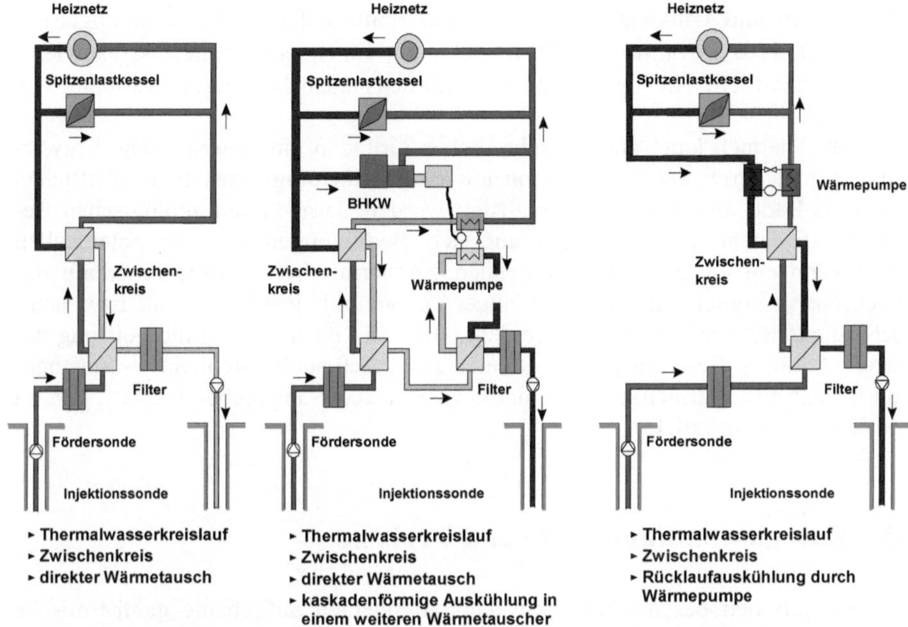

Abb. 8.13 Anlagenkonfigurationen für die Erdwärmenutzung zur Nah-/Fernwärmebereitstellung /Kaltschmitt, Streicher und Wiese 2006/

Strom- und Wärmebereitstellungskonzepte. Neben der bisher diskutierten ausschließlichen Wärmebereitstellung gewinnen in den letzten Jahren insbesondere auch Konzepte zur gekoppelten Erzeugung von Strom und Wärme an Bedeutung. Hier wird – ausgehend von den bereits dargestellten Wärmebereitstellungskonzepten – i. Allg. die Energie des Thermalwassers zunächst zur Stromerzeugung entweder mithilfe eines Organic-Rankine-Prozesses (ORC-Prozess) oder eines Kalina-Prozesses genutzt und erst die danach verbleibende geothermische Energie zur Wärmeerzeugung eingesetzt. Unter bestimmten Bedingungen – je nach Charakteristik der jeweiligen Wärmenachfrager (z. B. Prozesswärmebereitstellung, Bereitstellung von Niedertemperaturwärme für eine Siedlung mit Niedertemperaturheizsystemen, Bereitstellung von Wärme für die Gewächshaus- oder Fischteichbeheizung) – kann auch die Abwärme aus dem Kraftwerksprozess nutzbar gemacht werden.

Derartige Konzepte können verschiedenartig betrieben werden. Grundsätzlich kann zwischen einem wärme- und einem stromgeführten Betrieb unterschieden werden. Ob und ggf. wann die Ausbeute an Strom oder an Wärme maximiert werden soll, hängt dabei i. Allg. weniger von technischen, sondern vielmehr von ökonomischen Randbedingungen ab.

Anwendungsbereiche. Die potenzielle Nutzung geothermischer Energievorkommen hängt vom Energiegehalt und damit von der Temperatur ab. Bei den in Österreich anzutreffenden Temperaturniveaus kann eine Stromerzeugung nur über ORC- (Organic-Rankine-Cycle) oder Kalina-Anlagen realisiert werden. Aufgrund deren geringen Wirkungsgrade kommen geothermische Wärmevorkommen in Österreich allerdings hauptsächlich zur Bereitstellung von Nah- und Fernwärme für

- Raumwärme und Trinkwarmwasser (u. a. Haushalte, öffentliche Einrichtungen),
- industrielle Prozesswärme (u. a. Holztrocknung, Tauchbeckenbeheizung) sowie
- landwirtschaftliche Anwendungen (u. a. Gewächshausbeheizung, Erwärmung von Fischbecken)

in Betracht. Vielfach kann aus wirtschaftlichen Gründen eine energetische Erdwärmenutzung erst durch die Kombination mit einer balneologischen bzw. stofflichen Nutzung als Bade- und Heilwasser realisiert werden. Je nach den geologischen Bedingungen des genutzten Horizonts und den Bedingungen an dem potenziellen Standort kann ein Großteil der anfallenden geothermischen Wärme innerhalb des Badebetriebs verbraucht und nur ein geringer Teil an umliegende Gebäude bzw. landwirtschaftliche Betriebe abgegeben werden. Alternativ dazu – wenn die Leistung des genutzten Aquifers dies ermöglicht – können zusätzlich auch erhebliche Wärmemengen an industrielle Wärmenachfrager und/oder Haushalte abgegeben werden; ggf. ist dies auch in KWK möglich.

8.2.5 Energiewandlungskette und Verluste

Durch eine aus den beschriebenen Systemkomponenten aufgebaute geothermische Anlage (d. h. nur Geothermieteil) wird streng genommen keine Energie gewandelt, sondern ausschließlich übertragen. Allerdings lässt sich dabei – wie bei Systemen mit einer Energiewandlung im eigentlichen Sinn (z. B. Stromerzeugung aus Wasserkraft; Kapitel 2) – nur ein Teil des Energieangebots auch nutzen (Abb. 8.14).

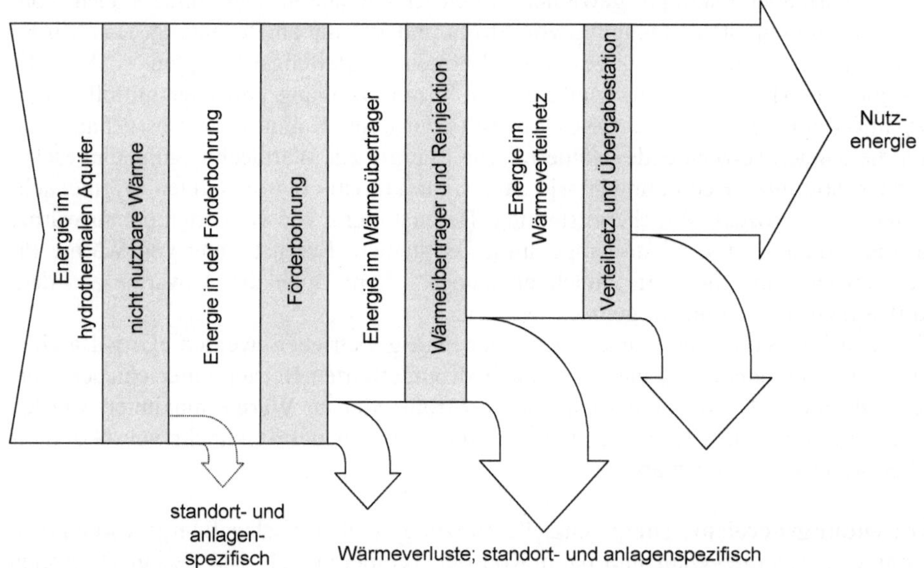

Abb. 8.14 Energiefluss einer geothermischen Wärmebereitstellung aus einer Lagerstätte mit hohem Temperaturniveau (d. h. keine nachgeschalteten Einrichtungen wie z. B. Wärmepumpe zur Temperaturanhebung)

Wird beispielsweise eine ausschließliche Wärmebereitstellung unterstellt, ist davon auszugehen, dass von der im tiefen Untergrund gespeicherten Energie nur ein Teil technisch verfügbar gemacht werden kann. Diese insgesamt aus dem Untergrund gewinnbare Wärme ist sehr stark von standortspezifischen Bedingungen abhängig. Wärmeverluste u. a. in der Förderbohrung, dem Wärmeübertrager, dem Wärmeverteilnetz sowie den Hausübergabestationen führen in weiterer Folge dazu, dass nicht die gesamte geförderte Wärmemenge beim Verbraucher als nutzbare Wärme zur Verfügung steht. Auch lässt sich aufgrund der Spezifikationen der Wärmenutzungsanlagen (z. B. Vorlauftemperatur des Wärmeverteilnetzes) das Tiefenwasser nicht beliebig tief abkühlen. Bei der Reinjektion des Geofluids wird dadurch ein Teil der Wärme wieder in den Untergrund zurückgeführt (Abb. 8.14).

Wird demgegenüber eine Strom- und Wärmeerzeugung unterstellt, kommen zu diesen Verlusten die der Stromerzeugungsanlage noch hinzu. Sie schwanken ebenfalls standortabhängig je nach u. a. dem Temperaturniveau des genutzten Horizonts und der erreichbaren Fließrate sowie dem Anteil der Wärme, die in Kraft-Wärme-Kopplung genutzt werden kann, erheblich.

8.3 Ökologische und ökonomische Analyse

Im Folgenden werden anhand konkreter Anlagenkonfigurationen sowohl die mit einer geothermischen Wärme- als auch einer Strom- bzw. gekoppelten Strom- und Wärmebereitstellung verbundenen Kosten und Umweltbelastungen bestimmt. Dabei beschränkt sich die Darstellung auf eine ausschließlich energetische Nutzung der Thermalwässer. Eine zusätzliche stoffliche Nutzung wird nicht betrachtet.

8.3.1 Wärme

Um den investitionsintensiven geothermischen Anlagenteil bei der Wärmebereitstellung aus tiefer Geothermie möglichst mit einer hohen Volllaststundenzahl betreiben und damit einen kostengünstigen Betrieb gewährleisten zu können, werden geothermische Heizwerke i. Allg. mit Spitzenlastkesseln auf der Basis fossiler Brennstoffe und teilweise auch mit Blockheizkraftwerken und/oder Wärmepumpen kombiniert (vgl. Kapitel 8.2.3). Die nachfolgenden Analysen erfolgen daher sowohl für den eigentlichen geothermischen Anlagenteil als auch für ein gesamtes Wärmeversorgungssystem auf Basis einer Nutzung von tiefer Erdwärme zur Erfüllung einer bestimmten Versorgungsaufgabe.

Aufgrund der Vielzahl von Einflussfaktoren (u. a. Aquifertemperatur, geologische Bedingungen am Standort, Einbindung in ein Versorgungskonzept) auf die technische Umsetzung geothermischer Anlagen sind die nachfolgend definierten Referenzanlagen nur als mögliche Beispiele einer geothermischen Wärmebereitstellung zu sehen.

8.3.1.1 Referenzanlagen

Geothermische Anlagen zur Raumwärme- und Trinkwarmwasserbereitstellung für Haushalte und ähnliche Einrichtungen werden aufgrund wirtschaftlicher Überlegungen i. Allg. erst ab Leistungen von etwa 5 MW realisiert. Von den in Kapitel 1.3 definierten Versorgungsaufgaben eignen sich daher nur die Systeme Nahwärme II (NW-II) und III (NW-III) für eine geothermische Wärmeversorgung (Tabelle 8.1). Als Wärmeabnehmer werden die in Kapitel 1.3 definierten Versorgungsaufgaben für drei Einfamilienhäuser (EFH-I, EFH-II und EFH-III) und ein Mehrfamilienhaus (MFH-I) berücksichtigt.

Tabelle 8.1 Technische Kenngrößen der geothermischen Referenzanlagen

System		NW-II	NW-III
Wärmenachfrage	in GJ/a[a]	26 000	52 000
Wärme ab Heizwerk	in GJ/a[b]	32 200	64 400
Geothermischer Deckungsgrad	in %	85	50,6[c]
Grundlastanlage			
geothermische Leistung	in MW	3,4	2,1[c]
geothermische Wärme ab Heizwerk	in GJ/a	27 400	32 600[c]
Fördertemperatur	in °C	100	62
maximaler Fördervolumenstrom	in m³/h	80	72
Tiefe der Förder-/Injektionsbohrung	in m	2 450/2 350	1 300/1 250
Zusatzaggregate			BHKW/WP[d]
Spitzenlastanlage			
Brennstoff		Heizöl extra leicht	Erdgas
Technik		Low-NO_x-Brenner	Low-NO_x-Brenner
Feuerungsleistung	in MW	5	2 x 5
Kesselnutzungsgrad		0,92	0,92
Wärmeverteilnetz			
Länge	in m	6 000	2 x 6 000
Vor-/Rücklauftemperatur	in °C[e]	70/50	70/50
Netznutzungsgrad		0,85	0,85
Nutzungsgrad Übergabestation[f]		0,95	0,95

[a] Wärmenachfrage der an das Wärmeverteilnetz angeschlossenen Abnehmer; [b] unter Berücksichtigung der Verluste des Wärmeverteilnetzes sowie der Hausübergabestationen/Trinkwarmwasserzwischenspeicher; [c] direkter Wärmeübertrag und geothermischer Anteil an von den Wärmepumpen bereitgestellter Wärme; [d] je zwei erdgasbefeuerte Blockheizkraftwerke (630 kW thermische bzw. 450 kW elektrische Nennleistung bei einem thermischen/elektrischen Nutzungsgrad 0,52 bzw. 0,38) und elektromotorisch betriebene Wärmepumpen (Arbeitszahl von 2,8 bei einer thermischen Leistung von 1 450 kW); [e] Jahresdurchschnitt; [f] durchschnittlicher Nutzungsgrad (Trinkwarmwasser 0,80 und Raumheizung 0,98)

Bei den untersuchten geothermischen Heizzentralen wird durch eine Bohrung das warme Thermalwasser gefördert und nach der Abkühlung durch eine weitere wieder in das Trägergestein verpresst. Alle mit Thermalwasser beaufschlagten Rohrleitungen und Behälter in den Betriebsgebäuden sind aus Stahl mit einer Innenbeschichtung aus Hartgummi gefertigt.

Die Wärmeverteilung erfolgt jeweils über ein nach Tabelle 8.1 definiertes Wärmenetz mit einer durchschnittlichen Vorlauftemperatur von 70 °C und einer Rücklauftemperatur von 50 °C. Die Nahwärmenetze werden als Kunststoffmantelrohre mit einem Mediumrohr aus Stahl, indirekter Netzanbindung und Trinkwarmwasserzwischenspeicherung (Nutzungsgrad 80 %) in den versorgten Gebäuden ausgeführt.

Nahwärmesystem NW-II. Die hier untersuchte Geothermieanlage (Abb. 8.15) nutzt eine Förder- und eine Injektionsbohrung mit einer Tiefe von 2 450 bzw. 2 350 m bei einem Abstand zwischen den beiden Bohrungen von 1 500 m. Das energetisch nutzbare Thermalwasser hat eine Temperatur von etwa 100 °C. Das maximale Fördervolumen beträgt 80 m^3/h. Die Förder- und Injektionsbohrung ist jeweils mit dem geothermischen Heizwerk durch erdverlegte Rohrleitungen aus glasfaserverstärktem Kunststoff verbunden. Die Wärmeauskopplung im Erdwärmeheizwerk erfolgt über zwei lastabhängig geschaltete Titan-Plattenwärmeübertrager mit einer maximalen thermischen Leistung von jeweils 1 700 kW. Die Einbindung über einen Zwischenkreislauf mit hydraulischer Weiche erlaubt eine optimale Anpassung von Temperatur und Mengenstrom an die benötigte Leistung des Nahwärmenetzes.

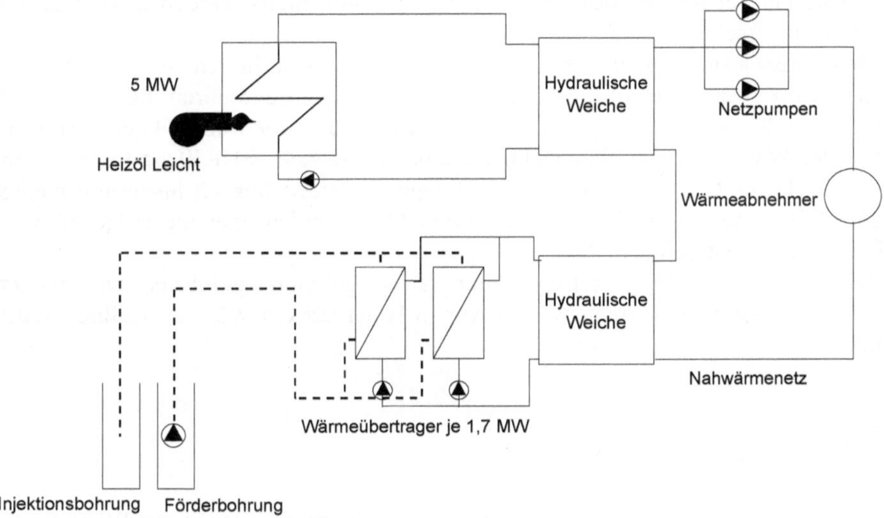

Abb. 8.15 Prinzipschema des geothermischen Nahwärmesystems NW-II

Etwa 85 % der im Jahresverlauf bereitgestellten Wärme resultieren aus dem Thermalwasser. Die verbleibenden rund 15 % werden über eine mit extra leichtem Heizöl befeuerte Spitzenlastanlage abgedeckt. Insgesamt ist in der geothermischen Heizzentrale eine thermische Leistung von ca. 5 MW installiert, wovon etwa 3,4 MW aus dem direkten Wärmeübertrag mit dem Thermalwasser stammen. Die Wärmeverteilung erfolgt über ein in Tabelle 8.1 definiertem Wärmenetz.

Um die Energieeffizienz der geothermischen Heizanlage zu steigern, wird für das Nahwärmenetz NW-II zusätzlich eine Kaskadennutzung untersucht. Nach der Wärmebereitstellung für das Nahwärmenetz erfolgt hier eine weitere Wärmebereitstellung für Gewächshäuser bei einer Vorlauftemperatur des Thermalwassers (Rücklauf aus 1. Kaskade) von knapp 60 °C. Abschließend wird die Restwärme eines Thermalwasserteilstromes (ca. 3 l/s) bei einem Temperaturniveau von ca. 39 °C für balneologische Zwecke genutzt.

Nahwärmesystem NW-III. Bei diesem System (Abb. 8.16) wird 62 °C heißes Thermalwasser mit einem Volumenstrom von 72 m^3/h aus einer Tiefe von etwa 1 300 m mit einer in 390 m Tiefe eingehängten Tauchkreiselpumpe gefördert. Das aus dem

Untergrund stammende Fluid wird zur Heizzentrale gepumpt, wo ihm zunächst über Wärmeübertrager – abhängig von den Betriebsbedingungen – zwischen 450 und 1 400 kW an thermischer Leistung direkt entzogen wird. Zur Sicherstellung der verbrauchsseitigen Temperatur von 70 °C kühlen anschließend zwei Wärmepumpen mit einer thermischen Leistung von jeweils 1 450 kW das Thermalwasser auf 25 °C ab. Es wird danach in eine Tiefe von rund 1 250 m verpresst. Die für den Betrieb der Wärmepumpen und der sonstigen Hilfsaggregate (z. B. Pumpen) benötigte elektrische Energie wird teilweise von zwei erdgasbetriebenen Blockheizkraftwerken (BHKW) mit je 630 kW thermischer und 450 kW elektrischer Leistung bereitgestellt. Die in diesen Aggregaten in Koppelproduktion gewonnene Wärme wird dem Verteilnetz zugeführt. Zur Deckung von Verbrauchsspitzen bzw. zur Gewährleistung der Wärmeversorgung bei Ausfall des geothermischen Anlagenteils werden zwei erdgasbefeuerte Heizkessel eingesetzt.

Bei einer insgesamt in der Geothermieanlage installierten Heizleistung von 10 MW wird etwa die Hälfte der jährlichen Wärmenachfrage durch die Nutzung der Energie aus dem tiefen Untergrund (d. h. direkter Wärmeübertrag und geothermischer Anteil der Wärmepumpe) abgedeckt. Zusammen mit dem BHKW und der Wärmepumpe deckt die Grundlastanlage damit knapp 85 % der jährlich insgesamt nachgefragten Wärmemenge ab. Die verbleibenden 15 % werden über die erdgasbefeuerte Spitzenlastanlage bereitgestellt.

Die Wärmeverteilung erfolgt über zwei getrennt geführte, entsprechend Tabelle 8.1 definierte Wärmenetze (in Abb. 8.16 ist nur ein Wärmeverteilnetz dargestellt).

8.3.1.2 Ökologische Analyse

Für die in Tabelle 8.1 definierten geothermischen Referenzanlagen zur Wärmebereitstellung werden nachfolgend neben den Energie- und Emissionsbilanzen entlang des gesamten Lebensweges auch die weiteren Umwelteffekte untersucht.

Lebenszyklusanalyse "Geothermische Wärmenutzung". Zur Darstellung des Anteils des geothermischen Anlagenteils am Verbrauch fossiler Energieträger bzw. an den diskutierten Emissionen werden die mit fossilen Brennstoffen befeuerten Spitzenlastanlagen sowie die Blockheizkraftwerke bzw. die Wärmepumpen (NW-III) hier zunächst nicht berücksichtigt; sie werden erst in dem Unterkapitel "Lebenszyklusanalyse des Versorgungssystems" analysiert. Die hier dargestellten Bilanzergebnisse repräsentieren demnach nur die geothermische Wärmebereitstellung innerhalb des in Tabelle 8.1 definierten Gesamtsystems. Bezugsgröße ist 1 TJ (1 GWh) bereitgestellte geothermische Wärme an der Sekundärseite des Wärmeübertragers der 5, 8, 18 und 60 kW-Hausübergabestation (EFH-I, EFH-II und EFH-III sowie MFH-I). Die Verluste des Nahwärmenetzes werden ebenso wie die der Übergabestationen bzw. der Trinkwarmwasserspeicher innerhalb der versorgten Gebäude berücksichtigt.

Der Materialeinsatz sowie die energetischen Aufwendungen für Bau, Betrieb und Abriss der gemeinsam mit der Spitzenlastanlage bzw. dem Blockheizkraftwerk genutzten Komponenten (u. a. Nahwärmenetz, Gebäude der Heizzentrale und Hausübergabestation) werden den geothermischen Systemkomponenten entsprechend dem geothermischen Anteil an der gesamten Wärmeabgabe angerechnet. Tabelle 8.2 zeigt die Ergebnisse der Energie- und Emissionsbilanzen.

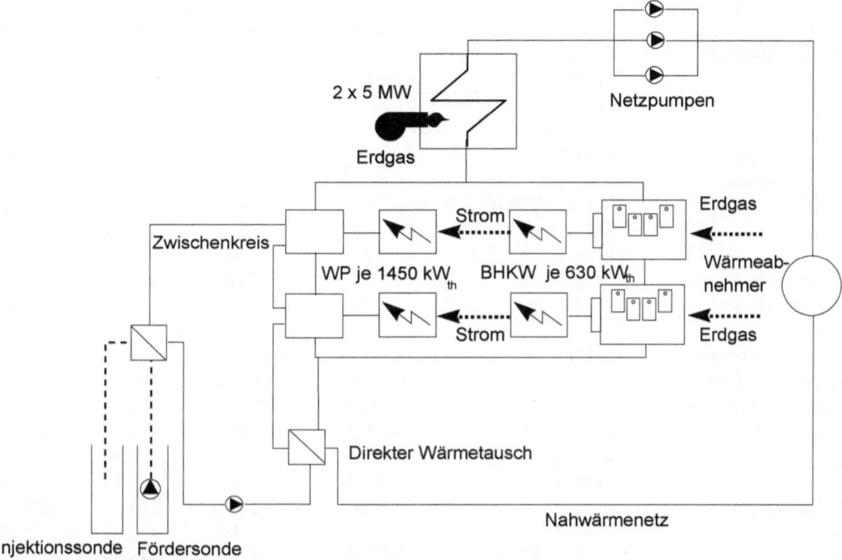

Abb. 8.16 Prinzipschema des geothermischen Nahwärmesystems NW-III

Allgemeine Einflussfaktoren auf die Bilanzergebnisse sind neben den geologischen und geotechnischen Randbedingungen (u. a. Thermalwassertemperatur, Bohrtiefe, geologische Standortbedingungen) die Anlagenleistung (Gesamtanlage bzw. Hausübergabestation), der geothermische Anteil an der gesamten Wärmeabgabe der Heizzentrale sowie der Anteil des Wärmeverbrauchs zur Trinkwarmwasserbereitung am gesamten Wärmeverbrauch.

Mit steigender Leistung der geothermischen Anlage bzw. der Hausübergabestation sinken die spezifischen Aufwendungen für deren Bau. Weiters können bei geringeren geothermischen Deckungsgraden höhere Volllaststundenzahlen und dadurch eine bessere Ausnutzung der geothermischen Anlagenteile mit entsprechend sinkenden energetischen bzw. materiellen Aufwendungen erreicht werden. Unterschiede zwischen den einzelnen Abnahmeleistungen der Hausübergabestationen sind u. a. durch voneinander abweichende spezifische Aufwendungen für den Hausanschluss (u. a. Übergabestation, Trinkwarmwasserspeicher) sowie unterschiedliche Wärmeverluste der Übergabestationen bestimmt. Letztere sind eine Folge der verschieden hohen Anteile des Wärmeverbrauchs zur Trinkwarmwasserbereitung am Gesamtverbrauch der untersuchten Referenzsysteme bei unterschiedlichen Nutzungsgraden der Trinkwarmwasser- (80 %) und Raumwärmebereitung (98 %; Kapitel 1.3.3).

Im Gegensatz zum System NW-II wird im System NW-IIK durch eine anschließende Kaskadennutzung ein deutlich größerer Teil der Erdwärme umgesetzt. Hierdurch ergeben sich i. Allg. beachtliche Emissionsgutschriften durch den dadurch möglichen zusätzlichen Ersatz fossiler Energieträger (Tabelle 8.2); dadurch kann sich das System zu einer "Emissionssenke" entwickeln (d. h. "negative" Emissionen).

Tabelle 8.2 Energie- und Emissionsbilanzen einer geothermischen Wärmebereitstellung zur Raumwärme- und Trinkwarmwasserbereitung (Zahlen gerundet)

System		NW-II			
Ges. geoth. Wärmenachfr.	in GJ/a[b]	22 100			
Versorgungsaufgabe		EFH-I	EFH-II	EFH-III	MFH-I
Geoth. Wärmenachfrage	in GJ/a[c]	27,8	47,3	100,9	421,7
Energie	in GJ_{prim}/TJ[d]	192	179	169	164
SO_2	in kg/TJ	24	22	20	19
NO_x	in kg/TJ	60	57	54	53
CO_2-Äquivalente	in kg/TJ	12 690	11 892	11 290	11 041
SO_2-Äquivalente	in kg/TJ	67	62	59	57
Energie	in GJ_{prim}/GWh[d]	691	644	608	592
SO_2	in kg/GWh	85	77	72	69
NO_x	in kg/GWh	217	204	194	191
CO_2-Äquivalente	in kg/GWh	45 683	42 812	40 645	39 748
SO_2-Äquivalente	in kg/GWh	241	224	211	206
System		NW-IIK[a]			
Ges. geoth. Wärmenachfr.	in GJ/a[b]	22 100			
Versorgungsaufgabe		EFH-I	EFH-II	EFH-III	MFH-I
Geoth. Wärmenachfrage	in GJ/a[c]	27,8	47,3	100,9	421,7
Energie	in GJ_{prim}/TJ[d]	-1 218	-1 231	-1 241	-1 246
SO_2	in kg/TJ	-5	-7	-9	-10
NO_x	in kg/TJ	16	12	10	9
CO_2-Äquivalente	in kg/TJ	-73 487	-74 285	-74 887	-75 136
SO_2-Äquivalente	in kg/TJ	5	0	-3	-5
Energie	in GJ_{prim}/GWh[d]	-4 385	-4 433	-4 469	-4 485
SO_2	in kg/GWh	-19	-27	-33	-35
NO_x	in kg/GWh	57	44	34	32
CO_2-Äquivalente	in kg/GWh	-264 555	-267 425	-269 593	-270 489
SO_2-Äquivalente	in kg/GWh	19	1	-12	-16
System		NW-III			
Ges. geoth. Wärmenachfr.	in GJ/a[b]	26 300			
Versorgungsaufgabe		EFH-I	EFH-II	EFH-III	MFH-I
Geoth. Wärmenachfrage	in GJ/a[c]	16,5	28,2	60,1	251,0
Energie	in GJ_{prim}/TJ[d]	159	152	146	144
SO_2	in kg/TJ	19	18	17	17
NO_x	in kg/TJ	37	35	34	33
CO_2-Äquivalente	in kg/TJ	10 154	9 713	9 380	9 254
SO_2-Äquivalente	in kg/TJ	46	43	41	41
Energie	in GJ_{prim}/GWh[d]	573	546	527	518
SO_2	in kg/GWh	69	64	61	60
NO_x	in kg/GWh	134	127	122	120
CO_2-Äquivalente	in kg/GWh	36 553	34 967	33 770	33 313
SO_2-Äquivalente	in kg/GWh	166	156	149	147

Ges. gesamte; geoth. geothermische; Nachfr. Nachfrage; [a] Nahwärmesystem II mit Kaskadennutzung; die durch die zusätzliche Kaskadennutzung potenziell substituierte fossile Energie wird der geothermischen Wärmeerzeugung gutgeschrieben; dadurch können mehr Emissionen vermieden werden, wie mit der Bereitstellung der geothermischen Wärme verbunden sind; dies hat "negative" Emissionen zur Folge (d. h. das System ist eine "Emissionssenke"); [b] NW-II und NW-IIK 26 000 GJ/a und geothermischer Deckungsgrad von 85 %, NW-III 52 000 GJ/a und geothermischer Deckungsgrad von 50,6 %; [c] bei einem geothermischen Deckungsgrad von 85 % (NW-II und NW-IIK) bzw. 50,6 % (NW-III) sowie einer Gesamtwärmenachfrage von 32,7 GJ/a (EFH-I), 55,7 GJ/a (EFH-II), 118,7 GJ/a (EFH-III) und 496,1 GJ/a (MFH-I); [d] primärenergetisch bewerteter kumulierter fossiler Energieaufwand (Verbrauch erschöpflicher Energieträger)

Im Speziellen werden die Verbräuche erschöpflicher Energieträger sowie die Emissionen der betrachteten Luftschadstoffe von der Herstellung der Anlage bzw. den eingesetzten Materialien und von der Bereitstellung der für den Betrieb der geothermischen Anlage benötigten elektrischen Energie bestimmt. Abriss und Entsorgung der Anlagen tragen hingegen vergleichsweise wenig zu den Gesamtergebnissen der Bilanzierung bei (Abb. 8.17). Direkte Emissionen der geothermischen Systemkomponenten treten am Anlagenstandort nicht auf.

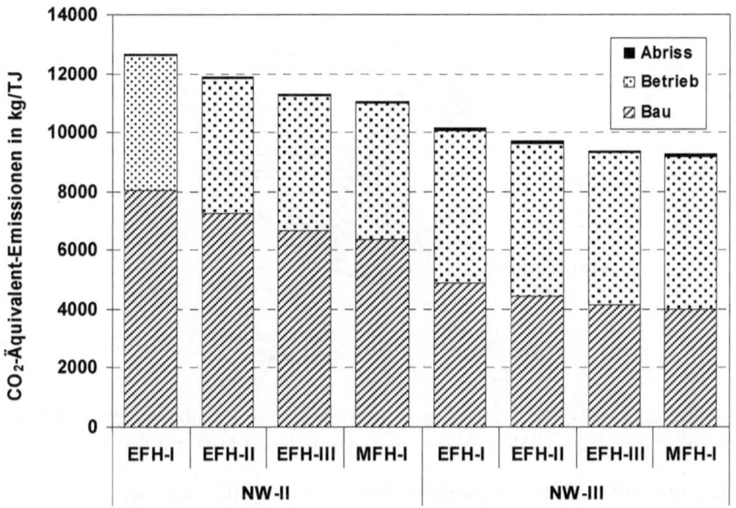

Abb. 8.17 Aufteilung der CO_2-Äquivalent-Emissionen auf Bau, Betrieb und Abriss der in Tabelle 8.2 dargestellten Bilanzergebnisse für die Nahwärmenetze NW-II und NW-III

Die mit dem Betrieb der geothermischen Anlagen zusammenhängenden Verbräuche erschöpflicher Energieträger sowie Emissionen der betrachteten Luftschadstoffe werden fast ausschließlich durch den Verbrauch an elektrischer Energie (z. B. Förderpumpe) bestimmt, der bei den untersuchten Referenzanlagen NW-II und NW-III unterschiedlich ist; NW-III ist durch einen höheren spezifischen Stromverbrauch gekennzeichnet. Damit spielt der in die Erstellung der Bilanzen einfließende Stomerzeugungsmix eine wichtige Rolle. Die Ergebnisse aus Tabelle 8.2 sind deshalb mit einem entsprechend der Heizgradtagzahlen gewichteten und für Österreich spezifischen Stromerzeugungsmix erstellt (Kapitel 1.2). In Ländern mit einem höheren Anteil konventioneller Wärmekraftwerke an der Stromaufbringung (z. B. Deutschland, Polen) können deshalb die Beiträge der für den Betrieb der geothermischen Anlage benötigten elektrischen Energie zum Verbrauch fossiler Energieträger bzw. den Emissionen wesentlich höher liegen.

Abb. 8.18 zeigt eine Aufteilung der CO_2-Äquivalent-Emissionen für die Referenzanlage NW-II mit 8 kW Anschlussleistung der Hausübergabestation auf Bau (Gebäude, Nahwärmenetz, Hausanschluss, Injektions- und Förderbohrung sowie technische Anlagen wie Wärmeübertrager, Pumpen oder Rohrleitungen), Betrieb (Instandhaltung, elektrischer Strom) und Abriss.

Mit insgesamt rund 61 % nehmen dabei die Aufwendungen für den Bau der Anlage (Förder- und Injektionsbohrung, Nahwärmenetz, Gebäude, Hausanschluss sowie technische Anlagen) den größten Anteil an den CO_2-Äquivalent-Emissionen ein. Die Aufwendungen für den Betrieb liegen bei rund 39 %, wobei hier der überwiegende Anteil (über 99 %) durch den für den Betrieb benötigten elektrischen Strom verursacht wird. Einen vergleichsweise geringen Beitrag zeigen mit weniger als 1 % die Aufwendungen für den Abriss bzw. die Entsorgung der Anlagenkomponenten.

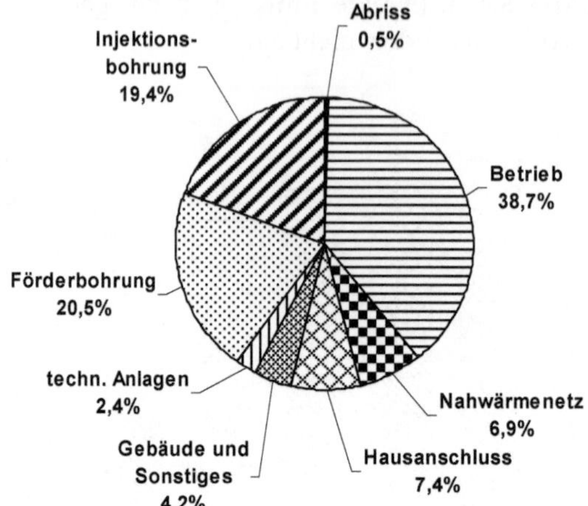

Abb. 8.18 Aufteilung der CO_2-Äquivalent-Emissionen einer geothermischen Wärmebereitstellung für das Referenzsystem NW-II (Versorgungsaufgabe EFH-II mit 8 kW Anschlussleistung)

Lebenszyklusanalyse "Versorgungssystem". Zur Erfüllung der definierten Versorgungsaufgabe sind die geothermischen Referenzsysteme NW-II, NW-IIK bzw. NW-III mit Spitzenlastkesseln auf Basis fossiler Brennstoffe bzw. das Referenzsystem NW-III zusätzlich mit zwei mit Erdgas befeuerten Blockheizkraftwerken (BHKW) sowie Wärmepumpen kombiniert.

Für die Erstellung der entsprechenden Bilanzen derartiger Gesamtsysteme zur sicheren Erfüllung der Versorgungsaufgabe wird deshalb neben den geothermischen Anlagenkomponenten wie Förder- und Injektionsbohrung, Wärmeübertrager oder Filter auch die Wärmeerzeugung auf Basis fossiler Energieträger berücksichtigt. Der Nutzungsgrad der Spitzenlastkessel wird mit 0,92 unterstellt. Bezugsgröße der Bilanzergebnisse (Tabelle 8.3) ist wiederum 1 TJ (1 GWh) bereitgestellte Wärmeenergie an der Schnittstelle zur Trinkwarmwasser- bzw. Raumwärmeverteilung innerhalb der versorgten Gebäude.

Neben den bereits bei der Diskussion der Bilanzergebnisse einer ausschließlichen geothermischen Wärmebereitstellung genannten Einflussfaktoren werden die Bilanzen einer kombinierten geothermischen/fossilen Wärmeerzeugung vor allem durch die Art und den Anteil der mit fossilen Energieträgern erzeugten Wärme bestimmt. Spitzenlastanlagen mit Heizöl extra leicht als Brennstoff sind dabei generell durch einen höheren Verbrauch erschöpflicher Energieträger und durch höhere Schadstoffemissionen als erdgasbefeuerte Anlagen gekennzeichnet. Weiters ist der Einsatz fossiler Energieträger direkt an den jeweiligen geothermischen Anteil an der bereitgestellten Wärme gekoppelt. Mit sinkendem geothermischen Anteil steigt der Anteil fossiler Energieträger an der Wärmebereitstellung; damit nehmen auch die kumulierten fossilen Energieaufwendungen bzw. Schadstoffemissionen zu.

Die Bilanzergebnisse der hier betrachteten Referenzanlagen (Tabelle 8.3) werden im Wesentlichen durch den Anlagenbetrieb bestimmt. Der Bau der Anlagen zeigt einen relativ geringen, Abriss und Entsorgung zeigen einen praktisch vernachlässigbaren Einfluss (Abb. 8.19).

Tabelle 8.3 Energie- und Emissionsbilanzen der kombinierten Wärmebereitstellung aus Erdwärme und fossiler Energie zur Raumwärme- & Trinkwarmwasserbereitung (Zahlen gerundet)

System / Spitzenlast/Systemkomb.		NW-II / Heizöl extra leicht			
Wärmenachfr. / Deck.g.	in GJ/a[c] / %	26 000 / 85			
Versorgungsaufgabe		EFH-I	EFH-II	EFH-III	MFH-I
Wärmenachfrage	in GJ/a[d]	32,7	55,7	118,7	496,1
Energie	in GJ_{prim}/TJ[e]	422	401	385	382
SO_2	in kg/TJ	64	61	58	57
NO_x	in kg/TJ	70	66	62	61
CO_2-Äquivalente	in kg/TJ	30 191	28 828	27 798	27 622
SO_2-Äquivalente	in kg/TJ	116	109	104	103
Energie	in GJ_{prim}/GWh[e]	1 520	1 444	1 387	1 374
SO_2	in kg/GWh	231	218	208	207
NO_x	in kg/GWh	252	236	225	221
CO_2-Äquivalente	in kg/GWh	108 688	103 779	100 071	99 438
SO_2-Äquivalente	in kg/GWh	417	393	374	370
System / Spitzenlast/Systemkomb.		NW-IIK[a] / Heizöl extra leicht			
Wärmenachfr. / Deck.g.	in GJ/a[c] / %	26 000 / 85			
Versorgungsaufgabe		EFH-I	EFH-II	EFH-III	MFH-I
Wärmenachfrage	in GJ/a[d]	32,7	55,7	118,7	496,1
Energie	in GJ_{prim}/TJ[e]	-718	-739	-755	-758
SO_2	in kg/TJ	41	37	35	34
NO_x	in kg/TJ	34	30	27	26
CO_2-Äquivalente	in kg/TJ	-39 479	-40 842	-41 872	-42 048
SO_2-Äquivalente	in kg/TJ	66	60	54	53
Energie	in GJ_{prim}/GWh[e]	-2 583	-2 659	-2 717	-2 730
SO_2	in kg/GWh	147	135	125	123
NO_x	in kg/GWh	124	109	97	94
CO_2-Äquivalente	in kg/GWh	-142 124	-147 032	-150 739	-151 372
SO_2-Äquivalente	in kg/GWh	238	214	196	192
System / Spitzenlast/Systemkomb.		NW-III / Erdgas/BHKW und WP[b]			
Wärmenachfr. / Deck.g.	in GJ/a[c] / %	52 000 / 50,6			
Versorgungsaufgabe		EFH-I	EFH-II	EFH-III	MFH-I
Wärmenachfrage	in GJ/a[d]	32,7	55,7	118,7	496,1
Energie	in GJ_{prim}/TJ[e]	711	683	662	660
SO_2	in kg/TJ	32	29	27	26
NO_x	in kg/TJ	56	52	49	48
CO_2-Äquivalente	in kg/TJ	44 492	42 777	41 481	41 402
SO_2-Äquivalente	in kg/TJ	72	67	63	61
Energie	in GJ_{prim}/GWh[e]	2 560	2 458	2 381	2 375
SO_2	in kg/GWh	114	104	97	95
NO_x	in kg/GWh	201	186	176	172
CO_2-Äquivalente	in kg/GWh	160 171	153 997	149 333	149 047
SO_2-Äquivalente	in kg/GWh	261	241	225	220

Wärmenachfr. / Deck.g. gesamte Wärmenachfrage / geothermischer Deckungsgrad; [a] Nahwärmesystem II mit Kaskadennutzung; die dadurch substituierte fossile Energie wird der geothermischen Wärme gutgeschrieben; dadurch können mehr Emissionen vermieden werden, wie mit der Bereitstellung der geothermischen Wärme verbunden sind; daraus resultieren "negative" Emissionen (d. h. "Emissionssenke"); [b] BHKW Blockheizkraftwerk, WP Wärmepumpe; [c] ohne Verluste der Wärmeverteilnetze sowie der Hausübergabestation/Warmwasserzwischenspeicher; [d] ohne Verluste der Hausstation/Warmwasserspeicher; [e] primärenergetisch bewerteter kumulierter fossiler Energieaufwand

Dabei werden die dem Bau der Gesamtanlage zurechenbaren Verbräuche fossiler Energieträger bzw. die Emissionen fast ausschließlich durch den Bau der geothermischen Systemkomponenten bestimmt. Der Verbrauch erschöpflicher Energieträger bzw. die Emissionen aus dem Betrieb werden hingegen in erster Linie durch den Brennstoffeinsatz der mit fossilen Brennstoffen befeuerten Spitzenlastkessel bzw. bei System NW-III zusätzlich durch das Blockheizkraftwerk bestimmt. Durch den höheren Anteil fossiler Energieträger an der Wärmebereitstellung der Referenzanlage NW-III liegen damit z. B. die CO_2-Äquivalent-Emissionen mit 41,4 bis 44,5 t/TJ deutlich über jenen der Referenzanlage NW-II (27,6 bis 30,2 t/TJ). Die Unterschiede zwischen den einzelnen Abnahmeleistungen der Hausübergabestationen sind wiederum durch voneinander abweichende spezifische Aufwendungen für den Hausanschluss (u. a. Übergabestation, Trinkwarmwasserspeicher) sowie unterschiedliche Wärmeverluste der Übergabestationen bestimmt.

Wird beim Nahwärmesystem NW-II das Thermalwasser zusätzlich mithilfe der diskutierten Kaskadennutzung abgekühlt, wird das System durch die Gutschrift der zusätzlich genutzten geothermalen Wärme zu einer Emissionssenke; beispielsweise sind bei den CO_2-Äquivalent-Emissionen Gutschriften von 39,5 bis 42,1 t/TJ zu verzeichnen.

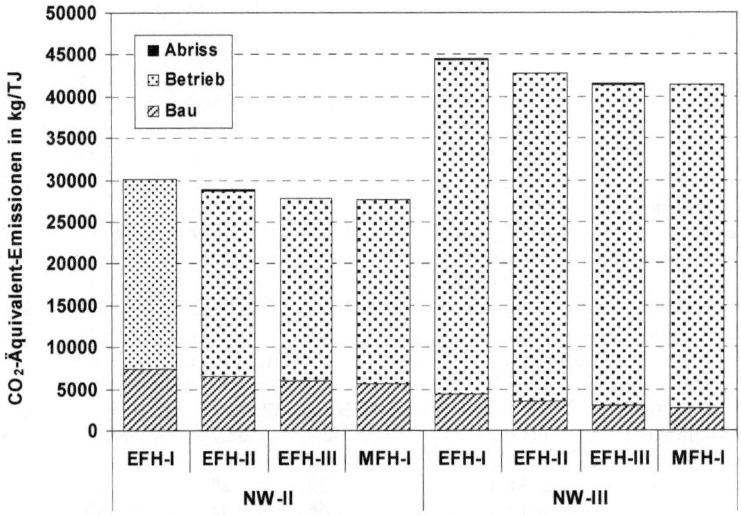

Abb. 8.19 Aufteilung der CO_2-Äquivalent-Emissionen auf Bau, Betrieb und Abriss der in Tabelle 8.3 dargestellten Bilanzergebnisse (NW Nahwärmesystem)

Abb. 8.20 zeigt eine Aufteilung der CO_2-Äquivalent-Emissionen für die Referenzanlagen NW-II bzw. NW-III mit jeweils 8 kW Anschlussleistung der Hausübergabestation auf Bau (Gebäude, Nahwärmenetz, Hausanschluss, Injektions- und Förderbohrung sowie technische Anlagen wie Wärmeübertrager, Pumpen oder Rohrleitungen), Betrieb (Spitzenlastkessel bzw. BHKW und Sonstiges) und Abriss. Die CO_2-Äquivalent-Emissionen aus dem Betrieb der Spitzenlastkessel bzw. der Blockheizkraftwerke setzen sich dabei aus den direkten Emissionen am Anlagenstandort sowie den aus der Bereitstellung der Brennstoffe resultierenden vorgelagerten Emissionen (Kapitel 1.3) zusammen. Auch die weiteren betrachteten Emissionen sowie der Verbrauch erschöpflicher Energieträger zeigen Tendenzen, wie sie in Abb. 8.20 dargestellt sind.

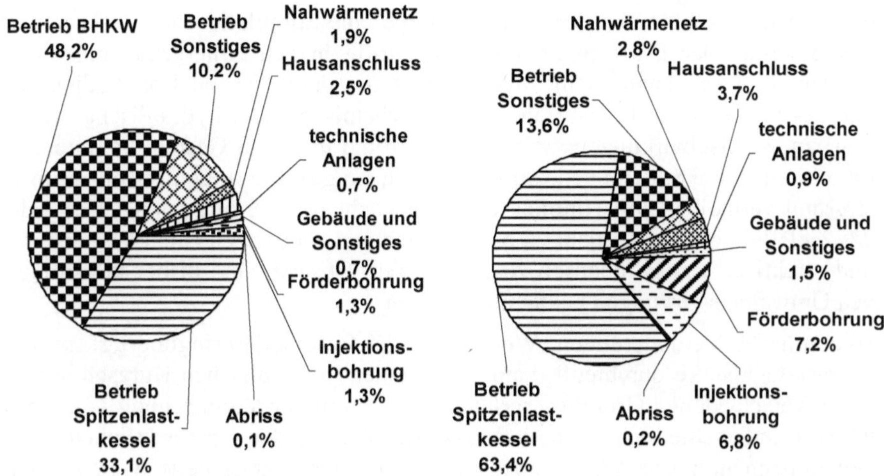

Abb. 8.20 Aufteilung der CO_2-Äquivalent-Emissionen einer kombinierten Wärmebereitstellung aus Erdwärme und fossilen Energieträgern für das Referenzsystem NW-II (rechts) und NW-III (links) jeweils für die Versorgungsaufgabe EFH-II mit 8 kW Anschlussleistung

Weitere Umwelteffekte. Die Deckung der Wärmenachfrage mithilfe der tiefen Erdwärme ist mit weiteren Umwelteffekten verbunden, die nicht im Rahmen einer Lebensweganalyse abgeschätzt werden können. Diese werden nachfolgend diskutiert. Dabei wird – entsprechend der bisherigen Vorgehensweise – zwischen der Errichtung einer geothermischen Heizzentrale, dem Normalbetrieb und möglichen Störfällen sowie der Stilllegung unterschieden.

Herstellung. Da geothermische Anlagen z. T. Produkte des "klassischen" Maschinen- und Anlagenbaus sind, können z. B. bei der Herstellung von Wärmeübertragern oder Pumpen Umweltauswirkungen auf Boden, Wasser und Luft auftreten, die für diese Branchen typisch sind. Diese Umwelteffekte bewegen sich aber, auf Grund der sehr weitgehenden gesetzlich geregelten Umweltschutzvorgaben, auf einem vergleichsweise geringen Niveau. Hinzu kommen die Umwelteffekte, die mit dem Bau der geothermischen Anlagen am potenziellen Anlagenstandort verbunden sein können. Diese werden nachfolgend kurz vorgestellt /Frick, Kaltschmitt 2008/.

– Stoffliche Einträge. Beim Bohrvorgang wird – um eine sichere Bohrlochabdichtung und -abstützung zu gewährleisten und das Bohrklein aus dem Loch herauszutransportieren – mit einer Bohrspülung gearbeitet. Da sie in einem unmittelbaren Kontakt mit der Bohrlochwand und damit dem Gebirge steht, kommt es während der Erschließung des Untergrundes zwingend zu einer Injizierung der Bohrspülung in den Bohrlochnahbereich. In der Nähe von wasser- oder gasführenden Gesteinsschichten sowie in geologischen Ausnahmefällen ist jedoch auch ein weiterer Eintrag in den Untergrund – d. h. über den bohrlochnahen Bereich hinaus – möglich. Deshalb ist es notwendig, die Bohrlochspülung an die gegebenen geologischen Bedingungen anzupassen. Auch kann durch ein unmittelbares Verrohren und Zementieren eines bereits niedergebrachten Bohrabschnittes ein Eintrag von Bohrspülung nach dessen Fertigstellung ausgeschlossen werden. Hinzu kommt, dass nach dem Abteufen der Bohrung durch eine Stimulation des Reservoirs zur Verbesserung der Ergiebigkeit ebenfalls Stoffe in den Untergrund eingetragen werden. Dadurch kann es in Abhängigkeit der geologischen Randbedingungen und des verwendeten Fracverfahrens (d. h. chemische oder hydraulische Stimulation) zu Wechselwirkungen zwischen dem Fluid und dem Gestein kommen; dies gilt vor allem bei Säuerungen. Zusätzlich können ggf. Fluid-Komponenten im Untergrund verbleiben. Im Hinblick auf eine nachhaltige Stimulation ist es jedoch das Ziel, die Lagerstätte nicht zu beschädigen und somit auch einen ausreichenden und effektiven Langzeitbetrieb zu garantieren. Deshalb sind bisher keine negativen Umweltauswirkungen bekannt geworden.

- Hydraulische Veränderungen. Werden bei der Bohrniederbringung ggf. nutzbare Wasserstockwerke durchteuft, kann es zu einem hydraulischen Kurzschluss zwischen verschiedenen Grundwasserleitern und somit zur Vermischung von Grundwässern unterschiedlicher Qualität kommen. Gemäß den bergrechtlichen Vorgaben müssen nutzbare Wasserstockwerke aber sicher abgesperrt werden. Damit verbundene Umwelteffekte sollten damit vermeidbar sein.
- Bohrlochausbruch. Beim Durchteufen von vorgespannten (d. h. unter Druck stehenden) fluidführenden Gesteinsschichten kann es zu einem unkontrolliertem Ausbruch des Inhalts des Bohrloches und von Teilen des Reservoirs kommen (Blow Out). Durch die gesetzlich vorgeschriebenen Absperreinrichtungen am Bohrlochkopf sollten derartige Umwelteffekte aber vollständig vermieden werden können, da im Falle eines Ausbruchs ein Vollabschluss des Bohrlochs sowie des Ringraumes sicher gewährleistet sein muss. Dadurch ist ein kontrollierter Druckabbau möglich.
- Erderschütterungen. Durch einen (plötzlichen) Spannungsauf- bzw. -abbau im Untergrund – beispielsweise induziert durch eine Bohrungsabteufung oder durch Stimulationsmaßnahmen – können mikroseismische Ereignisse künstlich ausgelöst werden. Sie breiten sich dann bis zur Erdoberfläche aus und können dort Erderschütterungen – mit allen damit verbundenen Konsequenzen – verursachen. Durch Bohrniederbringungen verursachte Änderungen des Spannungsfeldes im Untergrund sind in Österreich auf Grund der geologischen Bedingungen allerdings oft so gering, dass sie an der Oberfläche nicht fühlbar sind. Auch bei der chemischen Stimulation ist die Gefahr von Erderschütterungen gering, da hier in der Regel Drücke und Fließraten deutlich unterhalb der kritischen Parameter realisiert werden; der Stimulationseffekt wird hier durch die ätzende Wirkung des in den Untergrund verpressten Fluids realisiert. In Abhängigkeit des natürlichen Spannungszustandes im Untergrund, der verpressten Fluidmenge sowie des Stimulationsdruckes können jedoch bei hydraulischen Stimulationen mikroseismische Ereignisse induziert werden. In Ausnahmefällen kann es in Abhängigkeit des Spannungszustandes der umliegenden Gesteinsschichten zu einer Aufschaukelung und Ausbreitung der Ereignisse bis zur Erdoberfläche kommen. Entsprechend der bisherigen Erfahrungen sind aber unter den in Österreich gegebenen geologischen Bedingungen im Falle einer Stimulation des tiefen Untergrunds keine maßgeblichen Magnituden zu erwarten; bislang hat keine Stimulation von wasserführenden Gesteinsschichten zu einem Schadbeben geführt.

- Luftgetragene Stofffreisetzungen. Während der Bohrniederbringung ist es möglich, dass Gesteinschichten mit gasführenden Fluiden durchteuft werden. In Abhängigkeit der geologischen Randbedingungen können dabei umweltrelevante Gasbestandteile wie beispielsweise Schwefelwasserstoff (H_2S) in der Bohrspülung gelöst und bei der anschließenden Aufbereitung der Bohrspülung übertage freigesetzt werden. Auf Grund des Einsatzes von gesetzlich vorgeschriebenen Gasabscheidern im Bohrspülkreislauf ist eine Freisetzung von gefährlichen Stoffkonzentrationen jedoch unwahrscheinlich.
- Wasserverbrauch. Für die Herstellung der Bohrspülung und für Stimulationsarbeiten wird Wasser benötigt, welches oft aus Grundwasserbrunnen am Bohrplatz entnommen wird. In Abhängigkeit der geologischen Randbedingungen sowie dem Bohrlochvolumen werden Wassermengen von 1 000 bis 4 000 m^3 verwendet. Diese Mengen sind jedoch für Österreich vernachlässigbar klein. Deshalb resultieren daraus i. Allg. keine negativen Umweltauswirkungen.
- Sonstige Effekte. Durch den Betrieb der Bohranlage sowie der notwendigen Hilfsaggregate und dem Baustellenbetrieb wird während der Anlagenerrichtung Lärm emittiert. Er ist jedoch durch gesetzliche Vorschriften begrenzt. Auch muss der während der Erschließung des Untergrunds anfallende Abfall (u. a. Bohrklein, Bohrspülung, maschinentechnische Teile) sachgemäß entsorgt werden; potenzielle Umweltauswirkungen liegen damit innerhalb der gesetzlich geregelten Vorgaben.

Normalbetrieb. Auch während des Normalbetriebes von geothermischen Heizzentralen ist mit Auswirkungen auf den Menschen und die natürliche Umwelt zu rechnen. Derartige Umwelteffekte werden nachfolgend diskutiert /Frick, Kaltschmitt 2008/.

- Thermische Beeinflussungen. Im Bereich der Injektionsbohrung kommt es durch die Reinjektion des abgekühlten Thermalwassers zu einer Auskühlung des Untergrunds. Beispielsweise werden Erdwärmereservoire i. Allg. so erschlossen, dass es nach 30 Betriebsjahren zu einer Temperaturabnahme um mehr als 10 K in einem Radius von weniger als 70 m um die Reinjektionsbohrung kommt. Die damit einhergehenden Umwelteffekte können bisher nicht quantifiziert werden. Im Nahbereich der Förderbohrung und in unmittelbarer Nähe von untertägig verlegten Thermalwasserpipelines kommt es dagegen durch den Transport des heißen Thermalwassers zu einer Erwärmung des Bodens. Werden – entgegen der üblichen Gepflogenheiten – keine entsprechenden Isolierungen verwendet, kann durch eine Veränderung der Bodentemperatur die Aktivität der Bodenfauna und -flora beeinflusst werden. Allerdings sind ab einer Tiefe von ca. 10 m diese Einflüsse i. Allg. aufgrund der kontinuierlichen Abnahme der Bodenfauna und -flora zu vernachlässigen.
- Geomechanische Veränderungen. Ein massiver Druckabfall oder eine zunehmende Auskühlung kann eine Spannungsänderung im Untergrund zur Folge haben. Dadurch kann es während des Anlagenbetriebs zu einer Setzung des Bodens kommen. Bei konventionellen geothermischen Heißdampflagerstätten, wie sie aber in Österreich nicht vorkommen, können die Bodensetzungen bis zu mehreren Metern betragen. Demgegenüber sind bei der Nutzung von Erdwärmelagerstätten in Ös-

terreich maximale Setzungen von 2 bis 3 cm zu erwarten. Erst bei großflächigen Bodensetzungen von mehr als 3 cm sind Schäden an Bausubstanzen festzustellen.

- Abfälle. Im Thermalwasserkreislauf fallen z. B. Filterrückstände sowie während der Wartungsarbeiten in Slopgruben aufgefangenes Thermalwasser an. Diese Abfälle müssen fachgerecht entsorgt werden. Da der Anlagenbetrieb bergrechtlichen Vorgaben unterliegt, muss im Vorfeld der Entsorgungsweg geklärt werden. Potenzielle Umwelteffekte sind damit nicht zu erwarten.
- Flächeninanspruchnahme. Die Flächeninanspruchnahme eines geothermischen Heizwerks ist wesentlich von der Anlagenkonzeption abhängig. Die z. T. versiegelte Kraftwerksfläche steht für organisches Leben nicht mehr zur Verfügung. Im qualitativen Vergleich zu anderen Energieerzeugungstechnologien (z. B. Flächeninanspruchnahme eines Braunkohlekraftwerks einschließlich des Braunkohletagebaus) ist die geothermische Wärmebereitstellung jedoch durch eine sehr geringere Flächeninanspruchnahme bezogen auf die bereitgestellte Energie gekennzeichnet.
- Visuelle Beeinträchtigung. Die Anlagenkomponenten können während der Betriebsphase zu kontinuierlichen visuellen Beeinträchtigungen der Anwohner führen. Um derartige sehr vom spezifischen Empfinden des jeweiligen Betrachters abhängigen Effekte möglichst zu minimieren, können jedoch die geothermischen Anlagen unauffällig in das Umgebungsbild eingebunden werden. Dann werden sie von vielen Anwohner i. Allg. nicht als störend empfunden.
- Emissionen. Im ordnungsgemäßen Betrieb kommt es durch den geothermischen Anlagenteil eines Erdwärmeheizwerks zu keinen direkten Freisetzungen von Stoffen oder Partikeln. Die diskutierten standortbezogenen Emissionen während der Betriebsphase stammen ausschließlich aus den mit fossilen Brennstoffen befeuerten Zusatz- bzw. Spitzenlastanlagen. Die Umwelteinwirkungen einer geothermischen Heizzentrale entsprechen im Normalbetrieb demnach denen eines ausschließlich mit fossilen Energieträgern befeuerten Systems. Allerdings sind diese Emissionen im Vergleich zu einem ausschließlich mit fossilen Brennstoffen befeuerten Heizwerk entsprechend dem geothermischen Wärmeanteil geringer.

Störfall. Durch defekte Thermalwasserleitungen können ggf. Stoffe aus dem Geofluid in den Boden eingetragen werden. Jedoch ist in Abhängigkeit von den lokalen Bodenverhältnissen und der Thermalwasserzusammensetzung eine mögliche Umweltgefährdung durch das Bergrecht oder das Wasserhaushaltsgesetz geregelt. Werden die dort definierten Vorgaben eingehalten, sind mögliche Umwelteffekte weitgehend auszuschließen.

Auf Grund eines Störfalles kann es zu einer Gasfreisetzung im Thermalwasserkreislauf kommen. Da jedoch nur vergleichsweise geringe Mengen an Thermalwasser zirkuliert werden, sind lediglich geringe Konzentrationen an potenziell freigesetzten Gasen zu erwarten.

Wenn aufgrund von Verstopfungen der Rohrleitungssysteme umweltschädliche Chemikalien zur Reinigung eingesetzt werden müssen, kann es theoretisch ebenfalls zu potenziellen Umweltbeeinflussungen kommen, die aber ebenfalls gesetzlich reglementiert sind /Kaltschmitt, Streicher und Wiese 2006/.

Auch durch Brände an den elektrischen Anlagenteilen (z. B. Kabel) kann es zu begrenzten Stofffreisetzungen an die Umwelt kommen, die allerdings nicht spezifisch für geothermische Anlagen sind.

Stilllegung. Im Rahmen des Bergrechts ist eine sachgemäße Verfüllung und Abdichtung der Bohrung gefordert, um Schadstoffeinträge in einer stillgelegten Geothermiebohrung zu verhindern.

Werden die eingesetzten Anlagenkomponenten entsorgt, so ist nicht mit größeren Umweltproblemen zu rechnen, da diese Entsorgungswege denen der konventionellen Maschinentechniken entsprechen und durch bestehende gesetzliche Vorgaben geregelt sind.

8.3.1.3 Ökonomische Analyse

Im Folgenden werden die mit einer geothermischen Wärmenutzung verbundenen Investitionen und Betriebskosten sowie die spezifischen Wärmegestehungskosten für die in Tabelle 8.1 definierten Referenzanlagen dargestellt. Die Kosten werden sowohl für den geothermischen Anlagenteil ohne Zufeuerung fossiler Energie als auch für die zur Erfüllung der gegebenen Versorgungsaufgaben notwendigen kombinierten geothermisch/fossilen Systeme für einen 5, 8, 18 und 60 kW Hausanschluss bestimmt.

Die Abhängigkeit der Systemtechnik von Geothermieanlagen von den jeweiligen spezifischen Einflussgrößen bzw. Gegebenheiten vor Ort (u. a. Temperatur, Salinität, Förderrate der Tiefengrundwässer, lokale Abnehmerstruktur) führt zu deutlichen Unterschieden in der Auslegung und damit in der Kostenstruktur der Anlagen. Aufgrund dieser Unsicherheiten stellen die folgenden Kosten nur Größenordnungen bzw. Anhaltswerte dar. In Einzelfällen können durchaus günstigere, aber auch ungünstigere Wärmegestehungskosten erzielt werden.

Investitionen. Die Investitionen für geothermische Anlagen werden neben der eingesetzten Technik auch wesentlich von der Systemgröße bestimmt. Generell sinken mit zunehmender Anlagengröße die spezifischen Kosten vor allem für Förder- und Injektionsbohrung. Tabelle 8.4 zeigt dies anhand der Kostenstruktur einer geothermischen Wärmebereitstellung ohne Berücksichtigung der Anlagenkomponenten der mit fossilen Brennstoffen befeuerten Spitzenlastanlage für die Referenzanlagen NW-II, NW-IIK und NW-III (Tabelle 8.1). Die Kosten der gemeinsam mit der Spitzenlastanlage bzw. den Blockheizkraftwerken genutzten Komponenten (u. a. Nahwärmenetz, Gebäude der Heizzentrale und Hausübergabestation) werden dabei den geothermischen Systemkomponenten entsprechend dem geothermischen Anteil an der gesamten Wärmenachfrage angerechnet.

Mit ca. 69 bzw. 60 % (NW-II und NW-IIK bzw. NW-III) stellen jeweils die Aufwendungen für Bohrung und Thermalwasserkreislauf den größten Teil an den Investitionen. Die Systeme NW-II und NW-IIK unterscheiden sich nur hinsichtlich einer zusätzlichen Kaskadennutzung. Diese wird nur durch eine Wärmegutschrift berücksichtigt; signifikante Kosten werden nicht unterstellt. Deswegen ergeben sich identische Investitionen.

Die Kosten für das Wärmeverteilnetz liegen in Abhängigkeit von der Rohrdimension, den örtlichen Gegebenheiten (z. B. unbefestigtes oder befestigtes Gelände) sowie der Siedlungsstruktur innerhalb einer sehr großen Bandbreite. Sie werden hier mit 16 bzw. 27 % (NW-II und NW-IIK bzw. NW-III) der Gesamtinvestition unterstellt. Auch die unter "Sonstiges" zusammengefassten Aufwendungen für u. a. Anlagenplanung, Aufschlag für Unvorhergesehenes (12 bzw. 10 %) zeigen einen deutlichen Einfluss auf die Investitionen. Die Kosten für Baumaßnahmen (Gebäude einschließlich Grundstück) sowie die Wärmeübertrager spielen hingegen nur noch eine vergleichsweise untergeordnete Rolle.

Tabelle 8.4 Investitionen und Betriebskosten sowie Wärmegestehungskosten geothermischer Anlagenkomponenten einschließlich Wärmeverteilung mit Nahwärmenetz sowie Gebäudeanbindung innerhalb eines kombinierten Systems mit Erdwärme und fossilen Energieträgern zur Trinkwarmwasser- und Raumwärmebereitung (Zahlen gerundet)

System		NW-II	NW-IIK[a]	NW-III
Geothermische Leistung	in MW	3,3	3,3	1,45
Geothermische Wärmenachfrage[b]	in GJ/a	22 100	22 100	26 300
Geothermischer Deckungsgrad[c]	in %	85	85	50,6
Heizzentrale und Nahwärmenetz				
Investitionen				
Bohrung, Thermalwasserkreislauf	in Mio. €	11,66	11,66	6,82
Wärmeübertrager	in Mio. €	0,08	0,08	0,03
Gebäude	in Mio. €	0,30	0,30	0,18
Sonstiges	in Mio. €	2,04	2,04	1,16
Nahwärmenetz[d]	in Mio. €	2,63	2,63	3,10
Summe	in Mio. €	16,70	16,70	11,28
Annuität[f]	in Mio. €/a	1,05	1,05	0,71
Betriebskosten	in Mio. €/a	0,29	0,30	0,23
Übergabestation und Hausanschluss[d,e]				
Investitionen	in €	4 250 – 6 460		2 530 – 3 846
Annuität[f]	in €/a	261 – 397		155 – 236
Betriebskosten	in €/a	136 – 202		93 – 124
Wärmegestehungskosten[e]	in €/GJ	61,3 – 72,9	52,5 – 63,8	35,7 – 40,4
	in €/kWh	0,221 – 0,263	0,189 – 0,230	0,128 – 0,145

[a] Nahwärmesystem II mit Kaskadennutzung; [b] geothermischer Anteil an der gesamten Wärmebereitstellung ohne Verluste des Wärmeverteilnetzes sowie der Hausübergabestation/Trinkwarmwasserzwischenspeicher (vgl. Kapitel 1.3); [c] geothermischer Anteil an der gesamten Wärmebereitstellung; [d] entsprechend dem mittels direkter Wärmeübertragung bereitgestellter geothermischer Wärme an der gesamten Wärmeerzeugung der Anlage gewichtete Anteil an den Gesamtkosten (Tabelle 7.8); [e] der untere Wert repräsentiert einen Hausanschluss mit 60 kW, der obere Wert einen Hausanschluss mit 5 kW Abnahmeleistung; [f] bei einem Zinssatz von 4,5 % und einer Abschreibung über die technische Anlagendauer der Einzelkomponenten

Die dargestellten Kosten einer geothermischen/fossilen Wärmebereitstellung berücksichtigen zusätzlich die Aufwendungen für die Spitzenlastanlage (u. a. Kessel, Brenner, Brennstofflagerung bzw. Erdgasanschluss) sowie beim System NW-III die monetären Aufwendungen für die Blockheizkraftwerke und die Wärmepumpen (Tabelle 8.5). Der Anteil dieser Kosten an den gesamten Aufwendungen ist mit knapp 1 bzw. 6 % relativ gering. Allerdings erhöhen sich die Gesamtkosten durch die zusätzlich den Systemelementen der konventionellen Wärmeerzeugung (d. h. Spitzenlastkessel, BHKW, Wärmepumpe) anzurechnenden Kosten des Nahwärmenetzes sowie des Gebäudes der Heizzentrale um etwa 4 bzw. 27 %.

Betriebskosten. Die laufenden Kosten (Tabelle 8.4 und Tabelle 8.5) umfassen u. a. die finanziellen Aufwendungen für Instandhaltung und Wartung, Personal, Versicherungen und elektrischen Strom (u. a. zur Umwälzung des Thermalwassers, zum Antrieb der Wärmepumpen). Die Brennstoffkosten der geothermischen/fossilen Systeme sind dabei getrennt von diesen aufgeführt.

Tabelle 8.5 Investitionen und Betriebskosten sowie Wärmegestehungskosten von kombinierten Anlagen zur Nutzung der Erdwärme mit fossilen Energieträgern einschließlich Wärmeverteilung mit Nahwärmenetz sowie Gebäudeanbindung zur Trinkwarmwasser- und Raumwärmebereitung (Zahlen gerundet)

System		NW-II	NW-IIK[a]	NW-III
Spitzenlastanlage/ Systemkombination		Heizöl extra leicht	Heizöl extra leicht	Erdgas / BHKW / WP
Gesamtwärmenachfrage[b]	in GJ/a	26 000	26 000	52 000
Geothermischer Deckungsgrad[c]	in %	85	85	50,6
Heizzentrale und Nahwärmenetz				
Investitionen				
Bohrung, Thermalwasserkreislauf	in Mio. €	11,66	11,66	6,82
Wärmeübertrager	in Mio. €	0,08	0,08	0,03
Wärmepumpe	in Mio. €	-	-	0,30
Blockheizkraftwerk	in Mio. €	-	-	0,50
Spitzenlastanlage	in Mio. €	0,12	0,12	0,20
Gebäude	in Mio. €	0,35	0,35	0,35
Sonstiges	in Mio. €	2,04	2,04	1,16
Nahwärmenetz	in Mio. €	3,09	3,09	6,12
Summe	in Mio. €	17,34	17,34	15,47
Annuität[d]	in Mio. €/a	1,09	1,09	0,97
Betriebskosten	in Mio. €/a	0,30	0,30	0,28
Brennstoffkosten	in Mio. €/a	0,04	0,04	0,21
Übergabestation und Hausanschluss[e]				
Investitionen	in €		5 000 – 7 600	
Annuität[d]	in €/a		307 – 467	
Betriebskosten	in €/a		158 – 236	
Wärmegestehungskosten[e]	in €/GJ	55,9 – 70,9	48,2 – 62,8	29,2 – 43,1
	in €/kWh	0,201 – 0,255	0,173 – 0,226	0,105 – 0,155

[a] Nahwärmesystem II mit Kaskadennutzung; [b] ohne Verluste des Wärmeverteilnetzes sowie der Hausübergabestation/Trinkwarmwasserzwischenspeicher (Kapitel 1.3.3.1, Tabelle 1.4); [c] geothermischer Anteil an der gesamten Wärmebereitstellung; [d] bei einem Zinssatz von 4,5 % und einer Abschreibung über die technische Anlagendauer der Einzelkomponenten; [e] der untere Wert repräsentiert einen Hausanschluss mit 60 kW, der obere Wert einen Hausanschluss mit 5 kW Abnahmeleistung

Wärmegestehungskosten. Auf Basis der in Kapitel 1.3.3.3 festgelegten finanzmathematischen Rahmenbedingungen (Zinssatz 4,5 %, Abschreibung über technische Lebensdauer) können für die betrachteten Referenzanlagen die in Tabelle 8.4 bzw. Tabelle 8.5 dargestellten Wärmegestehungskosten bestimmt werden. Als technische Anlagenlebensdauer werden dabei für die Wärmepumpe und das Blockheizkraftwerk 15 Jahre, für den Spitzenlastkessel 25 Jahre, für die geothermischen Anlagenkomponenten, die Gebäude und die Hausübergabestationen 30 Jahre sowie für das Wärmeverteilnetzes 40 Jahre unterstellt.

Für eine geothermische Wärmebereitstellung ohne konventionellen Anlagenteil (d. h. Spitzenlastkessel, BHKW, Wärmepumpe) liegen die Wärmegestehungskosten in Abhängigkeit des geothermischen Deckungsgrades, der Anlagengröße sowie der Leistung der Hausübergabestationen für das System NW-II zwischen rund 61,3 und

72,9 €/GJ (0,221 bis 0,263 €/kWh), für das System NW-IIK zwischen rund 52,5 und 63,8 €/GJ (0,189 bis 0,230 €/kWh) und für das System NW-III zwischen rund 35,7 und 40,4 €/GJ (0,128 bis 0,145 €/kWh (Tabelle 8.4).

Diese Gestehungskosten stellen dabei die Kosten einer geothermischen Wärmebereitstellung innerhalb eines Gesamtsystems mit geothermischer Grundlastbereitstellung und einer Spitzenlastabdeckung auf Basis fossiler Energieträger (NW-II, NW-IIK und NW-III) sowie einer teilweisen Wärmebereitstellung durch Blockheizkraftwerke und Wärmepumpen (NW-III) dar. In einem Versorgungssystem ohne diese zusätzlichen Systemkomponenten würden diese deshalb entsprechend höher liegen. Der geothermische Anlagenteil müsste in diesem Fall auch die Spitzenlast abdecken. Dies würde zu einer Verringerung der Volllaststundenzahl des geothermischen Anlagenteils und damit auch der geothermisch bereitstellbaren Wärme führen. Für eine geothermische Heizzentrale entsprechend den technischen Spezifikationen des Systems NW-II (Tabelle 8.1) und einer Wärmeübertragerleistung von 3,4 MW bedeutet dies eine Verringerung der geothermisch bereitstellbaren Wärme von ca. 27 400 auf 22 200 GJ/a (ab Heizwerk). Unter der zusätzlichen Berücksichtigung, dass zur Verteilung dieser Wärme ein kleineres und damit kostengünstigeres Netz benötigt wird, liegen die Wärmegestehungskosten für ein solches ausschließlich geothermisch versorgtes Nahwärmesystem NW-II z. B. für einen 5 kW Hausanschluss bei 84,2 €/GJ bzw. 0,303 €/kWh und für einen 60 kW Hausanschluss bei 72,8 €/GJ bzw. 0,262 €/kWh. Wird die definierte Kaskadennutzung (NW-IIK) berücksichtigt, verringern sich die Wärmegestehungskosten für einen 5 kW-Hausanschluss auf 73,0 €/GJ (0,263 €/kWh) und für einen 60 kW-Hausanschluss auf 62,0 €/GJ (0,223 €/kWh). Beim System NW-III liegen die Aquifertemperaturen (rund 60 °C) unterhalb der geforderten Vorlauftemperatur des Wärmeverteilnetzes (70 °C). Ein Betrieb ohne zusätzliche Temperaturanhebung ist daher – auch theoretisch – nicht möglich.

Zur Erfüllung der gegebenen Versorgungsaufgabe sind die geothermischen Referenzanlagen mit Systemkomponenten auf Basis fossiler Energieträger kombiniert. Tabelle 8.5 zeigt die entsprechenden Wärmegestehungskosten. In Abhängigkeit von der Anschlussleistung an das Wärmeverteilnetz liegen diese für das System NW-II zwischen 55,9 und 70,9 €/GJ (0,201 und 0,255 €/kWh) sowie für das System NW-IIK zwischen 48,2 und 62,8 €/GJ (0,173 und 0,226 €/kWh). Für das System NW-III werden Wärmegestehungskosten von 29,2 bis 43,1 €/GJ bzw. 0,105 bis 0,155 €/kWh berechnet.

Um den Einfluss bestimmender Größen auf diese Gestehungskosten besser abschätzen und bewerten zu können, zeigt Abb. 8.21 eine Variation wesentlicher sensitiver Parameter einer geothermischen Wärmebereitstellung mit Spitzenlastabdeckung (NW-II) für einen Hausanschluss mit 8 kW Abnahmeleistung. Die monetären Aufwendungen der Hausübergabestation werden dabei als konstant unterstellt (9,3 €/GJ). Weiters bleibt der geothermische Deckungsgrad unverändert bei 85 %.

Den größten Einfluss auf die Wärmekosten zeigen demnach die Volllaststunden sowie die Gesamtinvestitionen. Die Volllaststundenzahl und damit die nutzbare Wärme kann innerhalb eines, durch die thermische Leistung des Heizwerks bzw. die Wärmekapazität des Verteilnetzes vorgegebenen, Systems über die Veränderung der Abnehmerstruktur variiert werden. Wird z. B. ein Teil der Wärme an Industrie- oder Gewerbeunternehmen mit einem jahreszeitlich ausgeglichenen Wärmeverbrauch (z. B. Molkerei, Wäscherei) abgegeben, kann eine Erhöhung der Anlagenausnutzung

(d. h. jährliche Volllaststunden) und damit Senkung der Wärmegestehungskosten erreicht werden. Zinssatz bzw. Abschreibungsdauer zeigen ebenfalls einen erheblichen Einfluss auf die Gestehungskosten einer geothermischen Wärmebereitstellung, die vergleichsweise investitionsintensiv ist. Die Betriebs- und Brennstoffkosten sind hingegen von vergleichsweise untergeordneter Bedeutung.

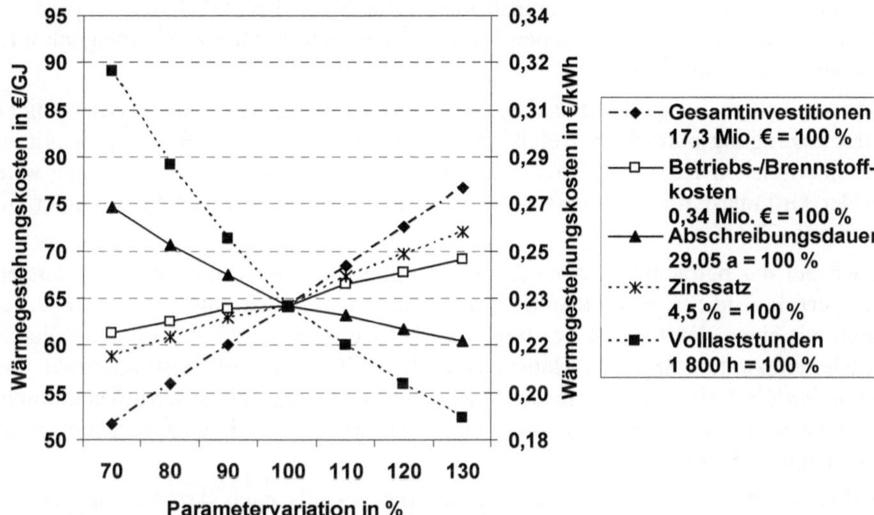

Abb. 8.21 Parametervariation wesentlicher Einflussgrößen auf die Wärmegestehungskosten einer Wärmebereitstellung (NW-II) aus Erdwärme und fossilen Energieträgern für die Versorgungsaufgabe EFH-II mit 8 kW Abnahmeleistung (Abschreibungsdauer von 29,05 a entspricht dem gewichteten Mittel aller Anlagenkomponenten)

8.3.2 Wärme und Strom

Im Folgenden werden zusätzlich die ökologischen und ökonomischen Aspekte einer geothermischen Strom- bzw. gekoppelten Strom- und Wärmebereitstellung exemplarisch am Beispiel ausgewählter Anlagen untersucht. Zuvor werden jedoch die festgelegten Randbedingungen diskutiert.

Aufgrund der Vielzahl von Einflussfaktoren auf die technische Umsetzung geothermischer Anlagen sind die nachfolgend definierten Referenzanlagen nur als mögliche Beispiele einer geothermischen Strom- bzw. gekoppelten Strom- und Wärmebereitstellung zu sehen, die unter den tatsächlich vor Ort gegebenen Bedingungen durchaus auch anders sein können.

8.3.2.1 Referenzanlagen

Für die folgenden Untersuchungen wird von einem geothermischen Reservoir mit einer Thermalwassertemperatur von 105 °C und einer Thermalwasserförderrate von

250 m^3/h ausgegangen. Das Reservoir wird mit einer Dublette aus zwei senkrechten Bohrungen mit einem Bohrlochabstand von ca. 1 800 m erschlossen. Die Bohrlochtiefe beträgt ca. 2 100 m und die Einhängtiefe der Förderpumpe wird auf 200 m festgelegt. Auf Grund der erfolgreichen Stimulation des Förderhorizontes kann eine Förderrate von 250 m^3/h sichergestellt werden; unter den unterstellten Randbedingungen entspricht dies einem jährlichen Pumpstromverbrauch von 1,65 GWh.

Basierend auf den geothermischen Randbedingungen werden zwei Anlagenkonfigurationen untersucht.

- Bei der Anlage zur geothermischen Strombereitstellung wird eine ausschließliche Stromerzeugung betrachtet, welche in einer wassergekühlten ORC-Anlage mit einer elektrischen Leistung von 729 kW erfolgt. Die Stromerzeugungsanlage wird in der Grundlast mit 7 500 h/a betrieben. Die Thermalwasserrücklauftemperatur beträgt ca. 70 °C.
- Auch bei der betrachteten Anlage zur gekoppelten Strom- und Wärmebereitstellung erfolgt die Strombereitstellung durch eine wassergekühlte ORC-Anlage, jedoch mit einer elektrischen Leistung von 521 kW. Zusätzlich wird die anfallende Niedertemperaturwärme an Haushaltskunden mit einer Volllaststundenzahl von 3 000 h/a über ein Nahwärmenetz abgegeben. Die Thermalwasserrücklauftemperatur nach der Wärmeauskopplung beträgt ca. 60 °C und die entsprechende Wärmeleistung 5 833 kW.

Zusätzlich werden beide Anlagenkonfigurationen jeweils nach Art der Einspeisung und Art der Kühlung differenziert betrachtet. Einerseits wird eine Bruttoeinspeisung und anderseits eine Nettoeinspeisung ins Stromversorgungsnetz untersucht, wobei der Eigenbedarf an elektrischer Energie des Erdwärmekraftwerks nur bei der Nettoeinspeisung durch die geothermische Stromerzeugungsanlage selbst bereitgestellt wird. Bei der Bruttoeinspeisung wird der gesamte geothermisch erzeugte Strom ins Stromversorgungsnetz eingespeist und der Eigenstrombedarf durch einen externen Stromankauf gedeckt. Bei der Art der Kühlung wird ein zwangsbelüfteter Nasskühlturm und eine Durchlaufkühlung untersucht; sie unterscheiden sich u. a. bezüglich des Energiebedarfs (unter den hier unterstellten Bedingungen liegt dieser bei der Nasskühlung bei knapp 1,8 GWh/a und bei der Durchlaufkühlung bei rund 0,36 GWh/a).

8.3.2.2 Ökologische Analyse

Für die in Kapitel 8.3.2.1 definierten Anlagenkonfigurationen zur geothermischen Strom- bzw. gekoppelten Strom- und Wärmeerzeugung werden nachfolgend ausgewählte Umweltkenngrößen auf der Grundlage einer Lebenszyklusanalyse bilanziert. Daran anschließend werden weitere mit der Energiebereitstellung aus derartigen Systemen verbundene Umwelteffekte diskutiert.

Lebenszyklusanalyse. Für die betrachteten Referenzanlagen werden im Folgenden – entsprechend der bisherigen Vorgehensweise – die Energie- und Emissionsbilanzen diskutiert.

Da eine Vielzahl von Einflussfaktoren auf die technische Umsetzung von Anlagen zur geothermischen Strom- bzw. gekoppelten Strom- und Wärmebereitstellung einwirken (z. B. geologische Randbedingungen des Standorts), sind die hier untersuchten Anlagenkonfigurationen lediglich als Beispiele möglicher realistischer Anlagen anzusehen.

Bei den Anlagen zur gekoppelten Strom- und Wärmeerzeugung wird – da zwei Produkte bereitgestellt werden – zur Ermittlung der Energie- und Emissionsströme zusätzlich eine Wärmegutschrift für die gekoppelte Wärme berücksichtigt.

Die Ergebnisse der Wirkungsabschätzung für die untersuchten Referenzanlagen zeigen Tabelle 8.6 und Tabelle 8.7. Demnach liegt der kumulierte fossile Energieaufwand einer geothermischen Stromerzeugung (ohne Wärmenutzung) für die untersuchten Anlagenkonfigurationen zwischen 969 und 4 544 GJ_{prim}/GWh. Wird demgegenüber eine Nettoeinspeisung (d. h. der Eigenstromverbrauch der Anlage (u. a. Tiefpumpe, Kühlturm) wird durch den von dem Geothermiekraftwerk bereitgestellten Strom gedeckt) im Vergleich zu der Bruttoeinspeisung (d. h. der gesamte geothermisch erzeugte Strom wird in das Netz eingespeist und die zum Betrieb des Erdwärmekraftwerks benötigte elektrische Energie wird aus dem Netz bezogen) betrachtet, ergeben sich deutlich geringere Werte. Der über das Netz der öffentlichen Versorgung bezogene Strom zur Abdeckung des Anlageneigenbedarfs an elektrischer Energie ist bei der Bruttoeinspeisung (hier wird die gesamte geothermisch erzeugte elektrische Energie ins Netz abgegeben) durch einen vergleichsweise höheren kumulierten fossilen Energieaufwand sowie durch höhere Emissionen gekennzeichnet.

Tabelle 8.6 Energie- und Emissionsbilanzen der untersuchten geothermischen Anlagenkonfigurationen bei Betrachtung einer Bruttoeinspeisung (Zahlen gerundet)

		Nasskühlturm		Durchlaufkühlung	
		Strom	Strom, Wärme[b]	Strom	Strom, Wärme[b]
Energie	in GJ_{prim}/TJ[a]	1 262	-2 968	870	-3 360
SO_2	in kg/TJ	123	-600	88	-635
NO_x	in kg/TJ	161	-105	131	-135
CO_2-Äquivalente	in kg/TJ	77 403	-243 269	53 636	-267 030
SO_2-Äquivalente	in kg/TJ	242	-694	184	-752
Energie	in GJ_{prim}/GWh[a]	4 544	-10 684	3 132	-12 096
SO_2	in kg/GWh	444	-2 159	315	-2 288
NO_x	in kg/GWh	578	-379	472	-485
CO_2-Äquivalente	in kg/GWh	278 649	-875 767	193 088	-961 308
SO_2-Äquivalente	in kg/GWh	872	-2 499	663	-2 708

[a] primärenergetisch bewerteter kumulierter fossiler Energieaufwand (Verbrauch erschöpflicher Energieträger); [b] die negativen Werte resultieren aus den Gutschriften für die durch die bereitgestellte Wärme vermiedenen Emissionen

Bei den Anlagen zur gekoppelten Strom- und Wärmeerzeugung wird die erzeugte Wärmemenge durch Wärmegutschriften berücksichtigt. Diese können sich z. T. erheblich auf die Gesamtemissionen bzw. den Verbrauch erschöpflicher Energieträger auswirken, dass es z. T. zu "negativen" Primärenergieverbräuchen bzw. Emissionen kommen kann (d. h. das System wird zu einer "Emissionssenke"). Beispielsweise bewegt sich die kumulierte fossile Energievermeidung einer gekoppelten Strom- und Wärmebereitstellung zwischen 10 684 und 72 198 GJ_{prim}/GWh.

Tabelle 8.7 Energie- und Emissionsbilanzen der untersuchten geothermischen Anlagenkonfigurationen bei einer Nettoeinspeisung (Zahlen gerundet)

		Nasskühlturm		Durchlaufkühlung	
		Strom	Strom, Wärme[b]	Strom	Strom, Wärme[b]
Energie	in GJ_{prim}/TJ[a]	557	-20 055	269	-8 835
SO_2	in kg/TJ	83	-3 419	40	-1 506
NO_x	in kg/TJ	309	-939	149	-414
CO_2-Äquivalente	in kg/TJ	37 482	-1 521 718	18 116	-670 360
SO_2-Äquivalente	in kg/TJ	307	-4 201	148	-1 851
Energie	in GJ_{prim}/GWh[a]	2 004	-72 198	969	-31 805
SO_2	in kg/GWh	301	-12 310	145	-5 423
NO_x	in kg/GWh	1 113	-3 381	538	-1 489
CO_2-Äquivalente	in kg/GWh	134 934	-5 478 183	65 219	-2 413 295
SO_2-Äquivalente	in kg/GWh	1 103	-15 123	533	-6 662

[a] primärenergetisch bewerteter kumulierter fossiler Energieaufwand (Verbrauch erschöpflicher Energieträger) ; [b] die negativen Werte resultieren aus den Gutschriften für die durch die bereitgestellte Wärme vermiedenen Emissionen

Tabelle 8.8 zeigt exemplarisch die Verteilung der CO_2-Äquivalent-Emissionen auf Bau (Bohrung und Bau der obertägigen Komponenten), Betrieb (u. a. Energie und Material zum Betrieb der Dublette; Strom) und Abriss (Rückbau der obertägigen und untertägigen Komponenten) für die untersuchten Anlagenkonfigurationen.

Tabelle 8.8 Aufteilung der CO_2-Äquivalent-Emissionen der in Tabelle 8.6 und in Tabelle 8.7 dargestellten Bilanzergebnisse auf Bau, Betrieb und Abriss

		Nasskühlturm		Durchlaufkühlung	
		Strom	Strom, Wärme	Strom	Strom, Wärme
Bruttoeinspeisung					
Bau	in t/GWh	31	35	31	35
Betrieb	in t/GWh	247	-911	162	-977
Abriss	in t/GWh	0,11	0,13	0,11	0,13
Nettoeinspeisung					
Bau	in t/GWh	127	170	61	75
Betrieb	in t/GWh	8	-5 649	4	-2 489
Abriss	in t/GWh	0,46	0,91	0,22	0,27

Bei einer Bruttoeinspeisung entfallen bei der ausschließlichen Strombereitstellung die größten Emissionen auf den Betrieb (zwischen 83 und 89 %), da hier ein höherer Bedarf an Strom aus dem öffentlichen Netz (Eigenbedarfsdeckung) mit entsprechend höheren Emissionen verbunden ist. Bei der gekoppelten Strom- und Wärmebereitstellung stammen die größten Anteile der Emissionen aus dem Bau, da sich die Wärmegutschriften während des Betriebs stark auswirken.

Hinsichtlich einer Nettoeinspeisung fallen sowohl bei einer ausschließlichen Strombereitstellung als auch bei einer gekoppelten Strom- und Wärmebereitstellung die größeren Anteile auf den Bau, da bei beiden Bereitstellungsoptionen während der Betriebsphase kein externer Strombedarf besteht – hier wird der Eigenbedarf durch die geothermisch erzeugte elektrische Energie abgedeckt – und sich bei der gekoppelten Strom- und Wärmebereitstellung zusätzlich die Wärmegutschrift stark auswirkt.

Die Verteilung der CO_2-Äquivalent-Emissionen auf den Bau der einzelnen Anlagenkomponenten einer Anlage zur geothermischen Stromerzeugung sowie auf Betrieb und Abriss ist in Abb. 8.22 anhand der Bilanzergebnisse der Referenzanlage für eine ausschließliche Strombereitstellung mit einer Durchlaufkühlung dargestellt.

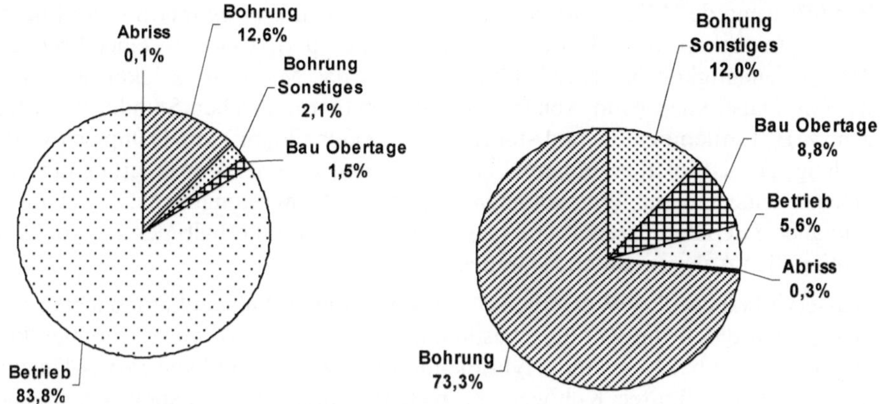

Abb. 8.22 Aufteilung der CO_2-Äquivalent-Emissionen einer geothermischen Stromproduktion mit Bruttoeinspeisung (links) und Nettoeinspeisung (rechts)

Hier wird für die Bauphase in Bohrung (u. a. Energieverbrauch und Materialaufwand der Bohrungsniederbringung), Bohrung Sonstiges (u. a. Zementierung, Bohrspülung, Stimulation) sowie Bau Obertage (u. a. ORC-Anlage, Wärmeübertrager, Gebäude, Thermalwasserleitungen) unterschieden und den Phasen Betrieb und Abriss gegenübergestellt.

Weitere Umwelteffekte. Auch bei einer geothermischen Stromerzeugung bzw. gekoppelten Strom- und Wärmebereitstellung treten weitere Umwelteffekte auf. Da die bereits in Kapitel 8.3.1.2 aufgeführten Umwelteffekte der ausschließlichen Wärmebereitstellung im Wesentlichen denen einer geothermischen Strom- bzw. Strom- und Wärmeerzeugung entsprechen, werden diese hier nicht nochmals dargestellt. Im Folgenden werden lediglich die zusätzlich bei der Strombereitstellung auftretenden weiteren Umwelteffekte, die sich auf den Normalbetrieb und den Störfall beschränken, betrachtet.

Normalbetrieb. Während des Betriebes eines geothermischen Kraft- oder Heizkraftwerks kann es zu den nachfolgend beschriebenen weiteren Umwelteffekten kommen /Frick, Kaltschmitt 2008/.

– Thermischer Eintrag in Oberflächengewässer. Durch eine Kühlung geothermischer Kraftwerke mittels eines Durchlaufsystems kommt es zu einer Aufheizung des als Kühlwasser genutzten Flusswassers. Da sich durch eine derartige Erwärmung des Fließgewässers der Lebensraum von Fischen und anderen Wasserorganismen verändern kann, werden der Erwärmung von Fließgewässern durch die EU-Fischgewässerrichtlinie (RL 2006/44/EG) – in Form einer maximalen Fließwassertemperatur und einer maximalen Auswurfspanne – enge Grenzen gesetzt. Da eine Nutzung der Fließgewässer zu Kühlzwecken i. Allg. durch konventionelle Kraftwerke schon weitgehend realisiert wird und die geothermischen Anlagen auf Grund von geologischen Bedingungen sehr standortabhängig sind, ist eine Frischwasserkühlung bei Erdwärmekraftanlagen i. Allg. von eher untergeordneter Bedeutung.

- Beeinflussung des Mikroklimas. Durch einen lokalen Eintrag thermischer Energie in die Atmosphäre beim Einsatz von Kühltürmen und zusätzlich einer Erhöhung der Luftfeuchtigkeit bei Nasskühltürmen kann das Mikroklima lokal beeinflusst werden. Dabei kann es in Abhängigkeit der meteorologischen Standortbedingungen (z. B. Lufttemperatur und -feuchte, Inversionsbildung) zur Dampfschwadenbildung, ggf. zu lokal erhöhtem Niederschlag und zu einer Verringerung der jährlichen Sonneneinstrahlung kommen. Derartige Auswirkungen auf die Umwelt sind aber gesetzlich geregelt und bewegen sich damit innerhalb der auch bei konventionellen Anlagen üblichen Grenzen.
- Wasserverbrauch. Der Wasserbedarf der obertägigen Anlagenkomponenten wird maßgeblich durch die Kühlung bestimmt. Im Gegensatz zu einer Durchlaufkühlung kommt es bei Nass- und Hybridkühltürmen zu einer teilweisen Verdunstung des im Kreis geführten Kühlwassers, welches durch die Entnahme von Zusatzwasser aus Grund- und Oberflächengewässern ersetzt werden muss. Da diese notwendige Wasserentnahme bzw. Wassernutzung gemäß Wasserhaushaltsgesetz gesondert genehmigt werden muss und nur bei als unbedenklich bewerteten Auswirkungen genehmigt wird, bewegen sich die resultierenden Umwelteffekte auch hier innerhalb der gesetzlichen Grenzen.
- Lärmwirkung. Der auftretende Lärm wird vorwiegend durch den Transformator, den Generator und durch die Ventilatoren der Kühlung verursacht. Damit die Anlage genehmigt werden kann, müssen jedoch gesetzlich definierte Grenzwerte eingehalten werden. Damit bewegen sich auch diese Umweltauswirkungen innerhalb der gesetzlichen Grenzen.

Störfall. Zusätzlich zu den in Kapitel 8.3.1.2 genannten weiteren Umwelteffekten kann es bei einer geothermischen Stromerzeugung zum Austritt von Arbeitsmittel und anderen Betriebsstoffen kommen. Da es sich jedoch bei ORC- bzw. Kalina-Anlagen um – gesetzlich festgeschrieben – überwachungsbedürftige Anlagen handelt, sind damit definierte Vorschriften zu beachten, durch die das potenzielle Umweltbelastungspotenzial begrenzt wird.

8.3.2.3 Ökonomische Analyse

Zur Abschätzung der mit einer geothermischen Stromerzeugung bzw. gekoppelten Strom- und Wärmeerzeugung verbundenen Kosten werden nun die variablen und fixen Kosten sowie die spezifischen Stromgestehungskosten – ermittelt auf der Basis der bisherigen Vorgehensweise – der definierten Anlagenkonfigurationen diskutiert.

Investitionen. Die Investitionen einer geothermischen Anlage zur Strom- bzw. gekoppelten Strom- und Wärmebereitstellung setzten sich im Wesentlichen aus Aufwendungen für die Herstellung der Bohrung und des Thermalwasserkreislaufes (u. a. Bohrung, Einrichten des Bohrplatz, Bohrlochvermessung, Produktionstests, Stimulation, Slop- und Filtersysteme, Förderpumpe), der Konversionsanlage, einer ggf. realisierten Wärmeauskopplung und sonstigen Aufwendungen (u. a. Gebäude, Planung sowie ein Aufschlag für Unvorhergesehenes) zusammen.

Dabei nehmen die Aufwendungen für die Bohrung durchschnittlich 75 % der Gesamtkosten ein. Auf Grund der begrenzten Verfügbarkeit an Bohrgeräten sowie der stark schwankenden Rohstoffpreise (u. a. Stahlpreise) waren die Bohrkosten in den letzten Jahren erheblichen Variationen unterworfen. I. Allg. werden sie aber weitestgehend von der Bohranlagenmiete bestimmt, welche die Gesamtkosten einer Tiefbohrung mit rund 36 % bestimmen. Auf Meißel und Richtbohrservice entfallen rund 15 % und auf Verrohrung sowie Zementation ca. 20 % der gesamten Bohrkosten. Die Einrichtung und Rekultivierung des Bohrplatzes tragen mit ca. 4 %, die Sondenkopfkomplettierung mit ca. 12 % und die Kosten für den Spülungs- und Zementationsservice mit rund 12 % zu den Bohrkosten bei /Kaltschmitt, Streicher und Wiese 2006/.

Die Aufwendungen für das Kraftwerk tragen mit ca. 10 % zu den Gesamtkosten bei. Bei den restlichen 15 % der Gesamtkosten handelt es sich um Sonstiges.

Für die untersuchten Anlagenkonfigurationen resultieren daraus Investitionen zwischen 14,0 und knapp 14,2 Mio. €. Dabei liegen die Investitionen der Anlagenkonfiguration zur ausschließlichen Strombereitstellung leicht unter denen der gekoppelten Strom- und Wärmebereitstellung und die Anlagenkonfigurationen mit Nasskühlturm leicht über den Anlagenkonfigurationen mit Durchlaufkühlung (Tabelle 8.9 und Tabelle 8.10).

Tabelle 8.9 Investitionen und Betriebskosten sowie Stromgestehungskosten einer geothermischen Stromerzeugung bei Bruttoeinspeisung (Zahlen gerundet)

		Nasskühlturm		Durchlaufkühlung	
		Strom	Strom, Wärme	Strom	Strom, Wärme
Investitionen					
Bohrung, Thermalwasserkreislauf[a]	in Mio. €	10,63	10,63	10,63	10,63
Konversionsanlage	in Mio. €	1,29	1,29	1,19	1,19
Wärmeauskopplung	in Mio. €		0,06		0,06
Sonstiges[b]	in Mio. €	2,16	2,16	2,16	2,16
Summe	in Mio. €	14,08	14,14	13,98	14,04
Annuität[c]	in Mio. €/a	1,01	1,02	1,00	1,01
Betriebskosten[d]	in Mio. €/a	0,72	0,70	0,59	0,58
Wärmeverkauf[e]	in Mio. €/a		0,53		0,53
Summe jährliche Kosten	in Mio. €/a	1,74	1,19	1,59	1,06
Stromgestehungskosten	in €/kWh	0,318	0,246	0,291	0,219

[a] u. a. Bohrkosten, Produktionstests, Stimulation, Slop- und Filtersysteme; [b] u. a. Planung, Gebäude, Aufschlag für Unvorhersehbares; [c] bei einem Zinssatz von 4,5 % und einer Abschreibung über die technische Anlagenlebensdauer (Förderpumpen 4 Jahre, Slop- und Filtersysteme 11 Jahre, Konversionsanlage und Wärmeauskopplung 15 Jahre, Thermalwasserkreislauf 25 Jahre, Bohrung und Gebäude 30 Jahre); [d] u. a. Wartung, Personal, Versicherungen, Verwaltung, ggf. Stromkosten (bei Bruttoeinspeisung); [e] unterstellter Wärmepreis 0,03 €/kWh

Betriebskosten. Die jährlichen Betriebskosten setzen sich aus Aufwendungen für Wartung, Personal, Versicherung und Verwaltung zusammen. Bei der Anlagenkonfiguration mit Betrachtung einer Bruttoeinspeisung muss der Eigenstrombedarf, welcher hier über das Netz der öffentlichen Versorgung abgedeckt wird, berücksichtigt werden.

Die Betriebskosten werden für die Verwaltung mit 0,5 % und für die notwendigen Versicherungen mit 0,75 % der Gesamtinvestitionen unterstellt. Die Wartungskosten werden in Abhängigkeit der Investitionen der Bohrung (0,5 %), der Slop- und Filtersysteme, der Elektroanbindung, des Thermalwasserkreislaufs und der Gebäude (jeweils 4 %) sowie der Konversionsanlage (1 %) abgeschätzt. Für alle Anlagen wird ein Betrieb ohne Beaufsichtigung (BoB) unterstellt (d. h. ein Angestellter) /Kaltschmitt, Streicher und Wiese 2006/.

Für die betrachteten Anlagenkonfigurationen errechnen sich daraus jährliche Betriebskosten zwischen rund 0,34 und 0,72 Mio. € (Tabelle 8.9 und Tabelle 8.10).

Tabelle 8.10 Investitionen und Betriebskosten sowie Stromgestehungskosten einer geothermischen Stromerzeugung bei Nettoeinspeisung (Zahlen gerundet)

		Nasskühlturm		Durchlaufkühlung	
		Strom	Strom, Wärme	Strom	Strom, Wärme
Investitionen					
Bohrung, Thermalwasserkreislauf[a]	in Mio. €	10,63	10,63	10,63	10,63
Konversionsanlage	in Mio. €	1,29	1,29	1,19	1,19
Wärmeauskopplung	in Mio. €	0	0,06	0	0,06
Sonstiges[b]	in Mio. €	2,16	2,16	2,16	2,16
Summe	in Mio. €	14,08	14,14	13,98	14,04
Annuität[c]	in Mio. €/a	1,01	1,02	1,00	1,01
Betriebskosten[d]	in Mio. €/a	0,34	0,34	0,34	0,34
Wärmeverkauf[e]	in Mio. €/a	0	0,53	0	0,53
Summe jährliche Kosten	in Mio. €/a	1,35	0,83	1,34	0,82
Stromgestehungskosten	in €/kWh	1,005	0,830	0,482	0,361

[a] u. a. Bohrkosten, Produktionstests, Stimulation, Slop- und Filtersysteme; [b] u. a. Planung, Gebäude, Aufschlag für Unvorhersehbares; [c] bei einem Zinssatz von 4,5 % und einer Abschreibung über die technische Anlagenlebensdauer (Förderpumpen 4 Jahre, Slop- und Filtersysteme 11 Jahre, Konversionsanlage und Wärmeauskopplung 15 Jahre, Thermalwasserkreislauf 25 Jahre, Bohrung und Gebäude 30 Jahre); [d] u. a. Wartung, Personal, Versicherungen, Verwaltung, ggf. Stromkosten (bei Bruttoeinspeisung); [e] unterstellter Wärmepreis 0,03 €/kWh

Stromgestehungskosten. Unter Berücksichtigung der in Kapitel 1.3 definierten finanzmathematischen Rahmenannahmen (Zinssatz 4,5 %, Abschreibung über technische Lebensdauer) sowie den in Kapitel 8.3.2.1 festgelegten Anlagenkonfigurationen können die spezifischen Stromgestehungskosten mithilfe der Annuitätenmethode aus den Gesamtinvestitionen und den jährlich anfallenden Betriebskosten berechnet werden.

Für eine ausschließliche Strombereitstellung resultieren daraus Stromgestehungskosten bei einer Bruttoeinspeisung von 0,29 bis 0,32 €/kWh und bei einer Nettoeinspeisung von 0,48 bis 1,0 €/kWh (Tabelle 8.9 und Tabelle 8.10). Für eine gekoppelte Strom- und Wärmebereitstellung (d. h. KWK) lassen sich Stromgestehungskosten bei einer Bruttoeinspeisung von 0,22 bis 0,25 €/kWh und bei einer Nettoeinspeisung von 0,36 bis 0,83 €/kWh ermitteln. Dabei liegen die Stromgestehungskosten bei Systemen mit einer Durchlaufkühlung aufgrund der geringeren Investitionen i. Allg. unter denen von Systemen mit Nasskühltürmen. Die geringeren Stromgestehungskosten bei den Anlagenkonfigurationen zur Strom- und Wärmebereitstellung sind auf die Gutschrift der in Koppelproduktion erzeugten Wärme zurückzuführen. Die Bruttostromerzeugung ist durch deutlich geringere spezifische Stromgestehungskosten gekennzeichnet, da der Eigenstrombedarf kostengünstig aus dem Netz entnommen wird und sich die jährlichen Kosten auf eine deutlich größere Menge an eingespeistem Strom pro Jahr verteilen.

Die Stromgestehungskosten können im Einzelfall erheblich von den oben dargestellten abweichen. Um die Bedeutung bestimmter Einflüsse auf die Stromgestehungskosten abschätzen zu können, zeigt Abb. 8.23 eine Variation wesentlicher sensitiver Parameter am Beispiel einer ausschließlichen Strombereitstellung mit einer Durchlaufkühlung (Bruttoeinspeisung).

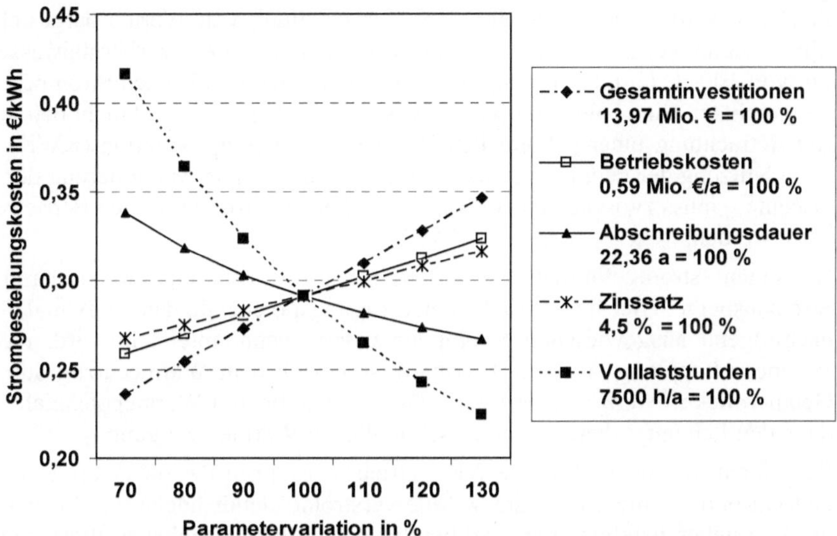

Abb. 8.23 Variation wesentlicher Einflussgrößen auf die spezifischen Stromgestehungskosten einer geothermischen Strombereitstellung mit Durchlaufkühlung und Bruttoeinspeisung

Die Volllaststunden und somit der Jahresertrag haben demnach den größten Einfluss auf die spezifischen Stromgestehungskosten. Je höher die Stillstandszeiten, desto weniger Strom kann erzeugt werden; die spezifischen Stromgestehungskosten steigen. Auch die Höhe der Investitionen ist ein wesentlicher Einflussfaktor auf die Stromkosten. Können vor allem die Bohrkosten gesenkt werden, lassen sich deutlich geringere Stromgestehungskosten erzielen. Demgegenüber haben die Betriebskosten, die Abschreibungsdauer sowie der Zinssatz einen deutlich geringeren Einfluss auf die spezifischen Stromgestehungskosten.

8.4 Potenziale und Nutzung

Ziel der folgenden Ausführungen ist eine Darstellung der Potenziale und der Nutzung der tiefen Erdwärme zur Wärme-, Strom- bzw. gekoppelten Strom- und Wärmebereitstellung in Österreich.

8.4.1 Potenziale

Aufgrund der derzeit noch nicht großtechnisch verfügbaren Technik zur Nutzbarmachung der in den heißen, tiefen Gesteinsschichten vorhandenen Energie ist eine Abschätzung der technisch nutzbaren Potenziale mit großen Unsicherheiten behaftet. Deshalb handelt es sich bei den folgenden Angaben nur um eine grobe Abschätzung der gegebenen Größenordnung.

Zunächst werden die Potenziale einer Bereitstellung von Wärme dargestellt. Im Anschluss daran werden für die betrachteten Horizonte mit einer Thermalwassertemperatur von 100 °C und darüber die Potenziale einer geothermischen Strombereitstellung abgeschätzt. Eine balneologische bzw. stoffliche Nutzung wird nicht betrachtet.

Bei Betrachtung einer gekoppelten Wärme- und Stromproduktion (KWK) – zur besseren Nutzung der geothermischen Energie im Sinne einer Maximierung der Energieausbeute – muss zwischen einem wärme- und einem stromgeführten Betrieb unterschieden werden.

- Bei einem stromgeführten KWK-Betrieb ist das Ziel eine Maximierung der Stromausbeute. Hier liegen die Stromerzeugungspotenziale dann maximal bei den nachfolgend ausgewiesenen Strompotenzialen, wenn unterstellt wird, dass die Wärmeauskopplung aus dem Thermalwasser nach dem Wärmeentzug durch das Geothermiekraftwerk realisiert wird. Die bereitstellbaren Wärmepotenziale liegen dann deutlich unter denen einer ausschließlichen Wärmeerzeugung.
- Bei einem wärmegeführten KWK-Betrieb wird prioritär die Wärmenachfrage gedeckt und die nicht nutzbare Wärme verstromt; damit liegen die Potenziale einer Wärmebereitstellung maximal bei den nachfolgend erhobenen Wärmepotenzialen. Die Potenziale der in Koppelproduktion möglichen zusätzlichen Stromerzeugung liegen unter diesen Bedingungen deutlich unter denen einer ausschließlichen Stromerzeugung.

Da damit die Potenziale einer geothermischen Kraft-Wärme-Kopplung sich zwischen denen einer ausschließlichen Wärme- und einer alleinigen Stromerzeugung bewegen, werden diese Potenziale nachfolgend nicht gesondert ausgewiesen.

8.4.1.1 Wärmebereitstellung

Theoretisches Potenzial. Die Nutzung der tiefen Erdwärme zur Wärmeerzeugung ist aufgrund der noch unzureichend vorhandenen Technik derzeit i. Allg. noch an das Vorhandensein von wasserführenden Sedimentstrukturen in nicht zu großer Tiefe gekoppelt. Solche Aquifere finden sich in Österreich im Wesentlichen in den Sedimentstrukturen des Oberösterreichischen Molassebeckens, des Steirischen und des Wiener Beckens sowie im Vorarlberger Teil des Molassebeckens (Kapitel 8.1.2). Die gesamte in diesen Aquiferen gespeicherte Wärme ("Heat in Place") kann auf rund 24 000 EJ geschätzt werden (Tabelle 8.11; d. h. auch Temperaturen unter 100 °C); dazu trägt das Oberösterreichische Molassebecken mit rund 8 100 EJ bei /Goldbrunner 2008/. Bei einer unterstellten Nutzungsdauer von 500 Jahren entspricht dies einem Energiepotenzial von rund 48 EJ/a. Die Erdwärmevorkommen in Bad

Kleinkirchheim (Kärnten) sowie die Thermalwässer Längenfelds (Tirol) sind aufgrund ihrer vergleichsweise geringen Ergiebigkeit bzw. ihres niedrigen Temperaturniveaus dabei nicht berücksichtigt.

Tabelle 8.11 Potenziale einer Erdwärmenutzung aus wasserführenden Sedimentstrukturen in Österreich zur Wärmebereitstellung

		O. Ö. Molassebecken[a]	Steirisches Becken	Wiener Becken	Vlbg. Molassebecken[b]	Summe
Wärmeinhalt "Heat in Place"	in EJ[c]	8 100	8 100	6 500	1 400	24 100
Theoretisches Potenzial	in EJ/a[d]	16,2	16,2	13,0	2,8	48,2
Technisches Angebotspotenzial	in PJ/a[e]	2,2	5,4	4,7	1,6	13,9
Technisches Nachfragepotenzial						
Raumwärme & Trinkwarmwasser	in PJ/a[f]	1,8	1,8	1,6	0,5	5,7
Landwirtschaft	in PJ/a[g]	0,5	0,3	0,4	0,2	1,5

[a] Oberösterreichisches Molassebecken; [b] Vorarlberger Teil des Molassebeckens; [c] Wärmeinhalt der warm- und heißwasserführenden Aquifere; [d] bei einer unterstellten Nutzungsdauer des gesamten Wärmeinhalts der hydrothermalen Aquifere von 500 Jahren; [e] technisch nutzbare Schüttung bei einer Reinjektionstemperatur von 15 °C; [f] Nutzung für Raumwärme- und Trinkwarmwasserbereitstellung (minimale Rücklauftemperatur 35 °C und 4 000 Volllaststunden pro Jahr); [g] Nutzung für Landwirtschaft bei einer Rückkühlung der Thermalwässer von 35 auf 15 °C und 3 000 Volllaststunden pro Jahr

Technisches Angebotspotenzial. Das theoretische Energieangebot des tiefen Untergrunds, das unter den genannten Randbedingungen theoretisch zur Verfügung steht, kann aufgrund einer Vielzahl geologischer und technischer Einschränkungen (z. B. einer zu geringen Porosität oder Permeabilität und damit zu geringer Ergiebigkeit der Aquifere) nur zu einem Teil genutzt werden.

Werden derartige Aspekte berücksichtigt, kann ein technisches Angebotspotenzial bei einer unterstellten Reinjektionstemperatur von 15 °C und einer technisch installierbaren thermischen Anlagenleistung von ca. 550 MW von knapp 14 PJ/a abgeschätzt werden (Tabelle 8.11). Dies entspricht etwa 4,6 % der gesamtösterreichischen Nachfrage nach Niedertemperaturwärme im Jahr 2006.

Technisches Nachfragepotenzial. Das technische Angebotspotenzial berücksichtigt nicht, ob die angebotsseitig verfügbare Erdwärme auch in die bestehenden Energiesysteme in den Gebieten mit entsprechenden Sedimentstrukturen integriert werden kann.

Ein einschränkender Faktor bei der Integration des technischen Angebotspotenzials in die vorhandenen Strukturen im Energiesystem kann sich aus der aus primär ökonomischen Gründen notwendigen Kopplung geothermischer Heizwerke an Nah- oder Fernwärmenetze und damit an Gebiete mit einer hohen Abnahmedichte ergeben. Durch das im Vergleich zur gesamten Wärmenachfrage in den Regionen mit entsprechenden Sedimentbecken und damit entsprechenden Erdwärmevorkommen niedrige technische Angebotspotenzial kann allerdings unterstellt werden, dass diese Restriktionen nicht zum Tragen kommen.

Aufgrund der jahreszeitlichen Nachfrageschwankungen nach Niedertemperaturwärme bei Haushaltskunden (Kapitel 3.3) werden geothermische Heizzentralen, wenn sie diese Kundengruppe beliefern, üblicherweise nicht ganzjährig mit maximaler Leistung betrieben. Hier wird deshalb von 4 000 Volllaststunden pro Jahr (d. h. Spitzenlastabdeckung über öl- oder gasbefeuerte Kessel) und einer Rücklauftemperatur des geothermischen Heizwerks von 35 °C ausgegangen. Zusätzlich wird eine landwirtschaftliche Nachnutzung der Tiefenwässer mit einer Rücklaufabsenkung auf 15 °C und 3 000 Volllaststunden pro Jahr unterstellt. Daraus lässt sich ein technisches Nachfragepotenzial für die Raumwärme- und Trinkwarmwasserbereitung mit rund 5,7 PJ/a berechnen. Bezogen auf die gesamte Nachfrage nach Niedertemperaturwärme in Österreich von 304 PJ (2006) sind dies knapp 1,9 %. Nicht berücksichtigt sind dabei allerdings die Verluste, die sich aus dem Transport der Wärme von der Heizzentrale zum Verbraucher ergeben. Infolge der unterstellten landwirtschaftlichen Nachnutzung könnte zusätzlich etwa 1,5 PJ/a an hydrothermaler Energie genutzt werden (Tabelle 8.11).

8.4.1.2 Strombereitstellung

Theoretisches Potenzial. Berücksichtigt man lediglich die in Kapitel 8.4.1.1 betrachteten Standorte mit einer Thermalwassertemperatur ab 100 °C, ist in diesen Aquiferen eine Energie von rund 8 960 EJ gespeichert. Dabei wird unterstellt, dass dem Gestein die Wärme bis auf rund 15 °C entzogen werden könnte. Bei einer Erschließung im Verlauf von rund 500 Jahren sind dies rund 18 EJ/a.

Davon ist jedoch aufgrund thermodynamischer Beschränkungen nur ein kleiner Teil in Form von Strom nutzbar. Wird ein theoretischer Wirkungsgrad der Verstromung – in Abhängigkeit von der Temperatur des aus dem Untergrund förderbaren Thermalwassers – von 12 bis maximal 18 % unterstellt, errechnet sich ein theoretisches Stromerzeugungspotenzial von ca. 677 TWh/a im Verlauf der unterstellten 500 Jahre (Tabelle 8.12). Zusätzlich könnte ein erheblicher Teil der dabei anfallenden Abwärme u. a. in Form von Nah- und Fernwärme genutzt werden. Damit ist das theoretische Potenzial einer geothermischen Stromerzeugung bzw. gekoppelten Strom- und Wärmeerzeugung sehr hoch und übersteigt den Energieverbrauch in Österreich um Größenordnungen.

Technisches Angebotspotenzial. Zur Bestimmung des technischen Angebotspotenzials einer geothermischen Stromerzeugung (d. h. Stromerzeugungspotenzial) wird ausgehend vom diskutierten Wärmeinhalt betrachtet, welcher Anteil dieses Wärmeinhalts technisch nutzbar gemacht werden kann.

Der Anteil dieser Wärmemenge, der aus dem Gestein entzogen und technisch gewonnen werden kann, hängt von den geologischen Bedingungen im jeweiligen Aquifer und damit vom entsprechenden Standort ab. So können beispielsweise in Aquiferen rund 15 bis 20 % dieser Wärmemenge aus dem Untergrund entzogen werden /Kaltschmitt, Streicher und Wiese 2006/. Unter Berücksichtigung eines mittleren Umwandlungswirkungsgrades in Anlagen zur geothermischen Stromerzeugung nach dem derzeitigen Stand der Technik von 7 bis 11 % resultiert daraus ein technisches Stromerzeugungspotenzial von 58,8 TWh/a.

Dabei kann dieses Stromerzeugungspotenzial innerhalb eines Zeitraums erschlossen werden, der eine Regeneration der geothermischen Ressourcen infolge des natürlichen Wärmestroms nicht erlauben würde. Aufgrund der geringen Eigenwärmeerzeugung des tieferen Untergrunds, des relativ kleinen Wärmestromes aus dem Erdinnern von rund 65 mW/m^2 und der i. Allg. relativ schlechten Wärmeleitfähigkeit von Gesteinen benötigt eine einmal vollständig abgekühlte Gesteinformation einige Jahrhunderte oder länger, um wieder die ursprüngliche Temperatur zu erreichen. Unter Nachhaltigkeitsaspekten sollte dieses Potenzial deshalb nur innerhalb eines sehr langen Zeitraums erschlossen werden.

Tabelle 8.12 Potenziale einer Erdwärmenutzung aus wasserführenden Sedimentstrukturen in Österreich zur Strombereitstellung

		O. Ö. Molassebecken[a]	Steirisches Becken	Wiener Becken	Vlbg. Molassebecken[b]	Summe
Wärmeinhalt "Heat in Place"	in EJ[c]	4 600	1 750	1 960	650	8 960
Theoretisches Potenzial	in EJ/a[d]	9,2	3,5	3,9	1,3	17,9
	in TWh/a[d]	2 556	972	1 089	361	4 978
Theoretisches Stromerzeugungspotenzial	in TWh/a[e]	316	120	196	45	677
Technisches Angebotspotenzial	in TWh/a[f]	27	10	18	4	58,8
Technisches Nachfragepotenzial						
Betrachtung für Österreich	in TWh/a[g,i]	26,2	9,7	17,5	3,9	57,0
Europaweite Betrachtung	in TWh/a[h,i]	25,0	9,5	16,7	3,5	54,7

[a] Oberösterreichisches Molassebecken; [b] Vorarlberger Teil des Molassebeckens; [c] Wärmeinhalt der wasserführenden Aquifere mit einer Thermalwassertemperatur ab 100 °C; [d] bei einer unterstellten Nutzungsdauer des gesamten Wärmeinhalts der Aquifere von 500 Jahren; [e] unter Berücksichtigung physikalisch maximaler Wirkungsgrade; [f] unter Berücksichtigung der technischen Gewinnung von 15 % der im Aquifer enthaltenen Wärmemenge sowie technisch erreichbarer Wirkungsgrade; [g] unter Berücksichtigung der nachfrageseitigen Restriktionen in Österreich sowie von Netzverlusten (3 %); [h] für eine über Österreich hinausgehende Betrachtung (Kapitel 1.3.4) sowie unter Berücksichtigung von 7 % Netzverlusten; [i] Singulärbetrachtung der geothermischen Stromerzeugung, d. h. Konkurrenzen der erneuerbaren Energien zur Deckung der Nachfrage wurden nicht berücksichtigt, bei einer gesamthaften Betrachtung der Potenziale der erneuerbaren Energien können die Nachfragepotenziale daher deutlich geringer ausfallen (Kapitel 10)

Daher wird hier davon ausgegangen, dass das hier aufgezeigte technische Erzeugungspotenzial über einen Zeitraum von 500 Jahren sukzessive erschlossen werden kann; innerhalb eines derart langen Zeitraums sollten Erschließungsmodelle gefunden werden können, durch die sichergestellt werden kann, dass auch nach Ablauf dieser Zeit weiterhin eine geothermische Stromerzeugung möglich ist. Daraus ergibt sich jährlich ein nachhaltiges (quasi regeneratives) Stromerzeugungspotenzial von ca. 59 TWh/a für Österreich (Tabelle 8.12).

Technisches Nachfragepotenzial. Das technische Angebotspotenzial einer ausschließlichen Stromerzeugung liefert keine Aussage, inwieweit dieses Energieangebot auch tatsächlich in das österreichische bzw. europäische Energiesystem integriert werden kann.

Bei einer Österreich-internen Betrachtung muss zur Abschätzung des im Energiesystem nutzbaren geothermischen Stromerzeugungspotenzials die Nachfrage nach elektrischer Energie und deren Charakteristik berücksichtigt werden. Die geothermische Stromerzeugung ist dabei grundsätzlich unabhängig von tages- und jahreszeitlichen Schwankungen, wie sie z. B. für die photovoltaische Stromerzeugung typisch sind. Daher kann die Geothermie im Verlauf des gesamten Jahres nachfrageorientiert elektrische Energie bereitstellen. Abb. 8.24 zeigt deshalb den jahreszeitlichen Verlauf des Stromverbrauchs (Endverbrauch) in Österreich im Jahr 2006 /E-Control 2007/

sowie das geothermische Stromerzeugungspotenzial unter Berücksichtigung der potenziellen Verluste (Kapitel 1.3.4).

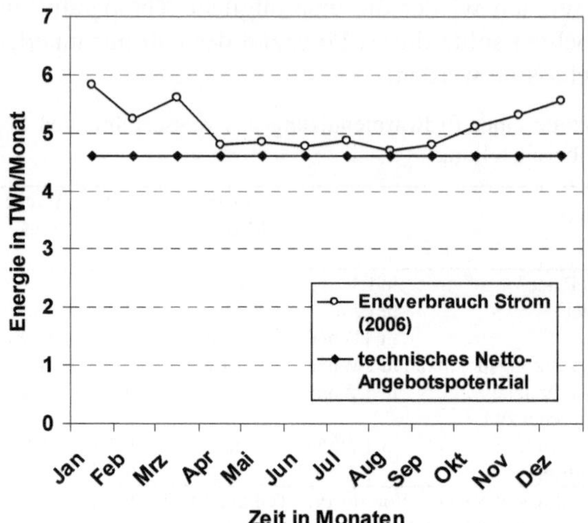

Abb. 8.24 Technisches Angebotspotenzial von elektrischer Energie aus tiefer Erdwärme sowie Stromverbrauch in Österreich 2006 im Jahresverlauf (u. a. nach /E-Control 2007/)

Aufgrund dieser Zusammenhänge ergeben sich keine nachfrageseitigen Beschränkungen für eine Einspeisung von Strom aus geothermischen Anlagen in das Netz der öffentlichen Versorgung. Damit errechnet sich bei einer ausschließlich auf Österreich bezogenen Betrachtung unter Berücksichtigung der bisher unterstellten Verluste der Verteilinfrastruktur (d. h. Netzverluste) ein technisches Nachfragepotenzial von 57 TWh/a. Dies entspricht einem Anteil von 92 % bezogen auf die gesamte Nettostromerzeugung in Österreich (ohne Stromimporte) von 62 TWh im Jahr 2006.

Bei einer über Österreich hinausgehenden Betrachtung fallen bei den in Kapitel 1.3 zugrunde gelegten Annahmen durchschnittlich höhere Netzverluste (7 %) an, d. h. das technische Nachfragepotenzial beträgt unter diesen Bedingungen 54,7 TWh/a. Die der Umsetzung der technischen Nachfragepotenziale ggf. entgegenstehenden netzseitigen Voraussetzungen werden hier nicht weiter berücksichtigt.

8.4.2 Nutzung

Ende 2007 waren in Österreich 10 Anlagen zur energetischen Nutzung von Tiefenwässern mit einer installierten thermischen Leistung von knapp 55 MW in Betrieb bzw. in Probebetrieb /Geoteam 2008/, /Goldbrunner 2007/. Darunter wurden zwei Anlagen (Altheim, Bad Blumau) auch zur geothermischen Strombereitstellung genutzt. Tabelle 8.13 gibt einen Überblick über den gegenwärtigen Stand der Erdwärmenutzung in Österreich.

Werden für diese Anlagen zwischen 4 000 und 6 000 Volllaststunden unterstellt, errechnet sich eine potenziell genutzte Erdwärme zwischen 220 und 330 GWh/a (0,8 bis 1,2 PJ/a).

Vielfach werden die Anlagen in Kombination mit einer balneologischen bzw. stofflichen Nutzung betrieben. Die energetische Nutzung erfolgt in diesem Fall primär zur Beheizung der Thermengebäude und Hotelanlagen. Die über die Wärmenachfrage dieser Gebäude hinausgehend verfügbare geothermische Energie wird meist an umliegende Gebäude bzw. Gewächshäuser und Folientunnel abgegeben. Wird eine ausschließliche energetische Nutzung realisiert, erfolgt dies meist in Form eines Nahwärmenetzes.

Tabelle 8.13 Bestehende und geplante Anlagen zur energetischen Nutzung hydrothermaler Tiefengrundwässer in Österreich /Geoteam 2008/, /Goldbrunner 2007/

	Leistung in MW	Temperatur in °C	Art der Nutzung
Altheim	18,8	105	Nahwärme, Stromerzeugung
Geinberg	7,8	105	Nah- & Prozesswärme, Balneologie, Landwirtschaft
Obernberg	1,7	80	Nahwärme
Simbach-Braunau	9,3	80	Nahwärme
St. Martin	3,3	90	Nahwärme
Haag	2,2	86	Nahwärme
Bad Blumau	7,6	110	Nahwärme, Stromerzeugung, Balneologie, stoffliche Nutzung des CO_2
Bad Waltersdorf	2,3	63	Nahwärme, Balneologie, Landwirtschaft
Bad Radkersburg	0,8	70	Balneologie
Loipersdorf	0,6	61	Balneologie
Altheim	18,8	105	Nahwärme, Stromerzeugung
Geinberg	7,8	105	Nah- & Prozesswärme, Balneologie, Landwirtschaft

9 Energie aus Biomasse

Biomasse ist Sonnenenergie, die mithilfe von Pflanzen über den Prozess der Photosynthese in organische Materie umgewandelt wird und in dieser Form zur Deckung der Energienachfrage genutzt werden kann. Biomasse stellt damit gespeicherte Sonnenenergie dar und unterscheidet sich grundsätzlich von anderen Optionen der direkten und indirekten Sonnenenergienutzung (z. B. Solarthermie, Windkraft); Biomasse ist damit nicht unmittelbar an die von der Sonne eingestrahlte Energie gekoppelt und weist daher keine kurzfristigen Angebotsschwankungen auf.

Der Begriff Biomasse umfasst sämtliche Stoffe organischer Herkunft (d. h. kohlenstoffhaltige Materie) wie die in der Natur lebende Phyto- und Zoomasse (Pflanzen und Tiere), die daraus resultierenden Rückstände, Nebenprodukte und Abfälle (z. B. tierische Exkremente), abgestorbene (aber noch nicht fossile) Phyto- und Zoomasse (z. B. Stroh) sowie im weiteren Sinne alle Stoffe, die beispielsweise durch eine technische Umwandlung und/oder eine stoffliche Nutzung entstanden sind bzw. anfallen (z. B. Papier und Zellstoff, Schlachthofabfälle, organische Hausmüllfraktion, Pflanzenöl, Alkohol). Gemäß der europäischen Terminologienorm CEN/TS 14 588 wird Biomasse aus wissenschaftlich-technischer Sicht definiert als Material biologischer Herkunft mit Ausnahme von Material, das in geologische Formationen eingebettet und/oder zu fossilen Brennstoffen umgewandelt ist /CEN/TS 14 588 2004/. Eine klare Abgrenzung der Biomasse gegenüber Torf wird an dieser Stelle nicht gegeben. In einigen Ländern (u. a. Schweden, Finnland) entspricht es der üblichen Praxis, Torf als Biomasse und damit als regenerativen Energieträger zu bezeichnen. In Mitteleuropa – und auch in Österreich – ist dies allerdings i. Allg. nicht der Fall.

Vor diesem Hintergrund werden im Folgenden die Bereitstellung und energetische Nutzung von

- biogenen Festbrennstoffen aus Holz (d. h. Waldrest-, Industrierest- und Altholz, Hölzer aus Kurzumtriebsplantagen) und halmgutartiger Biomasse (u. a. Stroh, Wiesenheu),
- Biokraftstoffen auf der Basis öl-, zucker-, stärke- und/oder lignocellulosehaltiger Rohstoffe (u. a. Holz, zucker-, stärke- und ölhaltige Pflanzen) zur Erzeugung von Biodiesel, Bioethanol sowie gasförmigen und flüssigen synthetischen Kraftstoffen,
- Biogas aus landwirtschaftlichen (z. B. Mais- und Grassilagen, Exkremente), kommunalen (z. B. biogene Haushaltsabfälle) und industriellen (z. B. organische Industrieabwässer) organischen Stoffströmen

diskutiert. Andere Bioenergieträger haben unter den in Österreich vorliegenden Randbedingungen derzeit keine energiewirtschaftliche Bedeutung; auf diese wird daher hier auch nicht näher eingegangen. Zuvor werden aber die Grundlagen des Biomasseangebots dargestellt und anschließend die verschiedenen Konversionsmöglichkeiten von Biomasse in End- bzw. Nutzenergie diskutiert.

9.1 Grundlagen des regenerativen Energieangebots

Nachfolgend werden die Grundlagen der Entstehung von Biomasse sowie deren räumliche und zeitliche Angebotscharakteristik dargestellt.

9.1.1 Biomasseentstehung

Photosynthese. Der wichtigste Prozess bei der Bildung von Biomasse ist die Photosynthese. Darunter wird die Umwandlung der Lichtenergie von der Sonne in chemische Energie der Pflanzensubstanz verstanden. Pflanzen besitzen dazu bestimmte Mechanismen, die in der Lage sind, Sonnenlicht zu absorbieren und diese Energie dazu zu nutzen, aus energiearmen Grundbausteinen energiereichere Stoffe aufzubauen.

Dieser als Photosynthese bezeichnete Gesamtprozess wird in die sogenannte Licht- und die sogenannte Dunkelreaktion unterteilt. Durch die Lichtreaktion wird in der Zelle durch photochemische Reaktionen die für die Aufnahme von Kohlenstoffdioxid (CO_2) und den Einbau des Kohlenstoffs in höherenergetische organische Verbindungen notwendige Energie verfügbar gemacht (Assimilation). Bei der Dunkelreaktion, die ohne Licht stattfindet, wird ein Teil der im ersten Prozess gewonnenen Energie aus der Assimilation von CO_2 zur Aufrechterhaltung der Lebensprozesse in der Pflanze wieder verbraucht. In der Regel ist aber der Substanzgewinn durch die Lichtreaktion, die – daher der Name – nur bei Licht stattfinden kann, größer als der Substanzverlust durch die Atmung, die sowohl bei Tag als auch nachts stattfindet. Die Nettophotosynthese ergibt sich damit aus der Bruttophotosynthese abzüglich der Atmungsverluste /Lerch 1991/.

Das Endprodukt der Photosynthese sind Einfachzucker (Glukose; $C_6H_{12}O_6$). Diese dienen den Pflanzen sowohl als Energiequelle für ihre Stoffwechselprozesse wie auch als Bausteine für die zu bildende Pflanzensubstanz (u. a. Kohlenhydrate, Eiweißstoffe, Fette). Ein Teil der im Rahmen der Photosynthese gebildeten Zucker wird z. B. für den Aufbau verschiedener Bestandteile der Pflanzenmasse (z. B. Proteine, Fette, Zellulose) benötigt.

Die Summenformel für den Gesamtprozess der Photosynthese beschreibt Gleichung (9-1).

$$6\,CO_2 + 6\,H_2O \xrightarrow[\text{Chlorophyll}]{\text{Licht}} C_6H_{12}O_6 + 6\,O_2 \qquad (9\text{-}1)$$

Je nach Ablauf der bio-chemischen Reaktionen im Verlauf der Photosynthese unterscheidet man zwischen C_3- und C_4-Pflanzen. Die meisten einheimischen europäischen Kulturpflanzen stellen dabei sogenannte C_3-Pflanzen dar, die als erstes Photosynthese-Produkt eine Verbindung bilden, die drei C-Atome enthält. Demgegenüber bilden C_4-Pflanzen während der Photosynthese als erstes Kohlenstoffdioxid-Aufnahme-Produkt eine vier C-Atome enthaltende Verbindung. Des Weiteren finden bei solchen meist aus subtropischen Gebieten stammenden C_4-Pflanzen (z. B. Mais, Zuckerrohr, Chinaschilf) die Licht- und Dunkelreaktion in verschiedenen, räumlich voneinander getrennten Chloroplastentypen statt. C_4-Pflanzen können dadurch im Vergleich zu C_3-Pflanzen mehr CO_2 assimilieren und damit einen höheren Nutzeffekt der Photosynthese erreichen.

Der Nutzeffekt der Photosynthese beschreibt, wie viel Prozent der Strahlung von den Pflanzen durch die Photosynthese in Form von chemischer Energie gespeichert werden kann. Beispielsweise liegen nur etwa 50 % der Gesamtstrahlungsenergie im photosynthetisch aktiven Wellenlängenbereich von 400 bis 700 nm und können damit von den Pflanzen für die Photosynthese genutzt werden. Von der Energie aus der absorbierten Strahlung gehen zusätzlich erhebliche Anteile verloren (u. a. durch Rückstrahlung, durch Energieverluste, durch die Atmung).

Durch die Bruttophotosynthese bzw. die daraus entstehende Bruttoprimärproduktion, welche die gesamte organische Substanz umfasst, die durch die Photosynthese erzeugt wird, können u. a. deshalb insgesamt theoretisch maximal 15 % der eingestrahlten Sonnenenergie chemisch gebunden werden. Berücksichtigt man zusätzlich den Substanzverlust durch die Atmung, können im theoretischen Maximalfall 9 % der eingestrahlten Energie netto in chemische Energie umgewandelt werden.

Tatsächlich erreicht werden kann eine Nettoprimärproduktion – und damit ein Nutzeffekt – mit landwirtschaftlich genutzten C_4-Pflanzen von 3 (Mais) bis 6 % (Hirse). C_3-Pflanzen erreichen demgegenüber i. Allg. nur einen Nutzeffekt zwischen 1,5 bis 2 % (z. B. Bohnen) und 2 bis 4 % (z. B. Gräser, Getreide, Zuckerrüben).

Im Durchschnitt über die Vegetationsperiode und bezogen auf den gesamten Pflanzenbestand erreichen selbst die produktivsten Pflanzengesellschaften (z. B. Regenwälder) nur einen Nutzeffekt von 2 %. Die meisten Wälder und Grasgesellschaften liegen demgegenüber bei 1 % und darunter. In weiten Teilen Europas liegt der Nutzeffekt damit im Mittel bei 0,8 bis 1,2 % /Kaltschmitt, Hartmann und Hofbauer 2009/.

Abb. 9.1 zeigt exemplarisch den Netto-Biomassegewinn eines Ökosystems am Beispiel eines Hainbuchenwaldes. Durch Ausnutzung der eingestrahlten Sonnenenergie werden 24 t/a Biomasse (Trockenmasse) je Hektar gebildet. Die Hälfte dieser Biomasse geht durch Atmung der Pflanzen verloren. Ein Teil wird dem Boden als Spreu zugeführt und von Mikroorganismen zersetzt. Die Netto-Speicherung an Biomasse beträgt pro Hektar und Jahr ca. 5,7 t oberirdisch und 2,4 t u. a. in Form von Wurzeln unterirdisch.

Pflanzenaufbau. Pflanzen bestehen i. Allg. aus der Sprossachse, den Blättern und der Wurzel. Mit letzterer ist die Pflanze im Boden verankert und über sie werden Wasser und Nährstoffe aufgenommen. Die Sprossachse trägt die Blätter, versorgt sie von der Wurzel her mit Wasser und Mineralien und leitet in den Blättern gebildete organische Substanzen zur Wurzel. Die Blätter dienen der Absorption des für die Photosynthese notwendigen Sonnenlichts. Über sie findet der Gaswechsel von Kohlenstoffdioxid (CO_2), Sauerstoff (O_2) und Wasserdampf (H_2O) bei Photosynthese, Atmung und Transpiration statt.

Einflussgrößen auf die Pflanzenproduktion. Die Biomassebildung wird wesentlich durch standortabhängige Faktoren wie Solarstrahlung, Wasser, Temperatur, Boden, Nährstoffe sowie durch pflanzenbauliche Maßnahmen beeinflusst (nach /Kaltschmitt, Streicher und Wiese 2006/).

Strahlung. Die Netto-Photosynthese hängt von der Solarstrahlungsintensität ab. Wird die Strahlung sehr gering, übersteigt die durch Veratmung (Lichtatmung) freigesetzte Menge an Kohlenstoffdioxid (CO_2) dessen Assimilationsrate. Die CO_2-Assimilation verschiedener Pflanzen steigt dabei in Abhängigkeit von der Einstrahlung und vom Photosynthesetyp bis zu einem Sättigungspunkt; bei gleicher Einstrahlung ist die Assimilation von C_4-Pflanzen höher als die von C_3-Pflanzen.

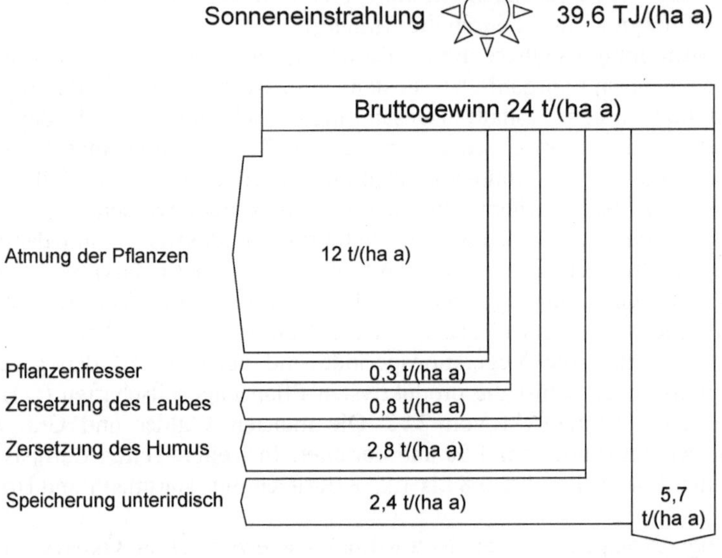

Abb. 9.1 Stoffbilanz einer Pflanzengesellschaft am Beispiel eines Hainbuchenwaldes (nach /Strasburger und Sitte 1983/)

Wasser. Grüne Pflanzen bestehen zu 80 bis 99 % aus Wasser, wobei der Wassergehalt sich i. Allg. mit Art und Alter des Pflanzenorgans ändert. Wasser nimmt sehr wichtige Funktionen in der Pflanze wahr; dazu zählen der Transport gelöster Stoffe und die Aufrechterhaltung des hydrostatischen Drucks, der das Gewebe straff hält. Wasser stellt auch bei allen Stoffwechselvorgängen wie z. B. der Photosynthese ein wichtiges Rohmaterial dar. Außerdem laufen fast alle bio-chemischen Reaktionen in wässriger Lösung ab. Damit hängt die Biomasseproduktion der Pflanzen direkt von ihrer Wasserversorgung ab.

Der Wasserhaushalt einer Pflanze wird bestimmt durch die Wasseraufnahme und die Wasserabgabe. Erstere erfolgt vorwiegend über die Wurzel und letztere findet hauptsächlich durch Transpiration über die Blätter statt. Ein Wasserdefizit entsteht, wenn die Wasserabgabe größer ist als die Wasseraufnahme. Dies kann bei starker Transpiration, geringer Wasserverfügbarkeit im Boden oder gehemmtem Stoffwechsel in der Wurzel der Fall sein.

Temperatur. Die Temperatur beeinflusst alle Lebensvorgänge; dies gilt insbesondere für die Photosynthese, die Atmung und die Transpiration. Die Pflanzen zeigen in ihrer Aktivität einen artspezifischen Optimumsbereich. C_4-Pflanzen zeichnen sich beispielsweise durch ein höheres Temperaturoptimum (über 30 °C) als C_3-Pflanzen (ca. 20 °C) aus.

Die untere Grenze für Photosyntheseaktivität (Temperaturminimum) liegt bei einheimischen Pflanzen bei wenigen Grad unter Null. Mit dem Anstieg der mittleren Temperatur (bis zu ca. 30 °C) steigt, bei ausreichender Wasserversorgung, auch das Biomasseertragspotenzial. Die Temperaturobergrenze liegt bei 38 bis 60 °C, da oberhalb dieser Temperatur lebende organische Materie zerstört wird.

Boden und Nährstoffe. Boden entsteht durch Verwitterung der Erdkruste unter Mitwirkung von Mikroorganismen (Biosphäre); er besteht aus Mineralien unterschiedlicher Art und Größe sowie aus dem aus organischen Stoffen gebildeten Humus. Weiterhin enthält er Wasser, Luft und verschiedene lebende Organismen. Den Pflanzen bietet der Boden Wurzelraum, Verankerung und Versorgung mit Wasser, Nährstoffen und Sauerstoff.

Wachstum und Entwicklung – und damit das Ertragspotenzial der Pflanzen – wird stark von den physikalischen, biologischen und chemischen Eigenschaften des Bodens beeinflusst. Hierzu zählen u. a. die Mächtigkeit des Bodens, die Durchwurzelbarkeit, das Vorkommen und die Aktivität von Bodenmikroorganismen sowie der Nährstoffgehalt und der pH-Wert.

Pflanzenbauliche Maßnahmen. Neben den durch den natürlichen Standort vorgegebenen Faktoren wie Temperatur oder Niederschlag ist auch eine anthropogene Beeinflussung des Pflanzenwachstums durch pflanzenbauliche Maßnahmen möglich. Darunter fallen die Wahl geeigneter Kulturpflanzen für die jeweiligen Standortgegebenheiten, die Bodenbearbeitung, das Aussaatverfahren, die Düngung, die Pflege und die Erntemaßnahmen.

9.1.2 Räumliche und zeitliche Angebotscharakteristik

Räumliche Angebotscharakteristik. Die räumliche Angebotscharakteristik wird durch die Kombination aus Bodengüte, Niederschlagshöhe und -verteilung sowie der Temperatur im Jahresverlauf bestimmt. Während die Niederschläge und Temperaturen in einem begrenzten geografischen Gebiet i. Allg. nur relativ wenig variieren, kann sich die Bodengüte in sehr kleinräumigen Dimensionen verändern. Gebiete hoher Biomasseproduktivität sind meist durch das Vorkommen von Böden mit hoher Güte bei ausreichenden Niederschlagsmengen gekennzeichnet. Dabei muss jedoch beachtet werden, dass verschiedene Kulturpflanzen sehr unterschiedliche Ansprüche an die Bodenverhältnisse sowie die Temperatur und die Niederschläge haben. Ein weiterer die räumliche Angebotscharakteristik beeinflussender Faktor stellt die Bodennutzung des Menschen dar. In Abb. 9.2 ist dazu die Fläche des Ertragswaldes, d. h. des wirtschaftlich genutzten Waldes, dargestellt.

Zeitliche Angebotscharakteristik. Biomasse ist gespeicherte Sonnenenergie (Kapitel 9.1.1). Dies unterscheidet sie grundsätzlich von anderen Optionen der direkten und indirekten Sonnenenergienutzung (z. B. solarthermische Wärmebereitstellung, Stromerzeugung aus Windkraft); diese Möglichkeiten sind meist direkt an die von der Sonne eingestrahlte Energie – mit den entsprechend großen Angebotsschwankungen innerhalb vergleichsweise kurzer Zeiträume – gekoppelt.

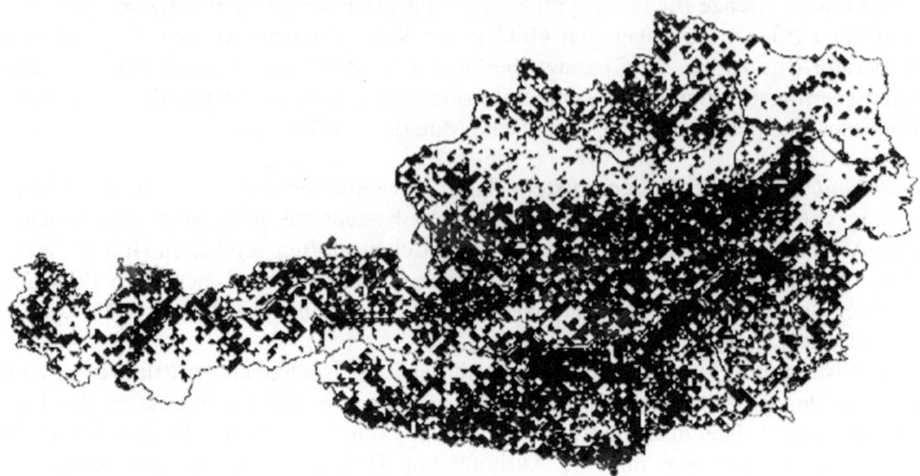

Abb. 9.2 Fläche des Ertragswaldes in Österreich /FBVA 1998/

Aber auch der Zuwachs an Biomasse und damit der Aufbau organischer Materie zeigt einen tages- und jahreszeitlichen Rhythmus. Der tageszeitliche Verlauf der Photosynthese wird, da der Prozess auf Sonnenenergie angewiesen ist, vom Verlauf der eingestrahlten Solarstrahlung gesteuert. Die photosynthetische Aktivität nimmt dabei mit zunehmender Einstrahlung zu, erreicht i. Allg. beim Höchststand der Sonne zur Mittagszeit ihren Höhepunkt und nimmt zum Abend hin wieder ab. Eine Reduzierung der Strahlung durch Bewölkung vermindert die photosynthetische Aktivität.

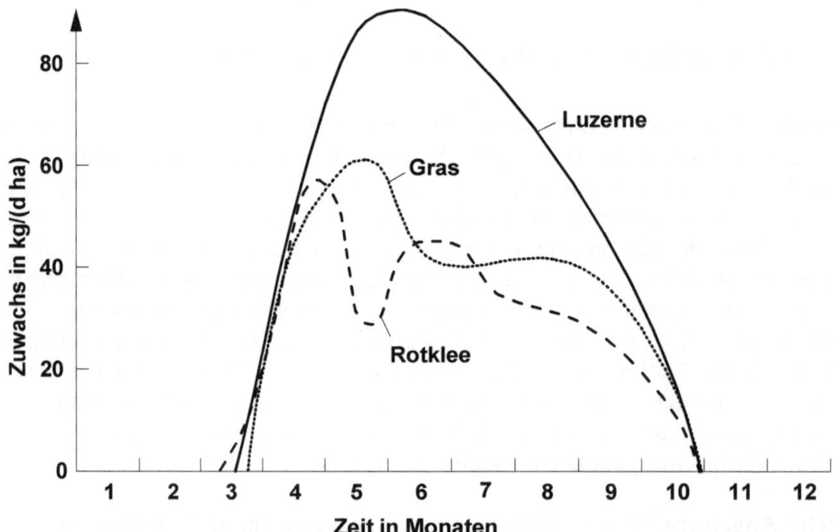

Abb. 9.3 Biomassezuwachs von Feldfutterpflanzen im Jahresverlauf (nach /Ludlow und Wilson 1971/)

Die Biomassebildung (Abb. 9.3) wird bestimmt durch Temperatur und Tageslänge. Die photosynthetische Aktivität und der Biomassezuwachs nehmen mit der Tageslänge und Temperatur zu und werden, je nach Pflanze, im April bis August maximal.

9.2 Systemtechnische Beschreibung

In Abhängigkeit von der eingesetzten Biomasse und der jeweils gewünschten End- bzw. Nutzenergie kann Energie aus Biomasse durch eine Vielzahl unterschiedlichster Verfahren bereitgestellt werden. Neben dem direkten Einsatz als Festbrennstoff zur Wärmeerzeugung kann es für verschiedene Anwendungen (z. B. Mobilität, Stromerzeugung) aus technischen, energetischen, ökonomischen und/oder ökologischen Gründen erforderlich sein, aus Bioenergieträgern feste, flüssige oder gasförmige Sekundärenergieträger herzustellen; außerdem ist für bestimmte Biomassen (z. B. Gülle) eine derartige Umwandlung die einzige Möglichkeit einer sinnvollen energetischen Nutzung. Dabei wird zwischen thermo-chemischen, physikalisch-chemischen und bio-chemischen Herstellungs- bzw. Veredelungsverfahren unterschieden (Abb. 9.4).

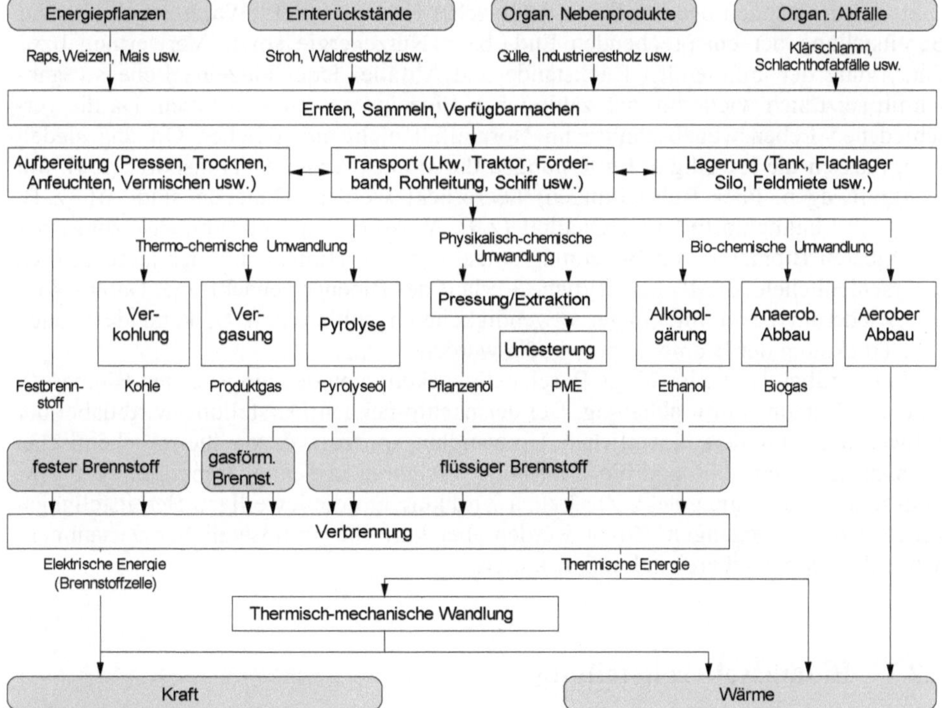

Abb. 9.4 Typische Bereitstellungsketten zur End- bzw. Nutzenergiebereitstellung aus Biomasse (grau unterlegte Kästen: Energieträger, nicht grau unterlegte Kästen: Umwandlungsprozesse; vereinfachte Darstellung ohne Licht als Nutzenergie; PME Pflanzenölmethylester; die in Brennstoffzellen ablaufenden Reaktionen werden als eine "kalte" Verbrennung angesehen) /Kaltschmitt, Hartmann und Hofbauer 2009/

- Bei den thermo-chemischen Verfahren erfolgt die Umwandlung der organischen Stoffe durch wärmeinduzierte chemische Prozesse. Je nach der jeweiligen Prozessführung und den entsprechenden Randbedingungen können feste, flüssige oder gasförmige Zwischen- und/oder Endprodukte gewonnen werden, die ggf. nach einer weitergehenden Veredelung zur Strom- und/oder Wärmeerzeugung bzw. als Kraftstoff genutzt werden können.
- Bei der physikalisch-chemischen Umwandlung werden Pflanzenöle aus ölhaltigen organischen Stoffen (z. B. Rapssaat) durch Pressung und/oder Extraktion des Öls gewonnen; ggf. ist eine anschließende Umesterung des Pflanzenöls notwendig, um es problemlos in vorhandenen Konversionsanlagen (z. B. Kfz-Motoren) einsetzen zu können.
- Bei den bio-chemischen Veredelungsverfahren erfolgt die Umwandlung von Biomasse in Sekundärenergieträger (z. B. Biogas, Ethanol) mithilfe von Mikroorganismen und damit durch biologisch induzierte chemische Prozesse.

Für den gesamten Prozess der Energiewandlung – von der primären Biomasse hin zur End- bzw. Nutzenergie – stellen diese Umwandlungsverfahren allerdings nur einen Teilschritt innerhalb der gesamten Bereitstellungsketten dar (Abb. 9.4). Derartige umfassende Bereitstellungs- oder Versorgungsketten beinhalten alle Prozesse beginnend mit der Produktion der Energiepflanzen bzw. der Verfügbarmachung von Nebenprodukten, Rückständen oder Abfällen organischer Herkunft (z. B. Waldrestholz) bis zur Bereitstellung der entsprechenden End- bzw. Nutzenergie sowie Verwertung bzw. Entsorgung der anfallenden Rückstände und Abfälle. Jeder einzelne Lebenswegabschnitt setzt sich wiederum aus zahlreichen Einzelprozessen zusammen. Da die verschiedenen Lebenswegabschnitte im Normalfall nicht am gleichen Ort angesiedelt sind, müssen die jeweiligen Entfernungen durch entsprechende Transporte (z. B. mit Lastkraftwagen, über Rohrleitungen) überbrückt werden. Daneben sind Art (z. B. holz- oder halmgutartig) und Qualität (z. B. Wassergehalt, Zusammensetzung) der verfügbaren Biomasse von Bedeutung sowie vor dem Hintergrund des jahreszeitlich unterschiedlichen Anfalls der zeitliche Verlauf der Bioenergienachfrage. Daraus können wiederum bestimmte Lagernotwendigkeiten resultieren; u. U. kann dazu auch eine Trocknung der Biomasse notwendig werden.

Letztendlich ist die jeweilige Bereitstellungskette von den eingesetzten Biomassen bzw. der Nutzungsform abhängig. Bei der nachfolgenden Darstellung wird dabei der Schwerpunkt auf den eigentlichen Umwandlungsprozess durch thermo-chemische, physikalisch-chemische und bio-chemische Verfahren in Sekundärenergieträger bzw. End- und Nutzenergie gelegt. Zusätzlich wird kurz auf die jeweiligen Bereitstellungsketten näher eingegangen. Zuvor werden aber kurz die grundsätzlichen Zusammenhänge der Biomassebereitstellung diskutiert.

9.2.1 Biomassebereitstellung

Die Bereitstellung von biogenen Festbrennstoffen umfasst alle Prozesse von der Verfügbarmachung und Aufbereitung der Rohstoffe bis hin zum Transport des Biobrennstoffs zur Konversionsanlage.

- Verfügbarmachung/Ernte. Die Verfügbarmachung bzw. Ernte und Aufbereitung der Biomasse aus dem stehenden Bestand kann durch mobile Techniken mit absätzigen Ernteverfahren (d. h. Ernte und Aufbereitung in getrennten Arbeitsschritten) oder mit Vollernteverfahren erfolgen. Letztere zeichnen sich meist durch eine höhere Automatisierung und i. Allg. geringere spezifische Kosten aus. Aus technischen oder anderen Gründen (z. B. Hangneigung im Bergland) sind diese in Österreich allerdings nicht immer einsetzbar, so dass nach wie vor oft absätzige Verfahren, die z. T. manuell bzw. halbmanuell betrieben werden, im Einsatz sind. Demgegenüber wird eine stationäre Aufbereitung vorwiegend dann realisiert, wenn große Biomassemengen (z. B. Sägewerk) an einem bestimmten Ort auf Dauer anfallen.

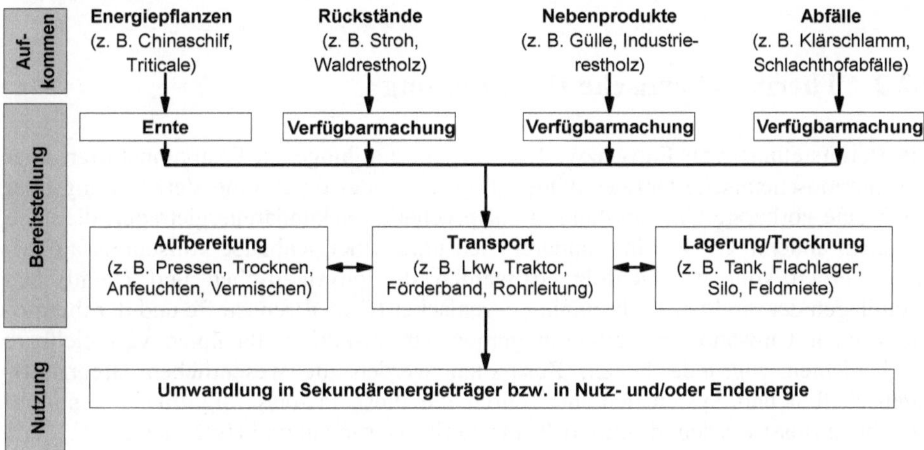

Abb. 9.5 Einbettung der Bereitstellung in die Biomasseversorgungsketten /Kaltschmitt, Hartmann und Hofbauer 2009/

- Lagerung. Zum Ausgleich saisonaler Schwankungen zwischen Brennstoffangebot und -nachfrage und damit zur Ermöglichung eines ganzjährigen Betriebs der Konversionsanlagen muss die verfügbar gemachte Biomasse oft zwischengelagert werden. Diese Lagerung kann darüber hinaus zur Reduzierung des Brennstoffwassergehalts führen. Aufgrund der häufig beschränkten Lagerkapazitäten am Standort der Konversionsanlage wird oft eine Zwischenlagerung auf der Anbaufläche bzw. beim Biomasseproduzenten realisiert. Prinzipiell kann die Lagerung dabei im Freien oder unter Dach erfolgen; bei letzterer Option können zusätzlich mögliche Materialverluste infolge von Wassereintrag vermieden werden. Auch sollten mögliche Verunreinigungen (z. B. durch Steine, Sand, Plastik, Papier) oder ein denkbarer Schädlingsbefall bei der Lagerung verhindert werden.
- Trocknung. Um eine ausreichende Lagerstabilität zu gewährleisten und die Qualitätsvorgaben der Konversionsanlagen zu erfüllen, kann es u. U. notwendig sein, dass die Biomassen getrocknet werden müssen. Diese Trocknung kann in Abhängigkeit des erforderlichen Wasserentzugs und des Verderbrisikos mit natürlichen oder technischen Verfahren erfolgen, wobei aufgrund ökonomischer und ökologischer Erwägungen primär natürliche Trocknungsverfahren zum Einsatz kommen.

- Transport und Umschlag. Entsprechend der Stückigkeit der festen Bioenergieträger sowie den lokalen Rahmenbedingungen (u. a. Entfernung zum Verbraucher) kann der Transport mit landwirtschaftlichen Geräten oder mit Lastkraftwagen sowie mit der Bahn und mit Binnenschiffen erfolgen; die letzten beiden Optionen haben aber in Österreich praktisch keine Bedeutung. Der Materialumschlag erfolgt bei Stückgütern (z. B. Strohballen) meist mit Kränen oder Frontladern. Bei Schüttgütern (z. B. Hackgut, Pellets) wird dies beispielsweise über Schubböden oder z. B. durch eine Kippvorrichtung des Lastkraftwagens realisiert. Alternativ davon ist – je nach den Eigenschaften der umzuschlagenden Schüttgüter – auch der Einsatz von Radladern, Förderbändern oder pneumatischen Fördereinrichtungen möglich.

9.2.2 Thermo-chemische Umwandlung

Die Bereitstellung von End- bzw. Nutzenergie aus biogenen Festbrennstoffen über eine thermo-chemische Umwandlung erfolgt entweder durch eine Verbrennung oder durch eine vorherige Umwandlung in entsprechende Sekundärenergieträger, die dann an einem anderen Ort zu einer anderen Zeit unter Energieabgabe vollständig aufoxidiert werden können. Nachfolgend werden die physikalischen und chemischen Grundlagen der direkten Verbrennung organischer (Fest-)Brennstoffe und der thermochemischen Umwandlungsverfahren gemeinsam diskutiert, da ihnen vergleichbare Mechanismen zugrunde liegen. Zusätzlich werden die wesentlichen Brennstoffeigenschaften und Systemelemente, durch die diese Prozesse signifikant bestimmt bzw. beeinflusst werden, diskutiert /Kaltschmitt, Hartmann und Hofbauer 2009/.

9.2.2.1 Grundlagen der Energiewandlung

Zur thermo-chemischen Umwandlung eignen sich vor allem Holz und feste halmgutartige Biomassen in unterschiedlichen Aufbereitungsformen. Tabelle 9.1 zeigt deshalb wichtige Eigenschaften fester Bioenergieträger im Vergleich zu denen fossiler Brennstoffe.

Für verschiedene Holz- und Halmgutsorten variiert demnach der Heizwert bei gleichem Wassergehalt nur wenig. Dabei ist aber der Wassergehalt die wesentliche Einflussgröße auf den Heizwert biogener Festbrennstoffe. Gleichung (9-2) beschreibt deshalb den Einfluss des Wassergehalts w im Biobrennstoff auf den Heizwert bei einem bestimmten Wassergehalt ($H_{u(w)}$) bezogen auf den Heizwert der Trockenmasse ($H_{u(wf)}$).

$$H_{u(w)} = H_{u(wf)}\,(1 - w) - 2{,}44\,w \qquad (9\text{-}2)$$

Der Heizwert (H_u; früher auch als "unterer" Heizwert bezeichnet) beschreibt die Wärmemenge, die bei der vollständigen Oxidation eines Brennstoffs ohne Berücksichtigung der Kondensationswärme (Verdampfungswärme) des im Abgas befindlichen Wasserdampfes freigesetzt wird. Beim Heizwert wird somit unterstellt, dass der bei der Verbrennung entstehende Wasserdampf dampfförmig bleibt und die Wärmemenge, die bei einer eventuellen Abgaskondensation frei werden könnte (sogenannte "latente Wärme" 2,441 kJ/g Wasser) nicht nutzbringend verwendet wird. Dies unterscheidet den Heizwert vom Brennwert, bei dem dies berücksichtigt wird. Deshalb ist der Brennwert bei allen Brennstoffen, die Wasserstoff beinhalten, immer größer als der Heizwert.

Tabelle 9.1 Eigenschaften fester Bioenergieträger /Stockinger und Obernberger 1998/, /FNR 2000/

	Typ. Wassergehalt	Heizwert[a]		Energiedichte	
	in %	in MJ/kg	in kWh/kg	in MJ/Sm	in kWh/Sm
Waldhackgut (Weichholz[b])	30	12,4	3,43	3 100	860
Waldhackgut (Hartholz[c])	30	12,4	3,43	3 960	1 100
Hackgut (Kurzumtriebsplantage[d])	50	7,1	1,96	2 520	700
Rinde	50	8,1	2,25	2 590	720
Holzpellets	10	16,6	4,60	9 110	2 530
Stroh (Quaderballen)	15	14,4	4,00	2 160	600
Stroh (Häckselgut)	15	14,4	4,00	940	260
Getreideganzpflanze (Quaderballen)	15	14,4	4,00	2 950	820
Wiesenheu (Quaderballen)	15	14,1	4,92	2 720	760
Wiesenheu (Rundballen)	15	14,1	4,92	1 700	470
Heizöl extra leicht	0	42,7	11,86	36 000	10 000
Steinkohle	6	29,7	8,25	25 640	7 120

[a] bezogen auf wasserhaltige Biomasse; [b] u. a. Fichte, Tanne; [c] u. a. Buche, Eiche; [d] Pappel, Weide

Bei der thermo-chemischen Umwandlung biogener Brennstoffe wird die in der festen Biomasse gespeicherte chemische Energie entweder – bei vollständiger Oxidation in einem Schritt – als Wärme freigesetzt oder – bei absichtlicher unvollständiger Oxidation – in Sekundärenergieträger umgewandelt (z. B. Brenngas, Pyrolyseöl), die in einem zweiten räumlich und zeitlich entkoppelbaren Umwandlungsschritt – unter Energieabgabe – weiter aufoxidiert werden können. Eine derartige "stufenweise" Umwandlung wird bei der Vergasung, der Verflüssigung und der Verkohlung realisiert.

Während bei der vollständigen Oxidation (d. h. der Verbrennung) der mit der Verbrennungsluft zugeführte Sauerstoff ausreicht, um das gesamte oxidierbare organische Material vollständig aufzuoxidieren (d. h. die Luftüberschusszahl ist größer oder gleich eins), wird der Brennstoff bei der Vergasung (d. h. Luftüberschusszahl kleiner als eins und größer als null) unter Sauerstoffmangel in ein Gas überführt. Dazu wird beispielsweise der in der Biomasse enthaltene Kohlenstoff nicht – wie bei der Verbrennung – direkt zu Kohlenstoffdioxid (CO_2) umgesetzt, sondern ein Rohgas erzeugt, welches u. a. aus brennbaren Gasen (z. B. Kohlenstoffmonoxid (CO), Wasserstoff (H_2), Methan (CH_4), langkettige Kohlenwasserstoffverbindungen) besteht. Dieses kann anschließend räumlich und ggf. auch zeitlich getrennt z. B. in einem Gasmotor oder in einer Gasturbine weiter zu Kohlenstoffdioxid und anderen Oxidationsprodukten aufoxidiert werden.

Bei der Pyrolyse fester Biomasse werden demgegenüber die organischen Stoffe im Unterschied zur Verbrennung und Vergasung ausschließlich unter der Einwirkung von thermischer Energie (d. h. Wärme) und ohne Zufuhr von Sauerstoff umgesetzt (d. h. Luftüberschusszahl ist null). Dabei kommt es bei entsprechenden Temperaturen und unter bestimmten Reaktionsbedingungen zu einer Aufspaltung der langkettigen organischen Verbindungen der Biobrennstoffe (u. a. Cellulose) in – bei zusätzlicher Bildung eines koksartigen festen Rückstandes – kürzerkettige organische Stoffe, die unter Normalbedingungen flüssig (d. h. Pyrolyseöl) und gasförmig (d. h. Pyrolysegase) sind.

Werden die verfahrenstechnischen Parameter anders gesetzt, kann – auf der Basis der letztlich gleichen thermo-chemischen Umwandlungsprozesse – auch die Ausbeute an Feststoffen (z. B. Holzkohle) maximiert werden; dann spricht man von Verkohlung.

Die Herstellung von gasförmigen, flüssigen oder festen Sekundärenergieträgern aus Biomasse wie auch die Verbrennung biogener Festbrennstoffe basiert dabei auf vergleichbaren Umwandlungsprozessen bzw. -phasen; hierbei kann zwischen der Phase der "Aufheizung und Trocknung", der "pyrolytischen Zersetzung", der "Vergasung" sowie der "Oxidation" unterschieden werden. Diese verschiedenen Phasen können dabei gleichzeitig (wie bei der Verbrennung) oder räumlich und zeitlich getrennt (wie z. B. bei der Pyrolyse oder der Vergasung) ablaufen.

- Aufheizung und Trocknung. Bei Temperaturen von bis zu etwa 200 °C verdampft das in der porösen Biomassestruktur vorhandene freie und in der organischen Masse gebundene Wasser; die organische Masse selbst wird bei diesen Temperaturen kaum zersetzt.
- Pyrolytische Zersetzung. Ab Temperaturen von etwa 200 °C werden die Makromoleküle der Biomasse durch Wärmeeinwirkung aufgebrochen und irreversibel zerstört. Es entstehen flüchtige Gase (z. B. Wasserdampf (H_2O), Kohlenstoffdioxid (CO_2), Wasserstoff (H_2), Methan (CH_4)) und dampfförmige Kohlenwasserstoffverbindungen (z. B. Teere), die bei Raumtemperatur und Umgebungsdruck auskondensieren. Ab etwa 500 bis 600 °C sind die organischen Makromoleküle, aus denen die feste Biomasse aufgebaut ist, soweit aufgespalten, dass auch bei einer weiteren Erwärmung keine flüssigen und/oder gasförmigen Komponenten mehr entstehen. Es kann jedoch – infolge des Sauerstoffgehalts in der Biomasse – zu Sekundärreaktionen der freigesetzten Komponenten untereinander und mit dem verbleibenden Kohlenstoff kommen; dadurch kann ggf. weiteres Gas gebildet werden.
- Vergasung. Bei der Vergasung werden die bei der pyrolytischen Zersetzung entstehenden gasförmigen, flüssigen und festen Produkte durch eine weitere Erhöhung der Temperatur (über 500 °C) unter Zuführung von wenig Sauerstoff – und damit unter unterstöchiometrischen Bedingungen – zur Reaktion gebracht. Diese Phase liefert u. a. Kohlenstoffmonoxid (CO), Kohlenstoffdioxid (CO_2), Wasserstoff (H_2), Methan (CH_4) sowie bei der Vergasung mit Luft auch Stickstoff (N_2).
- Oxidation. Bei der Oxidation werden die Produkte der pyrolytischen Zersetzung und der Vergasung mit Sauerstoff u. a. zu CO_2 und H_2O vollständig aufoxidiert.

Von allen thermo-chemischen Verfahren hat derzeit die Verbrennung die größte technische Bedeutung. Die Vergasung sowie die Verkohlung und die Pyrolyse fester Bioenergieträger sind im Vergleich dazu bisher als eigenständige Verfahren in Europa weniger bedeutend.

9.2.2.2 Biogene Festbrennstoffe

Für die technische Umsetzung einer Bereitstellungskette sind neben der Qualität der anfallenden Biomasse sowie den Brennstoffanforderungen der Feuerungsanlagentechnik auch die lokalen Gegebenheiten (z. B. Maschinenpark, Lagerkapazitäten, Transportentfernungen) bestimmend. Unabhängig davon soll durch eine solche Kette ein möglichst homogener und leicht handhabbarer Brennstoff mit möglichst definierter Qualität (in Bezug u. a. auf Wassergehalt, Stückigkeit) in ausreichender – an die zeitlich schwankende Energienachfrage angepasster – Menge bereitgestellt werden. Für die praktische energetische Nutzung haben sich dabei als geeignete Aufbereitungsformen im Wesentlichen Scheitholz, Holzhackgut (oder Holzhackschnitzel), Holzpellets und -briketts sowie – in einem sehr geringen Ausmaß – Halmgutballen erwiesen.

Für die Bereitstellung biogener Festbrennstoffe kommen die folgenden Biomassefraktionen in Frage.

- Waldrestholz. Das Hauptziel der Waldbewirtschaftung ist die Produktion von möglichst hochwertigem Stammholz für die stoffliche Nutzung (z. B. Möbelindustrie) und zusätzlich von ausreichenden Mengen an Industrieholz für zahlreiche anderweitige stoffliche Anwendungen (z. B. Papier- und Bauindustrie). Dabei fallen eine Vielzahl von minderwertigen Sortimenten und Rückständen, das sogenannte Waldrestholz, an (u. a. Schwachholz, Schlagabraum, Holzstümpfe), die energetisch nutzbar sind.
- Landschaftspflegeholz. Unter dem Begriff Landschaftspflegeholz wird Holz verstanden, welches bei Pflegearbeiten, Baumschnittaktivitäten in der Land- und Gartenbauwirtschaft (z. B. Obstplantagen, Weinberge) und/oder sonstigen landschaftspflegerischen oder gärtnerischen Maßnahmen (z. B. in Parks, auf Friedhöfen, an Straßen- und Feldrändern, an Schienen- und Wasserstraßen, unter Trassen von Leitungsverbindungen zum Energie- und Informationstransport sowie in Privatgärten) anfällt /Kaltschmitt, Hartmann und Hofbauer 2009/; es ist i. Allg. als Energieträger gut geeignet, sofern Fremd- und Störstoffe wie Blattwerk, Sand und Steine ausreichend ausgesiebt bzw. abgetrennt werden.
- Holz aus Kurzumtriebsplantagen. Neben Hölzern aus der Forstwirtschaft sowie aus der Landschaftspflege und aus Rückständen der Holzbearbeitung können auch eigens angebaute Energiehölzer energetisch genutzt werden. Unter den in Österreich vorherrschenden klimatischen Gegebenheiten eignen sich dafür vor allem schnellwachsende Baumarten wie die Pappel und die Weide. Ein Anbau solcher Baumarten ist allerdings nicht auf jedem Boden möglich. Voraussetzung für hohe Biomasseerträge ist eine tiefgründige Durchwurzelbarkeit des Bodens (mindestens 60 cm) sowie eine ausreichende Wasserversorgung; trockene und leichte Böden sind damit i. Allg. weniger geeignet.
- Industrierestholz. Bei der Be- und Verarbeitung von Hölzern in z. B. Sägewerken oder Tischlereien fallen eine Reihe von energetisch verwertbaren Rückständen an. Abb. 9.6 zeigt exemplarisch die beim Holzzuschnitt in Sägewerken anfallenden Resthölzer (z. B. Schwarten, Spreißeln, Kappholz). Zusätzlich fallen bei der Be- und Verarbeitung von Hölzern noch u. a. Säge- und Hobelspäne, Schleifstäube und Rinde sowie alternativ Holzhackgut bei Profilzerspanern an.
- Stroh. Stroh fällt bei der landwirtschaftlichen Produktion von z. B. Getreide, Ölsaaten und Mais an. Grundsätzlich ist das gesamte anfallende Stroh als Energieträger einsetzbar. Allerdings wird – bis auf bestimmte Anteile des Getreidestrohs – zur Schließung der Nährstoffkreisläufe in der Landwirtschaft und aufgrund der ungünstigen Brennstoffeigenschaften (z. B. hoher Chlorgehalt) das anfallende

Stroh meist in die Ackerkrume eingearbeitet; dieses Biomasseaufkommen ist in diesem Fall als Energieträger dann nicht verfügbar.

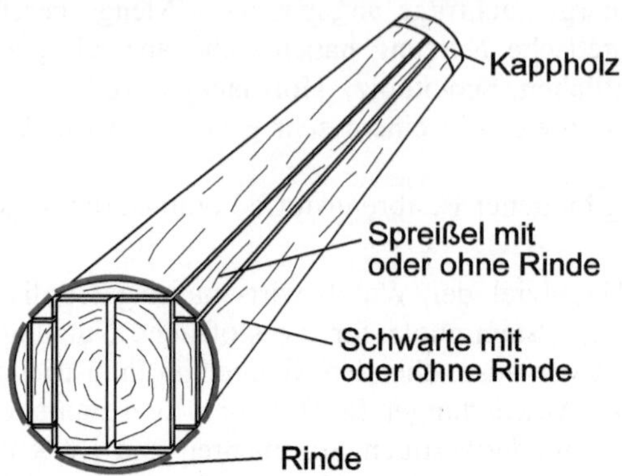

Abb. 9.6 Sägerestholzanfall bei der Rohholzbearbeitung

- Sonstige Halmgüter. Neben Stroh lassen sich auch Gräser von Grünlandflächen sowie aus der Landschaftspflege (z. B. Straßenböschungen, Parks), Getreidepflanzen sowie speziell angebaute Energiegräser energetisch nutzen. Bei der Getreideganzpflanzennutzung wird dabei – im Gegensatz zur Nutzung von Stroh – der gesamte Aufwuchs der Getreidepflanze (d. h. Korn und Stroh) als Energieträger eingesetzt. Von den zur Verfügung stehenden Wintergetreidearten eignen sich dafür aufgrund ihres hohen Gesamtpflanzenertrages insbesondere Weizen, Roggen und Triticale. Daneben können auch mehrjährige, massenwüchsige Gräser wie Weidelgras, Knaulgras oder Glatthafer als Halmgutbrennstoff eingesetzt werden. Interessant erscheint auch Chinaschilf (*Miscanthus x giganteus*). Im Gegensatz zu den einheimischen Gräsern besitzt Chinaschilf einen C_4-Photosynthesemechanismus (Kapitel 9.1.1) und ist daher im Vergleich zu C_3-Pflanzen durch ein höheres Ertragspotenzial gekennzeichnet. Probleme können sich beim Anbau allerdings u. a. durch die eingeschränkte Winterfestigkeit ergeben.
- Sonstige feste organische Rückstände. Darunter wird hier Ab- oder Schwarzlauge (engl. black liquor) aus der Papier- und Zellstoffindustrie verstanden. Ablauge entsteht während des Holzaufschlusses bei der Gewinnung von Zellstoff, da Lignin hierfür nicht nutzbar ist. Dieser Stoff wird daher durch chemische Aufschlussverfahren abgetrennt und nach einer Eindickung meist verbrannt.

Biogene Festbrennstoffe liegen damit unmittelbar vor ihrer energetischen Nutzung in fester Form vor. Entsprechend der Herkunft wird zwischen holzartigen (z. B. Waldrestholz) und halmgutartigen Brennstoffen (z. B. Stroh) unterschieden. Hinzu kommt noch Biomasse aus Früchten sowie definierte und undefinierte Mischungen (Abb. 9.7). Sie fallen entweder als Rückstände bzw. Nebenprodukte bei der Primärproduktion bzw. bei industriellen Weiterverarbeitungsschritten an oder werden speziell als Energiepflanzen angebaut.

Die Möglichkeiten einer Bereitstellung derartiger fester Bioenergieträger aus den genannten Holz- und Halmgutrohstoffen werden im Folgenden näher dargestellt.

Hackgut. Als Hackgut (oder Hackschnitzel) bezeichnet man maschinell zerkleinertes Holz – mit und ohne Rinde – einer definierten Stücklänge. Diese Stücklänge wird nach /ÖNorm M 7133 1998/ in die Kategorien Fein-, Mittel- und Grobhackgut unterteilt und weist eine Nennlänge von 30, 50 oder 100 mm auf. Zusätzlich wird derzeit die europäische Vornorm CEN/TS 14 961 zur Brennstoffklassifikation und -spezifikation erarbeitet, welche die entsprechende ÖNorm ablösen wird. Darin wird die Stücklänge von Hackgut in vier Größen unterteilt /CEN/TS 14 961 2005/. Weitere Anforderungen an das Hackgut – hinsichtlich physikalischer und chemischer Eigenschaften (u. a. Wassergehalt, Schüttdichte, Größenverteilung, Aschegehalt) – sind in /ÖNorm M 7133 1998/ bzw. in der europäischen Vornorm CEN/TS 14 961 festgelegt.

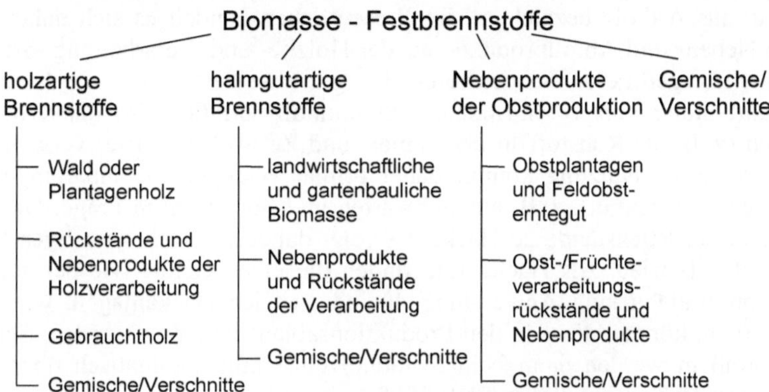

Abb. 9.7 Klassifikation biogener Festbrennstoffe gemäß CEN/TS 14 961

Hackgut kann aus Durchforstungs-, Waldrest- oder Landschaftspflegeholz, Industrierestholz, Altholz oder Hölzern aus Kurzumtriebsplantagen erzeugt werden.

– Waldhackgut

Als Waldhackgut wird das direkt aus dem Wald stammende, zur energetischen Nutzung bestimmte Holz in gehackter (zerkleinerter) Form bezeichnet /Stockinger und Obernberger 1998/.

Unabhängig davon, ob eine Brennstoffproduktion oder eine Nutzholzaufarbeitung stattfindet, kann der Ernteprozess von Waldholz in die Produktionsabschnitte Fällen, Aufarbeiten (u. a. Entasten) sowie Rücken (d. h. Transport vom Ort der Fällung zum Holzlagerplatz) untergliedert werden. Für eine spätere energetische Nutzung kann das Holz anschließend entweder direkt im Wald, in einem Zwischenlager oder beim Verbraucher gelagert bzw. zu Hackgut aufgearbeitet werden. Als Hackgeräte finden dabei vor allem Scheiben- und Trommelhacker Anwendung, die als Anbau- und Anhängerhacker sowie selbstfahrende Aufbauhacker zum Einsatz kommen. In der Zwischenzeit werden auch Harvester angeboten, die sowohl die Funktionen eines Vollernters als auch die Produktion von Hackgut übernehmen können.

I. Allg. erhöhen Nadeln und Blätter den Wassergehalt im Hackgut und fördern die Pilzsporenbildung während der Lagerung. Außerdem enthalten sie relativ große Nährstoffanteile, die im Sinne einer Schließung der Nährstoffkreisläufe nach Möglichkeit nicht dem Wald entzogen werden sollten. Daher sollten die gefällten Vollbäume bzw. der Schlagabraum über einige Monate im Bestand oder in der Rückegasse lagern, bis die Nadeln und Blätter abgefallen sind. Eine derartige Zwischenlagerung im Wald hat außerdem den Vorteil, dass das Holz im belaubten Zustand schneller austrocknet als nach dem Blattabwurf, da ein großer Teil des

Wassers über die Blatt- und Nadelmasse abgegeben wird. Bei Nadelholz kann diese Vorgehensweise in den Sommermonaten jedoch zu Forstschutzproblemen führen (d. h. Borkenkäferbefall). Sollen größere Waldholzmengen im Wald zwischengelagert werden, muss das Fällen daher im Herbst stattfinden; das Holz ist i. Allg. dann bis zum Frühjahr so weit abgetrocknet, dass ein Käferbefall nicht mehr möglich ist /FNR 2005a/.

- Industriehackgut
Als Industriehackgut wird Holzhackgut mit Ausnahme von Waldhackgut und Hackgut aus Altholz bezeichnet. Im Wesentlichen handelt es sich dabei um gehackte Neben- und Abfallprodukte aus der Holzbe- und -verarbeitung /Stockinger und Obernberger 1998/. Rindenfreies Hackgut ("weißes" Hackgut), das z. B. bei der Bearbeitung von vorentrindetem Stammholz anfällt, wird dabei bevorzugt stofflich (z. B. als Rohstoff in der Papier- und Zellstoffindustrie) verwendet. Für die energetische Nutzung kommt daher primär Hackgut mit anhaftender Rinde ("schwarzes" Hackgut), z. B. aus Schwarten und Spreißeln, in Frage. Die Aufbereitung dieser Rückstände zu Hackgut erfolgt dabei meist im jeweiligen holzverarbeitenden Betrieb. Als Hackgeräte finden dieselben Geräte wie bei der Erzeugung von Waldhackgut Anwendung. In industriellen Hackanlagen, wie z. B. in Sägewerken, können diese in den Produktionsablauf integriert werden; Schwarten und Spreißeln werden dann beim Rundholzeinschnitt automatisch über Förderbänder dem Hacker zugeführt /FNR 2000/.
- Rindenhackgut
Rinde, das ist die holzartige Ummantelung des Baumstamms, fällt bei der Entrindung an /ÖNorm M 7133 1998/, die heute fast ausschließlich maschinell in Sägewerken durchgeführt wird. Aufgrund der prozessbedingt sehr inhomogenen Partikelgröße (von wenigen Zentimetern bis über einen halben Meter) ist vor einer energetischen Nutzung ggf. eine Nachzerkleinerung mittels stationärer Hacker erforderlich. I. Allg. kann pro 5 Festmetern Holz, die verarbeitet werden, von einem Rindenanfall von ca. einem Schüttraummeter ausgegangen werden.
- Hackgut aus Kurzumtriebsplantagen und Landschaftspflegeholz
Bei Kurzumtriebsplantagen erfolgt der Schnitt und damit die Ernte der gewachsenen Biomasse meist im vierten Jahr während der Wintermonate, wenn der Boden gefroren ist. Im Folgejahr treiben die Stöcke erneut aus und der Bestand kann nach drei bis vier Jahren wiederum geerntet werden. Erste Erfahrungen über die maximale Nutzungsdauer derartiger Baumbestände lassen den Schluss zu, dass näherungsweise eine 25- bis 30-jährige Nutzungsdauer zu erwarten ist. Je nach den Bodeneigenschaften sowie der Wasser- und Nährstoffversorgung des Standortes können die Erträge sehr unterschiedlich ausfallen. Eine ausreichende Wasserversorgung ist aber besonders wichtig; sandige, leichte Böden sind daher weniger geeignet. Der Trockenmassezuwachs kann bei Weiden zwischen 4 und 18 t/(ha a) und bei Pappeln zwischen 6 und 18 t/(ha a) schwanken; durchschnittlich liegen diese bei Weiden zwischen 6 und 9 bzw. bei Pappeln zwischen 7 und 9 t/(ha a).

Für die Ernte von Kurzumtriebsplantagen sind die aus der konventionellen Forstwirtschaft bekannten Technologien nur bedingt nutzbar. Auf Grund der verfahrenstechnischen Nähe zu landwirtschaftlichen Produktionsverfahren (z. B. Silomais- oder Zuckerrohrernte) basieren deshalb die heute verfügbaren Technologien häufig auf modifizierten landwirtschaftlichen Maschinen. Zum Einsatz kommen meist vollmechanisierte Verfahren, mit denen Hackgut mit einer Maschine aus dem stehenden Bestand in einem Arbeitsgang produziert werden kann. Das Erntegut hat dann – je nach Zeitpunkt und Witterung – einen Wassergehalt von 48 (Weiden) bis 60 % (Pappeln) und ist damit nur beschränkt lagerfähig. Kommt demgegenüber ein sogenannter Stamm-Ernter/Bündler zum Einsatz, mit dem die Stämme geerntet und gebündelt werden, können diese bis zu ihrer Zerkleinerung gelagert – und dabei auch getrocknet – werden. Fällung und Hacken des Materials erfolgen hier also zeitlich entkoppelt (nach /Stockinger und Obernberger 1998/, /FNR 2005a/).

- Altholzhackgut
  Zur Zerkleinerung von Althölzern werden neben Hackern vor allem Schredder und Zerspaner eingesetzt. Im Gegensatz zu Hackern erfolgt die Zerkleinerung bei Schreddern nicht durch scharfe, sondern durch stumpfe Werkzeuge. Zerspaner sind langsamlaufende Zerkleinerer; sie werden u. a. zum Brechen sperriger Abfallhölzer wie Palettenholz, Fensterrahmen und Altmöbel verwendet. Da sowohl Schredder als auch Zerspaner keine schnelllaufenden Messerklingen für die Zerkleinerung benutzen, tolerieren diese einen hohen Anteil an Störstoffen im Rohmaterial /FNR 2000/. Trotzdem ist bei der Verarbeitung von Altholz zu Hackgut darauf zu achten, dass derartige Störstoffe (z. B. Eisenteile) aussortiert und mit Schadstoffen belastete Fraktionen möglichst getrennt von unbelasteten Fraktionen verarbeitet werden.

Die Lagerung von Holzhackgut ist bis zu einem Wassergehalt von etwa 30 Gew.-% unproblematisch. Bei höheren Wassergehalten kann es dann zu einer verstärkten Bildung von Mikroorganismen und damit – wie bei jeder Lagerung organischer Stoffe – zu einer Intensivierung biologischer Abbauprozesse im Hackgut kommen; dies ist mit einer vermehrten Bildung z. B. von Pilzsporen verbunden. Speziell beim Umschlag kann dies zu einer Gesundheitsgefährdung des damit betrauten Personals führen. Infolge dieser Abbauprozesse kommt es auch zur Selbsterwärmung des Materials, die unter ungünstigen Bedingungen zu einer Selbstentzündung führen kann /Stockinger und Obernberger 1998/; die Lagerung sollte daher so erfolgen, dass das Schüttgut möglichst frei durchströmt werden kann.

Durch solche biologischen Abbauprozesse kommt es auch zu einem Masseverlust an Biomasse. In Abhängigkeit u. a. von der Holzart, dem Wassergehalt und der Korngröße liegt der durchschnittliche monatliche Substanzabbau bei erntefrischem Hackgut bei rund 1 bis 5 % der Trockenmasse. Der Verlust sinkt mit dem Alter des Materials bzw. steigt mit zunehmendem Wassergehalt, abnehmender Korngröße sowie mit dem Anteil z. B. an Nadeln und Rinde. Bei längeren Lagerzeiten kann es daher sinnvoll sein, das Material erst später zu hacken bzw. entsprechend zu trocknen. So kann z. B. bei einer entsprechenden Lagerung von unzerkleinertem Waldholz während der Sommermonate eine Abtrocknung des Materials von 50 auf 30 Gew.-% Wassergehalt erreicht werden.

Ist der Wassergehalt für eine längere Lagerung zu hoch, muss das Material getrocknet werden. Eine relativ problemlose natürliche Nachtrocknung ist allerdings nur bei Grobschnitzeln (6 bis 10 cm Kantenlänge) mit einem Wassergehalt von unter ca. 50 % gegeben. Bei Mittel- und Feinhackgut muss der Wassergehalt bereits unter ca. 30 % liegen, da die natürliche Nachtrocknung von feucht eingelagertem Material sonst nicht ausreicht und es damit zu den beschriebenen Umsetzungsprozessen und zu

Schimmelbildung kommen kann /Wörgetter 1995/. In diesem Fall kann die Hackguttrocknung durch eine Zwangsbelüftung mit ggf. vorgewärmter Luft (z. B. über Solarkollektoren) oder durch Nutzung der Abwärme aus z. B. Biogasanlagen erfolgen.

Pellets. Holzpellets sind genormte zylindrische Presslinge aus trockenem, naturbelassenem Holz (z. B. Sägespäne, Hobelspäne) mit einem Durchmesser von meist 6 mm und einer Länge von oft 20 bis 30 mm. Sie werden meist ohne Zugabe von Bindemitteln unter hohem Druck hergestellt und haben einen Heizwert von ca. 5 kWh/kg bzw. etwa 18 MJ/kg (d. h. der Energiegehalt von einem Kilogramm Pellets entspricht ungefähr dem von einem halben Liter Heizöl). Die Qualitätsanforderungen (u. a. Größe, Wasser, Aschegehalt) für den genormten Brennstoff Holzpellets sind in Österreich in der /ÖNorm M 7135 1998/ bzw. in der europäischen Vornorm CEN/TS 14 961 festgelegt /FNR 2006a/.

Als Rohstoff für Holzpellets eigenen sich insbesondere die bei der Be- und Verarbeitung von Hölzern anfallenden Säge- und Hobelspäne sowie Schleifstäube. Daneben können nach einer entsprechenden Zerkleinerung auch andere Holzchargen zu Pellets verarbeitet werden. Obwohl bisher die Pelletierung von Holz im Energiesektor dominiert, könnte zukünftig auch die Pelletierung weiterer biogener Rückstände und Nebenprodukte (z. B. Stroh, Raps- oder Olivenpresskuchen) und von Energiepflanzen (z. B. Miscanthus, Getreideganzpflanzen, Kurzumtriebshölzer) zunehmend an Bedeutung gewinnen.

Für die Produktion von Biomassepellets sind die nachfolgend aufgeführten Produktionsschritte von wesentlicher Bedeutung.

- Auswahl und Analyse des Rohmaterials zur Abstimmung auf die geforderte Brennstoffqualität.
- Trocknung des feuchten Rohmaterials auf einen Wassergehalt zwischen 10 und 14 % für die eigentliche Pelletierung.
- Zerkleinerung des Rohmaterials mit dem Zweck gleichmäßiger Korngrößenverteilung.
- Konditionierung durch Dampfzugabe und ggf. Zugabe von Presshilfsmitteln zur Aktivierung der Bindungseigenschaften im biogenen Material und zur Verbesserung der Festigkeit der Pellets.
- Pelletierung des Rohmaterials durch Pressung des Materials durch sogenannte Lochmatrizen (dadurch erhält das Material seine typische Form) auf einen Durchmesser von beispielsweise 6 mm.
- Kühlung der erzeugten Pellets zur Gewährleistung von Formstabilität und Lagerbeständigkeit sowie Abtrennung locker anhaftender Partikel durch Siebung.
- Abfüllung, Lagerung und Transport der Pellets in Sackware (zu je 15 oder 25 kg), BigBags (ca. 500, 750 oder 1 000 kg) oder ein Silofahrzeug zur direkten Auslieferung an den Kunden.

Der spezifische Energieaufwand für die Pelletierung variiert je nach Vorbehandlung (z. B. Zerkleinerung, Trocknung, Vorwärmung). Ohne die Energieaufwendungen für das Zerkleinern, Fördern, Konditionieren, Beschicken und Kühlen – die in der Summe meist höher liegen als die des eigentlichen Pelletiervorgangs – beträgt er ca. 40 kWh/t; das entspricht etwa 1 % der im Brennstoff enthaltenen Energie. Der Energieaufwand für den gesamten Pelletierprozess kann insgesamt bei maximal 4 bis 6 % der Brennstoffenergie liegen /FNR 2005a/.

Aufgrund des geringen Wassergehalts von Pellets (entsprechend /ÖNorm M 7135 1998/ kleiner 12 %) sind diese problemlos über einen längeren Zeitraum lagerfähig. Durch die Möglichkeit, Pellets als Schüttgut pneumatisch zu fördern, können sie in geschlossenen Systemen transportiert und umgeschlagen werden.

Neben Pellets können auch Holzbriketts aus dem gleichen Rohmaterial hergestellt werden. Diese Presslinge werden ähnlich produziert wie Pellets, sind jedoch von ihren Abmessungen deutlich größer (Querschnitt 40 bis 120 mm sowie maximale Länge 400 mm /ÖNorm M 7135 1998/).

Scheite. Neben Hackgut, Pellets und Briketts erfolgt die energetische Nutzung holzartiger Biomassen in Österreich vor allem in Form von Scheitholz. Klassisch wird Scheitholz manuell mittels Säge und Axt oder motormanuell mittels einer Kettensäge produziert. Inzwischen werden aber auch Maschinen angeboten, mit deren Hilfe das eingeschlagene Holz automatisch zu Scheitholz verarbeitet werden kann. Dazu wird minderwertiges Holz oder Holz, das bei der Gewinnung von Nutzholz als Nebenprodukt anfällt, auf die entsprechende Länge gesägt und anschließend automatisch gespalten.

Halmgutballen. Bei der Getreideernte wird das Getreide mit dem Mähdrescher gemäht, aufgenommen und das Korn beim Dreschvorgang aus der Getreideähre ausgedroschen. Das zurückbleibende Stroh wird dann meist im Schwad (d. h. in Reihen) auf dem Feld abgelegt. Da sich die Aufbereitung zu Häckselgut für die Bereitstellung von Stroh als Energieträger aufgrund hoher Transport- und Lagervolumina als im Regelfall ungeeignet erwiesen hat /Kaltschmitt und Reinhard 1997/, erfolgt – ggf. nach einer Nachtrocknung im Schwad – eine Verdichtung zu Ballen mithilfe der üblicherweise in der Landwirtschaft eingesetzten Aufsammelpressen. Dabei kommen derzeit Quader- und Rundballenpressen zum Einsatz. Die auf dem Feld abgelegten Ballen werden anschließend eingesammelt und entweder direkt oder nach einer Zwischenlagerung am Feldrand auf Transportfahrzeuge verladen und zur Konversionsanlage bzw. in ein Brennstoffzwischenlager gebracht. Alternativ zur Ballenpressung ist auch eine Hochdruckverdichtung von Stroh zu Pellets möglich.

Auch für die Bereitstellung anderer Halmgüter (z. B. Grünlandheu, Getreideganzpflanzen) kann im Wesentlichen auf herkömmliche landwirtschaftliche Ernteverfahren zurückgegriffen werden. Frische Wiesengräser werden i. Allg. durch absätzige Verfahren geerntet, da sie erst nach einer mehrtägigen Bodentrocknung eine lagerfähige Materialfeuchte (< 15 % Wassergehalt) erreichen. Der Wassergehalt des Mähgutes beträgt zum Schnittzeitpunkt zwischen 55 und 80 % und kann unter günstigen Witterungsbedingungen bereits nach zwei Tagen auf ca. 15 % abgesunken sein. Bei Niederschlägen während der Feldtrocknung verzögert sich die Trocknung; allerdings kommt es dann meist zu einer Verbesserung der Brennstoffeigenschaften, da Auswaschungseffekte zu einem sinkenden Gehalt an kritischen Elementen (z. B. Chlor) und dadurch zu einem Anstieg der Ascheerweichungstemperaturen führen. Vor der Aufnahme durch die Erntemaschine (z. B. Ballenpresse) muss das durchgetrocknete Halmgut geschwadet werden.

Getreideganzpflanzen müssen aufgrund der meist ungleichmäßigen Reife von Stroh und Korn oft am Boden getrocknet werden. Vor allem bei Weizen ist die Strohmasse in der Regel noch feucht (bis 40 % Wassergehalt), wenn für den Kornanteil bereits die Druschreife (< 20 % Wassergehalt) erreicht ist. Die Trocknung der Ganzpflanzen erfolgt deshalb liegend im Schwad. Durch den Verzicht auf weitere mechanische Eingriffe wie Wenden und Schwaden werden ein unerwünschter Ausdrusch und damit ein übermäßiger Körnerverlust vermieden. Selbstfahrende Schwadmäher, die mit Halmteilern und Ährenhebern zur besseren Gutaufnahme bei liegendem Getreide ausgerüstet sind, haben sich hier bewährt. Wenn die Ernte vor dem physiologischen Reifezeitpunkt erfolgen soll, ist eine Bodentrocknung ebenfalls unverzichtbar. Die weitere Brennstoffbereitstellung erfolgt analog dem Stroh durch Pressung zu Ballen und Transport zur Konversionsanlage /FNR 2000/.

9.2.2.3 Verbrennung – Systemelemente

Zur energetischen Nutzung fester Bioenergieträger sind neben der Feuerung – in der die Umwandlung der Brennstoffenergie in Wärmeenergie erfolgt – in Abhängigkeit von der Anlagengröße und -technik eine Reihe weiterer Systemelemente notwendig. Dies sind u. a. das Brennstofflager sowie die entsprechenden Lagerein- und -austragssysteme, der Kessel, der Wärmespeicher sowie ggf. eine Abgasreinigung. Anlagen zur Bereitstellung von elektrischer Energie benötigen zusätzlich die entsprechenden Komponenten zur Stromerzeugung (z. B. Dampfturbine, Generator) und Nahwärmesysteme eine entsprechende Wärmeverteilung. Um die Wirtschaftlichkeit der Biomassesysteme zu erhöhen, können zusätzlich auch mit fossilen Brennstoffen befeuerte Spitzenlastkessel und vergrößerte Wärmespeicher in das Gesamtsystem integriert werden /Reetz et al. 1997/.

Dabei wird – abhängig von der installierten Leistung – zwischen Klein- und Großfeuerungsanlagen unterschieden. Als Kleinfeuerungsanlagen (im Folgenden auch als Kleinanlagen bezeichnet) werden Feuerungen für Heizzwecke mit einer Brennstoffwärmeleistung bis 400 kW verstanden (u. a. /LGBl. Nr. 65/1998/); Großanlagen liegen darüber.

Brennstofflager (nach /FNR 2000/, /FNR 2005a/). Erfolgt die Langzeitbevorratung der Brennstoffe bei den Biomasselieferanten bzw. -erzeugern, ist zur Sicherstellung der Brennstoffversorgung eine Kurzzeitlagerung direkt an der Verbrennungsanlage erforderlich. Aufgrund der im Vergleich zu fossilen Brennstoffen geringeren Schütt- sowie Energiedichte von Biomasse ist dabei ein vergleichsweise großer Platzbedarf gegeben. Für die Dimensionierung der benötigten Lagerkapazität ist daher neben den örtlichen Gegebenheiten vor allem das Brennstoffanlieferungskonzept bestimmend. I. Allg. muss zumindest eine Brennstoffversorgung der Energieanlage an anlieferungsfreien Tagen (u. a. Feiertage) gewährleistet werden.

Die Lagerung von Hackgut wird im Wesentlichen von der Größe und Struktur des Hackguts, dem Wassergehalt sowie von der erforderlichen Zeitspanne zwischen der Einlagerung und der energetischen Verwertung bestimmt. Zum Einsatz kommen bei Anlagen über 1 MW Feuerungswärmeleistung vor allem Rundsilos sowie offene oder geschlossene Lagerhallen. Für kleinere Anlagen haben sich unterirdische Lagerräume, meist im Keller neben dem Kesselraum, bewährt (Abb. 9.8). Eine kostengünstige Alternative kann hier aber auch der Einsatz von Wechselcontainern (ca. 32 m^3 Inhalt) mit integrierten Schubböden sein.

Holzpellets können in einem geschlossenen Behälter (z. B. externes Silo) oder in einem separaten Kellerraum gelagert werden. Der Lagerraum sollte staubdicht, ausreichend ins Freie belüftet und trocken sein, um den Wassergehalt der Pellets dauerhaft unter 10 % halten zu können. Werden Pellets in BigBags angeliefert, kann die Lagerung und Brennstoffentnahme auch direkt in und aus diesen erfolgen.

Scheitholz wird aufgrund des benötigten Lagervolumens sowie der oftmals gegebenen Notwendigkeit einer weitergehenden Trocknung meistens außerhalb des Gebäudes z. B. unter einem Vordach oder in einem Schuppen gelagert.

Halmgutballen werden meist in einfachen Hallen gelagert. Da an die Ausführungen der Hallen keine besonderen Anforderungen gestellt werden, können problemlos auch Fertighallen eingesetzt werden. Das Umschlagen der Ballen in das Lager und die Brennstoffzufuhr zum Kessel erfolgt vorzugsweise mittels Gabelstapler oder Kran. Beim Abladen können die Ballen mit einer Brückenwaage gewogen und ihr Wassergehalt bestimmt werden.

Lagerein- und -austrag. Die Brennstoffzuführung ins Lager sowie vom Lager zur Feuerungsanlage ist je nach Aufbereitungsform des Brennstoffs und der Lagerausführung unterschiedlich. Oberhalb einer bestimmten Anlagenleistung (meist über etwa 100 kW), die aber auch wesentlich von der Aufbereitungsform des Biobrennstoffs beeinflusst wird, empfiehlt sich eine Automatisierung des Lagerein- und -austrags (u. a. /FNR 2000/, /FNR 2005a/). Aber auch bei kleineren Leistungen kommen neben teilmechanisierten oder manuellen Beschickungssystemen aus Komfortgründen zunehmend vollautomatische Systeme (für Pellets und Hackschnitzel) zum Einsatz.

Hackgut. Bei oberirdischen Hackgutlagern wird der Brennstoff vom Anlieferfahrzeug an das Lager befördert. Hierzu ist bei größeren Anlagen neben dem Lager eine überdachte Abladegrube bzw. -mulde vorzusehen, in welche das Hackgut vom Lieferfahrzeug gekippt werden kann. Insbesondere bei kleineren Systemen wird das Hackgut von dort mithilfe eines Radladers in das Lager transportiert. Bei größeren Anlagen kann der Brennstoff auch über Schnecken oder Trog- bzw. Kratzkettenförderer in das Lager befördert und dort verteilt werden.

Bei Kleinanlagen erfolgt der Lager- oder Raumaustrag i. Allg. durch ein Bodenrührwerk mit Drehgelenkarmen und einer Förderschnecke (Abb. 9.22). Das Rührwerk gewährleistet dabei einen gleichmäßigen Austrag aus dem Lager – auch, indem es der Brückenbildung entgegen wirkt. Anschließend wird das Hackgut mit einer Förderschnecke vom Lager zur Feuerungsanlage transportiert.

Bei größeren Anlagen erfolgt der Lageraustrag und damit die Beschickung der Feuerung mit dem Brennstoff vom Lager bzw. Tagesbunker automatisch z. B. durch einen Schnecken- (z. B. Drehschnecke, Wanderschnecke) oder Schubbodenaustrag (Abb. 9.9). Die Hackschnitzel werden anschließend über Fördereinrichtungen (z. B. Querförderschnecken, Trog- und Kratzkettenförderer) zum Kessel bzw. Vorlagebunker transportiert.

Bei Anlagen großer Leistung (über 5 bis 10 MW) werden auch Krananlagen oder Radlader für den Transport vom Lager zum Kesselvorlagebunker der Feuerung eingesetzt. Diese sind im Vergleich zu den oben diskutierten Fördersystemen flexibler und leistungsfähiger. Auch tolerieren sie zugleich eine schlechte bzw. sich ändernde Hackgutqualität.

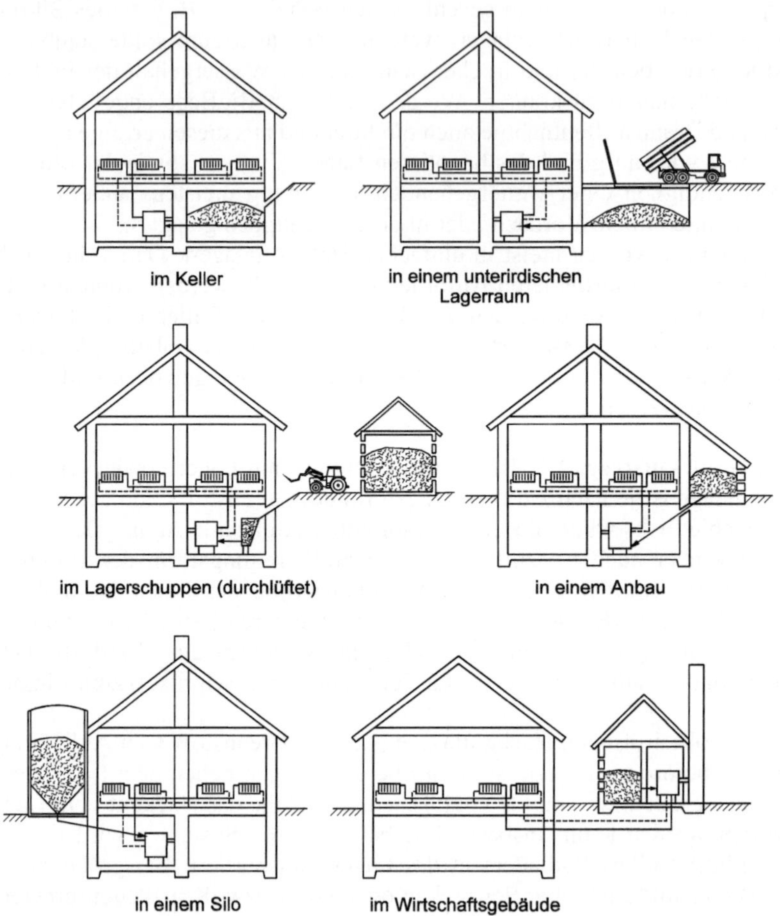

Abb. 9.8 Beispiele von Ausführungen von Hackgutlagern; nach /Kaltschmitt, Hartmann und Hofbauer 2009/

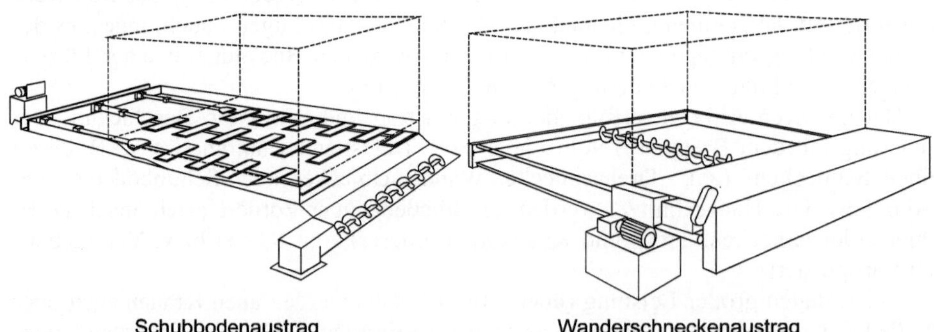

Abb. 9.9 Lageraustragssysteme für rechteckige Lagerraumflächen /Kaltschmitt, Hartmann und Hofbauer 2009/

Pellets. Holzpellets können prinzipiell wie Hackgut in das Brennstofflager gefördert werden; i. Allg. werden Pellets jedoch in Tankwagen (Silo-Lkw) geliefert und können so pneumatisch aus dem Transportbehälter in das Lager eingetragen werden. Der Lageraustrag kann alternativ auch über ein Bodenrührwerk und eine Förderschnecke erfolgen. Durch eine entsprechende Formgebung des Lagerbodens (z. B. trichterförmig) kann das Rührwerk auch entfallen; dann werden die Pellets alleine infolge der Schwerkraft zur Förderschnecke transportiert. Daneben können Pellets auch durch ein Saugsystem aus dem Lagerraum oder -behälter in den Vorratsbehälter am Kessel gefördert werden (Abb. 9.10). Durch die flexible Ausgestaltung des Förderschlauchs (Länge max. ca. 20 m) lassen sich auch bauliche Hindernisse zwischen dem Heiz- und dem Lagerraum problemlos überwinden. Bei sehr kleinen Anlagen mit einem entsprechend geringen Brennstoffverbrauch ist auch eine manuelle Beschickung des Vorratsbehälters mit abgesackten Pellets möglich.

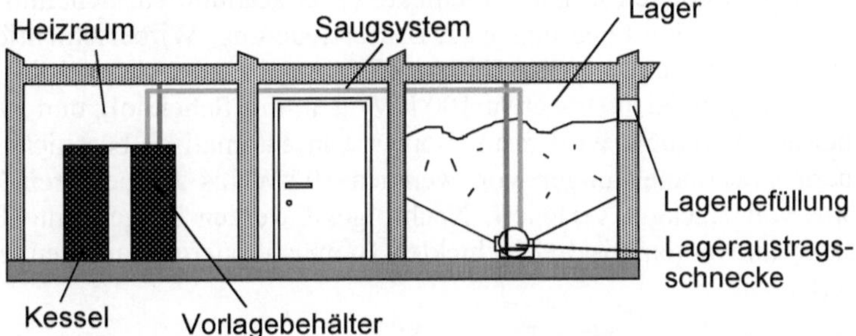

Abb. 9.10 Pneumatischer Lageraustrag für Pelletkleinfeuerungsanlagen (nach /Hargassner 1999a/)

Halmgüter. Bei Halmgütern, die als Ballen zur Feuerungsanlage geliefert werden, erfolgt das Abladen von den Transportfahrzeugen und die Einlagerung der Ballen in das Brennstofflager meist mit Gabelstaplern oder Radladern bzw. bei sehr großen Anlagen ab etwa 10 MW auch durch eine automatische bzw. halbautomatische Einlagerung mittels Kran.

Die Auslagerung sowie die Förderung der Ballen zur Feuerungsanlage werden demgegenüber meist schon bei Anlagen ab etwa 1 MW automatisch mit einem Hallenkran ausgeführt. Bei kleineren Anlagen erfolgt die Auslagerung z. B. durch einen Gabelstapler. Bei automatisch befüllten Anlagen gibt es in der Regel eine Vorlagestrecke, auf der die Ballen automatisch zur und in die Feuerung bzw. zu einem Ballenauflöser direkt vor der Feuerung befördert werden.

Feuerungsanlagen (nach /Kaltschmitt, Hartmann und Hofbauer 2009/, /FNR 2007a/). Feste Bioenergieträger können in Abhängigkeit von deren Aufbereitungsform durch eine Vielzahl unterschiedlicher Feuerungstechniken zur Wärme- und/oder Strombereitstellung genutzt werden. Ziel ist es dabei immer, dass durch die Feuerungsanlage ein vollständiger Ausbrand der eingesetzten Biobrennstoffe (d. h. vollständige Oxidation, Kapitel 9.2.1) sowie ein hoher Wirkungsgrad bei gleichzeitig niedrigen Schadstoffemissionen realisiert wird. Aufgrund der verbrennungstechnischen Eigenschaften von biogenen Festbrennstoffen (u. a. relativ hoher Gehalt flüchtiger Substanzen) wird dazu i. Allg. eine Regelung des Verbrennungsablaufs durch eine räumliche Trennung der Feststoffumsetzung (Primärluftzuführung im Glutbett) vom Gasausbrand (Sekundärluftzuführung in der Nachbrennkammer) durchgeführt. Die Primärluft beeinflusst damit die Feuerungsleistung, während die Sekundärluft primär für die vollständige Oxidation der brennbaren Gase verantwortlich ist. Für die aus Umweltgründen und aus Effizienzsicht anzustrebende vollständige Oxidation der Brenngase ist dabei eine intensive Durchmischung dieser mit der Sekundärluft erforderlich – und dies bei hohen Temperaturen, um eine vollständige Oxidation sicherzustellen. Neben dieser gestuften Verbrennungsluftzuführung kann als weitere primärseitige Maßnahme insbesondere zur Minimierung der NO_x-Emissionen (Stickstoffoxide) und ggf. der Feinstaubfreisetzungen eine teilweise Abgasrückführung realisiert werden. Hinzu kommen Maßnahmen zur primärseitigen Minimierung der Staubemissionen; dies sind eine möglichst geringe Strömungsgeschwindigkeit der Abgase, eine geringe Bewegung des Brennstoffs und eine nicht zu hohe Temperatur im Glutbett sowie eine deutliche Reduzierung der Luftüberschusszahl in der Primärzone.

Feuerungsanlagen können in handbeschickte (z. B. Kaminofen, Scheitholzkessel) und automatisch beschickte Feuerungen (z. B. Rostfeuerung, Wirbelschichtfeuerung) unterteilt werden. Während handbeschickte Feuerungen überwiegend im unteren thermischen Leistungsbereich (bis etwa 100 kW) u. a. mit Scheitholz und Pellets als Brennstoff betrieben werden, wird feste Biomasse in automatisch beschickten Anlagen mit Feuerungswärmeleistungen von wenigen 10 kW bis zu mehreren MW vor allem in Form von Hackgut verfeuert. Nachfolgend werden ausgewählte Bauarten handbeschickter und automatisch beschickter Biomassefeuerungsanlagen exemplarisch diskutiert.

Handbeschickte Feuerungsanlagen. Handbeschickte Biomassefeuerungen finden vor allem bei Brennstoffen, die sich nur schwer automatisch fördern lassen (u. a. Scheitholz, Briketts), Verwendung. Die Brennstoffzufuhr erfolgt – wie der gesamte Verbrennungsablauf – chargenweise. Derartige Feuerungen zeigen dadurch – im Gegensatz zu automatisch beschickten Feuerungen mit einer kontinuierlichen Brennstoffzufuhr – einen ausgeprägten zeitlichen Verlauf der Verbrennungsreaktionen. Je nach Art der Verbrennungsführung können im Wesentlichen die folgenden drei Feuerungsprinzipien unterschieden werden.

- Durchbrand. Beim Durchbrand findet die gesamte Verbrennung in einer Brennkammer statt. Eine getrennte Regelung der Luftzufuhr ist nicht möglich.
- Oberer Abbrand mit Nachbrennbereich. Die Trennung der Verbrennung in einen Primärbrennbereich und einen Nachbrennbereich erlaubt eine gezielte Luftzufuhr für die Leistungsregelung (Primärluft) und die Ausbrandregelung (Sekundärluft). Der Abbrand erfolgt in der Brennkammer von oben nach unten.
- Unterer Abbrand mit Nachbrennkammer. Hier besteht eine Trennung in Primär- und Sekundärbrennkammer. Der Brennstoff durchläuft die Primärbrennkammer durch die Schwerkraft von oben nach unten. Die bei der pyrolytischen Zersetzung und der Vergasung entstehenden gasförmigen Produkte und die Flamme werden über einen Gebläsezug in eine unten ("Sturzbrand") oder seitlich ("seitlicher Unterbrand") neben dem Brennstoff-Füllraum liegende Brennkammer gelenkt, in der sie unter Sekundärluftzugabe nachverbrennen.

Durchbrand und oberer Abbrand sind allerdings nicht immer eindeutig voneinander zu unterscheiden; meist besteht ein fließender Übergang zwischen diesen Systemen.

Tabelle 9.2 Bauarten und Merkmale ausgewählter handbeschickter Holzfeuerungen (einschließlich Pelletöfen) (nach /Kaltschmitt, Hartmann und Hofbauer 2009/)

Bauart	Heizleistung in kW	Verbrennungsprinzip	Merkmale
Einzelraumfeuerungsanlage (Wärmenutzung hauptsächlich im Aufstellraum)			
offener Kamin	< 5	Durchbrand / oberer Abbrand	ohne und mit Warmluftumwälzung, ungeeignet als Permanent-Heizung
geschlossener Kamin	5 – 15	Durchbrand / oberer Abbrand	mit Warmluftumwälzung, Sichtscheibe
Kaminofen	3 – 12	Durchbrand / oberer Abbrand	vom Wohnraum aus befeuerter Holzofen ohne feste Installation, wahlweise mit oder ohne Sichtscheibe
Speicherofen, (Grundofen oder Warmluftkachelofen)	2 – 15	Durchbrand / oberer Abbrand, unterer Abbrand (selten)	langsame Abgabe gespeicherter Wärme über 10 bis 24 h durch Strahlung (Grundofen) oder mit Konvektionsluft (Warmluftkachelofen)
Küchenherd	3 – 12	Durchbrand/oberer Abbrand, unterer Abbrand	Kochwärme (Primärnutzen), Heizwärme oder Sitzbankheizung (Sekundärnutzen)
Pelletofen	2,5 – 10	Schalen/Muldenbrenner (für Holzpellets)	automatisch beschickt, geregelte Brennstoff- und Luftzufuhr (Gebläse)
Erweiterte Einzelraumfeuerungsanlage (Wärmenutzung auch außerhalb des Aufstellraums)			
Zentralheizungsherd	8 – 30	Durchbrand/oberer Abbrand, unterer Abbrand	Wärme dient zum Kochen und für Zentralheizung/Brauchwassererwärmung
erweiterter Kachelofen und Kamin	6 – 20	Durchbrand / oberer Abbrand	Wasser-Heizkreislauf oder zirkulierende Warmluft (Hypokaustenheizung)
Pelletofen mit Wasserwärmeübertrager	< 10	Schalen-/ Muldenbrenner	auch zur alleinigen Hausheizung (z. B. bei Niedrigenergiebauweise)
Zentralheizungskessel (Wärmenutzung nur außerhalb des Aufstellraums)			
Stückholzkessel	10 – 250 (max. 800)	unterer Abbrand Durchbrand (selten)	bis 1 m Scheitlänge, Naturzug- oder Gebläsekessel, Wärmespeicher erforderlich

Handbeschickte Holzfeuerungen sind in vielfältigen Bauarten auf dem Markt verfügbar. Sie können unterteilt werden in Einzelraumfeuerungen (d. h. Wärmenutzung erfolgt bauartbedingt hauptsächlich im Aufstellraum), erweiterte Einzelraumfeuerungen (d. h. Wärmenutzung erfolgt bauartbedingt auch außerhalb des Aufstellraums) und Zentralheizungskessel (d. h. Wärmenutzung primär außerhalb des Aufstellraums) (Tabelle 9.2) /Hartmann et al. 1997/, /Marutzky und Seeger 1999/, /Kaltschmitt, Hartmann und Hofbauer 2009/. Die genannten Bauarten werden nachfolgend kurz dargestellt.

Einzelfeuerstätten. Bei den Einzelfeuerstätten werden nachfolgend exemplarisch offene und geschlossene Kamine, Kamin- und Speicheröfen sowie Küchenherde und Pelletöfen diskutiert.

- Offene und geschlossene Kamine. Kamine können in offener oder geschlossener Bauweise ausgeführt werden. Offene Kamine sind praktisch offene Feuerstätten, bei denen die Feuerungsqualität (d. h. hohe Schadstoffemissionen) und der Wirkungsgrad (rund 15 %) ungenügend sind. Durch die hohen Schadstoffemissionen ist die Verwendung als ein ständiges Heizsystem zudem rechtlich problematisch. Kamineinsätze (Abb. 9.11) mit Sichtscheibe (d. h. geschlossene Kamine) ermöglichen demgegenüber eine gezielte Verbrennungsluftzuführung und damit eine gesteuerte Verbrennung. Die Wärmeabgabe in den Raum erfolgt bei Kaminen überwiegend durch Abstrahlung und bei geschlossenen Kaminen auch durch Konvektion (kältere Bodenluft wird im Sockelbereich des Kamins angesaugt und erwärmt sich beim Aufsteigen an den Feuerraumwänden bzw. in speziellen Kanälen).

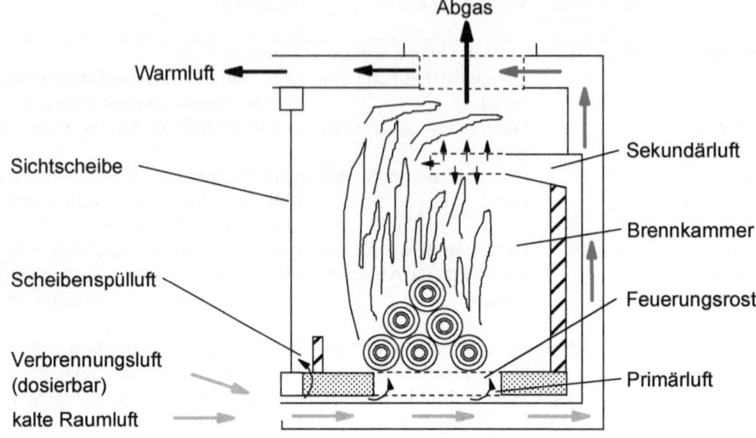

Abb. 9.11 Kaminwarmluftkassette als Kamineinsatz (nach /Hartmann et al. 1997/)

- Einzel- oder Zimmeröfen. Im Gegensatz zum Kamin stehen Einzel- oder Zimmeröfen frei im Raum. Die Wärmeabgabe erfolgt auch hier überwiegend durch Strahlung, wobei gusseiserne Öfen zur Vergrößerung der Speichermasse sowie für eine gleichmäßige Wärmeabgabe oft z. B. mit Keramik oder Speckstein verkleidet sind. Die Verbrennung erfolgt in der Regel nach dem Durchbrandprinzip. Die Weiterentwicklung von Einzelöfen ist der sogenannte Kaminofen (Abb. 9.12, links). Dieser steht ebenfalls frei im Raum, besitzt eine getrennte Primär- und Sekundärluftzuführung sowie eine Sichtscheibe. Die Wärmeabgabe erfolgt durch Strahlung und Konvektion.

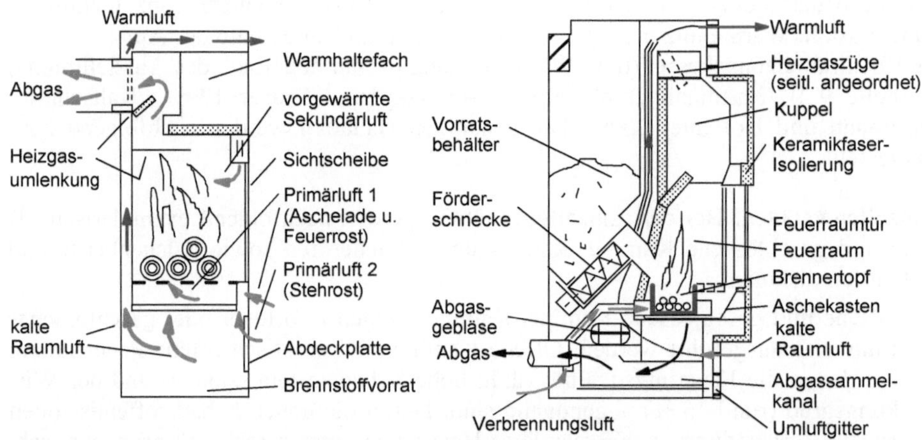

Abb. 9.12 Kaminofen mit Rüttelrost, Luftdosierung und Sichtscheibe (links, /Hartmann et al. 1997/) und Pelletofen (rechts; nach /Hartmann et al. 1997/, /Marutzky und Seeger 1999/)

- Speicherofen (Kachelofen). Die ursprüngliche Bauart des Speicherofens ist der gemauerte Grundofen aus Stein und Putz, welcher meist nach dem oberen Abbrandprinzip arbeitet. Heutige Bauarten verwenden für die Feuerung und die Abgaszüge meist vorgefertigte Bausätze. Das wesentliche Merkmal eines Speicherofens besteht in der vergleichsweise großen Speichermasse für die erzeugte Wärme. Die Oberfläche, über welche die Wärme als Strahlungswärme abgegeben wird, ist ebenfalls relativ groß. Je nach Wanddicke beträgt die Wärmeabgabe zwischen 0,7 und 1,2 kW/m^2 Oberfläche. Trotz der heute üblichen Verwendung industriell vorgefertigter Bauteile bleibt diese Ofenbauart eine mit einem hohen handwerklichen Aufwand vom Ofensetzer vor Ort zu errichtende gemauerte Feuerung /Kaltschmitt, Hartmann und Hofbauer 2009/.

- Küchenherd. Küchenherde zählen zu den bedeutenden Bauarten bei Einzelfeuerstätten. Sie werden als industrielles Fertigprodukt oder als mehr oder weniger vorgefertigter Bausatz für die Errichtung vor Ort (z. B. als Kachelherd) angeboten. Diese Feuerstätten sind oft auf Koch- bzw. Heizbetrieb umstellbar. Damit im Kochbetrieb das Feuer möglichst nahe an der Herdplatte brennt, ist der Koch-Feuerraum niedrig ("Flachfeuerung"), da die Rosthöhe entsprechend hoch eingestellt ist. Wenn im Winter jedoch geheizt werden soll, wird der Rost heruntergeklappt, so dass der gesamte Füll- bzw. Feuerraum über dem darunter liegenden zweiten Rost genutzt werden kann und die Heizleistung sich infolge des vergrößerten Brennraumvolumens und ggf. der vergrößerten Wärmeübertragerflächen etwa verdoppelt. Wenn es sich um einen Herd handelt, bei dem die Roststellung über eine Hebeeinrichtung variierbar ist, kann die Umstellung auch während des laufenden Betriebs erfolgen /Kaltschmitt, Hartmann und Hofbauer 2009/.
- Pelletofen. Bei Pelletöfen mit automatischer Brennstoffbeschickung (Abb. 9.12, rechts) werden aus einem an der Ofenrückseite angebrachten Vorratsbehälter die Pellets über eine Förderschnecke sowie ein Fallrohr bedarfsgerecht in den Brennertopf (Schalen- oder Muldenbrenner) eingetragen; die Zündung erfolgt dort elektrisch oder manuell. Durch diese automatische Brennstoffzuführung sowie die über ein Sauggebläse geregelte Luftzufuhr zeigen Pelletöfen sehr geringe Emissionswerte.

Erweiterte Einzelfeuerstätten. Bei dieser Gruppe von Feuerungsanlagen werden nachfolgend exemplarisch Zentralheizungsherde, erweiterte Kachelöfen und Kamine sowie Pelletöfen mit Wasserwärmeübertrager diskutiert.

- Zentralheizungsherde. Die heute eingesetzten Holzherde dienen nicht nur für Koch-, Back- und Küchenheizungszwecke, sondern auch für die Zentralheizung und für die Brauchwassererwärmung. Bei solchen Zentralheizungsherden, die – außer als Scheitholzherde – auch als automatisch beschickte Pellet-Zentralheizungsherde angeboten werden, sind Teile des Feuerraums mit Wassertaschen ummantelt und weitere Wasserwärmeübertrager in den Heizgaszügen untergebracht. Überschüssige Wärme wird in einem Wärmespeicher zwischengespeichert. Grundsätzlich gelten dabei die gleichen Randbedingungen wie bei handbeschickten Zentralheizungskesseln. Zentralheizungsherde werden für die vollständige Wohnhausheizung oder als Zusatzkessel eingesetzt. Sie erreichen einen Gesamtwirkungsgrad von mindestens 65 %; die Abstrahlung im Aufstellraum wird dabei nicht als Verlust gewertet. Die Asche wird i. Allg. manuell entfernt. Zur Staubvermeidung kann sie aber auch über einen "Aschefall" im Untergeschoss gesammelt werden /Kaltschmitt, Hartmann und Hofbauer 2009/, /DIN 18882 1988/.

- Erweiterte Kachelöfen und Kamine. Während bei den Zentralheizungsherden die Wärmeabgabe an das Heizmedium Wasser überwiegt, sind bei erweiterten Kachelöfen oder Kaminen häufiger Bauweisen mit Warmlufttransport üblich, durch die bis zu vier weitere angrenzende Räume beheizt werden können. Das geschieht entweder über eine z. T. gebläseunterstützte Warmluftableitung (Frischluft, Mischluft oder Umluft) oder durch zirkulierende Warmluft in einem geschlossenen Kreislauf. Letzteres System wird als Hypokaustenheizung bezeichnet; hier stellt die zirkulierende Warmluft das Wärmeträgermedium dar. Sie wird an den Wärmeübertragerflächen des Heizeinsatzes erwärmt, durch geeignete Klappenstellung einem oder mehreren Warmluftkanälen zugeleitet und gelangt so zu den Heizflächen der entsprechenden Räume. Diese Heizflächen sind als spezielle Hypokausten-Kacheln oder als Keramikflächen, als Naturstein oder als Mauerung ausgebildet. An ihnen wird die Strahlungswärme abgegeben. Durch die hohe Speichermasse erfolgt dies gleichmäßig und über einen relativ langen Zeitraum. Die Zirkulation wird meist durch Schwerkraft- und Auftriebseffekte aufrechterhalten. Kachelöfen, Kamine und sogar Kaminöfen können auch zur Wassererwärmung genutzt werden. Sie werden dann auch als Kachelofen-Heizkessel, Kaminheizkessel oder wasserführende Kaminöfen bezeichnet. Spezielle Wasser-Wärmeübertrageraufsätze ("Wasserregister") können – sobald die Feuerung ihre Betriebstemperatur erreicht hat – durch eine entsprechende Klappenstellung vom heißen Abgas durchströmt werden, um einen großen Teil der Wärme an ein flüssiges Wärmeträgermedium abzugeben. Dadurch erfolgt die Brauch- oder Heizwassererwärmung. Bei Kaminen kann der Wasserwärmeübertrager auch in den geschlossenen Kreislauf einer Warmluftzirkulation eingebaut sein. In beiden Fällen ist die Verwendung von Wasserwärmespeichern sinnvoll. Kachelofen- oder Kaminfeuerungen mit Wasserwärmeübertrager werden bis zu einer Nennwärmeleistung von rund 20 kW eingesetzt.
- Pelletöfen mit Wasserwärmeübertrager. Da die automatische Brennstoffzuführung bei Pelletöfen eine Leistungsvariation über einen relativ weiten Bereich von ca. 30 bis 100 % der Nennwärmeleistung ermöglicht, kann die Wärmeabgabe von Pelletöfen besonders gut an die aktuelle Heizwärmenachfrage eines Hauses angepasst werden. Dieser Vorteil kommt vor allem bei Anlagen mit Wasserwärmeübertragern für die Heiz- und Brauchwassererwärmung zum Tragen. Derartige Öfen werden in Kombination mit anderen regenerativen Energien (z. B. Solarwärme) oder fossilen Energieträgern zunehmend auch als Hauptheizung in Gebäuden mit Niedrigenergiebauweise eingesetzt. Zwischen 50 und 80 % der Wärmeabfuhr erfolgt hierbei über den Wasserwärmeübertrager, während im Wohnraum nicht auf eine sichtbare Holzflamme verzichtet werden muss /Kaltschmitt, Hartmann und Hofbauer 2009/.

Zentralheizungsanlagen. Während die bisher diskutierten Einzelfeuerungen die Wärme meist direkt an den Raum abgeben, werden Stückholzkessel als ein Beispiel für eine Zentralheizungsanlage an einen Wasserwärmeübertrager und ein Heizungssystem angeschlossen. Die meist in einem separaten Heizraum aufgestellten Kessel mit einer Leistung von wenigen kW bis zu einigen hundert kW eignen sich daher als alleinige Heizungsanlage, wohingegen Einzelfeuerungen meist als Zusatzfeuerung (z. B. für extrem kalte Tage oder während der Übergangszeit) betrieben werden.

Stückholzkessel werden mittlerweile fast ausschließlich als Unterbrandkessel mit unterer oder seitlich liegender heißer Nachbrennkammer angeboten. Aufgrund der klaren Trennung in eine Trocknung, pyrolytische Zersetzung und Vergasung des Brennstoffs einersweits sowie eine Oxidation der Vergasungsprodukte andererseits über die Primär- und die Sekundärluft werden diese häufig als Vergaserkessel bezeichnet. Die Primärluft wird dabei über einen Saugzug oder (seltener) durch ein Druckgebläse zugeführt, so dass die Anlagen entweder mit Unter- oder Überdruck im Feuerraum betrieben werden. Die Integration eines Gebläses ermöglicht einen von den Umgebungsbedingungen weitgehend unabhängigen Betrieb (Abb. 9.13).

Stückholzkessel können in einem Leistungsbereich von ca. 50 bis 100 % der Nennlast betrieben werden. Zum Ausgleich von Nachfrageschwankungen bzw. zur Zwischenspeicherung von überschüssiger Wärme einer Brennstoffauflage ist ein Wärmespeicher notwendig. Dadurch sind heute Wirkungsgrade von über 90 % möglich.

Automatisch beschickte Feuerungsanlagen. In automatisch beschickten Feuerungsanlagen wird ein mechanisch dosierbarer Brennstoff (z. B. Hackschnitzel, Pellets, Strohballen) eingesetzt. Dieser kann somit weitgehend kontinuierlich und automatisch in den Feuerraum eingebracht werden, so dass sich ein gleichbleibender Feuerungsbetrieb mit konstanter Leistung einstellen lässt. Daraus resultieren entsprechend geringe Schadstofffreisetzungen, da die Feuerungsanlage – solange eine Wärmeabnahme gegeben ist – innerhalb des geregelten Leistungsbereichs unter optimalen Bedingungen betrieben werden kann. Die automatische Zuführung der schüttfähigen Brennstoffe erlaubt außerdem eine automatisierte Anpassung der Brennstoffmenge an eine wechselnde Wärmenachfrage. Automatisch beschickte Anlagen sind daher meist über einen relativ weiten Bereich teillastfähig (ca. 30 bis 100 % der Nennwärmeleistung). Zur Überbrückung von Phasen mit niedriger Wärmenachfrage können Wärmespeicher deshalb entweder relativ klein dimensioniert werden oder – unter bestimmten Bedingungen – völlig entfallen.

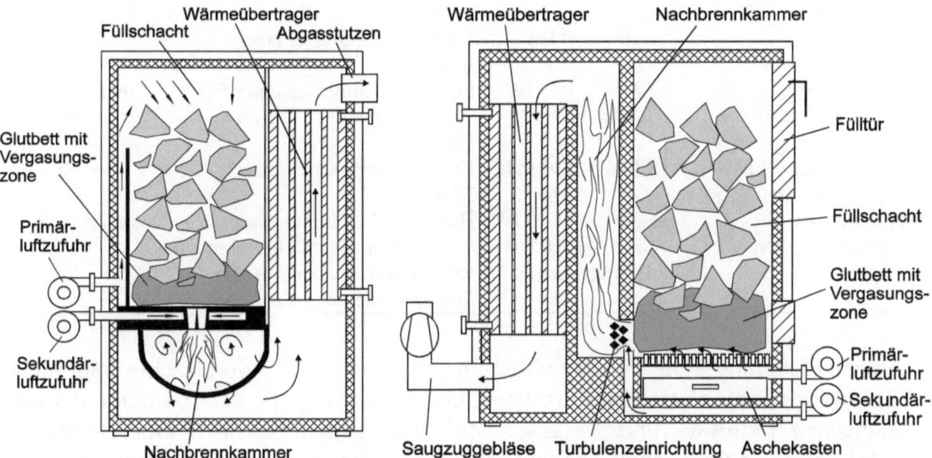

Abb. 9.13 Stückholzkessel mit Sturzbrand (links) und seitlichem Unterbrand (rechts) /Kaltschmitt, Hartmann und Hofbauer 2009/

Entsprechend den Eigenschaften der unterschiedlichen Brennstoffe können automatisch beschickte Feuerungen nach unterschiedlichen Prinzipien arbeiten. Unterschieden werden Festbett- (Vorofen-, Unterschub- und Rostfeuerung), Wirbelschicht- und Flugstromfeuerungen. Bei Kleinanlagen im Leistungsbereich bis ca. 100 kW Nennwärmeleistung kommen aber nur Festbettfeuerungen vor. Für pelletierte Brennstoffe werden neben Unterschubfeuerungen vor allem auch sogenannte Schalen- oder Muldenbrenner eingesetzt. Der Aufbau dieser Feuerung ist dabei ähnlich der eines Pelletofens. Allerdings werden die Pellets hier automatisch aus dem Lagerraum in den Vorlagebehälter gefördert und die Wärme nicht in den Raum abgestrahlt, sondern über einen Wärmeübertrager an das Wärmeverteilnetz übertragen.

Nach den genannten Feuerungsprinzipien arbeiten eine Reihe verschiedener Bauarten, die Tabelle 9.3 hinsichtlich des Leistungsbereichs und der geeigneten Brennstoffe einschließlich deren geforderter Wassergehalte zeigt. Von den genannten Bauarten werden nachfolgend exemplarisch die Vorofen-, die Unterschub-, die Vorschubrost-, die Wirbelschicht- und die Einblasfeuerung vorgestellt. Zusätzlich werden Feuerungsanlagen für Halmgüter betrachtet.

Tabelle 9.3 Bauarten automatisch beschickter Feststofffeuerungen (ohne spezielle Halmgutfeuerungen) (Aschegehalt bezogen auf die Trockenmasse (TM); FM Frischmasse) nach /Kaltschmitt, Hartmann und Hofbauer 2009/

Typ	Leistungsbereich	Brennstoffe	Wassergehalt in % FM
Unterschubfeuerung	10 kW – 2,5 MW	Holzhackschnitzel mit Aschegehalt bis 1 % und Holzpellets	5 – 35
Vorschubrostfeuerung	150 kW – 15 MW	alle Holzbrennstoffe, Aschegehalt bis 5 %	5 – 60
Unterschubfeuerung mit rotierendem Rost	2 MW – 5 MW	Hackschnitzel mit hohem Wassergehalt, Aschegehalt bis 5 %	40 – 65
Vorofenfeuerung mit Rost	20 kW – 1,5 MW	trockene Holzhackschnitzel, Aschegehalt bis 5 %	5 – 35
Feuerungen mit Fallschacht	2,5 – ca. 30 kW	Holzpellets, Präzisionshackgut	bis 15
Feuerung mit Rotationsgebläse	80 – 500 kW	Schleifstaub, Späne, Hackschnitzel	bis 40
Einblasfeuerung	2 MW – 10 MW	Partikeldurchmesser unter 5 mm	meist < 20
Stationäre Wirbelschichtfeuerung (SWS)	5 MW – 15 MW	Partikeldurchmesser unter 100 mm	5 – 60
Zirkulierende Wirbelschichtfeuerung (ZWS)	15 MW – 100 MW	Partikeldurchmesser unter 70 mm	5 – 60
Staubbrenner in Kohlekraftwerken	gesamt: 0,1 – 1 GW, max. ca. 10 % Biomasseanteil	Holz: Partikeldurchmesser < 2 – 4 mm; Stroh: Partikeldurchmesser unter 6 mm; Miscanthus: Partikeldurchmesser unter 4 mm	meist < 20

- Vorofenfeuerung. Die Vorofenfeuerung (Abb. 9.14) ist durch eine räumliche Trennung der pyrolytischen Zersetzung und Vergasung von der Oxidation der entstandenen Pyrolyse- und Vergasungsprodukte gekennzeichnet. Der Brennstoff wird entweder über einen Fallschacht (speziell bei gröberen Stücken) oder eine Förderschnecke in den Vorofen eingebracht und mit der Primärluft vergast. Die gasförmigen Produkte gelangen über einen wärmegedämmten Flammenkanal in den Flammenraum und werden dort mit der Sekundärluft vermischt und vollständig oxidiert. Anschließend werden die heißen Abgase durch den Kessel geleitet und geben dort ihre Energie an das Wärmeträgermedium ab.

Für aschearme Brennstoffe ist der Vorofen meist mit einem fest installierten Schrägrost versehen. Für aschereiche und feuchte Brennstoffe kann auch ein nach dem Gleichstromprinzip arbeitender Vorschubrost installiert werden.

Vorofenfeuerungen können vollautomatisch betrieben werden und zeichnen sich durch eine gute Regelbarkeit aus. Durch die Trennung der pyrolytischen Zersetzung und der Vergasung von der Oxidation der Pyrolyse- und Vergasungsprodukte wird ein sehr guter Ausbrand bei geringen Emissionen erreicht; allerdings wird dadurch auch der Platzbedarf der Feuerung erhöht.

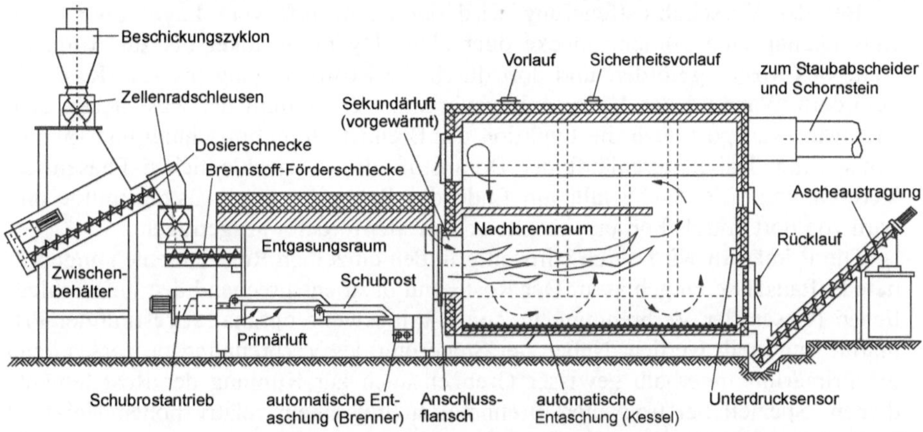

Abb. 9.14 Vorofenfeuerung (Vorofen mit Schubrost (links) und Flammenraum bzw. Nachbrennkammer (rechts) /Kaltschmitt, Hartmann und Hofbauer 2009/

- Unterschubfeuerung. Bei einer Unterschubfeuerung (vgl. Abb. 9.22) wird der Brennstoff mit einer Förderschnecke entweder von unten auf einen Außenrandteller oder seitlich auf den Boden einer Feuermulde (Retorte) eingeschoben. Ein Teil der Verbrennungsluft wird als Primärluft in die Retorte eingeblasen. Dort erfolgen Trocknung, pyrolytische Zersetzung und Vergasung des Brennstoffs. Die entstehenden brennbaren Gase werden vor dem Eintritt in die heiße Nachbrennkammer mit Sekundärluft vermischt und dann vollständig verbrannt. Anschließend geben die heißen Abgase im Wärmeübertrager ihre Wärme ab, passieren den Zyklon als Trägheitsentstauber und gelangen durch das Kaminsystem in die Atmosphäre.

  In Unterschubfeuerungen können Holzschnitzel mit einem Wassergehalt von 5 bis maximal 50 % verfeuert werden. Feuerraum und Nachbrennkammer müssen dabei an die Brennstoffqualität – insbesondere an den Brennstoff-Wassergehalt – angepasst sein, um technische Störungen zu vermeiden. Beispielsweise würde eine für die Verbrennung von waldfrischem Hackgut (50 % Wassergehalt) ausgelegte Feuerungsanlage beim Verbrennen von trockenem Holz eine zu hohe Feuerraumtemperatur erreichen.

  Unterschubfeuerungen eignen sich damit für aschearme Brennstoffe, die wegen der Schneckenbeschickung eine möglichst feinkörnige und gleichmäßige Beschaffenheit aufweisen müssen. Die Verbrennung von Rinde oder Halmgutbrennstoffen scheidet daher aus. Das Prinzip der Unterschubfeuerung wird zunehmend auch für die Verbrennung von Holzpellets verwendet /FNR 2005a/.

- Vorschubrostfeuerung. Rostfeuerungen sind im Bereich der mittleren und größeren thermischen Leistungen die am weitesten verbreiteten Feuerungstypen zur Verbrennung biogener Festbrennstoffe. Hier können auch problematischere feste Biomassen (z. B. feuchte Holzreste, aschereiche Rinden) eingesetzt werden. Die am häufigsten verwendete Rostbauart ist dabei der Vorschubrost (Abb. 9.15 und Abb. 9.16); daneben kommen aber auch Wanderroste, Rückschubroste und Walzenroste vor. Sie unterscheiden sich hauptsächlich durch die Rostneigung und -bewegungsart.

  Bei der Vorschubrostfeuerung wird der Brennstoff vom Lager über einen Rutschkanal, eine Förderschnecke oder einen Hydraulikstoker bis zur Aufgabekante des Rostes gefördert und dort durch die Rostbewegung bis zum Rostende befördert. Während des Verbrennungsvorgangs übernimmt der Rost neben dem Brennstofftransport auch die Funktion der Brennstoffdurchmischung und -homogenisierung. Dabei durchläuft der Brennstoff die unterschiedlichen Phasen der Verbrennung. Die Asche fällt am Ende des Rostes in eine Austragsmulde und wird von dort mittels Förderschnecke oder Kettenförderer ausgetragen.

  Die Primärluft wird durch stirnseitig in den einzelnen Rostelementen angeordnete Luftauslässe eingeblasen. Der Rost kann dazu entsprechend den unterschiedlichen Phasen der Verbrennung in Zonen mit jeweils optimal abgestimmter Primärluft unterteilt werden. Neben der Steuerung des Verbrennungsprozesses kann die Primärluft innerhalb gewisser Grenzen auch zur Kühlung der Rostelemente dienen. Speziell bei trockenen Brennstoffen mit einem relativ hohen Heizwert (z. B. Altholz) oder Brennstoffen mit niedrigem Ascheerweichungspunkt reicht die Kühlleistung der Primärluft allerdings i. Allg. nicht aus, um den Rost vor einer unzulässigen Verklebung durch schlackebildende Brennstoffkomponenten zu schützen; in diesem Fall muss der Rost zusätzlich wassergekühlt werden.

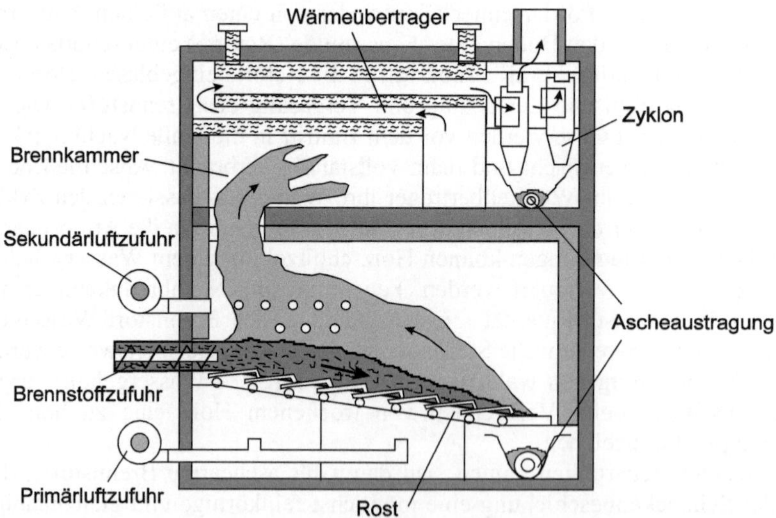

Abb. 9.15 Vorschubrostfeuerung nach dem Gegenstromprinzip (geeignet für sehr feuchte Brennstoffe; Brennkammer entspricht Nachbrennkammer) /Kaltschmitt, Hartmann und Hofbauer 2009/

Die Sekundärluft wird oberhalb des Rosts oder vor Eintritt der Brenngase in die Nachbrennkammer eingeblasen. Dadurch wird eine optimale Verbrennung der Brenngase in der heißen Zone oberhalb des Rostes erreicht.

Neben der Steuerung von Primär- und Sekundärluft wird die Qualität der Verbrennung durch die Abgasführung oberhalb des Rostes bestimmt. Die Führung der Abgase im Gegenstrom (Abb. 9.15) wird bei Brennstoffen mit niedrigem Heizwert (z. B. Rinde, feuchtes Hackgut) angewendet. Die heißen Abgase aus der Hauptbrennzone sorgen dabei in Kombination mit der Strahlungswärme aus der Feuerraumdecke für eine schnelle Trocknung und Zündung des Brennstoffs sowie eine Abführung des entweichenden Wassers aus dem Brennraum. Ein Nachteil ist dabei die Gefahr, dass nicht oxidierte Teilgasströme direkt in den Kessel gelangen und es dadurch zu hohen Emissionen an Kohlenstoffmonoxid (CO) sowie unverbrannten Kohlenwasserstoffen kommen kann. Bei der Gleichstromfeuerung (Abb. 9.16, links) werden demgegenüber alle Gase durch den Bereich höchster Temperatur geführt und somit auch besser ausgebrannt. Für feuchte Brennstoffe kann eine Gleichstromfeuerung ggf. dann eingesetzt werden, wenn die Verbrennungsluft vorgewärmt und dadurch der Brennstoff entsprechend getrocknet wird. Möglich ist auch eine Kombination (Mittelstromfeuerung, Abb. 9.16, rechts) aus Gleich- und Gegenstromfeuerung.

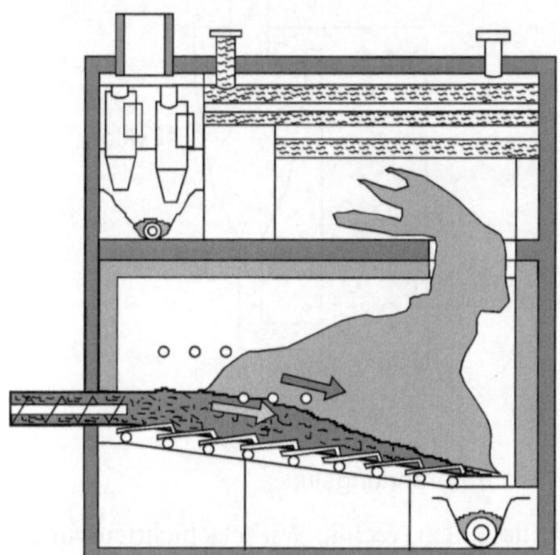

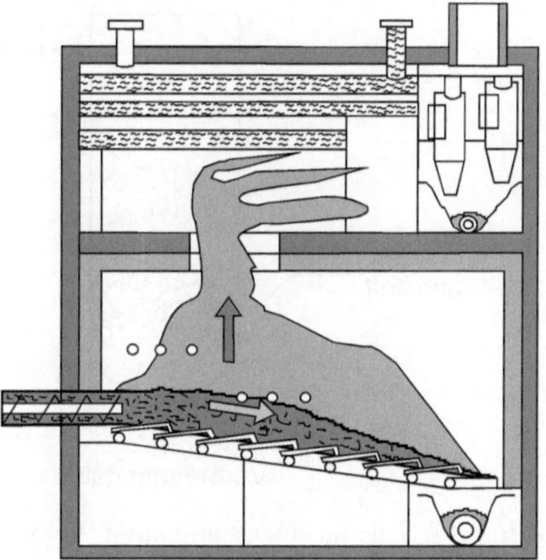

Abb. 9.16 Vorschubrostfeuerung nach dem Gleichstromprinzip (links) und nach dem Mittelstromprinzip (rechts; Bauform zwischen Gleich- und Gegenstromprinzip (Abb. 9.15)) /Kaltschmitt, Hartmann und Hofbauer 2009/

In Rostfeuerungen genügen in Bezug auf die Stückigkeit geringe Brennstoffqualitäten, da die Verweilzeiten des Brennstoffs und die Verbrennungsluftströme über einen weiten Bereich den Brennstoffeigenschaften angepasst werden können. Im Vergleich zu Unterschubfeuerungen sind Vorschubrostfeuerungen aufgrund der größeren Brennstoffmengen im Feuerraum allerdings schlechter regelbar und für schnelle Lastwechsel weniger geeignet /Marutzky und Seeger 1999/, /FNR 2000/.

- Wirbelschichtfeuerung. Bei der Wirbelschichtverbrennung wird der aufbereitete Brennstoff in einem Wirbelbett, das zu 95 bis 98 % aus Inertmaterial (z. B. Sand) und nur zu 2 bis 5 % aus brennbarem Material besteht, bei 700 bis 900 °C verbrannt. Dabei kann zwischen stationärer und zirkulierender Wirbelschicht unterschieden werden.

Abb. 9.17, links zeigt das Prinzip der stationären Wirbelschichtfeuerung. Das Wirbelbett wird durch Zugabe von Fluidisierungsluft durch den Düsenboden erzeugt. Der Brennstoff kann durch eine Wurfbeschickung von oben auf das Wirbelbett aufgegeben oder mittels Förderschnecken direkt in das Wirbelbett eingebracht werden. Dort findet die pyrolytische Zersetzung und Vergasung des Brennstoffs statt. Ein großer Anteil der dabei entstandenen gasförmigen Bestandteile wird in der Nachbrennkammer (Freiraum oberhalb der Wirbelschicht) verbrannt.

Die zirkulierende Wirbelschicht unterscheidet sich von der stationären durch eine deutlich größere Luftzugabe unterhalb des Wirbelbettes, wodurch eine noch intensivere Durchmischung von Brennstoff und Bettmaterial erreicht wird. Allerdings wird dadurch das Wirbelbett teilweise mit dem Abgas aus dem Feuerraum ausgetragen. In einem nachgeschalteten Zyklon muss daher das Bettmaterial vom Abgas getrennt und über den Siphon oder das L-Ventil wieder der Feuerung zugeführt werden. Dort wird auch der Brennstoff, meist mit Förderschnecken, zudosiert (Abb. 9.17, rechts).

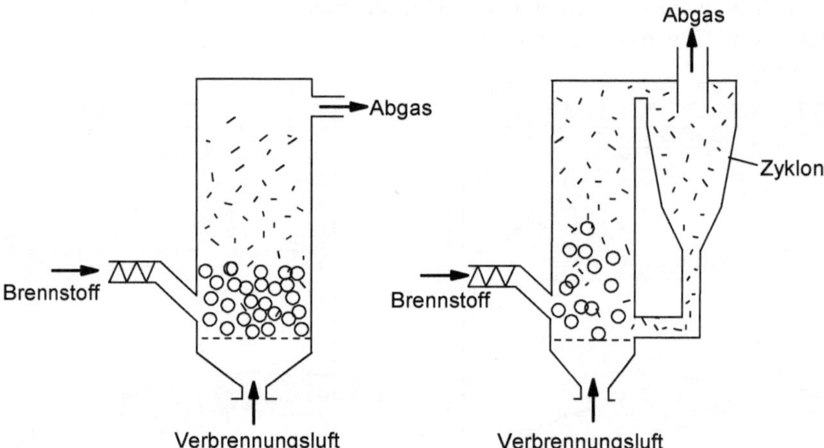

Abb. 9.17 Schema einer stationären (links) und zirkulierenden (rechts) Wirbelschichtfeuerung

Aufgrund der niedrigen Verbrennungstemperatur der Wirbelschichtfeuerung kommt es im Vergleich zur Rostfeuerung zu einer deutlichen Minderung von Verschlackung und Verschmutzung im Feuerraum. Durch die prozessbedingte intensive Durchmischung, den guten Wärmeübergang im Wirbelbett sowie die Entkopplung der Verweilzeit der Partikel von jener der Abgase kann in Wirbelschichtfeuerungen ein breites Brennstoffspektrum eingesetzt werden. Derartige Feuerungen eignen sich deshalb insbesondere zur Verbrennung mehrerer, auch stark unterschiedlicher sowie feuchter Brennstoffe (z. B. Klärschlamm) oder Brennstoffe mit einem hohen bis sehr hohen Aschegehalt. Die zirkulierende Wirbelschicht findet deshalb besonders bei der Altholzverbrennung sowie zur Verbrennung der in der Papier- und Zellstoffindustrie anfallenden Holzreste und Schlämme Anwendung, da sie im Gegensatz zur stationären Wirbelschicht mit höheren Asche- und Fremdstoffgehalten zurecht kommt. Bei der Verbrennung schwefel- und chlorhaltiger Brennstoffe besteht zudem die Möglichkeit der Kalkzugabe im Wirbelbett, um eine In-Situ-Entschwefelung bzw. Chlorabscheidung zu erreichen. Aufgrund ihrer apparativ aufwändigen Anlagentechnik werden Wirbelschichtfeuerungen jedoch erst ab Feuerungswärmeleistungen von etwa 5 bis 15 MW (stationäre Wirbelschicht) bzw. über 15 MW (zirkulierende Wirbelschicht) wirtschaftlich interessant.

Nachteile der Wirbelschichtfeuerung liegen u. a. in der benötigten Aufheizung beim Anfahren, die i. Allg. mittels eines Öl- oder Gasbrenners realisiert wird (dies unterscheidet sich jedoch nicht grundsätzlich von der einer Rostfeuerung vergleichbarer Größe), und – aufgrund des hohen Druckverlustes im Wirbelbett – im relativ hohen Eigenenergiebedarf für die Luftförderung. Auch sind die spezifischen Investitionen und Betriebskosten derartiger Feuerungen, insbesondere bei kleinen thermischen Leistungen, unter Berücksichtigung der diskutierten typischen Leistungsgrößen relativ hoch. Außerdem kommt es durch das abrasiv wirkende Inertmaterial zu einem entsprechenden Materialabtrag an den Feuerraumwandungen (d. h. Erosion). Von Nachteil ist auch der Abrieb an Bettmaterial und der deshalb i. Allg. hohe Staubaustrag (d. h. die Asche fällt überwiegend als Flugasche an), der eine effiziente Entstaubungsanlage erfordert /FNR 2000/, /Kaltschmitt, Hartmann und Hofbauer 2009/.

- Einblasfeuerung. Einblas- oder Staubfeuerungen für die Biomasseverbrennung können ab einem Staubgehalt im Brennstoff (Teile mit einer Kantenlänge von unter 0,5 mm) von mehr als 50 % eingesetzt werden. Der Brennstoff wird bei diesem Feuerungsanlagentyp in die Brennkammer eingeblasen. Damit der Brennstoff dabei in dem heißen Brennraum von selbst zündet, muss der Wassergehalt unter 15 bis 20 % liegen. Für das Anfahren der Anlage wird daher ein Zündbrenner (z. B. auf der Basis von Heizöl) benötigt, mit dem der Brennraum auf eine Temperatur von 450 bis 500 °C aufgeheizt wird. Größere Partikel setzen sich im hinteren Teil der Brennkammer ab und verbrennen dort; feine Teilchen verbrennen im Flug. Bei Brennstoffen mit einem höheren Grobanteil kann eine Staubfeuerung auch mit einem Nachverbrennungsrost ausgerüstet sein. Oft werden Staubbrenner daher auch zusätzlich in Rostfeuerungen integriert. Moderne und größere Einblasfeuerungen sind kontinuierlich geregelt; d. h. die eingebrachte Brennstoffmenge wird laufend genau auf die momentan erforderliche Feuerungswärmeleistung und die entsprechende Verbrennungsluftzufuhr abgestimmt. Als Folge der Verbrennung im Flugstrom und des großen Feinanteils im Brennstoff weisen Einblasfeuerungen im Abgas, wie es die Feuerung verlässt, hohe Staubfrachten auf. Zur Einhaltung der Emissionsgrenzwerte ist deshalb neben Zyklonabscheidern meist auch der Einsatz eines Gewebefilters oder Elektroabscheiders erforderlich /Marutzky und Seeger 1999/, /FNR 2000/, /Kaltschmitt, Hartmann und Hofbauer 2009/.
- Feuerungsanlagen für Halmgüter. Gegenüber Holzbrennstoffen weisen Halmgüter vielerlei brennstoff- und energieverfahrenstechnische Nachteile auf, die eine aufwändigere und teurere Feuerungstechnik erforderlich machen und das Einhalten der gültigen Emissionsgrenzwerte erschweren.

Die anlagentechnische Herausforderung einer Verbrennung von Halmgut im Vergleich zu Holz liegt u. a. darin, dass der Aschegehalt bei Halmgutbrennstoffen in der Regel um das Acht- bis Zehnfache höher ist als bei Holzbrennstoffen. Dieser hohe Aschegehalt bei gleichzeitig niedrigeren Ascheerweichungs- und -sintertemperaturen (Temperaturen, bei denen die Asche anfängt aufzuschmelzen und klebrig zu werden) erfordert vor allem bei Anlagen größerer Leistung eine speziell angepasste Verbrennungstechnologie. Die deswegen benötigten Verbrennungstemperaturen unterhalb den Ascheerweichungs- und -sintertemperaturen (800 bis 900 °C) lassen sich beispielsweise mit geringeren Schütthöhen und niedrigeren Rostwärmebelastungen oder einer zusätzlichen Wasserkühlung der Roststäbe erreichen.

Auch beim Stickstoff-, Kalium- und Chlorgehalt weisen Halmgüter deutlich höhere Werte auf als Holz. Diese Inhaltsstoffe sind nicht nur an der Bildung von Luftschadstoffen beteiligt; sie wirken auch korrosiv und führen zur Verschlackung von Feuerraum- und Wärmeübertragungsflächen.

Stroh kann deshalb nur in speziell angepassten Anlagen, die diesen Herausforderungen Rechnung tragen, als Ganzballen, in aufgelöster oder gehäckselter Form sowie als Strohpellet verbrannt werden. Für aufgelöstes und gehäckseltes bzw. zu Pellets gepresstes Stroh eignen sich mit Ausnahme der Unterschubfeuerung die bereits diskutierten Anlagen zur Verbrennung von Holzhackschnitzeln bzw. Holzpellets nur, wenn im Brennraum der Aschebereich so ausgeführt wird, dass keine Verschlackungsprobleme auftreten können und der Brennraum an die veränderten verbrennungstechnischen Eigenschaften angepasst wird.

Für kleinere Leistungen werden Feuerungssysteme angeboten, bei denen die Großballen zunächst in mehrere Scheiben geteilt und anschließend auf einen Vorschubrost aufgebracht werden /FNR 2000/, /FNR 2007a/. Alternativ gibt es auch Feuerungsanlagen für Leistungen unter 1 MW, bei denen der Ballen vollständig in den Feuerraum eingebracht und dort verbrannt wird.

Kessel. Die Nutzung der im Feuerraum freigesetzten Wärme erfolgt i. Allg. durch eine Übertragung der im Abgas enthaltenen Wärme auf ein in einem Kessel zirkulierendes Wärmeträgermedium. Bis auf Einzelfeuerungen, die ihre Wärme direkt an den Raum abgeben, wird die Nutzwärme nicht im Feuerraum, sondern in einem vom Feuerraum getrennten Wärmeübertrager (Kessel) aus den heißen ausgebrannten Verbrennungsabgasen gewonnen. Als Wärmeträgermedium wird meist Wasser verwendet, das ggf. verdampft wird. In Einzelfällen kann auch Thermoöl eingesetzt werden.

Je vollständiger die Abgaswärme auf den Wärmeträger übertragen wird, desto besser wird der Wirkungsgrad. Treibende Kraft für den Wärmeübertrag ist das Temperaturgefälle zwischen Abgas und Wärmeträgermedium. Wie weit das Abgas abgekühlt werden kann, ist damit von der Rücklauftemperatur des Wärmeträgermediums und folglich vom Wärmeabnehmer abhängig. Sind beispielsweise Niedertemperaturheizungen mit Rücklauftemperaturen von 30 °C und weniger angeschlossen, sind höhere Wirkungsgrade möglich als bei einer Anlage, mit der ausschließlich Prozessdampf mit entsprechend hohen Temperaturen produziert wird. Dabei kommt es allerdings bei einer Abkühlung unterhalb des Taupunkts zu einer Kondensation des im Abgas enthaltenen Wassers. Sind im Abgas säurebildende Bestandteile enthalten (z. B. Schwefeldioxid, Chlorwasserstoff) und lösen sich diese im Kondensat, führt dies zu einer verstärkten Korrosion an den Wärmeübertragerflächen und im Kamin bzw. im Schornstein; eine Kondensation des im Abgas enthaltenen Wassers im Kessel sollte daher, außer bei einer gezielten Brennwertnutzung, vermieden werden.

Nach dem Bauprinzip wird bei Wärmeübertragern zwischen Rauchrohr- und Wasserrohrkesseln unterschieden.

- Rauchrohrkessel sind die in kleineren und mittleren Biomassefeuerungen am häufigsten verwendete Kesselbauart, wobei hier wiederum der Dreizug-Rauchrohrkessel am weitesten verbreitet ist. Bei diesem Typ werden die Abgase dreimal in horizontaler Richtung durch die Rauchrohre geleitet, die vom Wärmeträgermedium umspült sind. Kleine Kessel weisen demgegenüber oft nur ein oder zwei Rauchrohrzüge auf (z. B. Pelletkessel mit 15 kW Leistung). Durch das hohe spezifische Wasservolumen (daher auch als Großwasserraumkessel bezeichnet) besitzt der Rauchrohrkessel eine hohe Speicherwirkung und reagiert damit relativ unempfindlich auf kurzfristige Lastschwankungen. Dies bedingt jedoch eine gewisse Trägheit im Aufheiz- und Regelverhalten des Kessels.
- Bei Wasserrohrkesseln befindet sich das Wasser in den Rohren und die Abgase umströmen die Wasser- oder Dampfrohre. Im kleinen Leistungs- und im Niederdruckbereich sind Dreizug-Wasserrohrkessel weit verbreitet. Hier umströmen die Abgase in drei Kesselzügen die Wärmeübertragerrohre. Dieser Typ lässt sich sehr kompakt mit integrierter Feuerung bauen. Ein Nachteil gegenüber der Rauchrohrvariante stellt die deutlich erschwerte Reinigungsmöglichkeit des Wärmeübertragerteils dar. Durch die geringere Wassermenge im System ist der Wasserrohrkessel schneller anzufahren und weniger träge in der Regelung; er reagiert dadurch allerdings auch empfindlicher auf schnelle Lastschwankungen. Für die Erzeugung von Dampf zur Stromerzeugung oder für die Bereitstellung von Prozessdampf mit höheren Drücken und Temperaturen werden fast ausschließlich Wasserrohrkessel eingesetzt /Marutzky und Seeger 1999/, /FNR 2000/, /FNR 2005a/.

Stromerzeugung. Neben einer ausschließlichen Wärmebereitstellung kann die in einer Biomassefeuerungsanlage freiwerdende Wärme auch in elektrische Energie bzw. in einem gekoppelten Prozess in Strom und Niedertemperaturwärme (d. h. Kraft-Wärme-Kopplung) umgewandelt werden.

Der Wirkungsgrad der Umwandlung der bei der Biomasseverbrennung freigesetzten Wärme in Strom wird durch die verwendete Anlagentechnik und die eingesetzten Materialien, die das nutzbare obere und untere Temperaturniveau bestimmen, beschränkt. So können beispielsweise in "klassischen" thermischen Kraftwerken basierend auf dem Dampfprozess beim Einsatz leistungsfähiger Maschinen mit hohen Apparatewirkungsgraden in aufwändigen Prozessschaltungen und hochwarmfesten Materialien mit Festbrennstoffen (Kohle) heute Stromwirkungsgrade von rund 45 % erzielt werden. Gas- und Dampfturbinen(GuD)-Kraftwerke mit einer Koppelung von Gasturbine und Dampfprozess kommen dagegen derzeit bereits auf Wirkungsgrade von rund 58 % bei der ausschließlichen Stromerzeugung. In kleintechnischen Anlagen zur Stromerzeugung (unter 10 MW thermischer Leistung) aus biogenen Festbrennstoffen werden jedoch derzeit nur Wirkungsgrade von rund 25 bis 35 %, z. T. bei einer hohen Wärmauskopplung auch noch deutlich weniger, erzielt; dies ist auf relativ geringe Temperaturen und vergleichsweise niedrige Drücke, meist einfache Prozess-Schaltungen und oft niedrige Apparatewirkungsgrade zurückzuführen.

Je nach installierter elektrischer Leistung gibt es eine Vielzahl möglicher Technologien zur Stromerzeugung aus fester Biomasse /Reetz et al. 1997/, /Kaltschmitt, Hartmann und Hofbauer 2009/; nachfolgend wird eine Auswahl diskutiert.

Dampfmotoren. Der Dampfmotor ist die Weiterentwicklung der Kolbendampfmaschine (d. h. Prinzip, Wirkungsgrad, Zuverlässigkeit und Lebensdauer entsprechen diesem Maschinentyp). Durch Schnellläufigkeit und Kompaktbauweise werden im Vergleich zur Kolbendampfmaschine jedoch kleinere Volumina und Gewichte erzielt.

Der Dampfkolbenmotor arbeitet nach dem Entspannungsprinzip; d. h. der unter Druck stehende Dampf drückt unmittelbar auf einen Kolben, der dadurch bewegt wird und die im Dampf enthaltene Energie wird so in mechanische Energie des Kolbens umgewandelt.

Beim Dampfkolbenmotor strömt der Dampf mit dem Frischdampfdruck in den Zylinder ein, bis durch den Regelkolben der Einlassvorgang beendet wird. Der Dampf entspannt sich und leistet Arbeit am Kolben. Dadurch vergrößert sich das Volumen und der Druck baut sich ab. Danach wird der entspannte Dampf aus dem Zylinderraum ausgeschoben und der Regelkolben schließt das Auslassventil. Beim weiteren Zurückfahren des Kolbens in die Ausgangsstellung kommt es deshalb zu einer Verdichtung des Restdampfes, der sich noch im Zylinder befindet; dadurch werden mögliche Druckstöße abgedämpft. Da bei den verfügbaren Dampfkolbenmotoren der Kolben meist beidseitig wechselweise beaufschlagt wird, findet der gleiche Vorgang parallel auch auf der gegenüberliegenden Seite des Kolbens – allerdings um 180° phasenverschoben – statt. Die dadurch an den Kolben übertragene Energie wird über eine Pleuelstange an die Arbeitswelle übergeben, die dann an einen Generator gekoppelt und dort in elektrische Energie umgewandelt werden kann.

Dampfmotoren sind technisch ausgereift und auch für kleinere Leistungen verfügbar. Von Vorteil ist ein gutes Teillastverhalten, da sich im Leistungsbereich von 50 bis 100 % der elektrische Wirkungsgrad von ca. 15 % kaum ändert. Der Dampfmotor ist daher für Anwendungsfälle mit tages- und jahreszeitlichen Schwankungen der Wärme- bzw. Stromnachfrage gut geeignet.

Dampfturbinen. Die "klassische" Möglichkeit einer Stromerzeugung aus fester Biomasse stellt – ähnlich wie bei fossilen Festbrennstoffen – der Dampfkraftprozess dar. Mithilfe der bei der thermo-chemischen Umwandlung des Brennstoffs freigesetzten Wärme wird aus Wasser Dampf erzeugt, der dann in einer Dampfturbine entspannt und dem Prozess erneut zugeführt wird (d. h. Kreisprozess). Die dabei in der Turbine verrichtete mechanische Arbeit wird dann in einem Generator in elektrische Energie umgewandelt. Ein derartiger Kreisprozess kann – je nach den Randbedingungen vor Ort – auf sehr unterschiedlichen Temperatur- und Druckniveaus realisiert werden. I. Allg. steigt der Wirkungsgrad mit zunehmender nutzbarer Temperaturdifferenz.

Dampfturbinen können mit drei unterschiedlichen Betriebsweisen betrieben werden.

- Kondensationsbetrieb. Hier wird eine ausschließliche Stromerzeugung mit einem möglichst hohen Wirkungsgrad angestrebt. Dazu wird der Dampf in der Turbine so weit wie möglich entspannt und anschließend kondensiert. Die dabei anfallende Kondensationswärme muss – da sie auf einem sehr geringen und i. Allg. nicht weiter nutzbaren Temperaturniveau anfällt – als Abwärme an die Umgebung abgeführt werden.
- Gegendruckbetrieb. Bei gleichzeitiger Erzeugung von Strom und Wärme in einer Kraft-Wärme-Kopplungsanlage ist eine derartige vollständige Entspannung nicht möglich, da Dampf mit einer bestimmten Temperatur benötigt wird, um z. B.

Wasser für die Fern- oder Nahwärmeerzeugung zu erhitzen bzw. Prozessdampf bereitzustellen. Daher wird in den üblicherweise eingesetzten Kraft-Wärme-Kopplungs-Dampfprozessen der Dampf nur teilweise – bis auf ein bestimmtes Mindestdruck- und damit ein definiertes Temperaturniveau – entspannt. Auf diesem voreingestellten Druck- und Temperaturniveau verlässt der gesamte Dampf die Turbine und steht dann vollständig für die Wärmebereitstellung – ggf. nach einer völligen oder teilweisen Kondensation (d. h. als Dampf oder als Heißwasser) – zur Verfügung. Beim Gegendruckbetrieb stehen Strom- und Wärmeerzeugung damit in einem festen Verhältnis zueinander. Geht beispielsweise die Wärmenachfrage z. B. im Sommer zurück, verringert sich die im Prozess benötigte Dampfmenge und damit zwangsläufig auch die Stromproduktion. Somit stellt beim Gegendruckbetrieb die Stromerzeugung quasi ein Abfallprodukt der Wärmeerzeugung dar, wenn die Anlage wärmegeführt gefahren wird; wird sie stromgeführt betrieben, ist es umgekehrt.

- Entnahme-Kondensations-Betrieb. Um eine effizientere Stromerzeugung bei schwankender Wärmenachfrage zu ermöglichen, kann auf die Entnahme-Kondensations-Turbine zurückgegriffen werden. Hier kann der Dampf in der Turbine vollständig entspannt werden (d. h. ausschließlicher Kondensationsbetrieb). Zusätzlich kann aber auch eine bestimmte Menge Dampf auf einem definierten Druck- und Temperaturniveau aus dem Turbinenprozess entnommen und einer anderen Verwendung (z. B. der Erzeugung von Nah- oder Fernwärme) zugeführt werden. Die hierfür benötigten Dampfmengen werden i. Allg. aus dem Nieder- oder Mitteldruckteil der Turbine entnommen. Bei diesem Prozess ist damit das Verhältnis zwischen Strom und Wärme variabel. Der Vorteil liegt in der weitgehenden Entkopplung der Stromerzeugung von der Wärmenachfrage. Nachteilig ist die mit einer steigenden Wärmenachfrage zurückgehende Stromproduktion, da weniger Dampf in der Turbine bis zur vollständigen Entspannung verbleibt. Jedoch ist i. Allg. die Stromausbeute deutlich höher als beim Einsatz einer Gegendruckturbine.

Einstufige Dampfturbinen werden ab elektrischen Leistungen von etwa 1 MW zur Stromerzeugung eingesetzt, wohingegen mehrstufige Anlagen erst ab elektrischen Leistungen von etwa 5 MW verfügbar sind.

ORC-Prozesse. Insbesondere im kleineren elektrischen Leistungsbereich werden bei Biomassefeuerungen auch Stromerzeugungsprozesse auf der Basis des Organic-Rankine-Cycle (ORC) eingesetzt. Derartige Kreisprozesse sind dem klassischen wasserbasierten Kreisprozess vergleichbar, nutzen aber ein niedrigsiedendes Kreislaufmedium (d. h. organische Verbindung). Derartige Prozesse können mit elektrischen Leistungen betrieben werden, die z. T. deutlich unter denen wasserbasierter Kreisprozesse liegen. Allerdings ist – u. a. aufgrund der geringen nutzbaren Temperaturdifferenz – der Wirkungsgrad im Vergleich zum konventionellen Dampfprozess z. T. deutlich geringer. Der ORC-Prozess kommt deshalb sinnvollerweise nur dort zum Einsatz, wo eine entsprechende Wärmenachfrage gegeben und die Stromerzeugung von untergeordneter Bedeutung ist.

Stirling-Motoren. Ein Teil der bei der thermo-chemischen Umwandlung freigesetzten und im Abgasvolumenstrom enthaltenen Wärmeenergie kann auch mithilfe eines Stirling-Motors zur Stromerzeugung genutzt werden. Dabei handelt es sich um einen extern beheizten Kolbenmotor, in dem ein Arbeitsgas zirkuliert, mit dem die Abgaswärme in mechanische Energie gewandelt wird. Für relativ hohe Umwandlungswirkungsgrade braucht der Stirling-Motor hohe Temperaturen auf der Erhitzerseite. Um dies langfristig zu gewährleisten, muss sichergestellt werden, dass der Wärmeübergang zwischen dem Abgas und dem Motor jederzeit sichergestellt ist und die Wärmeübertragerflächen nicht z. B. durch Aschepartikel verschmutzt werden.

Zufeuerung. Eine Stromerzeugung ist auch über eine Zufeuerung der Biomasse in vorhandenen und mit fossilen Brennstoffen (z. B. Steinkohle, Braunkohle) betriebenen Großkraftwerken möglich. Wenn der Anteil der eingesetzten Biobrennstoffe (z. B. 5 oder 10 %) im Vergleich zu dem Anteil der fossilen Energieträger klein ist, können ähnliche Wirkungs- und Nutzungsgrade wie beim ausschließlichen Einsatz fossiler Energieträger erreicht werden.

Emissionsminderung. Können die gesetzlich geforderten Emissionsgrenzwerte durch eine optimierte Betriebsführung (sogenannte primäre Maßnahmen wie u. a. gestufte Verbrennung, Abgasrückführung) der Biomassefeuerung nicht erreicht werden, sind entsprechende Reinigungseinrichtungen vorzusehen. Welche dieser sogenannten Sekundärmaßnahmen zur Emissionsminderung letztendlich eingesetzt werden, ist dabei im Wesentlichen vom eingesetzten Brennstoff, der Feuerungstechnik sowie von der Anlagengröße, welche die einzuhaltenden Emissionsgrenzwerte nach /BGBl. 227/1997/, /BGBl. 331/1997/, /BGBl. 150/2004/, /BGBl. 178/2000/, /LGBl. 78/1997/ vorgibt, abhängig. Bei den festgelegten Emissionsgrenzwerten wird zwischen solchen für Kleinfeuerungsanlagen bis 400 kW Brennstoffwärmeleistung, genehmigungspflichtigen gewerblich betriebenen Feuerungsanlagen ab 50 kW Brennstoffwärmeleistung und genehmigungspflichtigen Dampfkesselanlagen ab 150 kW Brennstoffwärmeleistung unterschieden. Zusätzlich dazu können weitere Minderungsmaßnahmen notwendig werden, wenn es beispielsweise aufgrund des Standortes der Anlage zu Akzeptanzproblemen in der Bevölkerung kommt. Tabelle 9.4 zeigt dazu typische Rohgasemissionen von Hackgutverbrennungsanlagen (vor einer Abgasreinigung), wobei die Werte auch über den angegebenen Bereich hinaus stark schwanken können. Zur Einordnung sind ihnen die Emissionsgrenzwerte der Feuerungsanlagenverordnung /BGBl. 331/1997/ für Biomassefeuerungen über 50 kW Brennstoffwärmeleistung gegenübergestellt. Daraus wird u. a. ersichtlich, dass bei größeren Biomasseverbrennungsanlagen zumindest eine Abgasentstaubung notwendig ist. Bei der Verbrennung von z. B. kontaminierten Althölzern beispielsweise in Großanlagen mit niedrigeren Emissionsgrenzwerten kann noch eine weitergehende Abgasreinigung erforderlich sein.

Entstaubung. Der technische Aufwand zur Abgasentstaubung hängt vom Feuerungstyp und insbesondere vom verwendeten Brennstoff ab. Während z. B. bei Staubfeuerungen nahezu der gesamte Ascheanteil (Fein- und Grobasche) über das Abgas ausgetragen wird, wird bei Rost- und Unterschubfeuerungen der grobe Ascheanteil direkt aus der Feuerung ausgeschleust und nur der feinere Anteil als Flugasche mit dem Abgas ausgetragen. Auch ist die bei Holzfeuerungen entstehende Asche aufgrund der größeren Stückigkeit und der höheren Dichte des Brennstoffs im Vergleich zu halmgutartigen Brennstoffen gröber (> 10 µm) und daher mit geringeren Aufwendungen abscheidbar. Bei halmgutartigen Brennstoffen kann zudem der höhere Alkali-, Chlor- und Schwefelgehalt zur verstärkten Entstehung von Salzen (z. B. KCl, K_2SO_4) führen, die feinste Flugaschepartikel bilden können (< 1 µm; sogenannte Feinstäube oder Aerosole).

Tabelle 9.4 Rohgasemissionen von Holzhackschnitzelverbrennungsanlagen /FNR 2005a/, /BGBl. 331/1997/

	Typische Rohgasemissionen in mg/Nm³		Grenzwerte[a] in mg/Nm³
SO_2	170[e]	50 – 350[f]	k. A.
NO_x als NO_2	250[e]	100 – 400[f]	250[c] / 300[b]
Partikel	500[e]	200 – 800[f]	150[d]

[a] nach Feurungsanlagenverordnung /BGBl. 331/1997/; [b] für Buche, Eiche, naturbelassene Rinde, Reisig und Zapfen bis 10 MW Feuerungswärmeleistung (200 mg/Nm³ für Anlagen über 10 MW); [c] sonstiges naturbelassenes Holz (200 mg/Nm³ für Anlagen über 10 MW); [d] für Anlagen unter 2 MW Feuerungswärmeleistung (100 mg/Nm³ bzw. ab 1.1.2002 50 mg/Nm³ für Anlagen von 2 bis 5 MW, 50 mg/Nm³ für Anlagen über 5 MW); [e] Mittelwert; [f] Bereich

Als Staubabscheider stehen Zyklon, Gewebefilter und Elektroabscheider zur Verfügung, deren Einsatzbereiche in Abhängigkeit von der mittleren Korngröße der abscheidbaren Flugstäube in Abb. 9.18 dargestellt sind. Demnach werden mit Zyklonabscheidern grobe Ascheanteile und mit Gewebefilter und Elektroabscheidern feinere Stäube abgeschieden. Tabelle 9.5 zeigt typische Merkmale /FNR 2000/, /FNR 2005a/.

Tabelle 9.5 Verschiedene Staubabscheideverfahren /FNR 2005a/

Abscheideverfahren	Abscheidegrad in %	Gasgeschwindigkeit in m/s	Druckverlust in mbar	Energiebedarf in kWh/1 000 Nm³
Zyklon	85 – 95	15 – 25	6 – 15	0,30 – 0,65
Gewebefilter	99 – 99,99	0,5 – 5,0	5 – 20	0,75 – 1,90
Trocken-Elektroabscheider	99 – 99,99	0,5 – 2,0	1,5 – 3	0,26 – 1,96
Nass-Elektroabscheider	95 – 99,99	0,5 – 2,0	1,5 – 3	0,17 – 2,30

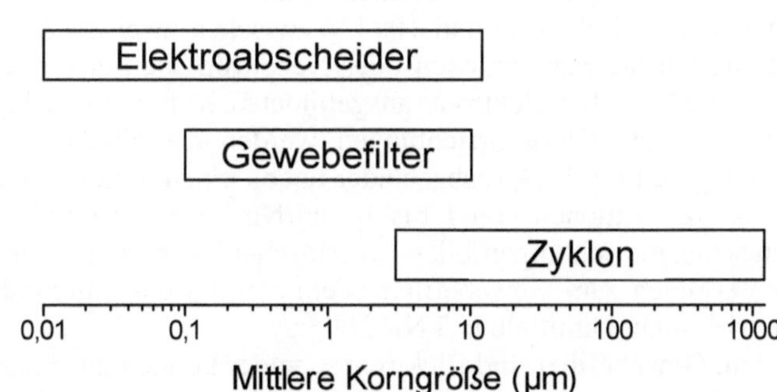

Abb. 9.18 Einsatzbereich der wesentlichen Staubabscheider (nach /IVD 1998/)

Zyklon- oder Fliehkraftabscheider stellen die einfachste Technologie zur Entstaubung dar. Hier werden die Stäube aufgrund von Fliehkräften abgeschieden, die den Staubteilchen durch eine geeignete Strömungsführung im Zyklon aufgezwungen werden. Der Entstaubungsgrad eines derartigen Zyklons hängt wesentlich ab von der Korngröße, der Partikeldichte, der Zyklongeometrie und dem Volumenstrom, mit dem sich die Gasgeschwindigkeit und der Druckverlust ändern. Zur Minimierung der Druckverluste werden meist mehrere Zyklone zu einem sogenannten Multizyklon parallel geschalten. Zyklone scheiden bei akzeptablen Druckverlusten Teilchen größer 10 µm effizient ab, was in Hackgut- und Rindenfeuerungen zu Reststaubgehalten im Abgas von 120 bis ca. 280 mg/Nm^3 führt /Stockinger und Obernberger 1998/. Die von der Anlagengröße abhängigen gesetzlich geregelten Grenzwerte (Tabelle 9.4) können damit teilweise nicht eingehalten werden, so dass eine weitere Staubreinigung nachgeschaltet werden muss; Zyklone werden daher primär zur Vorabscheidung eingesetzt. Für Stroh und andere Halmgüter sind Zyklonabscheider aufgrund des hohen Feinstaubanteils auch bei kleinen Anlagenleistungen nur bedingt geeignet.

Bei Gewebefiltern durchströmen die staubhaltigen Gase eine poröse Schicht. Dadurch wird der Staub vom Gas getrennt und lagert sich am Filter in Form eines Filterkuchens ab. Als Filtermaterial kommen Gewebe und Stoffe aus Natur- und Kunstfasern, anorganisches Fasermaterial (z. B. Glas-, Mineral- und Metallfasern) und auch Metallfolien zum Einsatz. Die Abreinigung des Filterkuchens vom Filtermaterial erfolgt durch Rückspülen beispielsweise mit einem Druckluftstoß. Es werden Reingaskonzentrationen von unter 10 mg/Nm^3 erreicht. Ein wesentlicher limitierender Faktor für den Einsatz von Gewebefiltern ist die Rohgastemperatur. Weiters kann es bei Unterschreitung der unteren Temperaturgrenze (ca. 120 °C) durch die Kondensation der im Abgas enthaltenen Flüssigkeit zu einem Verstopfen des Filters kommen; beim Anfahren muss daher der Filter entweder mit einem Bypass umfahren oder elektrisch beheizt werden. Bei einer Überschreitung der oberen Temperaturgrenze (ca. 250 °C) kann es zusätzlich zur thermischen Schädigung des Filtermaterials kommen. Zum Schutz vor Funkenflug wird dem Gewebefilter daher meist ein Zyklon vorgeschaltet. Zusätzlich kann bei Abgastemperaturen über 180 °C in Gewebefiltern die Gefahr der Neubildung von Doxinen und Furanen bestehen. Um dies zu vermeiden, sollte die Betriebstemperatur von Gewebefiltern unter 150 °C, zumindest aber unter 180 °C liegen /Kaltschmitt, Hartmann und Hofbauer 2009/.

Elektroabscheider (umgangssprachlich E-Filter) können Staubpartikel und Nebeltröpfchen durch Einwirkung eines elektrischen Feldes abscheiden, das durch Anlegen einer Gleichspannung zwischen 20 und 100 kV zwischen zwei Elektroden aufgebaut wird. Dadurch werden die Staubteilchen oder Nebeltröpfchen elektrisch aufgeladen, wandern zur als Niederschlagselektrode ausgebildeten Kathode und lagern sich dort ab. Durch entsprechende Klopfvorrichtungen werden die Niederschlagselektroden dann periodisch abgereinigt. Elektroabscheider haben einen hohen Abscheidegrad; es können Reingaskonzentrationen von 1 bis 10 mg/Nm^3 erreicht werden. Vorabscheider, Funkenflugschutzeinrichtungen oder Feuerlöschanlagen sind nicht unbedingt erforderlich. Im Vergleich zum Gewebefilter beeinträchtigt das Durchfahren des Taupunktes den Betrieb nicht unmittelbar /FNR 2005a/.

Neben Zyklon, Gewebefilter und Elektroabscheider können zur Staubabscheidung auch Nassabscheider (Abgaswäscher und Abgaskondensationsanlage) eingesetzt werden.

Abgaswäscher werden primär zur Abscheidung saurer Schadgase (z. B. HCl, SO_2) verwendet (siehe unten); mit ihnen können zusätzlich aber auch Staubpartikel abgeschieden werden.

Durch eine Abgaskondensationsanlage wird neben der Wärmerückgewinnung zusätzlich durch auskondensierende Wassertröpfchen eine Nassabscheidung von Staubpartikeln erreicht. Die Staubpartikel wirken dabei als Kondensationskeime und werden mit dem Kondensat an den Wärmeübertragerflächen abgeschieden. Je nach Konzentration im Rohgas können Ascheminderungen (einschließlich des Wirkungsgradgewinns) um rund 30 bis 40 % erreicht werden; d. h. bei Staubfrachten um 70 mg/Nm^3 sind Reingaswerte von 40 bis 50 mg/Nm^3 möglich.

Entstickung. Die Stickstoffoxidemissionen werden bei der Biomasseverbrennung im Wesentlichen durch den Gehalt an Stickstoff im Brennstoff bestimmt. Aufgrund des geringen Stickstoffgehaltes von unbehandeltem Holz entstehen deshalb bei dessen Verbrennung auch nur geringe NO_x-Emissionen, die i. Allg. keine besonderen Maßnahmen zur NO_x-Reduktion erforderlich machen. Bei festen Biobrennstoffen mit höheren Brennstoffstickstoffgehalten (z. B. Stroh, Getreidekörner, nadelreiche Fichtenhackschnitzel) sind jedoch ggf. Maßnahmen zur Stickstoffoxidminderung erforderlich, um die gesetzlich geregelten Emissionsgrenzwerte einhalten zu können. Dabei kann zwischen Primär- und Sekundärmaßnahmen unterschieden werden.

- Primärmaßnahmen greifen direkt in den Verbrennungsablauf ein. Hierfür kommen die Abgasrückführung sowie die gestufte Brennerluft- und Brennstoffzufuhr in Frage. Bei der Rückführung von Abgasen erreicht man eine begrenzte Minderung der NO_x-Emissionen durch die kühlende Wirkung der Abgase auf die Flammentemperatur sowie durch den Verdünnungseffekt eine Senkung des Sauerstoffgehalts in der Flamme. Bei der Luftstufung im Feuerraum wird nicht die gesamte zur Verbrennung notwendige Luft am Brenner zugegeben, sondern ein Teil weiter stromabwärts in die Nachbrennkammer geblasen. Bei der Brennstoffstufung wird der Hauptbrennstoff mit Luftüberschuss verbrannt. In der sogenannten Reduktionszone werden die in der Hauptbrennkammer gebildeten Stickstoffoxide durch einen Zweitbrennstoff, der in das Abgas eingemischt wird, reduziert. Bei naturbelassenen festen Biomassen reichen derartige Primärmaßnahmen meist aus, um die geforderten Grenzwerte einzuhalten.
- Als Sekundärmaßnahmen werden der Feuerung nachgeschaltete Verfahren zur Reduktion von bereits gebildeten Stickstoffoxiden bezeichnet. Dazu kommen die selektive nicht-katalytische Reduktion (SNCR) oder die selektive katalytische Reduktion (SCR) zum Einsatz, die durch Zugabe von Ammoniak (NH_3) oder Harnstoff ($CO(NH_2)_2$) die gebildeten Stickstoffoxide weitgehend aus dem Abgasstrom entfernen.

HCl-Reduzierung. Maßnahmen zur Reduzierung von Chlorwasserstoff (HCl) haben in erster Linie bei der Verfeuerung von Stroh und anderen Halmgütern Bedeutung (d. h. bei Biobrennstoffen, die einen entsprechend hohen Chloranteil aufweisen). Gängige Verfahren hierzu sind die mit einer Trockensorption kombinierten Feinststaubabscheider oder die Nasswäsche.

- Bei der Trockensorption wird ein Sorptionsmittel (z. B. Kalkhydrat ($Ca(OH)_2$)) in das Abgas eingemischt. Dieses reagiert mit dem Chlor zu Kalziumchlorid, das dann im Filter abgeschieden werden kann. Beim Einsatz eines Gewebefilters findet die Reaktion dabei zum Großteil an dem sich aufbauenden Filterkuchen statt, wohingegen bei einem Elektroabscheider diese in einer vorgeschalteten Reaktionskammer erfolgt.
- Im Nasswäscher wird das Abgas durch einen Wäscher geleitet, in den Wasser oder eine Waschflüssigkeit mit bestimmten Eigenschaften in den Gegenstrom eingedüst wird. Die Abscheidung der gasförmigen Schadstoffe erfolgt dann durch Absorption in den Wasser- oder Waschflüssigkeitströpfchen. Eine ähnliche Wirkung wie

mit einem Wäscher kann auch mit einer Abgaskondensationsanlage erreicht werden.

Ascheverwertung. Der Aschegehalt einzelner Biomassebrennstoffe liegt zwischen 0,5 Gew.-% der Trockenmasse (TM) für Weichholz und 5 bis 8 Gew.-% der Trockenmasse für Rinde. Altholz und Halmgüter können mit 5 bis 12 Gew.-% noch wesentlich höhere Aschegehalte aufweisen. Neben diesen mineralischen Bestandteilen kann die Asche aus Biomassefeuerungen noch die am Brennstoff anhaftenden Verunreinigungen (z. B. Steine, Sand) und organische Bestandteile (u. a. unvollständig verbranntes Holz, Ruß) sowie bei der Verbrennung von Altholz ggf. auch Metallteile und andere Verunreinigungen enthalten.

Während sich in Kleinanlagen ohne Entstaubungseinrichtungen die Asche i. Allg. nur aus einer Fraktion zusammensetzt, fällt in größeren Biomassefeuerungen die Asche normalerweise in drei unterschiedlichen Fraktionen an /Obernberger 1997/.

- Grob- oder Rostasche. Diese Aschefraktion fällt im Verbrennungsteil der Feuerungsanlage als überwiegend mineralischer Rückstand der eingesetzten Biomasse an. Sie ist meist mit in der Biomasse enthaltenen Verunreinigungen wie Sand und Steinen durchsetzt. Häufig sind, speziell beim Einsatz von Rinde und Stroh als Brennstoff, gesinterte Aschenteile und Schlackebrocken in der Grobasche enthalten.
- Zyklonasche. Diese Fraktion besteht aus in den Abgasen mitgeführten feinen Partikeln. Die festen, überwiegend anorganischen Brennstoffbestandteile fallen als Stäube im Wendekammer- und Wärmeübertragerbereich der Feuerung sowie in den, dem Kessel nachgeschalteten, Fliehkraftabscheidern (Zyklonen) an.
- Feinstflugasche. Als Feinstflugasche wird die in Gewebefiltern oder Elektroabscheidern bzw. als Kondensatschlamm in Abgaskondensationsanlagen anfallende Flugaschefraktion bezeichnet.

Aufgrund des Nährstoffgehalts der Aschen (vor allem Calcium, Kalium und Magnesium) können Grob- und Zyklonaschen chemisch unbehandelter Biomassen als Sekundärrohstoff mit düngender und bodenverbessernder Wirkung eingesetzt werden. Aufgrund einer möglichen Belastung der Asche mit Schwermetallen ist das Ausbringen als Dünger jedoch nur unter bestimmten Bedingungen erlaubt. Deshalb wird i. Allg. die Trennung von zur Düngung geeigneten Aschen zwischen Zyklon- und Feinstflugasche gezogen. Meist können Zyklonaschen noch als Düngungszuschlagsstoff genutzt werden, während die Feinstflugasche grundsätzlich entsorgt werden sollte.

Bei Kleinanlagen fällt die Asche i. Allg. nach dem Ausbrand durch den Rost in einen regelmäßig zu entleerenden Aschekasten. Bei Anlagen größerer Leistung erfolgt der Ascheaustrag automatisch in einen Container beispielsweise über eine Ascheaustragsschnecke. Die Asche kann hier nass oder trocken ausgetragen werden; die Nassentaschung hat den Vorteil, dass die Zufuhr von Falschluft über den Ascheaustrag verhindert wird und mögliche Glutnester gelöscht werden. Allerdings erhöht sich dadurch auch das Aschengewicht.

Weitere Systemelemente. Neben den beschriebenen Systemelementen können in Abhängigkeit von der Anlagenkonfiguration für eine Biomassefeuerung noch weitere Systemelemente erforderlich sein.

Warmwasserbereitung. Die Warmwasserbereitung erfolgt meist durch Speicherwarmwasserbereiter, die neben dem Heizkessel angeordnet werden. Die Erwärmung des Wassers kann dabei über eine im Speicher angeordnete Heizfläche (direkt beheizter Speicher) oder über einen externen Wärmeübertrager (indirekt beheizter Speicher) erfolgen.

Wärmespeicher. Zur hydraulischen Entkopplung des Wärmeverteilsystems vom Biomassekessel und/oder zum Ausgleich von Wärmenachfrage und Wärmeerzeugung werden bei kleineren Anlagen oft wärmegedämmte Stahlspeicher als Wärmespeicher eingesetzt. Eine solche über einen Speicher realisierbare hydraulische Entkopplung ist u. a. dann notwendig, wenn mehrere, getrennt regelbare Heizkreise von einem Biomassekessel gespeist werden. Einem solchen Ausgleich von Wärmenachfrage und Wärmeerzeugung kommt bei Biomassekesseln eine besondere Bedeutung zu, da die Leistung i. Allg. nicht beliebig weit gedrosselt bzw. an starke Lastschwankungen angepasst werden kann. Scheitholzkessel können meist nur in einem Leistungsbereich von 50 bis 100 %, Hackgut- bzw. Pelletkessel dagegen von etwa 30 bis 100 % der Nennleistung betrieben werden. Ohne Speicher muss die Feuerung bei Unterschreiten der niedrigsten im Dauerbetrieb erzielbaren Leistung daher durch Unterbrechung der Luft- und Brennstoffzufuhr abgeschaltet bzw. taktend betrieben werden; dies führt i. Allg. zu einer Verschlechterung des Wirkungsgrads sowie zu höheren Emissionen. Aber auch im Teillastbetrieb sind Biomassefeuerungen oft durch höhere Emissionen gekennzeichnet. Durch den Speicher kann die Verbrennung demgegenüber ungedrosselt bei gutem Wirkungsgrad und geringen Emissionen ablaufen.

Das erforderliche Speichervolumen ist vom Leistungsbereich des Kessels (lastvariabler oder Volllast-Betrieb) abhängig und steigt mit der Wärmeleistung und dem Brennstofffüllvolumen (Brenndauer). Außerdem ist die Temperaturdifferenz zwischen Speicher und Wärmeverteilung von Bedeutung. Der Wärmespeicher sollte mindestens jene Wärmemenge speichern können, die vom Kessel bei minimaler Leistung und Brenndauer erzeugt wird. Scheitholzkessel sind aufgrund ihrer schlechteren Regelbarkeit sowie des relativ kleinen Regelbereichs auf jeden Fall mit einem Wärmespeicher zu kombinieren. Hackgut- und Pelletfeuerungen können demgegenüber auch ohne Speicher betrieben werden, wenn die Wärmeabnahme und die Wärmebereitstellung gut aufeinander anpassbar sind. Vielfach werden allerdings auch Hackgut- und Pelletfeuerungen mit einem Wärmespeicher kombiniert, um z. B. auch während der Übergangszeit einen Betrieb mit gutem Wirkungsgrad und niedrigen Schadstoffemissionen sowie ohne Komforteinbußen gewährleisten zu können.

Wärmespeicher werden aber nicht nur bei kleineren Feuerungsanlagen eingesetzt, sondern auch in Nahwärmesystemen, wenn die zum Ausgleich von Lastschwankungen notwendige Speicherkapazität des Wärmeverteilnetzes zu gering ist bzw. wenn diese in Kombination mit einer Solaranlage betrieben werden. Dadurch können auch die Leistungsspitzen abgedeckt werden.

Spitzenlastabdeckung. Um den investitionsintensiven Anlagenteil – und das ist in der Regel der Biomasseteil einer Wärmeversorgungsanlage – möglichst mit einer hohen Volllaststundenzahl betreiben und damit einen wirtschaftlichen Betrieb gewährleisten zu können, kann es ggf. sinnvoll sein, den Biomassekessel nur zur Deckung der Wärmegrundlast einzusetzen. Zur Deckung der Wärmenachfragespitzen dient dann ein mit fossilen Brennstoffen (meist Heizöl) befeuerter Spitzenlastkessel. Ein derartiger Spitzenlastkessel kann zudem als Reservekessel bei Ausfall der Biomassefeuerungsanlage dienen bzw. die Wärmebereitstellung während extremer Schwachlastzeiten übernehmen. Eine derartige Aufteilung der Wärmeerzeugung auf mehrere Kesselanlagen ist aus Kostengründen jedoch erst oberhalb einer Wärmeleistung von etwa 300 kW sinnvoll.

Als grober Anhaltswert für den wirtschaftlich sinnvollen Einsatz einer Biomassefeuerungsanlage kann eine zu erzielende Volllastbenutzungsdauer (Quotient aus der jährlichen erzeugten Wärmemenge und der Nennwärmeleistung des Kessels) von mindestens 3 500 bis 5 000 h/a angesetzt werden. Im Falle einer ausschließlichen oder überwiegenden Raumwärme- und Brauchwarmwassernachfragedeckung bedeutet dies, dass die Auslegung des Biomassekessels auf etwa 30 bis 50 % der Spitzenleistung der gesamten Wärmenachfrage erfolgt. Damit kann etwa 70 bis 90 % der jährlich nachgefragten Wärmemenge erzeugt werden.

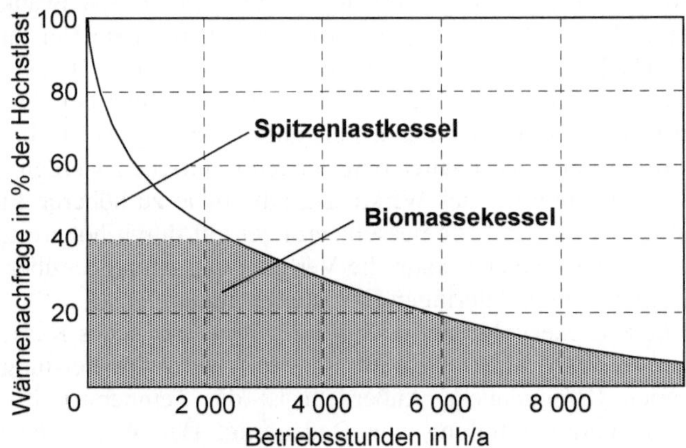

Abb. 9.19 Beispiel einer Jahresdauerlinie eines ganzjährig betriebenen Fernwärmenetzes sowie mögliche Einsatzweise eines Biomassekessels

Abb. 9.19 zeigt exemplarisch eine typische Jahresdauerlinie eines Nahwärmegebietes mit ausschließlicher oder überwiegender Raumwärme- und Brauchwarmwassernachfrage. Hier wird bei einer Nennwärmeleistung des Biomassekessels von 40 % der Spitzenlast ca. 85 % der jährlichen Wärmenachfrage durch den Biomassekessel gedeckt; damit wird eine Volllaststundenzahl von etwa 5 300 h/a erzielt. Die Leistung des Biomassekessels kann auch auf mehrere Kessel aufgeteilt werden (z. B. jeweils 20 % der Maximalleistung) /FNR 2000/.

Wärmerückgewinnung. Durch eine Wärmerückgewinnungsanlage kann die noch im Abgas enthaltene Wärme des mit rund 200 °C aus dem Kessel austretenden Abgases durch eine Abkühlung auf bis zu 40 °C nutzbar gemacht werden; damit kann – insbesondere durch die Ausnutzung der latenten Wärme des im Abgas enthaltenen Wasserdampfes – der Wirkungsgrad der Anlage erhöht werden. Je nach Umfang der Abkühlung unterscheidet man Economizer (ECO) und Abgaskondensationsanlagen (AGK) /Obernberger 1997/, /Stockinger und Obernberger 1998/, /Könighofer et al. 1997/.

Im Economizer erfolgt eine Rückgewinnung der fühlbaren Wärme aus dem Abgas, das durch Wärmeübertrag mit dem konventionellen Netzrücklauf ohne Kondensation auf rund 80 bis 100 °C abgekühlt wird.

Durch eine Abgaskondensationsanlage (Abb. 9.20) kann neben der fühlbaren auch ein Teil der latenten Wärme des Abgases genutzt werden. Die Anlage wird dazu normalerweise dreistufig ausgeführt, wobei die erste Stufe dem Economizer entspricht. In der zweiten Stufe, dem Kondensator, erfolgt dann ein Wärmeübertrag zwischen Abgas und Niedertemperatur-Netzrücklauf. Der Niedertemperatur-Rücklauf ist dabei ein in einem eigenen Fernwärmerohr geführter Teilstrom des normalen Netzrücklaufs, wobei dieser Teilstrom als Vorlauf für Niedertemperaturabnehmer dient. In dieser Stufe wird das Abgas unter seinen Taupunkt gekühlt; dadurch wird neben der fühlbaren Wärme auch ein Teil der im Abgas enthaltenen latenten Wärme energetisch genutzt. Je tiefer das Abgas in dieser Stufe abgekühlt werden kann (abhängig von der Temperatur des Netzrücklaufs und der Wärmenachfrage), desto effektiver arbeitet die Abgaskondensationsanlage. Folglich ist eine Abgaskondensation nur dann sinnvoll, wenn eine entsprechend niedrige Netzrücklauftemperatur erreicht werden kann. In der dritten Stufe, dem Luftvorwärmer (LUVO), erfolgt eine Vorwärmung der angesaugten Luft; diese wird zum Großteil als sogenannte Entschwadungsluft und zu einem geringen Teil als Verbrennungsluft verwendet. Weiters kann sie zur Trocknung des Brennstoffs eingesetzt werden. Die Entschwadungsluft wird dem bei 30 bis 40 °C aus dem Luftvorwärmer austretenden wassergesättigten Abgas beigemischt, um eine Kondensation in den Rohrleitungen zu vermeiden und das Abgas soweit zu verdünnen, dass es am Kaminaustritt bis Außentemperaturen von rund -5 °C zu keiner Wasserdampfschwadenbildung kommt. Aufgrund des hohen Strombedarfs des Entschwadungsluftventilators ist dies allerdings nur sinnvoll, wenn aus optischen Gründen (z. B. in Tourismusgemeinden) die Wasserdampfschwaden als störend empfunden werden.

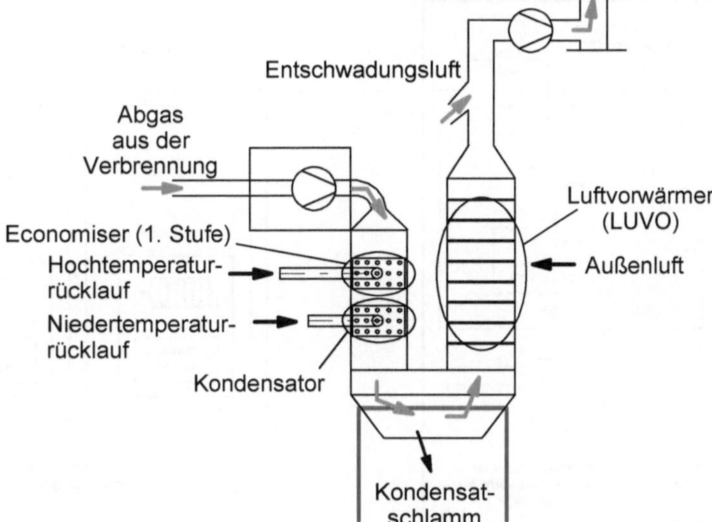

Abb. 9.20 Darstellung einer Abgaskondensationsanlage mit Economizer /Stockinger und Obernberger 1998/

Durch eine Abgaskondensationsanlage kann unter optimalen Bedingungen (d. h. Abkühlung durch Netzrücklauf auf rund 40 °C) beispielsweise bei einem Brennstoffwassergehalt von 50 % der Wirkungsgrad einer Biomassefeuerung um etwa 27 %

gesteigert werden. Ist eine Kondensationsstufe aufgrund zu hoher Temperaturen im Netzrücklauf oder eines zu geringen Wassergehalts im Abgas nicht wirtschaftlich, kann die Wärmerückgewinnung nur durch eine Economizerstufe erfolgen. In diesem Fall kann der Wirkungsgrad um bis zu etwa 10 % verbessert werden /Obernberger 1997/, /Stockinger und Obernberger 1998/.

Nahwärmesysteme. Zur Verteilung der in einem Heizwerk oder Heizkraftwerk erzeugten Wärme werden neben dem eigentlichen Wärmenetz weitere Systemelemente im Heizwerk (u. a. Wasseraufbereitung, Druckhaltung, Umwälzpumpe) und auf der Abnehmerseite (d. h. Hausstation) benötigt (Abb. 9.21).

Als Wärmetransportmedium wird meist Heißwasser, seltener auch Dampf, verwendet. Die Vorlauftemperatur wird dabei i. Allg. in Abhängigkeit von der Außentemperatur gleitend in einem bestimmten Bereich variiert, wobei unter wirtschaftlichen Gesichtspunkten eine möglichst große Spreizung zwischen Vor- und Rücklauftemperatur anzustreben ist. Dadurch lässt sich die umlaufende Wassermenge minimieren; die Rohrdurchmesser und damit die Netz- und die Pumpkosten können entsprechend verringert werden. Allerdings erhöhen sich durch eine höhere Vorlauftemperatur des Nahwärmenetzes dessen Verluste; dies wiederum führt zu höheren Betriebskosten.

Die Verlegung des Rohrnetzes kann als Freileitung, in Kanalbauweise oder kanalfrei als Mantelrohr erfolgen. Letzteres besteht aus einem Mediumrohr aus Stahl oder Kunststoff, einer Wärmedämmung (z. B. Polyurethan) sowie einem Mantel aus Kunststoff oder Stahl. Kunststoffmantelrohre sind auch in flexibler Ausführung erhältlich.

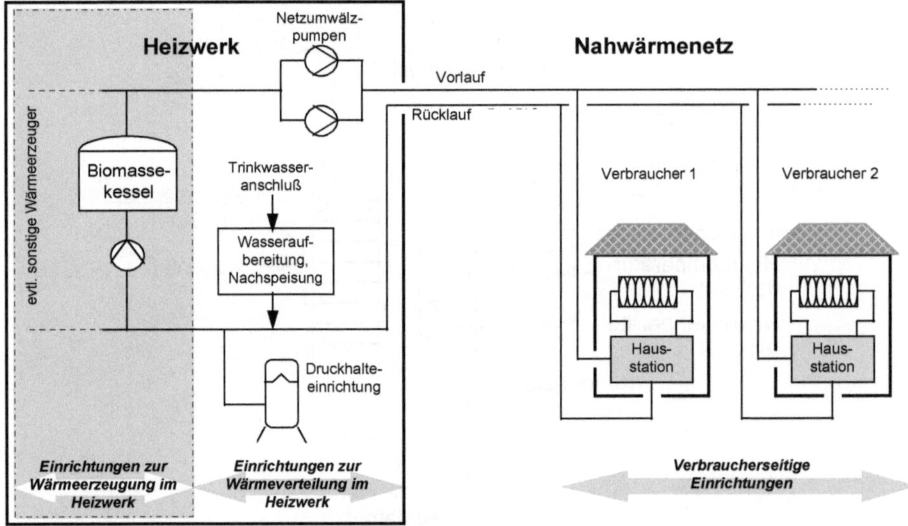

Abb. 9.21 Einrichtungen zur Wärmeverteilung /Fichtner 1998/

Die Hausstation (Übergabestation) dient der Wärmeübergabe an den Verbraucher. Je nachdem, ob eine hydraulische Trennung zwischen den Wärmekreisen des Verteilnetzes und der Gebäudeheizung besteht oder nicht, unterscheidet man zwischen einem direkten und einem indirekten Hausanschluss. Der direkte Anschluss ist oft wirtschaftlicher. Allerdings erlaubt ein indirekter Anschluss über einen zwischengeschalteten Wärmeübertrager eine vollständige Trennung zwischen Wärmeverteilnetz und Hausanlage. Die Warmwasserbereitung kann über ein Speichersystem (Warmwasserspeicher) oder ein Durchflusssystem (Durchlauferhitzer) erfolgen.

9.2.2.4 Verbrennung – Anlagenkonzepte und Anwendungsbereiche

Entsprechend dem großen Angebot an festen Bioenergieträgern kann die Bereitstellung von Wärme und Strom durch eine Vielzahl unterschiedlicher Anlagenkonzepte bzw. -konfigurationen erfolgen. Handbeschickte Einzelöfen (z. B. Kachelofen) werden dabei vorzugsweise in Wohngebäuden zur Unterstützung einer Hauptheizung bzw. während der Übergangszeit zur Raumheizung eingesetzt. Automatisch beschickte Kleinanlagen stellen i. Allg. – ebenso wie Biomassenahwärmesysteme – neben Raumwärme auch Warmwasser bereit. Während bei Kleinanlagen diese Bereitstellung lokal innerhalb der zu versorgenden Gebäude erfolgt, wird bei Nahwärmesystemen die Wärme zentral in einem Heiz- oder Heizkraftwerk erzeugt und anschließend durch ein Wärmenetz zum Verbraucher transportiert. In industriellen Feuerungen wird die gewonnene Wärme demgegenüber vor allem für die Bereitstellung von Prozesswärme und -dampf sowie bei Kraft-Wärme-Kopplung zusätzlich zur Erzeugung von elektrischer Energie genutzt. Prozesswärme aus biomassebefeuerten Anlagen wird z. B. zur Trocknung von Holz in Sägewerken und in der Papier- und Zellstoffindustrie oder der Spanplattenindustrie benötigt.

Als Anwendungsbereiche biomassebefeuerter Anlagen werden im Folgenden exemplarisch Kleinanlagen, Biomassenahwärmesysteme, industrielle Biomassefeuerungen, KWK-Anlagen und die gemeinsame Nutzung von Biomasse mit fossilen Energieträgern (u. a. Zufeuerung zu Kohlekraftwerken) diskutiert. Als Kleinanlagen (Kleinfeuerungsanlagen) werden dabei Feuerungen für Heizzwecke mit einer Brennstoffwärmeleistung zwischen 4 und 400 kW verstanden (u. a. /LGBl. Nr. 78/1997/).

Kleinfeuerungsanlage. Abb. 9.22 zeigt als ein Beispiel für eine Wärmeerzeugung mittels einer Kleinfeuerungsanlage eine mit Hackgut betriebene Unterschubfeuerung. Der Brennstoff wird über ein Bodenrührwerk, eine Austragsschnecke und weiter über eine Einschub- oder Stokerschnecke in die Feuerung eingetragen und verbrennt unter Zuführung der Primär- und Sekundärluft. Die bei der Verbrennung des Hackguts frei werdende Wärme wird über den Wärmeübertrager entweder direkt an den Heizkreis oder den Brauchwarmwasserspeicher bzw. bei zu geringer Wärmenachfrage in einen Wärmespeicher abgegeben (in Abb. 9.22 nicht dargestellt). Zusätzlich kann auch eine Solaranlage in einen derartigen Biomassekessel hydraulisch eingebunden werden (Kapitel 4.2).

Biomasseheizwerk/Nahwärmesystem. Bei dem in Abb. 9.23 dargestellten Biomasseheizwerk wird der Brennstoff über einen Kran in den Vorlagebunker aufgegeben. Von dort wird er mittels eines hydraulischen Schiebers in den Feuerraum eingetragen. Die Feuerung ist als Vorschubrostfeuerung ausgeführt. Hier durchläuft der Brennstoff die unterschiedlichen Verbrennungsphasen, bis schließlich die Asche am Ende des Rostes in das Aschetransportsystem fällt. Die Wärmenutzung erfolgt hier über einen

Kessel sowie eine Abgaskondensationsanlage, durch die zusammen mit dem Multizyklon die Abgase gereinigt werden.

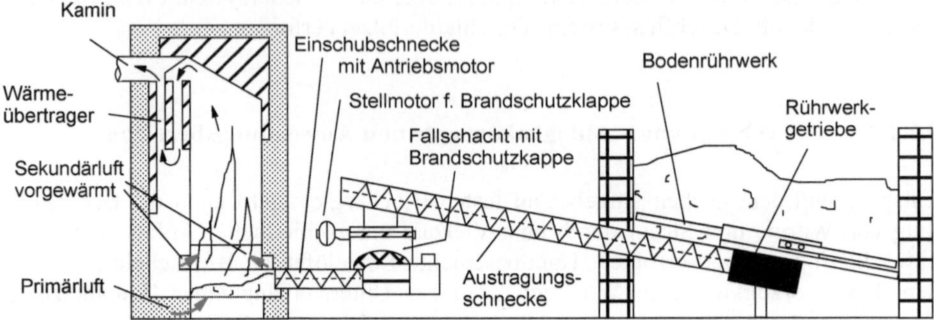

Abb. 9.22 Hackschnitzelkleinfeuerungsanlage (u. a. nach /Hargassner 1999b/)

Die dargestellte Anlagenkonfiguration ist typisch für eine Biomassenahwärmeversorgung im größeren thermischen Leistungsbereich. Bei kleineren Anlagen wird zur Brennstoffaufgabe kein Kran, sondern z. B. ein Radlader benutzt. Alternativ kann der Brennstoff direkt vom Lastkraftwagen in den Trichter entladen werden. Industrielle Biomassefeuerungen verfügen demgegenüber i. Allg. über keine Abgaskondensation, da bei diesen Anwendungsfällen nur sehr selten ein für die Abgaskondensation erforderliches niedriges Temperaturniveau des Rücklaufs erreicht wird.

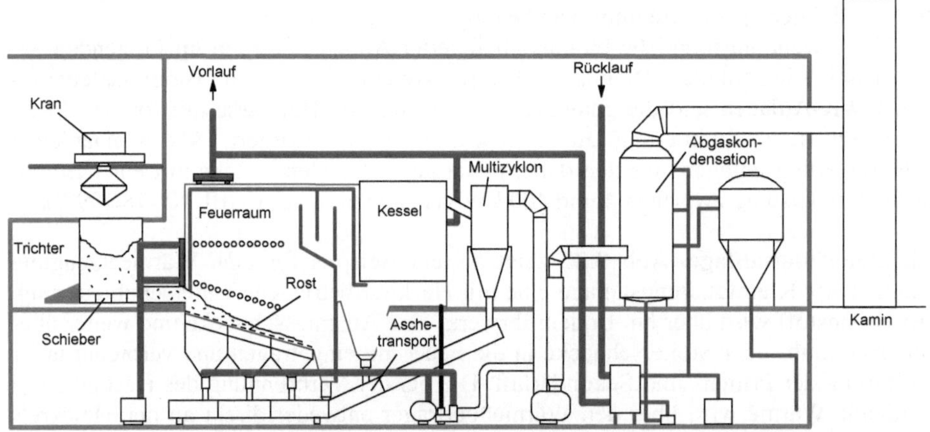

Abb. 9.23 Biomasseheizwerk (4 MW Kessel plus 0,8 MW Abgaskondensation, nach /Videncenter 1999/)

Abb. 9.24 zeigt exemplarisch ein strohbefeuertes Heizwerk für ein Biomassenahwärmesystem. Wesentliche Systemelemente der Anlage sind hier das Strohlager mit der Strohwaage, der Strohkran mit der Beschickungseinrichtung, die Feuerung mit Kessel sowie das Verbrennungsluftgebläse, die Abgasreinigung, die Entaschung, der Schornstein und das Abgasgebläse. Die Feuerung ist in diesem Beispiel als Rostfeuerung ausgeführt.

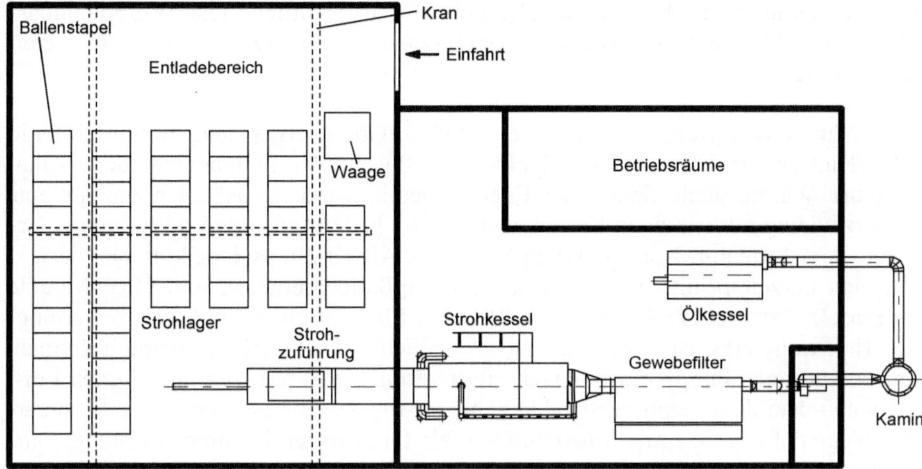

Abb. 9.24 Strohheizwerk mit ölbefeuertem Spitzenlastkessel (3 bis 6 MW Feuerungswärmeleistung des Strohkessels) /Völund 1998/

Industrielle Biomassefeuerung. Zur Verbrennung von Stoffen mit schlechten Brennstoffeigenschaften (u. a. hoher Wassergehalt, niedriger Heizwert) oder von Brennstoffen unterschiedlicher Zusammensetzung werden vielfach Wirbelschichtfeuerungen eingesetzt. Abb. 9.25 zeigt exemplarisch das Schema einer Anlage zur thermischen Verwertung von Klärschlamm in einer Wirbelschichtfeuerung. Demgegenüber können Anlagen zur Verbrennung von z. B. Ablaugen aus der Papier- und Zellstoffindustrie oder von Althölzern auch grundsätzlich anders aufgebaut sein.

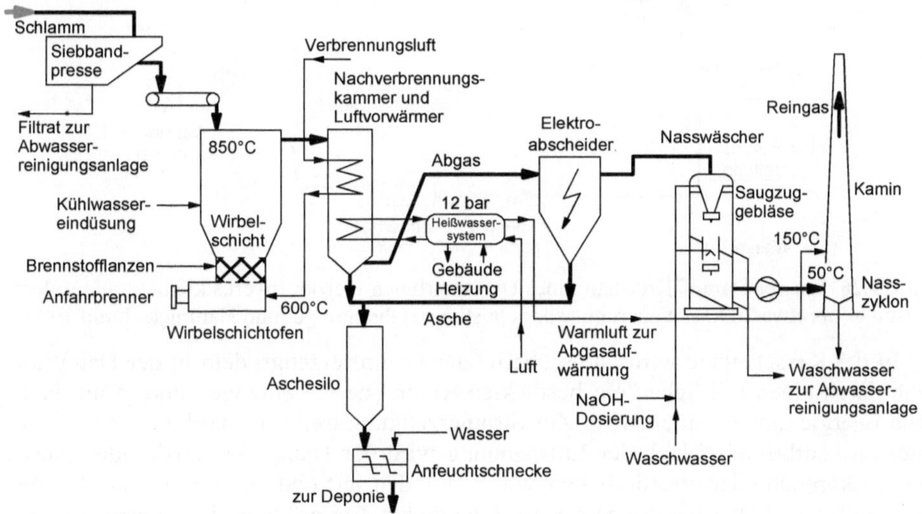

Abb. 9.25 Wirbelschichtfeuerung zur thermischen Klärschlammverwertung /Lorber 1995/

Der Klärschlamm wird nach einer mechanischen Entwässerung durch eine Siebbandpresse im Wirbelschichtofen verbrannt. Dem Abgas wird über einen Wärmeübertrager Energie entzogen, bevor es anschließend nach einer mehrstufigen Reinigung über den Kamin in die Atmosphäre abgegeben wird. Sämtliche feste Verbrennungsrückstände und Rückstände aus der Abgasreinigung werden, ggf. nach einer Aufbereitung, deponiert.

Kraft-Wärme-Kopplung /Reetz et al. 1997/, /Obernberger und Hammerschmid 1999/, /Kaltschmitt, Hartmann und Hofbauer 2009/. Stellen biomassebefeuerte Anlagen außer Wärme auch elektrische Energie bereit, werden zusätzlich die für eine Stromerzeugung notwendigen Systemelemente (d. h. Dampfturbine oder -motor, Generator, Transformator, Netzanbindung) benötigt. Als Kraftmaschine kommen dazu in Österreich derzeit primär Dampfturbinen, Dampfkolbenmotoren und ORC-Module zum Einsatz. Der weitere Aufbau (u. a. Brennstofflager, Feuerung, Ascheverwertung) eines Heizkraftwerks ist dem eines ausschließlichen Heizwerks prinzipiell ähnlich. Aufgrund der mit Dampfkesselanlagen meist verbundenen höheren installierten Leistungen und dem damit einhergehenden höheren Abgasvolumenstrom gelten für derartige Anlagen strengere Emissionsrichtlinien als für Anlagen kleinerer Leistung. Daraus kann ggf. eine umfassendere Abgasreinigung resultieren.

Ein typischer Wasser-Dampf-Kreislauf eines Dampfturbinenheizkraftwerks kleiner und mittlerer Leistung (bis etwa 20 MW Feuerungswärmeleistung) zeigt exemplarisch Abb. 9.26.

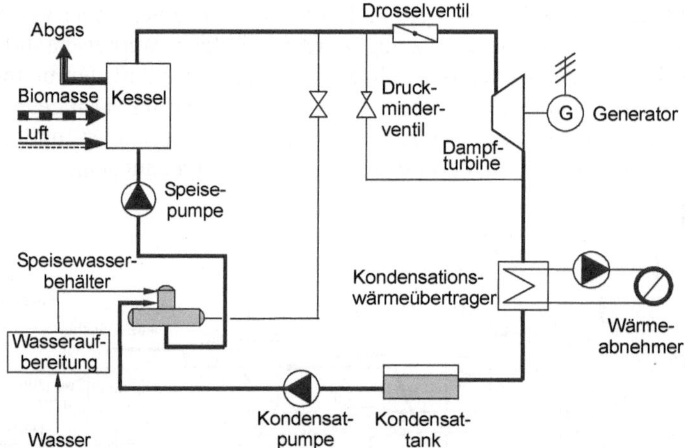

Abb. 9.26 Wasser-Dampf-Kreislauf eines Dampfturbinen-Heizkraftwerks kleiner und mittlerer Leistung (bis etwa 20 MW Feuerungswärmeleistung) /Obernberger und Hammerschmid 1999/

In der Kesselanlage wird dabei überhitzter Dampf erzeugt, dem in der Dampfturbine durch einen mit Schaufeln bestückten Rotor Energie entzogen und in mechanische Energie umgewandelt wird. Zur Stromerzeugung treibt die Turbine einen Generator an (Turbosatz). Nach der Entspannung wird der Dampf in Heizkondensatoren zur Auskopplung der erforderlichen Wärme kondensiert und das Kondensat über den Speisewasserbehälter wieder dem Kessel zugeführt. Bei größeren Leistungen ist auch eine aufwändigere Schaltung mit Entnahme-Kondensations-Aggregat und regenerativer Speisewasservorwärmung zur Wirkungsgradsteigerung sinnvoll. Üblicherweise wird die Dampfturbine bzw. der -motor als Gegendruckaggregat ausgeführt, in dem der Dampf bis zum Gegendruck hinter der Dampfmaschine entspannt wird.

Um bei der Stromerzeugung über Verbrennungsprozesse eine hohe Brennstoffausnutzung zu erzielen, werden Heizkraftwerke häufig wärmegeführt betrieben; das bedeutet, die Anlagen werden der Wärmenachfrage des bzw. der Abnehmer nachgefahren. Der erzeugte Strom wird entweder zur Deckung des elektrischen Eigenstrombedarfs des Betreibers verwendet oder in das Netz der öffentlichen Versorgung eingespeist.

Das Verhältnis von Stromerzeugung zur Feuerungswärmeleistung von biomassebefeuerten Dampf-Heizkraftwerken wird primär durch die Dampfparameter (Frisch- und Abdampfzustand) bestimmt und bewegt sich bei elektrischen Leistungen bis 5 MW bei ausschließlichem Gegendruckbetrieb bei 10 bis 30 %. Anlagen größerer Leistung mit entsprechend aufwändigerer Schaltung weisen höhere Werte auf.

Nutzung von Biomasse mit fossilen Energieträgern. Eine gemeinsame Nutzung von biogenen Festbrennstoffen und fossilen Energieträgern ist zur Deckung vieler Versorgungsaufgaben – insbesondere zur Wärmeversorgung – derzeit üblich. So wird beispielsweise die Nahwärmeversorgung eines Wohngebietes auf Biomassebasis oftmals mit biogenen Festbrennstoffen in der Grundlast und mit leichtem Heizöl oder Erdgas in der Spitzenlast realisiert. Auch sind viele in der holzbe- und -verarbeitenden Industrie betriebene Feuerungsanlagen z. B. mit öl- oder gasbefeuerten Zünd- und Stützbrennern ausgerüstet, um u. a. auf wechselnde Leistungsanforderungen der betrieblichen Energienachfrage einfach und schnell reagieren zu können.

Dabei sind unterschiedliche Konzepte denkbar. Biomasse und fossile Energieträger können beispielsweise in der gleichen Konversionsanlage in thermische Energie (z. B. in einem konventionellen Kraftwerk) oder in Sekundärenergieträger (z. B. Produktgas bei der Vergasung) und dann ggf. weiter in elektrische Energie umgewandelt werden. Wesentliches Kennzeichen derartiger Anlagen ist die gemeinsame thermochemische Umwandlung der eingesetzten Primärenergieträger. Die erzeugte Energie (z. B. Wärme) kann dann nicht mehr eindeutig den ursprünglich eingesetzten Energieträgern (d. h. der Biomasse oder den fossilen Energieträgern) zugeordnet werden. Auch fällt die Asche aus der Nutzung der Biomasse und der fossilen Energieträger gemeinsam an und ist nicht mehr trennbar. Typische Beispiele dafür sind eine Mitverbrennung von Biomasse (u. a. Klärschlamm) z. B. in kohlegefeuerten Großkraftwerken oder eine Verfeuerung von biogenen Festbrennstoffen unter Zufeuerung von Heizöl oder Erdgas in Stützbrennern in Anlagen der holzverarbeitenden Industrie. Auch bei den im häuslichen Bereich eingesetzten Zentralheizungskesseln existieren derartige Lösungen (z. B. gemeinsame Verbrennung von Holz und Braunkohlebriketts).

Ein Beispiel einer gemeinsamen Verbrennung von Biomasse und Kohle in einem vorhandenen Kraftwerk ist das Kraftwerk St. Andrä (Staubfeuerung, 124 MW_{el}). Bei dieser Anlage wurde 1994 die Feuerung von Braunkohle auf Steinkohle umgestellt, die Abgasreinigung verbessert und die Dampfturbine teilerneuert. Um zusätzlich auch Biomasse (d. h. Hackgut, geschredderter Baumschnitt, Klärschlamm) verfeuern zu können, wurde zusätzlich ein Biomasserost in den Aschetrichter installiert. Die Feuerungswärmeleistung der in dieser Anlage zugefeuerten Biomasse betrug z. B. bei Rinde mit einem Wassergehalt von etwa 40 % rund 10 MW (ca. 3 % der Gesamtfeuerungsleistung). Die durchsetzbare Leistung hängt dabei stark vom Wassergehalt, dem Zündverhalten und der Dauer für das Ausbrennen der größten Stücke ab und kann über die Rostvorschubgeschwindigkeit geregelt werden. Diese Anlage wurde 2004 außer Betrieb genommen /Austrian Thermal Power 2003/, /Austrian Thermal Power 2006/.

Biomasse und fossile Energieträger können auch zunächst weitgehend unabhängig voneinander einer thermo-chemischen Umwandlung unterworfen werden. Das Ergebnis aus jedem der beiden Wandlungsprozesse ist entweder thermische Energie bei einer vollständigen thermo-chemischen Umwandlung bzw. ein gasförmiger Sekundärenergierträger bei einer Vergasung. Damit werden hier mindestens zwei weitgehend unabhängig voneinander zu betreibende Konversionsanlagen benötigt; die Asche der eingesetzten aschehaltigen Energieträger kann deshalb auch getrennt anfallen. Die unabhängig voneinander produzierte Wärme bzw. die gewonnenen Sekundärenergieträger werden anschließend zusammengeführt und erst dann – in einem zweiten Schritt – in die letztlich gewollte elektrische Energie und die gekoppelt damit anfallende Wärme umgewandelt. Dabei können – und deshalb ist diese Möglichkeit durch eine Vielzahl unterschiedlicher Varianten gekennzeichnet – die bei der getrennten thermo-chemischen Umwandlung jeweils erhaltenen Energieströme an unterschiedlichen Stellen innerhalb der Wandlungskette vor der letzten Umwandlung in End- bzw. Nutzenergie zusammengeführt werden.

- Zum einen ist die Einkopplung eines aus biogenen Energieträgern durch eine thermo-chemische Umwandlung produzierten Sekundärenergieträgers (z. B. Produktgas) in den thermo-chemischen Umwandlungsprozess des fossilen Energieträgers an unterschiedlichen Stellen möglich.
- Zum anderen können die jeweils produzierten Energieströme auch vor der letzten Wandlung in Strom und Wärme zusammengeführt werden (z. B. Zusammenführung des aus der Kohle- und Biomassevergasung kommenden Produktgases vor dem Eintritt in die Gasturbine).

Typische Beispiele für derartige Konzepte sind eine Stromerzeugung in Sammelschienen-Kraftwerken, in denen mit fossilen Energieträgern und biogenen Festbrennstoffen befeuerte Anlagen Dampf in eine Sammelschiene einspeisen oder eine Vergasung der Biomasse mit anschließender Einspeisung des Produktgases in den Feuerraum eines konventionellen Kraftwerks. Ein Beispiel für eine derartige Möglichkeit ist die zwischenzeitlich stillgelegte Anlage in Zeltweg, bei der die Biomasse vergast und das produzierte Produktgas anschließend in den Feuerraum des kohlegefeuerten Kraftwerks eingeleitet wird /Mory und Tauschitz 1999/. In diesem Kraftwerk mit einer installierten elektrischen Leistung von 137 MW wurde 1997 eine Biomassevergasungsanlage mit einer thermischen Leistung von 10 MW zum Einsatz von Rinde, Gebrauchtholz, Sägespänen und Hackgut installiert. In dem Vergaser mit zirkulierender Wirbelschicht wird die Biomasse in ein Schwachgas umgewandelt, das dann ohne Gaskühlung oder sonstige Gasaufbereitung über eine Heißgasleitung direkt in den Feuerraum der Staubfeuerung des Kraftwerks eingeleitet wird. Für diese Zusatzfeuerung im Steinkohlekessel ist weder ein hochwertiges noch ein besonders sauberes Gas erforderlich; auch ein qualitativ geringwertiges Gas verbrennt in der Kohleflamme vollständig. Das Produktgas substituiert dabei als Sekundärbrennstoff ca. 3 % der Steinkohle. Seit 2001 befindet sich die Anlage außer Betrieb /Austrian Thermal Power 2003/, /Austrian Thermal Power 2006/.

9.2.2.5 Verbrennung – Energiewandlungskette und Verluste

Die energetische Nutzung von Biomasse ist mit Verlusten verbunden. Dadurch steht letztendlich nur ein bestimmter Teil der in der Pflanze gespeicherten Energie dem Verbraucher als Nutzwärme zur Verfügung. Abb. 9.27 zeigt deshalb den Energiefluss bzw. die Energiewandlungskette beginnend mit der eingestrahlten Sonnenenergie am Beispiel eines mit Hackgut befeuerten Biomassenahwärmenetzes. Die dargestellten Größen beziehen sich dabei auf einen Hektar Wald bzw. die auf dieser Fläche jährlich umgesetzten Biomasseströme. Nicht dargestellt ist die in den einzelnen Prozessschritten benötigte Hilfsenergie (u. a. Dieselkraftstoff, elektrische Energie).

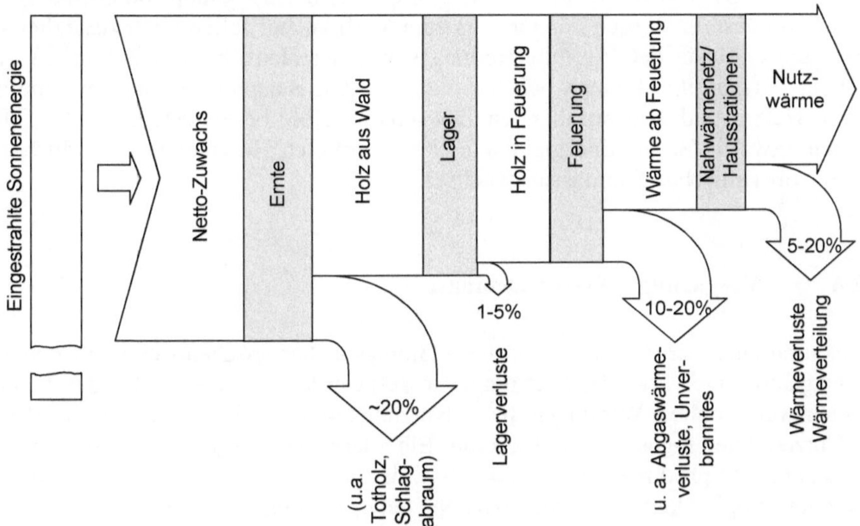

Abb. 9.27 Energiefluss eines mit Hackgut befeuerten Biomassenahwärmenetzes (Verluste bezogen auf den Energieinput der jeweiligen Wandlungsstufe)

Je nach Pflanzengesellschaft kann von der durchschnittlich in Österreich im Jahresverlauf auf die Erdoberfläche eingestrahlte Sonnenenergie von etwa 39 600 GJ/(ha a) (1 100 kWh/m^2 a) nur ein gewisser Teil zum Aufbau von Biomasse genutzt werden. Werden dazu die in Abb. 9.1 für einen Hainbuchenwald dargestellten Verhältnisse herangezogen, stehen von dem erzielten Brutto-Energiegewinn (440 GJ oder 24 t Trockenmasse pro Hektar und Jahr) etwa 105 GJ/(ha a) bzw. 5,7 t Trockenmasse als oberirdisch gespeicherte Biomasse zur Verfügung. Dies entspricht etwa 0,27 % der eingestrahlten Sonnenenergie, wobei dieser photosynthetische Wirkungsgrad nur sehr eingeschränkt anthropogen (d. h. durch den Menschen) beeinflussbar ist, sondern durch die Pflanzengesellschaft und die natürlichen Bedingungen vor Ort vorgegeben ist.

Der theoretisch nutzbare Zuwachs von 105 GJ/(h a) kann nicht komplett forstwirtschaftlich erschlossen werden, da ein gewisser Anteil immer im Wald verbleibt (u. a. Totholz, Schlagabraum). Wird beispielsweise unterstellt, dass durchschnittlich 20 % des jährlichen oberirdischen Zuwachses im Wald verbleiben, können etwa 84 GJ/(ha a) an Brennstoffenergie gewonnen werden. Bei einer ausschließlichen energetischen Nutzung dieses Holzes kann diese gesamte Holzmenge zu Hackgut aufbereitet werden. Aufgrund bio-chemischer Abbaureaktionen kommt es bei deren Lagerung zu einem weiteren Verlust an Biomasse (je nach u. a. Wassergehalt und Lagerbedingungen bis zu 5 % und ggf. mehr). Bei der thermo-chemischen Nutzung der Biomasse in der Feuerungsanlage entstehen zusätzlich Verluste durch Abstrahlung und Abgaswärme; dabei werden Wirkungsgrade bis rund 90 % (automatische Hackgutfeuerung) erzielt, die durch eine Nutzung der im Abgas enthaltenen Wärme (Economizer, Abgaskondensation) noch weiter gesteigert werden können. Der auf das Gesamtjahr bezogene Nutzungsgrad ist dabei aufgrund höherer Verluste im instationären und Teillastbetrieb geringer als der Wirkungsgrad bei Nennlast. In Abb. 9.27 wird deshalb von einem Nutzungsgrad von 85 % ausgegangen, so dass von der zugeführten Brennstoffenergie (80 GJ/(ha a) bei 4 % Lagerverlusten) knapp 68 GJ/(ha a) als Wärme bereitgestellt werden können. Bis zum Verbraucher fallen noch zusätzlich die Übertragungsverluste der Wärmeverteilung sowie der Hausübergabestationen (5 bis 30 %) an. Letztendlich können bei dem dargestellten Beispiel 54 GJ an Wärme aus dem pro Hektar und Jahr anfallenden Zuwachs an Holz bereitgestellt werden. Dies entspricht etwa 64 % des Energieinhaltes der geernteten Holzmenge bzw. 50 % des gesamten oberirdischen Biomassezuwachses.

9.2.2.6 Vergasung – Systemelemente

Außer durch eine Verbrennung kann feste Biomasse thermo-chemisch auch zunächst in einen gasförmigen Energieträger umgewandelt werden, der anschließend mit einem vergleichsweise hohen Wirkungs- bzw. Nutzungsgrad zur Bereitstellung von End- bzw. Nutzenergie eingesetzt werden kann. Eine derartige Vergasung fester Biomasse und Nutzung des produzierten Brenngases weist bezüglich der Handhabung und der Konversionsmöglichkeiten in End- bzw. Nutzenergie einige Vorteile auf (z. B. einfache Einhaltung der Emissionsgrenzwerte, Vielzahl unterschiedlichster Nutzungsoptionen). Deshalb war und ist dieser Konversionspfad in den vergangenen Jahren – insbesondere in Österreich – Gegenstand intensiver Forschungs- und Entwicklungsarbeiten.

Bei der Vergasung laufen grundsätzlich die gleichen Umwandlungsprozesse wie bei der Verbrennung ab. Die einzelnen Stufen der thermo-chemischen Umwandlung werden jedoch – im Unterschied zur Verbrennung – räumlich und zeitlich getrennt realisiert /Kaltschmitt, Hartmann und Hofbauer 2009/, /FNR 2006b/.

Aufgrund der steigenden Nachfrage nach elektrischer Energie und der theoretisch erreichbaren sehr hohen Gesamtwirkungsgrade bei einer Biomasseverstromung über die Vergasung im Vergleich zur Verbrennung wird oft angestrebt, das Produktgas hocheffizient zu verstromen (d. h. Biomasse-GuD-Anlage). Hinzu kommt, dass das produzierte Gas (d. h. die vergaste Biomasse) auch in flüssige oder gasförmige Sekundärenergieträger umgewandelt werden kann; Beispiele hierfür sind Fischer-Tropsch(FT)-Diesel oder Biomethan (Bio-SNG (Substitute Natural Gas)).

Bei derartigen Biomassevergasungsanlagen zur Stromerzeugung und/oder Kraftstoffproduktion lassen sich die Systemelemente Brennstoffbereitstellung, Vergasung, Gasreinigung und/oder -konditionierung und Gasnutzung bzw. Synthese unterscheiden (Abb. 9.28). Der Brennstoff wird von der Bereitstellung (Aufbereitungs-, Lagerungs-, Förder- und Trocknungstechnik) dem Vergasungsreaktor zugeführt. Mittels des Vergasungsmittels erfolgt dort die Umsetzung in ein Produktgas, das noch verschiedene Schadkomponenten enthalten kann und daher als Rohgas bezeichnet wird. Es wird anschließend in einer Gasreinigung (einschließlich Gaskühlung) von unerwünschten Komponenten befreit und verlässt diese als sogenanntes Rein- bzw. Synthesegas. Es kann danach sowohl in Motoren oder Gasturbinen zur Strom- bzw. zur gekoppelten Strom- und Wärmeerzeugung (KWK) als auch zur Produktion gasförmiger (z. B. Bio-SNG) und flüssiger Kraftstoffe (z. B. Methanol) eingesetzt werden /Vogel 2007/. Nachfolgend werden diese unterschiedlichen Systemkomponenten diskutiert.

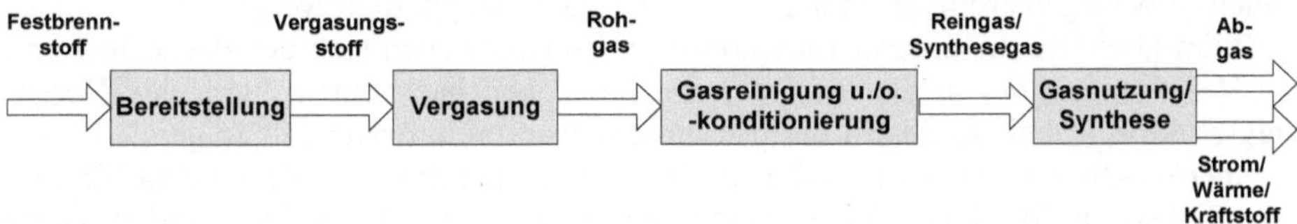

Abb. 9.28 Systemaufbau der Vergasung biogener Festbrennstoffe /Kaltschmitt, Hartmann und Hofbauer 2009/

Bereitstellung. Die Bereitstellung beinhaltet alle Prozesse von der Brennstoffanlieferung frei Konversionsanlage bis zum Zufuhrsystem des Vergasungsreaktors (Zellradschleuse o. ä.) und lässt sich wie folgt gliedern:

- Aufbereitung (d. h. Einstellung der Stückigkeit, Klassierung und Entfernung von Störstoffen wie Steine, Erde, Metalle, Plastik etc., Kompaktierung);
- Lagerung (d. h. Speicherung einer bestimmten Brennstoffmenge im Freien oder unter Dach);
- Förderung (d. h. Transport des Brennstoffs von der Anlieferung frei Konversionsanlage bis zum Vergaser);
- Trocknung (d. h. Einstellen des Brennstoff- Wassergehaltes).

Der Trocknungserfolg (d. h. die Minimierung des Wassergehaltes) wird maßgeblich von Faktoren wie dem Ausgangswassergehalt und der Art der Brennstoffe, der Korngröße, der Trocknungs- und Lagermethode sowie den klimatischen Bedingungen beeinflusst. Im Gegensatz zu den Prozessen der Aufbereitung sowie der Lagerung und des Transports, bei denen Aspekte des "klassischen" Anlagenbaus bzw. Brennstoffhandlings zu berücksichtigen sind und die nahezu unabhängig von der Gesamtanlage realisiert werden können, muss die Trocknung energetisch sinnvoll in das Gesamtsystem (d. h. Vergasung, Gasreinigung oder Gasnutzung) eingebunden werden.

Die notwendigen Systeme zur Anpassung der Brennstoffmerkmale an das jeweilige Vergasungsverfahren sind weitgehend kommerziell verfügbar und Stand der Technik. Allerdings hat sich gezeigt, dass die Brennstoffaufbereitung in Bezug auf Stückigkeit und Wassergehalt und schließlich der Aufwand für den betriebssicheren Eintrag in das Reaktorsystem vielfach unterschätzt werden. Die Folgen sind blockierte Eintragsschnecken und Schleusen sowie Blockaden durch Brückenbildung /FNR 2006b/.

Vergasungstechnik. Vergasungsverfahren werden wesentlich von der Reaktorart, der Art der Wärmebereitstellung, der Art und Menge des Vergasungsmittels und dem

Druckniveau beeinflusst. Daneben sind noch weitere Aspekte wie z. B. Art und Form des Brennstoffs und der Vergasungstemperatur von Bedeutung.

Eine Möglichkeit zur Unterscheidung der vorhandenen Vergaser ist nach der Arbeitsweise bzw. dem strömungsdynamischen Verhalten in Festbett-, Wirbelschicht- und Sonderverfahren. Sie werden nachfolgend diskutiert.

Festbettverfahren. Bei den Festbettvergasern wird entsprechend der Strömungsrichtung des Vergasungsmittels durch die Brennstoffschüttung zwischen Gleichstrom- und Gegenstromvergasung unterschieden (Abb. 9.29); auch eine Kombination aus Gleich- und Gegenstromvergasung ist möglich (d. h. Doppelfeuervergaser).

Beim Gleichstromvergaser (downdraft gasifier) bewegen sich der Brennstoff und das Vergasungsmittel in gleicher Richtung von oben nach unten durch den Vergasungsreaktor. Dabei durchläuft der trocken einzusetzende Brennstoff folgende Stufen der thermo-chemischen Umwandlung: Trocknung, pyrolytische Zersetzung, Oxidation, Reduktion. Maximal können Temperaturen bis 1 000 °C erreicht werden. Diese Vergaserbauweise führt im Produktgas zu vergleichsweise geringen Anteilen an Teerverbindungen, hohen Staubgehalten (Ascheaustrag mit dem Gas) und einem hohen Wärmegehalt im Produktgas. Die Sicherstellung eines durchlässigen Brennstoffbettes im Vergaser – dafür werden gleichförmige Brennstoffpartikel im Zentimterbereich benötigt – mit der für einen problemlosen Betrieb benötigten Temperatur- und Luftverteilung reduziert die Leistungsgröße auf ca. 2 MW Brennstoffwärmeleistung.

Beim Gegenstromvergaser (updraft gasifier) wird die Luft am Boden des Vergasers eingeblasen, während der Brennstoff am Vergaserkopf zugeführt wird (d. h. Brennstoff und Luft bewegen sich gegensinnig durch den Reaktor). Damit wird, anders als beim Gleichstromvergaser, der Brennstoff an der Lufteintrittsstelle zunächst – wie in einer "normalen" Feuerung – vollständig oxidiert. Da jedoch bei der Vergasung in einem Festbettvergaser die Brennstoffschicht relativ hoch ist, muss das Verbrennungsgas durch die darüber liegende Koksschicht strömen und dort wird das bei der Verbrennung entstehende Kohlenstoffdioxid zu Kohlenstoffmonoxid reduziert. Durch diese Strömungsführung im Vergaser folgt der eintretende Brennstoff den Teilschritten Trocknung, pyrolytische Zersetzung, Reduktion und Oxidation. Die Anforderungen an den Brennstoff hinsichtlich Wassergehalt und Korngröße bzw. Korngrößenverteilung sind deutlich geringer als bei Gleichstromvergaser. Dies führt beim Produktgas einerseits zu vergleichsweise geringen Staubgehalten sowie relativ niedrigen Rohgastemperaturen (70 bis 200 °C) und andererseits aber zu vergleichsweise sehr hohen Teergehalten, da die langkettigen organischen Verbindungen nicht – wie beim Gleichstromvergaser – in einer heißen Zone aufgebrochen werden. Die relativ geringeren Brennstoffanforderungen erlauben dabei eine Anlagengröße bis maximal rund 10 MW Brennstoffwärmeleistung.

Die Kombination von Gegen- und Gleichstromvergaser (sogenannte Doppelfeuervergaser) soll die Vorzüge beider Verfahren kombinieren. Hinsichtlich der Leistungsgrößen gelten die bei der Gleichstromvergasung gemachten Aussagen.

Wirbelschichtverfahren. Wirbelschichtvergaser (fluidised bed gasifier) enthalten ein auf einem Düsenboden liegendes Bett aus feinkörnigem inertem Material (z. B. Sand), welches durch die Anströmung des Vergasungsmittels von unten aufgewirbelt wird. Dadurch wird ein Strömungszustand erzeugt, der sich ähnlich wie eine Flüssigkeit verhält. Dabei vermischt sich das Bettmaterial mit dem Brennstoff, der kontinuierlich eingetragen wird. Durch diese homogene Brennstoffverteilung im gesamten Reaktionsraum können sich keine unterschiedlichen Reaktions- und Temperaturzonen ausbilden, und die verschiedenen Teilreaktionen laufen gut regelbar bei Temperaturen von 700 bis 900 °C parallel ab. Verfahrensbedingt sind dabei im Vergleich zu Festbettverfahren bessere Wärme- und Stoffübertragungen zwischen Gas und Feststoff und damit ein verbesserter Durchsatz bei sehr kompakten Anlagengrößen erreichbar. Die Staubgehalte im Rohgas liegen aber über denen der Festbettreaktoren; die Teergehalte ordnen sich zwischen denen von Gleich- und Gegenstromverfahren ein.

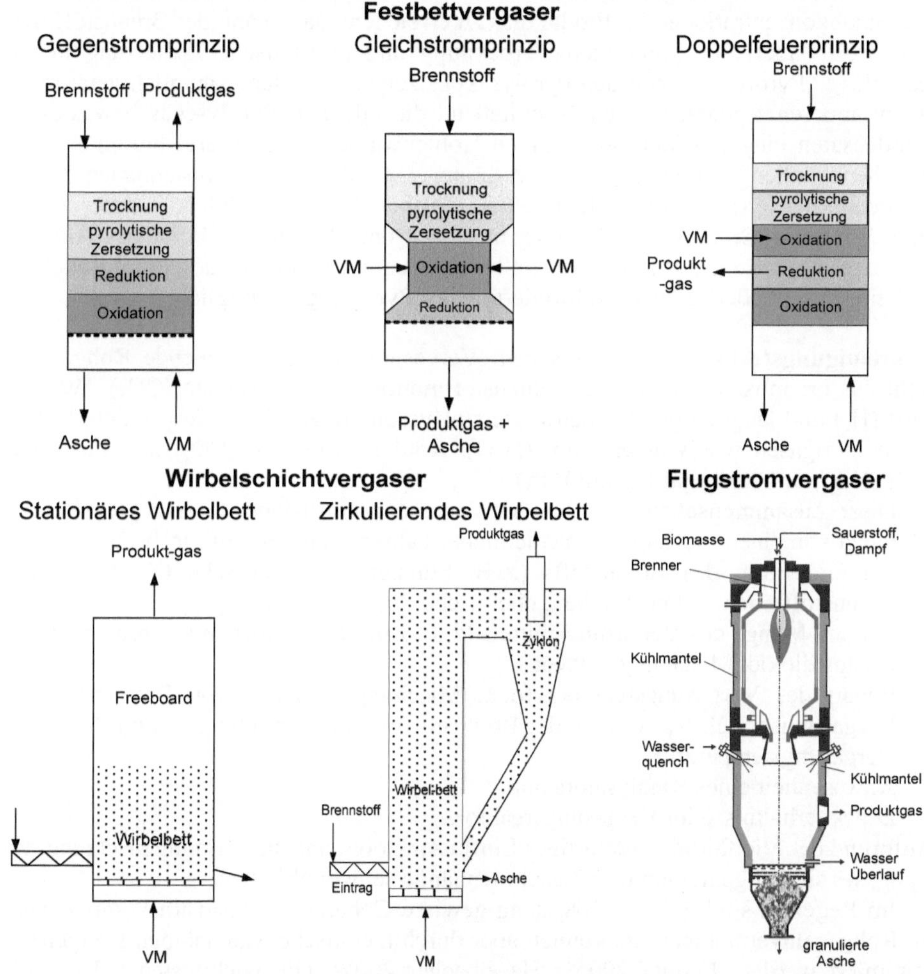

Abb. 9.29 Darstellung der Vergasertypen nach den fluiddynamischen Eigenschaften (VM Vergasungsmittel) /Vogel 2007/, /Bolhar-Nordenkampf 2004b/

Wirbelschichten können stationär (bubbling fluidised bed gasifier) und zirkulierend (circulating fluidised bed gasifier) ausgeführt werden (Abb. 9.29). Bei ersterer Option wird das Bettmaterial mit dem Produktgas nicht ausgetragen. Demgegenüber erfolgt bei letzterer Variante ein Austrag; es wird hier nach dem Vergaser mittels eines Zyklons aus dem Produktgas abgetrennt und rückgeführt. Zusätzlich können Vergasungs- auch mit Verbrennungswirbelschichten kombiniert (sog. Zweibettwirbelschichtsystem) und dadurch Synergieeffekte genutzt werden (z. B. System "Güssing"). Aufgrund aufwändiger Prozesssteuerung und anspruchsvoller Anlagentechnik werden Wirbelschichtvergaser oft erst ab ca. 10 MW thermischer Leistung eingesetzt.

Sonderverfahren. Unter Sonderverfahren werden mehrstufige Reaktoren verstanden, die sich nicht den "klassischen" Festbett- oder Wirbelschichtreaktoren zuordnen lassen. Ein wesentlicher Vorteil dieser mehrstufigen Technologien ist die Möglichkeit, die Teilschritte der Vergasung voneinander zu entkoppeln und damit niedrige Teer- und Staubkonzentrationen im Produktgas zu erreichen. Dazu kann der Brennstoff beispielsweise über eine kombinierte Trocknung und pyrolytische Zersetzung in ein teerhaltiges Pyrolysegas und den Pyrolysekoks zersetzt werden. Räumlich getrennt in einem anderen Apparat werden anschließend die mit dem Pyrolysegas bzw. dessen Kondensaten eingebrachten langkettigen Kohlenwasserstoffe (Teere) bei einem entsprechend hohen Temperaturniveau verbrannt. Mit dem dabei entstandenen Abgas wird dann der Pyrolysekoks z. B. in einem Festbett /Hindsgaul 2005, /Lettner 2005/, einer Wirbelschicht /Kwant 2002/ oder im Flugstrom /Rudloff 2004/ vergast. Alternativ dazu ist auch eine Wärmebereitstellung durch Verbrennung des Pyrolysekokses und eine anschließende Dampfreformierung der Pyrolysegase möglich.

Gasreinigungstechniken. Das aus dem Vergasungsreaktor kommende Rohgas besteht aus brennbaren Gasen wie Kohlenstoffmonoxid (CO), Methan (CH_4), Wasserstoff (H_2) und langkettigen Kohlenwasserstoffverbindungen (C_2+) sowie nicht brennbaren Inertgasen wie Wasserdampf (H_2O), Kohlenstoffdioxid (CO_2) und Luftstickstoff (N_2) (nur bei Vergasung mit Luft).

Diese Zusammensetzung des bei der Vergasung von Biomasse erzeugten Rohgases hängt von einer Vielzahl unterschiedlicher Faktoren ab. Dies gilt insbesondere für

- Art und Form des Brennstoffs (z. B. Stückgröße, spezifische Oberfläche der Brennstoffteilchen, Feuchtigkeit, chemische Zusammensetzung),
- Art und Menge des Vergasungsmittels (z. B. Luft, Sauerstoff, Wasserdampf, Kohlenstoffdioxid, Mischungen davon),
- Bauart des Vergasungsreaktors (d. h. Mischungsintensität von Brennstoff und Vergasungsmittel, Verweilzeit des Brennstoffs und des Produktgases im Reaktor),
- Vergasungstemperatur,
- Anwesenheit eines Katalysators und
- Druckverhältnisse im Vergasungsreaktor.

Aufgrund der Vielfältigkeit derartiger Einflussfaktoren auf die Zusammensetzung des Rohgases sind allgemeingültige Zusammenhänge schwer ableitbar.

Im Regelfall sind bei der Vergasung gewisse Gehalte an Schadstoffkomponenten im Rohgas unvermeidbar; sie können aber durch technische Maßnahmen weitgehend minimiert werden /Lettner 2005/, /Haselbacher 2007/. Die wichtigsten Schadstoffkomponenten im Rohgas sind Partikel (Staub) und Teere (d. h. langkettige organische Verbindungen, die bei einer Abkühlung des Produktgases auskondensieren können und die Leitungen zusetzen). Weitere häufig auftretende Verunreinigungen stellen Stickstoff-, Schwefel- und Halogenverbindungen sowie Alkalien dar, die Probleme u. a. bei der nachfolgenden Gasnutzung verursachen können.

Die wesentliche Aufgabe der Gasreinigung, als der Koppelstelle zwischen der Vergasung und der nachfolgenden Gasnutzung, ist daher die Anpassung der Rohgaseigenschaften an die jeweiligen Anforderungen der Gasnutzung. Die genannten Schadstoffkomponenten können im kalten oder im heißen Produktgas abgeschieden werden. Beide Möglichkeiten werden nachfolgend diskutiert.

Kaltgasreinigung. Der Begriff der "kalten" Gasreinigung ist nicht eindeutig definiert; hier werden darunter Verfahren verstanden, die bei Temperaturen unter 100 °C realisiert werden /Stevens 2001/. Dabei kann zwischen trocken und nass arbeitenden Verfahren unterschieden werden.

- Zu den trockenen Verfahren zählen filternde Abscheider (z. B. Filter mit Filtermedien, Gewebefilter, Schüttschichtfilter) und Fliehkraftabscheider (Zyklone). Zyklone können dabei hohe Partikelbeladungen effizient aus einem Gasstrom abscheiden und werden daher meist für die Erstreinigung eingesetzt bzw. sind in zirkulierenden Wirbelschichten integraler Bestandteil des Systems. Besonders bei großen Partikeln (d. h. über 5 bis 50 µm) sind diese durchaus effektiv. Filter mit Filtermedium können dagegen auch kleine Partikel ab etwa 0,5 µm sehr effektiv entfernen. Sie führen aber, je nach abzuscheidender Partikelgröße, zu einem stark ansteigenden Druckverlust. Eine Möglichkeit, Teere und Stäube gleichzeitig zu entfernen, kann durch eine sogenannte Precoatisierung von Gewebefiltern erreicht werden. Dabei wird vor der Filtration auf das Filtermedium eine dünne Schicht eines Filterhilfsmittels aufgebracht, das die Filterwirkung übernimmt und nach der Begasung zusammen mit dem teerhaltigen Filterkuchen abgereinigt werden kann.
- Nasse Gasreinigungsverfahren (z. B. Wäscher, Nasselektroabscheider) ermöglichen neben der Partikelabscheidung eine deutlich bessere Abscheidung von Teeren und weiteren Schadstoffen (u. a. NH_3, HCl, H_2S). Ein Beispiel dafür sind Nasselektroabscheider, die prinzipiell wie die "klassischen" Elektroabscheider arbeiten. Sie können Partikel und gleichzeitig auch Teere (sofern diese in kondensierter Form vorliegen) aus dem Gas entfernen /Bolhar-Nordenkampf 2004a/, /Schmidt 1966/. Sie zeichnen sich u. a. durch einen geringen Druckverlust aus. Allerdings liegt ihr Einsatzgebiet bisher zumeist in Anlagen mittlerer und größerer Leistung. Wäscher entfernen demgegenüber Schadstoffkomponenten aus dem Gas mithilfe einer Waschflüssigkeit. Ein häufig angewandter Wäschertyp ist beispielsweise der Venturiwäscher, der eine hohe Partikelabscheiderate bei einem hohen Druckverlust von 30 bis 200 mbar aufweist. Zur Entfernung von Schwefelkomponenten (aber auch Halogenverbindungen) können bei Bedarf mit basischen Flüssigkeiten arbeitende Wäscher eingesetzt werden. Lösungsmittelbasierte Gasreinigungsverfahren eigen sich aber aufgrund der relativ hohen Investitionen bzw. Betriebskosten nicht für potenzielle Anlagengrößen der Kraft-Wärme-Kopplung. Eine Alternative, insbesondere für die Abscheidung von Teeren, stellt der Einsatz von ölhaltigen Waschmitteln dar. Diese ermöglichen eine höhere Abscheideleistung und bieten, im Gegensatz zu wasserbasierten Wäschern, die Möglichkeit einer thermischen Entsorgung des beladenen Waschmediums bei Vergasungsreaktoren mit Brennkammer /Kaltschmitt, Hartmann und Hofbauer 2009/, /Bolhar-Nordenkampf 2004a/.

Heißgasreinigung. Verfahren der heißen Gasreinigung sind vor allem dann sinnvoll, wenn das Produktgas auch nach der Reinigung heiß genutzt werden kann (z. B. Einsatz in einer Gasturbine oder in einer Brennstoffzelle). Bis zu bestimmten Temperaturen (z. B. ca. 450 °C) kann auch dafür der Elektroabscheider als eine Möglichkeit zur Staubabscheidung eingesetzt werden. Im Unterschied zu den Nasselektroabscheidern erfolgt die Abreinigung dann nicht durch einen Wasserfilm, sondern durch ein mechanisches Klopfen. Additiv und/oder – z. B. bei höheren Temperaturen – alternativ können auch Fliehkraftabscheider (z. B. Heißgaszyklon) oder filternde Abscheider (z. B. Keramikkerzenabscheider, Schüttschichtfilter) eingesetzt werden.

Mit den Staubabscheidetechniken können gleichzeitig auch Alkalien entfernt werden. Dazu muss das Produktgas allerdings im Vorfeld auf unter 600 °C abgekühlt werden, um die Alkalien in die feste Phase zu überführen. Eine Alternative stellt die Adsorption der Alkalien an aktiviertem Bauxit bei Temperaturen zwischen 650 und 750 °C dar; diese Technik ist jedoch noch nicht marktreif.

Teere können mit Verfahren der Heißgasreinigung katalytisch in thermisch stabile Gaskomponenten umgewandelt werden (d. h. katalytische Teerentfernung). Ein derartiger Katalysator kann direkt im Vergasungsreaktor oder in einem nachgeschalteten Reaktor eingesetzt werden. Als Katalysatoren können dazu beispielsweise relativ kostengünstige und unempfindliche nicht-metallische Materialien (z. B. Dolomite, Zeolithe) eingesetzt werden. Die thermische Teerentfernung ist problematisch, da der notwendige Kompromiss zwischen geringen Kosten, sicherem Betrieb und vollständiger Teerzerstörung bisher noch nicht zufriedenstellend realisiert werden konnte /Bolhar-Nordenkampf 2004a/, /Stevens 2001/, /Köppel 2004/, /Ising 2002/.

Gasnutzungsmöglichkeiten. Das durch eine Vergasung und Gasreinigung erzeugte Rein- bzw. Synthesegas kann zur Wärmebereitstellung, zur Strom- bzw. gekoppelten Strom- und Wärmeerzeugung sowie zur Kraftstoffproduktion eingesetzt werden (nach /Vogel 2007/, /Kaltschmitt, Hartmann und Hofbauer 2009/). Diese Optionen werden nachfolgend diskutiert.

Wärmebereitstellung. Hier wird das aus dem Vergasungsreaktor kommende Produktgas verbrannt und die dabei entstehende Wärme zur Wärmeversorgung unterschiedlichster Verbraucher oder in industriellen Prozessen zur Deckung der Prozesswärmenachfrage eingesetzt. Dafür ist – aufgrund der ausschließlichen Verbrennung des Produktgases – i. Allg. keine aufwändige Gasreinigung notwendig. Die zum Einsatz kommenden Brenner müssen allerdings an die verbrennungstechnischen Eigenschaften der meist aus einer Luftvergasung stammenden niederkalorischen Gase angepasst werden. Die durch die Gasverbrennung bereitgestellten heißen Abgase werden deshalb meist in einem Kessel zur Warmwassererzeugung genutzt; dieses erwärmte Wasser kann dann z. B. zu Heizzwecken verwendet werden.

Stromerzeugung. Bei der Stromerzeugung können zwei wesentliche Nutzungsmöglichkeiten unterschieden werden.

Das Produktgas wird direkt verbrannt und die dabei entstehenden Abgase werden "extern" zur Produktion von Dampf für den Einsatz in einem Dampfmotor oder einer Dampfturbine, zum Antrieb eines Stirlingmotors oder zum Antrieb einer indirekt befeuerten Gasturbine verwendet. Während für erstgenannte Option in der Regel keine Gasreinigung benötigt wird, ist beim Einsatz eines Stirlingmotors oder einer indirekt befeuerten Gasturbine ggf. eine Rohgasreinigung vorzusehen. Von Nachteil ist, dass alle bisher verfügbaren Techniken nur zu vergleichsweise geringen elektrischen Wirkungsgraden führen oder noch nicht Stand der Technik sind.

Wird demgegenüber das Gas gereinigt, kann es auch intern in einem Gasmotor, einer Gasturbine, einer Mikrogasturbine oder einer Brennstoffzelle genutzt werden /PG Biomassevergasung 2004/, /Hofbauer 2004/. Diese einzelnen Optionen werden nachfolgend kurz diskutiert.

- Gasmotor. Bestimmte Gasmotoren können mit Produktgas aus biogenen Festbrennstoffen betrieben werden. Dies gilt für Ottomotoren, auf Fremdzündung umgebaute Dieselmotoren und Zündstrahldieselmotoren /Krautkremer 2003/. Der Vorteil von Gasmotoren gegenüber Gasturbinen liegt in den höheren Wirkungsgraden im kleinen und mittleren Leistungsbereich (unter 5 MW Brennstoffwärmeleistung). Von Nachteil sind aber die relativ hohen Emissionen von Gasmotoren, da ohne eine geeignete Abgasnachbehandlung die gültigen Grenzwerte nicht ohne weiteres eingehalten werden können /PG Biomassevergasung 2004/, /Timmerer 2007/.
- Gasturbine. Gasturbinen sind gegenüber Gasmotoren relativ unempfindlicher gegenüber Veränderungen in der Gaszusammensetzung, zeigen eine größere Laufruhe und damit geringere Geräuschemissionen, haben einen relativ niedrigen Wartungsaufwand und sind durch deutlich niedrigere Emissionen gekennzeichnet. Außerdem steht das Abgas auf einem leicht höheren Temperaturniveau (ca. 480 bis 550 °C, bei Gasmotoren maximal 450 °C) zur Verfügung, weshalb insbesondere bei einer hohen Wärmenachfrage bzw. bei einem geforderten höheren Wärmeniveau des Abgasvolumenstroms Gasturbinen bevorzugt eingesetzt werden. Der Nachteil von Gasturbinen liegt bisher im relativ geringen Wirkungsgrad bei kleineren Leistungen bzw. der Tatsache, dass Gasturbinen meist erst ab rund 5 MW und mehr verfügbar sind.
- Mikrogasturbine. Neben klassischen Gasturbinen sind auch Mikrogasturbinen, d. h. Kleinturbinen, verfügbar. Kennzeichnend für diese Maschinen sind Drehzahlen zwischen 80 000 und 120 000 U/min (im Vergleich dazu < 15 000 U/min bei "herkömmlichen" Turbinen). Auch sind bei einigen Modellen durch eine luftgelagerte Welle weder Schmiermittel noch Kühlmittel notwendig. Mikrogasturbinen werden ab ca. 30 kW elektrischer Leistung mit einem Wirkungsgrad von 20 bis 30 % kommerziell angeboten – dies gilt jedoch nur für den Brennstoff Erdgas. Aggregate für den Einsatz von gereinigtem Produktgas aus der Vergasung biogener Festbrennstoffe sind bisher nicht am Markt verfügbar.
- Brennstoffzellen. Der Vorteil der Brennstoffzellentechnologie sind die gegenüber anderen Energiegewinnungsprozessen (je nach Brennstoff und damit Brennstoffzellentyp) teilweise höheren elektrischen Wirkungsgrade /Kabasci 2005/. Trotzdem steht die Kombination von Vergasung und Brennstoffzelle noch am Anfang der Entwicklung und wird – u. a. aufgrund der hohen Anforderungen der Brennstoffzellen an die Gasreinheit und deren eingeschränkte Marktverfügbarkeit – kurz- bis mittelfristig keine ernstzunehmende Alternative zur Stromerzeugung darstellen.

Kraftstofferzeugung. Für die Herstellung von synthetischen Kraftstoffen wird ein Synthesegas benötigt, das möglichst geringe Anteile an Inertgasen (N_2, CO_2) besitzt, möglichst frei von Katalysatorgiften ist und ein für das gewünschte Produkt (z. B. Methanol, Methan) passendes Verhältnis zwischen Kohlenstoff und Wasserstoff (C/H-Verhältnis) aufweist. Daraus resultiert die Forderung einerseits nach einer

Dampfvergasung bzw. Sauerstoff/Dampf-Vergasung und andererseits nach einer weitgehenden und ergebnissicheren Gasreinigung.

Grundsätzlich können aus gereinigtem Produktgas (sogenanntem Synthesegas) beliebige gasförmige und/oder flüssige Kraftstoffe erzeugt werden. Nachfolgend werden exemplarisch drei unterschiedliche Synthesen diskutiert, die gegenwärtig in Mitteleuropa die größte Bedeutung haben.

- Methanolsynthese. Methanol ist sowohl ein Grundstoff der chemischen Industrie als auch ein Treibstoff, der bei Raumtemperatur flüssig ist. Methanol kann nach Gleichung (9-3) aus Kohlenstoffmonoxid und Wasserstoff synthetisiert werden.

$$CO + 2H_2 \leftrightarrow CH_3OH \qquad \Delta H = -92 \text{ kJ/mol} \qquad (9\text{-}3)$$

  Methanol wird bei hohen Drücken (über 50 bar) unter Anwesenheit eines Katalysators (z. B. Zink, Chrom) aus Kohlenstoffmonoxid und Wasserstoff gebildet. Das dafür optimale Temperaturfenster liegt bei 350 bis 400 °C. Das gereinigte Produktgas muss deshalb verdichtet und das passende Verhältnis von Wasserstoff zu Kohlenstoffmonoxid (2 zu 1) eingestellt werden. In der Praxis wird allerdings Wasserstoff im Überschuss verwendet, damit am Katalysator keine Koksablagerungen auftreten.

- Fischer-Tropsch(FT)-Synthese. Bei der Fischer-Tropsch(FT)-Synthese werden aus einem an Wasserstoff und Kohlenstoffmonoxid reichen Synthesegas u. a. Paraffine und Olefine produziert. Die Kettenlänge der erzeugten Produkte reicht von Methan (C_1-Kette) bis zu festen Wachsen (C_{25}-Ketten und länger) /Dry 2002/. Die Reaktion erfolgt in einem Druckreaktor (ca. 30 bar) unter Anwesenheit eines auf Kobalt- oder Eisenbasis hergestellten Katalysators bei Temperaturen von ca. 250 °C. Die Gesamtreaktion besteht aus einer Reihe gleichzeitig und nacheinander ablaufender Einzelreaktionen (Gleichung (9-4) bis (9-7)), die durch die jeweiligen Reaktionsbedingungen unterschiedlich beeinflusst werden.

$$CO + 2H_2 \rightarrow -CH_2- + H_2O \qquad \text{Fischer-Tropsch-Reaktion} \qquad (9\text{-}4)$$

$$nCO + 2nH_2 \rightarrow C_nH_{2n+1}OH + (n-1)H_2O \qquad \text{Alkohole} \qquad (9\text{-}5)$$

$$nCO + 2nH_2 \rightarrow C_nH_{2n} + nH_2O \qquad \text{Alkene} \qquad (9\text{-}6)$$

$$nCO + (2n+1)H_2 \rightarrow C_nH_{2n+2} + nH_2O \qquad \text{Parafine} \qquad (9\text{-}7)$$

  Die Fischer-Tropsch(FT)-Synthese kann durch zwei Ansätze verfahrenstechnisch umgesetzt werden. Bei der Niedertemperatursynthese (Low-Temperature-Fischer-Tropsch-Synthesis, LTFT) werden bei 200 bis 240 °C katalysatorgestützt hauptsächlich lineare langkettige Wachse hergestellt. Demgegenüber wird die Hochtemperatursynthese (High-Temperature-Fischer-Tropsch-Synthesis, HTFT) bei Temperaturen von 300 bis 350 °C mit eisenbasierten Katalysatoren durchgeführt und dadurch hauptsächlich Benzin und kurzkettige lineare Olefine hergestellt /Dry 2002/.

- Methanisierung. Aus dem Synthesegas kann auch Bio-SNG (Synthetic Natural Gas) oder Biomethan erzeugt werden. Die Reaktion läuft unter Anwesenheit eines geeigneten Nickel-basierten Katalysators bei 300 bis 450 °C und Drücken zwischen 1 und 5 bar ab (Gleichung (9-8)).

$$CO + 3H_2 \leftrightarrow CH_4 + H_2O \qquad \Delta H = -217 \text{ kJ/mol} \qquad (9\text{-}8)$$

9.2.2.7 Vergasung – Anlagenkonzepte und Anwendungsbereiche

Das aus der Biomassevergasung und anschließenden Reinigung kommende Produktgas kann sehr verschiedenartig zur Bereitstellung von Nutz- oder Endenergie eingesetzt werden. Es kann beispielsweise direkt verbrannt und die dabei erzeugten Abgase können zur Erzeugung von Heiz- oder Prozesswärme, zur Produktion von Dampf für den Antrieb eines Dampfmotors oder einer Dampfturbine sowie zum Antrieb eines indirekt beheizten Stirlingmotors oder einer indirekt befeuerten Gasturbine (Heißluftturbine) verwendet werden. Das Gas kann aber auch direkt in einem Gasmotor genutzt, zum Antrieb von Gasturbinen (ggf. gekoppelt mit einer Dampfturbine (d. h. GuD-Prozess)) verwendet oder als Brenngas in Brennstoffzellen eingesetzt werden. Schließlich besteht noch die Möglichkeit, das Gas zur Bereitstellung von gasförmigen (Bio-SNG, Synthetic Natural Gas) oder flüssigen Brennstoffen einzusetzen (z. B. Fischer-Tropsch(FT)-Treibstoffe, Methanol).

Als Anwendungsbereiche für die Vergasung von Biomasse werden im Folgenden exemplarisch die Nahwärmebereitstellung, die Biomassevergasung zur Stromerzeugung sowie die Bereitstellung flüssiger und gasförmiger Kraftstoffe dargestellt.

Nahwärmebereitstellung. Zur Nahwärmebereitstellung wird stückiger Brennstoff aus einem überdachten Brennstofflager zum Kopf des Vergasers transportiert und von dort über ein Beschickungssystem dem Reaktor zugeführt (Abb. 9.30). Dabei handelt es sich um einen Gegenstromvergaser, in dem das Vergasungsmittel Luft mittels Gebläse angesaugt, befeuchtet und von unten in den Reaktor zugeführt wird. Der Brennstoff wandert von oben nach unten durch den Reaktor und wird im Gegenstrom mit Luft vergast. Das produzierte Gas tritt im oberen Bereich des Vergasungsreaktors aus. Ohne Gasreinigung bzw. Abkühlung wird das Produktgas dem Brenner des Kessels zugeführt, wo das heiße Wasser zur Versorgung eines Fernwärmenetzes erzeugt wird. Die zurückbleibende Asche wird am Boden des Gegenstromvergasers ausgetragen und in einem Aschebunker eingelagert.

Derartige Anlagen wurden und werden in Finnland betrieben, wo vorhandene Schwerölbrenner auf den Einsatz von vergaster Biomasse umgerüstet wurden. Abb. 9.30 zeigt als Beispiel einen derartigen Bioneer-Vergaser.

Biomassevergasung zur Stromerzeugung. Bei der in Güssing/Burgenland realisierten Biomassevergasungsanlage (Abb. 9.31) wird das Hackgut mit Wasserdampf im Vergasungsteil einer Zweibettwirbelschicht allotherm vergast. Die dazu benötigte Energie wird in einer parallel dazu betriebenen Verbrennungswirbelschicht erzeugt und über das umlaufende heiße Bettmaterial in die Vergasungswirbelschicht transportiert. Die dabei entstehenden Abgase werden gekühlt und gereinigt, bevor sie in die Atmosphäre abgegeben werden. Das in der Vergasungswirbelschicht entstehende Produktgas wird anschließend gekühlt, gefiltert und in einem mit Fettsäuremethylester (Biodiesel) betriebenen Produktgaswäscher weiter aufgereinigt. Anschließend wird es in einem Gasmotor verstromt. Die bereitgestellte elektrische Energie wird ins Netz der öffentlichen Versorgung eingespeist. Die anfallende Wärme wird in das vorhandene Fernwärmenetz eingespeist. Sollte an kalten Tagen eine größere Wärmenachfrage gegeben sein, kann ein Teil des Produktgases in einem Kessel zur ausschließlichen Wärmebereitstellung genutzt werden.

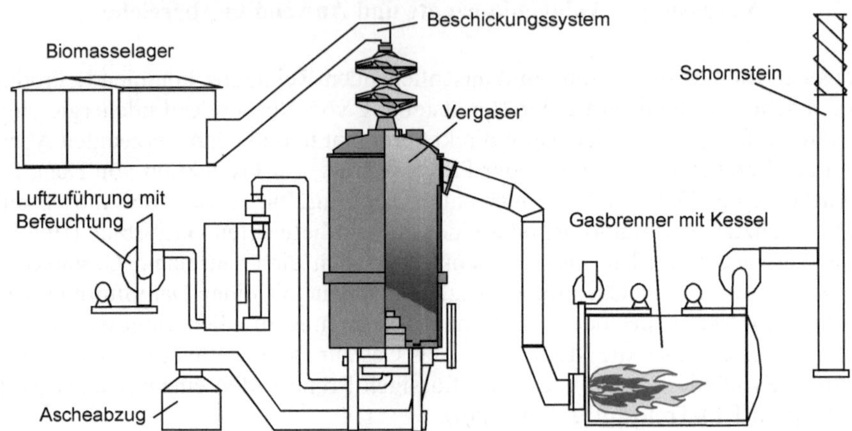

Abb. 9.30 Aufbau des Bioneer-Vergasers /Kaltschmitt, Rösch und Dinkelbach 1998/

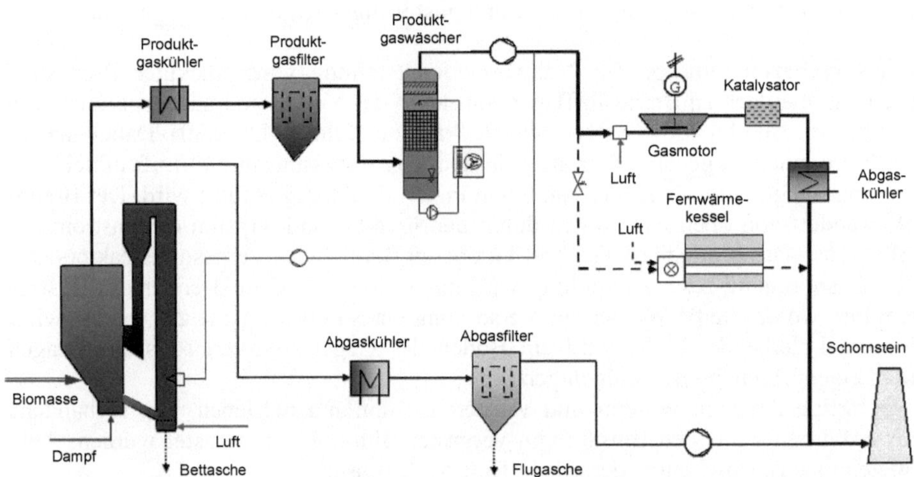

Abb. 9.31 Anlagenschema der Biomassevergasung zur Stromerzeugung in Güssing/Burgenland /Repotec 2005/

Bereitstellung flüssiger Kraftstoffe. Zur Herstellung eines flüssigen Kraftstoffs über die Fischer-Tropsch(FT)-Synthese wird beispielsweise bei einem derzeit verfolgten Konzept die Biomasse zunächst durch partielle Oxidation (Verschwelung) mit Sauerstoff bei Temperaturen zwischen 400 und 500 °C in ein teerhaltiges Gas und festen Kohlenstoff umgewandelt. Der in Form von Koks anfallende Feststoff wird gekühlt und staubförmig aufgemahlen. Anschließend wird das teerhaltige Gas in einer Brennkammer – oberhalb des Ascheschmelzpunkts – mit Sauerstoff unterstöchiometrisch nachoxidiert. Der staubförmige Brennstoff wird nachfolgend in das heiße Vergasungsmittel eingeblasen und reagiert zum Rohgas; die Gasaustrittstemperatur beträgt ca. 800 °C. Das Rohgas wird im Anschluss durch Auskopplung von Wärme gekühlt und über verschiedene Prozessstufen gereinigt. Die Einstellung des für die anschließende Fischer-Tropsch(FT)-Synthese optimalen H_2/CO- Verhältnisses erfolgt durch eine CO-Konvertierung zu Wasserstoff in einem Wasser-Gas-Shiftreaktor. Das in der Vergasung und in der CO-Konvertierung gebildete CO_2 wird anschließend durch eine Selexolwäsche physikalisch aus dem Gas ausgewaschen. Das Synthesegas wird nun in einem Festbettsynthesereaktor an Kobalt-Katalysatoren zu Kohlenwasserstoffketten umgesetzt. Die Aufteilung der Fischer-Tropsch-Produkte (Kohlenwasserstoffketten) in die gewünschten Produktfraktionen erfolgt in der sich anschließenden Destillationsstufe. In einem Hydrocracker werden zusätzlich die langkettigen Kohlenwasserstoffe in kürzerkettige Produkte umgewandelt. Gleichzeitig wird eine Isomerisierung vorgenommen. Im Ergebnis liegen Fischer-Tropsch(FT)-Diesel als Haupt- und Naphta (Rohbenzin) als Nebenprodukt vor /Müller-Langer 2008/.

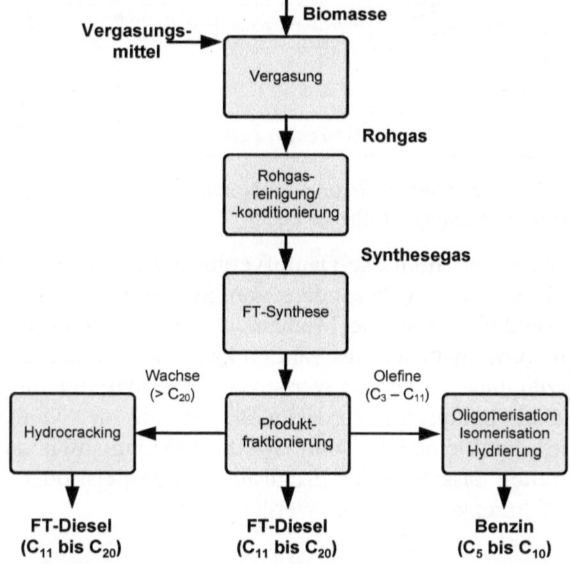

Abb. 9.32 Anlagenschema zur Erzeugung flüssiger Kraftstoffe

Bereitstellung gasförmiger Kraftstoffe. Eine Methan-Erzeugung über die Biomassevergasung kann mithilfe einer allothermen Wirbelschichtwasserdampfvergasung realisiert werden. Bei diesem Verfahren befinden sich bereits ca. 10 bis 12 % Methan im Synthesegas; auf den Energieinhalt bezogen bedeutet dies, dass bereits mehr als 30 % Energie im Methan enthalten sind. Abb. 9.33 zeigt ein Blockfließbild einer Methanisierung mit Nutzung des Synthesegases aus einer Zweibett-Wirbelschicht-Dampfvergasung, wie sie in einer Demonstrationsanlage in Güssing (Burgenland) ausgeführt ist.

Die Vergasung der biogenen Festbrennstoffe findet mit Wasserdampf in einer Wirbelschicht bei ca. 850 °C statt. Die dafür notwendige Wärme wird getrennt davon in einer Wirbelschicht erzeugt, die mit Luft fluidisiert wird. Dadurch wird der Koks, der bei der Vergasung zurück bleibt und mit dem umlaufenden Bettmaterial aus dem

Vergasungsreaktor in die Verbrennungswirbelschicht eingetragen wird, verbrannt. Die dabei entstehende Wärme wird vom Bettmaterial aufgenommen und über den Bettmaterialumlauf in die Vergasungswirbelschicht zurückgeführt. Mit dieser Ausführung ist es möglich, ein praktisch stickstofffreies Produktgas (Synthesegas) zu erzeugen. Weiters besitzt dieses Produktgas aufgrund der Vergasung mit Wasser einen hohen Gehalt an Wasserstoff, was für sämtliche Synthesen von Vorteil ist.

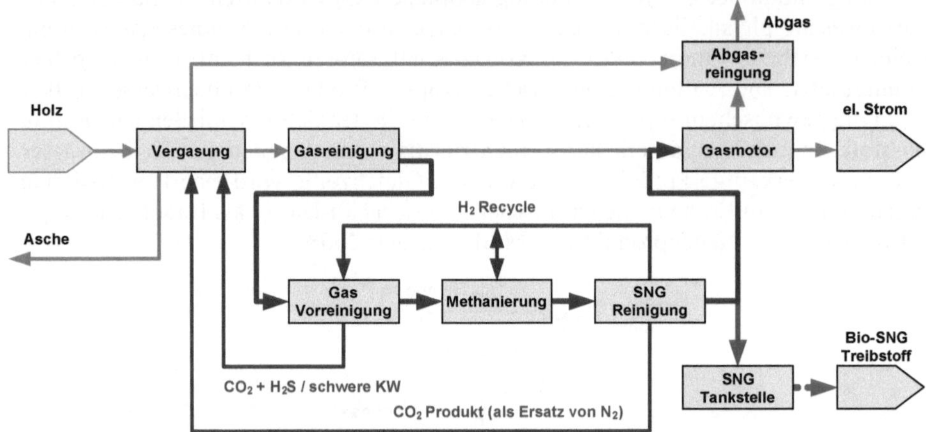

Abb. 9.33 Blockfließbild einer Methanisierung mit Nutzung des Synthesegases aus der Zweibett-Wirbelschicht-Dampfvergasung /Hofbauer 2008/

Das aus der allothermen Biomasse-Dampfvergasung kommende Produktgas wird von Partikeln und Teer sowie insbesondere von Schwefel- und Chlorverbindungen befreit, bevor das Synthesegas in die Methanisierungsstufe eintritt. Die Reaktionswärme der exothermen Methanisierungsreaktion kann dabei u. a. zur Brennstofftrocknung und Dampferzeugung verwendet werden; als Bettmaterial für die Methanisierung findet ein Nickel-Katalysator Verwendung. Das aus der Methanisierungsstufe austretende Gas wird durch eine CO_2- und H_2-Abscheidung sowie durch eine Trocknung so weit aufbereitet, dass es in das Erdgasnetz eingespeist oder an einer Erdgastankstelle an Erdgasfahrzeuge abgegeben werden kann.

9.2.2.8 Vergasung – Energiewandlungskette und Verluste

Auch bei der thermo-chemischen Nutzung der Biomasse durch Vergasung ergeben sich im Verlauf der gesamten Konversion von dem Festbrennstoff bis zur Bereitstellung der Nutz- bzw. Endenergie Verluste, die dazu führen, dass am Ende der Umwandlung nur ein Teil der im Brennstoff enthaltenen Energie genutzt werden kann. Da sich großtechnische Anlagen zur Kraftstoffproduktion derzeit noch in der Entwicklung befinden, wird der Energiefluss innerhalb der Vergasung deshalb beispielhaft an einer Anlage zur Strom- und Wärmeproduktion diskutiert (Abb. 9.34). Als Brennstoff werden Waldhackschnitzel mit einem Wassergehalt von 20 % eingesetzt. Die dargestellten Größen beziehen sich dabei auf den Energieinhalt der eingesetzten Biomasse.

Ausgehend von der Biomasse frei Wald ergeben sich Verluste von rund 7 % während Transport und Lagerung bis zum Eintritt in den Vergaser. Da keine weitere Trocknung des Brennstoffs erfolgt, können rund 93 % der Biomasse dem Vergaser zugeführt werden. Nach der Vergasung wird das den Vergaser verlassende Rohgas gekühlt und zwecks Abtrennung von Schadkomponenten wie z. B. Staubpartikel, Schwefel, Halogen- und Stickstoffkomponenten gereinigt. Die aus der Rohgaskühlung entkoppelte Wärme weist einen Energiegehalt von etwa 16 % der Eingangsleistung auf. Abzüglich der Verluste aus Vergasung und Gasreinigung (zusammen insgesamt ca. 9 %) verbleiben am Ende der Konversion im Reingas rund 67 %. Letztendlich stehen damit 55 % an Nutzenergie zur Verfügung, wovon ca. 22 % an elektrischer Energie und 33 % an thermischer Energie abgeben werden. Zusammen mit der aus der Rohgaskühlung noch nutzbaren Wärme beläuft sich die thermisch insgesamt nutzbare Energie auf 49 %. Die im Prozess anfallenden Rückstände aus Vergaser und Gasreinigung werden dabei im Prozess weiter genutzt, indem sie in der Brennkammer zur Bereitstellung der Energie für die Dampfvergasung verbrannt werden /Pröll 2008/.

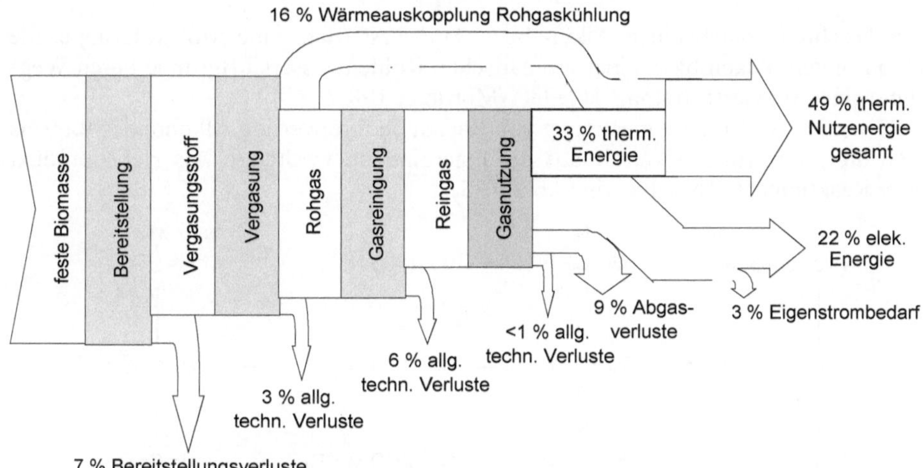

Abb. 9.34 Energiefluss einer großtechnischen Vergasung von Waldhackgut zur Strom- und Wärmeproduktion bezogen auf die eingesetzte Biomasse

9.2.3 Physikalisch-chemische Umwandlung

Physikalisch-chemische Umwandlungsverfahren werden zur Bereitstellung von Bioenergieträgern auf Basis von Ölen und Fetten (z. B. Pflanzenölsaaten, Altfette, tierische Fette) eingesetzt. Im Einzelnen umfasst dies den physikalischen Vorgang des Pressens und/oder der Extraktion sowie der Umesterung zur Angleichung der Kraftstoffeigenschaften an herkömmlichen Dieselkraftstoff. Die Grundlagen der Energiewandlung sowie die Systemelemente, die für die Bereitstellung derartiger Bioenergieträger nötig sind, werden nachfolgend erläutert.

9.2.3.1 Grundlagen der Energiewandlung

Das in der Ölsaat enthaltene Öl wird mithilfe physikalischer Methoden in Reinform gewonnen; dies ist zum Einen die Pressung und zum Anderen die Extraktion /Kaltschmitt, Hartmann und Hofbauer 2009/, /Müller-Langer 2007/, /FNR 2008/. Das derart gewonnene Pflanzenöl ist aber in der heute verfügbaren Fahrzeugflotte nur sehr eingeschränkt einsetzbar. Deshalb erfolgt im Regelfall eine Angleichung der Eigenschaften an die von fossilem Diesel durch eine Umesterung zu Pflanzenölmethylester (PME). Diese Umesterung beschreibt eine Reaktion, bei der ein Ester durch Alkoholyse, in Gegenwart von Säuren als Katalysator, mehrstufig in einen anderen Ester überführt wird (Gleichung (9-9)).

$$R_1 - COOR_2 + R_3 - OH \xrightarrow{H^+} R_1 - COOR_3 + R_2 - OH \tag{9-9}$$

R beschreibt dabei einen Alkyl- bzw. Aryl-Rest (d. h. eine Molekülgruppe, die sich aus einem Alkan bzw. einer aromatischen Kohlenwasserstoffgruppe durch Wegnahme eines Wasserstoffatoms ableitet) /Mortimer 1987/.

So wird z. B. bei der Umesterung von Rapsöl der dreiwertige Alkohol des Rapsöls durch drei einwertige Alkohole aus der Esterbindung verdrängt. Als Nebenprodukt dieser Reaktion entsteht Glycerin (Abb. 9.35).

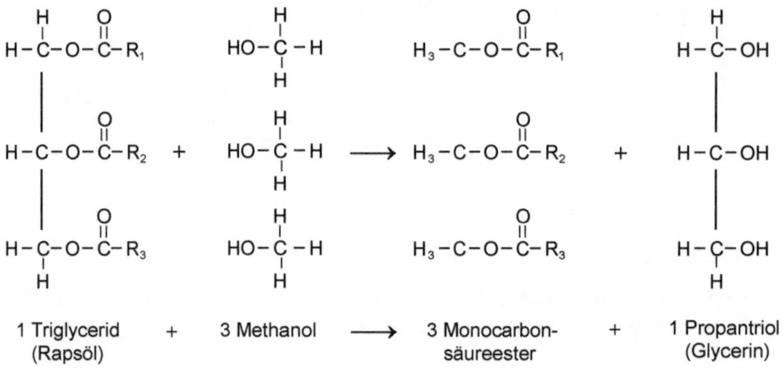

```
    H    O              H                     O               H
    |    ||             |                     ||              |
  H-C-O-C-R1       HO-C-H          H3-C-O-C-R1          H-C-OH
    |                   |                                     |
    |    O              H                     O               |
    |    ||             |                     ||              |
  H-C-O-C-R2   +   HO-C-H   --->   H3-C-O-C-R2    +     H-C-OH
    |                   |                                     |
    |    O              H                     O               |
    |    ||             |                     ||              |
  H-C-O-C-R3       HO-C-H          H3-C-O-C-R3          H-C-OH
    |                   |                                     |
    H                   H                                     H

1 Triglycerid  +  3 Methanol  --->  3 Monocarbon-   +  1 Propantriol
  (Rapsöl)                            säureester          (Glycerin)
```

Abb. 9.35 Umesterung von Pflanzenöl zu Pflanzenölfettsäuremethylester (nach /Kaltschmitt, Hartmann und Hofbauer 2009/)

Ohne Katalysator läuft die Umesterungsreaktion bei Umgebungstemperatur nur sehr langsam ab. Es wären Temperaturen von mehr als 300 °C erforderlich, um technisch nutzbare Geschwindigkeiten zu erreichen. Derartige Temperaturen sind jedoch nicht realisierbar, da sich das Triglycerid Pflanzenöl dann thermisch zersetzt. Die Umesterungsreaktion erfolgt daher immer unter Einsatz eines Katalysators, für den sich Alkali-Metalle (z. B. Natrium, Kalium), Alkali-Hydroxide (z. B. NaOH, KOH) und Alkali-Alkoholate (z. B. Natrium-Methylat) eignen.

Der Heizwert wird durch diese Umesterung nur geringfügig verändert. So liegt dieser beispielsweise für Rapsöl bei rund 37,6 MJ/kg bzw. 34,6 MJ/l und für Biodiesel bei etwa 37,1 MJ/kg bzw. 32,7 MJ/l. Im Vergleich dazu besitzt konventioneller Dieselkraftstoff einen Heizwert von 43,1 MJ/kg bzw. 35,9 MJ/l

9.2.3.2 Ölsaaten

Für die Produktion von Pflanzenöl sind eine Vielzahl von Ölpflanzen vom Grundsatz her geeignet (u. a. Raps, Sonnenblume, Soja, Lein, Palm, Kokos, Canola) /Müller-Langer 2007/. Für die Biodieselproduktion in Österreich werden derzeit aber nur Raps- und Sonnenblumensaaten eingesetzt, die i. Allg. mit den in der konventionellen Landwirtschaft üblichen Verfahren produziert werden.

Raps liebt tiefgründige, milde Lehmböden. Auch schwere Böden und humöse Sandböden mit guter Nährstoffversorgung sind bei ausreichenden Niederschlägen sowie gleichmäßiger Niederschlagsverteilung geeignet. Problematisch sind leichte oder flachgründige Böden, da Raps eine gute Durchwurzelbarkeit verlangt und Flachgründigkeit bei Trockenheit zu starken Ertragseinbußen führt. Neben einem hohen Ölgehalt und einer guten Ölqualität sollte bei der Sortenwahl auf die Krankheitsresistenz sowie eine möglichst geringe Neigung zu Lager und zum Platzen der Schoten geachtet werden. Die Ernte der Samen findet im Juli/August mit Mähdreschern bei Erträgen von durchschnittlich 3 bis 4 t/ha statt. Bei einer erforderlichen Rapsmenge von 2,3 kg/l Rapsöl lässt sich daraus eine Ölmenge von durchschnittlich von rund 1 500 l/ha erzeugen /FNR 2008/, /Kaltschmitt, Hartmann und Hofbauer 2009/.

Der Ölgehalt der Sonnenblume wurde züchterisch von 30 auf über 50 % angehoben. Deshalb ist auch die Sonnenblume für eine Ölproduktion geeignet. Für den Sonnenblumenanbau geeignet sind Böden aus lehmigem Sand bis tonigem Lehm, wobei die Pflanze leichtere Böden bevorzugt. Wichtig ist eine gute Durchwurzelbarkeit und Tiefgründigkeit des Bodens. Zu schwere und zu kalte Böden sind ungeeignet, da auf ihnen die Jugendentwicklung verzögert wird. Die Aussaat erfolgt Mitte April mit Einzelkornsämaschinen mit dem Ziel, dass 5 bis 7 Pflanzen pro m^2 aufwachsen. Das Dreschen im September/Oktober erbringt Erträge von 2,5 bis 4,0 t/ha; dies entspricht etwa 850 bis 2 000 kg/ha Öl. Ein überdurchschnittlicher Ölertrag wird nur bei ausreichend hohen Temperaturen während der Vegetationsperiode sowie guter Wasserversorgung während der Blüte erreicht. Bei einer Öldichte von 0,93 kg/dm^3 (15 °C) ergeben sich daraus 915 bis 2 150 l/ha Sonnenblumenöl /FNR 2005b/, /FNR 2008/.

9.2.3.3 Systemelemente

Pflanzenöl kann entweder in Kleinanlagen oder in industriellen Großanlagen (Ölmühlen) /FNR 2007b/ durch Pressung, Extraktion oder einer Kombination dieser beiden Verfahren aus der Ölsaat gewonnen werden. Dabei bietet sich für Österreich insbesondere die Rapssaat an, welche im lagerfähigen Zustand aus etwa 43 % Öl, rund 40 % Rohprotein und Extraktstoffen, ca. 7 % Wasser, rund 5 % Rohfaser und etwa 5 % Asche besteht /Kaltschmitt, Hartmann und Hofbauer 2009/.

Werden zusammen mit Rapsöl Öle aus anderen Ölpflanzen umgeestert, wird das entstandene Produkt chemisch exakt als Pflanzenöl(fettsäure)methylester (PME) bezeichnet. Möglich ist auch die Umesterung von Altspeiseölen und -fetten sowie von tierischen Fetten. Die Herstellung erfolgt getrennt von Pflanzenölmethylester; die entstandenen Produkte können i. Allg. aber problemlos miteinander vermischt werden. Als Handelsname für alle Formen von Fettsäuremethylester hat sich dabei die Bezeichnung Biodiesel oder FAME (Fatty Acid Methyl Ester) /ÖNorm EN 14214/ eingebürgert und wird auch hier verwendet.

Nachfolgend wird dargestellt, welche Prozesse bei der Pflanzenöl- bzw. FAME-Gewinnung ablaufen (Abb. 9.36). Dabei wird nur auf die industrielle Großproduktion eingegangen, da eine kleintechnische Pflanzenölgewinnung bisher für die Biodieselherstellung nur eine untergeordnete Bedeutung erlangt hat.

Ölgewinnung. Zunächst wird die Ölsaat von Verunreinigungen wie Staub, Bruchsaat, Schimmel oder Schwarzbesatz gereinigt, zerkleinert und konditioniert; d. h. es werden Feuchtigkeit und Temperatur so eingestellt, dass die Auspressung des Öls unterstützt wird.

Pflanzenöle können entweder durch eine ausschließliche Pressung (d. h. Fertigpressen), durch eine ausschließliche Extraktion (d. h. Direktextraktion) oder durch eine Kombination beider Verfahren (d. h. Pressung/Extraktion) gewonnen werden.

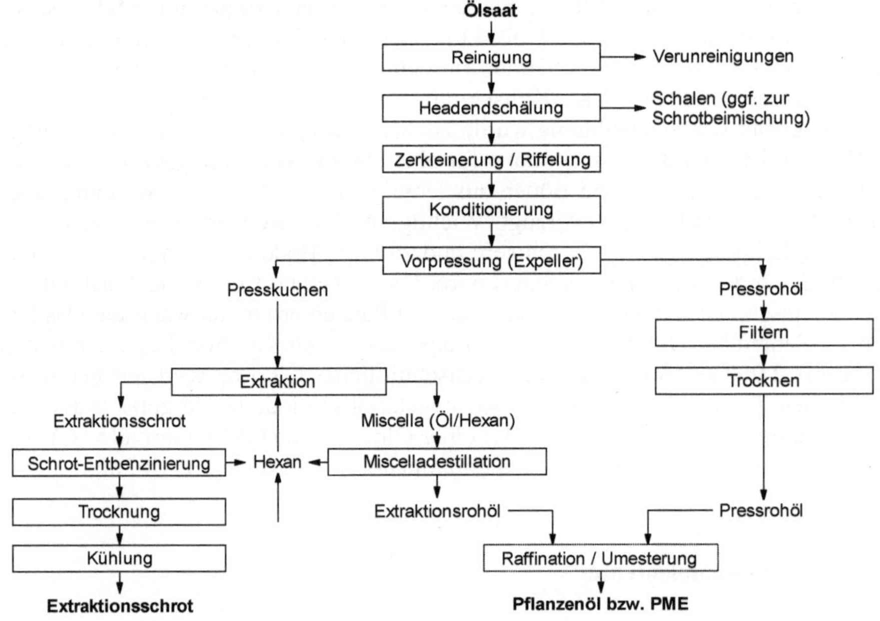

Abb. 9.36 Verfahrensschritte der großtechnischen Pflanzenölgewinnung (nach /Kaltschmitt, Hartmann und Hofbauer 2009/)

Die Pressung erfolgt i. Allg. in kontinuierlich arbeitenden Schneckenpressen. Kernstück der Schneckenpressen ist eine Pressschnecke, welche von einem Elektromotor angetrieben wird und sich in einem Presszylinder dreht, der von eng aneinander liegenden Stäben gebildet wird (Abb. 9.37). Aus den Schlitzen zwischen den Stäben, welche im Abstand variierbar sind, tritt das Öl aus, während grobe Saatpartikel zurückgehalten werden. Am Ende des Presszylinders wird der Presskuchen in Form kleiner Platten aus einer Öffnung gedrückt, die in ihrem Querschnitt verändert werden kann. Einzelne Bauteile (z. B. die Schneckenwelle) können zum Abführen der entstehenden Wärme mit einer Wasserkühlung ausgestattet werden. Bei einer anderen Bauform ist der Presszylinder durch kreisrunde Bohrungen perforiert. Die Pressschnecke transportiert darin die Ölsaat zu einem Presskopf. Dort kann durch den Einsatz verschiedener Düsen der Durchmesser der Presskuchenaustrittsöffnung variiert werden. Der als Endlosstrang austretende Presskuchen zerbricht in kleine zylindrische Körper, sogenannte Pellets.

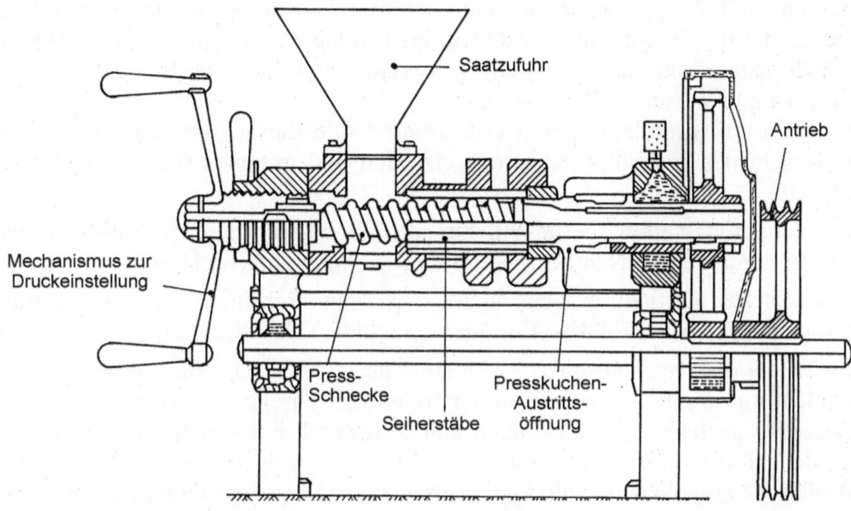

Abb. 9.37 Seiherschneckenpresse (nach /Sivakumaran und Goodrum 1987/)

Bei der Extraktion wird das Öl durch das Lösemittel (z. B. Hexan) aus der entsprechend aufbereiteten Saat herausgelöst. Dadurch entstehen zwei Stoffströme: das mit Öl angereicherte Lösemittel, die sogenannte Miscella (20 bis 30 % Ölgehalt, 70 bis 80 % Lösemittel), und der mit Lösemittel durchsetzte, weitgehend ölfreie Rückstand (d. h. das Extraktionsschrot) (25 bis 35 % Lösemittel) /Bockisch 1993/. Beide Stoffströme müssen anschließend aufgearbeitet werden, damit die jeweils gewünschten Produkte in Reinform vorliegen.

Zur Extraktion können diskontinuierliche und kontinuierliche Verfahren eingesetzt werden. Für die großtechnische Pflanzenölgewinnung haben heute nur noch kontinuierliche Verfahren Bedeutung. Bei diesen Verfahren wird das Extraktionsgut (d. h. die zerkleinerte Saat bei einer ausschließlichen Extraktion oder der Presskuchen bei einer kombinierten Pressung/Extraktion) in einem geschlossenen Extraktionsraum in offenen Behältern (Becher oder Kästen) transportiert und dem auf 50 bis 60 °C temperierten Lösemittel im Gegenstrom ausgesetzt. Das Lösemittel durchdringt das ölhaltige Material, löst dabei das Öl, wird aufgefangen und entgegen der Transportrichtung des Extraktionsgutes in die nächste Kammer gepumpt. Das im Extraktionsmittel gelöste Öl kann im Anschluss an die Extraktion z. B. durch Abdestillieren des Lösemittels in Reinform gewonnen werden.

Bei hohen Ölgehalten in der Ölsaat – wie es beispielsweise bei der Rapssaat der Fall ist – lassen sich durch eine Kombination von Pressung und Extraktion die Vorteile beider Verfahren (d. h. hohe Ölausbeute, vergrößerte Standzeiten der Pressen) optimal miteinander verbinden.

Ölraffination (nach /Kaltschmitt, Hartmann und Hofbauer 2009/). Die Raffination des rohen Pflanzen- bzw. Rapsöls dient durch den Entzug unerwünschter Begleitstoffe (z. B. freie Fettsäuren, Farbstoffe, Schleimstoffe, Schmutzpartikel, Schwermetalle) der Gewährleistung einer definierten Qualität. Zur Förderung der Oxidationsstabilität (beschreibt den Alterungszustand und die Lagerstabilität) werden daher beispielsweise Metalle (katalysierende Wirkung), Phosphatide (oxidationsfördernd, zudem Beitrag zur Trübung) sowie Pigmente und freie Fettsäuren entfernt. Gleiches gilt für Wachse, die zur Trübung und zu schleimigen Ablagerungen führen, sowie für Pestizide. Außerdem erfolgt die Entfernung von Wasser, das die Hydrolyse von Triglyceriden (sogenannte Verseifung) begünstigt.

Für die Ölraffination kommen zwei Verfahren zum Einsatz, deren Prozessschritte jeweils verschieden technologisch umgesetzt sind und mitunter fließend ineinander übergehen.

- Chemische Raffination, bestehend aus den Prozessschritten (i) Entschleimung, (ii) Entsäuerung durch Neutralisation, (iii) Bleichung und (iv) Desodorierung.
- Physikalische Raffination, bestehend aus den Schritten (i) Entschleimung, (ii) Bleichung, (iii) destillative Entsäuerung und (iv) Desodorierung.

Dabei wird bei der physikalischen Raffination ausgenutzt, dass die Entsäuerung des Rohöls nicht nur durch Neutralisation der freien Fettsäuren, sondern ebenso wie die Desodorierung auch destillativ erfolgen kann. Gegenüber der chemischen weist die physikalische Raffination daher Vorteile auf (z. B. verringerter Bedarf an Prozesschemikalien, Möglichkeit der direkten Abtrennung freier Fettsäuren verbunden mit vergleichsweise geringen Raffinationsverlusten und Abwassermengen) und kommt insbesondere in der Speiseölindustrie bevorzugt zum Einsatz /Dreier 1999/. Daher liegt bei den folgenden Darstellungen der Fokus auf der physikalischen Raffination (Abb. 9.38).

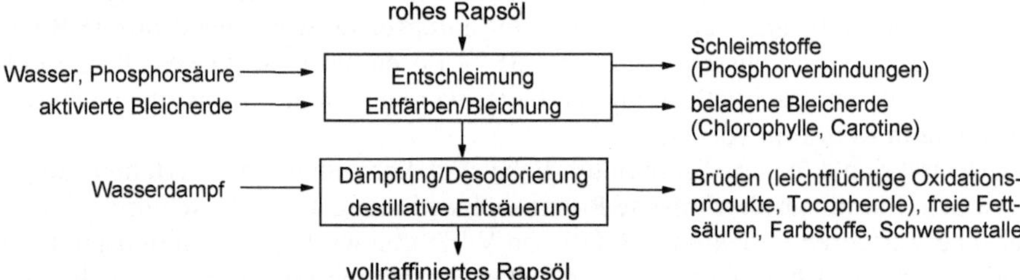

Abb. 9.38 Physikalische Raffination am Beispiel von Rapsöl /FNR 2007b/

Bei dem ersten Raffinationsschritt, der Entschleimung, die aus der Vor- und Nachentschleimung besteht, werden Schleimstoffe (u. a. Phosphatide (Lecithin)) aus dem Öl entfernt.

- Bei der Vorentschleimung wird dem Rohöl Wasser beigemischt, wodurch ein Teil der Phosphatide und der anderen Schleimstoffe hydratisiert werden. Dadurch werden sie ölunlöslich (lipophob) und fallen in Form eines Schlamms, der zusätzlich weitere sedimentierbare Teilchen (u. a. Saatteilchen), Öl und Wasser enthält, aus. Dieser Schlamm wird durch Separatoren vom Öl getrennt und anschließend entweder zum Schrot hinzugegeben oder weiter aufgearbeitet.
- Bei der Nachentschleimung werden neben Wasser bzw. Wasserdampf häufig Säuren eingesetzt, durch die nicht-hydratisierbare Phosphatide zerstört werden und dadurch abgetrennt werden können.

Aufgabe der anschließenden Bleichung ist die Entfernung von Farbstoffen (z. B. Chlorophyll und dessen Folgeprodukte), Restphosphatiden, Metallspuren und Seifenresten durch Adsorption an Bleicherde sowie die Zersetzung von eventuell vorhandenen Hyperoxiden. Das entschleimte, entsäuerte und getrocknete Öl wird dazu auf 90 bis 120 °C aufgeheizt und mit aktivierter Bleicherde vermischt, die nach ca. 30 min durch Filtration wieder abgetrennt wird /Kaltschmitt, Hartmann und Hofbauer 2009/.

Leichtflüchtige Geruchs- und Geschmacksstoffe (u. a. Kohlenwasserstoffe, Aldehyde, Ketone, freie Fettsäuren) werden nun bei Temperaturen bis 250 °C im Unterdruck mit Wasserdampf als Schleppmittel entfernt. Problematisch ist, dass es dabei aufgrund der hohen Temperaturen und der mehrstündigen Dämpfungsdauer zu Degradation (d. h. Bildung von Trans-Fettsäuren) kommen kann /Teutoburger Ölmühle 2007/.

Rohöle enthalten dann immer noch 1 bis 3 % freie Fettsäuren, welche die Haltbarkeit begrenzen. Die deshalb notwendige Neutralisation erfolgt mit Alkalilaugen unter Bildung von Seifen und Wasser. Die Seifen werden mit Wasser ausgewaschen und die Öle anschließend getrocknet. Alternativ dazu können die freien Fettsäuren nach der Bleichung destillativ in der Dämpfung abgetrennt werden. Dazu wird bei Temperaturen von 180 bis 260 °C Wasserdampf als Schleppmittel eingesetzt /Kaltschmitt, Hartmann und Hofbauer 2009/.

Umesterung. Bei der Umesterung werden die physikalischen Eigenschaften des Pflanzenöls an die Anforderungen der auf Dieselkraftstoff abgestimmten Motoren angepasst. Dazu wird das hochmolekulare Pflanzenöl in niedrigmolekulare Verbindungen gespalten, die dem marktgängigen fossilen Dieselkraftstoff wesentlich ähnlicher sind als naturbelassenes Pflanzenöl. Der dreiwertige Alkohol des Pflanzenöls (Glycerin) wird dabei durch drei einwertige Alkohole aus der Esterbindung in Gegenwart von Katalysatoren (z. B. Natron- oder Kalilauge) verdrängt. Als einwertige Alkohole sind sowohl Methanol als auch Ethanol einsetzbar. Allerdings ist die Umesterung mit Ethanol vielfach kinetisch gehemmt und schwieriger durchzuführen, so dass derzeit ausschließlich Methanol eingesetzt wird.

Die Reaktion von Pflanzenöl und Methanol zu Biodiesel und Glycerin ist eine Gleichgewichtsreaktion, die zum Stillstand kommt, wenn etwa zwei Drittel der Ausgangsstoffe reagiert haben. Um die Ausbeute bei der großtechnischen Umsetzung zu erhöhen, kann ein Reaktionsprodukt (in der Regel Glycerin) abgezogen oder ein Reaktionspartner im Überschuss verwendet werden. Meistens wird mit einem Überschuss an Methanol gearbeitet, um das Gleichgewicht in die gewünschte Richtung zu beeinflussen /Bockisch 1993/. Der Methanolüberschuss darf jedoch nicht beliebig hoch werden, da Methanol ansonsten als Löslichkeitsvermittler wirkt und sich dadurch Glycerin nicht als schwerere Phase absetzen kann.

Vor der weiteren Verwendung müssen das Roh-Biodiesel und das Roh-Glycerin noch aufbereitet bzw. gereinigt werden; dabei kann das Glycerin – je nach Aufwand bei der Aufarbeitung – eine Reinheit von 80 bis 90 % oder auch Pharma-Qualität erreichen /Kaltschmitt, Hartmann und Hofbauer 2009/.

Nebenprodukte und Rückstände (nach /Kaltschmitt, Hartmann und Hofbauer 2009/). Im Verlauf der Verarbeitung von Ölsaaten zu Biokraftstoffen fallen Neben- oder Kuppelprodukte an. Diese werden nachfolgend entlang der gesamten Bereitstellungskette für Biodiesel diskutiert.

Stroh. Stroh, das bei der Ölsaatenernte als Kuppelprodukt anfällt, wird beispielsweise bei Raps üblicherweise bereits während der Ernte gehäckselt und anschließend untergepflügt. Beispielsweise fallen bei einem durchschnittlichen Rapsbestand und einem Korn-Stroh-Verhältnis von 1,7 bei einem Rapsertrag von ca. 4 t/ha etwa 7 t/ha Stroh an. Dieses Aufkommen an organischer Masse wird heute im Normalfall als organischer Dünger eingesetzt und trägt damit u. a. zum Humuserhalt bei. Es hat damit eine günstige Wirkung auf die Erhaltung bzw. Verbesserung der Bodenfruchtbarkeit und die Schließung der Nährstoffkreisläufe. Alternativ kann das Stroh auch geerntet, abtransportiert und in geeigneten Feuerungsanlagen energetisch genutzt werden; dieser Pfad ist aber problematisch, da das Rapsstroh einerseits auf dem Feld verlustbehaftet nachgetrocknet werden muss (d. h. die Schoten und die Stängel trocknen unterschiedlich schnell ab) und andererseits durch vergleichsweise ungünstige verbrennungstechnische Eigenschaften – und damit einen hohen feuerungsanlagentechnischen Aufwand – gekennzeichnet ist. Deshalb wird eine energetische Nutzung des Rapsstrohs bisher nicht realisiert.

Presskuchen und Extraktionsschrot. Der feste Rückstand aus der Ölgewinnung (d. h. Presskuchen bei Pressverfahren, Extraktionsschrot bei der Lösemittelextraktion) kann als Futtermittel, als organischer Dünger, als Brennstoff oder als Rohstoff bei der Biogasproduktion verwendet werden. Darüber hinaus ist eine Nutzung des Schrotes zu technischen Zwecken möglich, beispielsweise zur Proteinextraktion oder zur Herstellung von Verpackungsmaterial. Aus wirtschaftlichen Gründen wurde bisher praktisch ausschließlich die Verwertung als Futtermittel realisiert.

Presskuchen und Schrot sind reich an Proteinen und stellen somit Eiweißfuttermittel dar, die in Kombination mit Ergänzungsstoffen zu tierartspezifisch optimierten Futterrationen zusammengestellt werden können /Lebzien 1991/.

Presskuchen bzw. Extraktionsschrot kann auch als organischer Dünger in der Landwirtschaft eingesetzt werden. Je Tonne Rapsextraktionsschrot (11 bis 13 % Wassergehalt) werden dem Boden ca. 50 bis 60 kg Stickstoff (N), 20 bis 25 kg Phosphor (P_2O_5), 12 bis 18 kg Kalium (K_2O), 6 bis 8 kg Kalzium (CaO) und 7 bis 8 kg Magnesium (MgO) zugeführt. Aufgrund der derzeit erzielbaren vergleichsweise hohen Erlöse von Schrot auf dem Futtermittelmarkt spielt dieser Verwertungspfad jedoch nur eine untergeordnete Rolle.

Eine Nutzung der Schrote bzw. der Presskuchen ist auch als Energieträger in Feuerungsanlagen möglich. Beispielsweise weisen Rapsextraktionsschrot bzw. -presskuchen je kg Trockenmasse einen Heizwert von ca. 18,5 bzw. bis zu 22 MJ/kg und einen Aschegehalt von 6 bis 8 % auf. Der hohe Stickstoffgehalt und eventuell der Gehalt an Schwefel und Asche können aber zu erhöhten Aufwendungen bei der Prozessführung bzw. zu Problemen bei der Einhaltung der gültigen Emissionsgrenzwerte führen /Launhardt et al. 2000/. Der sehr hohe Anteil von Kalium im Brennstoff fördert durch eine Erniedrigung des Ascheschmelzpunktes die Verschlackungsneigung der Asche. Eine Verbrennung wird deshalb – und aufgrund der hohen erzielbaren Preise bei einem Absatz als Futtermittel – kaum realisiert.

Schrote bzw. Presskuchen können alternativ ebenso als Substrate in einer Biogasanlage eingesetzt werden. Die Gasausbeute ist dabei höher als z. B. bei Gülle. Beispielsweise ergibt sich bei Rapspresskuchen aus einer Kaltpressung ein Biogasertrag von 610 bis 760 l/kg organischer Trockenmasse im Vergleich zu ca. 450 l Gas/kg organischer Trockenmasse bei Gülle /Gleißner 1996/.

Glycerin. Das Kuppelprodukt Glycerin wird während der Umesterung in Form einer Glycerinphase freigesetzt, die ihrerseits zu Rohglycerin (60 bis 80 Gew.-% Glycerinanteil), technischem (> 80 Gew.-%) oder pharmazeutischem Glycerin (typischerweise 99,5 bis 99,8 Gew.-%) aufbereitet und vermarktet werden. Glycerin ist als Rohstoff z. B. in der Pharma-, Kosmetik-, Nahrungsmittel-, Chemie- und Tabakindustrie vielfältig einsetzbar; aus wirtschaftlichen Gründen hat gegenwärtig die stoffliche Verwertung die größte Bedeutung.

Glycerin ist eine energiereiche Verbindung und grundsätzlich als Ergänzung zu herkömmlichen Futtermittel geeignet. Es ist als nicht-toxische Verbindung zur Fütterung für alle Nutztierarten ohne Mengenbegrenzung zugelassen; deshalb sind in der Positivliste für Einzelfuttermittel Reinglycerin und auch Rohglycerin gelistet. Mit Rücksichtnahme auf ein vergleichsweise hohes Preisniveau für Glycerin sowie der Konkurrenz zu herkömmlichen Futtermitteln ist eine flächendeckende Verbreitung aber nicht zu erwarten; dennoch gibt es einen Markt für Spezialanwendungen bei einem besonders hohen Energiebedarf der Tiere.

Die energetische Nutzung von Glycerin als Treib- bzw. Brennstoff ist ebenfalls prinzipiell möglich, jedoch aufgrund der glycerinspezifischen Eigenschaften (insbesondere hohe Viskosität, niedriger Heizwert) technisch sehr anspruchsvoll. Der Einsatz von Glycerin als Ersatzbrennstoff stellt erhöhte Anforderungen an die Brenner- und Anlagentechnik sowie die Führung des Verbrennungsprozesses.

Eine motorische Nutzung von (Roh-)Glycerin (z. B. in pflanzenöltauglichen Motoren) ohne Beimischung von anderen Kraftstoffen ist problematisch. Beispielsweise zündet reines Glycerin ohne massive Steigerung des Verdichtungsverhältnisses und der Ladelufttemperatur nicht; ausreichende Zündbedingungen können lediglich für Mischungen von max. 30 Gew.-% mit Rapsölmethylester und Ethanol erzielt werden, wobei die Emissionen im Vergleich zu Dieselkraftstoff oder Rapsmethylester z. T. deutlich erhöht waren. Darüber hinaus wird der zur Umesterung verwendete Katalysator als Salz emittiert, welches sich bereits im Brennraum und verstärkt an den Auslassventilen und im Abgassystem ablagert. Dies führt zu einem erhöhten Verschleiß und kürzeren Wartungs- und Reinigungsintervallen /WTZ Roßlau 2008/.

Darüber hinaus wird Rohglycerin zur Steigerung der Biogasertrags und der Methanausbeute als Kosubstrat in Biogasanlagen eingesetzt. Hier können Ertragssteigerungen vor allem dann erreicht werden, wenn Rohglycerin zusammen mit eiweißreichen agrarischen Rohstoffen (z. B. Schweineflüssigmist) genutzt wird. Um Hemmungen der Methangärung zu vermeiden, wird ein Rohglycerinanteil am Substratmix von nicht mehr als 6 Gew.-% empfohlen; ein Rohglycerinanteil von 3 bis 6 Gew.-% zur Biogaserzeugung aus Silomaissilage, Körnermais und Schweinegülle werden als optimal angegeben /Amon et al. 2004/.

Nutzung als Kraftstoff (nach /Kaltschmitt, Hartmann und Hofbauer 2009/). Biokraftstoffe auf Pflanzenölbasis können entweder als Rein- oder Mischkraftstoffe bzw. nach einer chemischen Umwandlung eingesetzt werden.

Naturbelassenes Pflanzenöl. In den heute gebauten direkteinspritzenden Dieselmotoren ist ein Einsatz von reinem Pflanzenöl nicht ohne Veränderungen am Motor möglich, da sich wesentliche Eigenschaften des Pflanzenöls (u. a. Zündwilligkeit, Viskosität) vom Dieselkraftstoff unterscheiden. Das im Vergleich zu Dieselkraftstoff komplexere Pflanzenölmolekül benötigt beispielsweise u. a. eine feinere Zerstäubung bei der Einspritzung, höhere Verbrennungstemperaturen sowie einen größeren Brennraum mit möglichst guter Vermischung von Kraftstoff und Verbrennungsluft.

Als Reinkraftstoff erfordert naturbelassenes Pflanzenöl daher spezielle an den Pflanzenölbetrieb angepasste Motoren. Die wichtigsten derzeit verfügbaren Motorenkonzepte sind Vor- bzw. Wirbelkammermotoren, Dieselmotoren mit Direkteinspritzung (z. B. Elsbett-Motor) und umgerüstete Dieselmotoren.

Mit derartigen Motorensystemen wurden sehr unterschiedliche Erfahrungen gemacht. Bei auftretenden Störungen an Fahrzeugen und an Blockheizkraftwerken (BHKW) waren jedoch meist Fehler in der Materialauswahl und -auslegung bei der Peripherie (z. B. Kraftstoffleitungen, Pumpen, Filter, Kühlsysteme) sowie mangelnde Kraftstoffqualität die Ursache, seltener das Motorenkonzept selbst. Vor allem bei Blockheizkraftwerken und Nutzfahrzeugen mit direkt einspritzenden Motoren ist deshalb noch eine weitergehende technische Optimierung erforderlich.

Entscheidend für die technische Zuverlässigkeit des Systems ist die Kraftstoffqualität. Als Grundlage für einen sicheren motorischen Betrieb gilt die Vornorm DIN V 51 605 (Tabelle 9.6). Ähnlich wie in den Normen für Dieselkraftstoff /ÖNorm EN 590/ und Fettsäuremethylester /ÖNorm EN 14 214/ sind hier die wesentlichen Mindestanforderungen an Rapsöl für die Verwendung als Kraftstoff in dafür geeigneten Dieselmotoren zusammengestellt.

Tabelle 9.6 Auszug aus der DIN V 51 605 – Kraftstoffe für pflanzenöltaugliche Motoren /DIN V 51 605 2006 /

Eigenschaften/Inhaltsstoffe	Einheit	Grenzwert min.	Grenzwert max.	Prüfverfahren
Visuelle Beurteilung		Frei von sichtbaren Verunreinigungen, Sedimenten sowie freiem Wasser		
Dichte (15 °C)	in kg/m³	900,0	930,0	DIN EN ISO 3675/12 185
Flammpunkt P.M.	in °C	220		DIN EN ISO 2719
Heizwert	in kJ/kg	36 000		DIN 51 900-1,-2,-3
Kinemat. Viskosität (40 °C)	in mm²/s		36,0	DIN EN ISO 3 104
Zündwilligkeit			39	
Koksrückstand	in % (m/m)		0,40	DIN EN ISO 10370
Jodzahl	in g Jod/100 g	95	125	DIN EN 14111
Schwefelgehalt	in mg/kg		10	DIN EN ISO 20884/20846
Gesamtverschmutzung	in mg/kg		24	DIN EN 12662
Säurezahl	in mg KOH/g		2,0	DIN EN 14104
Oxidationsstabilität (110 °C)		6,0		DIN EN 14112
Phosphorgehalt	in mg/kg		12	DIN EN 14107
Magnesium und Calcium	in mg/kg		20	DIN EN 14538
Oxidasche	in % (m/m)		0,01	DIN EN ISO 6245
Wassergehalt	in % (m/m)		0,075	DIN EN ISO 12937

Mischkraftstoff. Pflanzenöl wurde auch schon ohne chemische Umwandlung und ohne motorische Anpassung in direkteinspritzenden Dieselmotoren als Pflanzenölmischkraftstoff (z. B. als Mischung mit 14 % Spezialbenzin und 6 % Alkohol) verwendet. Aufgrund von technischen Problemen haben sich derartige Ansätze aber bisher nicht durchsetzen können.

Pflanzenölkraftstoff aus Mineralölraffinerien. Zusätzlich kann Pflanzenöl in Mineralölraffinerien mineralischem Rohöl zugemischt werden. Dadurch gleichen sich die Eigenschaften des Pflanzenöls dem des Dieselkraftstoffs an. Ein Vorteil liegt in der Nutzung der vorhandenen Infrastruktur; zudem können schwankende Pflanzenölmengen bzw. -qualitäten durch mineralische Öle ersetzt bzw. ausgeglichen werden. Von Nachteil ist, dass die biologische Abbaubarkeit von Biodiesel, die einen Einsatz in umweltsensiblen Bereichen begünstigt, dabei verloren geht.

Zum Einsatz von Kraftstoffen, die durch die Beimischung von Pflanzenölen im Mineralölraffinerieprozess (z. B. Veba-Verfahren) oder in raffinerieähnlichen Prozessen aus pflanzlichen und tierischen Ölen und Fetten hergestellt wurden (z. B. NExBtL-Verfahren), sind bislang nur eingeschränkt Ergebnisse zu Motorerprobungen verfügbar. Da die Kraftstoffkennwerte von Dieseltreibstoff aber sicher eingehalten werden, ist davon auszugehen, dass der Betrieb konventioneller Dieselmotoren problemlos möglich ist /Kaltschmitt, Hartmann und Hofbauer 2009/.

Pflanzenölmethylester. Pflanzenölmethylester (PME) ist vom Grundsatz her als Reinkraftstoff oder in Mischungen in einem beliebigen Verhältnis mit Mineralöldiesel in sämtlichen verfügbaren Dieselmotoren einsetzbar. Trotzdem sind bestimmte Anpassungen der Fahrzeugtechnik erforderlich. Beispielsweise müssen aufgrund der lösungsmittelähnlichen Eigenschaften von PME im Gegensatz zu Mineralöldiesel alle medienberührten Teile (z. B. Schläuche und Dichtungen) biodieselbeständig (z. B. Polytetrafluorethylen, Polyvinylidenfluorid) ausgeführt werden. Da PME auch Rückstände von Dieselkraftstoff im Kraftstoffsystem lösen kann, muss nach einigen Tankfüllungen mit Biodiesel eventuell der Kraftstofffilter ausgewechselt werden, wenn vorher Dieselkraftstoff gefahren wurde. Ebenso können Lackflächen von Biodiesel angegriffen werden und sollten daher nach einem Kontakt gereinigt werden. Zudem erfolgt der Verbrennungsverlauf anders, so dass zur Einhaltung der Emissionsgrenzwerte sowohl der Motor und als auch das Abgasnachbehandlungssystem kraftstoffspezifisch abgestimmt werden müssen. Infolge des schlechten Verdampfungsverhaltens von Biodiesel kann sich selbiger insbesondere im Schwachlastbetrieb bei Nutzfahrzeugen im Motoröl anreichern. Deshalb schreiben alle Nutzfahrzeughersteller verkürzte Ölwechselintervalle vor, um Schäden durch Motorölverdünnung zu vermeiden. Die Freigaben der Fahrzeuge beruhen auf der /ÖNorm EN 14 214/. Mitunter sind von bestimmten Fahrzeugherstellern zusätzliche Einschränkungen, wie z. B. die ausschließliche Zulassung von Rapsölmethylester (RME), formuliert /Haupt und Bockey 2006/.

Ein Mischbetrieb von Biodiesel und Dieselkraftstoff wird oft als technisch problemlos dargestellt; beide Kraftstoffe können i. Allg. aber abwechselnd getankt werden. Bei längerer Lagerung von Biodiesel-Diesel-Gemischen sind Kraftstoffveränderungen jedoch nicht ausgeschlossen /Kaltschmitt, Hartmann und Hofbauer 2009/.

Nutzung als Brennstoff (nach /Kaltschmitt, Hartmann und Hofbauer 2009/). Pflanzenöl und Pflanzenölmethylester lassen sich auch als Brennstoff bzw. Brennstoffbeimischung in konventionellen Heizölfeuerungen verwenden. Dazu sind ggf. technische Anpassungen der Feuerungsanlage notwendig. Es existieren auch bereits speziell für den Betrieb mit Biobrennstoffen zugelassene Anlagen am Markt. Als technisch und wirtschaftlich zweckmäßig wird hier die Beimischung von Pflanzenöl zu Heizöl sowie die hauptsächliche Verwendung von Pflanzenölmethylestern ("Bioheizöl") betrachtet. Neben der ausschließlichen Wärmebereitstellung sind pflanzenölbasierte Brennstoffe auch für die kombinierte Kraft- und Wärmeerzeugung in Blockheizkraftwerken geeignet.

Beispielsweise kann Rapsöl in modernen Anlagen für Heizöl extra leicht mit Ölvorwärmung und "heißer" Brennkammer in Beimischungen von 10 bis 20 % zum Heizöl extra leicht verwendet werden.

I. Allg. ist jedoch die Verwendung von Pflanzenölen als Ersatz von Heizöl in Ölbrennern nur in Ausnahmefällen sinnvoll. Wenn ausschließlich stationär Wärme aus Biomasse erzeugt werden soll, sind biogene Festbrennstoffe (z. B. Holz, Stroh) aufgrund des höheren flächenbezogenen Energieertrags und der meist geringeren Kosten besser geeignet. Lediglich dann, wenn Festbrennstoffe nicht verfügbar und fossile Brennstoffe (z. B. extra leichtes Heizöl) etwa aus Boden- und Gewässerschutzgründen nur mit einem hohen Risiko verwendet werden können (z. B. Berghütten) kann der Einsatz von Pflanzenölen zur ausschließlichen Wärmeerzeugung ggf. sinnvoll sein. Der eigentliche Vorteil von Pflanzenölen, die hohe Energiedichte, zeichnet sie vor allem für den Einsatz in Traktionsbereich aus.

9.2.3.4 Anlagenkonzepte und Anwendungsbereiche

Biokraftstoffe auf Basis von Ölen und Fetten unterschiedlicher Konzentration werden zum überwiegenden Teil in großindustriellen Ölmühlen (Pflanzenöl und Biodiesel bzw. FAME) produziert.

Bei der großtechnischen Pflanzenölgewinnung wird die entsprechend vorbehandelte Ölsaat zunächst mechanisch ausgepresst. Dabei können typischerweise täglich 750 bis 4 000 t Rapssaat verarbeitet werden. Aus dem verbleibenden Ölpresskuchen wird das noch enthaltene Restöl mittels einer Lösungsmittel-Extraktion gelöst. Anschließend erfolgt eine entsprechende Reinigung des Extraktionsöls /FNR 2006c/. Der Extraktionsschrot wird im Regelfall als eiweißreiches Tierfutter genutzt (nach /Kaltschmitt, Hartmann und Hofbauer 2009/).

Das Pflanzenöl wird anschließend katalysatorgestützt umgeestert. Die dabei entstehenden Produkte – Biodiesel und Glycerin – werden entsprechend aufgereinigt und können dann am Markt abgesetzt werden.

9.2.3.5 Energiewandlungskette und Verluste

Die Energiewandlungskette einer Erzeugung von Biokraftstoffen wird im Folgenden anhand der Bereitstellung von Rapsölmethylester diskutiert (Abb. 9.39). Es wird dabei von einem mittleren Rapssaatertrag von 4,0 t/(ha a) ausgegangen. Weiters erfolgt eine Aufteilung des bis zu dem jeweiligen Verarbeitungsschritt angefallenen Energieverbrauchs zwischen Produkt und Nebenprodukt (Rapsöl und Rapsschrot bzw. RME und Glycerin) entsprechend den Energieinhalten der jeweiligen Produkte. Die energetischen Aufwendungen für die Erzeugung der für die Raps- bzw. RME-Produktion notwendigen Hilfs- und Betriebsstoffe (u. a. Düngemittel, Hexan, Methanol) sowie den energetischen Verbrauch innerhalb der einzelnen Prozessschritte (u. a. Dieselkraftstoff, elektrische Energie) werden dabei nicht näher quantifiziert.

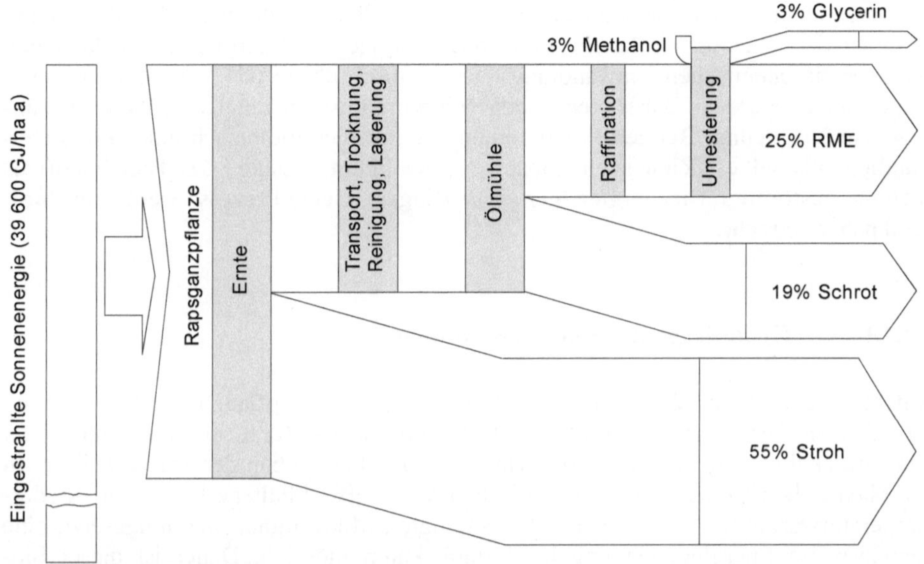

Abb. 9.39 Energiefluss einer großtechnischen RME-Bereitstellung

Demnach sind von der jährlich auf die Erdoberfläche eingestrahlten Sonnenenergie von etwa 39 600 GJ/ha (1 100 kWh/m^2) zum Erntezeitpunkt ca. 240 GJ/ha in Form von chemischer Energie in den Rapspflanzen gespeichert. Dieser photosynthetische Nettowirkungsgrad ist – bis auf die Möglichkeit eines Anbaus ertragsreicherer Rapssorten bzw. des Einsatzes ertragssteigernder Maßnahmen – nur eingeschränkt anthropogen (d. h. vom Menschen) beeinflussbar. Von den in den Rapspflanzen gespeicherten etwa 240 GJ sind rund 55 % (ca. 132 GJ) im Rapsstroh und etwa 45 % (ca. 106 GJ) im Rapskorn enthalten. Das Rapsstroh wird nach der Ernte wieder in den Boden eingearbeitet und die Rapssaat zur Weiterverarbeitung in die Ölmühle transportiert. Dort erfolgt zunächst die Aufarbeitung zu Rapsöl und -schrot, wobei ein Ölertrag von etwa 60 GJ/(ha a) erzielt wird. Nach den weiteren Arbeitsschritten (Raffination, Umesterung) können letztendlich von der jährlich auf einem Hektar Anbaufläche gewonnen Rapssaat ca. 60,4 GJ als RME genutzt werden. Dies entspricht rund 25 % der ursprünglich in den Rapspflanzen enthaltenen Energie von 240 GJ. Nicht berücksichtigt ist dabei die zusätzlich eingesetzte fossile Energie, die durch den Einsatz der im Umwandlungsprozess notwendigen fossilen Energieträger sowie bei der Bereitstellung der benötigten Hilfs- und Betriebsstoffe anfällt.

Bei einer Nutzung des bereitgestellten Biodiesels (RME) in einem Personenkraftwagen mit Dieselmotor ist bei einem Kraftstoffverbrauch von 1,83 MJ/km$_{FZ}$ pro Hektar Anbaufläche eine Fahrleistung von rund 33 000 km möglich. Diesem spezifischen Kraftstoffverbrauch liegt ein Verbrauch von 5,6 l Biodiesel pro 100 km zugrunde.

9.2.4 Bio-chemische Umwandlung

Biomasse kann in Nutz- oder Endenergie auch aus Nebenprodukten, Rückständen und Abfällen tierischer oder pflanzlicher Herkunft sowie aus Energiepflanzen über den Weg der bio-chemischen Umwandlung – und damit mithilfe von Mikroorganismen – umgewandelt werden. Dabei stehen den Mikroorganismen unterschiedliche Abbauwege zur Verfügung. Bei den Produkten einer derartigen biologisch induzierten Umwandlung handelt es sich je nach Abbauweg sowohl um flüssige (z. B. Bioethanol) als auch um gasförmige Bioenergieträger (z. B. Biogas). Beide Prozesse werden nachfolgend näher betrachtet.

9.2.4.1 Grundlagen der Energiewandlung

Auf bio-chemischem Wege kann Biomasse tierischer oder pflanzlicher Herkunft aerob (d. h. in Gegenwart von Luftsauerstoff) und anaerob (d. h. in Abwesenheit von Sauerstoff) abgebaut werden. Dabei wird beim aeroben Abbau der größte Teil der in den chemischen Bindungen des organischen Materials enthaltene Energie in Niedertemperaturwärme und Zellsubstanz der beteiligten Mikroorganismen umgesetzt; eine nennenswerte Energiegewinnung ist deshalb kaum möglich. Daher ist dieser biochemische Abbaupfad aus energetischer Sicht von untergeordneter Bedeutung und wird hier nicht weiter betrachtet. Demgegenüber werden beim anaeroben Abbau vor allem energiereiche Abbauprodukte (z. B. Methan (CH_4), Alkohol (C_2H_5OH)) erzeugt, die grundsätzlich als Energieträger nutzbar sind. Aus diesem Grund haben auch eine Alkoholgewinnung und eine Biogaserzeugung aus energetischer Sicht Bedeutung erlangt.

Alkoholische Gärung. Bei der alkoholischen Gärung werden in Pflanzen enthaltene Zucker (z. B. Glucose, Fructose, Saccharose) durch bestimmte, in Hefen enthaltene Enzyme unter Sauerstoffabschluss zu Ethanol und Kohlenstoffdioxid vergoren. Neben Hefen können auch verschiedene Bakterien zuckerhaltige Substrate entsprechend dem nachfolgend dargetsellten Zusammenhnag (Gleichung (9-10)) umsetzen.

$$C_6H_{12}O_6 \rightarrow 2\,C_2H_5OH + 2\,CO_2 \qquad \Delta H = +156\,\text{kJ} \tag{9-10}$$

Diese Gleichung fasst vielerlei nebeneinander ablaufende und voneinander abhängige Reaktionsfolgen zusammen, bei denen letztendlich aber immer Zucker ($C_6H_{12}O_6$) zu Ethanol (C_2H_5OH) und Kohlenstoffdioxid (CO_2) sowie einer Reihe von Nebenprodukten unter Wärmefreisetzung abgebaut wird.

Der Zuckergehalt der Gärflüssigkeit sollte 20 bis 25 % nicht überschreiten, da sonst die Hefezellen geschädigt werden (beispielsweise hört bei 30 bis 32 % Zuckergehalt die Gärung vollständig auf). Durch eine derartige alkoholische Gärung erhält man höchstens eine 18 %-ige Ethanol-Lösung, da bei höheren Konzentrationen die Hefezellen durch den Alkohol irreversibel geschädigt werden und absterben. Die günstigste Gärungstemperatur liegt zwischen 30 und 37 °C.

Insgesamt können bei der alkoholischen Gärung aus 1 kg Glucose ca. 511 g Ethanol und 489 g (250 l) Kohlenstoffdioxid gewonnen werden. Außer diesen Hauptprodukten liefert die Gärung je nach Ausgangsstoff noch 4 bis 5 % unterschiedliche Nebenprodukte wie z. B. Ameisensäure, Bernsteinsäure, Acetaldehyd, Essigsäure, Glycerin, Milchsäure und höhere Alkohole (sogenannte Fuselöle).

Der Heizwert von Ethanol liegt bei rund 26,7 MJ/kg bzw. 21,2 MJ/l. Im Vergleich dazu besitzt konventioneller Ottokraftstoff (Benzin) einen Heizwert von 43,5 MJ/kg bzw. 32,6 MJ/l.

Als Rohstoffe eignen sich neben glucosehaltigen Substraten wie Treber, Melasse, Rohrzucker, Trauben, Beeren und Obst auch stärkehaltige Substrate wie Getreide, Kartoffeln, Reis oder Mais. Stärkehaltige Pflanzen müssen allerdings vor ihrer eigentlichen Vergärung aufgeschlossen werden. Dabei wird die Stärke z. B. durch Enzyme zu Oligosacchariden abgebaut. In der anschließenden Verzuckerung werden diese dann mithilfe von Säuren oder Enzymen in vergärbare Glucosen aufgespalten /Kreipe 1981/. Grundsätzlich ist auch eine Ethanolerzeugung aus Lignocellulose möglich, da letztlich auch Cellulose und Hemicellulose aus Zuckerbausteinen aufgebaut sind. Problematisch ist nur der Aufschluss dieser Stoffe, um sie einer Verzuckerung zugänglich zu machen. Dies kostengünstig und umweltverträglich zu realisieren ist gegenwärtig Gegenstand intensiver Forschungsarbeiten /Kaltschmitt, Hartmann und Hofbauer 2009/.

Anaerober Abbau (nach /FNR 2006c/). Unter einem anaeroben Abbau versteht man einen bio-chemischen Abbauprozess, bei dem unter Ausschluss von Sauerstoff durch Mikroorganismen organische Substanz zu Biogas umgewandelt wird. Vielfach wird dieser anaerobe Abbau auch als Methangärung bezeichnet; unter Gärung ist dabei aber grundsätzlich jede Form des mikrobiellen, enzymatischen Abbaus organischer Substanz unter Sauerstoffabschluss – also auch die alkoholische Gärung – zu verstehen.

Unter Biogas versteht man ein wasserdampfgesättigtes Gasgemisch, das im Wesentlichen aus Methan (CH_4) und Kohlenstoffdioxid (CO_2) besteht. Die Zusammensetzung dieses Gasgemischs kann – je nach Ausgangsmaterial, Prozessführung (u. a. Temperatur, pH-Wert) und anderen Einflussgrößen – schwanken. Jedoch sind Methan mit rund der Hälfte bis etwa zwei Drittel und Kohlenstoffdioxid mit etwa einem Drittel bis knapp die Hälfte immer die Hauptbestandteile (Tabelle 9.7); daneben können im Biogas aber noch weitere Spurengase (u. a. Schwefelwasserstoff, Wasserstoff, Stickstoff, Sauerstoff) enthalten sein. Der Heizwert des Biogases liegt in Abhängigkeit vom Methananteil zwischen 14 und 29 MJ/m^3.

Tabelle 9.7 Durchschnittliche Biogaszusammensetzung /FNR 2006c/

Bestandteil	Konzentration
Methan (CH_4)	50 – 70 Vol.-%
Kohlenstoffdioxid (CO_2)	25 – 40 Vol.-%
Wasser (H_2O)	2 – 7 Vol.-%
Schwefelwasserstoff (H_2S)	20 – 20 000 ppm
Stickstoff (N_2)	< 2 Vol.-%
Sauerstoff (O_2)	> 2 Vol.-%
Wasserstoff (H_2)	< 1 Vol.-%

Ein anaerober Abbau findet überall dort statt, wo organisches Material unter Luftabschluss biologisch zersetzt wird. Dies ist in der Natur in Sümpfen, Mooren, den

Schlammschichten von Seen, aber auch in Abfalldeponien, Reisfeldern oder in Mägen von Wiederkäuern der Fall.

Der anaerobe Abbau erfolgt in mehreren Phasen, die nicht von einem einzelnen Organismenstamm, sondern von unterschiedlichen, an die jeweiligen Bedingungen angepassten bzw. spezialisierten Mikroorganismen realisiert werden. Die Methangärung ist dabei die letzte Stufe einer ganzen Kette von Abbaureaktionen (Abb. 9.40).

- In dem ersten Schritt, der "Hydrolyse", werden die komplexen Verbindungen des Ausgangsmaterials (z. B. Kohlenhydrate, Eiweiße, Fette) in einfachere Verbindungen (z. B. Aminosäuren, Zucker, Fettsäuren) zerlegt. Die daran beteiligten Bakterien setzen hierzu Enzyme frei, die das Material auf bio-chemischem Weg zersetzen.
- Die gebildeten Zwischenprodukte werden dann in der sogenannten "Versäuerung" (Acidogenese) durch säurebildende Bakterien weiter zu niederen Fettsäuren (Essig-, Propion- und Buttersäure) sowie Kohlenstoffdioxid und Wasserstoff abgebaut. Daneben werden aber auch geringe Mengen an Milchsäure und Alkoholen gebildet.

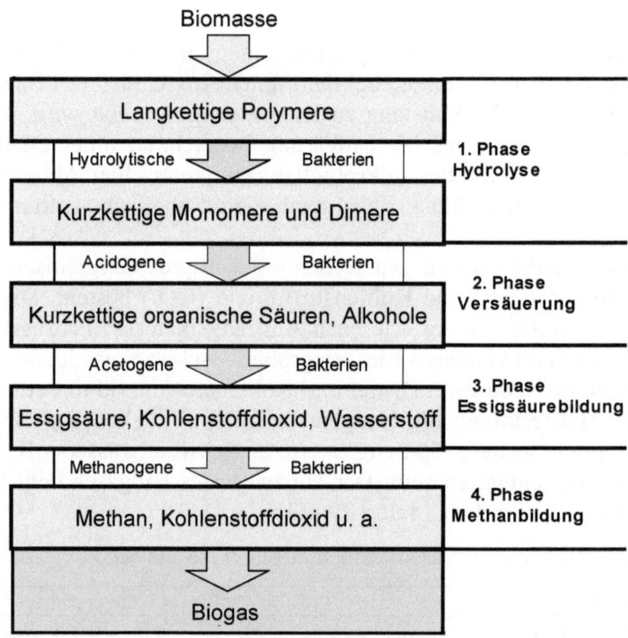

Abb. 9.40 Schematische Darstellung des anaeroben Abbaus

- Die in den zuvor durchlaufenen Schritten freigesetzten Produkte werden anschließend in der Essigsäurebildung (Acetogenese) durch Bakterien zu Vorläufersubstanzen des Biogases (Essigsäure, Wasserstoff und Kohlenstoffdioxid) umgesetzt. Da ein zu hoher Wasserstoffgehalt für die Bakterien der Essigsäurebildung schädlich ist, müssen die Essigsäurebildner mit den Bakterien der Methanogenese eine enge Lebensgemeinschaft bilden. Diese verbrauchen bei der Bildung von Methan den gebildeten Wasserstoff und sorgen so für akzeptable Lebensbedingungen für die acetogenen Bakterien.

- In der anschließenden Methanbildung (Methanogenese), dem letzten Schritt der Biogasbildung, wird aus den Produkten der Acetogenese das Methan gebildet.

Alle an der Methangärung beteiligten Bakterien sind streng anaerob, d. h. sie werden durch Luftsauerstoff in ihrer Aktivität gehemmt. Einige Arten werden sogar schon durch Sauerstoff abgetötet. Wesentliche Voraussetzung für einen gut funktionierenden Biogasprozess ist daher ein vollständiger Luftausschluss im Reaktor. Oft lässt sich aber ein Sauerstoffeintrag in den Fermenter aufgrund technischer Restriktionen nicht vollkommen vermeiden. Trotzdem werden die Methanbakterien nicht sofort in ihrer Aktivität gehemmt oder sterben ganz ab. Dies liegt u. a. darin begründet, dass einige von ihnen sogenannte fakultativ anaerobe Bakterien sind; d. h., sie können sowohl unter Sauerstoffeinfluss als auch vollkommen ohne Sauerstoff überleben. Solange der Sauerstoffeintrag nicht zu groß ist, verbrauchen diese Bakterien den Sauerstoff, bevor er die Bakterien schädigt, die auf eine sauerstofffreie Umgebung zwingend angewiesen sind.

Die Bakterien der einzelnen Abbaustufen haben unterschiedliche pH-Werte, bei denen sie optimal wachsen können. So liegt das pH-Optimum der hydrolisierenden und säurebildenden Bakterien bei pH 4,5 bis 6,3 /Wellinger et al. 1991/. Sie sind aber nicht zwingend darauf angewiesen und können auch bei geringfügig höheren pH-Werten noch überleben; ihre Aktivität wird dadurch nur wenig gehemmt. Dagegen benötigen die essigsäure- und methanbildenden Bakterien unbedingt einen pH-Wert im neutralen Bereich bei 6,8 bis 7,5 /Braun 1982/. Findet der Gärprozess in nur einem Fermenter statt, muss demzufolge dieser pH-Bereich eingehalten werden. Ggf. ist dies durch entsprechende Maßnahmen wie eine Abpufferung oder durch eine Mischung verschiedener Substrate sicherzustellen.

Bio-chemische Abbau- und Umsetzungsprozesse sind temperaturabhängig. Dabei existieren für bestimmte Bakteriengruppen jeweils unterschiedliche Temperaturoptima /Kaltschmitt, Hartmann und Hofbauer 2009/. Werden diese Temperaturfenster unter- bzw. überschritten, kann dies zu einer Hemmung und im Extremfall zur Schädigung der beteiligten Bakterien führen.

Je nach Temperaturoptimum lassen sich die am Abbau beteiligten Bakterien in drei Gruppen unterscheiden.

- Psychrophile Bakterien. Ihr Temperaturoptimum liegt bei unter 25 °C. Bei solchen Temperaturen entfällt das Aufheizen der Substrate bzw. des Fermenters. Jedoch sind Abbauleistung und damit die Gasproduktion in diesem Temperaturfenster stark vermindert.
- Mesophile Bakterien. Das Temperaturoptimum dieser Bakteriengruppen liegt zwischen 32 und 42 °C. Anlagen, die bei diesen Temperaturen arbeiten, sind bei der landwirtschaftlichen Biogaserzeugung am weitesten verbreitet, da in diesem Temperaturbereich eine relativ hohe Gasausbeute sowie eine gute Prozessstabilität erreicht werden /Weiland 2000/.
- Thermophile Bakterien. Diese Bakterien haben ihr Temperaturoptimum zwischen 50 und 57 °C. Sie zeigen i. Allg. eine höhere Gasausbeute im Vergleich zu dem mesophilen Temperaturbereich. Jedoch wird auch mehr Energie für das Aufheizen des Gärprozesses benötigt und der Prozess ist i. Allg. empfindlicher gegenüber Störungen oder Unregelmäßigkeiten in der Substratzufuhr oder der Betriebsweise /Schattner und Gronauer 2000/.

Bei Praxisanlagen ist eine klare Trennung der einzelnen Temperaturfenster oft nicht möglich, da zunehmend Biogaslagen auch bei Temperaturen betrieben werden, die zwischen den genannten Bereichen liegen. Dies legt den Schluss nahe, dass sich die Bakteriengemeinschaften, die den anaeroben Abbau realisieren, außer an jeweils unterschiedliche Substratzusammensetzungen auch an verschiedene Temperaturfenster anpassen können.

Bestimmte Stoffe können den anaeroben Abbau hemmen, da sie toxisch auf die Bakterien wirken. Dies gilt für Hemmstoffe, die mit dem Substrat in den Fermenter gelangen (z. B. Schwermetalle, chlorierte Kohlenwasserstoffe, Pestizide, Antibiotika, Desinfektionsmittel /Braun 1998/), und solchen, die als Zwischenprodukte in einzelnen Abbauschritten (z. B. Ammoniak, Ammonium, Schwefelwasserstoff) gebildet werden. Die Hemmwirkung hängt von verschiedenen Faktoren wie z. B. Konzentration, Wechselwirkungen mit anderen Stoffen und pH-Wert Verschiebung ab, so dass eine Festlegung fester Grenzwerte oft problematisch ist.

Neben dem Anteil energiereicher Stofffraktionen (z. B. Fette, Proteine, Kohlenhydrate) sind bei der Vergärung organischen Materials für den zu erzielenden Biogasertrag u. a. der Gehalt an organischer Trockenmasse (oTM) maßgebend. In Tabelle 9.8 sind exemplarisch die zu erzielenden Biogaserträge für verschiedene Substrate dargestellt.

Tabelle 9.8 Biogaserträge für verschiedene Substrate /KTBL 2007/, /Braun und Ranalli 2007/

Substrat	Biogasertrag in m^3/t oTM	Substrat	Biogasertrag in m^3/t oTM
Wirtschaftsdünger			
Hühnermist	350 – 600	Schweinegülle	300 – 500
Rindergülle	150 – 350	Pferdekot (ohne Stroh)	300
Nachwachsende Rohstoffe			
Maissilage (wachsreife)	600	Haferkörner	250 – 295
Maisganzpflanze	205 – 450	Roggenkörner	283 – 492
Grünroggen Blüte	590	Gerstenkörner	353 – 658
Weizenkörner	384 – 426		
Substrate aus der Weiterverarbeitung und organische Abfälle			
Bioabfälle	615	Obsttrester	520
Tierfette	1 000	Rapskuchen	680
Speisereste	470 – 1 100	Kartoffelschlempe	670
Brauereiabwässer	300 – 400	Getreideschlempe	640
Panseninhalte	350		

oTM organische Trockenmasse

Bereits verdaute Stoffe (u. a. Gülle, Mist) zeigen dabei deutlich geringere Biogasausbeuten als z. B. Tierfette oder Speisereste. Der im Vergleich zu Hühnermist oder Schweinegülle geringere Biogasertrag von Rindergülle ist auf den zu bereits 60 % erfolgten bakteriellen Abbau des verdauten Futters im Pansen der wiederkäuenden Rinder zurückzuführen.

9.2.4.2 Bioethanol – Ausgangsstoffe

Die für eine Energiealkoholproduktion eingesetzten zucker- und/oder stärkehaltigen Biomassen (z. B. Zuckerrübe, Getreide, Mais) werden mit landwirtschaftlichen Methoden, die vergleichbar mit denen zur Nahrungsmittelerzeugung sind, produziert. Nachfolgend werden die für Österreich wesentlichen Kulturen diskutiert (nach /Kaltschmitt, Hartmann und Hofbauer 2009/).

Zuckerrüben sind Feldfrüchte mit hohen Ansprüchen an die Bodengüte. Die besten Erträge werden auf tiefgründigen Böden mit gleichmäßiger Struktur erreicht (d. h. keine Verdichtungen, keine Pflugsohlen, keine Steine, keine Staunässe, gleichmäßige Wasser- und Nährstoffversorgung). Je kürzer die zur Verfügung stehende Vegetationszeit ist, desto eher empfiehlt sich die Wahl zuckergehaltsbetonter Sorten, da sie früher mit der Zuckereinlagerung beginnen als ertragsbetonte Sorten.

Das Produktionsziel beim Getreideanbau zur Ethanolproduktion ist ein möglichst hoher flächenspezifischer Stärkeertrag. Dieser kann durch einen hohen Kornertrag sowie durch einen hohen Stärkegehalt im Korn (ca. 66 % der Körnertrockenmasse) und niedrige Kornfeuchtegehalte von ca. 15 % erreicht werden. Wichtig dafür ist eine gute Kornausbildung, da der Eiweißgehalt des Getreidekorns im Laufe der Kornfüllungsphase ständig abnimmt und Stärke eingelagert wird. Aufgrund ihrer hohen Kornertragspotenziale eignen sich insbesondere Weizen, Gerste, Roggen und Triticale zur Ethanolproduktion.

Mais – eine weitere Feldfrucht, die zur Bioethanolerzeugung eingesetzt werden kann – hat relativ geringe Bodenansprüche; auf leichten Böden sollte jedoch die Wasserversorgung gesichert sein. Ebenfalls sollte die Bestandesdichte den Verhältnissen entsprechend angepasst und die Sorte mit der standortabhängig geeigneten Reifezeit gewählt werden. Sehr schwere, kalte oder dichtlagernde Böden sind ungeeignet, da auf ihnen die Jugendentwicklung nur zögernd verläuft. Am besten gedeiht Mais auf mittleren und schweren Böden, die sich im Frühjahr leicht erwärmen und nicht zu Verschlämmung neigen. Für die Ethanolproduktion aus Mais werden ein Wassergehalt der Körner von maximal 15 % (bezogen auf Frischmasse), ein Stärkegehalt von mindestens 62 bis 65 % und möglichst geringe Rohproteingehalte von 9 bis 10,5 % gefordert (jeweils bezogen auf Trockenmasse).

Zur Ertragssicherung und -steigerung werden bei Zuckerrüben, Getreide und Mais Maßnahmen zur Unkraut-, Krankheits- und Schädlingsbekämpfung durchgeführt. Einfluss auf das Auftreten von Schädlingen haben auch die Sortenwahl und gezielte Anbaupausen. Daneben werden der Pflanze durch gezielte Düngung mit Stickstoff, ggf. Phosphor, Kalium, Magnesium etc. wichtige Bestandteile für ein optimiertes Pflanzenwachstum zugeführt.

Bei der Ernte von zucker- und stärkehaltigen Pflanzen handelt es sich um konventionelle, aus der landwirtschaftlichen Pflanzenproduktion bekannte Erntetechniken. Der Mähdrescher ist dabei das Standard-Ernteverfahren für alle dreschbaren Körnerfrüchte. Auch die Zuckerrübenernte wird mit den üblicherweise in der Landwirtschaft in Österreich eingesetzten konventionellen Erntetechniken realisiert.

9.2.4.3 Bioethanol – Systemelemente

Ethanol kann – im Unterschied zu Pflanzenölen – nicht direkt aus Pflanzen hergestellt werden. Bioethanol wird durch einen Gärungsprozess aus in Pflanzen enthaltenen Komponenten gewonnen, die mithilfe von Mikroorganismen über mehrere Zwischenprodukte zu Ethanol umgewandelt werden /Schmitz 2003/. Abb. 9.41 zeigt die dafür notwendigen Prozessschritte einer Bioethanol-Gewinnung aus zucker- und stärkehaltigen Pflanzen, die nachfolgend diskutiert werden.

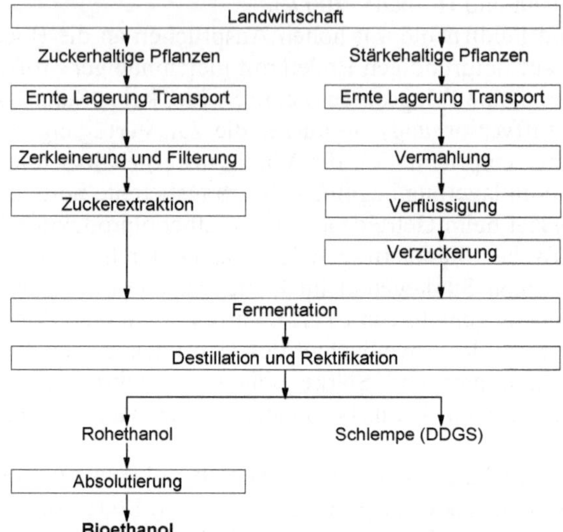

Abb. 9.41 Schema einer Ethanolgewinnung aus zucker- und stärkehaltiger Biomasse

Substratvorbereitung (nach /Kaltschmitt, Hartmann und Hofbauer 2009/, /Schmitz 2003/). Hier werden die Rohstoffe für die Fermentation entsprechend auf- oder vorbereitet. Dazu gehören die Reinigung und Zerkleinerung sowie bei stärkehaltigen Rohstoffen der Aufschluss der Stärke.

Bei Zuckerrüben müssen zunächst die anhaftende Erde und die z. T. noch vorhandenen Kraut- oder Blattreste abgereinigt werden. Demgegenüber sind für Getreide keine weiteren Reinigungsschritte notwendig, da dieses i. Allg. nicht mit derartigen Schmutzstoffen behaftet ist.

Vor der eigentlichen Fermentation muss der Zucker in Lösung vorliegen. Dazu müssen die im Rohstoff enthaltenen Zuckerbestandteile möglichst vollständig in die wässrige Phase gebracht werden.

Bei Zuckerrüben wird der Zucker deshalb, nach vorheriger Zerkleinerung, dem Rübenkörper entzogen. Dies wird mittels einer Extraktion im Gegenstrom mit Wasser als Extraktionsmittel realisiert. Am Ende der Extraktion erhält man eine direkt vergärbare Zuckerlösung. Zusätzlich fallen die ausgelaugten Nassschnitzel an /Dambroth et al. 1992/, die nach einer Trocknung beispielsweise als Viehfutter eingesetzt werden können.

Bei stärkehaltigen Ausgangsstoffen (Getreide, Mais) muss die Stärke aufgeschlossen werden (d. h. Aufspaltung der Stärkemoleküle in Einfachzucker). Dazu wird das Getreide zunächst nass oder trocken aufgemahlen. Die Maische wird dann soweit erhitzt, dass die Stärke in Lösung gehen kann. Dabei quillt die Stärke durch Wasseranlagerung sehr stark auf, wodurch es bei Erreichen der sogenannten Verkleisterungstemperatur zu einem drastischen Anstieg der Viskosität der Maische kommt. Die Viskosität steigt hierbei soweit an, dass ein Rühren ohne einen gleichzeitigen Abbau der Stärke nicht mehr möglich wäre. Zu der deshalb notwendigen anschließenden Verflüssigung der Maische wird sie erhitzt und mithilfe eines Verflüssigungsenzyms verflüssigt. Danach gelangt die Maische in einen Verzuckerungstank, wo die enzymgesteuerte Verzuckerung erfolgt.

Das Produkt der Verzuckerung kann entweder direkt oder nach einer Zwischenlagerung dem nachfolgenden Fermentationsprozess zugeführt werden.

Fermentation (nach /Kaltschmitt, Hartmann und Hofbauer 2009/). Im Fermentationsprozess wird das eingemaischte Material mithilfe von Hefen primär in Ethanol und Kohlenstoffdioxid umgewandelt. Hierfür werden kontinuierliche und diskontinuierliche (absatzweise) Verfahren eingesetzt.

Die absatzweise Fermentation von Maischen erfolgt üblicherweise in zylindrischen Gärbehältern, welche ein Volumen von wenigen bis 100 m^3 und mehr erreichen können. Überschreitet das Fermentervolumen etwa 40 m^3, ist eine Kühleinrichtung erforderlich, um die bei der Fermentation entstehende Wärme abzuführen. Die Temperatur zum Start der Fermentation ist so zu wählen, dass nach 24 h eine Fermentationstemperatur von 34 °C erreicht wird, ohne während der weiteren Fermentation 36 °C zu überschreiten.

Nach 24 h sollten etwa 50 % des vergärbaren Extraktes vergoren sein und der Alkoholgehalt der Maischen 4 bis 5 Vol.-% betragen. Zu Beginn der Fermentation beträgt der pH-Wert normalerweise etwa 5,2. Er fällt im Verlauf der Fermentation sukzessive ab, um sich nach etwa 24 h zwischen 4,2 und 4,5 einzupendeln. Erst am Ende der Fermentation steigt er wieder um rund 0,2 Einheiten an.

Wird die bei der Bioethanolerzeugung entstehende Schlempe wieder in den Prozess zurückgeführt, kann die gesamte Fermentationsdauer deutlich reduziert werden. So beträgt die Dauer einer Fermentation je nach eingesetztem Rohstoff zwischen 40 (Getreidemaischen) und 60 h (Maismaischen). Ist die Gärtemperatur über Kühleinrichtungen steuerbar, sind sogar Gärzeiten von nur 30 h realisierbar. Demgegenüber dauert die Gärung von Maismaische ohne Schlempe-Recycling 3 bis 4 d.

Eine kontinuierliche Fermentation ist nur in großtechnischen Anlagen sinnvoll. Sie ist im Vergleich zur absätzigen Fermentation durch eine deutlich höhere Produktivität – bezogen auf die Alkoholproduktion pro Zeiteinheit – gekennzeichnet. Beispielsweise beträgt sie bei einer diskontinuierlichen Fermentation etwa 2 g Ethanol je Liter Fermentervolumen und Stunde und kann in kontinuierlich arbeitenden Anlagen auf bis zu 30 bis 50 g/(l h) gesteigert werden /Kosaric 1996/. Dadurch sind wesentlich kleinere Fermentervolumina möglich.

Hohe Produktivitäten können in kontinuierlichen Fermentern nur erzielt werden, wenn die Hefezellzahl drastisch erhöht wird. Dies erfordert eine Rückführung von Hefezellen aus der vergorenen Maische in den Fermenter. Einerseits kann dies dadurch realisiert werden, dass die Hefe aus den vergorenen Substraten mithilfe von Zentrifugen zurück gewonnen wird. Andererseits können auch spezielle flockulierende Hefestämme verwendet werden; hier wird dem kontinuierlich arbeitenden Fermenter meist ein zylindrokonisch geformter Sedimentationstank nachgeschaltet, aus dem oben die "hefefreie" Maische und unten die rückzuführende Hefefraktion entnommen werden kann.

Destillation, Rektifikation und Absolutierung (nach /Kaltschmitt, Hartmann und Hofbauer 2009/). Die Abtrennung des Alkohols aus der vergorenen Maische erfolgt durch eine Destillation und Rektifikation sowie ggf. eine anschließende Absolutierung.

Während der Destillation wird der Alkohol aus den vergorenen Maischen zunächst zu einem sogenannten Rohalkohol mit 82 bis 87 Vol.-% destilliert. Destillieren ist dabei definiert als das Verdampfen eines oder mehrerer abzutrennender oder zu reinigender Bestandteile aus einem flüssigen Gemisch aus einer Trennkolonne ohne externen Rücklauf. Der Dampf wird anschließend kondensiert; er fällt damit als flüssiges Destillat bzw. Kondensat an. Je höher die Konzentration des Alkohols in der Dampfphase sein soll, desto mehr Destillationsschritte sind erforderlich, um das Wasser-Dampf-Gemisch aufzutrennen. Deshalb kann die Gewinnung von Alkohol aus einer Alkohol-Wasser-Mischung nicht in einem einzigen Schritt gelingen.

Die eigentliche Trennung des Wasser-Alkohol-Gemisches findet dabei auf sogenannten Glockenböden statt. Dabei steigt der aus der siedenden flüssigen Phase gebildete Dampf nach oben, wird in der dortigen Glocke umgelenkt und durch die auf diesem Boden befindliche flüssige Phase hindurchgeleitet. Der aufsteigende Dampf kondensiert hierbei und gibt dabei die Kondensationswärme an diese Flüssigkeit ab, wodurch auch diese wiederum am Sieden gehalten wird. Dadurch wird, in einem nächsten Destillationsschritt, wiederum ein alkoholischer Dampf erzeugt, der nun zum folgenden Glockenboden aufsteigt (Abb. 9.42).

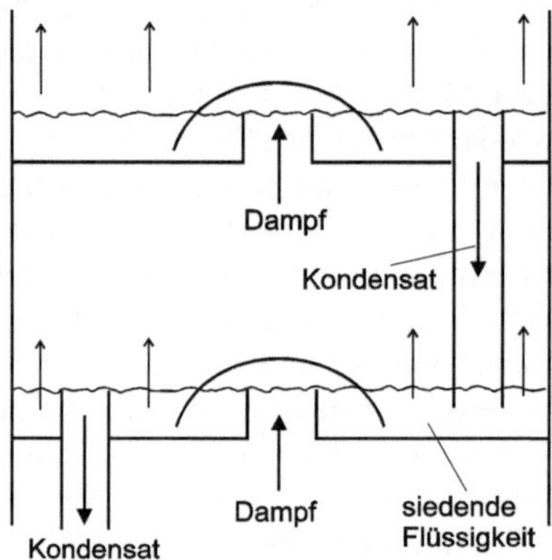

Abb. 9.42 Ausschnitt aus einer Destillationskolonne mit Glockenböden /Kaltschmitt, Hartmann und Hofbauer 2009/

Das so gewonnene Ethanol-Wasser-Gemisch muss im Anschluss an die Destillation weiter aufkonzentriert werden. Da bei der Gärung neben Ethanol niedere Alkohole wie Methanol und Aldehyde sowie höhere Alkohole wie Propanol und Fuselöl entstehen, müssen diese Nebenprodukte abgetrennt werden. Diese Aufkonzentration und die Reinigung von Nebenprodukten erfolgt in der Rektifikationsanlage /Schmitz 2003/. Unter der Rektifikation wird ein mehrfaches Destillieren verstanden, wobei Flüssigkeit und Dampf unter unmittelbarer Berührung im Gegenstrom zueinander geführt werden. Hierbei ist die Trennwirkung besser als beim Destillieren, so dass eine geforderte Reinheit des gewonnenen Alkohols von maximal 97,2 Vol.-% erreicht werden kann. Höhere Konzentrationen sind nicht möglich, da Wasser und Ethanol bei dieser Konzentration ein Azeotrop bilden und eine weitere destillative Auftrennung dadurch nicht mehr möglich ist (siehe unten).

Aufgrund des hohen Energieverbrauchs einer getrennten Destillation und Rektifikation von Alkohol werden bei größeren Anlagen diese beiden Verarbeitungsschritte kombiniert. Die zu destillierende Maische wird hier zunächst durch die Kühlschlange des Dephlegmators, der auf der Rektifizierkolonne sitzt, gepumpt und dabei erhitzt. Die heiße Maische wird dann auf den Entgasungsteil am Kopf der Maischekolonne gegeben. Hier werden leichtflüchtige Komponenten abgeführt und in einem Kondensator weitgehend niedergeschlagen. Das Kondensat fließt zur Maischekolonne zurück, während der nicht kondensierende besonders leichtflüchtige Dampfanteil einem Kühler zugeführt, dort kondensiert und über eine Vorlauf-Vorlage abgezogen wird. Die entalkoholisierte Maische verlässt die Kolonne über den Kolonnensumpf. Die alkoholischen Dämpfe werden der Rektifizierkolonne zugeführt, in der nun auch die Rektifikation kontinuierlich stattfindet. Von einem der oberen Böden der Rektifizierkolonne wird der Alkohol abgeleitet und einer Schlusskolonne zugeführt. Hier findet eine weitere Abtrennung leichtflüchtiger, den Alkohol verunreinigender Komponenten statt; damit ist mit diesem System die Herstellung von Neutralalkohol (d. h. geruchs- und geschmacksneutrale Alkohol-Wasser-Mischung mit mindestens 96 Vol.-% Alkohol) möglich. Sowohl am Kopf der Rektifizier- als auch der Schlusskolonne werden die aufsteigenden Dämpfe einem Kondensator zugeführt; das entstehende Kondensat wird zum großen Teil auf die jeweiligen Kolonnen zurückgeführt, während die kleinere Teilmenge der Kondensate als Vorlauf dem System entnommen wird. Im unteren Teil der Rektifizierkolonne reichern sich die Fuselöle an, so dass sie hier auch kontinuierlich entnommen werden können.

Einzelne Flüssigkeiten aus einem Flüssigkeitsgemisch können durch Destillieren und Rektifizieren nur dann getrennt werden, wenn die Dampfzusammensetzung im Gleichgewicht anders als die Flüssigkeitszusammensetzung ist. Die Destillation des Alkohols aus einem Ethanol-Wasser-Gemisch wird folglich dadurch ermöglicht, dass ein im Gleichgewicht zur siedenden Flüssigkeit stehender Dampf eine höhere Ethanolkonzentration aufweist als die Flüssigkeit. Der Dampf reichert sich also mit Ethanol an. Dies geschieht, bis der azeotrope Punkt erreicht ist; hier ist die Konzentration von Dampf und Flüssigkeit gleich. Beim Ethanol-Wasser-Gemisch ist dies bei Normaldruck bei einem Ethanol-Wasser-Gemisch von 97,17 Vol.-% (95,57 Gew.-%) Alkohol und 2,83 Vol.-% (4,43 Gew.-%) Wasser der Fall. Bei diesem Azeotrop stellt sich ein sogenannter Minimumsiedepunkt von 78,15 °C ein, obwohl reines Ethanol bei 78,3 °C und Wasser bei 100 °C siedet.

Für die weitere Aufkonzentrierung des Alkohols (d. h. Gewinnung von Reinalkohol) ist deshalb ein zusätzlicher Arbeitsschritt, die sogenannte Absolutierung, notwendig. Sie kann beispielsweise durch eine Schleppmitteldestillation erfolgen.

Bei der Destillation mittels eines Schleppmittels wird durch Zumischung eines dritten Stoffes (z. B. Cyclohexan) der azeotrope Punkt des Wasser-Ethanol-Gemischs verschoben und dadurch eine weitere destillative Auftrennung ermöglicht. Das Schleppmittel wird am Ende des Prozesses wieder abgetrennt und dem Prozess erneut zugeführt /Schmitz 2003/.

Ethanol als Kraftstoff. Ethanol als Kraftstoff kann in Otto- und Dieselmotoren in unterschiedlicher Form und/oder verschiedenartigen Anteilen eingesetzt werden; nachfolgend werden die gegebenen Möglichkeiten diskutiert.

Ethanol kann als Reinkraftstoff in speziell angepassten Reinethanolmotoren verwendet werden. In solchen Verbrennungskraftmaschinen ist ein Einsatz als Ethanol-Wasser-Gemisch mit 70 bis 100 Vol.-% Ethanol möglich; dies wird teilweise in Brasilien realisiert. Dazu muss – im Vergleich zu einem konventionellen mit Benzin betriebenen Ottomotor – allerdings das Luft-Kraftstoff-Verhältnis im Motor verändert werden. Zudem müssen alle kraftstoffberührten Teile unempfindlich gegenüber Alkohol ausgeführt werden, da Ethanol mit bestimmten Materialien, die gegenüber Benzin beständig sind, Reaktionen eingehen kann /Kaltschmitt, Hartmann und Hofbauer 2009/.

Da Ethanol einen höheren Dampfdruck als Benzin und zudem eine höhere Verdampfungswärme aufweist, sind die Zündeigenschaften von Ethanol bei niederen Temperaturen schlechter als bei Benzin. Dadurch ist deutlich mehr Energie erforderlich, um Ethanol zu verdampfen; dies hat zur Folge, dass die vom Motor angesaugte Luft relativ warm sein muss, um genügend Verdampfungswärme bereitzustellen. Beispielsweise muss deshalb zum Starten eines Vergasermotors die Temperatur der angesaugten Luft mindestens 10 °C betragen; auch sollte bei kalter Witterung die Luft auf 90 °C vorgewärmt werden, um ein weiches und leistungsadäquates Fahrverhalten sicherzustellen. Diesem Problem kann auch durch die Zumischung von Ethern oder Benzin begegnet werden.

Für den Einsatz von Bioethanol als Reinkraftstoff wäre eine spezielle Kraftstoff-Produkt-Linie erforderlich. Dies wäre mit entsprechenden Investitionen in eine dann notwendige Produktions- und Verteilungs-Infrastruktur und in die Entwicklung und Produktion von Reinalkoholmotoren verbunden. Aufgrund der hohen Nachfrage nach Ottokraftstoff, die durch Bioethanol – aufgrund der begrenzten Potenziale – prinzipiell immer nur teilweise gedeckt werden kann, und der Tatsache, dass Ethanol problemlos zu konventionellem Ottokraftstoff zugemischt und bis zu Anteilen von maximal rund einem Viertel auch ohne Probleme in vorhandenen Ottomotoren eingesetzt werden kann, ist es unwahrscheinlich, dass der Einsatz von Ethanol in Reinalkoholmotoren in den nächsten Jahren eine größere Bedeutung erlangt /Kaltschmitt, Hartmann und Hofbauer 2009/.

Ethanol als Mischkraftstoff kann in Otto- und ggf. in Dieselmotoren eingesetzt werden. Bei Gemischen mit Dieselkraftstoff kann der Anteil bis zu etwa 30 % betragen. Ähnlich wie bei Reinalkoholmotoren werden aber Motoren für Gemische aus Dieselkraftstoff mit Ethanol nicht in Serie produziert. Bei einer Markteinführung müssten auch hier zunächst die infrastrukturellen Voraussetzungen geschaffen werden; diese Option hat deshalb gegenwärtig keine Bedeutung. Demgegenüber ist die Beimischung von Ethanol zu Ottokraftstoff etabliert. Maximal 20 bis 25 Vol.-% Alkohol können dem Ottokraftstoff beigemischt werden, ohne dass Änderungen am Motor erforderlich werden. Aufgrund der gesetzlichen Rahmenbedingungen ist der Grad der Zumischung jedoch begrenzt. Die Anforderungen der ÖNorm EN 228 für unverbleiten Ottokraftstoff werden beispielsweise durch den E5-Mischkraftstoff eingehalten; hier sind 3 % Methanol- und 5 % Ethanolzusatz als Obergrenzen vorgesehen.

In Österreich allerdings laufen derzeit Bestrebungen E85-Kraftstoff, welcher zu 85 % aus Bioethanol und zu 15 % aus Benzin besteht, stärker am Markt zu etablieren. Bis zum Jahr 2020 soll u. a. damit eine 10 %-ige Substitution fossiler Kraftstoffe durch Bioethanol erreicht werden. Motoren, die mit diesem Treibstoff betrieben werden, unterscheiden sich nur wenig von herkömmlichen Benzinmotoren. Sie verfügen aber zusätzlich über einen Sensor, der das jeweilige Mischungsverhältnis zwischen Bioethanol und Superbenzin im Fahrzeug misst. Die Fahrzeugelektronik stellt die Motorsteuerung ausgehend davon dann auf die jeweils optimalen Werte ein /SuperEthanol 2007/.

Eine weitere Möglichkeit der Zumischung zu Ottokraftstoff ist nach einer chemischen Umwandlung von Ethanol zu Ethyl-Tertiär-Butyl-Ether (ETBE) gegeben.

ETBE dient dabei zur Verbesserung der Klopffestigkeit und kann als Alternative zu MTBE (Methyl-Tertiär-Butyl-Ether) zur Erhöhung der Oktanzahl eingesetzt werden.

Nebenprodukte und Rückstände (nach /Kaltschmitt, Hartmann und Hofbauer 2009/). Bei der Zuckerrübenverarbeitung fallen Rübenschnitzel als Rückstand der Zuckerextraktion an. Diese können – und das ist die derzeit gängige Verwertung – als Futtermittel eingesetzt werden; ggf. können sie auch als Substrat für Biogasanlagen und im getrockneten Zustand auch als Festbrennstoff genutzt werden.

Hinzu kommt das bei der Vergärung entstehende Kohlenstoffdioxid. Es ist in der Lebensmittelindustrie zum Karbonisieren von Getränken, zum Kühlen und Tiefkühlen, zur Wasseraufbereitung, als Schutzgas und für Gewächshäuser zur Erhöhung der CO_2-Konzentration – und damit zur Steigerung der Photosynthese – nutzbar.

Nach der Abtrennung des vergorenen Alkohols fallen pro Liter erzeugtem Alkohol rund 8 bis 10 l Schlempe an. Sie enthält bis auf die vergorenen Kohlenhydrate noch alle Inhaltsstoffe der Maische (d. h. Wasser, organische Stoffe, Mineralien) sowie die Proteine der Hefen. Die gegebenen Nutzungsmöglichkeiten werden nachfolgend kurz diskutiert.

Flüssiges Futtermittel. Schlempe in flüssiger Form ist ein hochwertiges Futtermittel, das z. B. zur Schweinemast eingesetzt werden kann. Da sie aber schnell verdirbt, muss sie entweder innerhalb von zwei Tagen frisch verfüttert oder zuvor getrocknet werden. Schlempe als flüssiges Futtermittel wird auch als DWGS (d. h. Distillers Wet Grain and Solubles) bezeichnet /Müller-Langer 2008/.

Festes Futtermittel. Schlempe kann vor einer Verfütterung auch getrocknet werden. Dadurch ist sie besser lagerfähig und kostengünstiger transportierbar. Dazu wird sie vor der eigentlichen Trocknung separiert, da die Aufkonzentrierung umso einfacher ist, je geringer der Feststoffgehalt ist. Dies erfolgt mithilfe von Siebeinrichtungen oder Dekantern, in denen die anfallende Schlempe in Dünnschlempe und Schlempefeststoffe aufgetrennt wird. Werden Siebe genutzt, fallen diese Feststoffe mit einem Trockenmasse(TM)-Gehalt von 10 bis 15 % an, während mit Dekantern Trockenmassegehalte von 30 bis 35 % erreicht werden können. Die gewonnene Dünnschlempe wird danach einer weiteren Klärung über Zentrifugen oder Absetzbecken unterzogen. Der dabei entstehende Zentrifugenkuchen weist etwa 20 % Trockenmasse auf, die wiederum zu rund der Hälfte aus Protein bestehen. Diese geklärte Dünnschlempe kann dann mittels Verdampfern zu 35 bis 40 %, manchmal auch bis zu 60 % aufkonzentriert werden (jeweils bezogen auf Trockenmasse). Über eine Sprühtrocknung oder über Walzentrockner kann dieser Dünnschlempesirup dann bis auf einen Trockenmasse(TM)-Gehalt von 90 bis 95 % getrocknet werden. Das anfallende Produkt wird als "Dried Distillers Solubles (DDS)" bezeichnet /Pieper 1983/.

Um ein Produkt zu erhalten, das die gesamte Trockenmasse und damit auch den gesamten Nährstoffgehalt der anfallenden Schlempe enthält, muss der konzentrierte Dünnschlempe-Sirup homogen mit den Schlempefeststoffen gemischt werden. Dies gelingt allerdings nur, wenn gleichzeitig bereits getrocknete und noch heiße Schlempe untergemischt wird. Wird diese Mischung dann auf 90 bis 95 % Trockenmasse getrocknet, erhält man "Distillers Dried Grains and Solubles (DDGS)".

Düngemittel. Schlempe kann aufgrund der in ihr enthaltenen Mineralien auch als Düngemittel eingesetzt werden; beispielsweise liegt der Nährstoffgehalt je m^3 Kartoffelschlempe bei rund 2,7 kg Stickstoff (N), etwa 1,1 kg Phosphor (P_2O_5) und ca. 4,2 kg Kalium (K_2O) /Matthes 1995/. Schlempe sollte jedoch nur in frischem Zustand als Dünger auf die landwirtschaftliche Anbaufläche ausgebracht werden, da nur so eine weitgehende Geruchsfreiheit gewährleistet werden kann.

Frische Schlempe enthält kaum freien Stickstoff; er ist fast vollständig in Proteinen fixiert und wird daher erst während der Vegetationsperiode langsam freigesetzt (mineralisiert); in dieser Form kann er dann von den Pflanzen aufgenommen werden.

Energiegewinnung. Eine weitere Möglichkeit der Schlempeverwertung besteht in der Produktion von Biogas. Dadurch ist es theoretisch möglich, aus der anfallenden Schlempe etwa 120 % der für die Alkoholerzeugung erforderlichen Energiemenge bereitzustellen. Zudem bleibt in der ausgefaulten Schlempe durch Mineralienanreicherung praktisch die vollständige Düngewirkung erhalten; einem anschließenden Einsatz als Dünger steht damit nichts im Wege.

9.2.4.4 Bioethanol – Anlagenkonzepte und Anwendungsbereiche

Die Produktion von Bioethanol kann ähnlich wie bei der Pflanzenöl- bzw. Biodieselherstellung sowohl im kleinen bzw. mittleren sowie im großindustriellen Maßstab erfolgen. Nachfolgend werden diese Anlagenkonzepte näher betrachtet.

Ethanolproduktion im kleinen Maßstab. Im Rahmen von landwirtschaftlichen Kleinbrennereien werden Ethanolmengen von etwa 1 000 bis 4 500 m^3/a erzeugt. Im Vergleich dazu umfasst die Ethanolproduktion im mittleren Maßstab Anlagen mit Tageskapazitäten von etwa 10 000 bis 12 000 m^3/a. Diese Anlagen haben gemeinsam, dass die Rohstoffbasis üblicherweise Stärke darstellt und die Rohstoffaufbereitung, die enzymatische Umsetzung und die Fermentation batchweise realisiert wird. Erst ab der Destillation wird die Prozessführung kontinuierlich. Die speziell in den Kleinanlagen erzeugte Ethanolqualität bewegt sich im Bereich von 90 bis 92 Vol.-%. Für den Einsatz als Trinkalkohol wird rektifizierter Neutralalkohol von mindestens 96,4 Vol.-% gefordert, was üblicherweise erst bei Anlagen im mittleren Maßstab erfolgt. Eine Absolutierung des Ethanols ist i. Allg. aus Gründen der Wirtschaftlichkeit und Sicherheit erst bei größeren Anlagenkapazitäten sinnvoll, so dass z. B. eine gemeinsam betriebene Absolutierung von mehreren Ethanolanlagenbetreibern oder eine zentrale Lohnabsolutierung möglich sind /Kaltschmitt, Hartmann und Hofbauer 2009/.

Großtechnische Ethanolproduktion aus stärkehaltigen Rohstoffen. Die Verfahrensweise einer kontinuierlich arbeitenden Anlage auf Basis stärkehaltiger Rohstoffe kann wie folgt zusammengefasst werden (nach /Kaltschmitt, Hartmann und Hofbauer 2009/).

- Am Beginn jeden Verfahrens steht die Vermahlung der Rohstoffe.
- Danach wird das Mahlgut mit der Prozessflüssigkeit vermischt; dazu kann Wasser und/oder (Dünn-)Schlempe verwendet werden. Zugleich wird bereits meist hier ein Verflüssigungsenzym zudosiert sowie die Maische erhitzt. Je nach Anlagen-

design können zum Erhitzen direkter Dampf aus einem Dampferzeuger oder verdichtete Brüden aus anderen Prozessschritten eingesetzt werden. Dies kann beispielsweise in einem Rührwerksbehälter oder auch in einem Rohrleitungssystem mit statischen Mischern und Dampfinjektoren geschehen.

- Die anschließende Verflüssigung der Maische erfolgt meist in einem Verweilbehälter, durch den die erhitzte Maische geleitet wird. Die Verweilzeit sollte mindestens 30 min betragen.
- Aus dem Verflüssigungsbehälter wird die Maische über eine Kühleinrichtung in den Verzuckerungsbehälter gepumpt. Zur Kühlung auf Verzuckerungstemperatur werden oft Doppelrohrkühler eingesetzt. Danach werden die Verzuckerungsenzyme zudosiert, nachdem eventuell eine pH-Wert-Korrektur durchgeführt wurde. Zur Verzuckerung kann entweder wiederum ein Verweilbehälter eingesetzt werden, oder die Maische wird nach der Zudosierung der Verzuckerungsenzyme gleich weiter auf Gärtemperatur gekühlt und zum Fermenter gepumpt. Die Hefe wird in den gekühlten Maischestrom zudosiert, um eine gleichmäßige Durchmischung im Fermenter sicherzustellen.
- Anschließend erfolgt die Fermentation und damit die Umsetzung des Zuckers in Ethanol unter Freisetzung von Kohlenstoffdioxid (CO_2).
- Die vergorene Maische wird nun destilliert; dabei entsteht Ethanol und ethanolfreie Schlempe, die nach einer Separation als sogenannte Dünnschlempe – ebenso wie das erhitzte bei der Destillation und der Kühlung anfallende Kühlwasser – wieder im Prozess genutzt werden kann.
- Die Restschlempe mit den Schlempefeststoffen kann unterschiedlich weiter genutzt werden. Beispielsweise kann sie zu DDGS getrocknet und z. B. als Futter in der Bullenmast eingesetzt werden. Daneben ist auch die Gewinnung von Biogas möglich.

9.2.4.5 Bioethanol – Energiewandlungskette und Verluste

Die Energiewandlungskette einer Erzeugung von Bioethanol zeigt Abb. 9.43 anhand einer großtechnischen Produktion auf der Basis von Winterweizen. Es wird dabei von einem Weizenertrag von 7 t/ha ausgegangen /KTBL 2006/. Weiters erfolgt eine Aufteilung des bis zu dem jeweiligen Verarbeitungsschritt angefallenen Energieverbrauchs zwischen Produkt und Nebenprodukt (Weizenstroh und -korn bzw. Bioethanol und DDGS) entsprechend den Energieinhalten von Produkt und Nebenprodukt. Die energetischen Aufwendungen der für die Bioethanol- und DDGS-Produktion notwendigen Hilfs- und Betriebsstoffe (Düngemittel, Enzyme etc.) sowie der energetische Verbrauch innerhalb der einzelnen Prozessschritte (elektrische und thermische Energie, Dieselkraftstoff etc.) werden hier nicht näher quantifiziert.

Von der jährlich auf die Erdoberfläche eingestrahlten Sonnenenergie von etwa 39 600 GJ/(ha a) (1 100 kWh/m^2) sind zum Erntezeitpunkt ca. 240 GJ/ha als chemische Energie in der Weizenpflanze gespeichert. Dieser photosynthetische Nettowirkungsgrad ist – bis auf den Anbau ertragreicher Weizensorten bzw. des Einsatzes ertragssteigernder Maßnahmen – nur einschränkt anthropogen beeinflussbar. Von den in der Weizenpflanze gespeicherten 240 GJ sind rund 51 % (123 GJ) im Weizenstroh und etwa 49 % (117 GJ) im Weizenkorn enthalten.

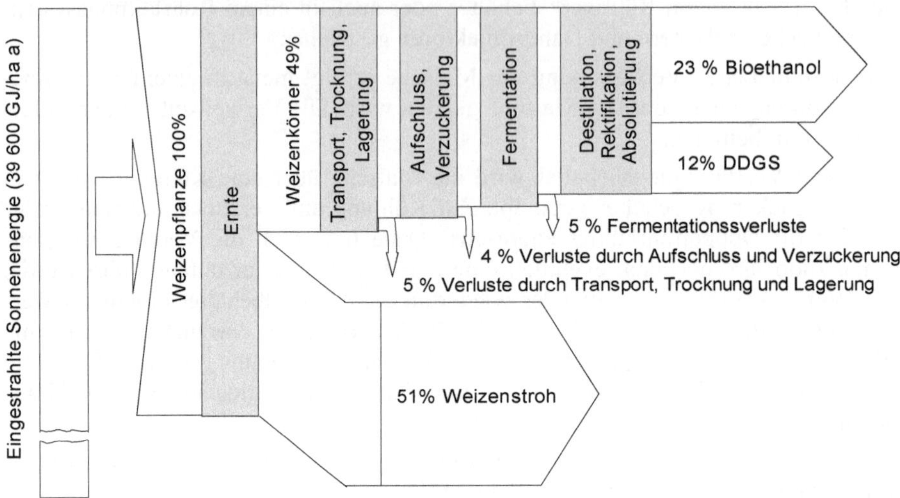

Abb. 9.43 Energiefluss einer großtechnischen Bioethanolproduktion

Das Weizenstroh kann nach der Ernte unterschiedlich genutzt werden (z. B. zu Ballen verpresst als Tierfutter, Einstreu oder Brennstoff). Alternativ dazu kann es auch in den Boden zur Schließung der Humus- und Nährstoffkreisläufe eingearbeitet werden.

Das gewonnene Getreide wird nach der Ernte zur Produktionsanlage transportiert, dort getrocknet und gelagert. Dabei treten Verluste von ca. 5 % auf. Danach werden die Getreidekörner zur Gewinnung der Stärke aufgeschlossen und die Stärke anschließend zu vergärbarer Glukose umgewandelt. Nun wird die Glukose unter Einsatz von Hefen fermentiert. Die entstandene Maische enthält einen Ethanolgehalt von ca. 10 bis 12 Vol.-% /Müller-Langer 2007/, welcher nachfolgend durch eine Destillation und Rektifikation sukzessive auf 97,2 Vol.-% erhöht wird. Im Verlauf dieser Prozessschritte treten Verluste von rund 9 % auf.

In der Summe können von der jährlich auf einem Hektar Anbaufläche gewonnenen Weizensaat 56 GJ als Bioethanol genutzt werden. Dies entspricht rund 23 % der ursprünglich in der Weizenpflanze enthaltenen Energie von ca. 117 GJ. Wird die bei der Bioethanolherstellung anfallende Schlempe eingedampft und zu sogenanntem Distiller's Dried Grain and Solubles (DDGS) verarbeitet, verbleibt darin ein Endenergiegehalt von ca. 28 GJ pro Hektar Anbaufläche. Dies entspricht in etwa 12 % der ursprünglich in der Weizenpflanze enthaltenen Energie von etwa 117 GJ.

Bei einer Nutzung des bereitgestellten Bioethanols in einem Personenkraftwagen mit Ottomotor kann bei einem spezifischen Kraftstoffverbrauch von 2,24 MJ/km /Müller-Langer 2007/ eine Fahrleistung von rund 25 000 km/ha erbracht werden. Dem unterstellten spezifischen Kraftstoffverbrauch liegt dabei ein Verbrauch von 10,6 l Bioethanol pro 100 km zugrunde.

9.2.4.6 Biogas – Substrate

Bei einer technischen Umsetzung des anaeroben Abbaus sind neben einer guten Abbaubarkeit der organischen Substanz das Vorhandensein von genügend Nährstoffen und Spurenelementen (z. B. Eisen, Nickel, Kobalt) im Substrat eine wesentliche Voraussetzung. Auch ist ein ausgewogenes C/N-Verhältnis des eingesetzten Substrates wichtig, das für einen ungestörten Prozessablauf i. Allg. zwischen 10 und 30 liegen sollte. Um die Bakterien ausreichend mit Nährstoffen zu versorgen und damit einen optimalen Abbau zu gewährleisten, sollte das Kohlenstoff(C):Stickstoff(N):Phosphor(P):Schwefel(S)-Verhältnis bei 600:15:5:1 liegen /Weiland 2001/. Ein geringer Gehalt an Schad-, Stör- und Hemmstoffen sowie eine hygienische Unbedenklichkeit sowie eine gute Mischbarkeit sind weitere Anforderungen an das zu vergärende Substrat.

Neben der Vergärung von Energiepflanzen (z. B. Maissilage, Getreideganzpflanzensilage) eignen sich dabei vor allem Rückstände und Nebenprodukte aus der Landwirtschaft (z. B. Gülle, Zuckerrübenblätter), der Lebensmittelbe- und -verarbeitung (u. a. Molke, Schlempen aus Brennereien, Fruchtrückstände und -schlämme, Rückstände aus der Kartoffelverarbeitung, Traubentrester) sowie organische Abfälle aus Schlachthöfen, der Gastronomie und den Kommunen (Abb. 9.44). Lediglich verholztes Material kann anaerob nicht abgebaut werden und ist daher für Biogasanlagen nicht geeignet.

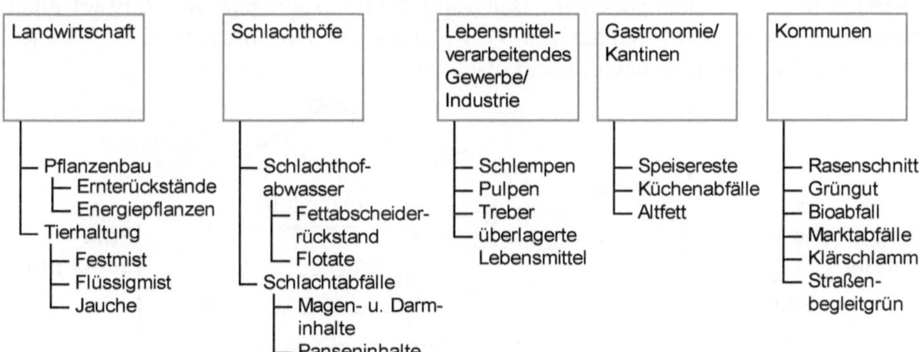

Abb. 9.44 Vergärbare organische Stoffe (u. a. /Edelmann und Engeli 1996/)

9.2.4.7 Biogas – Systemelemente

Biogas wird überall dort gebildet, wo Biomasse von Mikroorganismen unter anaeroben (d. h. unter Sauerstoffausschluss) und feuchten Bedingungen abgebaut wird. Im technischen Maßstab kann dies beispielsweise zum gezielten Abbau organischer Substanz und damit zur Schlammstabilisierung in der Abwassertechnik (Faulturm) oder zur Vergärung von landwirtschaftlichen (Neben-)Produkten (z. B. Maissilage, Gülle) genutzt werden. Vor wenigen Jahren stand bei der technischen Anwendung anaerober Prozesse die gezielte Veränderung von Stoffeigenschaften im Vordergrund; die energetische Nutzung des anfallenden Biogases war ein (durchaus gewollter) Nebeneffekt.

Dies hat sich vollständig gewandelt. Moderne Biogasanlagen dienen i. Allg. ausschließlich der gekoppelten Strom- und Wärmeerzeugung sowie in Einzelfällen – und das bei deutlich steigender Tendenz – auch der Kraftstoffproduktion. Dabei geht aktuell die Tendenz weg vom Konzept der Vor-Ort-Verstromung, bei der Biogasfermenter und Energiekonversionsaggregate in enger räumlicher Beziehung stehen. Insgesamt ist ein Trend erkennbar hin zu größeren Anlagen, bei denen das Biogas aufbereitet und in das Erdgasnetz eingespeist wird. Dann kann z. B. das Energiekonversionsaggregat (z. B. BHKW) an einem völlig anderen Ort stehen, an dem eine entsprechende Strom- und Wärmenachfrage gegeben ist; es ist dann nur über das Gasnetz mit der Anlage verbunden.

Eine landwirtschaftliche Biogasanlage kann unabhängig von der Betriebsweise in vier verschiedene Verfahrensschritte unterteilt werden (nach /FNR 2006c/).

1. Verfahrensschritt: Substrathandling (Anlieferung, Lagerung, Aufbereitung, Transport und Einbringung der Substrate)
2. Verfahrensschritt: Biogasgewinnung (Vergärung im Fermenter)
3. Verfahrensschritt: Gärrestlagerung und ggf. -aufbereitung und -ausbringung
4. Verfahrensschritt: Biogasspeicherung, -aufbereitung und -verwertung

Diese vier Verfahrensschritte sind voneinander nicht unabhängig. Besonders zwischen Schritt zwei und Schritt vier besteht eine enge Verbindung, da Schritt vier normalerweise die in Schritt zwei benötigte Prozesswärme zur Verfügung stellt.

Exemplarisch zeigt Abb. 9.45 ein Schema einer Biogasanlage einschließlich der wesentlichen Anlagenkomponenten, Baugruppen und Aggregate am Beispiel einer landwirtschaftlichen Biogasanlage mit Verwendung von Kosubstraten. Die einzelnen Verfahrensschritte werden nachfolgend diskutiert.

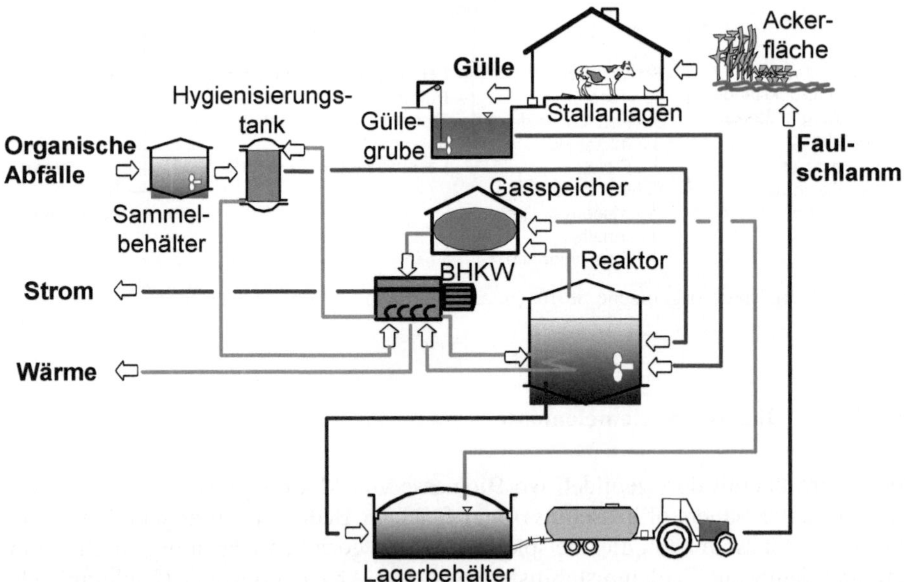

Abb. 9.45 Schema einer landwirtschaftlichen Biogasanlage mit Verwendung von Kosubstraten (1. Verfahrensschritt: Gülle- bzw. Vorgrube, Sammelbehälter, Hygienisierungstank; 2. Verfahrensschritt: Biogasreaktor; 3. Verfahrensschritt: Güllelagerbehälter, Ackerfläche; 4. Verfahrensschritt: Gasspeicher, Blockheizkraftwerk (BHKW)) /FNR 2006c/

Substrathandling. Darunter sind die auf dem Weg der verschiedenen Substrate in den Biogasfermenter notwendigen Schritte zu verstehen. Im Einzelnen umfasst dies die Anlieferung, die Lagerung, die Aufbereitung, den Transport und die Einbringung der Substrate.

Die Anlieferung spielt nur bei der Verwertung von betriebsfremden Substraten eine wichtige Rolle. Für die Abrechnung und Nachweisführung ist bei der Anlieferung eine Eingangskontrolle des Substrates unerlässlich.

Substratlager dienen primär dazu, Schwankungen bei der Bereitstellung und Anlieferung der verschiedenen Substrate auszugleichen. Ihre Gestaltung ist von den verwendeten Substraten abhängig. Die dafür benötigte Fläche richtet sich nach den zu erwartenden Stoffmengen und den auszugleichenden Zeiträumen. Bei betriebsfremden Substraten spielen vertragliche Bedingungen wie Abnahmemenge und Häufigkeit der Lieferung eine Rolle. Zur Minimierung von Gerüchen sollte die Annahme, Lagerung und Aufbereitung der Substrate in Hallen, deren Abluft über Biofilter gereinigt wird, durchgeführt werden /Schulz und Eder 2001/.

Die Aufbereitung der Substrate (Rohstoffe) ist notwendig, um die problemlose Beschickung der Anlage und eine möglichst vollständige Vergärung der Substrate zu gewährleisten. Ziel der Aufbereitung muss es sein, erstens gesetzlichen Ansprüchen wie der Hygienisierung zu entsprechen und zweitens verfahrenstechnischen Aspekten gerecht zu werden. Die Güte der Aufbereitung kann die Aktivität der Mikroorganismen im Fermenter erheblich positiv beeinflussen. Hier liegt daher ein großes Potenzial der Optimierung der Gesamtanlage.

Die Aufbereitung umfasst die Abtrennung von Fremd- und Störstoffen (u. a. durch manuelles Trennen, ballistische Trennung, Siebung, Magnetscheider), die Zerkleinerung, die Hygienisierung, die Homogenisierung und das Einstellen der für den Gärbetrieb notwendigen Substrateigenschaften (u. a. Wassergehalt, Temperatur). Die Viskosität und der pH-Wert sind durch geeignete Maßnahmen im Vorfeld beeinflussbar. Welche Vorbehandlungsschritte insgesamt notwendig sind und wie diese technisch verwirklicht werden, hängt jeweils von den verwendeten Substraten ab. Flüssige Substrate mit feinpartikulären Inhaltsstoffen (z. B. Gülle, Rückstände aus der Nahrungsmittelindustrie) können meist ohne zusätzliche Aufbereitung in den Gärbehälter eingebracht werden. Demgegenüber müssen grobpartikuläre Stoffe (z. B. Biomüll) durch Sortierung und Entfernung von Fremdstoffen sowie Zerkleinerung/Homogenisierung zunächst zu einem homogenen Substrat aufbereitet werden, welches durch die Zugabe von Fermenterbrühe oder Gärrest pumpfähig gemacht wird.

Bei landwirtschaftlichen Anlagen, wenn ausschließlich tierische Exkremente des eigenen Betriebs verarbeitet werden, ist eine Zerkleinerung der Gärstoffe nur bei Verwendung von Langstroheinstreu notwendig. Die Homogenisierung und Zerkleinerung erfolgt ansonsten in sogenannten Vor- oder Mischgruben, die mit einem Tauchrührwerk ausgestattet sind. Eine aufwändigere Substrataufbereitung wird ggf. bei der Vergärung nachwachsender Rohstoffe benötigt. In Abhängigkeit vom verwendeten Pflanzenmaterial kann eine Zerkleinerung (Schroten, Häckseln) und/oder eine Verflüssigung (Zusatz von Wasser, Gülle, Faulwasser) notwendig werden.

Für einen stabilen Gärprozess ist aus prozessbiologischer Sicht ein kontinuierlicher Substratstrom durch die Biogasanlage der Idealfall. Da dieser in der Praxis kaum realisiert werden kann, wird im Regelfall eine semikontinuierliche Zugabe des Substrates realisiert. Dazu erfolgt die Zuführung in mehreren Chargen über den Tag verteilt. Damit werden alle Aggregate, die für den Substrattransport notwendig sind, nicht kontinuierlich betrieben.

Bei der Einbringung der Substrate ist deren Temperatur zu beachten. Bei großen Differenzen zwischen Material- und Fermentertemperatur (beispielsweise bei der Einbringung nach einer Hygienisierungsstufe oder im Winter) kann die Prozessbiologie gestört werden; dies kann den Gasertrag mindern. Als technische Lösungen werden hier zuweilen z. B. beheizte Vorgruben eingesetzt. Dabei ist eine Beheizungsmöglichkeit in Vorgruben und Dosierbehältern sinnvoll, da beispielsweise ein Einfrieren der Einrichtungen sehr schnell großen Schaden verursachen würde.

Biogasgewinnung im Fermenter. Der Fermenter (Gärbehälter) ist das Kernstück der Biogasanlage. In ihm findet die eigentliche Biogasbildung statt. Zur Erzielung eines optimalen Abbaus der organischen Substanz und damit eines hohen spezifischen Biogasertrags und einer gleichbleibenden Gasqualität muss der Fermenter u. a. eine gleichmäßige Durchmischung des Substrats ermöglichen sowie eine konstante Gärtemperatur sicherstellen.

Entsprechend dem temperaturabhängigen Aktivitätsoptimum der an der Vergärung beteiligten Bakterien können mesophile und thermophile Verfahren unterschieden werden. Obwohl im thermophilen Temperaturbereich ein schnellerer Stoffumsatz stattfindet, werden aufgrund der erhöhten Prozessenergienachfrage sowie der verminderten Prozessstabilität von thermophilen Anlagen der überwiegende Teil der vorhandenen Biogasanlagen mit mesophilen Temperaturen betrieben. Derartige Verfahren können auch mit einer psychrophilen Prozessstufe (unterhalb 20 °C) – z. B. durch Lagerung des ausgegorenen Substrats in einem nicht beheizten Nachgärbehälter – kombiniert werden. Den psychrophilen Verfahren ist bei der Gaserzeugung jedoch nur wenig Bedeutung beizumessen.

Zur Optimierung des Vergärungsprozesses kann es bei manchen Substraten (z. B. organischen Abfälle aus Industrie und Gewerbe) sinnvoll sein, die biologischen Stufen der Vergärung räumlich voneinander zu trennen. Dadurch wird z. B. eine chargenweise Aufbereitung des Abfalls oder ein Ausgleich unterschiedlicher Zusammensetzungen bzw. zeitlicher Schwankungen im Anfall des Substrats ermöglicht. Von zweiphasigen Verfahren spricht man dann, wenn Hydrolyse und Säurebildung bzw. Methanisierung unter jeweils phasenoptimierten Milieubedingungen in zwei getrennten Behältern ablaufen. Der regelungstechnische und apparative Aufwand derartiger Verfahren ist aber höher und der Einsatz daher nur in Sonderfällen sinnvoll.

Die Betriebsweise des Fermenters kann – anhand des zeitlichen Beschickungsintervalls – kontinuierlich, diskontinuierlich und semikontinuierlich realisiert werden. Bei einem diskontinuierlichen Betrieb wird der Fermenter einmal gefüllt und bis zum Ende der Vergärung nicht mehr geöffnet (Batch-Betrieb). Beim kontinuierlichen Verfahren wird demgegenüber ständig Frischmaterial zugeführt und dieselbe Menge vergorenes Material dem Fermenter entnommen. Zusätzlich ist auch ein semi-kontinuierlicher Betrieb möglich, wenn z. B. bei unregelmäßig anfallenden Abwässern das Substrat dem Fermenter nicht rund um die Uhr kontinuierlich zugeführt wird. Die Vorteile des kontinuierlichen Betriebs sind gleichbleibende Prozessbedingungen, kürzere Verweilzeiten des Substrats im Fermenter sowie eine bessere Automatisierbarkeit der Prozessabläufe. Allerdings ist dafür eine aufwändigere Anlagentechnik notwendig. Weiters besteht die Gefahr einer Bildung von Kurzschlussströmen, durch die ein geringer Teil des zugeführten Substrats wieder unmittelbar ausgetragen wird. Derartige

Kurzschlussströmungen sollten durch konstruktive und/oder betriebliche Maßnahmen (z. B. räumlich weit entfernte Zufuhr und Abfuhr von Substraten, Entnahme von Gärrest vor der Fütterung) minimiert werden.

Die Ausführung des Fermenters richtet sich im Wesentlichen nach den Fließ-, Entmischungs- und Abbaueigenschaften des Substrats. Deswegen sind unterschiedlichste Bauarten wie stehende bzw. liegende, vollständig durchmischte sowie horizontal durchflossene, vertikal durchmischte sowie ein- und mehrstufige Fermenter verfügbar. Insgesamt werden aber stehende, volldurchmischte Fermenter vornehmlich ausgeführt.

Unabhängig von der Bauart muss der Fermenter gas- und flüssigkeitsdicht, korrosionsbeständig und wärmegedämmt ausgeführt sein. Zusätzlich wird ein regelbares Heizsystem benötigt, welches z. B. das Kühlwasser des angeschlossenen Blockheizkraftwerks nutzt. Hierbei ist nicht die Einhaltung der vorgegebenen Temperatur auf ein Zehntel Grad genau ausschlaggebend, sondern dass Temperaturschwankungen (z. B. nach der Substratzugabe) möglichst gering gehalten werden. Das betrifft sowohl zeitliche Temperaturschwankungen als auch die Temperaturverteilung in verschiedenen Fermenterbereichen /Jäkel 2002/, /FNR 2006c/.

Eine gute Durchmischung des Fermenterinhalts muss gewährleistet sein, um frisches und ausgefaultes Substrat intensiv zu vermischen, Wärme und Nährstoffe innerhalb des Fermenters gleichmäßig zu verteilen, Sink- und Schwimmschichten zu vermeiden oder ggf. zu zerstören sowie ein gutes Ausgasen des Biogases aus dem Gärsubstrat zu ermöglichen /FNR 2006c/. Für die Durchmischung des Behälterinhaltes finden meist mechanische, aber auch hydraulische oder pneumatische Rührwerke Verwendung. Bei den mechanischen Rührwerken haben sich Tauchmotor- und Paddelrührwerke durchgesetzt. Tauchmotorrührwerke eignen sich besonders für die schnelle Homogenisierung des Fermenterinhalts nach Substratzugabe, während Paddelrührwerke sich durch eine geringe Drehzahl und folglich einen geringen Leistungsbedarf, eine einfache Wartbarkeit der Antriebstechnik und eine geringe Störanfälligkeit auszeichnen. Oftmals werden beide Rührwerkstypen im Fermenter verbaut, um die Vorteile zu kombinieren.

Für den Austrag vergorenen Substrats wird häufig ein Freispiegelüberlauf gewählt. Am Boden des Fermenters sind zusätzliche Abläufe zur Entfernung von Sedimenten vorzusehen, insbesondere wenn Substrate mit einem hohen Sandanteil (z. B. Hühnertrockenkot, Rübenbruchstücke) vergoren werden.

Als Baumaterialien für Fermenter dienen derzeit vorwiegend Stahl, Edelstahl oder Stahlbeton. Dabei wird häufig auf die Verwendung vorgefertigter Standardelemente zurückgegriffen, um einen zügigen Baufortschritt – auch unter schlechten Witterungsbedingungen – zu gewährleisten. Oberhalb des Flüssigkeitsspiegels muss bei der Ausführung besonders auf den Korrosionsschutz geachtet werden. Beton- und Stahlfermenter werden in diesem Bereich deshalb mit einem Schutzanstrich versehen. Hinsichtlich der Korrosionsbeständigkeit bietet – neben Edelstahl – der Einsatz von Kunststoff gegenüber den genannten Baumaterialien deutliche Vorteile. Zurzeit findet er allerdings nur vereinzelt Anwendung.

Das Fermenterdach kann starr oder flexibel ausgeführt sein. Neuere Anlagen nutzen den Gasraum in der Regel durch Abdeckung mit einer ein- oder zweischaligen Haube (Tragluft-gestützt) zur Biogasspeicherung. Die Ausstattung des Fermenters wird komplettiert durch Überdruckventile und Schaugläser zur optischen Kontrolle hinsichtlich der Bildung von Schwimmschichten und auch des Füllstandes.

Gärrestlagerung, -aufbereitung und -ausbringung. Im Regelfall ist zur Zwischenlagerung des ausgegorenen Substrates ein Gärrest-Lagerbehälter vorgesehen. Dieser sollte zur Vermeidung von gasförmigen Emissionen (u. a. CH_4, NH_3, N_2O) gasdicht ausgeführt und an das Gassammelsystem angeschlossen werden; das so zusätzlich gewonnene Biogas kann im Idealfall bis zu 20 % der Gesamtausbeute betragen. Die Speicherkapazität des Lagers sollte so bemessen sein, dass Zeiträume, in denen ein witterungsabhängiges Ausbringen der Gärreste nicht möglich ist, ausreichend abgedeckt sind /FNR 2006c/. Für Anlagen, welche die Gärreste nicht separieren können, werden hierfür Lagerkapazitäten für 180 d Volllastbetrieb gefordert.

Zumeist stellt die Energiegewinnung das primäre Ziel der Vergärung dar. Durch die anaerobe Behandlung wird aber gleichzeitig die weitere Verwertung bzw. Entsorgung organischer Materialien erleichtert bzw. ermöglicht.

- Das vergorene Substrat aus landwirtschaftlichen Anlagen kann – wie unvergorene Gülle – als Wirtschaftsdünger eingesetzt werden; das ausgefaulte Substrat zeigt durch die teilweise Mineralisierung der Nährstoffe (z. B. Stickstoff) eine bessere Pflanzenverfügbarkeit als das Ausgangsmaterial. Weiters sind die Gärrückstände dünnflüssiger und weniger geruchsintensiv. Sie können deshalb i. Allg. problemloser auf die Felder ausgebracht werden.
- Die Rückstände aus der Bioabfallvergärung können nach ihrer Entwässerung aerob nachbehandelt werden. Im Anschluss an diese Kompostierung kann das Material z. B. als Dünger an die Landwirtschaft oder an den Gartenbau abgegeben werden.
- Anaerob stabilisierte Klärschlämme könnten als Wirtschaftsdünger in der Landwirtschaft ausgebracht werden. Sind die Schadstoffkonzentrationen (vor allem Schwermetalle) aber zu hoch, ist dieser Verwertungsweg nicht möglich; die Schlämme müssen dann nach ihrer Entwässerung und ggf. Trocknung thermisch – z. B. in Müllverbrennungsanlagen oder Kohlekraftwerken – verwertet werden.

Vergorene organisch belastete Abwässer sind i. Allg. einer aeroben Nachbehandlung zuzuführen. Diese wird entweder direkt der Vergärung nachgeschaltet oder die Abwässer werden in eine öffentliche Kläranlage geleitet, wo sie gemeinsam mit häuslichen Abwässern behandelt werden. Der Überschussschlamm kann nach seiner Eindickung wie Klärschlamm als Dünger eingesetzt bzw. thermisch verwertet werden /Edelmann und Engeli 1996/.

Biogasspeicherung und -aufbereitung. Die direkte Nutzung des gewonnenen Rohgases ist wegen verschiedener im Gas vorhandener biogasspezifischer Inhaltsstoffe (z. B. Schwefelwasserstoff) meist nicht möglich /FNR 2006c/. Je nach Verwendungszweck ist daher vor der Verwertung eine – entsprechend aufwändige – Aufbereitung notwendig.

Für die Sammlung und Speicherung bzw. Verwertung muss der enthaltene Wasserdampf aus dem feuchtigkeitsgesättigten Biogas über eine Kondensatsammlung und ggf. Gastrocknung durch aktive Kühlung entfernt werden. Zur Rückhaltung mitgerissener Feststoffe aus dem Gasstrom sind Schmutzfilter vorzusehen (z. B. Kiesfilter).

Aufgrund der korrosiven Wirkung von Schwefelwasserstoff (H_2S) ist zumeist eine Entschwefelung nötig. Dabei hat sich bei kleineren landwirtschaftlichen Anlagen die Zuführung von ca. 3 bis 5 % (bezogen auf das Gasvolumen) Luftsauerstoff in den Gasraum über dem Substrat durchgesetzt. Dadurch wird Schwefelwasserstoff bakteriell zu elementarem Schwefel und unter Luftüberschuss zu Sulfat oxidiert (bis 99 % Abscheidegrad). Hierin begründet sich auch die Notwendigkeit, den Gasraum im Fermenter entsprechend vor Korrosion zu schützen, da die Bildung von Sulfat bei einer gleichzeitig ausreichenden Entschwefelungsleistung nicht vermieden werden kann. Andere übliche Verfahren basieren auf der Fällung von Sulfiden durch den Zusatz von Eisensalzen in die Fermenterbrühe. Technisch aufwändiger ist die externe biologische Entschwefelung in einer gesonderten Kolonne. Dabei wird ein Trägermaterial mit immobilisierten, schwefeloxidierenden Bakterien (*Sulfobacter oxydans*) gleichmäßig von Biogas durchströmt. Dieses Verfahren ist besonders bei hohen Schwefelwasserstoffgehalten sinnvoll, wie sie in der Bioabfallvergärung üblich sind. Hier können auch bei hohen Belastungen Abscheidegrade von über 99 % sicher erreicht werden /FNR 2006c/.

Gut eingestellte Biogasanlagen benötigen nicht notwendigerweise einen Gasspeicher zum Ausgleich von Gasproduktion und Gasverbrauch. Vielmehr dient der Gasspeicher dazu, technische Ausfälle der Anlage zu überbrücken. Derartige Speicher müssen zumindest gasdicht, druckfest sowie medien-, UV-, temperatur- und witterungsbeständig sein. Sie müssen mit Über- und Unterdrucksicherungen ausgestattet werden, um eine unzulässig hohe Änderung des Innendrucks zu verhindern. Die Speicher werden oft so ausgelegt, dass rund ein Viertel der täglichen Biogasproduktion gespeichert werden kann /FNR 2006c/. Grundsätzlich wird dabei zwischen Nieder-, Mittel- und Hochdruckspeicher unterschieden. I. Allg. kommen aus Kostengründen aber nur Niederdruckspeicher zum Einsatz. Dabei ist eine derartige Niederdruckspeicherung sowohl über dem Gärraum selbst als auch in einem separaten Folienspeicher möglich. Zur Erhöhung der Speicherkapazität des Gärraums wird letzterer meist mit einer Folienabdeckung anstelle eines festen Fermenterdaches versehen.

Für den Fall, dass die Gasspeicher kein zusätzliches Biogas mehr aufnehmen können und/oder das Gas z. B. aufgrund von Wartungsarbeiten am BHKW oder extrem schlechter Qualität nicht verwertet werden kann, muss der nicht nutzbare Teil sicher z. B. über eine Notfackel entsorgt werden /FNR 2006c/.

Biogasverwertung. Das erzeugte Gas kann sehr unterschiedlich genutzt werden. Außer einer Wärmebereitstellung mittels Biogasbrenner oder biogastauglichen Industriefeuerungsanlagen kann das Biogas verstromt oder als Kraftstoff eingesetzt werden.

Für eine Verstromung finden in Kleinanlagen vor allem Gas-Otto- oder Gas-Diesel-Motoren mit angeschlossenem Asynchrongenerator Anwendung. Bei Anlagen mit entsprechenden Wärmeabnehmern im Umfeld (z. B. bei landwirtschaftlichen Betrieben zur Beheizung des Wirtschaftsgebäudes und der Stallungen, bei Trocknungsprozessen, der Milchverarbeitung, zur Wärmeabgabe an kleine Wärmenetze) wird das Biogas im Regelfall in einem speziellen Biogas-Blockheizkraftwerk (BHKW) verwertet. Der erzeugte elektrische Strom wird fast immer in das Stromnetz der öffentlichen Versorgung eingespeist.

Das Biogas kann nach einer Aufbereitung – in Form von Biomethan – auch in das Gasversorgungsnetz eingespeist und dann u. a. als Fahrzeugtreibstoff verwendet werden. In Österreich laufen dazu derzeit Planungen, einen Biomethankraftstoff mit einem Biogasanteil von 20 % auf den Markt zu bringen /Wörgetter 2007/. Dafür ist allerdings eine weitgehende Reinigung (Trocknung und vollständige Entfernung von H_2S, NH_3, Siloxanen) unter gleichzeitiger Anreicherung des Methans durch Abscheidung des Kohlenstoffdioxids notwendig mit dem Ziel, die Standards in dem Erdgasnetz, in das eingespeist werden soll, einzuhalten /FNR 2006c/. Derartige Verfahren zur Biogasaufbereitung sind Stand der Technik; Anlagen sind in der Schweiz, in Österreich, in Deutschland und in Schweden im Betrieb.

9.2.4.8 Biogas – Anlagenkonzepte und Anwendungsbereiche

Neben der Möglichkeit einer Einteilung entsprechend der Anlagengröße, dem Gehalt an Trockenmasse (TM) im Substrat (Nass- bzw. Trockenfermentation) und der Gärtemperatur (mesophile bzw. thermophile Verfahren) können Biogasanlagen in ein- oder mehrstufige Anlagen bzw. nach der Betriebsweise in kontinuierliche oder diskontinuierliche Verfahren unterteilt werden.

Welches Anlagenkonzept letztendlich für die technische Umsetzung der Vergärung herangezogen wird, hängt im Wesentlichen von den Eigenschaften der konkret eingesetzten Substrate ab. Im Folgenden wird beispielhaft für die große Zahl möglicher Anwendungsbereiche von Biogasanlagen die Vergärung landwirtschaftlicher Rückstände, die fester biogener Abfälle aus Haushalten, Industrie und Gewerbe (Bioabfall) und die organisch belasteter Abwässer näher dargestellt.

Landwirtschaftliche Substrate. Neben der Vergärung von Energiepflanzen (z. B. Silagen von Mais oder Gras) oder Ernterückständen (z. B. Zuckerrübenblätter) werden in der Landwirtschaft vor allem tierische Exkremente wie etwa Rinder- und Schweinegülle vergoren.

Für die Vergärung derartiger Substrate werden überwiegend kontinuierlich betriebene Durchflusssysteme eingesetzt. Hier wird das Substrat dem Reaktor semikontinuierlich (d. h. in regelmäßigen, kurzen Zeitabständen) zugeführt und gleichzeitig ein entsprechendes Volumen an vergorenem Substrat abgezogen. Es kommen hierzu unterschiedliche Fermenterbauarten mit z. B. mechanischen, hydraulischen oder pneumatischen Rührwerken zum Einsatz. Abb. 9.46 zeigt exemplarisch ein typisches System zur Vergärung von tierischen Exkrementen (Festmist oder Gülle, Beimischung von z. B. Speiseresten möglich) mit liegendem Stahltank und durchgehendem Haspelrührwerk. Bei dieser Bauform von Durchflusssystemen wird das Substrat zum Ausgleich zeitlicher Schwankungen bzw. zur Zerkleinerung zuerst in eine Vorgrube geleitet und von dort in den wärmegedämmten Fermenter gepumpt. Das Substrat durchströmt diesen horizontal (Pfropfenstrombetrieb) und wird schließlich entweder direkt oder über eine Nachgärkammer in das Güllelager gepumpt.

Kommunalabfälle. Durch die Verordnung über die Sammlung biogener Abfälle /BGBl. 68/1992/ müssen in Österreich biogene Abfälle getrennt gesammelt und entsprechend verwertet werden. Im Sinne dieser Verordnung sind dies natürliche, organische Abfälle aus dem Garten- und Grünflächenbereich (z. B. Grasschnitt, Baumschnitt, Laub, Blumen, Fallobst), feste pflanzliche Abfälle (u. a. aus der Zubereitung von Nahrungsmitteln), pflanzliche Rückstände aus der gewerblichen und industriellen Verarbeitung und dem Vertrieb land- und forstwirtschaftlicher Produkte sowie Papier, welches mit Nahrungsmitteln in Berührung steht oder zur Sammlung und Verwertung von biogenen Abfällen geeignet ist.

Für die anaerobe Bioabfallbehandlung sind dabei insbesondere strukturarme Stoffe mit einem hohen Wasseranteil geeignet. Weniger geeignet sind demgegenüber strukturreiche, holzartige Stoffe, da der Holzbestandteil Lignin nicht bzw. nur sehr langsam unter anaeroben Bedingungen abgebaut wird. Allerdings kann bei der Trockenfermentation durch das Vorhandensein von zerkleinerten ligninreichen Grünabfällen die Methanabfuhr und das Entwässern des Gärsubstrats verbessert werden. Feste Bioabfälle können aber auch gemeinsam mit Gülle aus der Landwirtschaft oder mit Klärschlamm aus der aeroben Abwasserbehandlung vergoren werden (Co-Vergärung).

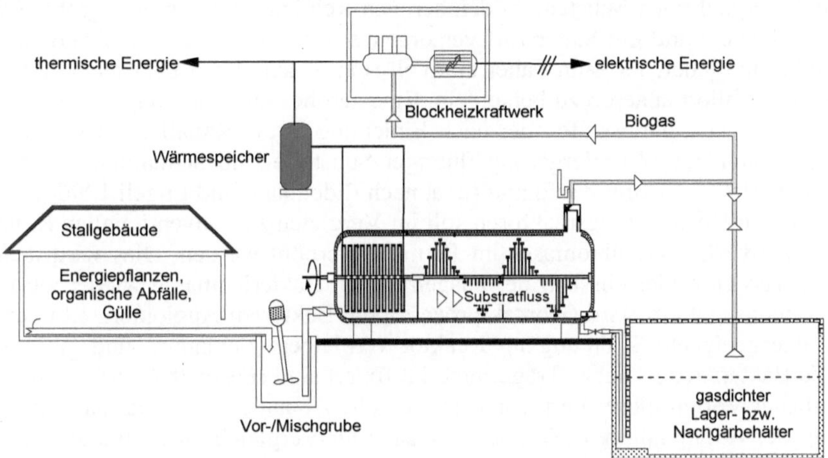

Abb. 9.46 Kleinere Biogasanlage (Durchflusssystem) mit Rohrfermenter (nach /Graf 1998/)

Für die Anaerobbehandlung biogener Abfälle haben sich zahlreiche Verfahrensvarianten am Markt etabliert. Im Prozessablauf müssen bei allen Verfahren die Substrate vor dem Eintrag in den Fermenter aufbereitet (Einstellen des gewünschten Trockenmassegehalts, Zerkleinerung, ggf. Fremdstoffabscheidung) sowie im Anschluss an den Gärprozess der Gärrückstand auf ca. 40 Gew.-% (Trockenmasse(TM)) entwässert und einer aeroben Nachrotte unterzogen werden. Diese mehrwöchige Nachrotte ist notwendig, um aus dem instabilen Gärrückstand ein pflanzenverträgliches und damit vermarktungsfähiges Endprodukt zu erhalten /ÖNorm S 2200 1993/.

Organisch belastete Abwässer. Direkt vergärbare organische Abwässer entstehen u. a. in der Nahrungsmittelindustrie oder in Schlachthöfen. Daneben lassen sich aber auch die Rückstände aerober Reinigungsstufen von kommunalen Kläranlagen zur Biogaserzeugung nutzen.

Kommunale Abwässer aus u. a. Spül-, Wasch- und Reinigungsarbeiten sowie der Benutzung sanitärer Einrichtungen zeigen eine sehr komplexe Zusammensetzung und erfordern vor der Einleitung in einen Vorfluter eine entsprechende Aufbereitung. Nach einer vorgeschalteten mechanischen Reinigung (u. a. Sedimentation, Öl- und Fettabscheidung) wird dabei das – in vielen Fällen mit Regenwasser stark verdünnte – Abwasser mit aeroben Mikroorganismen biologisch gereinigt. Der dabei entstehende Überschussschlamm muss zur Stabilisierung, d. h. zur Beseitigung der Fäulnisfähigkeit, weiter behandelt werden. Neben einer Kompostierung oder thermischen Verwertung ist dafür auch eine anaerobe Behandlung möglich. Meist werden dazu volldurchmischte Fermenter eingesetzt. Durch die Bewegung des Reaktorinhalts werden dabei die Bakterien in Suspension gehalten. Allerdings werden mit dem vergorenen Material auch Bakterien ausgetragen. Die hydraulische Aufenthaltszeit im Reaktor muss deshalb so gewählt werden, dass genügend Zeit für die Reproduktion der Bakterien vorhanden ist. Der ausgefaulte Schlamm wird anschließend entwässert und als Dünger in der Landwirtschaft eingesetzt bzw. thermisch verwertet oder deponiert.

Werden organisch sehr hoch belastete Abwasserströme gemeinsam mit kommunalen Abwässern behandelt, muss aufgrund der damit einhergehenden Verdünnung zum Abbau der organischen Substanz in den aeroben Reinigungsstufen eine größere Wassermenge bewegt und mit Sauerstoff versorgt werden. Dies ist entsprechend energieaufwändig und teuer. Es kann daher sinnvoll sein, solche hoch belasteten Abwässer direkt am Anfallort anaerob zu behandeln. Eine aerobe Nachreinigung erfolgt dann in einer eigenen Reinigungsstufe oder nach Einleitung in die Kanalisation in der kommunalen Kläranlage. Zur Vergärung flüssiger Substrate sind Schlammbett-, Wirbelbett- und Festbettreaktoren verfügbar (u. a. nach /Edelmann und Engeli 1996/).

Bei diesen Hochleistungsreaktoren soll im Vergleich zu konventionellen Rührkesseln die aktive Bakterienbiomasse im Fermenter erhöht werden. Dies wird dadurch erreicht, dass entweder ein Teil der ausgetragenen Bakterienmasse wieder zurück in den Fermenter geführt wird (Kontaktprozess), die Bakterien Agglomerate bilden, die durch eine geeignete Strömung im Reaktor verbleiben (Schlamm- und Wirbelbett) oder die Bakterien auf einem Trägermaterial fixiert sind (Festbett-Anaerobfilter). Ein wesentlicher Vorteil dieser Fermenter ist die hohe Abbauleistung und damit die Verkürzung der Aufenthaltszeit (Stunden bis Tage im Vergleich zu 20 bis 30 Tagen in koventionellen Fermentern) des Substrats im Fermenter. Nachteilig wirkt sich deren geringe Toleranz gegenüber partikulären Stoffen aus, die eine mechanische Vorreinigung des zu behandelnden Abwassers erforderlich macht.

9.2.4.9 Biogas – Energiewandlungskette und Verluste

In Abhängigkeit von der Zusammensetzung (Verwertbarkeit) des Substrats sowie den Prozessparametern bei der Vergärung wird von der organischen Substanz bzw. vom organischen Kohlenstoff im Gärmaterial nur ein Teil in energetisch nutzbares Methan umgewandelt. Der restliche organische Kohlenstoff wird zu Kohlenstoffdioxid (CO_2) umgesetzt oder verbleibt im Gärsubstrat und wird so wieder aus dem Fermenter ausgetragen. Auch in der weiteren Energiewandlungskette vom Methan zur eigentlichen Nutzenergie treten zahlreiche Verluste auf. Diese haben zur Folge, dass die am Anlagenausgang nutzbare Energie deutlich geringer ist als der Energieinhalt des erzeugten Biogases. Abb. 9.47 zeigt dies stellvertretend anhand einer für Österreich typischen landwirtschaftlichen Biogaserzeugung mit anschließender energetischer Nutzung in einem Blockheizkraftwerk (BHKW). Als Substrate werden in diesem Fall Maissilage (ca. 96 %) und Schweinegülle (ca. 4 %) eingesetzt (nach /Pfeifer und Obernberger 2007/).

In den Fermenter werden 100 % der Biomasse eingesetzt. Zusätzlich wird dem Reaktor noch rund 2 % der im Biogas enthaltenen Energie für den Betrieb der elektrischen Anlagen (vor allem BHKW und Rührwerke) und weitere etwa 3 % für die Beheizung des Fermenters zugeführt. Davon werden etwas mehr als 80 % zu Biogas umgesetzt. Der Gärrest enthält noch knapp 23 % des Energieinhaltes der Biomasse und ca. 1 % sind Verluste durch Erwärmung und Trocknung der Biomasse. Dabei wird hier ein Methangehalt des Biogases von etwa 49 % unterstellt.

Bei der folgenden Biogasverwertung in einem BHKW betragen die Verluste durch u. a. Wärmeabstrahlung, Reibung und Restwärme im Abgas ca. 16 % bezogen auf den Gesamtenergieinhalt der Eingangsströme.

Letztendlich können in dem dargestellten Beispiel bezogen auf den Energieinhalt des eingesetzten organischen Materials rund 60 % als Netto-Nutzenergie bereitgestellt werden; davon sind ca. 32 % Wärme und knapp 29 % elektrische Energie.

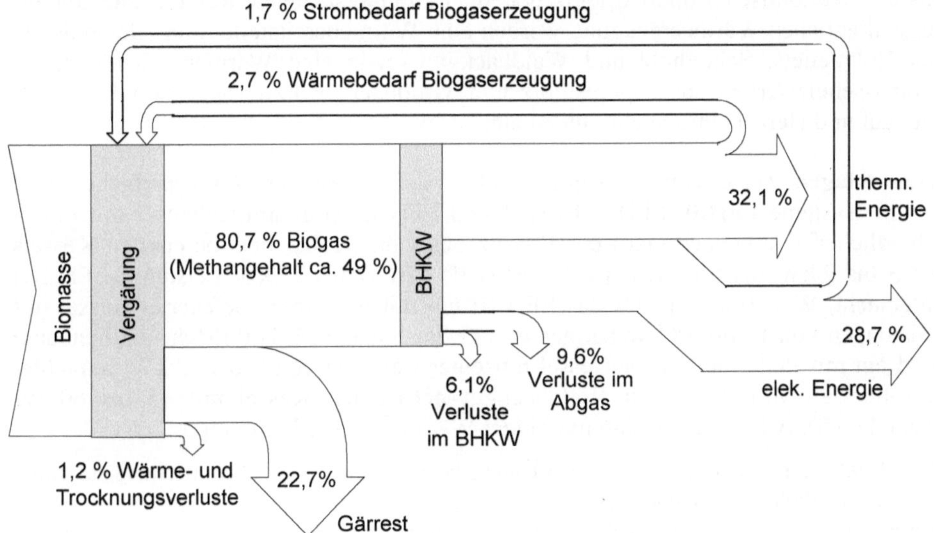

Abb. 9.47 Energiebilanz einer Biogaserzeugung aus landwirtschaftlichen Stoffen mit anschließender Nutzung des Biogases in einem BHKW; alle Angaben beziehen sich jeweils auf den Heizwert und die Enthalpie der Eingangsströme bei 0 °C und 1 013 mbar; nach /Pfeifer und Obernberger 2007/

9.3 Ökologische und ökonomische Analyse

Die energetische Nutzung von Bioenergieträger zur Bereitstellung von Wärme bzw. von Wärme und Strom sowie von Kraftstoffen kann entsprechend der breiten Palette von Biomassefraktionen und Wandlungstechniken durch eine Vielzahl unterschiedlichster Systeme erfolgen. Die nachfolgend analysierten Nutzungspfade können daher nur als Beispiele einer energetischen Nutzung gesehen werden.

9.3.1 Wärme

Im Folgenden werden die mit einer ausschließlichen Wärmebereitstellung verbundenen Kosten und ökologischen Effekte anhand ausgewählter biomassebefeuerter Anlagen diskutiert.

9.3.1.1 Referenzanlagen

Als aus ökonomischer und ökologischer Sicht zu untersuchende Referenzanlagen zur ausschließlichen Wärmeerzeugung werden eine Wärmebereitstellung in Kleinanlagen aus Holzpellets, Scheitholz und Waldhackgut sowie eine Wärmebereitstellung in Biomasseheizwerken aus Sägerestholz und Waldhackgut bzw. Sägerestholz, Waldhackgut und Heizöl extra leicht untersucht.

Kleinanlagen. Zur Deckung der in Kapitel 1.3 definierten Versorgungsaufgaben wird für die Systeme EFH-0, EFH-I, EFH-II und EFH-III (Einfamilienhäuser mit unterschiedlicher Wärmenachfrage) der Einsatz eines mit Holzpellets befeuerten Kessels mit 3 bis 9 kW Leistung (EFH-0 bis EFH-II) bzw. 7 bis 22 kW Leistung (EFH-III) untersucht. Weiterhin wird für das EFH-III ein mit Scheitholz befeuerter Kessel mit Leistungen von 13 bis 18 kW betrachtet. Für das System MFH-0 (Mehrfamilienhaus) wird ein mit Pellet befeuerter Kessel mit einer Leistung von 7 bis 22 kW betrachtet und für das MFH-I ein mit Waldhackgut betriebener Kessel mit 15 bis 60 kW (Tabelle 9.9). Alle Systeme sind mit einem Wärmespeicher kombiniert.

Tabelle 9.9 Kenndaten der untersuchten Kleinanlagen für eine Wärmebereitstellung aus Holzpellets, Scheitholz und Waldhackgut

		EFH-0	EFH-I	EFH-II	EFH-III	EFH-III	MFH-0	MFH-I
Trinkwarmwasser-nachfrage	in GJ/a	10,7	10,7	10,7	10,7	10,7	64,1	64,1
Raumwärmenachfrage	in GJ/a	7,6	22,0	45,0	108,0	108,0	68,0	432,0
Brennstoff		Pellets	Pellets	Pellets	Pellets	Scheitholz	Pellets	Hackgut
Heizwert Brennstoff	in GJ/t	17,6[a]	17,6[a]	17,6[a]	17,6[a]	14,5[b]	17,6[a]	13,4[c]
Kesselnutzungsgrad	in %	80	80	80	80	75	80	80
Systemnutzungsgrad[d]	in %	70	74	76	78	73	71	77
Gebäudeheizlast	in kW	1,5	5	8	18	18	20	60
Kesselfeuerungs-leistung	in kW	3 – 9[e]	3 – 9	3 – 9	7 – 22	13 – 18	7 – 22	15 – 60
Brennstoffeinsatz[f]	in GJ/a	26,2	44,2	73,0	151,7	161,8	185,2	659,3
	in t/a	1,5	2,5	4,1	8,6	11,2	10,5	49,1
Wärmespeicher	in l	300	300	300	600	1 000	600	2 000
Warmwasserspeicher	in l	160	160	160	160	160	DLE	DLE

DLE Durchlauferhitzer; [a] bei einem Wassergehalt vom 5 %; [b] bei einem Wassergehalt von 20 %; [c] bei einem Wassergehalt von 25 %; [d] zusätzlich zum Kesselnutzungsgrad berücksichtigt der Systemnutzungsgrad die Verluste der Trinkwarmwasserbereitung; [e] Überschreitung der Gebäudeheizlast, da keine kleineren Kessel zur Verfügung stehen; [f] einschließlich Verluste

Für die Brennstoffe wird unterstellt, dass diese aus unbehandeltem Fichtenholz gewonnen werden. Die Holzpellets werden aus den bei der Be- und Verarbeitung von Stammholz als Rohstoff für die stoffliche Nutzung anfallenden Säge- und Hobelspänen sowie Schleifstäuben erzeugt. Scheitholz und Waldhackgut stammen aus Durchforstungs- und Waldrestholz. Das Holz wird in der Regel direkt am Anfallort nach einer vorhergehenden Lagerung aufgearbeitet. Der Transport zum Verbraucher wird mittels Lastkraftwagen oder land- bzw. forstwirtschaftlichen Fahrzeugen durchgeführt. Dabei können je nach Fahrzeug Distanzen von 30 bis 150 km überwunden werden. Hier wird von einer mittleren Transportdistanz von 50 km für Pellets bzw. 30 km für Hackgut und Scheitholz ausgegangen.

Für die Lagerung der Brennstoffe wird bei Hackgut und Pellets ein separater, von oben zu befüllender Kellerraum angenommen. Das Scheitholz wird in einem Anbau an das zu versorgende Gebäude gelagert. Für Waldhackgut werden 3 % der eingelagerten Brennstoffmenge und für Scheitholz bzw. Pellets aufgrund des geringeren Wassergehalts keine Lagerverluste unterstellt.

Der Brennstoff wird beim Hackgut und bei den Pellets über einen automatischen Raumaustrag sowie eine Förderschnecke dem Kessel zugeführt. Der Scheitholzkessel wird manuell befüllt.

Die entstehende Asche aus der Verbrennung wird über die Restabfallsammlung entsorgt.

Die Trinkwarmwasserbereitung beim Einfamilienhaus (EFH-0, EFH-I, EFH-II sowie EFH-III) erfolgt jeweils über einen Trinkwarmwasserspeicher, der über einen internen Wärmeübertrager beladen wird. Bei den Mehrfamilienhäusern (MFH-0 und MFH-I) wird das Warmwasser mittels Durchlauferhitzer (je Wohneinheit) zur Verfügung gestellt. Dieser wird hier nicht weiter berücksichtigt (Kapitel 1.3).

Die eingesetzte Brennstoffenergie ermittelt sich aus der am Trinkwarmwasserspeicher bzw. an der Übergabestelle in das Wärmeverteilnetz der Gebäude bereitgestellten Wärme sowie dem Nutzungsgrad des gesamten Wärmeerzeugungssystems. Die Verluste des Trinkwarmwasserspeichers sowie der geringere Kesselnutzungsgrad der Trinkwarmwasserbereitung während der heizungsfreien Sommermonate werden berücksichtigt. Speziell bei Gebäuden mit einem spezifisch niedrigen Heizwärmebedarf (z. B. EFH-0 und EFH-I) kann dadurch der jahresmittlere Systemnutzungsgrad deutlich unter dem Kesselnutzungsgrad liegen.

Zusätzlich wird für die mit Pellets befeuerten Systeme EFH-I, EFH-II und EFH-III sowie für das System MFH-0 und MFH-I mit Holzpellets und Waldhackgut als Brennstoff eine solarthermische Unterstützung der Wärmebereitung mit den in Kapitel 4.3.1 definierten Solarsystemen untersucht. Hierbei handelt es sich beim EFH-III um eine solarthermische Anlage zur ausschließlichen Unterstützung der Trinkwarmwasserbereitung und beim EFH-I und EFH-II sowie beim MFH-0 und MFH-I um solarthermische Anlagen zur Unterstützung der Trinkwarmwasser- und Raumwärmebereitung. Die Systemkomponenten der Biomasseanlagen ändern sich mit Ausnahme jener der Systeme EFH-I und EFH-II sowie MFH-0 und MFH-I dadurch nicht. Bei diesen Systemen wird der Solarspeicher auch vom Biomassekessel als Speicher genutzt; dadurch entfällt der Wärmespeicher des Biomassekessels. Weiterhin werden der Brauchwasserspeicher zur Warmwasserbereitung sowie die raumlufttechnischen Anlagen mit Abluftwärmerückgewinnung auch dem Solarsystem zugerechnet. Durch die solare Unterstützung verringert sich der Brennstoffeinsatz im Vergleich zu den Systemen ohne solare Unterstützung auf rund 24 GJ/a (EFH-I), 49 GJ/a (EFH-II), 143 GJ/a (EFH-III), 132 GJ/a (MFH-0) bzw. 537 GJ/a (MFH-I). Es wird dabei unterstellt, dass sich durch die Einbindung der Solaranlagen die Systemnutzungsgrade der Biomassekessel nicht ändern.

Nahwärmesysteme. Von den in Kapitel 1.3 definierten Nahwärmesystemen werden hier die Systeme NW-I und NW-II untersucht. Für das System NW-I wird eine ausschließliche Wärmebereitstellung mit Sägerestholz und Waldhackgut als Brennstoff und für das System NW-II auch eine kombinierte Wärmebereitstellung von Sägerestholz, Waldhackgut und Heizöl extra leicht betrachtet (Tabelle 9.10). Als Wärmeabnehmer werden die in Kapitel 1.3 definierten Versorgungsaufgaben einer kleintechnischen Wärmeerzeugung (EFH-I, EFH-II, EFH-III und MFH-I) berücksichtigt.

Die technische Konfiguration der Nahwärmesysteme NW-I und NW-II ist ähnlich. Als Brennstoff wird u. a. Waldhackgut mit einem durchschnittlichen Wassergehalt von 33 % eingesetzt. Das Material stammt aus Durchforstungs- und Waldrestholz, das nach einer vorherigen Trocknung im Wald direkt am Anfallort gehackt wird. Zusätzlich wird Sägerestholz aus der holzbe- und -verarbeitenden Industrie mit einem Wassergehalt von 5 % verwendet.

Der Transport zum Heizwerk erfolgt durch landwirtschaftliche Fahrzeuge (ca. 30 km Distanz) bzw. mittels Lastkraftwagen (ca. 100 bis 150 km Distanz), welche das Hackgut in das Brennstofflager mit einer Brennstoffkapazität von 1 bis 2 Monaten kippen. Als Lagerverluste werden für das Hackgut 4 % der Brennstoffenergie unterstellt.

Tabelle 9.10 Kenndaten der untersuchten Biomassenahwärmesysteme für eine kombinierte Wärmebereitstellung aus Sägerestholz und Waldhackgut bzw. Sägerestholz, Waldhackgut und Heizöl extra leicht

		NW-I	NW-II	NW-II-SR/HG/HL
Wärmenachfrage	in GJ/a	8 000	26 000	26 000
Anteil fossiler Energie	in %	0	0	15
Feuerungsanlage				
Brennstoff		Sägerestholz/ Waldhackgut	Sägerestholz/ Waldhackgut	Sägerestholz/Waldhackgut/HL
Heizwert Brennstoff	in GJ/t	17,64[a] / 11,72[b]	17,64[a] / 11,72[b]	17,64[a] / 11,72[b] / 42,7
Kesselfeuerungsleistung	in kW	1 650	4 500	1 800 / 3 000
Leistung Economizer	in kW		500	200
Kesselnutzungsgrad	in %	83	85[c]	85[c] / 92
Systemnutzungsgrad[d]	in %	67	75	75 / 74
Brennstoffeinsatz[e]	in GJ/a	12 175	35 314	30 017 / 5 250
	in t/a	868	2 517	2 140 / 123
Wärmeverteilnetz[f]				
Länge	in m	2 000	6 000	6 000
Vor-/Rücklauftemperatur[g]	in °C	70 / 50	70 / 50	70 / 50
Netznutzungsgrad	in %	85	85	85
Nutzungsgrad Hausstation[h]	in %	95	95	95

SR Sägerestholz, HG Hackgut, HL Heizöl extra leicht; [a] bei einem Wassergehalt von 5 %; [b] bei einem Wassergehalt von 33 %; [c] ohne 7 % Nutzungsgradsteigerung durch Economizer; [d] berücksichtigt neben dem Kesselnutzungsgrad auch Nutzungsgradsteigerung der Feuerung durch Economizer von 85 auf 93 % sowie Nutzungsgrad der Wärmeverteilung und der Hausübergabestationen; [e] einschließlich Lagerverluste bei Hackgut von 4 %; [f] entsprechend Kapitel 1.3; [g] Jahresdurchschnitt; [h] durchschnittlicher Nutzungsgrad (Brauchwasser 0,80 und Raumheizung 0,98)

Die Beschickung des Vorlagebunkers erfolgt bei beiden Systemen per Radlader. Von dort wird das Hackgut mittels hydraulischer Schubstangen (Schubboden) und einer Querförderschnecke in den Biomassekessel gefördert. Die Feuerung ist als bewegter Vorschubrost ausgeführt, wobei die Kesselleistung des Nahwärmesystems NW-II auf zwei Kessel (2 und 2,5 MW) aufgeteilt ist. Die Abgase werden über den Wärmeübertrager (Rauchrohrkessel) und Staubabscheider (NW-I Multizyklon und

NW-II Elektroabscheider) sowie durch einen Abgasventilator hin zum Kamin abgezogen; das System NW-II ist zusätzlich mit einem Economizer zur teilweisen Nutzung der im Abgas enthaltenen Wärme ausgerüstet. Der Feuerungsnutzungsgrad verbessert sich dadurch von 0,85 auf 0,92. Die Entaschung der Kessel erfolgt automatisch. Die Grobasche wird als Dünger an die Landwirtschaft abgegeben und die Zyklon- bzw. Elektroabscheiderasche wird deponiert.

Die Wärmeverteilung erfolgt über Nahwärmenetze (Tabelle 9.10) mit einer durchschnittlichen Vorlauf-/Rücklauftemperatur von 70/50 °C. Die Rohre werden als Kunststoffmantelrohre mit einem Mediumrohr aus Stahl, einer indirekten Netzanbindung und Brauchwasserzwischenspeicher (Nutzungsgrad Heizung 98 % und Warmwasser 80 %) in den versorgten Gebäuden ausgeführt.

Zusätzlich wird für das Nahwärmesystem NW-I eine solarthermische Unterstützung der Wärmebereitstellung (Trinkwarmwasser- und Raumwärmebereitstellung) durch das in Kapitel 4.3.1 definierte Solarsystem NW-I untersucht. Die Systemkomponenten der Biomasseanlage ändern sich dadurch nicht; allerdings verringert sich der Brennstoffeinsatz auf rund 11 430 GJ/a (815 t/a). Auch verändert sich durch die Einbindung der Solaranlage der Systemnutzungsgrad des Biomassekessels nicht.

Um den investitionsintensiven Biomasseanlagenteil möglichst mit einer hohen Volllaststundenzahl – und damit möglichst wirtschaftlich – betreiben zu können, werden Biomasseheizwerke oft mit einem Spitzenlastkessel auf der Basis fossiler Brennstoffe kombiniert. Deshalb wird hier für das Nahwärmesystem NW-II eine kombinierte Wärmebereitstellung durch Sägerestholz, Waldhackgut und Heizöl extra leicht (NW-II-SR/HG/HL) untersucht (Tabelle 9.10). Der Anteil der Biomasse am Gesamtwärmeabsatz liegt bei ca. 85 % bei einer installierten Leistung des Biomassekessels (einschließlich Economizer) von 40 % der maximalen Leistung des Heizwerks. Die Anlagenkonfiguration ändert sich dadurch nicht; allerdings sinkt aufgrund der geringeren Leistung des Biomasseteils der Platzbedarf und damit reduziert sich die Größe der Gesamtanlage.

9.3.1.2 Ökologische Analyse

Aufbauend auf den zuvor definierten Referenzanlagen werden nachfolgend ausgewählte Umweltkenngrößen einer Wärmebereitstellung aus biogenen Festbrennstoffen im Verlauf des gesamten Lebensweges durchgeführt. Zusätzlich werden weitere Umwelteffekte, die während der Herstellung, dem Normalbetrieb, bei Störfällen und Stilllegung auftreten können, diskutiert.

Lebenszyklusanalyse. Für die diskutierten Referenzsysteme werden im Folgenden die Energie- und Emissionsbilanzen über die gesamte Anlagenlebensdauer einschließlich aller vorgelagerten Prozesse erstellt und diskutiert. Die Emissionsfaktoren der in die Bilanzierung einfließenden direkten Emissionen aus dem Verbrennungsprozess sind u. a. /Bauer 2007/ entnommen. Das bei der Verbrennung der Bioenergieträger freigesetzte Kohlenstoffdioxid (CO_2) geht dabei nicht in die Bilanzierung der Klimawirksamkeit ein, da es – ein nachhaltiger Anbau der Biomasse unterstellt – nicht zusätzlich klimawirksam ist. Es wurde beim Pflanzenwachstum infolge der Photosynthese der Atmosphäre entzogen und damit bei der Verbrennung lediglich wieder in diese freigesetzt; es handelt sich also um einen geschlossenen Kreislauf.

Kleinanlagen. Tabelle 9.11 zeigt die Ergebnisse der Ökobilanzierung für eine Wärmebereitstellung zur Trinkwarmwasser- und Raumwärmebereitstellung für die in Tabelle 9.9 definierten biomassebefeuerten Kleinanlagen. Bezugsgröße ist dabei 1 TJ (1 GWh) bereitgestellte Wärme am Ausgang des Trinkwarmwasserspeichers bzw. an der Schnittstelle zum Wärmeverteilnetz im Gebäude.

Die dargestellten Ergebnisse werden außer von dem Systemnutzungsgrad vor allem von den Aufwendungen für die Bereitstellung der Brennstoffe, der Anlagengröße, dem Verbrauch an Hilfsenergie (elektrischer Strom) sowie, mit Ausnahme der CO_2-Emissionen, den bei der Verbrennung entstehenden brennstoffabhängigen direkten Emissionen bestimmt. Der Einfluss des Verbrauchs an Hilfsenergie (Strom) macht sich besonders bei den beiden Referenzsystemen mit Passivhaus-Standard (EFH-0 und MFH-0) bemerkbar. Hier ist neben der Heizung eine raumlufttechnische Anlage installiert, welche mittels Ventilatoren einen Luftaustausch bewirkt, um die vorhandene Wärme der Abluft zurückzugewinnen.

Tabelle 9.11 Energie- und Emissionsbilanzen einer Wärmebereitstellung für Trinkwarmwasser und Raumheizung aus Holzpellets, Scheitholz und Waldhackgut in Kleinanlagen (Zahlen gerundet)

		EFH-0	EFH-I	EFH-II	EFH-III	EFH-III	MFH-0	MFH-I
Wärmenachfrage	in GJ/a	18,3	32,7	55,7	118,7	118,7	132,1	496,1
Gebäudeheizlast	in kW	1,5	5	8	18	18	20	60
Brennstoff		Pellets	Pellets	Pellets	Pellets	Scheitholz	Pellets	Hackgut
Energie	in GJ_{prim}/TJ[a]	328	190	145	106	123	272	82
SO_2	in kg/TJ	48	31	25	20	24	36	19
NO_x	in kg/TJ	271	241	229	218	267	250	221
CO_2-Äquivalente	in kg/TJ	23 752	14 354	11 382	8 525	10 440	18 672	6 625
SO_2-Äquivalente	in kg/TJ	245	206	191	178	217	217	178
Energie	in GJ_{prim}/GWh[a]	1 181	683	522	381	441	978	294
SO_2	in kg/GWh	172	113	92	73	88	130	67
NO_x	in kg/GWh	976	868	823	784	960	900	794
CO_2-Äquivalente	in kg/GWh	85 505	51 673	40 975	30 691	37 586	67 218	23 851
SO_2-Äquivalente	in kg/GWh	882	742	688	640	782	782	642

[a] primärenergetisch bewerteter kumulierter fossiler Energieaufwand (Verbrauch erschöpflicher Energieträger)

Mit steigender Feuerungswärmeleistung sinken bei vergleichbaren Anlagen (d. h. gleicher Brennstoff) die spezifischen baulichen Aufwendungen sowie der spezifische Hilfsenergieverbrauch und damit auch die entsprechenden Verbräuche erschöpflicher Energieträger sowie die jeweiligen Schadstoffemissionen. Dadurch liegt z. B. der spezifische Verbrauch erschöpflicher Energieträger bei dem mit Pellets befeuerten System EFH-I mit rund 190 GJ pro TJ Nutzwärme fast doppelt so hoch wie beim System EFH-III (106 GJ/TJ). Auch bei den CO_2-Äquivalent-Emissionen sowie den SO_2-Emissionen kann ein ähnlicher Zusammenhang festgestellt werden. Lediglich die NO_x-Emissionen resultieren zum Großteil aus den direkten Emissionen der Verbrennung und zeigen damit nur eine geringe Abhängigkeit von der Feuerungswärmeleistung. Die direkten Emissionen sind dabei von der Art der Feuerung bzw. vom eingesetzten Brennstoff abhängig. Aufgrund der ungünstigeren Verbrennungsbedingungen sind dabei mit Scheitholz befeuerte Kessel durch höhere Emissionen als Pellets- und Hackgutkessel gekennzeichnet /Bauer 2007/.

Aufgrund der im Vergleich zu Pellets geringeren energetischen Aufwendungen für die Bereitstellung von Waldhackgut zeigt hier die mit Waldhackgut befeuerte Anlage einen geringeren Verbrauch erschöpflicher Energieträger sowie geringere Emissionen (Tabelle 9.12).

Tabelle 9.12 Energie- und Emissionsbilanzen einer Bereitstellung von Holzpellets, Scheitholz und Waldhackgut frei Verbraucher (u. a. nach /Stockinger und Obernberger 1998/, /Heinz 2000/; Zahlen gerundet)

Brennstoff		Pellets	Waldhackgut	Scheitholz
Energie	in GJ_{prim}/TJ[a]	48,2	43,8	42,5
SO_2	in kg/TJ	4,6	5,2	4,5
NO_x	in kg/TJ	15,3	18,3	26,3
CO_2-Äquivalente	in kg/TJ	3 046	2 599	2 746
SO_2-Äquivalente	in kg/TJ	15,5	18,2	23,1
Energie	in GJ_{prim}/GWh[a]	174	158	153
SO_2	in kg/GWh	17	19	16
NO_x	in kg/GWh	55	66	95
CO_2-Äquivalente	in kg/GWh	10 965	9 356	9 884
SO_2-Äquivalente	in kg/GWh	56	66	83

[a] primärenergetisch bewerteter kumulierter fossiler Energieaufwand (Verbrauch erschöpflicher Energieträger)

Bei der Herstellung von Pellets sind der höhere Verbrauch erschöpflicher Energieträger sowie die höheren Emissionen vor allem durch die für die Pelletproduktion notwendige elektrische Energie (90 kWh pro Tonne Pellets /Stockinger und Obernberger 1998/) bedingt.

Die Vorteile von mit Waldhackgut befeuerten Anlagen in der Brennstoffbereitstellung werden allerdings durch die höheren baulichen Aufwendungen für Hackgutanlagen (u. a. größeres benötigtes Lagervolumen aufgrund geringerer Schüttdichte) wieder weitgehend ausgeglichen. Abb. 9.48 zeigt exemplarisch anhand der CO_2-Äquivalent-Emissionen die Verteilung der Emissionen auf Bau, Betrieb, Brennstoffbereitstellung und Abriss der Anlagen.

Ähnliche Zusammenhänge lassen sich auch beim Verbrauch erschöpflicher Energieträger sowie bei den SO_2-Emissionen feststellen. Demgegenüber werden die NO_x-Emissionen zu fast 90 % durch den Verbrennungsprozess verursacht.

In Abb. 9.49 ist dies exemplarisch anhand der Verteilung der CO_2-Äquivalent-Emissionen sowie der NO_x-Emissionen auf Bau (Feuerung, Lager- und Heizraum sowie Brauchwasserspeicher), Betrieb (direkte Emissionen und sonstige betriebliche Aufwendungen), Brennstoffbereitstellung und Abriss für die mit Pellets befeuerte Referenzanlage EFH-II dargestellt. Unter "Feuerung" werden dabei sämtliche baulichen Aufwendungen für Heizungskessel, Wärmespeicher, Lageraustrag, Schornstein sowie für Montagematerial zusammengefasst. Sonstige betriebliche Aufwendungen ("Betrieb") repräsentieren die für den Betrieb der Anlagen notwendige elektrische Energie (u. a. Antrieb der Förderschnecken, Gebläse für Verbrennungsluft) sowie in einem sehr geringen Ausmaß die Aufwendungen für Wartung und Instandhaltung der Anlage. Die direkten Emissionen der dargestellten CO_2-Äquivalent-Emissionen stammen aus den Freisetzungen von Methan und Distickstoffoxid (N_2O, Lachgas) während des Verbrennungsvorgangs.

Werden Biomassesysteme mit einer solarthermischen Wärmebereitstellung kombiniert, kann dadurch Brennstoff eingespart werden. Aber für den Bau und den Betrieb der Solaranlage sind zusätzliche energetische und materielle Aufwendungen erforderlich. Deshalb wird anhand einer solarunterstützten Raumwärme- und Trinkwarmwasserbereitung der Systeme EFH-I, EFH-II (Pellets), MFH-0 und MFH-I (Pellets und Waldhackgut) und einer solarunterstützten Trinkwarmwasserbereitung des Systems EFH-III (Pellets) untersucht, wie sich die Integration einer Solaranlage in eine Biomassefeuerung auf die in Tabelle 9.11 dargestellten Ergebnisse auswirkt (Tabelle 9.13).

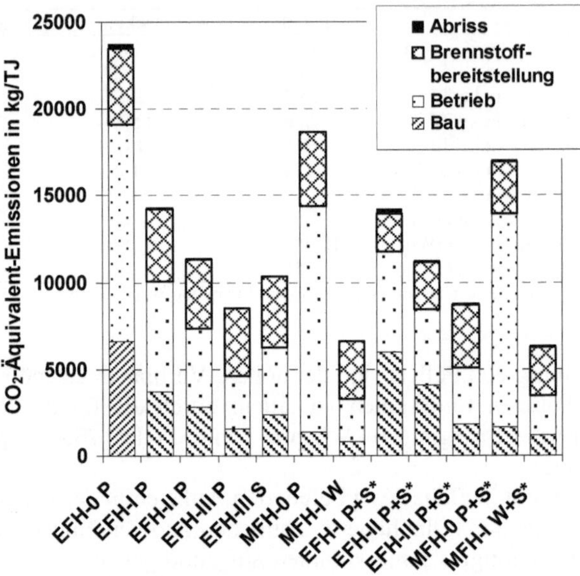

Abb. 9.48 Aufteilung der CO_2-Äquivalent-Emissionen auf Bau, Betrieb und Abriss der in Tabelle 9.11 und Tabelle 9.13 dargestellten Bilanzergebnisse (P Pellets, S Scheitholz, W Waldhackgut, * solarunterstützte Systeme)

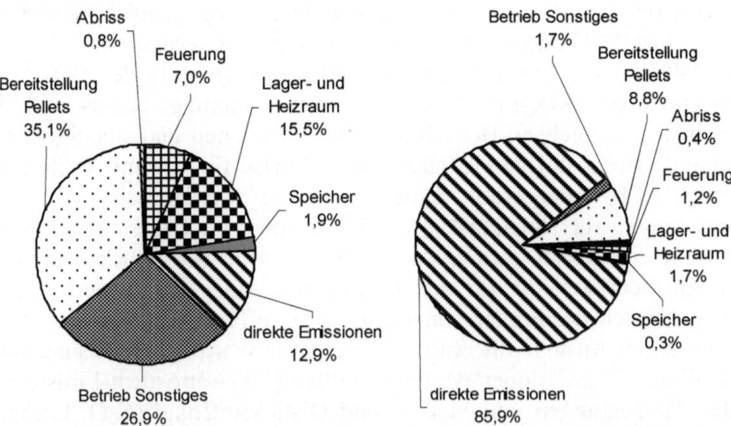

Abb. 9.49 Aufteilung der CO_2-Äquivalent-Emissionen (links) und NO_x-Emissionen (rechts) einer Wärmebereitstellung mittels Pelletfeuerung für das Referenzsystem EFH-II (3 bis 9 kW Kesselfeuerungswärmeleistung, Tabelle 9.11)

Tabelle 9.13 Energie- und Emissionsbilanzen einer solarunterstützten Wärmebereitstellung für Trinkwarmwasser und Raumheizung aus Holzpellets und Waldhackgut in Kleinanlagen (Zahlen gerundet)

		EFH-I	EFH-II	EFH-III	MFH-0	MFH-I
Wärmenachfrage	in GJ/a	32,7	55,7	118,7	132,1	496,1
Gebäudeheizlast	in kW	5	8	18	20	60
Brennstoff		Pellets	Pellets	Pellets	Pellets	Waldhackgut
Energie	in GJ_{prim}/TJ^a	206	156	111	253	81
SO_2	in kg/TJ	48	35	23	34	21
NO_x	in kg/TJ	150	165	207	184	188
CO_2-Äquivalente	in kg/TJ	14 198	11 265	8 754	17 023	6 311
SO_2-Äquivalente	in kg/TJ	159	156	173	167	157
Energie	in GJ_{prim}/GWh^a	743	560	401	910	292
SO_2	in kg/GWh	172	125	81	121	74
NO_x	in kg/GWh	539	593	746	662	676
CO_2-Äquivalente	in kg/GWh	51 114	40 555	31 514	61 284	22 721
SO_2-Äquivalente	in kg/GWh	574	560	622	602	564

[a] primärenergetisch bewerteter kumulierter fossiler Energieaufwand (Verbrauch erschöpflicher Energieträger)

Demnach steigen durch die Integration einer Solaranlage in ein mit Pellets oder Waldhackgut befeuertes Heizungssystem der Verbrauch erschöpflicher Energieträger sowie die SO_2-Emissionen an, wenn der Verbrauch erschöpflicher Energieträger bzw. die Emissionen aus den eingesparten variablen, mit dem Betrieb einhergehenden Aufwendungen der Biomassefeuerung (d. h. direkte Emissionen sowie Aufwendungen zur Bereitstellung des Brennstoffs und der Hilfsenergie) geringer sind als die entsprechenden Aufwendungen für Bau, Betrieb und Abriss der Solaranlage. Die CO_2-Äquivalent-Emissionen verringern sich durch die Integration der Solaranlage in das jeweilige System minimal. Hier heben sich die zusätzlichen Aufwendungen für Bau, Betrieb und Abriss der Solaranlage mit den Einsparungen aus der Reduktion der benötigten Brennstoffmenge nahezu auf.

Bei den NO_x-Emissionen z. B. des Systems EFH-II liegen die variablen, betriebsbedingten Emissionen des mit Pellets befeuerten Biomassesystems bei ca. 229 kg/TJ; die entsprechenden Emissionen des Solarsystems bewegen sich hingegen bei 165 kg/TJ. Damit kommt es hier zu einer Reduktion der Emissionen durch die Integration einer Solaranlage in das System EFH-II (Pellets), da bei den NO_x-Emissionen die direkten Emissionsanteile aus der Verbrennung überwiegen.

Abb. 9.48 zeigt zusätzlich die Zusammenhänge anhand der Aufteilung der CO_2-Äquivalent-Emissionen auf Bau, Betrieb, Brennstoffbereitstellung und Abriss für die in Tabelle 9.13 dargestellten Ergebnisse einer solarunterstützten Wärmebereitstellung. Während der Anteil von Betrieb und Brennstoffbereitstellung am Gesamtergebnis in Abhängigkeit vom solaren Deckungsgrad zurückgeht, steigt der Anteil der baulichen Aufwendungen wiederum in Abhängigkeit vom solaren Deckungsgrad – und damit von der relativen Größe der Solaranlage. Insgesamt sind die Unterschiede zwischen den Systemen mit bzw. ohne solarthermische Unterstützung allerdings gering.

Nahwärmesysteme. Auch für die in Tabelle 9.10 definierten Nahwärmesysteme werden die Energie- und Emissionsbilanzen erstellt und diskutiert. Bezugsgröße ist ebenfalls 1 TJ (1 GWh) bereitgestellte Wärme an einer 5, 8, 18 und 60 kW-Hausübergabestation (d. h. der Schnittstelle von Haus- und Wärmeverteilsystem). Die Raumwärme- bzw. Trinkwarmwassernachfrage dieser Abnehmer entspricht dabei den in

Kapitel 1.3 definierten Versorgungsaufgaben einer kleintechnischen Wärmeerzeugung (EFH-I, EFH-II, EFH-III und MFH-I). Die Verluste des Nahwärmenetzes werden ebenso wie die Verluste der Übergabestationen bzw. der Trinkwarmwasserspeicher innerhalb der versorgten Gebäude berücksichtigt. Die baulichen und energetischen Aufwendungen für das Heizwerk bzw. Nahwärmenetz werden dem jeweiligen Abnehmer entsprechend dem jeweiligen Anteil am gesamten Wärmeverbrauch aller angeschlossenen Abnehmer angerechnet. Die Aufwendungen für den Hausanschluss (u. a. Übergabestation, Hauszentrale, Brauchwasserzwischenspeicher, Stromverbrauch der Regelungseinheit) werden hingegen dem jeweiligen Abnehmer angelastet. Tabelle 9.14 zeigt die entsprechenden Ergebnisse für eine ausschließliche Wärmebereitstellung aus Sägerestholz und Waldhackgut.

Tabelle 9.14 Energie- und Emissionsbilanzen einer Wärmeerzeugung aus Sägerestholz und Waldhackgut in Heizwerken sowie Wärmeverteilung mit Nahwärmenetzen (Zahlen gerundet)

		NW-I				NW-II			
Wärmenachfr.	GJ/a[a]	8 000				26 000			
Vers.aufgabe		EFH-I	EFH-II	EFH-III	MFH-I	EFH-I	EFH-II	EFH-III	MFH-I
Wärmenachfr.	GJ/a[b]	32,7	55,7	118,7	496,1	32,7	55,7	118,7	496,1
Energie	GJ_{prim}/TJ[c]	161	147	137	134	157	144	134	130
SO_2	kg/TJ	38	35	33	32	36	33	31	30
NO_x	kg/TJ	217	209	203	204	196	189	184	184
CO_2-Äquival.	kg/TJ	11 617	10 760	10 114	9 935	11 223	10 376	9 737	9 556
SO_2-Äquival.	kg/TJ	196	187	181	181	179	171	165	164
Energie	GJ_{prim}/GWh[c]	580	531	494	482	566	518	481	469
SO_2	kg/GWh	136	125	117	116	129	118	110	109
NO_x	kg/GWh	780	753	732	734	705	680	661	662
CO_2-Äquival.	kg/GWh	41 820	38 737	36 409	35 767	40 402	37 355	35 054	34 402
SO_2-Äquival.	kg/GWh	706	675	651	651	644	615	593	592

Vers.aufgabe Versorgungsaufgabe, Wärmenachfr. Wärmenachfrage, Äquival. Äquivalente; [a] Gesamtwärmenachfrage ohne Verluste des Wärmeverteilnetzes sowie der Hausübergabestation/Trinkwarmwasser-zwischenspeicher; [b] ohne Verluste der Hausübergabestation/Trinkwarmwasserzwischenspeicher; [c] primärenergetisch bewerteter kumulierter fossiler Energieaufwand (Verbrauch erschöpflicher Energieträger)

Ähnlich den biomassebefeuerten Kleinanlagen werden auch die Bilanzergebnisse einer Wärmeerzeugung mit Nahwärmesystemen neben dem Systemnutzungsgrad vor allem durch die baulichen Aufwendungen für das Heizwerk (u. a. Gebäude, Kessel), das Nahwärmenetz und die Hausstationen, von den Aufwendungen für die Bereitstellung der Brennstoffe und der für den Betrieb der Anlagen benötigten Hilfsenergie (primär: elektrische Energie, Dieselkraftstoff) sowie, mit Ausnahme der CO_2-Emissionen, von den bei der Verbrennung entstehenden, brennstoffabhängigen direkten Stofffreisetzungen bestimmt (Abb. 9.50).

Während die spezifischen baulichen Aufwendungen für das Heizwerk i. Allg. mit zunehmender Anlagengröße abnehmen, ist dies für das Wärmeverteilnetz nicht notwendigerweise der Fall. Bei ähnlicher Netzbelegung (Kilowatt Anschlussleistung pro Meter Nahwärmenetz) können für jeden Abnehmer mit zunehmender Übertragungsleistung die spezifischen Aufwendungen für das Netz, da dieses zur Versorgung einer größeren Zahl angeschlossener Verbraucher ggf. größer dimensioniert werden muss, auch ansteigen. Dadurch können – wie im vorliegenden Fall – die baulichen Aufwendungen für das Wärmeverteilsystem mit zunehmender installierter thermischer Leistung ansteigen. Abb. 9.50 zeigt dies exemplarisch anhand der Aufteilung der CO_2-

Äquivalent-Emissionen auf Bau, Betrieb, Brennstoffbereitstellung und Abriss der in Tabelle 9.14 dargestellten Bilanzergebnisse.

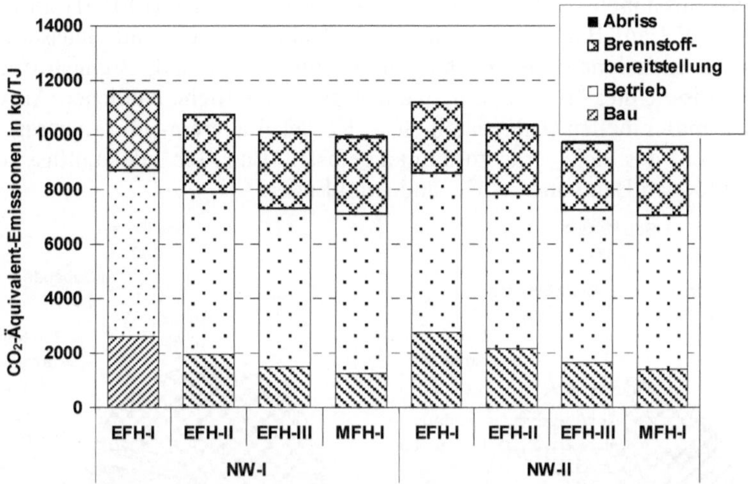

Abb. 9.50 Aufteilung der CO_2-Äquivalent-Emissionen auf Bau, Betrieb, Brennstoffbereitstellung und Abriss der in Tabelle 9.14 dargestellten Bilanzergebnisse

Die aus dem Betrieb der Anlagen stammenden CO_2-Äquivalent-Emissionen (52 bis 59 % der Gesamtemissionen) werden dabei zu etwa 50 % durch den Verbrauch an elektrischer Energie für z. B. Umwälzpumpen oder Abgasgebläse (30 kWh pro in das Wärmenetz abgegebener MWh Wärme), zu rund 40 % durch die direkten Emissionen von N_2O (Distickstoffoxid, Lachgas) und CH_4 (Methan) aus der eigentlichen Verbrennung sowie zu ca. 10 % durch dem Verbrauch an Dieselkraftstoff (u. a. Radlader) bestimmt. Das Nahwärmesystem NW-II ist hier aufgrund des höheren Systemnutzungsgrads durch einen etwas geringeren Verbrauch erschöpflicher Energieträger sowie geringere Emissionen im Vergleich zum Nahwärmesystem NW-I gekennzeichnet. Dieser höhere Systemnutzungsgrad führt auch dazu, dass der Anteil der Brennstoffbereitstellung (22 bis 26 % der Gesamtemissionen) an den gesamten CO_2-Äquivalent-Emissionen beim System NW-II etwas geringer ist. Dadurch gleichen sich die im Vergleich zum System NW-I höheren CO_2-Äquivalent-Emissionen aus dem Bau der Anlage wieder aus. Insgesamt ergeben sich damit praktisch keine Unterschiede zwischen den beiden untersuchten Nahwärmesystemen, zumal Abriss und Entsorgung beider Systeme nur vernachlässigbar zu den Gesamtergebnissen beitragen. Die Unterschiede innerhalb eines Nahwärmesystems ergeben sich primär durch die unterschiedlichen Anteile von Trinkwarmwasser und Raumwärme am Gesamtwärmeverbrauch (bei differenzierenden Nutzungsgraden der Trinkwarmwasser- und Raumwärmebereitung von 80 bzw. 98 %) und vor allem aber durch die von der Abnahmeleistung abhängigen spezifischen energetischen und materiellen Aufwendungen für Bau, Betrieb und Abriss der Hausanschlüsse.

Auch bei den dargestellten Verbräuchen erschöpflicher Energieträger zeigen sich ähnliche Zusammenhänge wie bei den CO_2-Äquivalent-Emissionen. Demgegenüber werden die NO_x-Emissionen überwiegend (rund 80 %) durch die bei der Verbrennung freiwerdenden direkten Emissionen und nur zu einem geringen Teil durch die Bereitstellung der Brennstoffe (ca. 10 %) bzw. den Bau der Systemkomponenten sowie den sonstigen betrieblichen Aufwendungen (ca. 10 %) verursacht. Abb. 9.51 zeigt dazu die Aufteilung der spezifischen CO_2-Äquivalent-Emissionen (links) und der spezifischen NO_x-Emissionen (rechts) eines 8 kW-Hausanschlusses (EFH-II) an die Referenzanlage NW-I auf Bau (Kessel, Heizwerk, Nahwärmenetz und Hausstation), Betrieb (direkte Emissionen, elektrische Energie und Sonstiges), Brennstoffbereitstellung und Abriss. Unter "Bau Kessel" werden dabei sämtliche baulichen Aufwendungen für den maschinellen Anlagenteil (u. a. Kessel, Lagerein- und -austrag, Kesselhausinstallation) des Heizwerks zusammengefasst. "Bau Gebäude" umfasst die Aufwendungen für den Bau von u. a. Gebäude und Lager.

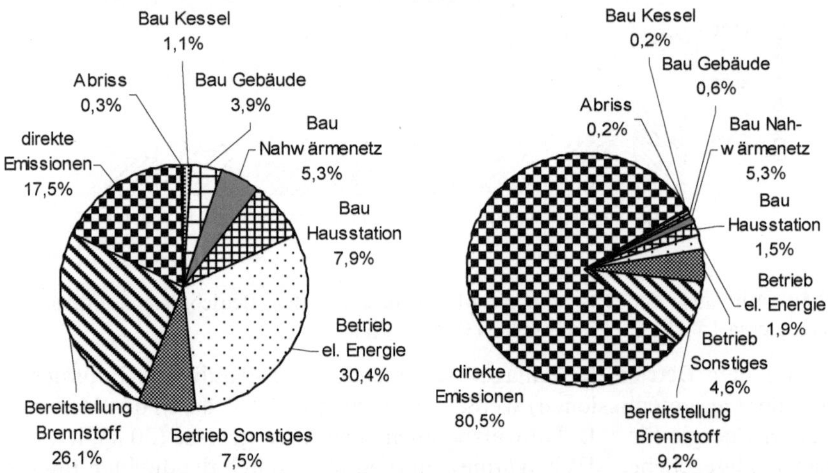

Abb. 9.51 Aufteilung der CO_2-Äquivalent-Emissionen (links) und NO_x-Emissionen (rechts) einer Wärmebereitstellung aus Sägerestholz und Waldhackgut für das Referenzsystem NW-I für die Deckung der Versorgungsaufgabe EFH-II (8 kW Anschlussleistung)

Auch bei den SO_2-Emissionen dominieren – wenngleich schwächer – die direkten Emissionen mit etwa 40 % die Gesamtemissionen. Die weiteren Anteile resultieren zu ca. 25 % aus dem Bau der Anlage, zu rund 10 % aus der Bereitstellung der Brennstoffe sowie zu etwa 25 % aus den sonstigen betrieblichen Aufwendungen.

Neben einer ausschließlichen Wärmebereitstellung aus Sägerestholz und Waldhackgut können biomassebefeuerte Nahwärmesysteme auch mit anderen Brennstoffen kombiniert (z. B. Heizöl extra leicht zur Spitzenlastabdeckung) sowie solar unterstützt betrieben werden. Tabelle 9.15 zeigt die entsprechenden Ergebnisse der Ökobilanzierung für eine solarunterstützte Wärmebereitstellung des Nahwärmesystems NW-I-SR/HG/Sol (SR Sägerestholz, HG Waldhackgut, Sol Solar solar unterstützt). Im Vergleich zu einer ausschließlichen Wärmebereitstellung aus Sägerestholz und Waldhackgut (Tabelle 9.14) kommt es bei der solarunterstützten Wärmebereitstellung demnach mit Ausnahme der CO_2-Äquivalent-, SO_2-Äquivalent- und NO_x-Emissionen zu einer Erhöhung der untersuchten Bilanzgrößen. Dies ist dann der Fall, wenn der Verbrauch erschöpflicher Energieträger bzw. die Emissionen aus den eingesparten variablen Aufwendungen der Biomassefeuerung (direkte Emissionen sowie Bereitstellung von Brennstoff und Hilfsenergie) geringer als die entsprechenden Aufwendungen für Bau, Betrieb und Abriss der Solaranlage sind. Demgegenüber werden die CO_2-Äquivalent-, SO_2-Äquivalent- und NO_x-Emissionen durch die Einbindung der solaren Unterstützung vermindert. Absolut gesehen fallen die Veränderungen jedoch gering aus.

Tabelle 9.15 Energie- und Emissionsbilanzen einer solarunterstützten Wärmeerzeugung (Sol) aus Sägerestholz (SR) und Waldhackgut (HG) (NW-I-SR/HG/Sol) bzw. Sägerestholz (SR), Waldhackgut (HG) und Heizöl extra leicht (HL) (NW-II-SR/HG/HL) sowie Wärmeverteilung mit Nahwärmenetzen (Zahlen gerundet)

		NW-I-SR/HG/Sol	NW-I-SR/HG/Sol	NW-I-SR/HG/Sol	NW-I-SR/HG/Sol	NW-II-SR/HG/HL	NW-II-SR/HG/HL	NW-II-SR/HG/HL	NW-II-SR/HG/HL
Wärmenachfrage	GJ/a[a]	8000	8000	8000	8000	26000	26000	26000	26000
Vers.-aufgabe		EFH-I	EFH-II	EFH-III	MFH-I	EFH-I	EFH-II	EFH-III	MFH-I
Wärmenachfrage	GJ/a[b]	32,7	55,7	118,7	496,1	32,7	55,7	118,7	496,1
Energie	GJ_{prim}/TJ[c]	162	148	138	135	396	374	359	357
SO_2	kg/TJ	39	36	33	33	74	70	67	67
NO_x	kg/TJ	202	194	189	189	184	177	172	172
CO_2-Äquivalente	kg/TJ	11 511	10 657	10 012	9 833	29 153	27 664	26 684	26 627
SO_2-Äquivalente	kg/TJ	186	178	172	171	210	200	194	194
Energie	GJ_{prim}/GWh[c]	583	534	497	485	1426	1 346	1 293	1 287
SO_2	kg/GWh	139	128	120	119	268	253	242	241
NO_x	kg/GWh	726	700	680	682	663	636	618	619
CO_2-Äquivalente	kg/GWh	41 439	38 365	36 044	35 400	104 951	99 591	96 063	95 858
SO_2-Äquivalente	kg/GWh	670	640	618	617	756	721	697	697

Vers.-aufgabe Versorgungsaufgabe; Sol Solar; HG Hackgut; SR Sägerestholz; [a] Gesamtwärmenachfrage ohne Verluste des Wärmeverteilnetzes sowie der Hausübergabestation/Trinkwarmwasserzwischenspeicher; [b] ohne Verluste der Hausübergabestation/Trinkwarmwasserzwischenspeicher; [c] primärenergetisch bewerteter kumulierter fossiler Energieaufwand (Verbrauch erschöpflicher Energieträger)

Ebenfalls dargestellt ist in Tabelle 9.15 die Kombination des mit Sägerestholz sowie mit Hackgut befeuerten Nahwärmesystems NW-II mit einem heizölbefeuerten Spitzenlastkessel (Nahwärmenetz NW-II-SR/HG/HL). Dabei werden 15 % der Jahresarbeit durch den Spitzenlastkessel abgedeckt. Dadurch kann der investitionsintensivere Biomassekessel kleiner dimensioniert und mit höheren Volllaststunden ausgenutzt werden; die Anlage wird dadurch insgesamt kostengünstiger (Tabelle 9.18 bzw. Tabelle 9.19). Aus ökologischer Sicht sind die daraus resultierenden möglichen baulichen Einsparungen aber nur gering. Allerdings kommt es aufgrund der Unterschiede in den Emissionswerten von sägerestholz-, hackgut- und heizölbefeuerten Anlagen (direkte Emissionen, u. a. /Bauer 2007/) zu einem Anstieg der CO_2-Äquivalent- und der SO_2- sowie zu einer Verringerung der NO_x-Emissionen. Durch den Einsatz des fossilen Energieträgers Heizöl extra leicht erhöht sich vor allem der Verbrauch erschöpflicher Energieträger und der CO_2-Äquivalent-Emissionen.

Abb. 9.52 zeigt exemplarisch die Aufteilung der Emissionen eines mit Sägerestholz und Waldhackgut befeuerten Biomassenahwärmesystems mit Spitzenlastabdeckung durch Heizöl extra leicht anhand der Aufteilung der CO_2-Äquivalent- und NO_x-Emissionen eines 8 kW Hausanschlusses (EFH-II) auf Bau (Heizwerk, Nahwärmenetz und Hausstation), Betrieb (elektrische Energie, direkte Emissionen aus Sägerestholz-, Hackgut- und Heizölverbrennung sowie sonstige betriebliche Emissionen), Brennstoffbereitstellung (Sägerestholz, Hackgut und Heizöl extra leicht) und Abriss.

Die CO_2-Äquivalent-Emissionen werden durch die direkten Emissionen aus der Heizölverbrennung dominiert (fast 58 %). Des Weiteren haben die für den Betrieb notwendige elektrische Energie sowie die Bereitstellung des Heizöls relevante Anteile. Nach der Bereitstellung des biogenen Brennstoffs sind noch die direkten Emissionen aus dessen Verbrennung mit ca. 5 % an den Gesamtemissionen beteiligt. Auch der Verbrauch erschöpflicher Energieträger zeigt ähnliche Zusammenhänge wie die

Verteilung der CO_2-Äquivalent-Emissionen. Demgegenüber dominiert bei den NO_x- (über 70 %) sowie bei den SO_2-Emissionen der Anteil der direkten Emissionen aus der Sägerestholz- bzw. Hackgut- sowie Heizölverbrennung.

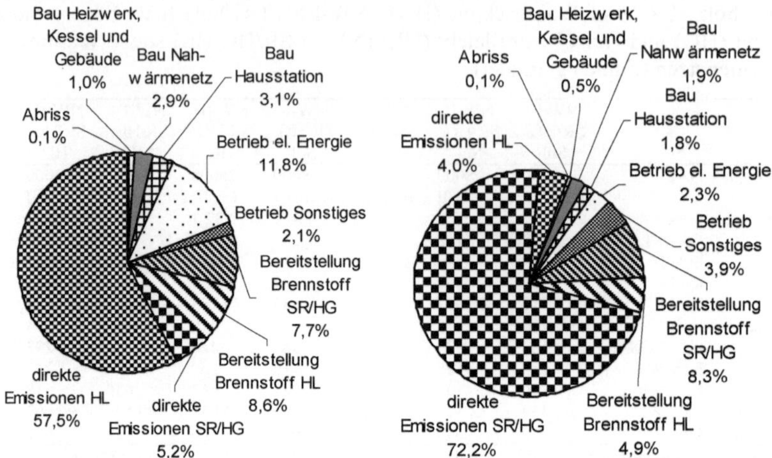

Abb. 9.52 Aufteilung der CO_2-Äquivalent-Emissionen (links) und NO_x-Emissionen (rechts) einer Wärmebereitstellung aus Sägerestholz, Waldhackgut und Heizöl extra leicht für das Referenzsystem NW-II-SR/HG/HL (jeweils Versorgungsaufgabe EFH-II mit 8 kW Anschlussleistung, SR Sägerestholz, HG Hackgut, HL Heizöl extra leicht)

Weitere Umwelteffekte. Die energetische Nutzung fester Bioenergieträger zur Energiebereitstellung ist neben den im Rahmen der Lebensweganalysen diskutierten Umwelteffekten durch eine Reihe weiterer Wirkungen auf die Umwelt gekennzeichnet. Derartige weitere Umwelteffekte können bei allen Bereitstellungsoptionen (d. h. Wärmebereitstellung, gekoppelte Strom- und Wärmebereitstellung, Biokraftstofferzeugung) auftreten (allgemeine Umwelteffekte). Nach einer Darstellung dieser Umwelteffekte werden die weiteren Umwelteffekte einer Wärmebereitstellung aus festen Bioenergieträgern unterteilt nach Herstellung, Normalbetrieb, Störfall und Stilllegung aufgezeigt.

Biomassebereitstellung. Im Laufe der Bereitstellungskette des Biomasserohstoffes können eine Vielzahl unterschiedlichster Umwelteffekte auftreten, welche für alle untersuchten Biomassebereitstellungsketten gelten. Sie werden nachfolgend diskutiert.

Bodenerosion. Unter Bodenerosion wird die Bewegung von Bodenmassen entlang der Erdoberfläche verstanden. Dabei kann zwischen einem Transport durch Wind und durch Wasser unterschieden werden. Da eine Winderosion vorwiegend auf offenen Ackerflächen auftritt, kann diese in Hinblick auf eine Biomasseproduktion vernachlässigt werden. Demgegenüber wird eine Bodenerosion durch Wasser außer durch die Anzahl an Starkregenereignissen vorwiegend durch die Vegetationsdecke bestimmt. Deshalb kann es besonders bei ackerbaulicher Nutzung zu deutlichen Erosionsschäden kommen /Hartmann und Kaltschmitt 2002/.

Bodenverdichtung. Die mit dem Anbau von Biomasse einhergehenden produktionsbedingten Maßnahmen wie Bestandsetablierung, Pflege und Ernte können eine erhöhte Bodenverdichtung bedingen. Diese kann zu einem geringeren Bodenluftgehalt, einer geringeren Luftdurchlässigkeit und einer verringerten Durchwurzelbarkeit des Bodens führen. Da der Energiepflanzenbau im Vergleich zum Futtermittel- und Nahrungsmittelanbau tendenziell extensiver realisiert wird, ist eine speziell durch Energiepflanzen verursachte Bodenverdichtung i. Allg. vernachlässigbar /Hartmann und Kaltschmitt 2002/. Tritt jedoch ein vermehrter Transport auf Grund einer verstärkten Biomassenutzung und eine erhöhte mechanische Beanspruchung des Bodens durch weitere Verfahrensschritte bei der Biomasseernte auf, kann sich dies negativ auf den Acker- und Waldboden auswirken /Hartmann und Kaltschmitt 2002/.

Beanspruchung der Verkehrswege. Durch eine energetische Biomassenutzung kann sich das Verkehrsaufkommen erhöhen. Dadurch können vermehrte Stillstandszeiten, höhere Straßenneubauten und Zeitverluste im Verkehrsablauf hervorgerufen werden. Und dies wiederum hat einen erhöhten Ressourcenverbrauch zur Folge /Hartmann und Kaltschmitt 2002/.

Sonstige Umwelteffekte. Bei der Bereitstellung von Energiepflanzen können sich Problembereiche durch den Einsatz von Dünge- und Pflanzenschutzmitteln ergeben. Diese Einwirkungen unterscheiden sich i. Allg. jedoch nicht von jenen der konventionellen Landwirtschaft. In Einzelfällen können diese sogar reduziert werden, da bei einem Energiepflanzenanbau z. B. ein höherer Krankheitsbefall toleriert werden kann und somit der Einsatz von Pflanzenschutzmitteln verringert werden kann. Auf Grund der bei Energiepflanzen meist hohen Toleranz gegenüber Unkräutern, Ungräsern und Krankheiten sowie der im Vergleich zu einem intensiven Nahrungs- und Futtermittelanbau i. Allg. höheren Biodiversität (d. h. eine hohe Artenanzahl, ein hohes Artenspektrum und ein hohe Vielfalt des Lebensraums) sind Energiepflanzen in vielen Fällen positiver im Vergleich zu konventionellen Nahrungs- und Futterpflanzen zu bewerten.

Der Wasserbedarf einer Kulturart beeinflusst die Ausschöpfung des Wasservorrates im Boden. Kurzumtriebshölzer und Raps haben den höchsten und Zuckerhirse den geringsten auf die Produktivität bezogenen Wasserverbrauch (/Hartmann und Kaltschmitt 2002/). Damit sind Energiepflanzen nicht a priori schlechter zu bewerten im Vergleich zu Nahrungs- oder Futtermittelpflanzen.

Herstellung. Energietechnische Anlagen zur Wärmebereitstellung aus fester Biomasse werden konventionell in Industriebetrieben des klassischen Maschinenbaus hergestellt. Die Produktion dieser Anlagen ist mit branchentypischen Umwelteffekten verbunden, die auf Grund der langjährigen Erfahrung in diesem Industriebereich und der sehr weitgehenden gesetzlichen Umweltschutzvorgaben als vergleichsweise gering einzuschätzen sind. Auch das Störfallrisiko ist aufgrund der meist nur kleinen Einheiten i. Allg. gering.

Normalbetrieb. Im Normalbetrieb biogener Wärmeerzeugungsanlagen können die folgenden Umwelteffekte auftreten /Hartmann und Kaltschmitt 2002/.

Staubemissionen bei der Aufbereitung. Die Aufbereitung der Biomasse erfolgt meist direkt nach der Ernte bzw. Verfügbarmachung des Rohstoffs. Dazu werden die Brennstoffe oft durch Zerkleinerung und nachfolgende Verdichtung in einfach handhabbare Formen überführt. Sowohl bei derartigen Umformungsvorgängen als auch bei Beladungs- und Beschickungsvorgängen entstehen Emissionen, die ggf. toxikologisch relevant sein können. Sie lassen sich aber durch entsprechende Filtersysteme grundsätzlich vermindern.

Lagerrisiken. Eine Lagerung fester Biomassebrennstoffe kann mit Masseverlusten verbunden sein. Außerdem kann es zu Stofffreisetzungen in Form luftgetragener Emissionen und belasteter Wässer kommen. Weiterhin besteht die Gefahr der Selbstentzündung. Nachfolgend werden wesentliche umweltrelevante Lagerrisiken diskutiert.

- Pilzbefall. Insbesondere bei sehr feuchter und i. Allg. nur sehr eingeschränkt lagerfähiger Biomasse besteht die Gefahr der Pilzbildung. Dadurch können Pilzsporen gebildet werden, die dann beim Umgang mit den Biobrennstoffen freigesetzt werden. Sie können in die Atemwege der mit derartigen Umschlagarbeiten betrauten Fachkräfte eindringen und dadurch Allergien auslösen oder Mycosen hervorrufen. Deshalb sollte Biomasse, bei der die Gefahr der Pilzsporenfreisetzung bestehen könnte, in größerer Entfernung zu Wohneinheiten gelagert werden. Außerdem sollten die damit befassten Personen Atemschutzmasken tragen. Auch sollte durch eine geeignete Wahl der Fördereinrichtungen die Sporen- und Staubfreisetzung begrenzt werden.
- Verluste in Lager. Bei einem entsprechend hohen Wassergehalt können durch mikrobielle Umsetzungsprozesse Brennstoffverluste während der Lagerung auftreten. Der verlorene Brennstoff steht somit nicht mehr zur Substitution von fossiler Energie zur Verfügung und lässt den Nettoertrag der Biomasse schrumpfen.
- Brandgefahr und Selbstentzündungsrisiko. Bei Biomassebrennstoffen kann unter bestimmten Bedingungen infolge biologischer Abbauprozesse Wärme entstehen, welche – wird eine natürliche Konvektion behindert – zu einer Selbstentzündung mit allen damit verbundenen unerwünschten Umweltauswirkungen führen kann. Deshalb müssen bei der Lagerung Bedingungen, die eine Selbstentzündung ermöglichen, sicher vermieden werden. Neben der Selbstentzündung stellt auch die Fremdentzündung eine Gefahr für die Umwelt dar. Als leicht entzündlich gelten Brennstoffe, welche einen niedrigen Wassergehalt und ein großes Oberflächen-Volumen-Verhältnis aufweisen. Dies trifft auch auf einige Biomassebrennstoffe zu. Erreicht beispielsweise Holzstaub ein kritisches Mischungsverhältnis mit der Luft, kann eine Verpuffung stattfinden (d. h. Holzstaubexplosion). Deshalb muss sichergestellt werden, dass die Staubkonzentration immer unterkritisch bleibt.
- Sickersäfte. Bei bestimmten gelagerten biogenen Festbrennstoffen (z. B. Hackgut, Rinde) können im Verlauf der Lagerung Sickersäfte entstehen. Um sicherzustellen, dass diese nicht unkontrolliert in die Umwelt gelangen, sollten sie aufgefangen und fachgerecht entsorgt werden.

Kondensatschlämme. Um den Wirkungsgrad einer biomassebefeuerten Verbrennungsanlage zu erhöhen, können auch Brennwertkessel eingesetzt werden. Brennwertanlagen nutzen die bei konventionellen Anlagen ungenutzte Kondensationswärme des Wasserdampfes im Abgas. Dazu wird eine Abgaskondensationsanlage eingesetzt, bei der das anfallende Abwasser (d. h. Kondensat) die Umwelt belasten kann, da sich in dem Kondensat die abgeschiedenen Stäube anreichern. Diese in der Abgaskondensationsanlage abgeschiedenen Feinstäube zeigen einen relativ hohen Schwermetallgehalt, der über den Grenzwerten der Klärschlammverordnung liegen kann und somit eine Entsorgung als Sondermüll erzwingt. Ebenso kann das Kondensat toxikologisch bedenklich sein /Hartmann und Kaltschmitt 2002/. Werden die Kondensatschlämme entsprechend den administrativen Vorgaben ordnungsgemäß deponiert und das Kondensat umweltfreundlich entsorgt, können mögliche negative Auswirkungen auf die Umwelt aber weitgehend minimiert werden.

Schallemissionen. Klassische Verbrennungsanlagen sind – unabhängig von der installierten thermischen Leistung und damit der Anlagengröße – keine Schallquellen. Auf Grund der translatorischen Kolbenbewegung können Motoren – und damit Heizkraftwerke – jedoch relativ große Geräusch- und Schwingungspegel erreichen. Die davon ausgehende Lärmbelastung kann aber – und auch hier gibt es sehr weitgehende gesetzliche Vorgaben zum Lärmschutz – durch eine adäquate Schalldämmung, die Stand der Technik ist, gemindert werden /Obernberger und Hammerschmid 1999/.

Emissionen. Bei der energetischen Nutzung von Biomasse wird nur so viel Kohlenstoffdioxid (CO_2) in die Luft abgegeben, wie zuvor beim Wachstum der Pflanzen aus der Atmosphäre aufgenommen und in der Biomasse gespeichert wurde. Von einer "absoluten" CO_2-Neutralität kann allerdings nicht gesprochen werden, da für den Anbau, die Brennstoffbereitstellung und den Betrieb der Feuerungsanlage Energie benötigt wird, die derzeit hauptsächlich aus fossilen Energieträgern stammt und mit entsprechenden Emissionen u. a. an Kohlenstoffdioxid verbunden sind.

Von den human- und ökotoxischen Emissionen sind neben den bei der vorangegangenen Lebenszyklusanalyse diskutierten Freisetzungen an Schwefeldioxid (SO_2) und Stickstoffoxid (NO_x) vor allem die Emissionen von Produkten einer unvollständigen Verbrennung (u. a. Kohlenstoffmonoxid, Kohlenwasserstoffe), von Chlorverbindungen sowie von Partikeln (d. h. Feinstaubemissionen) von ökologischer Relevanz.

- Produkte aus unvollständiger Verbrennung. Emissionen aus unvollständiger Verbrennung sind z. B. Kohlenstoffmonoxid (CO) und Kohlenwasserstoffe (C_xH_y), die beim Abkühlen der Abgase z. T. auskondensieren können (Teere). Ein weiteres Zwischenprodukt der Verbrennung von Biomasse ist Ruß. Alle diese Produkte der unvollständigen Verbrennung können eine human- und ökotoxische Wirkung haben. Durch eine geeignete Feuerungsführung lassen sich derartige Stoffe jedoch fast vollständig zu CO_2 und H_2O aufoxidieren. Voraussetzung dafür ist eine ausreichend lange Verweilzeit der Abgase bei hohen Temperaturen in der Ausbrandzone, in der eine gute Vermischung mit ausreichend Verbrennungsluft seichergstellt sein muss. Dies ist aber bei modernen Feuerungsanlagen zwischenzeitlich üblich.
- Chlorverbindungen. Emissionen von Chlorverbindungen sind insbesondere bei der Verbrennung von Halmgütern sowie von mit chlorhaltigen Verbindungen belasteten Althölzern relevant. Naturbelassene Holzbrennstoffe weisen demgegenüber vernachlässigbare Chlorgehalte mit entsprechend geringen Chloremissionen bei

einer Verbrennung auf. Chlor kann bei der Verbrennung als Chlorwasserstoff (HCl) oder in Verbindung mit Alkalien, insbesondere mit Kalium als Kaliumchlorid (KCl), freigesetzt werden; dies kann vor allem an den Wärmeübertragerflächen zu verstärkter Korrosion führen. Darüber hinaus kann Chlor auch zur Bildung von Dioxinen (PCDD) und Furanen (PCDF) beitragen. Letztere lassen sich jedoch durch eine geeignete Feuerungsführung weitgehend vermeiden.

- Feinstaub. Als sichtbare Luftverschmutzung und auf Grund der humantoxischen Wirkung sind Partikelemissionen aus Biomassefeuerungen kritisch zu betrachten; dies gilt insbesondere, wenn sie lungengängig sind. Für die Höhe der Feinstaubemissionen ist neben der Feuerungsanlagentechnik, deren Betriebsweise und deren Wartungszustand auch der Aschegehalt im Brennstoff relevant. Feinstäube können sowohl durch Primärmaßnahmen an der Feuerung als auch durch Sekundärmaßnahmen (d. h. Zyklone, Gewebefilter, Elektroabscheider) reduziert werden /Hartmann und Kaltschmitt 2002/. Derartige abgasseitige Maßnahmen sind bei Anlagen im größeren Leistungsbereich aufgrund der gesetzlichen Vorgaben Stand der Technik. Aber auch im Bereich der Kleinfeuerungsanlagen sind erste Filter auf dem Markt.

I. Allg. können die diskutierten Emissionen durch geeignete technische Maßnahmen soweit begrenzt werden, dass die gesetzlich vorgeschriebenen Grenzwerte eingehalten bzw. z. T. auch deutlich unterschritten werden.

Neben klimarelevanten bzw. human- und ökotoxikologisch relevanten Emissionen können bei der Verbrennung biogener Festbrennstoffe auch Gerüche und Wasserdampf entstehen.

- Geruchsemissionen. Gerüche waren lange Zeit typisch z. B. bei Kleinfeuerungsanlagen älterer Bauart mit einem ungenügenden Betriebsmanagement. Sie sind bei modernen ordnungsgemäß betriebenen Anlagen heute selbst beim Anfahren aus dem kalten Zustand kaum mehr zu befürchten. Zu Geruchsemissionen kann es aber auch z. B. bei der Lagerung von feuchtem Holz oder durch das "Harzen" von Nadelholz kommen. Derartige Gerüche können z. B. bei einer Hallenlagerung durch die Installation einer Absaugung mit dem Einsatz eines Biofilters weitgehend vermieden werden.
- Wasserdampfemissionen. Durch den im Vergleich zu fossilen Festbrennstoffen höheren Wasserstoffanteil und Wassergehalt biogener Brennstoffe wird das bei der Verbrennung freigesetzte Wasser insbesondere im Winter am Kamin als Wasserdampfschwade sichtbar und oft fälschlicherweise für schadstoffbelastetes Abgas gehalten. Um dieser Schwadenbildung vorzubeugen, kann beispielsweise eine Abgaskondensationsanlage installiert werden.

Eingriff in die Landschaft. Feuerungsanlagen insbesondere im größeren Leistungsbereich stellen Eingriffe in die Landschaft dar, die das natürliche Landschaftsbild stören können. So können beispielsweise Kesselhäuser von Hackgutheizkraftwerken ein Volumen von 500 bis 700 m^3 einnehmen /FNR 2007c/. Durch eine entsprechende architektonische Gestaltung kann der negative Eindruck einer derartigen Anlage auf den Betrachter aber gemindert werden.

Störfall. Bei einem Störfall kann es zu einer Reihe von Umwelteffekten kommen. Diese werden nachfolgend kurz diskutiert /Hartmann und Kaltschmitt 2002/.

Biomasselogistik. Bei der Verfügbarmachung der biogenen Festbrennstoffe kann es u. a. zu Unfällen mit allen damit verbundenen Umweltauswirkungen kommen. Dieses Störfallpotenzial entspricht aber dem anderer Sektoren unserer Volkswirtschaft und ist bezüglich seiner Umweltrelevanz i. Allg. lokal begrenzt. Außerdem sind – verglichen beispielsweise mit Chemikalientransporten – die potenziellen Gefahren für die Umwelt von untergeordneter Bedeutung.

Unvollständige Verbrennung. Als Folge unvollständiger Verbrennung, wie sie durch eine Betriebsstörung verursacht werden kann, können Staubpartikel, Kohlenstoffmonoxid und Kohlenwasserstoffe in einem z. T. erheblichen Ausmaß emittiert werden. Diese können unerwünschte Effekte auf die natürliche Umwelt haben. Deshalb muss durch eine robuste Anlagensteuerung sichergestellt werden, dass derartige Störungen möglichst weitgehend vermieden werden.

Weitere Stofffreisetzungen. Durch Brände an der Anlage z. B. an den elektrischen Anlagenteilen (Kabel usw.) kann es zu unerwünschten toxischen Stofffreisetzungen an die Umwelt kommen. Derartige Störfälle sind nicht allein spezifisch für Biomasse(heiz)kraftwerke und können bei Einhaltung einschlägiger Verordnungen weitgehend vermieden werden.

Stilllegung. Feuerungsanlagen bestehen aus metallischen und mineralischen Werkstoffen, für die i. Allg. umweltverträgliche Verwertungswege existieren. Ggf. müssen die Werkstoffe besonderen Reinigungsverfahren unterzogen werden, um Ablagerungen zu beseitigen. Diese Abfälle aus der Reinigung können z. T. verwertet oder als Sondermüll entsorgt werden.

9.3.1.3 Ökonomische Analyse

Im Folgenden werden die mit einer Wärmebereitstellung aus festen Bioenergieträgern verbundenen Investitionen und Betriebskosten sowie die spezifischen Wärmegestehungskosten dargestellt und diskutiert.

Vor allem bei Biomassenahwärmesystemen führen Unterschiede in der lokalen Abnehmerstruktur (u. a. Netzbelegung, Volllastbenutzungsstunden) sowie weitere spezifische Einflussgrößen bzw. Gegebenheiten vor Ort zu deutlichen Unterschieden in der Auslegung und damit in der Kostenstruktur der Anlagen. Singngemäß gilt dies – wenn auch in einem eingeschränkteren Ausmaß – auch für Kleinfeuerungsanlagen. Aufgrund dieser Unsicherheit können die nachfolgend dargestellten Kosten nur Größenordnungen bzw. Anhaltswerte darstellen. In Einzelfällen können deshalb durchaus günstigere, aber auch ungünstigere Wärmegestehungskosten erzielt werden.

Kleinanlagen. Die Kostenstruktur von mit Pellets, Scheitholz und Waldhackgut als Brennstoff betriebenen kleintechnischen Biomassefeuerungen wird im Folgenden anhand der in Tabelle 9.9 definierten Kleinanlagen dargestellt.

Investitionen. Die Höhe der spezifischen Investitionen für pellet-, hackgut- und scheitholzbefeuerte Biomasseanlagen werden im Wesentlichen von dem durch die eingesetzten Brennstoffe bedingten technischen Aufwand sowie der Systemgröße bestimmt (Tabelle 9.16). Dabei zeigen scheitholzbefeuerte Anlagen durch die geringeren baulichen Aufwendungen für das Lager sowie das Fehlen eines automatischen Lageraustrags Kostenvorteile gegenüber mit Pellet befeuerten Anlagen. Letztere sind bei gleicher Anlagengröße aufgrund der höheren Kosten für u. a. Brennstofflager, Lageraustrag und Kessel durch höhere Investitionen gekennzeichnet. Dadurch liegen die spezifischen Investitionen des mit Pellet befeuerten Referenzsystems EFH-III mit 1 050 €/kW höher als die 790 €/kW für eine Anlage auf der Basis von Scheitholz als Brennstoff.

Ein weiterer Kostenfaktor ist die Systemgröße; dabei sinken i. Allg. mit zunehmender Anlagengröße die spezifischen Kosten. So liegen etwa die spezifischen Investitionen der betrachteten Pelletanlagen zwischen rund 13 000 €/kW und 1 050 €/kW (EFH-I, EFH-II und EFH-IIII).

Für die Referenzsysteme EFH-0 und MFH-0 kommen die zum Heizungssystem gehörenden raumlufttechnischen Anlagen noch zusätzlich hinzu.

Tabelle 9.16 Investitionen und Betriebskosten sowie Wärmegestehungskosten einer Wärmebereitstellung für Trinkwarmwasser und Raumheizung aus Holzpellets, Scheitholz und Waldhackgut in Kleinanlagen (Zahlen gerundet)

System		EFH-0	EFH-I	EFH-II	EFH-III	EFH-III	MFH-0	MFH-I
Gebäudeheizlast	in kW	1,5	5	8	18	18	20	60
Brennstoff		Pellets	Pellets	Pellets	Pellets	Scheitholz	Pellets	Hackgut[e]
Investitionen								
Kessel, Speicher, Regelung	in €	11 160	11 160	11 160	12 540	11 540	11 300	22 770
Heizraum, Lager, Kamin	in €	4 300	4 600	4 800	5 400	1 700	6 600	9 200
Installation	in €	1 000	1 000	1 000	1 000	1 000	900	1 200
Raumlufttechnische Anlage[d]	in €	3 030					42 000	
Summe	in €	19 490	16 760	16 960	18 940	14 240	60 800	33 170
Annuität[a]	in €/a	1 578	1 365	1 379	1 543	1 193	4 750	2 765
Betriebskosten[b]	in €/a	470	277	283	312	302	3 585	1 153
Brennstoffkosten[c]	in €/a	275	464	766	1 593	1 165	1 944	2 967
Wärmegestehungskosten	in €/GJ	127,2	64,5	43,6	29,0	22,4	77,8	13,9
	in €/kWh	0,458	0,232	0,157	0,105	0,081	0,280	0,050

[a] Zinssatz von 4,5 % und Abschreibung über die technische Anlagenlebensdauer (Kessel 15 Jahre, Kamin 50 Jahre, Lagerraum für den Brennstoff (in der Tabelle als Lager bezeichnet) 25 Jahre, Trinkwarmwasserspeicher (in der Tabelle als Speicher bezeichnet) 25 bzw. 15 Jahre (EFH-0-III bzw. MFH-0, I), Pufferspeicher (in der Tabelle als Speicher bezeichnet) 20 Jahre); [b] ohne Brennstoffkosten; [c] Pellets 0,20 €/kg, Scheitholz 0,014 €/kg, Waldhackgut 0,06 €/kg; jeweils ohne MwSt.; [d] dezentrales Lüftungsgerät in jeder Wohneinheit; [e] Waldhackgut

Bei einer solarthermischen Unterstützung der Raumwärme und/oder Trinkwarmwasserbereitung von dezentralen Biomassefeuerungen ergeben sich die in Tabelle 9.17 dargestellten Kosten. Diese werden wiederum exemplarisch für eine solare Raumwärme- und Trinkwarmwasserunterstützung durch die mit Holzpellets befeuerten Referenzsysteme EFH-I, EFH-II, MFH-0 und das hackgutbefeuerte MFH-I sowie für eine ausschließliche solare Trinkwarmwasserbereitung durch das mit Pellets betriebene Referenzsystem EFH-III analysiert. Die Kosten der raumlufttechnischen Anlagen mit Abluftwärmerückgewinnung für das Referenzsystem EFH-0 und MFH-0 sind separat ausgewiesen. Die Kosten der Brauchwasserbereitung und der Wärmespeicher (EFH-I, EFH-II, MFH-0 und MFH-I) sind dem Solarsystem zugerechnet (Kapitel 4.3). Insgesamt ergeben sich durch die Integration einer Solaranlage in eine Biomasseanlage Mehrkosten von etwa 83 % (solare Raumwärme- und Trinkwarmwasserbereitung) bzw. 36 % (nur solare Trinkwarmwasserbereitung).

Betriebskosten. Die Betriebskosten beinhalten Aufwendungen für Wartung und Instandhaltung der Anlage (z. B. Kaminkehrer) sowie Kosten für die Entsorgung der Verbrennungsrückstände (d. h. Asche) und die für den Anlagenbetrieb benötigte elektrische Energie (u. a. Gebläse für Verbrennungsluft, Brennstoffförderung, Regelung). Bei solarunterstützten Biomasseanlagen kommen zusätzlich noch die Kosten für den Betrieb der Solaranlagen (u. a. Wechsel des Wärmeträgermediums, Austausch von Dichtungen) hinzu.

Tabelle 9.16 und Tabelle 9.17 zeigen die Aufstellung dieser Kosten für die hier untersuchten Referenzanlagen. In Abhängigkeit von der Anlagengröße bewegen sich die Betriebskosten demnach für die Anlagenkonfigurationen ohne solarthermische Unterstützung zwischen knapp 277 und 3 585 €/a und für jene mit solarthermischer Unterstützung zwischen 444 und 3 824 €/a.

Nicht enthalten sind darin die Brennstoffkosten. Diese sind in Tabelle 9.16 und Tabelle 9.17 gesondert angeführt. Für Pellets wird dabei von einem Durchschnittspreis 2006 (ohne MwSt.) von 0,20 €/kg, für Waldhackgut von 0,06 €/kg und für Scheitholz von 0,014 €/kg ausgegangen /ProPellets Austria 2008/, /Statistik Austria 2007b/.

Tabelle 9.17 Investitionen und Betriebskosten sowie Wärmegestehungskosten einer solarunterstützten Wärmebereitstellung für Trinkwarmwasser und Raumheizung aus Holzpellets und Waldhackgut in Kleinanlagen (Zahlen gerundet)

		EFH-I	EFH-II	EFH-III	MFH-0	MFH-I
Gebäudeheizlast	in kW	5	8	18	20	60
Brennstoff		Pellets	Pellets	Pellets	Pellets	Waldhackgut
Solarer Deckungsgrad[a]	in %	46,25	32,97	5,76	28,88	16,11
Investitionen						
Biomassesystem[b]	in €	14 560	14 760	18 940	17 600	30 330
Raumlufttechnische Anlage[g]	in €				42 000	
Solarsystem[c]	in €	15 880	15 880	6 910	19 330	31 260
Summe	in €	30 450	30 650	25 860	78 930	61 590
Annuität[d]	in €/a	2 447	2 460	2 076	6 178	4 981
Betriebskosten[e]	in €/a	491	498	444	3 824	1 561
Brennstoffkosten[f]	in €/a	249	513	1 501	1 383	2 416
Wärmegestehungskosten	in €/GJ	97,6	62,3	33,9	86,2	18,1
	in €/kWh	0,351	0,224	0,122	0,310	0,065

[a] bezogen auf die Gesamtwärmenachfrage des gesamten Versorgungssystems (Trinkwarmwasser und Raumwärme); [b] u. a. Kessel, Heizraum, Brennstofflager, Kamin; [c] inkl. Pufferspeicher und Trinkwarmwasserbereitung sowie Gutschrift für Einsparung Dachziegel; [d] bei einem Zinssatz von 4,5 % und einer Abschreibung über die technische Anlagenlebensdauer (u. a. Kessel 15 Jahre, Kamin 50 Jahre, Lagerraum 25 Jahre) sowie Solarsystem (u. a. Kollektor 20 Jahre, Regelung 13 Jahre, Gutschrift Dachziegel 50 Jahre); [e] ohne Brennstoffkosten; [f] Brennstoffeinsatz für die Gesamtwärmenachfrage abzüglich der nutzbaren solaren Wärmeabgabe (Pellets 0,20 €/kg, Waldhackgut 0,06 €/kg; jeweils ohne MwSt.); [g] dezentrales Lüftungsgerät je Wohneinheit

Wärmegestehungskosten. Auf Basis der in Kapitel 1.3 festgelegten finanzmathematischen Rahmenbedingungen (Zinssatz 4,5 %, Abschreibung über die technische Lebensdauer) errechnen sich für die betrachteten Referenzanlagen die in Tabelle 9.16 und Tabelle 9.17 dargestellten Wärmegestehungskosten. Bei den ausschließlich mit Biomasse befeuerten Anlagen werden für den Kessel 15 Jahre, für den Kamin 50 Jahre, für den Lagerraum 25 Jahre, für den Trinkwarmwasserspeicher 25 bzw. 15 Jahre (EFH-0, EFH-I, EFH-II, EFH-III bzw. MFH-0, MFH-I) sowie für den Pufferspeicher 20 Jahre Anlagenlebensdauer unterstellt. Wird zusätzlich die solarthermische Unterstützung betrachtet, verändert sich die Anlagenlebensdauer für Kessel, Kamin und

Lagerraum (15, 50 und 25 Jahre) nicht. Für die solarthermischen Komponenten werden 20 Jahre für den Kollektor, 13 Jahre für die Regelung und 50 Jahre für die Gutschrift der Dachziegel angesetzt.

In Abhängigkeit von der Anlagengröße und dem eingesetzten Brennstoff liegen die Wärmegestehungskosten ohne solarthermische Unterstützung zwischen 13,9 und 127,2 €/GJ bzw. 0,05 und 0,46 €/kWh. Vergleicht man unterschiedliche Brennstoffe miteinander (EFH-III), zeigen scheitholzbefeuerte Anlagen aufgrund der niedrigeren Investitionen mit 22,4 €/GJ bzw. 0,08 €/kWh die geringsten Wärmegestehungskosten.

Durch eine solare Unterstützung der Wärmebereitung steigen in Abhängigkeit vom solaren Deckungsgrad sowie den eingesparten variablen Kosten des Biomassesystems die Wärmegestehungskosten. Für das System EFH-I mit einem solaren Deckungsgrad von 46 % erhöhen sich z. B. die Gestehungskosten von 64,5 auf 97,5 €/GJ (d. h. rund 51 %). Demgegenüber steigen die Wärmekosten des untersuchten mit Holzpellets befeuerten Systems EFH-III (solarer Deckungsgrad 5,8 %) nur um ca. 17 % von 29,0 auf 33,9 €/GJ.

Um den Einfluss verschiedener Größen auf die Gestehungskosten besser abschätzen und bewerten zu können, zeigt Abb. 9.53 eine Variation der wesentlichen sensitiven Parameter exemplarisch für das mit Holzpellets befeuerte Referenzsystem EFH-II (ohne solare Unterstützung).

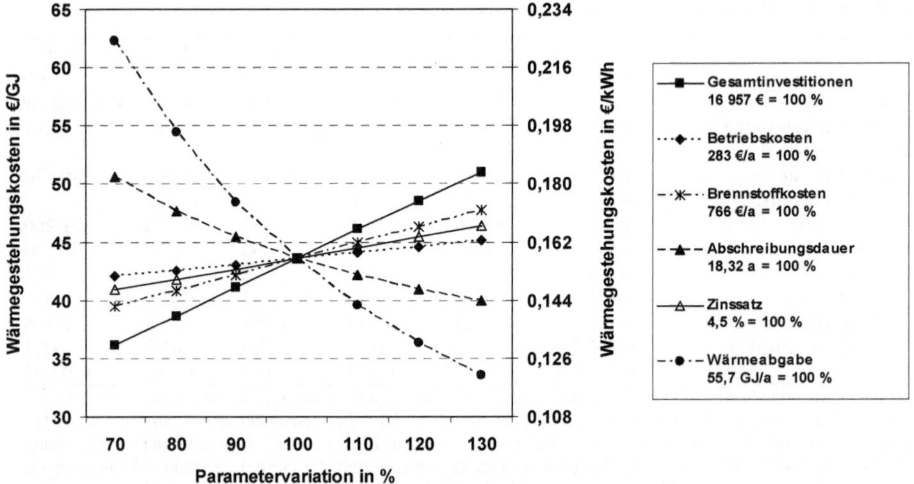

Abb. 9.53 Variation wesentlicher Einflussgrößen auf die spezifischen Wärmegestehungskosten am Beispiel eines mit Holzpellet befeuerten Biomassesystems (Referenzanlage EFH-II, Abschreibungsdauer von rund 18 Jahren entspricht dem gewichteten Mittel aller Anlagenkomponenten)

Demnach zeigen den größten Einfluss auf die Wärmegestehungskosten die Investitionen sowie die vom System abgegebene Wärmemenge (entspricht den Volllastbenutzungsstunden). Dabei wird allerdings unterstellt, dass sich die Größe und damit die Investitionen der Anlage durch die Variation der Wärmeabgabe nicht verändern (d. h. es zu keinen Mehr- bzw. Minderkosten kommt). Diese ergeben sich daher ausschließlich durch eine Veränderung des Brennstoffbedarfs sowie der brennstoffabhängigen Betriebskosten. Die Abschreibungsdauer beeinflusst ebenfalls – wie die Brennstoffkosten – erheblich die Gestehungskosten. Einen vergleichsweise geringen Einfluss auf die Wärmegestehungskosten haben demgegenüber die Betriebskosten sowie der zugrunde gelegte Zinssatz.

Nahwärmesysteme. Die mit einer Wärmebereitstellung durch Biomassenahwärmesysteme verbundenen Kosten sind für die in Tabelle 9.10 definierten Referenzanlagen jeweils für einen den Versorgungsaufgaben EFH-I, EFH-II und EFH-III sowie MFH-I (5, 8, 18 und 60 kW) entsprechenden Hausanschluss dargestellt. Zur Bestimmung der Investitionen und Betriebskosten der betrachteten Nahwärmesysteme wird dabei zwischen den von allen Abnehmern gemeinsam genutzten Anlagenteilen (Heizwerk und Nahwärmenetz) sowie den abnehmerspezifischen Komponenten (u. a. Hausstation und Trinkwarmwasserspeicher) unterschieden.

Investitionen. Die Investitionen für das Heizwerk schließen die maschinen- (u. a. Kessel, Lagerein- und -austrag, hydraulische Anbindung an das Nahwärmenetz) sowie bautechnischen (u. a. Gebäude, Grundstück) Aufwendungen ein. Die Kosten für das Wärmeverteilnetz liegen in Abhängigkeit von der Rohrdimension, den örtlichen Gegebenheiten (z. B. unbefestigtes oder befestigtes Gelände, sandiger oder steiniger Untergrund) sowie der Siedlungsstruktur innerhalb einer sehr großen Bandbreite. Hier werden für das Nahwärmenetz NW-I (DN 80) 378 bzw. 458 €/kW und für NW-II (DN 150) 516 bzw. 687 €/kW unterstellt (Tabelle 9.18).

Für die mit Sägerestholz und Waldhackgut befeuerten Nahwärmesysteme liegen die Investitionen der Heizwerke bei rund 0,75 Mio. € für das NW-I bzw. 1,96 Mio. € für das NW-II. Insgesamt ergeben sich somit Kosten von rund 1,5 Mio. € für das NW-I bzw. 5,0 Mio. € für das NW-II (Tabelle 9.18); dies entspricht etwa 910 €/kW (NW-I) bzw. 1 110 €/kW (NW-II).

Bei einer solarthermischen Unterstützung der Wärmebereitung (Trinkwarmwasser- und Raumwärmebereitstellung) des Systems NW-I ergeben sich Mehrkosten durch die Solaranlage (u. a. Kollektoren, Speicher, Installation) von rund 0,3 Mio. € (Kapitel 4.3). Die Investitionen für das Biomasseheizwerk bzw. das Nahwärmenetz verändern sich durch diese Integration nicht, so dass sich Gesamtinvestitionen von ca. 1,8 Mio. € für das System NW-I-SR/HG/Sol ergeben.

Zur besseren Ausnutzung der investitionsintensiven Biomassefeuerung werden Biomassenahwärmesysteme teilweise mit einem mit leichtem Heizöl befeuerten Spitzenlastkessel kombiniert. Hier wird unterstellt, dass für das Nahwärmesystem NW-II-SR/HG/HL die heizölbefeuerte Spitzenlastabdeckung mit 15 % zur gesamten Wärmebereitstellung beiträgt. Dadurch verringern sich die Investitionen für das Heizwerk von 1,8 auf 1,4 Mio. €. Die Aufwendungen für das Wärmeverteilnetz bleiben demgegenüber unverändert bei 3,1 Mio. €, so dass sich Gesamtkosten von rund 4,48 Mio. € ergeben (Tabelle 9.19).

Die Investitionen für die Gebäudeanbindung schließen die Hausstation mit Übergabestation und Hauszentrale sowie die Aufwendungen innerhalb der versorgten Gebäude (z. B. Trinkwarmwasserspeicher) mit ein. In Abhängigkeit von der Anschlussleistung liegen die Investitionen für die Hausstation zwischen 5 000 € für EFH-I und 7 600 € für das MFH-I.

Betriebskosten. Die Betriebskosten der untersuchten Anlagen berücksichtigen u. a. die Aufwendungen für Instandhaltung, Wartung und Versicherungen, für die elektrische

Energie zum Betrieb der Anlagen (z. B. für Gebläse, Brennstoffförderung) und für Dieselkraftstoff (Radlader) sowie die Kosten für Personal.

Tabelle 9.18 Investitionen und Betriebskosten sowie Wärmegestehungskosten einer Wärmebereitstellung aus Sägerestholz und Waldhackgut sowie Wärmeverteilung mit Nahwärmenetzen (Zahlen gerundet)

		NW-I	NW-I	NW-I	NW-I	NW-II	NW-II	NW-II	NW-II
Ges. Wärmenachfr.[a]	in GJ/a	8 000	8 000	8 000	8 000	26 000	26 000	26 000	26 000
Versorgungsaufgabe		EFH-I	EFH-II	EFH-III	MFH-I	EFH-I	EFH-II	EFH-III	MFH-I
Wärmenachfrage[b]	in GJ/a	32,7	55,7	118,7	496,1	32,7	55,7	118,7	496,1
Heizwerk und Nahwärmenetz									
Investitionen									
Anlage, Montage	in Mio. €	0,41	0,41	0,41	0,41	1,08	1,08	1,08	1,08
Gebäude, Sonst.[f]	in Mio. €	0,34	0,34	0,34	0,34	0,89	0,89	0,89	0,89
Nahwärmenetz	in Mio. €	0,76	0,76	0,76	0,76	3,09	3,09	3,09	3,09
Summe	in Mio. €	1,50	1,50	1,50	1,50	5,05	5,05	5,05	5,05
Annuität[c]	in Mio. €/a	0,10	0,10	0,10	0,10	0,32	0,32	0,32	0,32
Betriebskosten[d]	in Mio. €/a	0,03	0,03	0,03	0,03	0,09	0,09	0,09	0,09
Brennstoffkosten[e]	in Mio. €/a	0,07	0,07	0,07	0,07	0,19	0,19	0,19	0,19
Übergabestation und Hausanschluss									
Investitionen	in €	5 000	5 600	7 100	7 600	5 000	5 600	7 100	7 600
Annuität[c]	in €/a	307	344	436	467	307	344	436	467
Betriebskosten[d]	in €/a	158	176	221	236	158	176	221	236
Wärmegestehungs-	in €/GJ	39,3	33,8	29,5	25,6	38,0	32,5	28,3	24,3
kosten	in €/kWh	0,142	0,122	0,106	0,092	0,137	0,117	0,102	0,088

[a] gesamte Wärmenachfrage ohne Verluste des Wärmeverteilnetzes sowie der Hausübergabestation/Trinkwarmwasserzwischenspeicher; [b] Wärmenachfrage der Versorgungsaufgaben ohne Verluste der Hausübergabestation/Trinkwarmwasserzwischenspeicher (d. h. die vom Nahwärmenetz bezogene Wärme ist entsprechend dieser Verluste größer; [c] bei einem Zinssatz von 4,5 % und einer Abschreibung über die technische Anlagenlebensdauer (anlagentechnischer Teil des Heizwerks (u. a. Feuerung, Kessel) und Trinkwarmwasserzwischenspeicher 15 Jahre, Hausstation 30 Jahre, Nahwärmenetz 40 Jahre und Gebäude 50 Jahre); [d] u. a. Wartung, Instandhaltung, Personal; [e] 0,05 €/kg für Waldhackgut, 0,13 €/kg Sägerestholz; jeweils ohne MwSt.; [f] Gebäude, Brennstofflager, Grundstück und Sonstiges

Für die ausschließlich mit Sägerestholz und Waldhackgut befeuerten Nahwärmesysteme NW-I und NW-II liegen die Betriebskosten für das Heizwerk und das Nahwärmenetz bei rund 0,03 bzw. 0,09 Mio. €/a (Tabelle 9.18). Durch die solare Unterstützung der Wärmebereitung des Systems NW-I erhöhen sich diese Kosten geringfügig. Hingegen gehen die Betriebskosten des Systems NW-II durch eine heizölbasierte Spitzenlastabdeckung etwas zurück (NW-II-SR/HG/HL; Tabelle 9.19).

Dabei sind in den Betriebskosten die Brennstoffkosten nicht berücksichtigt; diese sind in Tabelle 9.18 und Tabelle 9.19 getrennt angeführt. Für Sägerestholz wird dabei von 0,13 und für Waldhackgut von 0,05 €/kg ausgegangen. Als Heizölpreis wird ein Brennstoffpreis von 0,30 €/l (Schätzung für industrielle Abnehmer) unterstellt.

Die Betriebskosten der Hausstationen (u. a. für Wartung, elektrischen Strom) liegen in Abhängigkeit von der Anschlussleistung zwischen 158 und 236 €/a.

Wärmegestehungskosten. Auf Basis der in Kapitel 1.3 festgelegten finanzmathematischen Rahmenbedingungen (Zinssatz 4,5 %, Abschreibung über technische Lebensdauer) können für die betrachteten Referenzanlagen die in Tabelle 9.18 und Tabelle 9.19 dargestellten Wärmegestehungskosten bestimmt werden. Für den anlagentechnischen Teil des Heizwerks (u. a. Feuerung, Kessel) und den Trinkwarmwasserzwischenspeicher werden dabei 15 Jahre, für die Hausübergabestation 30 Jahre sowie für das Nahwärmenetz 40 Jahre und die Gebäude der Heizwerke 50 Jahre technische Anlagenlebensdauer unterstellt.

Tabelle 9.19 Investitionen und Betriebskosten sowie Wärmegestehungskosten einer Wärmebereitstellung aus Waldhackgut und Stroh mit Spitzenlastabdeckung durch Heizöl extra leicht sowie Wärmeverteilung mit Nahwärmenetzen (Zahlen gerundet)

		NW-II-SR/HG/HL	NW-II-SR/HG/HL	NW-II-SR/HG/HL	NW-II-SR/HG/HL
Gesamte Wärmenachfrage[a]	in GJ/a	26 000	26 000	26 000	26 000
Versorgungsaufgabe		EFH-I	EFH-II	EFH-III	MFH-I
Wärmenachfrage[b]	in GJ/a	32,7	55,7	118,7	496,1
Heizwerk und Nahwärmenetz					
Investitionen					
Anlagentechnik und Montage	in Mio. €	0,52	0,52	0,52	0,52
Gebäude und Sonstiges[f]	in Mio. €	0,86	0,86	0,86	0,86
Nahwärmenetz	in Mio. €	3,09	3,09	3,09	3,09
Summe	in Mio. €	4,48	4,48	4,48	4,48
Annuität[c]	in Mio. €/a	0,26	0,26	0,26	0,26
Betriebskosten[d]	in Mio. €/a	0,08	0,08	0,08	0,08
Brennstoffkosten[e]	in Mio. €/a	0,21	0,21	0,21	0,21
Übergabestation und Hausanschluss					
Investitionen	in €	5 000	5 600	7 100	7 600
Annuität[c]	in €/a	307	344	436	467
Betriebskosten[d]	in €/a	158	176	221	236
Wärmegestehungskosten	in €/GJ	36,0	30,6	26,4	22,4
	in €/kWh	0,130	0,110	0,095	0,081

SR Sägerestholz, HG Hackgut, HL Heizöl extra leicht; [a] ohne Verluste des Wärmeverteilnetzes sowie der Hausübergabestation/Trinkwarmwasserzwischenspeicher; [b] Wärmenachfrage der Versorgungsaufgaben ohne Verluste der Hausübergabestation/Trinkwarmwasserzwischenspeicher (d. h. die vom Nahwärmenetz bezogene Wärme ist entsprechend dieser Verluste größer); [c] bei einem Zinssatz von 4,5 % und einer Abschreibung über die technische Anlagenlebensdauer (anlagentechnischer Teil des Heizwerks (u. a. Feuerung, Kessel) und Trinkwarmwasserzwischenspeicher 15 Jahre, Hausstation 30 Jahre, Nahwärmenetz 40 Jahre und Gebäude 50 Jahre); [d] u. a. Wartung, Instandhaltung, Personal; [e] 0,05 €/kg für Waldhackgut; 0,13 €/kg Sägerestholz; 0,30 €/l für Heizöl extra leicht; jeweils ohne MwSt.; [f] Gebäude, Brennstofflager, Grundstück und Sonstiges

Für eine Wärmebereitstellung ohne solare Unterstützung bzw. Spitzenlastabdeckung durch fossile Energieträger liegen die Wärmegestehungskosten in Abhängigkeit von der Leistung der Hausstation für das Nahwärmesystem NW-I zwischen rund 25,6 und 39,3 €/GJ bzw. 0,092 und 0,142 €/kWh und für das System NW-II zwischen 24,3 und 38,0 €/GJ bzw. 0,088 und 0,137 €/kWh (Tabelle 9.18).

Wird das Nahwärmesystem NW-I um eine solare Unterstützung der Wärmebereitstellung erweitert, erhöhen sich die Gestehungskosten auf 26,0 €/GJ bzw. 0,094 €/kWh für das MFH-I bis 39,8 €/GJ bzw. 0,143 €/kWh für das EFH-I und damit um etwa 1,5 % gegenüber einer Wärmebereitstellung ohne Solarsystem.

Bei einer Spitzenlastabdeckung durch Heizöl extra leicht ergeben sich für das mit Hackgut als primären Brennstoff befeuerte System NW-II-SR/HG/HL Wärmegestehungskosten zwischen 22,4 und 36,0 €/GJ bzw. 0,081 und 0,130 €/kWh (Tabelle 9.19). Diese liegen damit um durchschnittlich 6,5 % unter den in Tabelle 9.18 dargestellten Kosten einer ausschließlich mit Hackgut betriebenen Feuerung.

Um den Einfluss verschiedener Größen auf die Wärmegestehungskosten besser abschätzen und bewerten zu können, zeigt Abb. 9.54 eine Variation wesentlicher sensitiver Parameter auf die Kosten einer Wärmebereitstellung durch das hackgutbefeuerte Referenzsystem NW-I für einen Hausanschluss mit 8 kW Abnahmeleistung. Die dargestellten Gesamtinvestitionen von 16 059 € setzen sich dabei aus den Investitionen für die Hausstation von 5 600 € sowie dem Anteil des Abnehmers EFH-II an den Investitionen für das Heizwerk bzw. das Wärmeverteilnetz zusammen (10 459 € von 1,5 Mio. €). Dieser Anteil wird entsprechend der Wärmeabnahme von 55,7 GJ/a an der gesamten Wärmeabnahme aller angeschlossenen Verbraucher (8 000 GJ/a) bestimmt. Auch die Betriebs- und Brennstoffkosten werden entsprechend ermittelt.

Den größten Einfluss auf die Wärmegestehungskosten zeigen die Investitionen sowie die an den Verbraucher abgegebene Wärmemenge. Die bereitgestellte Wärme kann allerdings nur über die Veränderung der Abnehmerstruktur bzw. des Nachfrageverhaltens variiert werden. Dies ist i. Allg. für eine vorgegebene Versorgungsaufgabe, wie sie das EFH-II darstellt, nicht möglich. Für das gesamte Wärmesystem kann eine solche Veränderung allerdings dadurch erreicht werden, indem z. B. ein Teil der Wärme an Industrie- oder Gewerbeunternehmen mit einem jahreszeitlich ausgeglichenen Wärmeverbrauch (z. B. Molkerei, Wäscherei) abgegeben wird. Brennstoff- und Betriebskosten sowie Zinssatz und Abschreibungsdauer zeigen hingegen einen vergleichsweise geringen Einfluss auf die Wärmegestehungskosten.

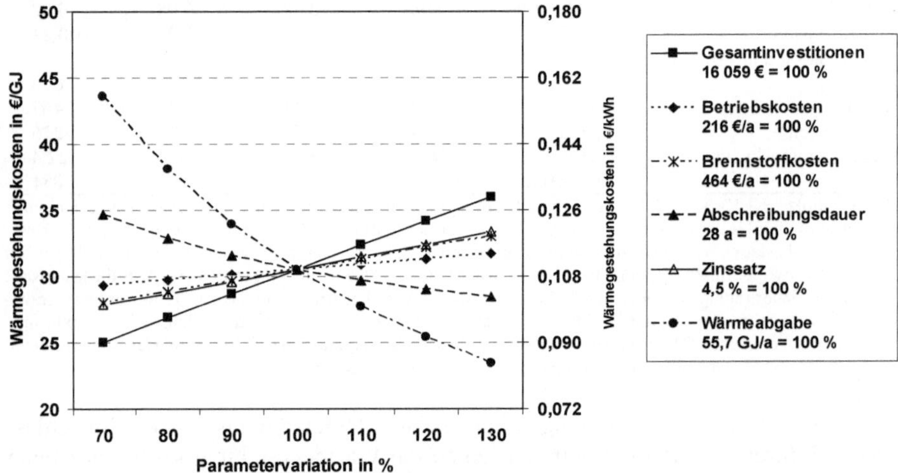

Abb. 9.54 Variation der wesentlichen Einflussgrößen auf die Gestehungskosten einer Wärmebereitstellung durch das mit Hackgut befeuerte Referenzsystem NW-I für einen Hausanschluss mit 8 kW Abnahmeleistung (Gesamtinvestitionen, Betriebs- und Brennstoffkosten setzen sich entsprechend dem Anteil der Versorgungsaufgabe EFH-II am Gesamtwärmeverbrauch im System NW-I (55,7 GJ/a von 8 000 GJ/a) sowie den entsprechenden Aufwendungen der Hausstation zusammen; Abschreibungsdauer von 28 Jahren entspricht dem gewichteten Mittel aller Anlagenkomponenten)

9.3.2 Wärme und Strom

Für eine kombinierte Wärme- und Strombereitstellung werden als Referenzsysteme zur ökologischen und ökonomischen Analyse neben zwei biomassebefeuerten Systemen auch fünf Anlagen zur Vergärung von Energiepflanzen und tierischen Exkrementen untersucht.

9.3.2.1 Referenzanlagen

Für die Bereitstellung von thermischer und elektrischer Energie wird bei den biomassebefeuerten Anlagen ein mit Sägerestholz und Waldhackgut befeuertes Nahwärmesystem sowie ein mit Hackgut und Rinde befeuertes Heizkraftwerk untersucht. Darüber hinaus werden fünf Anlagen zur Vergärung landwirtschaftlicher Substrate, darunter eine Anlage mit Biogasaufbereitung zu Erdgasqualität, diskutiert. Aufgrund der Vielzahl von Einflussfaktoren (u. a. Leistungsbereiche, einsetzbare biogene Festbrennstoffe, Auswahl und Zusammensetzung des Substrats, Verwertung der Gärrückstände) auf die technische Umsetzung von Anlagen sind diese Referenzanlagen allerdings nur als Beispiele zu sehen, die unter anderen als den hier zugrunde gelegten Bedingungen auch deutlich anders ausfallen können.

Heizkraftwerke. Die Bereitstellung von elektrischer Energie und Wärme aus fester Biomasse wird anhand von zwei Referenzanlagen untersucht (Tabelle 9.20).

Bei der ersten untersuchten Variante (Heizkraftwerk NW-III) wird das beschriebene Heizwerk des Nahwärmesystems NW-II durch eine Adaption des Kessels und eine Erweiterung um eine Organic-Rankine-Cycle-Anlage (ORC-Anlage) für die Erzeugung von elektrischer Energie in Form einer Kraft-Wärme-Kopplung (vgl. Kapitel 9.2.2.3) ausgebaut. Der Generator hat dabei eine elektrische Leistung von 700 kW und wird mit 5 000 Volllaststunden pro Jahr betrieben. Die erzeugte elektrische Energie wird über einen Transformator und ein 500 m langes Erdkabel in das 25 kV-Netz der öffentlichen Versorgung eingespeist. Für die in Koppelproduktion erzeugte Wärme wird die Wärmenachfrage des NW-III mit 64 400 GJ/a berücksichtigt. Das zur Hälfte mit Sägerestholz und Waldhackgut befeuerte Biomasseheizkraftwerk verfügt über eine installierte thermische Leistung von 5,7 MW. Zur Wärmerückgewinnung wird ein Economizer mit einer Leistung von 0,5 MW installiert.

Tabelle 9.20 Kenndaten der untersuchten Biomasseheizkraftwerke

System		HKW NW-III[a]	HG/R-HKW$_{50}$[b]	HG/R-HKW$_{100}$[b]
Feuerungssystem		Rostfeuerung	Wirbelschicht	Wirbelschicht
Brennstoff		Waldhackgut/Sägenebenprodukte[c]	Industriehackgut/Rinde[c]	Industriehackgut/Rinde[c]
Heizwert Brennstoff	in GJ/t	11,72 bzw. 17,64[d, e]	8,1[f]	8,1[f]
Thermische Leistung	in MW	5,7[g]	50	50
Elektrische Leistung	in MW	0,7	21,1	18,6
Elektr. Volllaststunden	in h/a	5 000	7 900	7 900
Elektr. Jahresarbeit (netto)	in GWh/a	3,5	166,4	147,2
Wärmeabgabe	in GJ/a	64 400[h]	711 000	1 422 000
	in GWh/a	17,9	197,5	395,0
Brennstoffeinsatz[i]	in GJ/a	127 952	2 303 640	2 303 640
	in GWh/a	36	640	640
	in t/a	8 716	284 400	284 400

Elektr. elektrische; [a] Heizkraftwerk Nahwärme III; [b] Hackgut(HG)/Rinden(R)-Heizkraftwerk mit 50 % bzw. 100 % Wärmeauskopplung; [c] jeweils 50 %; [d] bei einem Wassergehalt von 33 %; [e] bei einem Wassergehalt von 5 %; [f] bei einem mittleren Wassergehalt von 41 %; [g] Gesamtanlage inkl. Economiser; [h] Wärmeabgabe Heizwerk, nutzbare Wärme beim Verbraucher 14,4 GWh/a (52 000 GJ/a); [i] ohne Lagerverluste von 4 %

Das zweite untersuchte Referenzsystem ist ein mit Industriehackgut und Rinde befeuertes Biomasseheizkraftwerk mit einer thermischen Leistung von 50 MW. Bei der mit 7 900 elektrischen Volllaststunden betriebenen Anlage wird die über Dampferzeuger, Dampfturbine (Entnahme-Kondensations-Turbine) und Generator erzeugte elektrische Energie mittels Transformator und Erdkabel in das 25 kV-Netz eingespeist. Parallel zum Strom wird mittels Kraft-Wärme-Kopplung (KWK) auch Wärme erzeugt. Mit steigender Wärmeauskopplung sinkt der elektrische Nutzungsgrad. Bei einer unterstellten Wärmeauskopplung von 50 bzw. 100 % (HG/R-KW_{50}, HG/R-KW_{100}) reduziert sich die elektrische Leistung von 21 auf 19 MW. Demgegenüber steigt der Gesamtnutzungsgrad der Anlage. Bei einer maximalen Wärmeauskopplung von 100 % wird ein Gesamtnutzungsgrad von 0,85 (0,23 elektrisch und 0,62 thermisch) erreicht. Als Brennstoff wird zu jeweils der Hälfte Industriehackgut und Rinde eingesetzt, die mit einer durchschnittlichen Transportdistanz von 50 km per Lastkraftwagen angeliefert werden. Die Feuerung ist als stationäre Wirbelschicht ausgeführt; dadurch könnten prinzipiell auch andere Brennstoffe (z. B. Landschaftspflegematerial) verfeuert werden.

Die Abgasreinigung erfolgt dreistufig über einen Zyklon zur Grobentstaubung, eine Trockensorption mit Kalziumhydrat zur Bindung saurer Abgasbestandteile sowie einem Gewebefilter zur Feinentstaubung bzw. Abscheidung der Reaktionsprodukte der Trockensorption. Die Rückstände aus der Verbrennung (Grobmaterial aus der Wirbelschicht, Abrieb des Bettmaterials und Flugasche) werden nach einer entsprechenden Aufbereitung an die Baustoffindustrie abgegeben; die Rückstände aus der Abgasreinigung werden deponiert.

Biogasanlagen. Für eine kombinierte Wärme- und Strombereitstellung werden neben den diskutierten mit biogenen Festbrennstoffen befeuerten Systemen auch landwirtschaftliche Biogasanlagen ohne und mit einer Biogasaufbereitung untersucht.

Landwirtschaftliche Biogasanlagen ohne eine Biogasaufbereitung (d. h. mit einer direkten Verstromung vor Ort) werden derzeit in unterschiedlichen Größen realisiert, die aber i. Allg. durch die jeweiligen Rohstoffkonzepte (mit-)bestimmt werden. Um das gegenwärtige Marktspektrum abzudecken werden hier als Referenzanlagen insgesamt fünf Konzepte untersucht, von denen vier das Biogas vor Ort verstromen: eine Biogasanlage zur Vergärung von Maissilage und Gülle im kleinen Leistungsbereich mit einer elektrischen Leistung von 250 kW (Referenzsystem MG-250-VV; M Maissilage, G Gülle, 250 kW installierte elektrische Leistung, VV Vor-Ort-Verstromung), eine Anlage der 500 kW-Klasse (Referenzsystem MG-500-VV), eine Anlage zur güllefreien Maisvergärung mit 500 kW (Referenzsystem M-500-VV) und eine Großanlage zur güllefreien Vergärung von Maissilage mit einer elektrischen Leistung von 1 000 kW (M-1000-VV). Die Anlagen sind mit Dosiereinrichtungen, einer Mischanlage, einem bzw. zwei Fermentern in Ortbetonbauweise und Nachgärbehälter sowie ggf. einem Güllezwischenlager ausgestattet. Das Biogas wird nach einer Reinigung und ggf. Zwischenspeicherung in einem Blockheizkraftwerk (BHKW) verstromt. Der erzeugte elektrische Strom wird direkt in das Niederspannungsnetz der öffentlichen Versorgung eingespeist. Die Abwärme wird zu maximal 20 % für die Aufrechterhaltung des Gärprozesses benötigt (im Falle der Mais-Monovergärung nur zu ca. 16 %); die Überschusswärme kann anderweitig für Heizzwecke oder technische Prozesse eingesetzt werden. Das vergorene Substrat wird, nach einer ggf. erforderlichen Zwischenlagerung, auf den landwirtschaftlichen Flächen des Anlagenbetreibers bzw. der Substratlieferanten ausgebracht.

Der Heizwert des erzeugten Biogases wird mit 5,5 kWh/m^3 (bei 30 % Gülleanteil) bzw. mit 5,3 kWh/m^3 (güllefrei) unterstellt. Der elektrische Nutzungsgrad liegt je nach Leistungsgröße zwischen 0,36 (MG-250-VV) und 0,39 (M-1000-VV) und der elektrische Eigenverbrauch bei 8 % der erzeugten elektrischen Energie.

Landwirtschaftliche Biogasanlagen mit Biogasaufbereitung (d. h. zur Produktion von aufbereitetem Biogas, dem sogenannten Biomethan) haben eine installierte Leistung, die deutlich über der von Anlagen zur Vor-Ort-Verstromung liegt. Als zu untersuchende Referenzanlage wird deshalb hier eine ausschließlich mit Maissilage betriebene Anlage mit einer elektrischen Äquivalentleistung von 2 000 kW (M-2000-AV; AV Verstromung nach Aufbereitung) betrachtet. Dabei unterscheidet sich die Anlagentechnik zur Biogasproduktion nicht von den vorgenannten Anlagen; die Anlage wird lediglich größer ausgeführt. Zur Aufbereitung wird eine Druckwechseladsorption eingesetzt, die einen Methanverlust von 2 % ausweist. Die Einspeisung des Biomethans erfolgt ins örtliche Mitteldrucknetz und die dann anschließende Verstromung erfolgt ortsfern. Durch die Aufbereitung des Biogases auf Erdgasqualität erhöht sich der elektrische Nutzungsgrad um bis zu 2 % gegenüber der Vor-Ort-Verstromung.

Die oben beschriebenen Referenzkonzepte sind zusammenfassend in Tabelle 9.21 dargestellt.

Tabelle 9.21 Kenndaten der untersuchten landwirtschaftlichen Biogasanlagen

		MG-250-VV[a]	MG-500-VV[a]	M-500-VV[a]	M-1000-VV[a]	M-2000-AV[a]
Anlagenleistung (Rohbiogas)	in Nm³/h	126	240	249	485	970
Substrat						
Maissilage	in t/a	5 600	10 600	11 700	22 700	38 900
Rindergülle	in t/a	2 400	4 500			
Fermentervolumen	in m³	1 350	2 700	2 350	4 700	9 100
Biogasertrag	in m³/a	1 107 375	2 098 185	2 181 320	4 250 780	7 278 700
Elektrische Leistung[b]	in kW	250	500	500	1 000	2 000
Thermische Leistung[c]	in kW	319	579	579	1 103	2 205
Nutzungsgrad elektrisch/thermisch		0,36/0,46	0,38/0,44	0,38/0,44	0,39/0,43	0,39/0,43
Brutto-Stromerzeugung	in MWh/a	1 875	3 750	3 750	7 500	12 842
Elektrischer Eigenbedarf	in %	8	8	8	8	6
Netto-Stromerzeugung	in MWh/a	1 725	3 450	3 450	6 900	12 072
Brutto-Wärmeerzeugung	in GJ/a	8 625	15 632	15 632	29 769	50 975
	in MWh/a	2 396	4 342	4 342	8 269	14 160
Wärmebedarf Fermenter[d]	in GJ/a	1 725	3 126	2 501	4 763	8 156
	in MWh/a	479	868	695	1 323	2 266
Methanschlupf	in %					2
Biomethan (Output)	in m³/a					3 547 180
Nutzungsgrad elektrisch/thermisch						0,41/0,45
Brutto-Stromerzeugung	in MWh/a					10 629
Elektrischer Eigenbedarf	in %					1
Netto-Stromerzeugung	in MWh/a					10 416
Brutto-Wärmeerzeugung	in GJ/a					41 996
	in MWh/a					11 666
Wärmeabgabe[e]	in MWh/a	719	1 303	1 303	2 481	9 332
	in GJ/a	2 588	4 689	4 689	8 931	33 597

M Maissilage, G Gülle, VV Vor-Ort-Verstromung, AV Verstromung nach Aufbereitung; [a] MG-250-VV bis M-1000-VV: Biogasanlagen ohne Aufbereitung des Biogases bzw. M-2000-AV: Biogasanlage mit Aufbereitung des Biogases zu Biomethan; [b] einschließlich Eigenstrombedarf; [c] einschließlich Eigenwärmebedarf; [d] Eigenwärmebedarf der Anlage zwischen 16 und 20 %; [e] ohne Abzug des Eigenwärmebedarfs sowie 30 % Wärmeauskopplung (MG-250-VV bis M-1000-VV) bzw. 80 % Wärmeauskopplung (M-2000-AV)

9.3.2.2 Ökologische Analyse

Für die in Kapitel 9.3.2.1 definierten Referenzanlagen wird im Folgenden eine Bilanzierung ausgewählter Umweltkenngrößen einer Wärme- und Strombereitstellung im Verlauf des gesamten Lebensweges durchgeführt. Im Anschluss daran werden weitere Umwelteffekte, die während der Herstellung, dem Normalbetrieb, bei Störfällen und Stilllegung auftreten können, untersucht.

Lebenszyklusanalyse. Nachfolgend werden die Ergebnisse der Lebenszyklusanalyse für die betrachteten Heizkraftwerke und die untersuchten Biogasanlagen diskutiert.

Heizkraftwerke. Für die in Tabelle 9.20 definierten Referenzsysteme einer Bereitstellung elektrischer Energie aus Waldhackgut (HKW NW-III) bzw. Industriehackgut und Rinde (HG/R-KW) werden im Folgenden die Energie- und Emissionsbilanzen über die gesamte Anlagenlebensdauer einschließlich aller vorgelagerten Prozesse erstellt und diskutiert. Die Emissionsfaktoren der in die Bilanzierung einfließenden direkten Emissionen aus dem Verbrennungsprozess sind u. a. /Bauer 2007/ entnommen. Das bei der Verbrennung der Bioenergieträger freigesetzte Kohlenstoffdioxid (CO_2) geht dabei – entsprechend der bisherigen Vorgehensweise – nicht in die Bilanzierung der Klimawirksamkeit ein, da es – ein nachhaltiger Anbau der Biomasse unterstellt – nicht zusätzlich klimawirksam ist. Das bei der thermischen Nutzung freigesetzte CO_2 wurde nämlich beim Pflanzenwachstum infolge der Photosynthese der Atmosphäre entzogen und damit bei der Verbrennung lediglich wieder in diese freigesetzt; in Bezug auf CO_2 handelt es sich also um einen geschlossenen Kreislauf (d. h. Kohlenstoffdioxid biogenen und nicht fossilen Ursprungs). Bezogen werden die Ergebnisse auf 1 TJ (1 GWh) bereitgestellter elektrischer Energie an der Einspeisestelle in das Netz der öffentlichen Elektrizitätsversorgung.

Die in Koppelproduktion zum Strom erzeugte Wärme wird in Form einer Gutschrift berücksichtigt. Dazu wird hier angenommen, dass die aus Biomasse erzeugte (Bio-)Wärme Wärme substituiert, die aus Heizöl extra leicht mit einem modernen Brenner bereitgestellt wird. Dabei wird aber immer bei den untersuchten Referenzsystemen ein möglichst großer Anteil der bereitstellbaren Wärme in Kraft-Wärme-Kopplung genutzt.

Das untersuchte Heizkraftwerk HKW NW-III ist eine Erweiterung des Nahwärmesystems NW-II um eine Stromerzeugung mittels einer ORC-Anlage. Es wird unterstellt, dass sich die mögliche Wärmeabgabe an die angeschlossenen Verbraucher durch die Erhöhung der Volllaststunden verdoppelt im Vergleich zu NW-II, sodass die an das Nahwärmenetz III (NW-III) angeschlossenen Verbraucher versorgt werden können. Die Bilanzierung des Heizkraftwerks HKW NW-III kann somit über die Erfassung sämtlicher baulichen und energetischen Mehraufwendungen erfolgen, die im Vergleich zum Nahwärmesystem NW-II ohne Stromerzeugung anfallen. Dabei werden neben den baulichen Aufwendungen für den maschinellen Anlagenteil (u. a. Turbine, Generator, Transformator der ORC-Anlage) auch die zusätzlichen baulichen Aufwendungen für die Anlagenerweiterung (z. B. Vergrößerung des Brennstofflagers aufgrund des höheren Brennstoffdurchsatzes, Wärmeübertrager der ORC-Anlage zusätzlich zum Warmwasserkessel) sowie der gesamte Brennstoffmehrverbrauch berücksichtigt.

Die Bilanzierung des mit Industriehackgut und Rinde befeuerten Biomassekraftwerks HG/R-KW erfolgt sowohl für eine 50 %-ige Auskopplung der maximal möglichen Wärmemenge (HG/R-KW_{50}) als auch für eine Variante (HG/R-KW_{100}), bei der die gesamte zur Verfügung stehenden Heizwärme genutzt wird. Dabei verringert sich der elektrische Nutzungsgrad mit einer Zunahme der Wärmeauskopplung. Mit 50 % Wärmeauskopplung liegt dieser bei 0,26 und bei maximaler Wärmeauskopplung bei 0,23.

Tabelle 9.22 zeigt die Ergebnisse der entsprechenden Lebensweganalysen. Die Wärmegutschrift übersteigt demnach in den meisten Fällen die Höhe der übrigen Aufwendungen. Daher ist in diesen Fällen das Endergebnis negativ, d. h. dass es durch die gekoppelte Strom- und Wärmebereitstellung bei diesen Referenzsystemen zu einer Nettoentlastung der Umwelt im Vergleich zur herkömmlichen (getrennten) Strom- und Wärmeerzeugung kommt.

Tabelle 9.22 Energie- und Emissionsbilanzen einer Stromerzeugung aus Waldhackgut (HKW NW-III) sowie Industriehackgut und Rinde (HG/R-KW; Zahlen gerundet) unter Berücksichtigung entsprechender Wärmegutschriften

		HKW NW-III[a]	HG/R-KW_{50}[b]	HG/R-KW_{100}[b]
Elektrische Energie (netto)	in GWh/a	3,5	166,4	147,2
Wärme	in GWh/a[c]	17,9	198	395
Energie	in GJ_{prim}/TJ[d]	-6 201	-1 257	-3 045
SO_2	in kg/TJ	-952	-81	-368
NO_x	in kg/TJ	627	283	214
CO_2-Äquivalente	in kg/TJ	-459 965	-90 872	-225 461
SO_2-Äquivalente	in kg/TJ	-514	111	-235
Energie	in GJ_{prim}/GWh	-22 322	-4 524	-10 961
SO_2	in kg/GWh	-3 428	-293	-1 324
NO_x	in kg/GWh	2 257	1 020	772
CO_2-Äquivalente	in kg/GWh	-1 655 875	-327 138	-811 661
SO_2-Äquivalente	in kg/GWh	-1 851	399	-846

[a] Heizkraftwerk Nahwärme III; [b] Hackgut(HG)/Rinden(R)-Kraftwerk mit 0 %, 50 % bzw. 100 % Wärmeauskopplung; [c] Wärmeabgabe Heizwerk, nutzbare Wärme beim Verbraucher entsprechend geringer; [d] primärenergetisch bewerteter kumulierter fossiler Energieaufwand (Verbrauch erschöpflicher Energieträger)

Wird bei den Referenzanlagen die gesamte zur Verfügung stehende Heizwärme genutzt, zeigt sich deutlich der Einfluss der Wärmegutschrift. Hier zeichnet sich vor allem das Heizkraftwerk zur Versorgung des Nahwärmesystems (HKW NW-III) durch eine hohe Einsparung erschöpflicher Energieträger sowie einer deutlichen Reduktionen der CO_2-Äquivalent-Emissionen und der SO_2-Emissionen aus. Demgegenüber verursacht bei den NO_x-Emissionen das System HG/R-KW_{100} die geringsten Freisetzungen der hier betrachteten Referenzsysteme. Diese Zusammenhänge resultieren einerseits aus dem im Vergleich zum Hackgut höheren Brennstoffschwefelgehalt in der Rinde und den damit höheren direkten SO_2-Emissionen des Systems HG/R-KW_{100}. Andererseits machen sich die im Vergleich zu einer Rostfeuerung (HKW NW-III) geringeren NO_x-Emissionen einer Wirbelschichtfeuerung (HG/R-KW_{100}) bemerkbar.

Die Ergebnisse aus Tabelle 9.22 zeigen auch deutlich den Einfluss der unterschiedlichen Nutzung der bei der Stromerzeugung anfallenden Heizwärme anhand des Referenzsystems HG/R-KW, da entsprechend der Höhe der Wärmegutschrift der Gesamtverbrauch erschöpflicher Energieträger bzw. die Gesamtemissionen in allen Wirkungskategorien sinken.

Betrachtet man die Aufteilung des Verbrauchs erschöpflicher Energieträger sowie der CO_2-Äquivalent-Emissionen auf Bau, Betrieb und Abriss der Anlagen werden diese von der Bereitstellung der Brennstoffe sowie den bei der Verbrennung entstehenden direkten treibhausrelevanten Emissionen von Distickstoffoxid (Lachgas, N_2O) und Methan (CH_4) dominiert. Abb. 9.55 zeigt dies anhand der Aufteilung der CO_2-Äquivalent-Emissionen für die Referenzsysteme HKW NW-III und HG/R-KW_{100} aus Tabelle 9.22 ohne Berücksichtigung der Wärmegutschrift. Unter "sonstiger Betrieb" werden dabei sämtliche Aufwendungen für Hilfs- und Betriebsstoffe (u. a. Dieselkraftstoff für Radlader, Wartung, Instandhaltung) zusammengefasst. Insgesamt werden durch die Bereitstellung der Brennstoffe sowie den laufenden Anlagenbetrieb knapp 84 (HG/R-KW_{100}) bzw. 77 % (HKW NW-III) der gesamten CO_2-Äquivalent-Emissionen bedingt. Der Bau der Anlagen hat mit etwa 23 (HKW NW-III) bzw. 16 % (HG/R-KW_{100}) einen nur relativ geringen sowie Abriss und Entsorgung einen vergleichsweise vernachlässigbaren Anteil.

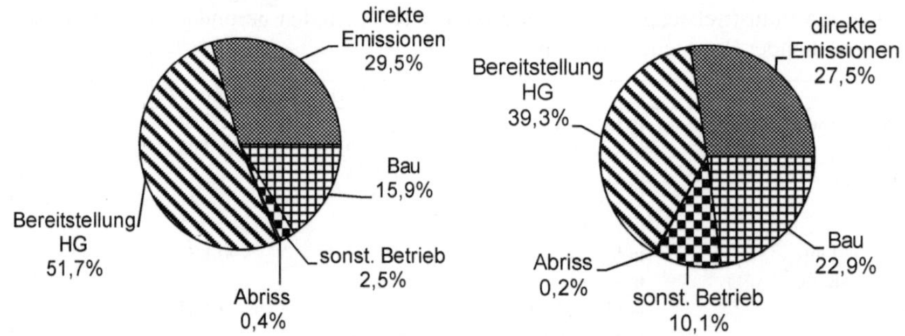

Abb. 9.55 Aufteilung der CO_2-Äquivalent-Emissionen einer Bereitstellung elektrischer Energie durch die in Tabelle 9.20 definierten Referenzanlagen HKW NW-III (rechts) und HG/R-KW_{100} (links; HG Hackgut)

Demgegenüber dominieren bei den SO_2- und NO_x-Emissionen mit einem Anteil von etwa 80 % an den Gesamtemissionen die bei der energetischen Nutzung der Biomasse entstehenden direkten Emissionen des Verbrennungsprozesses.

Biogasanlagen. Entsprechend der bisherigen Vorgehensweise werden auch für die definierten Biogasanlagen die Energie- und Emissionsbilanzen über die gesamte Anlagenlebensdauer einschließlich aller vorgelagerten Prozesse erstellt und diskutiert (Emissionsfaktoren für direkte Emissionen aus dem Verbrennungsprozess nach /Jungbluth et. al. 2007/). Das bei der Verbrennung der Bioenergieträger freigesetzte Kohlenstoffdioxid (CO_2) geht dabei entsprechend der bisherigen Argumentation – eine nachhaltige Biomasseproduktion unterstellt – wiederum nicht in die Bilanzierung ein.

Für die Biogasanlagen, die auch tierische Exkremente als Co-Substrat verwenden, wird eine Gutschrift für die im Vergleich zu einer konventionellen Güllelagerung vermiedenen Methanemissionen berücksichtigt /Freibauer und Kaltschmitt 2000/. Außerdem wird aufgrund der bisher nicht vollständig sichergestellten Dichtheit der Anlagen ein Methanschlupf unterstellt. Das ausgegorene Substrat wird nach einer ggf. erforderlichen Zwischenlagerung auf den landwirtschaftlichen Flächen des Anlagenbetreibers bzw. der Substratlieferanten ausgebracht. Die damit verbundene Düngewirkung wird direkt beim Anbau der Energiepflanzen (z. B. Mais) als reduzierter Düngungsaufwand berücksichtigt (d. h. Kreislaufführung der Nährstoffe). So muss der hier beispielhaft unterstellte angebaute Mais, wenn das ausgefaulte Co-Substrat aus Gülle/Maissilage ausgebracht wird, nicht zusätzlich mineralisch gedüngt werden, da über die Gülle ausreichend Nährstoffe (u. a. pflanzenverfügbarer Stickstoff) in das System eingebracht werden. Wird demgegenüber ausschließlich Maissilage in der Biogasanlage eingesetzt, muss beim Maisanbau mineralisch nachgedüngt werden.

Die Ergebnisse der Lebenszyklusanalyse werden mit einer teilweisen Nutzung der anfallenden Heizwärme diskutiert, da bei den landwirtschaftlichen Biogassystemen ohne Biogasaufbereitung und -einspeisung maximal 30 % der möglichen Wärme genutzt werden kann. Bei dem System M-2000-AV mit einer Aufbereitung des Biogases auf Erdgasqualität und einer Einspeisung ins Erdgasnetz kann durch die ortsferne Verstromung mittels BHKW ein größerer Anteil (80 %) der anfallenden Wärme genutzt werden. Tabelle 9.23 zeigt die entsprechenden Ergebnisse der Bilanzierung.

Tabelle 9.23 Energie- und Emissionsbilanzen einer landwirtschaftlichen Strom- und Wärmeerzeugung aus Biogas (Zahlen gerundet) (ohne und mit Biogasaufbereitung)

		MG-250-VV[a]	MG-500-VV[a]	M-500-VV[a]	M-1000-VV[a]	M-2000-AV[a]
Elektrische Arbeit[d]	in MWh/a	1 725	3 450	3 450	6 900	10 416
Wärmenachfrage[b]	in GJ/a	2 588	4 689	4 689	8 931	33 597
	in MWh/a	719	1 303	1 303	2 481	9 332
Energie	in GJ_{prim}/TJ[c]	321	316	351	349	-224
SO_2	in kg/TJ	144	137	158	154	91
NO_x	in kg/TJ	470	445	440	429	413
CO_2-Äquivalente	in kg/TJ	26 267	25 727	54 845	53 843	32 228
SO_2-Äquivalente	in kg/TJ	650	617	662	646	588
Energie	in GJ_{prim}/GWh[a]	1 156	1 137	1 264	1 257	-806
SO_2	in kg/GWh	519	494	568	556	326
NO_x	in kg/GWh	1 691	1 604	1 583	1 544	1 487
CO_2-Äquivalente	in kg/GWh	94 562	92 617	197 443	193 836	116 021
SO_2-Äquivalente	in kg/GWh	2 340	2 221	2 384	2 327	2 118

M Maissilage, G Gülle, VV Vor-Ort-Verstromung, AV Verstromung nach Aufbereitung; [a] MG-250-VV bis M-1000-VV: Biogasanlagen ohne Biogasaufbereitung bzw. M-2000-AV: Biogasanlage mit Aufbereitung des Biogases auf Erdgasqualität; [b] 30% Wärmeauskopplung bei Referenzanlagen MG-250-VV, MG-500-VV, M-500-VV und M-1000-VV bzw. 80% Wärmeauskopplung bei Referenzanlage M-2000-AV; [c] primärenergetisch bewerteter kumulierter fossiler Energieaufwand (Verbrauch erschöpflicher Energieträger); [d] netto

Ein Großteil des mit der Bereitstellung elektrischer Energie verbundenen Verbrauchs erschöpflicher Energieträger sowie der CO_2-Äquivalent-Emissionen stammen aus der Bereitstellung bzw. dem Anbau der Energiepflanzen, dem Methanschlupf und sonstigen Aufwendungen aus dem Biogasanlagenbetrieb. Abb. 9.57 zeigt dies exemplarisch anhand der Aufteilung der CO_2-Äquivalent-Emissionen für alle Referenzanlagen.

Unterschiedliche Anteile des Anlagenbetriebs am Gesamtergebnis ergeben sich dabei vor allem aufgrund der verwendeten Substrate (Gülle kann praktisch ohne Aufwand eingebunden werden, lediglich der Transportaufwand wurde berücksichtigt). Außerdem bedingt eine Gutschrift für die vermiedene Güllelagerung bei den Systemen MG-250-VV und MG-500-VV einen geringeren betrieblichen Aufwand. Hinzu kommt, dass der hier unterstellte Methanschlupf der Biogasanlage rund 25 % der gesamten Treibhausgasemissionen beispielsweise der Referenzanlage M-500-VV verursacht. Die CO_2-Äquivalent-Emissionen der sonstigen Aufwendungen aus dem Betrieb der Anlage stammen aus den Aufwendungen für Wartung und Instandhaltung (z. B. Schmiermittel) sowie aus den beim Verbrennungsprozess auftretenden direkten Emissionen von Methan und Distickstoffoxid (Lachgas, N_2O). Die Referenzanlage mit der Biogaseinspeisung M-2000-AV unterscheidet sich von den Anlagen M-500-VV und M-1000-VV nicht im eingesetzten Substrat. Die hohen Emissionen und Aufwendungen aus dem Anlagenbetrieb (Biogasaufbereitung und Einspeisung von Methan ins Erdgasnetz) werden aber durch das günstigere Größenverhältnis der Anlage (größer, spezifisch günstiger) und die höhere Wärmegutschrift (80 statt 30 %) ausgeglichen. Bau und Abriss aller Anlagen zeigen einen relativ geringen Beitrag zu den Gesamtemissionen. Insgesamt liegt der Anteil der baulichen Aufwendungen an den gesamten Treibhausgasen bei 5 bis 15 %. Entsprechend ist der Anteil für den Abriss der Anlagenkomponenten mit 2 bis 5 % deutlich kleiner.

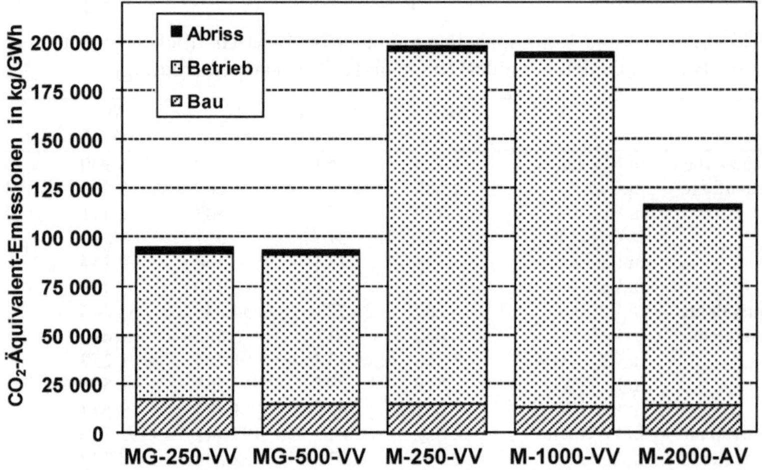

Abb. 9.56 Aufteilung der CO_2-Äquivalent-Emissionen einer Bereitstellung elektrischer Energie für alle Biogas-Referenzanlagen (zur Erklärung der Kürzel siehe Tabelle 9.21)

Die NO_x-, SO_2- und damit auch SO_2-Äquivalent-Emissionen werden demgegenüber stärker durch die bei der energetischen Nutzung des Biogases entstehenden direkten Emissionen bestimmt. Abb. 9.57, rechts, zeigt dies anhand der Aufteilung der NO_x-Emissionen für das Referenzsystem M-500-VV. Folglich stammen knapp 33 % der gesamten NO_x-Emissionen aus dem Verbrennungsprozess; die Anteile der anderen betrieblichen Aufwendungen, abgesehen von der Bereitstellung der Maissilage, sowie von Bau und Abriss der Anlage sind dagegen nur von untergeordneter Bedeutung.

Weitere Umwelteffekte. Bei den biomassebefeuerten Systemen können zusätzlich zu den bisher diskutierten Umweltauswirkungen im Verlauf des gesamten Lebensweges (d. h. Lebenszyklusanalyse) noch weitere Umweltauswirkungen gegeben sein. Diese können sich z. T. deutlich zwischen denen einer Nutzung biogener Festbrennstoffe und solchen infolge einer Biogaserzeugung und -nutzung unterscheiden. Dabei gelten die in Kapitel 9.3.1.2 diskutierten übergeordneten Umwelteffekte einer Biomassebereitstellung auch für die hier diskutierten Biomassefraktionen bzw. -nutzungsoptionen. Hinzu kommt, dass die potenziellen Umweltauswirkungen einer gekoppelten Wärme- und Stromerzeugung aus fester Biomasse weitgehend denen einer ausschließlichen Wärmebereitstellung in größeren Heizwerken entsprechen, die in Kapitel 9.3.1.2 diskutiert werden; sie werden hier nicht weitergehend dargestellt. Die folgenden Ausführungen beschränken sich aus diesen Gründen ausschließlich auf die einer Energiegewinnung in Biogasanlagen.

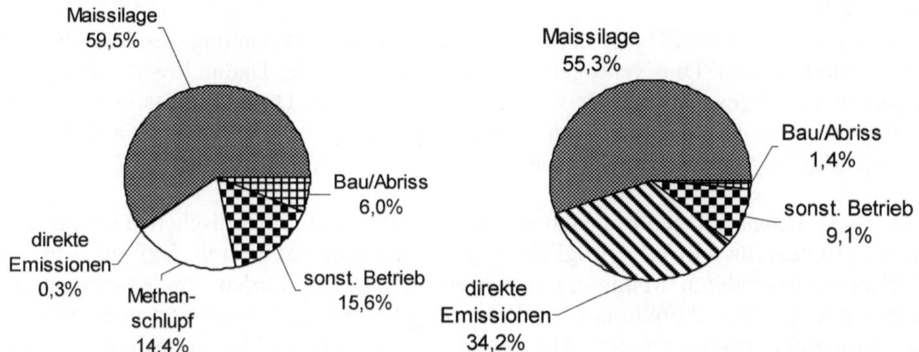

Abb. 9.57 Aufteilung der CO_2-Äquivalent-Emissionen (links) und NO_x-Emissionen (rechts) einer Bereitstellung elektrischer Energie aus Biogas am Beispiel der Anlage M-500-VV

Herstellung. Anaerobanlagen zur gekoppelten Strom- und Wärmebereitstellung aus Biomasse (Biogasanlagen) werden konventionell mit Methoden und Verfahren des klassischen Maschinenbaus und des Bauwesens errichtet. Der Bau derartiger verfahrenstechnischer Anlagen ist damit mit den entsprechenden branchentypischen Umwelteffekten verbunden, die aufgrund der langjährigen Erfahrung in diesen Industriezweigen und der deshalb sehr weitgehenden gesetzlichen Reglementierung als gering einzuschätzen sind.

Normalbetrieb. Biogas enthält vorwiegend Methan, Kohlenstoffdioxid sowie diverse Spurengase wie z. B. Schwefelwasserstoff und Ammoniak. Insbesondere letztere sind als Spurengase kritisch zu bewerten.

Schwefelwasserstoff besitzt schon bei geringen Gehalten eine ätzende Wirkung auf Kupfer und Kupferverbindungen. Um möglichen korrosionsbedingten Leckagen vorzubeugen, sollten deshalb geeignete Materialien verwendet und/oder die eingesetzten Materialien entsprechend geschützt werden. Zusätzlich kann Schwefelwasserstoff schon bei geringen Gehalten (1 000 ppm) auf den Menschen tödlich wirken. Deshalb muss durch entsprechende, weitgehend gesetzlich geregelte Maßnahmen sichergestellt sein, dass es in tödlichen Mengen nicht eingeatmet werden kann.

Beim bakteriellen Abbau von Eiweißen oder Nukleinsäuren freigesetzte Stickstoffverbindungen werden im reduktiven Milieu zu Ammoniumionen umgewandelt. Diese stehen je nach pH-Wert im Gleichgewicht zu Ammoniak. Im Bereich von pH 7 bis pH 7,6 reicht schon eine Erhöhung des pH-Wertes um wenige Zehnteleinheiten, um den Ammoniakgehalt im Gas spürbar zu erhöhen. Bei einer Verbrennung führt dies zu Bildung von Stickstoffoxiden und zur Korrosion von Kupferbauteilen. Beides kann aber durch entsprechende technische Maßnahmen weitgehend minimiert werden.

Störfall. Wird Biogas in Verbrennungsmotoren genutzt, kann sich durch den im Gas befindlichen Schwefelwasserstoff bei der Verbrennung schweflige Säure bilden, welche abhängig von der Menge die Motorfunktion beeinträchtigen und diesen letztendlich schädigen kann. Dadurch kann es zu Motorenausfällen mit allen damit potenziell verbundenen Umweltauswirkungen kommen. Durch eine entsprechende Aufbereitung und eine ausreichende Wartung können derartige Störfälle aber weitgehend vermieden werden.

Durch einen hohen CO_2-Gehalt im Biogas kann die Verbrennungsgeschwindigkeit verlangsamt werden. Dies verzögert das Verbrennungsende. Dadurch wird die Zylindertemperatur abgesenkt und der Wirkungsgrad reduziert. Deshalb muss unter diesen Bedingungen die Leistung des Motors reduziert werden, um bei hohen CO_2-Gehalten eine Überhitzung des Motors vorzubeugen /Hartmann und Kaltschmitt 2002/.

Stilllegung. Biogasanlagen bestehen aus metallischen und mineralischen Werkstoffen, für die größtenteils umweltverträgliche Verwertungswege existieren. Ggf. müssen die Werkstoffe besonderen Reinigungsverfahren unterzogen werden, um Ablagerungen zu beseitigen. Diese Abfälle aus der Reinigung können z. T. verwertet oder müssen als Sondermüll entsorgt werden. Aus gegenwärtiger Sicht sind bei der Stilllegung von Biogasanlagen keine Umweltauswirkungen zu erwarten, welche die von anderen energietechnischen Anlagen übersteigen.

9.3.2.3 Ökonomische Analyse

Im Folgenden werden die mit einer Strom- und Wärmebereitstellung aus biogenen Festbrennstoffen sowie aus vergärbaren landwirtschaftlichen Substraten verbundenen monetären Aufwendungen dargestellt.

Heizkraftwerke. Die mit einer Bereitstellung von elektrischer Energie bzw. einer gekoppelten Strom- und Wärmebereitstellung aus fester Biomasse verbundenen Investitionen, Betriebs- und Brennstoffkosten sowie die spezifischen Stromgestehungskosten werden anhand der in Tabelle 9.20 definierten Referenzanlagen dargestellt.

Investitionen. Die Investitionen des Heizkraftwerkes (HKW NW-III) setzen sich aus den Kosten für die Bautechnik (u. a. Kraftwerksgebäude) und für die Maschinentechnik (ORC-Modul und Peripherie) zusammen. Daraus ergeben sich Gesamtinvestitionen für eine schlüsselfertige Anlage von etwa 3,5 Mio. €.

Die Investitionen für das Referenzsystem HG/R-HKW beinhalten sämtliche monetären Aufwendungen für u. a. Brennstofflager, Kraftwerksgebäude, Grundstück, Feuerung und Kessel, Abgasreinigung sowie für die maschinentechnische Ausrüstung (Peripherie). Insgesamt ergeben sich daraus Gesamtinvestitionen von rund 48 Mio. €.

Betriebskosten. Bei Heizkraftwerken fallen laufende Kosten u. a. für Personal, Instandhaltung, Verwaltung, Rückstellungen für Anlagenerneuerungen, Betriebsmittel für den laufenden Anlagenbetrieb (z. B. Kraftstoff für Radlader), Verwertung von Rückständen der Verbrennung und Abgasreinigung bzw. Versicherungen an. Die einzelnen Kostenanteile können dabei je nach den lokalen Gegebenheiten von Anlage zu

Anlage sehr verschieden sein. Hier wird deshalb von durchschnittlichen Kosten ausgegangen, die für das HKW NW-III bei 0,19 Mio. €/a und für das HG/R-HKW bei 2,9 Mio. €/a liegen.

Nicht berücksichtigt sind in diesen Betriebskosten die Brennstoffkosten; diese sind deshalb in Tabelle 9.24 getrennt angeführt. Für Waldhackgut/Sägerestholz wird hier – entsprechend der bisherigen Vorgehensweise – von einem Mischpreis von 0,09 €/kg und für Industriehackgut/Rinde von 0,04 €/kg ausgegangen. Insgesamt ergeben sich dadurch jährliche Brennstoffkosten von rund 0,78 Mio. € für das HKW NW-III bzw. 10,4 Mio. € für das HG/R-HKW.

Die in Koppelproduktion bereitgestellte Wärme kann zu einem Wärmepreis von 0,03 €/kWh in der definierten Größenordnung an die jeweils unterstellten Verbraucher abgegeben werden. Daraus resultiert eine jährliche Wärmegutschrift beim HKW NW-III von 0,54 Mio. € bei einer Wärmeauskopplung ab Heizkraftwerk von 17,9 GWh sowie beim HG/R-HKW von 5,93 bzw. 11,85 Mio. € bei einer frei Heizkraftwerk ausgekoppelten Wärme von 197,5 (50 %) bzw. 395 GWh/a (100 %).

Tabelle 9.24 Investitionen, Betriebs- und Brennstoffkosten sowie Stromgestehungskosten einer Bereitstellung elektrischer und thermische Energie aus Waldhackgut/Sägerestholz bzw. Industriehackgut/Rinde (Zahlen gerundet, nach /DBFZ 2008/)

		HKW NW-III[a]	HG/R-HKW$_{50}$[b]	HG/R-HKW$_{100}$[b]
Elektrische Leistung	in MW	0,7	21,1	18,6
Elektrische Arbeit (netto)	in GWh/a	3,5	166,4	147,2
Wärmeabgabe	in GJ/a	64 400	711 000	1 422 000
	in GWh/a	17,9	197,5	395,0
Investitionen				
Kraftwerksanlage	in Mio. €	2,24	44,50	44,50
ORC-Modul	in Mio. €	0,97		
Peripherie	in Mio. €	0,30	3,50	3,50
Summe	in Mio. €	3,50	48,00	48,00
	in €/kW	5 000	2 279	2 576
Annuität[c]	in Mio. €/a	0,27	3,69	3,69
Betriebskosten[d]	in Mio. €/a	0,19	2,92	2,92
Brennstoffkosten[e]	in Mio. €/a	0,78	10,44	10,44
Wärmegutschrift[f]	in Mio. €/a	0,54	5,93	11,85
Stromgestehungskosten (mit Wärmegutschrift)	in €/kWh	0,203	0,067	0,035

[a] Heizkraftwerk NW-III; [b] Hackgut(HG)/Rinden(R)-Heizkraftwerk (HKW) mit 50 bzw. 100 % Wärmeauskopplung; [c] bei einem Zinssatz von 4,5 % und einer Abschreibung über die Anlagenlebensdauer von 20 Jahren; [d] u. a. Betrieb und Wartung; [e] 0,09 €/kg für Brennstoffgemisch aus Waldhackgut und Sägerestholz (HKW NW-III) und 0,04 €/kg für Brennstoffgemisch aus Industriehackgut und Rinde (HG/R-HKW); jeweils ohne MwSt.; [f] erzielter Preis für die Wärmeabgabe 0,03 €/kWh

Stromgestehungskosten. Mit den in Kapitel 1.3 definierten finanzmathematischen Randbedingungen (Zinssatz 4,5 %, Abschreibung über technische Lebensdauer von 20 Jahren) sowie den in Tabelle 9.20 bzw. Tabelle 9.24 dargestellten technischen bzw. ökonomischen Kenngrößen können die spezifischen Stromgestehungskosten mithilfe der Annuitätenmethode aus den Gesamtinvestitionen, den jährlich anfallenden Betriebs- und Brennstoffkosten, den aus der Wärmeauskopplung resultierenden Erlösen (Wärmegutschrift) sowie den erzielbaren Stromerträgen berechnet werden. Nicht berücksichtigt werden dabei die Aufwendungen der Elektrizitätsversorgungsunternehmen für die mit der Stromverteilung zusammenhängenden Netzdienstleitungen.

Für die untersuchten Referenzanlagen liegen die Stromgestehungskosten unter Berücksichtigung der anlagenspezifischen Wärmeerlöse durch die Nutzung der anfallenden Heizwärme bei rund 0,20 €/kWh beim HKW NW-III sowie bei 0,07 bzw. 0,04 €/kWh beim HG/R-HKW mit 50 bzw. 100 %-iger Wärmeauskopplung. Bei einer Variation der Wärmeauskopplung sowie der anrechenbaren Erlöse für die Wärme ergeben sich für die Referenzanlage HG/R-HKW die in Abb. 9.58 dargestellten Stromgestehungskosten. Dabei wird unterstellt, dass bei einer maximalen Wärmeauskopplung ein Gesamtnutzungsgrad von 0,85 erreicht wird (0,23 Strom und 0,62 Wärme) und der elektrische Nutzungsgrad mit der genutzten Wärme von 0,3 (ohne Wärmeauskopplung) auf 0,23 (maximale Wärmenutzung) sinkt.

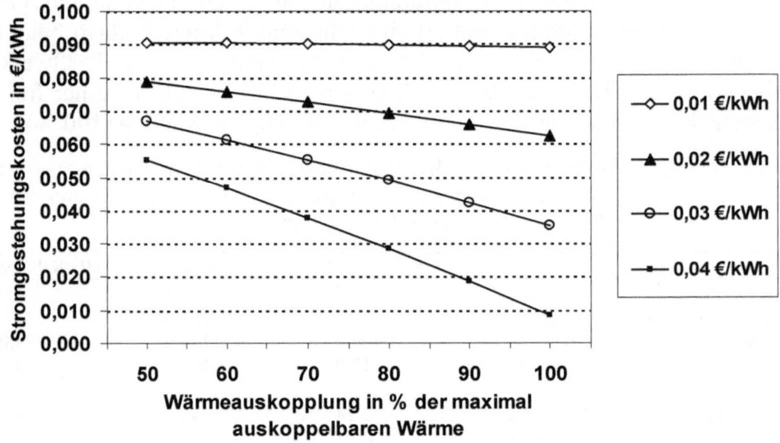

Abb. 9.58 Stromgestehungskosten des Referenzkraftwerks HG/R-HKW bei einer Variation der Wärmeauskopplung sowie der anrechenbaren Erlöse für diese Wärme

Biogasanlagen. Die mit einer Bereitstellung von elektrischer Energie durch Biogasanlagen verbundenen Kosten werden nachfolgend für die in Tabelle 9.21 definierten Referenzanlagen analysiert. Aufgrund der hohen Abhängigkeit der Systemtechnik und der Betriebsführung von Biogasanlagen in Bezug auf die örtlichen Gegebenheiten (u. a. Betriebsstruktur, Substratspektrum) kann es zu deutlichen Unterschieden in der Kostenstruktur der Anlagen kommen. Die hier dargestellten Kosten sind daher nur als Größenordnungen bzw. Anhaltswerte zu verstehen.

Investitionen. Die Investitionen für landwirtschaftliche Biogasanlagen können verfahrensabhängig sehr stark variieren. Deshalb können hier nur durchschnittliche Kosten für schlüsselfertig übergebene Anlagen angegeben werden. Der Investitionsbedarf für Anlagen der 500 kW-Klasse wird – bezogen auf die elektrische Leistung – mit 1 200 bis 7 500 €/kW bzw. im Mittel mit 3 160 €/kW angegeben /Weiland 2005/. Zusätzlich kommt es zu einer Kostendegression mit steigender elektrischer Leistung, die von 4 120 €/kW (MG-250-VV) bis 3 010 €/kW (MM-1000-VV) reicht. Diese Investitionen beinhalten sämtliche Aufwendungen für Einbringtechnik, Fermenter einschließlich Gasspeicher und technischer Ausrüstung, Gärrestlager, Energiekonversionsaggregate, MSR-Technik, bauliche Einrichtungen und Nebeneinrichtungen (Fackel, Notkühler, Entschwefelung usw.). Die absoluten Werte zeigt Tabelle 9.25.

Betriebskosten. Die Betriebskosten setzen sich aus den monetären Aufwendungen für Wartung und Instandhaltung der Anlage sowie den Kosten für Personal und Versicherung zusammen (Tabelle 9.25). Die Brennstoffkosten (hier Maissilage und Gülle) haben dabei einen erheblichen Anteil an der Kostenstruktur der Anlagen, wobei dies i. Allg. nur für Energiepflanzen (z. B. Maissilage) gilt; tierische Exkremente stehen in der Regel kostenfrei zur Verfügung.

Tabelle 9.25 Investitionen und Betriebskosten sowie Stromgestehungskosten einer Bereitstellung elektrischer Energie durch Biogasanlagen (Zahlen gerundet)

System[a]		MG-250-VV	MG-500-VV	M-500-VV	M-1000-VV	M-2000-AV
Elektr. Leistung	in kW	250	500	500	1 000	2 000
Netto-Stromerzeugung	in MWh/a	1 725	3 450	3 450	6 900	10 416
Wärmenachfrage[b]	in GJ/a	2 588	4 689	4 689	8 931	33 597
	in MWh/a	719	1 303	1 303	2 481	9 332
Investitionen	in Mio. €	1,028	1,745	1,702	3,008	8,747
Annuität[c]	in Mio. €/a	0,101	0,167	0,163	0,282	
Betriebskosten[d]	in Mio. €/a	0,101	0,166	0,172	0,301	
Brennstoffkosten[e]	in Mio. €/a	0,168	0,318	0,350	0,681	
Gutschrift Wärme[f]	in €/a	21 563	39 079	39 079	74 423	279 973
Stromgestehungskosten						
ohne Wärmegutschrift	in €/kWh	0,21	0,19	0,20	0,18	0,25
mit Wärmegutschrift	in €/kWh	0,20	0,18	0,19	0,17	0,23

M Maissilage, G Gülle, VV Vor-Ort-Verstromung, AV Verstromung nach Aufbereitung; [a] MG-250-VV bis M-1000-VV: Biogasanlagen ohne Biogasaufbereitung bzw. M-2000-AV: Biogasanlage mit Biogasaufbereitung auf Erdgasqualität; [b] Wärmenutzungsgrad von 30 % bei MG-250-VV bis M-1000-VV bzw. 80 % bei M-2000-AV; [c] bei einem Zinssatz von 4,5 % und einer Abschreibung über die technische Lebensdauer (Fahrsilo, Biogasanlage, Gastherme, Einspeise- und Aufbereitungsanlage jeweils 20 Jahre; BHKW 8 Jahre); [d] ohne Brennstoffkosten; [e] Maissilage 0,03 €/kg; jeweils ohne MwSt.; [f] erzielter Preis für die Wärmeabgabe 0,03 €/kWh

Stromgestehungskosten. Mit den in Kapitel 1.3 definierten finanzmathematischen Randbedingungen (Zinssatz 4,5 %, Abschreibung über technische Lebensdauer von 20 Jahren (BHKW und Rührwerk 15 Jahre)) sowie den in Tabelle 9.21 bzw. Tabelle 9.25 dargestellten technischen bzw. ökonomischen Kenngrößen können die spezifischen Stromgestehungskosten mithilfe der Annuitätenmethode aus den Gesamtinvestitionen, den jährlich anfallenden Betriebskosten bzw. -erträgen sowie der realisierten Stromerzeugung berechnet werden. Dabei werden die Stromgestehungskosten sowohl mit als auch ohne Nutzung eines Teils der in Koppelproduktion anfallenden Heizwärme bestimmt. Der Anteil der ausgekoppelten Heizwärme beträgt einheitlich 30 %. Der Wärmeerlös wird entsprechend der bisherigen Vorgehensweise mit 0,03 €/kWh festgelegt.

Unter diesen Randbedingungen errechnen sich Stromgestehungskosten der untersuchten Referenzanlagen bei einer Vor-Ort-Verstromung zwischen 0,17 und 0,20 €/kWh mit bzw. 0,18 bis 0,21 €/kWh ohne Wärmegutschrift. Dabei ist eine deutliche Größendegression der Gestehungskosten zu beobachten. Im Unterschied dazu weist die Anlage mit Biogasaufbereitung auf Erdgasqualität zur Einspeisung ins Gasnetz und ortsfernen Verstromung Stromgestehungskosten von 0,23 mit bzw. 0,25 €/kWh ohne Wärmegutschrift auf (Tabelle 9.21).

Um den Einfluss relevanter Größen auf die Gestehungskosten besser abschätzen und bewerten zu können, zeigt Abb. 9.59 eine Variation der wesentlichen sensitiven Parameter am Beispiel der Referenzanlage M-1000-VV mit einem Wärmenutzungsgrad von 30 %. Demnach zeigt die vom System abgegebene elektrische Arbeit den größten Einfluss auf die Stromgestehungskosten. Eine Beeinflussung dieser lässt sich z. B. in erster Linie durch eine höhere Auslastung des Blockheizkraftwerks, aber auch durch eine Steigerung des elektrischen BHKW-Nutzungsgrads und eine insgesamt höhere Gasausbeute erreichen. Fast den gleichen Effekt hat die Variation der Brennstoffkosten. Der Einfluss der Investitionen, Betriebskosten und Abschreibungsdauer auf die Gestehungskosten ist demgegenüber geringer. Den vergleichsweise geringsten Einfluss haben die Wärmegutschriften und der diesen Berechnungen zugrunde gelegte Zinssatz.

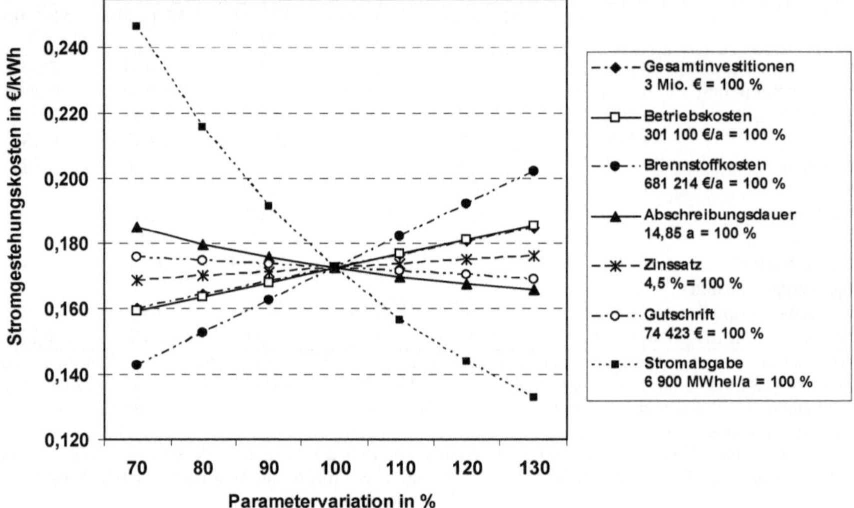

Abb. 9.59 Variation wesentlicher Einflussgrößen auf die spezifischen Stromgestehungskosten der in Tabelle 9.21 definierten landwirtschaftlichen Biogasanlage M-1000-VV (Abschreibungsdauer von 16 Jahren entspricht dem gewichteten Mittel aller Anlagenkomponenten, Gutschrift von 74 423 €/a für Wärmenutzung)

9.3.3 Kraftstoffe

Im Folgenden werden die mit der Bereitstellung und energetischen Nutzung von flüssigen und gasförmigen Biokraftstoffen verbundenen Umwelteffekte und Kosten dargestellt und diskutiert. Aufgrund der in Österreich gegebenen landwirtschaftlichen Anbaubedingungen sowie der Zielvorgabe, Biokraftstoffe vor allem als Substitut von Motorkraftstoff einzusetzen, werden nur ausgewählte Referenzkonzepte betrachtet. Durch die Vielzahl möglicher Einflussfaktoren auf die landwirtschaftliche und technische Umsetzung einer Biokraftstoffproduktion und Nutzung (u. a. Pflanzenertrag, Einsatz von Mineraldünger und Pflanzenschutzmittel, Anlagentechnik) sind die daraus abgeleiteten Bilanzergebnisse nur als Beispiele einer Nutzung von Biokraftstoffen zu sehen. Gleiches gilt für die beispielhafte Darstellung von Kosten für die jeweiligen Referenzkonzepte.

9.3.3.1 Referenzanlagen

Derzeit ist eine Vielzahl unterschiedlichster Biokraftstoffe in der Diskussion. Dazu zählen zum Einen die bereits heute auf dem Markt befindlichen Optionen Biodiesel (RME) und Bioethanol (Kapitel 9.2.3 und Kapitel 9.2.4). Hinzu kommt zukünftig potenziell synthetischer Diesel aus Biomasse (sogenannter Fischer-Tropsch(FT)-Diesel). Alternativ oder additiv könnten auch gasförmige Biokraftstoffe an energiewirtschaftlicher Bedeutung im Verkehrssektor erlangen; darunter ist aufbereitetes Biogas aus der bio-chemischen Biomasseumwandlung – wie es heute in ersten Anlagen bereits produziert wird – und sogenanntes Bio-SNG (synthetisches Erdgassubstitut) aus der thermo-chemischen Wandlung fester Biomassen zu verstehen. Nachfolgend werden die verschiedenen Biokraftstoffe, wie sie den nachfolgenden Analysen zugrunde gelegt werden, kurz diskutiert (Tabelle 9.26).

Tabelle 9.26 Referenzkonzepte für die untersuchten Biokraftstoffe

		Biodiesel (RME)	Bio-ethanol	Fischer-Tropsch(FT)-Diesel	Biomethan (Bio-SNG)	Biomethan (Biogas)
Verfahrensansatz		Pflanzenölerzeugung, Umesterung, Biodieselaufbereitung	Verflüssigung, Verzuckerung, Fermentation, Aufbereitung	Pyrolyse, Vergasung und Fischer-Tropsch(FT)-Synthese	Wirbelschichtvergasung, Methanisierung	anaerobe Biogasproduktion, Aufbereitung
Technologiestatus		kommerziell verfügbar	kommerziell verfügbar	mittelfristig verfügbar	kurzfristig verfügbar[a]	kommerziell verfügbar
Anlagenkapazität	in t_{KS}/a	100 000	190 000	100 000	21 500	2 880
	in MW_{KS}	129	174	152	38	5
Volllaststunden	in h/a	8 000	8 000	8 000	8 000	8 000
Edukt		Rapsöl	Körnermais	Weide/ Pappel	Waldrestholz	Maissilage
Nebenprodukte		Glycerin	DDGS	Naphtha	Wärme	

[a] Demonstrationsanlage in Güssing/Burgenland wird erfolgreich betrieben

Rapsölmethylester. Biodiesel auf der Basis von Rapsöl (RME) wird in großtechnischen Produktionsanlagen hergestellt. Die zuvor notwendige Rapsölherstellung erfolgt in einer großtechnischen Ölmühle aus konventionell angebauter Rapssaat durch Pressung und Extraktion mit Hexan. Das als Nebenprodukt anfallende Rapsextraktionsschrot wird als Futtermittel eingesetzt. Das Rapsrohöl wird (teil-)raffiniert und dient als Einsatzstoff zur Biodieselherstellung. Zur Erfüllung der Anforderungen des Umesterungsprozesses wird das Pflanzenöl vorbehandelt und anschließend mit Methanol katalysatorgestützt zu Rapsmethylester umgeestert. Nach einer Aufbereitung der dabei entstehenden Stoffströme liegen Biodiesel, Glycerin und – je nach eingesetzten Katalysatoren – Kaliumsulfat vor. Bei einem mittleren jährlichen Ertragsniveau von 3,3 t/(ha a) Rapssaat ergeben sich ein Ölertrag von rund 1,42 t/(ha a) und eine RME-Ausbeute von ca. 1,4 t/(ha a) bzw. rund 53 GJ/(ha a) (14,7 MWh/(ha a)).

Bioethanol. In Anlehnung an die Anlage in Pischelsdorf wird Bioethanol hier aus Getreide und/oder Körnermais in einem Maisch-Verfahren mit gleichzeitiger enzymatischer Verzuckerung und kontinuierlicher alkoholischer Fermentation sowie anschließender Destillation/Rektifikation und Absolutierung erzeugt. Die neben der Alkoholfraktion anfallende Schlempe wird in eine Dünn- und Dickphase getrennt. Ein

Teil der Dünnschlempe wird in das Maischverfahren als Frischwasserersatz zurückgeführt. Die nicht rückführbare Dünnschlempe wird eingedickt und zusammen mit der Dickschlempe getrocknet; das Endprodukt (DDGS) wird als Futtermittel verwertet. Bei einem durchschnittlichen jährlichen Ertrag an Getreide von rund 6 t/(ha a) oder Körnermais von ca. 10 t/(ha a) lassen sich durchschnittlich rund 2,6 t/(ha a) bzw. ca. 69,7 GJ/(ha a) (19,4 MWh/(ha a)) Ethanol erzeugen.

Fischer-Tropsch(FT)-Diesel. Für das hier exemplarisch untersuchte mehrstufige Verfahren zur Bereitstellung von Fischer-Tropsch(FT)-Diesel wird der Einsatz von Hackgut aus Kurzumtriebsplantagen und Stroh aus der Landwirtschaft unterstellt.

Der erste Verfahrensschritt besteht aus einer dezentralen Schnellpyrolyse, bei der Pyrolyseöl, -koks und -gas entstehen. Der Pyrolysekoks wird gemahlen und mit dem Pyrolyseöl gemischt; es entsteht ein Slurry (Flüssigschlamm) mit einem hohen raumspezifischen Energiegehalt, der vergleichsweise einfach transportierbar ist. Im zweiten Schritt erfolgt die Weiterverarbeitung dieses Slurry in einer großtechnischen Flugstromvergasungsanlage. Dabei entsteht ein praktisch teerfreies, methanarmes Rohsynthesegas. Aus diesem werden – nach einer mehrstufigen Gasaufbereitung und -konditionierung – über eine Fischer-Tropsch(FT)-Synthese katalytisch induziert längerkettige Kohlenwasserstoffe erzeugt. Mittels geeigneter Prozesse (Hydrocracking, Destillation) können diese dann in ein als Dieselkraftstoff verwendbares hochqualitatives Produkt umgewandelt werden.

Mit einem durchschnittlichen Ertrag der Kurzumtriebsplantagen von etwa 10 bis 12 t_{atro}/(ha a) ließen sich etwa 1,7 bis 2,1 t/(ha a) bzw. 64,3 bis 79,4 GJ/(ha a) (17,8 bis 22,1 MWh/(ha a)) synthetischer Dieselkraftstoff erzeugen. Käme alternativ Stroh zum Einsatz, könnten bei einer erwarteten technisch nutzbaren Strohausbeute von 0,8 bis 1,5 t/ha (ca. 20 bis 30 % des anfallenden Strohs) ca. 0,1 bis 0,2 t/(ha a) bzw. 3,8 bis 7,6 GJ/(ha a) (1,0 bis 2,1 MWh/(ha a)) synthetischer Dieselkraftstoff erzeugt werden. Diese Stoff- und Energieströme sowie die jeweiligen Anlagenspezifika können gegenwärtig aber nur anhand theoretischer Betrachtungen abgeschätzt werden.

Biomethan aus thermo-chemischen Prozessen. Wird feste Biomasse thermochemisch zu einem Synthesegas umgewandelt und dieses anschließend methanisiert, spricht man bei dem produzierten Biomethan von Bio-SNG (Synthetic Natural Gas). Ein derartiges Konzept wird in Güssing/Burgenland erfolgreich demonstriert.

Das hier untersuchte Bio-SNG-Konzept nutzt Holzhackgut (z. B. Waldrestholz, Holz aus Kurzumtrieb), das nach einer entsprechenden Vorbehandlung (Zerkleinerung, Trocknung) in einer Zweibettwirbelschicht in ein Rohgas umgewandelt wird. Nach einer mehrstufigen Gasreinigung (u. a. Biodieselwäsche zur Teerabscheidung) und einer Konditionierung erfolgt die Methanisierung zu Roh-Bio-SNG, welches abschließend auf Erdgasqualität aufbereitet wird (u. a. Trocknung, CO_2-Abtrennung).

Werden für das verwendete Waldrestholz Erträge von 0,5 bis 1,0 t/(ha a) angenommen, ergeben sich Bio-SNG-Ausbeuten von 1,2 bis 2,5 MWh/(ha a) (4,3 bis 9,0 GJ/(ha a)). Würde alternativ dazu Holz aus Kurzumtriebsplantagen mit einem mittleren Ertrag von 10 bis 12 t_{atro}/(ha a) eingesetzt, lägen die SNG-Ausbeuten bei ca. 30,1 bis 36,8 MWh/(ha a) (108,4 bis 132,5 GJ/(ha a)). Die relevanten Stoff- und Energieströme sowie jeweiligen Anlagenspezifika werden anhand theoretischer Betrachtungen ausgehend von ersten Ergebnissen der Demonstrationsanlage in Güssing/Burgenland abgeschätzt.

Biomethan aus bio-chemischen Prozessen. Zur Biogaserzeugung kommen primär Maissilage und Gülle in unterschiedlichen Mischungen in heute marktgängigen Anlagen zur Anwendung. Das entstehende Biogas wird mit einer Druckwasserwäsche auf die geforderte Biomethanqualität aufbereitet. Die Gärreste werden nach einer Fest-Flüssig-Separation als Dünger auf landwirtschaftlichen Flächen verwertet. Bei einem angenommenen Ertrag von 44 t_{FM}/(ha a) für Maissilage ergeben sich Biomethanausbeuten von etwa 45 MWh/(ha a) (162 GJ/(ha a)).

9.3.3.2 Ökologische Analyse

Für die in Kapitel 9.3.3.1 definierten Referenztechniken wird nachfolgend eine Bilanzierung ausgewählter Umweltkenngrößen einer Kraftstoffbereitstellung im Verlauf des gesamten Lebensweges durchgeführt. Im Anschluss daran werden weitere Umwelteffekte, die während der Herstellung, dem Normalbetrieb, bei Störfällen und bei Stilllegung auftreten können, untersucht.

Lebenszyklusanalyse. Nachfolgend werden die Energie- und Emissionsbilanzen diskutiert (siehe auch /EUCAR Concawe 2007/, /Zah et al. 2007/). Neben den Emissionen, die bei der energetischen Nutzung der Biokraftstoffe in einem Kraftfahrzeug entstehen, werden sämtliche energetischen und materiellen Aufwendungen sowie Schadstoffemissionen, die aus der Bereitstellung der Energiepflanzen bzw. der forst- oder landwirtschaftlichen Rückstände und Nebenprodukte sowie aus dem Bau, Betrieb und Abriss der zur Konversion benötigten Anlagen und Maschinen – einschließlich des Kraftfahrzeugs – resultieren, berücksichtigt. Die Bilanzergebnisse werden auf 1 TJ bereitgestellte Kraftstoffmenge bezogen.

Anfallende Nebenprodukte, die mit dem Produktionsprozess des Biokraftstoffs direkt verbunden sind, werden durch Allokation (d. h. Aufteilung) der Aufwendungen anhand der Massen- bzw. Energieanteile (hier entsprechend dem Heizwert) bis zum entsprechenden Produktionsschritt berücksichtigt /EUCAR Concawe 2007/.

Rapsölmethylester. Zur Erstellung der Lebenswegbilanzen für die Bereitstellung und Nutzung von RME werden folgende Vereinbarungen getroffen.

- Der Anbau von Raps wird mit einem Nicht-Anbau verglichen. Dazu wird der Rapsanbau in eine Fruchtfolge (z. B. Winterweizen, Wintergerste, Winterraps) integriert. Dieser Fruchtfolge wird einer Fruchtfolge gegenübergestellt, in der anstelle der Energiepflanzen eine einjährige Brache eingeplant wird (in diesem Beispiel Winterweizen, Wintergerste, mit Welschem Weidelgras begrünte Brache). Für die Bilanzierung werden nur die Unterschiede zwischen diesen beiden Fruchtfolgen erfasst.
- Das Rapsstroh wird nach der Ernte in den Boden eingearbeitet. Nährstoffausträge außer über die Saat (z. B. Auswaschungen ins Grundwasser) werden nicht unterstellt. Bei Stickstoff, Kalium und Phosphor wird die Menge an mineralischem Dünger berechnet (z. B. N-Dünger: 180 kg/ha Rapsanbaufläche), die im Verlauf einer gesamten Fruchtfolge verglichen mit dem Nicht-Anbau der Energiepflanze (d. h. begrünte Brache) zusätzlich benötigt wird.

- An Nebenprodukten werden Rapsextraktionsschrot und Glycerin analysiert. Rapsextraktionsschrot wird in der Tierernährung eingesetzt und substituiert ein nicht genau bekanntes anderes Futtermittel (z. B. Sojaschrot). Daher werden alle energetischen und materiellen Aufwendungen und Emissionen, die bis zu diesem Verarbeitungsschritt angefallen sind, nach dem Energieinhalt bzw. der Masse aufgeteilt. Gleiches gilt sinngemäß auch für das bei der Umesterung anfallende Glycerin, das Glycerin substituiert, das als Nebenprodukt bei der Verarbeitung natürlicher Fette (vor allem bei der Verseifung) anfällt; da dieses Glycerin ebenfalls nur ein Nebenprodukt darstellt (und die Seifenproduktion nicht durch eine Substitution des Glycerins verändert wird) und damit auch hier kein klar erkennbarer Substitutionsprozess vorhanden ist, wird auch hier eine Aufteilung aller Aufwendungen und Emissionen entsprechend den Energieinhalten bzw. der Masse vorgenommen (bei energetischer Betrachtung verbleiben 60,8 %, bei einer Aufteilung nach Masseanteilen ca. 38,8 % der Gesamtaufwendungen beim Kraftstoff RME).
- Die Nutzung des erzeugten RME erfolgt als Reinkraftstoff in einem Personenkraftwagen mit direkteinspritzendem Dieselmotor und Oxidationskatalysator, der die Abgasnorm Euro III erfüllt.

Tabelle 9.27 zeigt die entsprechenden Ergebnisse der Bilanzierung. Um den Einfluss der nach dem Energieinhalt bzw. der Masse getroffenen Aufteilungen aller energetischen und sonstigen Aufwendungen sowie Emissionen zwischen Rapsöl und Rapsextraktionsschrot bzw. RME und Glycerin auf das Bilanzergebnis zu zeigen, werden diese mit und ohne diese Aufteilungen dargestellt; d. h. die Nebenprodukte werden zusätzlich als ein zu entsorgender Abfall angesehen, dem keine Energieaufwendungen und Emissionen anrechenbar sind.

Tabelle 9.27 Energie- und Emissionsbilanzen einer Bereitstellung und energetischen Nutzung von Rapsölmethylester (Zahlen gerundet)

		Aufteilung nach Energie[a]	Aufteilung nach Masse[b]	Keine Aufteilung[c]
Energie	in GJ_{prim}/TJ[d]	573	361	943
SO_2	in kg/TJ	83	52	137
NO_x	in kg/TJ	220	138	361
CO_2-Äquivalente	in kg/TJ	43 579	27 460	71 657
SO_2-Äquivalente	in kg/TJ	346	218	568

[a] Aufteilung der bis zu diesem Prozess bilanzierten Aufwendungen nach dem Heizwert zwischen Rapsöl und Rapsextraktionsschrot bzw. RME und Glycerin; [b] Aufteilung der bis zu diesem Prozess bilanzierten Aufwendungen nach der Masse zwischen Rapsöl und Rapsextraktionsschrot bzw. RME und Glycerin; [c] sämtliche Aufwendungen werden den Produkten Rapsöl bzw. RME zugerechnet; [d] primärenergetisch bewerteter kumulierter fossiler Energieaufwand (Verbrauch erschöpflicher Energieträger)

Der Großteil des Verbrauchs an erschöpflichen Energieträgern sowie an CO_2-Äquivalent- und SO_2-Emissionen wird durch die Bereitstellung der Düngemittel zur Pflanzenproduktion sowie durch den Umesterungsprozess von Rapsöl zu RME verursacht. Abb. 9.60 zeigt dazu die Aufteilung der CO_2-Äquivalent-Emissionen für das System "RME-Aufteilung nach Energie" entsprechend der Anteile der Erzeugungsstufen sowie nach Bau, Betrieb und Abriss der unterschiedlichen Anlagenteile.

Demnach wird die Bereitstellung des Pflanzenöls zu ca. 94 % durch die Aufwendungen für den Rapsanbau dominiert. Hierbei ist vor allem die Stickstoffdüngung (Produktion und Anwendung des mineralischen Düngers) mit über 70 % verantwortlich. Der Betrieb der Ölmühle bzw. der Umesterungsanlage verursacht mit ca. 5 bzw.

etwa 7 % einen im Vergleich dazu relativ geringeren Anteil der Treibhausgasemissionen (Ölmühle nicht im Diagramm dargestellt, sondern bei der Bereitstellung des Pflanzenöls inkludiert). Vernachlässigbar sind die Auswirkungen von Bau und Abriss der Erzeugungsanlagen. Die Nutzung im Personenkraftwagen hat aufgrund der direkten Emissionen aus dem Betrieb des Motors als auch durch Bau und Abwrackung des Personenkraftwagens einen stärkeren Einfluss auf das Endergebnis (ca. 9 bzw. 15 %). Für den Personenkraftwagen wird dabei eine Kilometerleistung von 225 000 km in dessen Lebenszeit angenommen.

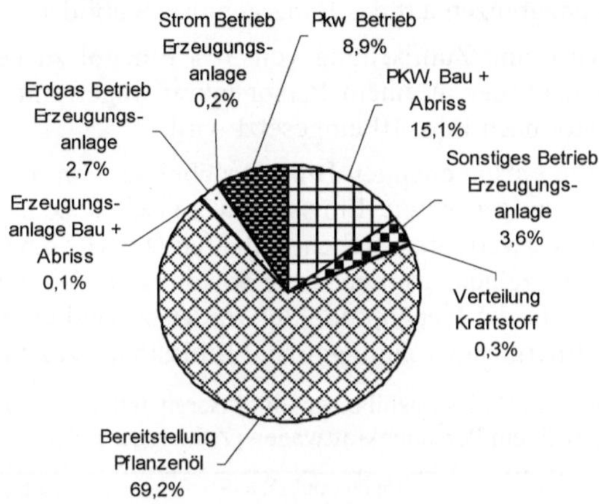

Abb. 9.60 Aufteilung der spezifischen CO_2-Äquivalent-Emissionen für das System "RME, Aufteilung nach Energie" auf verschiedene Stufen der RME-Produktion

Bioethanol. Für die Erstellung der Lebenswegbilanzen einer energetischen Nutzung von Bioethanol wird als Ausgangsprodukt ausschließlich Körnermais betrachtet. Es werden die folgenden Vereinbarungen zugrunde gelegt.

- Der Anbau des Körnermais wird mit einem Nicht-Anbau verglichen; d. h. es werden nur die Unterschiede zwischen einer Fruchtfolge mit einjähriger Brache bzw. Energiepflanzen für die Erstellung der Bilanzen berücksichtigt. Die Ernterückstände werden bei allen untersuchten Energiepflanzen – soweit möglich – in den Boden eingearbeitet. Auch werden Nährstoffausträge außer durch die produzierten Feldfrüchte (z. B. Auswaschungen ins Grundwasser) nicht unterstellt. Bei Stickstoff, Kalium, Kalzium und Phosphor wird die Menge an mineralischem Dünger berechnet, die im Verlauf der gesamten Fruchtfolge verglichen mit dem Nicht-Anbau der Energiepflanze (d. h. begrünte Brache) zusätzlich benötigt wird. Damit wird der Nährstoffentzug ausgeglichen, der bei der Ernte mit der Pflanzensubstanz von der Ackerfläche abtransportiert wird.
- Bei der Verarbeitung von Körnermais zu Ethanol entsteht durch die Trocknung der Dickschlempe DDGS (d. h. Trockenschlempe) als Nebenprodukt. Dieses wird als proteinhaltiges Futtermittel bei der Tierernährung verwendet und substituiert dort andere Futtermittel (z. B. Sojaschrot). Da jedoch ein eindeutiger Substitutionsprozess nicht erkennbar ist (Sojaschrot ist ebenfalls ein Nebenprodukt, dessen Produktion durch eine DDGS-Produktion nicht beeinflusst wird), wird eine Aufteilung der bis zu diesem Prozesspunkt bilanzierten Aufwendungen zwischen Ethanol und Schlempe nach den Heizwerten bzw. den Masseanteilen vorgenom-

men. Letztere Aufteilungsvariante (nach Masse) ist aufgrund der sehr großen Massenanteile der Schlempe nur bedingt sinnvoll; sie wird hier aber der Vollständigkeit halber trotzdem dargestellt. Die Prozessenergie, die zur Eindickung und Trocknung der Schlempe bis zum handelbaren Endprodukt DDGS benötigt wird, wird hier in der Bilanzierung des als Kraftstoff zu nutzenden Ethanols nicht berücksichtigt. Zusätzlich wird eine Bilanzierung und Aufteilung der Aufwendungen zwischen Ethanol und DDGS anhand der Energie- bzw. der Massenanteile am Ende aller Prozessschritte, wenn das fertige DDGS vorliegt, durchgeführt, um den Einfluss der Bilanzgrenzen auf das Endergebnis abzubilden.

- Als Nutzung wird eine Zumischung von 5 % Ethanol zu herkömmlichem Ottokraftstoff untersucht, der in einem Personenkraftwagen mit Ottomotor und geregeltem Katalysator nach Euro III eingesetzt wird.

Tabelle 9.28 zeigt die entsprechenden Bilanzergebnisse. Um den Einfluss der Aufteilungen aller Aufwendungen sowie Emissionen zwischen dem eigentlichen Produkt (Ethanol) sowie den verwertbaren Nebenprodukten (DDGS bzw. Dünnschlempe) auf das Bilanzergebnis zu zeigen, werden diese sowohl mit als auch ohne diese Aufteilungen dargestellt (d. h. die Nebenprodukte werden zusätzlich als Stoffströme angesehen, denen keine Energieaufwendungen und Emissionen zuzurechnen sind).

Tabelle 9.28 Energie- und Emissionsbilanzen einer Bereitstellung von Ethanol aus Körnermais sowie einer Nutzung in einem Personenkraftwagen (Zahlen gerundet)

		Ethanol und DDGS[a]			Ethanol ohne DDGS[b]		
		Aufteilung nach Energie[a1]	Aufteilung nach Masse[a2]	Keine Aufteilung[c]	Aufteilung nach Energie[b1]	Aufteilung nach Masse[b2]	Keine Aufteilung[c]
Energie	in GJ_{prim}/TJ[d]	603	512	975	486	56	761
SO_2	in kg/TJ	94	80	151	92	11	144
NO_x	in kg/TJ	137	116	222	135	15	211
CO_2-Äquivalente	in kg/TJ	40 404	34 324	65 318	33 427	3 834	52 372
SO_2-Äquivalente	in kg/TJ	249	211	402	247	28	387

[a] Aufteilung der bis zum Ende des Gesamtprozesses bilanzierten Aufwendungen nach dem Heizwert ([a1]) und der Massenanteile ([a2]) zwischen Ethanol und DDGS (Trockenschlempe); [b] Aufteilung der bis zu diesem Prozessschritt bilanzierten Aufwendungen nach dem Heizwert ([b1]) und der Massenanteile (nur der Vollständigkeit halber, [b2]) zwischen Ethanol und Dünnschlempe ohne Berücksichtigung der Aufwendungen zur ausschließlichen DDGS Erzeugung; [c] sämtliche Aufwendungen werden dem Produkt Ethanol zugerechnet; [d] primärenergetisch bewerteter kumulierter fossiler Energieaufwand (Verbrauch erschöpflicher Energieträger)

Bei der Bereitstellung und Nutzung von Ethanol als Bioenergieträger wird der Großteil des Verbrauchs an erschöpflichen Energieträgern sowie an Emissionen durch die Bereitstellung der Düngemittel sowie durch die energetischen Aufwendungen für die Ethanolerzeugung (vor allem Destillation) verursacht. Abb. 9.61 zeigt dazu die Aufteilung der CO_2-Äquivalent-Emissionen für das System "Ethanol ohne DDGS" entsprechend der Anteile der Erzeugungsstufen sowie nach Bau, Betrieb und Abriss der unterschiedlichen Anlagenteile. Demnach entfällt fast die Hälfte der Emissionen auf die Bereitstellung des pflanzlichen Ausgangsproduktes. Hierbei ist vor allem die Stickstoffdüngerherstellung und -anwendung ausschlaggebend. Etwa ein Drittel der Emissionen ist auf den Betrieb der Erzeugungsanlage zurückzuführen. Nur ein kleiner Anteil resultiert – aufgrund der günstigen Verbrennungseigenschaften des Ethanols – aus der Nutzung im Personenkraftwagen (< 2 %). Demgegenüber sind die Aufwendungen für den Personenkraftwagen an sich mit fast 15 % bedeutender.

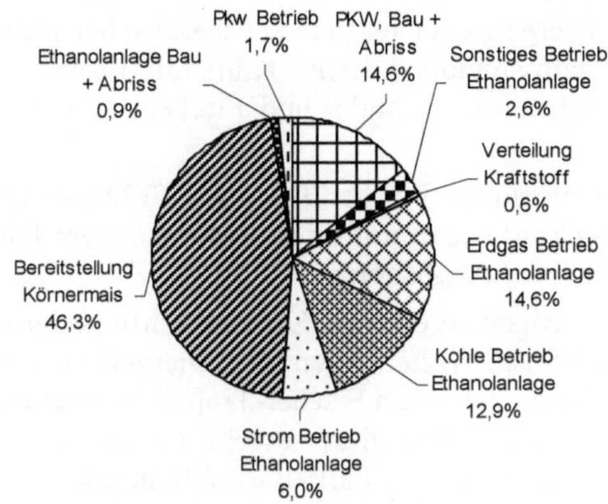

Abb. 9.61 Aufteilung der spezifischen CO_2-Äquivalent-Emissionen für das System "Ethanol ohne DDGS (Trockenschlempe)" auf verschiedene Produktionsstufen

Wird demgegenüber die Bilanzgrenze anders gesetzt (d. h. die Betrachtung am Ende des Gesamtprozesses durchgeführt und damit die gesamten Emissionen einschließlich der Schlempetrocknung auf Ethanol und DDGS aufgeteilt), ist der Betrieb der Ethanolanlage insgesamt (einschließlich DDGS Herstellung) für ca. 50 % der CO_2-Äquivalent-Emissionen verantwortlich. Unter diesen Bedingungen liegt der Beitrag der Bereitstellung der pflanzlichen Ausgangsbasis "nur" bei rund einem Drittel der Emissionen. Der Anteil der Personenkraftwagen für Bau und Entsorgung verringert sich dann auf 11,6 %.

Fischer-Tropsch(FT)-Diesel. Für die Erstellung der Lebenswegbilanz einer Produktion und Nutzung synthetischen Diesels aus Holz werden die folgenden Annahmen getroffen.

- Beim Einsatzstoff Holzhackgut aus schnellwachsenden Kurzumtriebsplantagen (KUP) wird der Anbau mit einem Nicht-Anbau verglichen. Dazu wird der Anbau der mehrjährigen Plantagen aus schnellwachsenden Baumarten, die alle drei bis vier Jahre geerntet werden, einer mehrjährigen Brache gegenübergestellt. Für die Bilanzierung werden nur die Unterschiede zwischen diesen beiden Systemen erfasst.
- Stroh, das ebenfalls zum Einsatz kommen könnte, fällt als Rückstand an und muss nicht speziell erzeugt werden. Deshalb wird für dessen Verfügbarmachung lediglich die Aufbereitung und der Transport bis zur Konversionsanlage berücksichtigt.
- Stroh wird in einer dezentralen Schnellpyrolyse zu einem Slurry aufgearbeitet. Dies ist zwar mit entsprechenden Energieverlusten verbunden, ermöglicht aber aufgrund der höheren Energiedichte einen effizienteren Transport zum Standort der Konversionsanlage zu Kraftstoff.
- Als Nebenprodukt der Fischer-Tropsch(FT)-Synthese wird Naphtha analysiert. Naphtha, auch als Rohbenzin bezeichnet, entsteht auch bei der Raffination von Erdöl. Damit könnte Naphtha aus der Fischer-Tropsch(FT)-Synthese Naphtha aus der Erdölraffination substituieren. Ausgehend davon wird eine Aufteilung aller energetischen und materiellen Aufwendungen und Emissionen, die bis zu diesem Verarbeitungsschritt angefallen sind, nach dem Energieinhalt bzw. der Masse vor-

genommen (bei energetischer und massenspezifischer Betrachtung verbleiben ca. 74 % der Gesamtaufwendungen beim Kraftstoff Fischer-Tropsch(FT)-Diesel, da Heizwert und Dichte von Naphtha und Fischer-Tropsch(FT)-Diesel quasi identisch sind).

- Die Nutzung des erzeugten Fischer-Tropsch(FT)-Diesel erfolgt als Reinkraftstoff in einem Personenkraftwagen mit direkteinspritzendem Dieselmotor und Oxidationskatalysator nach der Abgasnorm Euro III.

Tabelle 9.29 zeigt die Bilanzergebnisse. Um den Einfluss der nach dem Energieinhalt bzw. der Masse getroffenen Aufteilungen aller energetischen und sonstigen Aufwendungen sowie Emissionen zwischen Fischer-Tropsch(FT)-Diesel und Naphtha auf das Bilanzergebnis zu zeigen, werden diese sowohl mit als auch ohne Aufteilung dargestellt; d. h. Naphtha wird in diesem Fall als Abfall angesehen, dem keine Energieaufwendungen und Emissionen angerechnet werden.

Tabelle 9.29 Energie- und Emissionsbilanzen einer Bereitstellung und energetischen Nutzung von Fischer-Tropsch(FT)-Diesel (Zahlen gerundet)

		Aufteilung nach Energie[a]	Aufteilung nach Masse[b]	Keine Aufteilung[c]
Energie	in GJ_{prim}/TJ[d]	316	316	429
SO_2	in kg/TJ	66	66	90
NO_x	in kg/TJ	91	91	123
CO_2-Äquivalente	in kg/TJ	30 008	29 990	40 697
SO_2-Äquivalente	in kg/TJ	181	181	245

[a] Aufteilung der bis zu diesem Prozess bilanzierten Aufwendungen nach dem Heizwert zwischen Fischer-Tropsch(FT)-Diesel und Naphtha; [b] Aufteilung der bis zu diesem Prozess bilanzierten Aufwendungen nach der Masse zwischen Fischer-Tropsch(FT)-Diesel und Naphtha; [c] sämtliche Aufwendungen werden dem Produkt Fischer-Tropsch(FT)-Diesel zugerechnet; [d] primärenergetisch bewerteter kumulierter fossiler Energieaufwand (Verbrauch erschöpflicher Energieträger)

Der Großteil der energetischen Aufwendungen und der CO_2-Äquivalent-Emissionen (nahezu 50 %) wird durch die Bereitstellung des biogenen Brennstoffs verursacht. Dies geht aus Abb. 9.62 hervor, das die Aufteilung der CO_2-Äquivalent-Emissionen für das System Fischer-Tropsch(FT)-Diesel entsprechend der Anteile der Erzeugungsstufen sowie nach Bau, Betrieb und Abriss der unterschiedlichen Anlagenteile gegliedert zeigt. Sowohl Holzhackgut aus Waldrestholz als auch Stroh, als Rückstand aus der landwirtschaftlichen Produktion, haben diesen Anteil am Ergebnis. Da die energetischen Aufwendungen für den Prozess weitestgehend aus dem Synthesegas gedeckt werden, ist der Betrieb der Erzeugungsanlage, abgesehen von den direkten Emissionen (u. a. Methanschlupf), nur zu einem sehr geringen Anteil am Gesamtergebnis beteiligt. Stärkere Auswirkungen sind durch den Bau und die Entsorgung des Personenkraftwagens zu beobachten. Die direkten Emissionen bei der Nutzung des Kraftstoffs im Fahrzeug tragen mit gut 4 % zum Endergebnis bei.

Biomethan aus thermo-chemischen Prozessen. Der Erstellung der Lebenswegbilanzen einer energetischen Nutzung von Biomethan (Bio-SNG) aus Holz liegen die folgenden Annahmen zugrunde.

- Holzhackgut aus Waldrestholz ist ein Rückstand der Waldbewirtschaftung. Damit ist für dessen Gewinnung aus ökobilanzieller Sicht lediglich die Aufbereitung zu Hackgut und der Transport an die Anlage zu berücksichtigen.

- Bei der thermo-chemischen Methanerzeugung fällt kein Nebenprodukt – abgesehen von Wärme – an, welches durch eine Allokation (d. h. eine Aufteilung der Aufwendungen bzw. Emissionen auf Haupt- und Nebenprodukte) berücksichtigt werden muss. Die erzeugte, überschüssige Wärme wird in Form einer Gutschrift berücksichtigt. Zu deren Berechnung wird angenommen, dass die (Bio-)Wärme Wärme substituiert, die auf der Basis von Heizöl extra leicht mit einem modernen Brenner bereitgestellt werden würde.

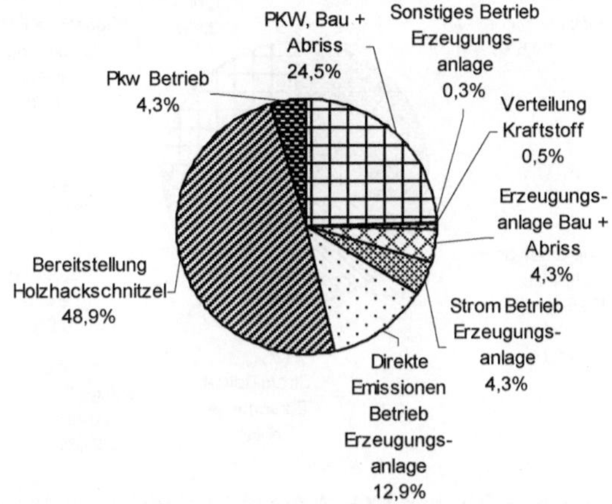

Abb. 9.62 Aufteilung der spezifischen CO_2-Äquivalent-Emissionen für das System "Fischer-Tropsch(FT)-Diesel" auf verschiedene Stufen der Produktion

- Die Nutzung des Biomethans erfolgt als Reinkraftstoff in einem Personenkraftwagen, der mit einem Ottomotor und einem geregelten Katalysator eingesetzt wird, der die Euro III-Norm erfüllt.
- Im Unterschied zu den Flüssigkraftstoffen ist bei gasförmigen Kraftstoffen die Distribution aufwändiger. Dies gilt vor allem für die relativ aufwändige Kompression des Kraftstoffs an der Tankstelle.

Tabelle 9.30 zeigt die entsprechenden Bilanzergebnisse. Um den Einfluss der Wärmegutschrift auf das Ergebnis zu zeigen, werden sie sowohl mit als auch ohne Gutschrift dargestellt.

Tabelle 9.30 Energie- und Emissionsbilanzen einer Bereitstellung und energetischen Nutzung von Biomethan aus einer thermo-chemischen Umwandlung von Holz (d. h. Bio-SNG) (Zahlen gerundet)

		Mit Wärmegutschrift[a]	Ohne Wärmegutschrift[b]
Energie	in GJ_{prim}/TJ[c]	351	388
SO_2	in kg/TJ	69	73
NO_x	in kg/TJ	94	99
CO_2-Äquivalente	in kg/TJ	29 898	32 535
SO_2-Äquivalente	in kg/TJ	170	175

[a] Anrechnung einer Wärmegutschrift für überschüssige erzeugte Wärme an der Anlage; [b] keine Anrechnung einer Wärmegutschrift für überschüssige erzeugte Wärme an der Anlage; [c] primärenergetisch bewerteter kumulierter fossiler Energieaufwand (Verbrauch erschöpflicher Energieträger)

Dabei wird rund ein Viertel der energetischen Aufwendungen und auch CO_2-Äquivalent-Emissionen durch die Bereitstellung des biogenen Ausgangsmaterials verursacht. Dies wird auch in Abb. 9.63 deutlich, die eine Aufteilung der CO_2-Äquivalent-Emissionen für das System Bio-SNG entsprechend der Anteile der Erzeugungsstufen sowie nach Bau, Betrieb und Abriss der unterschiedlichen Anlagenteile zeigt.

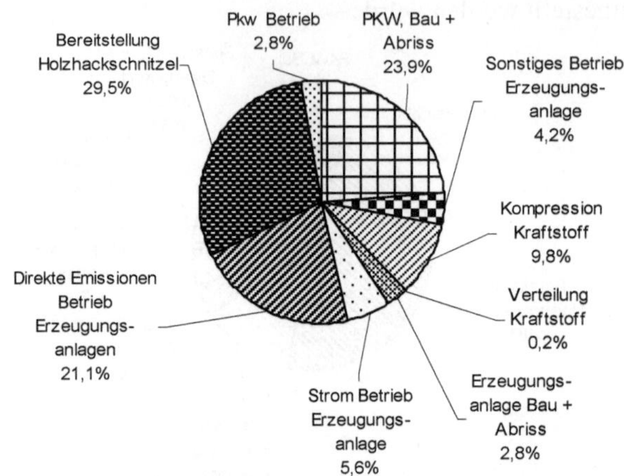

Abb. 9.63 Aufteilung der spezifischen CO_2-Äquivalent-Emissionen für das System "Biomethan aus thermo-chemischen Prozessen (Bio-SNG)" auf verschiedene Produktionsstufen

Folglich ist ein Drittel der CO_2-Äquivalent-Emissionen auf den Betrieb der Erzeugungsanlage zurückzuführen; dabei entfällt ein größerer Anteil auf die Erzeugung, Umwandlung und Reinigung des gasförmigen Produktgases (u. a. Methanschlupf). Ein sehr geringer Anteil an den Gesamtemissionen ist wiederum auf den Bau und den Abriss der Erzeugungsanlage zurückzuführen.

Da es sich bei Bio-SNG um einen gasförmigen Kraftstoff handelt, muss bei der Betankung – analog zu Erdgasfahrzeugen – ein nicht unerheblicher (energetischer) Aufwand für die Kompression des Kraftstoffs (d. h. Gasverdichtung) eingesetzt werden (ca. 9 %). Zusätzlich sind Bau und Abriss des Personenkraftwagens für rund 22 % der Treibhausgasemissionen und für nahezu 47 % der energetischen Aufwendungen verantwortlich. Die Nutzung des Kraftstoffs im Fahrzeug hat aufgrund des Brennstoffs und Verbrennungsprinzips mit geregeltem Drei-Wege-Katalysator nur einen kleinen Einfluss auf das Ergebnis.

Biomethan aus bio-chemischen Prozessen. Der Lebenswegbilanz einer energetischen Nutzung von Biomethan aus Anaerobprozessen, wie sie beispielsweise in landwirtschaftlichen Biogasanlagen verfahrenstechnisch umgesetzt werden, liegen die folgenden Annahmen zugrunde.

- Der Anbau des Ausgangssubstrats für die Biogaserzeugung – d. h. Maissilage – wird mit einem Nicht-Anbau verglichen. Dazu wird der Maisanbau in eine praxisübliche Fruchtfolge integriert, der eine Fruchtfolge gegenübergestellt wird, in der anstelle der Energiepflanzen eine einjährige Brache eingeplant wird. Für die Bilanzierung werden nur die Unterschiede zwischen diesen beiden Fruchtfolgen erfasst.

- Da das vergorene Substrat, nach einer entsprechend den gesetzlichen Vorgaben ggf. erforderlichen Zwischenlagerung, auf den landwirtschaftlichen Flächen des Anlagenbetreibers bzw. der Substratlieferanten ausgebracht wird, findet eine relativ umfassende Rückführung der Nährstoffe auf die Anbauflächen statt. Nährstoffausträge anderer Art (z. B. Auswaschungen ins Grundwasser) werden nicht unterstellt. Bei den für die Pflanzenproduktion benötigten Nährstoffen wird die Menge an mineralischem Dünger berechnet, die im Verlauf einer gesamten Fruchtfolge mit Gärrestrückführung verglichen mit dem Nicht-Anbau der Energiepflanze (d. h. begrünte Brache) zusätzlich gedüngt werden müsste.
- Im Prozess fällt kein Nebenprodukt an, welches durch eine Allokation (d. h. Aufteilung der Aufwendungen bzw. Emissionen auf Haupt- und Nebenprodukte) berücksichtigt werden müsste. Da am Anlagenstandort zusätzlich keine Verstromung stattfindet, wird auch keine überschüssige Wärme erzeugt, die zu berücksichtigen wäre. Betrachtet wird lediglich ein Teilvolumenstrom des Biogases für die Wärmeversorgung der Biogasanlage.
- Die Nutzung erfolgt als Reinkraftstoff anstelle von Erdgas in einem Personenkraftwagen, der mit Ottomotor und geregeltem Katalysator (Euro III) eingesetzt wird.

Tabelle 9.31 zeigt die Ergebnisse der Bilanzierung. Dabei wird rund ein Drittel der energetischen Aufwendungen als auch CO_2-Äquivalent-Emissionen durch die Bereitstellung des biogenen Brennstoffs verursacht. Abb. 9.64 zeigt die Aufteilung der CO_2-Äquivalent-Emissionen für das System Biomethan aus bio-chemischen Prozessen entsprechend der Anteile der Erzeugungsstufen sowie nach Bau, Betrieb und Abriss der unterschiedlichen Anlagenteile.

Tabelle 9.31 Energie- und Emissionsbilanzen einer Bereitstellung und energetischen Nutzung von Biomethan aus Anaerobprozessen als Kraftstoff (Zahlen gerundet)

		Keine Wärmegutschrift[a]
Energie	in GJ_{prim}/TJ[a]	511
SO_2	in kg/TJ	89
NO_x	in kg/TJ	137
CO_2-Äquivalente	in kg/TJ	59 598
SO_2-Äquivalente	in kg/TJ	263

[a] primärenergetisch bewerteter kumulierter fossiler Energieaufwand (Verbrauch erschöpflicher Energieträger)

Ein Drittel der CO_2-Äquivalent-Emissionen ist auf den Betrieb der Erzeugungsanlage zurückzuführen. Dabei entfällt ein größerer Anteil auf die Erzeugung, Umwandlung und Reinigung des gasförmigen Produktgases (u. a. Methanschlupf). Ein sehr geringer Anteil an den Gesamtemissionen ist wiederum auf den Bau und den Abriss der Erzeugungsanlage zurückzuführen.

Da es sich auch bei Biomethan aus Anaerobprozessen um einen gasförmigen Kraftstoff handelt, ist bei der Betankung – analog zu Erdgasfahrzeugen – ein beachtlicher Aufwand für die Kompression des Kraftstoffs notwendig (ca. 6 %). Bau und Abriss des Personenkraftwagens sind für ca. 15,5 % der Treibhausgasemissionen und nahezu 32 % der energetischen Aufwendungen verantwortlich. Die Nutzung des Kraftstoffs im Fahrzeug hat aufgrund des Brennstoffs und des Verbrennungsprinzips mit geregeltem Drei-Wege-Katalysator nur einen kleinen Einfluss auf das Ergebnis.

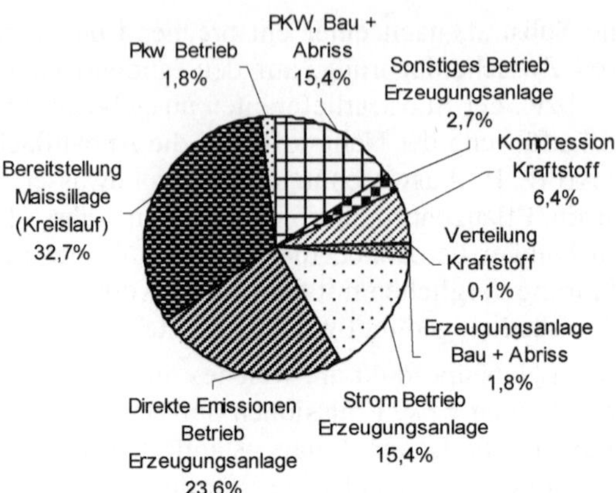

Abb. 9.64 Aufteilung der spezifischen CO_2-Äquivalent-Emissionen für das System "Biomethan aus Anaerobprozessen" auf verschiedene Produktionsstufen

Weitere Umwelteffekte. Während der Bereitstellung und Nutzung von flüssigen und gasförmigen Biokraftstoffen ergeben sich noch eine Reihe weiterer Umweltaspekte, welche nachfolgend analog zu den vorherigen Kapiteln unterteilt nach Herstellung, Normalbetrieb, Störfall und Stilllegung diskutiert werden. Die mit der Biomassebereitstellung frei Konversionsanlage verbundenen sonstigen Umwelteffekte wurden bereits in Kapitel 9.3.1.2 und die Umwelteffekte der gasförmigen Brennstoffe in Kapitel 9.3.2.2 dargestellt.

Herstellung. Die Anlagen der Referenztechniken aus Kapitel 9.3.3.1 sind dem konventionellen Maschinen- und Anlagenbau zuzuordnen. Die Herstellung derartiger verfahrenstechnischer Anlagen führt zu branchentypischen Umwelteffekten, wie sie beispielsweise auch mit dem Bau einer Erdölraffinerie verbunden sind. Sie bewegen sich i. Allg. auf einem geringen Niveau, da die Auswirkungen auf die natürliche Umwelt strengen gesetzlichen Regelungen unterliegen.

Normalbetrieb. Im Normalbetrieb der Anlagen kann es ebenfalls zu entsprechenden Umwelteffekten kommen. Nachfolgend werden exemplarisch wesentliche derartige Effekte, die mit Biokraftstoffen verbunden sein können, diskutiert.

Wassergefährdung. Um Kraftstoffe hinsichtlich ihrer potenziellen Wassergefährdung bewerten zu können, werden diese in sogenannte Wassergefährdungsklassen eingeteilt. Dabei sind Rapsöl und Ethanol (jeweils ohne Additive) als nicht wassergefährdend eingestuft (d. h. sie werden nicht in eine Wassergefährdungsklasse eingeteilt). Demgegenüber sind Rapsöl, RME sowie Ethanol mit Zusätzen stärker wassergefährdend (Wassergefährdungsklasse 1); sie sind aber immer noch unbedenklicher als konventionelle Kraftstoffe. Auf Grund der deutlichen geringeren Wassergefährdungsklassen bestimmter biogener Kraftstoffe (z. B. Bioethanol, Biodiesel) im Vergleich zu fossilen Energieträgern (z. B. Diesel, Ottokraftstoff) bietet es sich beispielsweise an, diese vorrangig in Wasser-, Natur- und Landschaftsschutzgebieten einzusetzen /Hartmann und Kaltschmitt 2002/.

Biologische Abbaubarkeit. Der biologischen Abbaubarkeit kommt im Hinblick auf die Bewertung der Langzeitrisiken von Kraftstoffen eine besondere Bedeutung zu. Im Vergleich zu konventionellen Dieselkraftstoff besitzen biogene pflanzenölbasierte Kraftstoffe eine deutlich bessere biologische Abbaubarkeit /Hartmann und Kaltschmitt 2002/.

Explosionsrisiken. Brennbare Flüssigkeiten, zu denen auch Kraftstoffe zählen, werden hinsichtlich ihres Flammpunktes in Gefahrenklassen eingeteilt. Dieser Flammpunkt beschreibt die Temperatur, bei der sich in einem geschlossenen Gefäß Dämpfe entwickeln, welche zu einem bei Fremdentzündung entflammbaren Dampf-Luft-Gemisch führen. Im Gegensatz zu Diesel- und Ottokraftstoff (Gefahrenklasse A-III und A-I) erfolgt bei bestimmten biogenen Kraftstoffen keine Einstufung in eine Gefahrenklasse; sie sind deshalb hinsichtlich potenzieller Explosionsrisiken als ungefährlicher einzustufen /Hartmann und Kaltschmitt 2002/.

Geruchsbelästigung. Beim Rapsöl sind geruchsaktive Substanzen in jedem Betriebszustand wahrzunehmen. Zusätzlich bleibt der Abgasgeruch von Rapsöl und RME, im Vergleich zu konventionellen Kraftstoff, länger in der Kleidung haften /Hartmann und Kaltschmitt 2002/. Auch andere Biokraftstoffe sind durch einen charakteristischen Geruch gekennzeichnet (z. B. Bioethanol). Dies gilt aber auch für fossile Kraftstoffe.

Emissionen. Aufgrund des höheren Sauerstoffgehalts im Biodiesel wird der Kohlenstoff bei der Verbrennung im Motor vollständiger oxidiert im Vergleich zum konventionellen Diesel; dies bedingt eine Verringerung der Rußemissionen um rund die Hälfte. Auch die weiteren Partikelemissionen sowie Emissionen an unverbrannten Kohlenwasserstoffen (HC), polyaromatischen Kohlenwasserstoffen (PAH) und Kohlenstoffmonoxid (CO) gehen deshalb im Vergleich zu Mineralöldiesel zurück und es kommt zu keiner Verdunstung niedrigsiedender Kraftstoffbestandteile (u. a. /Schäfer et al. 1998/).

Störfall. Ein störfallbedingter Austritt von Edukten und Produkten bei der Herstellung von Biotreibstoffen kann zu einer Reihe von weiteren Umwelteffekten führen. Diese werden nachfolgend exemplarisch diskutiert.

Biodiesel. Bei der Herstellung von Biodiesel sind Rapsschrot/Rapsöl, Natriummethanolat/Natronlauge-Methanol, Salzsäure, Natriumcarbonat und Calciumhydroxid, Biodiesel/Rapspresskuchen, Natriumsulfat, Kalziumsulfat, Natriumchlorid, Methanol und Glycerin zu untersuchen.

- Gasförmiges Methanol. Bei einem Austritt von Methanoldämpfen kann eine vorübergehende, lokale Überschreitung der Grenzwerte der TA-Luft und der maximalen Arbeitsplatzkonzentration (MAK-Wert) erfolgen. Bei Erreichen eines zündfähigen Gemisches besteht Explosionsgefahr. Zusätzlich sind Methanoldämpfe akut toxisch.
- Flüssiges Methanol. Tritt flüssiges Methanol aus der Anlage aus, besteht akute Brandgefahr. Die gesetzlich zulässigen Grenzwerte können lokal überschritten und es kann zu eine Kontamination des Bodens kommen. Darüber hinaus ist flüs-

siges Methanol akut toxisch, so dass bei Berührung Hautreizungen hervorgerufen werden können.

- Natriummethanolat. Verlässt Natriummethanolat während eines Störfalls die Anlage, besteht akute Brand- bzw. Explosionsgefahr. Außerdem können gefährliche Reaktionen mit Wasser auftreten. Zusätzlich kommt es wegen der toxischen Eigenschaften bei einer Berührung mit Haut zu Verätzungen.
- Salzsäure. Bei einem Austritt von Salzsäure kommt es zu einer Bildung von ätzenden Dämpfen. Kommt zusätzlich Salzsäure in Kontakt mit Metallen bzw. Oxidationsmitteln, bildet sich zündfähiger bzw. explosiver Wasserstoff bzw. Chlor. Durch die toxische Wirkung von Salzsäure kommt es bei einer Inhalation der Dämpfe zu Schleimhautreizungen, Husten und Atemnot sowie bei Hautkontakt zu Verätzungen.
- Natriumcarbonat und Kalziumhydroxid. Beide Stoffe sind der Wassergefährdungsklasse I zugeordnet. Sie haben toxische Wirkung (u. a. ätzend, reizend auf Atmungsorgane). Deshalb müssen kontaminierte Böden abgetragen werden.

Um derartige Auswirkungen auf den Menschen und die Umwelt auch im Störfall möglichst weitgehend zu minimieren, muss und wird – auch aufgrund der gesetzlichen Vorgaben – Sorge dafür getragen, dass der Störungsfall sehr unwahrscheinlich ist und wenn möglichst lokal begrenzt bleibt.

Biomethan. Bei der Herstellung von Biomethan kann es bei einem Austritt von Biogas, Schwefelsäure und Natronlauge insbesondere bei einem Kontakt mit Metallen zu einer erhöhten Explosionsgefahr kommen. Zusätzlich kann ein Kontakt mit Schwefelsäure und Natronlauge zu schweren Verätzungen führen; ab einer bestimmten Konzentration in der Atemluft ist Schwefelwasserstoff tödlich. Schwefelsäure und Natronlauge sind außerdem der Gefahrenklasse I zuzuordnen. Aufgrund dieser störfallbedingten potenziellen Umwelteffekte wurde in den letzten Jahren ein sehr weitgehendes gesetzliches Regelwerk geschaffen, durch das sichergestellt werden soll, dass potenzielle Störfälle möglichst vermieden und – wenn etwas passieren sollte – möglichst lokal begrenzt bleiben.

Bioethanol. Bei der Herstellung von Bioethanol wurden Bioethanol, Schwefelsäure, Natronlauge, Ammoniaklösung und Phosphorsäure berücksichtigt.

- Gasförmiges Bioethanol. Beim Erreichen eines zündfähigen Bioethanol-Luft-Gemisches besteht akute Explosionsgefahr. Zudem werden dann die Grenzwerte der TA-Luft sowie die MAK-Werte (MAK maximale Arbeitsplatzkonzentration) lokal überschritten. Außerdem sind Biomethanoldämpfe akut toxisch.
- Flüssiges Bioethanol. Bei einem Austritt von flüssigem Bioethanol besteht akute Brandgefahr. Außerdem wird der Boden kontaminiert. Bioethanol ist in die Wassergefährdungsklasse I einzuordnen. Des Weiteren zeigt flüssiges Bioethanol durch hervorgerufene Hautreizungen eine akute Toxizität.
- Schwefelsäure. Bei Kontakt mit Metallen kommt es zu einer Bildung von zündfähigem Wasserstoff. Weiterhin ist Schwefelsäure in die Wassergefährdungsklasse I eingeordnet und besitzt eine akut toxische Wirkung (Verätzungen).

- Natronlauge. Natronlauge kann zu schweren Verätzungen führen, ist der Wassergefährdungsklasse I zugeordnet und bildet bei Kontakt mit Zink, Zinn und Aluminium zündfähigen Wasserstoff.
- Ammoniaklösungen. Ammoniaklösung ist wassergefährdend, bildet ätzende sowie giftige Dämpfe und kann zu schweren Verätzungen führen. Verunreinigte Böden müssen zudem abgetragen werden.
- Phosphorsäure. Bei Kontakt mit Metallen kann es zur Bildung von zündfähigem Wasserstoff kommen. Weiterhin ist Phosphorsäure leicht wassergefährdend und kann zu Verätzungen führen.

Durch Einhaltung der geltenden Sicherheitsvorschriften und Gesetze können die aufgeführten Umweltauswirkungen und das damit gegebene Störfallpotenzial aber weitgehend begrenzt werden.

Stilllegung. Die verfahrenstechnischen Anlagen bestehen weitestgehend aus metallischen Werkstoffen, für die größtenteils umweltverträgliche Verwertungswege existieren. Ggf. müssen die Werkstoffe besonderen Reinigungsverfahren unterzogen werden, um mögliche Ablagerungen zu beseitigen. Diese Abfälle aus der Reinigung können z. T. verwertet oder müssen als Sondermüll entsorgt werden.

9.3.3.3 Ökonomische Analyse

Die mit einer Bereitstellung der betrachteten Biokraftstoffe verbundenen Kosten werden im Folgenden für die beschriebenen Referenzkonzepte abgeschätzt. Entsprechend der bisherigen Vorgehensweise werden die finanzmathematischen Rahmenbedingungen entsprechend der bisherigen Vorgehensweise (Kapitel 1.3) einheitlich mit einer kalkulatorischen Abschreibungsdauer von 15 Jahren und einem kalkulatorischen Zinssatz von 4,5 % gewählt. Preise für Biomasse, Hilfsenergie und Hilfsstoffe usw. werden bezogen auf das Jahr 2006 und – sofern möglich – für Standorte in Österreich betrachtet. Trotzdem können die dargestellten Kosten – wie auch alle anderen Kostenangaben – aufgrund der gegebenen Bandbreiten von z. B. den Investitionen der Produktionsanlagen sowie den Bereitstellungskosten der Biomasse nur als Größenordnungen bzw. Anhaltswerte angesehen werden, die im konkreten Einzelfall auch erheblich abweichen können. Dabei werden nachfolgend die Bereitstellungskosten an der Konversionsanlage, an der Tankstelle und bezogen auf den Personenkilometer angegeben.

Rapsölmethylester. Nachfolgend werden die Kosten einer Biodieselproduktion und Bereitstellung diskutiert (Tabelle 9.32).

Investitionen. Die Gesamtinvestition für eine schlüsselfertige Biodieselanlage der 100 000 t-Klasse schließen im Regelfall Aggregate zur Pflanzenölvorbehandlung (z. B. physikalische Raffination), Umesterung sowie Biodieselwäsche und -destillation mit ein. Des Weiteren sind Reaktoren zur Glycerin- und Methanolaufbereitung vorzusehen. Zudem sind Nebenaggregate wie u. a. Tanks und Dampfkessel zur Prozesswärmebereitstellung zu berücksichtigen. Unter diesen Bedingungen liegen die durchschnittlichen Investitionen für eine typische Biodieselanlage bei ca. 25 Mio. € oder – bezogen auf den Biokraftstoffoutput – etwa 190 €/kW. Dabei wird unterstellt, dass das benötigte Pflanzenöl in der geforderten Qualität am Markt erhältlich ist und nicht erst aus der Rapssaat gewonnen werden muss.

Betriebskosten. Die Betriebskosten beinhalten verbrauchsgebundene Kosten für Hilfsstoffe und Rückstände (z. B. Methanol 275 €/t, Natriummethylat 625 €/t, Chlorwasserstoff 200 €/t, Ab-/Wasser 1,5 €/m^3) und Hilfsenergie (d. h. Strom 80 €/MWh, Wärme 30 €/MWh) sowie betriebsgebundene Kosten für Personal (15 Mitarbeiter zu je 50 000 €/a), Wartung und Reinigung (1,5 % bezogen auf die Investitionen) sowie Verwaltung und Versicherung (jeweils 1 % bezogen auf die Investitionen). Sie liegen bezogen auf die jährlichen Gesamtkosten bei ca. 0,06 €/l Biodiesel bzw. bei ca. 7,3 Mio. €/a für die betrachtete Referenzanlage.

Zu den verbrauchsgebundenen Betriebskosten zählen auch die Rohstoff- bzw. Pflanzenölkosten. Die Preise für Pflanzenöle unterliegen jedoch starken Schwankungen; im Jahr 2006 lagen diese für den im Referenzkonzept eingesetzten Rohstoff Rapsöl bei rund 600 €/t.

Kraftstoffgestehungskosten. Unter Berücksichtigung einer Gutschrift von 200 €/t für den Verkauf von Rohglycerin sowie einen bezüglich der Masse dem Öleinsatz vergleichbaren RME-Output errechnen sich Kraftstoffgestehungskosten von etwa 18 €/GJ bzw. 0,60 €/l. Für einen volumenbezogenen Vergleich von RME mit konventionellem fossilen Dieselkraftstoff muss noch der geringere Heizwert von RME berücksichtigt werden (32,6 MJ/l RME gegenüber 35,5 MJ/l Diesel). Wird der gleiche heizwertbezogene Kraftstoffverbrauch unterstellt, ergeben sich – bezogen auf den Heizwert von einem Liter Dieselkraftstoff – Bereitstellungskosten von RME von 0,65 €/l Kraftstoffäquivalent.

Um den Einfluss verschiedener Größen auf die Kraftstoffgestehungskosten besser abschätzen und bewerten zu können, zeigt Abb. 9.65 eine Variation wesentlicher Größen. Demnach sind die Rohstoffkosten (d. h. die Kosten für das Pflanzenöl) ausschlaggebend für die Gesamtgestehungskosten. Verglichen damit ist der Einfluss der Jahresvolllaststunden, der Kapital- und der Betriebskosten nur von untergeordneter Bedeutung.

Kosten pro Fahrzeugkilometer. Verglichen mit den Biodieselgestehungskosten sind die Kosten für die Bereitstellung des Biodiesels an der Tankstelle zur Abgabe an den Endverbraucher nur von untergeordneter Bedeutung. Im Mittel liegen diese für Dieselkraftstoff etwa bei 0,8 €/GJ bzw. 0,03 €/l.

Die Kosten je Fahrzeugkilometer hängen stark vom Fahrzeugtyp und Fahrverhalten ab. Für einen durchschnittlichen Mittelklasse-Personenkraftwagen liegen diese Kosten für das Fahrzeug (d. h. Anschaffung, Werteverlust, Fixkosten, Werkstattkosten) bei etwa 0,32 €/km. Unter Berücksichtigung der diskutierten Biodieselkosten ergeben sich bei einem durchschnittlichen streckenspezifischen Verbrauch von 1,83 MJ/km sogenannte Nutzenergiebereitstellungskosten von etwa 0,34 €/km /EUCAR, Concawe & JRC/IES 2006/.

Bioethanol. Entsprechend der bisherigen Vorgehensweise werden nachfolgend auch die Kosten einer Bioethanolerzeugung dargestellt und diskutiert (Tabelle 9.32).

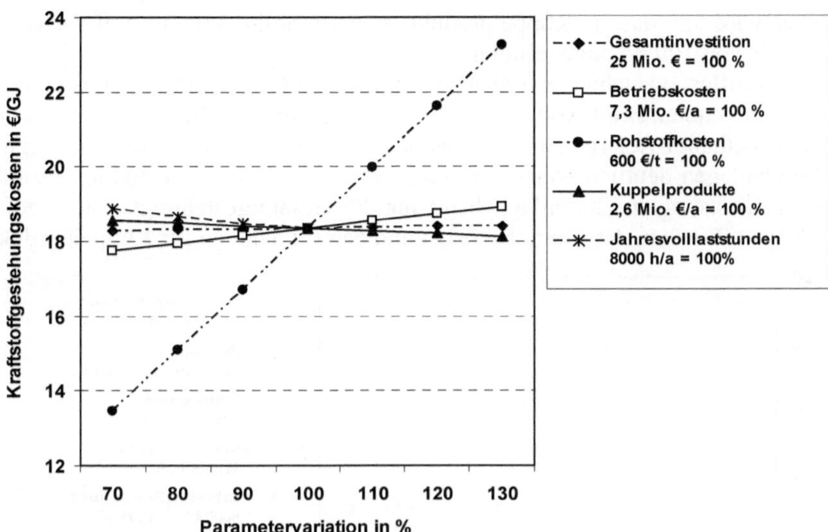

Abb. 9.65 Variation wesentlicher Einflussgrößen auf die RME-Gestehungskosten

Investitionen. Eine schlüsselfertige Bioethanolanlage mit einer Produktionskapazität von rund 190 000 t/a auf der Basis von stärkehaltiger Biomassen umfasst im Regelfall Anlagenmodule zur Rohstoffaufbereitung (u. a. Trocknung, Mahlung), zur Hydrolyse, die Fermenter, die Kolonnen für Destillation und Absolutierung sowie Reaktoren zur Schlempeaufbereitung zu DDGS. Zudem sind Nebenaggregate wie u. a. Tanks und Dampfkessel zur Prozesswärmebereitstellung zu berücksichtigen. Die Gesamtinvestitionen für eine derartige Bioethanolanlage können für das Jahr 2006 mit etwa 137,5 Mio. € angenommen werden; bezogen auf den Biokraftstoffoutput entspricht dies etwa 780 €/kW.

Betriebskosten. Die Betriebskosten beinhalten verbrauchsgebundene Kosten für Hilfsstoffe und Rückstände (z. B. Schwefel- und Phosphorsäure, Natronlauge, Antischaummittel und Enzyme mit etwa 2 Mio. €/a) und Hilfsenergie (d. h. Strom 80 €/MWh, Wärme (aus Erdgas) 30 €/MWh) sowie betriebsgebundene Kosten wie Personal (90 Mitarbeiter zu je 50 000 €/a), Wartung und Reinigung (1,5 % bezogen auf die Investitionen), Verwaltung und Versicherung (jeweils 1 % bezogen auf die Investitionen). Bezogen auf die jährlichen Gesamtkosten liegen diese Betriebskosten bei ca. 0,06 €/l Bioethanol bzw. 33,5 Mio. €/a für die betrachtete Referenzanlage.

Zu den verbrauchsgebundenen Betriebskosten zählen auch die Rohstoffkosten. Für Körnermais werden hier durchschnittliche Preise von 125 €/t zugrunde gelegt /Statistik Austria 2007b/.

Kraftstoffgestehungskosten. Auf der Basis dieser Kosten und einem Ethanolertrag von etwa 360 kg pro t Biomasse errechnen sich Bereitstellungskosten für Bioethanol frei Konversionsanlage von 17,8 €/GJ bzw. 0,38 €/l Ethanol. Bezogen auf den Heizwert von einem Liter fossilem Ottokraftstoff sind dies – da der Heizwert von Bioethanol deutlich unter dem von konventionellem Ottokraftstoff liegt – 0,58 €/l Benzinäquivalent. Dabei wird für das in Koppelproduktion hergestellte Futtermittel DDGS ein Verkaufspreis von 100 €/t angenommen.

Um den Einfluss verschiedener Größen auf die Kraftstoffgestehungskosten besser analysieren zu können, zeigt Abb. 9.66 eine Variation wesentlicher sensitiver Parameter für die Bioethanol-Referenzanlage. Demnach sind mit Bezug auf die im Vergleich zu Biodieselanlagen deutlich höheren Kapital- und fixen Betriebskosten insbesondere die Jahresvolllaststunden ausschlaggebend für die Gesamtgestehungskosten, gefolgt von den Rohstoffkosten, den Betriebskosten und den Einnahmen für Kuppelprodukte.

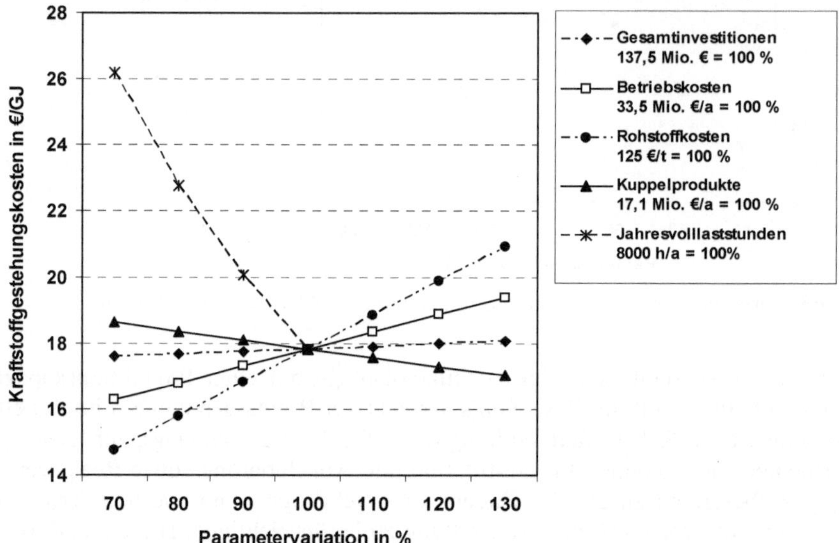

Abb. 9.66 Variation wesentlicher Einflussgrößen auf die Bioethanol-Gestehungskosten

Kosten pro Fahrzeugkilometer. Vergleichbar zu den bei der Kostenanalyse von Biodiesel gemachten Aussagen sind auch beim Bioethanol die Kosten für die Bereitstellung des Biokraftstoffs an die Tankstelle zur Abgabe an den Endverbraucher nur von untergeordneter Bedeutung. Im Mittel liegen diese etwa bei 1 €/GJ bzw. 0,02 €/l.

Die Kosten je gefahrenem Fahrzeugkilometer hängen auch hier stark vom Fahrzeugtyp und Fahrverhalten ab. Für einen durchschnittlichen Mittelklasse-Personenkraftwagen (für Bioethanol sogenannte Flexi-Fuel-Fahrzeuge) liegen diese Fahrzeugkosten (d. h. Anschaffung, Werteverlust, Fixkosten und Werkstattkosten) bei etwa 0,30 €/km. Unter Berücksichtigung der dargestellten Bioethanolkosten ergeben sich bei einem durchschnittlichen streckenspezifischen Verbrauch von 2,24 MJ/km Nutzenergiebereitstellungskosten von etwa 0,34 €/km /EUCAR, Concawe & JRC/IES 2006/.

Fischer-Tropsch(FT)-Diesel. Analog zum bisherigen Vorgehen werden im Folgenden auch die Kosten einer Erzeugung und Nutzung von Fischer-Tropsch(FT)-Diesel dargestellt und diskutiert. Zu beachten ist dabei, dass bisher noch keine derartige Anlage im großtechnischen Maßstab errichtet wurde und deswegen die zu erwartenden Kosten nur grob auf der Basis von vorhandenen Studien abgeschätzt werden können (Tabelle 9.32); sie unterliegen damit einer Schätzgenauigkeit von rund ± 20 bis 30 %.

Investitionen. Unter diesen Prämissen kann für das hier untersuchte Konzept von Investitionen für eine schlüsselfertige Anlage von ca. 410 Mio. € (d. h. 2 670 €/kW Anlagenkapazität) ausgegangen werden. Sie setzen sich zusammen aus den Komponenten für die dezentralen Pyrolyseanlagen sowie den Komponenten der eigentlichen BtL-Anlage (u. a. Flugstromvergaser, Wäscher, Reaktoren für die Wasser-Gas-Shift-Reaktion sowie zur Gasreinigung und -konditionierung, Slurryreaktor für die Fischer-Tropsch(FT)-Synthese, Aggregate zur Separation, Hydrocracking und Destillation für die Kraftstoffaufbereitung sowie Nebenanlagen zur Prozessenergieerzeugung und Wasserbehandlung).

Betriebskosten. Die Betriebskosten beinhalten verbrauchsgebundene Kosten für Hilfsstoffe und Rückstände (z. B. Sauerstoff, Waschmittel, Katalysatoren, Schlackeentsorgung mit zusammengenommen etwa 43 Mio. €/a), Hilfsenergie (d. h. Strom 60 €/MWh) sowie betriebsgebundene Kosten wie Personal, Wartung und Reinigung (1,5 % bezogen auf die Investitionen), Verwaltung und Versicherung (jeweils 1 % bezogen auf die Investitionen). Diese Betriebskosten liegen bezogen auf die jährlichen Gesamtkosten bei ca. 0,50 €/l Fischer-Tropsch(FT)-Diesel bzw. rund 45 Mio. €/a für die hier untersuchte Referenzanlage.

Auch die Rohstoffkosten zählen zu den verbrauchsgebundenen Kosten. Diese werden hier für Holz aus Kurzumtriebsplantagen mit durchschnittlich 60 €/t zugrunde gelegt.

Kraftstoffgestehungskosten. Unter Berücksichtigung der Biomassekosten sowie den sonstigen Betriebskosten und anteiligen Investitionen und einem Kraftstoffertrag von etwas mehr als 100 kg pro t feuchter Biomasse ergeben sich Bereitstellungskosten frei Anlage von 29,2 €/GJ bzw. 0,98 €/l Fischer-Tropsch(FT)-Diesel. Bezogen auf den Heizwert von einem Liter konventionellem fossilen Dieselkraftstoff sind dies 1,05 €/l Dieseläquivalent. Angenommen wurden dabei am Markt erzielbare Erlöse für das Nebenprodukt Naphtha von 430 €/t.

Abb. 9.67 zeigt den Einfluss verschiedener Größen auf die Kraftstoffgestehungskosten einer derartigen Anlage zur Produktion von Fischer-Tropsch(FT)-Diesel. Dabei sind neben den Jahresvolllaststunden insbesondere die Brennstoff- bzw. Rohstoffkosten entscheidend.

Kosten pro Fahrzeugkilometer. Verglichen mit den diskutierten Kraftstoffgestehungskosten sind die Kosten für die Biokraftstoffdistribution an die Tankstelle zur Abgabe an den Endverbraucher nur von untergeordneter Bedeutung. Durchschnittlich liegen diese für Dieselkraftstoffe etwa bei 0,8 €/GJ bzw. 0,03 €/l.

Die Kosten je Fahrzeugkilometer liegen bei einem durchschnittlichen Mittelklassewagen bei etwa 0,31 €/km. Unter Berücksichtigung der Kraftstoffkosten ergeben sich bei einem mittleren streckenspezifischen Verbrauch von 1,83 MJ/km Nutzenergiebereitstellungskosten von etwa 0,36 €/km /EUCAR, Concawe & JRC/IES 2006/.

Biomethan aus thermo-chemischen Prozessen. Nachfolgend werden die Kosten für eine Biomethanerzeugung aus Holz und dessen Nutzung im Verkehrssektor untersucht (Tabelle 9.32).

Investitionen. Vergleichbar zu den bei der ökonomischen Analyse von Fischer-Tropsch(FT)-Diesel gemachten Aussagen kann eine Kalkulation der Investitionen zur Herstellung von Biomethan über thermo-chemische Prozesse (d. h. mithilfe von Bio-SNG-Anlagen) gegenwärtig nur auf Basis von vorhandenen konzeptionellen Untersuchungen und Studien vorgenommen werden; bisher existiert nur eine Demonstrationsanlage am Standort in Güssing, deren Kosten für großtechnische Anlagen nur eingeschränkt übertragbar sind.

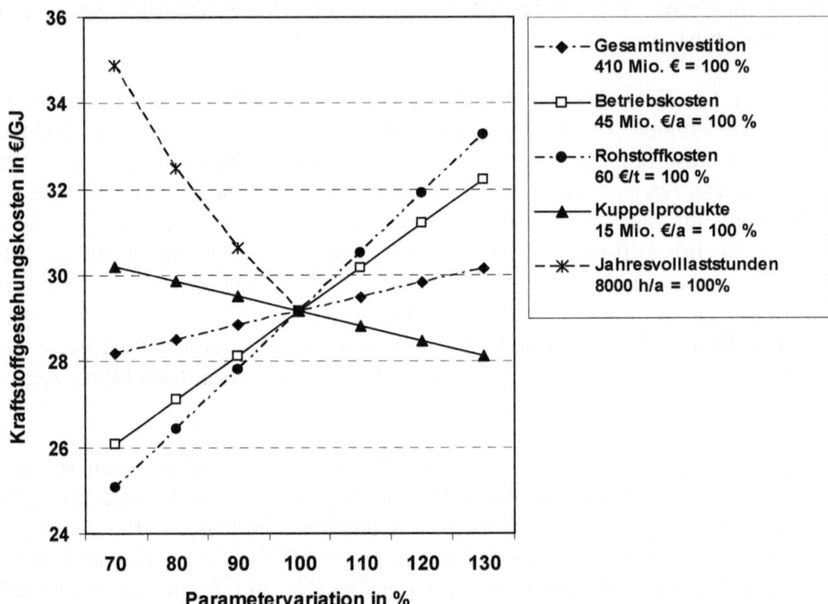

Abb. 9.67 Parametervariation wesentlicher Einflussgrößen auf die spezifischen Kraftstoffgestehungskosten für die untersuchte Referenzanlage zur Erzeugung von Fischer-Tropsch(FT)-Diesel

Hier wird von Investitionen für eine schlüsselfertige Anlage für das hier untersuchte Konzept von ca. 50 Mio. € (d. h. 1 330 €/kW Anlagenkapazität) ausgegangen. Diese Aufwendungen setzen sich zusammen aus der Wirbelschichtvergasung, dem Wäscher (z. B. Biodieselwäscher) und den Reaktoren zur Gasreinigung, dem Wirbelschichtreaktor für die Methanisierung (Synthese) und dem CO_2-Abscheider sowie dem Gastrockner zur finalen Gasbehandlung (d. h. zur Aufbereitung von Roh-Bio-SNG auf Erdgasqualität) einschließlich aller Nebenanlagen zur Prozessenergieerzeugung und Wasserbehandlung.

Betriebskosten. Die Betriebskosten umfassen die verbrauchsgebundenen Kosten für Hilfsstoffe und die Entsorgung von Abfällen (z. B. Bettmaterial für den Vergasungsreaktor, Waschmittel, Katalysatoren, Ascheentsorgung) sowie Hilfsenergie (d. h. Strom 80 €/MWh) und die betriebsgebundene Kosten u. a. für Personal, Wartung und Reinigung (1,5 % bezogen auf die Investitionen), Verwaltung und Versicherung (jeweils 1 % bezogen auf die Investitionen). Für die hier betrachtete Anlage sind dies zusammengenommen etwa 7,8 Mio. €/a.

Auch die Rohstoffkosten zählen zu den verbrauchsgebundenen Betriebskosten. Bei der Bereitstellung von synthetischem Erdgassubstitut werden hier Preise für Waldrestholz von 61 €/t zugrunde gelegt /Statistik Austria 2007b/.

Kraftstoffgestehungskosten. Bei zu erwartenden Kraftstofferträgen von 130 kg Biomethan pro t Biomasse liegen die Bereitstellungskosten für das Biomethan bei rund 24,8 €/GJ; das entspricht 0,89 €/m^3 Erdgassubstitut bzw. 0,80 €/l Kraftstoffäquivalent (bezogen auf Benzin). Für das Nebenprodukt Wärme werden Erlöse von 30 €/MWh unterstellt.

Um den Einfluss verschiedener Größen auf die Kraftstoffgestehungskosten aufzuzeigen, zeigt Abb. 9.68 eine Variation wesentlicher Einflussparameter. Dabei wird deutlich, dass neben den Betriebskosten insbesondere die Rohstoffkosten und die jährliche Anlagenauslastung die Kraftstoffgestehungskosten bestimmen.

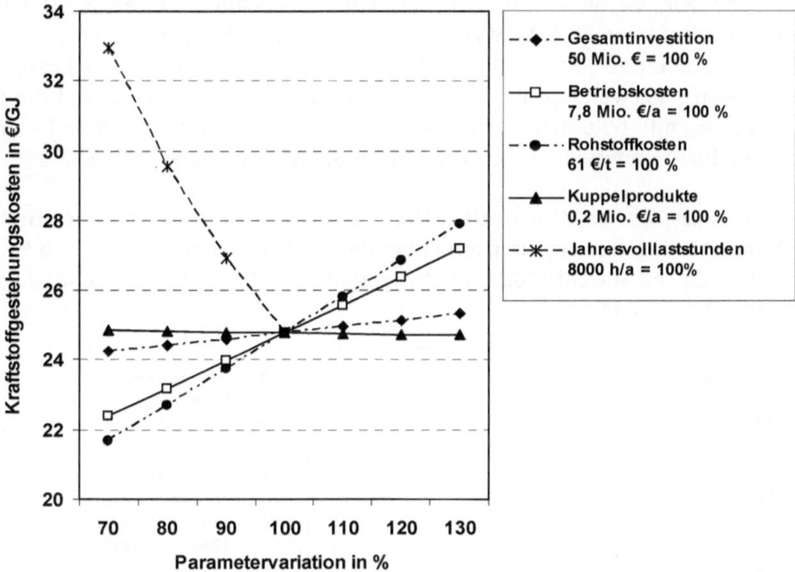

Abb. 9.68 Parametervariation wesentlicher Einflussgrößen auf die spezifischen Kraftstoffgestehungskosten für die Bereitstellung von Biomethan aus einer thermo-chemischen Umwandlung frei Bio-SNG-Referenzanlage

Kosten pro Fahrzeugkilometer. Verglichen mit den Gestehungskosten sind die Kosten für die Bereitstellung von Biomethan an der Tankstelle zur Abgabe an den Endverbraucher geringer. Da die in Österreich vorhandene Gasinfrastruktur grundsätzlich nutzbar ist, liegen sie für Erdgassubstitute mit durchschnittlich etwa bei 0,8 €/GJ bzw. 0,03 €/l (bezogen auf ein Liter Kraftstoffäquivalent) in einer ähnlichen Größenordnungen wie bei flüssigen Biokraftstoffen.

Die Kosten je Fahrzeugkilometer hängen auch hier stark vom Fahrzeugtyp und Fahrverhalten ab. Für einen durchschnittlichen Mittelklassewagen liegen die Fahrzeugkosten (d. h. Anschaffung, Werteverlust, Fixkosten und Werkstattkosten) bei etwa 0,31 €/km. Mit den diskutierten Biomethankosten ergeben sich bei einem durchschnittlichen streckenspezifischen Verbrauch von 2,22 MJ/km Nutzenergiebereitstellungskosten von etwa 0,37 €/km /EUCAR, Concawe & JRC/IES 2006/.

Biomethan aus bio-chemischen Prozessen. Biomethan kann außer über eine thermo-chemische Biomassewandlung auch durch biologisch induzierte Prozesse – und damit eine bio-chemische Umwandlung – hergestellt werden. Für diese Option werden nachfolgend die Kosten für eine Biomethanerzeugung und -nutzung untersucht (Tabelle 9.32).

Investitionen. Anlagen zur Erzeugung von Biogas und anschließender Aufbereitung zu Biomethan sind kommerziell verfügbar. Die Investitionen für das hier untersuchte Konzept (d. h. Fermentation von Biogas aus Maissilage, Gasaufbereitung mittels Druckwasserwäsche) umfassen für eine schlüsselfertige Anlage der 5 MW-Klasse ca. 6,7 Mio. € (d. h. 1 340 €/kW Anlagenkapazität).

Betriebskosten. Zu den Betriebskosten zählen die verbrauchsgebundenen Kosten (z. B. Enzyme zur Verbesserung der Fermentationsleistung zu etwa 20 000 €/a), Hilfsenergie (d. h. Strom 80 €/MWh) sowie die betriebsgebundenen Kosten wie Personal (2,5 Mitarbeiter zu je 50 000 €/a), Wartung und Reinigung (1,5 % bezogen auf die Investitionen), Verwaltung und Versicherung (jeweils 1 % bezogen auf die Investitionen). Insgesamt belaufen sich die Betriebskosten ohne Rohstoff auf ca. 0,9 Mio. €/a. Hinzu kommen Rohstoffkosten für die Maissilage von 30 €/t.

Kraftstoffgestehungskosten. Bei Kraftstofferträgen von 62 kg pro t frischer Biomasse können Bereitstellungskosten für Biomethan an der Biogasanlage von 22,8 €/GJ erreicht werden; das entspricht 0,82 €/m^3 Erdgassubstitut bzw. 0,74 €/l Kraftstoffäquivalent (bezogen auf Benzin).

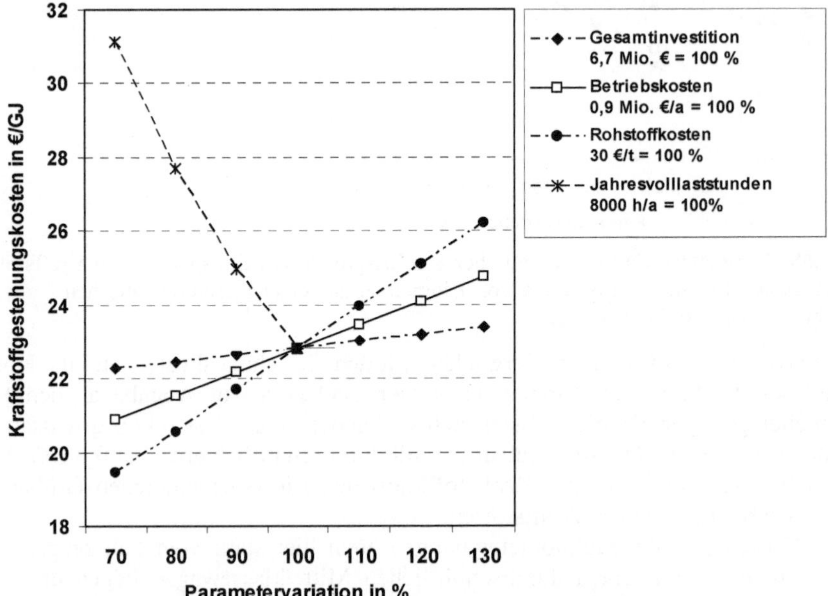

Abb. 9.69 Variation wesentlicher Einflussgrößen auf die spezifischen Biomethangestehungskosten basierend auf einer Biogasanlage mit Maissilage einschließlich einer Biogasaufbereitung auf Erdgasqualität

Abb. 9.69 zeigt – entsprechend der bisherigen Vorgehensweise – den Einfluss verschiedener Größen auf die Kraftstoffgestehungskosten anhand einer Variation wesentlicher sensitiver Parameter. Analog zu Biomethan aus thermo-chemischen Prozessen sind auch hier neben den Betriebskosten insbesondere die Rohstoffkosten und die jährliche Anlagenauslastung entscheidend für die Höhe der Kraftstoffkosten.

Kosten pro Fahrzeugkilometer. Die Kosten für die Bereitstellung von Biomethan aus Anaerobprozessen an der Tankstelle zur Abgabe an den Endverbraucher verhalten sich – da aus chemischer Sicht der gleiche Energieträger betrachtet wird – analog zu Biomethan aus thermo-chemischen Prozessen. Im Mittel liegen diese für Erdgassubstitute bei etwa 0,8 €/GJ bzw. 0,03 €/l (bezogen auf ein Liter Kraftstoffäquivalent).

Die Kosten pro Fahrzeugkilometer hängen erneut stark vom Fahrzeugtyp und Fahrverhalten ab. Für ein durchschnittliches Mittelklassefahrzeug liegen die Fahrzeugkosten bei etwa 0,31 €/km. Unter Berücksichtigung der Biomethankosten ergeben sich bei einem mittleren streckenspezifischen Verbrauch von 2,22 MJ/km Nutzenergiebereitstellungskosten von etwa 0,36 €/km /EUCAR, Concawe & JRC/IES 2006/.

Tabelle 9.32 Biokraftstoffgestehungskosten der Referenzkonzepte

		Rapsöl-methyl-ester (RME)	Bio-ethanol	Fischer-Tropsch (FT)-Diesel	Biomethan aus thermo-chemischen Prozessen[e]	Biomethan aus bio-chemischen Prozessen[e]
Anlagenkapazität	in MW	129	177	152	33	5
Investitionen	in Mio. €	25	140	410	50	6,7
	in €/kW$_{KS}$	190	790	2 690	1 330	1 340
Annuität[a]	in Mio. €/a	2,8	33,5	38,1	7,2	0,7
Betriebskosten[b]	in Mio. €/a	7,3	33,5	44,3	8,6	0,9
Rohstoffkosten[c]	in Mio €/a	60,6	65,9	60,0	22,2	1,6
Gutschriften[d]	in Mio €/a	2,6	18,6	15,1	0,5	
Kraftstoffkosten frei	in €/GJ	18,3	17,8	29,2	24,8	22,8
Konversionsanlage	in €/l$_{KS}$ / €/m³ [e]	0,60	0,38	0,98	0,89	0,82
	in €/l$_{KSÄ}$	0,66	0,58	1,05	0,80	0,74
Distributionskosten[f]	in €/GJ	0,80	1,00	0,80	0,80	0,8
Kraftstoffkosten frei	in €/GJ	19,1	18,8	30,0	25,8	23,6
Tankstelle	in €/l$_{KS}$ / €/m³ [e]	0,61	0,39	0,99	0,91	0,84
	in €/l$_{KSÄ}$	0,67	0,59	1,06	0,82	0,76
Fahrzeugkosten[f]	in €/km	0,32	0,30	0,31	0,31	0,31
Spez. KS-Verbrauch[f]	in MJ/km	1,83	2,24	1,83	2,22	2,22
Streckenspez. Kosten	in €/km	0,35	0,34	0,36	0,37	0,36

KS Kraftstoff; KSÄ Kraftstoffäquivalent; spez. spezifischer; [a] bei einem Zinssatz von 4,5 % und einer Abschreibung über eine kalkulatorische Betrachtungsdauer von 15 Jahren; [b] ohne Brennstoffkosten; [c] 600 €/t Rapsöl, 125 €/t Körnermais, 60 €/t Holzhackgut aus Kurzumtriebsplantagen, 61 €/t Hackgut aus Waldrestholz, 30 €/t Maissilage; [d] Erlöse aus Hauptprodukt, Neben- und Koppelprodukten sowie sonstigen Erlösen; [e] für gasförmige Kraftstoffe Kostenangaben in €/m³ statt in €/l$_{KS}$, [f] Berechnungsgrundlage für den spezifischen Kraftstoffverbrauch für einen Personenkraftwagen aus /EUCAR, Concawe & JRC/IES 2006/

9.4 Potenziale und Nutzung

Um der Frage nachzugehen, welchen möglichen Beitrag die Biomasse zur Energiebereitstellung in Österreich leisten kann, werden nachfolgend die theoretischen und technischen Biomassepotenziale ermittelt. Anschließend wird die derzeitige energetische Biomassenutzung in Österreich erläutert.

9.4.1 Potenziale

In Anlehnung an die bisherige Vorgehensweise wird auch bei der Biomasse zwischen der Darstellung der theoretischen und der technischen Potenziale unterschieden.

Dabei werden aber die theoretischen Potenziale nicht für jeden einzelnen Bioenergieträger ermittelt. Vielmehr wird nur ein gesamtes theoretisches Potenzial abgeschätzt, das im Wesentlichen die gesamte auf der Gebietsfläche Österreichs nachhaltig zuwachsende Biomasse beschreibt. Es kann – wie bei allen theoretischen Potenzialen – aufgrund technischer, ökologischer, struktureller und administrativer Restriktionen in der Praxis nicht vollständig genutzt werden.

Im Gegensatz zum theoretischen Potenzial wird im Rahmen der Berechnung des technischen Angebotspotenzials unterschieden zwischen Rückständen, Nebenprodukten und Abfällen einerseits sowie Energiepflanzen andererseits. Da viele der hier ausgewählten Bioenergieträger der Gruppe der Rückstände, Nebenprodukte und Abfälle zugeordnet werden können, erfolgt aus Gründen der Übersichtlichkeit nochmals eine Differenzierung nach Entstehungsorten. Dabei hat in dieser Biomassegruppe die Forst- und die Landwirtschaft eine große Bedeutung. Deshalb werden Biomassefraktionen industriellen und kommunalen Ursprungs, Klärschlamm und Ab- bzw. Schwarzlauge sowie Landschaftspflegeholz nachfolgend den sonstigen Rückständen, Nebenprodukten und Abfällen zugeordnet. Die Nutzung von Deponiegas wird im Rahmen der Potenzialanalyse hier nicht betrachtet, da sie aufgrund der Anforderungen der Deponieverordnung /BGBl. 39/2008/ mittel- und langfristig keinen Beitrag zur Deckung der Energienachfrage liefern wird.

9.4.1.1 Theoretisches Potenzial

Das theoretische Potenzial ergibt sich aus dem physikalisch-biologischen Angebot der Biomasse und stellt damit eine theoretische Obergrenze des potenziell nachhaltig verfügbaren Energieangebots dar. Es kann anhand des maximalen photosynthetischen Wirkungsgrads (d. h. maximaler Ertrag an Pflanzenmasse) bestimmt werden. Dieser wird mit 30 t Trockenmasse (TM) pro Hektar und Jahr für Lignozellulose angegeben /Hall et al. 1993/. Für die Gegebenheiten in Österreich sind davon – selbst bei dieser theoretischen Betrachtung – aufgrund von Restriktionen u. a. der Bodenverhältnisse, der Wasserverfügbarkeit und der klimatischen Gegebenheiten theoretisch im Mittel maximal rund 20 t(TM)/(ha a) nutzbar. Wird unterstellt, dass auf einer Fläche von rund 68 000 km^2 (Gesamtfläche Österreichs abzüglich Flächen von Gewässern, Alpen und Ödland /BEV 2007/) eine derart hohe Biomasseproduktion – zumindest im Rahmen dieser Maximalbetrachtung – möglich wäre, errechnet sich ein theoretischer Biomasseertrag von etwa 136 Mio. t/a. Bei einem Brennwert von 19,8 MJ/kg resultiert daraus eine theoretisch bereitstellbare Energie von knapp 2,7 EJ/a.

Wird unterstellt, dass daraus im theoretischen Maximalfall praktisch verlustfrei eine ausschließliche Wärmebereitstellung möglich wäre, entspricht dies einem bereitstellbaren Wärmepotenzial von rund 2 693 PJ/a. Wird demgegenüber eine alleinige Stromerzeugung betrachtet, errechnet sich mit einem theoretischen Umwandlungswirkungsgrad von 60 % eine potenzielle Stromerzeugung von rund 449 TWh/a. Und bei der Unterstellung einer ausschließlichen Kraftstofferzeugung mit einem theoretischen Wirkungsgrad von 80 % resultiert daraus eine Treibstoffenergie von 2 154 PJ/a.

9.4.1.2 Technisches Angebotspotenzial

Die technischen Möglichkeiten der Bereitstellung von Energie aus Biomasse werden – neben der verfügbaren Umwandlungstechnik – primär vom technischen Potenzial der energetisch nutzbaren Biomassen bestimmt. Dieses sogenannte technische Energieträgerpotenzial beschreibt damit den Anteil der insgesamt verfügbaren Biomasse, der unter Berücksichtigung der gegebenen technischen Restriktionen als Energieträger nutzbar ist.

Zur Berechnung des in Österreich verfügbaren technischen Energieträgerpotenzials werden für die hier untersuchten Bioenergieträger zunächst die energetisch nutzbaren Mengen unter Berücksichtigung der gegenwärtigen stofflichen Nutzung sowie unter Beachtung sonstiger restriktiver Aspekte (z. B. Schließung der Nährstoffkreisläufe) ermittelt. Bei der anschließenden Umrechnung dieser massebezogenen Daten in Energieeinheiten können unterschiedliche Umwandlungspfade (d. h. thermo-chemische, physikalisch-chemische, bio-chemische Wandlung) zum Einsatz kommen. Während das technische Energieträgerpotenzial für den thermo-chemischen Umwandlungsprozess sich über den brennstoffspezifischen Heizwert berechnet, wird für die bio-chemische Umwandlung der durchschnittliche substratspezifische Gasertrag nach Tabelle 9.33 und der zu erwartende Methangehalt des Biogases zugrunde gelegt.

Zur Ermittlung der technischen Potenziale werden für die untersuchten Biomassefraktionen mögliche Energiebereitstellungspfade identifiziert. Dies gilt jedoch nur für die nach dem derzeitigen Stand der Technik verfügbaren Pfade. Zukünftige und sehr innovative Technologien, wie z. B. die Pyrolyse als ein Verfahren der thermochemischen Umwandlung, finden im Rahmen dieser Betrachtung keine Berücksichtigung.

Zunächst wird für jede betrachtete Biomassefraktion das technische Energieträgerpotenzial differenziert nach Wärme, Strom bzw. Kraftstoff ermittelt. Jedoch kann davon nur ein Teil als End- bzw. Nutzenergie verfügbar gemacht werden, da ein anderer Teil der Energie z. B. bei der ausschließlichen Wärmebereitstellung oder bei der Energiewandlung in Blockheizkraftwerken (BHKW) zwingend verloren geht. Zudem unterscheiden sich die Umwandlungswirkungsgrade bei unterschiedlichen Bioenergieträgern aufgrund z. B. substratspezifischer Eigenschaften. Im Hinblick auf die Addition des angebotsseitigen technischen Endenergiepotenzials werden deshalb hier vereinfacht Umwandlungswirkungsgrade von 90 % bei einer ausschließlichen Wärmenutzung, 45 % bei einer ausschließlichen Strombereitstellung durch eine Zufeuerung in vorhandenen mit fossilen Brennstoffen (d. h. Kohle) gefeuerten Kraftwerken (Umwandlungswirkungsgrad entspricht dem der heute marktgängigen Kohlekraftwerke; diese Vorgehensweise stellt eine Maximalabschätzung dar, da in ausschließlich mit biogenen Festbrennstoffen gefeuerten Kraftwerken, in denen zudem meist eine deutlich geringere elektrische Leistung installiert ist im Vergleich zu Kohlekraftwerken, i. Allg. nur deutlich geringere elektrische Wirkungsgrade erzielt werden (im Durchschnitt rund 25 bis maximal 35 %)) sowie 90 % bei Kraft-Wärme-Kopplung (KWK) unterstellt.

Tabelle 9.33 Kenndaten der Energiepflanzen und Rückstände zur Biogasgewinnung /FNR 2006c/, /LfL Agrarökonomie 2008/

	TM	oTM	Biogasertrag		CH_4-Gehalt
	in %	in % TM	in m^3/t_{FM}	in m^3/t_{oTM}	in Vol.-%
Wirtschaftsdünger					
Rindergülle	8 – 11	75 – 82	20 – 30	200 – 500	60
Schweinegülle	ca. 7	75 – 86	20 – 35	300 – 700	60 – 70
Rindermist	25	68 – 76	40 – 50	210 – 300	60
Schweinemist	20 – 25	75 – 80	55 – 65	270 – 450	60
Hühnermist	32	63 – 80	70 – 90	250 – 450	60
Nachwachsende Rohstoffe					
Maissilage	20 – 35	85 – 95	170 – 200	450 – 700	50 – 55
Rübenblatt	16	75 – 80	70	550 – 600	54 – 55
Kartoffelkraut	25	79			55
Grassilage	25 – 50	70 – 95	170 – 200	550 – 620	54 – 55
Getreidestroh (Weizen)	86	92		400	51
Substrate aus Industrie und Kommunen					
Grünschnitt	ca. 12	83 – 92	150 – 200	550 – 680	55 – 65
Bioabfall aus Haushalten	40 – 75	50 – 70	80 – 120	150 – 600	58 – 65
Speisereste und überlagerte Lebensmittel	9 – 37	80 – 98	50 – 480	200 – 500	45 – 61

TM Trockenmasse; oTM organische Trockenmasse; FM Frischmasse; CH_4 Methan

Bei den gasförmigen Bioenergieträgern stellt die erzielbare Brutto-Gasausbeute bzw. der Energiegehalt dieser Gasmenge, die sich bei der bio-chemischen Konversion aus den jährlich zur Verfügung stehenden vergärbaren organischen Materialien sowie deren durchschnittlicher Biogaserträge errechnet, noch kein technisches Potenzial im Sinne der oben genannten Definition dar. Zur Aufrechterhaltung des bio-chemischen Umsetzungsprozesses auf einem hohen Niveau wird eine bestimmte Temperatur im Fermenter benötigt. Diese wird mit der heute marktgängigen Anlagentechnik mithilfe von Energie sichergestellt, die bei der Berechnung des Netto-Energieaufkommens und damit des netto bereitstellbaren Biomassepotenzials berücksichtigt werden muss. Aufgrund von weiteren Verlusten in der Energieumwandlung können bezogen auf den Energiegehalt des eingesetzten organischen Materials letztendlich ca. 32 % des erzeugten Biogases in Form von Wärme und 29 % in Form von elektrischer Energie netto genutzt werden; damit können bei Biogasanlagen rund drei Fünftel der in der Biomasse enthaltenen Energie (d. h. 61 %) verfügbar gemacht werden.

Bei der wärmeinduzierten Vergasung fester Biomasse mit dem Ziel der ausschließlichen KWK (Vergasungskraftwerk) werden für die Bereitstellung von Strom und Wärme Umwandlungswirkungsgrade von 35 % elektrischer und 55 % thermischer Energie unterstellt (d. h. Gesamtwirkungsgrad von rund 90 %).

Da bei der Potenzialermittlung zunächst jeder nach dem derzeitigen Stand der Technik mögliche Energiebereitstellungspfad unabhängig von anderen Nutzungsoptionen für die gleiche Biomasse betrachtet wird, können die daraus resultierenden technischen Endenergiepotenziale nicht aufsummiert werden. Als Ergebnis dieser Untersuchung liegen deshalb zunächst nur für die realisierbaren Einzeloptionen die technischen Endenergiepotenziale an Wärme, an in Koppelproduktion erzeugtem Strom und Wärme (d. h. KWK) sowie an Kraftstoff je Bioenergieträger vor. Diese Informationen werden nachfolgend diskutiert. Im Anschluss daran wird ein Ansatz aufgezeigt, wie diese Einzelpotenziale unter Berücksichtigung der gegebenen Restriktionen aufaddiert werden können.

Rückstände, Nebenprodukte und Abfälle. Im Folgenden werden die Potenziale betrachtet, die sich aus der energetischen Nutzung von Rückständen, Nebenprodukten und Abfällen aus der Forst- und Landwirtschaft sowie anderen Bereichen der Volkswirtschaft in Österreich ergeben.

Forstwirtschaftliche Stoffströme. In Österreich sind rund 3,96 Mio. ha als Waldfläche statistisch ausgewiesen. Davon sind etwa 0,5 bzw. 0,1 Mio. ha Schutzwald bzw. Holzboden (u. a. Forststraßen) außer Ertrag und können daher nicht für eine Bereitstellung von energetisch nutzbarem Holz herangezogen werden /FBVA 2008/. Vom auf der verbleibenden Fläche nutzbaren jährlichen Holzzuwachs (38,5 Mio. Vfm; Vorratsfestmeter (Vfm)) werden derzeit durchschnittlich rund 16,8 Mio. Efm (Erntefestmeter (Efm)) ohne Rinde (5-Jahresmittel) /BMLFUW 2007/ als Nutzholz eingeschlagen; konjunkturbedingt wurden 2007 21,3 Mio. Efm eingeschlagen. Zusätzlich können etwa 0,8 Mio. Fm (Festmeter (Fm)) in Form von Waldhackgut genutzt werden (nach /BMLFUW 2008a/). Dies entspricht zusammengenommen etwa 159 PJ.

Der energetischen Verwertung dieser Holzmenge steht allerdings die stoffliche Verwertung z. B. als Bau- und Möbelholz oder in der Papier- und Zellstoffindustrie sowie der Span- und Faserplattenindustrie entgegen. Auch verbleibt mit ca. 2,5 Mio. Fm ein Teil des Schlagabraums im Wald (nach /BMLFUW 2008a/).

Entsprechend /Statistik Austria 2008a/ wurden 2006 etwa 126 PJ/a u. a. in Form von Brennholz, Sägenebenprodukten, Rinde und Restholz energetisch genutzt. Darin sind allerdings auch das importierte Brennholz, die bei der Verarbeitung von importiertem Holz anfallenden Rückstände sowie rezykliertes Holz (u. a. Altholz, Abbruchholz) enthalten. Deshalb dürften von der in Österreich geernteten Holzmenge nur knapp 105 PJ (Basis 2006) energetisch genutzt worden sein.

Zusätzlich kann noch ein Teil von dem im Wald verbleibenden Schlagabraum sowie vom jährlichen derzeit nicht genutzten Zuwachs energetisch verwertet werden. Dabei lassen sich rund 0,8 Mio. Fm Schlagabraum sowie 9,7 Mio. Fm durch ein verändertes Waldmanagement (Holzeinschlag und Durchforstung) an Holz für eine energetische Nutzung gewinnen; dies entspricht einem zusätzlichen Angebotspotenzial von ca. 6,7 bzw. 77,7 PJ/a. Dabei wird vereinfacht unterstellt, dass das bei einer verstärkten Waldnutzung gewonnene Holz primär stofflich verwendet werden würde und nur die bei der Verarbeitung anfallenden Restholzsortimente (u. a. Sägenebenprodukte, Rinde, Waldrestholz) sowie die durch die Walderschließung ermöglichte verstärkte Gewinnung von Brennholz für eine thermische Nutzung zur Verfügung stehen. Insgesamt können somit knapp 190 PJ/a an Brennholz, Rinde, Waldhackgut und Sägenebenprodukten energetisch genutzt werden.

Neben diesen unbehandelten Holzfraktionen kann zusätzlich noch ein gewisser Teil des Altholzaufkommens (u. a. Bau- und Abbruchholz, Holzanteile im Rest- und Sperrmüll sowie in Baustellenabfällen und ölimprägnierte Hölzer (Abb. 9.70)) von etwa 0,8 Mio. t/a energetisch genutzt werden /BMLFUW 2008b/. Einschränkende Faktoren für diese Nutzung sind allerdings die Konkurrenz durch eine stoffliche Verwertung sowie die aufgrund technisch-ökonomischer Restriktionen nicht vollständig mögliche Erfassung u. a. bei Bau- und Abbruchholz. Da aufgrund der Anforderungen der Deponieverordnung /BGBl. 39/2008/ Holz ab 2004 nicht mehr deponiert werden darf, wird hier unterstellt, dass 80 % des Altholzanfalls energetisch verwertet werden können; dies entspricht bei einem Heizwert von 17,5 MJ/kg rund 11,8 PJ/a.

Insgesamt liegt das Brennstoffaufkommen aus unbehandeltem Holz sowie Altholz damit bei rund 201 PJ/a.

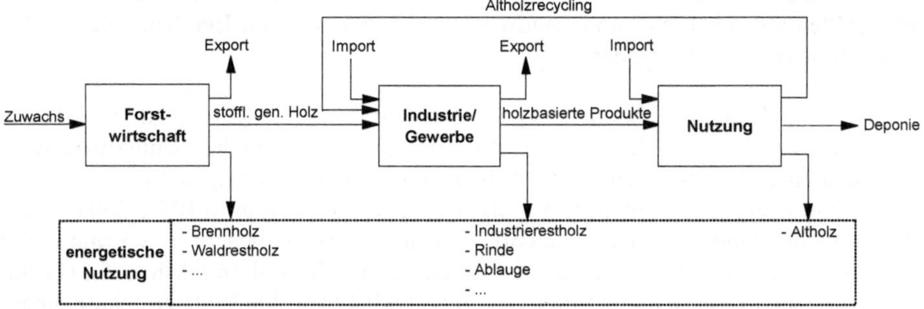

Abb. 9.70 Vereinfachte Darstellung des Holzflusses durch die Volkswirtschaft

Zur Bestimmung des technischen Angebotspotenzials müssen noch die Verluste der zur energetischen Biomassenutzung notwendigen Energiewandlung mitberücksichtigt werden. Es wird dabei zwischen einer Bereitstellung von thermischer und elektrischer Energie sowie einer kombinierten Strom- und Wärmeerzeugung (verbrennungs- und vergasungsbasierte KWK) unterschieden.

Bei einem unterstellten Umwandlungswirkungsgrad von 90 % für Holzfeuerungen zur ausschließlichen Wärmeerzeugung ermittelt sich ein technisches Angebotspotenzial an Wärme von rund 181 PJ/a. Bei einer ausschließlichen Bereitstellung von elektrischer Energie durch Zufeuerung in vorhandenen Kohlekraftwerken errechnet sich unter Zugrundelegung eines unterstellten Umwandlungswirkungsgrades von 45 % ein technisches Angebotspotenzial von 91 PJ/a bzw. 25,2 TWh/a.

Bei der Interpretation dieser Werte ist zu beachten, dass heute bereits etwa 117 PJ/a an Holzbrennstoffen zur Wärmebereitstellung in Österreich genutzt werden. Deshalb kann für eine Stromerzeugung nicht das gesamte verfügbare Brennstoffpotenzial genutzt werden. Es wird deshalb beispielhaft unterstellt, dass eine Stromerzeugung nur in bestehenden Anlagen zur Wärmeerzeugung mit einer Feuerungswärmeleistung von mehr als 100 kW (d. h. Erweiterung zu Kraft-Wärme-Kopplung von z. B. Nahwärmesystemen) und in neu zu errichtenden Anlagen realisiert werden kann. Bei einer insgesamt in Österreich installierten thermischen Leistung in Feuerungsanlagen mit über 100 kW Feuerungswärmeleistung von rund 4 300 MW (Tabelle 9.40), einem mittleren Gesamtnutzungsgrad dieser Anlagen von 90 %, einer unterstellten Stromkennzahl von 0,2 (d. h. Verhältnis von elektrischer Leistung zu Wärmeleistung) sowie mittleren jährlichen elektrischen Volllaststunden von 4 000 h/a errechnet sich eine theoretisch mögliche Stromerzeugung im bestehenden Anlagenbestand von ca. 2,9 TWh/a (10,6 PJ/a). Dafür ist ein anteiliger Brennstoffeinsatz von rund 13,7 PJ/a erforderlich. Dadurch stehen für eine zusätzliche, in neu zu errichtenden Anlagen realisierbare, Stromerzeugung noch etwa 71 PJ/a an Brennstoffenergie zur Verfügung. Dies entspricht bei einem elektrischen Umwandlungsnutzungsgrad von 30 % einem verfügbaren technischen Angebotspotenzial an elektrischer Energie von rund 21 PJ/a bzw. 6 TWh/a. Bei Kraft-Wärme-Kopplung (KWK) können dabei zusätzlich noch etwa 42 PJ/a an Wärme bereitgestellt werden. Insgesamt können somit etwa 32 PJ/a (8,8 TWh/a) an elektrischer Energie und zusammen mit der heute schon realisierten Wärmebereitstellung etwa 147 PJ/a an thermischer Energie erzeugt werden.

Bei einer vergasungsbasierten KWK-Nutzung kann das gesamte technische Brennstoffpotenzial von rund 201 PJ/a zur Bereitstellung von elektrischer und thermischer Energie genutzt werden. Mit unterstellten Wirkungsgraden von 35 % elektrisch und 55 % thermisch ergibt sich daraus ein technisches Angebotspotenzial einer Strombereitstellung von 70 PJ/a bzw. 20 TWh/a und einer Wärmeerzeugung von 111 PJ/a (Tabelle 9.34).

Landwirtschaftliche Stoffströme. Bei dieser Stoffgruppe wird zwischen Stroh, Grünlandaufwuchs, tierischen Exkrementen und Einstreu sowie Ernterückständen unterschieden. Diese einzelnen Biomassefraktionen werden nachfolgend diskutiert.

Stroh. In Österreich wurde im Jahr 2006 Getreide auf einer Anbaufläche von ca. 590 000 ha /Statistik Austria 2007a/ produziert. Die daraus resultierende Gesamtmenge an Getreidestroh, das aus den jeweiligen Getreideerträgen und dem entsprechenden Korn-Stroh-Verhältnis ermittelt werden kann, liegt bei ca. 2,0 Mio. t. Um jährliche Schwankungen u. a. aufgrund von anderen Fruchtfolgen, veränderter Witterung und kurzfristigen Marktschwankungen auszugleichen, wird bei den Ernteerträgen das arithmetische Mittel der Erntejahre 1998 bis 2006 zugrunde gelegt.

Im Gegensatz zur energetischen Verwertung wird Getreidestroh stofflich bereits mannigfaltig verwertet (u. a. Einstreu in der Nutztierhaltung, Einsatz in Gärtnereien). Dies muss bei der Potenzialabschätzung berücksichtigt werden. Deshalb stehen nach Abzug des für eine stoffliche Nutzung benötigten Strohs nur etwa 20 % des Gesamtstrohaufkommens (0,4 Mio. t_{FM}/a) als Energieträger zur Verfügung. Bei einem Heizwert von 14,5 MJ/kg_{FM} (15 % Wassergehalt) berechnet sich daraus ein technisches Energieträgerpotenzial von 5,8 PJ/a. Unter Zugrundelegung eines mittleren Umwandlungswirkungsgrads von 90 % für Strohfeuerungen resultiert daraus ein technisches Angebotspotenzial einer alleinigen Wärmebereitstellung aus Stroh von ca. 5,2 PJ/a.

Das technische Angebotspotenzial an in KWK erzeugter elektrischer Energie bestimmt sich aus dem für eine Strom- und Wärmeerzeugung verfügbaren Stroh (4,8 PJ/a, da bereits heute rund 1 PJ/a zur ausschließlichen Wärmebereitstellung eingesetzt wird) sowie dem zugrunde gelegten Umwandlungsnutzungsgrad von 30 % mit 1,4 PJ/a bzw. ca. 0,4 TWh/a. Die in Koppelproduktion zusätzlich bereitstellbare Wärme liegt bei einem Nutzungsgrad von 60 % bei rund 2,9 PJ/a. Mit der heute schon realisierten Nutzung ergibt sich damit ein technisches Angebotspotenzial an Wärme aus Stroh bei einer Kraft-Wärme-Kopplung von 3,9 PJ/a.

Die Vergasung von Halmgütern ist derzeit nicht ohne weiteres in vorhandenen Anlagen möglich und entspricht (noch) nicht dem Stand der Technik. Im Rahmen dieser Betrachtung findet sie daher keine Berücksichtigung.

Neben der thermo-chemischen Umwandlung kann Getreidestroh auch durch Vergärung in den Sekundärenergieträger Biogas umgewandelt werden. Wird auch hier von einem Gesamtstrohaufkommen von 0,4 Mio. t_{FM}/a ausgegangen, errechnet sich bei einem mittleren Biogasertrag von 400 m^3/t_{oTM} und einem unterstellten Heizwert des Biogases von 21,6 MJ/m^3 (6 kWh/m^3) ein technisches Biogaspotenzial von 2,9 PJ/a bzw. 0,8 TWh/a. Daraus kann netto (d. h. Angebotspotenzial) 0,8 PJ/a (240 GWh/a) an elektrischer und rund 0,9 PJ/a an thermischer Energie bereitgestellt werden (Tabelle 9.34).

Grünlandaufwuchs. In Österreich sind etwa 1,8 Mio. ha an Dauergrünland vorhanden /Statistik Austria 2007a/. Diese Fläche setzt sich aus extensiv bewirtschaftetem Grünland, Wirtschaftsgrünland sowie Almen und Bergmähder zusammen. Die auf dieser Fläche aufwachsende Biomasse ist aber nur z. T. energetisch nutzbar.

Beispielsweise können die Grünlanderträge von Almen und Bergmähder aufgrund der i. Allg. gegebenen Nutzung als Weide bzw. der exponierten Lage und geringen Erträge keiner technisch sinnvollen energetischen Nutzung zugeführt werden. Auch steht der energetischen Nutzung der Erträge von extensiv bewirtschafteten Grünland- und Wirtschaftsgrünlandflächen die stoffliche Verwendung als Tierfutter entgegen; deshalb kann nur ein sehr geringer Teil der hier produzierbaren Biomasse überhaupt als Energieträger genutzt werden.

Zur Abschätzung der potenziell verfügbaren Biomassemengen wird auf den zur Verfügung stehenden Flächen von ca. 150 000 ha an extensiv bewirtschaftetem Grünland und von rund 907 000 ha Wirtschaftsgrünland von maximal zu erzielenden Erträgen von 3,2 t_{TM}/(ha a) für extensiv bewirtschaftetes Grünland und von 7,3 t_{TM}/(ha a) für Wirtschaftsgrünland /Ruhr-N 1988/ ausgegangen. Aufgrund der diskutierten Restriktionen wird unterstellt, dass nur rund 5 % der Erträge von extensiv bewirtschafteten Grünland- und von Wirtschaftsgrünlandflächen energetisch genutzt werden könnten. Ausgehend davon ermittelt sich bei einem Grünschnittanfall von etwa 0,35 Mio. t_{TM}/a und einem Heizwert von 17,1 MJ/kg_{TM} ein Energieträgerpotenzial von rund 6,1 PJ/a. Daraus lassen sich bei einem Umwandlungswirkungsgrad der Feuerungsanlagen von 90 % rund 5,5 PJ/a an Wärme aus Grünlandheu bereitstellen. Das technische Angebotspotenzial einer Bereitstellung elektrischer Energie in KWK liegt bei einem Umwandlungsnutzungsgrad von 30 % bei 1,8 PJ/a bzw. 510 GWh/a. Zusätzlich dazu sind in Kraft-Wärme-Kopplung bei einem Nutzungsgrad von 60 % 3,6 PJ/a an Wärme bereitstellbar.

Alternativ dazu kann Grünschnitt vom Dauergrünland auch bio-chemisch und damit in Biogasanlagen umgewandelt werden. Unter diesen Bedingungen und auf der Basis vergleichbarer Rahmenannahmen (d. h. 5 % der potenziellen Erträge von extensiv bewirtschafteten Grünland- und Wirtschaftsgrünlandflächen) errechnet sich bei einem mittleren Gasertrag von 500 m^3/t_{TM} sowie einem unterstellten Heizwert des Biogases von 21,6 MJ/m^3 (6 kWh/m^3) ein Biogaspotenzial von 3,8 PJ/a bzw. 1,1 TWh. Davon können rund 1,1 PJ/a (310 GWh/a) an elektrischer und 1,2 PJ/a an thermischer Energie netto für den Einsatz im Energiesystem bereitgestellt werden (Tabelle 9.34).

Tierische Exkremente und Einstreu. Tierische Exkremente und Einstreu fallen in Österreich an sehr unterschiedlichen Plätzen an (z. B. Gülle aus der Rindermast, Mist von Pferdepensionen, Hasenmist aus der Stallhasenzucht, Katzenstreu aus Privathaushalten). Mengenmäßig relevant und deshalb hier ausschließlich betrachtet ist aber nur das Aufkommen an Exkrementen (und Einstreu) von Rindern, Schweinen und Hühnern. Dieses Aufkommen ist aber nicht vollständig technisch nutzbar zu machen, da in Abhängigkeit von der Biogasanlagengröße ein bestimmter Mindestvolumenstrom an organischem Material aufgrund technisch-ökonomischer Restriktionen benötigt wird. Deshalb wird hier angenommen, dass in Betrieben mit Tierbestandszahlen unter 35 Rindern, unter 100 Schweinen und unter 5 000 Hühnern ein für eine Biogaserzeugung nicht ausreichendes Aufkommen an Exkrementen gegeben ist /Schattauer und Wilfert 2003/. Hinzu kommt, dass vor allem in der Rinderhaltung ein Teil der anfallenden Exkremente technisch nicht oder nur sehr schwierig verfügbar gemacht werden kann, da ein Teil der Rinder – gerade in den Sommermonaten – in Weidewirtschaft gehalten wird und die in dieser Zeit anfallenden Exkremente i. Allg. nicht verfügbar gemacht werden können.

Ausgehend davon fallen in Stallungen mit mehr als 35 Tieren nur rund 38 % der insgesamt von den statistisch erfassten 2 Mio. Rindern /BMLFUW 2008c/ in Österreich produzierten Exkremente an. Davon können – aufgrund von Weidehaltung – geschätzte 68 % der anfallenden Gülle zur Biogaserzeugung verwendet werden. Bei der Schweinehaltung, von denen 76 % von insgesamt 3,2 Mio. in Österreich vorhandenen Schweinen in ausreichend großen Betrieben gehalten werden, steht aufgrund der fast vollständigen Stallhaltung das komplette Aufkommen an Exkrementen technisch zur Verfügung. Analog zu den bei den Rindern unterstellten Rahmenannahmen wird bei einem aufgrund der definierten Mindestbetriebsgröße zu berücksichtigten Hühnerbestand von 61 % ebenfalls unterstellt, dass nur 68 % der anfallenden Exkremente energetisch verwertet werden können.

Für die Rinderhaltung ergibt sich somit ein verfügbares Aufkommen von 6,8 Mio. t_{FM}/a an Exkrementen und von 0,1 Mio. t_{FM}/a an Einstreu. Hinzu kommt ein Aufkommen aus der Schweinehaltung von 3,5 t_{FM}/a an Exkrementen und 0,1 Mio. t_{FM}/a an Einstreu. Demgegenüber ist der in der Hühnerhaltung anfallende Mist mit 0,02 Mio. t_{FM}/a gering.

Mit den jeweiligen substratspezifischen durchschnittlichen Gaserträgen /FNR 2006c/, /LfL Agrarökonomie 2008/ und einem unterstellten Heizwert des Biogases von 21,6 MJ/m^3 (6 kWh/m^3) bestimmt sich daraus insgesamt ein technisches Energieträgerpotenzial aus Exkrementen und Einstreu von 6,1 PJ/a (1,7 TWh/a). Auf der Basis einer zu dem bisherigen Vorgehen vergleichbaren Methodik errechnet sich daraus ein technisches Angebotspotenzial an elektrischer Energie von 1,8 PJ/a (490 GWh/a) und von gekoppelt erzeugter Wärmeenergie von 1,9 PJ/a (Tabelle 9.34).

Ernterückstände. Ernterückstände aus dem landwirtschaftlichen Nutzpflanzenanbau stellen ebenfalls potenzielle (Co-)Substrate für eine Vergärung in Biogasanlagen dar. Für diese Potenzialabschätzung werden nur die Ernterückstände aus dem Zuckerrüben- (Rübenblatt) und dem Kartoffelanbau (Kartoffelkraut) betrachtet, da weitere Substrate (z. B. Rückstände aus dem Gemüseanbau) verglichen damit nur ein deutlich geringeres mengenmäßiges Aufkommen besitzen. Zudem sind bestimmte Ernterückstände nur zu einem gewissen Teil für eine Vergärung in Biogasanlagen technisch nutzbar, da aufgrund erntetechnischer Restriktionen ein Großteil auf dem Feld verbleibt und dort direkt in den Boden eingearbeitet wird. Weitere Stoffströme werden als Futtermittel genutzt und sind somit maximal über die Gülle als Biogassubstrat nutzbar. Auch fallen die Ernterückstände großteils im Herbst an. Für eine Verwertung in Biogasanlagen müsste daher eine entsprechende Lagerkapazität geschaffen werden, damit diese kontinuierlich über das ganze Jahr vergoren werden können /Amon 1997/.

Um trotzdem eine Größenordnung der potenziell zur Biogaserzeugung nutzbaren Ernterückstände in Österreich abzuschätzen, wird – zur Berücksichtigung jährlicher Schwankungen (u. a. aufgrund unterschiedlicher Fruchtfolgen, verschiedener Witterung, kurzfristiger Veränderungen in den Marktgegebenheiten) – bei den Ernteerträgen vom arithmetischen Mittel der Erntejahre 2002 bis 2006 ausgegangen. Basierend auf der in /Statistik Austria 2008b/ ausgewiesenen durchschnittlichen Erntemenge von rund 2,8 Mio. t Zuckerrüben und etwa 0,6 Mio. t Kartoffeln kann mit einem Frucht/Blatt-Verhältnis von 1:0,8 bei Rüben und 1:0,4 bei Kartoffeln /Hartmann und Kaltschmitt 2002/ das insgesamt nutzbare Biomasseaufkommen abgeschätzt werden, das jedoch u. a. aufgrund erntetechnischer Restriktionen nicht vollständig nutzbar ist. Wird deshalb eine technische Verfügbarkeit von 50 bzw. 33 % /Schattauer und Wilfert 2003/ unterstellt, errechnet sich ein Gesamtaufkommen von rund 1,2 Mio. t_{FM}/a (1,1 Mio. t_{FM}/a Zuckerrübenblätter, 89 000 t_{FM}/a Kartoffelkraut), das für einen Einsatz in Biogasanlagen zur Verfügung steht.

Mit den jeweiligen spezifischen durchschnittlichen Gaserträgen und einem unterstellten Heizwert des Biogases von 21,6 MJ/m^3 (6 kWh/m^3) bestimmt sich daraus insgesamt ein technisches Energieträgerpotenzial von 1,9 PJ/a bzw. 0,5 TWh/a. Entsprechend dem bisherigen Vorgehen resultieren daraus 0,6 PJ/a (150 GWh/a) an elektrischer und 0,6 PJ/a an thermische Energie (Tabelle 9.34).

Sonstige Stoffströme. Unter dieser Kategorie werden Biomassefraktionen zusammengefasst, die weder eindeutig der Land- noch der Forstwirtschaft zuzuordnen sind. Darunter werden hier Klärschlamm, Schwarzlauge, Bio- und Grünabfälle, Abfälle aus Industrie und Gewerbe sowie Landschaftspflegeholz und Altspeisefette/-öle verstanden. Sie werden nachfolgend diskutiert.

Klärschlamm. Klärschlamm wird i. Allg. in einer Kaskade energetisch genutzt. Zunächst wird der in Kläranlagen anfallende Klärschlamm anaerob unter Freisetzung von Klärgas (d. h. Biogas) stabilisiert. Wird er anschließend getrocknet, kann er als Festbrennstoff genutzt werden. Beide Varianten werden nachfolgend untersucht.

Der theoretisch insgesamt in Österreich anfallende Klärschlamm kann nicht vollständig anaerob behandelt werden. Einschränkungen ergeben sich u. a. aus dem nicht erreichbaren 100 %-igen Anschlussgrad an das Kanalnetz bzw. eine Kläranlage. Auch wird z. B. bei sehr kleinen Anlagen oder bei Pflanzenkläranlagen keine anaerobe Stabilisierung des Klärschlamms durchgeführt. Wird für Österreich eine jährliche Abwassermenge von rund 20 Mio. Einwohnergleichwerten (EWG) /BMLFUW 2000/ bei einem unterstellten Erfassungsgrad durch Kläranlagen mit anaerober Schlammbehandlung von 80 % unterstellt, können mit einem durchschnittlichen Biogasertrag von 7,2 m^3 pro Einwohnergleichwert und Jahr sowie einem Heizwert von 21,6 MJ/m^3 (6 kWh/m^3) rund 2,5 PJ/a an Brennstoffenergie (d. h. Biogas) bereitgestellt werden.

Aber auch der anschließend verbleibende Klärschlamm ist nicht vollständig als Festbrennstoff nutzbar. Einschränkungen bestehen hier derzeit u. a. durch konkurrierende Verwertungsformen z. B. als Dünger in der Landwirtschaft. Der landwirtschaftlichen Nutzung sind dabei aber durch die teilweise hohen Schadstoffkonzentrationen (vor allem Schwermetalle) im Klärschlamm Grenzen gesetzt. Auch ist es seit 2004 aufgrund der Anforderungen der Deponieverordnung /BGBl. 39/2008/ nicht mehr erlaubt, unbehandelte Abfälle zu deponieren; eine Deponierung des Klärschlamms ist damit nicht möglich. Es wird daher unterstellt, dass rund zwei Drittel des gesamten im Jahr 2006 anfallenden Klärschlamms von 450 000 t_{TM} /Austropapier 2007/ aus technischer Sicht als Festbrennstoff genutzt werden kann. Mit einem mittleren Heizwert von 10 MJ/kg_{TM} bestimmt sich daraus ein Brennstoffpotenzial von 3,0 PJ/a. Dessen energetische Nutzung kann in Stromerzeugungsanlagen (z. B. durch Zufeuerung) oder in Kraft-Wärme-Kopplungsanlagen erfolgen. Daraus errechnet sich ein technisches Angebotspotenzial einer ausschließlichen Stromerzeugung von 1,4 PJ/a (380 GWh/a) bzw. bei einem Einsatz in verbrennungsbasierten KWK-Anlagen von 0,9 PJ/a (250 GWh) an elektrischer Energie bzw. 1,8 PJ/a an thermischer Energie. Bei vergasungsbasierten KWK-Anlagen ermittelt sich ein Strompotenzial von 1,1 PJ/a (290 GWh/a) bzw. ein Wärmepotenzial von 1,7 PJ/a. Zudem können in Klärgasanlagen ausgehend von den 2,5 PJ/a an Brennstoffenergie 0,7 PJ/a (200 GWh/a) an elektrischer und 0,8 PJ/a an thermischer Energie netto für den Einsatz im Energiesystem bereitgestellt werden (Tabelle 9.34).

Schwarzlauge. An Schwarz- bzw. Ablauge aus der Papier- und Zellstoffindustrie sind im Jahr 2006 rund 2,9 Mio. t_{TM} /Austropapier 2007/ angefallen. Da die Ablauge bereits heute zu praktisch 100 % energetisch verwertet wird, errechnet sich ein technisches Brennstoffpotenzial von ca. 23,5 PJ/a, ohne dass Restriktionen einer anderweitigen Nutzung berücksichtigt werden müssen. Daraus resultiert bei einer Zufeuerung in vorhandenen Kohlekraftwerken eine potenzielle Stromerzeugung von 11 PJ/a (2,9 TWh/a) bzw. bei einer verbrennungsbasierten KWK-Nutzung eine Stromerzeugung von 7 PJ/a (2 TWh/a) bzw. eine Wärmebereitstellung von 14,1 PJ/a. Bei einer vergasungsbasierten KWK-Nutzung können 8,2 PJ/a (2,3 TWh/a) an elektrischer Energie bzw. 12,9 PJ/a an thermischer Energie bereitgestellt werden.

Bio- und Grünabfälle. Unter Bio- und Grünabfällen wird eine Vielzahl unterschiedlichster Stoffströme zusammengefasst. Hier werden darunter im Wesentlichen Speisereste, überlagerte Lebensmittel, die vor allem in den Großküchen öffentlicher Einrichtungen (z. B. Betriebskantinen, Kranken- und Pflegeheime, Schulen und Universitäten), Marktabfälle und biogene Abfälle aus den Haushalten (sogenannte Biotonne) verstanden. Von diesen Stoffen fallen jährlich ca. 0,9 Mio. t_{FM} an. Zusätzlich dazu kommen noch 1,3 Mio. t_{FM} an Grünabfällen /BMLFUW 2008b/ aus dem kommunalen Bereich. Diese Stoffströme können sowohl thermo-chemisch als auch biochemisch genutzt werden.

Die meisten dieser Abfälle können aufgrund des teilweise sehr ortsabhängigen Anfalls (dezentraler Anfall), der geringen flächenbezogenen Anfallmengen sowie alternativer Verwertungsmöglichkeiten (Kompostierung direkt am Anfallort) nur zu einem gewissen Teil einer thermo-chemischen Nutzung zugeführt werden. Von den insgesamt 2,2 Mio. t_{FM} wird deshalb abgeschätzt, dass nur rund 0,7 Mio. t technisch nutzbar gemacht werden können. Und da die energetische mit der stofflichen Nutzung konkurriert, wird hier unterstellt, dass von der technisch nutzbaren Anfallmenge nur rund ein Drittel energetisch genutzt werden kann (d. h. rund 0,2 Mio. t_{FM}/a).

Mit einem durchschnittlichen Heizwert von 8 MJ/kg_{FM} und einem Umwandlungswirkungsgrad von durchschnittlich 90 % bestimmt sich daraus ein technisches Angebotspotenzial an Wärme mit rund 1,6 PJ/a. Für eine kombinierte Strom- und Wärmebereitstellung liegt das Angebotspotenzial verbrennungsbasiert bei 0,5 PJ/a

(140 GWh/a) elektrischer Energie sowie 1,0 PJ/a thermischer Energie bzw. vergasungsbasiert bei 0,6 PJ/a (170 GWh/a) elektrisch und 1,0 PJ/a thermisch.

Auch für die bio-chemische Verwertung können die hier betrachteten Bio- und Grünabfälle nur zu einem geringen Teil technisch verfügbar gemacht werden. Wird unterstellt, dass rund 20 % der insgesamt 2,2 Mio. t_{FM} technisch nutzbar sind, können knapp 0,3 PJ/a (80 GWh/a) an elektrischer sowie 0,3 PJ/a an Wärmeenergie auch tatsächlich bereitgestellt werden (Tabelle 9.34).

Abfälle aus Industrie und Gewerbe. Auch bei der industriellen Verarbeitung organischer Substanzen (u. a. in Bierbrauereien, in der Zuckerindustrie, bei der Fleischverarbeitung) fallen organische Stoffströme an, die potenziell energetisch nutzbar wären.

Der energetischen Verwertung derartiger Abfälle aus Industrie und Gewerbe steht aber eine stoffliche Nutzung (z. B. Futtermittel, Kompost) entgegen. Deshalb können nur rund die Hälfte der nutzbaren biogenen Abfälle thermisch verwendet werden. Unter Berücksichtigung, dass davon nur ein Teil aufgrund der hohen Wassergehalte für die thermische Verwertung sinnvoll einsetzbar ist, verbleiben als Festbrennstoff von den insgesamt rund 1,9 Mio. t_{FM} an Abfällen aus Industrie und Gewerbe /BMLFUW 2008b/ rund 236 000 t_{FM}. Mit einem durchschnittlichen Heizwert von 8 MJ/kg_{FM} und einem Umwandlungswirkungsgrad von 90 % bestimmt sich daraus ein technisches Potenzial an Wärme mit rund 1,7 PJ/a. Für eine kombinierte verbrennungsbasierte Strom- und Wärmebereitung liegt das Potenzial bei 0,6 PJ/a (160 GWh/a) an elektrischer und 1,1 PJ/a an thermischer Energie.

Alternativ dazu kann ein Teil dieser Stoffe auch zu Biogas vergoren werden. Allerdings sind auch hier Einschränkungen vor allem durch alternative Verwertungswege (u. a. Tierfutter, Dünger, Kompost) gegeben. Wird deshalb vereinfachend unterstellt, dass von den insgesamt rund 1,9 Mio. t_{FM} nur ca. 15 % (d. h. 283 000 t_{FM}/a) für eine Biogaserzeugung zur Verfügung stehen, errechnet sich mit einem mittleren Biogasertrag von rund 100 m^3/t_{TM} sowie einem durchschnittlichen Heizwert des produzierbaren Gases von 21,6 MJ/m^3 (6 kWh/m^3) eine gewinnbare Energie von rund 0,6 PJ/a. Wird dieses Biogas in KWK-Anlagen genutzt, ergibt sich ein Energieaufkommen von rund 0,2 PJ/a (50 GWh/a) an elektrischer und ca. 0,2 PJ/a an thermischer Energie (Tabelle 9.34).

Landschaftspflegeholz. Unter dem Begriff Landschaftspflegeholz wird Holz verstanden, welches bei Pflegearbeiten, Baumschnittaktivitäten in der Land- und Gartenbauwirtschaft (z. B. Obstplantagen, Weinberge) und/oder sonstigen landschaftspflegerischen oder gärtnerischen Maßnahmen anfällt. Für den hier berücksichtigten Baumschnitt aus Obstplantagen und Streuobstwiesen sowie aus Weinrebflächen errechnet sich ein technisches Energieträgerpotenzial von 0,5 PJ/a, der sich aus der technisch nutzbaren Anfallmenge von rund 63 000 t_{FM} unter Beachtung der gegebenen Restriktionen einer stofflichen Nutzung sowie mit einem durchschnittlichen Heizwert von 8 MJ/kg_{FM} ergibt. Daraus resultiert ein technisches Angebotspotenzial an Wärme von rund 0,5 PJ/a. Für eine kombinierte verbrennungsbasierte Strom- und Wärmebereitstellung liegt das Potenzial bei 0,2 PJ/a (40 GWh/a) an elektrischer Energie sowie 0,3 PJ/a an Wärme bzw. vergasungsbasiert bei 0,2 PJ/a (50 GWh) elektrisch und 0,3 PJ/a thermisch (Tabelle 9.34).

Altspeiseöle/-fette. Das jährlich in Österreich verfügbare Altspeiseöl- und Altfettaufkommen von 60 000 t /ÖBI 2000/ kann nur zu einem Teil technisch nutzbar gemacht werden. Einschränkungen ergeben sich vor allem aufgrund der Anforderungen an die Sammellogistik – nicht jede beliebig kleine Menge lässt sich erfassen – sowie aufgrund von nicht wieder gewinnbaren Verlusten. Wird unterstellt, dass 50 % des Aufkommens an Altspeiseölen und -fetten technisch als Energieträger verfügbar gemacht werden kann, wären mit einer angenommenen Ausbeute an Altspeiseölmethylester (AME) von 85 % sowie einem Heizwert von 37,2 MJ/kg ein Kraftstoffpotenzial von rund 0,9 PJ/a bereitstellbar (Tabelle 9.34).

Tabelle 9.34 Angebotspotenziale von Rückständen, Nebenprodukten, Abfällen für die betrachteten Energiebereitstellungspfade

	Energiewandlung	Wärme	Strom	Kraft-Wärme-Kopplung (KWK)			Kraftstoffe
					Strom	Wärme	
		in PJ/a	in TWh/a	in PJ/a	in TWh/a	in PJ/a	in PJ/a
Forstwirtschaftliche Stoffströme	TC	170,5	23,7	31,8[a,c]	8,8[a,c]	147,4[a,c]	
				70,4[b,c]	19,6[b,c]	110,7[b,c]	
Getreidestroh	TC	5,2		1,4[a]	0,4[a]	3,9[a]	
	BC			0,8	0,2	0,9	
Grasschnitt	TC	5,5		1,8[a]	0,5[a]	3,6[a]	
	BC			1,1	0,3	1,2	
Exkremente, Einstreu	BC			1,8	0,5	1,9	
Ernterückstände	BC			0,6	0,2	0,6	
Klärschlamm	TC		0,4	0,9[a]	0,3[a]	1,8[a]	
				1,1[b]	0,3[b]	1,7[b]	
	BC			0,7	0,2	0,8	
Schwarzlauge	TC		2,9	7,0[a]	2,0[a]	14,1[a]	
				8,2[b]	2,3[b]	12,9[b]	
Bio- und Grünabfälle	TC	1,6		0,5[a]	0,1[a]	1,0[a]	
				0,6[b]	0,2[b]	1,0[b]	
	BC			0,3	0,1	0,3	
Industrie- und Gewerbeabfälle	TC	1,7		0,6[a]	0,2[a]	1,1[a]	
	BC			0,2	0,05	0,2	
Landschaftspflegeholz	TC	0,5		0,2[a]	0,04[a]	0,3[a]	
				0,2[b]	0,05[b]	0,3[b]	
Altholz	TC	10,6	1,5	[d]	[d]	[d]	
Altspeiseöle/-fette	BC						0,9

TC thermo-chemisch; BC bio-chemisch; PC physikalisch-chemisch; [a] verbrennungsbasierte KWK-Nutzung; [b] vergasungsbasierte KWK-Nutzung; [c] Potenzialsumme aus unbehandeltem Holz (Waldhackgut, etc.) und behandeltem Holz (Altholz); [d] Einzelpotenzial berücksichtigt bei forstwirtschaftlichen Rückständen, Nebenprodukten und Abfällen

Energiepflanzen. Unter ein- oder mehrjährigen Energiepflanzen werden land- und ggf. forstwirtschaftlich produzierte Pflanzen verstanden, die allein und ausschließlich einer energetischen Nutzung dienen. Entscheidend für die Potenziale sind – neben den angebauten Pflanzen – die dafür verfügbaren Flächen.

Für die Abschätzung von Flächenpotenzialen für den Anbau von Energiepflanzen in Österreich wird – um kurzfristige Schwankungen auszugleichen – für die Potenzialermittlung ein 5-Jahres-Durchschnitt (2002 bis 2006) herangezogen. Ausgehend davon kann die maximal zur Verfügung stehende Energiepflanzenanbaufläche unter Berücksichtigung der Eigenversorgung mit Nahrungs- und Futtermitteln ermittelt werden. Zusätzlich wird angenommen, dass vorhandene Nutzungen nicht substituiert werden. Damit stehen derzeit rund 97 000 ha Brachfläche, die in /Eurostat 2008/ als

Grün- und Schwarzbrache geführt werden, für den Biomasseanbau zur Verfügung. Zusätzlich dazu werden hier auch Agrarflächen, auf denen Marktordnungsprodukte (u. a. Getreide, Zucker, Milch, Rindfleisch) als Überschüsse produziert und überwiegend subventioniert auf dem Weltmarkt verkauft werden, als potenzielle Flächen für einen Energiepflanzenanbau angesehen. Mit diesen zusätzlich freisetzbaren Flächen stehen gegenwärtig insgesamt rund 176 400 ha Ackerfläche für eine Energiepflanzenproduktion zur Verfügung.

Die bereits existierende Energiepflanzenproduktion ist dabei nicht berücksichtigt. Hier wird deshalb ausgehend vom gegenwärtigen Stand den folgenden Analysen ein Flächenpotenzial von 176 400 ha zugrunde gelegt.

Insgesamt ist aber zu erwarten, dass dieses Potenzial in den kommenden Jahren tendenziell zunehmen wird. Kurzfristig (Perspektive 2010 bis 2015) könnte es auf rund 250 000 ha ansteigen. Langfristig (Perspektive 2020 bis 2025) dürfte sogar eine landwirtschaftliche Fläche von 300 000 bis 400 000 ha für die Energiepflanzenproduktion zur Verfügung stehen /BMLFUW 2008e/.

Die Energiepflanzenpotenziale werden für die potenziell verfügbare Produktionsfläche von rund 176 400 ha berechnet. Dabei werden sowohl traditionelle Kulturpflanzen (z. B. Stärkepflanzen, Zuckerpflanzen, Ölpflanzen) als auch spezielle "neue" Energiepflanzen (z. B. Energiemais, Energiegräser, Kurzumtriebsholz) angebaut. Diese werden zunächst im Rahmen einer Singulärabschätzung jeweils auf der gesamten verfügbaren Fläche als Monokultur angebaut (d. h. es wird hier kein Anbaumix unterstellt). De facto würde aber mit hoher Wahrscheinlichkeit jeweils ein Anbau unterschiedlicher Kulturpflanzen realisiert; dies wird dann bei der Abschätzung der Gesamtpotenziale berücksichtigt.

Da Energiepflanzen zur Bereitstellung eines Festbrennstoffs, zur Gewinnung von flüssigen Kraftstoffen und/oder als Substrat zur Biogasgewinnung eingesetzt werden können, werden nachfolgend die jeweils resultierenden einzelnen Energieträgerpotenziale bestimmt.

Festbrennstoffe. Zur Abschätzung der Potenziale eines Energiepflanzenanbaus zur Bereitstellung biogener Festbrennstoffe wird ein Anbau von Kurzumtriebsholz (d. h. Pappel), von Getreideganzpflanzen (d. h. Nutzung von Korn und Stroh) und Chinaschilf (Miscanthus) als ein Beispiel für eine ertragsstarke Schilfart unterstellt. Diese Pflanzen werden auf der gesamten für den Energiepflanzenanbau freigesetzten Ackerfläche von rund 176 400 ha angebaut. Bei einem durchschnittlichen Hektarertrag von 8 t_{TM}/(ha a) für Pappel-Kurzumtriebsplantagen, 10 t_{TM}/(ha a) für Getreideganzpflanzen bzw. 12 t_{TM}/(ha a) für Chinaschilf (Miscanthus) /FNR 2000/ sowie einem Heizwert von 18,5 MJ/kg_{TM} (Kurzumtriebsholz), 17,0 MJ/kg_{TM} (Getreideganzpflanzen) und 17,6 MJ/kg_{TM} (Chinaschilf) ermittelt sich ein technisches Brennstoffpotenzial mit rund 26,1 PJ/a (Kurzumtriebsholz), 30 PJ/a (Getreideganzpflanzen) bzw. 37,3 PJ/a (Chinaschilf).

Mit einem unterstellten Umwandlungsnutzungsgrad von 90 % für die ausschließliche Wärmegewinnung können daraus etwa 24 PJ/a (Kurzumtriebsholz), 27 PJ/a (Getreideganzpflanzen) sowie 34 PJ/a (Miscanthus) bereitgestellt werden. Bei einer kombinierten verbrennungsbasierten Strom- und Wärmebereitstellung lassen sich aus Kurzumtriebsholz rund 7,8 PJ/a (2,2 TWh/a) Strom und rund 15,7 PJ/a Wärme bzw. vergasungsbasiert ca. 9,1 PJ/a (2,5 TWh/a) elektrische und etwa 14,4 PJ/a thermische Energie bereitstellen. Für Getreideganzpflanzen resultieren Endenergiepotenziale verbrennungsbasiert von 9 PJ/a (2,5 TWh/a) an Strom und rund 18 PJ/a an Wärme bzw. vergasungsbasiert elektrisch von 10,5 PJ/a (2,9 TWh/a) und thermisch von 16,5 PJ/a. Bei Chinaschilf (Miscanthus) kann bei verbrennungsorientierter KWK-Nutzung eine potenzielle Stromerzeugung von 11,2 PJ/a (3,1 TWh/a) und eine Wärmeerzeugung von 22,4 PJ/a bzw. vergasungsbasiert von rund 13 PJ/a (3,6 TWh/a) an elektrischer und 20,5 PJ/a an thermischer Energie bereitgestellt werden (Tabelle 9.35).

Kraftstoffe. Bei den flüssigen Kraftstoffen werden eine Bereitstellung von Pflanzenöl, Biodiesel (Rapsölmethylester (RME) oder FAME (Fatty Acid Methyl Ester)) und eine Erzeugung von Bioethanol untersucht.

Zur Potenzialermittlung bei Pflanzenöl und Biodiesel wird der Anbau von Winterraps unterstellt, da er gegenüber Sommerraps deutlich höhere spezifische Erträge aufweist. Dazu wird in Anlehnung an die bisherige Vorgehensweise auf der gesamten potenziell nutzbaren Ackerfläche von rund 176 400 ha Raps angebaut. Dabei wird von Erträgen von 1 480 l Rapsöl/(ha a), 1 546 l RME/(ha a), 2,0 t Schrot/(ha a) und 3,5 t Stroh/(ha a) ausgegangen /FNR 2007c/, /Hartmann und Kaltschmitt 2002/. Die entsprechenden Heizwerte liegen bei 34,6 MJ/l (Rapsöl), 32,7 MJ/l Biodiesel, 15,8 MJ/kg$_{FM}$ Schrot (Wassergehalt von 15 %) sowie 14 MJ/kg$_{FM}$ Stroh.

Auf der Basis dieser Randbedingungen können aus dem in Österreich anbaubaren Raps rund 9 bzw. 8,9 PJ/a an Treibstoff aus Rapsöl bzw. RME gewonnen werden. Für Rapsschrot und -stroh ergibt sich zusätzlich ein Endenergiepotenzial von 5,1 bzw. 7,8 PJ/a bei einer ausschließlichen Wärmebereitstellung sowie bei einem Einsatz in verbrennungsbasierten KWK-Anlagen von 1,7 bzw. 2,6 PJ/a (480 bzw. 720 GWh/a) an elektrischer und 3,4 bzw. 5,2 PJ/a an thermischer Energie. Würde das erzeugbare Rapsöl ausschließlich in BHKW's zur gekoppelten Strom- und Wärmeerzeugung eingesetzt, könnten daraus 2,7 PJ/a (750 GWh/a) an elektrischer und rund 5,4 PJ/a an thermischer Energie erzeugt werden.

Bioethanol kann aus Stärkepflanzen (z. B. Weizen, Roggen, Gerste, Mais, Kartoffeln) und aus Zuckerpflanzen (z. B. Zuckerrüben) gewonnen werden. Hier wird – aufgrund der derzeitigen Marktbedeutung bzw. der Umwandlungswirkungsgrade – nur das energetische Potenzial von Zuckerrüben und Winterweizen betrachtet. Unter der Annahme eines ausschließlichen Anbaus der jeweiligen Energiepflanze auf rund 176 400 ha können derzeit Erträge bei einem Zuckerrübenanbau von 6 237 l Ethanol/(ha a) und sowie 58 t$_{FM}$ Zuckerrübenblatt/(ha a) bzw. bei einem Weizenanbau 2 769 l Ethanol/(ha a) und 7,2 t Weizenstroh/(ha a) (Korn-Stroh-Verhältnis 1:0,8) erreicht werden. Unter Berücksichtigung der Heizwerte von 21,06 MJ/l (Bioethanol) ermittelt sich daraus ein Kraftstoffpotenzial von 23,2 PJ/a für Ethanol aus Zuckerrüben und 10,3 PJ/a für Ethanol aus Winterweizen. Zusätzlich ergibt sich mit einem Heizwert von 21,6 MJ/m^3 Biogas und von 14,6 MJ/kg$_{FM}$ Weizenstroh (15 % Wassergehalt) ein Biogaspotenzial aus Zuckerrübenblättern bzw. ein Brennstoffpotenzial von Weizenstroh von 12,4 bzw. 14,8 PJ/a. Aus dem Biogas kann netto in Biogas-KWK-Anlagen ca. 3,6 PJ/a (1 TWh/a) an elektrischer Energie bzw. 4 PJ/a an thermischer Energie bereitgestellt werden. Aus dem Winterweizenstroh kann ein Endenergiepotenzial von 13,4 PJ/a bei einer ausschließlichen Wärmebereitstellung sowie bei einem Einsatz in verbrennungsbasierten KWK-Anlagen von 4,5 PJ/a (1,2 TWh/a) an elektrischer Energie und 8,9 PJ/a an thermischer Energie erzeugt werden (Tabelle 9.35).

Biogas. Für eine Flächennutzung mit Energiepflanzen als Substrat für die Biogasgewinnung wird der Anbau von Silomais wiederum auf 176 400 ha unterstellt. Mit einem Hektarertrag von knapp 45 t_{FM}/(ha a), einem durchschnittlichen Biogasertrag für Silomais von 185 m^3/t_{FM} sowie einem Heizwert des Biogases von 21,6 MJ/m^3 ermittelt sich ein technisches Biogaspotenzial von 31,4 PJ/a bzw. 8,7 TWh/a. Daraus können netto rund 9,1 PJ/a (2 530 GWh/a) an elektrischer und 10,1 PJ/a an thermischer Energie bereitgestellt werden (Tabelle 9.35).

Tabelle 9.35 Angebotspotenziale von Energiepflanzen für die betrachteten Energiebereitstellungspfade

	Energiebereit-stellungspfad	Wärme	Kraft-Wärme-Kopplung			Kraft-stoffe
			Strom		Wärme	
		in PJ/a	in PJ/a	in TWh/a	in PJ/a	in PJ/a
Festbrennstoffe						
Kurzumtriebsholz	TC	23,5	7,8[a]	2,2[a]	15,7[a]	
(Pappel)			9,1[b]	2,5[b]	14,4[b]	
Getreideganzpflanzen	TC	27,0	9,0[a]	2,5[a]	18,0[a]	
			10,5[b]	2,9[b]	16,5[b]	
Chinaschilf	TC	33,5	11,2[a]	3,1[a]	22,4[a]	
(Miscanthus)			13,0[b]	3,6[b]	20,5[b]	
Kraftstoffe						
Rapsöl	PC		2,7	0,8	5,4	9,0
Biodiesel (Rapsölbasis)	PC					8,9
Rapsschrot	TC	5,1	1,7[a]	0,5[a]	3,4[a]	
Rapsstroh	TC	7,8	2,6[a]	0,7[a]	5,2[a]	
Bioethanol (Zuckerrüben)	BC					23,2
Zuckerrübenblätter	BC		3,6	1,0	4,0	
Bioethanol (Winterweizen)	BC					10,3
Winterweizenstroh	TC	13,4	4,5[a]	1,2[a]	8,9[a]	
Biogas (Silomais)	BC		9,1	2,5	10,1	

TC thermo-chemisch; BC bio-chemisch; PC physikalisch-chemisch; [a] verbrennungsbasierte KWK-Nutzung; [b] vergasungsbasierte KWK-Nutzung

Gesamtpotenzial. Die bisher ausgewiesenen Potenziale können nicht ohne weiteres aufaddiert werden, da sie letztlich z. T. auf die gleichen Ressourcen zurückgreifen. Deshalb müssen für die Ermittlung der gesamten technischen Energieträger- und Endenergiepotenziale (Wärme, Strom, Kraftstoffe) einerseits bestehende Nutzungskonkurrenzen (wie etwa um die begrenzt vorhandenen Anbauflächen) berücksichtigt und andererseits – sind mehrere Nutzungspfade möglich – für jeden Bioenergieträger der praxisrelevanteste Umwandlungspfad ausgewählt werden. Die hierfür festgelegten Nutzungspfade zeigt Tabelle 9.36.

Die innerhalb des Energiepflanzenanbaus bestehenden Nutzungskonkurrenzen werden durch die Festlegung eines Anbaumixes aus unterschiedlichen Energiepflanzen auf den zur Verfügung stehenden Ackerflächen von rund 176 400 ha berücksichtigt. Vereinfachend wird dazu eine Flächennutzung von je einem Drittel für die Bereitstellung fester, flüssiger und gasförmiger Bioenergieträger angenommen. Während demnach Silomais auf der gesamten anteiligen Ackerfläche (rund 58 800 ha) angebaut wird, erfolgt bei den festen und flüssigen Bioenergieträgern aufgrund mehrerer infrage kommender Energieträgeroptionen nochmals eine entsprechende Aufteilung der vorhandenen landwirtschaftlichen Anbauflächen (Tabelle 9.37).

Die unter Berücksichtigung dieser Parameter ermittelten Energieträgerpotenziale können für die Wärme-, die Strom- (ggf. in KWK) und für die Kraftstofferzeugung genutzt werden. Für die Abschätzung der gesamten Biomassepotenziale wird dabei angenommen, dass jeweils der Umwandlungspfad mit dem höchsten Wirkungsgrad im Verlauf der gesamten Bereitstellungskette berücksichtigt wird.

Tabelle 9.36 Zuordnung der Bioenergieträger zum jeweiligen Bereitstellungspfad

	Bioenergiepfad		
	Fest	Flüssig	Gasförmig
Rückstände, Nebenprodukte und Abfälle			
Waldhackgut, Rinde, Sägenebenprodukte, etc.	x		
Schlagabraum	x		
Nicht genutzter Zuwachs	x		
Getreidestroh	x		
Grasschnitt			x
Tierische Exkremente und Einstreu			x
Ernterückstände			x
Klärschlamm	x		x
Schwarzlauge	x		
Bio- und Grünabfälle			x
Industrie- und Gewerbeabfälle			x
Landschaftspflegeholz	x		
Altholz	x		
Altspeiseöle/-fette		x	
Energiepflanzen			
Festbrennstoffe			
Kurzumtriebsholz (Pappel)	x		
Getreideganzpflanzen	x		
Chinaschilf (Miscanthus)	x		
Kraftstoffe			
Rapsöl		x	
Biodiesel (Rapsölbasis)		x	
Rapsschrot	x		
Rapsstroh	x		
Bioethanol (Zuckerrüben)		x	
Zuckerrübenblätter			x
Bioethanol (Winterweizen)		x	
Winterweizenstroh	x		
Biogas (Silomais)			x

Tabelle 9.37 Aufteilung der Anbauflächen für die Energiepflanzennutzung

Bioenergiepfad	Bioenergieträger	Aufteilung[a] in %	Teilfläche in ha	Aufteilung[b] in %	Teilfläche in ha
Festbrennstoffe		33,3	58 794		
	Kurzumtriebsholz (Pappel)			33,3	19 596
	Getreideganzpflanzen			33,3	19 596
	Chinaschilf (Miscanthus)			33,3	19 596
Kraftstoffe		33,3	58 794		
	Rapsöl			33,3	19 596
	Biodiesel			33,3	19 596
	Ethanol aus Zuckerrüben			16,7	9 801
	Ethanol aus Winterweizen			16,7	9 801
Biogas	Silomais	33,3	58 794	100	58 794
Summe		100,0	176 400		176 400

[a] bezogen auf die gesamte verfügbare Anbaufläche; [b] bezogen auf die jeweilige Teilfläche

Da innerhalb der thermo-chemischen Energiebereitstellung sowohl bei der ausschließlichen Wärmebereitstellung als auch bei der KWK-Nutzung ein Umwandlungswirkungsgrad von 90 % unterstellt wird und somit gleiche energetische Wirkungsgrade vorliegen, wird für die Abschätzung des Gesamtpotenzials aufgrund des höheren exergetischen Wirkungsgrades die KWK-Nutzung berücksichtigt. Derzeit hat im Vergleich der verbrennungs- bzw. vergasungsorientierten KWK-Prozesse das verbrennungsbasierte Verfahren die größte Verbreitung. Deshalb wird ausschließlich diese Option bei der Ermittlung des Gesamtpotenzials berücksichtigt. Die daraus resultierenden technischen Biomassepotenziale für Wärme, Strom und Kraftstoffe zeigt Tabelle 9.38.

Von den insgesamt bereitgestellten festen, flüssigen und gasförmigen Bioenergieträgern ermittelt sich unter Berücksichtigung der für eine Summierung getroffenen Annahmen ein Potenzial von rund 184 PJ/a an thermischer Energie, etwa 53 PJ/a (ca. 15 TWh/a) an elektrischer Energie und knapp 5 PJ/a an Kraftstoffen. Insgesamt stehen damit für die Energiebereitstellung aus Biomasse rund 242 PJ/a in Österreich zur Verfügung.

Tabelle 9.38 Technische Angebotspotenziale von Rückständen, Nebenprodukten und Abfällen sowie Energiepflanzen für die Bereitstellung von Wärme, Strom und Kraftstoffen

Bioenergieträger	Energiebereitstellungspfad	Wärme in PJ/a	Strom in TWh/a	Kraftstoffe in PJ/a
Rückstände, Nebenprodukte und Abfälle				
Forstwirtschaftliche Stoffströme	TC	147,4[a]	8,8[a]	
Getreidestroh	TC	3,9	0,4	
Grasschnitt	BC	1,2	0,3	
Tierische Exkremente & Einstreu	BC	1,9	0,5	
Ernterückstände	BC	0,6	0,2	
Klärschlamm	TC	1,8	0,3	
	BC	0,8	0,2	
Schwarzlauge	TC	14,1	2,0	
Bio- und Grünabfälle	BC	0,3	0,1	
Industrie- und Gewerbeabfälle	BC	0,2	0,05	
Landschaftspflegeholz	TC	0,3	0,04	
Altholz	TC	[b]	[b]	
Altspeiseöle/-fette	PC			0,9
Energiepflanzen				
Festbrennstoffe				
Kurzumtriebsholz (Pappel)	TC	1,7	0,2	
Getreideganzpflanzen	TC	2,0	0,3	
Chinaschilf (Miscanthus)	TC	2,5	0,3	
Kraftstoffe				
Rapsöl	PC			1,0
Biodiesel (Rapsölbasis)	PC			1,0
Rapsschrot	TC	0,4	0,1	
Rapsstroh	TC	0,6	0,1	
Bioethanol (Zuckerrüben)	BC			1,3
Zuckerrübenblätter	BC	0,2	0,1	
Bioethanol (Winterweizen)	BC			0,6
Winterweizenstroh	TC	0,5	0,1	
Biogas (Silomais)	BC	3,4	0,8	
Teilsummen		183,7	14,7	4,8
Gesamtsumme in PJ/a (Wärme, Strom, Kraftstoffe)			242	

TC thermo-chemisch; PC physikalisch-chemisch; BC bio-chemisch; [a] Potenzialsumme aus unbehandeltem Holz (Waldhackgut, etc.) und behandeltem Holz (Altholz); [b] Potenzial berücksichtigt bei forstwirtschaftlichen Rückständen, Nebenprodukten und Abfällen

9.4.1.3 Technisches Nachfragepotenzial

Das bisher ausgewiesene technische Angebotspotenzial berücksichtigt nicht, inwieweit dieses Energieangebot auch in das österreichische Energiesystem problemlos integrierbar ist. Deshalb wird zur Bestimmung des technischen Nachfragepotenzials dem Angebot an Strom, Wärme und Kraftstoffen aus Biomasse die entsprechende Nachfrage gegenübergestellt.

Biogene Festbrennstoffe. Im Jahr 2006 lag die Nachfrage nach Warmwasser und Raumwärme in Österreich bei 42 bzw. 236 PJ/a (ohne Verteilungsverluste; Kapitel 1.3) sowie nach Prozesswärme bis 500 °C bei 72 PJ/a (ohne Verteilungsverluste; Kapitel 1.2; hier wird unterstellt, dass eine Wärmebereitstellung aus festen Bioenergieträgern bis 500 °C technisch problemlos möglich ist). Die Nachfrage nach elektrischer Energie betrug 2006 62,0 TWh (Kapitel 1.2). Demnach ist sowohl das technische Angebotspotenzial einer Bereitstellung von Wärme als auch elektrischer Energie geringer als die Nachfrage innerhalb Österreichs. Durch die Eigenschaft fester Bioenergieträger, diese problemlos transportieren und lagern zu können, ist eine Überbrückung von räumlichen und zeitlichen Unterschieden in Angebot und Nachfrage einfach möglich und Stand der Technik. Das technische Angebotspotenzial kann somit vollständig im Inland genutzt werden und entspricht dem technischen Nachfragepotenzial von 198 PJ/a für eine ausschließliche Wärmebereitstellung bzw. 175 PJ/a (Wärme) und rund 44 PJ/a (12 TWh/a) elektrische Energie bei Kraft-Wärme-Kopplung (Tabelle 9.39).

Im Gegensatz zur Stromerzeugung aus Wasserkraft, Photovoltaik und Windenergie ist bei den technischen Nachfragepotenzialen einer Biomasseverbrennung keine europaweite Betrachtung notwendig. Da Biomasse nachfrageorientiert bereitgestellt werden kann (d. h. Biomasse ist gespeicherte Sonnenenergie) und die Potenziale im Verhältnis zur derzeitigen Nachfrage wesentlich kleiner sind, ist das technische Angebotspotenzial vollständig im Inland nutzbar. Unter diesen Randbedingungen werden beim technischen Nachfragepotenzial zur Strombereitstellung lediglich die anfallenden Netzverluste (pauschal mit 3 % unterstellt) berücksichtigt.

Biokraftstoffe. 2006 lag der Verbrauch an Mineralöldiesel bei 261 PJ und an Benzin bei 87 PJ/a /Statistik Austria 2008a/. Damit liegt das Angebotspotenzial an Kraftstoffen deutlich unter der Nachfrage und kann folglich vollständig in Österreich genutzt werden. Das technische Nachfragepotenzial entspricht also dem technischen Angebotspotenzial von etwa 3 PJ/a für Biodiesel und knapp 2 PJ/a für Bioethanol (Tabelle 9.39). Unter Berücksichtigung von Nutzungskonkurrenzen auf der zur Verfügung stehenden Anbaufläche entspricht dies 1,1 % der Nachfrage nach Mineralöldiesel und 2,1 % der Nachfrage nach Benzin.

Biogas. Die von Biogasanlagen bereitstellbare elektrische und thermische Energie fällt gleichmäßig im Jahresverlauf an. Tageszeitliche Schwankungen in Verbrauch und Angebot können durch einen Gasspeicher aus technischer Sicht ausgeglichen werden. Aufgrund des im Vergleich zum Gesamtverbrauch an elektrischer Energie geringen technischen Angebotspotenzials kann daher unterstellt werden, dass die gesamte technisch bereitstellbare elektrische Energie auch in das österreichische Energiesystem integriert werden kann. Das technische Nachfragepotenzial einer Strombereitstellung aus Biogasanlagen von ca. 7,6 PJ/a (2,1 TWh/a) entspricht demnach unter Berücksichtigung der Netzverluste dem technischen Angebotspotenzial (Tabelle 9.39).

Während bei industriellen Vergärungsanlagen meist eine entsprechende Wärmenachfrage im unmittelbaren Umfeld besteht und so das verfügbare Wärmeaufkommen i. Allg. auch vollständig nutzbar ist, kann bei landwirtschaftlichen Anlagen meist nur ein gewisser Teil der zur Verfügung stehenden Wärme zur Raumwärme- und/oder Warmwasserbereitung genutzt werden. Für die Bestimmung des technischen Nachfragepotenzials von Wärme aus landwirtschaftlichen Biogasanlagen wird daher unterstellt, dass nur rund ein Viertel auch tatsächlich genutzt werden kann. Bei Anlagen zur Vergärung von festen Bioabfällen sowie von Klärschlamm kann die netto anfallende Heizwärme aufgrund der räumlichen Entfernung von potenziellen Verbrauchern i. Allg. nur zu einem geringen Teil direkt am Anlagenstandort verwertet werden (z. B. Beheizung der Betriebsgebäude); das technische Nachfragepotenzial wird deshalb hier näherungsweise mit Null unterstellt (d. h. es wird keine Wärme aus dem Prozess bzw. Betriebsgelände ausgekoppelt). Insgesamt ergibt sich daraus ein technisches Nachfragepotenzial von Wärme aus Biogasanlagen von etwa 2,1 PJ/a; dies entspricht etwa 0,69 % der gesamtösterreichischen Nachfrage nach Raum- und Niedertemperaturprozesswärme sowie Warmwasser von 304 PJ im Jahr 2006 (Kapitel 1.3).

Tabelle 9.39 Technische Potenziale einer Strom-, Wärme- und Kraftstoffbereitstellung aus Biomasse

			Feste Bio-ET	Flüssige Bio-ET	Gasförmige Bio-ET	Summe
Energieträgerpotenzial		in PJ/a	246,7	4,8	27,0	278,5
Wärme	Angebotspotenzial Wärme	in PJ/a	198,3			198,3
	Nachfrage Wärme[a]	in PJ/a				350,0
	Nachfragepotenzial Wärme	in PJ/a	198,3			198,3
Kraft-Wärme-Kopplung	Angebotspotenzial Strom	in PJ/a	45,2	0,3	7,8	53,3
		in TWh/a	12,5	0,10	2,2	14,8
	Nachfrage Strom[b]	in PJ/a				223,2
		in TWh/a				62,0
	Nachfragepotenzial Strom[c]	in PJ/a	43,8	0,29	7,6	51,7
		in TWh/a	12,1	0,10	2,1	14,4
	Angebotspotenzial Wärme	in PJ/a	175,1	0,60	8,6	184,3
	Nachfragepotenzial Wärme	in PJ/a	175,1	0,60	2,1	177,8
Kraftstoff	Angebotspotenzial Kraftstoff[d]	in PJ/a		4,8		4,8
	Nachfrage Kraftstoff[e]	in PJ/a				348,0
	Nachfragepotenzial Kraftstoff	in PJ/a		4,8		4,8

ET Energieträger; [a] Warmwasser 42 PJ/a, Raumwärme 236 PJ/a und Prozesswärme bis 500 °C 72 PJ/a (Kapitel 1.3); [b] gesamte Inlandsnachfrage 2006 einschließlich Übertragungsverluste und Pumpstromverbrauch (Kapitel 1.2); [c] unter Berücksichtigung von 3 % Netzverlusten; [d] Biodiesel 3,0 PJ/a, Bioethanol 1,9 PJ/a; [e] Mineralöldiesel 261 PJ/a, Benzin 87 PJ/a

Zusammenfassung. Wird unterstellt, dass das gesamte Biomassepotenzial, soweit technisch möglich, ausschließlich zur Wärmebereitstellung genutzt wird, könnten in Österreich insgesamt 57 % (198 PJ/a) der Nachfrage nach Warmwasser, Raumwärme sowie Prozesswärme bis 500 °C (350 PJ/a) durch Biomasse bereitgestellt werden. Bei einer ausschließlichen Nutzung des Biomassepotenzials in Kraft-Wärme-Kopplung ergibt sich ein gesamtes technisches Nachfragepotenzial von rund 14 TWh/a (12,1 TWh/a biogene Festbrennstoffe, 2,1 TWh/a Biogas sowie 0,1 TWh/a flüssige

Bioenergieträger); dies entspricht etwa 23 % der gesamten Netto-Stromerzeugung in Österreich (ohne Stromimporte) von 62,0 TWh im Jahr 2006. Gleichzeitig ergibt sich ein technisches Nachfragepotenzial von Wärme von etwa 178 PJ/a; dies sind 51 % der österreichischen Wärmenachfrage. Wird das gesamte Potenzial der flüssigen Bioenergieträger dagegen allein zur Bereitstellung der hier betrachteten Biokraftstoffe genutzt, könnten etwa 1,4 % (4,8 PJ/a) der Kraftstoffnachfrage in Österreich (348 PJ/a) gedeckt werden.

9.4.2 Nutzung

Nachfolgend wird die derzeitige Energiebereitstellung aus Biomasse – unterteilt in Festbrennstoffe, Kraftstoffe sowie Biogas – in Österreich dargestellt.

9.4.2.1 Festbrennstoffe

Unter Bezugnahme auf das Kapitel 9.2.2.1 hat bei den thermo-chemischen Verfahren derzeit die Verbrennung und danach – mit großem Abstand – die Vergasung die größte technische Bedeutung. Die Verkohlung und die Pyrolyse fester Bioenergieträger sind im Vergleich dazu als eigenständige Verfahren weitgehend unbedeutend.

Die in den Verbrennungsanlagen bereitgestellte Wärme wird überwiegend zur Raumwärme- und Warmwasserbereitung und zum geringeren Teil im Industriesektor als Prozesswärme genutzt. Teilweise wird die freigesetzte Energie auch in industriellen Kraft-Wärme-Kopplungs-Anlagen zur Erzeugung von elektrischer und thermischer Energie eingesetzt. Tabelle 9.40 gibt einen Überblick über die Ende 2007 in Österreich insgesamt installierten Verbrennungsanlagen, deren Leistung sowie den darin jährlich eingesetzten Brennstoffen. Auch konnte in den letzten Jahren die installierte Leistung von Pellet-, Hackgut- und Rindenfeuerungen einen starken Anstieg verzeichnen (**Abb. 9.71**).

Tabelle 9.40 Anlagen zur thermischen Nutzung von Biomasse in Österreich

System	Anlagen in Stück	Leistung in MW	Brennstoffeinsatz in PJ/a
Scheitholzofen[a]	750 000	4 500	32,4
Scheitholzkessel[b]	336 139	8 403	60,5
Pellet- und Hackgutfeuerungen (< 100 kW)[b]	98 336	3 115	22,4
Hackgut-/Rindenfeuerungen (100 – 1 000 kW)[b]	6 485	1 892	17,0
Hackgut-/Rindenfeuerungen(> 1 000 kW)[b]	869	2 426	21,8
Wirbelschichtfeuerungen (KWK-Anlagen)[c]	11	1 382	31,8[d]
Summe	1 191 840	21 718	186,0

[a] 2007 /Kachelofenverband 2008/; [b] 2007 /Hofbauer 2007/, /Landwirtschaftskammer Niederösterreich 2008/; [c] 2007, Wirbelschichtfeuerungen in Papier- und Zellstoffwerken /Austropapier 2007/; [d] einschließlich 2,5 PJ/a thermische Nutzung von Klärschlämmen außerhalb der Papier- und Zellstoffindustrie

Scheitholzöfen sind in Österreich weit verbreitet. Insgesamt dürften rund 750 000 Öfen (Abschätzung in Anlehnung an /Kachelofenverband 2008/) betrieben werden. Dabei handelt es sich primär um Kaminöfen, Kachelöfen und Herde, die hauptsächlich im ländlichen Raum anzutreffen sind. Meist gibt es in Wohnungen bzw. Häusern mit Scheitholzöfen eine Zentralheizung als Hauptheizung und diese Öfen dienen als Zusatzheizung (ca. 80 %). Es gibt aber keine verlässlichen Angaben, wie hoch der Brennstoffeinsatz in diesen Öfen tatsächlich ist. Hier wird deshalb angenommen, dass diese von Oktober bis Ende April mit etwa 2 000 bis 3 000 Stunden betrieben werden. Bei einer unterstellten durchschnittlichen Feuerungswärmeleistung von 10 kW, einer Anlagenauslastung von 1 250 Volllastbetriebsstunden und einem Nutzungsgrad von 70 % (Kachelöfen haben einen höheren und z. B. Einzelöfen einen etwas niedrigeren Nutzungsgrad) kann für Scheitholzöfen ein Biomasseeinsatz von ca. 32 PJ/a sowie eine bereitgestellte Wärme von rund 23 PJ/a abgeschätzt werden.

Scheitholzkessel werden als Wärmeerzeuger für Zentralheizungen primär im ländlichen Raum eingesetzt. Der Leistungsbereich von Scheitholzkessel liegt typischerweise zwischen 5 und 40 kW. Die durchschnittliche Leistung der derzeit installierten Zentralheizungskessel kann näherungsweise mit etwa 25 kW angenommen werden. Die Nutzung der Scheitholzkessel liegt naturgemäß deutlich über jenen der Scheitholzöfen, da damit üblicherweise eine Zentralheizung betrieben wird. Seit der im Jahr 2001 erfassten Ersterhebung typengeprüfter Stückholzkessel war der Absatz bis 2007 von einer dynamischen Entwicklung geprägt. Während bis 2003 der Absatz rückläufig war, steigt er bis 2006 wieder leicht an, nachdem neue Importprodukte in die Erhebung einbezogen wurden. 2007 sank dieser wieder um 30 %. Unter Zugrundelegung einer Anlagenanzahl von rund 336 100 Anlagen /Landwirtschaftskammer Niederösterreich 2008/, einer Volllaststundenanzahl von 2 000 Stunden sowie einem Nutzungsgrad von 70 % berechnet sich der Biomasseeinsatz in diesen Scheitholzkesseln mit etwa 61 PJ/a. Die bereitgestellte Wärme liegt bei ca. 42 PJ/a.

Bei den insgesamt installierten Pellet-/Hackgutanlagen dominieren mit einem prozentualen Anteil von 93 % Anlagen mit einer Feuerungswärmeleistung von bis zu 100 kW. Im Gegensatz zu den Hackgutfeuerungen wurde der starke Anstieg beim Absatz von Pelletfeuerungen in den letzten Jahren 2006 durch den vorübergehenden Preisanstieg bei Pellets merklich abgebremst. Die Folgen waren 2007 ein rückläufiger Absatz beim Anlagenverkauf /Landwirtschaftskammer Niederösterreich 2008/. Zur Abschätzung der mit Feuerungsanlagen unter 100 kW Feuerungswärmeleistung umgesetzten Biomasse wird davon ausgegangen, dass die meisten der rund 98 300 Anlagen (47 044 Hackgutfeuerungen, 51 292 Pelletfeuerungen) in der Heizsaison als Hauptheizungen in Betrieb sind (2 000 Volllaststunden pro Jahr). Mit einer installierten Leistung von insgesamt 3 115 MW und einem unterstellten Nutzungsgrad von 80 % ergibt sich damit ein Brennstoffeinsatz von etwa 22 PJ/a bzw. eine bereitgestellte Wärme von rund 18 PJ/a.

Anlagen mittlerer Leistungsgröße (100 bis 1 000 kW) finden vor allem in gewerblichen Anlagen und Nahwärmesystemen Verwendung. In den knapp 6 500 Anlagen mit einer installierten Leistung von 1 892 MW /Landwirtschaftskammer Niederösterreich 2008/ werden als Brennstoff primär Hackgut, aber auch Rinde und Holzspäne eingesetzt. Als Feuerungstechnologie finden hauptsächlich Unterschubfeuerungen Verwendung. Näherungsweise werden derartige Anlagen mit durchschnittlich 2 500 Volllaststunden im Jahr bei einem Nutzungsgrad von 80 % betrieben. Die Volllaststunden sind hier deshalb höher als bei Hackgutfeuerungen unter 100 kW Feuerungsleistung, weil ein Teil der insgesamt knapp 6 500 Anlagen in Industrie- und Gewerbebetrieben ganzjährig betrieben werden. Daraus ergibt sich eine eingesetzte Brennstoffenergie von etwa 17 PJ/a. Die damit bereitgestellte Wärme liegt etwa 14 PJ/a.

Großanlagen über 1 MW Feuerungswärmeleistung werden überwiegend in Nahwärmesystemen bzw. z. T. auch im gewerblichen Sektor eingesetzt. Als Feuerungstechnologie der mit Hackgut (z. B. Waldhackgut, Industriehackgut), mit Rinde und zu kleineren Teilen mit Sägespänen und mit Stroh befeuerten Anlagen kommen dabei vor allem Vorschubrostfeuerungen zum Einsatz. Zur Berechnung der in solchen Großanlagen eingesetzten Biomasseenergie werden 2 500 Volllaststunden und ein Umwandlungsnutzungsgrad von 80 % unterstellt. Die Volllaststunden sind auch hier höher als bei Hackgutfeuerungen unter 100 kW Feuerungsleistung, da die gewerblichen Anlagen z. T. ganzjährig betrieben werden. Mit einer installierten Feuerungswärmeleistung von rund 2 400 MW /Landwirtschaftskammer Niederösterreich 2008/ ermittelt sich eine umgesetzte Brennstoffenergie von ca. 22 PJ sowie eine bereitgestellte Wärme von etwa 17 PJ/a.

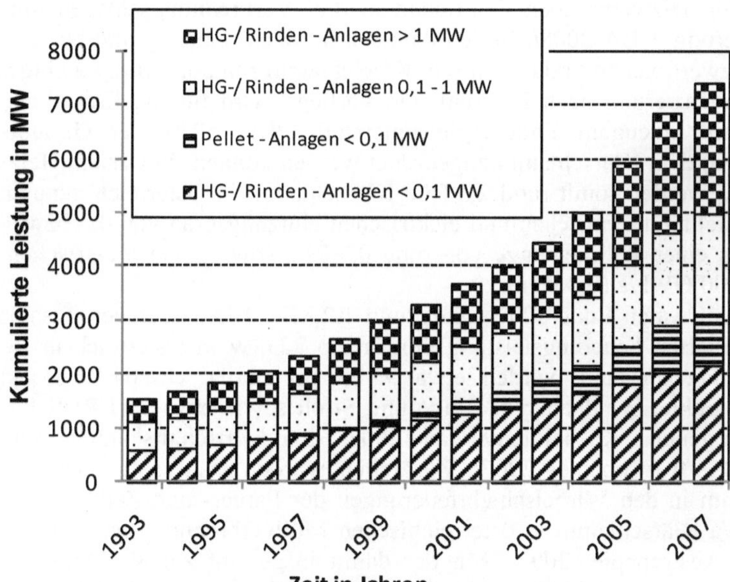

Abb. 9.71 Entwicklung der installierten Leistung von Pellet-, Hackgut- und Rindenfeuerungen /Landwirtschaftskammer Niederösterreich 2008/

Ein in den letzten Jahren durch besonders große Zuwächse gekennzeichnetes Einsatzgebiet fester Bioenergieträger stellen Nahwärmesysteme dar. Anfang 2005 waren in Österreich knapp 1 000 Biomasse-Heizwerke mit einer thermischen Leistung von 1 132 MW in Betrieb, in denen etwa 8 bis 10 PJ an biogenen Festbrennstoffen eingesetzt wurden /Biomasseverband 2007/.

Neben den diskutierten Scheitholzöfen und -kesseln sowie den anderen dargestellten Feuerungen zur thermischen Nutzung unterschiedlicher fester Biomassefraktionen werden vor allem in der Papier- und Zellstoffindustrie sowie teilweise in der holzbe- und -verarbeitenden Industrie innerbetrieblich Biomasserückstände energetisch verwertet. Dies sind insbesondere Schwarzlauge sowie in geringerem Maße Rinde, Holzabfälle, Schleifstaub und diverse Abwasserschlämme. Für die Papier- und Zellstoffindustrie lag – jeweils bezogen auf das Jahr 2007 – der Brennstoffeinsatz an Schwarzlauge, Rinde und Abwasserschlämmen 2007 bei insgesamt rund 29 PJ (davon 25,1 PJ

Schwarzlauge, 3,0 PJ Rinde, 1,2 PJ Rückstände aus der Abwasserbehandlung /Austropapier 2007/). Dabei werden diese Brennstoffe in KWK-Anlagen sowohl zur Prozesswärme- als auch zur Stromerzeugung genutzt. Allerdings wird nicht erfasst, wie viel Wärme und Strom durch die thermische Nutzung dieser Bioenergieträger erzeugt wird. Aufgrund der Struktur des Brennstoffverbrauchs in der Papier- und Zellstoffindustrie dürften jedoch näherungsweise rund 1,4 TWh (5 PJ) – etwa 40 % der in den betrieblichen Dampfkraftwerken erzeugten elektrischen Energie (insgesamt ca. 3,5 TWh /Austropapier 2007/) – aus der Nutzung von Bioenergieträgern stammen. Die aus Biomasse bereitgestellte Prozesswärme kann bei einem unterstellten Gesamtnutzungsgrad der KWK-Anlagen in der Papier- und Zellstoffindustrie von 0,85 mit knapp 21 PJ/a abgeschätzt werden.

Die thermische Behandlung von Klärschlämmen erfolgt in Österreich derzeit zusammen mit heizwertreichen Fraktionen in drei Verbrennungsanlagen mit Wirbelschichtfeuerung /UBA 2008/. In den Anlagen in Wien, Lenzing und Niklasdorf werden an heizwertreichen Fraktionen und Klärschlamm rund 0,5 Mio. t/a eingesetzt. Da keine Differenzierung nach Klärschlamm vorliegt, wird für die Ermittlung der aus Klärschlamm erzeugten Endenergie unterstellt, dass 50 % der Gesamtkapazität (0,5 Mio. t/a) dem Klärschlamm zugeordnet werden können. Mit einem Heizwert von 10 MJ/kg_{TM} werden somit rund 2,5 PJ/a Klärschlamm in Österreich genutzt. Bei einem unterstellten thermischen und elektrischen Nutzungsgrad von 0,3 bzw. 0,15 entspricht dies einer Wärmemenge von rund 0,7 PJ/a sowie einer elektrischen Energie von etwa 100 GWh/a (0,4 PJ/a).

Insgesamt waren Ende 2007 somit rund 1,2 Mio. Biomassefeuerungsanlagen mit einer installierten Feuerungsleistung von knapp 22 GW in Österreich in Betrieb. In diesem Anlagenbestand wurden etwa 93 PJ Brennholz, ca. 64 PJ Hackgut, Sägenebenprodukte, Waldhackgut, Rinde und Stroh sowie etwa 25,1 PJ Schwarzlauge energetisch genutzt /Kachelofenverband 2008/, /Landwirtschaftskammer Niederösterreich 2008/, /Austropapier 2007/. Zusätzlich wurden insgesamt noch etwa 1,2 PJ Klärschlamm in den Wirbelschichtfeuerungen der Papier- und Zellstoffindustrie sowie 2,5 PJ/a Klärschlamm in österreichischen Müllverbrennungsanlagen energetisch verwertet /Austropapier 2007/. Mit der damit insgesamt zur Verfügung stehenden Brennstoffmenge von 186 PJ wurden etwa 135 PJ Wärme und 1,5 TWh (5,1 PJ) elektrische Energie bereitgestellt.

Ende 2007 wurden von den insgesamt in Österreich installierten Biomassefeuerungen 174 Anlagen mit einer installierten elektrischen Leistung von rund 402 MW nach dem Ökostromgesetz für die Bereitstellung von elektrischer Energie aus fester Biomasse vergütet. Von diesem Anlagenbestand haben bereits ca. 309 MW einen tatsächlich vertraglich geregelten Netzzugang, die in das österreichische Energiesystem elektrische Energie in Höhe von 1,63 TWh (5,9 PJ) einspeisten /E-Control 2008/.

9.4.2.2 Kraftstoffe

Von den unter den Begriff "Biokraftstoffe" fallenden Produkten Bioethanol, Fettsäuremethylester, Biogas, Pflanzenöl sowie synthetische Biokraftstoffe haben derzeit in Österreich Biodiesel und Bioethanol mengenmäßig die größte Bedeutung /BMLFUW 2008d/; nur sie werden hier betrachtet.

2007 wurden in Österreich rund 370 000 t Biodiesel eingesetzt /BMLFUW 2008d/. Davon wurden rund 299 000 t zu fossilem Dieselkraftstoff zugemischt und rund 71 000 t als Reinkraftstoff oder als Mischkraftstoff (d. h. fossiler Diesel und Biodiesel) mit einem Biodieselanteil von mehr als 5 % vermarktet. Darüber hinaus wurden u. a. in der Landwirtschaft rund 18 000 t reines Pflanzenöl als Kraftstoff in den Verkehr gebracht.

Mit Stand 2006 waren in Österreich 9 großtechnische und 3 Pilot-Biodieselanlagen in Betrieb /BLT 2008/ (Abb. 9.72). Diese Anlagenkapazität wurde im Jahr 2007 weiter ausgebaut.

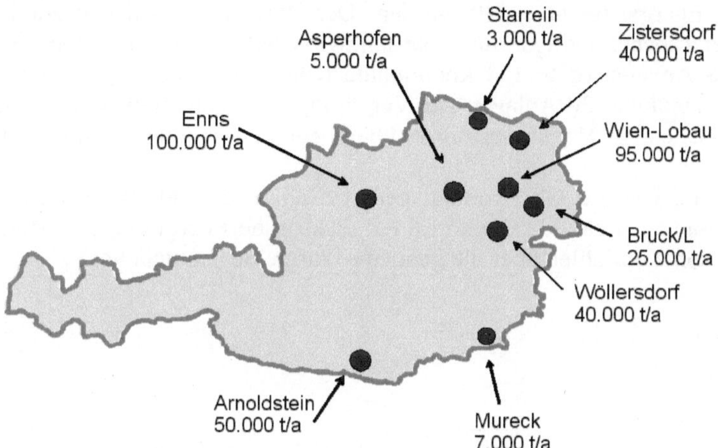

Abb. 9.72 Biodieselproduktionsanlagen in Österreich /BLT 2008/

Von den rund 241 000 t im Jahr 2007 in Österreich produzierten Biodieselmengen wurden etwa 80 000 t (ca. 33 %) exportiert, da der erzielbare Preis für Biodiesel im Ausland (z. B. Italien, Deutschland) höher war als der in Österreich.

Bioethanol wird in Österreich seit dem 1. Oktober 2007 mit einem prozentualen Anteil von rund 4,7 % dem Benzin beigemischt. 2007 wurden insgesamt rund 20 000 t Bioethanol über die Beimischung und den Verkauf von E85-Superethanol in den Verkehr gebracht /BMLFUW 2008d/. Rund 10 000 t der verwendeten Bioethanolmenge stammen aus heimischer Produktion des Testlaufes aus dem Agrana-Bioethanolwerk in Pischelsdorf/Niederösterreich. In dem seit Juni 2008 in Betrieb genommenen Werk können bei voller Anlagenkapazität 240 000 m^3 Ethanol jährlich erzeugt werden.

Bedingt durch das Ökostromgesetz mit den dort festgelegten Einspeisetarifen beläuft sich der Anlagenbestand für die Bereitstellung von elektrischer Energie aus flüssiger Biomasse Ende 2007 auf 87 Anlagen mit einer installierten elektrischen Leistung von rund 26 MW. Davon haben Biokraftstoff-BHKW's mit einer elektrischen Leistung von ca. 17 MW einen vertraglich geregelten Netzzugang. In diesen Anlagen wurden 71 GWh (0,3 PJ) Strom erzeugt /E-Control 2008/.

9.4.2.3 Biogas

Ende 2007 waren insgesamt 340 landwirtschaftliche Biogasanlagen mit einer installierten elektrischen Leistung von rund 90 MW als Ökostromanlagen anerkannt /E-Control 2008/. Zum Jahresende erzeugten diese Biogasanlagen mit einer installierten elektrischen Leistung von 75 MW 440 GWh (1,6 PJ) Strom. Neben den landwirtschaftlichen Biogasanlagen waren darüber hinaus Ende 2007 rund 63 Deponie- und Klärgasanlagen mit einer Leistung von rund 29 MW als Ökostromanlagen anerkannt, von denen mit einer elektrischen Leistung von rund 21 MW ca. 52 GWh (0,2 PJ) elektrische Energie bereitgestellt wurden. Der Bestand an Anlagen zur Erzeugung gasförmiger Bioenergieträger aus nicht-landwirtschaftlichen Substraten liegt bei insgesamt 338 Anlagen (d. h. 134 kommunale Kläranlagen mit einer anaeroben Klärschlammbehandlung, 20 Anlagen zur Vergärung von industriellen Abwässern sowie rund 15 Anlagen zur Vergärung fester, überwiegend kommunaler Bioabfälle) /Braun 2008/.

Ausgehend von den Ökostromanlagen speisten Ende 2007 96 Biogas-, Deponie- und Klärgasanlagen ca. 492 GWh (1,8 PJ) elektrische Energie in das österreichische Energiesystem ein. Zahlen über die genutzte Wärme liegen nicht vor.

10 Zusammenfassender Vergleich und Ausblick

In den Kapiteln 2 bis 9 werden die verschiedenen Nutzungsmöglichkeiten erneuerbarer Energien in Österreich anhand der jeweiligen Technik bzw. Systemtechnik diskutiert und energiewirtschaftliche Kenngrößen ermittelt. Ausgehend davon werden im Folgenden diese Optionen und die Möglichkeiten einer Nutzung fossiler Energieträger (Kapitel 1) anhand ausgewählter technischer, ökonomischer und ökologischer Kenngrößen sowie der verfügbaren Potenziale und der gegebenen Nutzung gegenüber gestellt. Des Weiteren wird abgeschätzt, welchen Beitrag die verschiedenen Optionen zur Nutzung erneuerbarer Energien mittelfristig (d. h. bis etwa 2020) im Energiesystem von Österreich leisten könnten und welche ökonomischen und ökologischen Auswirkungen damit verbunden sind. Dabei wird zwischen den Möglichkeiten zur Stromerzeugung und Wärmebereitstellung sowie zur Bereitstellung von Kraftstoffen unterschieden. Einleitend dazu werden noch die wesentlichen räumlichen und zeitlichen Angebotscharakteristika und -unterschiede der diskutierten Optionen zur Nutzung regenerativer Energien zusammengefasst.

10.1 Räumliche und zeitliche Angebotscharakteristik

Das meteorologische Energieangebot, das vor allem für die photovoltaische, die wind- und die wassertechnische Stromerzeugung sowie die passive Sonnenenergienutzung, die solarthermische Wärmebereitstellung und z. T. für die Nutzung der Umgebungswärme (Außenluft) bestimmend ist, unterscheidet sich sowohl bezüglich der regionalen Verteilung als auch hinsichtlich der zeitlichen Angebotscharakteristik z. T. erheblich.

Räumliche Angebotsvariationen. Das regenerative Energieangebot ist innerhalb der Gebietsfläche Österreichs teilweise sehr unterschiedlich verfügbar (Tabelle 10.1).

Wasserkraft. Das Energieangebot des Wassers bzw. des Abflusses ist stark von den lokalen Gegebenheiten abhängig, da es sich primär auf den Verlauf der vorhandenen Bäche und Flüsse beschränkt. Ein hohes Energieangebot ist dabei aufgrund der großen Höhenunterschiede in den alpinen Regionen West- und Südösterreichs sowie aufgrund der hohen Durchflussmengen an den großen Flüssen (z. B. Donau, Enns, Mur, Salzach) gegeben (Kapitel 2.1.2).

Solarenergie. Im langjährigen Mittel schwankt das solare Strahlungsangebot an unterschiedlichen Orten in Österreich nur relativ wenig. Die solare Strahlung liegt im

Westen und Süden von Österreich dabei z. T. deutlich über dem Bundesschnitt von rund 1 100 kWh/(m^2·a). Dies liegt einerseits an der alpinen Morphologie in diesen Gebieten und andererseits an einer durchschnittlich geringeren Wolken- und Hochnebelbedeckung. Ausnahmen können dabei allerdings Gebiete mit ungünstigem Mikroklima (z. B. starke Neigung zur Nebelbildung) darstellen (Kapitel 3.1.2).

Windkraft. Die langjährigen mittleren Windgeschwindigkeiten sind durch deutliche regionale und lokale Unterschiede gekennzeichnet. Die höchsten Durchschnittsgeschwindigkeiten der bewegten Luftmassen werden dabei in Teilen Ober- und Niederösterreichs sowie dem Burgenland – und hier vor allem auf exponierten Hügel- und Kammlagen – gemessen (Kapitel 5.1.2).

Tabelle 10.1 Zeitliche und räumliche Variationen des regenerativen Energieangebots

	Wasserkraft	Solarstrahlung	Windenergie	Umgebungswärme[a]	Tiefe Erdwärme	Biomasse
Zeitliche Variationen						
Kurzzeitvariationen	kaum	sehr hoch	extrem hoch	nicht vorhanden	nicht vorhanden	nachfrageorientiert
Stundenvariationen	gering	sehr hoch	extrem hoch	nicht vorhanden	nicht vorhanden	nachfrageorientiert
Tagesvariationen	meist gering	hoch	sehr hoch	nicht vorhanden	nicht vorhanden	nachfrageorientiert
Jahresvariationen	hoch	gering	hoch	schwach ausgeprägt	nicht vorhanden	nachfrageorientiert
Räumliche Variationen						
Kleinräumig[b]	sehr hoch	vorhanden	vorhanden	schwach ausgeprägt	ausgeprägt	nachfrageorientiert
Großräumig[c]	sehr hoch	hoch	sehr hoch	vorhanden	sehr ausgeprägt	nachfrageorientiert

[a] für Wärmequellen oberflächennahes Erdreich, Grund- und Oberflächenwasser; [b] m^2 bis ha; [c] ha bis km^2

Umgebungswärme. Die Nutzung der Umgebungswärme ist, da dieses Energieangebot näherungsweise an das solare Strahlungsangebot gekoppelt ist, nur geringen räumlichen Angebotsunterschieden unterworfen (Kapitel 7.1.2). Bei der Nutzung oberflächennaher Erdwärme resultieren diese Unterschiede im Wesentlichen aus der jeweiligen Bodenbedeckung und dem lokal unterschiedlichen Sonnenenergieeintrag durch Oberflächen- bzw. Grundwässer. Zusätzlich dazu kann es lokal bedingte Energieeinträge durch anthropogene Quellen geben (z. B. durch Fernwärmeleitungen, Abwasserleitungen). Auch können Restriktionen vorkommen, die eine Nutzung nicht oder nur eingeschränkt erlauben (z. B. Grundwasserschutzgebiete).

Tiefe Erdwärme. Tiefe Erdwärme kommt praktisch flächendeckend in Österreich vor. Bisher werden aber aus technischen Gründen primär Erdwärmevorkommen in Sedimenten erschlossen. Diese sind aber in Österreich durch erhebliche räumliche Angebotsunterschiede gekennzeichnet. Eine Nutzung derartiger Vorkommen ist im Wiener und Steirischen Becken sowie entlang der Molassezone vom nördlichen Niederösterreich bis zum nördlichen Rheintal in Vorarlberg grundsätzlich möglich (Kapitel 8.1.2). Aber auch in diesen Gebieten kann es infolge von geologisch bedingten Unregelmäßigkeiten im Trägergestein, in dem sich die warmen bzw. heißen Tiefenwässer befinden, zu signifikanten Angebotsunterschieden auf z. T. sehr engem Raum kommen (z. B. kann sich die Porosität und die Permeabilität (d. h. Durchlässigkeit) des thermalwasserführenden Trägergesteins innerhalb weniger Meter signifikant ändern).

Biomasse. Die räumliche Angebotscharakteristik von Biomasse wird durch die Kombination aus Bodengüte, Niederschlagshöhe und -verteilung sowie den Temperaturverlauf innerhalb des Jahres – sowie den standortabhängigen pflanzenbaulichen Maßnahmen – bestimmt. Dabei zeigt sich vor allem in den hochalpinen Gebieten Österreichs ein geringeres Angebot im Vergleich zu den Tallagen bzw. flacheren Gebieten Ostösterreichs. Da Biomasse problemlos über längere Distanzen transportiert werden kann, haben diese Unterschiede im Angebot jedoch nur einen vergleichsweise geringen Einfluss auf die Möglichkeiten der energetischen Nutzung dieses Angebots an organischer Masse (Kapitel 9.1.2).

Zeitliche Angebotsvariationen. Bei den zeitlichen Angebotsvariationen werden die Variationen des meteorologischen Energieangebots aus Wasser, Sonne, Wind, Umgebungs- und tiefer Erdwärme sowie der Biomasse im Jahres-, im Monats- und im Tagesverlauf analysiert (Tabelle 10.1).

Wasserkraft. Unabhängig von der deutlich stärkeren Abhängigkeit des Energieangebots des Wassers von den spezifischen Gegebenheiten vor Ort treten die höchsten Abflüsse aufgrund der Schneeschmelze meistens im Frühling bzw. Sommer auf. Im Verlauf des Spätsommers bis Herbstes geht dann i. Allg. der Abfluss zurück und nimmt teilweise gegen Ende des Kalenderjahres erneut zu (Kapitel 2.1.2).

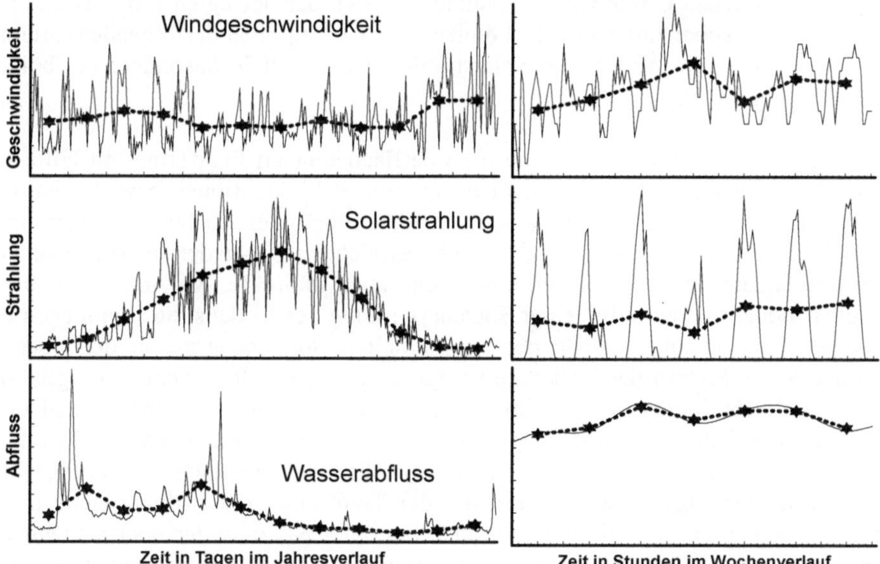

Abb. 10.1 Beispielhafte Jahresgänge aus Monats- und Tagesmittelwerten sowie Wochengänge aus Tages- und Stundenmittelwerten der Windgeschwindigkeit, der Solarstrahlung und des Abflusses (nach /Kaltschmitt, Streicher und Wiese 2006/)

Im Monats- und Tagesverlauf ist demgegenüber der Wasserabfluss meist vergleichsweise ausgeglichen und kaum durch schnelle Änderungen gekennzeichnet (Abb. 10.1); größere Schwankungen gibt es i. Allg. nur bei Hochwasserereignissen.

Solarenergie. Bei der Solarstrahlung sind sowohl im Stunden- als auch im Tages- und Jahresbereich erhebliche Variationen des Energieangebots gegeben (Abb. 10.1). Dabei zeichnet sich die Solarstrahlung durch einen deutlich ausgeprägten jahreszeitlichen Verlauf mit einem maximalen Strahlungsangebot in den Sommermonaten und sehr geringer Strahlung im Winter aus. Dieser typische Jahresgang ist zwischen unterschiedlichen Jahren im Grundsatz ähnlich; er kann jedoch – je nach den aktuellen meteorologischen Bedingungen eines konkreten Jahres – durchaus bestimmten, meist jedoch eher geringen, Veränderungen unterworfen sein.

Aber auch während eines Tages ist das solare Strahlungsangebot durch erhebliche Schwankungen charakterisiert. Dabei kommt es infolge des sich deterministisch verändernden Sonnenstands über dem Horizont zu entsprechenden Variationen, die jedoch i. Allg. nicht sehr sprunghaft verlaufen; diese Unterschiede werden jedoch durch weitere Einflüsse (z. B. infolge von durchziehenden Wolkenfeldern) überlagert (Kapitel 3.1.2).

Windkraft. Das Windangebot an einem Standort zeigt i. Allg. erhebliche Schwankungen bezüglich der monats-, tages-, stunden- und minutenmittleren Windgeschwindigkeiten (Abb. 10.1). Die höchsten mittleren Windgeschwindigkeiten sind dabei im Winter und Frühjahr gegeben; teilweise können zusätzlich auch im Herbst hohe mittlere Windgeschwindigkeiten auftreten. Innerhalb einzelner Tage und Stunden kann es dabei zu erheblichen Geschwindigkeitsunterschieden der bewegten Luftmassen kommen. Diese Angebotsunterschiede können an zwei aufeinanderfolgenden Stunden erheblich größer sein als bei der Solarstrahlung; dies gilt insbesondere bei böigem Wind (Kapitel 6.1.2).

Umgebungswärme. Bei der Nutzung der oberflächennahen Erdwärme mit Hilfe von horizontal verlegten Erdreichwärmeübertragern sind Fluktuationen bzw. Variationen des erneuerbaren Energieangebots deutlich eingeschränkter als bei der solarthermischen Wärmegewinnung gegeben. Obwohl es sich auch bei der oberflächennahen Erdwärmenutzung weitgehend um eine, wenn auch indirekte, Nutzung der Sonnenenergie handelt, werden infolge der Speicherwirkung des Bodens die stündlichen und täglichen Angebotsunterschiede der eingestrahlten Sonnenenergie in den obersten Dezimetern bis Metern der Erdkruste weitgehend ausgeglichen. Dadurch ergibt sich im Regelfall ein Jahresgang, der mit einer bestimmten Zeitverzögerung und unter Ausgleich der Extremwerte dem mittleren Jahresgang der durchschnittlichen Lufttemperatur an der Erdoberfläche des entsprechenden Standortes näherungsweise folgt. Dieser Jahresgang ist mit zunehmender Tiefe unter der Erdoberfläche immer weniger ausgeprägt. Deshalb macht er sich bei einer Nutzung der oberflächennahen Erdwärme mit Hilfe von vertikalen Erdwärmesonden bzw. bei einer Grundwassernutzung nur noch sehr eingeschränkt bemerkbar.

Demgegenüber zeigt die Umgebungsluft einen ausgeprägten Jahres- und Tagesgang, welcher der mittleren Umgebungstemperatur folgt, die durch die eingestrahlte

Sonnenenergie und die meteorologische Großwetterlage bzw. der Pufferwirkung der obersten Bodenschichten bestimmt wird (Kapitel 7.1.2).

Tiefe Erdwärme. Die Energiebereitstellung aus Erdwärme ist durch keine zeitlichen Angebotsvariationen gekennzeichnet. Unabhängig von der Tages- und Jahreszeit ist in Thermalwasseraquiferen in einem gleichen Ausmaß Wärme verfügbar. Im Verlauf einiger Jahrzehnte kann es jedoch zu einer langsamen Abnahme der Temperatur des geförderten Thermalwassers kommen, da derartige Energievorkommen bei der Deckung einer bestimmten Versorgungsaufgabe im Regelfall schneller "abgebaut" werden, als sie sich infolge des natürlichen Wärmestroms erneut erwärmen (Kapitel 8.1.2).

Biomasse. Der Zuwachs an Biomasse ist durch einen tages- und jahreszeitlichen Rhythmus gekennzeichnet. Im Gegensatz zu anderen Optionen der direkten und indirekten Sonnenenergienutzung (z. B. solarthermische Nutzung, Windkraft) ist Biomasse jedoch gespeicherte Sonnenenergie, so dass diese Schwankungen im Zuwachs keinen Einfluss auf das energetisch nutzbare Angebot haben (Kapitel 9.1.2).

10.2 Technische Analyse

Die Möglichkeiten einer Bereitstellung elektrischer und thermischer Energie sowie von Kraftstoffen werden nachfolgend anhand ausgewählter technischer Kenngrößen untereinander verglichen und den substituierbaren fossilen Optionen gegenübergestellt.

10.2.1 Bereitstellung elektrischer Energie

Der derzeitige Stand der Technik für die Bereitstellung elektrischer Energie aus Wasserkraft, Solarstrahlung, Windenergie, Geothermie und Biomasse und damit die ihn beschreibenden technischen Kenngrößen unterscheiden sich z. T. erheblich. Tabelle 10.2 zeigt eine Zusammenstellung typischer, die jeweilige Energiewandlungstechnik charakterisierender Größen, die nachfolgend im Vergleich mit Stromerzeugungstechniken auf der Basis fossiler Energieträger diskutiert werden.

Stromerzeugungscharakteristiken. Infolge der bei der Energie der bewegten Luftmassen, der solaren Strahlung und der Laufwasserkraft gegebenen Angebotscharakteristik im Jahres-, Monats- und Tagesverlauf (Kapitel 10.1) unterscheidet sich auch die korrespondierende Stromerzeugung erheblich (Tabelle 10.2). Demgegenüber unterliegen die Stromerzeugung aus Erdwärme und Biomasse (organische Stoffe können i. Allg. auch im Verlauf längerer Zeiträume problemlos gelagert werden) keinen zeitlichen Angebotsschwankungen; Strom aus Erdwärme und Biomasse kann i. Allg. problemlos nachfrageorientiert bereitgestellt werden.

– Variationen im Jahresverlauf. Bei der dem regenerativen Energieangebot entsprechenden Stromerzeugung bleibt der typische Jahresgang des regenerativen Energieangebots im Wesentlichen erhalten. Deshalb ist eine Stromerzeugung durch Photovoltaikanlagen durch einen sehr ausgeprägten Jahresgang gekennzeichnet. Bei der windtechnischen Stromerzeugung ist dieser Jahresgang zwar i. Allg. weniger signifikant ausgeprägt, jedoch an vielen Standorten im Regelfall deutlich erkennbar. Dies gilt auch für eine Elektrizitätsgewinnung aus Laufwasserkraft; in Abhängigkeit des Standorts und der typischen Charakteristik des entsprechenden Fließgewässers kommen sehr ausgeprägte Jahresgänge vor. Besteht aufgrund der topographischen Gegebenheiten die Möglichkeit einer Speicherung des Wassers in entsprechenden Tages-, Monats- oder Jahresspeichern, kann die Stromerzeugung auch zeitlich entkoppelt vom Wasserab- bzw. -zufluss in den Speicher erfolgen. Dadurch ist die Stromerzeugung aus Speicherwasserkraft – zumindest in einem begrenzten zeitlichen Rahmen bzw. in den durch den Speicher vorgegebenen Grenzen – nachfrageorientiert.

Tabelle 10.2 Vergleich der zeitlichen Charakteristik einer Stromerzeugung aus regenerativen Energien

	Laufwasserkraft	Photovoltaik	Windenergie	Geothermie/ Biomasse
Kurzfristige Fluktuationen (Minuten)	kaum	sehr hoch	extrem hoch	nachfrageorientiert
Mittelfristige Fluktuationen (Stunden)	gering	sehr hoch	extrem hoch	nachfrageorientiert
Langfristige Fluktuationen (Tage)	meist gering	hoch	sehr hoch	nachfrageorientiert
Variationen der Jahresstromerzeugung	hoch	gering	hoch	nachfrageorientiert
Tagesgang	nicht vorhanden	sehr ausgeprägt	wenig ausgeprägt	nachfrageorientiert
Jahresgang	ausgeprägt[a]	sehr ausgeprägt	kaum ausgeprägt	nachfrageorientiert[b]

[a] bei Jahresspeicher entsprechend geringer; [b] ausgenommen Biogas

– Variationen im Monatsverlauf. Entsprechend dem meteorologischen Energieangebot variiert die windtechnische und photovoltaische Stromerzeugung auch zwischen verschiedenen Tagen und damit beispielsweise im Verlauf eines Monats erheblich; hier sind bei der Nutzung der Windenergie i. Allg. größere Variationen als bei der Solarstrahlung möglich. Verglichen damit ist die laufwassertechnische Stromerzeugung durch eine gleichmäßige und nur in Grenzen schwankende Erzeugung an unterschiedlichen Tagen gekennzeichnet.

Dabei zeichnet sich der Photovoltaikstrom durch einen ausgeprägten und charakteristischen Tages- und damit letztlich auch Monatsgang aus. Er entspricht im Wesentlichen dem meteorologischen Strahlungsangebot, da die Charakteristik der Photovoltaikstromerzeugung näherungsweise direkt der der Solarstrahlung entspricht. Dies ist bei der Windstromerzeugung aufgrund der physikalisch-technischen Zusammenhänge zwischen dem Windenergieangebot und der Elektrizitätsbereitstellung meist nicht der Fall, kann jedoch an bestimmten Standorten aufgrund des dort typischen Windangebots durchaus gegeben sein. Im Gegensatz dazu ist ein charakteristischer Tages- und Monatsgang der Wasserkraftstromerzeugung im Normalfall nicht gegeben.

- Variationen im Tagesverlauf. Auch die stundenmittlere Stromerzeugung aus Laufwasserkraft ist entsprechend der geringen stundenmittleren Variationen des Energieangebots nur durch sehr geringe Unterschiede gekennzeichnet. Demgegenüber schwankt die Photovoltaikstromerzeugung zwischen verschiedenen Stunden erheblich; diese deutlichen Unterschiede korrelieren dabei weitgehend mit dem Strahlungsangebot. Im Vergleich dazu ist die Stromerzeugung aus Windkraft noch größeren Unterschieden unterworfen. Infolge der notwendigen Anlaufwindgeschwindigkeit der Konverter und der Abhängigkeit der Windleistung von der dritten Potenz der Windgeschwindigkeit ist der zeitliche Verlauf der Windstromerzeugung bei entsprechenden Windgeschwindigkeiten tendenziell noch größeren Variationen als die Windgeschwindigkeit unterworfen. Bei sehr hohen durchschnittlichen Geschwindigkeiten kann die windtechnische Stromerzeugung auch deutlich geringer schwanken als die Windgeschwindigkeit; variiert beispielsweise die Windgeschwindigkeit ständig zwischen der Nenn- und der Abschaltwindgeschwindigkeit der eingesetzten Horizontalachsenkonverter, bleibt die Generatorleistung trotz Windgeschwindigkeitsvariation näherungsweise konstant, da der Generator nur mit der installierten Nennleistung ins Netz einspeisen kann.
- Variationen im Stunden- und Substundenverlauf. Ähnliche Zusammenhänge liegen auch vor, wenn noch kürzere Zeitintervalle (z. B. Stunden-, Minutenbereich) betrachtet werden. Beispielsweise kann es bei der Windkraftnutzung insbesondere bei stark böigem Wind und bei der photovoltaischen Stromerzeugung z. B. bei durchziehenden Wolkenfeldern zu erheblichen Variationen der minutenmittleren Stromerzeugung kommen. Demgegenüber schwankt die Stromerzeugung aus Laufwasserkraft in diesem Zeitbereich normalerweise praktisch nicht.

Im Unterschied dazu sind bei Anlagen zur Stromerzeugung aus tiefer Erdwärme, Biomasse sowie fossilen Brennstoffen derartige Variationen nicht gegeben. Kraftwerke, die mit derartigen Energieträgern betrieben werden, können – infolge der immer gegebenen Primärenergieverfügbarkeit und aufgrund der einfachen Speichermöglichkeit – angepasst an die jeweils gegebene Nachfrage betrieben werden. Damit ergibt sich ein Jahres-, Monats- bzw. Tagesgang, der nicht durch die Konversionsanlage und damit die Primärenergieverfügbarkeit, sondern durch die Nachfrage nach elektrischer Energie vorgegeben wird. Eine Ausnahme stellt hier die Stromerzeugung aus Biogas dar. Aufgrund des teilweise kontinuierlichen Anfalls der für eine Biogaserzeugung geeigneten organischen Stoffe (z. B. tierische Exkremente, Klärschlamm) und damit auch des Biogases sowie der – aus ökonomischen Gründen – meist beschränkten Speichermöglichkeit für das Gas (i. Allg. einige Stunden bis maximal einige Tage der jeweiligen Biogasproduktion) kann die Stromerzeugung im Tagesverlauf nachfrageorientiert erfolgen. Im Monats- bzw. Jahresverlauf wird dagegen eine eher angebotsorientierte Stromerzeugung realisiert.

Anlagenleistungen (Tabelle 10.3). Netzgekoppelte Photovoltaikanlagen sind derzeit durch Anlagenleistungen gekennzeichnet, die sich in einem Leistungsbereich von wenigen kW (d. h. Hausdach-gekoppelte Anlagen) bis in den unteren (mittleren) zweistelligen MW-Bereich (d. h. Photovoltaikkraftwerke) bewegen. Bei einer netzgekoppelten Stromerzeugung mit auf Dachflächen montierten Photovoltaiksystemen liegen die Anlagennennleistungen im Regelfall im einstelligen bis maximal im unteren zweistelligen kW-Bereich; nur in Ausnahmefällen kommen hier auch Anlagen mit größeren installierten Leistungen zum Einsatz (z. B. auf Fabrikgebäuden, Bürogebäuden, Schulen). Werden Anlagen zur solaren Stromerzeugung dagegen auf Freiflächen installiert, werden auch deutlich höhere Anlagenleistungen erreicht (z. B. sind in dem Photovoltaikkraftwerk in Waldpolenz/Deutschland 40 MW installiert).

Tabelle 10.3 Vergleich technischer Kenngrößen einer netzgekoppelten Stromerzeugung aus regenerativen Energien

	Typische Anlagenleistungen in MW[a]	Mittlerer Systemnutzungsgrad in %[b]	Mittlere Volllaststunden in h/a
Wasserkraft	0,01 – > 100	ca. 90	1 000 – 6 500[d]
Photovoltaik	0,001 – > 10	6 – 18[c]	600 – 900
Windenergie	0,5 – > 6	30 – 40	1 500 – 2 200[e]
Geothermie	0,1 – > 5	7 – 11	max. 8 760
Biomasse	0,01 – > 40	15 – 45	max. 8 760

[a] elektrische Leistung jeweils bezogen auf eine Anlage zur netzgekoppelten Stromerzeugung (d. h. kein Windpark, aber einschließlich Photovoltaik-Freiflächenanlagen); [b] nur Konversionsanlage (Verluste z. B. bei der Brennstoffbereitstellung von Biobrennstoffen oder Verluste infolge der Photosynthese sind nicht berücksichtigt); [c] untere Grenze bei der Verwendung amorpher, oberer Wert für monokristalline Solarzellen; [d] Speicherwasserkraftwerk zur Spitzenlastabdeckung (1 000 h/a) bzw. Laufwasserkraftwerk (6 500 h/a); [e] im Binnenland (Offshore sind deutlich höhere Volllaststunden möglich)

Windkraftanlagen zur Stromerzeugung sind derzeit mit elektrischen Leistungen bis in den mittleren einstelligen MW-Bereich auf dem Markt verfügbar. Netzgekoppelt werden in Österreich momentan hauptsächlich Anlagen zwischen 1 und 3 MW installiert. Jedoch geht der Trend zu Konvertern mit höheren installierten Anlagenleistungen. Beispielsweise betrug die durchschnittliche Größe der im Jahr 2006 neu installierten Anlagen etwa 1 900 kW.

Im Unterschied dazu zeigen Wasserkraftanlagen eine erheblich größere Bandbreite der installierten Leistungen, die sich zwischen wenigen kW bei Kleinstwasserkraftanlagen und z. T. deutlich über 100 MW bei Großanlagen bewegt. Aufgrund der höheren Energiedichte des Wassers und des schon weit fortgeschrittenen Standes der Technik sind für praktisch jeden wassertechnisch nutzbaren Standort Anlagen mit entsprechenden Nennleistungen verfügbar.

Anlagen zur Erzeugung von Strom aus geothermischen Energievorkommen gewinnen erst seit einigen Jahren an Bedeutung. Bei den in Österreich aufgrund der geologischen Bedingungen anzutreffenden Temperaturniveaus kann eine Stromerzeugung nur über ORC- (Organic Rankine Cycle) oder Kalina-Anlagen realisiert werden. Die elektrische Leistung dieser Anlagen ist durch wenige kW bis in den unteren (mittleren) einstelligen MW-Bereich gekennzeichnet.

Biomassebefeuerte Anlagen können eine installierte elektrische Leistung von einigen 10 kW (z. B. Stirlingmotor) bis zu einigen 10 MW (z. B. Dampfturbine) und ggf. auch den unteren dreistelligen MW-Bereich erreichen. Dabei ist die obere Grenze weniger durch die Anlagentechnik vorgegeben, sondern vielmehr durch die Verfügbarmachung der Biobrennstoffe (d. h. Logistikprobleme); deshalb werden an Küstenstandorten, an denen die biogenen Festbrennstoffe mit dem Schiff angeliefert werden können (z. B. in Skandinavien), auch deutlich größere elektrische Leistungen realisiert.

Anlagen zur Stromerzeugung aus fossilen Energieträgern sind durch Anlagenleistungen zwischen einigen 10 kW (z. B. motorische Nutzung in BHKW) und etwa 1 500 MW (z. B. Großkraftwerk) gekennzeichnet. Der überwiegende Teil des aus fossilen Brennstoffen bereitgestellten Stroms wird in Österreich jedoch in Kraftwerken mit installierten Leistungen von einigen 100 MW erzeugt.

Beim Vergleich der installierten elektrischen Leistungen von Anlagen zur Nutzung erneuerbarer Energien und fossiler Energieträger wird deutlich, dass – mit Ausnahme der Wasserkraft – alle diskutierten Strombereitstellungstechniken auf der Basis erneuerbarer Energien im Regelfall geringere elektrische Leistungen als die mit fossilen Brennstoffen befeuerten Stromerzeugungsanlagen aufweisen.

Wirkungs- und Systemnutzungsgrade. Anlagen zur Stromerzeugung aus Solarstrahlung, Wasserkraft, Windkraft, Geothermie und Biomasse sind aufgrund der unterschiedlichen physikalischen Eigenschaften des Energieangebots und der physikalisch-technischen Grundlagen der Energiewandlung durch deutlich unterschiedliche Wirkungs- und Systemnutzungsgrade gekennzeichnet (Tabelle 10.3).

- Im Gegensatz zur windtechnischen und photovoltaischen Stromerzeugung ist eine Umwandlung der im Wasser enthaltenen Energie aus physikalischen Gründen nahezu vollständig möglich; Verluste treten hier u. a. nur durch praktisch unvermeidbare Verwirbelungen im Wasser, durch mechanische Reibung in den benötigten Anlagenteilen und durch elektrische Verluste im Generator, ggf. im Transformator sowie in den elektrischen Leitungen auf. Aus physikalischer Sicht ist ein theoretisch maximaler Systemnutzungsgrad von 100 % möglich (d. h. die gesamte am Einlaufbauwerk zur Verfügung stehende Energie des Wassers könnte theoretisch genutzt werden); durch die derzeit verfügbaren Anlagen werden davon bis maximal rund 90 % erschlossen.
- Die physikalisch möglichen Wirkungsgrade von Photovoltaikzellen erreichen derzeit rund 30 % (und mit bestimmten Materialpaarungen ggf. auch z. T. merklich mehr). Aufgrund der gegebenen Verluste in den Zellen, dem Wechselrichter und den sonstigen Systemkomponenten liegen die jahresmittlere Gesamtsystemnutzungsgrade derzeit zwischen 12 und 16 bzw. 9 und 13 % bei mono- bzw. multikristallinen Zellen und zwischen 6 und 8 % bei Zellen aus amorphen Silizium.
- Theoretisch liegt der maximale Wirkungsgrad eines nach dem Auftriebsprinzip arbeitenden Windrotors bei knapp 60 %. Die tatsächlich erreichbaren Nutzungsgrade liegen derzeit – bei leicht steigender Tendenz – zwischen etwa 35 und maximal 45 %.
- Die Nutzung geothermischer Energievorkommen zur Stromerzeugung erfolgt in Anlagen, die nach dem derzeitigen Stand der Technik – je nach dem durchschnittlich erreichbaren Temperaturniveau – einen Wirkungsgrad von ca. 7 bis rund 11 % aufweisen; können mit sehr tiefen Bohrungen höhere Temperaturen frei Kraftwerk realisiert werden, sind auch größere Wirkungsgrade in der Anlage möglich.
- Anlagen zur Stromerzeugung aus Biomasse können bei einer Zufeuerung in Kohlekraftwerken einen Wirkungsgrad von bis zu rund 45 % erreichen. Bei einer ausschließlichen Biomassenutzung werden demgegenüber Wirkungsgrade zwischen

etwa 15 bis 20 und etwas mehr als 30 % realisiert, wobei die untere Bandbreite Anlagen zur Kraft-Wärme-Kopplung mit einem entsprechend hohen ausgekoppelten Wärmeanteil an der gesamten Energiebereitstellung repräsentiert und der obere Wert einer ausschließlichen Kondensations-Stromerzeugung entspricht.

Die Wirkungs- und Systemnutzungsgrade von Anlagen zur Wandlung fossiler Energieträger in elektrischen Strom liegen zwischen rund 33 % bei älteren Wärmekraftwerken, etwa 43 bis 45 % (und ggf. noch ein paar Prozentpunkte darüber) bei (sehr) modernen mit Steinkohle befeuerten Anlagen und bis knapp 60 % bei mit Erdgas betriebenen GuD-Kraftwerken. Sie liegen damit im Bereich bzw. über den Systemnutzungsgraden von biomassebefeuerten Anlagen.

Die Wirkungs- und Systemnutzungsgrade von Anlagen zur Nutzung des regenerativen Energieangebots der Wasserkraft liegen demgegenüber deutlich über und jene der Photovoltaik und Geothermie deutlich unter denen von konventionellen, mit fossilen Energieträgern betriebenen Wärmekraftwerken. Die Werte einer Stromerzeugung aus Windenergie liegen ebenfalls unterhalb derjenigen der konventionellen Kraftwerke; allerdings ist die Differenz geringer als bei der photovoltaischen Stromerzeugung.

Ein derartiger Vergleich ist jedoch nur eingeschränkt sinnvoll, da sich die Wirkungsgradangaben auf unterschiedliche Systemgrenzen bzw. verschiedene Abgrenzungen beziehen. Würde beispielsweise der Wirkungsgrad einer Biomassefeuerung nicht – wie hier realisiert – auf den Brennstoffinput in die Feuerungsanlage, sondern auf die auf die Erdoberfläche eingestrahlte Solarenergie bezogen, würde sich ein völlig anderes Bild ergeben. Ähnliches gilt auch, wenn z. B. bei den Kohle- bzw. Erdgaskraftwerken die Verluste der Kohle- bzw. Gasbereitstellung berücksichtigt oder die Wirkungsgrade auf die vor Jahrmillionen eingestrahlte Sonnenenergie bezogen werden würden; für letzteren Fall lägen dann z. B. die Systemnutzungsgrade weit unterhalb des Promillebereichs.

Volllaststunden. Entsprechend dem unterschiedlichen meteorologischen Energieangebot und den verschiedenen Systemnutzungsgraden unterscheiden sich die Volllaststunden einer wind- und wassertechnischen sowie einer photovoltaischen Stromerzeugung erheblich (Tabelle 10.3).

- Die Wasserkraftnutzung weist aufgrund des im Vergleich zum zeitlichen Verlauf des solaren Strahlungs- bzw. Windenergieangebots deutlich gleichmäßigeren Wasserangebots die höchsten Volllaststunden der diskutierten angebotsorientierten regenerativen Stromerzeugungstechnologien auf. In Abhängigkeit von der Betriebsweise (Speicher- oder Laufwasserkraft) sowie der – bezogen auf die Jahresdauerlinie des Abflusses – gewählten Ausbauwassermenge werden Volllaststunden von im Mittel zwischen 1 000 (Speicherwasserkraft zur Spitzenlastabdeckung) und 6 500 h/a (Laufwasserkraft) erreicht.
- Die Volllaststunden einer photovoltaischen Stromerzeugung liegen bei etwa 800 bis knapp 1 000 h/a, da die maximale Leistung derartiger Systeme nur wenig unterhalb der zur Mittagszeit an einem klaren Sommertag erreichbaren Einstrahlung liegt; d. h. Photovoltaikanlagen werden nur für eine kurze Zeit mit maximal möglicher Leistung betrieben.

- Durch Windkraftanlagen ist eine Stromerzeugung grundsätzlich zu jeder Stunde des Jahres möglich. Daher liegen die Volllaststundenzahlen derartiger Anlagen im Vergleich zu denjenigen photovoltaischer Anlagen höher und unter dem in Österreich gegebenen Windenergieangebot bei etwa 1 500 bis 2 200 h/a.

Die Volllaststunden von geothermischen Anlagen sowie von mit Biomasse bzw. fossilen Energieträgern befeuerter Anlagen sind im Unterschied zu denen von Anlagen zur Nutzung der regenerativen Energien Solarstrahlung, Windenergie und Laufwasserkraft nicht von der Primärenergieverfügbarkeit abhängig. Hier sind der geothermische Wärmestrom sowie der biogene bzw. der fossile Brennstoff infolge der einfachen Lagermöglichkeit jederzeit verfügbar. Damit können derartige Anlagen nachfrageabhängig mit fast beliebigen Volllaststunden (theoretisch maximal 8 760 Stunden pro Jahr) elektrische Energie bereitstellen.

10.2.2 Bereitstellung thermischer Energie

Im Folgenden werden wesentliche technische Kenngrößen (d. h. Wärmeerzeugungscharakteristik, Volllaststunden, Anlagenleistung und Systemnutzungsgrad) der untersuchten Optionen zur Bereitstellung von Wärme aus regenerativen und fossilen Energien, ggf. auch unter gleichzeitiger Stromerzeugung in Kraft-Wärme-Kopplung, diskutiert (Kapitel 1, 4, 7, 8 und 9).

Wärmeerzeugungscharakteristik/Volllaststunden. Die Wärmeerzeugungscharakteristik sowie die Volllaststunden der Konversionsanlagen sind – mit Ausnahme der solarthermischen Wärmenutzung – keinen angebotsseitigen Beschränkungen unterworfen. Sie richten sich ausschließlich nach der gegebenen Wärmenachfrage. Dadurch zeigen Anlagen zur Nutzung der Umgebungswärme, der Erdwärme sowie der Biomasse und der fossilen Energieträger keine angebotsabhängige Wärmeerzeugungscharakteristik und können – zumindest theoretisch – mit 8 760 Volllaststunden pro Jahr betrieben werden. Solarthermische Anlagen sind demgegenüber im Jahresverlauf durch eine ähnlich ausgeprägte Erzeugungscharakteristik wie Photovoltaikanlagen gekennzeichnet. Im Gegensatz dazu kann allerdings durch die im Vergleich zu einer großtechnischen Stromspeicherung einfachere Speichermöglichkeit von solarthermisch bereitgestellter Wärme ein im Tages- und ggf. im Wochenverlauf insgesamt ausgeglichener und damit angebotsunabhängiger Verlauf der Wärmebereitstellung realisiert werden.

Anlagenleistungen. Solarthermische Anlagen, ggf. in Kombination mit einem zusätzlichen Heizungssystem, sowie Wärmepumpen zur Nutzung der Umgebungswärme werden von einigen kW bis maximal einigen 100 kW thermischer Leistung zur Deckung der Warmwasser- und Raumwärmenachfrage eingesetzt. In Ausnahmefällen werden – beispielsweise bei solaren Nahwärmesystemen – auch höhere Leistungen im unteren MW-Bereich realisiert.

Im Unterschied dazu weisen Anlagen zur Nutzung der tiefen Erdwärme thermische Leistungen auf, die bei einigen Megawatt bis mehreren 10 MW liegen können.

Anlagen zur Wärmebereitstellung aus Biomasse bzw. fossilen Energieträgern werden mit praktisch allen für einen konkreten Anwendungsfall benötigten thermischen Leistungen realisiert. Bei der Nutzung von Biomasse kann es aufgrund logistischer Probleme bei der Brennstoffbeschaffung allerdings zu einer Beschränkung der realisierbaren thermischen Anlagenleistung auf einige 10 MW bis maximal wenige 100 MW kommen; letzteres erscheint aber nur dann sinnvoll, wenn das Biomasseheizwerk an einem Küsten- oder maximal Flussstandort errichtet wird, der sich für eine Anlieferung der Biomasse über den Wasserweg eignet.

Zusammengenommen sind damit für praktisch alle thermischen Leistungen, die mit Anlagen auf der Basis fossiler Brennstoffe abgedeckt werden können, vergleichbare Optionen zur Nutzung erneuerbarer Energien verfügbar. Dies gilt jedoch nur eingeschränkt im Bereich von mehreren 10 MW thermischer Leistung (hier kommen nahezu nur biogene Festbrennstoffe in Frage, für deren Verfügbarmachung die Logistikfrage kostenoptimal gelöst werden muss).

Wirkungs- und Systemnutzungsgrade. Mit solarthermischen Anlagen lassen sich je nach Anwendungsbereich etwa 15 bis 40 % der eingestrahlten Sonnenenergie (1 100 kWh/a) nutzen. Verluste ergeben sich dabei insbesondere durch die Wärmeabstrahlung des Absorbers, der Leitungen und des Speichers an die Umgebung sowie bei Kollektorstillstand (d. h. wenn der Speicher bereits auf seine Maximaltemperatur aufgeheizt wurde oder die zum Beladen des Speichers notwendige Temperatur im Kollektor noch nicht erreicht ist).

Bei der Nutzung der Umgebungswärme durch Wärmepumpensysteme bzw. der tiefen Erdwärme ist i. Allg. das verfügbare regenerative Energieangebot wesentlich größer als die gegebene Nachfrage; außerdem ist das Energieangebot z. B. der oberflächennahen Erdschichten, der Umgebungsluft oder von geothermischen Lagerstätten kaum konkret quantifizierbar. Ein Systemnutzungsgrad im üblichen Sinne (d. h. bezogen auf die hauptsächlich genutzte Primärenergie) ist damit ebenfalls kaum sinnvoll darstellbar; i. Allg. wird deshalb z. B. bei Wärmepumpen der Wirkungs- bzw. Nutzungsgrad bezogen auf die zum Betrieb der Wärmepumpe eingesetzte Fremdenergie (z. B. elektrische Energie bei Elektrowärmepumpen, Brennstoffenergie bei gasmotorisch betriebenen Wärmepumpen) angegeben, der dann konsequenterweise größer als eins ist (d. h. der Wirkungs- oder Nutzungsgrad wird bezogen auf einen einfach quantifizierbaren Energieträger). Die energetische Effizienz von Elektrowärmepumpen wird daher durch die Leistungszahl, die das Verhältnis von zugeführter Antriebsarbeit (und damit einen zugeführten Teilenergiestrom) zu abgegebener Wärme darstellt, ausgedrückt. In Abhängigkeit von u. a. der Wärmequelle werden im praktischen Betrieb Jahresarbeitszahlen von über 4 erreicht.

Unabhängig davon können aber die Wirkungs- bzw. Nutzungsgrade bestimmter Teilsysteme bzw. Systemelemente der entsprechenden Konversionsanlagen angegeben werden. Beispielsweise sind mit Anlagen zur Nutzung der tiefen Erdwärme von der geförderten Wärme – aufgrund von Wärmeverlusten an die Umgebung sowie der nicht nutzbaren Restwärme im reinjizierten Thermalwasser – etwa 50 bis 70 % als Nutzwärme verfügbar.

Feuerungsanlagen zur thermischen Nutzung der Biomasse erreichen heute thermische Wirkungsgrade von über 90 %. Durch eine zusätzliche Ausnutzung der im Abgas enthaltenen fühlbaren und latenten Wärme (d. h. Abgaskondensation) sind – bezogen auf den unteren Heizwert – sogar Wirkungsgrade von über 100 % möglich. Der Systemnutzungsgrad typischer Anlagenkonfigurationen liegt bezogen auf die, z. B. im Wald, insgesamt verfügbare Biomasse zwischen rund 50 und 70 %.

Die Wirkungsgrade von mit Heizöl bzw. Erdgas befeuerten Systemen liegen im Bereich von etwa 85 bis 93 %. Auch hier ist durch eine zusätzliche Ausnutzung der im Abgas enthaltenen fühlbaren und latenten Wärme (d. h. Brennwerttechnik) eine Steigerung des Wirkungsgrads auf über 100 % möglich.

Ein Vergleich zwischen den betrachteten Wandlungstechniken zur Nutzung regenerativer und fossiler Energieträger ist auch hier wiederum nur eingeschränkt sinnvoll, da sich die Wirkungsgradangaben auf unterschiedliche Systemgrenzen bzw. verschiedene Abgrenzungen beziehen. Würden z. B. bei den mit Heizöl oder Erdgas befeuerten Systemen die Verluste der Öl- bzw. Gasbereitstellung berücksichtigt oder die Wirkungsgrade auf die vor Jahrmillionen eingestrahlte Sonnenenergie bezogen werden, ergäbe sich ein völlig anders Bild; z. B. lägen für letzteren Fall die Systemnutzungsgrade weit unterhalb des Promillebereichs.

10.2.3 Bereitstellung von Kraftstoffen

Da flüssige und gasförmige Kraftstoffe, die aus regenerativen Energien bzw. Biomasse produziert werden, vergleichbar zu konventionellen Treibstoffen über längere Zeiträume problemlos gelagert bzw. über längere Distanzen transportiert werden können, unterliegen sie keinen angebotsseitigen Beschränkungen. Sie können damit vom Grundsatz her – genau wie es bei den derzeit im Energiesystem eingesetzten flüssigen und gasförmigen Energieträgern der Fall ist – entsprechend der gegebenen Nachfrage eingesetzt werden. Da sich – bei der Erfüllung der von der Motorentechnik geforderten Kriterien bzw. der entsprechenden Brennstoffnormen – der Einsatz flüssiger Bioenergieträger als Kraftstoff in Verbrennungsmotoren (und damit auch in Blockheizkraftwerken) prinzipiell nicht von jenem von konventionellen mineralöl- und erdgasbasierten Kraftstoffen unterscheidet, entsprechen auch die jeweiligen technischen Kenngrößen im Wesentlichen denen konventioneller Kraftstoffe. Sie werden deshalb hier nicht weitergehend diskutiert.

10.3 Ökologische und ökonomische Analyse

Die diskutierten Möglichkeiten einer Stromerzeugung, einer Wärmebereitstellung und einer Kraftstofferzeugung aus regenerativen Energien werden im Folgenden anhand ausgewählter ökologischer und ökonomischer Kenngrößen einander sowie den Techniken zur Energiebereitstellung aus fossilen Energieträgern gegenübergestellt.

10.3.1 Bereitstellung elektrischer Energie

Die untersuchten Optionen zur Stromerzeugung aus regenerativen Energien werden nachfolgend anhand ausgewählter Kenngrößen vergleichend analysiert. Zuvor werden entsprechende Referenzanlagen definiert.

10.3.1.1 Referenzanlagen

Als Referenztechniken werden die nachfolgend zusammengefassten Anlagenkonfigurationen betrachtet.

- Wasserkraft. Von den betrachteten zwölf unterschiedlichen Wasserkraftwerken sind sechs Anlagen in Niederdruckbauweise (32 und 300 kW bzw. 2,2 MW Nennleistung bei jährlich 5 000 Volllaststunden, 9,9 MW Nennleistung bei 5 100 Volllaststunden bzw. 28,8 und 293 MW Nennleistung bei 5 900 Volllaststunden), eine Anlage in Mitteldruckbauweise mit Tagesspeicher (60 MW Nennleistung bei 3 900 Volllaststunden) sowie fünf Anlagen in Hochdruckbauweise (360 kW, 2,6 und 4,4 MW Nennleistung bei jeweils 5 000 Volllaststunden, 9,8 MW bei 4 100 Volllaststunden bzw. 480 MW bei 2 500 Volllaststunden) ausgeführt (Kapitel 2.3.1).
- Photovoltaik. Hier werden drei Systeme mit 5 (Montage auf Schrägdach), 100 kW bzw. 500 kW (beides Freiflächenmontage) Anlagennennleistung – jeweils mit mono- und multikristallinen Siliziumsolarzellen sowie Kupfer-Indium-Diselenid (CIS) Dünnschichtsolarzellen – betrachtet. Die Volllastbenutzungsstunden liegen bei 900 bzw. 950 h/a (Kapitel 5.3.1).
- Windkraft. Bei der windtechnischen Stromerzeugung werden zwei netzgekoppelte Anlagen mit 2,0 bzw. 5,0 MW Nennleistung betrachtet, die in einem Windpark mit 10 (2 MW-Anlagen) bzw. 3 Anlagen (5 MW-Anlagen) aufgestellt sind. Dabei wird bei der 2 MW-Anlage ein auf den Binnenlandeinsatz optimierter Windkonverter unterstellt, während die Anlagen der 5 MW-Klasse vorwiegend für den Offshore-Einsatz entwickelt wurden. Aufgrund der größeren Narbenhöhe der 5 MW- im Vergleich zu den 2 MW-Anlagen und eines leicht größeren Rotordurchmessers der 5 MW-Anlage wird unterstellt, dass beide Anlagen die gleichen Volllaststunden erreichen, obwohl die 5 MW-Anlage aufgrund der in Österreich erreichbaren Windgeschwindigkeiten durch einen geringeren Energieertrag gekennzeichnet ist. Da die Windstromerzeugung sehr stark vom Windenergieangebot beeinflusst wird, werden jeweils zwei Referenzstandorte mit jahresmittleren Windgeschwindigkeiten von 6,0 und 7,0 m/s, bezogen auf eine Messhöhe von 100 m über Grund, diskutiert. Als Volllaststunden werden 2 180 h/a (bei 6,0 m/s) bzw. 2 910 h/a (bei 7,0 m/s) unterstellt (Kapitel 6.3.1).
- Geothermie. Basierend auf definierten geologischen Randbedingungen werden zwei Anlagenkonfigurationen untersucht. Sowohl die ausschließliche Stromerzeugung (729 kW elektrische Nennleistung bei 7 500 Volllaststunden) als auch die gekoppelte Strom- und Wärmebereitstellung (KWK, 521 kW elektrische Nennleistung) erfolgen mit einer wassergekühlten ORC-Anlage, wobei die anfal-

lende Wärme bei der Systemauslegung mit KWK mit einer Volllaststundenzahl von 3 000 h/a in ein Nahwärmenetz eingespeist wird. Zusätzlich werden beide Anlagenkonfigurationen jeweils nach Art der Einspeisung (Brutto- bzw. Nettoeinspeisung) und Art der Kühlung (Nasskühlturm bzw. Durchlaufkühlung) differenziert betrachtet (Kapitel 8.3.2.1).

- Biomasse. Bei der Biomasse wird ausschließlich eine kombinierte Strom- und Wärmebereitstellung (KWK) durch zwei mit biogenen Festbrennstoffen befeuerte Systeme sowie durch fünf Anlagen zur Vergärung landwirtschaftlicher Substrate betrachtet.

  Bei der Bereitstellung von Strom und Wärme (KWK) aus fester Biomasse wird ein mit Sägerestholz und Waldhackgut befeuertes Nahwärmesystem mit ORC-Anlage und 700 kW elektrischer Nennleistung, 5 000 Volllaststunden (elektrisch) sowie gleichzeitiger maximaler Wärmeauskopplung untersucht. Zusätzlich wird eine KWK-Erzeugung in einem mit Industriehackgut und Rinde betriebenen Biomasseheizkraftwerk mit einer thermischen Leistung von 50 MW (7 900 Volllaststunden) diskutiert. Dabei wird eine Wärmeauskopplung von 50 bzw. 100 % unterstellt. Mit steigender Wärmeauskopplung (Entnahme-Kondensation) sinkt der elektrische Nutzungsgrad (die elektrische Leistung verringert sich von 21 auf 19 MW). Demgegenüber steigt der Gesamtnutzungsgrad der Anlage auf 0,85 (Kapitel 9.3).

  Weiterhin wird auch die gekoppelte Bereitstellung (KWK) von Strom und Wärme durch landwirtschaftliche Biogasanlagen ohne und mit Biogasaufbereitung betrachtet. Unterschiede zwischen den einzelnen untersuchten Anlagen ergeben sich aufgrund verschiedener zugrunde gelegter Rohstoffkonzepte. Von den Referenzanlagen ohne Biogasaufbereitung (d. h. der erzeugte Strom wird direkt in das Niederspannungsnetz vor Ort eingespeist) vergären zwei Anlagen 70 % Maissilage und 30 % Gülle (250 bzw. 500 kW elektrische Nennleistung, 7 500 Volllaststunden, elektrischer Nutzungsgrad 0,36 bzw. 0,38) und weitere zwei Anlagen ausschließlich Maissilage (500 bzw. 1 000 kW elektrische Nennleistung, 7 500 Volllaststunden, elektrischer Nutzungsgrad 0,38 bzw. 0,39). Dabei wird eine teilweise Wärmeauskopplung an Dritte unterstellt; die nicht verkaufte Wärme dient z. T. zur Deckung der Eigenwärmenachfrage der Biogasanlagen. Die Referenzanlage mit Biogasaufbereitung, bei der das aufbereitete Biomethan ins örtliche Gasnetz eingespeist und die Verstromung damit nicht am Standort der Biogasanlage realisiert wird, wird ausschließlich mit Maissilage betrieben (2 000 kW elektrische Nennleistung, 6 420 Volllaststunden, elektrischer Nutzungsgrad 0,39, 80 % Wärmeauskopplung; Kapitel 9.3).

Zusätzlich werden ein Steinkohle-Dampfkraftwerk mit 800 MW elektrischer Nennleistung, 6 000 bis 8 000 Volllaststunden pro Jahr und einem Systemnutzungsgrad von 0,45 sowie ein Erdgas-GuD-Kraftwerk (Gas- und Dampfturbinen-Kraftwerk) mit 400 MW elektrischer Nennleistung, 5 000 bis 7 000 Volllaststunden pro Jahr und einem Systemnutzungsgrad von 0,58 betrachtet (Kapitel 1.4).

10.3.1.2 Ökologische Analyse

Die Bestimmung der Umweltkenngrößen erfolgt über Lebenszyklusanalysen (d. h. Ökobilanzen, Kapitel 1.3) der definierten Referenztechniken, wobei der mit Bau, Betrieb und Abriss der Anlagen einhergehende Energieverbrauch und Materialeinsatz, die mit der Bereitstellung dieser Energien und Materialien verbundenen Schadstoffemissionen sowie die ggf. auftretenden direkten Emissionen am Anlagenstandort berücksichtigt werden. Die Ergebnisse der Ökobilanzen werden auf 1 TJ bzw. 1 GWh bereitgestellte elektrische Energie bezogen.

Tabelle 10.4 Energie- und Emissionsbilanzen der untersuchten Referenztechniken zur Stromerzeugung aus Wasserkraft, Photovoltaik und Windkraft

	Energie in GJ/TJ[a]	SO_2 in kg/TJ	NO_x in kg/TJ	CO_2-Äqu. in kg/TJ	SO_2-Äqu. in kg/TJ	SO_2 in kg/GWh	NO_x in kg/GWh	CO_2-Äqu. in kg/GWh	SO_2-Äqu. in kg/GWh
WKW 32 kW ND[b]	31	7	8	2 191	13	25	30	7 889	48
WKW 300 kW ND[b]	59	7	17	4 919	20	27	62	17 708	71
WKW 360 kW HD[b]	26	4	7	1 805	10	15	26	6 499	35
WKW 2,2 MW ND[b]	34	4	13	2 825	13	15	45	10 171	48
WKW 2,6 MW HD[b]	13	2	5	883	6	7	19	3 177	21
WKW 4,4 MW HD[b]	13	2	5	886	6	7	18	3 188	21
WKW 9,8 MW HD[b]	17	3	6	1 058	7	9	22	3 808	26
WKW 9,9 MW ND[b]	26	5	8	1 889	11	17	30	6 802	39
WKW 28,8 MW ND[b]	22	4	7	1 594	9	14	25	5 739	33
WKW 60 MW MD[b]	19	3	6	1 518	7	9	21	5 463	25
WKW 293 MW ND[b]	21	4	7	1 567	9	14	25	5 641	32
WKW 480 MW HD[b]	28	4	8	2 283	10	14	31	8 218	36
PV 5 kW mono[c]	579	108	55	27 949	152	389	200	100 615	547
PV 5 kW multi[c]	515	99	52	25 320	140	356	188	91 152	506
PV 5 kW CIS[c]	228	58	39	12 694	90	209	140	45 699	324
PV 100 kW mono[c]	537	104	56	25 913	148	375	203	93 286	531
PV 100 kW multi[c]	480	98	55	23 583	141	352	199	84 898	506
PV 100 kW CIS[c]	205	61	44	11 490	96	219	160	41 363	345
PV 500 kW mono[c]	506	98	51	23 420	137	352	184	84 311	494
PV 500 kW multi[c]	439	90	49	20 387	127	323	176	73 392	458
PV 500 kW CIS[c]	153	51	36	7 433	79	182	130	26 759	283
Wind 2 MW 6,0 m/s[d]	88	16	16	5 346	28	56	57	19 246	99
Wind 2 MW 7,0 m/s[d]	66	12	12	4 004	21	42	42	14 413	74
Wind 5 MW 6,0 m/s[d]	62	12	12	4 109	21	44	42	14 792	77
Wind 5 MW 7,0 m/s[d]	46	9	9	3 046	16	33	32	11 031	57

Bilanzen ohne Berücksichtigung der Aufwendungen für die Netzdienstleistungen (u. a. für die Übertragung der elektrischen Energie und für die Vorhaltung von Reservekraftwerken zur Gewährleistung einer definierten Versorgungssicherheit bei einer angebotsorientierten Stromerzeugung in Windkraft-, Laufwasserkraft- und Photovoltaikanlagen); [a] Verbrauch erschöpflicher Energieträger; [b] Wasserkraftwerk (WKW) Hochdruck (HD), Mitteldruck (MD) und Niederdruck (ND); [c] Photovoltaiksysteme mit mono- und multikristallinen Siliziumsolarzellen sowie Kupfer-Indium-Diselenid (CIS) Dünnschichtsolarzellen; [d] Windkraftanlagen mit jahresmittleren Windgeschwindigkeiten in Nabenhöhe von 6,0 und 7,0 m/s

Die Ergebnisse der entsprechenden Ökobilanzen sind in Tabelle 10.4 und Tabelle 10.5 zusammenfassend dargestellt. Als Systemgrenzen werden die jeweiligen

Einspeisestellen in das Netz der öffentlichen Stromversorgung definiert. Die Aufwendungen für die Übertragung der elektrischen Energie (u. a. Hochspannungsnetz) werden damit – ebenso wie die möglichen Aufwendungen zur Gewährleistung einer definierten Versorgungssicherheit (d. h. Vorhaltung von Reservekraftwerken bei einer angebotsorientierten Stromerzeugung in Laufwasserkraft-, Windkraft- und Photovoltaikanlagen) – nicht berücksichtigt.

Tabelle 10.5 Energie- und Emissionsbilanzen der untersuchten Referenztechniken zur Stromerzeugung aus Geothermie, Biomasse und fossilen Energieträgern

	Energie in GJ/TJ[a]	SO_2 in kg/TJ	NO_x in kg/TJ	CO_2-Äqu. in kg/TJ	SO_2-Äqu. in kg/TJ	SO_2 in kg/GWh	NO_x in kg/GWh	CO_2-Äqu. in kg/GWh	SO_2-Äqu. in kg/GWh
Brutto NKT S[b]	1 262	123	161	77 403	242	444	578	278 649	872
Brutto NKT S+W[b]	-2 968	-600	-105	-243 269	-694	-2 159	-379	-875 767	-2 499
Brutto DLK S[b]	870	88	131	53 636	184	315	472	193 088	663
Brutto DLK S+W[b]	-3 360	-635	-135	-267 030	-752	-2 288	-485	-961 308	-2 708
Netto NKT S[b]	557	83	309	37 482	307	301	1 113	134 934	1 103
Netto NKT S+W[b]	-20 055	-3 419	-939	-1521 718	-4 201	-12 310	-3 381	-5 478 183	-15 123
Netto DLK S[b]	269	40	149	18 116	148	145	538	65 219	533
Netto DLK S+W[b]	-8 835	-1 506	-414	-670 360	-1 851	-5 423	-1 489	-2 413 295	-6 662
HKW NW-III 0,7 MW_{el}[c]	-6 201	-952	627	-459 965	-514	-3 428	2 257	-1 655 875	-1 851
HG/Rinde-HKW_{50} 21,1 MW_{el}[d]	-1 257	-81	283	-90 872	111	-293	1 020	-327 138	399
HG/Rinde-HKW_{100} 18,6 MW_{el}[d]	-3 045	-368	214	-225 461	-235	-1 324	772	-811 661	-846
MG-250 kW-VV[e]	321	144	470	26 267	650	519	1 691	94 562	2 340
MG-500 kW-VV[e]	316	137	445	25 727	617	494	1 604	92 617	2 221
M-500 kW-VV[e]	351	158	440	54 845	662	568	1 583	197 443	2 384
M-1000 kW-VV[e]	349	154	429	53 843	646	556	1 544	193 836	2 327
M-2000 kW-AV[e]	-224	91	413	32 228	588	326	1 487	116 021	2 118
Steinkohle 800 MW 6 000 h/a[f]	3 335	154	153	235 278	281	556	550	847 002	1 012
Steinkohle 800 MW 8 000 h/a[f]	3 334	154	153	235 186	281	555	549	846 670	1 010
Erdgas-GuD 400 MW 5 000 h/a[g]	2 159	89	131	132 243	188	321	470	476 076	675
Erdgas-GuD 400 MW 7 000 h/a[g]	2 158	89	130	132 117	187	320	468	475 620	673

Bilanzen ohne Berücksichtigung der Aufwendungen für die Netzdienstleistungen (u. a. für die Übertragung der elektrischen Energie und für die Vorhaltung von Reservekraftwerken zur Gewährleistung einer definierten Versorgungssicherheit bei einer angebotsorientierten Stromerzeugung in Windkraft-, Laufwasserkraft- und Photovoltaikanlagen); [a] Verbrauch erschöpflicher Energieträger; [b] Geothermieanlagen mit Nasskühlturm (NKT) bzw. Durchlaufkühlung (DKT), Stromerzeugung (S) bzw. Stromerzeugung mit Wärmenutzung (S+W), Eigenstromverbrauch der Anlage wird aus dem Netz bezogen (B Bruttoeinspeisung) bzw. Eigenstromverbrauch wird durch die Anlage selbst bereitgestellt (N Nettoeinspeisung); [c] mit Sägerestholz und Waldhackgut befeuertes Nahwärmesystem mit ORC-Anlage zur Stromerzeugung bei maximal möglicher Wärmenutzung (Kraft-Wärme-Kopplung); [d] Biomasseheizkraftwerke mit Hackgut/Rinde mit einer Wärmeauskopplung von 50 bzw. 100 %; [e] landwirtschaftliche Biogaserzeugung aus Maissilage (M) und Gülle (G), mit Vor-Ort-Verstromung (VV) und 30 % Wärmeauskopplung bzw. Verstromung nach Aufbereitung (AV) und 80 % Wärmeauskopplung; [f] Steinkohlekraftwerk (Jahresnutzungsgrad 45 %) mit 6 000 bzw. 8 000 Volllaststunden pro Jahr; [g] Erdgas Gas- und Dampfturbinenkraftwerk (Jahresnutzungsgrad 58 %) mit 5 000 bzw. 7 000 Volllaststunden pro Jahr

Bei den untersuchten Stromerzeugungstechniken aus regenerativen Energien ist der Verbrauch erschöpflicher Energieträger bei der photovoltaischen und ohne Wärmenutzung auch bei der geothermischen Stromerzeugung am höchsten. Durch entsprechende Gutschriften für die erzeugte Wärme (es wird angenommen, dass aus extra leichtem Heizöl mit einem modernen Brenner bereitgestellte Wärme substituiert wird) bei den biomassebefeuerten Systemen sowie bei der Nutzung der Geothermie zeigt sich deutlich der Einfluss einer Kraft-Wärme-Kopplung hinsichtlich der Einsparung erschöpflicher Energieträger. Alle anderen Optionen zur Nutzung regenerativer Energien bewegen sich innerhalb dieser Bandbreite.

Im Vergleich zu den betrachteten Stromerzeugungstechniken auf der Basis regenerativer Energien ist der Verbrauch erschöpflicher Energieträger bei konventionellen Wärmekraftwerken höher; dies ist vor allem auf die zum Betrieb derartiger Anlagen eingesetzten fossilen Brennstoffe (d. h. Steinkohle, Erdgas) zurückzuführen. Deshalb weisen selbst Photovoltaikanlagen im ungünstigsten Fall nur einen etwa ein Fünftel so großen kumulierten Energieaufwand auf wie Anlagen zur Nutzung fossiler Energieträger.

Diese Relationen der energetischen Kenngrößen der einzelnen Stromerzeugungstechniken spiegeln sich auch in den spezifischen kumulierten CO_2-Äquivalent-Emissionen wieder (Abb. 10.2). Die CO_2-Äquivalent-Freisetzungen im Verlauf des gesamten Lebensweges sind insbesondere durch den Anbau bzw. die Bereitstellung der Energiepflanzen bei der Biogaserzeugung am höchsten und nehmen von der Photovoltaik über die Windenergie zur Wasserkraft bis hin zu den Systemen mit Kraft-Wärme-Kopplung ab. Auch Abb. 10.2 zeigt den Einfluss einer Kraft-Wärme-Kopplung auf die Bilanzergebnisse der biomassebefeuerten und geothermischen Anlagen. Besonders deutlich wird der Einfluss der Wärmegutschrift, wenn die gesamte zur Verfügung stehende Heizwärme genutzt wird (Heizkraftwerk zur Versorgung des Nahwärmesystems).

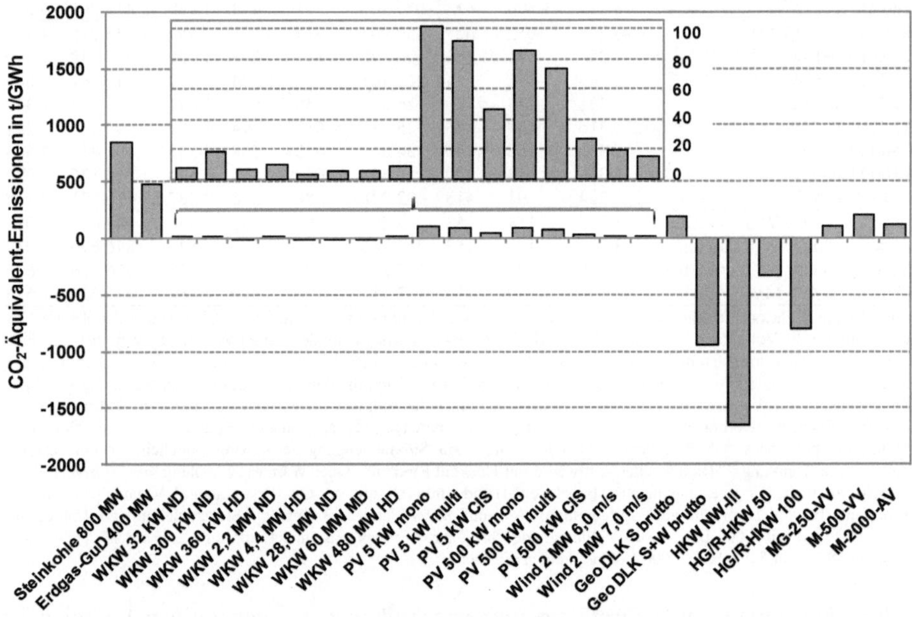

Abb. 10.2 CO_2-Äquivalent-Emissionen ausgewählter Referenzanlagen (WKW Wasserkraftwerk, ND Niederdruck, MD Mitteldruck, HD Hochdruck, PV Photovoltaik, Geo Geothermie, S Strom, S+W Stromerzeugung mit Wärmenutzung, HKW biomassebefeuertes Heizkraftwerk mit Wärmenutzung, MG Biogas aus Maissilage und Gülle mit Wärmenutzung, M Biogas aus Maissilage mit Wärmenutzung, VV Vor-Ort-Verstromung, AV Verstromung nach Aufbereitung; vgl. Tabelle 10.4 und Tabelle 10.5)

Ähnliche Zusammenhänge liegen auch bei den Schwefeldioxid(SO_2)- und Stickstoffoxid(NO_x)-Emissionen sowie den SO_2-Äquivalent-Emissionen vor. Eine Ausnahme stellt hier allerdings die Stromerzeugung aus Biomasse dar. Vor allem bei den Biogassystemen liegen die SO_2- und NO_x-Emissionen und damit auch die SO_2-Äquivalent-Emissionen aufgrund der während des Betriebs dieser Anlagen freigesetzten Emissionen, welche die Freisetzungen im Lebensweg dominieren, z. T. sogar deutlich über den Emissionen der mit fossilen Brennstoffen betriebenen Vergleichssystemen. Abb. 10.3 zeigt diese Zusammenhänge exemplarisch anhand der spezifischen SO_2-Äquivalent-Emissionen.

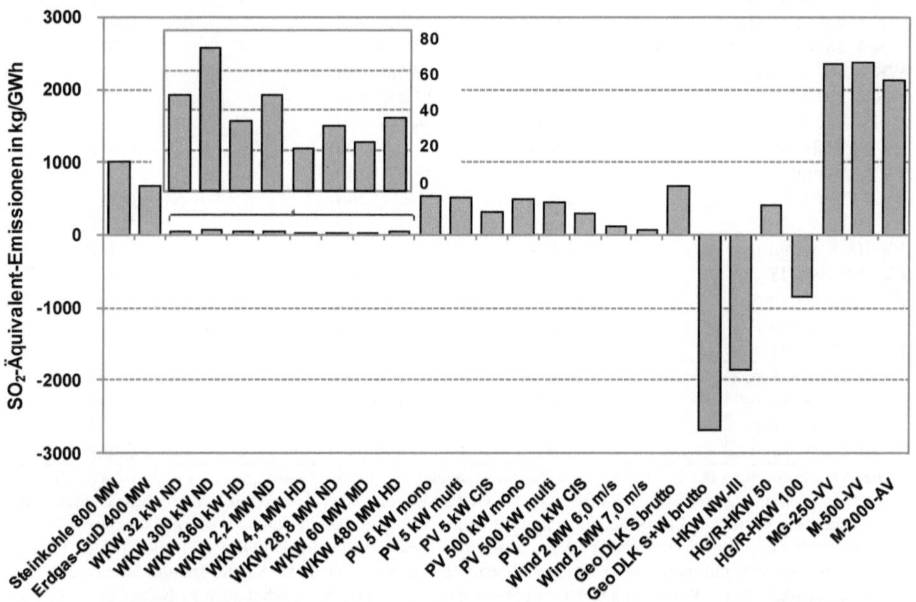

Abb. 10.3 SO_2-Äquivalent-Emissionen der betrachteten Referenzanlagen (WKW Wasserkraftwerk, ND Niederdruck, MD Mitteldruck, HD Hochdruck, PV Photovoltaik, Geo Geothermie, S Strom, S+W Stromerzeugung mit Wärmenutzung, HKW biomassebefeuertes Heizkraftwerk mit Wärmenutzung, MG Biogas aus Maissilage und Gülle mit Wärmenutzung, M Biogas aus Maissilage mit Wärmenutzung, VV Vor-Ort-Verstromung, AV Verstromung nach Aufbereitung; vgl. Tabelle 10.4 und Tabelle 10.5)

10.3.1.3 Ökonomische Analyse

Die ökonomischen Kenngrößen stellen ein weiteres wesentliches Kriterium für die energiewirtschaftliche Bewertung regenerativer Energien dar. Deshalb sind in Tabelle 10.6 und Tabelle 10.7 die Investitionen sowie die Betriebs-, die Brennstoff- und die spezifischen Stromgestehungskosten der betrachteten Referenztechniken dargestellt. Diese werden auf der Basis einer volkswirtschaftlichen Kostenrechnung (Zinssatz 4,5 %, Abschreibung über die technische Anlagenlebensdauer, Kapitel 1.3) aus den Investitionen sowie den Betriebs- und ggf. Brennstoffkosten berechnet.

Tabelle 10.6 Investitionen sowie Betriebs-, Brennstoff- und Stromgestehungskosten der untersuchten Referenztechniken zur Stromerzeugung aus Wasserkraft, Photovoltaik und Windkraft

	Investitionen in €/kW	Betriebskosten[a] in €/a	Stromgestehungskosten in €/kWh
WKW 32 kW ND[b]	5 269	2 529	0,069
WKW 300 kW ND[b]	6 797	20 391	0,083
WKW 360 kW HD[b]	4 169	15 008	0,051
WKW 2,2 MW ND[b]	4 994	109 862	0,061
WKW 2,6 MW HD[b]	3 760	97 766	0,045
WKW 4,4 MW HD[b]	4 063	178 791	0,049
WKW 9,8 MW HD[b]	1 531	140 000	0,022
WKW 9,9 MW ND[b]	3 030	700 000	0,045
WKW 28,8 MW ND[b]	7 077	2 038 151	0,074
WKW 60 MW MD[b]	4 310	2 586 108	0,066
WKW 293 MW ND[b]	3 886	11 385 926	0,040
WKW 480 MW HD[b]	760	4 500 000	0,020
PV 5 kW mono[c]	3 983	200	0,378
PV 5 kW multi[c]	3 875	200	0,369
PV 5 kW CIS[c]	4 038	200	0,382
PV 100 kW mono[c]	3 624	3 000	0,318
PV 100 kW multi[c]	3 524	3 000	0,312
PV 100 kW CIS[c]	3 751	3 000	0,328
PV 500 kW mono[c]	3 427	12 500	0,297
PV 500 kW multi[c]	3 348	12 500	0,292
PV 500 kW CIS[c]	3 543	12 500	0,306
Wind 2 MW 6,0 m/s[d]	1 474	120 000	0,079
Wind 2 MW 7,0 m/s[d]	1 474	120 000	0,060
Wind 5 MW 6,0 m/s[d]	1 806	300 000	0,091
Wind 5 MW 7,0 m/s[d]	1 806	300 000	0,068

Ohne Berücksichtigung der Kosten der Netzdienstleistungen (u. a. für die Übertragung der elektrischen Energie und für die Vorhaltung von Reservekraftwerken zur Gewährleistung einer definierten Versorgungssicherheit bei einer angebotsorientierten Stromerzeugung in Windkraft-, Laufwasserkraft- und Photovoltaikanlagen); [a] u. a. Betrieb, Wartung; [b] Wasserkraftwerk (WKW) Hochdruck (HD), Mitteldruck (MD) und Niederdruck (ND); [c] Photovoltaiksysteme mit mono- und multikristallinen Siliziumsolarzellen sowie Kupfer-Indium-Diselenid (CIS) Dünnschichtsolarzellen; [d] Windkraftanlagen mit jahresmittleren Windgeschwindigkeiten in Nabenhöhe von 6,0 und 7,0 m/s

Nicht berücksichtigt werden dabei die Aufwendungen für die mit der Stromverteilung zusammenhängenden Netzdienstleitungen und die ggf. zusätzlich anfallenden Kosten für die Sicherstellung einer bestimmten Versorgungssicherheit (Kapitel 1.4, 2.3.3, 5.3.3, 6.3.3 und 9.3.2.3).

Demnach ist derzeit neben der geothermischen die photovoltaische Stromerzeugung durch die höchsten spezifischen Stromgestehungskosten gekennzeichnet (Abb. 10.4). Sie liegen für die betrachteten Photovoltaikanlagen in Abhängigkeit von der Anlagengröße zwischen 0,29 und 0,38 €/kWh. Bei relativ geringen Aufwendungen für den Anlagenbetrieb resultieren diese insgesamt vergleichsweise hohen Stromgestehungskosten im Wesentlichen aus den nach wie vor hohen Investitionen. Beispielsweise liegen die gesamten spezifischen Anlageninvestitionen einer CIS-(Kupfer-Indium-Diselenid) Dünnschichtsolaranlage bei einer Leistung von 5 kW bei 4 038 €/kW, bei einer 100 kW-Anlage bei 3 751 €/kW und bei einer 500 kW-Anlage bei 3 543 kW. Neben den Anlageninvestitionen hat die Anzahl der Volllaststunden, die sich aus dem Systemnutzungsgrad und der Solarstrahlungsleistung und damit den Standortbedingungen ergibt, den größten Einfluss auf die Stromgestehungskosten.

Tabelle 10.7 Investitionen sowie Betriebs-, Brennstoff- und Stromgestehungskosten der untersuchten Referenztechniken zur Stromerzeugung aus Geothermie, Biomasse und fossilen Energieträgern

	Investitionen in €/kW	Betriebskosten[a] in €/a	Brennstoffkosten in €/a	Stromkosten[b] in €/kWh
Brutto NKT S[c]	19 309	720 000		0,318
Brutto NKT S+W[c]	27 144	700 000		0,246
Brutto DLK S[c]	19 172	590 000		0,291
Brutto DLK S+W[c]	26 952	580 000		0,219
Netto NKT S[c]	19 309	340 000		1,005
Netto NKT S+W[c]	27 144	340 000		0,830
Netto DLK S[c]	19 172	340 000		0,482
Netto DLK S+W[c]	26 952	340 000		0,361
HKW NW-III 0,7 MW_{el}[d]	5 000	194 358	784 446	0,203
HG/Rinde-HKW_{50} 21,1 MW_{el}[e]	2 279	2 923 233	10 437 480	0,067
HG/Rinde-HKW_{100} 18,6 MW_{el}[e]	2 576	2 923 233	10 437 480	0,035
MG-250 kW-VV[f]	4 112	101 380	167 956	0,202
MG-500 kW-VV[f]	3 490	165 600	318 044	0,177
M-500 kW-VV[f]	3 403	171 800	349 571	0,187
M-1000 kW-VV[f]	3 008	301 100	681 214	0,172
M-2000 kW-AV[f]	4 374	738 104	1 166 460	0,227
Steinkohle 800 MW 6 000 h/a[g]	1 100	29 768 550	87 168 000	0,036
Steinkohle 800 MW 8 000 h/a[g]	1 100	29 768 550	116 224 000	0,031
Erdgas-GuD 400 MW 5 000 h/a[h]	500	5 879 857	91 834 000	0,055
Erdgas-GuD 400 MW 7 000 h/a[h]	500	5 879 857	128 612 000	0,052

Ohne Berücksichtigung der Kosten der Netzdienstleistungen (u. a. für die Übertragung der elektrischen Energie und für die Vorhaltung von Reservekraftwerken zur Gewährleistung einer definierten Versorgungssicherheit bei einer angebotsorientierten Stromerzeugung in Windkraft-, Laufwasserkraft- und Photovoltaikanlagen); [a] u. a. Betrieb, Wartung; [b] Stromgestehungskosten; bei Wärmenutzung Berücksichtigung einer Wärmegutschrift (0,03 €/kWh); [c] Geothermieanlagen mit Nasskühlturm (NKT) bzw. Durchlaufkühlung (DKT), Stromerzeugung (S) bzw. Stromerzeugung mit Wärmenutzung (S+W), Eigenstromverbrauch der Anlage wird aus dem Netz bezogen (B Bruttoeinspeisung) bzw. Eigenstromverbrauch wird durch die Anlage selbst bereitgestellt (N Nettoeinspeisung); [d] mit Sägerestholz und Waldhackgut befeuertes Nahwärmesystem mit ORC-Anlage zur Stromerzeugung bei maximal möglicher Wärmenutzung (Kraft-Wärme-Kopplung); [e] Biomasseheizkraftwerke mit Hackgut/Rinde mit einer Wärmeauskopplung von 50 bzw. 100 %; [f] landwirtschaftliche Biogaserzeugung aus Maissilage (M) und Gülle (G), mit Vor-Ort-Verstromung (VV) und 30 % Wärmeauskopplung bzw. Verstromung nach Aufbereitung (AV) und 80 % Wärmeauskopplung; [g] Steinkohlekraftwerk (Jahresnutzungsgrad 45 %) mit 6 000 bzw. 8 000 Volllaststunden pro Jahr; [h] Erdgas Gas- und Dampfturbinenkraftwerk (Jahresnutzungsgrad 58 %) mit 5 000 bzw. 7 000 Volllaststunden pro Jahr

Verglichen damit sind die spezifischen Stromgestehungskosten einer windtechnischen Bereitstellung elektrischer Energie deutlich geringer. Sie liegen derzeit für Einzelanlagen mit einer Leistung von 2 MW bei einer mittleren Windgeschwindigkeit in Nabenhöhe von 7,0 m/s bei etwa 0,06 €/kWh und bei etwa 0,07 €/kWh für eine 5 MW-Anlage. Die Stromgestehungskosten steigen dabei mit sinkender mittlerer Windgeschwindigkeit überproportional an (auf 0,08 €/kWh bei einer 2 MW-Anlage sowie auf 0,09 €/kWh bei einer 5 MW-Anlage bei 6,0 m/s). Außerdem werden sie erheblich von den jeweiligen Gegebenheiten vor Ort und damit den standortspezifischen Einflüssen, dem lokal sehr unterschiedlichen Windenergieangebot und von der Anlagengröße beeinflusst. Grundsätzlich sinken aber mit zunehmender installierter Konverternennleistung die spezifischen Stromgestehungskosten. Anlagen der 5 MW-Klasse stellen für Standorte im Binnenland aufgrund der hohen spezifischen Konverterkosten allerdings noch eine Ausnahme dar; hier liegen die Stromgestehungskosten bei Binnenlandstandorten derzeit über vergleichbaren Anlagen mit einer Leistung von 2 MW. Ebenso wie bei der photovoltaischen Stromerzeugung werden die Kosten pro erzeugte Kilowattstunde elektrischer Energie bei geringen Wartungs- und Betriebskosten primär von den Anlageninvestitionen bestimmt. Im Vergleich zu den anderen Nutzungsoptionen erneuerbarer Energien sind sie am niedrigsten und liegen bei Konvertern mit einer installierten Leistung von 2 MW bei etwa 1 475 €/kW sowie bei 5 MW-Anlagen bei knapp 1 810 €/kW.

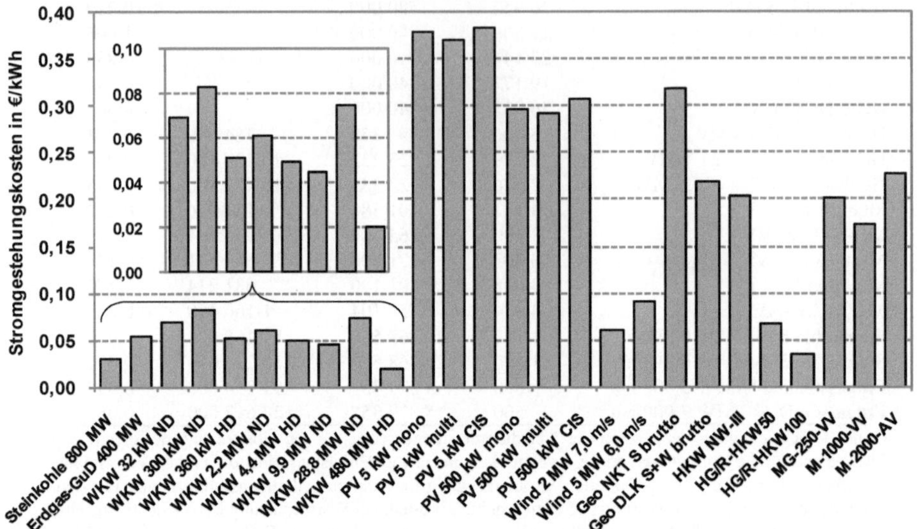

Abb. 10.4 Stromgestehungskosten der ausgewählter Referenzanlagen (WKW Wasserkraftwerk, ND Niederdruck, MD Mitteldruck, HD Hochdruck, PV Photovoltaik, Geo Geothermie, S Strom, S+W Stromerzeugung mit Wärmenutzung, HKW biomassebefeuertes Heizkraftwerk mit Wärmenutzung, MG Biogas aus Maissilage und Gülle mit Wärmenutzung, M Biogas aus Maissilage mit Wärmenutzung, VV Vor-Ort-Verstromung, AV Verstromung nach Aufbereitung; vgl. Tabelle 10.6 und Tabelle 10.7)

Die Stromgestehungskosten der Wasserkraft liegen im Schnitt unter denen einer Windstromerzeugung. Wird beispielsweise eine Errichtung neuer Anlagen unterstellt, bewegen sich die spezifischen Stromerzeugungskosten in Wasserkraftwerken im Durchschnitt zwischen 0,020 und 0,083 €/kWh. Die untere Grenze repräsentieren dabei größere Anlagen im Multi-Megawattbereich bei sehr günstigen Bedingungen am potenziellen Kraftwerksstandort. Die Obergrenze ergibt sich bei Kleinanlagen mit einigen 10 bis wenigen 100 kW bzw. Anlagen mit hohen Umweltschutzauflagen und aufwändigen Ausgleichsmaßnahmen. Die Stromgestehungskosten der Wasserkraft werden aber in einem deutlich stärkeren Ausmaß als bei der Windenergie oder der Solarstrahlung von den jeweiligen Gegebenheiten am potenziellen Kraftwerksstandort beeinflusst. Daher liegen die spezifischen Investitionen mit etwa 760 bis 7 077 €/kW innerhalb einer vergleichsweise großen Bandbreite auf einem relativ hohen Niveau; letzteres ist u. a. darauf zurückzuführen, dass die bautechnischen Komponenten von Wasserkraftwerken im Regelfall auf eine technische Lebensdauer von 70 Jahren und die maschinentechnischen Systemkomponenten auf 40 Jahre ausgelegt werden.

Auch die Gestehungskosten für Strom aus fester Biomasse schwanken in Abhängigkeit von den eingesetzten Brennstoffen sowie der Konversionstechnologie erheblich. Unter Berücksichtigung der aus der Wärmeauskopplung resultierenden Erlöse (Wärmegutschrift 0,03 €/kWh) liegen die Stromgestehungskosten für das Nahwärmesystem mit ORC-Anlage (HKW NW-III, 0,7 MW_{el}) bei etwa 0,20 €/kWh und für das Heizkraftwerk je nach Wärmenutzung bei etwa 0,07 €/kWh (50 % Wärmeauskopplung, Hackgut/Rinde-HKW_{50}, 21,1 MW_{el}) bzw. 0,04 €/kWh (100 % Wärmeauskopplung, Hackgut/Rinde-HKW_{100}, 18,6 MW_{el}). Neben einer möglichen Wärmenutzung beeinflussen auch die Anlagengröße sowie die Brennstoffkosten (z. B. 0,09 €/t für ein Brennstoffgemisch aus Waldhackgut und Sägerestholz, 0,04 €/t für ein Brennstoffgemisch aus Industriehackgut und Rinde) die Stromgestehungskosten deutlich; standortspezifische Einflüsse haben dagegen i. Allg. nur eine untergeordnete Bedeutung.

Die Gestehungskosten einer Stromerzeugung in landwirtschaftlichen Biogasanlagen liegen bei der Vor-Ort-Verstromung für die untersuchten Referenzanlagen bei einer Wärmeauskopplung von 30 % und einem Wärmeerlös von 0,03 €/kWh_{th} zwischen 0,18 und 0,20 €/kWh. Die Biogasanlage zur Aufbereitung und ortsfernen Verstromung weist bei einer Wärmeauskopplung von 80 % Stromgestehungskosten von 0,23 €/kWh auf. Die Stromkosten werden demnach vor allem durch die Anlagengröße sowie die Subatratkosten (z. B. 0,03 €/kg für Maissilage, tierische Exkremente werden in der Regel kostenfrei zur Verfügung gestellt), aber auch durch eine höhere Gasausbeute bei Nutzung entsprechender Co-Substrate bestimmt. Die Wärmegutschriften haben dagegen einen vergleichsweise geringen Einfluss.

Für eine geothermische Strombereitstellung errechnen sich Stromgestehungskosten bei einer Bruttoeinspeisung (d. h. der Eigenstromverbrauch der Anlage wird aus dem Netz bezogen und die gesamte geothermische Stromerzeugung wird eingespeist) von 0,29 bis 0,32 €/kWh und bei einer Nettoeinspeisung (d. h. der Eigenstromverbrauch des Kraftwerks wird durch die Anlage zur geothermischen Stromerzeugung selbst bereitgestellt) von 0,48 bis 1,01 €/kWh. Für eine gekoppelte Strom- und Wärmebereitstellung ergeben sich Stromgestehungskosten von 0,22 bis 0,25 €/kWh (Bruttoeinspeisung) bzw. 0,36 bis 0,83 €/kWh (Nettoeinspeisung). Aufgrund der geringeren Investitionen liegen die Stromgestehungskosten bei Systemen mit Durchlaufkühlung i. Allg. unter denen von Systemen mit Nasskühlturm. Die Gutschrift für die ausgekoppelte Wärme führt bei Anlagen zur Strom- und Wärmebereitstellung im Vergleich zur ausschließlichen Strombereitstellung zu geringeren Stromgestehungskosten. Da der Eigenstrombedarf "günstig" aus dem Netz entnommen wird, ist die Bruttostromerzeugung (d. h. Eigenverbrauch aus dem Netz) durch geringere Stromgestehungskosten als die Nettostromerzeugung (d. h. Eigenverbrauch wird durch die Anlage selbst bereitgestellt) gekennzeichnet. Den größten Einfluss auf die spezifischen Stromgestehungskosten haben die Volllaststunden und damit der Jahresertrag sowie die Investitionen (und hier vor allem die Bohrkosten).

Im Vergleich dazu liegen bei den unterstellten Rahmenannahmen die Stromgestehungskosten für das untersuchte 800 MW Steinkohlekraftwerk bei 0,031 bis 0,036 €/kWh bzw. für das betrachtete 400 MW-Erdgas-GuD-Kraftwerk bei 0,052 bis 0,055 €/kWh. Während die Stromgestehungskosten bei einem Steinkohlekraftwerk etwa zu gleichen Teilen durch die Investitionen, die Betriebs- und die Brennstoffkosten beeinflusst werden, werden diese bei einem GuD-Kraftwerk vor allem durch die Brennstoffkosten dominiert.

10.3.1.4 Ökologische/ökonomische Analyse

Die Ergebnisse der ökologischen (Kapitel 10.3.1.2) und ökonomischen Analyse (Kapitel 10.3.1.3) können auch gemeinsam im Rahmen einer sogenannten Portfolioanalyse dargestellt werden. Dadurch können gemeinsame, zusammenfassende Aussagen bzw. Einschätzungen über die ökologischen und ökonomischen Unterschiede einzelner Optionen zur Stromerzeugung aus erneuerbaren und fossilen Energien gemacht werden. Abb. 10.5 und Abb. 10.6 zeigen dies exemplarisch für die in Tabelle 10.4 bis Tabelle 10.7 aufgeführten CO_2- und SO_2-Äquivalent-Emissionen bzw. die Stromgestehungskosten. Die untersuchten Stromerzeugungsoptionen lassen sich dabei anhand vergleichbarer bzw. ähnlicher Bereiche der Äquivalent-Emissionen sowie Stromgestehungskosten in unterschiedliche Gruppen einteilen.

Bei der Analyse der CO_2-Äquivalent-Emissionen und der Stromgestehungskosten (Abb. 10.5) bilden Anlagen zur Stromerzeugung aus Wasser- und Windkraft eine Gruppe, die durch sehr geringe CO_2-Äquivalent-Emissionen und geringe bis moderate Stromgestehungskosten gekennzeichnet ist. Die Stromerzeugung aus Biogas weist demgegenüber höhere CO_2-Äquivalent-Emissionen sowie tendenziell höhere Stromgestehungskosten auf. Deutlicher als beim Biogas macht sich der Einfluss der Wärmegutschrift bei den biomassebefeuerten (insbesondere beim Heizkraftwerk zur Versorgung eines Nahwärmesystems) sowie geothermischen Referenzanlagen (nur Bruttostromerzeugung (d. h. der Eigenstromverbrauch der Anlage wird aus dem Netz bezogen und die gesamte geothermische Stromerzeugung wird ins Netz eingespeist) betrachtet) in einer Reduktion der CO_2-Äquivalent-Emissionen bei teilweise niedrigeren (feste Biomasse) bzw. vergleichbaren (Geothermie) Stromgestehungskosten bemerkbar. Bleibt bei der Geothermie die anfallende Wärme ungenutzt, steigen die CO_2-Äquivalent-Emissionen erheblich und die Stromgestehungskosten moderat an. Die photovoltaische Stromerzeugung – als eine weitere Gruppe – zeigt von allen untersuchten Möglichkeiten zur Stromerzeugung aus regenerativen Energien die höchsten Stromgestehungskosten bei auf einem mäßigen Niveau liegenden CO_2-Äquivalent-Emissionen. Die Gruppe der Stromerzeugungsoptionen auf Basis fossiler Energieträger ist durch hohe bis sehr hohe CO_2-Äquivalent-Emissionen sowie vergleichsweise geringe Stromgestehungskosten gekennzeichnet.

Bei der Analyse der SO_2-Äquivalent-Emissionen und der Stromgestehungskosten ergibt sich prinzipiell ein ähnliches Bild (Abb. 10.6). Auch hier können Bereiche ähnlicher SO_2-Äquivalent-Emissionen und Stromgestehungskosten – mit allerdings zu den oben diskutierten CO_2-Äquivalent-Emissionen und Stromgestehungskosten z. T. abweichender Zusammensetzung – identifiziert werden. Die Gruppe der Anlagen zur Stromerzeugung aus Wasser- und Windkraft ist durch sehr geringe SO_2-Äquivalent-Emissionen bei geringen bis moderaten Stromgestehungskosten gekennzeichnet. Die photovoltaische und geothermische (ohne Wärmenutzung) Stromerzeugung weisen von den untersuchten Referenzanlagen die höchsten Stromgestehungskosten, bei – im Vergleich zur Wasser- und Windkraft – deutlich höheren SO_2-Äquivalent-Emissionen auf. Wird bei den biomassebefeuerten sowie geothermischen Anlagen (nur Bruttostromerzeugung betrachtet) die gesamte zur Verfügung stehende Wärme genutzt, führt die entsprechende Wärmegutschrift zu einer erheblichen Reduktion der SO_2-Äquivalent-Emissionen bei geringen (feste Biomasse) bis moderaten (Geothermie) Stromgestehungskosten. Die Stromerzeugung aus Biogas ist von allen untersuchten

Möglichkeiten, sowohl regenerativ als auch konventionell, aufgrund der während des Betriebs dieser Anlagen freigesetzten Emissionen durch die höchsten SO_2-Äquivalent-Emissionen und mäßige Stromgestehungskosten gekennzeichnet. Die diskutierten Wärmekraftwerke auf der Basis fossiler Brennstoffe weisen relativ geringe Stromgestehungskosten sowie mäßige bis hohe SO_2-Äquivalent-Emissionen auf.

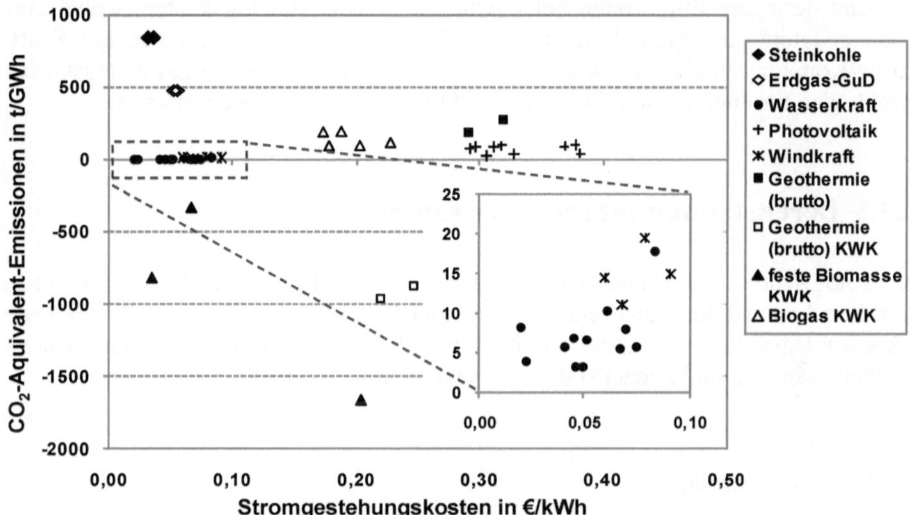

Abb. 10.5 Ökologische/ökonomische Analyse der spezifischen CO_2-Äquivalent-Emissionen (Tabelle 10.4, Tabelle 10.5) und der Stromgestehungskosten (Tabelle 10.6, Tabelle 10.7) einer Bereitstellung elektrischer Energie aus regenerativen Energien und fossilen Energieträgern

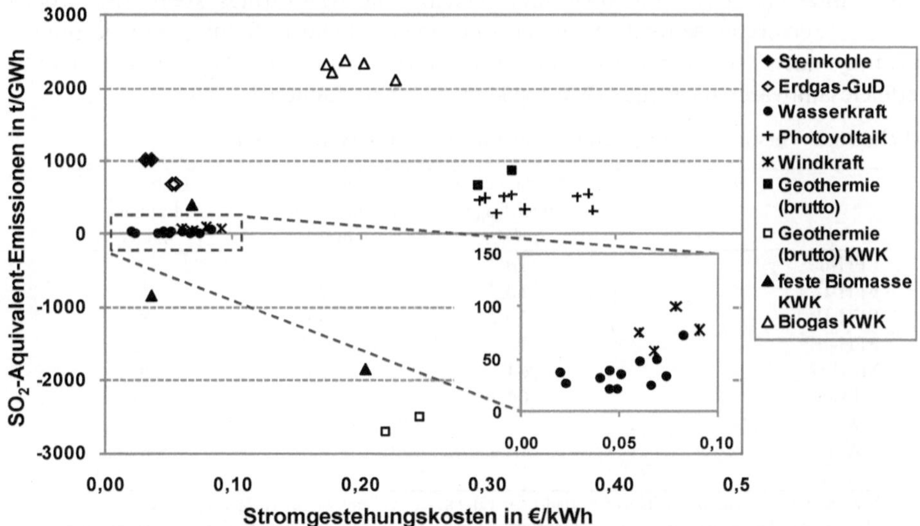

Abb. 10.6 Ökologische/ökonomische Analyse der spezifischen SO_2-Äquivalent-Emissionen (Tabelle 10.4, Tabelle 10.5) und der Stromgestehungskosten (Tabelle 10.6, Tabelle 10.7) einer Bereitstellung elektrischer Energie aus regenerativen Energien und fossilen Energieträgern

Insgesamt wird bei dieser Analyse der CO_2- und SO_2-Äquivalent-Emissionen sowie der Stromgestehungskosten deutlich, dass die Bereitstellungstechnologien auf Basis fossiler Energieträger durch tendenzielle höhere Freisetzungen von Äquivalent-Emissionen bei gleichzeitig geringen Stromgestehungskosten gekennzeichnet sind. Die Möglichkeiten zur Nutzung regenerativer Energien zur Stromerzeugung zeigen insgesamt geringere Emissionen bei i. Allg. höheren Gestehungskosten, wobei eine Stromerzeugung aus Wasserkraft sowie in biomassebefeuerten Anlagen mit Kraft-Wärme-Kopplung ähnlich niedrige und z. T. auch geringere Stromgestehungskosten als z. B. eine Stromerzeugung in Erdgas-GuD-Kraftwerken aufweisen kann.

10.3.2 Bereitstellung thermischer Energie

Der ökologische und in weiterer Folge auch ökonomische Vergleich von Techniken zur Wärmebereitstellung aus regenerativen und fossilen Energien wird für konkrete Referenzanlagen bzw. -systeme durchgeführt, die anhand definierter Versorgungsaufgaben ausgelegt und zunächst diskutiert werden.

10.3.2.1 Referenzanlagen

Als Versorgungsaufgaben – und damit letztlich Referenzanlagen, auf deren Basis die unterschiedlichen Optionen zur Wärmebereitstellung verglichen werden können, werden vier Einfamilienhäuser (EFH) mit unterschiedlicher Wärmenachfrage, zwei Mehrfamilienhäuser (MFH) sowie drei verschiedene Nahwärmesysteme (NW) definiert. Die Versorgungsaufgaben sind entsprechend Tabelle 10.8 durch eine bestimmte Nachfrage nach Trinkwarmwasser und Raumwärme (EFH und MFH) bzw. eine definierte Gesamtwärmenachfrage (NW) gekennzeichnet (Kapitel 1.3.3.1).

Tabelle 10.8 Versorgungsaufgaben Raumwärme und Trinkwarmwasser

	Warmwasser-nachfrage in GJ/a[e]	Heizwärme-nachfrage in GJ/a[e]	Gebäude-heizlast in kW[f]
EFH-0[a]	10,7	7,6	1,5
EFH-I[b]	10,7	22	5
EFH-II[c]	10,7	45	8
EFH-III[d]	10,7	108	18
MFH-0[a]	64,1	68	20
MFH-I[c]	64,1	432	60
NW-I	8 000		1 000
NW-II	26 000		3 600
NW-III	52 000		7 200

[a] entspricht Passivhaus; [b] entspricht Niedrigenergiebauweise; [c] entspricht Altbau mit durchschnittlicher Wärmedämmung um 1985; [d] entspricht Altbau mit durchschnittlicher Wärmedämmung um 1975; [e] ohne Verluste des Heizkessels und Warmwasserspeichers bzw. der Wärmeverteilung (Nahwärmenetz und Hausstationen); [f] bei Nahwärmenetz Summe aller angeschlossenen Verbraucher

Die untersuchten Einfamilienhäuser entsprechen dabei Gebäuden mit der Wärmenachfrage eines Passivhauses (EFH-0) und eines Niedrigenergiehauses (EFH-I) sowie eines bestehenden Einfamilienhauses aus der Zeit um 1985 (EFH-II) und aus der Zeit um 1975 (EFH-III). Die Mehrfamilienhäuser repräsentieren ein Gebäude mit etwa 15 Wohneinheiten, wobei MFH-0 ein Passivhaus und MFH-I ein Mehrfamilienhaus aus der Zeit um 1985 darstellt.

Als Systemgrenzen gelten die jeweiligen Einspeisestellen in das Hausverteilungsnetz für Warmwasser (z. B. Ausgang Speicher) bzw. Raumheizung (z. B. Ausgang Heizkessel). Nicht berücksichtigt werden damit die Verluste der Wärmeverteilung in den Gebäuden sowie der Stromverbrauch der Heizungsumwälzpumpen und der ggf. vorhandenen Warmwasserzirkulationspumpen in den Gebäuden. Diese werden für alle betrachteten Techniken als gleich unterstellt und liegen deshalb außerhalb des Betrachtungsrahmens; die Relationen der betrachteten Optionen untereinander verändern sich dadurch nicht. Bei den untersuchten Mehrfamilienhäusern (MFH-0 und MFH-I) wird als Hausverteilnetz ein Zweileiternetz unterstellt, bei welchem das Trinkwarmwasser mittels Durchlauferhitzer (je Wohneinheit) zur Verfügung gestellt wird. Da der Durchlauferhitzer ebenfalls für alle Varianten als identisch unterstellt wird, wird er im Rahmen dieser Betrachtung ebenfalls nicht weiter berücksichtigt werden.

Bei den untersuchten Nahwärmesystemen handelt es sich um drei Varianten für eine ausschließliche Wärmeversorgung von Wohngebäuden bzw. Gebäuden mit einer durchschnittlichen Haushaltskunden vergleichbaren Abnehmerstruktur. Als Wärmeabnehmer werden die in Tabelle 10.8 definierten Versorgungsaufgaben einer kleintechnischen Wärmeerzeugung (EFH-0, EFH-I, EFH-II, EFH-III sowie MFH-0 und MFH-I) berücksichtigt.

Bei der Definition bzw. Festlegung der jeweiligen Referenztechniken wird die derzeit gängige Praxis abgebildet (d. h. es wird z. B. nicht für alle Versorgungsaufgaben ein Wärmepumpen-Referenzsystem mit Erdkollektor und Direktverdampfung definiert, da ein solches System aufgrund des großen Flächenbedarfs für ein Mehrfamilienhaus i. Allg. nicht ausgeführt wird). Konkret werden die folgenden Referenztechniken untersucht.

- Solarthermische Wärmebereitstellung. Bei der Wärmeerzeugung mittels solarthermischer Systeme werden sowohl Solaranlagen zur Unterstützung der Trinkwarmwasserbereitung in einem Einfamilienhaus (EFH-III) als auch solarthermische Anlagen zur Unterstützung der Trinkwarmwasser- und Raumwärmebereitung der Einfamilienhaustypen (EFH-0, EFH-I und EFH-II) bzw. der Mehrfamilienhäuser (MFH-0 und MFH-I) untersucht. Als Zusatzheizsysteme werden öl- und gasbefeuerte Kessel, Wärmepumpen sowie Biomassekessel mit Pellets und Waldhackgut betrachtet. Zusätzlich wird für das Nahwärmesystem NW-I eine solare Unterstützung der Wärmebereitung untersucht; als Zusatzheizsystem wird hier ein mit Sägerestholz und Waldhackgut befeuerter Biomassekessel unterstellt. Alle Systeme sind mit Flachkollektoren sowie Wärmespeicher ausgerüstet (Kapitel 4.3.2, 7.3.2 und 9.3.1.2).

- Nutzung von Umgebungswärme durch Wärmepumpen. Als Wärmepumpen werden ausschließlich elektromotorisch betriebene Aggregate betrachtet. Als Wärmequellen kommen dabei für die jeweilige Versorgungsaufgabe – je nach technischer Eignung – die Umgebungsluft, das Grundwasser sowie das oberflächennahe Erdreich (Erdkollektor mit Sole als Wärmeträger sowie Direktverdampfung, Erdsonde) in Frage (Kapitel 7.3.2).

- Nutzung der tiefen Erdwärme. Hier werden zwei Systeme mit Heizöl- (NW-II) bzw. Erdgas-Spitzenlastkessel, Blockheizkraftwerk und Wärmepumpe (NW-III) betrachtet (Kapitel 8.3.1.2).
- Biomassenutzung. Neben einer kleintechnischen Wärmebereitstellung aus Pellets, Waldhackgut und Scheitholz werden ein mit Sägerestholz und Waldhackgut befeuertes Heizwerk ohne (NW-I und II) und mit einem mit Heizöl extra leicht betriebenen Spitzenlastkessel (NW-II) analysiert (Kapitel 9.3.1.2).

Diese Techniken zur Nutzung des regenerativen Energieangebots werden einer kleintechnischen Wärmebereitstellung aus fossilen Energieträgern (d. h. Heizöl extra leicht und Erdgas) mittels Erdgas-Brennwert- sowie Erdgas- und Heizöl-Niedertemperaturkesseln gegenübergestellt.

Die in Passivbauweise erstellten Häuser (EFH-0 und MFH-0) sind zusätzlich mit einer raumlufttechnischen Anlage mit Abluftwärmerückgewinnung (kontrollierte Zu- und Abluft mit 80 % Jahresnutzungsgrad) versehen, wobei jeweils eine Laufzeit dieser Anlagen über das gesamte Jahr (8 760 h/a) bzw. nur über die Wintermonate (5 000 h/a) untersucht wird. Die Warmwasserbereitung erfolgt jeweils über einen Wärmespeicher, der beim System MFH über einen externen Wärmeübertrager bzw. beim System EFH über einen internen Wärmeübertrager beladen wird. In allen Gebäuden erfolgt die Trinkwarmwasserbereitung über Durchlauferhitzer; bei dem Mehrfamilienhaus ist hierbei pro Wohnung ein Durchlauferhitzer in der jeweiligen Wohnungsübergabestation angeordnet (Kapitel 1.4.2.2).

10.3.2.2 Ökologische Analyse

Die ökologische Analyse wird wiederum als sogenannte Lebenszyklusanalyse (d. h. Ökobilanz) realisiert. Damit werden die mit Bau, Betrieb und Abriss der Anlagen einhergehenden Energie- und Materialeinsätze, die mit der Bereitstellung dieser Energien und Materialien verbundenen Schadstoffemissionen sowie die ggf. auftretenden direkten Emissionen am Anlagenstandort berücksichtigt. Die Ergebnisse der Ökobilanzen werden auf 1 TJ bzw. 1 GWh bereitgestellte Wärme bezogen.

Tabelle 10.9, Tabelle 10.10 und Tabelle 10.11 zeigen die entsprechenden Ergebnisse der Ökobilanzen jeweils für die Versorgungsaufgabe EFH-0, EFH-I, EFH-II und EFH-III sowie MFH-0 und MFH-I (Kapitel 1.4.2.2, 4.3.2, 7.3.2, 8.3.1.2 und 9.3.1.2).

Der Verbrauch erschöpflicher Energieträger ist bei den mit fossilen Brennstoffen befeuerten Anlagen am höchsten, da diese Energieträger während des Betriebs eingesetzt werden und der Anlagenbetrieb i. Allg. die Bilanzen dieser Anlagen dominiert. Damit kann es durch eine solare Unterstützung der Wärmebereitung – in Abhängigkeit vom solaren Deckungsgrad – z. T. zu einer deutlichen Verringerung des Verbrauchs erschöpflicher Energieträger kommen.

Tabelle 10.9 Energie- und Emissionsbilanzen einer Wärmebereitstellung zur Raumwärme- und Trinkwarmwasserbereitung für die Versorgungsaufgaben EFH-0 und EFH-I

		Energie in GJ/TJ[a]	SO_2 in kg/TJ	NO_x in kg/TJ	CO_2-Äquivalente in kg/TJ	SO_2-Äquivalente in kg/TJ	SO_2 in kg/GWh	NO_x in kg/GWh	CO_2-Äquivalente in kg/GWh	SO_2-Äquivalente in kg/GWh
Einfamilienhaus EFH-0 Wärmenachfr. 18,3 GJ/a	Erdgas-BW 8 760 h[b]	1 474	62	85	93 113	125	223	307	335 206	451
	Erdgas-BW 5 000 h[b]	1 443	59	83	90 968	120	211	297	327 484	432
	WP-Erdkollektor Sole[c]	590	85	59	35 492	131	306	214	127 772	471
	WP-Erdkoll. Direktverd.[c]	571	90	59	34 344	135	323	211	123 639	487
	WP-AL W[c]	767	117	68	46 443	170	420	245	167 194	613
	WP-AL W-VW[c]	768	117	71	47 215	172	420	255	169 973	621
	WP-AL L-VW[c]	605	102	59	37 260	149	368	212	134 136	535
	WP-AL L-VW/solar (96,2%)[c]	437	118	60	26 430	169	424	216	95 147	609
	Pellets[d]	328	48	271	23 752	245	172	976	85 505	882
Einfamilienhaus EFH-I Wärmenachfrage 32,7 GJ/a	Erdgas-BW[e]	1 265	42	67	79 455	91	150	240	286 039	327
	Heizöl EL-NT[e]	1 485	192	102	107 857	272	690	368	388 287	979
	Erdgas-BW/solar (46,3%)[e]	764	49	50	47 123	89	178	182	169 642	321
	HEL-NT/solar (46,3%)[e]	902	133	71	62 790	190	477	256	226 044	685
	WP-Erdkollektor Sole[c]	477	61	44	28 749	95	220	159	103 495	342
	WP-Erdkoll. Direktverd.[c]	458	63	43	27 618	96	226	156	99 426	347
	WP-AL W[c]	645	85	54	39 073	127	306	195	140 661	458
	WP-AL W-VW[c]	643	85	56	39 321	128	305	200	141 557	461
	NW-II geoth./HL (15%)[f]	422	64	70	30 191	116	231	252	108 688	417
	NW-IIK geoth./HL (15%)[f]	-718	41	34	-39 479	66	147	124	-142 124	238
	NW-III geoth./Erdgas (49,4%)[f]	711	32	56	44 492	72	114	201	160 171	261
	Pellets[d]	190	31	241	14 354	206	113	868	51 673	742
	Pellets/solar (46,3%)[d]	206	48	150	14 198	159	172	539	51 114	574
	NW-I Hackgut/Sägerest[g]	161	38	217	11 617	196	136	780	41 820	706
	NW-II Hackgut/Sägerest[g]	157	36	196	11 223	179	129	705	40 402	644
	NW-I HG/SR/solar (6,2%)[h]	162	39	202	11 511	186	139	726	41 439	670
	NW-II HG/SR/HL (15%)[i]	396	74	184	29 153	210	268	663	104 951	756

[a] Verbrauch erschöpflicher Energieträger; [b] Erdgas-Brennwertkessel (BW) mit Abluftwärmegerückwinnung ganzjährig (8 760 h) bzw. im Winter (5 000 h); [c] Wärmepumpe (WP) mit horizontalem Erdkollektor (Sole (EK) bzw. Direktverdampfung (EK-DV)), mit Außenluft (AL) – Wasser (W) bzw. Außenluft (AL) – Wasser (W) mit Luftvorwärmung über Erdbrunnen (VW), mit Außenluft (AL) – Luft (L) mit Luftvorwärmung über Erdbrunnen (VW) sowie ohne bzw. mit solarer Wärmebereitung (solarer Deckungsgrad 96,2 %); [d] Pelletfeuerung ohne bzw. mit solarer Wärmebereitung (solarer Deckungsgrad 46,3 %); [e] Erdgas-Brennwert (BW)- bzw. Heizöl extra leicht (HEL)-Niedertemperaturkessel (NT) ohne bzw. mit solarer Wärmebereitung (solarer Deckungsgrad 46,3 %); [f] geothermisches Nahwärmesystem NW-II mit Spitzenlastkessel (Heizöl leicht (HL), 15 % fossiler Wärmeanteil), NW-IIK mit Kaskadennutzung bzw. NW-III mit Spitzenlastkessel Erdgas, BHKW und Wärmepumpe (49,4 % fossiler Wärmeanteil); [g] mit Hackgut und Sägerestholz befeuertes Nahwärmesystem NW-I bzw. NW-II; [h] mit Hackgut und Sägerestholz befeuertes Nahwärmesystem NW-I mit solarer Wärmebereitung (solarer Deckungsgrad 6,2 %); [i] mit Hackgut und Sägerestholz befeuertes Nahwärmesystem NW-II mit Spitzenlastkessel (Heizöl leicht, 15 % fossiler Wärmeanteil)

Den geringsten Verbrauch fossiler Energieträger zeigen mit Biomasse befeuerte Systeme ohne Spitzenlastabdeckung durch fossile Energieträger (mit Ausnahme von Systemen zur Kaskadennutzung der tiefen Erdwärme (NW-IIK)). Aufgrund der im Vergleich zu Nahwärmesystemen spezifisch höheren baulichen Aufwendungen von kleintechnischen Systemen mit geringer Wärmenachfrage (EFH-I und EFH-II) liegt hier der Verbrauch erschöpflicher Energieträger höher als bei den Nahwärmesystemen. Bei größeren Abnahmeleistungen (EFH-III und MFH-I) spielt dieser Effekt dagegen eine vergleichsweise geringe Rolle. Aufgrund der Wärmeverteilungsverluste zeigen hier Nahwärmesysteme sogar einen höheren Verbrauch erschöpflicher Energieträger.

Tabelle 10.10 Energie- und Emissionsbilanzen einer Wärmebereitstellung zur Raumwärme- und Trinkwarmwasserbereitung für die Versorgungsaufgaben EFH-II und EFH-III

		Energie in GJ/TJ[a]	SO_2 in kg/TJ	NO_x in kg/TJ	CO_2-Äquivalente in kg/TJ	SO_2-Äquivalente in kg/TJ	SO_2 in kg/GWh	NO_x in kg/GWh	CO_2-Äquivalente in kg/GWh	SO_2-Äquivalente in kg/GWh
Einfamilienhaus EFH-II Wärmenachfrage 55,7 GJ/a	Erdgas-BW[b]	1 189	36	61	74 487	81	129	220	268 153	290
	Erdgas-NT[b]	1 298	37	66	81 107	85	133	238	291 986	307
	Heizöl EL-NT[b]	1 397	179	95	101 715	253	645	341	366 174	912
	Erdgas-BW/solar (33%)[b]	844	39	49	52 388	77	142	177	188 596	278
	Erdgas-NT/solar (33%)[b]	917	41	53	56 935	81	146	190	204 967	291
	HEL-NT/solar (33%)[b]	1 001	137	73	70 895	195	492	261	255 223	701
	WP-Erdkollektor Sole[c]	437	47	38	26 345	76	169	137	94 842	272
	WP-Erdkoll. Direktverd.[c]	424	53	39	27 474	83	190	140	98 905	298
	WP-Erdsonde[c]	494	58	53	29 614	97	207	190	106 609	350
	WP-Grundwasser[c]	445	53	43	27 022	86	192	156	97 279	311
	WP-AL W[c]	615	75	50	38 405	114	271	182	138 258	411
	WP-AL W-VW[c]	612	75	51	38 538	115	270	185	138 736	413
	NW-II geoth./HL (15%)[d]	401	61	66	28 828	109	218	236	103 779	393
	NW-IIK geoth./HL (15%)[d]	-739	37	30	-40 842	60	135	109	-147 032	214
	NW-III geoth./Erdgas (49,4%)[d]	683	29	52	42 777	67	104	186	153 997	241
	Pellets[e]	145	25	229	11 382	191	92	823	40 975	688
	Pellets/solar (33%)[e]	156	35	165	11 265	156	125	593	40 555	560
	NW-I Hackgut/Sägerest[f]	147	35	209	10 760	187	125	753	38 737	675
	NW-II Hackgut/Sägerest[f]	144	33	189	10 376	171	118	680	37 355	615
	NW-I HG/SR/solar (6,2%)[g]	148	36	194	10 657	178	128	700	38 365	640
	NW-II HG/SR/HL (15%)[h]	374	70	177	27 664	200	253	636	99 591	721
Einfamilienhaus EFH-III Wärmenachfrage 118,7 GJ/a	Erdgas-BW[b]	1 130	31	57	70 663	73	113	205	254 386	263
	Erdgas-BW/EB[b]	1 159	44	64	73 554	92	160	231	264 796	330
	Heizöl EL-NT[b]	1 327	169	89	96 812	239	610	320	348 522	861
	Erdgas-BW/solar (5,8%)[b]	1 056	32	54	65 945	71	114	195	237 402	257
	Erdgas-BW/EB/solar (5,8%)[b]	1 056	32	54	65 945	71	114	195	237 402	257
	HEL-NT/solar (5,8%)[b]	1 257	160	84	90 262	226	576	301	324 943	813
	WP-Erdkollektor Sole[c]	437	47	38	26 345	76	169	137	94 842	272
	WP-Erdkoll. Direktverd.[c]	402	48	37	24 331	77	174	133	87 590	276
	WP-Erdsonde[c]	477	52	51	28 430	90	186	185	102 348	324
	WP-Grundwasser[c]	403	44	36	24 497	71	159	128	88 188	257
	WP-AL W[c]	589	65	47	35 645	101	234	169	128 324	364
	NW-II geoth./HL (15%)[d]	385	58	62	27 798	104	208	225	100 071	374
	NW-IIK geoth./HL (15%)[d]	-755	35	27	-41 872	54	125	97	-150 739	196
	NW-III geoth./Erdgas (49,4%)[d]	662	27	49	41 481	63	97	176	149 333	225
	Pellets[e]	106	20	218	8 525	178	73	784	30 691	640
	Scheitholz[e]	123	24	267	10 440	217	88	960	37 586	782
	Pellets/solar (5,8%)[e]	111	23	207	8 754	173	81	746	31 514	622
	NW-I Hackgut/Sägerest[f]	137	33	203	10 114	181	117	732	36 409	651
	NW-II Hackgut/Sägerest[f]	134	31	184	9 737	165	110	661	35 054	593
	NW-I HG/SR/solar (6,2%)[g]	138	33	189	10 012	172	120	680	36 044	618
	NW-II HG/SR/HL (15%)[h]	359	67	172	26 684	194	242	618	96 063	697

[a] Verbrauch erschöpflicher Energieträger; [b] Erdgas-Brennwert (BW)- bzw. Erdgas- und Heizöl extra leicht (HEL)-Niedertemperaturkessel (NT) ohne bzw. mit solarer Wärmebereitung (solarer Deckungsgrad 5,8 bzw. 33 %) sowie Warmwasserbereitung mit Elektroboiler (EB); [c] Wärmepumpe (WP) mit horizontalem Erdkollektor (Sole (EK) bzw. Direktverdampfung (EK-DV)), mit Erdsonde mit Solekreis (ES), mit Grundwasser (GW), mit Außenluft (AL) – Wasser (W) bzw. Außenluft (AL) – Wasser (W) mit Luftvorwärmung über Erdbrunnen (VW); [d] geothermisches Nahwärmesystem NW-II mit Spitzenlastkessel (Heizöl leicht (HL), 15 % fossiler Wärmeanteil), NW-IIK mit Kaskadennutzung bzw. NW-III mit Spitzenlastkessel Erdgas, BHKW und Wärmepumpe (49,4 % Wärmeanteil aus fossilen Energieträgern); [e] Pellet- und Scheitholzfeuerung ohne bzw. mit solarer Wärmebereitung (solarer Deckungsgrad 5,8 bzw. 33 %); [f] Nahwärmesystem befeuert mit Hackgut und Sägerestholz (NW-I bzw. NW-II); [g] Nahwärmesystem befeuert mit Hackgut und Sägerestholz (NW-I) mit solarer Wärmebereitung (solarer Deckungsgrad 6,2 %); [h] Nahwärmesystem befeuert mit Hackgut und Sägerestholz (NW-II) mit Spitzenlastkessel (Heizöl leicht, 15 % Wärmeanteil aus fossilen Energieträgern)

Tabelle 10.11 Energie- und Emissionsbilanzen einer Wärmebereitstellung zur Raumwärme- und Trinkwarmwasserbereitung für die Versorgungsaufgaben MFH-0 und MFH-I

		Energie in GJ/TJ[a]	SO_2 in kg/TJ	NO_x in kg/TJ	CO_2-Äquivalente in kg/TJ	SO_2-Äquivalente in kg/TJ	SO_2 in kg/GWh	NO_x in kg/GWh	CO_2-Äquivalente in kg/GWh	SO_2-Äquivalente in kg/GWh
Mehrfamilienhaus MFH-0 Wärmenachfrage 132,1 GJ/a	Erdgas-BW 8 760 h[b]	1 440	57	82	91 110	117	204	294	327 995	421
	Erdgas-BW 5 000 h[b]	1 376	50	76	86 655	106	179	274	311 958	382
	Erdgas-BW/solar (28,9%)[b]	1 023	44	58	63 459	88	159	209	228 452	316
	WP-Erdkollektor Sole[c]	620	64	52	37 437	103	229	186	134 772	370
	WP-Erdkoll. Direktverd.[c]	597	66	52	36 142	105	238	186	130 110	380
	WP-Erdsonde[c]	670	69	66	40 125	119	249	237	144 451	427
	WP-Grundwasser[c]	640	66	53	38 844	106	237	192	139 839	383
	WP-AL W-VW[c]	898	179	89	54 373	250	643	320	195 743	901
	WP-AL L-VW[c]	750	166	84	46 675	234	596	303	168 032	841
	WP-AL L-VW/solar (73,6%)[c]	736	229	112	44 413	325	823	402	159 888	1.172
	Pellets[d]	272	36	250	18 672	217	130	900	67 218	782
	Pellets/solar (28,9%)[d]	253	34	184	17 023	167	121	662	61 284	602
Mehrfamilienhaus MFH-I Wärmenachfrage 496,1 GJ/a	Erdgas-BW[e]	1 128	30	56	70 460	71	107	202	253 656	254
	Heizöl EL-NT[e]	1 326	169	88	96 803	238	608	317	348 492	857
	Erdgas-BW/solar (16,1%)[e]	964	30	50	60 146	67	108	179	216 524	241
	HEL-NT/solar (16,1%)[e]	1 144	147	77	82 223	207	529	276	296 003	747
	WP-Erdsonde[c]	463	47	47	27 879	82	170	168	100 364	296
	NW-II geoth./HL (15%)[f]	382	57	61	27 622	103	207	221	99 438	370
	NW-IIK geoth./HL (15%)[f]	-758	34	26	-42 048	53	123	94	-151 372	192
	NW-III geoth./Erdgas (49,4%)[f]	660	26	48	41 402	61	95	172	149 047	220
	Hackgut[d]	82	19	221	6 625	178	67	794	23 851	642
	Hackgut/solar (16,1%)[d]	81	21	188	6 311	157	74	676	22 721	564
	NW-I Hackgut/Sägerest[g]	134	32	204	9 935	181	116	734	35 767	651
	NW-II Hackgut/Sägerest[g]	130	30	184	9 556	164	109	662	34 402	592
	NW-I HG/SR/solar (6,2%)[h]	135	33	189	9 833	171	119	682	35 400	617
	NW-II HG/SR/HL (15%)[i]	357	67	172	26 627	194	241	619	95 858	697

[a] Verbrauch erschöpflicher Energieträger; [b] Erdgas-Brennwertkessel (BW) mit Abluftwärmegewinnung ganzjährig (8 760 h) bzw. im Winter (5 000 h) sowie ohne bzw. mit solarer Wärmebereitung (solarer Deckungsgrad 28,9 %); [c] Wärmepumpe (WP) mit Wärmequelle Erdkollektor (Sole (EK) bzw. Direktverdampfung (EK-DV)), Erdsonde mit Solekreislauf (ES), Grundwasser (GW) und Außenluft – Wasser (AL-W) sowie Außenluft – Luft (L) mit Vorwärmung über Luftbrunnen (VW) sowie ohne bzw. mit solarer Wärmebereitung (solarer Deckungsgrad 73,6 %); [d] Pellet- und Waldhackgutfeuerung ohne bzw. mit solarer Wärmebereitung (solarer Deckungsgrad 16,1 bzw. 28,9 %); [e] Erdgas-Brennwert (BW)- bzw. Heizöl extra leicht (HEL)-Niedertemperaturkessel (NT) ohne bzw. mit solarer Wärmebereitung (solarer Deckungsgrad 16,1 %); [f] geothermisches Nahwärmesystem NW-II mit Spitzenlastkessel (Heizöl leicht (HL), 15 % fossiler Wärmeanteil), NW-IIK mit Kaskadennutzung bzw. NW-III mit Spitzenlastkessel Erdgas, BHKW und Wärmepumpe (49,4 % fossiler Wärmeanteil); [g] Nahwärmenetz (NW-I bzw. NW-II) befeuert mit Hackgut und Sägerestholz ; [h] Nahwärmenetz (NW-I) befeuert mit Hackgut und Sägerestholz mit solarer Wärmebereitung (solarer Deckungsgrad 6,2 %); [i] Nahwärmenetz (NW-II) befeuert mit Hackgut und Sägerestholz mit Spitzenlastkessel (Heizöl leicht, 15 % fossiler Wärmeanteil)

Wird bei biomassebefeuerten Anlagen ein Teil der Wärme durch einen mit fossilen Brennstoffen befeuerten Spitzenlastkessel gedeckt, steigt entsprechend dem Anteil der Wärmebereitstellung aus fossilen Energieträgern der Verbrauch erschöpflicher Energieträger; bei Deckung der gleichen Versorgungsaufgabe zeigen sich dabei kaum Unterschiede zur Wärmebereitstellung aus tiefer Erdwärme. Demgegenüber führt eine solare Unterstützung von Biomassesystemen kaum (in Nahwärmesystemen) bzw. nur zu einer geringen (in kleintechnischen Systemen) Erhöhung des Verbrauchs erschöpflicher Energieträger – je nach dem, ob die Aufwendungen für Bau, Betrieb und Abriss der Solaranlagen größer sind als die durch den verringerten Brennstoffeinsatz im Biomassesystem eingesparten Aufwendungen. Wird bei der

Nutzung der tiefen Erdwärme das Nahwärmesystem NW-II ergänzend mit einer Kaskadennutzung versehen (NW-IIK), können durch die potenzielle Substitution von Wärme aus fossiler Energie mehr Emissionen vermieden werden, als mit der Bereitstellung der geothermischen Wärme verbunden sind. Dies hat "negative" Emissionen zur Folge, d. h. das System ist eine "Emissionssenke".

Von allen betrachteten Optionen einer Wärmebereitstellung aus regenerativen Energien zeigen Wärmepumpensysteme den höchsten Verbrauch erschöpflicher Energieträger. Dabei weisen Systeme mit niedriger Jahresarbeitszahl (Außenluftwärmepumpen) im Vergleich zu solchen mit hoher Arbeitszahl (z. B. Erdkollektor mit Direktverdampfung) den höchsten Verbrauch auf. Dieser hohe fossile Energieeinsatz von Wärmepumpenanlagen ist auf den Einsatz von elektrischer Energie für den Betrieb der Wärmepumpe zurückzuführen, deren Bereitstellung infolge der Kraftwerksverluste durch einen hohen Primärenergieaufwand gekennzeichnet ist. Die Ergebnisse in Tabelle 10.9, Tabelle 10.10 und Tabelle 10.11 basieren dabei auf dem derzeitigen österreichischen Stromerzeugungsmix, der aus einer entsprechend der monatlichen Summe der Heizgradtagzahlen gewichteten monatlichen Erzeugungsstruktur (d. h. Anteil an Wärme- und Wasserkraftwerken sowie Import an der Stromaufbringung) bestimmt wird (Tabelle 1.1, Kapitel 1.2.2 und Kapitel 7.3.2).

Die unter dem Aspekt des Verbrauchs erschöpflicher Energieträger diskutierten Zusammenhänge gelten grundsätzlich auch für die CO_2-Äquivalent-Emissionen. Damit nehmen diese von der Nutzung der Umgebungswärme über die Solarthermie hin zur Geothermie und Biomasse ab. Eine Ausnahme ist auch hier die Nutzung der tiefen Erdwärme mit anschließender Kaskadennutzung (NW-IIK), bei der sich Emissionsgutschriften durch die zusätzlich genutzte Wärme ergeben. Systeme zur Wärmebereitstellung aus fossilen Energieträgern sind durch die höchsten CO_2-Äquivalent-Emissionen gekennzeichnet (Abb. 10.7 (EFH-II) und Abb. 10.9 (MFH-I)).

Bei den SO_2-Emissionen werden aufgrund der brennstoffbedingt hohen direkten Emissionen im Anlagenbetrieb die höchsten Werte von den heizölbefeuerten Kleinanlagen sowie den mit Heizöl leicht befeuerten Nahwärmesystem erreicht.

Aber auch Wärmepumpensysteme zeigen aufgrund der aus der Bereitstellung der benötigten elektrischen Energie resultierenden SO_2-Emissionen (vor allem in den osteuropäischen Staaten, die Strom nach Österreich exportieren) vergleichsweise hohe Emissionswerte. Die geringsten Emissionen zeigen bei den kleintechnischen Systemen biomassebefeuerte Anlagen. Bei den Nahwärmesystemen liegen die spezifischen SO_2-Emissionen geothermischer Anlagen unter denen vergleichbarer hackgutbefeuerter Anlagen (NW-II). Wird die Warmwasserbereitung eines Systems mit Erdgas-Brennwertkessel durch einen Elektroboiler übernommen (EFH-III, Erdgas BW/EB), steigen aufgrund der im Vergleich zur Wärmebereitstellung mittels Brennwertkessel höheren SO_2-Emissionen der Strombereitstellung die SO_2-Emissionen des Gesamtsystems.

Eine solare Unterstützung der Wärmebereitung führt ausschließlich in einem System mit heizölbefeuertem Kessel zu einer Reduktion der SO_2-Emissionen. In einem solchen System sind die Freisetzungen aus dem Betrieb des Ölkessels höher als jene aus Bau, Betrieb und Entsorgung der Solaranlage; dadurch ergibt sich im Verlauf des gesamten Lebenswegs eine Verringerung der SO_2-Emissionen für das solare/fossile Gesamtsystem. Aufgrund der relativ hohen SO_2-Emissionen bei der Herstellung der Ausgangsmaterialien von Solaranlagen (u. a. Kupfer) kommt es demgegenüber bei erdgas- und biomassebefeuerten Systemen (d. h. bei Systemen mit geringen direkten SO_2-Emissionen) insgesamt zu einer leichten Erhöhung der SO_2-Emissionen.

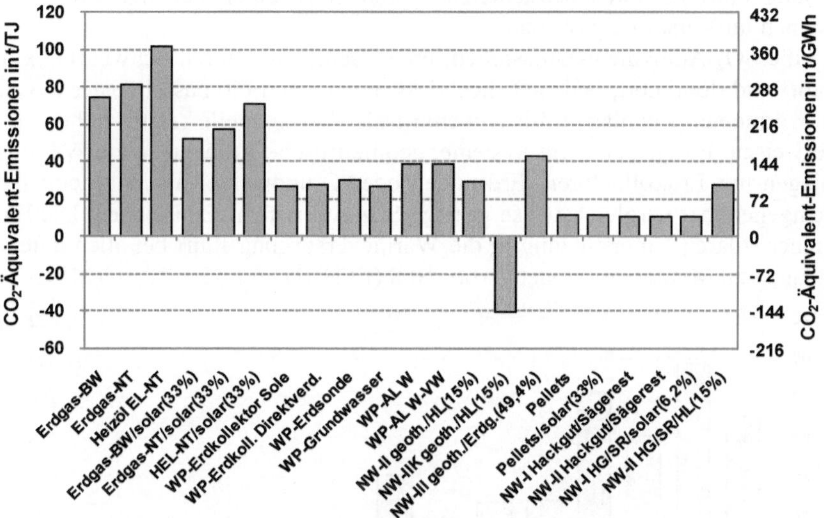

Abb. 10.7 CO_2-Äquivalent-Emissionen der Referenztechniken für die Versorgungsaufgabe EFH-II (BW Brennwertkessel, NT Niedertemperaturkessel, HEL Heizöl extra leicht, WP Wärmepumpe, AL Außenluft, W Wasser, VW Luftvorwärmung im Erdreich, NW Nahwärme, HL Heizöl leicht, HG Hackgut, SR Sägerestholz; Prozentwerte bez. sich auf den Anteil der Wärme aus Solarenergie bzw. fossilen Energieträgern an der ges. Wärmebereitstellung; Tabelle 10.10)

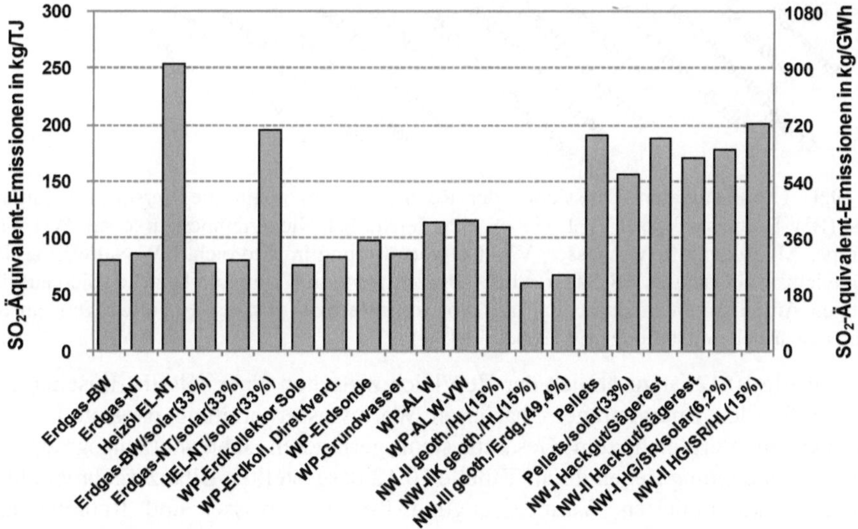

Abb. 10.8 SO_2-Äquivalent-Emissionen der Referenztechniken für die Versorgungsaufgabe EFH-II (BW Brennwertkessel, NT Niedertemperaturkessel, HEL Heizöl extra leicht, WP Wärmepumpe, AL Außenluft, W Wasser, VW Luftvorwärmung im Erdreich, NW Nahwärme, HL Heizöl leicht, HG Hackgut, SR Sägerestholz; Prozentwerte bez. sich auf den Anteil der Wärme aus Solarenergie bzw. fossiler Energie an der ges. Wärmebereitstellung; Tabelle 10.10)

Im Unterschied dazu zeigen Biomasseanlagen die höchsten und Wärmepumpenanlagen die niedrigsten NO_x-Emissionen. Eine solare Unterstützung der Wärmebereitstellung führt bei allen betrachteten Systemen zu einer Verringerung der NO_x-Emissionen im Versorgungssystem.

Für die SO_2-Äquivalent-Emissionen, im Wesentlichen durch Schwefeldioxid und Stickstoffoxid dominiert, bedeutet dies, dass heizöl- und biomassebefeuerte Systeme sowie Wärmepumpenanlagen mit Außenluft als Wärmequelle relativ hohe Emissionen aufweisen. Erdgasbefeuerte Systeme, geothermische Anlagen sowie Wärmepumpenanlagen mit Erdkollektoren, Erdsonden oder Grundwasser als Wärmequelle zeigen demgegenüber vergleichsweise geringe SO_2-Äquivalent-Emissionen. Die Einbindung einer solaren Unterstützung in die Wärmeversorgung führt bei allen untersuchten Anlagen zu Minderemissionen (Abb. 10.8 (EFH-II) und Abb. 10.10 (MFH-I)).

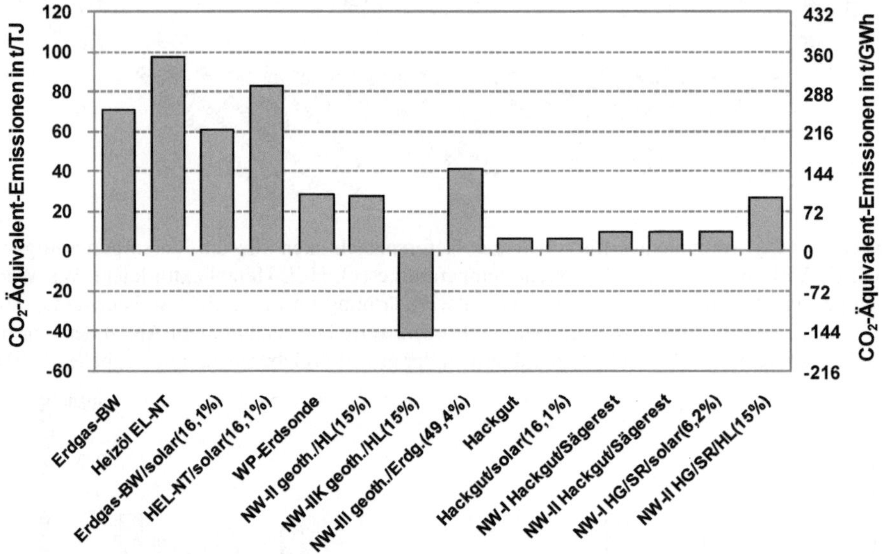

Abb. 10.9 CO_2-Äquivalent-Emissionen der Referenztechniken für die Versorgungsaufgabe MFH-I (BW Brennwertkessel, HEL Heizöl extra leicht, NT Niedertemperaturkessel, WP Wärmepumpe, AL Außenluft, W Wasser, VW Luftvorwärmung im Erdreich, NW Nahwärme, HL Heizöl leicht, HG Hackgut, SR Sägerestholz; Prozentwerte in Klammern beziehen sich auf den jeweiligen Anteil der Wärmebereitung aus Solarenergie bzw. fossilen Energieträgern an der gesamten Wärmebereitstellung; vgl. Tabelle 10.11)

In Tabelle 10.12 ist zusätzlich der Vergleich zwischen einer solarthermischen und einer auf fossilen Energieträgern basierten Warmwasserbereitung dargestellt. Aufgrund der im Vergleich zum Gesamtsystem geringeren Jahresnutzungsgrade der Warmwasserbereitung liegen die in Tabelle 10.12 dargestellten Bilanzergebnisse über jenen einer kombinierten Wärmeerzeugung für Warmwasser und Raumheizung (Tabelle 10.9, Tabelle 10.10 und Tabelle 10.11).

Bei einer ausschließlichen Betrachtung der Warmwasserbereitung zeigen die Bilanzergebnisse einer solaren/fossilen Brauchwarmwasserbereitung bei einer Abhängigkeit von der Anlagengröße, dem solaren Deckungsgrad sowie der Verbrennungstechnologie und dem eingesetzten Brennstoff einen teilweise erheblich geringeren

Verbrauch erschöpflicher Energieträger sowie deutlich geringere Schadstoffemissionen als eine ausschließlich auf fossilen Energieträgern basierende Warmwasserbereitung.

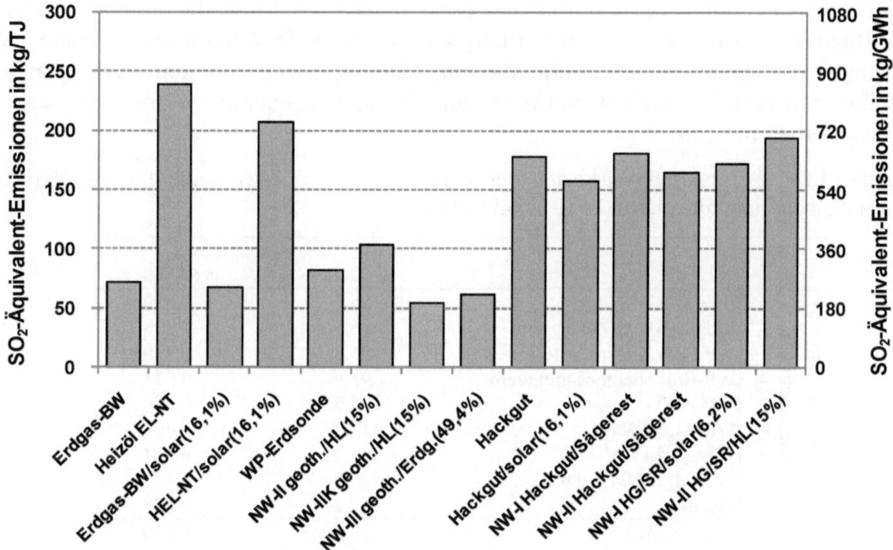

Abb. 10.10 SO_2-Äquivalent-Emissionen der Referenztechniken für die Versorgungsaufgabe MFH-I (BW Brennwertkessel, HEL Heizöl extra leicht, NT Niedertemperaturkessel, WP Wärmepumpe, AL Außenluft, W Wasser, VW Luftvorwärmung im Erdreich, NW Nahwärme, HL Heizöl leicht, HG Hackgut, SR Sägerestholz; Prozentwerte in Klammern beziehen sich auf den jeweiligen Anteil der Wärmebereitung aus Solarenergie bzw. fossilen Energieträgern an der gesamten Wärmebereitstellung; vgl. Tabelle 10.11)

Tabelle 10.12 Energie- und Emissionsbilanzen einer solarthermisch/fossilen bzw. fossilen Trinkwarmwasserbereitung für die Versorgungsaufgaben EFH-III und MFH-I

		Energie in GJ/TJ[a]	SO_2 in kg/TJ	NO_x in kg/TJ	CO_2-Äquivalente in kg/TJ	SO_2-Äquivalente in kg/TJ	SO_2 in kg/GWh	NO_x in kg/GWh	CO_2-Äquivalente in kg/GWh	SO_2-Äquivalente in kg/GWh
EFH-III 10,7 GJ/a	Erdgas-BW[b]	1 471	44	76	92 270	100	159	273	332 171	359
	Erdgas-BW/EB[c]	1 750	188	153	121 882	304	677	550	438 774	1 093
	Heizöl EL-NT[b]	1 708	218	115	124 433	308	784	415	447 959	1 110
	Erdgas-BW/solar (63,9%)[b]	677	55	48	41 855	91	196	172	150 677	329
	Erdgas-BW/EB/solar (63,9%)[c]	677	55	48	41 855	91	196	172	150 677	329
	HEL-NT/solar (63,9%)[b]	773	117	62	53 529	167	422	224	192 705	600
MFH-I 64,1 GJ/a	Erdgas-BW[b]	1 418	38	71	88 595	90	137	255	318 944	323
	Heizöl EL-NT[b]	1 657	211	110	120 943	298	761	398	435 396	1 074

[a] Verbrauch erschöpflicher Energieträger; [b] Erdgas-Brennwert (BW)- bzw. Erdgas- und Heizöl Extra Leicht (HEL)-Niedertemperaturkessel (NT) ohne bzw. mit solarer Wärmebereitung (solarer Deckungsgrad 63,9 %); [c] Erdgas-Brennwertkessel (BW) zur Raumwärme- und Trinkwarmwasserbereitung sowie Nachtstrom-Elektroboiler (EB) zur Trinkwarmwasserbereitung ohne bzw. mit solarer Wärmebereitung (solarer Deckungsgrad 63,9 %)

10.3.2.3 Ökonomische Analyse

Neben den technischen Potenzialen und den ökologischen Kenngrößen stellen die ökonomischen Kenngrößen ein weiteres wesentliches Kriterium für die energiewirtschaftliche Bewertung erneuerbarer Energien dar. Deshalb werden nachfolgend die Wärmegestehungskosten dargestellt, die zur Deckung der definierten Versorgungsaufgaben mit den diskutierten Optionen zur Nutzung regenerativer Energien aufgewendet werden müssen.

Tabelle 10.13 Wärmgestehungskosten der untersuchten Referenzsysteme für die Versorgungsaufgaben Einfamilienhaus (EFH-0 und EFH-I)

		Wärmegestehungskosten in €/GJ	Wärmegestehungskosten in €/kWh
Einfamilienhaus EFH-0 Wärmenachfrage 18,3 GJ/a	Erdgas-BW 8 760 h[a]	66,5	0,239
	Erdgas-BW 5 000 h[a]	66,0	0,238
	WP-Erdkollektor Sole[b]	94,2	0,339
	WP-Erdkollektor Direktverd.[b]	91,9	0,331
	WP-AL W[b]	105,6	0,380
	WP-AL W-VW[b]	113,3	0,408
	WP-AL L-VW[b]	101,0	0,364
	WP-AL L-VW/solar (96,2 %)[b]	126,0	0,450
	Pellets[c]	127,2	0,458
Einfamilienhaus EFH-I Wärmenachfrage 32,7 GJ/a	Erdgas-BW[d]	30,6	0,110
	Heizöl EL-NT[d]	35,3	0,127
	Erdgas-BW/solar (46,3 %)[d]	68,4	0,246
	HEL-NT/solar (46,3 %)[d]	71,9	0,259
	WP-Erdkollektor Sole[c]	41,6	0,150
	WP-Erdkoll. Direktverd.[c]	40,2	0,145
	WP-AL W[c]	49,1	0,177
	WP-AL W-VW[c]	53,4	0,192
	NW-II geoth./HL (15 %)[e]	55,9 – 70,9	0,201 – 0,255
	NW-IIK geoth./HL (15 %)[e]	48,2 – 62,8	0,173 – 0,226
	NW-III geoth./Erdgas (49,4 %)[e]	29,2 – 43,1	0,105 – 0,155
	Pellets[c]	64,5	0,232
	Pellets/solar (46,3 %)[c]	97,6	0,351
	NW-I Hackgut/Sägerest[f]	39,3	0,142
	NW-II Hackgut/Sägerest[f]	38,0	0,137
	NW-I HG/SR/solar (6,2 %)[g]	39,8	0,143
	NW-II HG/SR/HL (15 %)[h]	36,0	0,130

[a] Erdgas-Brennwertkessel (BW) mit Abluftwärmegewinnung ganzjährig (8 760 h) bzw. im Winter (5 000 h); [b] Wärmepumpe (WP) mit Wärmequelle horizontaler Erdkollektor (Sole (EK) bzw. Direktverdampfung (EK-DV)), Außenluft – Wasser (AL-W) sowie Außenluft – Luft (AL-L) ohne bzw. mit Vorwärmung (VW) der Luft sowie ohne bzw. mit solarer Wärmebereitung (solarer Deckungsgrad 96,2 %); [c] Pelletfeuerung ohne bzw. mit solarer Wärmebereitung (solarer Deckungsgrad 46,3 %); [d] Erdgas-Brennwert (BW)- bzw. Heizöl extra leicht (HEL)-Niedertemperaturkessel (NT) ohne bzw. mit solarer Wärmebereitung (solarer Deckungsgrad 46,3 %); [e] geothermisches Nahwärmesystem NW-II mit Spitzenlastkessel (Heizöl leicht (HL), 15 % fossiler Wärmeanteil), NW-IIK mit Kaskadennutzung bzw. NW-III mit Spitzenlastkessel Erdgas, BHKW und Wärmepumpe (49,4 % fossiler Wärmeanteil), Wärmegestehungskosten in Abhängigkeit von Anschlussleistung an Wärmeverteilnetz; [f] Nahwärmesystem (NW-I bzw. NW-II) befeuert mit Hackgut und Sägerestholz; [g] Nahwärmesystem (NW-I) befeuert mit Hackgut und Sägerestholz mit solarer Wärmebereitung (solarer Deckungsgrad 6,2 %); [h] Nahwärmesystem (NW-II) befeuert mit Hackgut und Sägerestholz mit Spitzenlastkessel (Heizöl leicht, 15 % fossiler Wärmeanteil)

Tabelle 10.14 Wärmgestehungskosten für die Versorgungsaufgaben EFH-II und EFH-III

		Wärmegestehungskosten in €/GJ	Wärmegestehungskosten in €/kWh
Einfamilienhaus EFH-II Wärmenachfrage 55,7 GJ/a	Erdgas-BW[a]	22,2	0,080
	Erdgas-NT[a]	23,2	0,083
	Heizöl EL-NT[a]	26,2	0,094
	Erdgas-BW/solar (33 %)[a]	43,9	0,158
	Erdgas-NT/solar (33 %)[a]	41,7	0,150
	HEL-NT/solar (33 %)[a]	47,0	0,169
	WP-Erdkollektor Sole[b]	29,3	0,105
	WP-Erdkollektor Direktverd.[b]	28,1	0,101
	WP-Erdsonde[b]	35,3	0,127
	WP-Grundwasser[b]	42,7	0,154
	WP-AL W[b]	34,2	0,123
	WP-AL W-VW[b]	34,0	0,122
	NW-II geoth./HL (15 %)[c]	55,9 – 70,9	0,201 – 0,255
	NW-IIK geoth./HL (15 %)[c]	48,2 – 62,8	0,173 – 0,226
	NW-III geoth./Erdgas (49,4 %)[c]	29,2 – 43,1	0,105 – 0,155
	Pellets[d]	43,6	0,157
	Pellets/solar (33 %)[d]	62,3	0,224
	NW-I Hackgut/Sägerest[e]	33,8	0,122
	NW-II Hackgut/Sägerest[e]	32,5	0,117
	NW-I HG/SR/solar (6,2 %)[f]	34,3	0,123
	NW-II HG/SR/HL (15 %)[g]	30,6	0,110
Einfamilienhaus EFH-III Wärmenachfrage 118,7 GJ/a	Erdgas-BW[a]	15,9	0,057
	Erdgas-BW/EB[a]	16,4	0,059
	Heizöl EL-NT[a]	20,0	0,072
	Erdgas-BW/solar (5,8 %)[a]	19,8	0,071
	Erdgas-BW/EB/solar (5,8 %)[a]	20,0	0,072
	HEL-NT/solar (5,8 %)[a]	24,2	0,087
	WP-Erdkollektor Sole[b]	21,2	0,076
	WP-Erdkollektor Direktverd.[b]	19,6	0,071
	WP-Erdsonde[b]	26,9	0,097
	WP-Grundwasser[b]	24,1	0,087
	WP-AL W[b]	25,3	0,091
	NW-II geoth./HL (15 %)[c]	55,9 – 70,9	0,201 – 0,255
	NW-IIK geoth./HL (15 %)[c]	48,2 – 62,8	0,173 – 0,226
	NW-III geoth./Erdgas (49,4 %)[c]	29,2 – 43,1	0,105 – 0,155
	Pellets[d]	29,0	0,105
	Scheitholz[d]	22,4	0,081
	Pellets/solar (5,8 %)[d]	33,9	0,122
	NW-I Hackgut/Sägerest[e]	29,5	0,106
	NW-II Hackgut/Sägerest[e]	28,3	0,102
	NW-I HG/SR/solar (6,2 %)[f]	30,0	0,108
	NW-II HG/SR/HL (15 %)[g]	26,4	0,095

[a] Erdgas-Brennwert (BW)- bzw. Erdgas- und Heizöl extra leicht (HEL)-Niedertemperaturkessel (NT) ohne bzw. mit solarer Wärmebereitung (solarer Deckungsgrad 5,8 bzw. 33 %) sowie Warmwasserbereitung mit Elektroboiler (EB); [b] Wärmepumpe (WP) mit Wärmequelle horizontaler Erdkollektor (Sole bzw. Direktverdampfung), Erdsonde, Grundwasser und Außenluft – Wasser (AL-W) ohne bzw. mit Vorwärmung (VW) der Luft; [c] geothermisches Nahwärmesystem NW-II mit Spitzenlastkessel (Heizöl leicht (HL), 15 % fossiler Wärmeanteil), NW-IIK mit Kaskadennutzung bzw. NW-III mit Spitzenlastkessel Erdgas, BHKW und Wärmepumpe (49,4 % fossiler Wärmeanteil), Wärmegestehungskosten in Abhängigkeit von Anschlussleistung an Wärmeverteilnetz; [d] Pellet- und Scheitholzfeuerung ohne bzw. mit solarer Wärmebereitung (solarer Deckungsgrad 5,8 bzw. 33 %); [e] mit Hackgut und Sägerestholz befeuertes Nahwärmesystem NW-I bzw. NW-II; [f] mit Hackgut und Sägerestholz befeuertes Nahwärmesystem NW-I mit solarer Wärmebereitung (solarer Deckungsgrad 6,2 %); [g] mit Hackgut und Sägerestholz befeuertes Nahwärmesystem NW-II mit Spitzenlastkessel (Heizöl leicht, 15 % fossiler Wärmeanteil)

Tabelle 10.15 Wärmgestehungskosten der untersuchten Referenzsysteme für die Versorgungsaufgaben Mehrfamilienhaus MFH-0 und MFH-I

		Wärmegestehungskosten	
		in €/GJ	in €/kWh
Mehrfamilienhaus MFH-0 Wärmenachfrage 132,1 GJ/a	Erdgas-BW 8 760 h[a]	58,9	0,212
	Erdgas-BW 5 000 h[a]	57,9	0,208
	Erdgas-BW/solar (28,9 %)[a]	75,7	0,272
	WP-Erdkollektor Sole[b]	67,2	0,242
	WP-Erdkollektor Direktverd.[b]	65,1	0,234
	WP-Erdsonde[b]	73,0	0,263
	WP-Grundwasser[b]	68,9	0,248
	WP-AL W-VW[b]	199,6	0,719
	WP-AL L-VW[b]	196,7	0,709
	WP-AL L-VW/solar (73,6 %)[b]	258,1	0,930
	Pellets[c]	77,8	0,280
	Pellets/solar (28,9 %)[c]	86,2	0,310
Mehrfamilienhaus MFH-I Wärmenachfrage 496,1 GJ/a	Erdgas-BW[d]	13,2	0,048
	Heizöl EL-NT[d]	17,0	0,061
	Erdgas-BW/solar (16,1 %)[d]	17,5	0,063
	HEL-NT/solar (16,1 %)[d]	20,3	0,073
	WP-Erdsonde[c]	18,8	0,068
	NW-II geoth./HL (15 %)[e]	55,9 – 70,9	0,201 – 0,255
	NW-IIK geoth./HL (15 %)[e]	48,2 – 62,8	0,173 – 0,226
	NW-III geoth./Erdgas (49,4 %)[e]	29,2 – 43,1	0,105 – 0,155
	Hackgut[c]	13,9	0,050
	Hackgut/solar (16,1 %)[c]	18,1	0,065
	NW-I Hackgut/Sägerest[f]	25,6	0,092
	NW-II Hackgut/Sägerest[f]	24,3	0,088
	NW-I HG/SR/solar (6,2 %)[g]	26,0	0,094
	NW-II HG/SR/HL (15 %)[h]	22,4	0,081

[a] Erdgas-Brennwertkessel (BW) mit Abluftwärmegewinnung ganzjährig (8 760 h) bzw. im Winter (5 000 h) sowie ohne bzw. mit solarer Wärmebereitung (solarer Deckungsgrad 28,9 %); [b] Wärmepumpe (WP) mit Wärmequelle horizontaler Erdkollektor (Sole bzw. Direktverdampfung), Erdsonde, Grundwasser und Außenluft – Wasser (AL-W) sowie Außenluft – Luft (AL-L) ohne bzw. mit Vorwärmung (VW) der Luft sowie ohne bzw. mit solarer Wärmebereitung (solarer Deckungsgrad 73,6 %); [c] Pellet- und Waldhackgutfeuerung ohne bzw. mit solarer Wärmebereitung (solarer Deckungsgrad 16,1 bzw. 28,9 %); [d] Erdgas-Brennwert (BW)- bzw. Heizöl extra leicht (HEL)-Niedertemperaturkessel (NT) ohne bzw. mit solarer Wärmebereitung (solarer Deckungsgrad 16,1 %); [e] geothermisches Nahwärmesystem NW-II mit Spitzenlastkessel (Heizöl leicht (HL), 15 % fossiler Wärmeanteil), NW-IIK mit Kaskadennutzung bzw. NW-III mit Spitzenlastkessel Erdgas, BHKW und Wärmepumpe (49,4 % fossiler Wärmeanteil), Wärmegestehungskosten in Abhängigkeit von Anschlussleistung an Wärmeverteilnetz; [f] mit Hackgut und Sägerestholz befeuertes Nahwärmesystem NW-I bzw. NW-II; [g] mit Hackgut und Sägerestholz befeuertes Nahwärmesystem NW-I mit solarer Wärmebereitung (solarer Deckungsgrad 6,2 %); [h] mit Hackgut und Sägerestholz befeuertes Nahwärmesystem NW-II mit Spitzenlastkessel (Heizöl leicht, 15 % fossiler Wärmeanteil)

Tabelle 10.13, Tabelle 10.14 und Tabelle 10.15 sowie Abb. 10.11 und Abb. 10.12 zeigen dazu die spezifischen Wärmegestehungskosten dieser Referenztechniken. Diese werden auf der Basis einer volkswirtschaftlichen Kostenrechnung (realer Zinssatz 4,5 %, Abschreibung über die technische Anlagenlebensdauer; Kapitel 1.3) aus den Investitionen sowie den Betriebs- und ggf. Brennstoffkosten bestimmt. Dabei sind hier ausschließlich die Kosten einer Wärmeversorgung von Wohngebäuden über Kleinanlagen (d. h. solarthermische Wärmebereitstellung, Nutzung der Umgebungswärme, Wärmebereitstellung aus biogenen Festbrennstoffen, Heizöl extra leicht und Erdgas) und mit Großanlagen mit einem entsprechendem Wärmeverteilnetz (d. h. Nutzung der tiefen Erdwärme, Wärmebereitstellung aus biogenen Festbrennstoffen,

Heizöl leicht und Erdgas) gegenüber gestellt; die Wärmenachfragedeckung bei industriellen Nachfragern wird hier nicht betrachtet (Kapitel 1.4.2.2, 4.3.3, 7.3.3, 8.3.1.3 und 9.3.1.3).

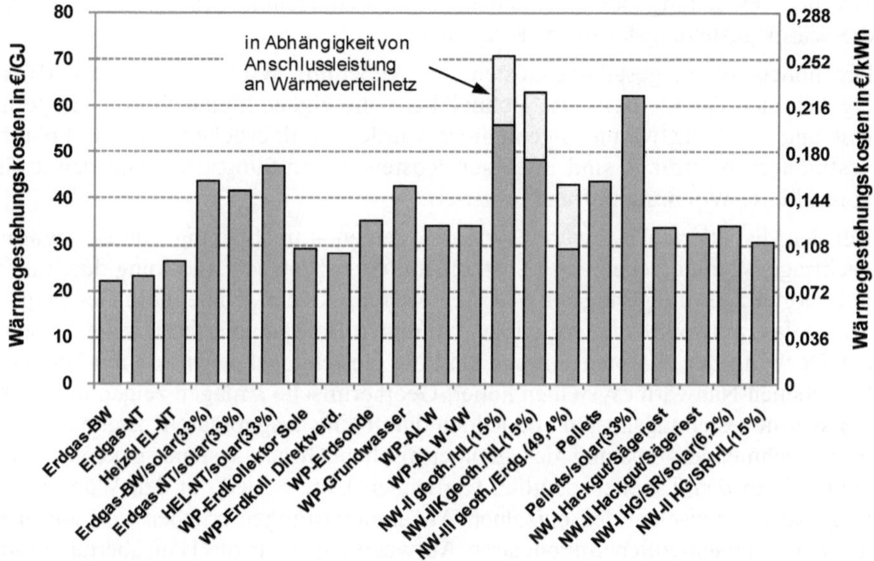

Abb. 10.11 Wärmgestehungskosten der untersuchten Referenzsysteme für die Versorgungsaufgabe EFH-II (BW Brennwertkessel, NT Niedertemperaturkessel, HEL Heizöl extra leicht, WP Wärmepumpe, AL Außenluft, W Wasser, VW Luftvorwärmung im Erdreich, NW Nahwärme, HL Heizöl leicht, HG Hackgut, SR Sägerestholz; Prozentwerte in Klammern beziehen sich auf den jeweiligen Anteil der Wärmebereitstellung aus Solarenergie bzw. fossilen Energieträgern an der gesamten Wärmebereitstellung; vgl. Tabelle 10.14)

Insgesamt zeigt der Kostenvergleich der untersuchten Optionen zur Nutzung regenerativer und fossiler Energieträger zur Bereitstellung von Raumwärme und Warmwasser eine große Bandbreite der Wärmegestehungskosten. So liegen die Gestehungskosten

- für das System EFH-0 zwischen 66,0 und 127,2 €/GJ (0,24 und 0,46 €/kWh),
- für EFH-I zwischen 30,6 und 97,6 €/GJ (0,11 und 0,35 €/kWh),
- für EFH-II zwischen 22,2 und 62,3 €/GJ (0,08 und 0,22 €/kWh),
- für EFH-III zwischen 15,9 und 70,9 €/GJ (0,06 und 0,26 €/kWh),
- für MFH-0 zwischen 57,9 und 258,1 €/GJ (0,21 und 0,93 €/kWh) sowie
- für das System MFH-I zwischen 13,2 und 70,9 €/GJ (0,05 und 0,26 €/kWh).

Dabei lassen sich u. a. folgende grundsätzliche Zusammenhänge erkennen.

- Bei vergleichbaren Referenztechniken sinken mit zunehmender Wärmenachfrage die Wärmegestehungskosten (z. B. für Pelletfeuerungen von 127,2 €/GJ (EFH-0) auf 29,0 €/GJ (EFH-III)).
- Die niedrigsten Kosten einer kleintechnischen Wärmebereitung sind – unabhängig von der Wärmenachfrage – bei mit Erdgas und Heizöl befeuerten Systemen sowie Wärmepumpenanlagen mit Erdkollektor (Sole bzw. Direktverdampfung) gegeben. Im Vergleich dazu sind insbesondere bei einer geringen jährlichen Wärmenach-

frage (EFH-0, EFH-I, EFH-II) mit Pellets befeuerte Anlagen aufgrund der vergleichsweise hohen spezifischen Investitionen durch höhere Wärmegestehungskosten gekennzeichnet. Auch steigen durch die Integration einer solarthermischen Wärmebereitstellung bei allen untersuchten kleintechnischen Referenzsystemen die Wärmegestehungskosten z. T. deutlich an.

- Die hohen Wärmegestehungskosten der Außenluft Wärmepumpen im MFH-0 ergeben sich daraus, dass pro Wohneinheit eine eigene kleine Wärmepumpe mit Nutzung der Abluftwärme angenommen wurde. Damit ergeben sich sehr hohe Investitionen. Allerdings sind in diesen Kosten das Lüftungsgerät und damit eine kontrollierte Wohnraumlüftung integriert.
- Bei den diskutierten Nahwärmesystemen zeigen – unabhängig von der Wärmenachfrage – biomassebefeuerte Systeme mit einer Spitzenlastdeckung durch fossile Energieträger die geringsten Wärmegestehungskosten. Ohne diese Deckung der Spitzenlast mit fossiler Energie bzw. bei einem Beitrag solarthermischer Systeme zur Deckung der Wärmenachfrage sind die Gestehungskosten von mit Biomasse betriebenen Nahwärmesystemen höher. Geothermische Anlagen zeigen die höchsten Wärmegestehungskosten, die jedoch durch eine ausgeprägte Kostendegression mit zunehmender Leistung des geothermischen Gesamtsystems gekennzeichnet sind. Die in den Tabellen deutlich werdenden Unterschiede in den Wärmegestehungskosten zwischen den einzelnen Abnahmeleistungen ergeben sich vor allem aus den unterschiedlichen monetären Aufwendungen für die Hausübergabestationen.

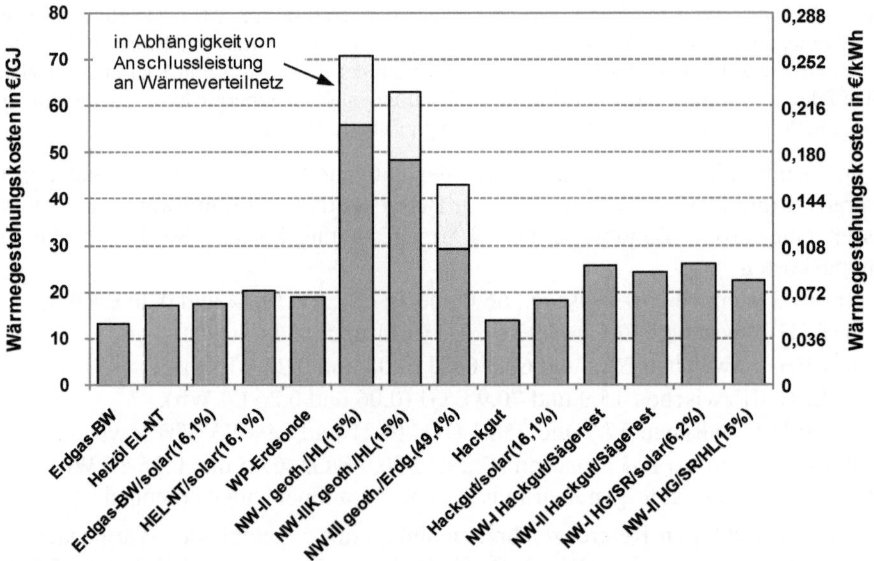

Abb. 10.12 Wärmgestehungskosten der untersuchten Referenzsysteme für die Versorgungsaufgaben Mehrfamilienhaus MFH-I (BW Brennwertkessel, HEL Heizöl extra leicht, NT Niedertemperaturkessel, WP Wärmepumpe, NW Nahwärme, HL Heizöl leicht, HG Hackgut, SR Sägerestholz; Prozentwerte in Klammern beziehen sich auf den jeweiligen Anteil der Wärmebereitung aus Solarenergie bzw. fossilen Energieträgern an der gesamten Wärmebereitstellung; vgl. Tabelle 10.15)

- Bei Abnehmern mit einer geringen jährlichen Wärmenachfrage (EFH-I, EFH-II) zeigen i. Allg. biomassebefeuerte Nahwärmesysteme – im Vergleich zu einer kleintechnischen Wärmeerzeugung – aufgrund der insgesamt geringeren spezifischen Investitionen geringe Gestehungskosten. Dies trifft jedoch nur für Nahwärmesysteme entsprechend der festgelegten Netzbelegung (ca. 1 kW Abnahmeleistung pro m Wärmeverteilnetz, Kapitel 1.3) zu; bei Nahwärmenetzen mit einer geringeren Belegung können die Gestehungskosten z. T. deutlich höher liegen. Beim Referenzsystem EFH-0 kommen nur kleintechnische Anlagen zum Einsatz. Hier sind von den Möglichkeiten einer regenerativen Wärmebereitstellung ebenso wie bei EFH-II Wärmepumpenanlagen mit Erdkollektor durch die geringsten Wärmegestehungskosten gekennzeichnet (Abb. 10.11).
- Aufgrund der im Vergleich zu einer Wärmebereitstellung mittels Nahwärmesystemen gegebenen stärkeren Kostendegression kleintechnischer Feuerungsanlagen liegen bei den Referenzsystemen EFH-III und MFH-I die Wärmegestehungskosten einer kleintechnischen Wärmebereitstellung immer unterhalb einer Wärmebereitstellung in einem Heizwerk mit entsprechender Wärmeverteilung. Auch die Gestehungskosten von Wärmepumpenanlagen (vor allem bei Direktverdampfung (EFH-III, MFH-0)) bzw. Biomassefeuerungen (Hackgut (MFH-I)) liegen z. T. nur geringfügig über bzw. unter den Gestehungskosten der Vergleichssysteme auf Basis fossiler Energieträger. Durch die Integration einer solarthermischen Wärmebereitstellung kommt es auch bei den Referenzsystemen EFH-III, MFH-0 und MFH-I zu einem Anstieg der Wärmegestehungskosten (Abb. 10.12).

Tabelle 10.16 zeigt zusätzlich die Trinkwarmwassergestehungskosten für die solarthermischen Referenzsysteme mit einer ausschließlichen solaren Warmwasserbereitung. Im Vergleich zu den ebenfalls dargestellten Gestehungskosten für die vergleichbaren Referenzsysteme auf der Basis fossiler Energieträger ergeben sich durch die Integration einer Solaranlage z. T. deutlich höhere Gestehungskosten.

Tabelle 10.16 Wärmgestehungskosten einer Trinkwarmwasserbereitung in solarthermisch/fossilen Mischsystemen bzw. in Systemen auf der Basis fossiler Energieträger der untersuchten Referenzsysteme für die Versorgungsaufgaben EFH-III und MFH-I

		Wärmegestehungskosten	
		in €/GJ	in €/kWh
EFH-III 10,7 GJ/a	Erdgas-BW[a]	25,2	0,091
	Erdgas-BW/EB[b]	24,9	0,090
	Heizöl EL-NT[a]	30,3	0,109
	Erdgas-BW/solar (63,9%)[a]	64,6	0,233
	Erdgas-BW/EB/solar (63,9%)[b]	66,5	0,239
	HEL-NT/solar (63,9%)[a]	66,6	0,240
MFH-I 64,1 GJ/a	Erdgas-BW[a]	18,7	0,067
	Heizöl EL-NT[a]	23,3	0,084

[a] Erdgas-Brennwert (BW)- bzw. Erdgas- und Heizöl extra leicht (HEL)-Niedertemperaturkessel (NT) ohne bzw. mit solarer Wärmebereitung (solarer Deckungsgrad 63,9 %); [b] Erdgas-Brennwertkessel (BW) zur Raumwärme- und Trinkwarmwasserbereitung sowie Nachtstrom-Elektroboiler (EB) zur Trinkwarmwasserbereitung ohne bzw. mit solarer Wärmebereitung (solarer Deckungsgrad 63,9 %)

10.3.2.4 Ökologische/ökonomische Analyse

Auch die Ergebnisse der ökologischen und ökonomischen Analyse der diskutierten Referenztechniken für eine Wärmebereitstellung zur Raumwärme- und Warmwasserbereitung können im Rahmen einer Portfolioanalyse dargestellt werden. Abb. 10.13 und Abb. 10.14 zeigen dies exemplarisch für die CO_2- und SO_2-Äquivalent-Emissionen (Tabelle 10.9, Tabelle 10.10 und Tabelle 10.11) bzw. die Wärmegestehungskosten der Versorgungsaufgabe EFH-II (Tabelle 10.13, Tabelle 10.14 und Tabelle 10.15).

Auch wenn die Ergebnisse im Vergleich zu jenen der ökologischen/ökonomischen Analyse einer Bereitstellung elektrischer Energie stark streuen, zeichnen sich auch bei der Analyse der Äquivalent-Emissionen sowie der Wärmegestehungskosten gewisse Tendenzen ab; im Folgenden werden diese für die CO_2-Äquivalent-Emissionen diskutiert (Abb. 10.13).

- Eine Wärmebereitstellung auf Biomassebasis (Biomasse Nahwärme und Pellets) ist (mit Ausnahme einer Kaskadennutzung tiefer Erdwärme) durch die geringsten CO_2-Äquivalent-Emissionen bei gleichzeitig geringen bis moderaten Wärmegestehungskosten gekennzeichnet. Eine solare Unterstützung der Wärmebereitstellung (Biomasse/solare Nahwärme und Pellets/solar) führt – bei keinen Minderemissionen – zu höheren Wärmegestehungskosten. Allerdings erhöht sich durch eine solche Kopplung das Gesamtpotenzial aus Biomasse und thermischer Solarenergie, wodurch aus volkswirtschaftlicher Sicht ein Unterstützung dieser Kombination durchaus sinnvoll sein kann.

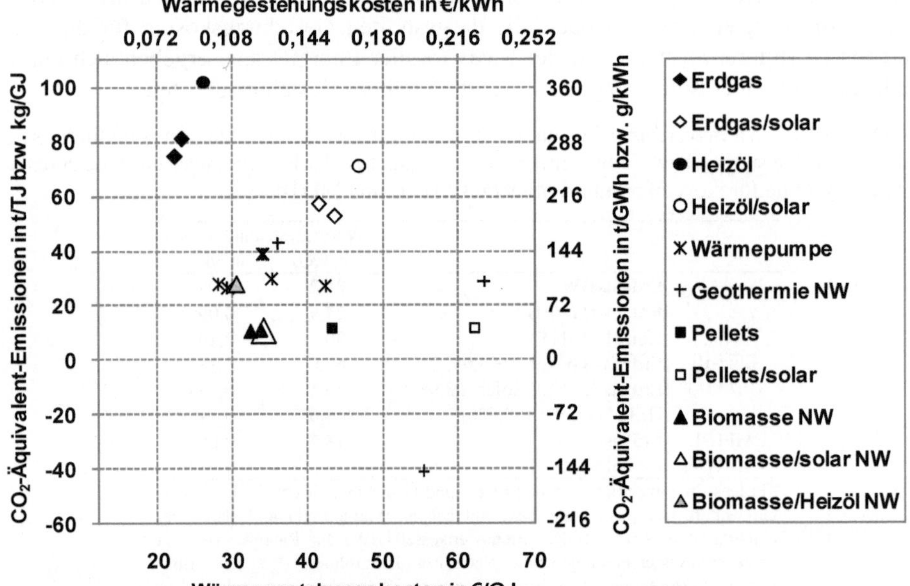

Abb. 10.13 Ökologische/ökonomische Analyse der spezifischen CO_2-Äquivalent-Emissionen (Tabelle 10.10) und der Wärmegestehungskosten (Tabelle 10.14) einer Wärmebereitstellung aus regenerativen Energien und fossilen Energieträgern für die Versorgungsaufgabe EFH-II

- Durch eine teilweise Deckung der Wärmenachfrage mit Spitzenlastkesseln auf der Basis fossiler Energieträger können die Wärmegestehungskosten von Biomassenahwärmesystemen (Biomasse/Heizöl Nahwärme) gesenkt werden; die CO_2-Äquivalent-Emissionen steigen dadurch allerdings an entsprechend des Anteils der fossilen Energieträger an der gesamten Wärmebereitstellung.
- In Abhängigkeit von der Arbeitszahl bewegen sich die Wärmegestehungskosten von Wärmepumpenanlagen bei etwas höheren CO_2-Äquivalent-Emissionen in etwa im Bereich jener von biomassebefeuerten Systemen mit Spitzenlastabdeckung durch fossile Energieträger.
- Die Wärmegestehungskosten einer geothermischen Wärmeversorgung sind im Wesentlichen von der installierten Leistung des Systems sowie dem Anteil der geothermischen Wärme an der gesamten Wärmeabgabe abhängig; entsprechend groß ist auch die in Abb. 10.13 dargestellte Bandbreite. Die CO_2-Äquivalent-Emissionen liegen in etwa im Bereich von Wärmepumpenanlagen. Eine Ausnahme stellt die Kaskadennutzung der tiefen Erdwärme dar, bei der sich Emissionsgutschriften durch die zusätzlich genutzte Wärme ergeben.
- Heizöl- und erdgasbefeuerte Systeme zeigen bei den geringsten Wärmegestehungskosten die höchsten CO_2-Äquivalent-Emissionen. Durch eine solarthermische Unterstützung der Wärmebereitung verringern sich diese Emissionen entsprechend dem solaren Deckungsgrad; allerdings steigen dadurch die Wärmegestehungskosten spürbar.

Bei der Analyse der SO_2-Äquivalent-Emissionen sowie der Wärmegestehungskosten (Abb. 10.14) lassen sich die nachfolgend diskutierten Tendenzen ableiten.

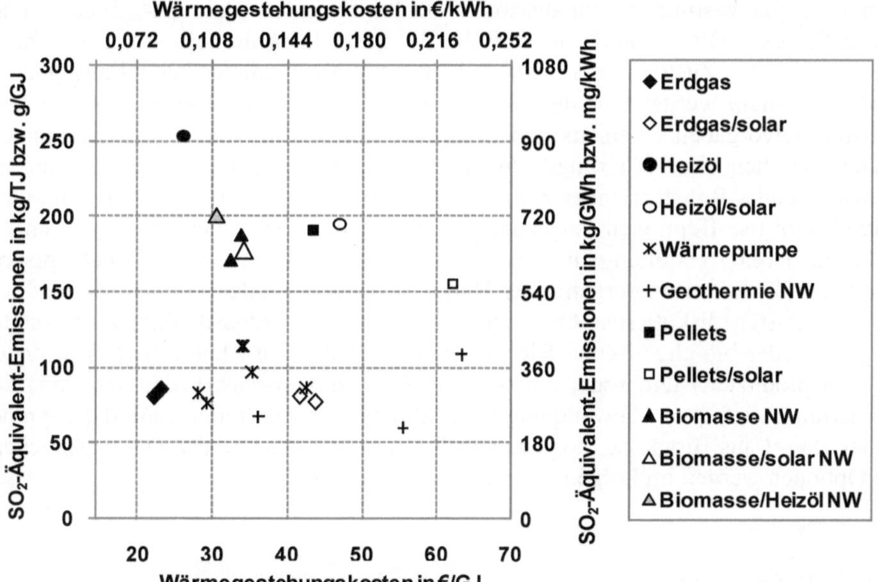

Abb. 10.14 Ökologische/ökonomische Analyse der spezifischen SO_2-Äquivalent-Emissionen (Tabelle 10.10) und der Wärmegestehungskosten (Tabelle 10.14) einer Wärmebereitstellung aus regenerativen und fossilen Energieträgern für die Versorgungsaufgabe EFH-II

- Erdgasbefeuerte Systeme und Wärmepumpenanlagen zeigen bei einer relativ moderaten Bandbreite der Wärmegestehungskosten ähnliche, auf einem niedrigen Niveau liegende, SO_2-Äquivalent-Emissionen. Geothermische Nahwärmesysteme sind im Vergleich dazu durch ebenfalls niedrige SO_2-Äquivalent-Emissionen, jedoch wesentlich höhere Wärmegestehungskosten, gekennzeichnet.
- Bei mit Pellets befeuerten Systemen, bei mit Hackgut betriebenen Biomassenahwärmesystemen (ohne bzw. mit heizölbefeuerter Spitzenlastabdeckung) sowie bei mit Heizöl befeuerten Systemen liegen die SO_2-Äquivalent-Emissionen – bei ähnlichen Wärmegestehungskosten wie mit Erdgas befeuerten Systemen und wie Wärmepumpenanlagen – um rund das Doppelte höher.
- Die Einbindung einer solarthermischen Wärmebereitstellung führt bei allen betrachteten Systemen zu einer Minderung der SO_2-Äquivalent-Emissionen bei gleichzeitig steigenden Wärmegestehungskosten.

10.3.3 Bereitstellung von Kraftstoffen

Entsprechend der bisherigen Vorgehensweise wird auch die ökologische und ökonomische Analyse flüssiger und gasförmiger Biokraftstoffe bzw. der substituierbaren fossilen Kraftstoffe anhand ausgewählter Kenngrößen durchgeführt.

Zu der Vielzahl unterschiedlichster Biokraftstoffe zählen die bereits heute auf dem Markt befindlichen Optionen Biodiesel (RME) und Bioethanol (sogenannte Kraftstoffe der 1. Generation). Diese Kraftstoffe zeichnen sich dadurch aus, dass Biomassen mit bestimmten Inhaltsstoffen benötigt werden (d. h. Öl-, Zucker- oder Stärkepflanzen). Die gesamte oberirdische Biomasse kann deshalb nur z. T. – nämlich nur der Öl-, Zucker- oder Stärkegehalt – für die Kraftstoffherstellung genutzt werden. Deshalb werden vor dem Hintergrund der ambitionierten politischen Biokraftstoffzielvorgaben einerseits und der Diskussion um mögliche Nutzungskonkurrenzen zwischen einer Nahrungs- und Futtermittelnutzung bzw. einem Einsatz als nachwachsender Rohstoff andererseits vermehrt Anstrengungen unternommen, alternative Biokraftstoffoptionen (sogenannte Biokraftstoffe der 2. Generation) zu entwickeln, zu deren Herstellung die gesamte oberirdische Biomasse und/oder entsprechende Abfallstoffströme organischer Herkunft genutzt werden können. Zu den derzeit am meisten diskutierten Optionen gehört das auf Erdgasqualität aufbereitetes Biogas aus der bio-chemischen Biomasseumwandlung (wird heute bereits in ersten Anlagen produziert) und sogenanntes Bio-SNG (synthetisches Erdgassubstitut) aus der thermo-chemischen Umwandlung fester Biomassen. Zusätzlich zählt dazu synthetischer Diesel aus Biomasse (sogenannter Fischer-Tropsch-Diesel). Die entsprechenden Optionen werden im Folgenden zunächst definiert.

10.3.3.1 Referenzanlagen

Im Rahmen der nachfolgenden Analysen werden die folgenden Biokraftstoffe näher untersucht.

- Rapsölmethylester. Biodiesel auf der Basis von Rapsöl (RME) wird i. Allg. großtechnisch hergestellt und erfüllt die vorhandenen Kraftstoffnormen. Das dafür benötigte Rapsöl wird in einer marktüblichen Ölmühle aus Rapssaat produziert. Der gesamte Prozess ist Stand der Technik.
- Bioethanol. Bioethanol wird hier aus Getreide und/oder Körnermais in einem Maischverfahren mit gleichzeitiger enzymatischer Verzuckerung und kontinuierlicher alkoholischer Fermentation sowie anschließender Destillation/Rektifikation und Absolutierung erzeugt. Das reine Ethanol wird anschließend konventionellem Ottokraftstoff zu geringen Anteilen zugemischt.
- Fischer-Tropsch-Diesel. Fischer-Tropsch(FT)-Diesel kann grundsätzlich aus jeder trockenen, festen Biomasse erzeugt werden. Dazu wird die Biomasse zunächst in ein Synthesegas überführt, aus dem katalysatorgestützt langkettige Kohlenwasserstoffverbindungen synthetisiert werden können. Sie müssen dann, um einen fossilem Diesel vergleichbaren Kraftstoff zu erhalten, in einem raffinerieähnlichen Prozess aufbereitet werden.
- Biomethan aus thermo-chemischen Prozessen. Wird feste Biomasse thermochemisch zu einem Synthesegas umgewandelt und dieses anschließend methanisiert, spricht man bei dem produzierten Biomethan von Bio-SNG (synthetic natural gas). Es kann nach einer entsprechenden Aufbereitung vergleichbar zu Erdgas auch im Verkehrssektor eingesetzt werden.
- Biomethan aus bio-chemischen Prozessen. Aus organischen Stoffen im wässrigen Milieu entsteht durch biologische Abbauprozesse ein Mischgas, das zu knapp zwei Drittel aus Methan besteht. Nach einer Abtrennung der anderen Gasbestandteile kann das dann verbleibende Biomethan vergleichbar zu Erdgas als Treibstoff genutzt werden.

10.3.3.2 Ökologische Analyse

Die Ökobilanzierung der definierten Kraftstoffoptionen erfolgt für eine großtechnische Bereitstellung der Kraftstoffe sowie eine Nutzung der Biokraftstoffe in einem Personenkraftwagen mit Diesel- bzw. Ottomotor (Tabelle 10.17 und Tabelle 10.18).

Es werden wiederum sämtliche Energie- und Materialeinsätze, die mit der Bereitstellung der Kraftstoffe sowie der Nutzung einhergehen, erfasst. Die Bilanzergebnisse werden auf 1 TJ bereitgestellte Kraftstoffmenge bezogen. Da jedoch beispielsweise mit einem TJ RME bzw. einem TJ Ethanol eine unterschiedliche Fahrleistung (d. h. Kilometerleistung) erzielt werden kann, werden die Bilanzergebnisse zusätzlich auf den damit realisierbaren Fahrkilometer bezogen (Tabelle 10.18, Kapitel 1.4.3.2 und 9.3.3.2).

Bei der Biokraftstoffproduktion fallen eine Reihe von Nebenprodukten an, die entsprechend verwertet werden können. Daher werden die mit einer Biokraftstofferzeugung zusammenhängenden energetischen Aufwendungen sowie Emissionen nicht vollständig dem Biokraftstoff sondern – zu einem gewissen Anteil – auch dem jeweiligen Nebenprodukt angerechnet. Exemplarisch wird deshalb in Tabelle 10.17 eine Aufteilung (d. h. Allokation) des energetischen Verbrauchs sowie der Emissionen zwischen Biokraftstoff und Nebenprodukten (d. h. Rapsschrot und Glycerin bei der RME-Erzeugung, DDGS (d. h. Trockenschlempe) bei der Ethanolerzeugung aus Körnermais sowie Naphta bei der Synthese von Fischer-Tropsch-Diesel) anhand der jeweiligen Energieinhalte sowie der entsprechenden Massen durchgeführt (Tabelle 10.17); zusätzlich sind in Tabelle 10.18 die Ergebnisse ohne eine Aufteilung des energetischen Verbrauchs zwischen Biokraftstoff und Nebenprodukten dargestellt. Bei der thermo- sowie bio-chemischen Methanerzeugung (Bio-SNG, Biomethan aus Biogas) fällt kein Nebenprodukt an; damit muss hier eine Aufteilung der Aufwendungen bzw. Emissionen auf Haupt- und Nebenprodukte nicht berücksichtigt werden. Die überschüssige Wärme bei der Erzeugung von Bio-SNG wird in Form einer Gutschrift berücksichtigt.

Tabelle 10.17 Energie- und Emissionsbilanzen einer Bereitstellung von Biokraftstoffen unter Berücksichtigung der anfallenden Nebenprodukte nach unterschiedlichen Allokationsmethoden (Zahlen gerundet)

	Aufteilung nach Energie					Aufteilung nach Masse				
	Energie in GJ/TJ[a]	SO_2 in kg/TJ	NO_x in kg/TJ	CO_2-Äquivalente in kg/TJ	SO_2-Äquivalente in kg/TJ	Energie in GJ/TJ[a]	SO_2 in kg/TJ	NO_x in kg/TJ	CO_2-Äquivalente in kg/TJ	SO_2-Äquivalente in kg/TJ
Biodiesel (RME)[b]	573	83	220	43 579	346	361	52	138	27 460	218
Bioethanol und DDGS[c]	603	94	137	40 404	249	512	80	116	34 324	211
Bioethanol ohne DDGS[c]	486	92	135	33 427	247	56	11	15	3 834	28
FT-Diesel[d]	316	66	91	30 008	181	316	66	91	29 990	181

[a] Verbrauch erschöpflicher Energieträger; [b] Nebenprodukt Glycerin; [c] aus Körnermais, Nebenprodukt Futtermittel DDGS (Trockenschlempe), Aufteilung der bilanzierten Aufwendungen bis zum Ende des Gesamtprozesses bzw. bis zum Prozessschritt Trocknung der Schlempe; [d] Fischer-Tropsch(FT)-Diesel, Nebenprodukt Naphta

Insgesamt zeigen die diskutierten Systeme zur Bereitstellung und Nutzung von Biokraftstoffen einen z. T. erheblich geringeren Verbrauch erschöpflicher Energieträger sowie geringere CO_2-Äquivalent-Emissionen als die vergleichbaren Kraftstoffe auf der Basis fossiler Energieträger (Abb. 10.15). Im Unterschied dazu weisen Biodiesel (RME) und Bioethanol die höchsten NO_x-Emissionen sowie SO_2-Äquivalent-Emissionen auf, da diese im Wesentlichen durch Schwefeldioxid und Stickstoffoxid dominiert werden (Abb. 10.16). Dies liegt u. a. an den im Vergleich zu einer Bereitstellung von auf Mineralöl basierten Kraftstoffen höheren NO_x-Emissionen bei der Bereitstellung der pflanzlichen Ausgangsprodukte (Raps, Körnermais) von Biokraftstoffen begründet.

Bei einem Vergleich zwischen den unterschiedlichen Biokraftstoffen bzw. den entsprechenden Energiepflanzen sind die Biokraftstoffe, die bisher nur im Rahmen von Versuchs- und Demonstrationsanlagen verfügbar sind (d. h. Kraftstoffe der 2. Generation; Fischer-Tropsch-Diesel, Biomethan aus thermo-chemischen Prozessen (d. h. Bio-SNG, z. B. aus Holz) und aus bio-chemischen Prozessen (d. h. Biomethan aus Biogas, z. B. aus Maissilage und Gülle)) durch den geringsten Einsatz erschöpflicher Energieträger sowie durch die geringsten Emissionen gekennzeichnet. Dagegen zeigen die Bereitstellung und Nutzung der heute auf dem Markt befindlichen Optionen Biodiesel und Bioethanol deutlich höhere Bilanzergebnisse.

Tabelle 10.18 Energie- und Emissionsbilanzen einer Bereitstellung von Bio- und Mineralölkraftstoffen ohne Berücksichtigung der anfallenden Nebenprodukte sowie einer energetischen Nutzung in einem Personenkraftwagen (Zahlen gerundet)

	Bezogen auf 1 TJ bereitgestellte Kraftstoffenergie					Bezogen auf mit 1 TJ realisierbare Fahrkilometer				
	Energie in GJ/TJ[a]	SO_2 in kg/TJ	NO_x in kg/TJ	CO_2-Äquivalente in kg/TJ	SO_2-Äquivalente in kg/TJ	Energie in GJ/Fkm[a]	SO_2 in g/Fkm	NO_x in g/Fkm	CO_2-Äquivalente in g/Fkm	SO_2-Äquivalente in g/Fkm
Mineralöldiesel	1 398	167	113	104 460	257	0,0026	0,306	0,207	186	0,470
Ottokraftstoff	1 413	192	108	101 615	277	0,0032	0,431	0,242	228	0,621
Erdgas	1 413	103	102	85 497	187	0,0031	0,229	0,226	190	0,415
Biodiesel (RME)[b]	943	137	361	71 657	568	0,0017	0,250	0,661	131	1,040
Bioethanol und DDGS[c]	975	151	222	65 318	402	0,0022	0,339	0,496	146	0,902
Bioethanol ohne DDGS[c]	761	144	211	52 372	387	0,0017	0,322	0,473	117	0,868
FT-Diesel[d]	429	90	123	40 697	245	0,0008	0,165	0,226	74	0,449
Bio-SNG mit Wärme[e]	351	69	94	29 898	170	0,0008	0,153	0,209	66	0,377
Bio-SNG ohne Wärme[e]	388	73	96	32 535	175	0,0009	0,161	0,214	72	0,389
Biomethan aus Biogas[f]	511	89	137	49 598	263	0,0011	0,198	0,304	110	0,584

[a] Verbrauch erschöpflicher Energieträger; [b] Nebenprodukt Glycerin; [c] aus Körnermais, Nebenprodukt Futtermittel DDGS (Trockenschlempe), Aufteilung der bilanzierten Aufwendungen bis zum Ende des Gesamtprozesses bzw. bis zum Prozessschritt Trocknung der Schlempe; [d] Fischer-Tropsch(FT)-Diesel, Nebenprodukt Naphta; [e] Biomethan aus thermo-chemischen Prozessen aus Holz mit bzw. ohne Anrechnung einer Wärmegutschrift für überschüssige erzeugte Wärme an der Anlage; [f] Biomethan aus bio-chemischen Prozessen ohne Berücksichtigung einer Wärmegutschrift

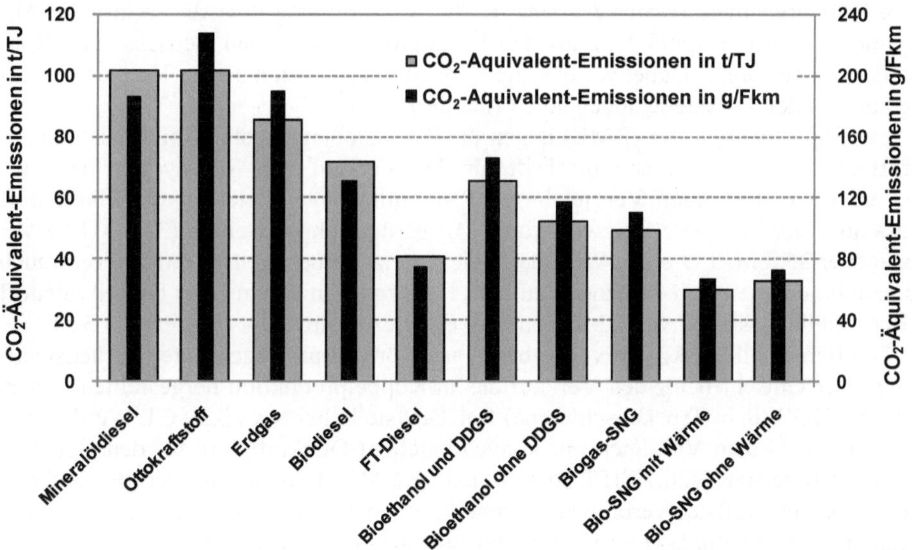

Abb. 10.15 CO_2-Äquivalent-Emissionen der betrachteten Referenzanlagen (zu den Zahlenwerten siehe Tabelle 10.18)

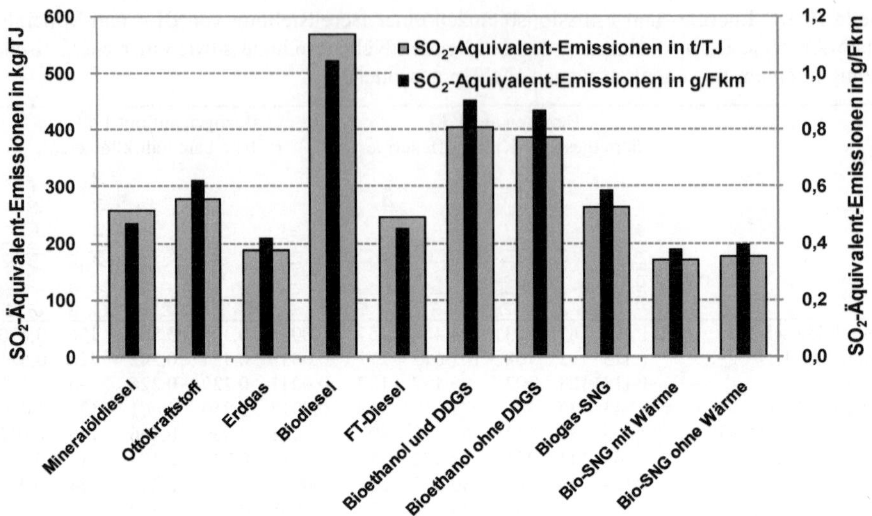

Abb. 10.16 SO_2-Äquivalent-Emissionen der betrachteten Referenzanlagen (Tabelle 10.18)

10.3.3.3 Ökonomische Analyse

Die mit einer Bereitstellung der betrachteten Biokraftstoffe verbundenen Kosten werden entsprechend der bisherigen Vorgehensweise auf Basis einer volkswirtschaftlichen Kostenrechnung (realer Zinssatz 4,5 %, Abschreibung über die technische Anlagenlebensdauer; Kapitel 1.3) aus den Investitionen sowie den Betriebs- und Rohstoffkosten bestimmt. Dabei werden die Bereitstellungskosten an der Konversionsanlage und an der Tankstelle angegeben (Tabelle 10.19).

Für Rapsölmethylester (RME) liegen die Bereitstellungskosten frei Tankstelle unter Berücksichtigung einer Gutschrift für den Verkauf von Rohglycerin bei etwa 0,61 €/l RME. Für einen Vergleich von RME mit konventionellem Dieselkraftstoff muss noch der geringere Heizwert von RME berücksichtigt werden (32,6 MJ/l RME gegenüber 35,5 MJ/l Diesel). Wird der gleiche heizwertbezogene Kraftstoffverbrauch unterstellt, ergeben sich – bezogen auf den Heizwert von einem Liter Dieselkraftstoff – Bereitstellungskosten von RME von 0,70 €/l Dieseläquivalent (Kapitel 9.3.3.3).

Die Bereitstellungskosten von Ethanol aus Körnermais liegen unter Berücksichtigung einer Gutschrift für den Verkauf des in Koppelproduktion hergestellten Futtermittels DDGS (d. h. Trockenschlempe) frei Tankstelle bei etwa 0,39 €/l. Werden diese Kosten für einen Vergleich mit konventionellem Ottokraftstoff auf den Heizwert von Benzin bezogen (26,7 MJ/l Ethanol und 32,6 MJ/l Benzin) und der gleiche heizwertbezogene Kraftstoffverbrauch unterstellt, ergeben sich Bereitstellungskosten von Ethanol aus Körnermais von rund 0,59 €/l Benzinäquivalent (Kapitel 9.3.3.3).

Die Bereitstellungskosten für die biogenen Kraftstoffe, die künftig an Bedeutung gewinnen könnten (Fischer-Tropsch-Diesel, Bio-SNG, Biomethan aus Biogas) sind dagegen derzeit – selbst unter Berücksichtigung von Gutschriften für den Verkauf der Nebenprodukte (Naphta, Wärme) – deutlich höher im Vergleich zu den heute verfügbaren Biokraftstoffen. Für Fischer-Tropsch-Diesel ergeben sich beispielsweise frei Tankstelle Kosten von etwa 0,99 €/l bzw. bezogen auf den Heizwert von einem Liter konventionellem Dieselkraftstoff von rund 1,06 € pro Liter Dieseläquivalent.

Tabelle 10.19 Bereitstellungskosten/-preise von Bio- und Mineralölkraftstoffen frei Konversionsanlage und frei Tankstelle

	Kosten frei Konversionsanlage				Kosten frei Tankstelle			
	in €/GJ	in €/l$_{Kraftstoff}$ [a]	in €/l$_{Dieseläquivalent}$	in €/l$_{Benzinäquivalent}$	in €/GJ	in €/l$_{Kraftstoff}$ [a]	in €/l$_{Dieseläquivalent}$	in €/l$_{Benzinäquivalent}$
Mineralöldiesel[b]					14,2	0,51	0,51	
Ottokraftstoff[b]					15,4	0,50		0,50
Erdgas[b]					15,8	0,60		0,46
Biodiesel (RME)[c]	18,3	0,60	0,66		19,1	0,61	0,67	
Bioethanol[c,d]	17,8	0,38		0,58	18,8	0,39		0,59
FT-Diesel[c,e]	29,2	0,98	1,05		30,0	0,99	1,06	
Bio-SNG[c,f]	24,8	0,89		0,80	25,8	0,91		0,82
Biomethan aus Biogas[g]	22,8	0,82		0,74	23,6	0,84		0,76

[a] für Erdgas Kostenangaben in €/kg, für Bio-SNG sowie Biomethan aus Biogas Kostenangaben in €/m³ statt €/l; [b] Durchschnittspreis (2006) ohne MWSt. und Mineralölsteuer; [c] Berücksichtigung der Erlöse aus Neben- und Koppelprodukten; [d] aus Körnermais; [e] Fischer-Tropsch(FT)-Diesel; [f] Biomethan aus thermo-chemischen Prozessen (Basis biogene Festbrennstoffe wie z. B. Holz); [g] Biomethan aus bio-chemischen Prozessen (Basis Nebenprodukte wie z. B. Gülle oder Energiepflanzen wie z. B. Maissilage)

Die durchschnittlichen Preise von Mineralölkraftstoffen liegen ohne Mineralölabgabe und Mehrwertsteuer (2006; Kapitel 1.4.3.2) frei Tankstelle bei 0,51 €/l (Mineralöldiesel), 0,50 €/l (Mittelwert aus Normal- und Super-Benzin) bzw. 0,60 €/kg (Erdgas; entspricht 0,46 €/l Benzinäquivalent) und damit unter den Kosten der entsprechenden Biokraftstoffe.

10.3.3.4 Ökologische/ökonomische Analyse

Analog zur Strom- und Wärmebereitstellung können auch die Ergebnisse der ökologischen und ökonomischen Analyse einer Bereitstellung von Kraftstoffen (Tabelle 10.18 und Tabelle 10.19) im Rahmen einer Portfolioanalyse dargestellt werden. Abb. 10.17 zeigt dies exemplarisch für die CO_2- und SO_2-Äquivalent-Emissionen in Abhängigkeit von den Bereitstellungskosten der untersuchten Kraftstoffe auf Biomasse- und Mineralölbasis.

Demnach zeigen alle untersuchten Biokraftstoffe bei meist deutlich höheren Gestehungskosten z. T. wesentlich geringere CO_2-Äquivalent-Emissionen als die jeweils substituierbaren Mineralölkraftstoffe. Bei den SO_2-Äquivalent-Emissionen weisen RME und Bioethanol bedingt durch die hohen NO_x-Emissionen bei der Bereitstellung der pflanzlichen Ausgangsprodukte die höchsten Emissionen auf. Bei Fischer-Tropsch-Diesel, Biomethan aus Biogas und Bio-SNG werden die Emissionen dagegen vor allem durch den Kraftstoffeinsatz im Fahrzeugmotor bestimmt. Daher kommt es hier zu keinen bzw. nur zu sehr geringen Unterschieden zwischen Bio- und Mineralölkraftstoffen.

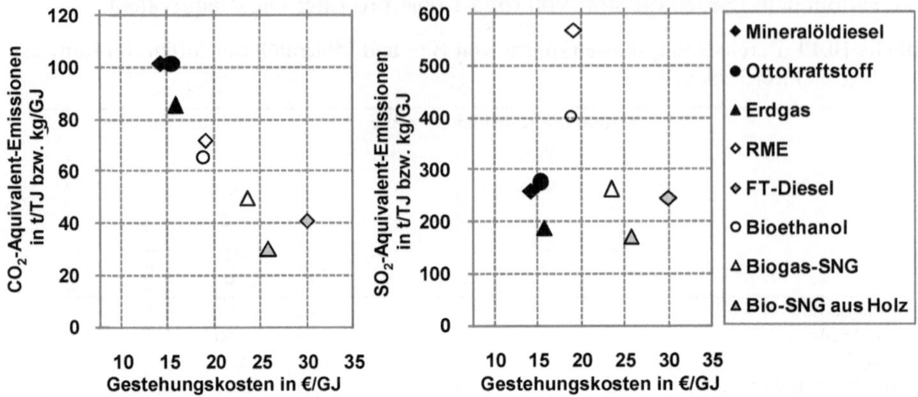

Abb. 10.17 Ökologische/ökonomische Analyse der spezifischen CO_2- (links) und SO_2-Äquivalent-Emissionen (rechts, Tabelle 10.18) sowie der Gestehungskosten (Tabelle 10.19) einer Bereitstellung von Kraftstoffen aus Biomasse und fossilen Energieträgern

Ein Vergleich der Biokraftstoffe untereinander macht deutlich, dass die heute auf dem Markt befindlichen Optionen Biodiesel und Bioethanol relativ kostengünstig bereitgestellt werden können. Sie sind jedoch im Gegensatz zu den Biokraftstoffen, deren energiewirtschaftliche Bedeutung zukünftig steigen könnte (Fischer-Tropsch-Diesel, Bio-SNG, Biomethan aus Biogas) durch z. T. deutlich höhere CO_2- und SO_2-Äquivalent-Emissionen gekennzeichnet.

10.4 Potenziale und Nutzung

Für die bisher untersuchten Optionen zur Bereitstellung elektrischer und thermischer Energie sowie von Kraftstoffen aus regenerativen Energien werden nachfolgend die theoretischen und technischen Potenziale zusammengestellt und vergleichend diskutiert. Zusätzlich wird auf die gegenwärtige Nutzung eingegangen.

10.4.1 Bereitstellung elektrischer Energie

Entsprechend der bisherigen Vorgehensweise wird auch beim Vergleich der Potenziale zwischen dem theoretischen Potenzial sowie den technischen Stromerzeugungspotenzialen unterschieden (Tabelle 10.20).

10.4.1.1 Theoretisches Potenzial

Die theoretischen Potenziale der Solarstrahlung, der Windenergie, der Wasserkraft, der Geothermie und der Biomasse unterscheiden sich erheblich. Beispielsweise wird auf die Gebietsfläche Österreichs ein Energiepotenzial von rund 92 000 TWh/a von der Sonne eingestrahlt (Kapitel 5.4.1). Demgegenüber liegt der Energieinhalt der bewegten Luftmassen über Österreich nur bei etwa 139 TWh/a (Kapitel 6.4.1); dieser deutlich geringere Wert resultiert daraus, dass es sich bei der Energie der bewegten Luftmassen letztlich um die mit entsprechenden Verlusten umgewandelte solare Strahlungsenergie handelt. Im Unterschied dazu beträgt das Linienpotenzial und damit das gesamte in den Flüssen und Bächen Österreichs verfügbare Energiepotenzial 118 TWh/a (Kapitel 2.4.1); es ist vor allem verglichen mit dem Strahlungsangebot gering, da es sich auch hier letztlich um – verlustbehaftet – umgewandelte Sonnenenergie handelt. Im Gegensatz zum Strahlungs- oder Windenergieangebot ist dieses Energieangebot aber durch eine entsprechend höhere Energiedichte gekennzeichnet. Die Nutzung der tiefen Erdwärme ist bisher weitgehend an das Vorhandensein von heiß- bzw. warmwasserführenden Sedimentstrukturen gekoppelt. Berücksichtigt man die entsprechenden Standorte mit einer Thermalwassertemperatur ab 100 °C bei einer unterstellten Nutzungsdauer von 500 Jahren ergibt sich ein Energiepotenzial von rund 5 000 TWh/a (Kapitel 8.4.1.2). Das theoretische Biomassepotenzial liegt demgegenüber bei etwa 748 TWh/a (Kapitel 9.4.1.1).

Tabelle 10.20 Potenziale und Nutzung regenerativer Energien zur Stromerzeugung

		Wasser-kraft	Photo-voltaik	Wind-kraft	Geo-thermie	Biomasse[a] fest	Biomasse[a] gasf.[b]
Theoretisches Potenzial	in TWh/a	118	92 200	139	4 978[c]	748	
Theoret. Stromerzeugungspotenzial[d]	in TWh/a	118	26 000	82	677[c]	449	
Technisches Angebotspotenzial	in TWh/a	55,2	18,8 – 42,9[e]	18	58,8	12,5[f]	2,2
Technisches Nachfragepotenzial							
Betrachtung für Österreich	in TWh/a[g,h]	49,7	1,9 – 8,5[i]	13,9	57,0	12,1[f]	2,1
Europaweite Betrachtung	in TWh/a[h,j]	51,3	17,5 – 39,9	16,7	54,7	[k]	[k]
Nutzung	in TWh/a[l]	37,3[m]	0,02	1,92	k. A.	1,63	0,45[n]

k. A. keine Angabe; [a] das Potenzial flüssiger Bioenergieträger zur Stromerzeugung ist vernachlässigbar klein (Kapitel 9.4.1) und wird deswegen hier nicht betrachtet; [b] Biogas aus landwirtschaftlichen (Exkremente, Ernterückstände, Grünschnitt) und industriellen Substraten sowie aus anaerober Bioabfallbehandlung und Klärschlammstabilisierung; [c] bei einer unterstellten Nutzungsdauer des gesamten Wärmeinhalts der nutzbaren Aquifere von 500 Jahren; [d] unter Berücksichtigung physikalisch maximaler Wirkungsgrade; [e] die Bandbreite ergibt sich aus den unterschiedlichen Technologien (der untere Wert entspricht Solarzellen aus amorphem Silizium mit einem Systemwirkungsgrad von 7 %, der obere Wert monokristallinen Solarzellen mit 16 %); [f] bei einer Stromerzeugung aus dem zusätzlichen verfügbaren Brennstoffpotenzial in bestehenden Biomasseanlagen über 100 kW Feuerungswärmeleistung sowie in neu zu errichtenden Anlagen; [g] unter Berücksichtigung der nachfrageseitigen Restriktionen in Österreich; [h] Singulärbetrachtung, d. h. Konkurrenzen der erneuerbaren Energien zur Deckung der Nachfrage sind nicht berücksichtigt, bei einer gesamthaften Betrachtung der Potenziale der erneuerbaren Energien können die Nachfragepotenziale daher geringer ausfallen (Kapitel 10.4.4); [i] ohne und mit Berücksichtigung von Zwischenspeichern für photovoltaisch erzeugten Strom; [j] für eine über Österreich hinausgehende Betrachtung (Kapitel 1.3.4) sowie unter Berücksichtigung von 7 % Netzverlusten; [k] keine europaweite Betrachtung, da Biomasse nachfrageorientiert bereitgestellt werden kann und die Potenziale vollständig im Inland nutzbar sind; [l] 2006; [m] Regelarbeitsvermögen; [n] Biogas, Klärgas (d. h. ohne Deponiegas)

Aus diesem theoretischen Angebotspotenzial kann auf der Grundlage physikalisch maximaler Umwandlungswirkungsgrade das korrespondierende theoretische Stromerzeugungspotenzial abgeschätzt werden. Aufgrund des großen solaren Strahlungsangebots ist es bei der Photovoltaik mit rund 26 000 TWh/a am größten. Bei der Wasserkraft beträgt das theoretisches Stromerzeugungspotenzial etwa 118 TWh/a, bei der Windenergie rund 82 TWh/a, bei der Geothermie etwa 677 TWh/a und bei der energetischen Nutzung von Biomasse insgesamt 449 TWh/a.

10.4.1.2 Technisches Potenzial

Nachfolgend werden die technischen Potenziale diskutiert. Entsprechend der bisherigen Vorgehensweise wird dabei zwischen dem technischen Angebots- und dem technischen Nachfragepotenzial unterschieden.

Technisches Angebotspotenzial. Aus den theoretischen Erzeugungspotenzialen können unter Berücksichtigung der technischen Restriktionen (u. a. Flächenverfügbarkeit für eine Anlageninstallation, derzeit erreichbare Systemnutzungsgrade) die technischen Angebotspotenziale bestimmt werden.

- Das technische Erzeugungspotenzial der Wasserkraft liegt bei 55,2 TWh/a (Kapitel 2.4.1) oder etwa 89 % der gesamtösterreichischen Nettostromerzeugung von 62,0 TWh/a (2006).
- Das photovoltaische Stromerzeugungspotenzial auf Dachflächen, Gebäudefassaden und Lärmschutzwänden liegt in Abhängigkeit von Zelltyp zwischen 9,7 und 22,2 TWh/a (amorphe bzw. monokristalline Zellen) und auf Freiflächen zwischen 9,1 und 20,7 TWh/a (amorphe bzw. monokristalline Photovoltaikzellen auf extensiv genutztem sowie nicht mehr genutztem Grünland; Kapitel 5.4.1). Dies entspricht etwa 16 bis 36 bzw. ca. 15 bis 33 % bezogen auf die Nettostromerzeugung. Die entsprechenden in Photovoltaikanlagen zu installierenden Leistungen liegen auf Dach- und Fassadenflächen zwischen 11,6 und 26,5 GW bzw. auf Freiflächen zwischen 9,5 und 21,8 GW.
- Die windtechnische Stromerzeugung ist durch ein technisches Erzeugungspotenzial von 18 TWh/a (Kapitel 6.4.1) gekennzeichnet (ca. 29 % bezogen auf die Nettostromerzeugung in Österreich). Dazu wäre eine windtechnische Leistung von 9 GW zu installieren.
- Unter der Annahme, dass das technische Erzeugungspotenzial der Geothermie über einen Zeitraum von 500 Jahren sukzessive erschlossen wird, ergibt sich für Österreich ein unter diesen Bedingungen nachhaltig nutzbares Angebotspotenzial von ca. 59 TWh/a (Kapitel 8.4.1.2).
- Das technische Angebotspotenzial einer Stromerzeugung aus Biomasse liegt für feste Bioenergieträger bei 12,5 TWh/a, für Biogas (ohne Deponiegas) bei rund 2,2 TWh/a und für flüssige Bioenergieträger bei 0,1 TWh/a (Kapitel 9.4.2.1). Dies entspricht insgesamt etwa 23,2 % der österreichischen Nettostromerzeugung. Bei der Bestimmung der Potenziale fester Bioenergieträger ist deren derzeitige Nutzung zur Strom- und Wärmeerzeugung im Energiesystem von Österreich berücksichtigt; d. h. vom insgesamt vorhandenen Brennstoffpotenzial steht für eine Bereitstellung elektrischer Energie nur derjenige Anteil zur Verfügung, der derzeit nicht für eine Wärmebereitstellung genutzt wird. Wird demgegenüber unterstellt,

dass das gesamte technische Brennstoffpotenzial zur Stromerzeugung nutzbar wäre, errechnet sich ein Erzeugungspotenzial von rund 16 TWh/a.

Zusammengenommen liegt das technische Angebotspotenzial einer Stromerzeugung aus Wasserkraft, Solarstrahlung, Windenergie, Geothermie und Biomasse zwischen 166 und 190 TWh/a. Dieses Erzeugungspotenzial (Tabelle 10.20) übersteigt die Netto-Stromerzeugung in Österreich um maximal das Dreifache.

Technisches Nachfragepotenzial. Das diskutierte Angebotspotenzial liefert keine Aussage, inwieweit das Angebot an elektrischem Strom aus regenerativen Energien auch tatsächlich im österreichischen bzw. europäischen Energiesystem integrierbar ist. Zu beachten ist dabei aber, dass Strom aus Erdwärme sowie aus Biomasse grundsätzlich unabhängig von tages- und jahreszeitlichen Schwankungen ist und daher nachfrageorientiert bereitgestellt werden kann (d. h. die aktuelle Erzeugung kann i. Allg. problemlos an die entsprechende Nachfrage im Netz angepasst werden). Außerdem können die Schwankungen in der Stromerzeugung infolge des kaum beeinflussbaren meteorologischen Angebots aus Wasserkraft, Solarstrahlung und Windenergie im Rahmen des europäischen Stromverbundes durch Im- und Exporte ausgeglichen werden.

Daher ist eine ausschließlich auf Österreich bezogene Betrachtung eher theoretischer Natur (Kapitel 2.4.1, 5.4.1, 6.4.1, 8.4.1.2 und 9.4.1.3), wenn – wie hier unterstellt – die netzseitigen Voraussetzungen (Übertragungskapazitäten) vorhanden sind und in anderen europäischen Ländern eine entsprechende Stromnachfrage gegeben ist (d. h. dort Strom aus nicht regenerativen Energien substituiert werden kann). Unter diesen Randbedingungen wird das technische Nachfragepotenzial dem technischen Angebotspotenzial gleichgesetzt. Zusätzlich werden lediglich die anfallenden Netzverluste (pauschal mit 7 % unterstellt) berücksichtigt.

Weiters ist bei den nachfolgend dargestellten Potenzialen (Tabelle 10.20) zu berücksichtigen, dass die Potenziale aus einer singulären Betrachtung der einzelnen regenerativen Energien resultieren und damit die gleiche Nachfrage (nämlich die nach elektrischer Energie in Österreich) decken. Sie dürfen somit nicht ohne weiteres aufaddiert werden (Kapitel 10.4.4).

- Wird das gesamte technische Angebotspotenzial einer Stromerzeugung aus Wasserkraft (55,2 TWh/a) genutzt, können davon – bei einer europaweiten Betrachtung – 51,3 TWh/a genutzt werden (Kapitel 2.4.1).
- Das technische Nachfragepotenzial der photovoltaischen Stromerzeugung beträgt – ebenfalls bei einer europaweiten Betrachtung des Energiesystems – je nach genutzter Technologie (Solarzellen aus amorphem Silizium bzw. monokristalline Solarzellen) zwischen 17,5 und 39,9 TWh/a (Kapitel 5.4.1).
- Auch bei der Windkraft wird unterstellt, dass Schwankungen bei der Stromerzeugung durch einen Stromim- bzw. -export im Rahmen des europäischen Strommarktes ausgeglichen werden können. Unter Zugrundelegung dieser Restriktionen bestimmt sich das technische Nachfragepotenzial einer windtechnischen Stromerzeugung mit 16,7 TWh/a (Kapitel 6.4.1).
- Für Strom aus geothermischen Anlagen ergeben sich keine nachfrageseitigen Beschränkungen (d. h. nachfrageorientierter Betrieb ist jederzeit möglich), so dass

unter Berücksichtigung der Netzverluste das gesamte Angebotspotenzial genutzt werden kann. Bei einer europaweiten Betrachtung ergibt sich damit ein technisches Nachfragepotenzial von 54,7 TWh/a (Kapitel 8.4.1.2).

- Feste Biomasse kann einfach transportiert und gelagert und damit nachfrageorientiert genutzt werden. Damit ist das technische Angebotspotenzial vollständig in Österreich nutzbar und eine europaweite Betrachtung ist nicht notwendig. Das technische Angebotspotenzial entspricht damit unter Berücksichtigung anfallender Netzverluste (pauschal mit 3 % unterstellt) einem technischen Nachfragepotenzial von 12,1 TWh/a (Kapitel 9.4.1.3).

Die von Biogasanlagen bereitstellbare elektrische Energie fällt – aufgrund des relativ trägen biologischen Abbauprozesses – relativ gleichmäßig verteilt im Jahr an. Tageszeitliche Abweichungen zwischen potenzieller Stromerzeugung und Nachfrage nach elektrischer Energie im Netz können aber durch einen Gasspeicher ausgeglichen werden. Aufgrund des im Vergleich zum Gesamtverbrauch an elektrischer Energie geringen technischen Angebotspotenzials kann daher näherungsweise unterstellt werden, dass die gesamte technisch aus Biogas bereitstellbare elektrische Energie auch in das österreichische Energiesystem integriert werden kann. Das technische Nachfragepotenzial einer Strombereitstellung in Biogasanlagen von ca. 2,1 TWh/a entspricht demnach unter Berücksichtigung der Netzverluste dem technischen Angebotspotenzial (Kapitel 9.4.1.3).

10.4.1.3 Nutzung

Bei der Nutzung regenerativer Energien zur Stromerzeugung dominiert in Österreich traditionell die Wasserkraft. Die Stromerzeugung aus Biomasse und Wind haben demgegenüber einen vergleichsweise geringen Anteil und die photovoltaische sowie geothermische Stromerzeugung sind – vor dem Hintergrund der Dimensionen des Energiesystems Österreich – nahezu bedeutungslos (Tabelle 10.20).

- Ende 2006 bzw. 2007 waren in Österreich ca. 11 853 bzw. 12 009 MW an elektrischer Leistung in Anlagen zur Nutzung regenerativer Wasserkraft (d. h. keine Pumpspeicherkraftwerke) installiert (5 189 bzw. 5 194 MW in Lauf- und 6 454 bzw. 6 602 MW in Speicherkraftwerken (jeweils 2006 und 2007)). Mit diesem Anlagenbestand wurden 2006 bzw. 2007 rund 37,3 bzw. 38,2 TWh elektrische Energie erzeugt (Kapitel 2.4.2). Bezogen auf das technische Nachfragepotenzial (europaweite Betrachtung) entspricht das Regelarbeitsvermögen der installierten Wasserkraftanlagen einer Ausnutzung von rund 74 %.
- Bis Ende 2006 bzw. 2007 wurde etwa eine Leistung von 22,4 bzw. 24,4 MW an netzgekoppelten Photovoltaikanlagen installiert, mit denen rund 19 bzw. 21 GWh/a an elektrischer Energie bereitgestellt wurden (Kapitel 5.4.2). Dies sind nur 0,1 % des technischen Nachfragepotenzials.
- Mit Windkraftanlagen wurden 2006 bzw. 2007 bei einer installierten elektrischen Leistung von 965 bzw. 981,5 MW ca. 1,93 bzw. 1,95 TWh an elektrischem Strom bereitgestellt (d. h. 11,5 bzw. 11,7 % des windtechnischen Nachfragepotenzials; Kapitel 6.4.2).

- Tiefe Erdwärme wird in Österreich bisher überwiegend zur Wärmebereitstellung genutzt. Derzeit gibt es nur zwei Anlagen (Altheim, Bad Blumau), die auch Strom erzeugen (Kapitel 8.4.2). Damit wird das technische Nachfragepotenzial aus überwiegend ökonomischen Gründen gegenwärtig kaum genutzt.
- Aus fester Biomasse wurden 2007 ca. 1,63 TWh und aus Biogas (einschließlich Klärgas) etwa 0,45 TWh elektrische Energie bereitgestellt (d. h. rund 14,4 % des Nachfragepotenzials der Stromerzeugung aus Biomasse; Kapitel 9.4.2.1 und 9.4.2.3).

Zusammengenommen wurden im Jahr 2006 aus regenerativen Energien rund 41,3 TWh an elektrischer Energie bereitgestellt; dies entspricht etwa 67 % der gesamtösterreichischen Netto-Stromerzeugung von 62,0 TWh/a (2006).

In Tabelle 10.21 ist dazu auch die zeitliche Entwicklung der Nutzung von Wasserkraft, Solarstrahlung (Photovoltaik) und Windkraft zur Stromerzeugung in Zwei-Jahresschritten für die Jahre 1990 bis 2006 dargestellt. Sowohl relativ als auch absolut nahm in diesem Zeitraum die Windkraftnutzung am meisten zu (Zuwachs an installierter Leistung von 965 MW). Auch bei den Photovoltaikanlagen ist – relativ betrachtet – zwischen 1990 und 2006 ein starker Anstieg der installierten Leistung zu verzeichnen; allerdings liegt der absolute Zuwachs (22,3 MW) deutlich unter dem der Wasserkraft (900 MW).

Tabelle 10.21 Installierte Leistungen und korrespondierende Stromerzeugung von netzgekoppelten Anlagen zur Nutzung von Wasserkraft, solarer Strahlung und Windenergie

		1990	1992	1994	1996	1998	2000	2002	2004	2006
Wasserkraft	Leistung in MW	10 947	11 095	11 239	11 378	11 620	11 664	11 690	11 745	11 853
	Stromerz. in GWh/a	32 492	36 082	36 894	35 580	38 700	43 461	42 057	39 462	37 278
Photovoltaik	Leistung in MW	0,08	0,19	0,45	0,83	1,65	3,22	8,36	18,42	22,42
	Stromerz. in GWh/a[a]	0,06	0,15	0,36	0,66	1,32	2,58	6,69	14,73	19,05
Windkraft	Leistung in MW			0,3	11,8	28,7	77,0	139	606	965
	Stromerz. in GWh/a[a]			0,5	19	46	131	264	1 212	1 930

Stromerz. Stromerzeugung; [a] berechnet

10.4.2 Bereitstellung thermischer Energie

Auch hier wird bei der Gegenüberstellung der Potenziale zwischen dem theoretischen Potenzial, dem technischen Angebotspotenzial und dem technischen Nachfragepotenzial unterschieden (Tabelle 10.22).

10.4.2.1 Theoretisches Potenzial

Auf die Gebietsfläche Österreichs wird von der Sonne ein Energiepotenzial von rund 332 000 PJ/a eingestrahlt, das mit solarthermischen Anlagen theoretisch genutzt werden könnte (Kapitel 4.4.1).

Merklich geringer ist das theoretische Potenzial der Umgebungswärme, da dieses nur einen Teil der (verlustbehaftet) in Umgebungswärme umgewandelten eingestrahlten Solarenergie darstellt.

Die theoretische Obergrenze der oberflächennahen Erdwärmenutzung liegt je nach eingesetzter Technik zwischen 11 750 PJ/a (horizontal verlegte Erdkollektoren) und 83 900 PJ/a (vertikal abgeteufte Erdsonden). Die Nutzung des Potenzials einer Wärmegewinnung durch Erdsonden und Erdkollektoren steht dabei zueinander in teilweiser Konkurrenz (Kapitel 7.4.1). Bei der Nutzung der Außenluft als Wärmequelle gibt es dahingegen keine theoretische Obergrenze, da die genutzte Umweltwärme vermehrt um den eingesetzten Strom mehr oder weniger schnell wieder an die Außenluft abgegeben wird.

Der im tiefen Untergrund in Sedimentstrukturen zugängliche und – zumindest im theoretischen Maximalfall verlustfrei – nutzbare geothermische Energievorrat beträgt etwa 24 Mio. PJ; bei einer unterstellten Nutzungsdauer von 500 Jahren entspricht dies rund 48 200 PJ/a (Kapitel 8.4.1.1).

Das theoretische Brennstoffpotenzial einer energetischen Nutzung von Biomasse liegt bei 2 693 PJ/a (Kapitel 9.4.1.1); unter Zugrundelegung einer theoretisch verlustfreien Umwandlung entspricht dies genau dem theoretischen Wärmebereitstellungspotenzial.

Tabelle 10.22 zeigt eine zusammenfassende Übersicht der einzelnen theoretischen Potenziale.

Tabelle 10.22 Potenziale und Nutzung regenerativer Energien zur Wärmebereitstellung

		Solar-thermie	Umgebungs-wärme[a]	Tiefe Erdwärme	Biomasse[b] fest	gasf.[c]
Theoretisches Potenzial	in PJ/a	332 000	11 750 - 83 900	48 200[d]	2 690	
Theoretisches Wärmepotenzial	in PJ/a	332 000	k. A.	48 200[d]	2 690	
Technisches Angebotspotenzial	in PJ/a	138 - 262[e]	110 (80) - 780 (560)[e]	13,9	175[f]	8,6[f]
Technisches Nachfragepotenzial	in PJ/a	42	130 (93)	7,2[g]	175[f]	2,1[f]
Nutzung	in PJ/a[h]	3,7	9,4 (6,4)	0,35	135	k. A.

k. A. keine Angabe; gasf. gasförmig; [a] in Klammer Anteil der Umweltwärme, Differenz zu Gesamtwert entspricht der zugeführten elektrischen Antriebsarbeit, ausgenommen Potenzial der der Außenluft nutzenden Wärmepumpen, welches unlimitiert ist; [b] das Potenzial flüssiger Bioenergieträger zur Wärmebereitstellung ist vernachlässigbar klein (Kapitel 9.4.1); [c] Biogas aus landwirtschaftlichen (Exkremente, Ernterückstände und Grasschnitt von landwirtschaftlichen Flächen) und industriellen Substraten sowie aus anaerober Bioabfallbehandlung und Klärschlammstabilisierung (d. h. ohne Deponiegas); [d] bei einer unterstellten Nutzungsdauer des gesamten Wärmeinhalts der warm- und heißwasserführenden Aquifere von 500 Jahren; [e] die Bandbreite ergibt sich aus den unterschiedlichen Technologien; [f] bei Kraft-Wärme-Kopplung; [g] davon ca. 1,5 PJ/a geothermische Wärme für Landwirtschaft; [h] bereitgestellte Wärme 2006

10.4.2.2 Technisches Potenzial

Das ausgewiesene theoretische Potenzial ist nicht vollständig technisch nutzbar. Belastbare Aussagen im Hinblick auf die technischen Nutzungsmöglichkeiten ermöglicht deswegen das technische Potenzial, das nachfolgend zusammenfassend diskutiert wird.

Technisches Angebotspotenzial. Aus dem theoretischen Potenzial können unter Berücksichtigung technischer Restriktionen (u. a. Flächenverfügbarkeit für eine Anlageninstallation, derzeit erreichbare Systemnutzungsgrade) die technischen Angebotspotenziale abgeschätzt werden.

- Das technische Angebotspotenzial einer solarthermischen Wärmebereitstellung liegt – je nach zugrunde gelegter Technik und Auslegung – zwischen 138 und 262 PJ/a (Kapitel 4.4.1). Bezogen auf die gesamte Nachfrage nach Raum- und Niedertemperaturprozesswärme (bis 100 °C) sowie Trinkwarmwasser in Österreich (304 PJ im Jahr 2006) sind dies zwischen 45 und 86 %.
- Die technisch bereitstellbare Wärme durch Nutzung der Umgebungswärme mittels Wärmepumpen durch Erdreich- und Grundwassernutzung liegt bei der Nutzung von horizontalen Erdkollektoren bzw. von vertikalen Erdsonden – die in Konkurrenz zueinander stehen – bei 110 bzw. 780 PJ/a (Kapitel 7.4.1); davon sind 80 bzw. 560 PJ/a Umweltwärme (d. h. letztlich hauptsächlich Sonnenenergie) und 30 bzw. 220 PJ/a stammen aus der für den Betrieb der Wärmepumpen notwendigen Antriebsenergie (d. h. meist elektrische Energie aus dem Netz der öffentlichen Versorgung). Insgesamt entspricht dies einem Anteil von ca. 36 bzw. 256 % der Nachfrage nach Niedertemperaturwärme; d. h. bei einer oberflächennahen Erdwärmenutzung ausschließlich durch Erdsonden könnte aus rein technischer Sicht mehr als das Doppelte der Niedertemperaturwärmenachfrage gedeckt werden. Bei Außenluftwärmepumpen ist das Angebotspotenzial dagegen unlimitiert.
- Aus den in Österreich vorhandenen und mit der heute verfügbaren Technik weitgehend erschließbare Vorkommen an tiefer Erdwärme (d. h. nur Sedimentstrukturen) können insgesamt 13,9 PJ/a bereitgestellt werden (Kapitel 8.4.1.1); dies entspricht etwa 4,6 % der Nachfrage nach Niedertemperaturwärme.
- Das technische Angebotspotenzial einer Wärmebereitstellung aus Biomasse liegt bei insgesamt etwa 184 PJ/a (ca. 53 % der Nachfrage nach Raumwärme, Warmwasser sowie Prozesswärme bis 500 °C von insgesamt rund 345 PJ/a; Kapitel 9.4.1.2). Da sowohl für die ausschließliche Wärmebereitstellung als auch für die KWK-Nutzung ein Umwandlungswirkungsgrad von 90 % unterstellt ist, wird für die Aufsummierung des Gesamtpotenzials aufgrund des höheren exergetischen Wirkungsgrades die KWK-Nutzung berücksichtigt.

Zusammengenommen liegt das technische Angebotspotenzial einer Wärmeerzeugung aus Solar- und Umgebungswärme, tiefer Erdwärme sowie Biomasse je nach eingesetzter Technik zwischen 445 und 1 240 PJ/a. Dieses Gesamtpotenzial (Tabelle 10.22) übersteigt im günstigsten Fall die Nachfrage im Niedertemperatur- und Prozesswärmebereich bis 500 °C um mehr als das Dreifache.

Technisches Nachfragepotenzial. Das technische Angebotspotenzial liefert keine Aussage, inwieweit das Angebot an Wärme aus regenerativen Energien auch tatsächlich im österreichischen Energiesystem nutzbar ist. Zur Abschätzung des technischen Nachfragepotenzials werden daher nachfrageseitige Restriktionen wie z. B. saisonale Schwankungen von Angebot und Nachfrage berücksichtigt. Dabei muss allerdings beachtet werden, dass hier nur eine singuläre Betrachtung realisiert wird; die im Folgenden ausgewiesenen Potenziale decken folglich die gleiche Wärmenachfrage und dürfen somit nicht aufaddiert werden (Tabelle 10.22).

- Das technische Nachfragepotenzial einer solarthermischen Wärmebereitstellung ist mit 42 PJ/a aufgrund der weitgehenden Gegenläufigkeit von solarem Energieangebot und Energienachfrage, den bisher praktisch nicht verfügbaren saisonalen Speichermöglichkeiten für Niedertemperaturwärme und den nicht überall verfügbaren, für die Nutzung der Solarwärme aber notwendigen, Zentralheizungssystemen, deutlich geringer als das entsprechende Angebotspotenzial (Kapitel 4.4.1).

- Vor allem aufgrund der beschränkten Einsatzmöglichkeiten von Heizungsanlagen auf Wärmepumpenbasis im vorhandenen Gebäudebestand liegt das Nachfragepotenzial einer Wärmebereitstellung durch eine Nutzung der Umgebungswärme mit 130 PJ/a (d. h. 93 PJ/a an Umweltwärme und 37 PJ/a an elektrischer Energie) unterhalb des entsprechenden Angebotspotenzials (Kapitel 7.4.1).
- Das technische Nachfragepotenzial der tiefen Erdwärmenutzung liegt bei etwa 5,7 PJ/a für die Raumwärme- und Trinkwarmwasserbereitung sowie bei weiteren 1,5 PJ/a für eine landwirtschaftliche Nachnutzung (Kapitel 8.4.1.1).
- Durch die Möglichkeit, den Anfall fester Bioenergieträger infolge der einfachen Speicherung räumlich und/oder zeitlich von deren Nutzung zu entkoppeln, kann das gesamte Angebotspotenzial einer Wärmebereitstellung aus festen Bioenergieträgern von ca. 175 PJ/a (bei einer gekoppelten Wärme- und Krafterzeugung; Kapitel 9.4.1.3) genutzt werden. Bei einer Bereitstellung von Wärme aus Biogas-KWK-Anlagen ist dies demgegenüber i. Allg. nicht in diesem Maße möglich; das technische Nachfragepotenzial ist hier mit etwa 2,1 PJ/a deutlich geringer als das entsprechende Angebotspotenzial (Kapitel 9.4.1.3).

Diese Nachfragepotenziale können sich bei einer Veränderung der Wärmenachfrage in Österreich entsprechend ändern. Dabei sind derzeit im Niedertemperaturwärmebereich zwei unterschiedliche und gegenläufige Tendenzen zu beobachten. Einerseits steigt der Wohngebäudebestand nach wie vor an und deshalb nimmt die statistisch pro Einwohner bewohnte Fläche immer noch zu; damit steigt auch die entsprechende Nachfrage nach Niedertemperaturwärme. Andererseits sinkt die spezifische Wärmenachfrage des vorhandenen Gebäudebestandes infolge einer im Verlauf der letzten Jahre immer weiter verbesserten Wärmedämmung sowie der tendenziell ansteigenden jahresdurchschnittlichen Außentemperatur aufgrund des anthropogenen Treibhauseffektes. Inwieweit sich diese entgegengesetzt verlaufenden Trends auf die weitere Entwicklung der Nachfragepotenziale auswirken werden, kann zum gegenwärtigen Zeitpunkt nicht abschließend abgeschätzt werden.

10.4.2.3 Nutzung

Bei der Nutzung regenerativer Energien zur Wärmebereitstellung (Tabelle 10.22) dominiert in Österreich traditionell die Biomasse. Darüber hinaus trägt aber auch die Nutzung der Umgebungswärme mittels Wärmepumpenanlagen und der solarthermischen Wärmenutzung zur Deckung der Wärmenachfrage bei. Demgegenüber ist der Anteil der tiefen Erdwärmenutzung zur Deckung der Wärmenachfrage in Österreich vergleichsweise gering.

- Ende 2006 bzw. 2007 lag die gesamte in solarthermischen Anlagen installierte Kollektorfläche – bei deutlich steigender Tendenz – etwa bei rund 3,2 bzw. 3,7 Mio. m^2. Werden mittlere Energieerträge für die entsprechenden Anlagen unterstellt, errechnet sich eine daraus nutzbar abgegebene Wärme von etwa 3,7 bzw.4 PJ/a; dies entspricht rund 9 % des technischen Nachfragepotenzials (Kapitel 4.4.2).

- In Österreich werden etwa 160 000 Wärmepumpen zur Nutzung der Umgebungswärme mit einer Heizleistung von 1 560 MW betrieben. Bei einem Verbrauch von 3,0 PJ/a (830 GWh/a) an elektrischer Energie werden dabei rund 9,4 PJ/a Wärme (d. h. 1,8 PJ/a Warmwasser bzw. 7,6 PJ/a Heizung und Wärmerückgewinnung) bereitgestellt (Ende 2006). Der Anteil an regenerativer Umweltwärme liegt mit 6,4 PJ/a bei etwa 68 %; dies entspricht etwa 7 % des Nachfragepotenzials der Umgebungswärme (Kapitel 7.4.2).
- Der Beitrag der tiefen Erdwärmenutzung im Energiesystem Österreichs ist gering. Ende 2007 waren in 10 geothermischen Anlagen rund 55 MW an thermischer Leistung installiert. Die damit bereitgestellte Endenergie ist mit geschätzten rund 0,4 PJ/a (knapp 6 % des Nachfragepotenzials) gering (Kapitel 8.4.2).
- Die Nutzung der Biomasse stellt mit einer 2007 bereitgestellten Wärme von etwa 135 PJ den mit Abstand wichtigsten regenerativen Energieträger zur Wärmebereitung dar; dies entspricht einem realisierten Anteil am Nachfragepotenzial an Wärme aus Biomasse von rund 76 % (Kapitel 9.4.2.1).

10.4.3 Bereitstellung von Kraftstoffen

Tabelle 10.23 zeigt die Potenziale einer Bereitstellung flüssiger Bioenergieträger (Kapitel 9.4.1). Sie werden nachfolgend – ebenso wie die gegenwärtige Nutzung – kurz diskutiert.

Tabelle 10.23 Potenziale und Nutzung flüssiger Bioenergieträger

<table>
<tr><th>Energiepflanze/Ausgangsstoff</th><th></th><th>Raps</th><th>Raps</th><th>Altspeiseöle und -fette</th><th>Zuckerrübe</th><th>Winterweizen</th></tr>
<tr><th>Energieträger</th><th></th><th>Rapsöl</th><th>RME</th><th>AME[a]</th><th>Ethanol</th><th>Ethanol</th></tr>
<tr><td>Theoretisches Potenzial</td><td>in PJ/a[b]</td><td colspan="5">2 154 (insgesamt für alle Kraftstoffoptionen)</td></tr>
<tr><td>Technisches Angebotspotenzial</td><td>in PJ/a[c]</td><td>1,0</td><td>1,0</td><td>0,9</td><td>1,3</td><td>0,6</td></tr>
<tr><td>Technisches Nachfragepotenzial</td><td>in PJ/a[c]</td><td>1,0</td><td>1,0</td><td>0,9</td><td>1,3</td><td>0,6</td></tr>
<tr><td>Nutzung</td><td>in PJ/a[d]</td><td>0,7</td><td>13,7</td><td>0,13</td><td colspan="2">0,5</td></tr>
</table>

[a] Altspeiseölmethylester; [b] gesamtes Kraftstoffpotenzial; auf einer Fläche von 68 000 km² (Fläche Österreichs abzüglich Flächen von Gewässern, Alpen und Ödland); [c] unterstellte Aufteilung auf insgesamt 58 790 ha Ackerfläche; Aufsummierung möglich; [d] 2007

10.4.3.1 Theoretisches Potenzial

Wird angenommen, dass auf der Gesamtfläche Österreichs (abzüglich Flächen von Gewässern, Alpen und Ödland) eine Biomasseproduktion möglich wäre, ergibt sich eine theoretisch bereitstellbare Energie von etwa 2 693 PJ/a. Bei einer unterstellten ausschließlichen Kraftstofferzeugung errechnet sich daraus mit einem theoretischen Wirkungsgrad von 80 % eine Treibstoffenergie von 2 154 PJ/a (Kapitel 9.4.1.1).

10.4.3.2 Technisches Potenzial

Dieses theoretische Potenzial kann aber technisch bei weitem nicht vollständig erschlossen werden. Deshalb wird nachfolgend zusätzlich das technische Potenzial diskutiert.

Technisches Angebotspotenzial. Unter Berücksichtigung der gegebenen technischen Restriktionen (u. a. Flächenverfügbarkeit für einen Anbau der Energiepflanzen) kann aus dem theoretischen Potenzial das technische Angebotspotenzial abgeschätzt werden.

Derzeit stehen insgesamt rund 176 400 ha Ackerfläche für einen Energiepflanzenanbau zur Verfügung. Werden bestehende Nutzungskonkurrenzen berücksichtigt, ergibt sich auf einer Fläche von etwa 58 790 ha ein technisches Angebotspotenzial an Biokraftstoffen von 1,3 bzw. 0,6 PJ/a für eine Ethanolgewinnung aus Zuckerrüben bzw. Winterweizen sowie jeweils 1 PJ/a für Rapsöl und Biodiesel. Diesen Angaben liegt eine entsprechende Flächenzuordnung zugrunde, so dass sie aufsummiert werden können. Das zusätzlich dazu vorhandene technische Angebotspotenzial an Altspeiseölmethylester liegt bei etwa 0,9 PJ/a (Kapitel 9.4.1.2). Insgesamt stehen unter diesen Rahmenannahmen damit knapp 5 PJ/a an Biokraftstoffen zur Verfügung (Tabelle 10.23).

Technisches Nachfragepotenzial. Sowohl das technische Angebotspotenzial von Ethanol aus Bioenergieträgern als auch von RME/AME ist deutlich geringer als die Nachfrage nach Ottokraftstoff bzw. Diesel in Österreich und kann demnach in das österreichische Energiesystem problemlos integriert werden; das technische Nachfragepotenzial (Tabelle 10.23) entspricht in diesem Fall dem technischen Angebotspotenzial (Kapitel 9.4.1.3). Insgesamt könnten etwa 1,4 % des gesamtösterreichischen Kraftstoffeinsatzes (348 PJ in 2006) durch Biokraftstoffe gedeckt werden.

10.4.3.3 Nutzung

Im Jahr 2007 wurden in Österreich rund 370 000 t (13,7 PJ) Biodiesel eingesetzt (Tabelle 10.23). Darüber hinaus wurden vor allem in der Landwirtschaft rund 18 000 t (0,7 PJ) reines Pflanzenöl als Kraftstoff genutzt. Über die Beimischung und den Verkauf von E85-Superethanol wurden weiters rund 20 000 t (0,5 PJ) Bioethanol in den Verkehr gebracht (Kapitel 9.4.2.2). Damit geht die Nutzung bereits über das technische Nachfragepotenzial hinaus. Allerdings wird ein großer Teil der Kraftstoffe bzw. der Biomasse-Ausgangsmaterialien nach Österreich importiert.

10.4.4 Gesamthafte Potenzialbetrachtung

Die bisher ausgewiesenen Potenziale zur Strom-, Wärme- und Kraftstoffbereitstellung resultieren aus einer singulären Betrachtung; d. h. beim technischen Angebotspotenzial werden Konkurrenzen um gleiche Ressourcen (z. B. Freiflächen) nicht berücksichtigt. Zudem wird vernachlässigt, dass es bei der Strombereitstellung aus erneuerbaren Energien – bezogen auf die Nachfrage – insgesamt zu einem Überangebot kommen kann. Bei der nachfolgenden gesamthaften Potenzialbetrachtung werden daher unter Berücksichtigung vorhandener Konkurrenzen das gesamte technische Angebotspotenzial sowie das insgesamt nutzbare technische Nachfragepotenzial diskutiert.

10.4.4.1 Technisches Angebotspotenzial

Innerhalb der erneuerbaren Energien konkurrieren die Photovoltaik, die Solarthermie und die Biomasse teilweise um die gleichen Flächen (Tabelle 10.24). Auf Freiflächen können sowohl Energiepflanzen angebaut als auch freistehende Photovoltaikmodule bzw. solarthermische Kollektoren errichtet werden. Eine derartige Flächenkonkurrenz beschränkt sich aber auf Grünlandflächen, da bei der Photovoltaik und der Solarthermie die Potenziale auf Ackerflächen nur zusätzlich betrachtet werden (Kapitel 4.4.1 und Kapitel 5.4.1).

Zur Berücksichtigung der Konkurrenz um dieselbe Grünlandfläche werden die jeweiligen Teilflächen deshalb entsprechend ihrem Anteil an der Gesamtfläche reduziert. Für die Photovoltaik und Solarthermie ergibt sich dadurch eine Reduktion auf 80 %, für die Biomasse auf 96 % der Grünlandfläche gegenüber der singulären Potenzialbetrachtung.

Tabelle 10.24 Flächenkonkurrenzen erneuerbarer Energien

	Photovoltaik	Solarthermie	Biomasse
Gebäudedächer	X	X	
Gebäudefassaden	X	X	
Freiflächen			
extensiv genutztes Grünland	X	X	X
nicht mehr genutztes Grünland	X	X	
Wirtschaftsgrünland			X
Ackerland	(X)[a]	(X)[a]	X

[a] nur optionale Betrachtung

Neben der Grünlandfläche konkurrieren die Photovoltaik und Solarthermie auch um Gebäudedach- und Fassadenflächen. Bei der gesamthaften Potenzialbetrachtung wird deshalb vereinfachend unterstellt, dass für beide Nutzungsoptionen die insgesamt verfügbare Fläche je zur Hälfte zur Verfügung steht. Damit ergibt sich sowohl für die Photovoltaik als auch solarthermische Nutzung eine Reduzierung auf 50 % der Gebäudedach- und Fassadenflächen gegenüber der Einzelbetrachtung.

Berücksichtigt man die diskutierten Konkurrenznutzungen um die Flächen, reduziert sich das Stromerzeugungspotenzial bei der Photovoltaik um etwa 35 % und das Potenzial zur Wärmeerzeugung bei der Solarthermie um etwa 45 % gegenüber den Einzelpotenzialen.

Aus tiefer Erdwärme können sowohl Wärme als auch Strom bereitgestellt werden. Die verschiedenen Nutzungsoptionen basieren dabei teilweise auf den gleichen Potenzialen. Bei der geothermischen Stromerzeugung werden daher nur Standorte mit einer Thermalwassertemperatur ab 100 °C berücksichtigt und entsprechend bei einer gesamthaften Potenzialbetrachtung bei der Wärme vernachlässigt. Die Potenziale einer gekoppelten Wärme- und Stromproduktion werden nicht betrachtet (Kapitel 8.4.1). Unter Berücksichtigung dieser Aspekte verringert sich das geothermische Potenzial zur Wärmeerzeugung bei einer vorrangigen Nutzung geeigneter Standorte zur Stromerzeugung um etwa 37 %.

Auch Biomasse kann mehrfach genutzt werden; es können Wärme, Strom und Kraftstoffe bereitgestellt werden. Bei der Ermittlung der insgesamt verfügbaren Biomassepotenziale werden deswegen in der Einzelbetrachtung bereits bestimmte Nutzungspfade unterstellt. Dabei wird davon ausgegangen, dass das Potenzial aus festen und gasförmigen Bioenergieträgern ausschließlich in Kraft-Wärme-Kopplung genutzt wird und flüssige Bioenergieträger allein zur Kraftstoffbereitstellung zur Verfügung stehen (Kapitel 9.4.1).

Die Änderungen des Biomassepotenzials bei der gesamthaften Betrachtung sind vernachlässigbar klein, da eine Konkurrenznutzung nur beim Grasschnitt um Freiflächen auftritt. Der Anteil von Grasschnitt am gesamten Biomassepotenzial ist jedoch geringer als 1 % (Tabelle 10.25).

In der Summe errechnet sich diesen Überlegungen zufolge ein Gesamtpotenzial einer Strombereitstellung von 159 bis 175 TWh/a, einer Wärmeerzeugung von 380 bis 1 115 PJ/a und einer Kraftstoffbereitstellung von knapp 5 PJ/a.

Tabelle 10.25 Technisches Angebots- und Nachfragepotenzial ohne und mit Berücksichtigung von Konkurrenzen

		Technisches Angebotspotenzial		Technisches Nachfragepotenzial	
		ohne	mit	ohne	mit
		Konkurrenzbetrachtung		Konkurrenzbetrachtung	
Stromerzeugung					
Wasserkraft	in TWh/a	55,2	55,2	51,3[a]	51,3[a]
Photovoltaik	in TWh/a	18,8 – 42,9[b]	12,3 – 28,0[b]	17,5 – 39,9[a,b]	11,4 – 26,0[a,b]
Windenergie	in TWh/a	18,0	18,0	16,7[a]	16,7[a]
Geothermie	in TWh/a	58,8	58,8	54,7[a]	54,7[a]
Biomasse	in TWh/a	14,8	14,8	14,4[c]	14,4[c]
Summe	in TWh/a		159,1 – 174,8		148,5 – 163,1
Wärmeerzeugung					
Solarthermie	in PJ/a	138 – 262[b]	77 – 142[b]	42	42
Umgebungswärme	in PJ/a	110 – 780[b,d]	110 – 780[b,d]	130[d]	130[d]
Geothermie	in PJ/a	13,9	8,7	7,2	4,5
Biomasse	in PJ/a	184,3	184,3	177,8	177,8
Summe	in PJ/a		380 – 1 115		354,3
Kraftstofferzeugung					
Biomasse	in PJ/a	4,8	4,8	4,8	4,8

[a] für eine über Österreich hinausgehende Betrachtung (siehe Kapitel 1.3.4) sowie unter Berücksichtigung von 7 % Netzverlusten; [b] die Bandbreite ergibt sich aus unterschiedlichen Technologien, ausgenommen Potenzial der der Außenluft nutzenden Wärmepumpen, das grundsätzlich unlimitiert ist; [c] keine europaweite Betrachtung, da Biomasse nachfrageorientiert bereitgestellt werden kann und die Potenziale vollständig im Inland nutzbar sind; [d] einschließlich Wärme aus zugeführter elektrischer Antriebsarbeit

10.4.4.2 Technisches Nachfragepotenzial

Bei der singulären Bestimmung der jeweiligen technischen Angebotspotenziale wird nicht berücksichtigt, dass es zu einer jahreszeitlichen Überschneidung im Angebot an elektrischer Energie aus erneuerbaren Energien und damit – bezogen auf die Nachfrage – insgesamt zu einem Überangebot an Strom aus erneuerbaren Energien kommen kann. Bei Kraftstoffen ergibt sich diese Problematik nicht, da hier die Nachfrage nach Kraftstoffen wesentlich größer ist als das entsprechende Potenzial der erneuerbaren Energien (d. h. der Biokraftstoffe). Bei der Solarthermie und der Umgebungswärme wird die jahreszeitliche Überschneidung aus Angebot und Nachfrage bereits in den spezifischen Erträgen bzw. den Jahresarbeitszahlen berücksichtigt.

Abb. 10.18 zeigt eine mögliche jahreszeitliche Aufteilung des zur Deckung der in Österreich gegebenen Nachfrage nach elektrischer Energie mit aus erneuerbaren Energien technisch bereitstellbarer elektrischer Energie. Dabei wird das gesamte technische Nachfragepotenzial einer windtechnischen und photovoltaischen Stromerzeugung sowie einer Stromerzeugung aus Biomasse genutzt. Die Differenz zum Netto-Inlandsstromverbrauch (62 TWh/a, 2006) wird durch Strom aus Wasserkraft gedeckt. Dabei kann jedoch aufgrund der angebotsseitigen Charakteristik die Strombereitstellung aus Wind und Sonne in ihrem jahreszeitlichen Verlauf nicht beeinflusst werden. Das jahreszeitliche Angebotsmaximum der photovoltaischen Stromerzeugung fällt folglich in die Sommermonate und jenes der windtechnischen Stromerzeugung – bei einem im Vergleich zur Photovoltaik insgesamt ausgeglicheneren Verlauf – in die Wintermonate. Strom aus Biogas wird näherungsweise im Jahresverlauf gleich verteilt bereitgestellt und elektrische Energie aus fester Biomasse kann nachfrageorientiert erzeugt werden. Die Stromerzeugung aus Wasserkraft ist ebenfalls angebotsabhängig und durch eine geringere Stromerzeugung während der Wintermonate gekennzeichnet (Jahresspeicher sind berücksichtigt).

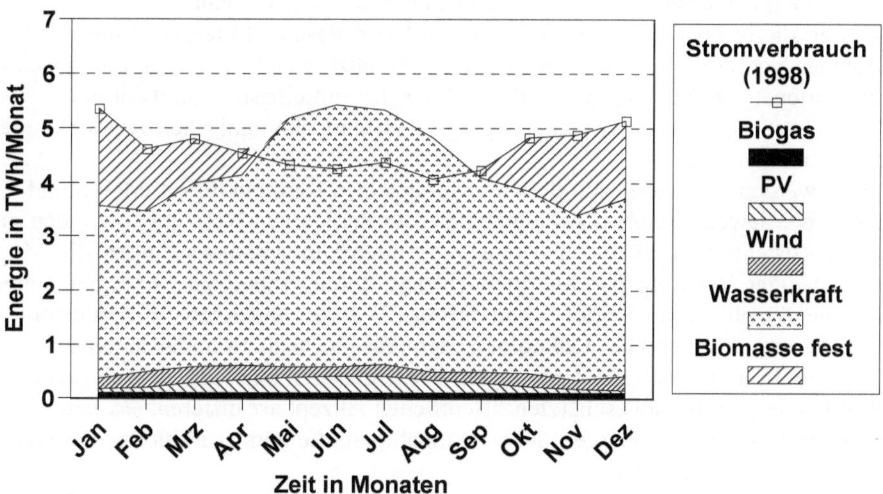

Abb. 10.18 Exemplarische jahreszeitliche Aufteilung der technischen Nachfragepotenziale zur Erfüllung der Nachfrage nach elektrischer Energie in Österreich

Insgesamt ergibt sich von Mai bis August ein Überschuss an Strom aus Anlagen zur Nutzung von Wasser- und Windkraft, Solarenergie sowie Biogas. Demgegenüber kann zwischen September und April aufgrund der angebotsseitigen Restriktionen mit den betrachteten Möglichkeiten zur Stromerzeugung aus angebotsabhängigen erneuerbaren Energien (d. h. Wasserkraft, Windenergie, Solarenergie, Biogas) die Nachfrage nach elektrischer Energie in Österreich nicht gedeckt werden. Die mit diesen Optionen nicht deckbare Differenz könnte – wie in Abb. 10.18 dargestellt – jedoch durch eine Stromerzeugung aus festen Bioenergieträgern bereitgestellt werden.

In der Summe errechnet sich aufgrund dieser Einschränkungen ein technisches Nachfragepotenzial einer Strombereitstellung von 148 bis 163 TWh/a, einer Wärmeerzeugung von rund 354 PJ/a und einer Kraftstoffbereitstellung von knapp 5 PJ/a (Tabelle 10.25).

10.5 Szenarienanalyse

Erneuerbare Energien werden in Österreich bereits sehr weitgehend genutzt. Dadurch wird einerseits die Abhängigkeit von importierten fossilen Energieträgern reduziert und andererseits die Treibhausgasemissionen reduziert. Aber da zur Erfüllung der energiepolitischen Zielvorgaben der Europäischen Kommission /EU 2008/ der Anteil der erneuerbaren Energien am gesamten Energiemix von rund 23 % im Jahr 2005 auf 34 % im Jahr 2020 erhöht werden soll, muss auch in der Republik Österreich der Anteil der regenerativen Energien im Energiesystem in den nächsten Jahren weiter ausgebaut werden. Dazu müssen für alle Energiemärkte (Strom, Wärme, Kraftstoffe) nationale Aktionspläne ausgearbeitet werden, in denen dargelegt wird, wie und mit welchem Zeitplan diese ambitionierten Ziele erreicht werden können.

Um zu dieser Diskussion beizutragen wird vor diesem Hintergrund nachfolgend im Rahmen von drei einfachen Szenarien abgeschätzt, welchen Beitrag die verschiedenen Optionen zur Nutzung erneuerbarer Energien mittelfristig – und damit bis etwa 2020 – leisten können und welche ökologischen und ökonomischen Auswirkungen damit verbunden sind.

Dazu werden ausgehend von dem in den einzelnen Kapiteln diskutierten Stand der Technik, den jeweils erhobenen Potenzialen, der derzeitigen Nutzung sowie den gegebenen Kostenrelationen und den entsprechenden Umweltauswirkungen die Möglichkeiten einer Deckung der Energienachfrage durch erneuerbare Energien untersucht. Die verschiedenen Optionen zur Strom-, Wärme- und Kraftstoffbereitstellung werden dazu u. a. anhand der technologischen Ausgangssituation, der laufenden Forschungs- und Entwicklungsanstrengungen, der gegebenen bzw. absehbaren finanziellen Förderung und der abgeschätzten öffentlichen Akzeptanz differenziert betrachtet. Ergänzend dazu werden übergeordnete Maßnahmen, die zum Ausbau der Potenziale erforderlich sind, aufgezeigt.

10.5.1 Szenariendefinition

Ausgehend von der derzeitigen Energienachfrage werden hinsichtlich der mittelfristig (d. h. Zeitperspektive 2020) zu erwartenden Nachfrage drei unterschiedliche Szenarien definiert.

- Szenario I (Verbrauchskonstanz): Hier wird mittelfristig von einer näherungsweise gleichbleibenden Energienachfrage ausgegangen, die im Wesentlichen dem Niveau des Jahres 2006 entspricht. Es werden also keine signifikanten verbrauchssteigernden und keine wesentlichen verbrauchssenkenden Effekte angenommen; die noch verbleibenden Einflüsse gleichen sich gegenseitig aus.
- Szenario II (Verbrauchsanstieg): Mittelfristig wird – ausgehend vom Jahr 2006 – von einem Anstieg der Energienachfrage von 20 % ausgegangen. Dabei wird unterstellt, dass dieser Verbrauchsanstieg in einer in etwa vergleichbaren Größenordnung für die Nachfrage nach Wärme, Strom und Kraftstoffen zum Tragen kommen wird (zum Vergleich: von 1990 bis 2006 hat der Energieverbrauch um 55 % zugenommen).
- Szenario III (Verbrauchsrückgang): In diesem Szenario wird – ebenfalls ausgehend vom Jahr 2006 – mittelfristig ein Rückgang der Energienachfrage um 20 % angenommen. Dies gilt in gleicher Weise für die Bereiche Wärme, Strom und Kraftstoffe.

10.5.2 Bereitstellung elektrischer Energie

Die Stromnachfrage in Österreich lag 2006 bei etwa 62 TWh. Davon wurden 67 % (41,4 TWh) aus erneuerbaren Energien gedeckt (vgl. Abb. 10.19). Damit ist der Anteil der regenerativen Energien an der Stromerzeugung im Energiesystem Österreichs bereits im Vergleich zu anderen europäischen Ländern sehr hoch. Ausgehend davon wird nachfolgend aufbauend auf den in den einzelnen Kapiteln jeweils diskutierten Potenzialen zunächst diskutiert, welche weitergehenden Möglichkeiten einer Stromerzeugung aus regenerativen Energien in Österreich mit einer mittelfristigen Zeitperspektive (Zeithorizont 2020) gegeben sind. Anschließend wird untersucht, welchen gemeinsamen Beitrag diese Optionen im Rahmen der drei definierten Szenarien leisten könnten.

Einzelbetrachtung. Nachfolgend wird der mittelfristige Beitrag (Perspektive 2020) der einzelnen Optionen zur Stromerzeugung aus regenerativen Energien untersucht und diskutiert.

Stromerzeugung aus Wasserkraft. Die Stromerzeugung aus Wasserkraft ist seit Jahrzehnten Stand der Technik. Anlagen in praktisch allen benötigten Leistungen sind am Markt problemlos verfügbar.

Die Wasserkraftnutzung hat in Österreich eine lange Tradition. Derzeit werden rund 37 TWh Strom aus Wasserkraft produziert; davon stammen etwa 14 % (5,5 TWh) aus Kleinwasserkraft (Anlagen unter 10 MW). Entsprechend ist auch das technische Angebotspotenzial mit 55,2 TWh/a bzw. das technische Nachfragepotenzial mit 51,3 TWh/a – im Vergleich zu anderen Optionen zur Nutzung des regenerativen Energieangebots zur Stromerzeugung – relativ hoch. Es wird damit heute schon zu über 70 % genutzt. Dies liegt u. a. an den moderaten Kosten, durch die eine Wasserkraftnutzung zur Stromerzeugung im Vergleich zu anderen Stromerzeugungstechniken gekennzeichnet ist, und an der schon sehr langen technischen Entwicklungszeit; die Wasserkraft schon seit mehr als 100 Jahren zur Stromerzeugung genutzt und auch seit dieser Zeit optimiert. Allerdings hatte und hat die Wasserkraft in den letzten Jahren aufgrund ökologischer Aspekte am potenziellen Anlagenstandort Probleme mit der Akzeptanz. Deshalb waren Wasserkraftanlagen, die in den letzten Jahren in Betrieb gegangen sind, u. a. aus Umweltschutzgründen (z. B. ökologische Ausgleichsmaßnahmen) durch entsprechend hohe Kosten gekennzeichnet. In der Konsequenz dieser Entwicklung kam es in jüngerer Zeit kaum zu einem weiteren Ausbau der Wasserkraft und damit zu keiner signifikante zunehmenden Erschließung der noch vorhandenen Potenziale.

Die Wasserkraft leistet heute den größten Beitrag aller regenerativen Energien zur Stromerzeugung; daran wird sich in den kommenden Jahren nichts ändern. Dabei ist in den letzten Jahren aufgrund einer stärkeren Zunahme der Nachfrage nach elektrischer Energie in Relation zu dem realisierten Anstieg der Stromerzeugung aus Wasserkraft der relative Beitrag der Wasserkraft zur Deckung der Stromnachfrage zurück gegangen. Steigt die Stromnachfrage auch in den kommenden Jahren an und erfolgt ein weiterer Ausbau der noch vorhandenen Potenziale – wie in den letzten Jahren – sehr verhalten, ist zu erwarten, dass der Anteil der Wasserkraft an der gesamten Stromerzeugung weiter zurückgehen wird.

Wird vor diesem Hintergrund untersucht, welchen zusätzlichen Beitrag die Wasserkraft in den kommenden Jahren (d. h. mittelfristig bis etwa zum Jahr 2020) leisten könnte, muss zunächst berücksichtigt werden, dass bestimmte Anteile des bisher noch unerschlossenen technischen Potenzials aus wirtschaftlichen und anderen Gründen (u. a. Natur- und Landschaftsschutz, Restwasserproblematik, Akzeptanzprobleme) nicht oder nur sehr eingeschränkt nutzbar sind; dies gilt sowohl für Klein- als auch für Großanlagen. Wird deshalb nur der Anteil des noch unerschlossenen technischen Potenzial abgeschätzt, der langfristig zur Stromerzeugung in Österreich aus gegenwärtiger Sicht realistischerweise beitragen könnte (u. a. Berücksichtigung ökonomischer und ökologischer Aspekte), ergibt sich eine Größenordnung von etwa 13 TWh. Davon könnten mittelfristig (Perspektive 2020) 7 TWh (davon 2 TWh Kleinwasserkraft) erschlossen werden (u. a. /Biomasse-Verband 2008/). Ein (kleinerer) Teil dieses zusätzlich zur gegenwärtigen Nutzung erschließbaren Wasserkraftpotenzials liegt im Bereich der Optimierung von Wasserkraftwerken und der (größere) Anteil im Bereich des Neubaus von Anlagen.

Um dieses ambitionierte Ausbauziel zu erreichen, muss ein der Wasserkraftnutzung freundlich gesinntes Klima (u. a. öffentliche Akzeptanz, Rechtssicherheit) und sichere sowie belastbare Rahmenbedingungen geschaffen werden. Ein "Masterplan Wasserkraft" könnte – unter Berücksichtigung der schützenswerten Gebiete – derartige positive Rahmenbedingungen beinhalten (u. a. gesetzliche Regelungen, Maßnahmen zur Beschleunigung von Planungs- und Genehmigungsverfahren) /Regierungsprogramm 2008/.

Photovoltaische Stromerzeugung. Die Anlagentechnik zur Stromerzeugung aus Photovoltaik wurde in den letzten Jahren deutlich verbessert. Zum Einen wurden die Wirkungs- und Nutzungsgrade immer weiter verbessert und zum Anderen die Systemtechnik zunehmend optimiert.

Aufgrund der vergleichsweise sehr hohen technischen Potenziale, die u. a. auf Dachflächen ohne einen zusätzlichen Flächenverbrauch verbrauchernah erschließbar sind, stellt die Photovoltaik damit nicht nur für Österreich eine wichtige Stromerzeugungsoption aus erneuerbaren Energien dar. Allerdings ist eine weitergehende Erschließung in einem energiewirtschaftlich relevanten Umfang für einen netzgekoppelten Betrieb (noch) mit sehr hohen Investitionen verbunden, die aus einzelbetriebswirtschaftlicher Sicht einen wirtschaftlichen, netzgekoppelten Betrieb bisher nicht ermöglichen. Hinzu kommt, dass die notwendigen Produktionskapazitäten für Solarzellen kaum in Österreich geschaffen werden können und somit die Solarzelle zum "Rohstoffimport" wird /Großmann et al. 2008/; positive volkswirtschaftliche Effekte (z. B. Schaffung von Arbeitsplätzen, Aufbau einer exportorientierten Industrie) sind damit kaum zu erzielen. Davon unberührt hat aber die photovoltaische Stromerzeugung für Inselsysteme (z. B. die Versorgung von Almhütten) eine gewisse (und steigende) Bedeutung, da hier die Stromgestehungskosten völlig anders als im netzgekoppelten Betrieb zu bewerten sind.

Deshalb ist die energiewirtschaftliche Bedeutung einer netzgekoppelten photovoltaischen Stromerzeugung in Österreich gegenwärtig gering. Selbst wenn mittelfristig weitere deutliche Kostenreduktionen bei den Photovoltaikmodulen und bei den anderen Systemkomponenten erreicht werden, dürfte eine auch nur näherungsweise wirtschaftliche netzgekoppelte Stromerzeugung kaum möglich sein. Dies kann nur dann anders sein, wenn in den nächsten Jahren die gegenwärtig sich abzeichnenden Tendenzen deutlich fallender Preise für die Photovoltaikgeneratoren (d. h. im Wesentlichen die Photovoltaikmodule) zunehmen und gleichzeitig die Strompreise für die Endverbraucher ansteigen; dann könnte die sogenannte "grid parity" in den kommenden Jahren erreicht werden. Sollte dies eintreten, könnte die Entwicklung auch völlig anders verlaufen, da es dann für den Endverbraucher kostengünstiger sein kann, einen Teil seiner benötigten elektrischen Energie selbst zu erzeugen.

Insgesamt ist aber aus gegenwärtiger Sicht zu erwarten, dass die Photovoltaik mittelfristig nicht merklich zur netzgekoppelten Energieversorgung in Österreich wird beitragen können, wenn nicht ein entsprechendes Förderregime implementiert wird. Mittelfristig ist – wird "grid parity" nicht erreicht und die gesetzlichen Rahmenbedingungen nicht signifikant verändert – nur von einem Zubau von 120 bis 130 MW an in Photovoltaikmodulen installierter elektrischer Leistung auszugehen. Dies entspricht unter der Annahme eines jährlichen Stromertrags von 800 kWh/kW einer potenziellen Stromerzeugung von 0,104 TWh (im Vergleich zu 0,02 TWh im Jahr 2006).

Energiewirtschaftliche Bedeutung wird die Photovoltaik vor diesem Hintergrund nur dann erlangen, wenn es gelingt, weitere deutliche Kostenreduktionen bei einer gleichzeitigen merklichen Verbesserung der Wirkungsgrade und der Systemtechnik zu erzielen. Dazu sind langfristig angelegte und finanziell gut ausgestattete Forschungs- und Entwicklungs(F&E)-Aufwendungen zwingend erforderlich. Diese werden aber nur erfolgreich sein, wenn parallel dazu ein begrenzter (gestützter) Markt geschaffen wird, auf dem die F&E-Ergebnisse im praktischen Betrieb umgesetzt werden können.

Stromerzeugung aus Windenergie. Die Nutzung der Windenergie zur Stromerzeugung ist technologisch etabliert; die Windkraftnutzung wurde mit Anlagen der MW-Klasse in den letzten Jahren weltweit deutlich ausgebaut. Auch wurden Windkraftanlagen entwickelt, die auch bei dem im Vergleich zur Küste ungünstigeren Windenergieangebot im Binnenland einen noch befriedigenden Betrieb ermöglichen.

Jedoch weist die Windenergie in Österreich – aufgrund der geografischen Lage in der Mitte Europas und der Alpen, welche die Topografie Österreichs bestimmen – von Ausnahmen abgesehen i. Allg. nur mäßige Potenziale auf.

Wird vor diesem Hintergrund die sich derzeit abzeichnende Entwicklung fortgeschrieben und keine signifikante Veränderung in den energiewirtschaftlichen Rahmenbedingungen unterstellt, könnte mittelfristig (Perspektive 2020) die installierte elektrische Leistung von derzeit etwa 1 000 auf rund 3 000 MW verdreifacht werden. Damit könnte auch die Stromerzeugung von etwa 1,9 TWh auf rund 6,2 TWh ansteigen. Dabei wird unterstellt, dass mit den zu erwartenden Wirkungsgradverbesserungen neuer Anlagengenerationen das mit einer zunehmenden Windkraftnutzung durchschnittlich schlechter werdende Windangebot (da die guten Anlagenstandorte i. Allg. zuerst erschlossen werden) näherungsweise kompensiert werden kann. Infolge dieser technischen Weiterentwicklungen und einem zu erwartenden Repowering (Ersatz von Altanlagen durch neue und größere Anlagen) wären jedoch nur etwa 80 % mehr Windkraftanlagen als heute (insgesamt ca. 1 100) notwendig /Biomasse-Verband 2008/. Dadurch könnte auch die z. T. mangelnde gesellschaftliche Akzeptanz, bedingt u. a. durch die visuellen Veränderungen des Landschaftsbildes, verbessert werden /Großmann et al. 2008/. Zusammengenommen könnte damit – wie es auch in vielen anderen Ländern der Fall ist – die energiewirtschaftliche Bedeutung der Windkraftnutzung auch in Österreich in den kommenden Jahren weiter zunehmen.

Die Umsetzung der mittelfristig erschließbaren Potenziale kann durch eine Klärung der Finanzierung der Netzanbindung, einen weiteren Ausbau des Übertragungsnetzes und einer Vereinfachung des Genehmigungsverfahrens unterstützt werden. Zusätzlich würde eine Tarifsicherheit über bestimmte Zeiträume die Investitionssicherheit erhöhen. Zusätzlich sollte durch entsprechende Maßnahmen die Akzeptanz der Windenergie verbessert werden.

Geothermische Stromerzeugung. Die Technik zur Erschließung tiefer Erdwärmevorkommen befindet sich noch weitgehend im Forschungs- und Entwicklungs(F&E)-Stadium. Die Herausforderung ist dabei weniger die anlagentechnische Umsetzung übertage (auch wenn es hier noch erhebliche unerschlossene Optimierungspotenziale gibt), sondern der sichere, standortunabhängige und vor allem kostengünstige Aufschluss der untertägigen Ressource im Hinblick auf vordefinierte spezifische Fördermengen und Temperaturen.

Auch deshalb hat die geothermische Stromerzeugung in Österreich bisher kaum Bedeutung erlangt. Auch mittelfristig ist nicht zu erwarten, dass sich daran signifikant etwas ändern wird. Es ist wahrscheinlich, dass auch 2020 der Beitrag der Geothermie zur Deckung der Stromnachfrage gering sein wird. Deshalb wird das bis 2020 erschließbare Potenzial mit 0,07 TWh – im Vergleich zu 0,002 TWh im Jahr 2006 – abgeschätzt.

Aber auch die Erschließung dieses geringen Beitrages ist mit einem entsprechenden F&E-seitigen Aufwand verbunden, bei dem auf den Erfahrungen, die gegenwärtig in Deutschland gemacht werden, aufgebaut werden kann.

Stromerzeugung aus Biomasse. Die Möglichkeiten einer Stromerzeugung aus Biomasse sind – ähnlich wie die grundsätzlich einsetzbaren Biomassestoffströme – sehr vielfältig. Eine Vielzahl von Optionen und Techniken ist im betrieblichen Einsatz und befindet sich auf einem unterschiedlichen – aber aus technischer Sicht weit fortgeschrittenen – Entwicklungsstand.

Für einen Teil der Verfahren zur Stromerzeugung aus fester Biomasse sind vergleichsweise effiziente Anlagen – insbesondere im größeren Leistungsbereich – am Markt verfügbar (z. B. konventioneller Dampfprozess mit Dampfturbine). Andere Techniken sind demgegenüber noch durch ein entsprechendes Forschungs- und Entwicklungs(F&E)-Potenzial (z. B. Biomassevergasung) gekennzeichnet. Im Unterschied dazu ist eine Biogaserzeugung aus landwirtschaftlichen Rückständen und aus Energiepflanzen und eine anschließende Verstromung des produzierten methanhaltigen Gases ebenfalls Stand der Technik; trotzdem ist diese Option noch durch Optimierungspotenziale gekennzeichnet.

Aufgrund der insgesamt beachtlichen technischen Potenziale an Biomasse, die noch erschließbar sind bzw. die bereits genutzt werden, ist die Stromerzeugung aus Biomasse eine wichtige Option für ein zukünftiges Energiesystem in Österreich. Diese weitergehenden Möglichkeiten können aber immer nur im Kontext der anderen Nutzungsoptionen für die begrenzt vorhandene Biomasse (d. h. Wärmebereitstellung, Kraftstofferzeugung) diskutiert werden. Werden derartige Aspekte berücksichtigt, könnten mittelfristig (Perspektive 2020) rund 5 TWh an elektrischer Energie aus Biomasse erzeugt werden. Dies würde etwa einer Verdopplung der gegenwärtigen Biomasseverstromung (2,1 TWh im Jahr 2006) entsprechen.

Dabei wird unterstellt, dass die dafür benötigten Biomassepotenziale nachhaltig und ohne Gefährdung der Versorgung mit Nahrungs- und Futtermitteln genutzt werden. Beispielsweise ist eine nachhaltige Erhöhung des erschließbaren Biomassepotenzials u. a. durch eine verstärkte Nutzung des bisher ungenutzten Holzzuwachses im Wald (ggf. durch eine andere Waldbewirtschaftungsstrategie), eine bessere Erfassung und damit Nutzung der Holzmengen aus dem Nicht-Waldbereich sowie die Holzproduktion mit Kurzumtriebswäldern möglich /Biomasse-Verband 2008/.

Voraussetzung zur Erreichung dieser ambitionierten Ziele sind entsprechende unterstützende Rahmenbedingungen. Zusätzlich werden unterstützende Maßnahmen zur kostengünstigen Verfügbarmachung der noch unerschlossenen Biobrennstoffpotenziale benötigt. Letztlich muss dieser Prozess durch entsprechende Forschungs- und Entwicklungs(F&E)-Maßnahmen, wie sie z. T. bereits sehr erfolgreich laufen, unterstützt werden, die das primäre Ziel verfolgen, die Anlagen und Systeme zur Biomasseverstromung effizienter – und das aus technischer, ökonomischer und ökologischer Sicht und für die unterschiedlichen Leistungsbereiche – zu machen.

Systembetrachtung. In der Summe der diskutierten Möglichkeiten könnten mittelfristig (Perspektive 2020) insgesamt etwa 55,7 TWh/a Strom aus erneuerbaren Energien bereitgestellt werden. Dies bedeutet gegenüber der heutigen Nutzung von 41,4 TWh/a (Stand 2006) einen Anstieg von knapp 35 %. Das größte Zubaupotenzial ist bei der Wasserkraft mit 7 TWh/a, gefolgt von der Windenergie (4,3 TWh/a) und der Biomasse (2,9 TWh/a) zu erwarten. Der Anteil der Geothermie und Photovoltaik ist dagegen mit jeweils etwa 0,1 TWh/a gering.

Abb. 10.19 zeigt für die in Kapitel 10.5.1 definierten Szenarien der Stromnachfrage, welchen Beitrag die einzelnen erneuerbaren Energien bereits heute (Stand 2006) leisten und welches Potenzial mittelfristig (Perspektive 2020) erschließbar erscheint.

- Szenario I (Verbrauchskonstanz). Hier wird auch mittelfristig eine der heutigen Stromnachfrage (62,0 TWh/a, Stand 2006) vergleichbare Nachfrage nach elektrischer Energie unterstellt. Dabei liegt heute der Anteil der erneuerbaren Energien bei rund 67 % (41,4 TWh/a, Stand 2006). Mittelfristig könnte – werden die Bedingungen im Energiesystem der Republik Österreich durch die energiewirtschaftliche Rahmensetzung so gesetzt, dass die bei der Einzelbetrachtung diskutierten Potenziale erschlossen werden können – dieser Anteil merklich steigen und rund 90 % (55,7 TWh/a) erreichen. Damit könnte der Beitrag der Stromerzeugung aus regenerativen Energien um 23 %-Punkte ansteigen.
- Szenario II (Verbrauchsanstieg). Bei dem hier unterstellten Anstieg der Nachfrage nach Strom im Vergleich zum Basisjahr 2006 um 20 % auf 74,4 TWh/a würden die heute bereits genutzten erneuerbaren Energien nur noch 56 % zur Nachfragedeckung beitragen. Können die mittelfristig als erschließbar erachteten Potenziale infolge entsprechender Maßnahmen nutzbar gemacht werden, könnte dieser Anteil auf 75 % der Stromnachfrage ansteigen. Verglichen mit der Situation im Stromversorgungssystem im Jahr 2006 entspricht dies einer Zunahme um 8 %-Punkte.
- Szenario III (Verbrauchsrückgang). Kann durch entsprechende Effizienzmaßnahmen die Stromnachfrage in Österreich mittelfristig im Vergleich zu der Situation im Jahr 2006 um 20 % auf 49,6 TWh/a gesenkt werden und können mittelfristig die als erschließbar identifizierten Potenziale zur Stromnachfragedeckung beitragen, könnte die gesamte Nachfrage nach elektrischer Energie in Österreich (und darüber hinaus weitere 6 TWh/a, z. B. für den forcierten Einsatz von Wärmepumpen für die Wärmebereitstellung) aus erneuerbaren Energien bereitgestellt werden. Im Vergleich zu den Gegebenheiten im Energiesystem des Jahres 2006 bedeutet dies ein Anstieg des Anteils der Stromerzeugung aus erneuerbaren Energien um 33 %-Punkte.

Werden entsprechende Rahmenbedingungen geschaffen, dann kann bei allen drei hier exemplarisch untersuchten Szenarien der Anteil der Stromerzeugung aus regenerativen Energien zur Deckung der Nachfrage nach elektrischer Energie – wenn auch in einem unterschiedlichen Ausmaß – gesteigert werden. Mit Ausnahme des Szenarios III, bei dem ein Verbrauchsrückgang unterstellt wird, ist damit aber noch keine vollständige Versorgung mit ausschließlich regenerativen Energien möglich. Aber – auch wenn diese ambitionierten Ausbauziele umgesetzt werden – sind noch erhebliche unerschlossene Potenziale vorhanden, von denen unterstellt werden kann, dass sie – zumindest teilweise – mit der mittelfristig potenziell vorhandenen Anlagentechnik, die derzeit in der Entwicklung ist, auch noch erschlossen werden können. Auch dies unterstreicht nochmals die Notwendigkeit, durch entsprechende Forschungs- und Entwicklungs(F&E)-Maßnahmen die Technologieentwicklung zu forcieren und damit die Voraussetzungen zu schaffen, auch langfristig den Anteil des regenerativen Energieangebots zur Deckung der Stromnachfrage weiter zu erhöhen. Parallel dazu muss die Nachfrage nach elektrischer Energie in Österreich stabilisiert werden.

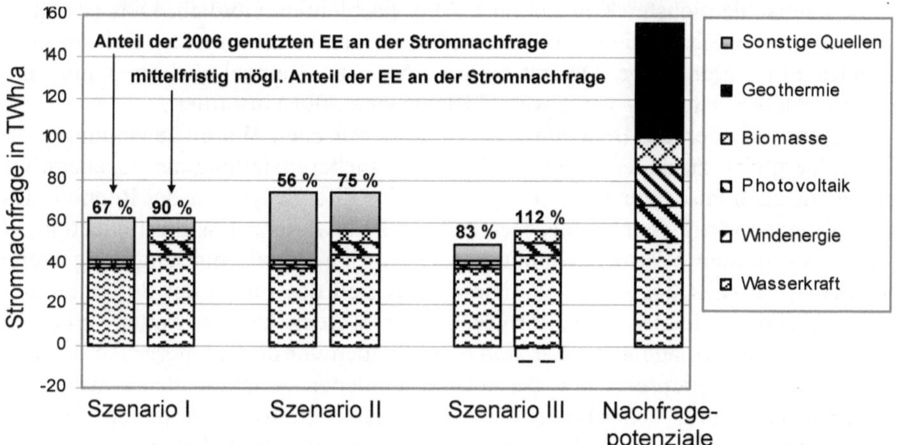

Abb. 10.19 Deckung der Stromnachfrage durch erneuerbare Energien (jeweils linker Balken: unterstellte Stromnachfrage mit dem Anteil der im Jahr 2006 in der Republik Österreich realisierten Stromerzeugung aus regenerativen Energien; jeweils rechter Balken: unterstellte Stromnachfrage mit der unterstellten mittelfristig realisierbaren Stromerzeugung (Perspektive 2020) aus regenerativen Energien; EE erneuerbare Energien)

10.5.3 Bereitstellung thermischer Energie

Die gesamte Wärmebereitstellung in Österreich betrug im Jahr 2006 etwa 555 PJ/a. Hiervon wurden etwa 27 % (148,4 PJ/a) durch erneuerbare Energien gedeckt (Abb. 10.20). Damit ist auch der Anteil der regenerativen Energien an der Wärmeerzeugung im Energiesystem Österreichs bereits im Vergleich zu anderen europäischen Ländern relativ hoch. Ausgehend von den derzeitigen Gegebenheiten wird nachfolgend aufbauend auf den in den einzelnen Kapiteln jeweils diskutierten Potenzialen einer Wärmebereitstellung aus regenerativen Energien zunächst diskutiert, welche weitergehenden Möglichkeiten einer Wärmeerzeugung – mit einer mittelfristigen Zeitperspektive (Zeithorizont 2020) – insgesamt gegeben sind. Im Anschluss daran wird untersucht, welchen Beitrag diese Optionen im Rahmen der drei definierten Szenarien gemeinsam unter Berücksichtigung der gegebenen Nutzungskonkurrenzen leisten könnten.

Einzelbetrachtung. Nachfolgend wird der aus gegenwärtiger Sicht mittelfristig (Perspektive 2020) realisier- bzw. erschließbare Beitrag der einzelnen Optionen zur Wärmeerzeugung aus regenerativen Energien untersucht und diskutiert.

Solarthermische Wärmegewinnung. Anlagen zur solarthermischen Wärmeerzeugung sind heute Stand der Technik. Durch die erfolgreichen Forschungs- und Entwicklungs(F&E)-Arbeiten der letzten Jahrzehnte sind heute optimierte solarthermische Anlagen – und dies gilt auch für Selbstbauanlagen – betriebssicher und kostengünstig am Markt verfügbar. Auch ist eine Einbindung in Hausenergieversorgungssysteme unterschiedlichster Konzeption i. Allg. problemlos möglich. Dies ist mit einer der Gründe, weshalb die thermische Solarenergienutzung in Österreich im internationalen Spitzenfeld liegt. Derzeit sind 3,2 Mio. m^2 Sonnenkollektoren mit einer Gesamtwärmebereitstellung von etwa 3,7 PJ/a (Stand 2006) installiert.

Insgesamt ist aber die Bedeutung der solarthermischen Wärmegewinnung – sowohl im Vergleich zu anderen Optionen zur Wärmebereitstellung aus regenerativen Energien als auch im Kontext der Dimensionen des Energiesystems der Republik Österreich – gegenwärtig eher gering. Dennoch ist zu erwarten, dass die Bedeutung einer solarthermischen Wärmegewinnung in Österreich mittel- bis langfristig weiter zunehmen wird. Dies liegt einerseits daran, dass sich das Image der Solarthermie – falls der Trend der letzten Jahre fortgeschrieben werden kann – weiter verbessern dürfte; potenzielle Anlagenbetreiber sind damit – auch vor dem Hintergrund der stark schwankenden Energiepreise und der oft empfundenen zunehmenden Unsicherheit der Energieversorgung – eher bereit, die anfallenden Mehrkosten zu tragen. Andererseits wird die Technik auch in den kommenden Jahren weiter verbessert und dadurch die Kosten erneut reduziert. Deshalb gibt es auch das ambitionierte Ziel, bis zum Jahr 2030 im Wohngebäudeneubau zu 100 % und bei der Sanierung von Altbauten zu 50 % Solarheizungen einzusetzen /Biomasse-Verband 2008/. Ausgehend davon könnten mittelfristig (Perspektive 2020) – bei einem weiterhin zügigen Ausbau und einer Fortschreibung der gegenwärtigen Rahmenbedingungen – zusätzlich ungefähr 14 PJ/a erschlossen werden. Damit würde sich die solarthermische Wärmebereitstellung nahezu verfünffachen (auf insgesamt 17,7 PJ/a).

Voraussetzung für die Erreichung dieses ambitionierten Ausbauziel ist es aber, dass, wie es bereits in einigen Bundesländern der Fall ist, der Bau einer Solaranlage eine Voraussetzung zum Erhalt von Wohnbauförderung ist. Ergänzend dazu müsste die solarthermische Wärmenutzung auch in einem Altbausanierungsförderungsprogramm Berücksichtigung finden.

Wärmegewinnung mit Wärmepumpen (Umgebungswärme). Die Nutzung von Umgebungswärme mittels Wärmepumpen ist eine Form der Energiegewinnung, die im letzten Vierteljahrhundert immer weiter verbessert wurde und heute eine vergleichsweise effiziente Möglichkeit zur Niedertemperaturwärmeerzeugung darstellt. Dies gilt insbesondere für erdgekoppelte Systeme und für Anlagen, mit denen eine (hier nicht betrachtete) Klimatisierung realisiert wird.

Das Potenzial und der damit mögliche Beitrag zur Deckung der Niedertemperaturwärmenachfrage einer Nutzung der Umgebungswärme ist sehr hoch. In den letzten Jahren zeigte sich eine steigende Tendenz in der Anzahl der neu installierten Wärmepumpenanlagen. 2006 wurde mit den in Österreich betriebenen Wärmepumpenanlagen bei einem Verbrauch von 2,9 PJ elektrischer Energie etwa 9,4 PJ Wärme (davon 6,4 PJ aus Umgebungswärme) bereitgestellt.

Damit hat die Wärmebereitstellung aus Umgebungswärme bereits heute eine gewisse energiewirtschaftliche Bedeutung, wenn auch – verglichen beispielsweise mit der Biomasse – auf einem relativ geringen Niveau. Aufgrund der mit dieser Technik z. T. verbundenen Vorteile und der hohen technischen Potenziale ist auch davon auszugehen, dass die Wärmepumpe mittel- bis langfristig weiter deutlich an Bedeutung gewinnen wird. Dies gilt auch wegen der damit verbundenen Umweltvorteile, die bei elektromotorisch angetriebenen Wärmepumpen aufgrund des hohen Anteils an Strom aus regenerativen Energien in Österreich besonders deutlich werden.

Wird eine gleichbleibende Entwicklung unterstellt, könnten mittelfristig (Zeithorizont 2020) zusätzliche 20 PJ/a des vorhandenen technischen Nachfragepotenzials (insgesamt 130 PJ/a gelieferte Wärme, d. h. einschließlich Strom) erschließbar sein. Die mittels Wärmepumpen bereitgestellte Wärme würde dann 29,4 PJ/a betragen (d. h. etwa 20,3 PJ/a aus Umgebungswärme und 9,1 PJ/a aus elektrischer Energie).

Um die Erschließung dieses Potenzial zu unterstützen, sollte die Nutzung der Umgebungswärme – analog zur Solarthermie – in der Wohnbauförderung berücksichtigt werden.

Geothermische Wärmegewinnung. Anlagen zur Wärmebereitstellung aus tiefer Erdwärme wurden auch in Österreich bereits vereinzelt erfolgreich realisiert. Damit kann die Verfahrens- bzw. Anlagentechnik als vorhanden angesehen werden. Die Herausforderung ist aber, dass ein Standort gefunden wird, an dem die geologischen Bedingungen unter Tage einen erfolgreichen Betrieb ermöglichen. Dies ist i. Allg. mit einem bestimmten Risiko verbunden, das durch technische Maßnahmen bisher nur eingeschränkt reduziert werden konnte. Hinzu kommt, dass aus ökonomischen Gründen eine Anlage nur im MW-Bereich realisiert werden kann. Dies bedingt i. Allg. zwingend ein entsprechendes Wärmeverteilnetz, dessen Errichtung mit einem entsprechend großen technischen (und damit finanziellen) Aufwand verbunden ist.

Deshalb werden derzeit in Österreich nur etwa 0,35 PJ thermische Energie (Stand 2006) bereitgestellt. Und viele dieser Anlagen werden in Kombination mit einer balneologischen Nutzung betrieben. Außerdem sind die geologischen Bedingungen, die im Untergrund gegeben sein müssen, um einen erfolgreichen Betrieb zu ermöglichen, nur auf einem kleineren Teil der Gebietsfläche der Republik Österreich gegeben. Dies engt die Nutzungsmöglichkeiten weiter ein.

Aufgrund der geologischen und wirtschaftlichen Rahmenbedingungen ist deshalb davon auszugehen, dass sich an der gegenwärtig geringen energiewirtschaftlichen Bedeutung auch mittel- und langfristig kaum etwas ändern wird. Dies könnte lediglich in den Gebieten Österreichs anders sein, die über entsprechende vielversprechende Erdwärmevorkommen verfügen und wo – aus ökonomischen Gründen – eine stoffliche Nutzung des geförderten Thermalwassers (z. B. in Thermal- oder Heilbädern) mit einer energetischen Nutzung kombiniert werden kann. Unter diesen Bedingungen kann diese Technik, ggf. mit einem zusätzlichen Einsatz von Wärmepumpen, durchaus einen merklichen und auch vergleichsweise kostengünstigen Beitrag zum Energiesystem bei gleichzeitiger signifikanter Reduktion der energiebedingten Stofffreisetzungen leisten.

Hier wird deshalb davon ausgegangen, dass es mittelfristig maximal zu einer Verdreifachung einer Wärmebereitstellung aus tiefer Geothermie kommen kann (d. h. von rund 0,35 PJ/a (2006) auf etwa 1 PJ/a). Damit dürfte die Bedeutung der tiefen Erdwärme auch weiterhin gering bleiben.

Voraussetzung dafür, dass diese weitergehende Nutzung auch erfolgreich im Energiesystem umgesetzt werden kann, ist aber, dass die mit einer Nutzbarmachung der Erdwärme verbundenen Risiken durch entsprechende staatliche Maßnahmen (z. B. teilweise Übernahme des Fündigkeitsrisikos) reduziert werden können.

Wärmegewinnung aus Biomasse. Österreich unterstützt bereits seit Jahrzehnten die energetische Biomassenutzung. Deshalb ist die Feuerungsanlagentechnik "Made in Austria" heute in Europa technologisch führend. Damit sind technisch ausgereifte Anlagen praktisch in jedem benötigten thermischen Leistungsbereich am Markt verfügbar, die ein komfortables sowie umwelt- und klimafreundliches Heizen mit Holz ermöglichen. Und die Akzeptanz der Holzheizung ist sehr hoch, zumal diese Art der Wärmebereitstellung durch die vergleichsweise einfache Erbringung eines Eigenleitungsanteils auch sehr kostengünstig realisiert werden kann.

Deshalb werden gegenwärtig bereits etwa 28 % (135 PJ/a (2006), davon 21 PJ/a in der Papier- und Zellstoffindustrie) der gesamten Wärmenachfrage (474 PJ/a (2006)) durch Biomasse gedeckt. Diese absolut gesehen schon sehr hohe und auch bezogen auf die Dimensionen des Energiesystems Österreich durchaus beachtliche europaweit vorbildhafte Nutzung resultiert im Wesentlichen aus der Tatsache, dass Biomasse – und hier im Wesentlichen Holz – traditionell im ländlichen Raum in kleineren Anlagen genutzt wird. Parallel dazu wurde und wird die Biomassenutzung in größeren Anlagen ggf. mit einem angeschlossenen Nah- bzw. Fernwärmenetz über lange Zeiträume durch Maßnahmen der öffentlichen Hand unterstützt.

Vor diesem Hintergrund und aufgrund der diskutierten Zusammenhänge ist zu erwarten, dass die Wärmegewinnung aus Biomasse – auch aufgrund der noch verfügbaren Potenziale, die nachhaltig und ohne eine Gefährdung der Nahrungs- und Futtermittelversorgung einerseits und der Versorgung mit stofflich genutzter Biomasse andererseits erschlossen werden könnten – mittelfristig weiter zunehmen wird. Schätzungen gehen davon aus, dass bis zum Jahr 2020 weitere 30 PJ/a erschlossen werden könnten /BOKU 2007/. Ein großer Anteil davon wird dabei in der Sanierung bestehender Biomasseheizungen (etwa 600 000 Anlagen sind zwischen 15 und 30 Jahre alt) gesehen /Biomasse-Verband 2008/.

Zur Unterstützung dieser durchaus ambitionierten weitergehenden Biomassenutzung zur Wärmebereitstellung können u. a. Maßnahmen beitragen, durch welche die Investitionssicherheit (Förderprogramme) gewährleistet bzw. die kostengünstige Brennstoffverfügbarmachung (Initiativen) unterstützt wird. Wichtig ist auch, dass die Anlagentechnik im Hinblick auf eine Reduzierung der potenziellen Umweltauswirkungen (u. a. Feinstaubemissionen) weiter verbessert wird, damit die Akzeptanz in der Bevölkerung erhalten bzw. weiter gesteigert werden kann.

Systembetrachtung. In der Summe der diskutierten Möglichkeiten könnten damit insgesamt etwa 210 PJ/a Wärme aus erneuerbaren Energien bereitgestellt werden. Dies bedeutet einen Anstieg von 42 % gegenüber der heutigen Nutzung von 148 PJ/a (Stand 2006). Das größte Zubaupotenzial ist dabei mit 30 PJ/a bei der Biomasse zu erwarten. Aber auch bei der Nutzung der Umgebungswärme (20 PJ/a) und der Solarthermie (14 PJ/a) könnte ein entsprechender Ausbau realisiert werden. Bei der geothermischen Wärmenutzung dürfte das Zubaupotenzial mit deutlich unter 1 PJ/a deutlich kleiner sein.

Abb. 10.20 zeigt für die in Kapitel 10.5.1 aufgeführten Szenarien, welchen Anteil die einzelnen erneuerbaren Energien heute (Stand 2006) an der Wärmebereitstellung haben und welches Potenzial mittelfristig erschließbar erscheint. Ergänzend ist ein Vergleich mit dem technischen Nachfragepotenzial der erneuerbaren Energien dargestellt. Daran kann abgeschätzt werden, inwieweit das in Österreich vorhandene Angebot damit ausgeschöpft wird.

- Szenario I (Verbrauchskonstanz). Bei diesem Szenario wird auch mittelfristig eine der heutigen Wärmenachfrage (555 PJ/a, Stand 2006) vergleichbare Nachfrage nach thermischer Energie unterstellt. Dabei liegt heute der Anteil der erneuerbaren Energien bei rund 27 % (148 PJ/a, Stand 2006). Mittelfristig könnte – werden die Bedingungen im Energiesystem der Republik Österreich durch die energiewirtschaftliche Rahmensetzung so gesetzt, dass die bei der Einzelbetrachtung diskutierten Potenziale erschlossen werden können – dieser Anteil merklich steigen und rund 38 % (212 PJ/a) erreichen. Damit könnte der Beitrag der Wärmeerzeugung aus regenerativen Energien um 11 %-Punkte ansteigen.
- Szenario II (Verbrauchsanstieg). Wird ein Anstieg der Wärmenachfrage im Vergleich zum Basisjahr 2006 um 20 % auf 666 PJ/a unterstellt, könnte mit den heute bereits genutzten erneuerbaren Energien nur noch 22 % der Nachfrage nach Wärme gedeckt werden. Tragen demgegenüber die mittelfristig als erschließbar erachteten Potenziale – unter Implementierung entsprechender Steuerungsmaßnahmen – zur Nachfragedeckung bei, könnte dieser Anteil auf 32 % ansteigen. Verglichen mit der Wärmeversorgungssituation im Jahr 2006 entspricht dies einer Zunahme um 5 %-Punkte.
- Szenario III (Verbrauchsrückgang). Kann durch eine deutliche Verbesserung der Wärmedämmung die Wärmenachfrage in Österreich mittelfristig im Vergleich zu den Gegebenheiten im Jahr 2006 – um 20 % auf 444 PJ/a gesenkt werden und können die als erschließbar identifizierten Potenziale mittelfristig zur Wärmenachfragedeckung beitragen, könnten knapp 50 % der Nachfrage nach thermischer Energie in Österreich aus erneuerbaren Energien bereitgestellt werden. Im Vergleich zu den Gegebenheiten im Energiesystem des Jahres 2006 bedeutet dies ein Anstieg des Anteils der Wärmeerzeugung aus erneuerbaren Energien um 21 %-Punkte.

Wird durch eine energiewirtschaftliche Rahmensetzung sichergestellt, dass die als erschließbar identifizierten Wärmepotenziale auch wirklich nutzbar gemacht werden, dann kann bei allen drei hier exemplarisch untersuchten Szenarien der Anteil der Wärmeerzeugung aus regenerativen Energien zur Deckung der Nachfrage nach thermischer Energie – allerdings in einem unterschiedlichen Ausmaß – gesteigert werden. Dies gilt aber auf einem insgesamt niedrigeren Niveau im Vergleich zu einer Stromerzeugung, bei der sowohl der heutige als auch der zukünftig realisierbare Anteil der regenerativen Energien größer ist. Bei allen hier beispielhaft untersuchten Szenarien ist damit aber keine vollständige Versorgung mit ausschließlich regenerativen Energien möglich. Deshalb werden – nach wie vor – im Wärmemarkt die fossilen Energieträger auch mittelfristig eine große Bedeutung haben, die aber tendenziell zurück gehen könnte.

Selbst wenn diese ambitionierten Ausbauziele umgesetzt werden, sind noch erhebliche unerschlossene Potenziale vorhanden, von denen unterstellt werden kann, dass sie – zumindest teilweise – mit der mittelfristig vorhandenen Anlagentechnik, wie sie derzeit national und international in der Entwicklung ist, langfristig noch erschlossen werden können. Auch dies unterstreicht nochmals die Notwendigkeit, durch entsprechende Forschungs- und Entwicklungs(F&E)-Maßnahmen die Technologieentwicklung zu forcieren und damit die Voraussetzungen zu schaffen, auch langfristig den Anteil des regenerativen Energieangebots zur Deckung der Wärmenachfrage weiter zu erhöhen. Gleichzeitig wird es notwendig sein u. a. durch Wärmedämmmaßnahmen und Effizienzverbesserungen die Nachfrage nach Wärme zu stabilisieren bzw. zu senken. Bei Neubauten sollten Niedrigenergie- und Passivhaus-Standards forciert werden.

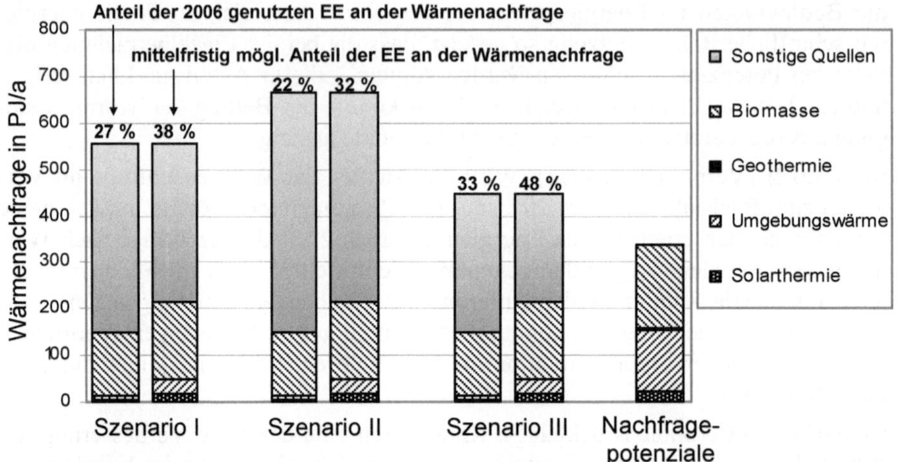

Abb. 10.20 Mittelfristige Deckung der Wärmenachfrage durch erneuerbare Energien (jeweils linker Balken: unterstellte Wärmenachfrage mit der im Jahr 2006 in der Republik Österreich realisierten Wärmebereitstellung aus regenerativen Energien; jeweils rechter Balken: unterstellte Wärmenachfrage mit der unterstellten mittelfristig realisierbaren Wärmebereitstellung (Perspektive 2020) aus regenerativen Energien; EE erneuerbare Energien)

10.5.4 Bereitstellung von Kraftstoffen

Im Jahr 2007 wurden in Österreich knapp 15 PJ/a Biokraftstoffe (13,7 PJ/a Biodiesel, 0,5 PJ/a Bioethanol, 0,7 PJ/a Pflanzenöl) eingesetzt. Damit tragen Biokraftstoffe bereits heute zur Deckung der Energienachfrage im Verkehrssektor der Republik Österreich bei.

Ausgehend davon wird nachfolgend aufbauend auf den bereits diskutierten Biokraftstoffpotenzialen zunächst diskutiert, welche weitergehenden Möglichkeiten einer Kraftstofferzeugung – mit einer mittelfristigen Perspektive (Zeithorizont 2020) – gegeben sind. Im Anschluss daran wird analysiert, welcher Beitrag im Rahmen der drei Szenarien möglich wäre.

Einzelbetrachtung. Die Bereitstellung flüssiger Bioenergieträger ist – für die heute bereits am Markt eingeführten Kraftstoffe – Stand der Technik; hier sind in den kommenden Jahren nur noch eingeschränkt entsprechende Optimierungspotenziale erschließbar.

Die Potenziale sind jedoch – auch vor dem Hintergrund der doch insgesamt beachtlichen Nachfrage nach Energie im Transportsektor – aufgrund der a priori nicht unbegrenzt verfügbaren Ackerflächen beschränkt. Hinzu kommt, dass die vorhandene landwirtschaftliche Nutzfläche in Österreich vor dem Hintergrund der gegebenen Nachfrage nach Nahrungs- und Futtermitteln einerseits und Biomasse für die stoffliche Nutzung andererseits nur zu einem (kleinen) Teil für einen Energiepflanzenanbau zur Verfügung steht. Und diese für einen Anbau von Ausgangsprodukten zur Biokraftstoffproduktion verbleibenden Flächen reichen nicht aus, die Nachfrage nach Kraftstoff in Österreich vollständig zu decken. Dies war und ist aber auch nicht das politische Ziel in Österreich. Im Jahr 2007 wurden in Österreich knapp 15 PJ/a Biokraftstoffe eingesetzt. Das für 2007 verfolgte Ziel von einem Anteil biogener Kraftstoffe am gesamten Kraftstoffverbrauch (im Jahr 2006 insgesamt 348 PJ/a, davon 261 PJ/a Mineralöldiesel und 87 PJ/a Benzin) von 4,3 % ist damit erreicht.

Insgesamt ist damit die energiewirtschaftliche Bedeutung flüssiger Bioenergieträger bisher begrenzt. Daran wird sich auch mittel- bis langfristig wenig ändern. Aufgrund der relativ hohen Kosten sowie der begrenzten Potenziale werden flüssige Bioenergieträger, die heute bereits am Markt verfügbar sind, immer nur einen (kleinen) Teil der Energienachfrage im Kraftstoffmarkt Österreichs decken können, der sehr stark von der jeweiligen Setzung der energiewirtschaftlichen Rahmenbedingungen beeinflusst wird.

Aus gegenwärtiger Sicht könnten unter Berücksichtigung der in Österreich zur Verfügung stehenden Produktionskapazitäten mittelfristig (Perspektive 2020) weitere 7,5 PJ/a an heute marktgängigen Biokraftstoffen bereitgestellt werden. Dies könnten rund 3,0 PJ/a an Biodiesel und etwa 4,5 PJ/a an Bioethanol sein.

Hinzu kommen potenziell die Biokraftstoffe, die sich derzeit in der Entwicklung befinden (sogenannte Kraftstoffe der 2. Generation). Hier sind gasförmige und flüssige Biokraftstoffe zu unterscheiden. Zu den ersteren zählen das auf Erdgasqualität aufbereitete Biogas aus Anaerobprozessen und Bio-SNG (Synthetic Natural Gas) in Erdgasqualität aus einer thermo-chemischen Vergasung fester Biomassen und einer anschließenden Methanisierung des produzierten Synthesegases. Beide Optionen stehen – stimmen die Rahmenbedingungen – an der Schwelle zur Kommerzialisierung und ergänzen sich in idealer Weise. Zu den letzteren zählen die sogenannten Biomass-to-Liquid(BtL)-Optionen (z. B. Fischer-Tropsch(FT)-Diesel) sowie Bioethanol aus Lignozellulose. Diese Möglichkeiten werden derzeit mit einem erheblichen Mitteleinsatz entwickelt und könnten in den kommenden Jahren – sind die laufenden Entwicklungsarbeiten erfolgreich – kommerziell umgesetzt werden.

Wird eine zielgerichtete und kontinuierliche Entwicklung ohne signifikante Rückschläge unterstellt, könnten diese "neuen" Biokraftstoffe mittelfristig zur Deckung der Energienachfrage im Verkehrssektor beitragen. Wie groß dieser Anteil realistischerweise sein wird, ist schwierig abzuschätzen, da mit Ausnahme einer Biomethanerzeugung aus Anaerobprozessen noch keine der dafür einzusetzenden Technologien weltweit im kommerziellen Einsatz ist. Wird aber unterstellt, dass die laufenden Entwicklungen in Güssing erfolgreich sind und angenommen, dass parallel dazu sowohl eine Biomethanerzeugung aus Anaerobprozessen und eine Bioethanolerzeugung aus Lignocellulose forciert entwickelt wird, könnten mittelfristig durch derartige zukünftige Biokraftstoffe weitere 12,5 PJ/a verfügbar gemacht werden.

Voraussetzung dafür ist aber, dass erhebliche Mittel auch der öffentlichen Hand in entsprechende zielgerichtete Forschungs- und Entwicklungs(F&E)-Aktivitäten investiert werden. Zusätzlich dazu müssen die Rahmenbedingungen geschaffen werden, dass diese neuen Technologien schnell im Markt Fuß fassen können. Dazu wäre ein entsprechendes Markteinführungsprogramm zwingend.

Systembetrachtung. Insgesamt könnten mittelfristig damit etwa 35 PJ/a an biogenen Kraftstoffen bereitgestellt werden. Das sind 20 PJ/a mehr als im Jahr 2007.

Für die in Kapitel 10.5.1 definierten Szenarien zeigt Abb. 10.21, welchen Beitrag biogene Kraftstoffe bereits heute (Stand 2007) leisten und welches erschließbare Potenzial mittelfristig möglich wäre.

- Szenario I (Verbrauchskonstanz). Bleibt die Kraftstoffnachfrage mittelfristig konstant (348 PJ/a, Stand 2006), könnte der Anteil der Biokraftstoffe von 4,3 % bzw. 15 PJ/a auf rund 10 % bzw. 35 PJ/a gesteigert werden. Damit könnte der Beitrag der Biokraftstoffe um 5,7 %-Punkte ansteigen.
- Szenario II (Verbrauchsanstieg). Wird ein Anstieg der Kraftstoffnachfrage im Vergleich zum Basisjahr um 20 % auf 418 PJ/a unterstellt, könnte mit den heute bereits genutzten Biokraftstoffen nur noch 3,6 % gedeckt werden. Tragen demgegenüber die mittelfristig als erschließbar erachteten Potenziale – unter Umsetzung entsprechender forschungs- und energiepolitischer Maßnahmen – zur Nachfragedeckung bei, könnte dieser Anteil auf 8,4 % ansteigen. Verglichen mit den heutigen Gegebenheiten entspricht dies einer Zunahme um 4,1 %-Punkte.
- Szenario III (Verbrauchsrückgang). Kann mittelfristig eine deutliche Verbrauchsreduktion im Verkehrssektor in Österreich um 20 % (auf 278 PJ/a) erreicht und können die identifizierten Potenziale mittelfristig erfolgreich erschlossen werden, wären rund 12,6 % der Energienachfrage im Transportsektor in Österreich aus Biokraftstoffen bereitstellbar. Im Vergleich zu den Gegebenheiten im Energiesystem des Jahres 2006 bedeutet dies ein Anstieg um 8,3 %-Punkte.

Die Vorgaben der EU-Richtlinie für Österreich, den Anteil der Biokraftstoffe bis 2020 auf 10 % zu erhöhen, sind damit nur bei gleichbleibender oder geringerer Kraftstoffnachfrage und gleichzeitigem erfolgreichem Ausbau der erschließbaren Potenziale erreichbar, wenn – wie hier unterstellt – kein Import von Bioenergieträgern zugelassen wird. Dazu wäre es u. a. notwendig, dass mittelfristig ein großer Teil der Tankstellen mindestens einen alternativen Kraftstoff (z. B. Biomethan in Verbindung mit Erdgas) anbieten.

Steigt aber die Kraftstoffnachfrage an, wie es in den letzten Jahrzehnten weltweit und auch in Österreich der Fall war, wird es ohne einen verstärkten Import von Biokraftstoffen kaum möglich sein, die politischen Zielvorgaben der EU-Kommission zu erfüllen. In jedem Fall ist das technische Potenzial für Biokraftstoffe in Österreich (4,8 PJ/a im Jahr 2006 (Berücksichtigung von Nutzungskonkurrenzen; Kapitel 9.4.1.3)), wie auch in Abb. 10.21 deutlich wird, unzureichend; d. h. in Österreich kann – unter Berücksichtigung der sonstigen Märkte für Biomasse – die für eine zur Erfüllung der politischen Zielvorgaben benötigte Biomasse nicht aus ausschließlich heimischen Ressourcen gedeckt werden.

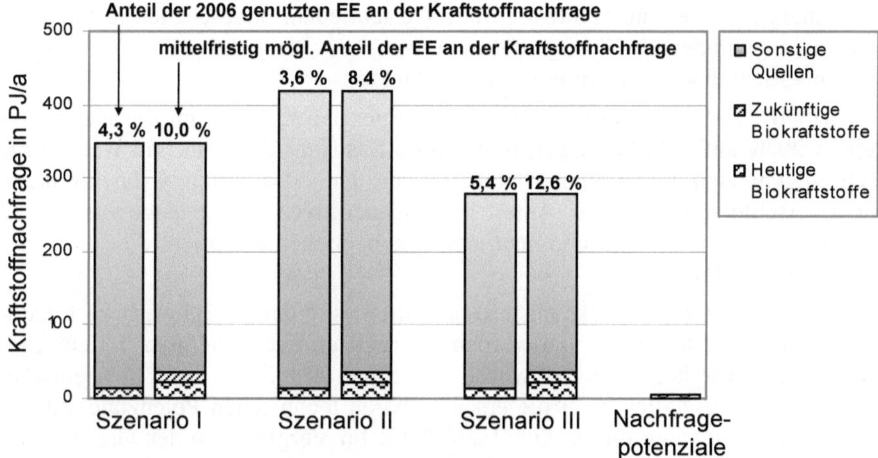

Abb. 10.21 Mittelfristige Deckung der Kraftstoffnachfrage durch erneuerbare Energien (jeweils linker Balken: unterstellte Kraftstoffnachfrage mit der im Jahr 2006 in der Republik Österreich realisierten Biokraftstofferzeugung aus regenerativen Energien; jeweils rechter Balken: unterstellte Kraftstoffnachfrage mit der mittelfristig (Perspektive 2020) realisierbaren Biokraftstofferzeugung aus regenerativen Energien; EE erneuerbare Energien)

10.5.5 Gesamtes Energiesystem

Durch erneuerbare Energien werden derzeit (2006) insgesamt etwa 295 PJ/a bereitgestellt; dies sind 27 % des Endenergieverbrauchs (1 093 PJ/a) in Österreich (Abb. 10.22); dieser Wert bezieht sich teilweise auf Primärenergie, teilweise auf Endenergie. Da die EU-Ziele als Endenergie definiert sind, muss der genaue Umrechnungsmodus von Primär- in Endenergie erst festgelegt werden. Gegenüber der Einzelbetrachtung werden hier allerdings bei der Wärmebereitstellung 12 % Netzverluste berücksichtigt. Beispielsweise betrug im Jahr 2005 der Anteil der erneuerbaren Energien am Endenergieverbrauch gemäß der Definition von Endenergie laut EU-Richtlinie 23,3 %.

Sollen die Vorgaben der EU-Richtlinie für erneuerbare Energien /EU 2008/ bis 2020 (34 % Anteil) umgesetzt werden, ist ein weiterer Ausbau der erneuerbaren Energien erforderlich. Können durch eine geeignete Rahmensetzung die bisher mittelfristig als erschließbar betrachteten Potenziale zur Deckung der mittelfristig zu erwartenden Nachfrage genutzt werden, könnte der Anteil der erneuerbaren Energien um zusätzlich 127 PJ/a auf insgesamt etwa 422 PJ/a gesteigert werden.

Ausgehend davon kann anhand der bisher betrachteten drei Szenarien analysiert werden, welchen Anteil dies an der mittelfristig zu erwartenden Energienachfrage ausmacht (Abb. 10.22).

- Szenario I (Verbrauchskonstanz). Bleibt die Energienachfrage mittelfristig konstant (1 093 PJ/a), da sich verbrauchssteigernde und verbrauchsreduzierende Effekte gegenseitig näherungsweise kompensieren, könnte der Anteil der regenerativen Energien – bei einer Nutzung der als erschließbar angesehenen technischen Potenziale – von derzeit 27 % (2006) auf etwa 39 % (Perspektive 2020) ansteigen. Dies entspricht einer Steigerung um 12 %-Punkte.

- Szenario II (Verbrauchsanstieg). Steigt die Energienachfrage um die hier unterstellten 20 % auf 1 312 PJ/a gegenüber dem Basisjahr 2006 an und werden die noch ungenutzten technischen Potenziale in der diskutierten Größenordnung (nicht) erschlossen, liegt der Anteil des regenerativen Energieangebots bei 22 bzw. 32 %. Verglichen mit den heutigen Gegebenheiten entspricht dies einer Zunahme um 5 %-Punkte.
- Szenario III (Verbrauchsrückgang). Kann mittelfristig der Energieverbrauch reduziert werden (auf 874 PJ/a) und werden die regenerativen Energien in dem gleichen Ausmaß wie heute genutzt, würde dies einem Anteil von rund 34 % entsprechen. Können zusätzlich dazu die erschließbaren technischen Potenziale nutzbar gemacht werden, steigt dieser Anteil auf 48 %. Im Vergleich zu den Gegebenheiten im Energiesystem des Jahres 2006 bedeutet dies ein Anstieg um 21 %-Punkte.

Das EU-Ziel ist damit nur dann erreichbar, wenn zum Einen die Nachfrage durch Effizienzsteigerungen stabilisiert und gleichzeitig die Nutzung des regenerativen Energieangebots deutlich ausgebaut werden kann. Beispielsweise wäre mittelfristig bei einer gegenüber heute gleichbleibenden Energienachfrage ein Anteil der erneuerbaren Energien von 39 % und bei einer um 20 % geringeren Energienachfrage sogar von 48 % möglich.

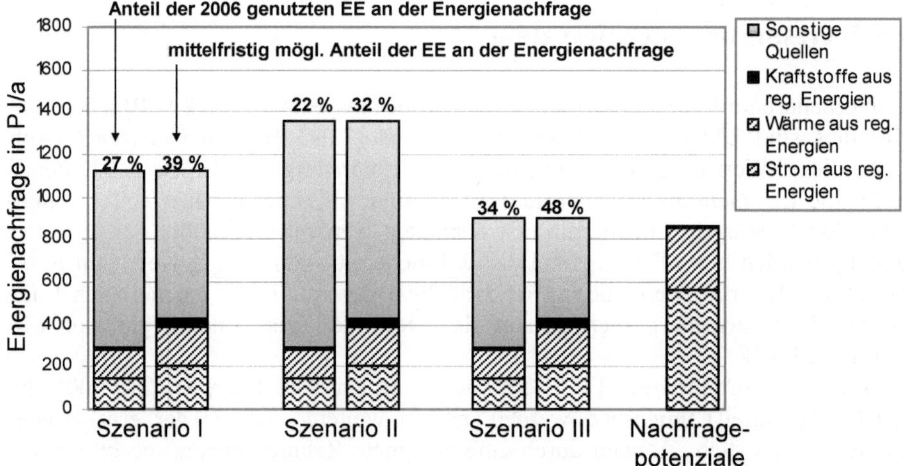

Abb. 10.22 Mittelfristige Deckung der Energienachfrage (Endenergie) durch erneuerbare Energien (jeweils linker Balken: unterstellte Endenergienachfrage mit der im Jahr 2006 in der Republik Österreich realisierten Endenergiebereitstellung aus regenerativen Energien; jeweils rechter Balken: unterstellte Endenergienachfrage mit der mittelfristig (Perspektive 2020) realisierbaren Endenergiebereitstellung aus regenerativen Energien; EE erneuerbare Energien)

Auf Basis der aufgezeigten mittelfristig möglichen Anteile erneuerbarer Energien im Energiesystem der Republik Österreich ergeben sich für die verschiedenen Szenarien der Energienachfrage die in Abb. 10.23 dargestellten Auswirkungen hinsichtlich der Energie- und Emissionsbilanzen. Dazu werden im Rahmen einer vereinfachten

Betrachtung für alle Optionen zur Nutzung erneuerbarer Energien sowie zur konventionellen Energieerzeugung anhand der Durchschnittswerte der Referenzanlagen und der entsprechenden Anteile zur Deckung der Energienachfrage die Gesamtverbräuche erschöpflicher Energieträger und die Gesamtemissionen der bisher betrachteten luftgetragenen Stofffreisetzungen ermittelt. Ausgehend davon sind in Abb. 10.23 die prozentualen Änderungen der ökologischen Kennwerte bezüglich des Referenzjahres 2006 (Energienachfrage, Anteil erneuerbarer Energien) angegeben.

Für die einzelnen Szenarien können die sich abzeichnenden Tendenzen wie folgt zusammengefasst werden.

- Szenario I (Verbrauchskonstanz). Ausgehend von der heutigen Energienachfrage (1 093 PJ/a, Stand 2006) und einer möglichen Steigerung des Anteils erneuerbarer Energien von derzeit 27 % auf 39 % könnten der Verbrauch fossiler Energieträger und die CO_2-Äquivalent-Emissionen um jeweils etwa 20 % gegenüber 2006 gesenkt werden. Die SO_2-Emissionen würden sich um etwa 13 % vermindern. Durch den steigenden Anteil der Biomasse zur Deckung der Energienachfrage und den damit verbundenen relativ hohen NO_x-Emissionen (Kapitel 10.3.1, Kapitel 10.3.2 und Kapitel –) würden aber die gesamten NO_x-Emissionen gegenüber 2006 um 1 % ansteigen. Die SO_2-Äquivalent-Emissionen könnten immerhin noch um etwa 5 % reduziert werden. Zusammengenommen wäre damit aber eine deutliche Umweltentlastung möglich.
- Szenario II (Verbrauchsanstieg). Steigt der Energienachfrage um 20 % gegenüber 2006 an, würden auch bei einem gleichzeitigen Ausbau der erneuerbaren Energien in der diskutierten Größenordnung der Verbrauch fossiler Energieträger (um etwa 10 %) und sämtliche Emissionen (NO_x um 20 %, SO_2-Äquivalente um 17 %, SO_2 um 13 % und CO_2-Äquivalente um 10 %) zunehmen. Dies liegt in dem dann merklich höheren Einsatz fossiler Energieträger begründet, der notwendig ist, um – trotz der gestiegenen Nutzung des regenerativen Energieangebots – die dann höhere Nachfrage nach Energie in Österreich zu decken.
- Szenario III (Verbrauchsrückgang). Wird demgegenüber von einer 20 % geringeren Energienachfrage als im Jahr 2006 ausgegangen, könnten der Verbrauch fossiler Energieträger und die CO_2-Äquivalent-Emissionen um jeweils etwa 50 % und die anderen Emissionen um etwa 20 bis 40 % gegenüber dem heutigen Niveau gesenkt werden (Abb. 10.23). Dies liegt darin begründet, dass sowohl durch die sinkende Nachfrage als auch die steigende Nutzung regenerativer Energien der Einsatz fossiler Energieträger im Energiesystem merklich reduziert wird und dadurch – da eine Energiebereitstellung aus erneuerbaren Energien i. Allg. deutlich umwelt- und klimaverträglicher ist im Vergleich zu einer Nutzung fossiler Energieträger – die energiebedingten Umweltauswirkungen deutlich zurückgehen.

Anhand der Durchschnittswerte der Referenzanlagen und der entsprechenden Anteile zur Deckung der Energienachfrage in den verschiedenen Szenarien (Kapitel 10.5.1) können aus allen betrachteten Optionen zur Nutzung erneuerbarer Energien sowie zur konventionellen Energieerzeugung für die Bereiche Strom, Wärme und Kraftstoffe die Gesamtkosten abgeschätzt werden. Analog zu der Analyse der ökologischen Auswirkungen können die dadurch bedingten Änderungen prozentual auf das Referenzjahr 2006 (Energienachfrage, Anteil erneuerbarer Energien) bezogen werden. Sie sind grafisch in Abb. 10.24 dargestellt.

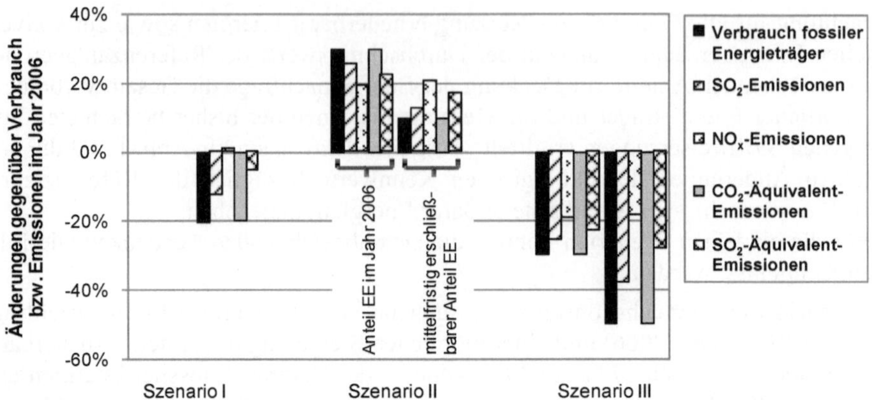

Abb. 10.23 Änderungen des Verbrauchs fossiler Energieträger und der Emissionen gegenüber dem Jahr 2006 bezogen auf die Energienachfrage (Endenergie) (jeweils linke Säulengruppe: bezogen auf die im Jahr 2006 in der Republik Österreich realisierte Endenergiebereitstellung aus regenerativen Energien; jeweils rechte Säulengruppe: bezogen auf die mittelfristig (Perspektive 2020) realisierbare Endenergiebereitstellung aus regenerativen Energien; EE erneuerbare Energien)

An den gesamten absoluten Gestehungskosten im Energiesystem haben die Stromgestehungskosten etwa einen Anteil von knapp 20 %, die Wärmegestehungskosten von etwa 55 % und die Kraftstoffbereitstellungskosten von etwa 25 %. Mit zu- oder abnehmender Energienachfrage nehmen die gesamten Gestehungskosten in etwa dem gleichen Verhältnis zu (Szenario II (Verbrauchsanstieg)) oder ab (Szenario III (Verbrauchsrückgang)). Jedoch steigen mit zunehmender Deckung der Energienachfrage durch erneuerbare Energien aufgrund der durchschnittlich höheren spezifischen und damit auch höheren absoluten Gestehungskosten (Kapitel 10.3.1.3, Kapitel 10.3.2.3 und Kapitel 10.3.3.3) die Gesamtkosten im Vergleich zu einer Deckung der Energienachfrage durch konventionelle Energien (Abb. 10.24). Damit steigen absolut gesehen mit einer zunehmend stärkeren Nutzung des regenerativen Energieangebots die Absolutkosten im Energiesystem an. Dies gilt zumindest auf der Basis der hier gemachten Rahmenannahmen. Steigt demgegenüber der Ölpreis – und damit letztlich der Preis für sämtliche fossilen Energieträger – deutlich an (wie es Mitte 2008 der Fall war) und nehmen die Kosten für die Nutzung des regenerativen Energieangebots nicht in diesem Maße zu, dann kann sich dieser Effekt auch umkehren und die Nutzung des regenerativen Energieangebots zur Strom-, Wärme- und Kraftstofferzeugung auch preisdämpfend wirken.

Zusätzlich können diese absoluten Kosten auch bezogen werden auf den jeweiligen Energieverbrauch im Energiesystem der Republik Österreich; dies zeigt Abb. 10.25. Demnach führt eine verstärkte Nutzung des regenerativen Energieangebots unter den zugrunde gelegten Annahmen zu einem Anstieg der durchschnittlichen Energiegestehungskosten im Energiesystem zwischen 2 und knapp 8 %. Hohe Mehrkosten sind dann zu erwarten, wenn der Anteil der erneuerbaren Energien im Energiesystem sehr hoch wird und die fossilen Energien nach wie vor sehr kostengünstig verfügbar sind.

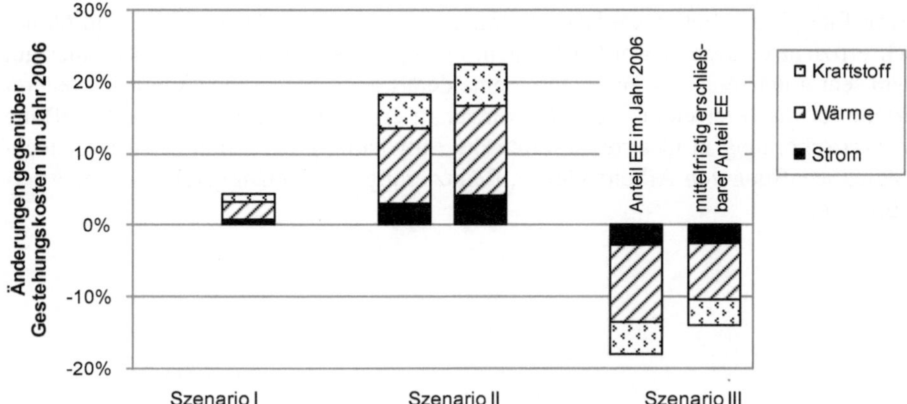

Abb. 10.24 Änderungen der absoluten Gesamtkosten gegenüber dem Jahr 2006 bezogen auf die Energienachfrage (Endenergie) (jeweils linker Balken: bezogen auf die im Jahr 2006 in der Republik Österreich realisierte Endenergiebereitstellung aus regenerativen Energien; jeweils rechter Balken: bezogen auf die mittelfristig (Perspektive 2020) realisierbare Endenergiebereitstellung aus regenerativen Energien; EE erneuerbare Energien)

Zusammengenommen sind damit durchaus beachtliche Möglichkeiten im Energiesystem der Republik Österreich gegeben, durch eine verstärkte Nutzung des regenerativen Energieangebots zum Umwelt- und Klimaschutz beizutragen. Sollen diese Potenziale erschlossen werden, muss durch eine vorausschauende und langfristig angelegte Energie- und Umweltpolitik, die verlässliche Rahmenbedingungen schaffen muss, sichergestellt werden, dass diese Potenziale auch erschlossen werden können.

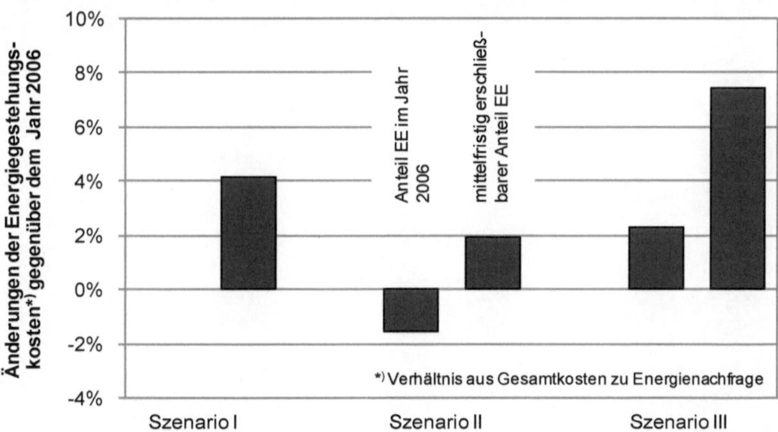

Abb. 10.25 Änderungen der spezifischen Energiegestehungskosten gegenüber dem Jahr 2006 bezogen auf die Energienachfrage (Endenergie) (jeweils linker Balken: bezogen auf die im Jahr 2006 in der Republik Österreich realisierte Endenergiebereitstellung aus regenerativen Energien; jeweils rechter Balken: bezogen auf die mittelfristig (Perspektive 2020) realisierbare Endenergiebereitstellung aus regenerativen Energien; EE erneuerbare Energien)

Derartige Maßnahmen zur Unterstützung der Marktentwicklung müssen kombiniert werden mit einer entsprechenden Forschungs- und Entwicklungs(F&E)-Strategie, damit die zu installierenden Anlagen und Systeme zur Nutzung des regenerativen Energieangebots technisch optimiert sind und damit ökonomisch und ökologisch effizient eingesetzt werden können. Gelingt dies – und Österreich ist hier auf einem sehr guten Weg – können durch eine derartige Strategie eine Vielzahl weiterer Vorteile für die österreichische Volkswirtschaft erschlossen werden (u. a. Schaffung von Wertschöpfung in Österreich durch die Entwicklung exportfähiger Energietechnologie, Schaffung von Arbeitsplätzen, Reduzierung der Abhängigkeit von importierter Energie).

Literaturverzeichnis

Kapitel 1

/BMWA 2003/ Bundesministerium für Wirtschaft und Arbeit: Energiebericht 2003 der Österreichischen Bundesregierung. Wien, 2003

/BP 2008/ BP (Hrsg.): BP Statistical Review of World Energy 2007. London, Juni 2008 (www.bp.com)

/BVK 2008/ Bundesverband Kraftwerksnebenprodukte e.V.: Informationen zu Steinkohleflugaschen, Januar 2008 (www.bvk-online.com)

/Duffie und Beckmann 1991/ Duffie, J. A.; Beckmann, W. A.: Solar Engineering of Thermal Prozesses. John Wiley and Sons, New York, USA, 1991

/Eckerle et al. 1996/ PROGNOS: Niedertemperatur-Wärmemarkt in Österreich 1995 – 2010. Wien, 1996

/Ecoinvent 2005/ Ecoinvent Data v1.2. Final reports Ecoinvent 2000 No. 1-15. Swiss Centre for Life Cycle Inventories, Dübendorf, 2005

/E-Control 2007/ Energie-Control (Hrsg.): Erzeugung elektrischer Energie in Österreich nach Energieträgern 2006, www.e-control.at, März 2007

/E-Control 2008a/ Energie-Control (Hrsg.): Betriebsstatistik 2006: Täglicher Belastungsablauf, Februar 2008 (www.e-control.at)

/E-Control 2008b/ Energie-Control (Hrsg): Jahresreihen der Aufbringung elektrischer Energie (Gesamte Versorgung), Mai 2009 (www.e-control.at)

/EN ISO 14040 2006/ Europäisches Normeninstitut: EN ISO 14040 Umweltmanagement – Ökobilanz – Grundsätze und Rahmenbedingungen. Brüssel, 2006

/EN ISO 14044 2006/ Europäisches Normeninstitut: EN ISO 14044 Umweltmanagement – Ökobilanz – Anforderungen und Anleitungen. Brüssel, 2006

/Erdgas Oberösterreich 2007/ Erdgas Oberösterreich (Hrsg.): Preise für CNG in Österreich, persönliche Mitteilung von Hr. Wagner, Oktober 2007

/EUCAR, Concawe & JRC/IES 2006/ EUCAR, Concawe & JRC/IES: Well-to-wheels analysis of future automotive fuels and powertrains in the European context. Version 2b, Mai 2006

/Eurostat 2007/ Statistisches Amt der Europäischen Gemeinschaften: Datenbank Energiestatistik (Energiepreise), April 2007 (epp.eurostat.ec.europa.eu)

/FVMI 2006/ Fachverband der Mineralölindustrie Österreichs: Jahresbericht 2005. Wien, 2006

/Hofer 1994/ Hofer, R.: Technologiegestützte Analyse der Potenziale industrieller Kraft-Wärme-Kopplung (Dissertation). Fakultät für Elektrotechnik und Informationstechnik der Technischen Universität München, München, 1994

/Kaltschmitt, Streicher und Wiese 2006/ Kaltschmitt, M.; Streicher, W.; Wiese, A. (Hrsg.): Erneuerbare Energien: Systemtechnik, Wirtschaftlichkeit, Umweltaspekte. Springer, Berlin, 2006, 4. Auflage

/Kippenhahn 1991/ Kippenhahn, R.: Der Stern, von dem wir leben. Deutsche Verlags-Anstalt, Stuttgart, 1991

/Kleemann und Melіß 1993/ Kleemann, M.; Meliß, M.: Regenerative Energiequellen. Springer, Berlin, 1993

/Krüger 2002/ Krüger, R.: Systemanalytischer Vergleich alternativer Kraftstoff- und Antriebskonzepte in der Bundesrepublik Deutschland. Fortschrittsberichte des VDI; Reihe 12; Nr. 499. VDI Verlag, Düsseldorf, 2002

/ÖNorm B 5019 2007/ Österreichisches Normungsinstitut (Hrsg.): ÖNorm B 5019 Hygienerelevante Planung, Ausführung, Betrieb, Wartung, Überwachung und Sanierung von zentralen Trinkwasser-Erwärmungsanlagen. Wien, 2007

/ÖSTAT 2000/ Österreichisches Statistisches Zentralamt: Energiebilanzen 1993 – 1998, in: Statistische Nachrichten 4/2000. Wien, 2000

/Rummel et al. 1991/ Rummel, F. et al.: Erdwärme – Energieträger der Zukunft? MeSy, Bochum, 1991

/Schäfer 1992/ Schäfer, H.: Nutzung regenerativer Energien. Schriftenreihe IfE Heft 1, Resch, München, 1992

/Seidinger 2008/ Seidinger, P.: Erdgas/Biomethan (CNG/Bio-CNG) als Kraftstoff. WKO, Wien, Juni 2008

/Spitzer 1997/ Spitzer, J.: Allgemeine Energiewirtschaftslehre, Skriptum zur Vorlesung WS 97/98. Technische Universität Graz, Institut für Wirtschafts- und Betriebswissenschaften, Graz, 1997, 3. Auflage

/Statistik Austria 2007a/ Statistik Austria: Kfz-Neuzulassungen 2006 nach Fahrzeugarten. Datenstand 19.01.2007 (www.statistik.at)

/Statistik Austria 2007b/ Statistik Austria: Heizgradsummen für Österreich, Stand Juli 2007 (www.statistik.at)

/Statistik Austria 2008a/ Statistik Austria: Gesamtenergiebilanz 1970 bis 2007, Dezember 2008 (www.statistik.at)

/Statistik Austria 2008b/ Statistik Austria: Jahresdurchschnittspreise und -steuern für die wichtigsten Energieträger 2006, April 2008 (www.statistik.at)

/UBA 1995/ UBA (Hrsg.): Methodik der produktbezogenen Ökobilanz – Wirkungsbilanz und Bewertung; Texte 23/95. Umweltbundesamt, Berlin, Deutschland, 1995

/UBA 2008/ Umweltbundesamt (Hrsg.): Emissionstrends 1990 – 2006: Ein Überblick über die österreichischen Verursacher von Luftschadstoffen mit Datenstand 2008. Wien, 2008 (www.umweltbundesamt.at)

/VDI 1991/ VDI-GET: Potenziale regenerativer Energieträger in der Bundesrepublik Deutschland. VDI, Düsseldorf, 1991

/VEÖ 2006/ Verband der Elektrizitätsunternehmen Österreichs: Strom in Österreich 2005. Wien, 2006

Kapitel 2

/BLV 2000/ Bundeslastverteiler, Bundesministerium für wirtschaftliche Angelegenheiten: vorläufige Ergebnisse der Betriebsstatistik 1999, Juli 2000

/BMLF 1999/ Hydrographisches Zentralbüro im Bundesministerium für Land- und Forstwirtschaft: Daten zur Niederschlagsverteilung in Österreich, August 1999

/BMLFUW 2005/ Bundesministerium für Land- und Forstwirtschaft, Umwelt und Wasserwirtschaft: EU Wasserrahmenrichtlinie 2000/60/EG. Österreichischer Bericht der Ist-Bestandsaufnahme. Zusammenfassung der Ergebnisse für Österreich. Wien, März 2005

/BMLFUW 2007a/ Bundesministerium für Land- und Forstwirtschaft, Umwelt und Wasserwirtschaft: Wasserhaushalt, April 2007 (www.wassernet.at)

/BMLFUW 2007b/ Bundesministerium für Land- und Forstwirtschaft, Umwelt und Wasserwirtschaft: Oberflächengewässer, April 2007 (www.wassernet.at)

/BMLFUW 2007c/ Bundesministerium für Land- und Forstwirtschaft, Umwelt und Wasserwirtschaft: Hydrographische Daten an ausgewählten Messstellen, Juni 2007 (www.wassernet.at)

/E-Control 2007/ Energie-Control (Hrsg.): Zahlen, Daten, Fakten. Informationen zur österreichischen Elektrizitätsstatistik, 2007 (www.e-control.at)

/E-Control 2008/ Energie-Control (Hrsg.): Kraftwerkspark, Engpassleistungen 2007, 2007 (www.e-control.at)

/EU 1997/ Kommission der Europäischen Gemeinschaften: Energie für die Zukunft: Erneuerbare Energieträger; Weißbuch für eine Gemeinschaftsstrategie und Aktionsplan. Brüssel, 1997

/Giesecke und Mosonyi 2005/ Giesecke, J.; Mosonyi, E.: Wasserkraftanlagen: Planung, Bau und Betrieb. Springer, Berlin, 2005, 4. Auflage

/Kleinwasserkraft 2008/ Kleinwasserkraft Österreich: Kleinwasserkraft in Österreich, Persönliche Mitteilung von Fr. Prechtl, Mai 2008

/König 1985/ König, F.: Bau von Wasserkraftanlagen. C. F. Müller, Karlsruhe, 1985

/Mader et al. 1996/ Mader, H. et al.: Abflussregime österreichischer Fließgewässer, Monographien Band 82. Umweltbundesamt, Wien, 1996

/Nill, Kaltschmitt und Radunsky 2004/ Nill, M.; Kaltschmitt, M.; Radunsky, K.: Klimagasemissionen der Stromerzeugung aus Wasserkraft. VEÖ Journal 3 (2004), S. 41 – 43

/ÖNorm M 7103 1991/ Österreichisches Normungsinstitut (Hrsg.): ÖNorm M 7103 Grundbegriffe der Energiewirtschaft – Wasserkraftwirtschaft. Wien, 1991

/ÖSTAT 1999/ Österreichisches Statistisches Zentralamt: Energieversorgung Österreichs – Jahresheft 1998. Wien, 1999

/Pálffy et al 1996/ Pálffy, S. O. et al.: Wasserkraftanlagen: Klein- und Kleinstkraftwerke. expert-Verlag, Renningen-Malmsheim, 1996, 3. Auflage

/Pöyry 2008/ Pöyry Energie (Hrsg.): Wasserkraftpotenzialstudie Österreich (Kurzfassung), im Auftrag von VEÖ, BMWA, E-Control, Kleinwasserkraft Österreich und VÖEW, Mai 2008

/Radler 1981/ Radler, S.: KWKW-Projektierung und Entwurf. Institut für Wasserwirtschaft, Universität für Bodenkultur, Wien, 1981

/Schiller 1994/ Schiller, G.: Vorlesungsunterlagen zu Energiewasserwirtschaft. Institut für Wasserwirtschaft, Universität für Bodenkultur, Wien, 1994

/Stigler et al. 2005/ Stigler, H. et al.: Energiewirtschaftliche und ökonomische Bewertung potenzieller Auswirkungen der Umsetzung der EU-Wasserrahmenrichtlinie auf die Wasserkraft. Institut für Elektrizitätswirtschaft und Energieinnovation, Technische Universität Graz, Wien, Juli 2005

/UBA 1999/ Umweltbundesamt (Hrsg.): Karten für Fließgewässer, Umweltbundesamt, Wien, 1999

/UBA 2001/ Umweltbundesamt (Hrsg.): Wasserkraftanlagen als erneuerbare Energiequelle: rechtliche und ökologische Aspekte. UBA-Texte 01/01; Umweltbundesamt, Berlin, Deutschland, Januar 2001

/VDI 1991/ VDI-GET: Potenziale regenerativer Energieträger in der Bundesrepublik Deutschland. VDI, Düsseldorf, 1991

/VEÖ 1997/ Verband der Elektrizitätswerke Österreichs: Strom in Österreich – Öffentliche Elektrizitätsversorgung 1997. Wien, 1997

/VEÖ 1998/ Verband der Elektrizitätswerke Österreichs: Öffentliche Elektrizitätsversorgung in Österreich (Auszug aus Betriebsstatistik 1996 des Bundeslastverteilers), September 1998

/VEÖ 2007a/ Verband der Elektrizitätsunternehmen Österreichs (Hrsg.): Potenziale der regenerativen Energien in Österreich, Experten-Workshop, Wien, Juni 2007

/VEÖ 2007b/ Verband der Elektrizitätsunternehmen Österreichs (Hrsg.): Engpassleistung und Bruttostromerzeugung der Wasserkraftwerke in Österreich, Juli 2007

/Vischer und Huber 2002/ Vischer, D.; Huber, A.: Wasserbau: Hydrologische Grundlagen, Elemente des Wasserbaus, Nutz- und Schutzbauten an Binnengewässern. Springer, Berlin, 2002, 6. Auflage

/Welzl 1997/ Welzl, B.: Axialturbine mit Unterwassergenerator zur Energierückgewinnung. Kleinwasserkraft – Praxis und aktuelle Entwicklungen, Stuttgart, 1997

Kapitel 3

/Bruck et al. 1985/ Bruck, M. et al.: Meteorologische Daten und Berechnungsverfahren. Zentralanstalt für Meteorologie und Geodynamik, Wien, 1985, 3. Auflage

/EN 410 2004/ Europäisches Normeninstitut: EN 410: Glas im Bauwesen – Bestimmung der lichttechnischen und strahlungsphysikalischen Kenngrößen von Verglasungen. Beuth-Verlag, Berlin, 2004

/EN ISO 13790 2008/ Europäisches Normeninstitut: EN 13790: Energieeffizienz von Gebäuden – Berechnung des Energiebedarfs für Heizung und Kühlung, Wohngebäude. Beuth-Verlag, Berlin, 2008

/EU-Richtlinie 2002/91/EG 2002/ EU-Richtlinie 2002/91/EG über die Gesamtenergieeffizienz von Gebäuden, Amtsblatt der europäischen Gemeinschaften, L 1/65, 16. Dezember 2002

/Feist 1998/ Feist, W.: Das Niedrigenergiehaus – Neuer Standard für energiebewusstes Bauen. C.F. Müller, Heidelberg, 1998

/Hahne 2003/ Hahne, E.; Drück, H.; Fischer, S.; Müller-Steinhagen, H.: Manuskript zur Vorlesung Solartechnik (Teil 2). Institut für Thermodynamik und Wärmetechnik (ITW), Universität Stuttgart, 2003

/Hammer 1993/ Hammer, G.: Die neue Wärmeschutzverordnung für Architekten. Weka Baufachverlage, Augsburg, 1993

/Heimrath 1998/ Heimrath, R.: Sensitivitätsanalyse einer Wärmeversorgung mit Erdreich-Direktverdampfungs-Wärmepumpen. Diplomarbeit, Institut für Wärmetechnik, Technische Universität Graz, 1998

/Heimrath 2000/ Heimrath, R.: Dokumentation – Dynamische Simulation Betonkernkühlung mit Hilfe eines Erdwärmetauschers. Institut für Wärmetechnik, Technische Universität Graz, 2000

/Kerschberger 1994/ Kerschberger, A.: Transparente Wärmedämmung zur Gebäudeheizung – Systemausbildung, Wirtschaftlichkeit, Perspektiven. Institut für Bauökonomie, Universität Stuttgart, Bauök-Papiere Nr. 56, Stuttgart, 1994

/Meteonorm 1995/ Bundesamt für Energiewirtschaft (Hrsg.): Infoenergie – Das klimatologische Grundlagenwerk für Solarplaner. Brugg, 1995

/Streicher 2005/ Streicher, W.: Informatik in der Energie- und Umwelttechnik. Vorlesungsskriptum, Institut für Wärmetechnik, Technische Universität Graz, 2005

/Streicher 2007/ Streicher, W.: Sonnenenergienutzung. Vorlesungsskriptum, Institut für Wärmetechnik, Technische Universität Graz, 2007

Kapitel 4

/ARGE Erneuerbare Energie 1997/ Arbeitsgemeinschaft Erneuerbare Energie (Hrsg.): Heizen mit der Sonne. Gleisdorf, Österreich, 1997

/BEV 2007/ Bundesamt für Eich- und Vermessungswesen: Grundstücksdatenbank; August 2007

/BMVIT 2009/ Bundesministerium für Verkehr, Innovation und Technologie: Erneuerbare Energien in Österreich – Marktentwicklung 2007; Wien, 2009

/Clairent 2001/ Clairent (Hrsg.): Antifrogen SOL (VP 1981). Produktbeschreibung, www.abderhalden-ag.ch/images/antifrogen/pdf/Antifrogen_SOL_TM_de.pdf, 2001

/Duffie und Beckmann 1991/ Duffie, J. A.; Beckmann, W. A.: Solar Engineering of Thermal Prozesses. John Wiley and Sons, New York, USA, 1991

/Faninger 2007/ Faninger, G.: Erneuerbare Energien – Marktentwicklung 2006, Photovoltaik, Solarthermie und Wämepumpen, Erhebung für die Internationale Energie-Agentur (IEA); Wien, 2007

/Fisch 1993/ Fisch, M. N.: Solartechnik I und II; Skriptum zur Vorlesung. Institut für Thermodynamik und Wärmetechnik, Universität Stuttgart, 1993

/Frei et al. 1998/ Frei, U.; Vogelsanger, P.: Solar thermal systems for domestic hot water and space heating. Institut für Solartechnik, Schweiz, 1998

/Heimrath et al. 2002/ Heimrath, R.; Heinz, A.; Mach, T.; Streicher, W.; Fink, Ch.; Riva, R.: Forschungsprojekt: Solarunterstützte Wärmenetze, Endbericht. Institut für Wärmetechnik, Technische Universität Graz, 2002

/Jungmeier et al. 1996/ Jungmeier et al.: GEMIS-Österreich: Energetische Kennzahlen im Prozesskettenbereich Nutzenergie-Energiedienstleistung. Bundesministerium für Umwelt, Jugend und Familie; Wien, 1996

/Kaltschmitt, Streicher und Wiese 2006/ Kaltschmitt, M.; Streicher, W.; Wiese, A. (Hrsg.): Erneuerbare Energien: Systemtechnik, Wirtschaftlichkeit, Umweltaspekte. Springer, Berlin, 2006, 4. Auflage

/Kleemann und Meliß 1993/ Kleemann, M.; Meliß, M.: Regenerative Energiequellen. Springer, Berlin, 1993

/Ladener 1993/ Ladener, H.: Solaranlagen. Ökobuch, Staufen, 1993

/microtherm 1999/ Energietechnik microtherm (Hrsg.): Sydney SK-400 – A Solar Collector for Climatization. www.microenergie.com/collector/sk_400.htm, Lods (F), 1999

/Müller et al. 2004/ Müller, T.; Weiß, W.; Schnitzer, H.; Brunner, C.; Begander, U.; Themel, O.: Produzieren mit Sonnenenergie – Potenzialstudie zur thermischen Solarenergienutzung in österreichischen Gewerbe- und Industriebetrieben. Projekt im Rahmen "Fabrik der Zukunft" des BMVIT, AEE-INTEC Gleisdorf, 2004

/ÖNorm B 5019 2007/ Österreichisches Normungsinstitut (Hrsg.): ÖNorm B 5019 2007 – Hygienerelevante Planung, Ausführung, Betrieb, Wartung, Überwachung und Sanierung von zentralen Trinkwasser-Erwärmungsanlagen. Wien, 2007

/ÖNorm B 8110-5 2007/ Österreichisches Normungsinstitut (Hrsg.): ÖNorm B 8110-5 2007 – Wärmeschutz im Hochbau, Teil 5: Klimamodell und Nutzungsprofile. Wien, 2007

/Sonne, Wind und Wärme 2000/ o.V.: Markenzeichen: Dunkelblau. Sonne, Wind und Wärme 24 (2000), 1, S. 18

/Sonnenenergie 2000a/ o.V.: Vakuum-Beschichtungen von Solarabsorbern – Dünne Schichten, die es in sich haben. Sonnenenergie (2000), 6, S. 20 – 23

/Sonnenenergie 2000b/ o.V.: Schlummerndes Potenzial genutzt. Sonnenenergie (2000), 6, S. 24 – 25

/Statistik Austria 2004/ Statistik Austria: Gebäude- und Wohnungszählung Hauptergebnisse Österreich 2001, Tabelle B13c; Wien, 2004

/Statistik Austria 2007a/ Statistik Austria: Ergebnisse der Wohnungserhebung im Mikrozensus, Jahresdurchschnitt 2006; Wien, 2007

/Statistik Austria 2007b/ Statistik Austria: HGS-Auswertung für Österreich; Wien, 2007

/Statistik Austria 2008/ Statistik Austria: Energiestatistik: Energiebilanzen Österreich 1970 bis 2007; Wien, 2008

/Streicher 2007/ Streicher, W.: Sonnenenergienutzung. Vorlesungsskriptum; Institut für Wärmetechnik, Technische Universität Graz, 2007

/Streicher 2008/ Streicher, W. (Hrsg.): Phase Change Materials – A Report of IEA Solar Heating and Cooling programme – Task 32: Advanced storage concepts for solar and low energy buildings, Report C7 of Subtask C. Technische Universität Graz, März 2008

/VDI-2067 2000/ Verein Deutscher Ingenieure (Hrsg.): VDI-Richtlinie 2067 – Wirtschaftlichkeit gebäudetechnischer Anlagen, Grundlagen und Kostenberechnung, Blatt 1, Beuth Verlag, Berlin, 2000

/Weiss et al. 2007/ Weiss, W; Bergmann, I.; Faninger, G.: Solar Heat Worldwide – Edition 2007 – Markets and Contribution to the Energy Supply 2005. Technische Universität Graz, 2007

Kapitel 5

/ASE 1999/ Angewandte Solarenergie – ASE (Hrsg.): Datenblätter; Putzbrunn, 1999 (www.ase-international.com)

/Bernreuter 2006/ Bernreuter, J.: Aufbruch aus der Nische; Sonne Wind Wärme, 12/2006; S. 102 – 116

/BfAi 2007/ Bundesagentur für Außenwirtschaft: Japan will Spitzenposition in Solarzellenfertigung halten. Mai 2007 (www.bfai.de)

/BMVIT 2007a/ Bundesministerium für Verkehr, Innovation und Technologie: Lärmschutzwände an Autobahnen und Schnellstraßen, Wien, August 2007

/BMVIT 2007b/ Bundesministerium für Verkehr, Innovation und Technologie: Photovoltaik Roadmap für Österreich, Wien, 2007

/BSW 2009/ Bundesverband der Solarwirtschaft (Hrsg.): Diverse Markterhebungen; Berlin, 2009

/Diefenbach 1994/ Diefenbach, G.: Photovoltaikanlagen als Naturschutzzonen – Landnutzung in Harmonie mit der Natur bei zentralen Photovoltaikanlagen am Beispiel der 340 kW-Anlage in Kolben-Gondorf; Energiewirtschaftliche Tagesfragen 44(1994), S. 41 – 64

/E-Control 2007/ Energie-Control (Hrsg.): Zahlen, Daten, Fakten. Informationen zur österreichischen Elektrizitätsstatistik, Wien, 2007 (www.e-control.at)

/Epp 2007/ Epp, B.: Wechselrichter im internationalen Wettbewerb; Sonne Wind Wärme, 05/2007; S. 66 – 82

/Faninger 2007/ Faninger, G.: Der Photovoltaikmarkt in Österreich 2006, Studie im Auftrag des Bundesministeriums für Verkehr, Innovation und Technologie (BMVIT), Wien, 2007

/Green et al. 2008/ Green, M. A. et al.: Solar Cell Efficiency Tables; Progress in Photovoltaics: Research and Applications 16(2008), S. 435 – 440

/Kaltschmitt, Streicher und Wiese 2006/ Kaltschmitt M.; Streicher W.; Wiese A. (Hrsg.): Erneuerbare Energien – Systemtechnik, Wirtschaftlichkeit, Umweltaspekte. Springer, Berlin, 2006

/Kleemann und Meliß 1993/ Kleemann, M.; Meliß, M.: Regenerative Energiequellen. Springer, Berlin, 1993

/Köthe 1991/ Köthe, H. K.: Stromversorgung mit Solarzellen. Franzis, München, 1991; 2. Auflage

/Ladener 1986/ Ladener, H.: Solare Stromversorgung. Ökobuch, Staufen, 1986

/Meissner 1993/ Meissner, D. (Hrsg.): Solarzellen – Physikalische Grundlagen und Anwendung in der Photovoltaik. Vieweg, Braunschweig, 1993

/Moskowitz und Fthenakis 1993/ Moskowitz, P. D.; Fthenakis, V. M.: Toxic Material Release from PV-Modules during Fires. Brookhaven National Laboratory, Upton, New York, 1993

/Photon 2003/ Photon (Hrsg.): Diverse Marktübersichten, Photon 2003

/Photon 2007/ Photon (Hrsg.): Diverse Marktübersichten, Photon 2007

/Quaschning 2006/ Quaschning, V.: Regenerative Energiesysteme, Technologie – Bewertung – Simulation. Hanser Verlag, München, Wien, 2006

/Regioenergy 2008/ www.regioenergy.at/photovoltaik

/Schauer und Wilk 1999/ Schauer, G.; Wilk, H.: Langzeitstabilität von PV-Modulen, Schadensfälle und -analysen. 14. Symposium Photovoltaische Solarenergie, Staffelstein, März 1999

/Schmid 1994/ Schmid, J. (Hrsg.): Photovoltaik – Strom aus der Sonne. Müller, Heidelberg, 1994; 3. Auflage

/Statistik Austria 2006/ Statistik Austria (Hrsg.): Agrarstrukturerhebung 2005, Wien, 2006

/Statistik Austria 2007/ Statistik Austria (Hrsg.): Gebäudeflächen aus Häuser- und Wohnungszählung 1991, Wien, November 2007

/Statistik Austria 2008/ Statistik Austria (Hrsg.): Anzahl Gebäude aus Häuser- und Wohnungszählung 1991, Wien, Februar 2008

/UCTE 2007/ UCTE: Net Production 2006, UCTE, 2007 (www.ucte.org)

/Wilk 1994/ Wilk, H.: Solarstrom – Handbuch zur Planung und Ausführung von Photovoltaikanlagen. Arbeitsgemeinschaft Erneuerbare Energie, Gleisdorf, 1994

/Wilk 1999/ Wilk, H.: Photovoltaik in Österreich – Marktdaten, Kostenentwicklung, Fördermaßnahmen und Erfahrung. e&i 7/8(1999), S. 439 – 445

Kapitel 6

/BMU 2004/ Bundesministerium für Umwelt, Naturschutz und Reaktorsicherheit (Hrsg.): Ökologisch optimierter Ausbau der Nutzung erneuerbarer Energien in Deutschland. Arbeitsgemeinschaft: Deutsches Zentrum für Luft- und Raumfahrt (DLR), Institut für Energie- und Umweltforschung (ifeu) und Wuppertal Institut für Klima, Umwelt und Energie. Stuttgart, Heidelberg, Wuppertal, März 2004

/BMU 2006/ Bundesministerium für Umwelt, Naturschutz und Reaktorsicherheit (Hrsg.): BMU Themenpapier "Windenergie"; Bundesministerium für Umwelt, Naturschutz und Reaktorsicherheit, Berlin, September 2006 (www.bmu.de)

/Christopher und Ulbricht-Eissing 1989/ Christopher, W. P.; Ulbricht-Eissing, M.: Die bodennahen Windverhältnisse in der BRD; Bericht des Deutschen Wetterdienstes Nr. 147; Selbstverlag des Deutschen Wetterdienstes, Offenbach a. M., 1989

/DNR 2005/ Deutscher Naturschutzring bzw. Dachverband der deutschen Natur- und Umweltschutzverbände (DNR) (Hrsg.): Umwelt- und naturverträgliche Windenergienutzung in Deutschland (onshore) – Analyseteil; Deutscher Naturschutzring, Lehrte, März 2005

/E-Control 2007/ Energie-Control (Hrsg.): Zahlen, Daten, Fakten. Informationen zur österreichischen Elektrizitätsstatistik; Energie-Control, Wien, 2007 (www.e-control.at)

/E-Control 2008/ Energie-Control (Hrsg.): Einspeisemengen von Windenergieanlagen in Österreich im Jahr 2006, Energie-Control, Wien, 2008

/Faninger 1998/ Studienzentrum für Weiterbildung, Universität Klagenfurt (Hrsg.): Solar-, Photovoltaik-, Wärmepumpen-, Biomasse- und Windkraftanlagen in Österreich – Marktsituation und Energieaufkommen 1997; Studienzentrum für Weiterbildung, Universität Klagenfurt, 1998

/Gasch und Twele 2007/ Gasch, R.; Twele, J. (Hrsg.): Windkraftanlagen – Grundlagen, Entwurf, Planung und Betrieb; Vieweg+Teubner, Stuttgart, 2007, 5. Auflage

/Hantsch und Moidl 2007/ Hantsch, S.; Moidl, S.: Das realisierbare Windkraftpotenzial in Österreich bis 2020; Kurzstudie, Interessengemeinschaft Windkraft Österreich, St. Pölten, Juli 2007

/Hau 2006/ Hau, E.: Wind Turbines – Fundamentals, Technologies, Application, Economics; Springer, Berlin, 2006, 2. Auflage

/Hellmann 1915/ Hellmann, G.: Über die Bewegung der Luft in den untersten Schichten der Atmosphäre. in: Meteorologische Zeitschrift 32 (1915), S. 1

/IGW 1999/ Interessensgemeinschaft Windkraft Österreich (Hrsg.): Windkraftanlagen in Österreich – Statistiken; Interessensgemeinschaft Windkraft Österreich, Wien, 1999

/IGW 2000/ Interessensgemeinschaft Windkraft Österreich (Hrsg.): Windkraftanlagen in Österreich – Betriebsstatistik 1999; Interessensgemeinschaft Windkraft Österreich, Wien, 2000

/IGW 2007/ Interessengemeinschaft Windkraft Österreich (Hrsg.): Windkraft in Österreich 2006, Interessengemeinschaft Windkraft Österreich, Wien, 2007 (www.igwindkraft.at)

/IGW 2008/ Hantsch, S.: persönliche Mitteilung; Interessengemeinschaft Windkraft Österreich, Wien, April 2008

/Kaltschmitt, Streicher und Wiese 1997/ Kaltschmitt, M.; Streicher, W.; Wiese, A. (Hrsg.): Erneuerbare Energien – Systemtechnik, Wirtschaftlichkeit, Umweltaspekte; Springer, Berlin, Heidelberg, 2006, 4. Auflage

/Köthe 1982/ Köthe, H. K.: Praxis solar- und windelektrischer Energieversorgung; VDI, Düsseldorf, 1982

/Kury und Dobesch 1999/ Kury, G.; Dobesch, H.: Das Windenergiepotenzial in Österreich – Seine Erfassung und regionale Verteilung; e&i 1999

/Liljequist und Cehak 1984/ Liljequist G. H.; Cehak K.: Allgemeine Meteorologie; Vieweg, Braunschweig, 1984

/Malberg 1983/ Malberg, H.: Meteorologie und Klimatologie; Springer, Berlin, 1983

/neue energie 2008/ neue energie (Hrsg.): Die Two-in-One-Lösung; neue energie 5(2008), S. 48 – 52

/NÖ Landesregierung 1998/ Amt der Niederösterreichischen Landesregierung (Hrsg.): Leitfaden für die Genehmigung von Windkraftanlagen in Niederösterreich; Niederösterreichische Landesregierung, St. Pölten, 1998

/Schauer und Wilk 1997/ Schauer, G.; Wilk, H.: Windenergie, Chancen – Potenziale – Technik – Anlagenbeispiele; VEÖ Journal 3/1997, S. 60 – 65

/Traxler, Wegleitner und Jaklitsch 2004/ Traxler, A.; Wegleitner, S.; Jaklitsch, H.: Vogelschlag, Meideverhalten und Habitatnutzung an bestehenden Windkraftanlagen: Prellenkirchen – Obersdorf – Steinberg/Prinzendorf. Gerasdorf bei Wien, Dezember 2004

/VEÖ 2007/ Verband der Elektrizitätsunternehmen Österreichs (Hrsg.): Stand und Perspektiven der regenerativen Energien in Österreich, Experten-Workshop, Wien, Oktober 2007

/ZAMG 2008/ Zentralanstalt für Meteorologie und Geodynamik (Hrsg.): Windgeschwindigkeitsdaten für verschiedene Standorte in Österreich; Zentralanstalt für Meteorologie und Geodynamik, Wien, Februar 2008

Kapitel 7

/BEV 2007/ Bundesamt für Eich- und Vermessungswesen: Grundstücksdatenbank, Wien, August 2007

/BINE 2000/ Fachinformationszentrum Karlsruhe (Hrsg.): CO_2 als Kältemittel für Wärmepumpe und Kältemaschine. BINE-Projektinfo 10/00, 2000

/Brehm et al. 1989/ Brehm, D. R. et al.: Ergebnisse von Temperaturmessungen im oberflächennahen Erdreich. Zeitschrift für angewandte Geowissenschaften 15(1989), S. 61 – 72

/Bruck et al. 1985/ Bruck, M. et al.: Meteorologische Daten und Berechnungsverfahren. Zentralanstalt für Meteorologie und Geodynamik, Wien, 1985, 3. Auflage

/Dubbel 1981/ Beitz, W., Küttner, K.-H. (Hrsg.): Dubbel, Taschenbuch für den Maschinenbau. Springer, Berlin, 1981, 14. Auflage

/EN 378-1 2000/ Europäisches Normeninstitut (Hrsg.): EN 378-1: Kälteanlagen und Wärmepumpen – Sicherheitstechnische und umweltrelevante Anforderungen. Brüssel, Juni 2000

/Faninger 1998/ Faninger, G.: Wärmepumpen-Techniken in Österreich – Arbeitsunterlagen zu EFG-Projekt 4.18 "Stand und Perspektiven regenerativer Energien in Österreich". Studienzentrum für Weiterbildung, Universität Klagenfurt, Klagenfurt, 1998

/Faninger 2007/ Faninger, G.: Erneuerbare Energien – Marktentwicklung 2006, Photovoltaik, Solarthermie und Wämepumpen. Erhebung für die Internationale Energie-Agentur (IEA), Wien 2007

/FCKW-VO 1990/ List, W. (Hrsg.): Kodex Umweltrecht – FCKW-VO BGBl 301/1990 – Verordnung des Bundesministers für Umwelt, Jugend und Familie vom 17. Mai 1990 über Beschränkungen und Verbote der Verwendung, der Herstellung und des Inverkehrsetzens von vollhalogenierten Fluorchlorkohlenwasserstoffen (FCKW-Verordnung). Orac Verlag, Wien, 1998, 9. Auflage

/Fehr 1991/ Fehr, A.: Risikodeckung des Bundes für Geothermie-Bohrungen. Geothermie CH 1(1991), S. 2

/Gilli et al. 1999/ Gilli, P.V. et al.: Environmental benefits of heat pumping technologies (Analysis Report HPC - AR6). IEA Heat Pump Centre, Sittard (NL), 1999

/Günther-Pomhoff et al. 1995/ Günther-Pomhoff, C. et al.: Wärmepumpen. Forschungsbericht der Forschungsstelle für Energiewirtschaft, München, 1995

/Hackensellner und Dünnwald 1996/ Hackensellner T.; Dünnwald G.: Wärmepumpen; Teil VII der Reihe Regenerative Energien. VDI, Düsseldorf, 1996

/Halozan und Holzapfel 1987/ Halozan H.; Holzapfel K.: Heizen mit Wärmepumpen. TÜV Rheinland, Köln, 1987

/HFCKW-VO 1995/ List W. (Hrsg.): Kodex Umweltrecht – HFCKW-VO BGBl 750/1995 – Verordnung des Bundesministers für Umwelt über ein Verbot bestimmter teilhalogenierter Kohlenwasserstoffe (HFCKW-Verordnung). Orac Verlag, Wien, 1998, 9. Auflage

/Hillel 1980/ Hillel, D.: Fundamental of Soil Physics. Academic Press, Inc., San Diego, 1980

/Ingerle et al. 1995/ Ingerle, K.; Becker, W.: Ausbreitung von Wärmepumpen-Kältemitteln im Erdreich und Grundwasser. Studie im Auftrag der Elektrizitätswerke Österreichs, Wien, 1995

/Jungmeier et al. 1996/ Jungmeier, et al.: GEMIS-Österreich: Energetische Kennzahlen im Prozeßkettenbereich Nutzenergie-Energiedienstleistung. Im Auftrag des Bundesministeriums für Umwelt, Jugend und Familie, Wien, 1996

/Kaltschmitt et al. 1999/ Kaltschmitt, M.; Huenges, E.; Wolff, H. (Hrsg.): Energie aus Erdwärme; Deutscher Verlag für Grundstoffindustrie, Stuttgart, 1999

/Kirn 1983/ Kirn, H.: Grundlagen der Wärmepumpentechnik. Müller, Karlsruhe, 1983

/Kraus 1998/ Kraus, W. E.: Sicherheit von CO_2-Kälteanlagen, Kohlenstoffdioxid – Besonderheiten und Einsatzchancen als Kältemittel. Statusbericht des Deutschen Kälte- und Klimatechnischen Vereins, Nr. 20, Stuttgart, November 1998

/KVS 1997/ KVS-Klimatechnik Gerätebau (Hrsg.): Produktinformationen zu Hydro-Tech und Biva-Tech. Stuttgart, 1997

/Meteonorm 1995/ Bundesamt für Energiewirtschaft (Hrsg.): Infoenergie – Das klimatologische Grundlagenwerk für Solarplaner. Brugg, 1995

/Müller et al. 2004/ Müller, T.; Weiß, W.; Schnitzer, H.; Brunner, C.; Begander, U.; Themel, O.: Produzieren mit Sonnenenergie – Potenzialstudie zur thermischen Solarenergienutzung in österreichischen Gewerbe- und Industriebetrieben. Projekt im Rahmen Fabrik der Zukunft" des BMVIT, AEE-INTEC Gleisdorf, 2004

/Ochsner 1999/ www.ochsner.at/Gross-Wp.html, 1999

/ÖWAV 1993/ Österreichischer Wasser- und Abfallwirtschaftsverband (Hrsg.): Anlagen zur Gewinnung von Erdwärme (AGE). ÖWAV-Regelblatt 207, Wien, 1993

/Sanner 1992/ Sanner, B.: Erdgekoppelte Wärmepumpen, Geschichte, Systeme, Auslegung, Installation. Fachinformationszentrum Karlsruhe, Karlsruhe, 1992

/Sanner 1995/ Sanner, B.: Energiepfähle. Geothermische Energie 10(1995), S. 5 – 7

/Sanner und Knoblich 1991a/ Sanner, B.; Knoblich, K.: Umwelteinfluss erdgekoppelter Wärmepumpen. Symposium Erdgekoppelte Wärmepumpen, Fachinformationszentrum Karlsruhe, Karlsruhe, 1991

/Sanner und Knoblich 1991b/ Sanner, B., Knoblich, K.: Umweltverträglichkeit der Wärmeträgermedien und Kältemittel verschiedener erdgekoppelter Wärmepumpensysteme. Zeitschrift für angewandte Geowissenschaften 16(1991), 10, S. 67 – 90

/Sanner und Knoblich 1993/ Sanner, B.; Knoblich, K.: Saisonale Kältespeicherung als Teil fortschrittlicher Gebäudeklimasysteme, VDI-Berichte 1029. VDI, Düsseldorf, 1993

/SIA 1996/ SIA (Hrsg.): Grundlagen zur Nutzung der untiefen Erdwärme für Heizsysteme. Serie "Planung, Energie und Gebäude". SIA-Dokumentation D0136, Zürich, 1996

/Statistik Austria 2004/ Statistik Austria (Hrsg.): Gebäude- und Wohnungszählung Hauptergebnisse Österreich 2001, Tabelle B13c. Wien, 2004

/Statistik Austria 2007/ Statistik Austria (Hrsg.): Ergebnisse der Wohnungserhebung im Mikrozensus, Jahresdurchschnitt 2006. Wien, 2007

/Statistik Austria 2008/ Statistik Austria (Hrsg.): Energiestatistik: Energiebilanzen Österreich 1970 bis 2007. Wien, 2008

/Strauß 1998/ Strauß, K.: Kraftwerkstechnik. Springer, Berlin, 1998, 4. Auflage

/Streicher et al. 2004/ Streicher, W.; Mach, T.; Schweyer, K.; Heimrath, R.; Kouba, R.; Thür, A.; Jähnig, D.; Bergmann, I.; Suschek-Berger, J.; Rohracher, H.; Krapmeier, H.: Benutzerfreundliche Heizungssysteme für Niedrigenergie- und Passivhäuser. Studie im Auftrag des Bundesministeriums für Verkehr, Innovation und Technologie, Technische Universität Graz, 2004

/UBA 1998a/ Umweltbundesamt (Hrsg.): Die Umweltsituation in Österreich – Luftschadstoff-Trends in Österreich 1980-1996. Wien, 1998 (www.ubavie.gv.at/)

/VDI-2067 2000/ Verein Deutscher Ingenieure (Hrsg.): VDI-Richtlinie 2067 – Wirtschaftlichkeit gebäudetechnischer Anlagen, Grundlagen und Kostenberechnung, Blatt 1, Beuth Verlag, Berlin, 2000

/VDI-4640 2001/ Verein Deutscher Ingenieure (Hrsg.): VDI-Richtlinie 4640 – Thermische Nutzung des Untergrunds, Blatt 1 und 2. Beuth Verlag, Berlin, 2001

/VDI-GVC 1997/ VDI-Gesellschaft Verfahrenstechnik und Chemieingenieurwesen (Hrsg.): VDI-Wärmeatlas. Springer, Berlin, 1997, 8. Auflage

/WRG 1959/ List, W. (Hrsg.): Kodex Umweltrecht – Wasserrechtsgesetz 1959 BGBl 215/1959. Orac Verlag, Wien, 1998, 9. Auflage

/ZAMG 1999/ Zentralanstalt für Meteorologie und Geodynamik: Jahresmittelwerte der Lufttemperatur in Österreich. Wien, 1999

Kapitel 8

/CEC 1998/ Commission of the European Communities (Hrsg.): Atlas of Geothermal Resources in the European Community, Austria and Switzerland. Th. Schaefer, Hannover, 1988

/Dötsch et al. 1998/ Dötsch, C. et al.: Leitfaden Nahwärme. Fraunhofer IRB Verlag, Stuttgart, 1998

/E-Control 2007c/ Energie-Control (Hrsg.): Zahlen, Daten, Fakten. Informationen zur österreichischen Elektrizitätsstatistik, Wien, 2007 (www.e-control.at)

/Frick, Kaltschmitt 2008/ Frick, S.; Kaltschmitt, M.: Analyse und Bewertung lokaler Umwelteffekte. Erdöl Erdgas Kohle 124(2008), 7/8, S. 323 – 328

/Geoteam 2008/ Geoteam (Hrsg.): Geothermische Anlagen in Österreich – Aktueller Stand, Graz, April 2008

/Goldbrunner 1998/ Goldbrunner, J.: Arbeitsunterlagen zu EFG-Projekt 4.18: Stand und Perspektiven regenerativer Energien in Österreich – Geothermie. Geoteam, Gleisdorf, 1998

/Goldbrunner 2007/ Goldbrunner, J.: Entwicklungsstand, politisches Umfeld und Perspektiven der tiefen Geothermie in Österreich. Erdöl Erdgas Kohle 123 (2007), Heft 2, S. 68 – 75

/Goldbrunner 2008/ Goldbrunner, J.: Arbeitsunterlagen zu EFG-Projekt 10.72: Stand und Perspektiven regenerativer Energien in Österreich – Geothermie. Geoteam, Gleisdorf, 2008

/Kaltschmitt et al. 1999/ Kaltschmitt, M.; Huenges, E.; Wolff, H. (Hrsg.): Energie aus Erdwärme; Deutscher Verlag für Grundstoffindustrie, Stuttgart, 1999
/Kaltschmitt, Streicher und Wiese 2006/ Kaltschmitt M.; Streicher W.; Wiese A. (Hrsg.): Erneuerbare Energien – Systemtechnik, Wirtschaftlichkeit, Umweltaspekte. Springer, Berlin, 2006, 4. Auflage
/Kayser 1999/ Kayser, M.: Energetische Nutzung hydrothermaler Erdwärmevorkommen in Deutschland – Eine energiewirtschaftliche Analyse, Dissertation. Universität Stuttgart, Stuttgart, 1999
/Rummel et al. 1991/ Rummel, F. et al.: Erdwärme – Energieträger der Zukunft? MeSy, Bochum, 1991
/Schramek et al. 1995/ Schramek, E. R. et al.: Taschenbuch für Heizung und Klimatechnik. R. Oldenbourg Verlag, München, 1995, 67. Auflage
/Schulz et al. 1992/ Schulz, R. et al.: Geothermische Energie. C. F. Müller, Karlsruhe, 1992
/Seibt et al. 1997/ Seibt, A. et al.: Untersuchungen zur Verbesserung des Injektivitätsindex in klastischen Sedimenten; Studie im Auftrag des BMBF. Neubrandenburg, 1997
/Seibt und Kabus 1997/ Seibt, A.; Kabus, T.: Der Thermalwasserkreislauf bei der Erdwärmenutzung. Geowissenschaften 8 (1997), S.

Kapitel 9

/Amon 1997/ Amon, T.: Reduktionspotenziale für klimarelevante Spurengase durch dezentrale Biomethanisierung in der Landwirtschaft. Institut für Land-, Umwelt- und Energietechnik, Universität für Bodenkultur, Wien, 1997
/Amon et al. 2004/ Amon, T.; Kryvoruchko, V.; Amon, B.; Schreiner. M.: Untersuchungen zur Wirkung von Rohglycerin aus der Biodieselerzeugung als leistungssteigerndes Zusatzmittel zur Biogaserzeugung aus Silomais, Körnermais, Rapspresskuchen und Schweinegülle. Institut für Landtechnik, Universität für Bodenkultur, Wien, Mai 2004
/Austrian Thermal Power 2003/ Austrian Thermal Power (Hrsg.): Geschäftsbericht 2002, Austrian Thermal Power, Wien, 2003 (reports.verbund.at/archive/54/de/downloadcenter)
/Austrian Thermal Power 2006/ Austrian Thermal Power (Hrsg.): Austrian Thermal Power – Strom und Wärme aus einer Hand. Austrian Thermal Power, Wien, 2006
/Austropapier 2007/ Vereinigung der Österreichischen Papierindustrie (Hrsg.): Die österreichische Papierindustrie 2007 – Jahresbericht, Wien, 2007
/Bauer 2007/ Bauer, C.: Holzenergie. Final Report Ecoinvent No. 6-IX; Paul Scherer Institut, Villingen, und Swiss Centre for Life Cycle Inventories, Dübendorf, Schweiz, 2007
/BEV 2007/ Bundesamt für Eich- und Vermessungswesen: Grundstücksdatenbank, Wien, 2007
/BGBl. 150/2004/ Bundesgesetz über die integrierte Vermeidung und Verminderung von Emissionen aus Dampfkesselanlagen (Emissionsschutzgesetz für Kesselanlagen – EG-K); Bundesgesetzblatt Nr. 150/2004, Wien, 2004 (www.wkooe.or.at)
/BGBl. 178/2000/ Verordnung des Bundesministers für Land- und Forstwirtschaft, Umwelt und Wasserwirtschaft, mit der die Festsetzungsverordnung von 1997 geändert wird; Bundesgesetzblatt 178/2000, Wien, 2000 (www.wkooe.or.at)
/BGBl. 227/1997/ Verordnung des Bundesministers für Umwelt, Jugend und Familie über die Festsetzung von gefährlichen Abfällen und Problemstoffen (Festsetzungsverordnung 1997), Bundesgesetzblatt Nr. 227/1997 in der Novellierung, Bundesgesetzblatt Nr. 75/1998, Wien, 1998 (www.wkooe.or.at)
/BGBl. 331/1997/ Verordnung des Bundesministers für wirtschaftliche Angelegenheiten über die Bauart, die Betriebsweise, die Ausstattung und das zulässige Ausmaß der Emission von Anlagen zur Verfeuerung fester, flüssiger oder gasförmiger Brennstoffe in gewerblichen Betriebsanlagen (Feuerungsanlagen-Verordnung – FAV 1997), Bundesgesetzblatt Nr. 331/1997, Wien, 1997 (www.wkooe.or.at)

/BGBl. 39/2008/ Verordnung des Bundesministers für Land- und Forstwirtschaft, Umwelt und Wasserwirtschaft über Deponien (Deponieverordnung 2008); Bundesgesetzblatt Nr. 39/2008, Wien, 2008 (www.wkooe.or.at)

/BGBl. 68/1992/ Verordnung des Bundesministers für Umwelt, Jugend und Familie über die getrennte Sammlung biogener Abfälle (Bioabfallverordnung), Bundesgesetzblatt Nr. 68/1992 in der Novellierung, Bundesgesetzblatt Nr. 456/1994, Wien, 1994 (www.wkooe.or.at)

/Biomasseverband 2007/ Österreichischer Biomasseverband (Hrsg.): Basisdaten Bioenergie Österreich 2006, Wien, 2007

/BLT 2008/ Bundesanstalt für Landtechnik (Hrsg.): Biodiesel-Produktionsanlagen in Österreich 2006, Wieselburg, Oktober 2008

/BMLFUW 2000/ Bundesministerium für Land- und Forstwirtschaft, Umwelt und Wasserwirtschaft (Hrsg.): persönliche Mitteilung, Wien, Februar 2000

/BMLFUW 2007/ Bundesministerium für Land- und Forstwirtschaft, Umwelt und Wasserwirtschaft (Hrsg.): Holzeinschlagsmeldung 2006, Wien, 2007

/BMLFUW 2008a/ Bundesministerium für Land- und Forstwirtschaft, Umwelt und Wasserwirtschaft (Hrsg.): Österreichischer Waldbericht 2008, Wien, 2008

/BMLFUW 2008b/ Bundesministerium für Land- und Forstwirtschaft, Umwelt und Wasserwirtschaft (Hrsg.): Abfalldaten 2006, Aktualisierung des Bundesabfallwirtschaftsplanes Österreich 2006, Wien, 2008

/BMLFUW 2008c/ Bundesministerium für Land- und Forstwirtschaft, Umwelt und Wasserwirtschaft (Hrsg.): Invekos-Datenbestand, Tierliste 2006, Wien, 2008

/BMLFUW 2008d/ Bundesministerium für Land- und Forstwirtschaft, Umwelt und Wasserwirtschaft (Hrsg.): Biokraftstoffe, Zahlen und Fakten, Wien, 2008

/BMLFUW 2008e/ Bundesministerium für Land- und Forstwirtschaft, Umwelt und Wasserwirtschaft(Hrsg.): Erneuerbare Energie 2020. Potenziale in Österreich, Wien, 2008

/Bockisch 1993/ Bockisch M.: Nahrungsfette und -öle – Handbuch der Lebensmitteltechnologie; Ulmer, Stuttgart, 1993

/Bolhar-Nordenkampf 2004a/ Bolhar-Nordenkampf, M.: Gasreinigung – Stand der Technik, Schriftenreihe "Nachwachsende Rohstoffe", Band 24, Landwirtschaftsverlag, Münster, 2004

/Bolhar-Nordenkampf 2004b/ Bolhar-Nordenkampf, M.: Techno-Economic Assessment on the Gasification of Biomass on the Large Scale for Heat and Power Production, Dissertation, Technische Universität Wien, 2004

/Braun 1982/ Braun, R.: Biogas – Methangärung organischer Abfallstoffe. Springer, Wien, New York, 1982

/Braun 1998/ Braun, R.: Anaerobtechnologie für die mechanisch-biologische Vorbehandlung von Restmüll und Klärschlamm. Schriftenreihe des Bundesministeriums für Umwelt, Jugend und Familie 10/1998, Wien, 1998

/Braun 2008/ Braun, R.: Abschätzung der Anzahl von Biogasanlagen in Österreich, Universität für Bodenkultur, Wien, , November 2008

/Braun und Ranalli 2007/ Braun, R.; Ranalli, P. (Hrsg.): Anaerobic digestion – A multi faced process for energy, environmental management and rural development. In: Improvement of crop plants for industrial end users, Springer, Heidelberg, Berlin, 2007

/CEN/TS 14588 2004/ Europäisches Normeninstitut (Hrsg.): CEN/TS 14588: Feste Biobrennstoffe – Terminologie, Definitionen und Beschreibung; Beuth, Berlin, 2004

/CEN/TS 14961 2005/ Europäisches Normeninstitut (Hrsg.): CEN/TS 14961: Feste Biobrennstoffe – Brennstoffspezifikationen und -klassen; Beuth, Berlin, 2005

/Dambroth et al. 1992/ Dambroth, X. et al.: Weiterentwicklung und Optimierung einer umweltfreundlichen und energiesparenden Ethanolproduktion aus nachwachsenden Rohstoffen. Bundesforschungsanstalt für Landwirtschaft, Braunschweig, 1992

/DBFZ 2008/ DBFZ (Hrsg.): CO_2-Minderungsmengen und -kosten bei einer Nutzung nachwachsender Rohstoffe im energetischen Bereich; Deutsches BiomasseForschungsZentrum, Leipzig, 2008

/DIN 18882 1988/ Deutsche Institut für Normung (Hrsg.): DIN 18 882: Heizungsherde für feste Brennstoffe; Beuth, Berlin, 1988

/DIN V 51605 2006/ Deutsche Institut für Normung (Hrsg.): DIN V 51605: Kraftstoffe für pflanzenöltaugliche Motoren – Rapsölkraftstoff – Anforderungen und Prüfverfahren; Beuth, Berlin 2006

/Dreier 1999/ Dreier, T.: Ganzheitliche Bilanzierung von Grundstoffen und Halbzeugen, Teil V Biogene Kraftstoffe. Forschungsstelle für Energiewirtschaft, München, Juli 1999

/Dry 2002/ Dry, M.E.: The Fischer-Tropsch process: 1950 – 2000; Catalysis Today 71(2002), 3-4, S. 227 – 241

/E-Control 2008/ Energie-Control (Hrsg.): Ökostrom-Einspeisemengen und -vergütungen. Wien, Mai 2008

/Edelmann und Engeli 1996/ Edelmann W.; Engeli H.: Biogas aus festen Abfällen und Industrieabwässern; Bundesamt für Konjunkturfragen, Bern, 1996

/EUCAR Concawe 2007/ EUCAR Concawe (Hrsg.): Well-to-wheels analysis of future automotive fuels and powertrains in the European context, Version 2c. Well-to-tanks report. EU Commission Joint Research Centre. ies.jrc.cec.eu.int/wtw.html, 2007

/EUCAR, Concawe & JRC/IES 2006/ EUCAR, Concawe & JRC/IES (Hrsg.): Well-to-wheels analysis of future automotive fuels and powertrains in the European context. Version 2b, EU Commission Joint Research Centre, May 2006

/Eurostat 2008/ Europäisches Statistisches Amt (Hrsg.): Brachflächen in Österreich für die Jahre 2002 – 2006, Luxemburg, 2008

/FBVA 1998/ Institut für Waldinventur der Forstlichen Bundesversuchsanstalt – Österreichisches Waldforschungszentrum (Hrsg.): Österreichische Waldinventur 1992/96. Institut für Waldinventur der Forstlichen Bundesversuchsanstalt – Österreichisches Waldforschungszentrum, Wien, 1998

/FBVA 2008/ Forstliche Bundesversuchsanstalt, Institut für Waldinventur – Österreichisches Waldforschungszentrum (Hrsg.): Österreichische Waldinventur 2000 – 2002, Wien, 2008 (bfw.ac.at/rz/bfwcms.web?dok=4303)

/Fichtner 1998/ Fichtner (Hrsg.): Einrichtungen zur Wärmeverteilung in einem Nahwärmesystem. Fichtner, Stuttgart, 1998

/FNR 2000/ Fachagentur Nachwachsende Rohstoffe (Hrsg.): Leitfaden Bioenergie. Fachagentur Nachwachsende Rohstoffe, Gülzow, 2000

/FNR 2005a/ Fachagentur Nachwachsende Rohstoffe (Hrsg.): Leitfaden Bioenergie. Fachagentur Nachwachsende Rohstoffe, Gülzow, 2005, 2. Auflage

/FNR 2005b/ Fachagentur Nachwachsende Rohstoffe (Hrsg.): Pflanzen für die Industrie – Pflanzen, Rohstoffe, Produkte. Fachagentur Nachwachsende Rohstoffe, Gülzow, 2005

/FNR 2006a/ Fachagentur Nachwachsende Rohstoffe (Hrsg.): Holzpellets – komfortabel, effizient, zukunftssicher. Fachagentur Nachwachsende Rohstoffe, Gülzow, 2006

/FNR 2006b/ Fachagentur Nachwachsende Rohstoffe (Hrsg.): Analyse und Evaluierung der thermo-chemischen Vergasung von Biomasse; Schriftenreihe "Nachwachsende Rohstoffe", Band 29, Landwirtschaftsverlag, Münster, 2006

/FNR 2006c/ Fachagentur Nachwachsende Rohstoffe (Hrsg.): Handreichung – Biogasgewinnung und Nutzung. Fachagentur Nachwachsende Rohstoffe, Gülzow, 2006

/FNR 2007a/ Fachagentur Nachwachsende Rohstoffe (Hrsg.): Handbuch – Bioenergie Kleinanlagen. Fachagentur Nachwachsende Rohstoffe, Gülzow, 2007

/FNR 2007b/ Fachagentur Nachwachsende Rohstoffe (Hrsg.): Handbuch – Herstellung von Rapsölkraftstoff in dezentralen Ölgewinnungsanlagen. Fachagentur Nachwachsende Rohstoffe, Gülzow, 2007

/FNR 2007c/ Fachagentur Nachwachsende Rohstoffe (Hrsg.): Biokraftstoffe – Basisdaten Deutschland, Fachagentur Nachwachsende Rohstoffe, Gülzow, 2007

/FNR 2008/ Fachagentur Nachwachsende Rohstoffe (Hrsg.): Biokraftstoffe – Basisdaten Deutschland. Fachagentur Nachwachsende Rohstoffe, Gülzow, 2008

/Freibauer und Kaltschmitt 2000/ Freibauer A.; Kaltschmitt M.: Refined greenhouse gas inventory for European Agriculture. Task 3 report of the Concerted Action "Biogenic emissions of greenhouse gases caused by arable and animal agriculture" (FAIR3-CT96-1877). Institut für Energiewirtschaft und Rationelle Energieanwendung, Universität Stuttgart, 2000

/Gleißner 1996/ Gleißner, M.: Vergärung von kaltgepresstem Rapskuchen; Bericht zum "Gas-Kraft-Projekt 1996"; Eigenverlag, Triesdorf, 1996

/Graf 1998/ Graf, W.: Biogas für Österreich. Bundesministerium für Land- und Forstwirtschaft, Landjugendreferat; Bundesministerium für Umwelt, Jugend und Familie, Wien, 1998, 3. Auflage

/Hall et al. 1993/ Hall D.O. et al: Biomass for Energy; in: Johansson, T. B. et al: Renewable Energy – Sources for Fuels and Electricity. Island Press, Washington, 1993

/Hargassner 1999a/ Firma Hargassner (Hrsg.): Pellets-Heizungen. Firma Hargassner, Weng, 1999

/Hargassner 1999b/ Firma Hargassner (Hrsg.): Wärme aus Holz. Firma Hargassner, Weng, 1999

/Hartmann et al. 1997/ Hartmann, H. et al.: Biogene Festbrennstoffe und deren Nutzung in Feuerungsanlagen bis 1 MW Nennleistung – Verfahren, Marktbetrachtung, Brennstoffhandel und Kosten. Institut und Bayrische Landesanstalt für Landtechnik, Freising, 1997

/Hartmann und Kaltschmitt 2002/ Hartmann, H.; Kaltschmitt, M.: Biomasse als erneuerbarer Energieträger – Eine technische, ökologische und ökonomische Analyse im Kontext der übrigen erneuerbaren Energien; Landwirtschaftsverlag, Münster, 2002

/Haselbacher 2007/ Haselbacher, P.: Entwicklung und Optimierung eines Verfahrens zur gestuften Festbettvergasung von Biomasse; Dissertation, Institut für Wärmetechnik, Technische Universität Graz, 2007

/Haupt und Bockey 2006/ Haupt, J.; Bockey, D.: Fahrzeuge erfolgreich mit Biodiesel betreiben – Anforderungen an FAME aus der Sicht der Produktqualität. Arbeitsgemeinschaft Qualitätsmanagement Biodiesel, Berlin, 2006

/Heinz 2000/ Heinz, A.: Lebensweganalysen nutzengleicher biogener und fossiler Energieträger hinsichtlich Emissionen und Ressourceninanspruchnahme; Dissertation, Technische Universität Wien, 2000

/Hindsgaul 2005/ Hindsgaul, C.: The Viking Gasifier, Strom und Wärme aus biogenen Festbrennstoffen, VDI- Berichte 1891, Düsseldorf, 2005

/Hofbauer 2004/ Hofbauer, H.: Stromerzeugung über die Biomassevergasung, Herausforderungen und Perspektiven, Schriftenreihe "Nachwachsende Rohstoffe" Band 24, Landwirtschaftsverlag, Münster, 2004

/Hofbauer 2007/ Hofbauer, H.: Demonstration of the Production and Utilisation of Synthetic Natural Gas from Solid Biofuels (Bio-SNG); GasNet Issue 09; veröffentlicht in: Py-Ne/GasNet/CombNet, Juni 2007

/Hofbauer 2008/ Hofbauer, H.: persönliche Mitteilung; Institut für Verfahrenstechnik, Umwelttechnik und Technische Biowissenschaften, Technischen Universität Wien, 2008

/Ising 2002/ Ising, M.: Zur katalytischen Spaltung teerartiger Kohlenwasserstoffe bei der Wirbelschichtvergasung von Biomasse; Umsicht-Schriftenreihe Band 34, Stuttgart, 2002

/IVD 1998/ Institut für Verfahrenstechnik und Dampfkesselwesen (Hrsg.): Einsatzbereich der wesentlichen Staubabscheider. Institut für Verfahrenstechnik und Dampfkesselwesen, Universität Stuttgart, 1998

/Jäkel 2002/ Jäkel, K.: Managementunterlage "Landwirtschaftliche Biogaserzeugung und -verwertung", Sächsische Landesanstalt für Landwirtschaft, Leipzig, 2002

/Jungbluth et al. 2007/ Jungbluth, N.; Chudacoff, M.; Dauriat, A.; Dinkel, F.; Doka, G.; Faist Emmenegger, M.; Gnansounou, E.; Kljun, N.; Schleiss, K.; Spielmann, M.; Stettler, C.; Sutter, J.: Life Cycle Inventories of Bioenergy. Ecoinvent Report No. 17, Swiss Centre for Life Cycle Inventories, Dübendorf, Schweiz, 2007

/Kabasci 2005/ Kabasci, S.: Biogasreinigungsverfahren für den Einsatz in Motoren, Brennstoffzellen und zur Kraftstoffsynthese, VDI-Seminar "Einsatz von Biomasse in Verbrennungs- und Vergasungsanlagen", Leipzig, 2005

/Kachelofenverband 2008/ www.kachelofenverband.at, 2008

/Kaltschmitt und Reinhardt 1997/ Kaltschmitt, M.; Reinhardt, G. A. (Hrsg.): Nachwachsende Energieträger – Grundlagen, Verfahren, ökologische Bilanzierung. Vieweg, Braunschweig, 1997

/Kaltschmitt, Hartmann und Hofbauer 2009/ Kaltschmitt, M.; Hartmann, H.; Hofbauer, H. (Hrsg.): Energie aus Biomasse – Grundlagen, Techniken und Verfahren. Springer, Heidelberg, Berlin, 2009, 2. Auflage

/Kaltschmitt, Rösch und Dinkelbach 1998/ Kaltschmitt, M.; Rösch, C.; Dinkelbach, L. (Hrsg.): Biomass Gasification in Europe; European Commission, DG XII, Brüssel, Belgien, 1998

/Kaltschmitt, Streicher und Wiese 2006/ Kaltschmitt, M.; Streicher, W.; Wiese, A. (Hrsg.): Erneuerbare Energien – Systemtechnik, Wirtschaftlichkeit, Umweltaspekte; Springer, Berlin, Heidelberg, 2006, 4. Auflage

/Könighofer et al. 1997/ Könighofer, K. et al.: Erfahrungen mit Verbrennungsgas-Kondensationsanlagen bei Biomasse-Fernwärmeversorgungsanlagen; Joanneum Research, Institut für Energieforschung, Graz, 1997

/Köppel 2004/ Köppel, W.: Rohgaskonditionierung bei hoher Temperatur – Stand der Technik, Eine Übersicht; DGMK-Tagunsgbericht, Velen, 2004

/Kosaric 1996/ Kosaric, N.: Ethanol – Potential Source of Energy and Chemical Products. In: Rehm, H.J.; Reed, G. (Hrsg.): Biotechnology; VCH, Weinheim, 1996, 2. Auflage

/Krautkremer 2003/ Krautkremer, B.: Verfahrensübersicht Biogaserzeugung und Verstromung, Regenerative Kraftstoffe, Entwicklungstrends, Forschungs- und Entwicklungsansätze, Perspektiven, Fachtagung, Stuttgart, 2003

/Kreipe 1981/ Kreipe, H.: Getreide- und Kartoffelbrennerei. Handbuch der Getränketechnologie. Ulmer, Stuttgart, 1981, 3. Auflage

/KTBL 2006/ Kuratorium für Technik und Bauwesen in der Landwirtschaft (Hrsg.): Energiepflanzen, Landwirtschaftsverlag, Münster, 2006

/KTBL 2007/ Kuratorium für Technik und Bauwesen in der Landwirtschaft (Hrsg.): Faustzahlen Biogas, Landwirtschaftsverlag, Münster, 2007

/Kwant 2002/ Kwant, K.W.: Status of Gasification in Countries participating in the IEA Biomass Gasification and GASNET activity; Novem, Utrecht, 2002

/Landwirtschaftskammer Niederösterreich 2008/ Landwirtschaftskammer Niederösterreich (Hrsg.): Biomasse-Heizungserhebung 2007; Landwirtschaftskammer Niederösterreich St. Pölten, 2008

/Launhardt et al. 2000/ Launhardt, T.; Hartmann, H.; Link, H.; Schmid, V.: Verbrennungsversuche mit naturbelassenen biogenen Festbrennstoffen in einer Kleinfeuerungsanlage – Emissionen und Aschequalität. Bayerisches Staatsministerium für Landesentwicklung und Umweltfragen (Hrsg.), Reihe "Materialien", Nr. 156, München, 2000

/Lebzien 1991/ Lebzien, P.: Rapsschrot-Einsatz in der Fütterung. In: DowElanco (Hrsg.): Das Rapshandbuch; DowElanco, München, 1991, 5. Auflage, S. 187 – 198

/Lerch 1991/ Lerch, G.: Pflanzenökologie. Akademie, Berlin, 1991

/Lettner 2005/ Lettner, F.: Thermo-chemische Gaserzeugung aus fester Biomasse – Verfahrensoptimierung und Entwicklung eines optimierten Systems; Dissertation, Institut für Wärmetechnik, Technische Universität Graz, 2005

/LfL Agrarökonomie 2008/ Bayrische Landesanstalt für Landwirtschaft (Hrsg.): Biogasausbeuten verschiedener Substrate, Bayrische Landesanstalt für Landwirtschaft, Freising, Oktober 2008

/LGBl. 65/1998/ Vereinbarungen gemäß Art. 15a B-VG über eine Änderung der Vereinbarung gemäß Art. 15a B-VG über Schutzmaßnahmen betreffend Kleinfeuerungen. Landesgesetzblatt Nr. 65/1998 (www.ris2.bka.gv.at)

/LGBl. 78/1997/ Vereinbarung gemäß Art. 15 a B-VG über Schutzmaßnahmen betreffend Kleinfeuerungen. Landesgesetzblatt Nr. 78/1997 (www.wkooe.or.at)

/Lorber 1995/ Lorber, K. E.: Entsorgungstechnik II, Skriptum zur Vorlesung. Montanuniversität Leoben, Institut für Entsorgungs- und Deponietechnik, 1995

/Ludlow und Wilson 1971/ Ludlow, M. M.; Wilson, G. L.: Photosynthesis of Tropical Pasture Plants, II; Illuminance, Carbon Dioxid Concentration, Leaf Temperature and Leaf Air Pressure Difference. Australian Journal of Biological Science 24(1971), S. 449 – 470

/Marutzky und Seeger 1999/ Marutzky, R.; Seeger, K.: Energie aus Holz und anderer Biomasse. DRW-Verlag, Leinfelden-Echterdingen, 1999

/Matthes 1995/ Matthes, F.: Bewertung von Schlempe als Bodendünger. Handbuch für die Brennerei- und Alkoholindustrie 42(1995), S. 393 – 402

/Mortimer 1987/ Mortimer, C. E.: Chemie; Georg Thieme Verlag, Stuttgart, 1987, 5. Auflage

/Mory und Tauschitz 1999/ Mory, A.; Tauschitz, J.: Mitverbrennung von Biomasse in Kohlekraftwerken; VGB Kraftwerkstechnik 79(1999), 1, S. 65 – 70

/Müller-Langer 2007/ Müller-Langer, F.: persönliche Mitteilung; Deutsches BiomasseForschungsZentrum, Leipzig, 2007

/Müller-Langer 2008/ Müller-Langer, F.: persönliche Mitteilung; Deutsches BiomasseForschungsZentrum, Leipzig, 2008

/Obernberger 1997/ Obernberger, I.: Nutzung fester Biomasse in Verbrennungsanlagen. dbv-Verlag, Graz, 1997

/Obernberger und Hammerschmid 1999/ Obernberger I.; Hammerschmid A.: Dezentrale Biomasse-Kraft-Wärme-Kopplungstechnologien. dbv-Verlag, Graz, 1999

/ÖBI 2000/ Österreichisches Biotreibstoff Institut (Hrsg.): Produktion und Einsatz von RME sowie Altspeiseölaufkommen in Österreich, Österreichisches Biotreibstoff Institut, Wien, Februar 2000

/ÖNorm EN 14214/ Österreichisches Normungsinstitut (Hrsg.): ÖNorm EN 14214: Kraftstoffe für Kraftfahrzeuge – Fettsäure-Methylester (FAME) für Dieselmotoren – Anforderungen und Prüfverfahren; Wien, 2004

/ÖNorm EN 590/ Österreichisches Normungsinstitut (Hrsg.): ÖNorm EN 590: Kraftstoffe für Kraftfahrzeuge – Dieselkraftstoff – Anforderungen und Prüfverfahren; Wien 2004

/ÖNorm M 7133 1998/ Österreichisches Normungsinstitut (Hrsg.): ÖNorm M 7133: Holzhackgut für energetische Zwecke – Anforderungen und Prüfbestimmungen; Wien, 1998

/ÖNorm M 7135 1998/ Österreichisches Normungsinstitut (Hrsg.): ÖNorm M 7135: Presslinge aus naturbelassenem Holz und naturbelassener Rinde – Pellets und Briketts – Anforderungen und Prüfbestimmungen; Wien, 1998

/ÖNorm S 2200 1993/ Österreichisches Normungsinstitut (Hrsg.): ÖNorm S 2200: Gütekriterien für Komposte aus biogenen Abfällen; Wien, 1993

/Pfeifer und Obernberger 2007/ Pfeifer, J.; Obernberger, I.: Technological evaluation of an agricultural biogas plant as well as definition of guiding values for the improved design and operation. Proceedings of the 15th European Biomass Conference & Exhibition, May 2007, Berlin, ETA-Renewable Energies (Ed.), Firence, Italy

/PG Biomassevergasung 2004/ Projektgemeinschaft Biomassevergasung: Analyse und Evaluierung von Anlagen und Verfahren zur thermo-chemischen Vergasung von Biomasse, Abschlussbericht, 2004

/Pieper 1983/ Pieper, H. J.: Gärungstechnologische Alkoholproduktion. In: Kling, M.; Wöhlbier, W. (Hrsg.): Handles-Futtermittel; Ulmer, Stuttgart, 1983

/Pröll 2008/ Pröll, T.: persönliche Mitteilung; Institut für Verfahrenstechnik, Umwelttechnik und Technische Biowissenschaften, Technischen Universität Wien, 2008

/ProPellets Austria 2008/ www.propellets.at, Januar 2009

/Reetz et al. 1997/ Reetz, B. et al.: Kraft-Wärme-Kopplung auf der Basis von Biomasse. Österreichische Ingenieur- und Architekten-Zeitschrift (ÖIAZ) 142(1997), 6

/Rudloff 2004/ Rudloff, M.: CHORENT-Fuel aus dem Carbo-V-Vergaser; Schriftenreihe "Nachwachsende Rohstoffe" Band 24, Landwirtschaftsverlag, Münster, 2004

/Ruhr-N 1988/ Ruhr-Stickstoff (Hrsg.): Faustzahlen für Landwirtschaft und Gartenbau; Ruhr-Stickstoff, Bochum, 1988, 11. Auflage

/Schäfer et al. 1998/ Schäfer, A. et al.: Biodiesel als alternativer Kraftstoff für Mercedes-Benz-Dieselmotoren; Mineralöltechnik 3/98

/Schattauer und Wilfert 2003/ Schattauer, A.; Wilfert, R.: Biogasgewinnung aus Gülle, organischen Abfällen und aus angebauter Biomasse – Eine technische, ökologische und ökonomische Analyse, Institut für Energetik und Umwelt, Leipzig, Dezember 2003

/Schattner und Gronauer 2000/ Schattner, S.; Gronauer, A.: Methangärung verschiedener Substrate – Kenntnisstand und offene Fragen, Gülzower Fachgespräche, Band 15 "Energetische Nutzung von Biogas: Stand der Technik und Optimierungspotenzial", Gülzow, 2000, S. 28 – 38

/Schmidt 1966/ Schmidt, J.: Technologie der Gaserzeugung, Band II Vergasung, Leipzig, 1966

/Schmitz 2003/ Schmitz, N. (Hrsg.): Bioethanol in Deutschland – Verwendung von Ethanol und Methanol aus nachwachsenden Rohstoffen im chemisch-technischen und im Kraftstoffsektor unter besonderer Berücksichtigung von Agraralkohol; Schriftenreihe "Nachwachsende Rohstoffe", Band 21, Landwirtschaftsverlag, Münster, 2003

/Schulz und Eder 2001/ Schulz, H.; Eder, B.: Biogas-Praxis: Grundlagen, Planung, Anlagenbau, Beispiele; Ökobuch, Staufen, 2001, 2. überarbeitete Auflage

/Sivakumaran und Goodrum 1987/ Sivakumaran K., Goodrum J.W.: Influence of internal pressure on performance of a small screw expeller. Transactions of the ASAE 65(1987), 4, S. 1167 – 1171

/Statistik Austria 2007a/ Statistik Austria (Hrsg.): Statistik der Landwirtschaft 2006, Wien, 2007 (www.statistik.at)

/Statistik Austria 2007b/ Statistik Austria (Hrsg.): Land- und forstwirtschaftliche Erzeugerpreise 2006, Wien, 2007 (www.statistik.at)

/Statistik Austria 2008a/ Statistik Austria (Hrsg.): Energiebilanzen Österreich 1970 – 2006, Wien, 2008 (www.statistik.at)

/Statistik Austria 2008b/ Statistik Austria (Hrsg.): Ernteerträge von Zuckerrüben und Kartoffeln 2002 – 2006, Wien, 2008 (www.statistik.at)

/Stevens 2001/ Stevens, D. J.: Hot gas conditioning: Recent Progress with Large-Scale Biomass Gasification Systems, Update and Summary of Recent Progress, National Renewable Energy Laboratory, Golden, Colorado, 2001

/Stockinger und Obernberger 1998/ Stockinger, H.; Obernberger, I.: Systemanalyse der Nahwärmeversorgung mit Biomasse. dbv-Verlag, Graz, 1998

/Strasburger und Sitte 1983/ Strasburger, E.; Sitte, P.: Lehrbuch der Botanik für Hochschulen. G. Fischer, Stuttgart, 1983, 34. Auflage

/SuperEthanol 2007/ www.superethanol.at;2007

/Teutoburger Ölmühle 2007/ www.teutoburger-oelmuehle.de/deutsch/wissenswertes/raffinationtext.htm; Januar 2007

/UBA 2008/ Umweltbundesamt (Hrsg.): Anlagendatenbank Verbrennungsanlagen für Siedlungsabfälle, Datenstand April 2006; Wien, Oktober 2008

/Videncenter 1999/ Center für Biomassetechnologie (Hrsg.): Holz als Energieträger – Technik – Umwelt – Ökonomie. Dänemark, 1999 (www.videncenter.dk/gerwood.htm)

/Vogel 2007/ Vogel, A.: Dezentrale Strom- und Wärmeerzeugung aus biogenen Festbrennstoffen - Eine technische und ökonomische Bewertung der Vergasung im Vergleich zur Verbrennung, IE- Report, Leipzig 2007

/Völund 1998/ Völund Energy Systems (Hrsg.): Strohheizwerk (Firmeninformation). Esbjerg, Dänemark, 1998

/Weiland 2000/ Weiland, P.: Stand und Perspektiven der Biogasnutzung und -erzeugung in Deutschland, Gülzower Fachgespräche, Band 15 "Energetische Nutzung von Biogas: Stand der Technik und Optimierungspotenzial", Gülzow, 2000, S. 8 – 27

/Weiland 2001/ Weiland, P.: Grundlagen der Methangärung – Biologie und Substrate; VDI-Berichte Nr. 1620 "Biogas als regenerative Energie – Stand und Perspektiven"; VDI-Verlag, Düsseldorf, 2001, S. 19 – 32

/Weiland 2005/ Weiland, P. (Hrsg.): Ergebnisse des Biogas-Messprogramms. Fachagentur Nachwachsende Rohstoffe, Gülzow, 2005

/Wellinger et al. 1991/ Wellinger, A.; Baserga, U.; Edelmann, W.; Egger, K.; Seiler, B.: Biogas-Handbuch: Grundlagen – Planung – Betrieb landwirtschaftlicher Anlagen, Wirz, Aarau, 1991

/Wörgetter 1995/ Wörgetter, M.: Logistik an der biomassebetriebenen Feuerungsanlage. In: Logistik bei der Nutzung biogener Festbrennstoffe, Schriftenreihe "Nachwachsende Rohstoffe", Band 5, Landwirtschaftsverlag, Münster, 1995

/Wörgetter 2007/ Wörgetter, M.: persönliche Mitteilung; Bundesanstalt für Landtechnik, Wieselburg, 2007

/WTZ Roßlau 2008/ WTZ Roßlau (Hrsg.): Motorische Verbrennung von Glycerol. Wissenschaftlich-technisches Zentrum für Motoren- und Maschinenforschung Roßlau, Roßlau, Januar 2008 www.wtz.de/Projekte/Ab_733d.htm

/Zah et al. 2007/ Zah, R.; Böni, H.; Gauch, M.; Hischier, R.; Lehmann, M.; Wäger, P.: Ökobilanz von Energieprodukten: Ökologische Bewertung von Biotreibstoffen; EMPA, Bern, 2007

Kapitel 10

/Biomasse-Verband 2008/ Österreichischer Biomasse-Verband (Hrsg.): 34 Prozent erneuerbare machbar. EU-Richtlinie für erneuerbare Energien – Konsequenzen für Österreich. Wien, 2008

/BOKU 2007/ Universität für Bodenkultur, Joanneum Research (Hrsg.): Biomasseaufkommen Österreich. Gutachten für den Verband der Elektrizitätsunternehmen Österreichs, Wien, Oktober 2007

/EU 2008/ Kommission der Europäischen Gemeinschaften (Hrsg.): Vorschlag für eine Richtlinie des europäischen Parlaments und des Rates zur Förderung der Nutzung von Energie aus erneuerbaren Quellen. KOM(2008) 30 endgültig, Januar 2008

/Großmann et al. 2008/ Großmann, A. et al.: Erneuerbare Energie in Österreich: Modellierung möglicher Entwicklungsszenarien bis 2020. Projekt im Rahmen der Programmlinie "Energiesysteme der Zukunft", Zusammenfassung der Projektergebnisse, Wien, April 2008

/Kaltschmitt, Streicher und Wiese 2006/ Kaltschmitt M.; Streicher W.; Wiese A. (Hrsg.): Erneuerbare Energien – Systemtechnik, Wirtschaftlichkeit, Umweltaspekte. Springer, Berlin, 2006

/Regierungsprogramm 2008/ Regierungsprogramm für die XXIV. Gesetzgebungsperiode (2008 – 2013)

Sachwortverzeichnis